Massimo Bergamini
Graziella Barozzi
Anna Trifone

2 Matematica.azzurro

Seconda edizione

Matematica e arte

Ellsworth Kelly di Emanuela Pulvirenti

Che cos'è quella strana macchia azzurra in copertina? Difficile crederlo, ma è un quadro: un'opera di Ellsworth Kelly dal titolo *North River*. Certo, ha una forma anomala, dimensioni esagerate, non presenta immagini né disegni astratti, non si capisce quale sia il significato... eppure è un dipinto a tutti gli effetti. E come tutti i dipinti, anche quelli più essenziali, nasce dall'esigenza di rappresentare un aspetto della realtà. Nel caso di Kelly, artista americano morto a dicembre del 2015 all'età di 92 anni, quell'aspetto è la forma che hanno le cose, soprattutto quelle della natura e delle piante a lungo disegnate negli anni della formazione.

"Non sono interessato alla struttura di una roccia ma alla sua ombra", amava dire Kelly.

I contorni delle cose, dunque, sono per Kelly più importanti di quello che ci sta dentro; la sagoma del quadro è più interessante del colore con cui è riempito. Si tratta quindi di un'esplorazione precisa e paziente delle infinite geometrie del quadro. Un'operazione di reinvenzione del mondo attraverso un linguaggio "pulito" e astratto. Talmente rigoroso e oggettivo che l'opera deve quasi sembrare essersi fatta da sé, senza l'intervento della volontà dell'artista.

La sua produzione è vicina al movimento del *Hard Edge Painting*, la pittura realizzata con campiture uniformi accostate in modo netto, ed è affine al *Minimalismo*, la corrente artistica che si esprime con elementi geometrici semplici e basilari. Eppure la sua opera sfugge a queste definizioni, perché riduce la tavolozza a pochi colori base, per di più usati separatamente, e poi perché le sue tele, con quelle forme originali e non classificabili, possiedono un dinamismo estraneo all'arte minimalista.

Le sue sagome colorate parlano lo stesso linguaggio essenziale ed esatto della matematica, sono formule visive che raccontano, proprio come fa questo libro, un universo misterioso tutto da scoprire.

Per saperne di più vai **su.zanichelli.it/copertine-bergamini**

Ellsworth Kelly, *North River*, 1959
olio su tela
198,1 × 177,8 cm

ZANICHELLI

SOMMARIO

Nell'eBook

2 video (• Approssimazioni di numeri reali • Semplificazione di radicali)

e inoltre 5 animazioni

CAPITOLO 15

LE OPERAZIONI CON I RADICALI

Nell'eBook

2 video (• Portare dentro e fuori dal segno di radice • Radicali e potenze con esponente razionale)

e inoltre 13 animazioni

CAPITOLO 16

IL PIANO CARTESIANO E LA RETTA

Nell'eBook

3 video (• Coefficiente angolare e pendenza di una retta • Fasci di rette • La distanza di un punto da una retta)

e inoltre 13 animazioni

CAPITOLO β

INTRODUZIONE ALLA PROBABILITÀ

Nell'eBook

2 video (• I diagrammi ad albero • Le definizioni di probabilità)
e inoltre 4 animazioni

CAPITOLO G5

LE SUPERFICI EQUIVALENTI E LE AREE

Nell'eBook

3 video (• Da un triangolo a uno equivalente • L'area delimitata da un contorno curvilineo • Le aree dei principali poligoni)
e inoltre 8 animazioni

CAPITOLO G6

I TEOREMI DI EUCLIDE E DI PITAGORA

Nell'eBook

1 video (• Due dimostrazioni del teorema di Pitagora)
e inoltre 7 animazioni

CAPITOLO G7

LA PROPORZIONALITÀ

Nell'eBook

5 animazioni

CAPITOLO G8 — LA SIMILITUDINE

Nell'eBook

1 video (• Applicare i criteri di similitudine)

e inoltre 10 animazioni

CAPITOLO G9 — LE TRASFORMAZIONI GEOMETRICHE

Nell'eBook

2 video (• Assi e centri di simmetria nei poligoni • Isometrie e loro composizioni)

e inoltre 6 animazioni

FONTI DELLE ILLUSTRAZIONI

507: Dennis W. Donohue*
525: Africa Studio*
528: studiovin*
533: polarbearstudio*
541: Annette Shaff*
547: Maksim Shmeljov*
565: Rido*
569: FrameAngel*
572 (a): byvalet*
572 (b): masuti*
577: Krasowit*
589: Steve Cukrov*
590 (a): O. Bellini*
590 (b): Roobcio*
593: Nagornyi*
594: Africa Studio*
598 (a): Texturis*
598 (b): xpixel*
599: Rido*
604: siete_vidas*
618: Marynka Mandarinka*
631: ziviani*
648: Coprid*
666: Gajus*
674: mexrix*
686: Roberto Marchetti, 2006
709: pukach*
712: Vlad Siaber*
726: Claudio Divizia*
736: Yuganov Konstantin*
743: Benoit Daoust*
744: Africa Studio*
750: CandyBox Images*
751: mhatzapa*
B5: Valeriy Lebedev*
B14: toeytoey*
B17: AilaImages*
B25: pio3*
B27: urfin*
B31: Roman Motizov*
B32: JIANG HONGYAN*
B33: Steve Cukrov*
B34 (a): PeJo*
B34 (b): cici_2012*
B35 (a): Dmitry Naumov*
B35 (b): Ensuper*
B36: Garsya*
B38: photosync*
B39 (a): Jfanchin*
B39 (b): valzan*
B40: Tatiana Popova*
B43: HomeStudio*
G150: Olga Popova*
G151: Julenochek*
G156: exopixel*
G166: Istomina Olena*
G170: Christian Mueller*
G171: MurzikNata*
G175: Gigra*
G189: antpkr*
G202: Anastasios71*
G206 (a): Patryk Kosmider*
G206 (b): stockernumber2*
G216: Monkey Business Images*
G218: Picsfive*
G253: Irina Rogorova*
G263: sportpoint*
G288: sunsetman*
G292 (a): NEGOVURA*
G292 (b): VitaminCo*
G292 (c): koosen*
G292 (d): Mediagram*
G299 (a): Paul Stringer*
G299 (b): nikolae*
G299 (c): Alexlukin*
G299 (d): Tnymand*
G304: PGMart*
G307 (a): Valentina Proskurina*
G307 (b): Natalia Siverina*
G307 (c): ErickN*
G317: Alessandro Colle*

*da archivio Shutterstock
Nell'eBook le fonti delle illustrazicn per i Laboratori.

COME ORIENTARSI NEL LIBRO

Tanti tipi di esercizi

CACCIA ALL'ERRORE — **Evita i tranelli**
Per esempio: esercizio 85, pagina 651.

SPIEGA PERCHÉ — **Dimmi il perché**
Per esempio: esercizi 85 e 86, pagina G164.

COMPLETA — **Inserisci la risposta giusta**
Per esempio: esercizi da 6 a 8, pagina 564.

EUREKA! — **Una sfida per metterti alla prova**
Per esempio: esercizio 338, pagina 594.

FAI UN ESEMPIO — **Se lo sai fare, hai capito**
Per esempio: esercizi da 237 a 240, pagina 725.

IN FORMA GRAFICA — **Per visualizzare la matematica**
Per esempio: esercizi da 413 a 418, pagina 741.

INTORNO A NOI — **La matematica di tutti i giorni**
Per esempio: esercizio 424, pagina 744.

INVALSI — **Dalle prove nazionali**
Per esempio: esercizio 34, pagina 705.

YOU & MATHS — **La matematica in inglese**
Per esempio: esercizio 6, pagina 517.

VERO O FALSO? **TEST** **ASSOCIA** — **Vedi subito se hai capito**
Per esempio: esercizi 161 e 162, pagina 718.

I rimandi alle risorse digitali

Video — **1 ora e 20 minuti di video**
Per esempio: *Portare dentro e fuori dal segno di radice*, pagina 636.

Animazione — **90 animazioni interattive**
Per esempio: dimostrazioni a pagina G210.

ESEMPIO DIGITALE — **Guarda come si fa nell'eBook**
Per esempio: esercizio 161, pagina 625.

Listen to it — **La lettura di 60 definizioni ed enunciati in inglese**
Per esempio: *The probability of an event*, pagina β4.

---

338 EUREKA! **Oro, argento, bronzo** A una gara matematica partecipano 1200 candidati. Il 40% di essi riceve una medaglia (d'oro, d'argento o di bronzo). Il numero di medaglie di bronzo è triplo di quello di medaglie d'oro; il numero di medaglie d'argento è doppio di quello di medaglie d'oro. Quante sono le medaglie d'argento?

A 120. B 144. C 160. D 180. E Nessuna delle precedenti.

(*Giochi di Archimede*, 2004)

424 INTORNO A NOI **Quanti colori?** Alessia e Barbara vorrebbero risparmiare sull'acquisto di smalti per unghie di diversi colori e valutano le possibilità indicate in figura. Quale opzione è più conveniente al variare del numero degli smalti acquistati?

sito internet A:
4,20 €/smalto + € 3,20 per spedizione
sito internet B:
4,00 €/smalto + € 5,00 per spedizione
negozio fisico: 5,00 €/smalto

[meno di 4 smalti: negozio fisico; 4 smalti: indifferente negozio fisico o sito A; da 4 a 9 smalti: sito A; 9 smalti: indifferente sito A o sito B; più di 9 smalti: sito B]

34 INVALSI 2015 Qual è l'area del quadrilatero *ABCD* rappresentato in figura?

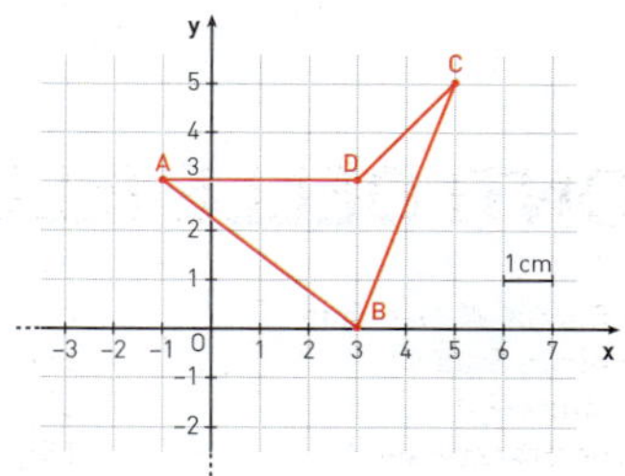

Risposta: ☐ cm^2.

CAPITOLO

12 LE DISEQUAZIONI LINEARI

1 Le disuguaglianze numeriche

▶ Esercizi a p. 517

Listen to it

You can express **strict inequalities** between numbers with the symbols $<$ and $>$.

Le disuguaglianze numeriche stabiliscono relazioni fra numeri utilizzando i simboli:

$>$ (maggiore),

$\geq$ (maggiore o uguale),

$<$ (minore),

$\leq$ (minore o uguale).

Come nelle uguaglianze, il **primo membro** è l'espressione che sta a sinistra del simbolo di relazione e il **secondo membro** quello a destra.

Due disuguaglianze con lo stesso simbolo ($<$ o $>$) sono dello **stesso verso** (o dello **stesso senso**); altrimenti sono di **verso** (o di **senso**) **contrario**.

ESEMPIO

$-2<5$	e	$12<27$	sono dello stesso verso,
$-3>-8$	e	$0<10$	sono di verso contrario.

La disuguaglianza $a>b$ è equivalente a $b<a$, la disuguaglianza $a\geq b$ è equivalente a $b\leq a$. Per esempio è equivalente scrivere $8>7$ oppure $7<8$.

Le disuguaglianze numeriche godono di tre proprietà. Esaminiamole.

Monotonia dell'addizione
Sommando uno stesso numero, positivo o negativo, a entrambi i membri di una disuguaglianza numerica si ottiene una disuguaglianza con lo stesso verso.

$$a<b \quad \begin{cases} \nearrow a+c<b+c \\ \searrow a-c<b-c \end{cases}$$

ESEMPIO Consideriamo la disuguaglianza: $-9<5$.

Aggiungiamo $+10$ a entrambi i membri:

$-9+10<5+10$,

cioè $1<15$.

Moltiplicazione (divisione) per un numero
Moltiplicando (o dividendo) entrambi i membri di una disuguaglianza per uno stesso numero:

- se è positivo, si ottiene una disuguaglianza con lo stesso verso:

se $a < b$ e $c > 0$ → $a \cdot c < b \cdot c$; $\frac{a}{c} < \frac{b}{c}$

- se è negativo, si ottiene una disuguaglianza con verso contrario:

se $a < b$ e $c < 0$ → $a \cdot c > b \cdot c$; $\frac{a}{c} > \frac{b}{c}$

ESEMPIO Consideriamo la disuguaglianza: $2 < 5$.

Moltiplichiamo per $+3$ entrambi i membri: $2 \cdot 3 < 5 \cdot 3$, cioè $6 < 15$.

Moltiplicando invece per -4, dobbiamo cambiare il verso della disuguaglianza:
$2 \cdot (-4) > 5 \cdot (-4)$, cioè $-8 > -20$.

La proprietà **non** vale se si moltiplica o si divide per zero. Partendo da $2 < 5$ si avrebbe

$2 \cdot 0 < 5 \cdot 0$,

cioè $0 < 0$, che è una disuguaglianza non vera, oppure $\frac{2}{0} < \frac{5}{0}$, disuguaglianza priva di significato.

Caso particolare. Data la disuguaglianza $a < b$, se moltiplichiamo entrambi i membri per -1, otteniamo: $-a > -b$. Per esempio:

$9 > 4 \quad \rightarrow \quad -9 < -4$.

Possiamo quindi cambiare i segni nei due membri di una disuguaglianza, ma dobbiamo anche cambiare il verso.

Proprietà dei reciproci di numeri concordi
Dati due numeri concordi e diversi da 0, la disuguaglianza fra i loro reciproci ha verso contrario rispetto a quella fra i numeri stessi.

ESEMPIO

$2 < 3$ e $\frac{1}{2} > \frac{1}{3}$; $-2 < -1$ e $-\frac{1}{2} > -1$.

La proprietà dei reciproci **non** è vera se i numeri sono **discordi**.

Per esempio, da $-4 < 8$ si ottiene: $-\frac{1}{4} < \frac{1}{8}$.

▶ Scrivi la disuguaglianza che si ottiene da quella data, operando sui due membri come indicato.

a. $-5 < +8$, aggiungi 2

b. $-4 > -8$, dividi per 4

c. $+9 > -6$, moltiplica per $-\frac{1}{3}$

d. $-3 < -2$, considera i reciproci

e. $+\frac{1}{5} > +\frac{1}{6}$, considera i reciproci

f. $+\frac{1}{2} > +\frac{1}{3}$, eleva al cubo

Animazione

TEORIA

2 Le disequazioni

▶ Esercizi a p. 518

Che cos'è una disequazione

Consideriamo una disuguaglianza in cui compare una variabile.
Per esempio: $x - 3 < 5$.

Procedendo per tentativi, attribuiamo alla lettera x alcuni valori e verifichiamo se la disuguaglianza che otteniamo è vera o falsa:

$x = 1$: $1 - 3 < 5$ vera, $x = 5$: $5 - 3 < 5$ vera,

$x = 8$: $8 - 3 < 5$ falsa, $x = 9$: $9 - 3 < 5$ falsa, …

Come si può intuire, la disuguaglianza è vera per tutti i valori di x minori di 8, mentre è falsa per i valori di x maggiori o uguali a 8.

Listen to it

In an **inequality** letters can appear on both sides, and you can look for numbers that, substituted to the letters, make the inequality *true*.

DEFINIZIONE
Una **disequazione** è una disuguaglianza in cui compaiono espressioni letterali per le quali cerchiamo i valori di una o più lettere che rendono la disuguaglianza vera.

Le lettere per le quali si cercano i valori che rendono vera la disuguaglianza sono le **incognite** della disequazione.

Tutti i valori che soddisfano una disequazione costituiscono l'**insieme delle soluzioni**. Di solito, cercheremo le soluzioni nell'insieme $\mathbb{R}$ dei numeri reali.

ESEMPIO Nella disequazione

$$x - 3 < 5$$

l'insieme delle soluzioni è

$$\{x \in \mathbb{R} \mid x < 8\},$$

che per brevità indicheremo con:

$$x < 8.$$

La rappresentazione delle soluzioni

Spesso le soluzioni delle disequazioni sono sottoinsiemi di $\mathbb{R}$ costituiti da tutti i valori che precedono un certo numero, o da quelli che lo seguono, o dai valori compresi fra due numeri. Per scrivere o rappresentare graficamente le soluzioni di una disequazione è necessario spiegare che cosa è un **intervallo**.

Dati due numeri reali a e b, con $a < b$, si dice:

- **intervallo limitato** l'insieme dei numeri reali compresi fra a e b, con a estremo inferiore e b estremo superiore;
- **intervallo illimitato** l'insieme dei numeri che precedono un certo numero a (intervallo illimitato **inferiormente**) o seguono a (intervallo illimitato **superiormente**).

L'intervallo *limitato* si rappresenta graficamente con un segmento; se gli estremi sono compresi l'intervallo è **chiuso**, se gli estremi non sono compresi l'intervallo è **aperto**.

L'intervallo *illimitato* si rappresenta graficamente con una semiretta. Per indicare che una semiretta è illimitata a destra si utilizza il simbolo $+\infty$ (si legge «più infinito»), per indicare che è illimitato a sinistra si utilizza $-\infty$ («meno infinito»).

L'intervallo può essere indicato dalla coppia degli estremi, ordinati dal più piccolo al più grande, racchiusi fra parentesi quadre. Per esempio, l'intervallo comprendente gli estremi a e b, con $a < b$, si indica $[a; b]$.

L'orientamento delle parentesi indica se gli estremi sono inclusi o esclusi:

- $[a; b]$ estremi inclusi, intervallo chiuso;
- $]a; b[$ estremi esclusi, intervallo aperto;
- $[a; b[$ estremo di sinistra incluso (chiuso a sinistra), mentre è escluso quello di destra, (aperto a destra);
- $]a; b]$ estremo di sinistra escluso (aperto a sinistra), mentre è incluso quello di destra (chiuso a destra).

$-\infty$ e $+\infty$ non sono numeri, quindi, come estremi di un intervallo, vanno **sempre esclusi**. L'intervallo $]-\infty; +\infty[$ è l'insieme $\mathbb{R}$.

In ognuno degli esempi della figura sono proposti i tre modi di rappresentare le soluzioni della rispettiva disequazione.

$x \geq -2$

$[-2; +\infty[$

a. -2 è compreso fra le soluzioni: il simbolo di disuguaglianza è $\geq$, sulla retta è rappresentato da un cerchietto pieno; la parentesi quadra è rivolta verso -2.

$x < -\frac{1}{2}$

$]-\infty; -\frac{1}{2}[$

b. $-\frac{1}{2}$ non è soluzione: il simbolo di disuguaglianza è $<$, sulla retta è rappresentato da un cerchietto vuoto; la parentesi è rivolta dalla parte opposta a $-\frac{1}{2}$.

$4 \leq x < 10$

$[4; 10[$

c. La scrittura $4 \leq x < 10$ significa che devono essere contemporaneamente vere le due condizioni $4 \leq x$ e $x < 10$. Le soluzioni sono comprese fra 4 (incluso) e 10 (escluso).

È possibile anche scrivere le soluzioni di una disequazione utilizzando i simboli della logica o degli insiemi.

ESEMPIO Per scrivere le soluzioni

possiamo usare la scrittura:

$x < 2 \vee x > 5$,

dove $\vee$ è il simbolo di disgiunzione logica;

oppure $]-\infty; 2[\cup]5; +\infty[$,

dove $\cup$ è il simbolo di unione di insiemi.

► Indica le caratteristiche dei seguenti intervalli e rappresentali graficamente.

- $x > -3$
- $2 \leq x < 6$
- $x \leq \frac{1}{5}$

I vari tipi di disequazioni

Buona parte della terminologia e delle definizioni usate per le disequazioni è analoga a quella usata per le equazioni.

TEORIA

Una disequazione è:

- **intera** se l'incognita non compare nei denominatori, altrimenti è **fratta**;
- **numerica** se non contiene altre lettere oltre all'incognita, altrimenti è **letterale** e, in questo caso, le altre lettere sono i *parametri* della disequazione.

ESEMPIO

$3x - 1 < 5$ è una disequazione numerica intera;

$5a + \frac{x}{2} \geq \frac{1}{a+1}$, nell'incognita x, è una disequazione letterale intera con parametro a;

$\frac{7}{x+1} \leq \frac{5}{x-1}$ è una disequazione numerica fratta;

$\frac{1}{x} > b$, nell'incognita x, è una disequazione letterale fratta, con parametro b.

Dato un polinomio $P(x)$, ridotto in forma normale, ossia che non presenta monomi simili fra loro, ponendo $P(x) > 0$ o $P(x) < 0$, otteniamo una disequazione scritta in **forma normale** o **forma canonica**.

Per esempio, $3x^2 + 5x + 7 > 0$ è una disequazione scritta in forma normale.

Il **grado** della disequazione è il grado del polinomio ridotto, ossia il massimo esponente dell'incognita presente nella disequazione ridotta in forma canonica.

In questo capitolo ci occupiamo della risoluzione di disequazioni di primo grado, dette anche **disequazioni lineari**, a un'incognita.

Le disequazioni equivalenti

Per risolvere le disequazioni utilizziamo concetti e princìpi analoghi a quelli già visti per le equazioni.

Listen to it

Two inequalities are **equivalent** if they have the same solutions.

DEFINIZIONE

Due **disequazioni** definite nello stesso insieme sono **equivalenti** se hanno lo stesso insieme di soluzioni.

ESEMPIO La disequazione $x + 1 < 3$ è equivalente alla disequazione $x < 2$. Infatti sono entrambe soddisfatte per tutti i valori di x minori di 2.

Per risolvere le disequazioni, si usano regole che derivano dalle proprietà delle disuguaglianze numeriche, che abbiamo esaminato nel paragrafo 1.

Primo principio di equivalenza
Data una disequazione, si ottiene una disequazione a essa equivalente aggiungendo a entrambi i membri uno stesso numero o una stessa espressione che abbia significato nello stesso insieme di definizione.

ESEMPIO La disequazione $2x - 3 > x + 5$ è equivalente alla disequazione $x - 3 > 5$, ottenuta aggiungendo $-x$ a entrambi i membri.

Dal primo principio si deduce che:

- un termine può essere *trasportato* da un membro all'altro cambiandogli il segno;
- un termine può essere *cancellato* se presente in entrambi i membri.

Secondo principio di equivalenza

Per trasformare una disequazione in una equivalente si può:

- moltiplicare (o dividere) entrambi i membri per uno stesso numero positivo;
- moltiplicare (o dividere) entrambi i membri per uno stesso numero negativo e cambiare il verso della disequazione.

Dal secondo principio si deduce che:
se *si cambia il segno di tutti i termini, si deve cambiare il verso* della disequazione.

$-x+2<5 \quad \rightarrow \quad x-2>-5.$

Se si moltiplica o si divide per un'espressione letterale, oltre alle C.E., occorre aggiungere la condizione che l'espressione non si annulli e distinguere se assume segno positivo o negativo.

$\frac{x}{a}>2$

- se $a>0$: $\cancel{a}\frac{x}{\cancel{a}}>2a \rightarrow x>2a$
- se $a<0$: $\cancel{a}\frac{x}{\cancel{a}}<2a \rightarrow x<2a$

C.E.: $a \neq 0$.

► Indica il principio di equivalenza applicato quando le disequazioni sono equivalenti. Se non lo sono, spiega l'errore commesso.

- $9-6x \leq 3 \rightarrow 9-3 \leq 6x$
- $-\frac{x}{2}<\frac{5}{2} \rightarrow x<-5$
- $5x>7 \rightarrow \frac{5}{3}x>\frac{7}{3}$

3 Le disequazioni intere

► Esercizi a p. 522

Le disequazioni numeriche intere

Per risolvere una disequazione di primo grado numerica intera, utilizziamo i princìpi di equivalenza fino a giungere a una delle forme seguenti:

$ax<b, \qquad ax \leq b, \qquad ax>b, \qquad ax \geq b.$

Per l'insieme delle soluzioni distinguiamo tre casi: la disequazione può essere determinata, impossibile o sempre verificata.

ESEMPIO

1. Risolviamo la disequazione:

$$\frac{1}{3}x-4+2x>\frac{3+x}{2}.$$

Eliminiamo i denominatori, moltiplicando entrambi i membri per 6 (il mcm dei denominatori); dato che moltiplichiamo per un numero positivo, il verso della disequazione non cambia:

$2x-24+12x>9+3x.$

Trasportiamo i termini con l'incognita al primo membro, quelli noti al secondo membro e poi sommiamo i termini simili:

$11x>33.$

► Ogni valore di x maggiore di 3 è soluzione della disequazione data nell'esempio. Verifica che 6 e 10 sono soluzioni.

Dividiamo i due membri per 11, cioè per il coefficiente di x:

$$x > 3.$$

L'insieme delle soluzioni è l'intervallo illimitato $]3; +\infty[$.

2. Risolviamo la disequazione:

$$\frac{3}{2}x - 4 < \frac{(x-2)}{2} + \frac{(5x+3)}{5}$$

$$15x - 40 < 5x - 10 + 10x + 6$$

$$0 \cdot x < 36.$$

Qualunque valore sostituiamo a x, il prodotto $0 \cdot x$ vale sempre 0. Poiché la disuguaglianza $0 < 36$ è vera, la disequazione di partenza risulta **sempre verificata**. In tal caso, l'insieme delle soluzioni è $\mathbb{R}$.

3. Risolviamo la disequazione:

$$3x - 2 - x > 4 + 2x + 1$$

$$2x - 2 > 5 + 2x$$

$$2x - 2x > 5 + 2$$

$$0 \cdot x > 7.$$

Qualunque valore sostituiamo a x, otteniamo sempre $0 > 7$, che è una disuguaglianza falsa, quindi la disequazione di partenza non risulta **mai verificata**. L'insieme delle soluzioni è l'insieme vuoto; la disequazione è **impossibile** e come soluzione scriviamo:

$$\nexists\, x \in \mathbb{R}.$$

► Risolvi le seguenti disequazioni.

a. $-3(x+1)+5 \leq 7-x$

b. $6x-3(x+1) > 5+3x$

c. $2(-4-x)+x^2 < (x-1)^2-6$

Animazione

► Risolvi la seguente disequazione, indicando i princìpi di equivalenza applicati.

$$-\frac{2+x}{3}+x^2 < (x+1)(x-1)+\frac{5}{6}x$$

Animazione

Le disequazioni letterali intere

Per risolvere le **disequazioni letterali intere** di primo grado dobbiamo trasformarle in una delle *forme normali*:

$$Ax > B; \quad Ax \geq B; \quad Ax < B; \quad Ax \leq B;$$

dove con A e B indichiamo delle espressioni che non contengono l'incognita, ma possono contenere altre lettere.
Giunti a una di queste forme, studiamo il segno del coefficiente A di x, considerando separatamente i casi:

$$A > 0; \quad A < 0; \quad A = 0.$$

Questo studio va fatto perché, se in una disequazione si dividono ambo i membri per un numero negativo, è necessario cambiare il verso della disequazione. Per esempio, considerando la generica disequazione $Ax < B$:

- se $A > 0$, si ottiene $x < \frac{B}{A}$;
- se $A < 0$, si ottiene $x > \frac{B}{A}$;
- se $A = 0$, la disequazione $0 \cdot x < B$ è sempre verificata se $B \geq 0$; non è mai verificata se $B < 0$.

Per gli altri tipi di disequazione valgono considerazioni analoghe.

ESEMPIO La disequazione, nell'incognita x,

$$k(x-3) < 2x+1$$

è intera perché l'incognita non compare al denominatore; è letterale perché presenta altre lettere oltre all'incognita.

Svolgiamo i calcoli:

$$kx - 3k < 2x + 1 \rightarrow kx - 2x < 3k + 1 \rightarrow (k-2)x < 3k+1.$$

La disequazione

$$(k-2)x < 3k+1$$

è del tipo $Ax < B$, in cui $A = k - 2$ e $B = 3k + 1$.

Il segno del coefficiente di x dipende dal valore di k; pertanto è necessaria la discussione, distinguendo i tre casi: $k - 2 > 0$, $k - 2 = 0$, $k - 2 < 0$.

- Se $k - 2 > 0$, ossia se $k > 2$, possiamo dividere entrambi i membri per $k - 2$, ottenendo una disequazione dello stesso verso:

  $$x < \frac{3k+1}{k-2}.$$

- Se $k - 2 = 0$, ossia se $k = 2$, otteniamo:

  $$x(2-2) < 3 \cdot 2 + 1$$
  $$0 \cdot x < 7;$$

  la disequazione è sempre verificata, $\forall\, x \in \mathbb{R}$.

- Se $k - 2 < 0$, ossia se $k < 2$, dividendo i due membri per una quantità negativa, dobbiamo invertire il senso della disequazione:

  $$x > \frac{3k+1}{k-2}.$$

MATEMATICA INTORNO A NOI

Ad alta quota! Non sempre un'equilibrata uguaglianza è una condizione desiderabile. Nel mondo fisico, solo le disuguaglianze possono produrre movimento ed energia: dislivelli, variazioni, tensioni, spinte verso il basso e controspinte verso l'alto.

► Fino a che quota può volare una mongolfiera?

La risposta

► Uno stesso valore numerico può essere soluzione della disequazione nell'esempio per un valore di k e non esserlo per un altro. Per esempio, se $k = 0$, il numero 11 è soluzione della disequazione? E se $k = 3$?

► Risolvi la seguente disequazione nell'incognita x.

$(a-1)(x-2) < 2x(a-1)$

Animazione

PROBLEMA

Pensieri e parole Le società Rapid Translate e Velo Finnish offrono il servizio di traduzione dal finlandese all'italiano a due diverse tariffe:

Tariffa RT: 0,3 euro a parola e in più costo fisso di 7 euro;

Tariffa VF: 0,8 euro a parola.

► Qual è il numero di parole oltre il quale conviene la tariffa RT?

Scheda di lavoro

MATEMATICA INTORNO A NOI

Spese e ricavi nella produzione Quando un'impresa produce qualcosa - bulloni o automobili, libri o pizze - deve cercare di avere un utile da questa produzione. Deve cioè evitare di andare in perdita.

► In generale, quali sono i limiti che deve tenere in considerazione?

La risposta

4 I sistemi di disequazioni

► Esercizi a p. 529

Date le disequazioni $x - 1 > 0$ e $4 - x > 0$ ci chiediamo se esistono valori di x che soddisfano **contemporaneamente** le due disequazioni.

Per esempio: $2, \frac{3}{2}, 3, \frac{7}{3}, \dots$ sono soluzioni di tutte e due le disequazioni?

Un modo più rapido di procedere è quello di risolvere le disequazioni e rappresentare gli intervalli delle soluzioni in uno schema come quello della figura.
La prima disequazione è soddisfatta per $x > 1$, la seconda per $x < 4$.

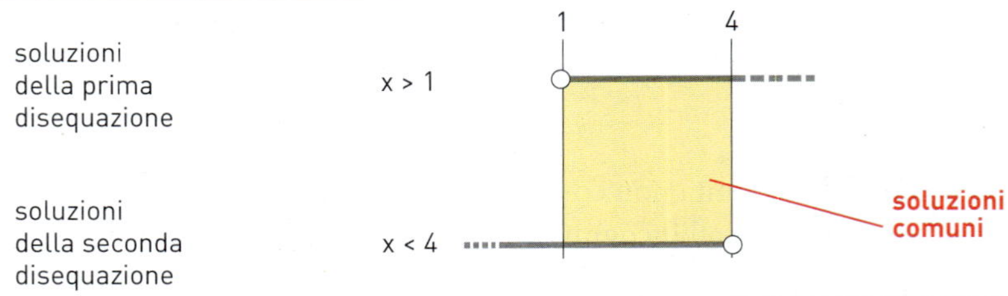

La semiretta di origine 1 rappresenta le soluzioni della prima disequazione; la semiretta di origine 4 rappresenta le soluzioni della seconda. Sottintendiamo i simboli $-\infty$ e $+\infty$. Le soluzioni comuni alle due disequazioni sono rappresentate dal tratto comune alle due semirette.

Le due disequazioni sono soddisfatte contemporaneamente nell'intervallo aperto $]1; 4[$. Diremo che i valori di x tali che $1 < x < 4$ risolvono il **sistema** formato dalle due disequazioni.

DEFINIZIONE

Un **sistema di disequazioni** è un insieme di due o più disequazioni in cui compaiono le stesse incognite, per il quale si cercano i valori da attribuire alle incognite che verificano contemporaneamente tali disequazioni.

Un sistema per il quale non esistono soluzioni è detto **impossibile**.

ESEMPIO Per risolvere il seguente **sistema di tre disequazioni** determiniamo le soluzioni di ognuna delle disequazioni:

$$\begin{cases} 2x + 4 > 0 \\ x - 3 \geq 0 \\ 5 - x > 0 \end{cases} \rightarrow \begin{cases} x > -2 \\ x \geq 3 \\ x < 5 \end{cases}$$

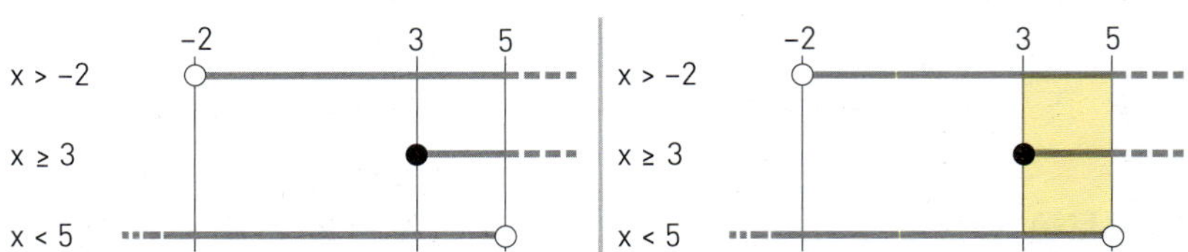

a. Costruiamo uno schema grafico con gli intervalli che rappresentano gli insiemi delle soluzioni.

b. Determiniamo l'intersezione dei tre insiemi di soluzioni, segnando in colore la zona del grafico in cui abbiamo soluzioni comuni alle tre disequazioni.

Le soluzioni del sistema di disequazioni sono date dall'intervallo $[3; 5[$, ossia dai valori di x tali che $3 \leq x < 5$.

► Risolvi il seguente sistema.

$$\begin{cases} x < 2x + 3 \\ 4x - 2 < 6 \\ 3x + 1 \geq 0 \end{cases}$$

Video

► Risolvi il seguente sistema.

$$\begin{cases} x^2 + 3 \leq (x + 2)^2 \\ 8x - 3(x - 2) < 2x \end{cases}$$

Animazione

5 Le equazioni con valori assoluti

▶ Esercizi a p. 534

Le disequazioni sono utili anche nella risoluzione di equazioni che contengono espressioni in valore assoluto. Ricordando la definizione di valore assoluto, se $f(x)$ è l'espressione analitica di una funzione, abbiamo che:

$$|f(x)| = \begin{cases} f(x) \text{ se } f(x) \geq 0 \\ -f(x) \text{ se } f(x) < 0 \end{cases}$$

Chiamiamo **argomento** la funzione $f(x)$ di cui calcoliamo il valore assoluto.

ESEMPIO

Se $f(x) = 2x + 3$, $|f(x)| = |2x + 3| = \begin{cases} 2x + 3 \text{ se } 2x + 3 \geq 0 \to x \geq -\frac{3}{2} \\ -(2x + 3) \text{ se } 2x + 3 < 0 \to x < -\frac{3}{2} \end{cases}$

Sono utili queste proprietà del valore assoluto:

a. $|f(x)| = 0 \leftrightarrow f(x) = 0$; **c.** $|f(x)| = |-f(x)|$;

b. $|f(x)| \geq 0 \ \forall x \in \mathbb{R}$; **d.** $|f(x)| = k$, con $k > 0 \to f(x) = \begin{cases} +k \\ -k \end{cases}$

Vediamo con un esempio come possiamo risolvere un'equazione che contiene una espressione in valore assoluto.

ESEMPIO Risolviamo l'equazione:

$|4x - 8| - 3 = 2x - 9.$

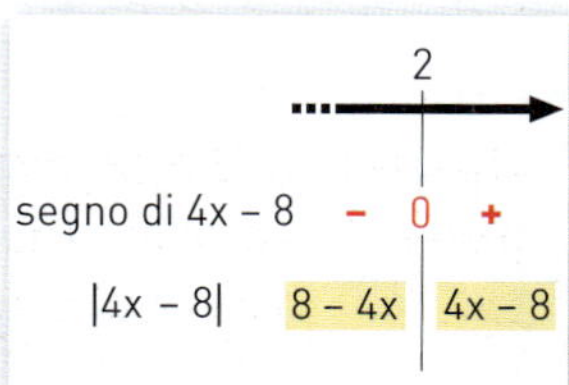

Studiamo il segno dell'argomento $4x - 8$:

$4x - 8 \geq 0 \to 4x \geq 8 \to x \geq 2.$

Pertanto

$|4x - 8| = -(4x - 8) = -4x + 8$ se $x < 2$ e $|4x - 8| = 4x - 8$ se $x \geq 2$.

Le soluzioni dell'equazione sono date dall'unione delle soluzioni dei due sistemi.

Primo sistema

$\begin{cases} x < 2 \\ -4x + 8 - 3 = 2x - 9 \end{cases}$

$\begin{cases} x < 2 \\ -4x - 2x = -9 - 8 + 3 \end{cases}$

$\begin{cases} x < 2 \\ -6x = -14 \end{cases}$

$\begin{cases} x < 2 \\ x = \frac{14}{6} = \frac{7}{3} \end{cases}$

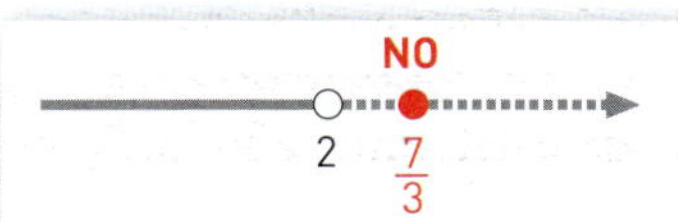

Secondo sistema

$\begin{cases} x \geq 2 \\ 4x - 8 - 3 = 2x - 9 \end{cases}$

$\begin{cases} x \geq 2 \\ 4x - 2x = -9 + 8 + 3 \end{cases}$

$\begin{cases} x \geq 2 \\ 2x = 2 \end{cases}$

$\begin{cases} x \geq 2 \\ x = 1 \end{cases}$

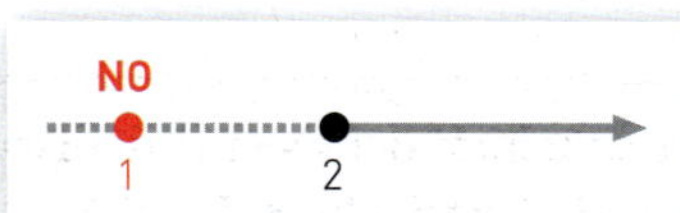

▶

Nel primo sistema, $\frac{7}{3}$ non è accettabile, perché non è minore di 2.

Nel secondo sistema, 1 non è accettabile, perché non è maggiore o uguale a 2. Nessuno dei due sistemi ha soluzione; quindi, l'equazione data è impossibile.

6 Le disequazioni con valori assoluti

▶ Esercizi a p. 535

Per risolvere disequazioni con valori assoluti, procediamo in modo analogo a quello visto per le equazioni con valori assoluti.

Per le disequazioni valgono le seguenti proprietà del valore assoluto.
Se $k > 0$:

a. $|x| < k \leftrightarrow -k < x < k$;

b. $|f(x)| < k \leftrightarrow -k < f(x) < k$;

c. $|x| > k \leftrightarrow x < -k \vee x > k$;

d. $|f(x)| > k \leftrightarrow f(x) < -k \vee f(x) > k$.

ESEMPIO Risolviamo la disequazione:

$$|x-2| < 3x+6.$$

Studiamo il segno dell'argomento $x-2$:

$$x-2 \geq 0 \rightarrow x \geq 2.$$

$$|x-2| = -x+2, \quad \text{se } x < 2;$$

$$|x-2| = x-2, \quad \text{se } x \geq 2.$$

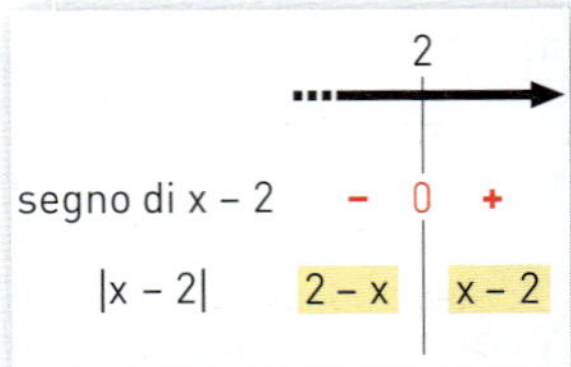

Le soluzioni della disequazione sono l'unione delle soluzioni dei due sistemi, che risolviamo:

Primo sistema

$$\begin{cases} x < 2 \\ -x+2 < 3x+6 \end{cases}$$

$$\begin{cases} x < 2 \\ -4x < 4 \end{cases}$$

$$\begin{cases} x < 2 \\ x > -1 \end{cases}$$

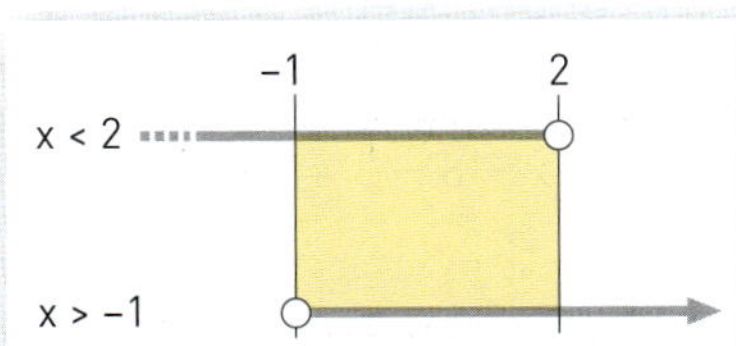

La soluzione è $-1 < x < 2$.

Secondo sistema

$$\begin{cases} x \geq 2 \\ x-2 < 3x+6 \end{cases}$$

$$\begin{cases} x \geq 2 \\ -2x < 8 \end{cases}$$

$$\begin{cases} x \geq 2 \\ x > -4 \end{cases}$$

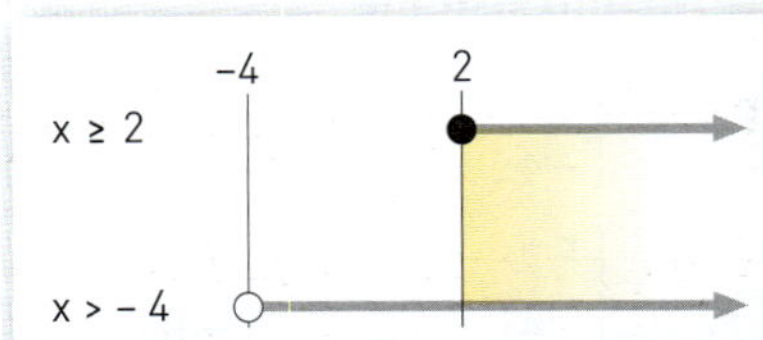

La soluzione è $x \geq 2$.

Uniamo le soluzioni ottenute, rappresentandole insieme sulla stessa retta.

La soluzione della disequazione data è $x > -1$.

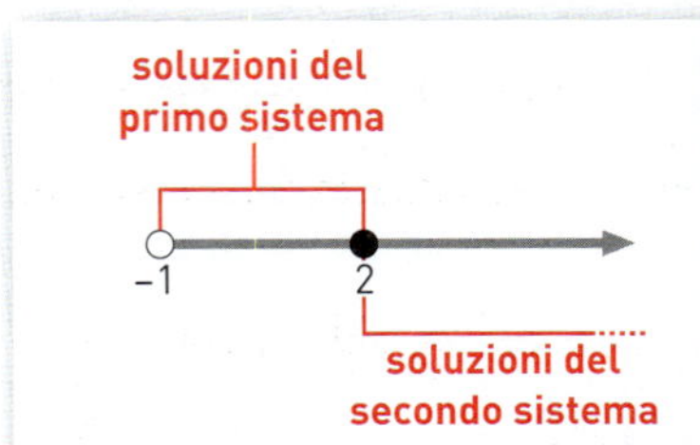

▶ Risolvi la seguente disequazione con valore assoluto.

$|2x-4| < x+1$

Video

▶ Risolvi la seguente disequazione con valore assoluto.

$|5-2x| < x+2$

Animazione

7 Lo studio del segno di un prodotto

▶ Esercizi a p. 536

Consideriamo la disequazione seguente, di secondo grado, in cui il primo membro si presenta come prodotto di binomi di primo grado:

$$(x-3)(2x+5) > 0.$$

Possiamo risolvere la disequazione studiando il segno del prodotto al variare di x. Sappiamo che il segno del prodotto di due fattori è positivo se i fattori sono concordi. Studiamo perciò il segno dei due fattori singolarmente e rappresentiamo i risultati in uno schema grafico:

$$x-3>0 \quad \rightarrow \quad x>3;$$

$$2x+5>0 \quad \rightarrow \quad x>-\frac{5}{2}.$$

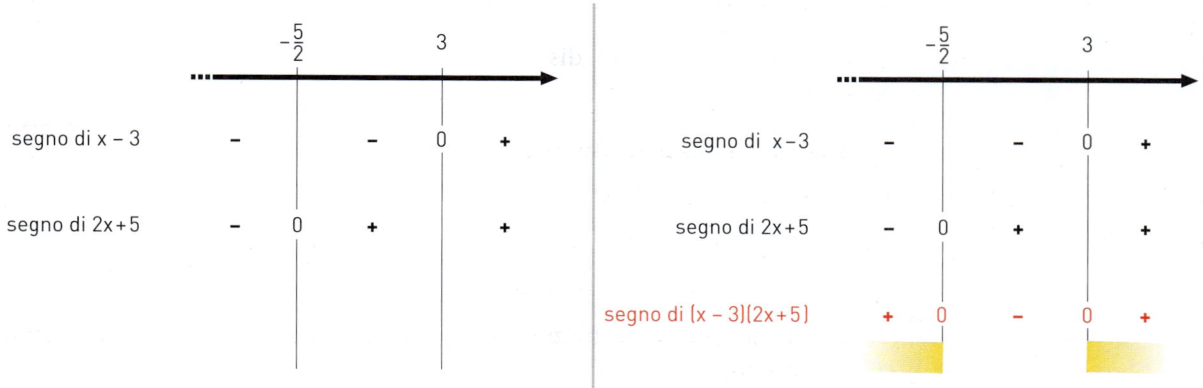

a. Rappresentiamo i valori $-\frac{5}{2}$ e 3 sulla retta orientata e, per indicare il segno di $x-3$ e di $2x+5$, mettiamo il segno + negli intervalli con segno positivo e il segno − negli intervalli con segno negativo. Scriviamo 0 dove i binomi si annullano.

b. Applichiamo la regola dei segni in ognuno degli intervalli. Per esempio, per $x<-\frac{5}{2}$, si ha $-\cdot-=+$. Per $x=-\frac{5}{2}$ e $x=3$, il prodotto è 0.

La disequazione richiede che il prodotto sia positivo, quindi l'insieme delle soluzioni è dato da:

$$x<-\frac{5}{2} \vee x>3.$$

Possiamo rappresentare le soluzioni anche negli altri modi che conosciamo:

- *rappresentazione grafica*:

- *rappresentazione con intervalli*:

$$x \in \left]-\infty; -\frac{5}{2}\right[\cup]3; +\infty[$$

▶ Risolvi le seguenti disequazioni.

- $(x-2)(x+2)>0$
- $(4x-2)(3x+2)\leq 0$

TEORIA

Listen to it

If the unknown is in the denominator, the inequality is called a **rational inequality**.

8 Le disequazioni fratte

▶ Esercizi a p. 539

Le **disequazioni** sono **fratte** (o **frazionarie**) quando contengono l'incognita in almeno un denominatore.

Le disequazioni numeriche fratte

Le disequazioni fratte sono sempre trasformabili applicando i princìpi di equivalenza in una forma normale, del tipo:

$$\frac{N(x)}{D(x)} < 0, \quad \frac{N(x)}{D(x)} > 0, \quad \text{oppure} \quad \frac{N(x)}{D(x)} \le 0, \quad \frac{N(x)}{D(x)} \ge 0,$$

dove $N(x)$ e $D(x)$ rappresentano due polinomi nella variabile x.

ESEMPIO Scriviamo la disequazione $\frac{2x-4}{1-x} > 1$ nella forma $\frac{N(x)}{D(x)} > 0$:

$$\frac{2x-4}{1-x} - 1 > 0.$$

Riduciamo allo stesso denominatore:

$$\frac{2x-4-1+x}{1-x} > 0 \quad \rightarrow \quad \frac{3x-5}{1-x} > 0.$$

La disequazione è scritta nella forma $\frac{N(x)}{D(x)} > 0$, con:

$$N(x) = 3x - 5 \quad \text{e} \quad D(x) = 1 - x.$$

Quando abbiamo una disequazione nella forma $\frac{N(x)}{D(x)} > 0$, non possiamo eliminare il denominatore, come quando operiamo con le equazioni, perché il segno complessivo della frazione dipende anche dal segno del denominatore.

Per risolvere la disequazione dobbiamo determinare per quali valori di x la frazione è positiva, nulla o negativa.

Questa parte della risoluzione prende il nome di *studio del segno della frazione*.

Per esaminare il segno di una frazione del tipo $\frac{N(x)}{D(x)}$, occorre studiare separatamente il segno del numeratore e quello del denominatore.

Studiare il segno di un polinomio nella variabile x vuol dire cercare per quali valori di x il polinomio è positivo, per quali è negativo, per quali si annulla.

La risoluzione di una disequazione fratta

Per risolvere la disequazione

$$\frac{N(x)}{D(x)} > 0,$$

si può porre $N(x) > 0$ e $D(x) > 0$, e controllare in quali intervalli risultano concordi i segni di $N(x)$ e $D(x)$.
Per brevità indichiamo $N(x)$ con N e $D(x)$ con D.

ESEMPIO Risolviamo la seguente disequazione:

$$\frac{3x-5}{1-x} > 0.$$

Studiamo il segno del numeratore N, ponendo $N > 0$.
Per studiare il segno, è del tutto equivalente porre $N < 0$ e $D < 0$.

$$N > 0 \rightarrow 3x - 5 > 0 \rightarrow x > \frac{5}{3}.$$

Analogamente, studiamo il segno del denominatore D, ponendo $D > 0$.

$$D > 0 \rightarrow 1 - x > 0 \rightarrow x < 1.$$

Rappresentiamo i risultati con uno schema grafico, che ci permette di studiare facilmente il segno di $\frac{N}{D}$.

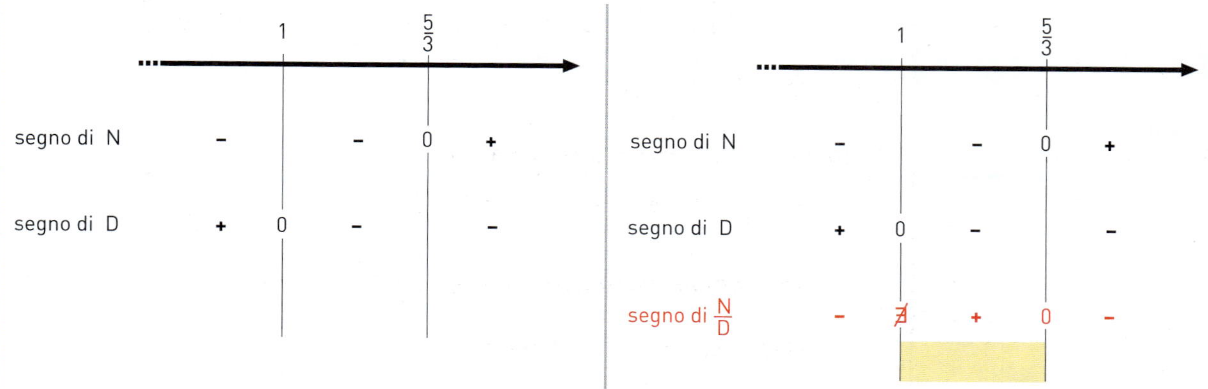

a. Rappresentiamo sulla retta orientata i valori di x per i quali $N = 0$, cioè $\frac{5}{3}$, e $D = 0$, cioè 1. Mettiamo il segno + negli intervalli con segno positivo e il segno − negli intervalli con segno negativo. Scriviamo 0 dove si annullano N e D.

b. Applichiamo le regole dei segni in ognuno degli intervalli. Per esempio, per $x < 1$ si ha $- \cdot + = -$. Poiché per $x = 1$ si ha $D = 0$, $\frac{N}{D}$ non esiste. Per $x = \frac{5}{3}$, $N = 0$, quindi anche $\frac{N}{D} = 0$. L'insieme delle soluzioni è $\left]1; \frac{5}{3}\right[$.

La disequazione richiede che la frazione sia positiva, quindi l'insieme delle soluzioni è l'intervallo aperto:

$$\left]1; \frac{5}{3}\right[.$$

► Risolvi le seguenti disequazioni.

a. $\frac{4-x}{x+7} > 0$ **b.** $\frac{x^2-1}{x^2+x} \geq 0$

Animazione

► Spiega le differenze nella risoluzione del sistema di disequazioni e della disequazione fratta seguenti.

- $\begin{cases} x-5>0 \\ x+2>0 \end{cases}$
- $\frac{x-5}{x+2} > 0$

Video

TEORIA

Listen to it

A **rational inequality** may also contain *letters* other than the unknown in its denominator. To solve rational inequalities you need to consider separately the cases for when the denominator is *positive* or *negative*.

Le disequazioni letterali fratte

Per imparare a risolvere le disequazioni letterali fratte, consideriamo un esempio.

ESEMPIO Risolviamo la disequazione $\frac{1}{x} > a$ nell'incognita x.

Essa è equivalente alla disequazione $\frac{1-ax}{x} > 0$.

Per lo studio del segno poniamo $N > 0$ e $D > 0$, tenendo conto che i segni variano al variare di a e che quindi è necessaria la discussione.

$N > 0 \rightarrow 1 - ax > 0 \rightarrow ax < 1.$

- Se $a > 0$, $N > 0$ quando $x < \frac{1}{a}$.
- Se $a = 0$, si ha $0 \cdot x < 1$, quindi $N > 0$ per qualsiasi valore di x.
- Se $a < 0$, $N > 0$ quando $x > \frac{1}{a}$.

$D > 0 \rightarrow x > 0.$

Prepariamo tre schemi, a seconda dei valori di a.

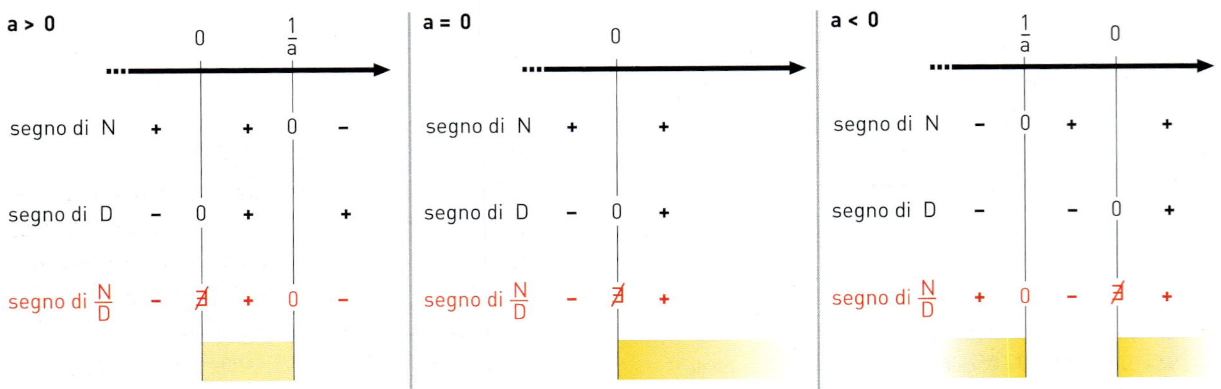

a. Se $a > 0$, $\frac{1-ax}{x} > 0$ per $0 < x < \frac{1}{a}$.

b. Se $a = 0$, $\frac{1-ax}{x} > 0$ per $x > 0$.

c. Se $a < 0$, $\frac{1-ax}{x} > 0$ per $x < \frac{1}{a}$ oppure $x > 0$.

Dunque lo stesso numero può essere o non essere soluzione dell'equazione, a seconda del valore di a.

▶ Risolvi la seguente disequazione nell'incognita x.

$$\frac{a-2}{3} > \frac{2}{x}$$

Animazione

▶ Risolvi la seguente disequazione nell'incognita x.

$$\frac{x}{a-5} + \frac{2}{a+5} > \frac{ax-8}{a^2-25}$$

Animazione

IN SINTESI
Le disequazioni lineari

Le disuguaglianze numeriche

Proprietà delle disuguaglianze, valide $\forall\ a, b \in \mathbb{R}$:

- monotonia dell'addizione:

$$a < b \begin{cases} a+c < b+c \\ a-c < b-c \end{cases} \quad (\forall\ c \in \mathbb{R});$$

- moltiplicazione per un numero positivo:

$$\text{se } a < b \text{ e } c > 0 \begin{cases} a \cdot c < b \cdot c \\ \dfrac{a}{c} < \dfrac{b}{c} \end{cases} \quad (\forall\ c \in \mathbb{R}^+);$$

- moltiplicazione per un numero negativo:

$$\text{se } a < b \text{ e } c < 0 \begin{cases} a \cdot c > b \cdot c \\ \dfrac{a}{c} > \dfrac{b}{c} \end{cases} \quad (\forall\ c \in \mathbb{R}^-);$$

- reciproci di numeri concordi:

$$a < b \rightarrow \frac{1}{a} > \frac{1}{b} \quad (\forall\ a, b \text{ concordi, non nulli}).$$

Le disequazioni

Una **disequazione** è una disuguaglianza in cui compaiono espressioni letterali per le quali cerchiamo i valori di una o più lettere che rendono la disuguaglianza vera.
Tutti i valori che soddisfano una disequazione costituiscono l'insieme delle **soluzioni** della disequazione, che può essere rappresentato in diversi modi.

ESEMPIO L'insieme delle soluzioni della disequazione $x - 3 > 0$ è:

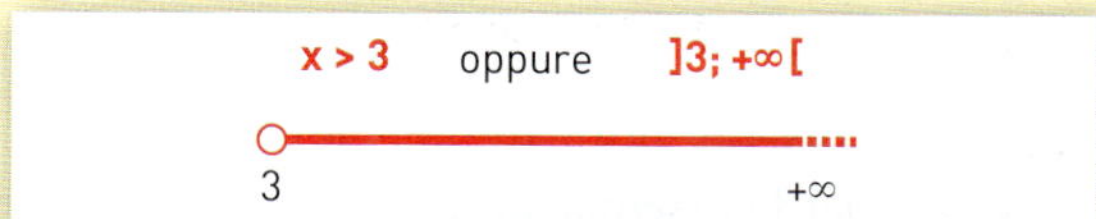

Per risolvere le disequazioni applichiamo i **princìpi di equivalenza**, trasformando la disequazione data in disequazioni a essa equivalenti, via via più semplici.

Se in una disequazione moltiplichiamo (o dividiamo) ambedue i membri per uno stesso numero negativo, dobbiamo cambiare il verso della disequazione.

Le disequazioni intere

Una disequazione è **intera** se non contiene l'incognita al denominatore. Può avere soluzioni, oppure no. In alcuni casi può essere sempre verificata.

ESEMPIO L'intervallo delle soluzioni di $x + 3 > 0$ è $x > -3$;
$0 \cdot x < 2$ è sempre verificata;
$0 \cdot x < -2$ non è mai verificata.

I sistemi di disequazioni

Un **sistema di disequazioni** è un insieme di due o più disequazioni in cui compaiono le stesse incognite, per il quale si cercano i valori da attribuire alle incognite che rendono tali disequazioni verificate *contemporaneamente*.
Per trovare le soluzioni di un sistema di disequazioni si rappresentano su rette orizzontali le soluzioni di ogni disequazione. Le soluzioni del sistema sono date dagli intervalli comuni a tutte le soluzioni.

ESEMPIO $\begin{cases} x > 0 \\ x < 1 \\ x \geq -3 \end{cases}$

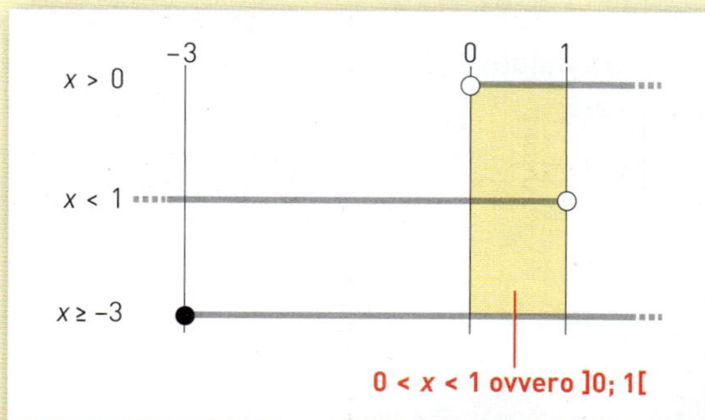

Un sistema che non ha soluzioni si dice **impossibile**.

Le equazioni con valori assoluti

Il **valore assoluto** di un'espressione è uguale all'espressione stessa se è positiva o nulla, mentre è uguale all'opposto dell'espressione se è negativa.

ESEMPIO

$$|x+2| = \begin{cases} x+2 \text{ se } x+2 \geq 0 \\ -(x+2) \text{ se } x+2 < 0 \end{cases}$$

Un'equazione contenente un valore assoluto è equivalente all'unione di due (o più) sistemi misti, formati da una disequazione e da un'equazione.

ESEMPIO

$|x+2| = 7x$ equivale a:

$$\begin{cases} x \geq -2 \\ x+2 = 7x \end{cases} \quad \vee \quad \begin{cases} x < -2 \\ -x-2 = 7x \end{cases}$$

Risolviamo:

$$\begin{cases} x \geq -2 \\ x = \frac{1}{3} \end{cases} \quad \vee \quad \begin{cases} x < -2 \\ x = -\frac{1}{4} \end{cases}$$

Il primo sistema ha soluzione $\frac{1}{3}$, il secondo è impossibile, quindi l'equazione ha soluzione $\frac{1}{3}$.

Le disequazioni con valori assoluti

Una disequazione contenente un valore assoluto è equivalente all'unione di due (o più) sistemi di disequazioni.

ESEMPIO

$|x-1| < 6x+2$ equivale a:

$$\begin{cases} x \geq 1 \\ x-1 < 6x+2 \end{cases} \quad \vee \quad \begin{cases} x < 1 \\ -x+1 < 6x+2 \end{cases}$$

Risolviamo:

$$\begin{cases} x \geq 1 \\ x > -\frac{3}{5} \end{cases} \quad \vee \quad \begin{cases} x < 1 \\ x > -\frac{1}{7} \end{cases}$$

$$x \geq 1 \quad \vee \quad -\frac{1}{7} < x < 1$$

Unendo le soluzioni, otteniamo come soluzioni della disequazione iniziale: $x > -\frac{1}{7}$.

Lo studio del segno di un prodotto

Una disequazione che al primo membro presenta il prodotto di binomi di primo grado si risolve studiando singolarmente il segno di ciascun fattore e rappresentandolo con uno schema grafico. L'insieme delle soluzioni è dato dall'unione degli intervalli dove compare il segno complessivo dei fattori che verifica la disequazione data.

Le disequazioni fratte

In una disequazione fratta **non** si possono eliminare i denominatori contenenti l'incognita. Bisogna invece:

1. trasformare la disequazione in modo che il primo membro sia una frazione del tipo $\frac{N(x)}{D(x)}$, in cui $N(x)$ e $D(x)$ sono polinomi in x, e il secondo membro sia 0;
2. risolvere $N(x) > 0$ e $D(x) > 0$ per studiare il segno del numeratore e del denominatore;
3. studiare graficamente il segno della frazione, come nell'esempio seguente.

ESEMPIO

$\frac{5}{x} - 2 < 0 \rightarrow \frac{5-2x}{x} < 0$

$N(x) > 0 \rightarrow 5-2x > 0 \rightarrow x < \frac{5}{2}$;

$D(x) > 0 \rightarrow x > 0$.

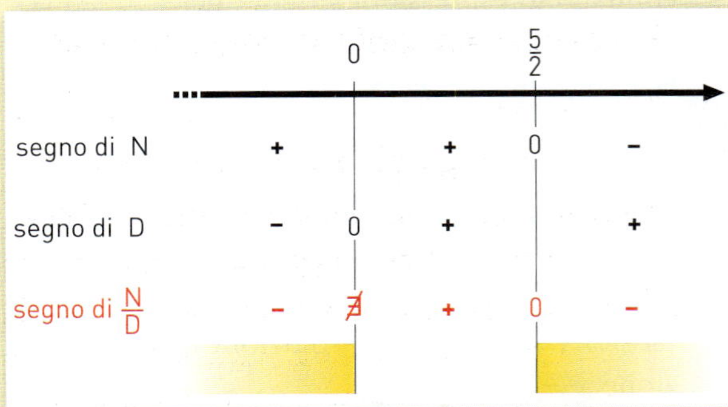

Soluzioni: $x < 0 \vee x > \frac{5}{2}$.

Se una disequazione fratta è letterale, si procede come per le disequazioni fratte numeriche, però occorre aggiungere la discussione sui parametri letterali quando si risolvono le due disequazioni $N(x) > 0$ e $D(x) > 0$.

CAPITOLO 12
ESERCIZI

1 Le disuguaglianze numeriche

▶ Teoria a p. 500

Le disuguaglianze come relazioni tra numeri

COMPLETA inserendo i simboli <, >.

1 $\frac{7}{3}\ \square\ 2$; $\quad 0\ \square\ -4$; $\quad \frac{1}{4}\ \square\ \frac{1}{3}$; $\quad -\frac{2}{5}\ \square\ 1$.

2 $-8\ \square\ -3$; $\quad -6\ \square\ 0$; $\quad \frac{6}{7}\ \square\ \frac{5}{8}$; $\quad -3\ \square\ -5$.

3 Se $a > b$: $\quad -3a\ \square\ -3b$; $\quad -a\ \square\ -b$; $\quad a-4\ \square\ b-4$.

4 Se $a < b$: $\quad \frac{1}{5}a\ \square\ \frac{1}{5}b$; $\quad a+9\ \square\ b+9$; $\quad -a\ \square\ -b$.

5 **ESEMPIO DIGITALE** Una tra le seguenti proposizioni, in cui x e y rappresentano numeri reali qualsiasi, è *falsa*. Quale?

- **A** x è maggiore del suo opposto se e solo se x è positivo.
- **B** Poiché $5 > 3$, allora $5x > 3x$.
- **C** Se $x > y$, allora $\frac{x}{3} > \frac{y}{3}$.
- **D** Se $x > y$, allora $-x < -y$.

6 **YOU & MATHS** **From words to symbols** Translate the following sentences into mathematical sentences.

a. Roger's father must be at least 40 years old.

b. Silvia scored 64 500 points and John beat her by less than 200 points.

Le proprietà delle disuguaglianze

7 **VERO O FALSO?**

a. Se due disuguaglianze hanno lo stesso verso, allora hanno entrambe il simbolo < o >. V F

b. Aggiungendo un numero negativo a entrambi i membri di una disuguaglianza, si ottiene una disuguaglianza di verso opposto. V F

c. Moltiplicando entrambi i membri di una disuguaglianza per uno stesso numero si ottiene una disuguaglianza dello stesso verso. V F

d. Dividendo entrambi i membri di una disuguaglianza per un numero positivo si ottiene una disuguaglianza dello stesso verso. V F

e. La disuguaglianza fra i reciproci di due numeri negativi ha verso contrario rispetto a quella fra i numeri stessi. V F

8 È data la disuguaglianza $-2 < 3$.

a. Trova un numero che, sommato a entrambi i membri della disuguaglianza, consenta l'applicazione della proprietà dei reciproci.

b. Determina un numero che, sottratto a entrambi i membri della disuguaglianza, non consenta di applicare la proprietà dei reciproci.

9 ●○ TEST Se fra tre numeri $x, y, z \in \mathbb{R}$ vale la relazione $0 < x < y < z$, quale delle seguenti affermazioni è *falsa*?

A $\frac{1}{z} < \frac{1}{x}$ B $z - y > 0$ C $x^2 < y^2$ D $2z - y - x > 0$ E $x - 2y > 0$

10 ●○ Per ogni disuguaglianza fra due numeri concordi, scrivi quella soddisfatta dai reciproci dei numeri. Verifica le due disuguaglianze seguenti posizionando i quattro numeri su una stessa retta.

$1 < 2$; $-8 > -10$.

EUREKA!

11 ●○ **Solo** Se p e q sono interi positivi, x e y sono interi negativi, e $p > q$ e $x > y$, quale delle seguenti espressioni deve risultare minore di 0?

i) $q - p$; ii) qy; iii) $p + x$.

A solo i). B solo iii). C solo i) e ii). D solo i) e iii). E i), ii) e iii).

(USA *North Carolina State High School Mathematics Contest*, 1999)

12 ●● **Di sicuro** Supponiamo che siano entrambe vere le seguenti disuguaglianze, con $a, b, c, d \in \mathbb{R}$:

$a > b$, $c > d$.

Quali tra le seguenti disuguaglianze sono sicuramente vere e quali no?

a. $a + c > b + d$. **b.** $a - c > b - d$. **c.** $a \cdot c > b \cdot d$. **d.** $a + d > b + c$.

[a) vera; b) falsa; c) falsa; d) falsa]

MATEMATICA E STORIA

Numeri *perfetti, abundanti, diminuiti* Come scriveva nel Cinquecento il matematico Francesco Galigai, alcuni numeri sono *perfetti*, altri *abundanti*, altri *diminuiti*. L'idea era tutt'altro che nuova: come ricordava pochi decenni prima Luca Pacioli (ca. 1445-ca. 1517), essa risale a Euclide (il quale, a sua volta, riprendeva conoscenze ancora precedenti).

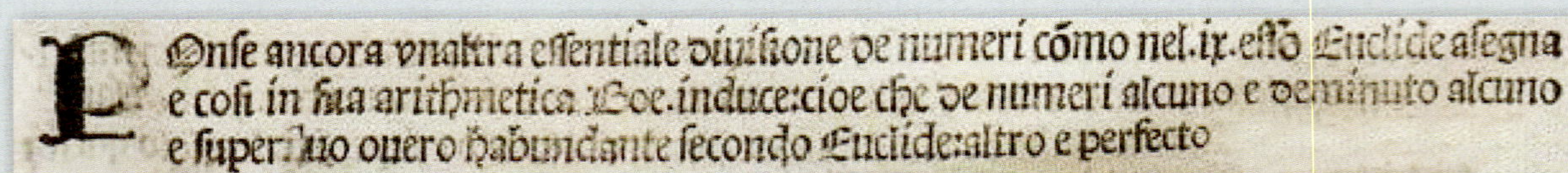
Ponse ancora vnaltra essentiale diuisione de numeri cômo nel.ix.e.ſo Euclide asegna e cosi in sua arithmetica. Boe.induce:cioe che de numeri alcuno e deminuto alcuno e superfluo ouero habundante secondo Euclide:altro e perfecto

Luca Pacioli, *Summa de Arithmetica, Geometria, Proportioni et Proportionalità*, c. 3.

Vediamo quali numeri naturali sono *perfetti*, quali *abundanti*, quali *diminuiti*:
- prendi un numero naturale n, elenca i suoi divisori (n escluso) e trova la loro somma s;
- il numero naturale n si dice allora *abundante* se $n < s$, *diminuito* se $n > s$, *perfetto* se $n = s$.

Considera i numeri naturali da 2 a 20 e stabilisci quali sono *perfetti*, quali *abundanti* e quali *diminuiti*. Giustifica le tue risposte.

Risoluzione - 4 esercizi in più - Attività di ricerca: Numeri perfetti, abbondanti e difettivi.

2 Le disequazioni

▶ Teoria a p. 502

Le soluzioni di una disequazione

13 ●○ VERO O FALSO?

a. Se in una disuguaglianza è presente una lettera variabile, allora si ha una disequazione. V F
b. Nelle disequazioni non valgono le proprietà delle disuguaglianze. V F
c. In generale, le disequazioni hanno come soluzione un unico valore. V F
d. Le disequazioni possono essere intere, numeriche, letterali o fratte, analogamente alle equazioni. V F
e. L'insieme delle soluzioni di una disequazione lineare contiene un numero infinito di valori. V F

14 TEST Solamente uno dei seguenti numeri appartiene all'insieme delle soluzioni della disequazione $-x < -6$. Quale?

A 10 B 6 C $\frac{1}{6}$ D $-\frac{1}{6}$ E -6

Di fianco a ogni disequazione sono scritti alcuni valori. Determina quali sono soluzioni e quali non lo sono.

15 $a - 3 > 5$ $\quad a = 8;\quad a = \frac{9}{2};\quad a = \frac{17}{2};\quad a = \frac{28}{3}.$

16 $y + 4 \leq 6$ $\quad y = 2;\quad y = \frac{3}{2};\quad y = \frac{1}{3};\quad y = 0.$

17 $\frac{3x+2}{4} - \frac{x}{2} > 2x - 3$ $\quad x = 1;\quad x = \frac{3}{2};\quad x = -2;\quad x = 0.$

18 $-x + \frac{3}{2} \leq \frac{2x}{5} - \frac{1}{3} + 2x$ $\quad x = \frac{1}{2};\quad x = -\frac{1}{2};\quad x = 1;\quad x = \frac{3}{4}.$

19 $x + 3 \geq -\frac{3}{2} + \frac{x}{5} - 6x$ $\quad x = -\frac{1}{2};\quad x = 2;\quad x = -1;\quad x = 0.$

La rappresentazione delle soluzioni

20 ESERCIZIO GUIDA Scriviamo i seguenti intervalli (o unioni di intervalli) utilizzando le parentesi quadre e rappresentiamoli graficamente:

a. $x > 1$; **b.** $0 < x < 2$; **c.** $-1 \leq x \leq 1$; **d.** $x \leq 3 \vee x \geq 5$.

a. $]1; +\infty[$

L'estremo 1 è **escluso**: abbiamo scritto $]1; +\infty[$; graficamente, 1 è rappresentato da un cerchietto vuoto.
Poiché $+\infty$ non è un numero reale, ma un simbolo che rappresenta una quantità «più grande» di qualsiasi numero reale, abbiamo scritto $]1; +\infty[$.

b. $]0; 2[$

I due estremi sono esclusi: abbiamo scritto $]0; 2[$ e i due cerchietti sono vuoti.

c. $[-1; 1]$

Gli estremi -1 e 1 sono **inclusi**: abbiamo scritto $[-1; 1]$ e i due cerchietti sono pieni.

d. $x \leq 3 \vee x \geq 5$ è l'unione dei due intervalli $x \leq 3$ e $x \geq 5$:

$$]-\infty; 3] \cup [5; +\infty[$$

Anche in questo caso i numeri 3 e 5 sono inclusi nell'intervallo e i cerchietti sono pieni. Il simbolo $\cup$ indica l'unione di insiemi.

21 ESEMPIO DIGITALE Rappresenta i seguenti intervalli con le parentesi quadre e sulla retta orientata.

$x \leq -\frac{1}{2}$; $\quad -3 < x \leq 2$; $\quad x \leq 1 \vee x > \frac{7}{3}$.

Rappresenta graficamente gli insiemi dei valori di $x \in \mathbb{R}$ che soddisfano le seguenti disuguaglianze. Scrivili poi mediante le parentesi quadre.

22 $0 < x < 1$; $-3 \leq x \leq 1$; $\frac{4}{5} < x \leq \frac{5}{4}$; $-\frac{1}{2} \leq x < 6$.

23 $x > 3$; $x \leq 0$; $x \geq \frac{7}{5}$; $x < \frac{7}{5}$.

24 $x < 3 \vee x \geq \frac{10}{3}$; $x \leq -1 \vee x \geq 1$; $x < \frac{3}{2} \vee x > 3$; $x < a \vee x > \frac{b}{2}$.

CACCIA ALL'ERRORE Correggi la notazione dei seguenti intervalli, scritti mediante parentesi quadre, in modo che siano corrispondenti alle disuguaglianze poste a fianco.

25 $]1; +\infty]$, $x > 1$; $]-\infty; 2[$, $x \leq 2$; $\left]\frac{3}{4}; \frac{1}{2}\right]$, $\frac{1}{2} \leq x < \frac{3}{4}$.

26 $]1; +\infty[\cup \left]\frac{3}{2}; +\infty\right[$, $x < 1 \vee x > \frac{3}{2}$; $[3; +\infty[$, $x > 3$; $[0; 1[$, $0 < x \leq 1$.

27 È dato un intervallo di estremi -2 e 3, dove -2 è escluso e 3 è incluso. Rappresenta l'intervallo mediante le parentesi quadre e poi graficamente.

COMPLETA scrivendo accanto a ogni grafico l'intervallo corrispondente.

28 

29 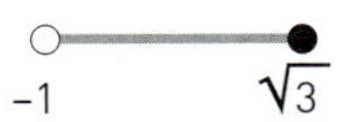

30 

31 

32 

33 

Per ogni rappresentazione grafica scrivi il corrispondente intervallo sia mediante le parentesi quadre sia mediante le disuguaglianze.

34

a

b

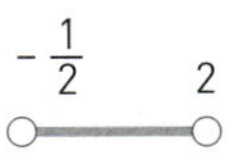

c

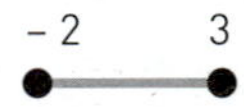

d

35

a

b

c

d

Le disequazioni equivalenti

36 **VERO O FALSO?**

a. Due disequazioni si dicono equivalenti se hanno le stesse soluzioni. V F

b. Due disequazioni con le stesse soluzioni possono non essere equivalenti. V F

c. Se moltiplico entrambi i membri di una disequazione per uno stesso numero diverso da 0, ottengo una disequazione a essa equivalente. V F

d. Due disequazioni equivalenti hanno lo stesso verso. V F

37 SPIEGA PERCHÉ La disequazione $-x > 0$ è equivalente a $x < 0$? Perché? E la disequazione $-2x < 0$ è equivalente a $x > 2$?

38 ASSOCIA ogni disequazione della prima riga con la sua equivalente della seconda riga.

1. $2x - 1 < 1$ 2. $2x < 1$ 3. $-2x < -1$ 4. $-1 > 2x$

a. $x < -\frac{1}{2}$ b. $x > \frac{1}{2}$ c. $x < 1$ d. $x < \frac{1}{2}$

39 COMPLETA le seguenti affermazioni.

a. Applicando il ______ principio di equivalenza, la disequazione $3x + 4 \leq 2$ diventa $3x \leq$ ___.

b. Applicando il ______ principio di equivalenza, la disequazione $-x \leq 3$ diventa $x \geq$ ___.

c. Applicando il primo principio di equivalenza e poi il secondo, la disequazione $-2x + 3 \leq 2$ diventa $-2x \leq$ ___ e poi x ___.

d. Applicando il secondo principio di equivalenza e poi il primo, la disequazione $\frac{1}{3}x - \frac{2}{3} \leq 1$ diventa $x - 2 \leq$ ___ e poi $x \leq$ ___.

40 TEST Sono date le tre disequazioni:

a. $3(x-3) > 7x + 5$;   b. $3(x-3) > 7$;   c. $3(3-x) > 7(x-3)$.

Fra le seguenti, qual è l'unica affermazione *vera*?

A $x = 0$ appartiene alle soluzioni di **a**.

B $x = 5$ appartiene alle soluzioni di **b**.

C $x = 4$ non appartiene né alle soluzioni di **a**, né a quelle di **b**, né a quelle di **c**.

D **a** e **b** sono equivalenti perché hanno il primo membro uguale.

E **a** e **c** sono equivalenti perché hanno lo stesso verso.

Indica in base a quale principio le seguenti coppie di disequazioni sono equivalenti.

41 $-2x < 3$ $x > -\frac{3}{2}$

42 $\frac{1}{3} + x > 0$ $x > -\frac{1}{3}$

43 $6 + x \geq -1$ $x \geq -7$

44 $-x < 6$ $2x > -12$

45 $9x > 0$ $2x - 1 > -1$

46 $6x + 2 < 0$ $x < -\frac{1}{3}$

---

47 VERO O FALSO?

a. Se $-2x > 0$, allora $x < 2$.   V F

b. Se $4x > \frac{1}{3}$, allora $x > \frac{1}{12}$.   V F

c. Se $-x < 4$, allora $2x < -8$.   V F

d. Se $\frac{1}{2}x < 3$, allora $x < 6$.   V F

e. Se $-6x < -18$, allora $3 < x$.   V F

f. Se $3x > 0$, allora $x > \frac{1}{3}$.   V F

48 YOU & MATHS **Make up an inequality** Write at least 3 inequalities that have the following interval as their solution: $x > 5$.

49 EUREKA! **Quale?** *a*, *b* e *c* sono numeri reali tali che comunque se ne scelgano due la loro somma è maggiore o uguale a zero. Quale delle seguenti affermazioni è certamente vera?

A $a \cdot b \cdot c \geq 0$.

B Almeno uno dei tre numeri è zero.

C Almeno uno dei tre numeri è strettamente minore di zero.

D a, b e c sono tutti maggiori o uguali a zero.

E $a + b + c \geq 0$.

(*Giochi di Archimede*, 2010)

3 Le disequazioni intere

▶ Teoria a p. 505

Le disequazioni numeriche intere

50 VERO O FALSO?

a. Se una disequazione è equivalente a $2 > 0$, allora x deve essere uguale a 0. V F

b. Una disequazione che non è verificata per alcun valore di x è detta impossibile. V F

c. La disequazione $x < x$ è impossibile. V F

d. La disequazione $x \geq x$ è verificata $\forall x \in \mathbb{R}$. V F

TEST

51 Le seguenti disequazioni sono tutte verificate $\forall x \in \mathbb{R}$, *tranne* una. Quale?

A $x < x+1$ B $x \leq x+1$ C $2x > 1-2(1-x)$ D $2x \geq 1-2(1-x)$ E $3(x+1) < 2(x+1)$

52 Quale, fra le seguenti disequazioni, ha come soluzione $\left[\frac{2}{3}; +\infty\right[$?

A $2-3x > 0$ B $2 \leq 3x$ C $3-2x < 0$ D $3 \leq 2x$ E Nessuna delle precedenti.

53 Quale, fra le seguenti disequazioni, *non* ha come soluzione $\left]-\frac{1}{2}; +\infty\right[$?

A $-2x < 1$ B $x > -\frac{1}{2}$ C $x > -(x+1)$ D $-2 < 4x$ E $2x < -1$

54 ASSOCIA ogni disequazione della prima riga con l'intervallo delle sue soluzioni sulla seconda riga.

1. $4x > 6$ 2. $-x-4 < 6$ 3. $-4x < +6$ 4. $-x+4 > -6$

a. $\left]-\frac{3}{2}; +\infty\right[$ b. $\left]\frac{3}{2}; +\infty\right[$ c. $]-10; +\infty[$ d. $]-\infty; 10[$

55 YOU & MATHS Solve for y: $\frac{y}{9}+4 < \frac{y-5}{5}+1$.

A $y < 45$ B $y > 45$ C $y < -1$ D $y > -1$ E $y < 9$

(CAN *Canadian Open Mathematics Challenge*, 1996)

56 CACCIA ALL'ERRORE Qual è l'errore nella seguente sequenza di passaggi? Motiva la risposta.

$$(x+1)(3x-2) < x^2-1 \rightarrow (x+1)(3x-2) < (x-1)(x+1) \rightarrow 3x-2 < x-1 \rightarrow$$
$$3x-x < 2-1 \rightarrow 2x < 1 \rightarrow x < \frac{1}{2}$$

[nel secondo passaggio i due membri sono stati divisi per $x+1$, ma...]

57 ESERCIZIO GUIDA Risolviamo la seguente disequazione: $\frac{x-5}{3} - \frac{2x+7}{2} \leq 6x-8-\frac{3x-2}{4}$.

Eliminiamo i denominatori, moltiplicando entrambi i membri per il loro minimo comune multiplo: $\text{mcm}(2; 3; 4) = 12$.

$$4(x-5)-6(2x+7) \leq 12 \cdot 6x - 12 \cdot 8 - 3(3x-2)$$
$$4x-20-12x-42 \leq 72x-96-9x+6$$
$$-8x-62 \leq 63x-90 \rightarrow -8x-63x \leq -90+62 \rightarrow -71x \leq -28$$

Cambiamo segno, invertendo il verso della disequazione:

$$71x \geq 28 \rightarrow x \geq \frac{28}{71} \quad \text{oppure} \quad \left[\frac{28}{71}; +\infty\right[.$$

Risolvi le seguenti disequazioni numeriche intere.

58 $3x-5<-2$ $[x<1]$

59 $x-2<7x$ $\left[x>-\frac{1}{3}\right]$

60 $5(x-1)<2(x-3)$ $\left[x<-\frac{1}{3}\right]$

61 $4[2(1-x)-3]>5x+1$ $\left[x<-\frac{5}{13}\right]$

62 $-x-\frac{1}{2}+\frac{x+1}{2}>0$ $[x<0]$

63 $4x-3>5x+1$ $[x<-4]$

64 $7x-2>3x-1$ $\left[x>\frac{1}{4}\right]$

65 $2(x-1)+3(x-2)<-7$ $\left[x<\frac{1}{5}\right]$

66 $\frac{1}{2}x-(1+x)>\frac{3}{2}$ $[x<-5]$

67 $4x-3<-\frac{2}{3}x+3$ $\left[x<\frac{9}{7}\right]$

68 $x-4(x+2)\leq 2x-[x-(3-4x)]$ $[\forall x\in\mathbb{R}]$

69 $x\left(1-\frac{1}{3}x\right)<-\frac{1}{3}x^2+2$ $[x<2]$

70 $6x+7>\frac{1}{3}(9x-3)$ $\left[x>-\frac{8}{3}\right]$

71 $\frac{3}{2}\left(x+\frac{1}{2}\right)>2\left(x+\frac{1}{2}\right)-\frac{1}{2}\left(x-\frac{1}{2}\right)$ [impossibile]

72 $x-\frac{1}{3}<2\left(x-\frac{3}{2}\right)$ $\left[x>\frac{8}{3}\right]$

73 $3\left[(x+3)+\frac{1}{3}x\right]<7x$ $[x>3]$

74 $\frac{7x-1}{2}>-\frac{2x+1}{4}$ $\left[x>\frac{1}{16}\right]$

75 $\frac{x-3}{10}+\frac{1}{2}\left(x-\frac{2}{3}\right)>\frac{2}{3}\left(x-\frac{1}{2}\right)$ $\left[x<-\frac{9}{2}\right]$

76 $(x-1)(x+2)+(1-x)(2x+3)\leq 2-x^2$ $[\forall x\in\mathbb{R}]$

---

77 $5(3-4x)+14x-\frac{11}{6}<-10x-\frac{10}{3}\left(\frac{8x-15}{20}\right)$ $[x<-2]$

78 $(x-1)(x+1)-(x-3)^2<3$ $\left[x<\frac{13}{6}\right]$

79 $(x-1)^2-3x<(x-3)(x+3)$ $[x>2]$

80 $4(5x-1)+2(3x+1)^2>3x(6x+5)-2x-3$ $\left[x>-\frac{1}{19}\right]$

81 $(2x-1)^2-3(2+x)\leq(2x+3)(2x-3)+2(x+3)$ $\left[x\geq-\frac{2}{9}\right]$

82 $(3x-1)(3x+1)-\left(1-\frac{1}{2}x\right)^2+\frac{1}{4}(x+1)^2-9x^2<0$ $\left[x<\frac{7}{6}\right]$

83 $x^2(2-x)+(x-2)^3\leq-5(1-2x)+(2x+1)(1-2x)$ $[x\leq 2]$

84 $\left(\frac{1}{2}-x\right)^2-(x+1)^2<-\left[1-\left(\frac{2x+1}{6}\right)\right]+\frac{1+2x}{3}$ $\left[x>-\frac{1}{16}\right]$

85 $\left(\frac{1}{3}-\frac{5}{3}x\right)^2<\frac{5}{9}x(x-2)+\left(x-\frac{4}{9}x\right)4x$ [impossibile]

86 $\frac{(x-1)(x+1)}{2}+\left[\frac{x-5}{4}-\left(\frac{1}{2}x+1\right)\right]-\frac{(x-3)^2}{2}>0$ $\left[x>\frac{29}{11}\right]$

87 $\frac{1}{2}\left(x-\frac{4}{3}\right)+\left(3-\frac{x}{2}\right)^2<\frac{x^2}{4}+\frac{x-1}{3}-\frac{2x+5}{2}+2$ $[x>5]$

88 $\frac{4}{9}\left[x+\frac{3(x-1)}{4}\right]+\left(x+\frac{1}{3}\right)^2\geq\frac{1}{3}+\left(x-\frac{1}{3}\right)(x+2)$ $\left[x\leq\frac{1}{2}\right]$

89 $2(2x-1)(2x+1)-6(x-2)^2\leq(x-3)^2-[3(3+x)(3-x)-2(x+1)(1-x)]$ $\left[x\leq\frac{1}{3}\right]$

90 $3\left(x-\frac{1}{3}\right)(x+2)+(5x-1)^2<9x\left(\frac{1}{3}x-1\right)+40+(5x+1)^2$ $[x>-7]$

ESERCIZI

91 $\frac{1}{3}\left(9-\frac{3x}{2}\right)-\frac{2}{5}\left(\frac{15+5x}{2}\right)>(3-2x)^2-(2x+1)(2x-1)-6$ $\left[x>\frac{8}{21}\right]$

92 $(x+3)^3-4[x+5-(x+8)]^3>(x-3)^2(x+3)+12(x+1)^2$ $[x>-8]$

93 $(x-1)^3-(x+1)^3>2x-2-6x^2+2(x+1)(x-1)-2(x-2)^2$ $[x<1]$

94 $3(x-1)-1<\frac{x-2}{3}-\left(x-\frac{x-1}{3}\right)$ $\left[x<\frac{9}{10}\right]$

95 $\frac{x}{3}-\frac{1}{2}\left(x+\frac{2}{3}\right)<\frac{1}{3}-2\left(x+\frac{1}{3}\right)$ $[x<0]$

96 $\frac{5}{2}x+\frac{2x-2}{3}-\frac{1-x}{3}-\left(\frac{3x+1}{2}+2x\right)\geq\frac{3}{2}$ [impossibile]

97 ESEMPIO DIGITALE $\frac{3}{7}x-\frac{3x+2}{14}>\frac{5x+1}{2}-\frac{x-6}{7}$

98 $\frac{2}{3}\left(x-2-\frac{x-1}{2}\right)\geq 1-\frac{2}{3}x-\frac{2}{3}\left(x-\frac{x}{2}\right)+2\left(\frac{2}{3}x-1\right)$ $[\forall x\in\mathbb{R}]$

99 $\frac{1}{4}(3x-5)+\frac{1}{2}\left(\frac{x+1}{3}-x\right)<\frac{2}{3}(x-7)-\frac{1}{3}\left(x-\frac{1+x}{4}\right)$ [impossibile]

100 $\dfrac{1-x}{1-\frac{1}{3}}+\dfrac{1-\frac{2x}{3}}{1+\frac{1}{3}}>7x+(1-x)^2-(x+1)(x-1)$ $\left[x<\frac{1}{28}\right]$

101 $\frac{(x-1)^2}{2}-\frac{x^2-6x}{4}\geq\left(\frac{x-1}{2}\right)^2-2$ $\left[x\geq-\frac{9}{4}\right]$

102 $\left(\frac{1}{2}-x\right)^2-\frac{1-2x}{3}\leq(1+x)^2-\left(1-\frac{3x-1}{6}\right)$ $\left[x\geq\frac{1}{34}\right]$

103 $2\left(x-\frac{1}{2}\right)\left(x+\frac{1}{4}\right)-x(x+2)\leq\left(x-\frac{1}{2}\right)^2-\frac{1}{2}$ $[x\geq 0]$

104 YOU & MATHS **Which values?** What values of a would make the following inequality true?

$9a-5\geq 3a+5$

Represent the solutions on the real number line.

105 ESEMPIO DIGITALE Tra le seguenti coppie di disequazioni, una sola è formata da disequazioni non equivalenti tra loro: quale?

A $\frac{3x-5}{2}>\frac{2x-1}{3}$; $\frac{5-3x}{2}<\frac{1-2x}{3}$.

B $1-x>2x-3$; $3x<4$.

C $3(x-1)>-x$; $4x>3$.

D $2x-3\leq x-2$; $2x+5\leq 3x+4$.

106 INVALSI 2015 Lorenza afferma: «La disequazione $\frac{1}{2}x<x$ è soddisfatta per ogni numero reale x».

Lorenza ha ragione?

Scegli la risposta corretta e completa la frase.

☐ Lorenza ha ragione perché…

☐ Lorenza non ha ragione perché…

MATEMATICA INTORNO A NOI

Un problema di costi Un artigiano, per produrre vasi in ceramica, deve acquistare una nuova attrezzatura e ha due possibilità:

A) spendere subito € 256 e avere poi un costo di produzione stimato in € 3,50 al pezzo, oppure

B) spendere subito € 110 e poi € 3,75 per ogni pezzo prodotto.

Egli riflette: «Se il numero delle formelle sarà basso, il costo minore ce l'avrò con l'opzione B, ma producendone un buon numero diventerebbe minore il costo A...».

a. Riporta in una tabella i costi sostenuti nei due casi al variare del numero x di pezzi prodotti (per esempio per $x = 0, 100, 200, \dots, 800$).

b. Illustra con un diagramma in quale intervallo il «costo A» è sicuramente superiore al «costo B» e in quale intervallo è vero il contrario.

c. Traduci in disuguaglianze la situazione illustrata dal diagramma.

Risoluzione - 3 esercizi in più.

Le disequazioni letterali intere

107 VERO O FALSO?

a. La disequazione letterale, in x, $ax > b$ ha come soluzione $x < \frac{b}{a}$ se $a < 0$. V F

b. La disequazione, in x, $3x > a$ ha come soluzione $x < \frac{a}{3}$ se $a < 0$. V F

c. Le disequazioni letterali richiedono la discussione solo se, quando sono scritte in forma normale, la variabile è moltiplicata per una lettera. V F

d. La disequazione, in x, $ax \geq a$ non può essere impossibile. V F

e. La disequazione, in x, $(k-1)x > (k-1)$ non richiede la discussione perché si può semplificare il coefficiente $(k-1)$. V F

TEST

108 È data la disequazione in x: $a + x \leq ax - 2$.
Per quale valore di a risulta impossibile?

A $a = -2$
B $a = 0$
C $a = -1$
D $a = 1$
E $a = 2$

109 È data la disequazione in x: $ax \leq a^2 + a$.
Se $a < 0$, qual è l'intervallo delle soluzioni?

A $]-\infty; a+1]$
B $[a+1; +\infty[$
C $]-\infty; a^2]$
D $[a^2; +\infty[$
E Nessuno dei precedenti.

110 ESERCIZIO GUIDA Risolviamo la disequazione nell'incognita x, con $a \in \mathbb{R}$:

$$2(x+1)(a-2) + 3a < 3x(a-4).$$

Eseguiamo i calcoli che ci permettono di arrivare alla forma $ax < b$:

$$2(ax - 2x + a - 2) + 3a < 3ax - 12x$$

$$2ax - 4x + 2a - 4 + 3a < 3ax - 12x$$

$$8x - ax < 4 - 5a$$

$$x(8-a) < 4 - 5a.$$

Discussione

- Se $8 - a > 0$, ossia $-a > -8$, $a < 8$, allora possiamo dividere per $8 - a$ senza cambiare il verso della disequazione e troviamo le soluzioni: $x < \frac{4-5a}{8-a}$.
- Se $a = 8$, sostituendo, otteniamo $x \cdot 0 < -36$, che non è mai verificata: la disequazione è *impossibile* e come soluzione possiamo scrivere: $\nexists\, x \in \mathbb{R}$.
- Se $a > 8$, dividiamo per $8 - a < 0$ cambiando il verso della disequazione, e troviamo le soluzioni: $x > \frac{4-5a}{8-a}$.

Risolvi le seguenti disequazioni letterali intere nell'incognita x con $a \in \mathbb{R}$.

111 $3ax - a - 6a > -2 + 4ax$ $\left[a > 0, x < \frac{2-7a}{a}; a < 0, x > \frac{2-7a}{a}; a = 0, \forall x \in \mathbb{R}\right]$

112 $a(x-1) > 1 + 2x$ $\left[a > 2, x > \frac{a+1}{a-2}; a < 2, x < \frac{a+1}{a-2}; a = 2, \text{impossibile}\right]$

113 ESEMPIO DIGITALE $a(4x+7) < -4(x+2)(a+2) - a$

114 $ax - a^2 \geq 3x - 9$ $[a > 3, x \geq a+3; a < 3, x \leq a+3; a = 3, \forall x \in \mathbb{R}]$

115 $(a-2)x < 3$ $\left[a < 2, x > \frac{3}{a-2}; a = 2, \forall x \in \mathbb{R}; a > 2, x < \frac{3}{a-2}\right]$

116 $4x - a \leq a(x+2)$ $\left[a < 4, x \leq \frac{3a}{4-a}; a = 4, \forall x \in \mathbb{R}; a > 4, x \geq \frac{3a}{4-a}\right]$

117 $(a-1)x - (1-a)(1+a) < 0$ $[a > 1, x < -(a+1); a = 1, \nexists x \in \mathbb{R}; a < 1, x > -(a+1)]$

118 $(1-a)(x+1) \leq x - 2 + a(x-1)$ $\left[a > 0, x \geq \frac{3}{2a}; a = 0, \nexists x \in \mathbb{R}; a < 0, x \leq \frac{3}{2a}\right]$

119 $a(x-3) < x - 1$ $\left[a > 1, x < \frac{3a-1}{a-1}; a = 1, \forall x \in \mathbb{R}; a < 1, x > \frac{3a-1}{a-1}\right]$

120 $b(2x-1) \geq -2x + 4 + b$ $\left[b > -1, x \geq \frac{b+2}{b+1}; b = -1, \nexists x \in \mathbb{R}; b < -1, x \leq \frac{b+2}{b+1}\right]$

121 $3x - a(x-a) < (a-1)(a+1) + a + 4$ $\left[a > 3, x > \frac{a+3}{3-a}; a < 3, x < \frac{a+3}{3-a}; a = 3, \forall x \in \mathbb{R}\right]$

122 $x(1+bx) + x(x-b) < (x^2+1)(1+b)$ $\left[b < 1, x < \frac{1+b}{1-b}; b > 1, x > \frac{1+b}{1-b}; b = 1, \forall x \in \mathbb{R}\right]$

123 $(x+a)^3 - 4ax(a-x) > 2x(x+a)^2 + (a-x)^3$ [impossibile]

La risoluzione dei problemi mediante le disequazioni lineari

124 ESERCIZIO GUIDA La somma di tre numeri naturali dispari consecutivi è minore di 27. Determiniamo il massimo valore possibile dei tre numeri.

- Indichiamo con x il minore di tre numeri dispari.
- Il secondo numero, dispari consecutivo di x, è: $x+2$.
- Il terzo numero, dispari consecutivo di $x+2$, è: $x+4$.
- La somma dei tre numeri è minore di 27:

$$x + (x+2) + (x+4) < 27 \rightarrow$$
$$3x + 6 < 27 \rightarrow$$
$$3x < 21 \rightarrow$$
$$x < 7.$$

Il più grande numero naturale dispari minore di 7 è 5; quindi, i tre numeri richiesti sono 5, 7 e 9.

Problemi numerici

125 Determina il massimo valore che possono assumere tre numeri naturali pari consecutivi affinché la loro somma sia minore di 60. [16; 18; 20]

126 Determina quei numeri naturali il cui quadruplo è minore del loro doppio aumentato di 7. [0; 1; 2; 3]

127 Aggiungendo alla somma di due numeri pari consecutivi il triplo del maggiore dei due numeri, si ottiene una quantità maggiore di 108. Calcola quali sono i valori più piccoli che possono assumere i due numeri. [22; 24]

128 La somma di due numeri dispari consecutivi è maggiore di 45. Trova quali sono i due numeri naturali più piccoli che soddisfano la relazione. [23; 25]

129 La somma di due numeri naturali, di cui uno è il quadruplo dell'altro, è minore di 75. Determina il massimo valore possibile dei due numeri. [14; 56]

130 Determina i valori di $x \in \mathbb{R}$ tali che la somma tra x, la sua metà e la metà della sua metà superi il triplo di x di almeno 10. [$x \leq -8$]

131 Quali sono quei numeri interi la cui metà è maggiore della terza parte del loro successivo? [$n > 2$]

132 Determina per quali valori di k l'equazione

$$(3-k)x-5=0$$

ammette soluzione positiva. [$k < 3$]

133 Sono dati tre numeri interi consecutivi, $x < y < z$, tutti diversi da 0.

a. Il loro prodotto è multiplo di 6? Perché?

b. Se $x < 0$, il loro prodotto è positivo o negativo? Perché?

c. Se la loro somma è maggiore di 55, che valori può assumere y?

[a) sì; b) negativo; c) $y \geq 19$]

134 Sottraendo alla somma di due multipli di 3 consecutivi la metà del numero minore, si ottiene un numero minore o uguale a 30. Trova i più grandi multipli di 3 che soddisfano la condizione. [18; 21]

Problemi geometrici

135 Un'aiuola rettangolare deve essere costruita con un perimetro minore o uguale a 18 m. Sapendo che la lunghezza dovrà superare di 3 m la larghezza, determina quale può essere la larghezza massima dell'aiuola. [3 m]

136 I lati di un triangolo misurano, in metri, rispettivamente $2x$, $x+2$ e 8. Per quali valori di x il triangolo ha perimetro minore di 100 m? [$2 < x < 10$]

137 I lati di un rettangolo misurano, in centimetri, rispettivamente $2x$ e $x+1$. Se il perimetro del rettangolo deve risultare maggiore di 42 cm, come deve essere scelto il valore di x? $\left[x > \frac{20}{3}\right]$

138 In un triangolo isoscele, la lunghezza della base è $\frac{1}{3}$ di quella del lato diminuita di 2 cm. Quale valore deve assumere la misura x del lato affinché il perimetro sia minore di 19 cm? [$6 < x < 9$]

139 Le diagonali di un rombo sono lunghe rispettivamente $(6x-2)$ cm e $(5x+10)$ cm. Quali valori può assumere x affinché la prima diagonale sia maggiore della metà della seconda? [$x > 2$]

140 Sono dati due percorsi: il primo lungo un triangolo equilatero di lato $(3x+1)$ cm; il secondo lungo un triangolo isoscele di base 5 cm e lato $(2x+1)$ cm. Stabilisci per quale valore di x il primo percorso è più lungo del secondo. $\left[x > \frac{4}{5}\right]$

141 In un triangolo ABC l'angolo $\widehat{A}$ ha ampiezza pari ai $\frac{4}{5}$ dell'angolo $\widehat{B}$. Determina quali valori può assumere l'ampiezza di $\widehat{A}$ affinché $\widehat{C}$ sia maggiore di 90°. [$0° < \widehat{A} < 40°$]

Problemi INTORNO A NOI

RISOLVIAMO UN PROBLEMA

Fare shopping

Letizia e Caterina decidono di fare shopping nel periodo dei saldi. Entrambe vogliono comperare un paio di pantaloni che costa € 54 e una maglia da € 64. Sapendo che Letizia e Caterina hanno rispettivamente € 52 e € 68, qual è lo sconto minimo in percentuale che ciascuna delle due ragazze dovrà chiedere al negoziante per poter acquistare i due capi?

▶ **Determiniamo il costo complessivo per l'acquisto.**

$54 + 64 = 118.$

Il costo complessivo è di € 118.

▶ **Determiniamo lo sconto minimo necessario a Letizia.**

Letizia ha a disposizione € 52.
Chiamando x lo sconto in euro necessario, impostiamo la disequazione:

$118 - x \leq 52 \quad \rightarrow \quad x \geq 66.$

Letizia deve avere uno sconto minimo di € 66 per poter effettuare l'acquisto.
Per calcolare la percentuale impostiamo la proporzione:

$118 : 66 = 100 : x \quad \rightarrow$

$$x = \frac{66}{118} \cdot 100 \simeq 0,56 \cdot 100 = 56\%.$$

Lo sconto minimo richiesto è del 56%.

▶ **Determiniamo lo sconto minimo necessario a Caterina.**

Procedendo nello stesso modo ricaviamo:

$118 - x \leq 68 \quad \rightarrow \quad x \geq 50.$

Caterina deve richiedere uno sconto di € 50 per effettuare l'acquisto.
Calcoliamo la percentuale.

$118 : 50 = 100 : x \quad \rightarrow$

$$x = \frac{50}{118} \cdot 100 \simeq 0,42 \cdot 100 = 42\%.$$

Lo sconto minimo richiesto è del 42%.

142 La sosta in un parcheggio a pagamento costa € 1,80 l'ora. Quanto tempo posso lasciare parcheggiata la macchina se non posso spendere più di € 4,50? [al massimo 2 ore e mezza]

143 Il noleggio di una tavola e di un paio di scarponi da snowboard costa € 11,00 per un'intera mattina fino a mezzogiorno. Ogni mezzora in più costa € 0,80. Matteo ha € 15,00; fino a che ora può fare snowboard? [fino alle 14:30]

144 Per noleggiare un'automobile, una compagnia di noleggi offre due opzioni. Con l'opzione A si pagano € 15,00 di quota fissa più € 0,20 per kilometro percorso. L'opzione B prevede € 10,00 di quota fissa e € 0,25 per kilometro.
Per quale tipo di viaggi è più conveniente l'opzione B?
[per viaggi di percorrenza inferiore ai 100 km]

145 **Non sempre conviene...** Per avere la carta fedeltà di un negozio occorre pagare una quota di € 6, ma il possesso della tessera offre l'opportunità di avere uno sconto immediato del 30% su un articolo. Quanto deve costare l'articolo perché risulti conveniente acquistare la carta fedeltà? [più di € 20]

146 **Meglio valutare...** Un lavoratore pendolare deve decidere se sia più conveniente spostarsi in treno con l'abbonamento mensile oppure utilizzando i biglietti di corsa semplice. Considerando che il prezzo per l'abbonamento mensile è di € 200 mentre il biglietto di corsa semplice costa € 5,50, qual è il numero minimo di viaggi che deve compiere il lavoratore perché risulti più conveniente l'abbonamento? Se il pendolare lavora cinque giorni a settimana, conviene l'abbonamento? [37; sì]

147 YOU & MATHS A consultant can be paid in two manners. Plan A: $ 30 per hour; Plan B: $ 400 plus $ 20 per hour.
Suppose the job takes n hours. For what values of n is Plan A better for the consultant than Plan B? [$n > 40$]

148 INVALSI 2010 In un laboratorio si devono riempire completamente 7 contenitori da un litro travasando il liquido contenuto in flaconi da 33 cL ciascuno. Il liquido rimanente viene gettato via.

a. Qual è il numero minimo di flaconi che occorrono per riempire tutti i sette contenitori?

b. Quanto liquido viene gettato via?

149 In una fabbrica di giocattoli, si producono pupazzi che vengono rivenduti a € 7 l'uno. Sapendo che i costi fissi mensili ammontano a € 2100 e che il costo del materiale per ogni pupazzo è di € 3,50, determina quanti pupazzi devono essere prodotti perché il bilancio non vada in perdita. [almeno 600]

150 **Disequazione rock** Una rock band vuole far produrre delle magliette da vendere durante i concerti al prezzo di € 8 ciascuna. Se la band spende € 500 iniziali e € 5 per ogni maglietta, quante magliette deve vendere per raggiungere il guadagno minimo di € 400? [almeno 300]

151 INVALSI 2012 Un turista italiano in viaggio in Svizzera, prima di cambiare i suoi euro in franchi, esamina le seguenti proposte fatte da due banche:
Banca A: 1 euro viene scambiato con 1,412 franchi senza spese.
Banca B: 1 euro viene scambiato con 1,416 franchi con una commissione fissa di 2 franchi.

a. Se il turista cambia 300 euro, quanti franchi ottiene presso la banca A?

Carlo afferma che, qualunque sia la somma che si vuole cambiare, è sempre più conveniente la banca A.

b. Carlo ha ragione? Scegli una delle due risposte e completa la frase.

☐ Carlo ha ragione perché…

☐ Carlo non ha ragione perché…

152 Mi fermo al distributore per mettere nel motore dell'auto mezzo litro di olio, che costa € 17,60 al litro, e per fare benzina, che costa € 1,28 al litro. Quanti litri di benzina posso mettere al massimo nel serbatoio se ho soltanto € 28? [15 L]

153 Andrea, per andare in piscina, può scegliere tra due diverse possibilità: € 140 di iscrizione annuale più € 2 per ogni ingresso; € 20 per la tessera di socio più € 8 per ogni ingresso.
Per quanti ingressi risulta preferibile la seconda possibilità? [meno di 20]

4 I sistemi di disequazioni

▶ Teoria a p. 508

La risoluzione dei sistemi di disequazioni numeriche

154 VERO O FALSO?

a. In un sistema di due disequazioni è possibile che queste abbiano soluzioni e che il sistema non ne abbia. V F

b. Le soluzioni di un sistema di disequazioni devono soddisfare ogni disequazione che lo compone. V F

c. Le soluzioni di un sistema di disequazioni sono un sottoinsieme delle soluzioni di ogni singola disequazione. V F

155 ESERCIZIO GUIDA Risolviamo i seguenti sistemi di disequazioni.

a. $\begin{cases} 3(1-x) < 2x+1 \\ 2x-6 > 5x-2 \end{cases}$ b. $\begin{cases} \frac{3}{2}x - \frac{4}{3} + 5x \leq \frac{1}{2}x + 11 - \frac{1}{3} \\ \frac{6}{5}x + 1 - x < 2 + \frac{1}{2}x + \frac{7}{10}x \end{cases}$

a. Risolviamo le due disequazioni:

$$\begin{cases} 3-3x < 2x+1 \\ 2x-5x > -2+6 \end{cases} \rightarrow \begin{cases} -3x-2x < 1-3 \\ -3x > 4 \end{cases} \rightarrow \begin{cases} -5x < -2 \\ -3x > 4 \end{cases} \rightarrow \begin{cases} 5x > 2 \\ 3x < -4 \end{cases} \rightarrow \begin{cases} x > \frac{2}{5} \\ x < -\frac{4}{3} \end{cases}$$

Rappresentiamo le soluzioni delle disequazioni:

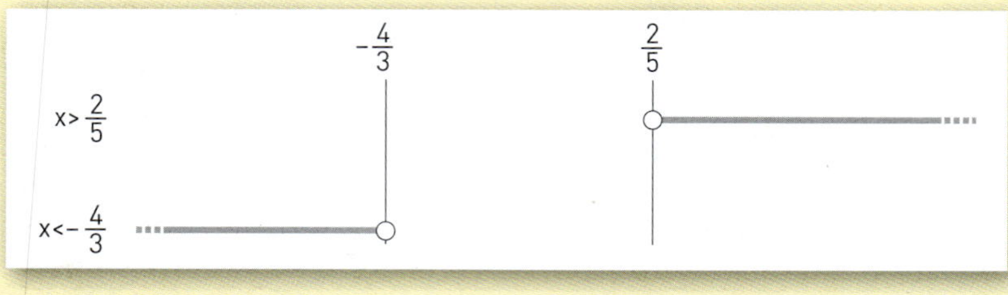

Non esistono valori di x per cui le due disequazioni sono verificate *contemporaneamente*, quindi il sistema è impossibile. L'insieme delle soluzioni è vuoto.

b. Risolviamo le due disequazioni:

(·6) (·10)

$$\begin{cases} 9x - 8 + 30x \leq 3x + 66 - 2 \\ 12x + 10 - 10x < 20 + 5x + 7x \end{cases}$$

$$\begin{cases} 39x - 3x \leq 64 + 8 \\ 2x - 12x < 20 - 10 \end{cases} \rightarrow \begin{cases} 36x \leq 72 \\ -10x < 10 \end{cases} \rightarrow \begin{cases} x \leq \frac{72}{36} \\ 10x > -10 \end{cases} \rightarrow \begin{cases} x \leq 2 \\ x > -1 \end{cases}$$

Rappresentiamo le soluzioni delle disequazioni:

La soluzione è: $-1 < x \leq 2$, ossia $]-1; 2]$.

Risolvi i seguenti sistemi di disequazioni.

156 $\begin{cases} x-1>0 \\ x-6>0 \end{cases}$ $[x > 6]$

157 $\begin{cases} 4x+6<0 \\ 6x \geq 0 \end{cases}$ [impossibile]

158 $\begin{cases} x+4<0 \\ 3x<1 \end{cases}$ $[x < -4]$

159 $\begin{cases} x+1>0 \\ -2x \geq 0 \\ 3x+2>0 \end{cases}$ $\left[-\frac{2}{3} < x \leq 0\right]$

160 $\begin{cases} x-4<0 \\ 2-x>0 \\ x+3>0 \end{cases}$ $[-3 < x < 2]$

161 $\begin{cases} 3x+9+2 < x-1 \\ 2x-3 > x+7 \end{cases}$ [impossibile]

162 $\begin{cases} x-6-x(x-1) > 2-x^2 \\ 2x-1<3 \end{cases}$ [impossibile]

163 $\begin{cases} x+7-3x \geq -x(x+1)+x^2-3-2x \\ 2x+3<7 \end{cases}$ $[-10 \leq x < 2]$

164 $\begin{cases} \frac{1}{3}(9x+12)-10 > 12 \\ 4x(x-1)+10 < 4x(x+1)-6 \end{cases}$ $[x > 6]$

165 $\begin{cases} 2x(x-1)-2x^2+x < 2-x \\ 7x-1-6x > x-3 \end{cases}$ $[\forall x \in \mathbb{R}]$

166 $\begin{cases} \frac{x+3}{2} - \frac{2}{3} < \frac{x-1}{6} - 1 \\ 2x - 2 > x + 1 \end{cases}$ [impossibile]

167 $\begin{cases} 3x - 5 < 2x + 4 \\ -4x > 2 + 8\left(x - \frac{5}{8}\right) - 6x \end{cases}$ $\left[x < \frac{1}{2}\right]$

168 $\begin{cases} 6x - 1 + 2x(x-2) - x^2 \geq x^2 + 1 \\ 2x - 6 > x + 1 \end{cases}$ $[x > 7]$

169 $\begin{cases} 2x(x-1) - x^2 + x - 3 \leq x(x-2) + 7 \\ 2x + 3 - x + x^2 > x(x+2) - 3 \end{cases}$ $[x < 6]$

170 $\begin{cases} (2x-1)(x+2) - 2x^2 < x + 7 \\ 3x - 1 > x + 3 \end{cases}$ $\left[2 < x < \frac{9}{2}\right]$

171 $\begin{cases} (x+2)^2 - x(x+2) - 7 \leq 4 \\ 2x - 3 > 1 \end{cases}$ $\left[2 < x \leq \frac{7}{2}\right]$

172 $\begin{cases} 2x - 3 < (x+1)^2 - x(x-1) \\ x + 3 - 2x \geq 4 \end{cases}$ $[-4 < x \leq -1]$

173 $\begin{cases} (x-1)^2 + 2x - 7 < 1 + x^2 \\ 7x + 1 < 7 + x(x-2) - x^2 + 9x \end{cases}$ $[\forall x \in \mathbb{R}]$

174 $\begin{cases} x^2 + 6x - 3 < 2x(x+2) - x^2 \\ (x-2)^2 + 3x - 3 > -2x + 1 + x^2 \end{cases}$ $\left[0 < x < \frac{3}{2}\right]$

175 $\begin{cases} (x+3)^2 - x^2 - 7 < x + 2 \\ 2x > x(x+1) + 4 - x^2 \end{cases}$ [impossibile]

176 $\begin{cases} 9x - 15 - 2(x+1) \geq -2(x-3) - 20 \\ \frac{1-x}{2} + 1 \geq \frac{2}{3}x - \frac{4}{3} \end{cases}$ $\left[\frac{1}{3} \leq x \leq \frac{17}{7}\right]$

177 $\begin{cases} 2\left(\frac{2}{5}x - 1\right) + \frac{1}{2}x > \frac{2}{5}x - 1 \\ x^2 + x\left(\frac{1}{3}x - 4\right) > x(x-2) + \frac{x^2}{3} \end{cases}$ [impossibile]

178 $\begin{cases} \frac{1}{4}[1 + x(x^2-1)] + \frac{1}{4} > \left(3 + \frac{1}{2}\right)x - \frac{1-x^3}{4} - \frac{1}{2} \\ 3x - \frac{1}{2} \geq x + 2 - \frac{5}{2} \end{cases}$ $\left[0 \leq x < \frac{1}{3}\right]$

179 $\begin{cases} \frac{x-1}{2} - \frac{2x(x+1)}{3} < \frac{1-2x^2}{3} + 1 \\ \frac{2}{3}\left(x - \frac{1}{4}\right) + \frac{1}{6} - (x-1)(x+1) \leq 1 - x^2 \end{cases}$ $[-11 \leq x < 0]$

180 $\begin{cases} \left[\frac{1}{4}(x+2)^2 - 4 - x\right]4 < x^2 - 2x \\ \frac{3}{4}x - \frac{2}{3} > \frac{1}{2}x + 1 \end{cases}$ [impossibile]

ESERCIZI

Problemi numerici e problemi geometrici

181 EUREKA! **Aggiungi una disequazione** Dato il seguente sistema di disequazioni lineari, con $x \in \mathbb{R}$:

$$\begin{cases} x - \frac{1}{5} > 2 - \frac{2x}{5} \\ x + 12 \geq 5(x-1) \end{cases}$$

è possibile aggiungere una disequazione lineare in modo che il nuovo sistema risulti impossibile? Se sì, fai un esempio. $\left[x - \frac{11}{7} \leq 0\right]$

182 È data la funzione $f(x) = -\frac{1}{2}x + 6$. Trova per quali valori di x:

a. $f(x)$ è non negativa;

b. $-2 < f(x) \leq 4$.

[a) $x \leq 12$; b) $4 \leq x < 16$]

183 Determina quali possibili coppie di numeri dispari consecutivi verificano contemporaneamente le seguenti proprietà:

a. la loro somma non è minore di 30;

b. la differenza fra il triplo del maggiore e il doppio del minore, diminuita di 11, non supera 14.

[15 e 17; 17 e 19; 19 e 21]

184 Due numeri dispari consecutivi sono tali che:

a. la loro somma diminuita di 8 non supera 12;

b. la differenza tra il quadruplo del primo e la metà del secondo è maggiore di $\frac{33}{2}$.

Trova le coppie di numeri che soddisfano tali condizioni. [7 e 9; 9 e 11]

185 Un trapezio isoscele ha la base maggiore che è il triplo di quella minore e l'altezza che è $\frac{1}{3}$ della base minore. Quali valori può assumere la misura b della base minore affinché la differenza tra l'area del trapezio e i $\frac{2}{3}$ dell'area del quadrato di lato $b-1$ sia non negativa? $[b > 1]$

186 Il lato di un quadrato misura $3x - 1$. Sapendo che il lato obliquo del trapezio isoscele isoperimetrico al quadrato misura 10 dm e che l'altezza è uguale al lato obliquo diminuito di 2, determina x in modo che l'area del trapezio non superi 144 dm^2. $\left[\frac{1}{3} < x \leq 5\right]$

187 Trova quali valori può assumere x affinché il triangolo della figura possa esistere.

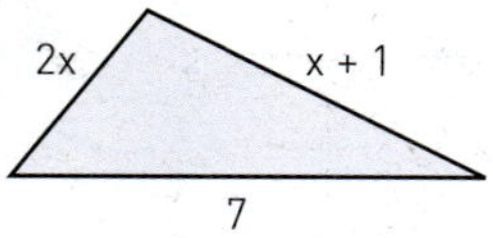

$[2 < x < 8]$

188 La base di un triangolo isoscele misura $x - 3$ e l'altezza è pari alla somma tra 1 e i $\frac{2}{3}$ della base. Determina x in modo che l'area del triangolo sia maggiore della differenza tra l'area del quadrato costruito sulla base del triangolo e i $\frac{3}{2}$ dell'area del quadrato costruito sull'altezza. $[x > 3]$

RISOLVIAMO UN PROBLEMA

Triangoli e triangoli

Per quali valori di x le quantità x, $3x - 1$, $2 - x$ possono rappresentare le misure dei lati di un triangolo?
Se x è misurato in cm, per quali valori, tra quelli consentiti, il perimetro del triangolo risulta di almeno 3,5 cm?

► Imponiamo le condizioni affinché i valori possano essere le misure dei lati di un triangolo.

I valori devono essere tutti positivi, in quanto misure.

$x > 0$;

$3x - 1 > 0 \rightarrow 3x > 1 \rightarrow x > \frac{1}{3}$;

$2 - x > 0 \rightarrow x < 2$.

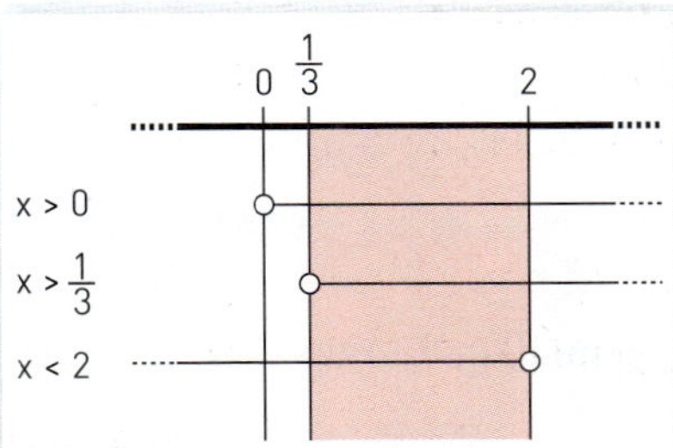

Tutti i valori sono positivi nell'intervallo $\frac{1}{3} < x < 2$.

Inoltre, per la disuguaglianza triangolare, in un triangolo la lunghezza di un lato è sempre minore della somma degli altri due. Scriviamo le tre disuguaglianze.

$x + 3x - 1 > 2 - x \rightarrow 5x > 3 \rightarrow x > \frac{3}{5}$;

$x + 2 - x > 3x - 1 \rightarrow 3x < 3 \rightarrow x < 1$;

$3x - 1 + 2 - x > x \rightarrow x > -1$.

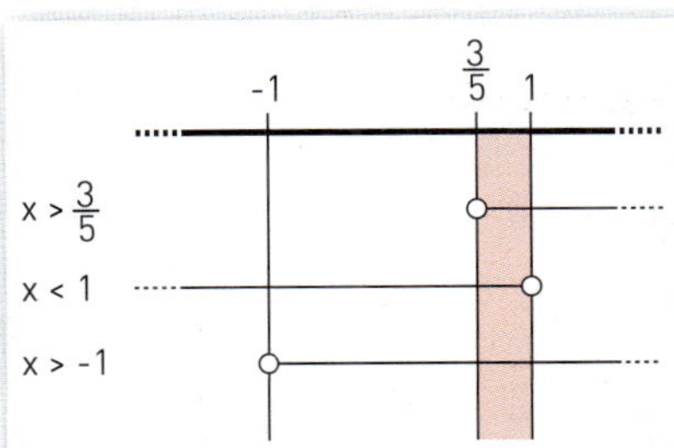

Le tre disuguaglianze sono verificate nell'intervallo $\frac{3}{5} < x < 1$.

► Determiniamo i valori di *x* che verificano tutte le condizioni.

Tutte le condizioni sono verificate dalle soluzioni del sistema:

$$\begin{cases} \frac{1}{3} < x < 2 \\ \frac{3}{5} < x < 1 \end{cases}$$

Rappresentiamo graficamente gli intervalli.

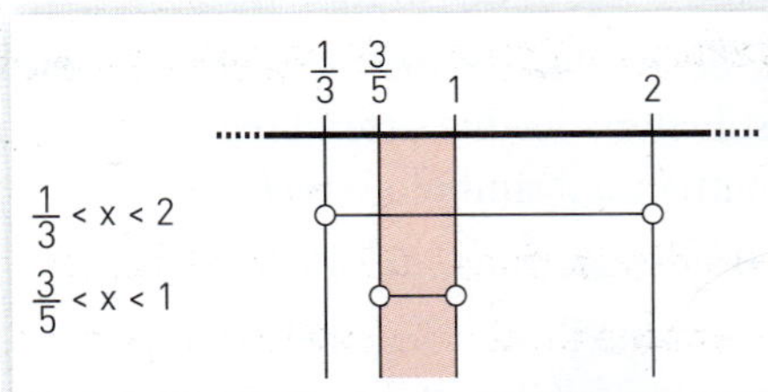

I valori che possono essere le misure dei lati di un triangolo sono compresi nell'intervallo $\frac{3}{5} < x < 1$.

► Calcoliamo i valori per cui il perimetro è maggiore o uguale a 3,5 cm.

Impostiamo e risolviamo la disuguaglianza.

$x + 3x - 1 + 2 - x \geq 3{,}5$

$x + 3x - x \geq 3{,}5 + 1 - 2$

$3x \geq 2{,}5 \quad \rightarrow \quad x \geq \frac{25}{10} \cdot \frac{1}{3} \quad \rightarrow \quad x \geq \frac{5}{6}$

Imponiamo la condizione trovata al punto precedente.

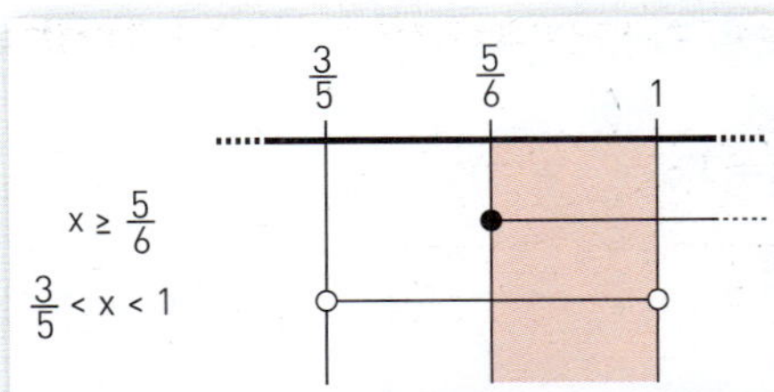

Il perimetro del triangolo è maggiore o uguale a 3,5 cm se $\frac{5}{6} \leq x < 1$.

ESERCIZI

5 Le equazioni con valori assoluti

▶ Teoria a p. 509

189 VERO O FALSO?

a. Non si può determinare il valore assoluto di $x-1$, se $x>3$. V F

b. Le espressioni $|x+2|$ e $x+2$ sono equivalenti solo se $x \geq 2$. V F

c. Le espressioni $|5-x|$ e $x-5$ sono equivalenti se $x \geq 5$. V F

d. Un'equazione di primo grado con il valore assoluto può avere due soluzioni distinte. V F

e. Un'equazione di primo grado con il valore assoluto ha sempre almeno una soluzione. V F

190 TEST Quale delle seguenti equazioni è impossibile?

A $x-1=|x-1|$

B $|2x+1|-2=3$

C $\frac{-1}{2}|x-2|=-3$

D $-\frac{2}{3}|3x+1|=2$

E $\left|x-\frac{1}{2}\right|=\left|\frac{1}{2}x-1\right|$

191 ESERCIZIO GUIDA Risolviamo l'equazione $2|x|-1=5$.

Analizziamo il segno dell'argomento.

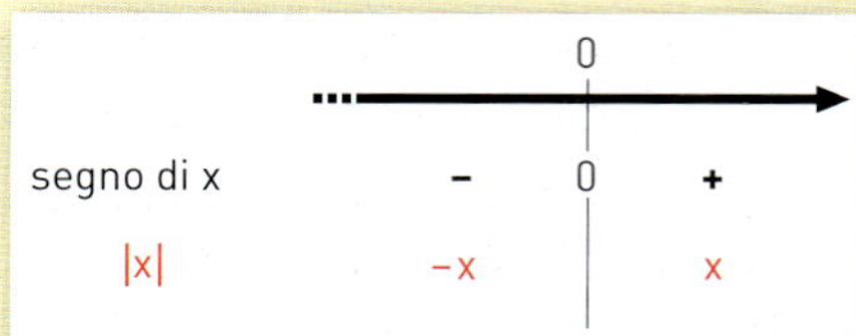

L'insieme delle soluzioni dell'equazione è l'**unione** degli insiemi delle soluzioni dei due sistemi seguenti. Per questo fra i due sistemi mettiamo il simbolo ∨ (*vel*):

$$\begin{cases} x \geq 0 \\ 2x-1=5 \end{cases} \quad \vee \quad \begin{cases} x<0 \\ 2(-x)-1=5 \end{cases}$$

I due sistemi sono formati da una disequazione e da un'equazione. Sistemi di questo tipo sono chiamati **sistemi misti**. Risolviamoli entrambi.

Primo sistema

$$\begin{cases} x \geq 0 \\ 2x=6 \end{cases} \rightarrow \begin{cases} x \geq 0 \\ x=3 \end{cases}$$

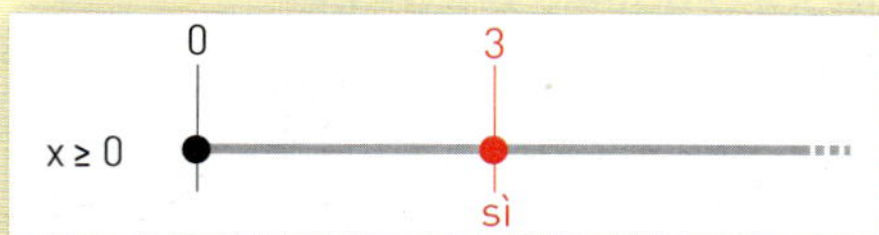

La soluzione $x=3$ è accettabile.

Secondo sistema

$$\begin{cases} x<0 \\ -2x-1=5 \end{cases} \rightarrow \begin{cases} x<0 \\ x=-3 \end{cases}$$

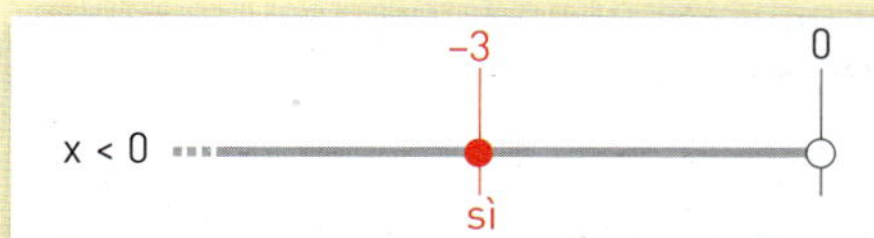

La soluzione $x=-3$ è accettabile.

Poiché entrambe le soluzioni sono accettabili, l'equazione data ha due soluzioni: $x=3$ e $x=-3$.

Risolvi le seguenti equazioni con valori assoluti.

192 $1+|x|=5$ $[x=-4;\ x=4]$

193 $|4x|-1=11$ $[x=3;\ x=-3]$

194 $|1+x|=5$ $[x=4;\ x=-6]$

195 $|x|+1=2x-3$ $[x=4]$

196 ESEMPIO DIGITALE $|x-2|-2|1-x|=-7$

197 $|x+1|=2x-3$ $[x=4]$

198 $1-x+|1+x|=0$ $[x \geq 1]$

199 $|2x-5|=7-8x$ $\left[x=\frac{1}{3}\right]$

200 $3\left(|x|-\frac{1}{3}\right)=6x-1$ $[x=0]$

201 $\left|\frac{1}{2}-x\right|=\frac{1}{3}x-\frac{1}{12}$ $\left[x=\frac{7}{16};\ x=\frac{5}{8}\right]$

202 $\left|\frac{3}{4}(x-1)\right|=\frac{1}{2}x+2$ $[x=11;\ x=-1]$

203 EUREKA! **Due costanti** Siano a, $b \in \mathbb{R}$ due costanti, e sia $x \in \mathbb{R}$. Quale tra le seguenti affermazioni è corretta, se riferita all'equazione $|x-a| = b$?

- **A** L'equazione è determinata, con unica soluzione $x = a + b$.
- **B** L'equazione è determinata, con soluzioni $x = a + b \wedge x = a - b$.
- **C** L'equazione può essere impossibile.
- **D** L'equazione può essere indeterminata.

6 Le disequazioni con valori assoluti

▶ Teoria a p. 510

204 VERO O FALSO?

- **a.** Le disequazioni con il valore assoluto devono avere sempre il segno $>$. V F
- **b.** Se una disequazione contiene il valore assoluto di un'espressione con la variabile, allora, in generale, si devono risolvere almeno due sistemi di disequazioni per trovare le soluzioni della disequazione. V F
- **c.** In una disequazione con valori assoluti, se uno dei sistemi risolventi è impossibile, allora la disequazione è impossibile. V F
- **d.** La soluzione di una disequazione con valori assoluti è data dall'intersezione dei sistemi in cui viene scomposta. V F

205 ESERCIZIO GUIDA Risolviamo la disequazione $|3x-6| - 1 > 2(x+2) - x - 2$.

Scriviamo la disequazione nella forma $|A| > B$:

$$|3x-6| > 2x + 4 - x - 2 + 1 \quad \rightarrow \quad |3x-6| > x + 3.$$

Analizziamo il segno di $3x-6$: $\quad 3x - 6 \geq 0 \quad \rightarrow \quad x \geq \frac{6}{3} \quad \rightarrow \quad x \geq 2.$

La disequazione si scinde in due sistemi.

Primo sistema

$$\begin{cases} x \geq 2 \\ 3x - 6 > x + 3 \end{cases} \rightarrow \begin{cases} x \geq 2 \\ 3x - x > 3 + 6 \end{cases}$$

$$\begin{cases} x \geq 2 \\ 2x > 9 \end{cases} \rightarrow \begin{cases} x \geq 2 \\ x > \frac{9}{2} \end{cases}$$

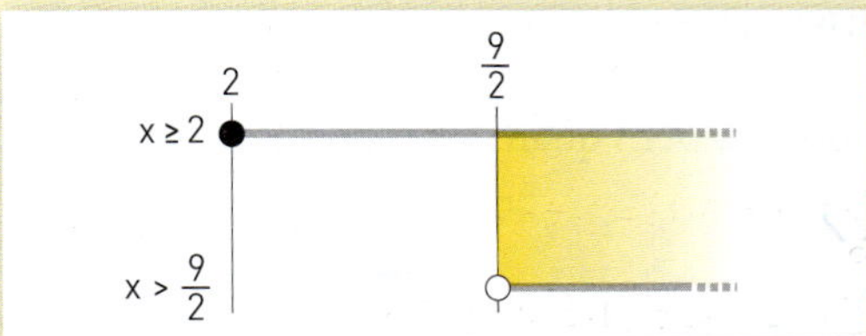

Le soluzioni comuni si hanno per $x > \frac{9}{2}$.

Secondo sistema

$$\begin{cases} x < 2 \\ -3x + 6 > x + 3 \end{cases} \rightarrow \begin{cases} x < 2 \\ -3x - x > 3 - 6 \end{cases}$$

$$\begin{cases} x < 2 \\ -4x > -3 \end{cases} \rightarrow \begin{cases} x < 2 \\ x < \frac{3}{4} \end{cases}$$

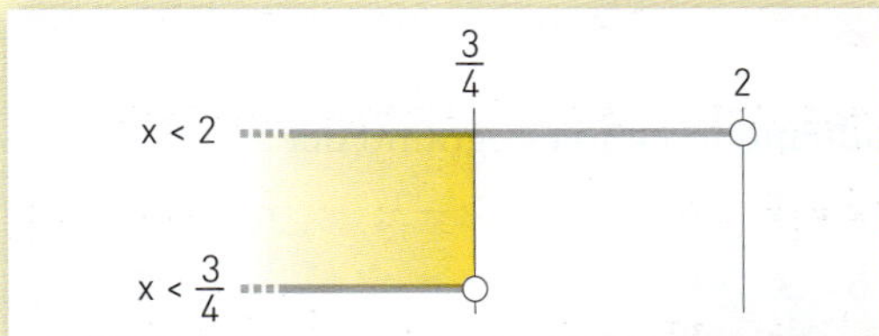

Le soluzioni comuni si hanno per $x < \frac{3}{4}$.

Uniamo le soluzioni dei due sistemi, rappresentandole su una stessa retta.
La disequazione data ha per soluzioni:

$x < \frac{3}{4} \vee x > \frac{9}{2}$, ossia $\left]-\infty; \frac{3}{4}\right[\cup \left]\frac{9}{2}; +\infty\right[$

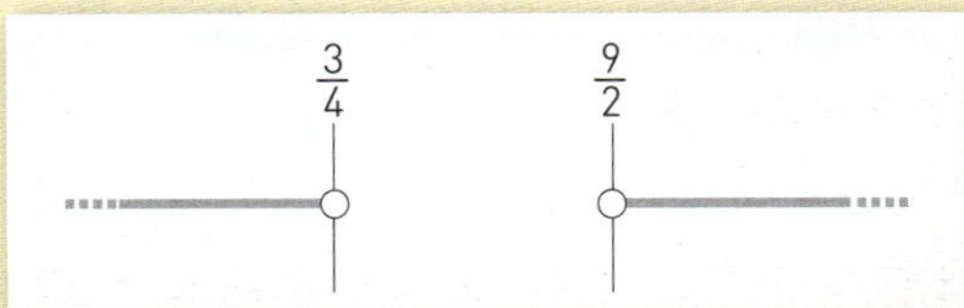

ESERCIZI

Risolvi le seguenti disequazioni.

206 $|x|-1>5$ $[x<-6 \vee x>6]$

207 $|x-1|>5$ $[x<-4 \vee x>6]$

208 $|1-x|<6$ $[-5<x<7]$

209 ESEMPIO DIGITALE $|1-5x|<-7x+10$

210 $3-|x+8|\leq 2x-1$ $\left[x\geq -\frac{4}{3}\right]$

211 $|2x|-4<1+7x$ $\left[x>-\frac{5}{9}\right]$

212 $\left|x-\frac{1}{2}\right|<\frac{1}{12}x+\frac{4}{3}$ $\left[-\frac{10}{13}<x<2\right]$

213 $2\left(\frac{1}{3}-|x|\right)<4x-1$ $\left[x>\frac{5}{18}\right]$

214 $\frac{1}{2}x+2>\left|\frac{3}{4}\left(x-\frac{1}{3}\right)\right|$ $\left[-\frac{7}{5}<x<9\right]$

215 $\frac{23}{24}x-\frac{1}{2}>\left|\frac{5}{8}x+\frac{1}{3}\right|$ $\left[x>\frac{5}{2}\right]$

216 $\left|\frac{4}{3}x-\frac{1}{4}\right|>-\frac{13}{12}+\frac{x}{4}$ $[\forall x\in\mathbb{R}]$

217 $1-x+|1-x|\geq 0$ $[\forall x\in\mathbb{R}]$

218 $1-|x|<4x-3$ $\left[x>\frac{4}{5}\right]$

219 $|2x-3|<6+7x$ $\left[x>-\frac{1}{3}\right]$

220 TEST Le soluzioni della disequazione $|x-1|\geq -1$ sono:

A $x\geq 1$. B $-2\leq x\leq -1$. C $x\leq 4$. D $1\leq x\leq 2$. E $\forall x\in\mathbb{R}$.

221 EUREKA! **Distanze** Un punto P sulla retta orientata ha distanze dai punti di ascissa 4 e 2 che differiscono per più di 1 unità. Quale condizione deve essere soddisfatta dall'ascissa di P?

A $x>\frac{7}{2}$

B $x<0 \vee x>\frac{5}{2}$

C $x<\frac{5}{2} \vee x>\frac{7}{2}$

D $x<\frac{5}{2} \vee x>4$

7 Lo studio del segno di un prodotto

▶ Teoria a p. 511

Studia il segno dei seguenti prodotti al variare di x in $\mathbb{R}$.

222 ESEMPIO DIGITALE $3x(1-x)(2x+1)$

223 $(2x-3)(1+2x)(1-7x)$

224 ESERCIZIO GUIDA Risolviamo la disequazione: $(x+3)(6-x)\leq 0$.

Studiamo il segno di ognuno dei fattori, cercando i valori di x per i quali ciascun fattore è positivo:

- $x+3>0 \quad\rightarrow\quad x>-3$;
- $6-x>0 \quad\rightarrow\quad -x>-6 \quad\rightarrow\quad x<6$.

Compiliamo il quadro dei segni (figura a lato).

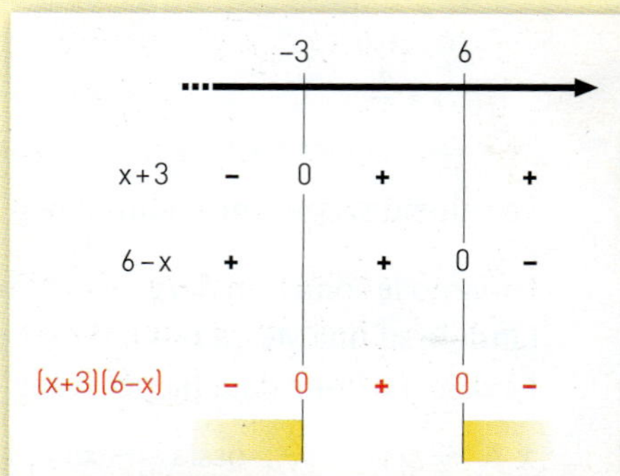

Poiché si richiede che il prodotto sia negativo o nullo, le soluzioni della disequazione sono le seguenti.

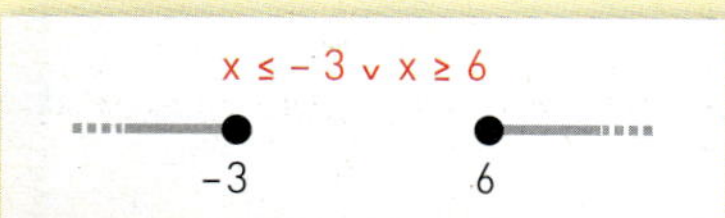

Risolvi le seguenti disequazioni.

225 $(x-5)(x+2) > 0$ $[x < -2 \vee x > 5]$

226 $x(7x-2) \geq 0$ $\left[x \leq 0 \vee x \geq \frac{2}{7}\right]$

227 $3x(2x-6) < 0$ $[0 < x < 3]$

228 $2x\left(x+\frac{1}{2}\right)(x-2) > 0$ $\left[-\frac{1}{2} < x < 0 \vee x > 2\right]$

229 $(x-1)(x+6)(x-6) \leq 0$ $[x \leq -6 \vee 1 \leq x \leq 6]$

230 $\left(x+\frac{3}{2}\right)\left(x+\frac{3}{4}\right)(x+1) \geq 0$ $\left[-\frac{3}{2} \leq x \leq -1 \vee x \geq -\frac{3}{4}\right]$

231 $\left(x-\frac{2}{3}\right)\left(x-\frac{1}{2}\right)\left(x-\frac{2}{5}\right) < 0$ $\left[x < \frac{2}{5} \vee \frac{1}{2} < x < \frac{2}{3}\right]$

232 $x(x-1)(x+1) > 0$ $[-1 < x < 0 \vee x > 1]$

233 $(x-3)(2x+8)(5x-1) < 0$ $\left[x < -4 \vee \frac{1}{5} < x < 3\right]$

234 $\frac{1}{2}(x+1)(2x-3)(2-x)x \geq 0$ $\left[-1 \leq x \leq 0 \vee \frac{3}{2} \leq x \leq 2\right]$

235 $-6x(5x-2)(x+4)(x-2) < 0$ $\left[x < -4 \vee 0 < x < \frac{2}{5} \vee x > 2\right]$

Risoluzione delle disequazioni intere e scomposizioni in fattori

236 INVALSI 2015 Nell'insieme dei numeri reali la disequazione $x^2+1 \geq 0$ è verificata

A solo per $x \geq 0$

B solo per $x \geq -1$

C per ogni x

D per nessun x

237 ESERCIZIO GUIDA Risolviamo le seguenti disequazioni.

a. $x^3-9x > 0$; **b.** $x^2-5x+6 \geq 0$; **c.** $x^4-81 < 0$.

a. $x^3-9x > 0$.

Scomponiamo in fattori il polinomio al primo membro:

$$x(x^2-9) > 0 \rightarrow x(x-3)(x+3) > 0.$$

Studiamo il segno dei fattori:

- $x > 0$;
- $x-3 > 0 \rightarrow x > 3$;
- $x+3 > 0 \rightarrow x > -3$.

L'insieme delle soluzioni della disequazione è l'intervallo in cui il polinomio è positivo:

$$-3 < x < 0 \vee x > 3.$$

Questo è il quadro dei segni:

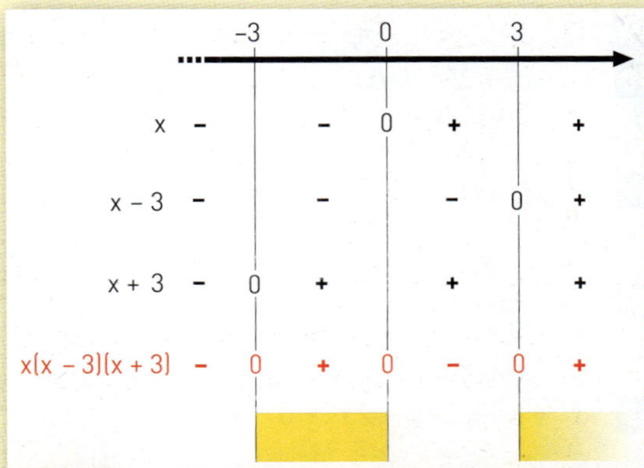

b. $x^2 - 5x + 6 \geq 0$.

Scomponiamo in fattori:

$$(x-2)(x-3) \geq 0.$$

Studiamo il segno dei fattori:

- $x - 2 > 0 \rightarrow x > 2$;
- $x - 3 > 0 \rightarrow x > 3$.

Compiliamo il quadro dei segni.

		2		3	
x − 2	−	0	+		+
x − 3	−		−	0	+
(x − 2)(x − 3)	+	0	−	0	+

L'insieme delle soluzioni della disequazione è l'intervallo in cui il polinomio è positivo o vale 0:

$$x \leq 2 \lor x \geq 3.$$

c. $x^4 - 81 < 0$.

Scomponiamo in fattori:

$$(x^2+9)(x^2-9) < 0 \rightarrow$$
$$(x^2+9)(x+3)(x-3) < 0.$$

Studiamo il segno dei fattori:

- $x^2 + 9 > 0 \ \forall x \in \mathbb{R}$, perché somma del termine x^2, positivo o nullo, e di 9, numero positivo;
- $x + 3 > 0 \rightarrow x > -3$;
- $x - 3 > 0 \rightarrow x > 3$.

Compiliamo il quadro dei segni.

		−3		3	
x² + 9	+		+		+
x + 3	−	0	+		+
x − 3	−		−	0	+
(x² + 9)(x + 3)(x − 3)	+	0	−	0	+

L'insieme delle soluzioni della disequazione è l'intervallo in cui il polinomio è negativo:

$$-3 < x < 3.$$

Risolvi le seguenti disequazioni.

238 $x^2 - 64 \geq 0$ $[x \leq -8 \lor x \geq 8]$

239 $4x^2 - 4x + 1 > 0$ $\left[x \neq \frac{1}{2}\right]$

240 $x^2(x^2 - 25) < 0$ $[-5 < x < 0 \lor 0 < x < 5]$

241 $\frac{1}{4}x^2 - 4x \geq 0$ $[x \leq 0 \lor x \geq 16]$

242 $4x^4 - 64 \leq 0$ $[-2 \leq x \leq 2]$

243 $x^3 + x^2 - 25x - 25 > 0$ $[-5 < x < -1 \lor x > 5]$

244 $2x^4 - 4x^3 \geq 0$ $[x \leq 0 \lor x \geq 2]$

245 $x^3 + 6x^2 + 12x + 8 > 0$ $[x > -2]$

246 $x^3 - 7x^2 + 11x - 5 \leq 0$ $[x \leq 5]$

247 $16x^4 \leq 0$ $[x = 0]$

248 $6x^2 + 3x^4 > 0$ $[x \neq 0]$

249 $x^3 - 5x^2 - 4x + 20 \leq 0$ $[x \leq -2 \lor 2 \leq x \leq 5]$

250 $(x^2 - 6x + 9)(x + 2) \geq 0$ $[x \geq -2]$

251 $2x(x-1)^2(x^2+4) \leq 0$ $[x \leq 0 \lor x = 1]$

8 Le disequazioni fratte

▶ Teoria a p. 512

Le disequazioni numeriche fratte

252 VERO O FALSO?

a. Una disequazione si dice numerica fratta se contiene l'incognita sia al numeratore sia al denominatore. V F

b. Studiare il segno di una frazione vuol dire cercare per quali valori dell'incognita la frazione è positiva, negativa o nulla. V F

c. Studiando le disequazioni $P(x) > 0$ e $Q(x) > 0$, è possibile risolvere la disequazione fratta $\frac{P(x)}{Q(x)} > 0$. V F

d. Conoscendo le soluzioni di $P(x) < 0$ e $Q(x) < 0$, non è possibile risolvere la disequazione $\frac{P(x)}{Q(x)} > 0$. V F

TEST

253 Qual è l'insieme delle soluzioni della disequazione $\frac{-1}{x} \geq 0$?

A $x < 0$

B $x < -1$

C $x > 1$

D $\varnothing$

E Nessuno dei precedenti.

254 È data la disequazione $\frac{x-1}{x} \leq 0$.
Qual è l'insieme delle soluzioni?

A $x \leq 1$

B $x < 0 \vee x \geq -1$

C $x < 0 \vee x \geq 1$

D $0 < x \leq 1$

E $x > 0$

SPIEGA PERCHÉ

255 puoi dire che la disequazione $\frac{1}{2(3x-1)^2} \leq -1$ è impossibile, senza effettuare alcun calcolo.

256 La disequazione $\frac{x-1}{x+2} > 0$ e il sistema $\begin{cases} x-1 > 0 \\ x+2 > 0 \end{cases}$ hanno le stesse soluzioni? Perché?

257 ESERCIZIO GUIDA Risolviamo la disequazione fratta: $\frac{2x+3}{4x+4} - 1 \leq \frac{x-1}{x+1}$.

Scomponiamo in fattori il primo denominatore e calcoliamo:

$\text{mcm}[4(x+1); (x+1)] = 4(x+1)$

C.E.: $x \neq -1$.

Dobbiamo scrivere la disequazione in modo da avere una sola frazione al primo membro e 0 al secondo membro, ossia $\frac{N}{D} \leq 0$:

$$\frac{2x+3}{4(x+1)} - 1 - \frac{x-1}{x+1} \leq 0$$

$$\frac{2x+3-1\cdot(4x+4)-4(x-1)}{4(x+1)} \leq 0$$

$$\frac{2x+3-4x-\cancel{4}-4x+\cancel{4}}{4(x+1)} \leq 0$$

$$\frac{-6x+3}{4(x+1)} \leq 0.$$

Per studiare il segno della frazione, studiamo i segni del numeratore N e del denominatore D, ponendo $N > 0$ e $D > 0$, tenendo presente che la frazione è uguale a 0 *solo* se $N = 0$:

$$N > 0 \leftrightarrow -6x + 3 > 0 \rightarrow$$
$$-6x > -3 \rightarrow x < \frac{3}{6} \rightarrow \quad x < \frac{1}{2}$$
$$D > 0 \leftrightarrow 4(x+1) > 0 \rightarrow x > -1.$$

Compiliamo il quadro dei segni.

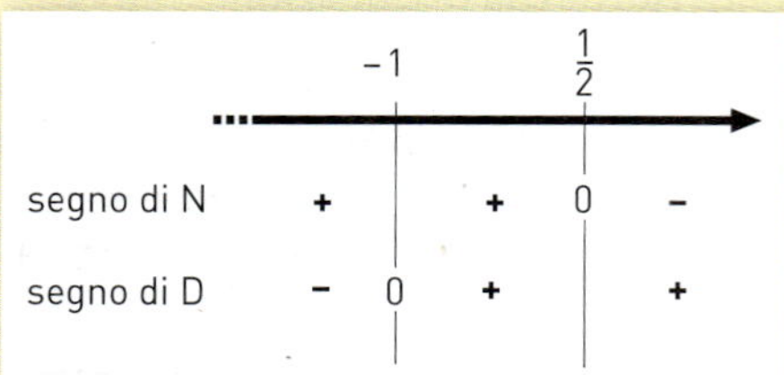

Il numeratore è positivo per $x < \frac{1}{2}$, è nullo per $x = \frac{1}{2}$, è negativo per $x > \frac{1}{2}$.

Il denominatore è negativo per $x < -1$, è nullo per $x = -1$, è positivo per $x > -1$.

Aggiungiamo al quadro dei segni il segno della frazione $\frac{-6x+3}{4(x+1)}$. La frazione è negativa se $x < -1$ o se $x > \frac{1}{2}$, non esiste se $x = -1$, è positiva se $-1 < x < \frac{1}{2}$, è nulla se $x = \frac{1}{2}$.

Abbiamo applicato le regole di segno della moltiplicazione fra numeratore e denominatore.

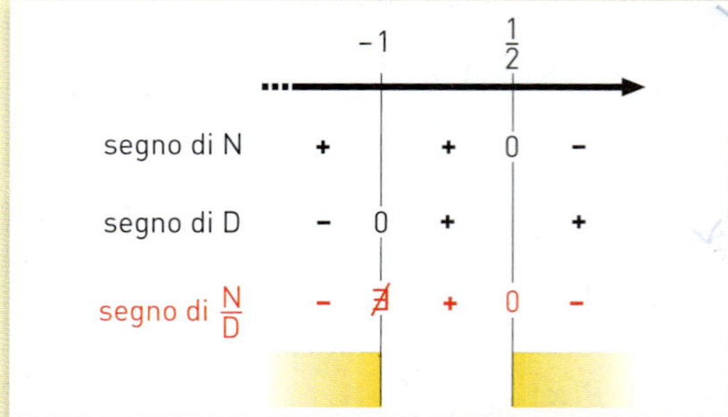

La disequazione richiede che la frazione sia negativa o nulla, quindi scegliamo le zone evidenziate in giallo.
Le soluzioni si ottengono dall'unione di due intervalli:

$$x < -1 \vee x \geq \frac{1}{2}.$$

-1 è escluso perché annulla il denominatore, quindi la frazione non esiste in corrispondenza di tale valore dell'incognita x.

Risolvi le seguenti disequazioni numeriche fratte.

258 $\frac{1}{x} < 0$ $[x < 0]$

259 $\frac{1}{x-1} > 0$ $[x > 1]$

260 $\frac{x+1}{x} > 0$ $[x < -1 \vee x > 0]$

261 $\frac{1-x}{2x} \geq 0$ $[0 < x \leq 1]$

262 ESEMPIO DIGITALE $\frac{x+3}{1-2x} \leq 0$

263 $\frac{3x-6}{2x+1} \geq 0$ $\left[x < -\frac{1}{2} \vee x \geq 2\right]$

264 $\frac{3}{2x} \leq \frac{1-2x}{6x}$ $[-4 \leq x < 0]$

265 $\frac{7}{6} > \frac{4x+2}{x-7}$ $\left[-\frac{61}{17} < x < 7\right]$

266 $\frac{1}{5}x - \frac{1}{x-5} > \frac{x+1}{5} - \frac{x-1}{x-5}$ $\left[x < \frac{5}{4} \vee x > 5\right]$

267 $\frac{x-3}{x} > 0$ $[x < 0 \vee x > 3]$

268 $\frac{x}{x+1} \geq 0$ $[x < -1 \vee x \geq 0]$

269 $\frac{1-x}{1+x} \leq 0$ $[x < -1 \vee x \geq 1]$

270 $\frac{5-2x}{2+x} < 0$ $\left[x < -2 \vee x > \frac{5}{2}\right]$

271 $\frac{10}{7x} > \frac{5}{14}$ $[0 < x < 4]$

272 $\frac{6x}{x-1} < 1$ $\left[-\frac{1}{5} < x < 1\right]$

273 $\frac{x+1}{x-1} > \frac{3}{4}$ $[x < -7 \vee x > 1]$

274 $\frac{3x-1}{2-5x} < 0$ $\left[x < \frac{1}{3} \vee x > \frac{2}{5}\right]$

275 ESEMPIO DIGITALE $\frac{2}{x+4} \leq \frac{3}{2x+8} + \frac{1}{2}$

276 $\frac{2x-1}{2x+1} \leq 0$ $\left[-\frac{1}{2} < x \leq \frac{1}{2}\right]$

277 $\frac{x-1}{x-2} \geq \frac{3}{4-2x}$ $\left[x \leq -\frac{1}{2} \vee x > 2\right]$

278 $\frac{3}{2} \cdot \frac{2x-1}{6-x} \geq \frac{3}{2(x-6)}$ $[0 \leq x < 6]$

279 $\frac{5x-1}{2x-4} - \frac{x-1}{3x-6} > 2 + \frac{1}{2-x}$ $[x < -29 \vee x > 2]$

---

280 EUREKA! **Una sola è vera** Se $0 < \frac{x}{y} < 1$, quale tra le seguenti deve essere vera?

A $x < y < 0$.
B $x < 1$ e $y > 1$.
C $0 < xy < y$.
D $0 < x < y$.
E $1 < \frac{y}{x}$.

(USA *North Carolina State High School Mathematics Contest*, 2002)

281 ASSOCIA ogni disequazione all'insieme delle sue soluzioni.

1. $\frac{1}{x} \geq 0$ 2. $\frac{1}{x} < 0$ 3. $\frac{x}{x-1} \geq 0$ 4. $\frac{x-1}{x} \geq 0$ 5. $\frac{x}{x^2+1} \geq 0$

a. $x < 0 \vee x \geq 1$ b. $x < 0$ c. $x > 0$ d. $x \geq 0$ e. $x \leq 0 \vee x > 1$

MATEMATICA INTORNO A NOI

Il pontile Osservando un pontile, Elisa e Maria si accorgono che i galleggianti sui quali appoggia la struttura sono blocchi parallelepipedi in calcestruzzo! Le due amiche sono veramente stupite...

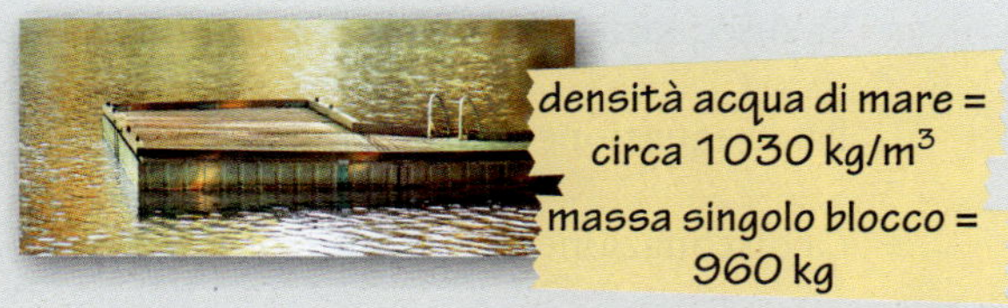

Problema e risoluzione - 2 esercizi in più.

Risolvi le seguenti disequazioni fratte utilizzando le scomposizioni in fattori.

282 $\frac{x^2-2x}{x^2-1} \geq 0$ $[x < -1 \vee 0 \leq x < 1 \vee x \geq 2]$

283 $\frac{x^2+4x+4}{x} < 0$ $[x < 0 \wedge x \neq -2]$

284 $x + \frac{6}{x} \geq 5$ $[0 < x \leq 2 \vee x \geq 3]$

285 $x - 3 \leq \frac{5}{3-x}$ $[x < 3]$

286 $\frac{4x^2}{(2x-3)^2} > 0$ $\left[x \neq 0 \wedge x \neq \frac{3}{2}\right]$

287 $\frac{x^3-7x+6}{x+1} < 0$ $[-3 < x < -1 \vee 1 < x < 2]$

288 $\frac{16-x^4}{x^3+x^2} \geq 0$ $[x \leq -2 \vee -1 < x \leq 2 \wedge x \neq 0]$

289 $\frac{(x-3)(4-x^2)}{x^2-6x+9} > 0$ $[x < -2 \vee 2 < x < 3]$

Sistemi di disequazioni

Risolvi i seguenti sistemi di disequazioni fratte.

290 ESEMPIO DIGITALE $\begin{cases} \frac{3}{5-2x} \leq 0 \\ \frac{2x-3}{x+1} > 0 \end{cases}$

291 $\begin{cases} \frac{3}{4}x \geq -\frac{9}{2} \\ \frac{2}{x-2} > 1 \end{cases}$ $[2 < x < 4]$

292 $\begin{cases} \frac{3x-1}{x+1} < 3 \\ x(x-2) < (x-1)^2 + x \end{cases}$ $[x > -1]$

293 $\begin{cases} \frac{1}{1-x} + \frac{2}{x-1} > 1 \\ \frac{2}{1-x} \leq 0 \end{cases}$ $[1 < x < 2]$

294 $\begin{cases} 2 \leq \frac{4}{x} \\ \frac{3x^2-7x}{x^2-4x+4} \leq 0 \end{cases}$ $[0 < x < 2]$

295 $\begin{cases} \frac{1}{2}(x+1) - x\left(x - \frac{1}{2}\right) < (1-x)(x-3) \\ \frac{x}{x-3} + \frac{2x-1}{2x-6} > 2 \end{cases}$ $[x > 3]$

ESERCIZI

Problemi

296 Data la frazione $\frac{5}{6}$, si vuole ottenere una frazione minore di $\frac{1}{3}$ sommando sia al numeratore che al denominatore della frazione iniziale uno stesso numero k. Quali valori può assumere k?

$\left[-6 < k < -\frac{9}{2}\right]$

297 In un rettangolo la base supera di 4 cm il triplo dell'altezza. Sapendo che il loro rapporto non supera i 10 cm, quanto può misurare la base?

$\left[\text{almeno } \frac{40}{7} \text{ cm}\right]$

Le disequazioni letterali fratte

298 VERO O FALSO?

a. Le disequazioni letterali fratte devono avere al denominatore una lettera diversa dall'incognita. V F

b. La disequazione $\frac{1+x}{a} < 0$ è una disequazione letterale fratta in x. V F

c. La disequazione, in x, $\frac{a}{x} \geq 0$ ha come soluzione $a \geq 0 \vee x > 0$. V F

d. La disequazione, in x, $\frac{a-1}{x} < 0$, se $a < 1$, ha come soluzione $x < 0$. V F

e. La disequazione, in x, $\frac{x}{x+a} \geq 0$, se $a > 0$, ha come soluzione $x < -a$. V F

299 ESERCIZIO GUIDA Risolviamo la disequazione nell'incognita x: $\frac{3}{2a} - \frac{2}{x+a} \leq 0$.

Riduciamo allo stesso denominatore e svolgiamo i calcoli:

$$\frac{3(x+a)-4a}{2a(x+a)} \leq 0 \rightarrow \frac{3x+3a-4a}{2a(x+a)} \leq 0 \rightarrow \frac{3x-a}{2a(x+a)} \leq 0.$$

Mettiamo in evidenza il fattore $\frac{1}{2a}$: $\frac{1}{2a} \cdot \frac{3-a}{x+a}$ e distinguiamo tre casi.

- Se $a = 0$, la disequazione è priva di significato.
- Se $a > 0$, applicando il secondo principio di equivalenza, otteniamo:

  $$\frac{3x-a}{x+a} \leq 0.$$

  Studiamo il segno della frazione:

  $N > 0 \quad 3x - a > 0 \rightarrow x > \frac{a}{3}$;

  $D > 0 \quad x + a > 0 \rightarrow x > -a$.

  Compiliamo il quadro dei segni (figura **a**) tenendo conto che

  $-a < \frac{a}{3}$, poiché $a > 0$.

  La disequazione è verificata per $-a < x \leq \frac{a}{3}$.

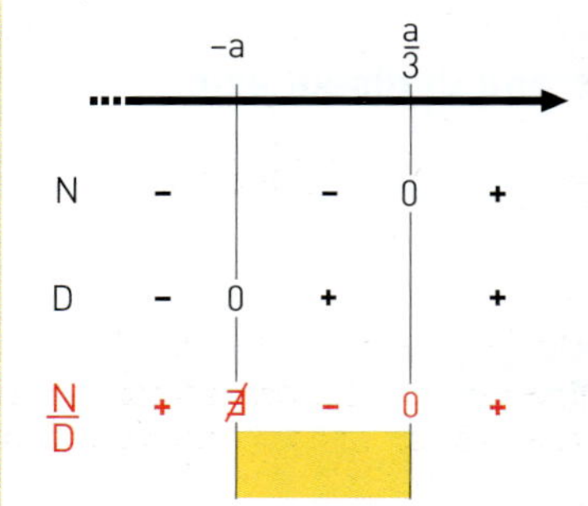

a

- Se $a < 0$, applicando il secondo principio di equivalenza, otteniamo:

  $$\frac{3x-a}{x+a} \geq 0.$$

Studiamo il segno della frazione:

$N > 0 \quad \rightarrow \quad 3x - a > 0 \quad \rightarrow \quad x > \frac{a}{3};$

$D > 0 \quad \rightarrow \quad x + a > 0 \quad \rightarrow \quad x > -a.$

Compiliamo il quadro dei segni (figura **b**) tenendo conto che, essendo $a < 0$, risulta $\frac{a}{3} < -a$.

La disequazione è verificata per $x \leq \frac{a}{3} \vee x > -a$.

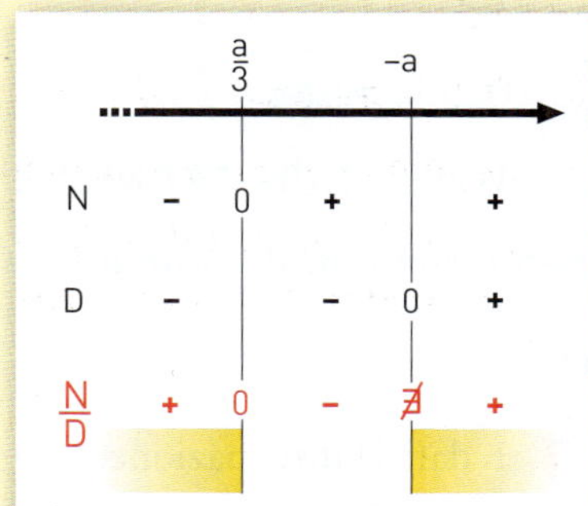

b

Riassumendo:

- se $a < 0$, $x \leq \frac{a}{3} \vee x > -a$;
- se $a = 0$, la disequazione è priva di significato;
- se $a > 0$, $-a < x \leq \frac{a}{3}$.

Risolvi le seguenti disequazioni nell'incognita *x*.

300 $\frac{-5a}{a+x} > 0$ $[a > 0, x < -a; a < 0, x > -a; a = 0, \text{imp.}]$

301 $\frac{2a}{x+1} \geq 0$ $[a > 0, x > -1; a < 0, x < -1; a = 0, \forall x \in \mathbb{R} \text{ con } x \neq -1]$

302 $\frac{1}{(a-1)(x-3)} > 0$ $[a > 1, x > 3; a < 1, x < 3; a = 1, \text{senza significato}]$

303 ESEMPIO DIGITALE $\frac{3x-2a}{a-2x} \geq -1$

304 $\frac{a}{-3a(2x-1)} \leq 0$ $\left[a = 0, \text{senza significato}; a \neq 0, x > \frac{1}{2}\right]$

305 $\frac{a(x-a)}{x+2a} \leq 0$ $[a > 0, -2a < x \leq a; a < 0, x \leq a \vee x > -2a; a = 0, \forall x \in \mathbb{R} \text{ con } x \neq 0]$

306 $\frac{a+1}{ax} > 0$ $[a < -1 \vee a > 0, x > 0; a = -1, \nexists x \in \mathbb{R}; -1 < a < 0, x < 0; a = 0, \text{senza sign.}]$

307 $\frac{1}{a} > \frac{1}{x}$ $[a > 0, x < 0 \vee x > a; a < 0, a < x < 0; a = 0, \text{senza sign.}]$

308 $\frac{x+1}{x} > \frac{a+1}{a}$ $[a > 0, 0 < x < a; a < 0, x < a \vee x > 0; a = 0, \text{senza sign.}]$

309 $\frac{a}{x+1} < \frac{1}{x+a}$, con $a > 0$ $[a > 1, x < -(a+1) \vee -a < x < -1;$
$a < 1, -(a+1) < x < -1 \vee x > -a; a = 1, \text{imp.}]$

MATEMATICA AL COMPUTER

Disequazione letterale fratta Con un foglio elettronico possiamo risolvere una disequazione letterale fratta e ottenere poi le soluzioni che si hanno per particolari valori attribuiti ai parametri.

3			$x - b$		
4	Risolvi la disequazione:		------------		≥ 0,
5			kx		
6	dopo aver letto i valori dei coefficienti b e k:				
7	$b =$	6	$k =$	2	

Problema e risoluzione - 4 esercizi in più.

VERIFICA DELLE COMPETENZE ALLENAMENTO

UTILIZZARE TECNICHE E PROCEDURE DI CALCOLO

Disequazioni numeriche intere

TEST

1 È data la disequazione: $5x+3>2x-4$. Soltanto una delle seguenti *non* è equivalente a essa. Quale?

A $5x+4+\frac{1}{x}>2x-4+\frac{1}{x}$
B $3x>-7$
C $5x+3-2x>2x-4-2x$
D $\frac{5x+3}{5}>\frac{2x-4}{5}$
E $\frac{5x+3}{2}>x-2$

2 È data la disequazione $3x-2<7$. Fra i seguenti valori, uno solo *non* la soddisfa. Quale?

A 0 B $\frac{1}{2}$ C 2 D 1 E 4

Risolvi le seguenti disequazioni numeriche intere.

3 $\frac{4}{3}\left(x+\frac{1}{3}\right)>3\left(x+\frac{1}{3}\right)-\frac{1}{3}\left(5x-\frac{1}{3}\right)$ [impossibile]

4 $\frac{(3x-1)^2}{3}+\frac{x+3}{6}>3x(x-1)-\frac{2-7x}{4}$ $\left[x<\frac{16}{7}\right]$

5 $(3x+1)(1-3x)+2(1-3x)\geq(x-1)^3-x^2(6+x)$ $\left[x\leq\frac{4}{9}\right]$

6 $2x\left(x-\frac{2}{9}x\right)-\frac{x}{3}\left(\frac{10}{x}x+4\right)>\left(1-\frac{2}{3}x\right)^2$ [impossibile]

7 $\frac{(x-2)^2}{4}-\left[\frac{1-x}{2}-\left(\frac{1}{4}x-1\right)\right]+\frac{(3-x)(3+x)}{4}>0$ $[x<7]$

8 $\frac{1}{4}+(x-1)\left(x-\frac{1}{4}\right)\leq\left(x+\frac{1}{2}\right)^2-\frac{3}{16}\left[2x+\frac{4(x-2)}{3}\right]$ $\left[x\geq-\frac{2}{13}\right]$

9 $(3x-1)^2+4(x-2)(x+2)-2(3-5x)(1+x)\geq5(-1-2x)(1-2x)+3(x-4)^2-42$ $[x\geq1]$

Risolvi i seguenti sistemi di disequazioni nell'incognita ***x***.

10 $\begin{cases}x-1>3\\2x-6<4\end{cases}$ $[4<x<5]$

11 $\begin{cases}(2x-1)^2<2(2x+1)(x-3)\\(x-1)(x+1)>2+x^2-2(x-1)\end{cases}$ [impossibile]

12 $\begin{cases}(x+1)^2+2(x^2-2)\leq3(x+1)(x-1)\\2x(x-3)+(x+2)^2>5+3x^2\end{cases}$ $\left[x<-\frac{1}{2}\right]$

13 $\begin{cases}\frac{4(x-1)}{3}-2x(x-1)\geq-2(x^2+3)\\\frac{2}{3}x-(1-x)(1+x)\leq x^2+1\end{cases}$ $\left[-\frac{7}{5}\leq x\leq3\right]$

14 $\begin{cases}(x+3)(x-2)<(x+1)^2+1\\\frac{3x-1}{9}-\frac{6x-2}{6}+\frac{3x-1}{6}>x-\frac{1}{3}\end{cases}$ $\left[-8<x<\frac{1}{3}\right]$

15 $\begin{cases} \dfrac{(a+1)(a-2)}{3} \leq \dfrac{(2a+1)^2}{12} \\ (3a+1)\dfrac{1}{6}a > 2\left(\dfrac{1}{4}a^2+1\right) \end{cases}$ $[a > 12]$

16 $\begin{cases} (a+1)(a-2) \leq a^2+1 \\ 7a+5(a-3) < 12a \end{cases}$ $[a \geq -3]$

17 $\begin{cases} \dfrac{1}{3}+\dfrac{3-4x}{2} < \dfrac{5x-4}{6}+\dfrac{x-5}{2} \\ \dfrac{7(x-2)}{6}+\dfrac{5(3x-2)}{4}-\dfrac{1}{2}(4x+1) < \dfrac{11}{12}x-\dfrac{2(x+4)}{3} \end{cases}$ [impossibile]

Disequazioni letterali

18 TEST La disequazione, nell'incognita a, $\dfrac{4}{a} \leq 3$:

- A è equivalente a $\dfrac{4-3}{a} \leq 0$.
- B ha per soluzione $0 < a \leq \dfrac{4}{3}$.
- C è letterale fratta.
- D ha per soluzione $a < 0 \vee a \geq \dfrac{4}{3}$.

Risolvi le seguenti disequazioni letterali nell'incognita *x*.

19 $(x-2a)(x+2a)+1-x^2 > 3(1-a^2)-2ax$ $\left[a > 0,\ x > \dfrac{a^2+2}{2a};\ a=0;\text{ impossibile};\ a < 0,\ x < \dfrac{a^2+2}{2a}\right]$

20 $(x+a)^2-b^2 \leq (x+b)(x-b)-a^2$ $[a > 0,\ x \leq -a;\ a < 0,\ x \geq -a;\ a=0,\ \forall x \in \mathbb{R}]$

21 $(1+a)x-3 < ax-3a-a(2x-1)$ $\left[a > -\dfrac{1}{2},\ x < \dfrac{3-2a}{1+2a};\ a < -\dfrac{1}{2},\ x > \dfrac{3-2a}{1+2a};\ a=-\dfrac{1}{2};\ \forall x \in \mathbb{R}\right]$

Equazioni e disequazioni con valore assoluto

Risolvi le seguenti equazioni e disequazioni con un valore assoluto.

22 $|x|+5=2x+1$ $[x=4]$

23 $|x-1|=3x+1$ $[x=0]$

24 $2+x-|2+x|=0$ $[x \geq -2]$

25 $\dfrac{1}{2}+|x| \geq 2x-3$ $\left[x \leq \dfrac{7}{2}\right]$

26 $|x-2| \leq 2x+5$ $[x \geq -1]$

27 $|x+3| > 3x+\dfrac{1}{2}$ $\left[x < \dfrac{5}{4}\right]$

Risolvi le seguenti equazioni e disequazioni con valori assoluti.

28 $\left|x-\dfrac{1}{3}\right|-|2x+1|-1=0$ [impossibile]

29 $\dfrac{|3|+1}{2x+1}-\dfrac{12x-|3x|}{4x+2} > -3$ $\left[x > -\dfrac{1}{2}\right]$

Disequazioni fratte e sistemi di disequazioni fratte

Risolvi le seguenti disequazioni numeriche fratte e i seguenti sistemi di disequazioni fratte.

30 $\dfrac{2x+1}{x-5} < 0$ $\left[-\dfrac{1}{2} < x < 5\right]$

31 $\dfrac{3-2x}{x+3} > 0$ $\left[-3 < x < \dfrac{3}{2}\right]$

32 $\dfrac{3x-6}{x+3} \geq \dfrac{1}{2}$ $[x < -3 \vee x \geq 3]$

33 $\dfrac{(x-3)(x+6)-(x-8)}{x+4} \geq x+1$ $\left[-\dfrac{14}{3} \leq x < -4\right]$

Risolvi i seguenti sistemi di disequazioni fratte.

34 $\begin{cases} \dfrac{x+3}{2-x} > 0 \\ -3x-9 \leq 0 \end{cases}$ $[-3 < x < 2]$

35 $\begin{cases} \dfrac{x+3}{2-x} \leq 0 \\ \dfrac{x-4}{2x} > 0 \end{cases}$ $[x \leq -3 \vee x > 4]$

RISOLVERE PROBLEMI

36 La terza parte della somma di due numeri consecutivi è minore di 7. Qual è il maggior valore possibile dei due numeri? [9; 10]

37 In un rettangolo la base è lunga $(2x + 1)$ cm e l'altezza 6 cm. Determina x in modo che il rettangolo abbia area minore di quella di un quadrato di lato 4 cm. $\left[-\frac{1}{2} \leq x < \frac{5}{6}\right]$

38 In un triangolo, la base è lunga $(2 + 4x)$ cm e l'altezza 20 cm. Determina x in modo tale che il triangolo abbia area minore di quella del quadrato che ha per lato la metà dell'altezza. $\left[-\frac{1}{2} \leq x < 2\right]$

39 Indicata con x la misura degli angoli congruenti di un triangolo isoscele, sapendo che l'angolo al vertice è maggiore di 30°, esprimi, attraverso una disequazione, quali valori può assumere x. $[0° < x < 75°]$

Problemi INTORNO A NOI

40 Il noleggio di un'automobile costa € 60 al giorno più € 1 per ogni kilometro percorso. Qual è il numero massimo di kilometri da percorrere quotidianamente per non spendere più di € 180 al giorno? [120 km]

41 INVALSI 2011 L'insegnante di inglese dà ai suoi studenti un test formato da 25 domande e spiega che il punteggio totale p è calcolato assegnando 4 punti per ogni risposta esatta e togliendo 2 punti per ogni risposta sbagliata o mancante.

a. Il punteggio massimo possibile è ______.

b. Scrivi la formula che fornisce il punteggio p complessivo, indicando con n il numero di risposte esatte.

$p =$ ______

c. Se la sufficienza si ottiene con più di 60 punti, qual è il numero minimo di domande a cui occorre rispondere correttamente per avere la sufficienza?

42 Due compagnie telefoniche offrono le seguenti tariffe: la compagnia A offre il primo minuto gratis, poi € 0,01 ogni 4 secondi di telefonata. La compagnia B offre le telefonate a € 0,01 ogni 6 secondi più il costo di € 0,02 alla risposta. Quale deve essere la durata di una telefonata affinché la compagnia A sia più conveniente della B? [durata < 3′24″]

43 In un lavoro a cottimo il compenso consiste in € 8 per ogni pezzo perfettamente realizzato e nella richiesta di un risarcimento di € 2 per ogni pezzo che risulterà difettoso. Dopo 100 pezzi realizzati, il lavoratore si trova a non riscuotere nulla. Quanti sono i pezzi risultati difettosi?
Quanto devono essere al massimo questi ultimi affinché egli guadagni almeno € 500? [80; 30]

VERIFICA DELLE COMPETENZE PROVE

1 ora

PROVA A

1 TEST Solo una delle seguenti disequazioni *non* è impossibile. Quale?

A $2x \leq -(1-2x)$

B $\frac{1}{3}(x+6)-1 < \frac{1+2x}{6}$

C $7x+6 \leq 4(1+2x)-x$

D $-3x+1 < -2(2x-1)+x$

Risolvi le seguenti disequazioni.

2 $2(x-1)+5(1-x) \leq -(x+2)$

3 $\frac{4}{3}(-x+2)-\frac{x+4}{6} > \frac{x}{2}+2$

4 $(x-3)(3+x)-4x \geq (x-2)^2+2$

---

5 Risolvi il seguente sistema di disequazioni.

$$\begin{cases} (x+1)(2-x) \geq -(1+x^2) \\ 2\left[2x-\frac{1}{4}(x-2)\right] > 1 \end{cases}$$

6 Un rettangolo ha un lato che è il 60% dell'altro. Quali valori può assumere la misura del lato maggiore del rettangolo affinché il suo perimetro risulti maggiore di quello di un esagono regolare di lato 8 cm?

PROVA B

Risolvi le seguenti disequazioni.

1 $\frac{6x-1}{4}-\left(x+\frac{1}{2}\right)^2 \leq \frac{(2x+1)(1-2x)}{8}-\frac{1}{2}x^2$

2 $7x-|2x+1| < 1$

3 $\frac{1-3x}{x-2}-1 \geq 0$

4 Risolvi il sistema: $\begin{cases} \frac{x}{x-2} \geq 1 \\ 2-\frac{1}{3}x < x+1 \end{cases}$.

5 Risolvi la disequazione nell'incognita x al variare di a in $\mathbb{R}$.

$$a(x-2) \leq 3(x-2)$$

---

6 Determina per quali valori di x il rapporto fra il triplo di x diminuito di 6 e il doppio di x aumentato di 1 risulta non negativo.

PROVA C

I compiti delle vacanze

Una professoressa assegna i compiti delle vacanze a ciascuno studente in base alla media dei suoi voti, secondo i criteri indicati a lato. Fino ad ora Guido ha ottenuto le seguenti valutazioni: 4; 7,5; 8,5; 10; e gli manca ancora una verifica da fare.

- media ≥ 9: non farà i compiti;
- 8 ≤ media < 9: farà il 30% del totale dei compiti previsti;
- 7 ≤ media < 8: 50% dei compiti;
- 6 ≤ media < 7: 70% dei compiti;
- media < 6: farà tutti i compiti.

a. Calcola che voto dovrebbe prendere Guido per fare, al più, il 50% dei compiti.

b. Calcola se ha qualche possibilità di fare solo il 30% dei compiti.

c. Considerando che il voto minimo che la professoressa assegna è 1, calcola se potrebbe trovarsi a svolgere il 100% dei compiti.

T

CAPITOLO 13

I SISTEMI LINEARI

1 I sistemi di due equazioni in due incognite

▶ Esercizi a p. 564

Le equazioni lineari in due incognite

Un'equazione nelle incognite x e y del tipo

$$ax + by = c$$

è un'equazione di primo grado sia rispetto a x sia rispetto a y.

Diciamo anche che è un'**equazione lineare in due incognite**.

Le sue soluzioni sono tutte le coppie ordinate di valori, il primo da attribuire a x, il secondo a y, che verificano l'equazione.

ESEMPIO L'equazione $3x - 5y - 4 = 0$ è un'equazione lineare in due incognite.

La coppia ordinata $\left(0; -\frac{4}{5}\right)$ è una soluzione; per verificarlo basta sostituire, nell'equazione, a x il valore 0, a y il valore $-\frac{4}{5}$ e controllare che l'uguaglianza risulti soddisfatta.

Per trovare altre soluzioni è sufficiente assegnare un qualsiasi valore a x e poi risolvere rispetto a y l'equazione così ottenuta.

ESEMPIO Se poniamo nell'equazione precedente $x = 13$, l'equazione diventa:

$$39 - 5y = 4 \rightarrow -5y = 4 - 39 \rightarrow -5y = -35 \rightarrow y = \frac{35}{5} = 7.$$

Ricavando y, abbiamo ottenuto $y = 7$.

La coppia ordinata (13; 7) è soluzione dell'equazione.

Possiamo trovare altre soluzioni allo stesso modo, attribuendo diversi valori a x e ricavando i rispettivi valori di y.

Poiché le coppie $(x; y)$ che soddisfano l'equazione sono infinite, ogni equazione lineare in due incognite è *indeterminata*.

Attenzione: dire che le soluzioni sono infinite non significa dire che qualunque coppia di numeri è soluzione dell'equazione. Per esempio, la coppia (1; 1) non è soluzione dell'equazione $3x - 5y - 4 = 0$.

I sistemi di due equazioni in due incognite

Consideriamo le due equazioni

$$3x - 5y - 4 = 0 \quad \text{e} \quad x - 2y = -1.$$

Ciascuna delle due equazioni considerate ha infinite soluzioni. Ci chiediamo se esistono soluzioni comuni a entrambe, cioè se esistono coppie ordinate $(x; y)$ di valori che soddisfano **contemporaneamente** le due equazioni.

«Mettere *a sistema*» le due equazioni significa chiedersi esattamente questo.

DEFINIZIONE

Un **sistema di equazioni** è un insieme di due o più equazioni per le quali cerchiamo le soluzioni comuni, ossia i valori, da attribuire alle incognite, che verificano *contemporaneamente* tutte le equazioni.

Listen to it

A **system of equations** is a set of two or more equations that have to be satisfied by the *same* sets of values.

Per indicare un sistema, si scrivono le equazioni in colonna, racchiuse da una parentesi graffa: $\begin{cases} 3x - 5y - 4 = 0 \\ x - 2y = -1 \end{cases}$.

Se una coppia di numeri reali è soluzione del sistema, allora sostituendo i due numeri al posto delle incognite in entrambe le equazioni del sistema si ottengono due uguaglianze vere.

ESEMPIO Il sistema

$$\begin{cases} 3x - y = 0 \\ 4x - y - 1 = 0 \end{cases}$$

ha come soluzione la coppia di numeri (1; 3), perché per $x = 1$ e $y = 3$ sono soddisfatte tutte e due le equazioni.
La coppia (0; 0) **non** è soluzione del sistema, perché soddisfa la prima equazione ma non la seconda.

► Per ciascuno dei seguenti sistemi la coppia indicata è una delle soluzioni?

a. $\begin{cases} y = x^2 - 1 \\ x = 5 - y \end{cases}$, $(-2; 3)$;

b. $\begin{cases} x^2 - y^2 = 9 \\ 2x = 3y - 2 \end{cases}$, $(5; 4)$.

Le soluzioni comuni a tutte le equazioni sono le **soluzioni del sistema**. Come vedremo, un sistema può avere un numero nullo, finito o infinito di soluzioni.

Il grado di un sistema

Un sistema formato da equazioni razionali è **intero** se lo sono tutte le sue equazioni, altrimenti è **fratto**.

DEFINIZIONE

Il **grado di un sistema** di equazioni algebriche intere è il prodotto dei gradi delle singole equazioni che lo compongono.

ESEMPIO Il sistema

$$\begin{cases} 3x - 2y + 1 = 0 \\ 4x - 5y = -2 \end{cases}$$

è di primo grado, perché è formato da due equazioni di primo grado; il prodotto dei gradi è dunque $1 \cdot 1 = 1$.

► Spiega perché il grado del sistema

$\begin{cases} 3x^2 - 2xy + 3 = 0 \\ 7x - xy = 0 \end{cases}$

è 4.

Così come un'equazione di primo grado è anche detta «lineare», un sistema formato soltanto da equazioni di primo grado è detto **sistema lineare**. Per il momento ci occupiamo solo di sistemi lineari di due equazioni in due incognite.

Due sistemi sono **equivalenti** se hanno lo stesso insieme di soluzioni.
Facendo uso dei princìpi di equivalenza delle equazioni, possiamo sempre scrivere un sistema lineare, equivalente a quello dato, in **forma normale**, cioè nella forma:

$$\begin{cases} ax + by = c \\ a_1x + b_1y = c_1 \end{cases}$$

dove i valori a, a_1 e b, b_1 indicano, rispettivamente, i **coefficienti** delle incognite x e y, e dove c e c_1 indicano i **termini noti** delle due equazioni; a, a_1, b, b_1, c, c_1 sono numeri reali.

2 Il metodo di sostituzione ▶ Esercizi a p. 567

Dopo averlo ridotto in forma normale applicando i princìpi di equivalenza delle equazioni, per risolvere un sistema si possono utilizzare diversi metodi.

Esaminiamo per primo il metodo basato sul **principio di sostituzione**: se in un sistema ricaviamo una delle incognite in una delle equazioni e sostituiamo l'espressione ottenuta in un'altra equazione, otteniamo un sistema equivalente.

Listen to it

When using **substitution** you solve one equation for one variable and substitute that solution into the other equation, so you get an equation in *one* variable.

ESEMPIO Risolviamo il sistema

$$\begin{cases} x + 5y = 3 \\ 2x - 4y = -8 \end{cases}.$$

$$\begin{cases} x + 5y = 3 \\ 2x - 4y = -8 \end{cases} \longrightarrow x = 3 - 5y$$

a. Ricaviamo x dalla prima equazione.

$$\begin{cases} x + 5y = 3 \\ 2[3 - 5y] - 4y = -8 \end{cases}$$

b. Sostituiamo a x nella seconda equazione l'espressione trovata.

$$\begin{cases} x + 5y = 3 \\ 6 - 10y - 4y = -8 \end{cases} \longrightarrow -14y = -14 \longrightarrow y = 1$$

c. Ricaviamo il valore di y dalla seconda equazione.

$$\begin{cases} x + 5 \cdot 1 = 3 \longrightarrow x = 3 - 5 = -2 \\ y = 1 \end{cases}$$

d. Sostituiamo a y nella prima equazione il valore trovato e calcoliamo x.

La coppia $(-2; 1)$ è la soluzione del sistema.

▶ Risolvi il seguente sistema con il metodo di sostituzione.

$$\begin{cases} \dfrac{x}{2} - \dfrac{y+1}{3} + \dfrac{1}{6} = 0 \\ \dfrac{1}{4}(y - x) + 3y = -\dfrac{25}{4} \end{cases}$$

Animazione

▶ Risolvi il seguente problema utilizzando un sistema.

In un rettangolo l'altezza è $\frac{3}{20}$ del perimetro e la differenza tra $\frac{3}{4}$ della base e $\frac{5}{3}$ dell'altezza è 1 cm. Determina base e altezza del rettangolo.

Animazione

3 I sistemi determinati, impossibili, indeterminati

▶ Esercizi a p. 569

I sistemi determinati

Un sistema si dice **determinato** quando ha un numero finito di soluzioni. In particolare, si può dimostrare che un sistema lineare e determinato ha una sola soluzione.

ESEMPIO Il sistema precedente $\begin{cases} x+5y=3 \\ 2x-4y=-8 \end{cases}$ è determinato e la sua soluzione è la coppia di numeri reali $(-2; 1)$.
Osserviamo che il rapporto fra i coefficienti di x, cioè $\frac{1}{2}$, è diverso dal rapporto fra i coefficienti di y, che vale $-\frac{5}{4}$.

$$\begin{cases} 1x+5y=3 \\ 2x-4y=-8 \end{cases}$$

Un generico sistema scritto in forma normale:

$$\begin{cases} ax+by=c \\ a_1x+b_1y=c_1 \end{cases} \qquad \text{con } a, a_1, b, b_1 \neq 0,$$

è **determinato** quando il rapporto fra i coefficienti di x, $\frac{a}{a_1}$, è diverso dal rapporto fra i coefficienti di y, $\frac{b}{b_1}$, ossia quando:

$$\frac{\boldsymbol{a}}{\boldsymbol{a_1}} \neq \frac{\boldsymbol{b}}{\boldsymbol{b_1}}.$$

Tale condizione si può anche scrivere $\boldsymbol{ab_1 \neq a_1b}$ o anche $\boldsymbol{ab_1 - a_1b \neq 0}$.
Quest'ultima formulazione ha senso anche nel caso in cui qualcuno dei coefficienti a, b_1, a_1, b sia nullo.

I sistemi impossibili

Un sistema è **impossibile** quando non ammette soluzioni.

ESEMPIO Risolviamo il seguente sistema con il metodo di sostituzione.

$$\begin{cases} 2x-3y=1 \\ 2x-3y=7 \end{cases} \rightarrow \begin{cases} x=\dfrac{1+3y}{2} \\ 2\cdot\dfrac{1+3y}{2}-3y=7 \end{cases} \rightarrow \begin{cases} x=\dfrac{1+3y}{2} \\ 1+3y-3y=7 \end{cases} \rightarrow \begin{cases} x=\dfrac{1+3y}{2} \\ 0\cdot y=6 \end{cases}$$

Poiché siamo giunti a un'equazione impossibile, il sistema non ha soluzione; quindi è impossibile.
Osserviamo che nel sistema $\begin{cases} 2x-3y=1 \\ 2x-3y=7 \end{cases}$ il rapporto fra i coefficienti di x, $\frac{2}{2}$, è uguale al rapporto fra i coefficienti di y, $\frac{-3}{-3}$, mentre tale rapporto è diverso da quello fra i termini noti, $\frac{1}{7}$.

Un generico sistema scritto in forma normale:

$$\begin{cases} ax+by=c \\ a_1x+b_1y=c_1 \end{cases} \qquad \text{con } a, a_1, b, b_1, c, c_1 \neq 0,$$

è **impossibile** quando il rapporto fra i coefficienti di x, $\frac{a}{a_1}$, è uguale al rapporto fra i coefficienti di y, $\frac{b}{b_1}$, e tale rapporto è diverso dal rapporto fra i termini noti, $\frac{c}{c_1}$, ossia:

$$\frac{a}{a_1} = \frac{b}{b_1} \neq \frac{c}{c_1}.$$

Questa condizione si può anche scrivere come $ab_1 - a_1b = 0$ e $b_1c - bc_1 \neq 0$. Tale formulazione può essere utilizzata anche quando qualcuno dei coefficienti a, b, a_1, b_1, c, c_1 è nullo.

Osservazione. Nel caso particolare dell'esempio si può giungere alla conclusione che il sistema dato è impossibile senza effettuare calcoli. Basta infatti osservare che il sistema è formato da due equazioni che differiscono fra loro solo per il termine noto: per nessun valore di x e di y il binomio $2x - 3y$ può essere uguale a 1 e contemporaneamente anche a 7! Il sistema è dunque impossibile.

I sistemi indeterminati

Un sistema è **indeterminato** quando ha infinite soluzioni.

ESEMPIO Risolviamo il seguente sistema.

$$\begin{cases} 5x - 2y = 1 \\ 15x - 6y = 3 \end{cases} \rightarrow \begin{cases} x = \frac{1+2y}{5} \\ 15 \cdot \frac{1+2y}{5} - 6y = 3 \end{cases} \rightarrow \begin{cases} x = \frac{1+2y}{5} \\ 3 + 6y - 6y = 3 \end{cases} \rightarrow \begin{cases} x = \frac{1+2y}{5} \\ 0 \cdot y = 0 \end{cases}$$

L'equazione

$$0 \cdot y = 0$$

è indeterminata, quindi possiamo attribuire a y un valore qualsiasi e sostituendolo nell'equazione

$$x = \frac{1+2y}{5},$$

si ottengono infinite soluzioni.

Poiché siamo giunti a un'equazione indeterminata, il sistema ha infinite soluzioni; quindi è indeterminato.

Osserviamo che nel sistema $\begin{cases} 5x - 2y = 1 \\ 15x - 6y = 3 \end{cases}$ i rapporti fra i coefficienti di x, quelli di y e fra i termini noti sono uguali:

$$\frac{5}{15} = \frac{-2}{-6} = \frac{1}{3}.$$

Un generico sistema scritto in forma normale,

$$\begin{cases} ax + by = c \\ a_1x + b_1y = c_1 \end{cases} \quad \text{con } a, a_1, b, b_1, c, c_1 \neq 0,$$

è **indeterminato** quando il rapporto fra i coefficienti di x, $\frac{a}{a_1}$, è uguale al rapporto fra i coefficienti di y, $\frac{b}{b_1}$, e al rapporto fra i termini noti, $\frac{c}{c_1}$, ossia:

$$\frac{a}{a_1} = \frac{b}{b_1} = \frac{c}{c_1}.$$

La condizione si può scrivere nella forma $\boldsymbol{ab_1 - a_1 b = 0}$ e $\boldsymbol{b_1 c - bc_1 = 0}$, che ha senso anche quando qualcuno dei coefficienti a, a_1, b, b_1, c, c_1 è nullo.

Osservazione. Nel caso particolare dell'esempio, potevamo giungere alla conclusione che il sistema è indeterminato senza risolverlo. Basta infatti osservare che, moltiplicando per 3 entrambi i membri della prima equazione, otteniamo il sistema:

$$\begin{cases} 15x - 6y = 3 \\ 15x - 6y = 3 \end{cases}.$$

Il sistema risulta formato da due equazioni equivalenti. Le soluzioni del sistema sono dunque tutte le infinite coppie di valori che soddisfano l'equazione in due incognite $15x - 6y = 3$: il sistema è indeterminato.

In sintesi

Il sistema

$$\begin{cases} ax + by = c \\ a_1x + b_1y = c_1 \end{cases}$$

è

- **determinato** se $\dfrac{a}{a_1} \neq \dfrac{b}{b_1}$
- **impossibile** se $\dfrac{a}{a_1} = \dfrac{b}{b_1} \neq \dfrac{c}{c_1}$
- **indeterminato** se $\dfrac{a}{a_1} = \dfrac{b}{b_1} = \dfrac{c}{c_1}$

► Confrontando i rapporti dei coefficienti, stabilisci se i seguenti sistemi sono determinati, impossibili o indeterminati.

a. $\begin{cases} 2x - y = 3 \\ 4x + 7y = 1 \end{cases}$

b. $\begin{cases} -3x + 2y = -4 \\ 6x - 4y = -8 \end{cases}$

c. $\begin{cases} 4x - 18y = 2 \\ -2x + 9y = -1 \end{cases}$

Animazione

4 Il metodo del confronto

► Esercizi a p. 571

Per risolvere un sistema in due incognite con il **metodo del confronto**, ricaviamo la stessa incognita in entrambe le equazioni e uguagliamo le espressioni ottenute. Infatti, il valore dell'incognita che soddisfa la prima equazione deve soddisfare anche la seconda. In questo modo otteniamo un'equazione che contiene soltanto l'altra incognita.

► Risolvi il seguente sistema con il metodo del confronto.

$$\begin{cases} 2x + \dfrac{y}{3} = 3 \\ \dfrac{3}{2}x + y = \dfrac{y+3}{4} \end{cases}$$

Animazione

ESEMPIO Risolviamo il sistema:

$$\begin{cases} 5x + y = -2 \\ 2x - y = 16 \end{cases}.$$

$\begin{cases} 5x + y = -2 \\ 2x - y = 16 \end{cases}$ → $y = -2 - 5x$; $-y = 16 - 2x$, $y = -16 + 2x$

a. Ricaviamo y dalle due equazioni.

$\begin{cases} -2 - 5x = -16 + 2x \\ y = -16 + 2x \end{cases}$ → $-5x - 2x = -16 + 2$; $-7x = -14$; $x = 2$

b. Uguagliamo le due espressioni di y: otteniamo un'equazione nella sola incognita x, che risolviamo.

$\begin{cases} x = 2 \\ y = -16 + 2 \cdot 2 \end{cases}$ → $y = -16 + 4$; $y = -12$

c. Sostituiamo a x il valore 2 nella seconda equazione e ricaviamo y.

$\begin{cases} x = 2 \\ y = -12 \end{cases}$

d. La soluzione del sistema è una sola ed è $(2; -12)$.

La coppia $(2; -12)$ è la soluzione del sistema.

Per risolvere il sistema possiamo anche ricavare x, invece di y, nelle due equazioni.

TEORIA

5 Il metodo di riduzione

Esercizi a p. 573

Listen to it

When using **elimination** you add or subtract the two equations so that one variable cancels out, so you get an equation in *one* variable.

Alla base del metodo che esaminiamo ora c'è il **principio di riduzione**: se sommiamo o sottraiamo membro a membro due equazioni di un sistema e sostituiamo l'equazione ottenuta a una delle due equazioni di partenza, otteniamo un sistema equivalente.
Il metodo di riduzione è anche detto **metodo di addizione e sottrazione**.

ESEMPIO Risolviamo il sistema:

$$\begin{cases} 3x - 4y = 27 \\ 2x + 8y = -14 \end{cases}.$$

Per eliminare l'incognita y applichiamo il secondo e il primo principio di equivalenza delle equazioni. Moltiplichiamo i due membri della prima equazione per 2 e sommiamo le equazioni membro a membro:

$$② \begin{cases} 6x - 8y = 54 \\ 2x + 8y = -14 \end{cases} \to \oplus \begin{cases} 6x - 8y = 54 \\ 2x + 8y = -14 \end{cases} \quad \begin{array}{l} \\ \hline 8x = 40 \end{array} \to x = \frac{40}{8} = 5.$$

Per determinare il valore di y, sostituiamo il valore trovato per l'incognita x in una delle due equazioni e ricaviamo y:

$$\begin{cases} x = 5 \\ 2 \cdot 5 + 8y = -14 \end{cases} \to \begin{cases} x = 5 \\ 8y = -24 \end{cases} \to \begin{cases} x = 5 \\ y = -3 \end{cases}.$$

La soluzione del sistema è $(5; -3)$.
In alternativa, è possibile utilizzare il metodo di riduzione, moltiplicando la prima equazione per 2 e la seconda per 3 e sottraendo poi membro a membro.

► Risolvi il seguente sistema con il metodo di riduzione.

$$\begin{cases} 5x - 2y = 3 \\ 2x + 3y = -14 \end{cases}$$

Animazione

► Risolvi il seguente sistema con il metodo di riduzione.

$$\begin{cases} 4x - 9y = 11 \\ 5x + 6y = 8 \end{cases}$$

Video

6 Il metodo di Cramer

Esercizi a p. 575

Risoluzione generale di un sistema

Mediante il principio di riduzione possiamo dimostrare il seguente teorema.

TEOREMA

Dato il sistema $\begin{cases} ax + by = c \\ a_1x + b_1y = c_1 \end{cases}$:

- se $ab_1 - a_1b \neq 0$, è *determinato* e le soluzioni sono

$$x = \frac{cb_1 - c_1b}{ab_1 - a_1b}, \; y = \frac{ac_1 - a_1c}{ab_1 - a_1b};$$

- se $ab_1 - a_1b = 0$ e $cb_1 - c_1b \neq 0$ o $ac_1 - a_1c \neq 0$, è *impossibile*;
- se $ab_1 - a_1b = 0$ e $cb_1 - c_1b = 0$ e $ac_1 - a_1c = 0$, è *indeterminato*.

DIMOSTRAZIONE

Ci limitiamo a dimostrare il teorema considerando a, a_1, b e b_1 tutti diversi da 0. Moltiplichiamo i membri della prima equazione per b_1 e quelli della seconda per $-b$, e sommiamo membro a membro.

$$\begin{cases} ab_1x + bb_1y = cb_1 \\ -a_1bx - b_1by = -c_1b \end{cases}$$
$$(ab_1 - a_1b)x = cb_1 - c_1b$$

Moltiplichiamo i membri della prima equazione per $-a_1$ e quelli della seconda per a e sommiamo membro a membro.

$$\begin{cases} -a_1ax - a_1by = -a_1c \\ aa_1x + ab_1y = ac_1 \end{cases}$$
$$(ab_1 - a_1b)y = ac_1 - a_1c$$

- Se $ab_1 - a_1b \neq 0$, le equazioni ottenute sono determinate e da esse ricaviamo i valori x e y della soluzione del sistema:

$$x = \frac{cb_1 - c_1b}{ab_1 - a_1b}; \qquad y = \frac{ac_1 - a_1c}{ab_1 - a_1b}.$$

- Se $ab_1 - a_1b = 0$ e $cb_1 - c_1b \neq 0$, o $ac_1 - a_1c \neq 0$, almeno una delle equazioni ottenute è impossibile, quindi è impossibile anche il sistema.
- Se $ab_1 - a_1b = 0$ e $cb_1 - c_1b = 0$ e $ac_1 - a_1c = 0$, allora le equazioni ottenute diventano:

$$(ab_1 - a_1b)x = cb_1 - c_1b \to \underline{0 \cdot x = 0};$$
$$(ab_1 - a_1b)y = ac_1 - a_1c \to \underline{0 \cdot y = 0}.$$

Pertanto, entrambe le equazioni sono indeterminate, e anche il sistema è indeterminato.

Il teorema si può ricordare e applicare in modo più semplice se lo scriviamo utilizzando i concetti di matrice e di determinante.

Le matrici e i determinanti

Dati due numeri naturali non nulli, m e n, si definisce **matrice $m \times n$** un insieme di numeri reali disposti in m righe e n colonne, secondo il seguente schema:

$$\begin{bmatrix} a_{11} & \cdots & a_{1n} \\ \vdots & \ddots & \vdots \\ a_{m1} & \cdots & a_{mn} \end{bmatrix}$$

La matrice si indica con una lettera maiuscola e gli elementi che la costituiscono sono racchiusi fra parentesi quadre.

Un generico elemento di una matrice può essere indicato con una lettera minuscola con due indici, per esempio a_{ij}: in cui il primo indice indica la riga e il secondo la colonna a cui appartiene l'elemento.

Per esempio, un insieme di quattro numeri ordinato in due righe e due colonne mediante uno schema del tipo $\begin{bmatrix} a_{11} & a_{12} \\ a_{21} & a_{22} \end{bmatrix}$ è una **matrice**; a_{11}, a_{12}, a_{21}, a_{22} sono gli elementi della matrice.

Listen to it

A **matrix** is an array of numbers arranged into a fixed number of rows and columns.

TEORIA

Data una matrice con due righe e due colonne, i suoi elementi:

- a_{11} e a_{22} sono sulla **diagonale principale**;
- a_{21} e a_{12} sono sulla **diagonale secondaria**.

$$\begin{bmatrix} a_{11} & a_{12} \\ a_{21} & a_{22} \end{bmatrix}$$

diagonale secondaria

diagonale principale

ESEMPIO Nella matrice $\begin{bmatrix} 5 & 1 \\ -3 & 4 \end{bmatrix}$, 5 e 4 sono gli elementi della diagonale principale, -3 e 1 sono quelli della diagonale secondaria.

Il **determinante** D di una matrice con due righe e due colonne è il numero che si ottiene come differenza fra il prodotto degli elementi della diagonale principale e il prodotto di quelli della diagonale secondaria e si indica con $\begin{vmatrix} a_1 & b_1 \\ a_2 & b_2 \end{vmatrix}$.

DEFINIZIONE

$$D = \begin{vmatrix} a_1 & b_1 \\ a_2 & b_2 \end{vmatrix} = a_1 b_2 - a_2 b_1$$

ESEMPIO

$$D = \begin{vmatrix} 2 & 5 \\ 3 & 7 \end{vmatrix} = 2 \cdot 7 - 3 \cdot 5 = 14 - 15 = -1$$

Listen to it

The **determinant** of a 2×2 matrix is the difference of the product of the numbers on the first diagonal (top left to bottom right) minus the product of the numbers on the second diagonal.

▶ Calcola i seguenti determinanti.

$\begin{vmatrix} \frac{2}{3} & -\frac{5}{2} \\ \frac{4}{5} & 9 \end{vmatrix}$; $\begin{vmatrix} 0 & -1 \\ 0 & 3 \end{vmatrix}$.

La risoluzione di un sistema con il metodo di Cramer

In un sistema $\begin{cases} ax + by = c \\ a_1 x + b_1 y = c_1 \end{cases}$ chiamiamo **determinante del sistema**

$$\boldsymbol{D} = \begin{vmatrix} \boldsymbol{a} & \boldsymbol{b} \\ \boldsymbol{a_1} & \boldsymbol{b_1} \end{vmatrix} = \boldsymbol{ab_1 - a_1 b}.$$

È possibile calcolare anche i determinanti D_x e D_y.

1. Per calcolare D_x, nella prima colonna del determinante del sistema sostituiamo i termini noti ai coefficienti di x:

$$D_x = \begin{vmatrix} c & b \\ c_1 & b_1 \end{vmatrix} = cb_1 - c_1 b.$$

2. Per calcolare D_y, nella seconda colonna del determinante del sistema sostituiamo i termini noti ai coefficienti di y:

$$D_y = \begin{vmatrix} a & c \\ a_1 & c_1 \end{vmatrix} = ac_1 - a_1 c.$$

Utilizzando i determinanti possiamo riscrivere il teorema precedente.

TEOREMA

Regola di Cramer (sistemi di due equazioni in due incognite)

Dato il sistema $\begin{cases} ax + by = c \\ a_1 x + b_1 y = c_1 \end{cases}$ e considerati i determinanti D, D_x e D_y:

- se $D \neq 0$, il sistema è *determinato* e le soluzioni sono $x = \frac{D_x}{D}$, $y = \frac{D_y}{D}$;
- se $D = 0$ e $D_x \neq 0$ o $D_y \neq 0$, il sistema è *impossibile*;
- se $D = 0$ e $D_x = 0$ e $D_y = 0$, il sistema è *indeterminato*.

Listen to it

You can use matrices to solve systems of equations. By calculating the *determinants* of appropriate matrices associated to the system, you can learn the type of solutions the system has, using Cramer's rule.

Questo metodo per risolvere un sistema lineare di due equazioni in due incognite è noto come **metodo di Cramer**.

ESEMPIO Risolviamo il sistema:

$$\begin{cases} 5x + y = -2 \\ 2x - y = -1 \end{cases}.$$

Calcoliamo il determinante del sistema:

$$D = \begin{vmatrix} 5 & 1 \\ 2 & -1 \end{vmatrix} = 5 \cdot (-1) - 2 \cdot 1 = -5 - 2 = -7.$$

Poiché $D \neq 0$, il sistema è determinato.
Calcoliamo D_x e D_y:

$$D_x = \begin{vmatrix} -2 & 1 \\ -1 & -1 \end{vmatrix} = -2 \cdot (-1) - (-1) \cdot 1 = 2 + 1 = 3;$$

$$D_y = \begin{vmatrix} 5 & -2 \\ 2 & -1 \end{vmatrix} = 5 \cdot (-1) - 2 \cdot (-2) = -5 + 4 = -1.$$

La soluzione è:

$$x = \frac{D_x}{D} = \frac{3}{-7} = -\frac{3}{7};$$

$$y = \frac{D_y}{D} = \frac{-1}{-7} = \frac{1}{7}.$$

Il sistema ha come soluzione la coppia $\left(-\frac{3}{7}; \frac{1}{7}\right)$.

▶ Risolvi il seguente sistema con il metodo di Cramer.

$$\begin{cases} 3y = 4x + 10 \\ 5x = \dfrac{1 - 2y}{4} \end{cases}$$

Animazione

▶ Risolvi i seguenti sistemi con il metodo di Cramer.

a. $\begin{cases} x + 4y = -1 \\ -2x + 3y = -9 \end{cases}$

b. $\begin{cases} 2x - y = 3 \\ -6x + 3y = 1 \end{cases}$

c. $\begin{cases} -4x + 8y = 3 \\ 3x - 6y = -\dfrac{9}{4} \end{cases}$

Video

7 I sistemi di tre equazioni in tre incognite

▶ Esercizi a p. 580

Molte delle considerazioni svolte per i sistemi di due equazioni in due incognite possono essere estese ai **sistemi di tre equazioni in tre incognite**.

La **soluzione** di un sistema di questo tipo può essere scritta come una terna ordinata di numeri che è soluzione di tutte le equazioni del sistema.

Per la risoluzione, possiamo applicare i metodi di *sostituzione*, *confronto* o *riduzione*, opportunamente combinati fra loro.

ESEMPIO Risolviamo il seguente sistema:

$$\begin{cases} 2x + y - z = 5 \\ 3x - y + 4z = -3 \\ -x - y + 2z = -5 \end{cases}.$$

Applichiamo il metodo di **sostituzione**. Ricaviamo y dalla prima equazione e sostituiamo l'espressione trovata *nelle altre due* equazioni:

$$\begin{cases} y = 5 - 2x + z \\ 3x - (5 - 2x + z) + 4z = -3 \\ -x - (5 - 2x + z) + 2z = -5 \end{cases}.$$

▶ Risolvi il seguente sistema.

$$\begin{cases} 2x + y + 3z = 1 \\ 3x - 2y + z = -2 \\ -x - y + 2z = 3 \end{cases}$$

Animazione

La seconda e la terza equazione formano ora un sistema nelle incognite x e z: scriviamo questo sistema in forma normale e lo risolviamo con il metodo di **riduzione**.

$$\begin{cases} y = 5 - 2x + z \\ 5x + 3z = 2 \\ x + z = 0 \end{cases} \xrightarrow{③} \ominus \begin{cases} y = 5 - 2x + z \\ 5x + 3z = 2 \\ 3x + 3z = 0 \end{cases} \quad \overline{2x \quad\quad = 2} \quad \rightarrow$$

$$\begin{cases} y = 5 - 2x + z \\ 2x = 2 \\ x + z = 0 \end{cases} \rightarrow \begin{cases} y = 5 - 2x + z \\ x = 1 \\ 1 + z = 0 \end{cases} \rightarrow \begin{cases} y = 5 - 2x + z \\ x = 1 \\ z = -1 \end{cases}$$

Sostituiamo nella prima equazione i valori trovati di x e z e determiniamo il valore di y.

$$\begin{cases} y = 5 - 2 \cdot 1 + (-1) = 2 \\ x = 1 \\ z = -1 \end{cases}$$

La soluzione del sistema è data dalla terna $(1; 2; -1)$.

▶ Determina tre numeri naturali sapendo che la loro somma vale 55, la semidifferenza tra il primo e il secondo aumentata di 3 è uguale al terzo numero e dividendo il primo per il terzo si ottiene come quoziente 2 e resto 8.

Video

PROBLEMA

Bruciare metano Combinando molecole di metano (CH_4) con molecole di ossigeno (O_2), si ottengono, per combustione, molecole di diossido di carbonio (CO_2) e acqua (H_2O) secondo la reazione $CH_4 + O_2 \rightarrow CO_2 + H_2O$. Che relazione c'è tra le molecole di metano, ossigeno, diossido di carbonio e acqua coinvolte?

Scheda di lavoro

8 I sistemi letterali e fratti

▶ Esercizi a p. 583

I sistemi letterali interi

Un **sistema letterale** è un sistema di equazioni in cui oltre alle *incognite* compaiono anche dei *parametri*.
Per risolvere un sistema letterale è necessario, attraverso una discussione riguardante il parametro o i parametri presenti, stabilire quando il sistema è determinato, impossibile o indeterminato e, se è determinato, trovare la soluzione in funzione dei parametri.

Listen to it

In a **system of literal equations** there are letters that are the *unknowns* and other letters that are *parameters*. You can find out for which values of the parameters the system is *independent*, *dependent*, or *inconsistent*.

ESEMPIO Risolviamo il seguente sistema nelle incognite x e y con il metodo del confronto.

$$\begin{cases} x + y = 2 \\ ax + 2y = 1 \end{cases} \rightarrow \begin{cases} y = 2 - x \\ y = \dfrac{1 - ax}{2} \end{cases}$$

Uguagliamo le due espressioni ottenute e scriviamo in forma normale l'equazione in una sola incognita.

$$\begin{cases} y = 2 - x \\ 2 - x = \dfrac{1 - ax}{2} \end{cases} \rightarrow \begin{cases} y = 2 - x \\ 4 - 2x = 1 - ax \end{cases} \rightarrow \begin{cases} y = 2 - x \\ (a - 2)x = -3 \end{cases}.$$

- Se $a - 2 = 0$, cioè se $a = 2$, nella seconda equazione otteniamo $0x = -3$ e quindi il sistema è impossibile.

- Se $a-2 \neq 0$, cioè se $a \neq 2$, possiamo dividere la seconda equazione per $a-2$ ottenendo:

$$\begin{cases} y=2-x \\ x=-\dfrac{3}{a-2} \end{cases} \rightarrow \begin{cases} y=2+\dfrac{3}{a-2} \\ x=-\dfrac{3}{a-2} \end{cases} \rightarrow \begin{cases} y=\dfrac{2a-1}{a-2} \\ x=-\dfrac{3}{a-2} \end{cases}.$$

In sintesi

- Se $a \neq 2$, il sistema è determinato e la soluzione è $\left(-\dfrac{3}{a-2}; \dfrac{2a-1}{a-2}\right)$.
- Se $a = 2$, il sistema è impossibile.

▶ Risolvi il seguente sistema nelle incognite x e y, discutendo al variare del parametro.
$$\begin{cases} x+by=b+1 \\ -\dfrac{1}{2}x+y=\dfrac{1}{2} \end{cases}$$

Negli esercizi risolveremo i sistemi letterali anche con gli altri metodi di risoluzione.

Spesso conviene utilizzare il metodo di Cramer, come vediamo nell'esempio seguente.

ESEMPIO Risolviamo il seguente sistema, discutendo al variare del parametro a in $\mathbb{R}$.

$$\begin{cases} ax+3ay=18 \\ 2x+ay=a \end{cases}$$

Calcoliamo i determinanti D, D_x, D_y:

$$D=\begin{vmatrix} a & 3a \\ 2 & a \end{vmatrix}=a^2-6a;\ D_x=\begin{vmatrix} 18 & 3a \\ a & a \end{vmatrix}=18a-3a^2;\ D_y=\begin{vmatrix} a & 18 \\ 2 & a \end{vmatrix}=a^2-36.$$

- Se $\mathbf{D \neq 0}$, cioè se $a^2-6a \neq 0 \rightarrow a(a-6) \neq 0 \rightarrow$ se $a \neq 0 \wedge a \neq 6$, il sistema è **determinato**.

$$x=\frac{D_x}{D}=\frac{18a-3a^2}{a^2-6a}=\frac{-3a(a-6)}{a(a-6)}=-3;$$

$$y=\frac{D_y}{D}=\frac{a^2-36}{a^2-6a}=\frac{(a-6)(a+6)}{a(a-6)}=\frac{a+6}{a}.$$

La soluzione è $\left(-3; \dfrac{a+6}{a}\right)$.

- Se $\mathbf{D = 0}$, cioè se $a=0 \vee a=6$, il sistema è o indeterminato o impossibile:
se $a=0 \rightarrow D=0, D_x=0, D_y=-36 \rightarrow D_x=0, D_y \neq 0$, il sistema è **impossibile**;
se $a=6 \rightarrow D=0, D_x=18\cdot 6-3\cdot 6^2=0, D_y=6^2-36=0 \rightarrow D_x=0, D_y=0$, il sistema è **indeterminato**.

In sintesi:

$a \neq 0 \wedge a \neq 6$: $\left(-3; \dfrac{a+6}{a}\right)$; $a=0$: impossibile; $a=6$: indeterminato.

▶ Risolvi il seguente sistema nelle incognite x e y, discutendo al variare del parametro.
$$\begin{cases} 2ax-6y=5a \\ -3ax+6y=20a \end{cases}$$

Animazione

I sistemi fratti

Un sistema è **fratto** se almeno una delle equazioni che lo compongono è fratta.
Prima di risolvere un sistema fratto è necessario determinare le condizioni di esistenza delle incognite che compaiono al denominatore delle frazioni algebriche.
Si procede poi alla risoluzione del sistema con uno dei metodi risolutivi studiati.
Le soluzioni, se esistono, sono accettabili solo se rispettano le condizioni di esistenza.

ESEMPIO Risolviamo i seguenti sistemi fratti.

a. $\begin{cases} \dfrac{1}{3x-3y} = \dfrac{2}{x^2-y^2} \\ 4x-y=4 \end{cases}$

Scomponiamo i denominatori della prima equazione.

$$\begin{cases} \dfrac{1}{3(x-y)} = \dfrac{2}{(x-y)(x+y)} \\ 4x-y=4 \end{cases}.$$

Determiniamo le condizioni di esistenza:

C.E.: $x \neq y$, $x \neq -y$.

Moltiplichiamo i membri della prima equazione per $3(x-y)(x+y)$.

$$\begin{cases} x+y=6 \\ 4x-y=4 \end{cases}.$$

Applichiamo il metodo di riduzione.

$$\begin{cases} x+y=\ \ 6 \\ 4x-y=\ \ 4 \end{cases} \to \begin{cases} x+y=6 \\ 5x=10 \end{cases} \to \begin{cases} y=4 \\ x=2 \end{cases}$$
$$5x \quad = 10$$

Verifichiamo se le soluzioni trovate soddisfano le condizioni di esistenza:

$2 \neq 4$ e $2 \neq -4$.

Le condizioni di esistenza sono soddisfatte, il sistema ha soluzione (2; 4).

b. $\begin{cases} \dfrac{3}{y^2-x^2} - \dfrac{1}{x+y} + \dfrac{2}{x-y} = 0 \\ \dfrac{y}{x} = -1 \end{cases}$

Scomponiamo i denominatori della prima equazione.

$$\begin{cases} -\dfrac{3}{(x+y)(x-y)} - \dfrac{1}{x+y} + \dfrac{2}{x-y} = 0 \\ \dfrac{y}{x} = -1 \end{cases}$$

Determiniamo le condizioni di esistenza:

C.E.: $x \neq y$, $x \neq -y$, $x \neq 0$.

Moltiplichiamo i membri della prima equazione per $(x+y)(x-y)$ e i membri della seconda equazione per x.

$$\begin{cases} x+3y-3=0 \\ y=-x \end{cases}$$

La seconda equazione non soddisfa le condizioni di esistenza, per cui il sistema è impossibile.

IN SINTESI
I sistemi lineari

I sistemi di due equazioni in due incognite

Un **sistema di equazioni** è un insieme di due o più equazioni nelle stesse incognite.
Il **grado** di un sistema di equazioni algebriche intere è il prodotto dei gradi delle singole equazioni che lo compongono.
Il sistema è detto **lineare** se formato da equazioni di primo grado.
La soluzione di un sistema è una soluzione comune a tutte le equazioni che lo compongono.

ESEMPIO Il sistema

$$\begin{cases} 2x + y = 0 \\ 6x - y = 8 \end{cases}$$

ha come soluzione la coppia (1; −2), mentre la coppia (0; 0) non è soluzione del sistema perché soddisfa solo la prima equazione.
Prima di applicare qualsiasi metodo risolutivo a un sistema lineare è bene ridurlo in **forma normale**, cioè:

$$\begin{cases} ax + by = c \\ a_1x + b_1y = c_1 \end{cases}.$$

Il metodo di sostituzione

Lo schema risolutivo di un sistema lineare di due equazioni in due incognite con il **metodo di sostituzione** è il seguente.

$$\begin{cases} 4x + y = 5 \rightarrow y = 5 - 4x \\ 3x - 2y = 12 \end{cases} \qquad \begin{cases} y = 5 - 4x \\ 3x - 2(5 - 4x) = 12 \rightarrow x = 2 \end{cases} \qquad \begin{cases} y = 5 - 4 \cdot 2 \\ x = 2 \end{cases} \rightarrow \begin{cases} y = -3 \\ x = 2 \end{cases}$$

I sistemi determinati, impossibili, indeterminati

Un sistema è **determinato**, **impossibile** o **indeterminato** a seconda che abbia rispettivamente una, nessuna o infinite soluzioni.

Il sistema lineare $\begin{cases} ax + by = c \\ a_1x + b_1y = c_1 \end{cases}$ è

- determinato se $\frac{a}{a_1} \neq \frac{b}{b_1}$;
- impossibile se $\frac{a}{a_1} = \frac{b}{b_1} \neq \frac{c}{c_1}$;
- indeterminato se $\frac{a}{a_1} = \frac{b}{b_1} = \frac{c}{c_1}$.

ESEMPIO

$$\begin{cases} 3x - 2y = 1 \\ 6x + y = 0 \end{cases}$$

è determinato perché

$\frac{3}{6} \neq -2.$

$$\begin{cases} 3x - 2y = 1 \\ 6x - 4y = 5 \end{cases}$$

è impossibile perché

$\frac{3}{6} = \frac{-2}{-4} \neq \frac{1}{5}.$

$$\begin{cases} 3x - 2y = 1 \\ 6x - 4y = 2 \end{cases}$$

è indeterminato perché

$\frac{3}{6} = \frac{-2}{-4} = \frac{1}{2}.$

Il metodo del confronto

Lo schema risolutivo di un sistema lineare di due equazioni in due incognite con il **metodo del confronto** è il seguente:

$$\begin{cases} 4x + y = 5 \\ 3x - 2y = 12 \end{cases}$$

$$y = \frac{3x-12}{2} \qquad y = 5 - 4x$$

$$\frac{3x-12}{2} = 5 - 4x$$

$$x = 2$$

$$\begin{cases} y = -3 \\ x = 2 \end{cases}$$

Il metodo di riduzione

Lo schema risolutivo di un sistema lineare di due equazioni in due incognite con il **metodo di riduzione** è il seguente:

$$\begin{cases} 4x + y = 5 \\ 3x - 2y = 12 \end{cases}$$

② Eliminiamo y

$$\oplus \begin{cases} 8x + 2y = 10 \\ 3x - 2y = 12 \end{cases}$$

$$11x = 22$$

$$x = 2$$

③ Eliminiamo x ④

$$\ominus \begin{cases} 12x + 3y = 15 \\ 12x - 8y = 48 \end{cases}$$

$$11y = -33$$

$$y = -3$$

$$\begin{cases} y = -3 \\ x = 2 \end{cases}$$

Il metodo di Cramer

Una **matrice $m \times n$** è un insieme di numeri reali disposti in m righe e n colonne, secondo lo schema:

$$\begin{bmatrix} a_{11} & \cdots & a_{1n} \\ \vdots & \ddots & \vdots \\ a_{m1} & \cdots & a_{mn} \end{bmatrix}$$

In una matrice con due righe e due colonne, i suoi elementi:

- a_{11} e a_{22} sono sulla **diagonale principale**;
- a_{21} e a_{12} sono sulla **diagonale secondaria**.

$$\begin{bmatrix} a_{11} & a_{12} \\ a_{21} & a_{22} \end{bmatrix}$$

diagonale secondaria

diagonale principale

Il **determinante** D di una matrice con due righe e due colonne è il numero che si ottiene come differenza fra il prodotto degli elementi della diagonale principale e il prodotto di quelli della diagonale secondaria.

$$D = \begin{vmatrix} a_1 & b_1 \\ a_2 & b_2 \end{vmatrix} = a_1 b_2 - a_2 b_1$$

ESEMPIO

$$\begin{vmatrix} 6 & 3 \\ -2 & -7 \end{vmatrix} = 6 \cdot (-7) - (-2) \cdot 3 = -42 + 6 = -36$$

Per risolvere un sistema lineare di due equazioni in due incognite si può applicare anche il **metodo di Cramer**.

Dato il sistema $\begin{cases} ax + by = c \\ a_1x + b_1y = c_1 \end{cases}$

il determinante del sistema è:

$$D = \begin{vmatrix} a & b \\ a_1 & b_1 \end{vmatrix} = ab_1 - a_1b, \quad \text{a cui si aggiungono}$$

$$D_x = \begin{vmatrix} c & b \\ c_1 & b_1 \end{vmatrix} = cb_1 - c_1b, \qquad D_y = \begin{vmatrix} a & c \\ a_1 & c_1 \end{vmatrix} = ac_1 - a_1c,$$

- se $D \neq 0$, il sistema è **determinato**: $\left(x = \frac{D_x}{D}; y = \frac{D_y}{D}\right)$;
- se $D = 0$
  - → $D_x \neq 0$ o $D_y \neq 0$, il sistema è **impossibile**;
  - → $D_x = 0$ e $D_y = 0$, il sistema è **indeterminato**.

ESEMPIO

Risolviamo il seguente sistema.

$$\begin{cases} 4x + y = 5 \\ 3x - 2y = 12 \end{cases}$$

$$D = \begin{vmatrix} 4 & 1 \\ 3 & -2 \end{vmatrix} = -8 - 3 = -11.$$

$D \neq 0$: il sistema è determinato.

$$D_x = \begin{vmatrix} 5 & 1 \\ 12 & -2 \end{vmatrix} = -10 - 12 = -22, \qquad D_y = \begin{vmatrix} 4 & 5 \\ 3 & 12 \end{vmatrix} = 48 - 15 = 33.$$

Le soluzioni sono $x = \frac{-22}{-11} = 2$ e $y = \frac{33}{-11} = -3$.

I sistemi di tre equazioni in tre incognite

La soluzione di un sistema di tre equazioni in tre incognite è una terna ordinata di valori $(x; y; z)$ che sono soluzioni di tutte le equazioni del sistema.

Per la risoluzione possiamo utilizzare i metodi di sostituzione, confronto e riduzione opportunamente combinati fra loro.

I sistemi letterali e fratti

Un **sistema letterale** è un sistema di equazioni in cui oltre alle incognite compaiono anche i parametri.
Per risolvere un sistema letterale è necessario discutere per quali valori dei parametri il sistema è determinato, indeterminato o impossibile.

Un **sistema fratto** è un sistema di equazioni in cui almeno una equazione è frazionaria.
La soluzione di un sistema fratto è accettabile solo se rispetta le condizioni di esistenza determinate per le incognite presenti al denominatore delle frazioni algebriche.

CAPITOLO 13

ESERCIZI

1 I sistemi di due equazioni in due incognite

▶ Teoria a p. 548

Le equazioni lineari in due incognite

Per ogni equazione nelle incognite *x* e *y* verifica se le coppie di numeri scritte a lato sono soluzioni.

1 $2x + 6y - 5 = 0$ $(0; 1)$, $\left(1; \frac{1}{2}\right)$, $\left(\frac{5}{2}; 0\right)$. [no; sì; sì]

2 $5y + \frac{1}{2}x - 1 = -4y - \frac{1}{2}x$ $(1; 0)$, $\left(2; \frac{1}{9}\right)$, $\left(2; -\frac{1}{9}\right)$. [sì; no; sì]

3 $\frac{y - x}{5} = \frac{x - y}{3}$ $(0; 0)$, $(1; 2)$, $(-6; -6)$. [sì; no; sì]

TEST

4 Tra le seguenti coppie ordinate, *solo una* è soluzione dell'equazione $3x - 4y = 1$. Quale?

A $(4; 3)$
B $(5; 4)$
C $(-5; -4)$
D $(-4; -3)$

5 La coppia ordinata $(2; -3)$ è soluzione di *una sola* delle seguenti equazioni. Quale?

A $2x + 3y = 0$
B $-x + 2y = -4$
C $y + 3x + 3 = 0$
D $2x + 2y + 2 = 0$

COMPLETA in modo che le coppie ordinate siano soluzioni dell'equazione data.

6 $x - 6y = 1$; $(-5; \square)$, $\left(-\frac{1}{2}; \square\right)$, $\left(\square; -\frac{1}{3}\right)$, $(\square; -2)$.

7 $2x + y + 1 = 0$; $(0; \square)$, $(\square; -3)$, $\left(-\frac{1}{2}; \square\right)$, $(\square; 7)$.

8 $3x - 4y = -5$; $\left(\square; \frac{5}{4}\right)$, $(3; \square)$, $\left(\square; \frac{1}{2}\right)$, $(\square; 1)$.

Scrivi le equazioni in due incognite che rappresentano i seguenti enunciati e determina qualche coppia che ne sia soluzione.

9 Due numeri *x* e *y* sono tali che il maggiore supera di 3 il doppio del minore. Indica con *x* il numero maggiore.

10 La somma dei perimetri di due quadrati diminuita di 10 cm è uguale al triplo del lato del primo.

11 Il doppio della somma delle età di due bambini supera di 6 il triplo dell'età del più giovane.

12 In un rettangolo, il quadruplo della base diminuito del triplo dell'altezza è uguale al semiperimetro aumentato di 1 cm.

I sistemi di due equazioni in due incognite

Verifica se la coppia scritta di fianco a ogni sistema è soluzione del sistema oppure no.

13 $\begin{cases} 5x - 3y = 12 \\ x - 2y = 1 \end{cases}$ $(3; 1)$. [sì]

14 $\begin{cases} 3x + 2y = -1 \\ 6x - 9y = 2 \end{cases}$ $(5; -2)$. [no]

15 $\begin{cases} 3y = x + 2 \\ x + 5y = 6 \end{cases}$ $(1; 1)$. [sì]

16 $\begin{cases} x + y = 2a \\ 6x + 3ay = 6a^2 \end{cases}$ $(0; 2a)$. [sì]

RISOLVIAMO UN PROBLEMA

x e y in pizzeria

Una compagnia di studenti si reca in pizzeria e alla fine della serata deve pagare un conto di 1000 euro! Non è vero che le ragazze sono più spendaccione, infatti ciascuna di loro se la cava con 13 euro. I ragazzi spendono invece 19 euro a testa.
Quante sono le ragazze e quanti i ragazzi?

▸ **Determiniamo la o le equazioni risolventi.**

Indichiamo con x il numero delle ragazze e con y il numero dei ragazzi. Le informazioni fornite dal problema si traducono nell'equazione:

$$13x + 19y = 1000.$$

Questa è l'unica equazione che è possibile ricavare, ma le incognite sono due, perciò il problema non ha un'unica soluzione. Ci chiediamo quante sono le soluzioni del problema considerando che sono rappresentate da una coppia di numeri naturali, rispettivamente multipli di 13 e di 19.

▸ **Determiniamo un'espressione per x.**

Cerchiamo qual è il massimo multiplo di 13 minore di 1000. Se eseguiamo la divisione con resto 1000 : 13 otteniamo:

$$1000 = 76 \cdot 13 + 12.$$

Inoltre possiamo scrivere

$$19 = 13 + 6.$$

L'equazione in funzione di x diventa:

$$13x + 19y = 1000 \to 13x = 1000 - 19y \to$$

$$x = \frac{1000 - 19y}{13}.$$

Sostituendo a 1000 e 19 le relative scomposizioni si ricava:

$$x = \frac{76 \cdot 13 + 12 - 13y - 6y}{13} =$$

$$\frac{76 \cdot 13}{13} - \frac{13y}{13} + \frac{12 - 6y}{13} =$$

$$76 - y - \frac{6(y-2)}{13}.$$

▸ **Determiniamo un'espressione per y.**

Poiché interessano solo valori di x naturali, la frazione $\frac{y-2}{13}$ ridotta ai minimi termini deve fornire come risultato un numero intero z. Il numeratore, perciò, deve essere un multiplo del denominatore.
Poniamo quindi: $y - 2 = 13z$, da cui:

$$y = 13z + 2,$$

dove $z \geq 0$, altrimenti y risulta minore di zero.

▸ **Determiniamo quali valori può assumere z.**

Dalla precedente equazione ricaviamo x in funzione di z:

$$x = 76 - 13z - 2 - \frac{6 \cdot 13z}{13} \to$$

$$x = 76 - 13z - 2 - 6z \to x = 74 - 19z.$$

Si ricava che per $x \geq 0$ deve essere

$$74 - 19z \geq 0.$$

A z si possono attribuire solo i valori 0, oppure 1, oppure 2, oppure 3; infatti, per $z = 4$ si ha

$$74 - 19 \cdot 4 = 74 - 76 < 0.$$

▸ **Determiniamo il numero di possibili soluzioni.**

Sostituendo a z i valori che soddisfano le condizioni, si ricavano i valori da attribuire a x (numero delle ragazze) e y (numero dei ragazzi).

Per $z = 0$: $x = 74 - 19 \cdot 0 = 74$; $y = 13 \cdot 0 + 2 = 2$.
Per $z = 1$: $x = 74 - 19 \cdot 1 = 55$; $y = 13 \cdot 1 + 2 = 15$.
Per $z = 2$: $x = 74 - 19 \cdot 2 = 36$; $y = 13 \cdot 2 + 2 = 28$.
Per $z = 3$: $x = 74 - 19 \cdot 3 = 17$; $y = 13 \cdot 3 + 2 = 41$.

Le possibili soluzioni sono le quattro coppie di numeri naturali trovate.

ASSOCIA a ogni sistema la relativa coppia soluzione.

17 ●○ **a.** $\begin{cases} x + 3y = -1 \\ x - y = 7 \end{cases}$ **b.** $\begin{cases} 2x - y = 2 \\ x + 2y = 11 \end{cases}$ **c.** $\begin{cases} 3x + 2y = -2 \\ -5x + y = -1 \end{cases}$ **1.** $(0; -1)$ **2.** $(5; -2)$ **3.** $(3; 4)$

18 ●○ **a.** $\begin{cases} 2x - 6y = -1 \\ 4x + 9y = 5 \end{cases}$ **b.** $\begin{cases} 2x - 6y = -3 \\ 4x + 9y = 1 \end{cases}$ **c.** $\begin{cases} 2x - 6y = 1 \\ 4x + 9y = -5 \end{cases}$ **1.** $\left(-\frac{1}{2}; \frac{1}{3}\right)$ **2.** $\left(-\frac{1}{2}; -\frac{1}{3}\right)$ **3.** $\left(\frac{1}{2}; \frac{1}{3}\right)$

19 VERO O FALSO?

a. Se un sistema è lineare, allora tutte le equazioni che lo compongono sono di primo grado. V F

b. Le soluzioni di un sistema lineare sono le soluzioni comuni a tutte le equazioni del sistema. V F

c. Le soluzioni di un sistema di due equazioni in due incognite sono rappresentate da coppie di valori reali. V F

d. Se moltiplichi ciascuna equazione di un sistema per 2, tutti i valori della soluzione risulteranno moltiplicati per 2. V F

e. Due sistemi sono equivalenti quando tutte le soluzioni del primo sistema sono anche soluzioni del secondo sistema. V F

Il grado di un sistema

20 Fra i seguenti sistemi nelle incognite x e y indica quelli di primo grado.

a. $\begin{cases} 2x - y = 0 \\ x^2 - 2xy = 0 \end{cases}$ b. $\begin{cases} 7x - \frac{1}{3}y + 1 = y \\ 4a^2x - 2 = 0 \end{cases}$ c. $\begin{cases} 2ay + 2 = 1 - x \\ 3x + y = 1 - 2y \end{cases}$

21 Indica il grado di ciascuno dei seguenti sistemi.

a. $\begin{cases} \frac{1}{x} = y + 2 \\ 4x - 3y = 2y + 2 - 5x \end{cases}$ b. $\begin{cases} xy = -7 \\ x = -y^2 + 9 \end{cases}$ c. $\begin{cases} x^3 - 3x^2y^2 = 0 \\ x^2y - 2 + 3xy = y \end{cases}$

22 COMPLETA i seguenti sistemi scrivendo un'equazione nelle incognite x e y in modo che il sistema formato dalle due equazioni abbia il grado indicato a fianco.

a. $\begin{cases} x - y + 1 = 0 \\ \square \end{cases}$ secondo grado b. $\begin{cases} 3x - 2y = 5 \\ \square \end{cases}$ primo grado

23 VERO O FALSO?

a. Il sistema $\begin{cases} x^2 - y^2 = 8 \\ x^2 + 2y^2 = 4 \end{cases}$ è di secondo grado. V F

b. Se in un sistema di due equazioni ciascuna equazione è di grado 4, allora il sistema ha grado 8. V F

c. Un sistema lineare contiene solo equazioni di primo grado. V F

d. Se un sistema di due equazioni è di terzo grado, contiene sempre un'equazione di primo grado. V F

24 FAI UN ESEMPIO Scrivi un sistema di quarto grado di due equazioni in cui un'equazione è:

a. $2x^2y^2 + xy = 1$; b. $x + xy = 3$.

La riduzione di un sistema lineare in forma normale

25 ESERCIZIO GUIDA Riduciamo in forma normale il seguente sistema lineare.

$$\begin{cases} 2x - 5 = 7y \\ 4(y - 2x) + 10x - 3 = -2 \end{cases}$$

Dobbiamo scrivere le due equazioni nella forma $ax + by = c$, in cui compaiono le due incognite a primo membro e il termine noto a secondo membro.
Eseguiamo i calcoli:

$$\begin{cases} 2x - 7y = 5 \\ 4y - 8x + 10x = 3 - 2 \end{cases} \rightarrow \begin{cases} 2x - 7y = 5 \\ 2x + 4y = 1 \end{cases}.$$

Fra i seguenti sistemi lineari, indica quelli scritti in forma normale e riduci poi gli altri alla stessa forma.

26 a. $\begin{cases} 2x - y - 3 = 0 \\ x = y + 1 \end{cases}$ b. $\begin{cases} y = 2x + 1 \\ 6x - y = -1 \end{cases}$ c. $\begin{cases} 8x + 3y = 6 \\ -2x + 7y = -2 \end{cases}$ d. $\begin{cases} x = -y + 3 \\ y = 1 - 2x \end{cases}$

27 a. $\begin{cases} x - y = 0 \\ 2x + 3y - 1 = 0 \end{cases}$ b. $\begin{cases} 6x - y = 4 \\ 8y + 7x = -5 \end{cases}$ c. $\begin{cases} 4x = y + 1 \\ 3x = -2y + 6 \end{cases}$ d. $\begin{cases} y = 2x - 2 \\ 1 = 4x + 2y \end{cases}$

2 Il metodo di sostituzione

▶ Teoria a p. 550

28 **VERO O FALSO?**

a. Nel metodo di sostituzione si ricava sempre l'incognita x dalla prima equazione. V F

b. Il metodo di sostituzione non si può applicare se i termini noti delle equazioni del sistema lineare sono nulli. V F

c. Dato un sistema di due equazioni in due incognite, nel metodo di sostituzione si deve sostituire l'espressione ricavata, per una delle due incognite, da una delle due equazioni nell'altra equazione, al posto della stessa incognita. V F

TEST

29 Sono dati i sistemi:

a. $\begin{cases} y = \dfrac{2x+1}{5} \\ 3x - 7\left(\dfrac{2x+1}{5}\right) = 5 \end{cases}$ b. $\begin{cases} 2x - 5y = -1 \\ 3x - 7y = 5 \end{cases}$

c. $\begin{cases} 2x - 5(3x - 5) = -1 \\ y = 3x - 5 \end{cases}$

A **a** e **b** sono equivalenti al sistema **c**.

B solo **a** è equivalente al sistema **c**.

C solo **b** è equivalente al sistema **c**.

D **a** e **b** sono equivalenti fra loro.

E non si può stabilire se **a** o **b** siano equivalenti al sistema **c**.

30 È dato il seguente sistema.

$$\begin{cases} 3x + 2y = 4 \\ 5x + y = -1 \end{cases}$$

Se lo si vuole risolvere con il metodo di sostituzione, risulta più semplice, dal punto di vista del calcolo:

A ricavare l'incognita x dalla prima equazione.

B ricavare l'incognita x dalla seconda equazione.

C ricavare l'incognita y dalla prima equazione.

D ricavare l'incognita y dalla seconda equazione.

E trasportare i termini noti a sinistra dell'uguale.

31 **ESERCIZIO GUIDA** Risolviamo il seguente sistema con il metodo di sostituzione.

$$\begin{cases} 2y - 5 = -2x - 6 + y \\ 2(x - 1) = 3(1 - 2y) + 19 \end{cases}$$

Riduciamo il sistema in forma normale.

$$\begin{cases} 2x + 2y - y = -6 + 5 \\ 2x - 2 = 3 - 6y + 19 \end{cases} \rightarrow \begin{cases} 2x + y = -1 \\ 2x + 6y = 22 + 2 \end{cases} \rightarrow \begin{cases} 2x + y = -1 \\ 2x + 6y = 24 \end{cases} \rightarrow \begin{cases} 2x + y = -1 \\ x + 3y = 12 \end{cases}$$

ESERCIZI

Ricaviamo y dalla prima equazione, perché ha il coefficiente uguale a 1, quindi il calcolo è più semplice.

$$\begin{cases} y=-1-2x \\ x+3y=12 \end{cases}$$

Sostituiamo l'espressione a y nella seconda equazione.

$$\begin{cases} y=-1-2x \\ x+3(-1-2x)=12 \end{cases}$$

Risolviamo la seconda equazione.

$$\begin{cases} y=-1-2x \\ x-3-6x=12 \end{cases} \rightarrow \begin{cases} y=-1-2x \\ -5x=15 \end{cases} \rightarrow \begin{cases} y=-1-2x \\ x=-3 \end{cases}$$

Sostituiamo il valore di x nella prima equazione.

$$\begin{cases} y=-1-2(-3) \\ x=-3 \end{cases} \rightarrow \begin{cases} y=5 \\ x=-3 \end{cases}$$

La soluzione del sistema è $(-3; 5)$.

Risolvi con il metodo di sostituzione i seguenti sistemi.

32 $\begin{cases} x-y=3 \\ x+y=9 \end{cases}$ $[(6; 3)]$

33 $\begin{cases} 2x-5y=7 \\ x-3y=1 \end{cases}$ $[(16; 5)]$

34 $\begin{cases} 5x+y=20 \\ 5x+7y=20 \end{cases}$ $[(4; 0)]$

35 $\begin{cases} x-6y+5=3-7y+10+2x+2 \\ x+y=6-8 \end{cases}$ $[(-6; 4)]$

36 $\begin{cases} 2x-4=3y \\ 4y-1=2x \end{cases}$ $\left[\left(\frac{19}{2}; 5\right)\right]$

37 $\begin{cases} 3x-1=0 \\ 4x+2y=0 \end{cases}$ $\left[\left(\frac{1}{3}; -\frac{2}{3}\right)\right]$

38 $\begin{cases} 2x-y=7 \\ 4x+3y=4 \end{cases}$ $\left[\left(\frac{5}{2}; -2\right)\right]$

39 $\begin{cases} 5(5x-2)=20x-2(y-3) \\ 2(x-5)-12y=21(1-y) \end{cases}$ $[(2; 3)]$

40 $\begin{cases} (x-2)^2+(y-1)(y+1)=x^2+y^2+3 \\ (x-3y)(x+3y)-x^2+3y=4-9y^2-2x \end{cases}$ $\left[\left(0; \frac{4}{3}\right)\right]$

41 $\begin{cases} 3(x-1)+2(y+1)-6=5 \\ 2(x+1)-3(y-1)=0 \end{cases}$ $[(2; 3)]$

42 $\begin{cases} 8(x-y)+6(x+y)-96=144 \\ x+y=40 \end{cases}$ $[(20; 20)]$

43 ESEMPIO DIGITALE

$\begin{cases} \dfrac{x+2y}{3}=\dfrac{-x+3y}{4}+1 \\ 5x+y=2(x-6) \end{cases}$

44 $\begin{cases} 3(x-1)-2(y-1)^2=5-2y^2 \\ 6x(y-1)+3y(4-2x)=0 \end{cases}$ $[(2; 1)]$

45 $\begin{cases} (x+2)^2-3x+2y=9+x^2 \\ -5x+3(x-3)+x-y=-6 \end{cases}$ $[(-11; 8)]$

46 $\begin{cases} \dfrac{x-2}{5}-\dfrac{2y-1}{3}=\dfrac{x+y}{15} \\ \dfrac{1}{3}x-2y=1 \end{cases}$ $[(-27; -5)]$

47 $\begin{cases} \dfrac{3}{2}(x+1)+4(x-y)=3x+\dfrac{1}{3} \\ x(1-x)+(y-2)^2=\dfrac{7}{3}+(y-x)(x+y) \end{cases}$ $\left[\left(\frac{1}{3}; \frac{1}{2}\right)\right]$

---

48 $\begin{cases} x-(x-1)(1+y)=y+2+1-x-x(1+y) \\ y(1+x^2)+3x+x^2=x^2y+(1+x)^2+4y-13 \end{cases}$ $\left[\left(1; \frac{13}{3}\right)\right]$

49 $\begin{cases} \dfrac{1}{3}(y+1)+y-3=\dfrac{1}{2}(x+1)-\dfrac{1}{3}(x-y) \\ \dfrac{y-3-x}{2}=\dfrac{1}{2}+\dfrac{1}{3}(x+1) \end{cases}$ $[(-1; 3)]$

50 YOU & MATHS **Substitute and explain** Use substitution to solve the two following systems, and explain your solutions.

a. $\begin{cases} x+2y=3 \\ 2x+4y=6 \end{cases}$ **b.** $\begin{cases} x+2y=3 \\ 2x+4y=7 \end{cases}$

51 INTORNO A NOI Una cintura è disponibile in sette diverse misure, XXS, XS, S, M, L, XL, XXL, e la differenza tra due taglie consecutive è in media di 2,5 cm. Sapendo che 6 cinture XXL sono lunghe quanto 7 di taglia XXS, qual è la lunghezza di una cintura di taglia XL?

[102,5 cm]

52 EUREKA! **Ragazzi e ragazze** Da un gruppo iniziale di ragazzi e ragazze vanno via 20 ragazze. Restano così 2 ragazzi per ciascuna ragazza. Dopodiché, se ne vanno 60 ragazzi. Restano quindi 2 ragazze per ogni ragazzo. Il numero di ragazze nel gruppo originale era:

- **A** 81.
- **B** 72.
- **C** 68.
- **D** 60.
- **E** 50.

(USA *Indiana University of Pennsylvania Annual High School Mathematics Competition*, 2002)

3 I sistemi determinati, impossibili, indeterminati

▶ Teoria a p. 551

53 VERO O FALSO?

a. Se un sistema è impossibile, allora non ha soluzioni. V F

b. Un sistema è determinato quando ha una sola soluzione. V F

c. Un sistema è impossibile solo quando tutte le equazioni del sistema sono impossibili. V F

d. Se in $\begin{cases} ax+by+c=0 \\ a_1x+b_1y+c_1=0 \end{cases}$ si ha $\frac{a}{b} \neq \frac{a_1}{b_1}$, allora il sistema è determinato. V F

e. Se nel sistema $\begin{cases} ax+by+c=0 \\ a_1x+b_1y+c_1=0 \end{cases}$ si ha $\frac{a}{a_1} = \frac{b}{b_1} \neq \frac{c}{c_1}$, allora il sistema è impossibile. V F

54 ESERCIZIO GUIDA Stabiliamo se ognuno dei seguenti sistemi è determinato, indeterminato o impossibile senza risolverlo.

a. $\begin{cases} x+2y=4 \\ 3x-4y=2 \end{cases}$ **b.** $\begin{cases} 2x-y=1 \\ 4x-2y=2 \end{cases}$ **c.** $\begin{cases} x-2y=-2 \\ -3x+6y=-12 \end{cases}$

I tre sistemi sono scritti in forma normale, quindi confrontiamo in ognuno di essi i rapporti $\frac{a}{a_1}$ fra i coefficienti di x, $\frac{b}{b_1}$ fra i coefficienti di y e $\frac{c}{c_1}$ fra i termini noti.

a. $\begin{cases} 1x+2y=4 \\ 3x-4y=2 \end{cases}$ $\frac{a}{a_1} = \frac{1}{3}$; $\frac{b}{b_1} = \frac{2}{-4} = -\frac{1}{2}$.

I rapporti tra i coefficienti di x e y sono diversi, quindi il sistema è determinato.

b. $\begin{cases} 2x-1y=1 \\ 4x-2y=2 \end{cases}$ $\frac{a}{a_1} = \frac{2}{4} = \frac{1}{2}$; $\frac{b}{b_1} = \frac{-1}{-2} = \frac{1}{2}$; $\frac{c}{c_1} = \frac{1}{2}$.

I tre rapporti sono uguali, quindi il sistema è indeterminato.

Poiché nessuno dei coefficienti di x o y è uguale a 1, è indifferente ricavare da entrambe le equazioni una variabile o l'altra. Ricaviamo y.

$$\begin{cases} 3y = -1 + 2x \\ 12y = -4 - 3x \end{cases} \rightarrow \begin{cases} y = \dfrac{2x-1}{3} \\ y = \dfrac{-3x-4}{12} \end{cases} \rightarrow \begin{cases} y = \dfrac{2x-1}{3} \\ \dfrac{2x-1}{3} = \dfrac{-3x-4}{12} \end{cases} \rightarrow$$

$$\begin{cases} y = \dfrac{2x-1}{3} \\ 4(2x-1) = -3x-4 \end{cases} \rightarrow \begin{cases} y = \dfrac{2x-1}{3} \\ 8x-4 = -3x-4 \end{cases} \rightarrow \begin{cases} y = \dfrac{2x-1}{3} \\ 11x = 0 \end{cases} \rightarrow$$

$$\begin{cases} y = \dfrac{2 \cdot 0 - 1}{3} \\ x = 0 \end{cases} \rightarrow \begin{cases} y = -\dfrac{1}{3} \\ x = 0 \end{cases}$$

La soluzione del sistema è $\left(0; -\frac{1}{3}\right)$.

Risolvi con il metodo del confronto i seguenti sistemi, dopo aver stabilito se ognuno di essi è determinato, impossibile o indeterminato.

84 $\begin{cases} 3x - y = -1 \\ x + y = 5 \end{cases}$ $[(1; 4)]$

85 $\begin{cases} x + 4y = 4 \\ y = +\frac{1}{2}(x-1) \end{cases}$ $\left[\left(2; \frac{1}{2}\right)\right]$

86 $\begin{cases} 6x = 1 - 2y \\ 5x + y = -\frac{3}{2} \end{cases}$ $\left[\left(-1; \frac{7}{2}\right)\right]$

87 $\begin{cases} \frac{1}{3}x + 4y = 5 \\ -x + \frac{1}{2}y = -\frac{5}{2} \end{cases}$ $[(3; 1)]$

88 $\begin{cases} -3x + 6y = 4 \\ 3x = 6y - 4 \end{cases}$ [indeterminato]

89 $\begin{cases} (2x-1)(y+3) + 5y + 1 = 2x(y+4) + x \\ 12x + 17 = 7y \end{cases}$ $[(-2; -1)]$

90 $\begin{cases} 3y + 24 + (y-2)^2 + 4y = 4x + y^2 + 4 \\ 3x + 2y = 1 \end{cases}$ $[(3; -4)]$

91 $\begin{cases} 5(x-y)[1 + (x+y)] + 5y^2 = 5x^2 - 6 \\ 5(y-x) = 1 \end{cases}$ [impossibile]

92 $\begin{cases} 2(8-2x) - y - (y+1)^2 = 3(y-x) - y^2 - 1 \\ -24 + 4(4-y) = x - 24 + 2y \end{cases}$ [indeterminato]

93 $\begin{cases} -5x - 4[x - y + (y-2)(y+2)] = -4y^2 + 11 \\ 3(3x - 2y - 2) + x^2 - 3 = (x-3)(x+3) + 6 \end{cases}$ $\left[\left(\frac{1}{3}; -\frac{1}{2}\right)\right]$

94 $\begin{cases} (x-2y)^2 - (x-y)^2 - y(3y-2x) = x + y - 2 \\ \dfrac{2x-y}{3} - \dfrac{x+2y}{6} - \dfrac{x-y}{2} = 0 \end{cases}$ $[(2; 0)]$

---

95 **INTORNO A NOI** Nel complesso della Statua della Libertà, l'altezza del basamento supera di 1 m l'altezza della sola statua, mentre l'intera struttura è più bassa di 48 m rispetto al triplo dell'altezza del basamento.
Quanto è alta la sola statua?

[46 m]

MATEMATICA INTORNO A NOI

I ciclisti Due amici ciclisti percorrono, a velocità costanti diverse, una pista circolare di 330 metri. Se partono insieme dallo stesso punto e pedalano nello stesso verso, si incontrano ogni 7 minuti e mezzo; se viaggiano in versi opposti, si incrociano ogni 18 secondi...

Problema e risoluzione.

50 ☐ YOU & MATHS **Substitute and explain** Use substitution to solve the two following systems, and explain your solutions.

a. $\begin{cases} x + 2y = 3 \\ 2x + 4y = 6 \end{cases}$ b. $\begin{cases} x + 2y = 3 \\ 2x + 4y = 7 \end{cases}$

51 INTORNO A NOI Una cintura è disponibile in sette diverse misure, XXS, XS, S, M, L, XL, XXL, e la differenza tra due taglie consecutive è in media di 2,5 cm. Sapendo che 6 cinture XXL sono lunghe quanto 7 di taglia XXS, qual è la lunghezza di una cintura di taglia XL?

[102,5 cm]

52 EUREKA! **Ragazzi e ragazze** Da un gruppo iniziale di ragazzi e ragazze vanno via 20 ragazze. Restano così 2 ragazzi per ciascuna ragazza. Dopodiché, se ne vanno 60 ragazzi. Restano quindi 2 ragazze per ogni ragazzo. Il numero di ragazze nel gruppo originale era:

A 81.
B 72.
C 68.
D 60.
E 50.

(USA *Indiana University of Pennsylvania Annual High School Mathematics Competition*, 2002)

3 I sistemi determinati, impossibili, indeterminati

▶ Teoria a p. 551

53 VERO O FALSO?

a. Se un sistema è impossibile, allora non ha soluzioni. V F

b. Un sistema è determinato quando ha una sola soluzione. V F

c. Un sistema è impossibile solo quando tutte le equazioni del sistema sono impossibili. V F

d. Se in $\begin{cases} ax + by + c = 0 \\ a_1x + b_1y + c_1 = 0 \end{cases}$ si ha $\frac{a}{b} \neq \frac{a_1}{b_1}$, allora il sistema è determinato. V F

e. Se nel sistema $\begin{cases} ax + by + c = 0 \\ a_1x + b_1y + c_1 = 0 \end{cases}$ si ha $\frac{a}{a_1} = \frac{b}{b_1} \neq \frac{c}{c_1}$, allora il sistema è impossibile. V F

54 ESERCIZIO GUIDA Stabiliamo se ognuno dei seguenti sistemi è determinato, indeterminato o impossibile senza risolverlo.

a. $\begin{cases} x + 2y = 4 \\ 3x - 4y = 2 \end{cases}$ b. $\begin{cases} 2x - y = 1 \\ 4x - 2y = 2 \end{cases}$ c. $\begin{cases} x - 2y = -2 \\ -3x + 6y = -12 \end{cases}$

I tre sistemi sono scritti in forma normale, quindi confrontiamo in ognuno di essi i rapporti $\frac{a}{a_1}$ fra i coefficienti di x, $\frac{b}{b_1}$ fra i coefficienti di y e $\frac{c}{c_1}$ fra i termini noti.

a. $\begin{cases} 1x + 2y = 4 \\ 3x - 4y = 2 \end{cases}$ $\frac{a}{a_1} = \frac{1}{3}$; $\frac{b}{b_1} = \frac{2}{-4} = -\frac{1}{2}$.

I rapporti tra i coefficienti di x e y sono diversi, quindi il sistema è determinato.

b. $\begin{cases} 2x - 1y = 1 \\ 4x - 2y = 2 \end{cases}$ $\frac{a}{a_1} = \frac{2}{4} = \frac{1}{2}$; $\frac{b}{b_1} = \frac{-1}{-2} = \frac{1}{2}$; $\frac{c}{c_1} = \frac{1}{2}$.

I tre rapporti sono uguali, quindi il sistema è indeterminato. ▶

c. $\begin{cases} 1x - 2y = -2 \\ -3x + 6y = -12 \end{cases}$ $\quad \frac{a}{a_1} = \frac{1}{-3} = -\frac{1}{3};\ \frac{b}{b_1} = \frac{-2}{6} = -\frac{1}{3};\ \frac{c}{c_1} = \frac{-2}{-12} = \frac{1}{6}.$

$\frac{a}{a_1} = \frac{b}{b_1} \neq \frac{c}{c_1}$, quindi il sistema è impossibile.

55 **SPIEGA PERCHÉ** il sistema:

a. $\begin{cases} x + y = 1 \\ x + y = 4 \end{cases}$ è impossibile; b. $\begin{cases} x + y = 1 \\ 3x + 3y = 3 \end{cases}$ è indeterminato; c. $\begin{cases} x = 1 \\ x - y = 2 \end{cases}$ è determinato.

Per ogni sistema stabilisci se esso è determinato, impossibile o indeterminato, senza risolverlo. Se il sistema è determinato, risolvilo con il metodo di sostituzione.

56 $\begin{cases} 3x + 2y = 7 \\ 6x + 4y = 14 \end{cases}$ [indeterminato]

57 $\begin{cases} 2x - y = 0 \\ x + 3y = 1 \end{cases}$ $\left[\text{determinato}, \left(\frac{1}{7}; \frac{2}{7}\right)\right]$

58 $\begin{cases} 6x - 2y = 5 \\ 18x - 6y = -1 \end{cases}$ [impossibile]

59 $\begin{cases} 4x - 2y = 1 \\ -2x + y = -2 \end{cases}$ [impossibile]

60 $\begin{cases} y - 3x = 1 \\ x - \frac{1}{3}y = -\frac{1}{3} \end{cases}$ [indeterminato]

61 $\begin{cases} 2x + \frac{1}{6}y - 3 = 0 \\ \frac{1}{2}y - \frac{1}{2}x = 1 \end{cases}$ $\left[\text{determinato}, \left(\frac{16}{13}; \frac{42}{13}\right)\right]$

62 $\begin{cases} 1 - 4y - \frac{1}{3}x = 0 \\ \frac{2}{3}x + 8y = +\frac{1}{2} \end{cases}$ [impossibile]

---

63 Sono date le seguenti equazioni:

a. $2x - 3y + 1 = 0$;

b. $2x + 2y = 0$;

c. $-2x + 3y + 2 = 0$;

d. $4x - 6y + 2 = 0$.

Puoi costruire con due di esse un sistema impossibile? E un sistema indeterminato?

[impossibile con a) e c), c) e d); indeterminato con a) e d)]

Determina per quali valori di *k* i seguenti sistemi sono determinati, senza risolverli.

64 $\begin{cases} kx - y = 1 \\ 2x + 3y = 6 \end{cases}$ $\left[k \neq -\frac{2}{3}\right]$

65 $\begin{cases} (k+1)x - 2ky = k \\ 4x + 2y = 1 \end{cases}$ $\left[k \neq -\frac{1}{5}\right]$

66 $\begin{cases} x - 3y = k \\ 2x + y = 2 \end{cases}$ $[\forall\, k \in \mathbb{R}]$

67 $\begin{cases} 2kx + ky = 5 \\ (k+1)x + \left(\frac{k+1}{2}\right)y = -4 \end{cases}$ $[\nexists\, k \in \mathbb{R}]$

Trova per quali valori di *k* i seguenti sistemi sono impossibili, senza risolverli.

68 $\begin{cases} x + 2ky = 2 \\ -2x + y = 1 \end{cases}$ $\left[k = -\frac{1}{4}\right]$

69 $\begin{cases} 3x - y = 5 \\ 6kx + 4y = 1 \end{cases}$ $[k = -2]$

70 $\begin{cases} kx - (k+3)y = 1 \\ 2x - 8y = 3 \end{cases}$ $[k = 1]$

71 $\begin{cases} 11x - 3y = k + 1 \\ 22x - 6y = -k \end{cases}$ $\left[k \neq -\frac{2}{3}\right]$

Trova per quali valori di *a* i seguenti sistemi sono indeterminati, senza risolverli.

72 $\begin{cases} 2ax + y = -2 \\ x - 2y = +4 \end{cases}$ $\left[a = -\frac{1}{4}\right]$

73 $\begin{cases} -x + y = 2 \\ 2ax - 4y = 3 \end{cases}$ $[\nexists\, a \in \mathbb{R}]$

74 $\begin{cases} ax + ay = -3 \\ 3ax + 3y = -9 \end{cases}$ $[a = 1]$

75 $\begin{cases} -2ax + y = 5a \\ 6x - y = -15 \end{cases}$ $[a = 3]$

76 TEST Che valore bisogna dare al parametro k affinché il sistema $\begin{cases} 5x + ky = 1 \\ kx + 5y = -19 \end{cases}$ abbia come soluzione $(-3; 2)$?

A 8.

B 3.

C $\frac{29}{3}$.

D Nessuno dei precedenti.

4 Il metodo del confronto

▶ Teoria a p. 553

77 VERO O FALSO?

a. Per risolvere un sistema con il metodo del confronto si ricava la stessa incognita da tutte le equazioni. V F

b. Si può applicare il metodo del confronto solo quando le incognite hanno coefficiente unitario. V F

c. Quando si applica il metodo del confronto è sempre indifferente ricavare l'incognita x o la y. V F

d. Un sistema lineare con a, a_1, b, $b_1 \neq 0$ può sempre essere risolto con il metodo del confronto. V F

78 TEST Il sistema

$$\begin{cases} y = \dfrac{3-2x}{4} \\ y = \dfrac{5x-9}{7} \end{cases}$$

è stato ottenuto da *uno solo* dei seguenti sistemi. Quale?

A $\begin{cases} 2x + 4y + 3 = 0 \\ 5x - 7y + 9 = 0 \end{cases}$

B $\begin{cases} 2x + 4y + 3 = 0 \\ 5x - 7y - 9 = 0 \end{cases}$

C $\begin{cases} 2x + 4y - 3 = 0 \\ 5x - 7y - 9 = 0 \end{cases}$

D $\begin{cases} 2x - 4y + 3 = 0 \\ 5x + 7y - 9 = 0 \end{cases}$

E $\begin{cases} 2x + 4y + 3 = 0 \\ 5x + 7y + 9 = 0 \end{cases}$

79 Esistono casi in cui il metodo del confronto è di immediata applicazione? Quali?

SPIEGA PERCHÉ

80 Puoi affermare che il metodo del confronto è un caso particolare del metodo di sostituzione?

81 Sono dati i sistemi:

$$\begin{cases} 3x + 13y - 4 = 0 \\ 3x - 12y - 1 = 0 \end{cases} \text{ e } \begin{cases} y = 4x - 12 \\ 8x - 3y + 15 = 0 \end{cases}.$$

In quale dei due pensi sia più opportuno procedere con il metodo del confronto?

82 Perché quando risolvi un sistema con il metodo del confronto, puoi uguagliare fra loro le espressioni che si ottengono ricavando la stessa incognita da entrambe le equazioni?

83 ESERCIZIO GUIDA Risolviamo con il metodo del confronto il seguente sistema, dopo aver stabilito se è determinato, impossibile o indeterminato.

$$\begin{cases} 3y - 2x + 1 = 0 \\ 3(x+1) + 11 = 2(5 - 6y) \end{cases}$$

Riduciamo il sistema in forma normale.

$$\begin{cases} -2x + 3y = -1 \\ 3x + 3 + 11 = 10 - 12y \end{cases} \rightarrow \begin{cases} -2x + 3y = -1 \\ 3x + 12y = -4 \end{cases}$$

Ricaviamo: $\frac{-2}{3} \neq \frac{3}{12}$, quindi il sistema è determinato.

Poiché nessuno dei coefficienti di x o y è uguale a 1, è indifferente ricavare da entrambe le equazioni una variabile o l'altra. Ricaviamo y.

$$\begin{cases} 3y = -1 + 2x \\ 12y = -4 - 3x \end{cases} \rightarrow \begin{cases} y = \dfrac{2x-1}{3} \\ y = \dfrac{-3x-4}{12} \end{cases} \rightarrow \begin{cases} y = \dfrac{2x-1}{3} \\ \dfrac{2x-1}{3} = \dfrac{-3x-4}{12} \end{cases} \rightarrow$$

$$\begin{cases} y = \dfrac{2x-1}{3} \\ 4(2x-1) = -3x-4 \end{cases} \rightarrow \begin{cases} y = \dfrac{2x-1}{3} \\ 8x-4 = -3x-4 \end{cases} \rightarrow \begin{cases} y = \dfrac{2x-1}{3} \\ 11x = 0 \end{cases} \rightarrow$$

$$\begin{cases} y = \dfrac{2 \cdot 0 - 1}{3} \\ x = 0 \end{cases} \rightarrow \begin{cases} y = -\dfrac{1}{3} \\ x = 0 \end{cases}$$

La soluzione del sistema è $\left(0; -\frac{1}{3}\right)$.

Risolvi con il metodo del confronto i seguenti sistemi, dopo aver stabilito se ognuno di essi è determinato, impossibile o indeterminato.

84 $\begin{cases} 3x - y = -1 \\ x + y = 5 \end{cases}$ $[(1; 4)]$

85 $\begin{cases} x + 4y = 4 \\ y = +\frac{1}{2}(x-1) \end{cases}$ $\left[\left(2; \frac{1}{2}\right)\right]$

86 $\begin{cases} 6x = 1 - 2y \\ 5x + y = -\frac{3}{2} \end{cases}$ $\left[\left(-1; \frac{7}{2}\right)\right]$

87 $\begin{cases} \frac{1}{3}x + 4y = 5 \\ -x + \frac{1}{2}y = -\frac{5}{2} \end{cases}$ $[(3; 1)]$

88 $\begin{cases} -3x + 6y = 4 \\ 3x = 6y - 4 \end{cases}$ [indeterminato]

89 $\begin{cases} (2x-1)(y+3) + 5y + 1 = 2x(y+4) + x \\ 12x + 17 = 7y \end{cases}$ $[(-2; -1)]$

90 $\begin{cases} 3y + 24 + (y-2)^2 + 4y = 4x + y^2 + 4 \\ 3x + 2y = 1 \end{cases}$ $[(3; -4)]$

91 $\begin{cases} 5(x-y)[1 + (x+y)] + 5y^2 = 5x^2 - 6 \\ 5(y-x) = 1 \end{cases}$ [impossibile]

92 $\begin{cases} 2(8-2x) - y - (y+1)^2 = 3(y-x) - y^2 - 1 \\ -24 + 4(4-y) = x - 24 + 2y \end{cases}$ [indeterminato]

93 $\begin{cases} -5x - 4[x - y + (y-2)(y+2)] = -4y^2 + 11 \\ 3(3x-2y-2) + x^2 - 3 = (x-3)(x+3) + 6 \end{cases}$ $\left[\left(\frac{1}{3}; -\frac{1}{2}\right)\right]$

94 $\begin{cases} (x-2y)^2 - (x-y)^2 - y(3y-2x) = x + y - 2 \\ \dfrac{2x-y}{3} - \dfrac{x+2y}{6} - \dfrac{x-y}{2} = 0 \end{cases}$ $[(2; 0)]$

---

95 INTORNO A NOI Nel complesso della Statua della Libertà, l'altezza del basamento supera di 1 m l'altezza della sola statua, mentre l'intera struttura è più bassa di 48 m rispetto al triplo dell'altezza del basamento.
Quanto è alta la sola statua?

[46 m]

MATEMATICA INTORNO A NOI

I ciclisti Due amici ciclisti percorrono, a velocità costanti diverse, una pista circolare di 330 metri. Se partono insieme dallo stesso punto e pedalano nello stesso verso, si incontrano ogni 7 minuti e mezzo; se viaggiano in versi opposti, si incrociano ogni 18 secondi…

Problema e risoluzione.

96 Determina l'ampiezza degli angoli del triangolo ABD sapendo che $\widehat{D} = \frac{5}{2} C\widehat{B}D - 10°$ e $\widehat{D} = \frac{1}{4} A\widehat{B}D + 20°$.

[60°; 40°; 80°]

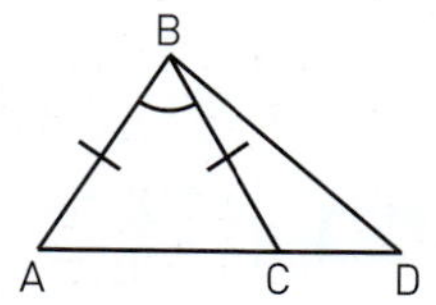

5 Il metodo di riduzione

Teoria a p. 554

TEST

97 In *uno solo* dei seguenti sistemi è stato applicato correttamente il metodo di riduzione. Quale?

A $\begin{cases} x - 3y = 1 \\ -x + 2y = -2 \end{cases}$; $-5y = 3$

B $\begin{cases} 2x + y = -3 \\ x - y = 6 \end{cases}$; $x = 3$

C $\begin{cases} 2x - 8y = 0 \\ 2x + 2y = -7 \end{cases}$; $-10y = 7$

D $\begin{cases} x - y = 8 \\ x + y = 2 \end{cases}$; $2x = 6$

98 Se applichi il primo passaggio del metodo di riduzione a uno dei seguenti sistemi, ottieni il sistema equivalente: $\begin{cases} 12x + 9y = -3 \\ -12x + 16y = 8 \end{cases}$.

Qual è il sistema di partenza?

A $\begin{cases} -4x + 3y = -1 \\ -3x + 4y = 2 \end{cases}$

B $\begin{cases} 4x + 3y = 1 \\ -3x + 4y = 2 \end{cases}$

C $\begin{cases} 4x - 3y = 1 \\ 3x - 4y = 2 \end{cases}$

D $\begin{cases} 4x + 3y = -1 \\ -3x - 4y = 2 \end{cases}$

E $\begin{cases} 4x + 3y = -1 \\ -3x + 4y = 2 \end{cases}$

SPIEGA PERCHÉ

99 Se si applica il metodo di riduzione al sistema

$\begin{cases} x - 3y + 4 = 0 \\ 2x + 3y - 7 = 0 \end{cases}$,

quale sistema equivalente si ottiene?

100 È dato il sistema $\begin{cases} 3x - y = 2 \\ 2x + 3y = -1 \end{cases}$.

Scrivi l'equazione che si ottiene addizionando le due equazioni. La coppia soluzione del sistema verifica anche tale equazione?

101 **ESERCIZIO GUIDA** Risolviamo i seguenti sistemi, già ridotti in forma normale, con il metodo di riduzione.

a. $\begin{cases} -2x + 3y = 1 \\ 4x - 5y = -1 \end{cases}$ b. $\begin{cases} 2x - 3y = 5 \\ 5x + 2y = 3 \end{cases}$

a. Poiché $\frac{-2}{4} \neq \frac{3}{-5}$, il sistema è determinato.
Eliminiamo x, moltiplicando i termini della prima equazione per 2 e sommando membro a membro.

$$\begin{array}{l} ②\ \ \ -4x + 6y = 2 \\ \boxplus\ \ \ +4x - 5y = -1 \\ \hline \qquad\qquad\ \ y = 1 \end{array}$$

Sostituendo $y = 1$ in una delle due equazioni, per esempio la prima, si ha:

$-2x + 3 \cdot 1 = 1 \to -2x = 1 - 3 \to$
$-2x = -2 \to x = 1.$

Il sistema ha come soluzione la coppia $(1; 1)$.

b. Poiché $\frac{2}{5} \neq \frac{-3}{2}$, il sistema è determinato.
Eliminiamo y moltiplicando i termini della prima equazione per 2 e quelli della seconda per 3 e sommando membro a membro.

$$\begin{array}{l} ②\ \ \ 4x - 6y = 10 \\ \boxplus \\ ③\ \ \ 15x + 6y = 9 \\ \hline \ 19x \qquad = 19 \\ \ \ x \qquad = 1 \end{array}$$

Sostituiamo $x = 1$ nella seconda equazione:

$5 \cdot 1 + 2y = 3 \to 2y = -2 \to y = -1.$

La soluzione del sistema è $(1; -1)$.

Risolvi i seguenti sistemi con il metodo di riduzione, dopo aver stabilito, per ciascuno, se è determinato, impossibile o indeterminato.

102 $\begin{cases} x - y = 4 \\ x + 3y = 8 \end{cases}$ $[(5; 1)]$

103 $\begin{cases} 3x + 7y = 2 \\ 4x - 2y = -3 \end{cases}$ $\left[\left(-\frac{1}{2}; \frac{1}{2}\right)\right]$

104 $\begin{cases} y = 6 - 3x \\ y - 2x = -4 \end{cases}$ $[(2; 0)]$

105 $\begin{cases} 2x - y = 3 \\ 7x - y = 1 \end{cases}$ $\left[\left(-\frac{2}{5}; -\frac{19}{5}\right)\right]$

106 $\begin{cases} x = 4y + 1 \\ 4x - 16y = 3 \end{cases}$ [impossibile]

107 $\begin{cases} 3x - 4 = 5y \\ 2y + x = 1 \end{cases}$ $\left[\left(\frac{13}{11}; -\frac{1}{11}\right)\right]$

108 $\begin{cases} x - \frac{y}{2} = \frac{5}{3} \\ \frac{3}{2}x - \frac{3}{8}y = 1 \end{cases}$ $\left[\left(-\frac{1}{3}; -4\right)\right]$

109 $\begin{cases} 3x - 8y = -12 \\ \frac{1}{2}x + 4y = -3 \end{cases}$ $\left[\left(-\frac{9}{2}; -\frac{3}{16}\right)\right]$

110 $\begin{cases} (x+2)^2 - 1 = x^2 - 5y \\ 4x - 1 = -y \end{cases}$ $\left[\left(\frac{1}{2}; -1\right)\right]$

---

111 $\begin{cases} x(x+y) - 3 = x + x^2 + xy - 2y \\ 3(x-y) + 2 = 0 \end{cases}$ $\left[\left(\frac{5}{3}; \frac{7}{3}\right)\right]$

112 $\begin{cases} 10(x-1) + 7y - (x+1)(x-1) = x(1-x) + 1 \\ 6x + 7y = 9 \end{cases}$ $\left[\left(\frac{1}{3}; 1\right)\right]$

113 $\begin{cases} 1 + 3(2x-2)(1+x) - 6x^2 + 3 = 2y - 6x + 4 \\ x - 3y + 2 = 0 \end{cases}$ $\left[\left(\frac{11}{8}; \frac{9}{8}\right)\right]$

114 $\begin{cases} 6 + (2x-1)(1+y) + 2y - 1 = y(2x-1) \\ 16(x-1) + 12(y+1) + 24[(x+y) - 1] = 8(2y-1) \end{cases}$ $[(3; -5)]$

115 $\begin{cases} 2(x-y) = 2 - x \\ 2(x+y)^2 + x + (x+y-1) = 2x + 2(x^2+y^2+2xy) + y + 1 \end{cases}$ [impossibile]

116 $\begin{cases} 2(3x-2y) - 4x = 2(x-6y) \\ 1 - 2y^2(x^2-y^2) - (x^2-y^2)^2 = (y^2-x^2)(x^2+y^2) + 1 \end{cases}$ [indeterminato]

117 $\begin{cases} x - (x-y)(1+y) = y^2 + 1 - x - x(1+y) \\ y(1+x^2) + 3x + x^2 = x^2y + (1+x)^2 + 4y - 13 \end{cases}$ $\left[\left(-\frac{9}{7}; \frac{25}{7}\right)\right]$

---

118 INTORNO A NOI Quanto costano 1 kg di broccoli e 1 kg di cavolfiori se 5 kg di broccoli e 2 kg di cavolfiori costano € 16,20 e 3 kg di broccoli e 7 kg di cavolfiori costano € 24,80? [€ 2,20; € 2,60]

119 INTORNO A NOI **Bevande da cialde** In un distributore automatico di bevande calde ci sono 100 cialde: quelle per il caffè sono da 7 g, mentre quelle per il tè sono da 4 g. Alla fine della giornata sono rimaste 23 cialde e sono stati consumati in totale 380 g di prodotti. Quante cialde di ciascun tipo sono state utilizzate? [24; 53]

MATEMATICA AL COMPUTER

Sistemi con il foglio elettronico Costruisci un foglio elettronico che, dopo aver ricevuto i sei coefficienti del sistema $\begin{cases} 2x - y = 8 \\ x - 3y = 14 \end{cases}$:

a. stabilisca se è determinato, indeterminato o impossibile;
b. nel caso sia determinato, lo risolva con il metodo di riduzione.

Prova poi il foglio di lavoro inserendo i coefficienti di altri sistemi.

Problema e risoluzione - 2 esercizi in più.

6 Il metodo di Cramer

▶ Teoria a p. 554

I determinanti

Calcola i seguenti determinanti.

120 $\begin{vmatrix} 2 & 1 \\ -1 & 3 \end{vmatrix}$ [7]

121 $\begin{vmatrix} 4 & -1 \\ 2 & 2 \end{vmatrix}$ [10]

122 ESEMPIO DIGITALE $\begin{vmatrix} \frac{1}{2} & 0 \\ -2 & -4 \end{vmatrix}$; $\begin{vmatrix} 1 & 1 \\ 1 & -1 \end{vmatrix}$.

123 $\begin{vmatrix} 0 & 1 \\ -2 & 2 \end{vmatrix}$ [2]

124 $\begin{vmatrix} 0 & 2 \\ -1 & 0 \end{vmatrix}$ [2]

125 $\begin{vmatrix} a+b & a \\ a & a-b \end{vmatrix}$ $[-b^2]$

126 $\begin{vmatrix} x & 1 \\ 2x & x+2 \end{vmatrix}$ $[x^2]$

127 $\begin{vmatrix} a & 1-a \\ 1+a & -a+3 \end{vmatrix}$ $[3a-1]$

La risoluzione di un sistema con il metodo di Cramer

SPIEGA PERCHÉ

128 È dato il seguente sistema: $\begin{cases} 3x - 7y = 1 \\ -6x + 14y = 3 \end{cases}$. Quanto vale il suo determinante? Osservando solo il determinante, puoi stabilire se il sistema è impossibile? In che modo potresti esserne sicuro?

129 Come cambia il valore del determinante di un sistema lineare di due equazioni in due incognite se vengono scambiate le righe? E se si scambiano le colonne? E se si scambiano contemporaneamente righe e colonne?

VERO O FALSO?

130
a. Se il determinante D di un sistema lineare con due equazioni in due incognite è nullo, allora il sistema è impossibile. V F
b. Il determinante D_x si ottiene dall'espressione del determinante D sostituendo nella prima colonna ai coefficienti dell'incognita x i termini noti. V F
c. Se il determinante D_y è nullo, allora $y = 0$. V F
d. Il determinante D_y del sistema $\begin{cases} 3x - 5y - 2 = 0 \\ 4x + 3y + 5 = 0 \end{cases}$ è $\begin{vmatrix} 3 & 0 \\ 4 & 0 \end{vmatrix}$. V F

131
a. Il sistema $\begin{cases} x + 4y = 3 \\ ax + 8y = 6 \end{cases}$ per $a = 2$ è impossibile. V F
b. Il determinante $\begin{vmatrix} k-1 & 2 \\ 0 & 2 \end{vmatrix}$ vale 0 se $k = 1$. V F
c. Il sistema $\begin{cases} x = y - 1 \\ 2x + 2y = 2 \end{cases}$ è formato da due equazioni equivalenti, quindi è indeterminato. V F
d. Il sistema $\begin{cases} x - 3y = 1 \\ y = -x + 5 \end{cases}$ è equivalente a $\begin{cases} y = x - 3 \\ x + y = 5 \end{cases}$. V F

132 ESERCIZIO GUIDA Utilizzando il metodo di Cramer, risolviamo i seguenti sistemi.

a. $\begin{cases} 2x - 3y = 1 \\ 4x + 7y = 15 \end{cases}$ b. $\begin{cases} -2x + y = 2 \\ 6x - 3y = 4 \end{cases}$ c. $\begin{cases} 3x - 2y = 5 \\ -6x + 4y = -10 \end{cases}$

a. $\begin{cases} 2\,x\ -3\,y = 1 \\ 4\,x\ +7\,y = 15 \end{cases}$

Calcoliamo il determinante D, formato dai coefficienti di x e di y:

$$D = \begin{vmatrix} 2 & -3 \\ 4 & +7 \end{vmatrix} = 14 + 12 = 26.$$

Calcoliamo D_x, ottenuto da D sostituendo la prima colonna dei coefficienti di x con i termini noti:

$$D_x = \begin{vmatrix} 1 & -3 \\ 15 & +7 \end{vmatrix} = 7 + 45 = 52.$$

Calcoliamo D_y, ottenuto da D sostituendo la seconda colonna dei coefficienti di y con i termini noti:

$$D_y = \begin{vmatrix} 2 & 1 \\ 4 & 15 \end{vmatrix} = 30 - 4 = 26.$$

Calcoliamo la soluzione:

$$x = \frac{D_x}{D} = \frac{52}{26} = 2;$$

$$y = \frac{D_y}{D} = \frac{26}{26} = 1.$$

La soluzione del sistema è $(2; 1)$.

b. $\begin{cases} -2x + y = 2 \\ 6x - 3y = 4 \end{cases}$

Calcoliamo $D = \begin{vmatrix} -2 & 1 \\ 6 & -3 \end{vmatrix} = 6 - 6 = 0.$

Il sistema non è determinato. Per decidere se è impossibile o indeterminato, calcoliamo D_x. Se $D_x = 0$, dobbiamo calcolare anche D_y; se invece $D_x \neq 0$, il sistema è impossibile.

$$D_x = \begin{vmatrix} 2 & 1 \\ 4 & -3 \end{vmatrix} = -6 - 4 = -10 \neq 0$$

Il sistema è quindi impossibile.

c. $\begin{cases} 3x - 2y = 5 \\ -6x + 4y = -10 \end{cases}$

Calcoliamo $D = \begin{vmatrix} 3 & -2 \\ -6 & 4 \end{vmatrix} = 12 - 12 = 0.$

Il sistema non è determinato.

Calcoliamo $D_x = \begin{vmatrix} 5 & -2 \\ -10 & 4 \end{vmatrix} = 20 - 20 = 0.$

Calcoliamo $D_y = \begin{vmatrix} 3 & 5 \\ -6 & -10 \end{vmatrix} = -30 + 30 = 0.$

Essendo $D = 0$, $D_x = 0$, $D_y = 0$, il sistema è indeterminato.

Risolvi i seguenti sistemi, utilizzando il metodo di Cramer.

133 $\begin{cases} 3x - y = 1 \\ 2x + 3y = 8 \end{cases}$ [(1; 2)]

134 $\begin{cases} 2x - 4 + y^2 = y(y-3) + 16 \\ 2x - 3y = 8 \end{cases}$ [(7; 2)]

135 $\begin{cases} 3x + 2y + 4 = 0 \\ x(2x-1) - x^2 + y = x^2 + 2y + 3 \end{cases}$ [(2; − 5)]

136 $\begin{cases} 4x + 5y + 23 = 0 \\ 9(2-x) + y + 7 = -9 \end{cases}$ [(3; − 7)]

137 $\begin{cases} 4x + 2y + 5 = 3 \\ \dfrac{6}{5}y + \dfrac{3}{2}x - 1 = -4 \end{cases}$ [(2; − 5)]

138 $\begin{cases} \dfrac{3}{4}x + y = -2 \\ \dfrac{4}{5}y + x = 2 - \dfrac{x}{2} \end{cases}$ [(4; − 5)]

139 $\begin{cases} \dfrac{2}{3}y + \dfrac{1}{5}x = 5 \\ 2x - \dfrac{5}{6}y + 3 = 8 \end{cases}$ [(5; 6)]

140 $\begin{cases} \dfrac{x+2y}{3} + 1 = \dfrac{1}{3} \\ 3x + 5y = -4 \end{cases}$ [(2; − 2)]

141 $\begin{cases} 2x + 5y = -1 \\ x(x-2) + y(y+3) = (x+y)^2 - 2xy - 7 \end{cases}$ [(2; − 1)]

142 $\begin{cases} 6x - 2y = 1 \\ y = 3x - 4 \end{cases}$ [impossibile]

143 $\begin{cases} 2(2y - x) = 6(x-1) \\ 4x - 2y = 3 \end{cases}$ [indeterminato]

FAI UN ESEMPIO Scrivi un sistema con le caratteristiche indicate.

144 Un'equazione è $-3x+6y=-1$; il sistema è impossibile.

145 Un'equazione è $-2x+\frac{1}{3}y=3$; la soluzione è $(-2;-3)$.

146 Dimostra che il sistema $\begin{cases} 4x-3y=2 \\ 8x-6y=4 \end{cases}$ è indeterminato. Come puoi esprimere le infinite coppie di soluzioni utilizzando un solo parametro reale? $\left[\left(k; \frac{4k-2}{3}\right)\text{, con } k \in \mathbb{R}\right]$

147 **COMPLETA** i seguenti sistemi in modo che ognuno sia come indicato a fianco.

$\begin{cases} 3x-2y=\square \\ 9x-6y=1 \end{cases}$ indeterminato;

$\begin{cases} 5x-6y=1 \\ 2x-\square y=3 \end{cases}$ impossibile;

$\begin{cases} \square x+2y=1 \\ 4x+3y=3 \end{cases}$ determinato;

$\begin{cases} -x+3y=2 \\ 3x-9y=\square \end{cases}$ impossibile.

148 Dimostra che il sistema $\begin{cases} 2x-y=4 \\ -4x+2y=1 \end{cases}$ è impossibile in due modi:

a. risolvendolo;

b. considerando i rapporti dei coefficienti.

149 Tra le equazioni

a. $\frac{2}{3}x-\frac{4}{5}y=6$, **b.** $-5x+3y=1$, **c.** $\frac{1}{3}x-\frac{2}{5}y=3$, **d.** $\frac{1}{6}x-\frac{1}{5}y=2$,

quali puoi scegliere per costruire un sistema che abbia determinante D nullo e D_x e D_y non nulli? E quali per ottenere un sistema che abbia determinante D uguale a 1? [a) e d) oppure c) e d); b) e c)]

Problemi INTORNO A NOI

150 Mescolando un certo volume di olio (che ha densità pari a 920 g/dm^3) e un altro di aceto (che ha densità pari a 1020 g/dm^3), si ottengono 1098 g di miscela. Se si scambiano i due volumi, si ottengono invece 1036 g di miscela.
Determina i due volumi. [$0{,}24 \text{ dm}^3$; $0{,}86 \text{ dm}^3$]

YOU & MATHS

151 ☐ Trevor's farm of mutant animals has 3-legged goats and 5-legged goats. In one pen he counts 83 legs and 23 heads; how many 5-legged goats are there?

(USA *Rice University Mathematics Tournament*, 2005)

[7]

152 ☐ Roger enjoys soccer and his team is pretty good: last season they won 7 more games than they lost. There were a total of 23 games; none were ties. How many games did his team win?

(CAN *John Abbott College, Final Exam*, 1999)

[15]

ESERCIZI

Riepilogo: Metodi di risoluzione

Risolvi i seguenti sistemi lineari, utilizzando per ciascuno il metodo che ritieni più opportuno.

153 $\begin{cases} x+3y=1 \\ x(x-2)+7=-10+y(1+y)+(x-y)(x+y) \end{cases}$ $[(10;-3)]$

154 $\begin{cases} 5-x+(x-3y)(x+1)+y^2+xy=(x-y)^2+x-2y+10 \\ 5+y=0 \end{cases}$ $[(0;-5)]$

155 $\begin{cases} \frac{1}{2}\left(\frac{x}{2}+\frac{5}{2}\right)-\left(x+\frac{3}{4}\right)\left(x-\frac{3}{4}\right)-\frac{9}{16}=-x^2-\frac{y}{3} \\ -\frac{x}{3}-\frac{y}{2}=\frac{5}{2} \end{cases}$ $[(15;-15)]$

156 $\begin{cases} \frac{1}{3}x=\frac{1}{2}\left(y-\frac{1}{3}\right) \\ \frac{1}{2}(x-y)=\frac{2}{3}-\frac{3}{2}x \end{cases}$ $\left[\left(\frac{1}{2};\frac{2}{3}\right)\right]$

157 $\begin{cases} \frac{1}{3}(x+y)-\frac{1}{2}=\frac{2}{3}(y-x)+\frac{1}{6} \\ \frac{3}{2}(2y-x+2)=\frac{1}{2}y+3 \end{cases}$ $\left[\left(\frac{5}{6};\frac{1}{2}\right)\right]$

158 $\begin{cases} \frac{1}{7}(x+3)=\frac{1}{2}\left(\frac{8}{7}-y\right)-\frac{1}{7} \\ 2x=\frac{1}{2}(9-5y) \end{cases}$ $\left[\left(\frac{7}{2};-1\right)\right]$

159 $\begin{cases} \frac{1}{6}(x+1)=\frac{1}{2}x+\frac{9}{4}y \\ \frac{1}{4}y-\frac{1}{2}=\frac{1}{6}(1-x) \end{cases}$ $\left[\left(5;-\frac{2}{3}\right)\right]$

160 $\begin{cases} \frac{4x-1}{3}-\frac{y-1}{2}=\frac{2x-5}{3} \\ \frac{3y-2}{4}-\frac{y-2x}{2}=\frac{8x+3}{4} \end{cases}$ $\left[\left(-\frac{1}{2};3\right)\right]$

161 $\begin{cases} 4(x-y)=y-\frac{5}{4} \\ 4\left(x+\frac{1}{2}y\right)=\frac{11}{2}-2y \end{cases}$ $\left[\left(\frac{5}{8};\frac{3}{4}\right)\right]$

162 $\begin{cases} \frac{5}{6}x+\frac{3}{5}y=\frac{1}{2}\left(x-\frac{4}{5}\right) \\ 2\left(x+y+\frac{1}{9}\right)=y+1 \end{cases}$ $\left[\left(1;-\frac{11}{9}\right)\right]$

163 $\begin{cases} \frac{1}{11}(x+12y)=y+\frac{4}{15} \\ \frac{1}{5}x-3y=\frac{1}{5}\left(\frac{8}{3}-4x\right) \end{cases}$ $\left[\left(\frac{7}{3};\frac{3}{5}\right)\right]$

164 $\begin{cases} \frac{1}{2}(5x-3y)-\frac{2x-1}{3}=8+\frac{1}{2}(6y-5) \\ \frac{2x-3}{4}-\frac{1-3y}{2}=\frac{6y-1}{2}+\frac{3}{4} \end{cases}$ $\left[\left(2;-\frac{1}{3}\right)\right]$

165 $\begin{cases} 2(2y-1)=-\frac{1}{3}x \\ \frac{x+3y-1}{3}=2\left(\frac{1}{3}x-y\right) \end{cases}$ $\left[\left(2;\frac{1}{3}\right)\right]$

166 $\begin{cases} \frac{1}{3}x=\frac{1}{2}\left(y-\frac{1}{3}\right) \\ \frac{1}{2}(x-y)=\frac{2}{3}-\frac{3}{2}x \end{cases}$ $\left[\left(\frac{1}{2};\frac{2}{3}\right)\right]$

167 $\begin{cases} (x+y)\left(\frac{1}{15}+y\right)-xy+\frac{y}{5}=\frac{2}{5}+\frac{1}{15}y+y^2 \\ 1-\frac{2y}{15}=-\frac{x}{5} \end{cases}$ $[(-3;3)]$

168 ESEMPIO DIGITALE $\begin{cases} \frac{2}{3}\left(\frac{1}{2}x+3y\right)-\frac{3x+5}{3}=y-\frac{x-y}{2} \\ \frac{x-y}{2}-3x+3=0 \end{cases}$

169 ●○ $\begin{cases} (x-y)(1+3x)+3x(y-x)=\left(x-\frac{1}{2}\right)^2+x-\left(x^2-\frac{1}{8}\right) \\ \frac{x+y}{2}+\frac{x-3y-1}{4}=\frac{x-y}{8}-\frac{9}{64} \end{cases}$ $\left[\left(\frac{1}{8};-\frac{1}{4}\right)\right]$

170 ●○ $\begin{cases} \frac{-(x+1)(x-1)+x(x+1)}{2}-1=\frac{y+3}{4} \\ \frac{1}{2}\left[(x-1)-\frac{y-1}{2}\right]=1 \end{cases}$ [indeterminato]

171 ●○ $\begin{cases} \frac{1}{6}[3x-4y-(2x-7)]+\frac{x(x-1)}{4}-\frac{1}{4}x^2=\frac{1}{2}y \\ \frac{x-2y}{2}-\frac{3x+y}{3}=\frac{3-y}{3} \end{cases}$ $\left[\left(-\frac{14}{3};\frac{4}{3}\right)\right]$

172 ●○ $\begin{cases} \frac{(y-x)(1+x)-x(y-x)}{10}=\frac{y}{6}-4 \\ \frac{(y-x)(y+x)-(x-y)}{2}-\frac{x}{4}=6+\frac{y^2-x^2}{2} \end{cases}$ [(16; 36)]

173 ●○ $\begin{cases} \frac{2}{15}-xy=\frac{3}{5}+(1-y)(x-1) \\ (x+y)(4-x)+x^2+2x=2-xy+y \end{cases}$ $\left[\left(\frac{2}{15};\frac{2}{5}\right)\right]$

174 ●○ $\begin{cases} \frac{1}{3}(x+2y)(x+1)-\frac{2}{3}xy-5=\frac{x^2}{3}+\frac{y-x}{4} \\ \frac{2(x-8)-y}{7}-2=-\frac{y+4}{3} \end{cases}$ [(35; − 37)]

175 ●○ $\begin{cases} 3x(2y-2)+3x-2y-6+2y=5(3x-1)-2y+1+(3x-1)(2y-1) \\ 1-3x+(3x+4y-3)^2+1+3(x-y)-y=3x(3x-2)+4(2y-1)(2y+3x-2) \end{cases}$ $\left[\left(0;\frac{3}{4}\right)\right]$

176 ●○ $\begin{cases} \frac{2}{3}x+[(x+2y)(x-1)-x^2+x]=\frac{1}{2}\left(1+\frac{y}{2}\right)+y(2x-2) \\ 2y-\frac{13}{3}x=-3 \end{cases}$ $\left[\left(1;\frac{2}{3}\right)\right]$

177 ●○ $\begin{cases} \frac{3}{2}x-y+(x-y)^2-4xy=\frac{1}{2}+x^2+y^2-6xy \\ \frac{3}{2}(x-1)-\left(y-\frac{1}{3}x\right)=\frac{1}{3}x-\frac{1}{2} \end{cases}$ [impossibile]

178 ●○ $\begin{cases} (x+2y)^2-x(x-1)-y(1+4y)=3+4xy \\ \frac{1}{2}+\frac{x}{5}=\frac{3}{4}y \end{cases}$ [(5; 2)]

179 ●● $\begin{cases} (2x-1)^2-(x-2)(4x+3)=(y-1)(y+2)-y^2 \\ \frac{x-2y}{2}-\frac{1}{4}(2-x)=\frac{1}{4}(5-y) \end{cases}$ [impossibile]

180 ●● $\begin{cases} \frac{1}{2}(x-2y)(2x-y)-\frac{1}{3}x(3x-1)=\frac{1}{3}y\left(1-\frac{15}{2}x+3y\right)+\frac{5}{6} \\ \frac{1}{2}(3x-1)-\frac{1}{3}(y-2x)=\frac{3}{2}x+\frac{1}{6}(2y+7) \end{cases}$ [indeterminato]

ESERCIZI

7 I sistemi di tre equazioni in tre incognite

▶ Teoria a p. 557

181 VERO O FALSO?

a. Il metodo del confronto può essere applicato anche ai sistemi lineari di tre equazioni in tre incognite. V F

b. Un sistema di tre equazioni in tre incognite può non essere lineare. V F

c. Un sistema lineare di tre equazioni in tre incognite è sempre determinato. V F

d. Nella risoluzione di un sistema lineare di tre equazioni in tre incognite è possibile utilizzare più di un metodo risolutivo. V F

e. Il sistema $\begin{cases} x-y=3 \\ y-z=1 \\ x-2z=0 \end{cases}$ ha soluzione $(5; 8; 4)$. V F

TEST

182 Il sistema $\begin{cases} 3x+2y-5z=0 \\ x-y+z=-1 \\ x-2y+3z=0 \end{cases}$ ha soluzione:

A $(-2; -7; -4)$.

B $(2; 7; 4)$.

C $(1; 1; 1)$.

D $(-1; -2; -2)$.

E $(3; 6; 5)$.

183 Il sistema $\begin{cases} 4x-hy+3z=7 \\ kx-2y+z=5 \\ 3x+2y+tz=2 \end{cases}$ ha soluzione $(2; -1; 1)$ se:

A $h=2, \quad k=-1, \quad t=1.$

B $h=-4, \quad k=1, \quad t=-2.$

C $h=0, \quad k=0, \quad t=0.$

D $h=-4, \quad k=-1, \quad t=6.$

E $h=-4, \quad k=3, \quad t=-2.$

SPIEGA PERCHÉ

184 Determina se il sistema $\begin{cases} 3x+2y-4z=1 \\ 2x-3y-z=0 \\ 6x+4y-8z=2 \end{cases}$ ha una sola soluzione e motiva la risposta. [no, ...]

185 Che cosa significa affermare che $(1; 3; -2)$ è soluzione del sistema $\begin{cases} 2x-y-3z=5 \\ x-2y-z=-3 \\ 5x+y+4z=0 \end{cases}$?

186 FAI UN ESEMPIO Aggiungi un'equazione al sistema $\begin{cases} x+4y+z=5 \\ -x+3y-z=2 \end{cases}$ in modo che abbia $(2; 1; -1)$ come soluzione.

187 EUREKA! **Quale coppia?** Quale tra le seguenti coppie di equazioni, se messa a sistema con l'equazione $2x-3=0$, costituisce con essa un sistema indeterminato?

A $2x=1+y-z, \quad 2x+2y-3=0.$

B $2x-y=1-z, \quad 4x+3y=3(z+4).$

C $3y-z=0, \quad 2x+y=z.$

D $y-1=-x-z, \quad 3x+3y=6-3z.$

188 YOU & MATHS **Another system to invent**

Consider the system $\begin{cases} 2x+3y+z=5 \\ 4x+9y+z=25 \\ 8x+27y+z=125 \end{cases}$.

a. Is it dependent? Explain why or why not.

b. Invent another system of three equations in three unknowns that is dependent and that has the same right hand terms (5, 25, 125).

MATEMATICA E STORIA

Problemi cinesi e sistemi La paternità del metodo di riduzione è generalmente attribuita a Karl Friedrich Gauss, matematico tedesco che tra il 1803 e il 1809, per studiare l'orbita di un asteroide, si trovò a risolvere un sistema di sei equazioni lineari in sei incognite. Fu così che formulò le regole generali di quello che, da allora, è noto anche come metodo di eliminazione gaussiana. Tuttavia le origini della tecnica risolutiva che ha preso il suo nome sono molto anteriori.

► Qual è la più antica testimonianza di un problema matematico che si può risolvere con un sistema di tre equazioni in tre incognite?

La risposta.

189 ESERCIZIO GUIDA Risolvi il seguente sistema.

$$\begin{cases} 3x-2y+z=0 \\ x-y+z=0 \\ 4x+2y-3z=5 \end{cases}$$

Osserviamo che si può applicare il metodo di *riduzione* alla prima e seconda equazione per eliminare z.

$$\ominus \begin{cases} 3x-2y+z=0 \\ x-\ \ y+z=0 \end{cases}$$
$$2x-y\quad=0$$

Sostituiamo la prima equazione del sistema con l'equazione equivalente appena calcolata.

Otteniamo:

$$\begin{cases} 2x-y=0 \\ x-y+z=0 \\ 4x+2y-3z=5 \end{cases}.$$

Ricaviamo y dalla prima equazione e procediamo per *sostituzione*.

$$\begin{cases} y=2x \\ x-2x+z=0 \\ 4x+4x-3z=5 \end{cases} \rightarrow \begin{cases} y=2x \\ -x+z=0 \\ 8x-3z=5 \end{cases}.$$

Dalla seconda equazione ricaviamo z e procediamo ancora per *sostituzione*.

$$\begin{cases} y=2x \\ z=x \\ 8x-3x=5 \end{cases} \rightarrow \begin{cases} y=2x \\ z=x \\ 5x=5 \end{cases} \rightarrow \begin{cases} y=2 \\ z=1 \\ x=1 \end{cases}.$$

La soluzione del sistema è (1; 2; 1).

Risolvi i seguenti sistemi con il metodo più opportuno.

190 ESEMPIO DIGITALE $\begin{cases} x+y=\frac{3}{4}z \\ 3(x+z)=5+2y \\ x-y=2(1-z) \end{cases}$

191 $\begin{cases} x+y+z=3 \\ 2x-y+z=2 \\ 4x+2y-z=5 \end{cases}$ [(1; 1; 1)]

192 $\begin{cases} 2x+y-3z=1 \\ x+y+4z=4 \\ x+2y=41 \end{cases}$ [(−17; 29; −2)]

193 $\begin{cases} x+y-z=6 \\ x+y=3 \\ x+z=0 \end{cases}$ [(3; 0; −3)]

194 $\begin{cases} 2x+3y-z=0 \\ x-y+z=1 \\ 3x+2y+4z=-3 \end{cases}$ [(1; −1; −1)]

195 $\begin{cases} y=x+2 \\ x-z=4 \\ y=z-1 \end{cases}$ [impossibile]

196 $\begin{cases} x=z+3 \\ y=x \\ y-z=3 \end{cases}$ [indeterminato]

197 $\begin{cases} x+z-1=0 \\ y+\frac{z}{2}+1=0 \\ 2x=-z \end{cases}$ [(−1; −2; 2)]

198 $\begin{cases} 3x-2y=1 \\ 2x+y-3z=2 \\ 4x=6z-2y+1 \end{cases}$ [impossibile]

199 $\begin{cases} x-y=-1-z \\ x=2+3z \\ 2x-y=3 \end{cases}$ $[(5;7;1)]$

200 $\begin{cases} x=\dfrac{13-3y}{2} \\ 3y=z+1 \\ 2x+4y+z=16 \end{cases}$ $[(5;1;2)]$

201 $\begin{cases} y+\dfrac{x-2z}{3}=2 \\ x-3y=2z-6 \\ \dfrac{z-y+2x}{3}=-\dfrac{3}{2} \end{cases}$ $\left[\left(-1;2;-\frac{1}{2}\right)\right]$

202 $\begin{cases} 2(x-y)+3(z+2)=24 \\ 5x-y=z+3 \\ 4(y+3x)+4=2z \end{cases}$ $[(1;-2;4)]$

203 $\begin{cases} 3(z-x)=y+3(x-3) \\ 2(x+y)-3=z \\ 5x-4(y+z+1)=-4 \end{cases}$ $[(4;0;5)]$

204 $\begin{cases} 2(x-2y+z)=5x+1 \\ 3x-4y=1-4z \\ 5-3x+2y=2(y+z)+2 \end{cases}$ $[(-1;2;3)]$

205 $\begin{cases} x+2y+3z=1 \\ 3x+4y+6z=3 \\ 10x+5y-3z=-4 \end{cases}$ $\left[\left(1;-2;\frac{4}{3}\right)\right]$

206 $\begin{cases} 3x+y+z=3 \\ 6x-2y+z=1 \\ 3x+3y+3z=7 \end{cases}$ $\left[\left(\frac{1}{3};1;1\right)\right]$

207 $\begin{cases} x-y+z=0 \\ 4x-5y+2z=-2 \\ 2x+3y-2z=3 \end{cases}$ $\left[\left(\frac{1}{2};1;\frac{1}{2}\right)\right]$

208 $\begin{cases} 3x-y=10-2z \\ 4z-y=17-6x \\ x-2z=-5-2y \end{cases}$ $\left[\left(2;-3;\frac{1}{2}\right)\right]$

209 $\begin{cases} -x+y-z=1 \\ 10x-5y+10z=-3 \\ 2x+y+z=2 \end{cases}$ $\left[\left(\frac{1}{5};\frac{7}{5};\frac{1}{5}\right)\right]$

210 $\begin{cases} \dfrac{2x-1}{3}-\dfrac{y}{2}=\dfrac{z+2}{3} \\ \dfrac{x}{2}-\dfrac{3}{4}=\dfrac{2y-1}{4}+\dfrac{z}{2} \\ \dfrac{2}{3}x-\dfrac{1}{3}y-\dfrac{1}{6}z=1 \end{cases}$ $[(1;-2;2)]$

211 $\begin{cases} \dfrac{2x-1}{3}-\dfrac{y-2z}{2}=\dfrac{z-3}{3} \\ \dfrac{4x-y}{2}-\dfrac{1-z}{4}=\dfrac{4y-7z}{4} \\ \dfrac{y-2}{3}=\dfrac{z+2x}{2} \end{cases}$ [impossibile]

212 $\begin{cases} \dfrac{x-y}{2}-\dfrac{2z-1}{3}=1 \\ \dfrac{6x-3}{4}-\dfrac{y+4z}{2}=\dfrac{4y+5}{4} \\ \dfrac{2x-3y}{2}=\dfrac{3z-1}{3} \end{cases}$ [indet.]

213 $\begin{cases} 3x+2y+4z=2 \\ \dfrac{x-2y}{2}-\dfrac{x+z}{3}+1=0 \\ \dfrac{x+y+z}{2}+\dfrac{1}{2}=y \end{cases}$ $[(0;1;0)]$

214 $\begin{cases} \dfrac{x-z}{2}+y+\dfrac{11+12x}{2}=\dfrac{25}{12} \\ \dfrac{x+z}{3}=\dfrac{y}{2} \\ 2x+y+z=\dfrac{1}{3} \end{cases}$ $\left[\left(-\frac{1}{2};\frac{1}{3};1\right)\right]$

215 $\begin{cases} 3(x+z)-2(y-4)=-5 \\ x-3y=4(4+z)-3 \\ z+3=2y-x \end{cases}$ $[(-2;-1;-3)]$

216 $\begin{cases} -\dfrac{2}{3}(x+y)+2(z+1)=\dfrac{1}{3} \\ \dfrac{1}{3}x+\dfrac{3}{2}z=y-1 \\ 3(x-z)=x+y \end{cases}$ $\left[\left(\frac{3}{2};2;\frac{1}{3}\right)\right]$

217 $\begin{cases} 2(x-3y+2z)=5-5x \\ 7x-3(x-y+2)=z \\ 2(x+3y)+1=3(2y+z) \end{cases}$ $[(1;1;1)]$

---

218 EUREKA! **Terne misteriose** Il numero di terne ordinate di numeri reali che sono soluzioni del sistema $\begin{cases} 2z=4 \\ x-2y+z=-1 \\ -2x+4y-2z=2 \end{cases}$ è:

A 0. B 1. C 2. D 3. E infinito.

(USA *Indiana University of Pennsylvania Annual High School Mathematics Competition*, 1998)

8 I sistemi letterali e fratti

▶ Teoria a p. 558

I sistemi letterali interi

219 VERO O FALSO?

a. Un sistema letterale non può essere fratto. V F

b. Il sistema $\begin{cases} \frac{x}{a} + \frac{y}{a} = 1 \\ x - y = 0 \end{cases}$ nelle incognite x e y è letterale intero. V F

c. Un sistema letterale può essere risolto solo con il metodo di Cramer. V F

SPIEGA PERCHÉ

220 Che cosa si intende per sistema letterale? Esistono valori di $a \in \mathbb{R}$ per i quali il sistema seguente è determinato? Perché?

$$\begin{cases} 3ax - 4y = 1 \\ y = 2 \end{cases}$$

221 Un sistema letterale composto da due equazioni equivalenti è sempre indeterminato? Perché?

222 ESERCIZIO GUIDA Discutiamo e risolviamo il seguente sistema letterale nelle incognite x e y al variare del parametro a in $\mathbb{R}$.

$$\begin{cases} 2x + y = 2a \\ (a+1)x + ay = 2a \end{cases}$$

Il sistema è ridotto in forma normale. Applichiamo il metodo di Cramer.

Calcoliamo i determinanti D, D_x, D_y.

$$D = \begin{vmatrix} 2 & 1 \\ a+1 & a \end{vmatrix} = 2a - (a+1) = 2a - a - 1 = a - 1;$$

$$D_x = \begin{vmatrix} 2a & 1 \\ 2a & a \end{vmatrix} = 2a^2 - 2a = 2a(a-1); \quad D_y = \begin{vmatrix} 2 & 2a \\ a+1 & 2a \end{vmatrix} = 4a - 2a(a+1) = 2a - 2a^2 = 2a(1-a).$$

Il sistema è determinato se $D \neq 0$, cioè se $a - 1 \neq 0 \rightarrow a \neq 1$.

- Se $a \neq 1$, si ha $\begin{cases} x = \frac{D_x}{D} = \frac{2a\cancel{(a-1)}}{\cancel{a-1}} = 2a \\ y = \frac{D_y}{D} = \frac{2a(1-a)}{a-1} = \frac{-2a\cancel{(a-1)}}{\cancel{a-1}} = -2a \end{cases} \rightarrow \begin{cases} x = 2a \\ y = -2a \end{cases}$.
- Se $a = 1$, si ha $D = 0$, $D_x = 0$ e $D_y = 0$, quindi il sistema è indeterminato.

In sintesi:
- se $a \neq 1$, il sistema è determinato e la soluzione è $(2a; -2a)$;
- se $a = 1$, il sistema è indeterminato.

Risolvi e discuti i seguenti sistemi letterali nelle incognite x e y al variare del parametro in $\mathbb{R}$.

223 $\begin{cases} 3x - y = 6a - 1 \\ x + 2y = 2(a+1) \end{cases}$ $[(2a; 1)]$

224 $\begin{cases} x + y = 3a \\ 2x + 4y = 0 \end{cases}$ $[(6a; -3a)]$

ESERCIZI

225 $\begin{cases} 3ax+5ay+2a=-a \\ x+y=3 \end{cases}$ $[a \neq 0, (9; -6); a=0, \text{indet.}]$

226 $\begin{cases} 2x+y=0 \\ 3x+5y=-7a \end{cases}$ $[(a; -2a)]$

227 $\begin{cases} x+4y=a \\ x+3y=2a \end{cases}$ $[(5a; -a)]$

228 $\begin{cases} ax+ay=a \\ ax+(a+1)y=2a \end{cases}$ $[a \neq 0, (1-a; a); a=0, \text{indet.}]$

229 $\begin{cases} x+3y=a \\ x-y=5 \end{cases}$ $\left[\left(\frac{a+15}{4}; \frac{a-5}{4}\right)\right]$

230 $\begin{cases} bx+b-by=4b \\ 2bx-b+by=0 \end{cases}$ $\left[b \neq 0, \left(\frac{4}{3}; -\frac{5}{3}\right); b=0, \text{indet.}\right]$

231 $\begin{cases} 2x-3ay=-10a \\ x-3y=a-12 \end{cases}$ $[a \neq 2, (a; 4); a=2, \text{indet.}]$

232 ESEMPIO DIGITALE $\begin{cases} -6tx-3ty=3 \\ 4x+(1-t)y=2 \end{cases}$

---

233 $\begin{cases} ax+y+1=a-x \\ x-ay+y=a-1 \end{cases}$ $\left[a \neq 0, \left(\frac{a-1}{a}; \frac{1-a}{a}\right); a=0, \text{indet.}\right]$

234 $\begin{cases} (x-y)(1+x)-x^2+x=a+b-xy \\ x-y=b \end{cases}$ $[(a; a-b)]$

235 $\begin{cases} ax+y=5 \\ (a+2)x-3y=a \end{cases}$ $\left[a \neq -\frac{1}{2}, \left(\frac{15+a}{4a+2}; -\frac{a^2-5a-10}{4a+2}\right); a=-\frac{1}{2}, \text{imp.}\right]$

236 $\begin{cases} k(x+y)-(x-y+5)=k \\ kx+2ky+k=15 \end{cases}$ $\left[k \neq 3 \wedge k \neq 0, \left(\frac{3k+5}{k}; \frac{5-2k}{k}\right); k=3, \text{indet.}; k=0, \text{imp.}\right]$

237 $\begin{cases} a(x-1)+2x+y=7 \\ a(-2x-1)=3y+3 \end{cases}$ $[a=-6, \text{indet.}; a \neq -6, (4; -3a-1)]$

238 $\begin{cases} 2(a+1)x+12y=3a \\ 2ax+4ay=a+2 \end{cases}$ $\left[a=0, \text{imp.}; \ a=2, \text{indet.}; \ a \neq 0 \wedge a \neq 2, \left(\frac{3a+3}{2a}; \frac{-2a-1}{4a}\right)\right]$

239 ESEMPIO DIGITALE $\begin{cases} \dfrac{2x}{a+1}-2y=1 \\ ax-ay=0 \end{cases}$

240 $\begin{cases} x-2ay=1 \\ \dfrac{x}{3a}+\dfrac{y}{2}=\dfrac{1}{a} \end{cases}$ $\left[a=0, \text{perde sign.}; a \neq 0, \left(\frac{15}{7}; \frac{4}{7a}\right)\right]$

241 $\begin{cases} 3x-y=3b \\ \dfrac{x}{2b}+\dfrac{y}{b}=\dfrac{1}{2} \end{cases}$ $[b=0, \text{perde sign.}; b \neq 0, (b; 0)]$

242 $\begin{cases} \dfrac{1}{4}x+\dfrac{2y}{3b}=1+\dfrac{1}{6} \\ 2bx-y=3b \end{cases}$ $[b=0, \text{perde sign.}; b \neq 0, (2; b)]$

243 $\begin{cases} 2x-3y=5a \\ \dfrac{1}{5a}(x+y)=\dfrac{7}{3} \end{cases}$ $\left[a=0, \text{perde sign.}; a \neq 0, \left(8a; \frac{11a}{3}\right)\right]$

TEST

244 Il sistema $\begin{cases} 4x - ky = -5 \\ 2x + 3y = -4 \end{cases}$ è impossibile per:

A $k = 0$.

B $k = -6$.

C $k \neq -6$.

D $k = 6$.

E per alcun valore di k.

245 Quale affermazione sul sistema $\begin{cases} 5x + ky = 1 \\ 10x - 6y = h \end{cases}$ è *corretta*?

A È impossibile $\forall\, k \in \mathbb{R}$.

B È determinato $\forall\, h \in \mathbb{R}$.

C È impossibile per $k = 3$ e $h = 2$.

D È determinato per $k \neq 3$.

E È indeterminato per $k = -3$ e $h = 2$.

246 È dato il seguente sistema:

$$\begin{cases} (a+3)x + (3-2a)y = 4 \\ (a+3)x + (2a-3)y = 4 \end{cases}.$$

Quale delle seguenti affermazioni è *falsa*?

A Se $a = -3$, il sistema è impossibile.

B Se $a \neq -\frac{3}{2}$, il sistema è determinato e ha soluzione $\left(\frac{4}{a+3}; 0\right)$.

C Se $a = \frac{3}{2}$, il sistema è indeterminato.

D Se $a \neq \frac{3}{2}$ e $a \neq -3$, il sistema è determinato e ha soluzione $\left(\frac{4}{a+3}; 0\right)$.

E Se $a = 1$, il sistema è determinato e ha soluzione $(1; 0)$.

247 Trova per quali valori di a il sistema letterale $\begin{cases} 6ax - 2y = a \\ (a+1)x - 3y = 2a \end{cases}$ risulta determinato. Calcola poi il valore di a per cui ammette la soluzione $\left(\frac{1}{2}; \frac{1}{9}\right)$. $\left[a \neq \frac{1}{8}; a = \frac{1}{9}\right]$

Risolvi e discuti i seguenti sistemi in tre incognite al variare del parametro in $\mathbb{R}$.

248 $\begin{cases} x - 3ay + z = -a \\ 3x - ay - 5z = 5a \\ 2x + 3ay + 2z = 7a \end{cases}$ $[a = 0, \text{indet.}; a \neq 0, (2a; 1; 0)]$

249 $\begin{cases} x + y + z = 0 \\ (a-1)x + (a+1)y + az = -2 \\ (a+1)x + (a-1)y + az = 2 \end{cases}$ [indet.]

250 $\begin{cases} ax - y + 3z = 4a \\ ax + y - 2z = a \\ 2ax - 3y - z = 0 \end{cases}$ $[a = 0, \text{indet.}; a \neq 0, (2; a; a)]$

251 $\begin{cases} x + 2ay - z = -2a \\ 3x - ay = 5z + 2a \\ x + ay = z \end{cases}$ $[a \neq 0, (5a; -2; 3a); a = 0, \text{indet.}]$

I sistemi numerici fratti

252 ESERCIZIO GUIDA Risolviamo il seguente sistema fratto:

$$\begin{cases} \dfrac{y-1}{x-1} = 2 \\ 1 - \dfrac{5}{y} = \dfrac{18 - 6x}{y} \end{cases}.$$

C.E.: $x \neq 1 \wedge y \neq 0$.

Riduciamo il sistema in forma normale, moltiplicando la prima equazione per $x-1$ e la seconda per y:

$$\begin{cases} \frac{y-1}{x-1} \cdot (x-1) = 2 \cdot (x-1) \\ \left(1 - \frac{5}{y}\right) \cdot y = \frac{18-6x}{y} \cdot y \end{cases} \rightarrow$$

$$\begin{cases} y-1 = 2x-2 \\ y-5 = 18-6x \end{cases} \rightarrow \begin{cases} -2x+y=-1 \\ 6x+y=23 \end{cases} \rightarrow$$

$$\begin{cases} 2x-y=1 \\ 6x+y=23 \end{cases} \quad \text{(forma normale).}$$

Poiché $\frac{2}{6} \neq -1$, il sistema è determinato.

Risolviamo il sistema con il metodo di riduzione. Sommiamo membro a membro le due equazioni per eliminare y:

$$\boxed{+}\begin{cases} 2x-y = 1 \\ 6x+y = 23 \end{cases} \rightarrow x = \frac{24}{8} = 3.$$
$$8x \quad = 24$$

Sostituiamo $x = 3$ a una delle due equazioni, per esempio alla prima.

$$\begin{cases} x=3 \\ 2x-y=1 \end{cases} \rightarrow \begin{cases} x=3 \\ 6-y=1 \end{cases} \rightarrow$$

$$\begin{cases} x=3 \\ -y=-5 \end{cases} \rightarrow \begin{cases} x=3 \\ y=5 \end{cases}$$

Poiché abbiamo ottenuto per x un valore diverso da 1 e per y un valore diverso da 0, la soluzione (3; 5) è accettabile.

Risolvi i seguenti sistemi di equazioni fratte (nelle soluzioni sono omesse le condizioni di esistenza).

253 $\begin{cases} \frac{2}{x}+\frac{1}{y}=0 \\ 8x-1=-15y \end{cases}$ $[(2; -1)]$

254 $\begin{cases} \frac{y}{x-2}=4 \\ \frac{x}{2}=y+8 \end{cases}$ $[(0; -8)]$

255 $\begin{cases} \frac{x+1}{y-3}=2 \\ \frac{x+1}{2}=y-3 \end{cases}$ [indeterminato]

256 ESEMPIO DIGITALE $\begin{cases} \frac{x+2}{y-1}-\frac{x+3}{y+3}=0 \\ 2x+3y=-1 \end{cases}$

257 $\begin{cases} \frac{8}{y}=\frac{2}{x} \\ \frac{x+4}{y-2}=1 \end{cases}$ $[(2; 8)]$

258 $\begin{cases} \frac{x-y}{x+4}=2 \\ \frac{x+5}{y+3}=-1 \end{cases}$ [indeterminato]

259 $\begin{cases} \frac{2(1-2x)}{6-3y}=-1 \\ x+y=3 \end{cases}$ $[(-1; 4)]$

260 $\begin{cases} \frac{1}{xy}=\frac{1}{x}-\frac{2}{y} \\ \frac{x+2}{x}=\frac{y+2}{y}+\frac{3}{xy} \end{cases}$ $\left[\left(\frac{1}{2}; 2\right)\right]$

261 $\begin{cases} \frac{14}{x}-\frac{10}{y}=\frac{13}{2x}+\frac{25}{2xy} \\ y-3x=0 \end{cases}$ $[(1; 3)]$

262 $\begin{cases} \frac{y(2x+1)}{x-1}-3y=\frac{x(2-y)}{x-1} \\ 2y\left(1-\frac{x}{2}\right)=-x\left(y-\frac{4}{x}\right) \end{cases}$ $[(4; 2)]$

263 $\begin{cases} \frac{y+1}{6-4x}-\frac{1-2x}{2x-3}=\frac{x-y}{12-8x} \\ x-y=\frac{4}{3} \end{cases}$ $\left[\left(\frac{1}{3}; -1\right)\right]$

264 $\begin{cases} \frac{y+x^2}{x-3}-2x=\frac{x^2+3x+9}{3-x} \\ -y+9=3x \end{cases}$ $[(-3; 18)]$

265 $\begin{cases} -\frac{1}{x+4}=\frac{1}{y-1} \\ \frac{1}{3y+1}-\frac{1}{5x}=0 \end{cases}$ $[(-1; -2)]$

266 $\begin{cases} 3x-y(1-2x)=2(1+xy) \\ (x-1)\left(-\frac{1}{y}\right)=\frac{2x+3}{y}-3 \end{cases}$ $\left[\left(\frac{4}{3}; 2\right)\right]$

267 $\begin{cases} \frac{1}{y}-\frac{x}{xy-2y}=\frac{2}{x+1}-\frac{2}{x-2} \\ y-x=-1 \end{cases}$ [impossibile]

268 $\begin{cases} \frac{2x-y}{y+2}=3 \\ \frac{1}{3}x-\frac{1}{2}y=2 \end{cases}$ $[(15; 6)]$

269 $\begin{cases} \frac{y}{x^2-4}=\frac{1+y}{x^2-4x+4} \\ y+x=4(1+x) \end{cases}$ $\left[\left(-\frac{18}{13}; -\frac{2}{13}\right)\right]$

270 $\begin{cases} \dfrac{x-1}{y} = \dfrac{1}{4} \\ 2x + y = -1 \end{cases}$ $\left[\left(\frac{1}{2}; -2\right)\right]$

271 $\begin{cases} \dfrac{x - \frac{1}{2}}{y} + 3 = \dfrac{4x-2}{2} - 2x \\ 3x - 2y = \dfrac{3}{2} \end{cases}$ [impossibile]

272 $\begin{cases} \dfrac{2-y}{x+3} = \dfrac{1}{3} \\ 3x - y = 4 \end{cases}$ $\left[\left(\frac{3}{2}; \frac{1}{2}\right)\right]$

273 $\begin{cases} \dfrac{\frac{1}{4}x + \frac{1}{2}}{y} + \dfrac{9}{10} = \dfrac{\frac{2}{5}x - \frac{1}{4}}{y} \\ 2(x+y) = 3 \end{cases}$ $\left[\left(2; -\frac{1}{2}\right)\right]$

Sistemi lineari e problemi

274 COMPLETA la seguente tabella.

Testo del problema	Equazioni che traducono il problema	Soluzione
Un rettangolo ha l'altezza che è i ___ della ___. Se l'altezza aumenta di 2 cm e la base diminuisce di 10 cm, il perimetro del rettangolo diventa uguale a 56 cm. Trova la base e l'altezza del rettangolo.	$y = \frac{5}{4}x$ ___	___ ___
Determina tre numeri naturali tali che la loro somma sia 18, il secondo sia $\frac{3}{4}$ del primo e che la somma tra il secondo e il terzo sia ___.	$x + y + z = 18$ ___ ___ $= 2$	___ ___ ___
Trova due numeri tali che la somma tra il doppio del primo e il ___ del secondo sia ___, sapendo che il primo supera di ___ i $\frac{3}{2}$ del ___.	$2x - 3y = 15$ $x = \frac{3}{2}y + 10$	___ ___

TEST

275 Considera il seguente problema.
«Determina due numeri x e y tali che la loro differenza sia uguale a 12 e che la metà del maggiore superi di 6 la metà del minore». Puoi affermare che il problema:

A ha soluzione $x = 12,\ y = 2$.
B non ammette soluzione.
C è indeterminato.
D ha $x = -2,\ y = 14$.
E ha soluzione $x = -14$.

276 Un'urna contiene 300 palline di tre colori: rosso, blu e giallo. Le palline gialle sono 54, mentre il numero delle palline rosse supera di 26 il numero delle palline blu. Quante sono le palline blu?

A 111
B 136
C 137
D 110
E È impossibile determinarlo.

Problemi numerici in due incognite

RISOLVIAMO UN PROBLEMA

Due numeri, un sistema

Trova due numeri naturali sapendo che la loro somma, divisa per 5, dà quoziente 5 e resto 0 e che la divisione tra i due numeri dà come quoziente 2 e resto 1.

► **Traduciamo le frasi in un sistema di equazioni.**

Indichiamo con x il numero maggiore e con y quello minore.
La somma dei due numeri, divisa per 5, dà quoziente 5 e resto 0:

$$x + y = 5 \cdot 5 + 0.$$

La divisione tra i due numeri dà quoziente 2 e resto 1:

$$x = 2 \cdot y + 1.$$

Scriviamo il sistema.

$$\begin{cases} x + y = 25 \\ x = 2y + 1 \end{cases}$$

► **Risolviamo il sistema con il metodo di sostituzione.**

Osserviamo che, nella seconda equazione, x è già ricavata in funzione di y. Sostituiamo l'espressione nella prima equazione e risolviamo l'equazione in y.

$$\begin{cases} x + y = 25 \\ x = 2y + 1 \end{cases} \rightarrow \begin{cases} 2y + 1 + y = 25 \\ x = 2y + 1 \end{cases} \rightarrow$$

$$\begin{cases} 3y = 24 \\ x = 2y + 1 \end{cases} \rightarrow \begin{cases} y = 8 \\ x = 2y + 1 \end{cases}$$

Sostituiamo nella seconda equazione il valore di y trovato.

$$\begin{cases} y = 8 \\ x = 2 \cdot 8 + 1 \end{cases} \rightarrow$$

$$\begin{cases} y = 8 \\ x = 17 \end{cases}$$

I due numeri cercati sono 8 e 17.

► **Risolviamo il sistema con il metodo di riduzione.**

Osserviamo che in entrambe le equazioni del sistema la x compare con coefficiente uguale a 1.
Moltiplichiamo la seconda equazione per -1 e sommiamo le due equazioni.

$$\begin{cases} x + y = 25 \\ -x + 2y = -1 \end{cases}$$
$$\overline{3y = 24}$$

$$\begin{cases} y = \dfrac{24}{3} \\ x + y = 25 \end{cases} \rightarrow \begin{cases} y = 8 \\ x = 25 - 8 \end{cases} \rightarrow$$

$$\begin{cases} y = 8 \\ x = 17 \end{cases}$$

Troviamo nuovamente 8 e 17.

277 ●○ In un numero di due cifre la differenza tra la cifra delle decine e quella delle unità è 4. Dividendo la cifra delle decine aumentata di 3 per la cifra delle unità, si ottiene per quoziente 4 e resto 1. Trova il numero. [62]

278 ●○ In un numero di due cifre la cifra delle decine è doppia di quella delle unità. Scambiando le due cifre si ottiene un nuovo numero che è minore del primo di 36. Determina il numero di partenza. (SUGGERIMENTO Se x è la cifra delle decine e y quella delle unità, il numero è $10 \cdot x + y$.) [84]

279 ●○ Determina due numeri naturali, sapendo che la loro somma divisa per la loro differenza dà per quoziente 3 e resto 4 e che la somma di $\frac{1}{6}$ del maggiore e di $\frac{2}{5}$ del minore vale 7. [18; 10]

280 ●○ Il rapporto tra la differenza di due numeri e la somma aumentata di 6 è $\frac{1}{3}$. Aggiungendo 3 al numero minore e togliendo 6 al maggiore, si ottiene lo stesso risultato. Determina i due numeri. [6; 15]

281 Sommando ai $\frac{5}{6}$ della somma di due numeri i $\frac{3}{4}$ della loro differenza, si ottiene 37. Sapendo che sommando i $\frac{3}{7}$ del minore al maggiore si ottiene 26, determina i due numeri naturali. [7; 23]

282 Determina una frazione, sapendo che il denominatore è il doppio del numeratore aumentato di 1 e che, diminuendo di 1 il numeratore e aumentando di 1 il denominatore, si ottiene la frazione $\frac{1}{3}$. $\left[\frac{5}{11}\right]$

283 In un numero di due cifre la somma delle cifre è 11. Dividendo il numero per la cifra delle decine, si ottiene per quoziente 14 e resto 1. Trova il numero. [29]

284 Trova due numeri sapendo che dividendo il doppio del maggiore per il minore si ottiene per quoziente 2 e resto 10 e aumentando il maggiore di 11 si ottiene il doppio del minore. [16; 21]

Problemi INTORNO A NOI

285 Un automobilista percorre 615 km in due giorni. Sapendo che il tragitto del primo giorno è doppio di quello del secondo giorno, trova quanti km ha percorso ogni giorno. [410 km; 205 km]

286 Una scatola contiene forchette a 2 e a 3 punte. Sapendo che le forchette in totale sono 22 e che le punte in totale sono 54, calcola quante sono le forchette a 2 punte e quante quelle a 3. [12; 10]

287 Possiedo € 30,00. Con questo denaro acquisto alcune magliette da € 6,50 ciascuna e alcuni calzini da € 3,50 al paio. Sapendo che il numero di magliette coincide col numero di paia di calzini, calcola quante sono. [3]

288 Il proprietario di un ristorante ha comperato 300 bottiglie di vino e 50 di liquore, spendendo € 450,00. Ora compera 600 bottiglie della stessa qualità di vino e 120 bottiglie di liquore, spendendo € 960,00. Trova il costo di una bottiglia di vino e il costo di una bottiglia di liquore. [€ 1; € 3]

289 Carlo e Laura possiedono due somme di denaro. Complessivamente potrebbero acquistare 6 confezioni di caramelle da € 0,35 ciascuna. Se Carlo regala € 0,20 a Laura, giungono ad avere la stessa somma di denaro.
Quanto possiede Carlo e quanto Laura? [€ 1,25; € 0,85]

290 Lucia ed Elena sono sorelle. La somma delle loro età è 31 e Lucia è nata tre anni prima di Elena. Quanti anni ha ciascuna? [17; 14]

291 10 sacchi di frumento e 8 di mais pesano 1646 kg; 30 sacchi di frumento e 12 di mais, rispettivamente uguali ai precedenti, pesano 3894 kg. Quanto pesa ciascun sacco di frumento e ciascun sacco di mais? [95 kg; 87 kg]

292 Un bibliotecario vuole disporre in ordine dei libri di storia sugli scaffali di una libreria. Se mette 8 libri su ogni scaffale, ne rimane vuoto uno; se invece mette 6 libri su ogni scaffale, riempie la libreria ma gli restano fuori 2 libri. Quanti libri deve sistemare il bibliotecario? [32]

293 La differenza delle età di due fratelli vale la metà dell'età del minore, la loro somma vale i $\frac{5}{3}$ dell'età del maggiore. Determina le due età. [indeterminato]

294 In un negozio di alimentari vi sono 23 confezioni di cioccolatini. Alcune contengono 3 cioccolatini e altre 10. Sapendo che complessivamente le confezioni contengono 111 cioccolatini, calcola quante sono le confezioni da 3 cioccolatini e quante quelle da 10. [17; 6]

295 In una prima elementare sono iscritti 18 alunni. Sapendo che alcuni di questi hanno 5 anni e altri 6, e che l'età complessiva degli iscritti è di 100 anni, calcola quanti sono i bambini di 5 anni e quanti di 6. [8; 10]

296 Un'agenzia immobiliare vende per conto di un cliente due appartamenti per complessivi € 400 000. A quanto è stato venduto ciascuno dei due appartamenti sapendo che per il primo sono stati spesi in più i $\frac{2}{9}$ del prezzo del secondo? [€ 220 000; € 180 000]

297 In un parcheggio ci sono 20 tra automobili e camion. Sapendo che i camion hanno 6 ruote, invece di 4 come le automobili, e che ci sono complessivamente 86 ruote, calcola quante sono le automobili e quanti i camion. [17; 3]

298 Angela investe un capitale di € 40 000 in banca, in parte al tasso annuo d'interesse al 5% e il rimanente al 3%. Se dopo un anno il guadagno della prima quota supera di € 300 quello della seconda, a quanto ammontava ciascuna delle due quote investite? Quali sono i due guadagni? [€ 18 750, € 21 250; € 937,50, € 637,50]

299 EUREKA! **Una moneta caduta** Anna e Marco stanno camminando quando dalla tasca di Marco cade a terra una moneta da € 2. Anna, che conosce la somma in possesso di Marco, la raccoglie e gli dice: «Se ora ti restituissi questa moneta, il triplo della somma in mio possesso sarebbe inferiore di € 6 rispetto al doppio della tua; se me la intascassi avrei invece una somma il cui doppio supererebbe di € 9 quella rimasta a te». Quanti euro avevano rispettivamente Anna e Marco prima di questo episodio?

MATEMATICA INTORNO A NOI

Złoty polacco La Polonia, pur facendo parte dell'UE, non ha ancora adottato l'euro; la sua moneta si chiama złoty. Paola è in viaggio d'istruzione in Polonia...

Problema e risoluzione.

Problemi geometrici in due incognite

300 ESERCIZIO GUIDA Un rettangolo ha il perimetro di 48 cm. Sapendo che il doppio dell'altezza è i $\frac{2}{3}$ della base, quali sono le lunghezze della base e dell'altezza?

Disegniamo un rettangolo *ABCD*.

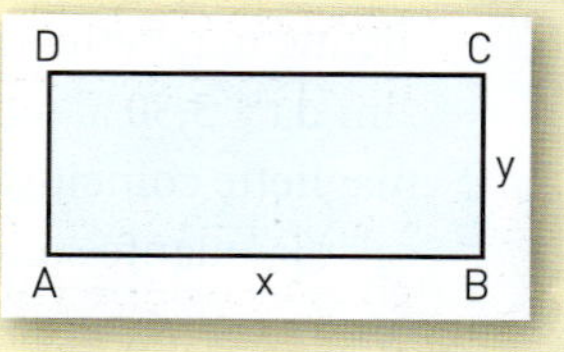

Le richieste del problema sono le lunghezze della base e dell'altezza.
Scegliamo come incognite $x = \overline{AB}$ e $y = \overline{BC}$.
Poiché x e y sono misure di lunghezze, le soluzioni sono accettabili solo per $x > 0$ e $y > 0$.
Scriviamo le relazioni fornite dal problema:

$$p = 48 \text{ cm}$$

$$2 \cdot \overline{BC} = \frac{2}{3} \cdot \overline{AB}.$$

Scriviamo il sistema risolvente sostituendo le incognite.

$$\begin{cases} 2x + 2y = 48 \\ 2y = \frac{2}{3}x \end{cases}$$

$$\begin{matrix} :2 \\ :2 \end{matrix}\begin{cases} x + y = 24 \\ y = \frac{1}{3}x \end{cases} \rightarrow \begin{cases} x + \frac{1}{3}x = 24 \\ y = \frac{1}{3}x \end{cases} \rightarrow \begin{cases} \frac{4}{3}x = 24 \\ y = \frac{1}{3}x \end{cases} \rightarrow \begin{cases} x = 24 \cdot \frac{3}{4} = 18 \\ y = \frac{1}{3} \cdot 18 = 6 \end{cases}$$

La soluzione del sistema è (18; 6).
Verifichiamo che la soluzione sia accettabile: 18 e 6 sono entrambi positivi perciò la soluzione è accettabile. Il rettangolo ha quindi la base di 18 cm e l'altezza di 6 cm.

301 Calcola la lunghezza di due segmenti, sapendo che la loro somma è 19 m e la loro differenza è 5 m. [12 m; 7 m]

302 In un rettangolo il perimetro è 80 cm. La base supera l'altezza di 10 cm. Trova le dimensioni del rettangolo. [25 cm; 15 cm]

303 Calcola l'area e il perimetro di un rettangolo, sapendo che le due dimensioni sono tali che la loro somma è 10 cm e che, aggiungendo 1 cm alla minore e togliendo 1 cm dalla maggiore, si ottiene un quadrato. [24 cm^2; 20 cm]

304 ESEMPIO DIGITALE La diagonale maggiore di un rombo supera di 2 cm il triplo della minore. Determina la misura delle diagonali, sapendo che, diminuendo la diagonale maggiore di 2 cm e aumentando la minore della stessa lunghezza, l'area aumenta di 16 cm^2.

305 Calcola l'area di un rombo, sapendo che il rapporto tra le diagonali è $\frac{5}{2}$ e che la differenza fra la maggiore e il doppio della minore vale la metà della minore. [indeterminato]

306 Calcola le lunghezze delle basi di un trapezio, sapendo che l'area è 32 cm^2, l'altezza è 4 cm e la differenza delle basi è 4 cm. [10 cm; 6 cm]

307 Calcola l'area di un trapezio isoscele, sapendo che le basi differiscono di 6 m, che la base maggiore è uguale al doppio della minore diminuito di 3 m e che il lato obliquo è 5 m. [48 m^2]

308 Calcola la lunghezza della diagonale di un rettangolo, sapendo che il perimetro è 14 m e che l'altezza supera la base di 1 m. [5 m]

309 Calcola le lunghezze dei lati di un parallelogramma, sapendo che il perimetro vale $34k$ e che il maggiore è uguale al doppio del minore più $2k$. [$12k$; $5k$]

310 Calcola l'area di un triangolo isoscele, sapendo che il perimetro è $16a$ e che il doppio del lato obliquo è uguale alla base aumentata dei suoi $\frac{2}{3}$. [$12a^2$]

311 Calcola l'ampiezza dei due angoli acuti di un triangolo rettangolo, sapendo che la somma del minore e dei $\frac{3}{7}$ del maggiore vale i $\frac{5}{2}$ del minore. [70°; 20°]

312 Determina le ampiezze di due angoli supplementari, sapendo che essi diventano congruenti sottraendo 20° al maggiore e sommando 20° al minore. [110°; 70°]

313 In un trapezio rettangolo, la differenza tra le basi vale $12k$. La base maggiore è uguale agli $\frac{8}{5}$ della base minore. Sapendo che l'altezza è $5k$, calcola area e perimetro. [$130k^2$; $70k$]

314 Calcola l'area di un rettangolo, sapendo che il perimetro è 26 cm e che, se si tolgono 2 cm alla dimensione maggiore e si aggiungono 3 cm alla dimensione minore, quest'ultima diventa superiore di 4 cm rispetto all'altra. [42 cm^2]

315 INTORNO A NOI In una città si è costruita una aiuola quadrata tenuta a prato con al centro una fontana, anch'essa quadrata, disposta come in figura.
Per i contorni, sia interno sia esterno, sono stati usati 176 m di bordo in marmo. Per il contorno esterno però sono serviti 112 m in più che per il contorno interno. Quanto è grande l'aiuola? Quanti m^2 sono rimasti per il prato? [1296 m^2; 1232 m^2]

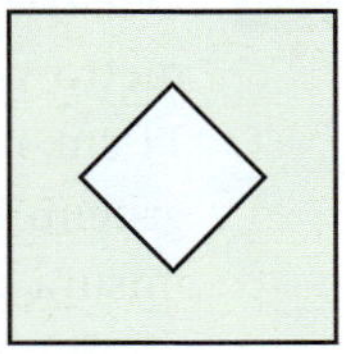

Problemi in tre incognite

Problemi numerici

316 ESEMPIO DIGITALE Tre numeri naturali sono tali che la differenza tra il primo e la semisomma degli altri due è uguale a 5, il primo supera di 1 i $\frac{4}{3}$ del terzo e la differenza tra la somma dei primi due e il doppio del terzo è 2. Trova i tre numeri.

317 Tre numeri naturali hanno somma 78. Il primo diviso per il secondo dà quoziente 3 e resto 11, diviso per il terzo dà quoziente 2 e resto 9. Trova i tre numeri. [47; 12; 19]

318 EUREKA! **Rapporti & rapporti** La somma di tre numeri è 70. Se il rapporto tra il primo e il secondo è $\frac{3}{4}$ e il rapporto tra il secondo e il terzo è $\frac{4}{7}$, allora il secondo numero è:

- A 12.
- B 16.
- C 20.
- D 24.
- E nessuno dei precedenti.

(USA *Indiana University of Pennsylvania Annual High School Mathematics Competition*, 1999)

319 Tre numeri naturali sono tali che il secondo è la somma degli altri due aumentata di 7. La differenza tra il secondo e il primo è tre volte la metà del terzo, mentre la differenza tra il terzo e il doppio del primo è i $\frac{2}{13}$ del secondo. Trova i tre numeri. [5; 26; 14]

320 **Due numeri, tre cifre** Due numeri naturali di due cifre hanno la stessa cifra delle unità. Dividendo il primo numero per la somma delle cifre delle decine dei due numeri si ha come quoziente 2 e come resto 2, mentre dividendo il secondo numero per 2 si ottiene il primo numero con le cifre scambiate. Infine, la differenza tra la cifra delle decine del secondo numero e quella del primo è 3. Trova i due numeri. [12; 42]

Problemi geometrici

321 In un parallelepipedo i perimetri dei rettangoli individuati da ciascuna faccia sono rispettivamente 26 cm, 24 cm, 18 cm. Determina il volume del parallelepipedo. [160 cm^3]

322 Due lati di un triangolo stanno tra loro come 3 sta a 4, il terzo lato è pari alla loro somma diminuita di 2 cm, mentre il perimetro è 26 cm. Trova i tre lati del triangolo. [6 cm; 8 cm; 12 cm]

323 In un triangolo ABC, un terzo dell'ampiezza dell'angolo $\widehat{A}$ supera di 5° l'ampiezza dell'angolo $\widehat{B}$. Determina le ampiezze dei tre angoli, sapendo che $\widehat{C}$ è i $\frac{3}{2}$ di $\widehat{B}$. [105°; 30°; 45°]

324 Due triangoli isosceli hanno egual base. Il perimetro del primo è 19 cm, quello del secondo 11 cm; inoltre, la differenza tra uno dei lati congruenti e la base del primo triangolo è pari alla misura di uno dei lati congruenti del secondo diminuito di 1 cm. Determina le lunghezze dei lati dei due triangoli. [5 cm; 7 cm; 3 cm]

325 In un triangolo la lunghezza dei $\frac{3}{4}$ di un lato è uguale a quella di un altro lato aumentata di 1 cm; il terzo lato è la semisomma dei primi due, mentre il perimetro del triangolo è 9 cm. Determina la lunghezza dei tre lati. [4 cm; 2 cm; 3 cm]

326 In un triangolo un angolo è doppio di un altro ed è 5° in meno del terzo. Determina le ampiezze degli angoli del triangolo. [70°; 35°; 75°]

327 Tre angoli hanno come somma l'angolo giro. Un quarto di uno è pari a un terzo di un altro e a un mezzo del terzo. Determina le ampiezze dei tre angoli. [160°; 120°; 80°]

328 In un trapezio rettangolo, la base maggiore supera la minore di 2 cm. Il rettangolo avente come lati la base minore e l'altezza del trapezio avrebbe perimetro 14 cm, mentre il triangolo avente come lati le basi e l'altezza del trapezio avrebbe perimetro 12 cm. Determina l'area del trapezio. [16 cm^2]

329 In un quadrilatero un lato è rispettivamente il doppio, i $\frac{4}{3}$ e i $\frac{2}{3}$ degli altri tre lati. Il perimetro del quadrilatero è 15 cm. Determina le lunghezze dei lati del poligono. [4 cm; 2 cm; 3 cm; 6 cm]

330 In un trapezio isoscele che ha il perimetro uguale a 128 cm, il rapporto tra la base maggiore e la base minore è $\frac{9}{4}$. Trova l'area del trapezio sapendo che i $\frac{7}{5}$ del lato obliquo superano di 19 cm i $\frac{2}{3}$ della base minore. [780 cm^2]

331 ●○ Un quadrilatero avente due lati congruenti tra loro ha il perimetro uguale a 13 cm. Tali lati insieme sono lunghi come un terzo lato, il quale è 1 cm in meno del quarto lato. Trova la lunghezza dei quattro lati del poligono. [2 cm; 2 cm; 4 cm; 5 cm]

332 ●○ Due triangoli isosceli hanno la stessa base. Il perimetro del primo è 11 cm, quello del secondo è 7 cm, mentre quello del quadrilatero individuato dai due lati congruenti di ciascun triangolo è 12 cm. Determina le lunghezze dei lati dei due triangoli. [3 cm; 4 cm; 2 cm]

Problemi INTORNO A NOI

RISOLVIAMO UN PROBLEMA

Le stoffe colorate

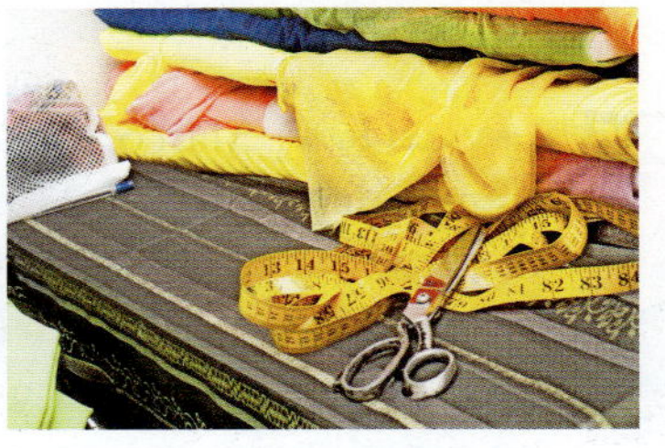

Tre metri di stoffa rossa e due di stoffa blu sono costati a Silvia € 42,50. Essendo avanzati due metri di stoffa rossa, Silvia è tornata al negozio per restituirli e, per acquistare cinque metri di stoffa verde, ha dovuto pagare ancora € 15. È tornata infine per un altro metro di stoffa blu e due metri di stoffa verde, pagando € 22.
Determina il costo delle tre stoffe al metro.

▶ **Determiniamo le equazioni risolventi.**

Indichiamo con x il costo della stoffa rossa, con y quello della stoffa blu e con z quello della stoffa verde.
Tre metri di stoffa rossa e due di stoffa blu sono costati € 42,50:

$$3x + 2y = 42{,}50.$$

Due metri di stoffa rossa restituiti e cinque metri di stoffa verde acquistati sono costati € 15:

$$5z - 2x = 15.$$

Un metro di stoffa blu e due metri di stoffa verde sono costati € 22:

$$y + 2z = 22.$$

Il sistema risolvente è:

$$\begin{cases} 3x + 2y = 42{,}50 \\ 5z - 2x = 15 \\ y + 2z = 22 \end{cases}.$$

▶ **Risolviamo il sistema.**

Osserviamo che in ciascuna equazione compaiono solo due delle tre incognite.
Possiamo esprimere due delle tre incognite in funzione della terza e ottenere così un'equazione in una sola variabile.

Dalla terza equazione si ricava:

$$y = 22 - 2z.$$

Dalla seconda equazione si ricava:

$$x = \frac{5z - 15}{2}.$$

Sostituendo nella prima equazione si ha:

$$\begin{cases} 3\left(\frac{5z-15}{2}\right) + 2(22 - 2z) = 42{,}50 \\ x = \frac{5z-15}{2} \\ y = 22 - 2z \end{cases} \rightarrow$$

$$\begin{cases} 15z - 45 + 88 - 8z = 85 \\ x = \frac{5z-15}{2} \\ y = 22 - 2z \end{cases} \rightarrow$$

$$\begin{cases} 7z = 42 \\ x = \frac{5z-15}{2} \\ y = 22 - 2z \end{cases} \rightarrow \begin{cases} z = 6 \\ x = 7{,}50. \\ y = 10 \end{cases}$$

Il costo delle tre stoffe al metro è:

- stoffa rossa € 7,50 al metro;
- stoffa blu € 10 al metro;
- stoffa verde € 6 al metro.

333 Cinque ragazze fanno colazione al bar prendendo: 2 caffè, 3 bicchieri di latte, 4 paste. Alla richiesta del conto il barista Lorenzo, con fare scherzoso, risponde: «Un caffè e un bicchiere di latte fanno € 1,90, un bicchiere di latte e una pasta fanno € 1,95, un caffè e una pasta fanno € 1,85. Quanto mi dovete?». [€ 8,60]

334 La settimana scorsa ho comprato 3 litri di latte e 2 pacchi di biscotti, spendendo € 8,10. Qualche giorno fa ho comprato 2 litri di latte e 6 uova sfuse e ho speso € 4,80. Oggi, comprando un pacco di biscotti e 12 uova sfuse, ho speso € 5,40. Trova il prezzo di ciascun prodotto. [€ 1,60; € 1,80; € 0,30]

335 INVALSI 2005 Marco e Luca sono fratelli. La somma delle loro età è 23 anni. Il doppio dell'età di Luca è uguale alla differenza tra l'età del loro padre e il triplo dell'età di Marco. Quando Luca è nato, il padre aveva 43 anni. Quanti anni hanno rispettivamente Marco e Luca?

A 10 e 13.
B 15 e 8.
C 14 e 9.
D 13 e 10.

336 Per coprire una spesa di € 30,00 Anna, Giorgio e Giuseppe decidono quanto segue: Anna pagherà $\frac{1}{5}$ della somma pagata complessivamente da Giorgio e Giuseppe, Giorgio pagherà i $\frac{3}{7}$ della somma pagata da Giuseppe. Determina l'importo pagato dai tre. [€ 5,00; € 7,50; € 17,50]

337 Fabrizio è 20 cm più alto di Aldo e 13 cm più di Antonio. La media delle altezze di Fabrizio, Aldo, Antonio è 174 cm. Determina le altezze dei tre. [185 cm; 165 cm; 172 cm]

338 EUREKA! **Oro, argento, bronzo** A una gara matematica partecipano 1200 candidati. Il 40% di essi riceve una medaglia (d'oro, d'argento o di bronzo). Il numero di medaglie di bronzo è triplo di quello di medaglie d'oro; il numero di medaglie d'argento è doppio di quello di medaglie d'oro. Quante sono le medaglie d'argento?

A 120.
B 144.
C 160.
D 180.
E Nessuna delle precedenti.

(*Giochi di Archimede*, 2004)

339 Sara è andata in pasticceria e ha comprato 10 paste, 6 cioccolatini e 15 caramelle; ha speso € 9,00. Se avesse comprato 5 paste in meno, avrebbe speso € 6,00. Un suo amico, che ha comprato 5 paste e 10 cioccolatini, ha speso € 5,50. Determina il prezzo unitario di paste, cioccolatini e caramelle. [€ 0,60; € 0,25; € 0,10]

340 In un cortile si contano, tra gatti, cani e galline, 17 teste e 54 zampe. Il numero dei gatti supera di 2 quello dei cani. Determina quanti sono gli animali di ciascun tipo. [6; 4; 7]

Problemi vari

341 Il polinomio $ax^3 + bx + 2$ ha come zeri i valori $x = -1$ e $x = 2$. Trova a e b. [-1; 3]

342 Il polinomio $P(x) = x^3 + ax^2 - 2x + b$ è divisibile per $(x+1)$ e per $(x-2)$. Trova a e b. [-1; 0]

343 Per quali valori reali di h e k il polinomio $P(x) = hx^2 + kx - 3x + 1$ si annulla per $x = 1$ e per $x = 2$? $\left[h = \frac{1}{2}, k = \frac{3}{2}\right]$

344 Trova per quali valori di a e b i due polinomi $A(x) = (a+b)x^2 + 2bx + 2$ e $B(x) = 3ax^2 + (a+6)x + 2$ sono identici. [2; 4]

345 Considera la frazione algebrica $\frac{-5x+2}{x^3+x^2-2x}$. Determina per quali valori di $a, b, c \in \mathbb{R}$ può essere scritta come la somma di frazioni algebriche $\frac{a}{x} + \frac{b}{x+2} + \frac{c}{x-1}$. [$a = -1$; $b = 2$; $c = -1$]

346 Data l'equazione lineare $ax + 2by - cz = 2$ nelle variabili x, y e z, determina $a, b, c \in \mathbb{R}$ tali che l'equazione data ammetta come soluzioni $\left(1; \frac{1}{2}; 1\right)$, $(4; -1; 0)$ e $\left(3; 0; \frac{1}{3}\right)$. Scrivi poi l'equazione così trovata. $\left[a = \frac{1}{2}, b = 0, c = -\frac{3}{2}; x + 3z - 4 = 0\right]$

VERIFICA DELLE COMPETENZE

VERIFICA DELLE COMPETENZE ALLENAMENTO

UTILIZZARE TECNICHE E PROCEDURE DI CALCOLO

Sistemi lineari e sistemi determinati, impossibili, indeterminati

TEST

1 La coppia $(1; -3)$ è soluzione di *uno* dei seguenti sistemi. Quale?

A $\begin{cases} 3x+5y=-12 \\ -2y=9-3x \end{cases}$

B $\begin{cases} 3x-y=1 \\ 2x+5y=0 \end{cases}$

C $\begin{cases} y=-3 \\ 3x-y=0 \end{cases}$

D $\begin{cases} 3x+y=0 \\ x-y=-4 \end{cases}$

E $\begin{cases} 2x+3y=2 \\ 5x-2y=1 \end{cases}$

2 Cosa possiamo dire dei seguenti sistemi?

1. $\begin{cases} x+3y=1 \\ 3x-9y=3 \end{cases}$

2. $\begin{cases} 7x-3y=-2 \\ 21x-9y=-60 \end{cases}$

3. $\begin{cases} 4x-y=2 \\ 6x-2y=4 \end{cases}$

A 1 è impossibile e 2 indeterminato.

B 1 e 2 sono indeterminati.

C 1 e 3 sono determinati.

D è determinato solo il terzo.

E 2 e 3 sono indeterminati.

3 Poiché nel sistema $\begin{cases} 3x+5y=0 \\ 2x+7y=0 \end{cases}$ si ha $D=11$, $D_x=D_y=0$, possiamo affermare che:

A il sistema è indeterminato.

B il sistema è impossibile.

C la soluzione del sistema è $(0; 0)$.

D la soluzione del sistema è $(11; 0)$.

E la soluzione del sistema è $(11; 11)$.

4 *Soltanto uno* dei seguenti sistemi traduce il problema: «La somma delle età di due fratelli è 24 anni. Fra 6 anni il maggiore avrà un'età doppia del minore». Quale?

A $\begin{cases} x+y=24 \\ x=2y \end{cases}$

B $\begin{cases} x+y=24 \\ x+6=2(y+6) \end{cases}$

C $\begin{cases} x+y=24 \\ x+6=2y \end{cases}$

D $\begin{cases} x+y=24 \\ x+6=2y+6 \end{cases}$

E $\begin{cases} x+y=24 \\ x=2y+6 \end{cases}$

Per ogni sistema stabilisci se esso è determinato, impossibile o indeterminato, senza risolverlo.

5 $\begin{cases} 2x-y=-3 \\ -x+\frac{1}{2}y=\frac{3}{2} \end{cases}$ [indet.]

6 $\begin{cases} 3x-2y=6 \\ 3x+y=15 \end{cases}$ [det.]

7 $\begin{cases} 2x-\frac{4}{3}y=3 \\ 3x-2y=6 \end{cases}$ [imp.]

Sistemi di due equazioni in due incognite

Risolvi i seguenti sistemi interi con i metodi più opportuni.

8 $\begin{cases} (x+2)^2+1=x^2+5y \\ 3x+y=1 \end{cases}$ $[(0; 1)]$

9 $\begin{cases} \dfrac{x+y}{3}+3=\dfrac{x-2y}{6} \\ x+\dfrac{2(4y-5x)}{9}=1 \end{cases}$ $\left[\left(-15; -\frac{3}{4}\right)\right]$

10 $\begin{cases} 2x+y+4=0 \\ \dfrac{3x+y}{3}+\dfrac{2y-x}{5}=x+\dfrac{2}{5} \end{cases}$ $[(-2; 0)]$

11 $\begin{cases} 3(y-1)=-3(x+2) \\ 5x-3y=1 \end{cases}$ $\left[\left(-\frac{1}{4}; -\frac{3}{4}\right)\right]$

12 $\begin{cases} \dfrac{3x+y}{5}=x-\dfrac{y+7}{10}-\dfrac{1}{2} \\ \dfrac{y-x}{2}+\dfrac{2x+y}{3}=y+\dfrac{4}{9} \end{cases}$ $\left[\left(4; \frac{4}{3}\right)\right]$

13 $\begin{cases} x+\dfrac{1}{2}=\dfrac{y+1}{2} \\ \dfrac{1-y}{3}-2x-3=0 \end{cases}$ $[(-1; -2)]$

VERIFICA DELLE COMPETENZE

14 $\begin{cases} x+3+(y+1)^2=y^2 \\ 3(x+2y)=2 \end{cases}$ [impossibile]

15 $\begin{cases} \dfrac{x-y}{4}+\dfrac{y+2}{7}=2y-8 \\ 3y+4=\dfrac{8x-3y}{3}+\dfrac{9y-5x}{4} \end{cases}$ $[(9;5)]$

16 $\begin{cases} \dfrac{3x-3y}{2}-2x+\dfrac{y}{3}=\dfrac{5}{3} \\ \dfrac{x+y}{2}+\dfrac{y-2x}{3}=y+\dfrac{1}{9} \end{cases}$ $\left[\left(\frac{4}{3};-2\right)\right]$

17 $\begin{cases} 5x-y-13=0 \\ \dfrac{x-1}{3}-\dfrac{y+3}{2}=\dfrac{1}{3} \end{cases}$ $[(2;-3)]$

18 $\begin{cases} (3x-2y-6)-\dfrac{2x-3y-3}{2}=\dfrac{3}{2} \\ \dfrac{2}{3}(y-x)-(x-1)^2=(1-x)(1+x) \end{cases}$ $\left[\left(\frac{5}{2};-2\right)\right]$

19 $\begin{cases} \left(x-\frac{1}{2}\right)\left(x+\frac{1}{2}\right)-x(x+2)+6y=1 \\ (y-2)(y+3)+5=y(y-3)+2(x-y)+\dfrac{1}{4} \end{cases}$ [indeterminato]

Sistemi di tre equazioni in tre incognite

Risolvi i seguenti sistemi interi.

20 $\begin{cases} 2x+y=z-2 \\ 3x+y-z+5=0 \\ -x+y+1=0 \end{cases}$ $[(-3;-4;-8)]$

21 $\begin{cases} x-y+2z=6 \\ 4x+2y+2z=0 \\ x+y+z=-1 \end{cases}$ $[(1;-3;1)]$

---

22 Risolvi il seguente sistema in tre incognite letterale.

$\begin{cases} x+z=2a \\ x+ay-3z=3a \\ -x+4ay-7z=2a \end{cases}$ $[a=0\text{: indet.}; a\neq 0\text{: }(2a;1;0)]$

Sistemi letterali e fratti

Risolvi i seguenti sistemi fratti.

23 $\begin{cases} \dfrac{2}{x^2-y^2}=\dfrac{1}{x-y}+\dfrac{3}{4(x+y)} \\ \dfrac{4}{y}-x=\dfrac{x(3-y)}{y}+1 \end{cases}$ $[(1;1)$, non accett.$]$

24 $\begin{cases} \dfrac{y+1}{x+1}-\dfrac{y-1}{x-1}=\dfrac{1}{x^2-1} \\ \left(\dfrac{y-1}{4}+2x\right)+\dfrac{y-6x}{2}=\dfrac{1}{4} \end{cases}$ $\left[\left(-\frac{7}{2};-4\right)\right]$

25 $\begin{cases} \dfrac{2x+y}{x-1}=\dfrac{1}{3} \\ 3x+y+1=0 \end{cases}$ $\left[\left(-\frac{1}{2};\frac{1}{2}\right)\right]$

26 $\begin{cases} \dfrac{x}{y+1}=\dfrac{1}{5} \\ \dfrac{1}{x-1}=\dfrac{2}{3y+1} \end{cases}$ [impossibile]

---

27 Risolvi il seguente sistema con il metodo del confronto.

$\begin{cases} \dfrac{1}{x-1}+\dfrac{1}{y+4}=0 \\ \dfrac{1}{3x+1}-\dfrac{1}{5y}=0 \end{cases}$ $[(-2;-1)]$

Risolvi i seguenti sistemi letterali.

28 $\begin{cases} ax-3y=2a \\ (1-a)x+y=-1 \end{cases}$ $\left[\text{se } a\neq\frac{3}{2}, (-1;-a); \text{ se } a=\frac{3}{2}, \text{ indet.}\right]$

29 $\begin{cases} (a+1)x+ay=2 \\ x+ay=-3 \end{cases}$ $\left[\text{se } a\neq 0, \left(\frac{5}{a};\frac{-3a-5}{a^2}\right); \text{ se } a=0, \text{ imp.}\right]$

30 Determina per quali valori del parametro k il seguente sistema è indeterminato.

$$\begin{cases}(k+2)x+3y=-k\\14x+6y=-10\end{cases}$$

$[k=5]$

RISOLVERE PROBLEMI

Problemi numerici

31 Determina due numeri, sapendo che la somma tra il minore diminuito di 4 e il maggiore diminuito di 1 è 24 e, inoltre, che la loro somma è pari al doppio del minore aumentato di 5. [12; 17]

32 Determina due numeri, sapendo che la loro differenza è 1 e che, se si aggiungono ai $\frac{2}{5}$ del maggiore i $\frac{3}{4}$ del minore, si ottiene 5. [(5; 4)]

$[P(x)=x^3-x^2-10x-8]$

33 Un numero naturale di tre cifre è tale che il triplo della somma delle sue cifre è uguale alla differenza tra il numero stesso e quello che si ottiene scambiando tra loro la cifra delle decine e quella delle unità; la differenza fra la cifra delle decine e quella delle unità è il doppio della cifra delle centinaia e la somma delle cifre delle unità e delle centinaia è 5. Determina il numero. [273]

Problemi geometrici

34 In un rettangolo il perimetro è 34 cm e il doppio della base supera l'altezza di 10 cm.
Determina l'area del rettangolo. [72 cm^2]

35 In un rombo la diagonale maggiore supera la minore di 6 cm, inoltre la somma tra i $\frac{3}{7}$ della maggiore e $\frac{1}{3}$ della minore è di 30 cm. Determina le diagonali del rombo. [36 cm; 42 cm]

36 La base di un rettangolo è i $\frac{3}{8}$ del suo perimetro, mentre i $\frac{4}{7}$ della base superano di 3 cm i $\frac{3}{2}$ dell'altezza. Determina la lunghezza dei lati del rettangolo. [42 cm; 14 cm]

37 Un rettangolo e un trapezio isoscele hanno lo stesso perimetro; la somma fra la base minore del trapezio e i lati del rettangolo ha la stessa misura del perimetro comune diminuito di 5 cm e la differenza fra la base maggiore del trapezio e uno dei lati del rettangolo è congruente alla metà dell'altro. Si sa infine che nel trapezio la base maggiore è il doppio di quella minore, a sua volta congruente ai lati obliqui.
Calcola il perimetro dei due poligoni e l'area del rettangolo. $\left[\frac{50}{3}\text{ cm}; \frac{50}{3}\text{ cm}^2\right]$

38 Il perimetro di un rettangolo supera di 2 mm quello di un quadrato, che a sua volta supera di 7 mm il semiperimetro del rettangolo. Sapendo che il rapporto tra il doppio del lato del quadrato e l'altezza del rettangolo è uguale a 1,6, calcola l'area del quadrato e quella del rettangolo. [16 mm^2; 20 mm^2]

39 In un rombo la differenza tra i $\frac{7}{5}$ della diagonale maggiore e la metà della diagonale minore è 7 cm. La differenza tra i $\frac{5}{3}$ della diagonale maggiore e i $\frac{9}{7}$ della diagonale minore è uguale alla differenza delle diagonali. Calcola l'area del rombo. [1050 cm^2]

40 **Un rombo, un quadrato** Calcola la differenza tra i perimetri e la differenza tra le aree di un rombo e di un quadrato, sapendo che la somma tra le diagonali del rombo e il lato del quadrato è 140 dm, che il lato del quadrato è $\frac{1}{3}$ della somma delle diagonali del rombo e che la somma di metà di una diagonale con $\frac{1}{3}$ dell'altra è uguale al lato del quadrato aumentato di 10 dm.
[10 dm; 125 dm^2]

VERIFICA DELLE COMPETENZE

Problemi INTORNO A NOI

41 A una festa di beneficenza sono presenti 275 persone, fra uomini, donne e bambini. Il numero complessivo delle donne e dei bambini è i $\frac{3}{2}$ di quello degli uomini. Il biglietto di ingresso costa € 5 per gli uomini, € 2,50 per le donne e € 1,50 per i bambini.
Trova il numero degli uomini, delle donne e dei bambini presenti alla festa, sapendo che l'incasso totale è di € 882,50.
[uomini = 110; donne = 85; bambini = 80]

42 **Anelli** Anna, Bianca e Chiara possiedono complessivamente 25 anelli. Il numero degli anelli di Chiara supera di 1 la somma di quelli di Anna e Bianca. Determina quanti anelli ha ogni ragazza, sapendo che Anna, dopo aver regalato la metà dei suoi anelli a Bianca, viene ad averne 8 in meno di Chiara.
[10; 2; 13]

43 In una famiglia, la differenza tra le età del padre e della madre è $\frac{1}{6}$ dell'età del figlio; fra quattro anni la somma delle età dei genitori sarà 90 e cinque anni fa l'età della madre era cinque volte quella del figlio. Determina le età dei tre componenti della famiglia.
[12; 40; 42]

44 In due villaggi dell'Amazzonia la popolazione di uno era i $\frac{5}{6}$ della popolazione dell'altro. Una grave epidemia costrinse a emigrare 70 abitanti di ogni villaggio, per cui attualmente il primo villaggio ha i $\frac{4}{5}$ degli abitanti del secondo. Quanti abitanti ha oggi ciascun villaggio?
[280 e 350]

45 Riempiendo di terra una carriola e ponendola su una bilancia, si rilevano complessivamente 45 kg. Dimezzando la quantità di terra, il tutto pesa 33 kg. Quanto pesa da sola la carriola?
[21 kg]

TEST

46 Un secchio pieno di sabbia pesa complessivamente 9 kg, riempito per metà di sabbia pesa 5 kg. Quanto pesa il secchio vuoto?

- A 0,5 kg
- B 1 kg
- C 2 kg
- D 2,5 kg
- E Il peso del secchio non può essere determinato.

(*Olimpiadi della matematica, Giochi di Archimede,* 1996)

47 Il prezzo della mascotte delle Olimpiadi della matematica è dato dalla somma del prezzo delle materie prime e di quello della lavorazione. L'anno scorso la mascotte costava € 10. Quest'anno il costo delle materie prime è raddoppiato; di conseguenza la mascotte costa € 11,80. Quanto incide quest'anno il prezzo delle materie prime sul prezzo finale del prodotto?

- A Meno di € 1.
- B Tra € 1 e 2.
- C Tra € 2 e 3.
- D Tra € 3 e 4.
- E Più di € 4.

(*Olimpiadi della matematica, Giochi di Archimede,* 2000)

VERIFICA DELLE COMPETENZE PROVE

1 ora

PROVA A

1 Indica senza risolverli quale dei seguenti sistemi è determinato, quale è indeterminato e quale è impossibile. Determina la soluzione quando è determinato.

a. $\begin{cases} 3x - 2y = 6 \\ -\frac{1}{2}x + \frac{1}{3}y = 1 \end{cases}$ **b.** $\begin{cases} 8x - 12y = -\frac{2}{3} \\ -2x + 3y = \frac{1}{6} \end{cases}$ **c.** $\begin{cases} -5x - y = 10 \\ \frac{3}{2}x - \frac{3}{10}y = 0 \end{cases}$

2 Risolvi, discutendo al variare di a in $\mathbb{R}$, il seguente sistema.

$$\begin{cases} 2x - ay = a \\ 8x - 2y = 3 - 2a \end{cases}$$

3 Risolvi il seguente sistema con due metodi diversi.

$$\begin{cases} \dfrac{2x - y}{3} - 2 = x \\ \dfrac{1}{6}x + \dfrac{y - 1}{3} = -\dfrac{3}{2} \end{cases}$$

4 Risolvi il seguente sistema.

$$\begin{cases} \dfrac{1}{x + 1} - \dfrac{2}{y} = \dfrac{7x + 1}{2xy + 2y} \\ \dfrac{y + 6}{3} - x = 2 \end{cases}$$

5 Trova due numeri, sapendo che il triplo del primo sommato alla metà del secondo è uguale a 60, mentre la differenza tra il doppio del secondo e i $\frac{3}{4}$ del primo è 36.

6 In un trapezio l'area è 540 cm^2 e l'altezza 15 cm. Trova le misure delle due basi sapendo che la somma di $\frac{1}{3}$ della base maggiore con i $\frac{3}{5}$ di quella minore è 32 cm.

PROVA B

Trasporto agrumi

Un GAS (Gruppo di Acquisto Solidale) ordina a un produttore alcune casse di arance e mandarini. Il trasporto avviene su un autocarro che ha una portata massima di 15 q e che a pieno carico contiene 80 casse di arance e 30 di mandarini.

arance: 1,80 €/kg
mandarini: 2,15 €/kg
totale merce: € 2805
costo spedizione: € 130

a. Quanto pesa ciascuna cassa di arance e di mandarini?

b. Si stabilisce di ripartire l'importo della spedizione aumentando della stessa percentuale il costo delle arance e quello dei mandarini; con questo aumento, quanto vengono a costare al kilogrammo gli agrumi?

c. In un viaggio successivo si devono trasportare 95 casse di arance; per far viaggiare a pieno carico l'autocarro, quante casse di mandarini si devono caricare?

d. Scrivi l'espressione che fornisce il numero esatto di casse di mandarini in funzione del numero di casse di arance mantenendo il pieno carico. Trova qual è il numero di casse di arance per il quale il corrispondente numero di casse di mandarini è un numero naturale.

CAPITOLO

14 I RADICALI

1 I numeri reali

▶ Esercizi a p. 614

L'ampliamento dei numeri razionali

Abbiamo visto che, partendo dall'insieme dei numeri naturali $\mathbb{N}$, per rendere interna la sottrazione, operazione inversa dell'addizione, è stato necessario introdurre l'insieme dei numeri interi $\mathbb{Z}$.
Analogamente, con l'introduzione dell'insieme dei numeri razionali $\mathbb{Q}$, è stato possibile rendere interna la divisione, operazione inversa della moltiplicazione:

$$\mathbb{N} \subset \mathbb{Z} \subset \mathbb{Q}.$$

Nell'insieme $\mathbb{Q}$ è possibile eseguire sempre le quattro operazioni di addizione, sottrazione, moltiplicazione e divisione (esclusa la divisione per 0).

Tuttavia, è necessario ampliare ancora l'insieme $\mathbb{Q}$, perché l'operazione inversa della potenza, l'estrazione di radice, non è interna in $\mathbb{Q}$.

Infatti abbiamo visto che un qualsiasi numero razionale corrisponde a un numero decimale finito o periodico e viceversa, mentre in alcuni casi l'estrazione di radice ha come risultato numeri decimali illimitati e non periodici.

Dai numeri irrazionali ai numeri reali

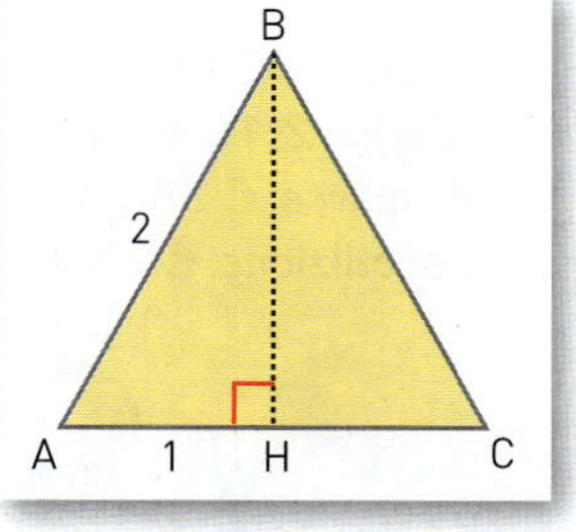

Consideriamo un triangolo equilatero *ABC*, con lato che misura 2, e tracciamo l'altezza *BH*. Applicando il teorema di Pitagora al triangolo rettangolo *ABH*, otteniamo:

$$\overline{BH}^2 = \overline{AB}^2 - \overline{AH}^2$$

$$\overline{BH}^2 = 4 - 1 = 3$$

$$\overline{BH} = \sqrt{3}.$$

Dimostriamo che $\sqrt{3}$ non è un numero naturale né un numero razionale.

DIMOSTRAZIONE

Nel quadrato di un numero naturale n, scomposto in fattori primi, qualsiasi fattore compare con esponente pari perché, elevando al quadrato, tutti gli esponenti dei fattori primi di n vengono raddoppiati.

$$n = a^p \cdot b^q \cdot c^r \cdot \ldots \to n^2 = (a^p \cdot b^q \cdot c^r \cdot \ldots)^2 = a^{2p} \cdot b^{2q} \cdot c^{2r} \cdot \ldots$$

dove $2p$, $2q$, $2r$ sono numeri pari.

Utilizziamo questa proprietà per dimostrare *per assurdo* che $\sqrt{3}$ non è un numero razionale.

Supponiamo che $\sqrt{3}$ sia un numero razionale (*negazione della tesi*).
Possiamo allora scriverlo come frazione ridotta ai minimi termini:

$$\frac{a}{b} = \sqrt{3} \rightarrow \frac{a^2}{b^2} = 3 \rightarrow a^2 = 3b^2.$$

eleviamo al quadrato

L'uguaglianza ottenuta, $a^2 = 3b^2$, è *falsa*, perché se b^2 contiene il fattore 3, deve contenerlo con esponente pari, e quindi $3b^2$ lo contiene con esponente dispari; invece, se a^2 contiene il fattore 3, deve contenerlo con esponente pari.
Concludiamo che la negazione della tesi è falsa, quindi $\sqrt{3}$ non è un numero razionale.

$\sqrt{3}$ può essere rappresentato con un numero decimale che, per la dimostrazione precedente, non può essere limitato o illimitato periodico, perché in tal caso $\sqrt{3}$ dovrebbe essere un numero razionale.
Con la calcolatrice possiamo ottenere un'approssimazione del numero $\sqrt{3}$, con alcune cifre dopo la virgola:

$$\sqrt{3} = 1{,}73205\ldots$$

Un numero di questo tipo è detto **numero decimale illimitato non periodico**.
Considerazioni analoghe si possono estendere a tutte le radici quadrate di numeri naturali che non siano quadrati perfetti. Abbiamo:

$$\sqrt{2} = 1{,}414\ldots; \quad \sqrt{3} = 1{,}732\ldots; \quad \sqrt{5} = 2{,}236\ldots; \quad \sqrt{6} = 2{,}449\ldots;$$

$$\sqrt{7} = 2{,}645\ldots; \quad \sqrt{8} = 2{,}828\ldots; \quad \sqrt{10} = 3{,}162\ldots; \quad \ldots$$

Queste radici sono solo alcuni dei numeri che non sono razionali e a cui quindi corrispondono numeri decimali illimitati non periodici.

DEFINIZIONE

Chiamiamo **numero irrazionale** ogni numero che può essere rappresentato da un numero decimale illimitato non periodico.

Per esempio sono numeri irrazionali:

$$\sqrt[3]{5} = 1{,}709\ldots; \quad \ldots\sqrt{17} = 4{,}123\ldots$$

Esistono anche numeri irrazionali che non derivano dall'estrazione di radici, per esempio il numero $\pi = 3{,}14159\ldots$

Poiché esistono dei numeri non razionali, dobbiamo ampliare l'insieme dei numeri razionali $\mathbb{Q}$ considerando un nuovo insieme, l'insieme dei numeri **reali** che è l'unione dell'insieme dei numeri razionali e di quello degli irrazionali.

DEFINIZIONE

Chiamiamo **numero reale** ogni numero che sia razionale o irrazionale e indichiamo con $\mathbb{R}$ l'insieme dei numeri reali.

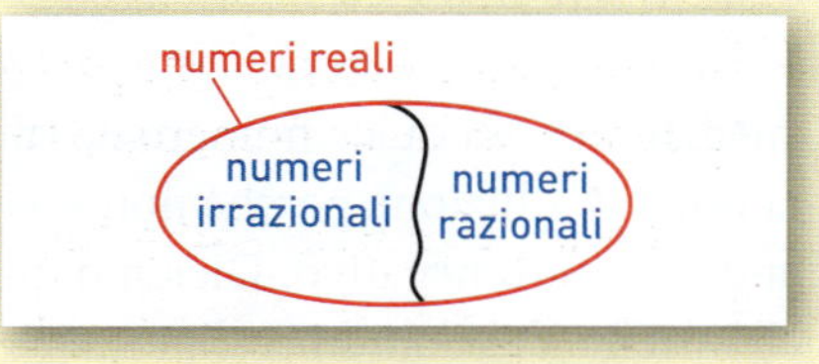

Listen to it

An **irrational number** is represented by a *non-terminating non-repeating decimal* number. A **real number** is any number that is either rational or irrational.

TEORIA

► Nel video approssimiamo $\sqrt{5}$ per difetto e per eccesso a meno di un decimo e a meno di un centesimo. Utilizza lo stesso metodo per approssimare:

a. $\sqrt{2}$; **c.** $\sqrt{8}$;
b. $\sqrt{3}$; **d.** $\sqrt{11}$.

Video

Come l'insieme $\mathbb{Q}$, anche l'insieme $\mathbb{R}$ è **denso**, cioè, dati due numeri reali a e b, esiste sempre un numero reale compreso tra essi, e quindi ne esistono infiniti.

Nella figura riportiamo la costruzione di segmenti che misurano $\sqrt{2}$, $\sqrt{3}$, $\sqrt{5}$, $\sqrt{6}$, ..., già proposta in una animazione del primo volume.

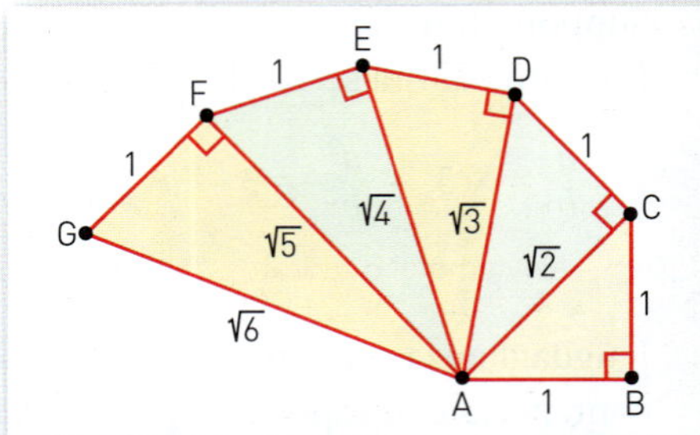

Associare a una radice la lunghezza di un segmento è un modo per rappresentare il numero sulla retta orientata.
Si può dimostrare che esiste una corrispondenza biunivoca fra punti della retta orientata e l'insieme $\mathbb{R}$, perché a ogni lunghezza corrisponde una misura espressa con un numero reale e, viceversa, ogni numero reale è la misura di una lunghezza. Per questo si dice che $\mathbb{R}$ è un insieme **completo**. $\mathbb{Q}$ invece è denso, ma non è completo.

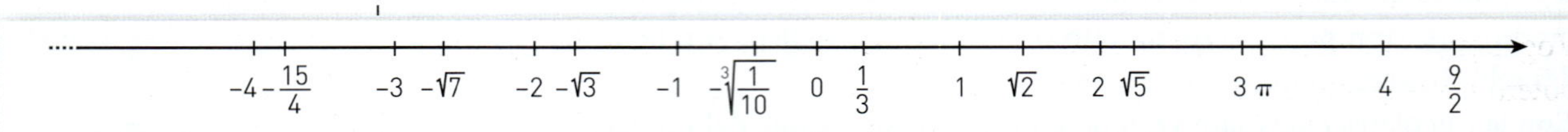

Tuttavia, una corrispondenza biunivoca non esiste soltanto fra numeri reali e lunghezze. Più in generale, questi numeri permettono di associare una misura alle grandezze (massa, intensità luminosa, velocità, frequenza...) che intervengono nella costruzione di modelli scientifici della realtà, e proprio per questo si chiamano numeri reali.

2 Le radici quadrate e le radici cubiche

► Esercizi a p. 615

La definizione di radice quadrata

La radice quadrata è definita come l'operazione inversa dell'elevamento a potenza con esponente 2. Prima di formalizzare la definizione, consideriamo il seguente esempio.

ESEMPIO Se ci chiediamo quale numero elevato al quadrato ha per risultato $+49$, possiamo dare due risposte diverse, $+7$ e -7, perché

$$(+7)^2 = +49 \text{ e } (-7)^2 = +49.$$

Per fare in modo che la radice quadrata, come ogni operazione, *abbia un solo risultato*, scegliamo per convenzione il valore positivo. Diciamo che la radice quadrata di $+49$ è $+7$ e scriviamo:

$$\sqrt{+49} = +7.$$

Chiediamoci ora quale numero elevato al quadrato ha per risultato -49. Il problema non ha soluzione perché non esiste alcun numero reale che elevato al quadrato dia un numero negativo. Diciamo quindi che la radice quadrata di -49 non esiste nell'insieme dei numeri reali.

MATEMATICA E STORIA

Erone e la radice quadrata Erone di Alessandria, inventore e studioso della Grecia antica, fu uno dei primi a ideare un metodo per ricavare la radice quadrata di un numero. Questo procedimento è noto come «algoritmo di Erone».

► Come funziona l'algoritmo di Erone?

La risposta

DEFINIZIONE

La **radice quadrata** di un numero reale $a \geq 0$ è il numero $b \geq 0$ che elevato al quadrato dà a.

$$\boldsymbol{b = \sqrt{a} \leftrightarrow b^2 = a}, \text{ con } a \geq 0, b \geq 0.$$

Listen to it

The **square root** of a real number $a \geq 0$ is the real number $b \geq 0$ such that, when we raise b to the second power, we get a.

ESEMPIO

$\sqrt{4} = 2$; $\sqrt{1} = 1$; $\sqrt{\frac{4}{9}} = \frac{2}{3}$;

$\sqrt{0} = 0$; $\sqrt{0,01} = 0,1$; $\sqrt{-3}$ non esiste.

Si può dimostrare che, in $\mathbb{R}$, $\sqrt{a}$ esiste per ogni $a \geq 0$.

La definizione di radice cubica

Vogliamo ora definire la radice cubica come operazione inversa dell'elevamento a potenza con esponente 3.

ESEMPIO Se ci chiediamo quale numero elevato al cubo ha come risultato $+8$, la soluzione è una sola, $+2$, perché $(+2)^3 = +8$.

Diciamo allora che la radice cubica di $+8$ è $+2$: $\sqrt[3]{+8} = +2$.

In modo analogo, se ci chiediamo quale numero elevato al cubo ha come risultato -8, otteniamo come risposta -2, perché $(-2)^3 = -8$.

La radice cubica di -8 è -2: $\sqrt[3]{-8} = -2$.

A differenza della radice quadrata, la radice cubica esiste anche per numeri negativi e in questo caso ha segno negativo.
Ogni numero reale a, quindi, ha sempre una e una sola radice cubica in $\mathbb{R}$, che si indica con $\sqrt[3]{a}$.

DEFINIZIONE

La **radice cubica** di un numero a qualsiasi è il numero b che elevato al cubo dà a.

$$\boldsymbol{b = \sqrt[3]{a} \leftrightarrow b^3 = a}, \qquad \forall\, \boldsymbol{a, b} \in \mathbb{R}.$$

b ha lo stesso segno di a.

Listen to it

The **cube root** of any real number a is the real number b such that, when we raise b to the third power, we get a.

ESEMPIO

$\sqrt[3]{8} = 2$; $\sqrt[3]{1} = 1$; $\sqrt[3]{0} = 0$;

$\sqrt[3]{-8} = -2$; $\sqrt[3]{-1} = -1$; $\sqrt[3]{\frac{1}{1000}} = \frac{1}{10}$.

Si può dimostrare che, in $\mathbb{R}$, $\sqrt[3]{a}$ esiste per qualsiasi valore di a.

► Completa le seguenti uguaglianze.

a. $\sqrt[3]{-125} = \square$

b. $\sqrt{(-11)^2 \cdot 4} = \square$

c. $\sqrt[\square]{\square\,196} = \square\,14$

d. $\sqrt[3]{-\square} = \square\,9$

e. $\sqrt[\square]{\square\,343} = +7$

f. $\sqrt{\frac{(-3)^3 \cdot 8}{-6}} = \square$

g. $\sqrt[\square]{\frac{128}{54}} = \square\,\frac{4}{3}$

h. $\sqrt[\square]{\frac{-2^6 \cdot 9^3}{(-25)^3}} = \square\,\frac{216}{125}$

Animazione

La radice quadrata e la radice cubica come funzioni

Per comprendere meglio le differenze fra radici quadrate e radici cubiche, tracciamo per punti i grafici delle loro funzioni.

La funzione $y = \sqrt{x}$, in base alla definizione di radice quadrata, ha come dominio $x \geq 0$ e come codominio $y \geq 0$. Il suo grafico ottenuto per punti è quello della figura.

x	$\sqrt{x}$
0	0
2	$\simeq 1,4$
3	$\simeq 1,7$
4	2

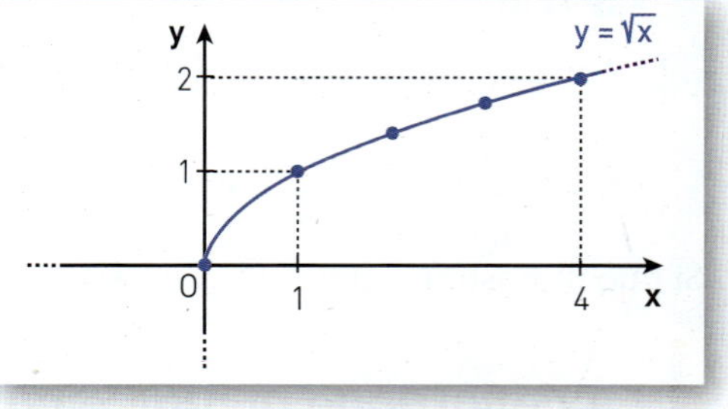

La funzione $y = \sqrt[3]{x}$ ha $\mathbb{R}$ sia come dominio sia come codominio. Il suo grafico ottenuto per punti è quello della figura.

x	$\sqrt[3]{x}$
0	0
± 1	± 1
± 8	± 2

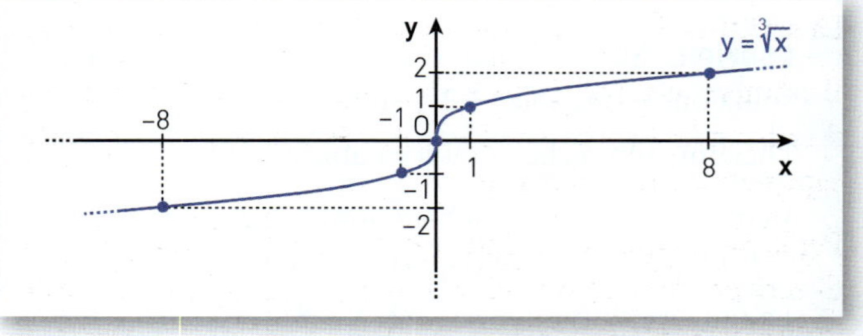

Attribuito un valore a x, il corrispondente valore di $y = \sqrt[3]{x}$ ha lo stesso segno di x. Inoltre, osserviamo nella tabella e nel grafico che, per esempio, $\sqrt[3]{-8} = -\sqrt[3]{8}$.

In generale, è vero che

$$\sqrt[3]{-x} = -\sqrt[3]{x},$$

ossia le radici cubiche di due numeri opposti sono opposte.

MATEMATICA E STORIA

Il problema di Delo La leggenda narra che nell'anno 400 a.C. la città di Atene fu colpita da una terribile epidemia di peste. Una delegazione di ateniesi si diresse a Delfi per consultare l'oracolo, nella speranza che potesse indicare un modo per porre fine all'epidemia. Questo fu il responso dell'oracolo: «Ateniesi, per far cessare la peste, dovete duplicare l'altare consacrato ad Apollo nell'isola di Delo»...

► Come fecero gli ateniesi a raddoppiare l'altare?

La risposta

3 La radice ennesima

► Esercizi a p. 617

Definizioni e proprietà

Le considerazioni fatte per le radici quadrate e le radici cubiche possono essere estese alla radice n-esima, che è l'operazione inversa della potenza con esponente naturale n. Per la radice n-esima dobbiamo distinguere i casi con n pari, analoghi alla radice quadrata, da quelli con n dispari, analoghi alla radice cubica.

DEFINIZIONE

La radice n-esima di un numero reale a, con un numero naturale $n \neq 0$:

- se $a \geq 0$, è il numero reale $b \geq 0$ la cui potenza con esponente n è uguale ad a;
- se $a < 0$ e n dispari, è il numero reale $b < 0$ la cui potenza con esponente n è uguale ad a;
- se $a < 0$ e n pari, non esiste.

La radice n-esima di a si indica con il simbolo $\sqrt[n]{a}$.

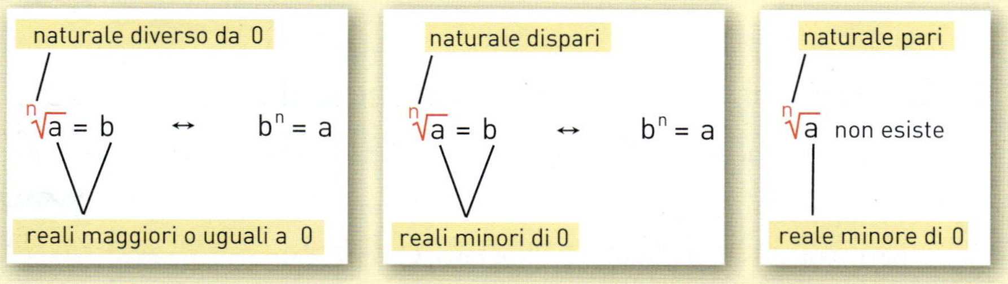

Listen to it

The ***n*-th root** of a real number *a*, where *n* is a natural number different from zero, is the real number *b* such that $b^n = a$.

If *n* is *even*, then $a \geq 0$ and $b \geq 0$.

If *n* is *odd*, then $a \in \mathbb{R}$ and *b* has the same sign of *a*.

La scrittura $\sqrt[n]{a}$, che indica il risultato della radice n-esima, è detta **radicale**.

Il numero n viene detto **indice** del radicale; il numero a si chiama **radicando**. Se il radicando è scritto sotto forma di potenza, l'esponente di tale potenza si chiama **esponente del radicando**.

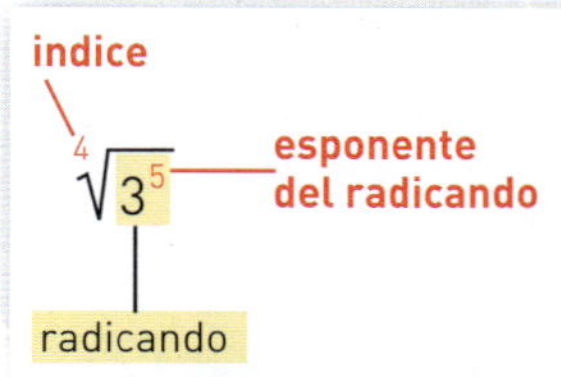

Per la radice quadrata l'indice del radicale può essere omesso: $\sqrt{5}$ è un modo diverso di scrivere $\sqrt[2]{5}$. I radicali con indice 2 vengono detti **radicali quadratici**, quelli con indice 3 **radicali cubici**.

ESEMPIO Utilizziamo la definizione di radice n-esima per calcolare il valore dei seguenti radicali:

$\sqrt[4]{81} = 3$, perché $3^4 = 81$;

$\sqrt[5]{32} = 2$, perché $2^5 = 32$;

$\sqrt[2]{0} = 0$, perché $0^2 = 0$;

$\sqrt[7]{-128} = -2$, perché $(-2)^7 = -128$;

$\sqrt[4]{-16}$ non esiste, perché non esiste un numero b tale che $b^4 = -16$.

L'indice n è un numero naturale diverso da zero: $\sqrt[0]{a}$ non ha significato.

Per esempio $\sqrt[0]{2}$ non ha significato perché nessun numero elevato a 0 dà 2.

Per ogni n naturale diverso da 0 e per ogni a reale si ha:

1. $\sqrt[1]{a} = a$ (infatti $a^1 = a$);
2. $\sqrt[n]{0} = 0$ (infatti $0^n = 0$);
3. $\sqrt[n]{1} = 1$.

Esaminiamo due proprietà di uso frequente.

- Per la definizione di radice n-esima, $\sqrt[n]{a}$ è quel numero che elevato a n ha per risultato a, quindi:

$$(\sqrt[n]{a})^n = a, \text{ con } a \geq 0 \text{ se } n \text{ è pari.}$$

TEORIA

- Abbiamo già visto che $\sqrt[3]{-a} = -\sqrt[3]{a}$. In generale, *se n è dispari* il segno − può essere *portato fuori o dentro* la radice:

se n è dispari, $\sqrt[n]{-a} = -\sqrt[n]{a}$ e viceversa $-\sqrt[n]{a} = \sqrt[n]{-a}$.
portiamo fuori — portiamo dentro

ESEMPIO
$\sqrt[5]{-32} = -\sqrt[5]{32} = -2; \quad -\sqrt[3]{27} = \sqrt[3]{-27} = -3.$

► Calcola le seguenti radici, se esistono.
$\sqrt[4]{16}$; $\sqrt[5]{-32}$; $\sqrt[6]{-64}$.

Le condizioni di esistenza di un radicale

Abbiamo osservato che in $\mathbb{R}$ $\sqrt{a}$ esiste per ogni $a \geq 0$, mentre $\sqrt[3]{a}$ esiste sempre.

In modo analogo, si può dimostrare che:
- se n è pari, $\sqrt[n]{a}$ esiste per ogni $a \geq 0$: n pari, C.E.: $a \geq 0$;
- se n è dispari, $\sqrt[n]{a}$ esiste per ogni $a \in \mathbb{R}$: n dispari, C.E.: $\forall\, a \in \mathbb{R}$.

Se il radicando è un'espressione letterale, dobbiamo quindi studiare le **condizioni di esistenza** al variare in $\mathbb{R}$ dei valori attribuiti alle lettere, tenendo conto dell'indice del radicale.

ESEMPIO Studiamo le condizioni di esistenza delle seguenti espressioni.

a. $\sqrt[4]{x-1}$

n è pari, per cui il radicando deve essere positivo o nullo:

$x - 1 \geq 0,$

C.E.: $x \geq 1$.

b. $\sqrt[5]{7-y}$

n è dispari, per cui il radicando può avere segno qualsiasi:

C.E.: $\forall\, y \in \mathbb{R}$.

► Trova le condizioni di esistenza delle seguenti espressioni.

a. $\sqrt{\dfrac{x}{x-3}}$

b. $\sqrt[3]{\dfrac{x}{x-2}}$

c. $\sqrt{x} + \sqrt{x+3}$

Animazione

Lo studio del segno di un radicale

Per i valori che soddisfano le condizioni di esistenza, il radicale con indice n di un'espressione letterale:
- è sempre positivo o nullo se n è pari;
- ha lo stesso segno del radicando se n è dispari.

ESEMPIO Studiamo il segno dei seguenti radicali.

a. $\sqrt[8]{2-a}$

L'indice n è pari per cui il radicando deve essere

$2 - a \geq 0 \quad \rightarrow \quad$ C.E.: $a \leq 2$.

Studiamo il segno.

Per $a < 2$, $\quad \sqrt[8]{2-a} > 0$.

Per $a = 2$, $\quad \sqrt[8]{2-a} = 0$.

b. $\sqrt[7]{b-3}$

L'indice n è dispari per cui il radicale esiste sempre,

C.E.: $\forall\, b \in \mathbb{R}$.

Per $b > 3$, $\quad \sqrt[7]{b-3} > 0$.

Per $b = 3$, $\quad \sqrt[7]{b-3} = 0$.

Per $b < 3$, $\quad \sqrt[7]{b-3} < 0$.

Il radicando ha lo stesso segno del radicale.

▶ Studia il segno delle seguenti espressioni.

a. $-\sqrt{4+x}$ **b.** $\sqrt[3]{-6-2x}$ **c.** $\dfrac{\sqrt{x}}{\sqrt[3]{x-3}}$

Animazione

4 La semplificazione e il confronto di radicali

▶ Esercizi a p. 622

Per dimostrare i prossimi teoremi utilizzeremo spesso la seguente proprietà, che ci limitiamo a enunciare.

PROPRIETÀ

Dati due numeri reali a e b, *non negativi*, e un numero naturale n, *diverso da* 0, se a e b sono uguali, sono uguali anche le loro potenze n-esime e viceversa.

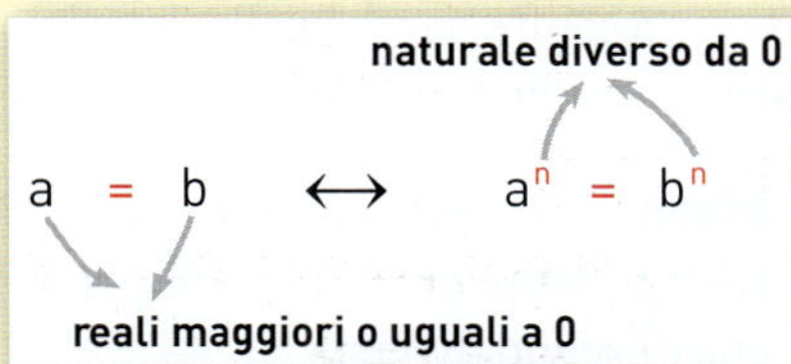

La proprietà non vale in generale se $a < 0$ o $b < 0$: per esempio, $(-5)^2 = (+5)^2$ ma $-5 \neq 5$!

La proprietà invariantiva

Due radicali sono **equivalenti** se rappresentano lo stesso numero reale, positivo o nullo. Per esempio, $\sqrt{4}$ e $\sqrt[6]{64}$ sono equivalenti perché $\sqrt{4} = 2$ e $\sqrt[6]{64} = 2$.
Dimostriamo il seguente teorema.

TEOREMA

Proprietà invariantiva

Considerato un radicale il cui radicando è positivo o nullo, se moltiplichiamo l'indice del radicale e l'esponente del radicando per uno stesso numero naturale diverso da 0, otteniamo un radicale equivalente.

$$\sqrt[n]{a^m} = \sqrt[n\cdot p]{a^{m\cdot p}} \quad \text{con } a \geq 0 \text{ e } m, n, p \in \mathbb{N} - \{0\}.$$

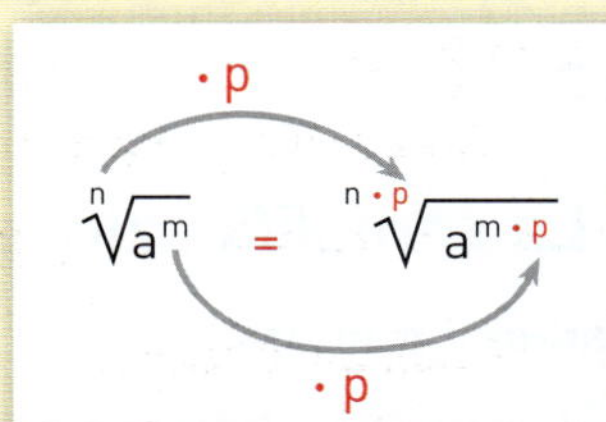

Listen to it

Equivalent radicals
Given a radical with *a positive or zero radicand*, if we multiply the index of the radical and the exponent of the radicand by the same natural number, different from zero, we obtain an equivalent radical.

DIMOSTRAZIONE

Eleviamo i due radicali allo stesso esponente $n \cdot p$.

Primo membro

$(\sqrt[n]{a^m})^{n \cdot p} =$

Per la terza proprietà delle potenze:

$[(\sqrt[n]{a^m})^n]^p =$

Per la definizione di radice:

$[a^m]^p =$

Per la terza proprietà delle potenze:

$a^{m \cdot p}$.

Secondo membro

$(\sqrt[n \cdot p]{a^{m \cdot p}})^{n \cdot p} =$

Per la definizione di radice:

$a^{m \cdot p}$.

Poiché le potenze dei due radicali forniscono lo stesso risultato, possiamo scrivere:

$$(\sqrt[n]{a^m})^{n \cdot p} = (\sqrt[n \cdot p]{a^{m \cdot p}})^{n \cdot p}.$$

Essendo le basi delle potenze due numeri positivi o nulli, per la proprietà $a = b \leftrightarrow a^n = b^n$ abbiamo:

$$\sqrt[n]{a^m} = \sqrt[n \cdot p]{a^{m \cdot p}}.$$

ESEMPIO Esaminiamo due esempi di applicazione della proprietà invariantiva.

1. $\sqrt[2]{2} = \sqrt[2 \cdot 3]{2^3} = \sqrt[6]{8}$.
2. $\sqrt[3]{a^2} = \sqrt[3 \cdot 5]{a^{2 \cdot 5}} = \sqrt[15]{a^{10}}$.

> ▶ Fra le seguenti coppie di radicali indica quali sono quelle equivalenti, applicando la proprietà invariantiva.
>
> $\sqrt[4]{3^2}$, $\sqrt[12]{3^6}$;
>
> $\sqrt{4 \cdot 5^3}$, $\sqrt[4]{2^4 \cdot 5^6}$;
>
> $\sqrt[3]{\frac{27}{10}}$, $\sqrt[6]{\frac{3^9}{10^2}}$.

Possiamo capire perché nella definizione abbiamo detto che il radicando deve essere positivo o nullo considerando il seguente esempio.

ESEMPIO Se applicassimo la proprietà invariantiva a $\sqrt[3]{-1}$, moltiplicando indice ed esponente del radicando per 4, otterremmo un radicale *non* equivalente, perché di segno diverso.

$$\sqrt[3]{-1} = -1; \quad \sqrt[3 \cdot 4]{(-1)^{1 \cdot 4}} = \sqrt[12]{1^4} = 1 \rightarrow \sqrt[3]{-1} \neq \sqrt[3 \cdot 4]{(-1)^{1 \cdot 4}}.$$

Il primo radicale è negativo, il secondo è positivo.

Se vogliamo applicare la proprietà invariantiva per trasformare un radicale con *indice dispari* e radicando negativo, possiamo *portare il segno fuori dalla radice* e scrivere $\sqrt[n]{-a} = -\sqrt[n]{a}$, ottenendo così un radicale con radicando positivo.

ESEMPIO Dal radicale $\sqrt[3]{-2}$ otteniamo un'espressione equivalente con un radicale di indice 12:

$$\sqrt[3]{-2} = -\sqrt[3]{2} = -\sqrt[3 \cdot 4]{2^4} = -\sqrt[12]{16}.$$

Il radicale iniziale e quello finale hanno lo stesso segno.

La semplificazione di radicali

I radicali numerici

Per la proprietà simmetrica dell'uguaglianza, possiamo anche scrivere la proprietà invariantiva nel modo seguente:

$$\sqrt[n \cdot p]{a^{m \cdot p}} = \sqrt[n]{a^m} \quad \text{con } a^m \geq 0, \text{ e } m, n, p \in \mathbb{N} - \{0\}.$$

TEOREMA

Dato un radicale, si può ottenere un radicale equivalente dividendo l'indice della radice e l'esponente del radicando per un divisore comune.

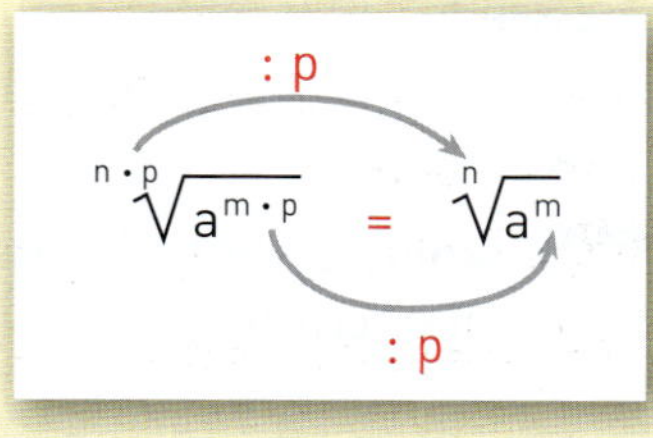

In questo caso si dice che si è *semplificato* il radicale.

ESEMPIO

1. $\sqrt[9]{5^6} = \sqrt[9:3]{5^{6:3}} = \sqrt[3]{5^2}$.
2. $\sqrt[6]{3^4} = \sqrt[6:2]{3^{4:2}} = \sqrt[3]{3^2}$.

È invece **sbagliato** semplificare così: $\sqrt[6]{2^3 + 5^3} = \sqrt{2 + 5}$.

Se il fattore m per cui dividiamo è il massimo comune divisore dell'indice e dell'esponente del radicando, il radicale che otteniamo non può essere ulteriormente semplificato.

DEFINIZIONE

Un **radicale** si dice **irriducibile** (cioè non semplificabile) quando il suo indice e l'esponente del radicando, scomposto in fattori primi, sono primi fra loro.

ESEMPIO $\sqrt[3]{5^4}$ è un radicale irriducibile, perché l'indice 3 e l'esponente 4 del radicando sono primi fra loro.

Per semplificare un radicale e renderlo irriducibile, occorre:

a. verificare che il radicando sia scomposto in fattori primi;
b. cercare il MCD fra indice ed esponenti dei fattori del radicando;
c. dividere l'indice e l'esponente per il loro MCD.

ESEMPIO Rendiamo irriducibile il radicale $\sqrt[20]{49^6}$.

a. $49^6 = (7^2)^6 = 7^{12} \rightarrow \sqrt[20]{49^6} = \sqrt[20]{7^{12}}$;
b. $\text{MCD}(20; 12) = 4$;
c. dividiamo per 4 l'indice e l'esponente del radicando:

$$\sqrt[20]{49^6} = \sqrt[20]{7^{12}} = \sqrt[20:4]{7^{12:4}} = \sqrt[5]{7^3}.$$

Possiamo semplificare anche un radicale con indice dispari e radicando negativo, perché la semplificazione non cambia il segno del radicale iniziale.

ESEMPIO

$$\sqrt[21]{(-4)^7} = \sqrt[3]{-4}$$

perché entrambi i radicali sono negativi, infatti:

$$\sqrt[21]{(-4)^7} = -\sqrt[21]{4^7};\ \sqrt[3]{-4} = -\sqrt[3]{4}.$$

► Semplifica i seguenti radicali, quando è possibile.

a. $\sqrt[4]{3^8}$
b. $\sqrt[12]{2^9}$
c. $\sqrt[8]{4^3}$
d. $\sqrt[18]{3^{10} \cdot 4^4}$
e. $\sqrt[5]{25}$

Animazione

I radicali e il valore assoluto

Per semplificare il radicale $\sqrt[4]{(-5)^2}$ **non** possiamo scrivere:

$$\sqrt[4]{(-5)^2} = \sqrt[2\cdot 2]{(-5)^2} = \sqrt[2]{-5}$$

TEORIA

perché, essendo il radicando negativo, l'ultimo membro non rappresenta un numero reale. Osserva che $\sqrt[4]{(-5)^2}$ è un radicale in $\mathbb{R}$ perché l'esponente 2 è pari e dunque $(-5)^2 > 0$.

Tuttavia la semplificazione è possibile perché l'esponente del radicando è pari, e perciò possiamo scrivere $(-5)^2 = (+5)^2$, e poiché $(+5)^2 = |-5|^2$, si ha:

$$\sqrt[4]{(-5)^2} = \sqrt[4]{(+5)^2} = \sqrt[4]{|-5|^2} = \sqrt{|-5|} = \sqrt{5}.$$

In generale, **se $a < 0$ e $m \cdot p$ è pari**, risulta:

$$\sqrt[n \cdot p]{a^{m \cdot p}} = \sqrt[n]{|a|^m}.$$

Per esempio: $\sqrt[8]{(-2)^2} = \sqrt[4]{|-2|} = \sqrt[4]{2}$.

In particolare, se n è pari: $\sqrt[n]{a^n} = |a|$,

che nel caso di $n = 2$ diventa: $\sqrt{a^2} = |a|$.

Se n è dispari: $\sqrt[n]{a^n} = a$.

I radicali letterali

Se i radicali sono espressioni letterali, nella semplificazione dobbiamo considerare che il radicale semplificato, rispetto al radicale iniziale, abbia:

- le stesse condizioni di esistenza;
- lo stesso segno.

Quando è necessario, per rendere vere queste due condizioni, nel semplificare dobbiamo utilizzare il valore assoluto delle espressioni del radicando.

Come primo esempio particolare, esaminiamo la semplificazione di $\sqrt[n]{a^n}$.

ESEMPIO Semplifichiamo i seguenti radicali:

a. $\sqrt[4]{x^4}$; **b.** $\sqrt[5]{x^5}$.

a. Il radicale $\sqrt[4]{x^4}$:

- esiste sempre, perché $x^4 \geq 0 \ \forall x \in \mathbb{R}$;
- è sempre positivo o nullo per la definizione di radice n-esima.

Nella semplificazione dobbiamo allora usare il valore assoluto:

$$\sqrt[4]{x^4} = |x|.$$

Se non considerassimo il valore assoluto di x, per ogni $x < 0$ il secondo membro dell'uguaglianza sarebbe negativo e il primo positivo, quindi l'uguaglianza sarebbe falsa: $\sqrt[4]{x^4} = x$. (falso!)

b. $\sqrt[5]{x^5}$ esiste $\forall x \in \mathbb{R}$ ed è negativo se x è negativo.
Quindi, in questo caso, non dobbiamo utilizzare il valore assoluto, perché le due espressioni hanno sempre lo stesso segno:

$$\sqrt[5]{x^5} = x.$$

Consideriamo ora alcuni esempi in cui indice ed esponente del radicando non sono uguali. Anche in questi casi, per decidere se dobbiamo utilizzare il valore assoluto,

► Semplifica i seguenti radicali, quando è possibile.

a. $\sqrt[3]{8x^6}$ **d.** $\sqrt[6]{8x^9}$

b. $\sqrt[4]{4a^8}$ **e.** $\sqrt[12]{81y^4}$

c. $\sqrt[8]{x^4y^8}$

Video

è necessario tener conto delle condizioni di esistenza e del segno, che deve essere lo stesso per i due radicali che uguagliamo.

ESEMPIO Semplifichiamo i seguenti radicali:

a. $\sqrt[6]{x^8}$; **b.** $\sqrt[6]{x^3}$; **c.** $\sqrt[15]{x^5}$; **d.** $\sqrt[8]{x^4}$; **e.** $\sqrt[6]{x^2}$.

a. $\sqrt[6]{x^8} = \sqrt[3]{x^4}$. I due radicali esistono $\forall\, x \in \mathbb{R}$ e sono positivi o nulli.

b. $\sqrt[6]{x^3} = \sqrt{x}$. Entrambi i radicali esistono solo se $x \geq 0$ e sono positivi o nulli.

c. $\sqrt[15]{x^5} = \sqrt[3]{x}$. Entrambi i radicali esistono $\forall\, x \in \mathbb{R}$ e hanno lo stesso segno, quello di x.

d. $\sqrt[8]{x^4} = \sqrt{|x|}$. Abbiamo utilizzato il valore assoluto per garantire che anche il radicale semplificato esista $\forall\, x \in \mathbb{R}$. Entrambi i radicali sono positivi o nulli.

e. $\sqrt[6]{x^2} = \sqrt[3]{|x|}$. I due radicali esistono $\forall\, x \in \mathbb{R}$; il valore assoluto è necessario per far sì che anche il secondo radicale non sia negativo.

▶ Semplifica i seguenti radicali, quando è possibile.
a. $\sqrt[10]{(x-5)^8}$
b. $\sqrt[4]{(1-x)^2}$
c. $\sqrt[12]{(x+4)^4}$
d. $\sqrt[6]{(x-7)^3}$
e. $\sqrt[25]{(x+2)^{15}}$

Animazione

La riduzione di radicali allo stesso indice

Applicando la proprietà invariantiva, si possono trasformare due o più radicali in altri che hanno lo stesso indice. In particolare, si può ridurli a radicali che abbiano il **minimo comune indice**.

I passaggi necessari sono due:

a. cercare il mcm fra gli indici;

b. trasformare ogni radicale in uno equivalente, che ha per indice il mcm trovato.

ESEMPIO Riduciamo al minimo comune indice i seguenti radicali.

$\sqrt[5]{2a^2}$; $\sqrt[4]{a^3}$ (con $a \geq 0$).

a. $\text{mcm}(5;4) = 20$;

b. eleviamo ogni radicando al quoziente fra il mcm e l'indice; nel nostro caso, rispettivamente $20:5 = 4$ e $20:4 = 5$.

$$\sqrt[5]{2a^2} = \sqrt[5\cdot 4]{(2a^2)^4} = \sqrt[20]{16a^8}; \quad \sqrt[4]{a^3} = \sqrt[4\cdot 5]{(a^3)^5} = \sqrt[20]{a^{15}}.$$

▶ Riduci allo stesso indice i seguenti radicali.
- $\sqrt[6]{5}$; $\sqrt[3]{\frac{1}{3}}$; $\sqrt[4]{6}$
- $\sqrt[3]{3by^2}$; $\sqrt{\frac{b}{2}}$; $\sqrt[4]{b^3y}$

Il confronto di radicali

Si dimostra che fra due radicali con lo stesso indice è maggiore quello che ha il radicando maggiore. Per esempio $\sqrt[5]{28} > \sqrt[5]{12}$, poiché $28 > 12$.

Per confrontare radicali con indici diversi bisogna ridurli prima a radicali equivalenti con lo stesso indice.

ESEMPIO Confrontiamo $\sqrt{2}$, $\sqrt[3]{4}$, $\sqrt[4]{3}$.
Trasformiamo i radicali in radicali equivalenti che hanno come indice il minimo comune multiplo degli indici:

$\text{mcm}(3;\, 4;\, 2) = 12$.

$\sqrt{2} = \sqrt[12]{2^6} = \sqrt[12]{64}$; $\sqrt[3]{4} = \sqrt[12]{256}$; $\sqrt[4]{3} = \sqrt[12]{3^3} = \sqrt[12]{27}$.

$\sqrt[12]{27} < \sqrt[12]{64} < \sqrt[12]{256}$ perché $27 < 64 < 256$, quindi:

$\sqrt[4]{3} < \sqrt{2} < \sqrt[3]{4}$.

PROBLEMA

Espressioni a confronto È maggiore $\frac{\sqrt{2}}{8} + \frac{\sqrt{3}}{2}$ o $\frac{\sqrt{2}+\sqrt{3}}{10}$?
Francesco, usando il calcolo approssimato, ottiene per entrambe le espressioni il valore di 0,3. Questo non basta a convincere Chiara, secondo cui due espressioni che hanno lo stesso valore approssimato possono comunque non essere uguali.
Confronta i due numeri utilizzando le regole sui radicali e quelle sulle disuguaglianze.

Scheda di lavoro

CAPITOLO 14
ESERCIZI

1 I numeri reali

▶ Teoria a p. 600

1 VERO O FALSO?

a. La radice quadrata di 0 è uguale a 0. V F

b. Nessun numero razionale ha come quadrato $\frac{4}{3}$. V F

c. A ogni numero razionale corrisponde un punto della retta e viceversa. V F

d. Un numero irrazionale non si può mai scrivere come una frazione. V F

e. $\frac{\sqrt{2}}{2}$ è un numero razionale. V F

f. Una frazione è un numero reale. V F

SPIEGA PERCHÉ

2 Dati i tre numeri $\sqrt{1}$, $\sqrt{\frac{49}{81}}$ e $\sqrt{8}$, solo i primi due appartengono all'insieme $\mathbb{Q}$. Perché?

3 Perché è necessario ampliare l'insieme $\mathbb{Q}$ dei numeri razionali?

4 Le scritture $\sqrt{-4}$ e $\sqrt{5}$ sono entrambe prive di significato? Motiva la risposta.

Indica se ciascuno dei seguenti numeri è razionale o irrazionale.

5 $\sqrt{0,49}$; $(0,3)^{-2}$; $\sqrt{12}$; 2π; $0,7\bar{1}$.

6 $0,513513...$; $-\sqrt{\frac{16}{9}}$; $-\pi$; $\sqrt{121}$.

7 Trova almeno un numero irrazionale compreso tra $4,\bar{3}$ e 4,4.

8 YOU & MATHS **Several subsets** Given the set $A = \left\{(-2)^5, \left(-\frac{1}{2}\right)^{-2}, \pi + 1, 0, 1^{-3}, 4^{-3}, \sqrt{2}, \frac{\sqrt{3}}{4}, -\frac{1}{2}\right\}$, write down the elements of its subsets:

a. B, made up of all the natural numbers belonging to A;

b. C, made up of all the integer numbers belonging to A;

c. D, made up of all the rational numbers belonging to A;

d. E, made up of all the real numbers belonging to A.

Dimostra per assurdo le seguenti affermazioni.

9 $\sqrt{13}$ è un numero irrazionale.

10 Non esiste alcun numero razionale il cui quadrato è 11.

Stabilisci fra quali due numeri interi consecutivi si trova compreso ciascuno dei seguenti numeri reali.

11 $\sqrt{2} + 4$; $-\sqrt{9} + 0,2$; $-2\sqrt{5}$.

12 $-\sqrt{8}$; $\sqrt{2} + \pi$; $\frac{\sqrt{3}}{3}$; $\frac{\pi}{8}$.

è necessario tener conto delle condizioni di esistenza e del segno, che deve essere lo stesso per i due radicali che uguagliamo.

ESEMPIO Semplifichiamo i seguenti radicali:

a. $\sqrt[6]{x^8}$; b. $\sqrt[6]{x^3}$; c. $\sqrt[15]{x^5}$; d. $\sqrt[8]{x^4}$; e. $\sqrt[6]{x^2}$.

a. $\sqrt[6]{x^8} = \sqrt[3]{x^4}$. I due radicali esistono $\forall\, x \in \mathbb{R}$ e sono positivi o nulli.

b. $\sqrt[6]{x^3} = \sqrt{x}$. Entrambi i radicali esistono solo se $x \geq 0$ e sono positivi o nulli.

c. $\sqrt[15]{x^5} = \sqrt[3]{x}$. Entrambi i radicali esistono $\forall\, x \in \mathbb{R}$ e hanno lo stesso segno, quello di x.

d. $\sqrt[8]{x^4} = \sqrt{|x|}$. Abbiamo utilizzato il valore assoluto per garantire che anche il radicale semplificato esista $\forall\, x \in \mathbb{R}$. Entrambi i radicali sono positivi o nulli.

e. $\sqrt[6]{x^2} = \sqrt[3]{|x|}$. I due radicali esistono $\forall\, x \in \mathbb{R}$; il valore assoluto è necessario per far sì che anche il secondo radicale non sia negativo.

▶ Semplifica i seguenti radicali, quando è possibile.

a. $\sqrt[10]{(x-5)^8}$
b. $\sqrt[4]{(1-x)^2}$
c. $\sqrt[12]{(x+4)^4}$
d. $\sqrt[6]{(x-7)^3}$
e. $\sqrt[25]{(x+2)^{15}}$

Animazione

La riduzione di radicali allo stesso indice

Applicando la proprietà invariantiva, si possono trasformare due o più radicali in altri che hanno lo stesso indice. In particolare, si può ridurli a radicali che abbiano il **minimo comune indice**.

I passaggi necessari sono due:

a. cercare il mcm fra gli indici;

b. trasformare ogni radicale in uno equivalente, che ha per indice il mcm trovato.

ESEMPIO Riduciamo al minimo comune indice i seguenti radicali.

$\sqrt[5]{2a^2}$; $\sqrt[4]{a^3}$ (con $a \geq 0$).

a. $\text{mcm}(5;4) = 20$;

b. eleviamo ogni radicando al quoziente fra il mcm e l'indice; nel nostro caso, rispettivamente $20 : 5 = 4$ e $20 : 4 = 5$.

$$\sqrt[5]{2a^2} = \sqrt[5\cdot 4]{(2a^2)^4} = \sqrt[20]{16a^8}; \quad \sqrt[4]{a^3} = \sqrt[4\cdot 5]{(a^3)^5} = \sqrt[20]{a^{15}}.$$

▶ Riduci allo stesso indice i seguenti radicali.

- $\sqrt[6]{5}$; $\sqrt[3]{\frac{1}{3}}$; $\sqrt[4]{6}$
- $\sqrt[3]{3by^2}$; $\sqrt{\frac{b}{2}}$; $\sqrt[4]{b^3y}$

Il confronto di radicali

Si dimostra che fra due radicali con lo stesso indice è maggiore quello che ha il radicando maggiore. Per esempio $\sqrt[5]{28} > \sqrt[5]{12}$, poiché $28 > 12$.

Per confrontare radicali con indici diversi bisogna ridurli prima a radicali equivalenti con lo stesso indice.

ESEMPIO Confrontiamo $\sqrt{2}$, $\sqrt[3]{4}$, $\sqrt[4]{3}$.
Trasformiamo i radicali in radicali equivalenti che hanno come indice il minimo comune multiplo degli indici:

$\text{mcm}(3; 4; 2) = 12$.

$\sqrt{2} = \sqrt[12]{2^6} = \sqrt[12]{64}$; $\sqrt[3]{4} = \sqrt[12]{256}$; $\sqrt[4]{3} = \sqrt[12]{3^3} = \sqrt[12]{27}$.

$\sqrt[12]{27} < \sqrt[12]{64} < \sqrt[12]{256}$ perché $27 < 64 < 256$, quindi:

$\sqrt[4]{3} < \sqrt{2} < \sqrt[3]{4}$.

PROBLEMA

Espressioni a confronto È maggiore $\frac{\sqrt{2}}{8} + \frac{\sqrt{3}}{2}$ o $\frac{\sqrt{2}+\sqrt{3}}{10}$?
Francesco, usando il calcolo approssimato, ottiene per entrambe le espressioni il valore di 0,3. Questo non basta a convincere Chiara, secondo cui due espressioni che hanno lo stesso valore approssimato possono comunque non essere uguali.
Confronta i due numeri utilizzando le regole sui radicali e quelle sulle disuguaglianze.

Scheda di lavoro

IN SINTESI
I radicali

I numeri reali

Le radici quadrate di numeri che non sono quadrati perfetti non sono numeri razionali, ma corrispondono a *numeri decimali illimitati e non periodici.*
Sono numeri **irrazionali** quelli rappresentati da numeri decimali illimitati non periodici.
I numeri **reali** sono tutti i numeri razionali e irrazionali.
L'insieme $\mathbb{R}$ è **denso**, cioè fra due numeri reali a e b esiste sempre un altro numero reale, e quindi ne esistono infiniti; inoltre $\mathbb{R}$ è **completo**, cioè a ogni numero reale corrisponde un punto della retta e viceversa.

Le radici quadrate e le radici cubiche

La **radice quadrata** di un numero reale $a \geq 0$ è il numero $b \geq 0$ che elevato al quadrato dà a:

$$\sqrt{a} = b \leftrightarrow a = b^2 \text{ con } a \geq 0 \text{ e } b \geq 0.$$

La **radice cubica** di un numero reale a è il numero b che elevato al cubo dà a:

$$\sqrt[3]{a} = b \leftrightarrow a = b^3 \ \forall \ a \text{ e } b \in \mathbb{R}.$$

La funzione $y = \sqrt{x}$ ha come dominio $x \geq 0$ e come codominio $y \geq 0$.

La funzione $y = \sqrt[3]{x}$ ha $\mathbb{R}$ come dominio e come codominio.

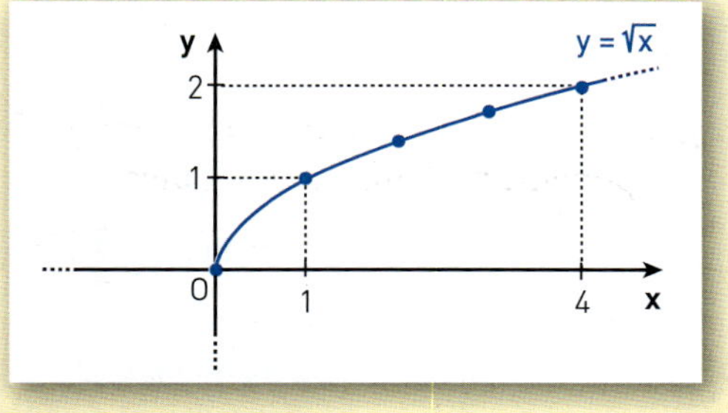

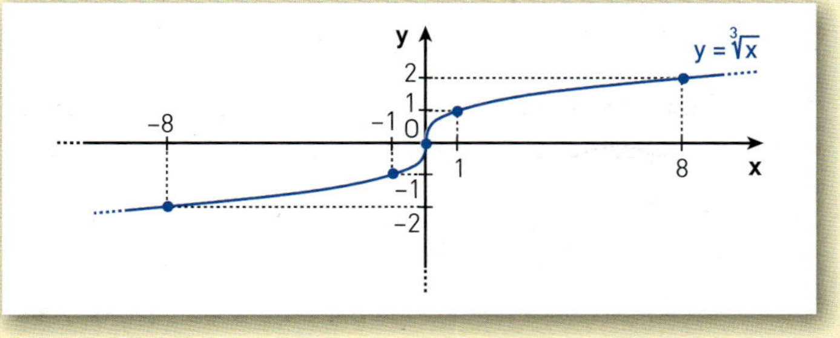

La radice ennesima

Dati un numero reale a e un numero naturale n diverso da 0:

- se a è positivo o *nullo* la **radice n-esima** di a è quel numero reale b, anch'esso non negativo, la cui potenza con esponente n è uguale ad a: $\sqrt[n]{a} = b \leftrightarrow b^n = a$;
- se a è negativo e n è dispari, la **radice n-esima** di a è quel numero reale b negativo la cui potenza con esponente n è uguale ad a;
- se a è negativo e n è pari, non esiste la **radice n-esima** di a.

Al simbolo $\sqrt[n]{a}$ si dà il nome di **radicale**. a è il **radicando** e n è l'**indice** del radicale.

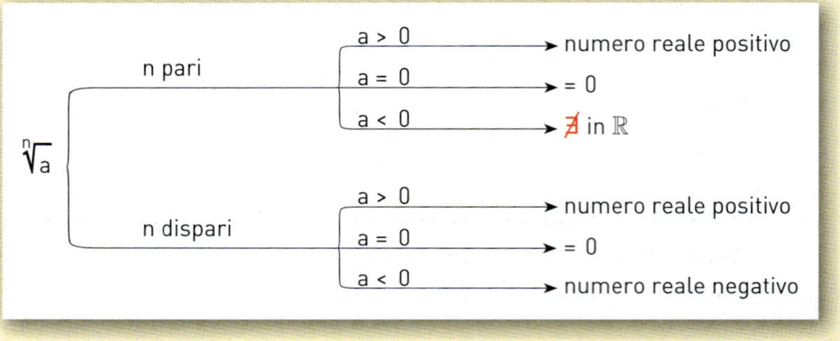

La semplificazione e il confronto di radicali

Dalla definizione di radice n-esima si deduce che, dati un numero reale a positivo o nullo e un numero naturale n pari, oppure un numero reale a e un numero n dispari, la radice n-esima del numero a, elevata alla n, dà come risultato il numero a.

$(\sqrt[n]{a})^n = a$ con $a \geq 0$ e n pari o con $a \in \mathbb{R}$ e n dispari.

Proprietà invariantiva

Considerato un radicale il cui radicando a è positivo o nullo, se moltiplichiamo l'indice n del radicale e l'esponente p del radicando per uno stesso numero naturale diverso da 0, otteniamo un radicale equivalente.

$$\sqrt[n]{a^m} = \sqrt[n \cdot p]{a^{m \cdot p}}$$

con $a \geq 0$ e $m, n, p \in \mathbb{N} - \{0\}$.

Applicando la proprietà invariantiva è possibile semplificare un radicale, ridurre allo stesso indice oppure confrontare più radicali.

- Un radicale si dice **irriducibile** quando il suo indice e l'esponente del radicando, scomposto in fattori primi, sono primi fra loro.
- Per **semplificare** un radicale e renderlo irriducibile occorre verificare che il radicando sia scomposto in fattori primi, calcolare il MCD fra indice ed esponente del radicando e poi dividere indice ed esponente per il MCD.

  ESEMPIO

  $\sqrt[6]{7^{10}}$

  $\text{MCD}(6; 10) = 2$

  $\sqrt[6]{7^{10}} = \sqrt[3]{7^5}$.

- Nella semplificazione per mantenere l'uguaglianza del segno è necessario introdurre il valore assoluto del radicando, nel caso in cui n sia pari, il radicando abbia esponente pari, ma base negativa.

  ESEMPIO

  $\sqrt[6]{(-5)^4} = \sqrt[3]{|-5|^2} = \sqrt[3]{5^2}$.

- Nel caso in cui i radicali siano espressioni **letterali**, il radicale semplificato deve soddisfare le stesse condizioni di esistenza del radicale iniziale e avere lo stesso segno. Perché queste due condizioni siano vere, utilizziamo, quando necessario, il valore assoluto delle espressioni del radicando.

  ESEMPIO

  $\sqrt{a^2} = |a|, \qquad \sqrt[n]{a^n} = |a|$.

- Per **ridurre un radicale** a uno stesso indice occorre calcolare il mcm fra gli indici e poi trasformare ogni radicale in uno equivalente che ha per indice il mcm trovato.

  ESEMPIO

  $\sqrt[6]{a^5}$ e $\sqrt[4]{a^3}$

  $\text{mcm}(6; 4) = 12$

  $\sqrt[6]{a^5} = \sqrt[12]{a^{10}} \qquad \sqrt[4]{a^3} = \sqrt[12]{a^9}$.

- È possibile **confrontare due radicali**. Se i radicali hanno lo stesso indice è maggiore quello che ha radicando maggiore. Se i radicali non hanno lo stesso indice si possono confrontare considerando radicali equivalenti con lo stesso indice.

ESERCIZI

CAPITOLO 14
ESERCIZI

1 I numeri reali

▶ Teoria a p. 600

1 VERO O FALSO?

a. La radice quadrata di 0 è uguale a 0. V F

b. Nessun numero razionale ha come quadrato $\frac{4}{3}$. V F

c. A ogni numero razionale corrisponde un punto della retta e viceversa. V F

d. Un numero irrazionale non si può mai scrivere come una frazione. V F

e. $\frac{\sqrt{2}}{2}$ è un numero razionale. V F

f. Una frazione è un numero reale. V F

SPIEGA PERCHÉ

2 Dati i tre numeri $\sqrt{1}$, $\sqrt{\frac{49}{81}}$ e $\sqrt{8}$, solo i primi due appartengono all'insieme $\mathbb{Q}$. Perché?

3 Perché è necessario ampliare l'insieme $\mathbb{Q}$ dei numeri razionali?

4 Le scritture $\sqrt{-4}$ e $\sqrt{5}$ sono entrambe prive di significato? Motiva la risposta.

Indica se ciascuno dei seguenti numeri è razionale o irrazionale.

5 $\sqrt{0,49}$; $(0,3)^{-2}$; $\sqrt{12}$; 2π; $0,7\overline{1}$.

6 $0,513513\ldots$; $-\sqrt{\frac{16}{9}}$; $-\pi$; $\sqrt{121}$.

7 Trova almeno un numero irrazionale compreso tra $4,\overline{3}$ e 4,4.

8 YOU & MATHS **Several subsets** Given the set $A = \left\{(-2)^5, \left(-\frac{1}{2}\right)^{-2}, \pi+1, 0, 1^{-3}, 4^{-3}, \sqrt{2}, \frac{\sqrt{3}}{4}, -\frac{1}{2}\right\}$, write down the elements of its subsets:

a. B, made up of all the natural numbers belonging to A;

b. C, made up of all the integer numbers belonging to A;

c. D, made up of all the rational numbers belonging to A;

d. E, made up of all the real numbers belonging to A.

Dimostra per assurdo le seguenti affermazioni.

9 $\sqrt{13}$ è un numero irrazionale.

10 Non esiste alcun numero razionale il cui quadrato è 11.

Stabilisci fra quali due numeri interi consecutivi si trova compreso ciascuno dei seguenti numeri reali.

11 $\sqrt{2}+4$; $-\sqrt{9}+0,2$; $-2\sqrt{5}$.

12 $-\sqrt{8}$; $\sqrt{2}+\pi$; $\frac{\sqrt{3}}{3}$; $\frac{\pi}{8}$.

13 INVALSI 2011 Il numero $\sqrt{10}$ è:

A compreso tra 9 e 11. B uguale a 5. C compreso tra 3 e 4. D uguale a 100.

14 INVALSI 2013 Il numero $\sqrt{6,4}$ è all'incirca uguale a:

A 3,2. B 2,5. C 0,8. D 8,0.

COMPLETA inserendo uno dei simboli $<, =, >$.

15 $-2 \square -\frac{3}{2}$; $\sqrt{5} \square 2$; $\sqrt{\frac{9}{4}} \square 1,6$; $4\sqrt{2} \square \frac{11}{2}$.

16 $-\frac{7}{3} \square -\frac{5}{2}$; $\sqrt{3}+1 \square 3$; $2,\bar{6} \square \frac{8}{3}$; $-\frac{5}{3} \square -1,\bar{7}$.

Senza utilizzare la calcolatrice, ordina i seguenti numeri in senso crescente.

17 $-1,41$; $-1,4\bar{1}$; $-\sqrt{2}$; $-\frac{7}{5}$.

18 $1,7$; $\sqrt{3}$; $\sqrt{\pi}$; $1,7\bar{1}$; $\frac{3}{2}$.

IN FORMA GRAFICA Senza utilizzare la calcolatrice, ordina i seguenti numeri e rappresentali sulla retta orientata.

19 ESEMPIO DIGITALE $-\frac{5}{2}$; $2,25$; $3\sqrt{2}$; $-\pi$; $\frac{7}{5}$; $1,\bar{6}$.

20 $\frac{\sqrt{3}}{2}$; $-\frac{15}{4}$; $\frac{5}{3}$; $\pi+2$; $3,\bar{3}$; $\frac{1}{3^{-1}}$.

APPROFONDIMENTO

Spirale di radicali Il metodo per costruire geometricamente la radice quadrata di ogni numero naturale, partendo da un triangolo rettangolo isoscele con cateti di lunghezza unitaria e sfruttando il teorema di Pitagora, è dovuto a Teodoro di Cirene, un matematico della scuola pitagorica, vissuto nel V secolo a.C.
Se però volessimo costruire un segmento lungo $\sqrt{19}$, utilizzando meno passaggi e partendo sempre da un triangolo rettangolo con cateti di lunghezza intera, quanto dovrebbero essere lunghi i cateti del triangolo di partenza? Quanti triangoli dovremmo disegnare? E per costruire un segmento lungo $\sqrt{96}$?

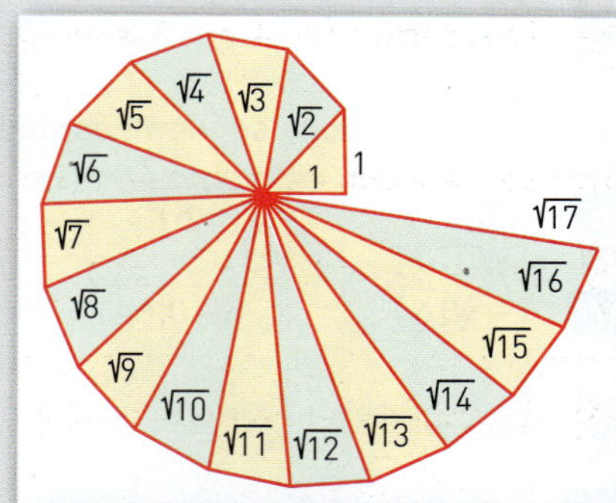

Risoluzione - Attività di ricerca: I numeri figurati.

2 Le radici quadrate e le radici cubiche

Teoria a p. 602

21 VERO O FALSO?

a. $\sqrt{-9} = -3$ V F

b. $\sqrt[3]{-64} = -4$ V F

c. $\sqrt[3]{343} = 7$ V F

d. $\sqrt{64} = \pm 8$ V F

e. $\sqrt{49} = 7$ V F

f. $\sqrt{(-2)^4}$ non esiste. V F

22 Sapendo che a e b sono tali che $a^2 = b^2$, si può dedurre che $a = b$? E se $a^2 > b^2$, allora è $a > b$?
Nella risposta aiutati con degli esempi.

23 Due numeri, a e b, sono tali per cui $a^3 = b^3$. Si può concludere che $a = b$? E se invece $a^3 > b^3$, cosa si può dire di a e b? Aiutati con degli esempi.

ESERCIZI

24 □ YOU & MATHS **Root free numbers** Which of the following numbers can you write without using the square root symbol $\sqrt{\ }$?

$\sqrt{10 \cdot 4000}$; $\sqrt{\dfrac{800}{2^3 \cdot 5^2}}$; $\sqrt{9 \cdot 10^9}$; $\sqrt{0{,}001}$; $\sqrt{\dfrac{160}{0{,}01}}$.

COMPLETA se possibile.

25 $(-3)^{\square} = 27$; $(-16)^{\square} = 256$; $(-5)^{\square} = \square\,125$.

26 $\left(-\frac{1}{4}\right)^{\square} = \square\,\frac{1}{16}$; $\left(\frac{3}{-2}\right)^{\square} = -\frac{\square}{8}$; $\left(\frac{5}{6}\right)^{\square} = \frac{125}{\square}$.

27 $(\square)^3 = -27$; $\left(\frac{\square}{3}\right)^2 = 9$; $\left(\frac{-7}{\square}\right)^2 = \frac{\square}{4}$.

28 Determina, quando è possibile, le radici quadrate dei seguenti numeri.

25; 36; -81; 49; -144; 121.

29 Determina le radici cubiche dei seguenti numeri.

-27; -343; 8; 64; 1000; 125.

Calcola le seguenti radici, se esistono.

30 $\sqrt{121}$; $\sqrt{-\frac{81}{4}}$; $-\sqrt{\frac{81}{4}}$.

31 $\sqrt[3]{-64}$; $\sqrt{0{,}01}$; $\sqrt[3]{125}$.

32 $\sqrt[3]{\dfrac{1}{(-2)^3}}$; $\sqrt{0{,}25}$; $\sqrt{-36}$.

33 $\sqrt[3]{-1}$; $\sqrt[3]{\frac{1}{64}}$; $\sqrt{\frac{1}{64}}$.

34 $\sqrt[3]{-729}$; $\sqrt{\frac{169}{4}}$; $\sqrt{\frac{-81}{-25}}$.

35 $\sqrt{\dfrac{(-1)^3}{(-2)^2}}$; $\sqrt{-(-4)^2}$; $\sqrt[3]{-(-3)^3}$.

Calcola il valore delle seguenti espressioni. Se non è possibile, spiegane il motivo.

36 $\sqrt{0{,}49}$; $\sqrt{(-8)^2}$; $\sqrt{(-4)^3}$; $(\sqrt{-16})^2$; $\sqrt[3]{(-2)^3}$.

37 $(-\sqrt{16})^2$; $\sqrt{(0{,}64)^2}$; $(\sqrt{2{,}5})^2$; $(-\sqrt{1{,}69})^2$; $(\sqrt[3]{-27})^3$.

VERO O FALSO?

38
a. $\sqrt{16} = \pm 4$ V F
b. $\sqrt[3]{-27} = -\sqrt[3]{27}$ V F
c. $\sqrt{(-3)^2} = -\sqrt{3^2}$ V F
d. $\sqrt{0{,}\overline{4}}$ è un numero irrazionale. V F
e. $\sqrt{(-5)^2} = 5$ V F

39
a. $\sqrt{-7} = -\sqrt{7}$ V F
b. $-\sqrt[3]{125} = \sqrt[3]{(-5)^3}$ V F
c. $\sqrt{64} = \sqrt{(-8)^2}$ V F
d. $-\sqrt[3]{-2} = \sqrt[3]{2}$ V F
e. $\sqrt{(-5)^2} = \sqrt{(+5)^2}$ V F

Calcola le seguenti radici, se esistono in $\mathbb{R}$.

40 $\sqrt{\frac{1}{100}}$; $\sqrt{(-3)^2}$; $\sqrt{-(-2)^4}$.

41 $\sqrt[3]{-(-2)^3}$; $\sqrt[3]{64}$; $\sqrt{\left(-\frac{1}{4}\right)^2}$.

Semplifica le seguenti espressioni.

42 $\sqrt[3]{1+\sqrt{36}+\sqrt[3]{-8}+\sqrt{(-3)^2}}$ [2]

43 $\sqrt{\sqrt{(-5)^2}-\sqrt{-[-(-4)^2]}}$ [1]

44 $\sqrt{\sqrt[3]{27}+\sqrt[3]{-8}} \cdot \sqrt[3]{-(-5)^3}$ [5]

45 $\sqrt[3]{\sqrt[3]{-27}-\frac{3}{8}}-\sqrt{\dfrac{(-2)^3 \cdot 4}{-2}}$ $\left[-\frac{11}{2}\right]$

46 INVALSI 2007 Se $\sqrt[3]{2\sqrt{a}} = 2$, quanto vale a?

A 16 B 8 C 4 D 2

47 EUREKA! **Una disuguaglianza dubbia** Indica la sola affermazione corretta.

La disuguaglianza $\underbrace{\sqrt{\sqrt{\sqrt{\cdots\sqrt{2}}}}}_{n \text{ radici}} > 1$

A è falsa per ogni $n \geq 3$. B è vera solo se $n \leq 4$. C è vera per ogni $n \geq 1$. D è vera solo se $n = 1$.

3 La radice ennesima

▶ Teoria a p. 604

TEST

48 Tutte le seguenti scritture sono radicali, *tranne* una. Quale?

A $\sqrt[4]{25}$ B $\sqrt[3]{-9}$ C $\sqrt[3]{5}$ D $\sqrt{-7^4}$ NON ESISTE E $\sqrt[6]{(-11)^2}$

49 Nel radicale $\sqrt[5]{x^2y^4}$, l'indice e l'esponente del radicando sono rispettivamente:

A 5, 6. B 6, 5. C 5, 2. D 5, 4. E 5, 8.

50 VERO O FALSO?

a. La radice quadrata di un qualsiasi numero reale esiste ed è unica. V F

b. Per ogni numero intero positivo n, risulta $\sqrt[n]{0} = 0$. V F

c. La potenza con esponente $n \in \mathbb{N} - \{0\}$ della radice n-esima di un numero $a \geq 0$ è uguale al numero a. V F

d. Nel radicale $\sqrt{7^3}$ l'indice è 3 e l'esponente del radicando è 2. V F

e. I radicali $\sqrt[3]{x^2}$ e $\sqrt[5]{y^2}$ hanno lo stesso indice. V F

51 SPIEGA PERCHÉ Per quale motivo la scrittura $\sqrt[0]{3}$ è priva di significato?

COMPLETA

52 quando è possibile, inserendo la base mancante nelle seguenti potenze.

$(\square)^5 = 32$; $(\square)^2 = -9$; $(\square)^3 = -8$; $(\square)^4 = 625$.

53 inserendo l'esponente mancante nelle seguenti potenze.

$(2)^{\square} = 64$; $(3)^{\square} = 27$; $(-5)^{\square} = 625$; $(4)^{\square} = 64$.

54 applicando la definizione di radice n-esima: $\sqrt[n]{a} = b \leftrightarrow b^n = a$.

$\sqrt[4]{16} = \square$; $\sqrt{\frac{25}{9}} = \square$; $\sqrt[3]{27} = \square$; $\sqrt{2^6} = \square$; $\sqrt{81a^4} = \square$; $\sqrt[4]{x^8} = \square$; $\sqrt{16a^4b^8} = \square$.

55 Stabilisci quali delle seguenti radici esistono in $\mathbb{R}$.

$\sqrt[4]{8}$; $\sqrt[3]{-7}$; $\sqrt[6]{-2}$; $\sqrt[5]{-32}$; $\sqrt[4]{(-3)^2}$.

Determina, quando è possibile, la radice.

56 $\sqrt[4]{-81}$; $\sqrt[4]{625}$; $\sqrt[3]{343}$; $\sqrt[5]{-1}$.

57 $\sqrt[5]{0}$; $\sqrt[6]{64}$; $\sqrt[4]{-625}$; $\sqrt[6]{-1}$.

ESERCIZI

58 ESERCIZIO GUIDA Dati i radicali $\sqrt[4]{a^3b^6}$ e $\sqrt[3]{a^2+2a+1}$, scriviamo qual è l'indice, qual è il radicando e qual è l'esponente del radicando.

- $\sqrt[4]{a^3b^6}$: l'indice è 4; il radicando è a^3b^6 e si può scrivere come $(ab^2)^3$, quindi l'esponente del radicando è 3.
- $\sqrt[3]{a^2+2a+1}$: l'indice è 3; il radicando è a^2+2a+1, ma si può scrivere come $(a+1)^2$, quindi l'esponente del radicando è 2.

Di ogni radicale scrivi qual è l'indice, qual è il radicando e qual è l'esponente del radicando.

59 $\sqrt[5]{2^3}$; $\sqrt[4]{3^2\cdot a^2}$; $\sqrt[4]{a^5}$; $\sqrt[6]{a^4\cdot b^4}$; $\sqrt[3]{64a^2x^4}$; $\sqrt{8a^6b^9}$.

60 $\sqrt[6]{a^4+b^4}$; $\sqrt{x^2-y^2}$; $\sqrt{x^2\cdot y^2}$; $\sqrt[3]{\dfrac{a^2}{b^2}}$; $\sqrt{x^2-4x+4}$; $\sqrt{x^4(1-x)^8}$.

Calcola il valore delle seguenti espressioni.

61 $\sqrt[4]{\sqrt{49}+9}+\sqrt[3]{-4-\sqrt{16}}+\sqrt[4]{81}$ [3]

62 $\sqrt{\sqrt[4]{16}+\sqrt[5]{-32}+4}+\sqrt[3]{4\sqrt[3]{-8}}$ [0]

MATEMATICA INTORNO A NOI

Un roseto in crescita Osservando il suo giardino, Silvia si è accorta che in 4 anni il numero delle rose è raddoppiato.

a. Supponendo che ogni anno la crescita sia stata costante, di quanto aumenta ogni anno il numero di rose?

b. Inizialmente Silvia ha piantato dei cespugli in cui in tutto c'erano 20 rose. Quante ce ne saranno 8 anni dopo?

Problema e risoluzione - 3 esercizi in più.

Le condizioni di esistenza di un radicale

SPIEGA PERCHÉ

63 L'espressione $\sqrt[6]{-8}$ non rappresenta un radicale. Perché?

64 È vero che $\sqrt{-a}$ non esiste? Perché? E $\sqrt[3]{-a}$?

65 È vero che le C.E. del radicale $\sqrt[6]{x^4y^2}$ sono $\forall\ x, y \in \mathbb{R}$?

66 Per il radicale $\sqrt[5]{x+2}$ devi porre le condizioni di esistenza? Perché?

TEST

67 *Uno solo* dei seguenti radicali ha come C.E. $a \geq 0$. Quale?

- A $\sqrt{5a^2b^3}$
- B $\sqrt[3]{4ab}$
- C $\sqrt{7a^4b^2}$
- D $\sqrt[4]{\dfrac{2a^3b^2}{3}}$
- E $\sqrt[6]{\dfrac{3a^2}{5}}$

68 Dei seguenti radicali *solo uno* è equivalente ad a. Quale?

- A $\sqrt{a^2}$
- B $\sqrt[3]{a^3}$
- C $\sqrt[4]{a^4}$
- D $\sqrt[4]{a^8}$
- E $\sqrt[24]{a^{25}}$

CACCIA ALL'ERRORE Ognuna delle seguenti uguaglianze contiene almeno un errore. Trovalo e correggilo (x e y sono reali positivi).

69 $\sqrt[8]{(-5)^2} = \sqrt[4]{-5}$

70 $(x+y)\sqrt{3} = \sqrt{3(x^2+y^2)}$

71 $\sqrt[3]{-x^6} \cdot \sqrt[4]{-x^8} = (-x^2)\cdot(-x^2) = x^4$

72 $\sqrt[4]{x} \cdot \sqrt[3]{y} = \sqrt[12]{xy}$

73 **ESERCIZIO GUIDA** Troviamo le condizioni di esistenza dei seguenti radicali.

a. $\sqrt{x^2-8x}$ b. $\sqrt{\dfrac{1}{x^2-6x+9}}$ c. $\sqrt[3]{\dfrac{x-1}{x}}$

a. $\sqrt{x^2-8x} = \sqrt{x(x-8)}$

Poiché il radicando deve essere positivo o nullo:

C.E.: $x(x-8) \geq 0 \rightarrow x \leq 0 \vee x \geq 8.$

		0		8	
x	−	0	+		+
x − 8	−		−	0	+
p	+	0	−	0	+
	x ≤ 0				x ≥ 8

b. $\sqrt{\dfrac{1}{x^2-6x+9}} = \sqrt{\dfrac{1}{(x-3)^2}} \rightarrow$ C.E.: $\dfrac{1}{(x-3)^2} \geq 0 \rightarrow x \neq 3.$

c. $\sqrt[3]{\dfrac{x-1}{x}}$

Poiché il radicando può avere segno qualsiasi, ma il denominatore non può annullarsi:

C.E.: $x \neq 0.$

Determina le condizioni di esistenza dei seguenti radicali.

74 $\sqrt{-a}$; $\sqrt{a^2}$; $\sqrt[3]{a^5}$; $\sqrt[4]{-2x^2}$.

75 $\sqrt{ab}$; $\sqrt[3]{2a^3b^2}$; $\sqrt[4]{3a^2b}$.

76 **ESEMPIO DIGITALE**

$\sqrt{x^3-2x^2}$; $\sqrt{x^3-4x^2+4x}$.

77 $\sqrt{\dfrac{2a}{x}}$; $\sqrt{\dfrac{-y^3}{3}}$; $\sqrt{\dfrac{-2}{x}}$.

78 $\sqrt[3]{a-3}$; $\sqrt{x+2}$; $\sqrt[5]{2x+4}$.

79 $\sqrt[4]{b-1}$; $\sqrt[3]{1-2a}$; $\sqrt{a+1}$.

80 $\sqrt{3a+3}$; $\sqrt[3]{x+5}$; $\sqrt[4]{2x-1}$.

81 $\sqrt{(b-1)b}$; $\sqrt{2x^3-4x^2}$; $\sqrt{a^2-1}$.

82 $\sqrt[3]{\dfrac{a-2}{2a+5}}$; $\sqrt{6(a^2+3)(b-1)}$; $\sqrt[4]{b(b-3)}$.

83 $\sqrt{\dfrac{a+1}{a-1}}$; $\sqrt[4]{\dfrac{a^2+a}{a-2}}$; $\sqrt[3]{\dfrac{x^3}{1-x^2}}$.

84 $\sqrt{\dfrac{2a(a-3)}{a^2+3}}$; $\sqrt[3]{\dfrac{2a(a-1)}{a^2-4}}$; $\sqrt[4]{\dfrac{3x(x+2)}{x-3}}$.

85 $\sqrt{\dfrac{2x(x^2+1)}{x+3}}$; $\sqrt[3]{\dfrac{3(x-1)}{x^2-4}}$; $\sqrt[4]{\dfrac{2(y+3)}{y+2}}$.

86 $\sqrt[4]{\dfrac{x-3}{2(1-x)}}$; $\sqrt{\dfrac{1-a}{2a}}$; $\sqrt{\dfrac{4a-4}{a^2-1}}$.

87 $\sqrt{\dfrac{x}{x-1}}$; $\sqrt{\dfrac{a}{b-1}}$; $\sqrt{\dfrac{(x-2)(x+3)}{x^3-16}}$.

ESERCIZI

88 $\sqrt{\dfrac{4x^2-12x+9}{5x}}$; $\sqrt{\dfrac{x^3}{x-2}}$; $\sqrt[4]{a^3+3a^3+3a+1}$.

89 $\sqrt{-x^2-25}$; $\sqrt{x^2-25}$; $\sqrt{a^2-6a+9}$.

90 $\sqrt{2|a|}$; $\sqrt{1-|x|}$; $\sqrt{\dfrac{|x|-4}{|x|+4}}$.

91 ESEMPIO DIGITALE $\sqrt[6]{\dfrac{-x^2(1-x)}{|x-4|}}$

92 $\sqrt[3]{\dfrac{1}{|x-3|}}$; $\sqrt{\dfrac{-3x}{1-2|x|}}$; $\sqrt{\dfrac{1}{|x+1|-8}}$.

---

93 INVALSI 2003 Per quali valori di a l'espressione $\sqrt{\dfrac{a-1}{a+1}}$ ha significato?

- **A** $a<-1$ oppure $a>1$.
- **B** $a\leq-1$ oppure $a\geq 1$.
- **C** $a\leq-1$ oppure $a>1$.
- **D** $a<-1$ oppure $a\geq 1$.
- **E** $a\leq-1$ e $a\leq 1$.

94 ESERCIZIO GUIDA Determiniamo le condizioni di esistenza della seguente espressione:

$$\sqrt{\frac{1}{x+3}}+\sqrt{2-x}.$$

- Entrambi i radicandi devono essere non negativi, quindi, per determinare le C.E., dobbiamo risolvere il sistema:

$$\begin{cases}\dfrac{1}{x+3}\geq 0\\ 2-x\geq 0\end{cases}\rightarrow\begin{cases}x+3>0\\ 2-x\geq 0\end{cases}\rightarrow\begin{cases}x>-3\\ x\leq 2\end{cases}.$$

- Le condizioni di esistenza sono: $-3<x\leq 2$.

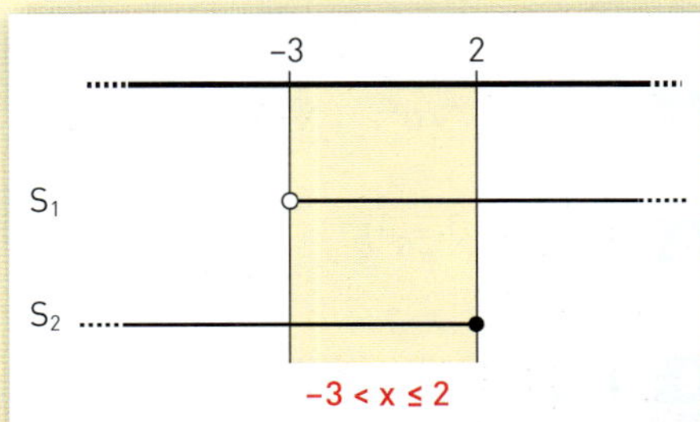

Determina per quali valori di $x\in\mathbb{R}$ esistono le seguenti espressioni.

95 $\sqrt{x-4}+\sqrt{x+6}$ $[x\geq 4]$

96 $\sqrt{-x}+\sqrt[3]{\dfrac{1}{2x}}+\sqrt{-5-x}$ $[x\leq-5]$

97 $\dfrac{1}{\sqrt{2x+1}}+\sqrt{x^2-4}$ $[x\geq 2]$

98 $\dfrac{\sqrt{x^2-3x+2}}{\sqrt[3]{4-x}}$ $[x\leq 1\vee x\geq 2\wedge x\neq 4]$

99 $\sqrt{\dfrac{|x|}{9-x}}+\sqrt{-|x|+4}$ $[-4\leq x\leq 4]$

100 ESEMPIO DIGITALE $\sqrt{\dfrac{x-3}{x}}+\sqrt{\dfrac{2x-1}{3}}$

101 $\sqrt{\dfrac{x^2+4}{|x-4|}}+\sqrt[3]{-x}+\sqrt{\dfrac{x}{x+1}}$ $[x<-1\vee x\geq 0\wedge x\neq 4]$

102 $\sqrt{a^2-2a+1}+\sqrt{\dfrac{1}{a^2-a}}+\sqrt{2a|a-1|}$ $[a>1]$

103 $\dfrac{\sqrt{x^2-9}}{\sqrt[3]{x}-4}+\sqrt{-x^2(6x-x^2-9)}$ $[x\leq-3\vee x\geq 3\wedge x\neq 4]$

104 $\sqrt{\dfrac{61-x^2}{|x|+4}}+\sqrt{\dfrac{-3x}{|x|-4}}$ $[0\leq x<4]$

105 Per quali valori di x sono definite le seguenti espressioni?

$$y=\sqrt{4-x}+\sqrt{x-4}\,;\quad y=\sqrt{\frac{1}{x}}+\sqrt{-\frac{1}{x}}.$$

106 EUREKA! **Identità** Tenendo conto delle condizioni di esistenza, quali tra le seguenti uguaglianze possono essere considerate delle identità?

a. $\sqrt{x^4+4x^2+4}=x^2+2$

b. $\sqrt{(x+1)^2}=x+1$

c. $\sqrt{\frac{x^3(x+1)^2}{x}}=x(x+1)$

d. $\sqrt[4]{x^5}=|x|\sqrt{|x|}$

Lo studio del segno di un radicale

Studio del segno di un radicale

107 ESERCIZIO GUIDA Determiniamo le condizioni di esistenza e studiamo il segno dell'espressione $\frac{\sqrt[3]{x}}{\sqrt{x+4}}$.

- Determiniamo le condizioni di esistenza.
$\sqrt[3]{x}$: è definito per $\forall\, x\in\mathbb{R}$;
$\sqrt{x+4}$: il radicando deve essere strettamente positivo, perché il radicale deve essere diverso da 0;
C.E.: $x+4>0\rightarrow x>-4$.

- Studiamo il segno.
$N>0$: $\sqrt[3]{x}>0\rightarrow x>0$.
$D>0$: $\sqrt{x+4}>0\rightarrow\forall\, x$, con $x>-4$.

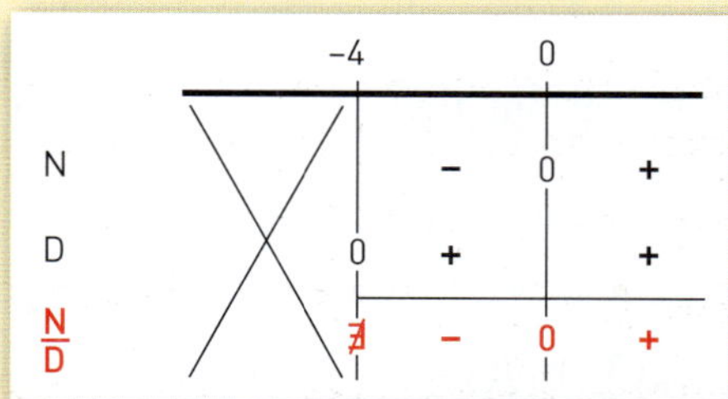

L'espressione è:
- negativa se $-4<x<0$;
- nulla se $x=0$;
- positiva se $x>0$.

Determina le condizioni di esistenza delle seguenti espressioni e studia il loro segno. Nei risultati indichiamo solo gli intervalli in cui le espressioni sono positive.

108 $\sqrt{2x-x^2}$ $[0<x<2]$

109 $\sqrt{2x}+2$ $[x\geq 0]$

110 $\frac{\sqrt{x}}{x-2}$ $[x>2]$

111 $\sqrt[3]{x-8}$ $[x>8]$

112 ESEMPIO DIGITALE $\frac{x+3}{\sqrt{x+1}}$

113 $\sqrt{\frac{6x}{x-3}}$ $[x<0\vee x>3]$

114 $\frac{x}{\sqrt[3]{3x-6}}$ $[x<0\vee x>2]$

115 $\frac{\sqrt{x-2}}{\sqrt[3]{x-3}}$ $[x>3]$

116 $\frac{\sqrt{4x}}{\sqrt{x-4}}$ $[x>4]$

117 $\sqrt[3]{\frac{x}{3-x}}$ $[0<x<3]$

118 $\frac{\sqrt{2x+1}}{x}$ $[x>0]$

119 $\sqrt{2x+3}\cdot\sqrt[3]{\frac{1}{x-5}}$ $[x>5]$

ESERCIZI

120 ESEMPIO DIGITALE $\frac{1}{\sqrt{x}}+\sqrt{4-x}$

121 $x\sqrt{9-x}$ $[0<x<9]$

122 $\sqrt{1-2x}+\sqrt{x+1}$ $\left[-1\leq x\leq\frac{1}{2}\right]$

123 $\frac{x}{2x+1}\sqrt{-2x}$ $\left[x<-\frac{1}{2}\right]$

124 $\frac{\sqrt[3]{x+6}}{x}$ $[x<-6 \vee x>0]$

125 $\sqrt{\frac{-6}{3-x}}+\sqrt[4]{2x-3}$ $[x>3]$

126 $\frac{-\sqrt{-x}}{\sqrt[3]{x+1}}$ $[x<-1]$

127 $\sqrt[3]{2-|x|}$ $[-2<x<2]$

128 $-\sqrt{x-3}-2$ $[\nexists\, x]$

129 $\sqrt{4-|x|}$ $[-4<x<4]$

130 $\sqrt[3]{-|x-1|}$ $[\nexists\, x]$

131 $\sqrt{\frac{x-5}{-6-x}}\cdot\sqrt[3]{-x}$ $[-6<x<0]$

---

132 $\sqrt[3]{\frac{x-1}{2-x}}$

a. Per quali valori di $x\in\mathbb{R}$ esiste l'espressione nel foglietto?
b. Per quali valori di $x\in\mathbb{R}$ l'espressione è negativa o nulla?
c. Calcola il suo valore per $x=3$ e per $x=-6$.

133 Considera la funzione $f(x)=\sqrt{\frac{x}{x+3}}+\sqrt{\frac{-9}{x}}$.

a. Trova il suo dominio. b. Determina il suo segno. c. Calcola $f(-4)$.

$\left[\text{a) } D\text{: } x<-3;\ \text{b) } f(x)>0\text{: } x<-3;\ \text{c) } \frac{7}{2}\right]$

134 Considera le funzioni $f(x)=\sqrt{\frac{8+x}{2x^2-x}}$ e $g(x)=\sqrt[3]{\frac{-8}{2-x}}$.

a. Trova il dominio di $f(x)$ e di $g(x)$.
b. Trova per quali valori di x è $f(x)>0$ e per quali è $g(x)>0$.
c. Calcola $g(3)+2f(1)$.

$\left[\text{a) } D_f\text{: }-8\leq x<0 \vee x>\frac{1}{2}, D_g\text{: } x\neq 2;\ \text{b) } f(x)>0\text{: }-8<x<0\vee x>\frac{1}{2}, g(x)>0\text{: } x>2;\ \text{c) } 8\right]$

Determina il dominio e studia il segno delle seguenti funzioni.

135 $f(x)=\sqrt{\frac{3x}{x-5}}+\sqrt{6x^5}$ $[D\text{: } x=0\vee x>5;\ y>0\text{: } x>55]$

136 $f(x)=\sqrt[4]{\frac{x-6}{5+x}}\cdot\sqrt{\frac{-1-x^2}{x}}$ $[D\text{: } x<-5;\ y>0\text{: } x<-5]$

4 La semplificazione e il confronto di radicali

▶ Teoria a p. 607

137 Quando si applica la proprietà invariantiva dei radicali, come deve essere il fattore che moltiplica o divide l'indice del radicale e l'esponente del radicando? Fai degli esempi.

SPIEGA PERCHÉ

138 Nella scrittura $\sqrt[12]{a^{36}}=\sqrt[4]{a^9}\ \forall\, a\in\mathbb{R}$, la proprietà invariantiva è stata applicata in modo corretto?

139 Perché il radicale $\sqrt[8]{4^3}$ è semplificabile?

140 TEST Quale dei seguenti radicali è equivalente al radicale $\sqrt[8]{a^{12}}$?

A $\sqrt{a^3}$ B $\sqrt{a^4}$ C $\sqrt{|a|}$ D $\sqrt{|a|^3}$ E $|\sqrt{a^3}|$

141 VERO O FALSO?

a. Il radicale $\sqrt[n]{x^m}$ è semplificabile se $\text{MCD}(m; n) = 1$. V F

b. Per semplificare un radicale è sufficiente dividere indice ed esponente per il loro mcm. V F

c. Il radicale $\sqrt[6]{a^3}$ è equivalente a $\sqrt{a}$. V F

d. Se $a > 0$, allora $\sqrt{a^2} = a$. V F

e. $\sqrt{10} < \sqrt[3]{12}$ poiché $10 < 12$. V F

142 Confronta i radicali $\sqrt{5}$ e $\sqrt[3]{11}$ e descrivi il procedimento usato.

143 CACCIA ALL'ERRORE Indica quali delle seguenti scritture non sono corrette, spiegando il perché.

$\sqrt[4]{(-9)^4} = -9$; $\sqrt[3]{|-8|} = 2$; $\sqrt{(-5)^2} = 5$; $\sqrt[6]{(-2)^6} = |-2|$; $\sqrt[3]{-27} = |-3|$; $\sqrt{-7^2} = 7$.

La proprietà invariantiva

144 ESERCIZIO GUIDA Indichiamo fra le seguenti coppie di radicali (con $a \geq 0$ e $b \geq 0$) quelle equivalenti, applicando la proprietà invariantiva:

a. $\sqrt{27}$, $\sqrt[8]{3^{12}}$; b. $\sqrt{2a^4b}$, $\sqrt[6]{8a^{12}b^3}$; c. $\sqrt{a^3b}$, $\sqrt[4]{a^9b^2}$; d. $\sqrt[3]{a-b}$, $\sqrt[6]{a^2-2ab+b^2}$, con $a \geq b$.

a. $\sqrt{27}$ è equivalente a $\sqrt[8]{3^{12}}$.

Infatti otteniamo il secondo radicale dal primo scrivendo 27 come 3^3 e moltiplicando l'esponente del radicando e l'indice per 4:

$$\sqrt{27} = \sqrt{3^3} = \sqrt[2\cdot 4]{3^{3\cdot 4}} = \sqrt[8]{3^{12}}.$$

b. $\sqrt{2a^4b}$ è equivalente a $\sqrt[6]{8a^{12}b^3}$.

Infatti otteniamo il secondo radicale dal primo moltiplicando l'esponente del radicando e l'indice per 3:

$$\sqrt{2a^4b} = \sqrt[2\cdot 3]{(2a^4b)^{1\cdot 3}} = \sqrt[6]{(2a^4b)^3} = \sqrt[6]{8a^{12}b^3}.$$

c. $\sqrt{a^3b}$ non è equivalente a $\sqrt[4]{a^9b^2}$.

Infatti, se si moltiplicano per 2 l'esponente del radicando e l'indice, si ottiene:

$$\sqrt{a^3b} = \sqrt[2\cdot 2]{(a^3b)^{1\cdot 2}} = \sqrt[4]{(a^3b)^2} = \sqrt[4]{a^6b^2}$$

e non $\sqrt[4]{a^9b^2}$.

d. $\sqrt[3]{a-b}$ è equivalente a $\sqrt[6]{a^2-2ab+b^2}$.

Infatti, moltiplicando per 2 indice ed esponente, otteniamo:

$$\sqrt[3]{a-b} = \sqrt[3\cdot 2]{(a-b)^{1\cdot 2}} = \sqrt[6]{(a-b)^2} = \sqrt[6]{a^2-2ab+b^2}.$$

Fra le seguenti coppie di radicali indica quali sono quelle equivalenti, applicando la proprietà invariantiva. Supponi che siano verificate le condizioni di esistenza dei radicali.

145 $\sqrt{8}$, $\sqrt[12]{2^{18}}$; $\sqrt[3]{25}$, $\sqrt[9]{5^6}$; $\sqrt[3]{81}$, $\sqrt[12]{3^8}$.

146 $\sqrt{x+1}$, $\sqrt[4]{x^2+2x+1}$; $\sqrt{1-x}$, $\sqrt[6]{1-x^3}$.

147 $\sqrt[3]{2ab}$, $\sqrt[6]{4a^2b^2}$; $\sqrt[5]{32a^5b}$, $\sqrt[10]{64a^{10}b^2}$; $\sqrt[3]{2ac}$, $\sqrt[6]{6a^3c^3}$.

148 $\sqrt{2a^3b}$, $\sqrt[4]{8a^3b}$; $\sqrt{2ab^2}$, $\sqrt[6]{8a^3b^6}$; $\sqrt{ab^2c}$, $\sqrt[5]{a^4b^6c^4}$.

149 $\sqrt[3]{abc^2}$, $\sqrt[4]{a^2b^2c^3}$; $\sqrt{3ab^2}$, $\sqrt[6]{27a^3b^6}$; $\sqrt{2ab^3}$, $\sqrt[4]{8a^2b^6}$.

150 $\sqrt{3a^2b}$, $\sqrt[6]{9a^6b^3}$; $\sqrt{2abc}$, $\sqrt[3]{6a^3b^3c^3}$; $\sqrt{abc^3}$, $\sqrt[6]{3a^3b^3c^6}$.

151 $\sqrt{a-1}$, $\sqrt[10]{a^{10}-1}$; $\sqrt{\frac{9}{2}(2a-5)}$, $\sqrt[6]{\frac{27}{8}(2a-5)^3}$.

ESERCIZI

152 ESERCIZIO GUIDA Applicando la proprietà invariantiva, determiniamo il radicale equivalente a quello dato, indicando anche le condizioni di esistenza dei radicali.

$\sqrt[4]{2a^5b} = \sqrt[12]{\ldots\ldots}$.

La proprietà invariantiva dice che $\sqrt[n]{x^m} = \sqrt[n\cdot p]{x^{m\cdot p}}$, con $x^m \geq 0, n, p \in \mathbb{N} - \{0\}$. Dobbiamo risolvere un problema del tipo $\sqrt[n]{x^m} = \sqrt[n\cdot p]{\ldots\ldots}$, dove $n = 4$ e $n \cdot p = 12$, ossia $4p = 12$, da cui $p = 12 : 4 = 3$.
Pertanto:

$$\sqrt[4]{2a^5b} = \sqrt[12]{(2a^5b)^{12:4}} = \sqrt[12]{(2a^5b)^3} = \sqrt[12]{8a^{15}b^3}.$$

quoziente degli indici

Per l'esistenza dei radicali basta porre: $ab \geq 0$.
Infatti, se $ab \geq 0$, è anche: $a^5b = a^4(ab) \geq 0$ e $a^{15}b^3 = a^{14}b^2(ab) \geq 0$.

COMPLETA applicando la proprietà invariantiva e determina il radicale equivalente. Scrivi anche le condizioni di esistenza dei radicali.

153 $\sqrt{8} = \sqrt[6]{\square}$; $\sqrt[5]{2^7} = \sqrt[15]{\square}$; $\sqrt{2^4 \cdot 3^3} = \sqrt[12]{\square}$; $\sqrt[3]{a^4b} = \sqrt[6]{\square}$.

154 $\sqrt{3a^3} = \sqrt[4]{\square}$; $\sqrt{2b^4} = \sqrt[6]{\square}$; $\sqrt{a+1} = \sqrt[4]{\square}$; $\sqrt{2ab^2} = \sqrt[4]{\square}$.

155 $3ab^2 = \sqrt[3]{\square}$; $\sqrt{2ab^3} = \sqrt[6]{\square}$; $\sqrt[5]{3ac} = \sqrt[10]{\square}$; $\sqrt{\dfrac{a^6b^3}{4}} = \sqrt[4]{\square}$.

La semplificazione di radicali

156 ESERCIZIO GUIDA Semplifichiamo i radicali: **a.** $\sqrt[9]{64}$; **b.** $\sqrt[6]{27x^3y^6}$ (con $x \geq 0$).

a. Scriviamo il radicando come potenza: $64 = 2^6$; dividiamo poi per 3 (che è il MCD tra 9 e 6) l'indice di radice e l'esponente del radicando:

$$\sqrt[9]{64} = \sqrt[9]{2^6} = \sqrt[3]{2^2} = \sqrt[3]{4}.$$

b. Scriviamo il radicando come una potenza; l'esponente del radicando è 3, quindi dividiamo per 3 l'indice di radice e l'esponente del radicando:

$$\sqrt[6]{27x^3y^6} = \sqrt[6]{3^3x^3y^6} = \sqrt[6]{(3xy^2)^3} = \sqrt{3xy^2}.$$

157 VERO O FALSO?

a. $\sqrt[9]{27} = \sqrt[3]{3}$ V F
b. $\sqrt[3]{a^3+b^3} = a+b$ V F
c. $\sqrt{(1+\sqrt{2})^2} = 1+\sqrt{2}$ V F
d. $\sqrt[6]{a^8b^4} = \sqrt[3]{a^4b^2}$ V F
e. $\sqrt[8]{3^4+5^4} = \sqrt{3+5}$ V F
f. $\sqrt[8]{16} = \sqrt[4]{8}$ V F

158 YOU & MATHS **Radical simplification** Only one of the following radicals can be simplified. Which one?

A $\sqrt[27]{0{,}8}$
B $\sqrt[4]{0{,}016}$
C $\sqrt[6]{0{,}0008}$
D $\sqrt[8]{1{,}69}$

Indica quali dei seguenti radicali non si possono semplificare.

159 $\sqrt[3]{32}$; $\sqrt[7]{28}$; $\sqrt[5]{a^{10}y^2}$; $\sqrt[4]{225}$; $\sqrt[9]{216}$.

160 $\sqrt{\dfrac{a^4}{a^2+b^2}}$; $\sqrt[3]{9a^3}$; $\sqrt[6]{x^2+y^2}$; $\sqrt[4]{4(x+y)^2}$; $\sqrt[8]{\dfrac{64}{a^2+2a+1}}$.

Semplifica, se possibile, i seguenti radicali, supponendo non negativi i radicandi e i fattori letterali che eventualmente compaiono (anche nei risultati).

161 ESEMPIO DIGITALE $\sqrt[6]{x^4y^{12}}$; $\sqrt{4(a-1)^4}$.

162 $\sqrt[6]{27a^3b^6}$; $\sqrt[10]{32a^5b^5}$.

163 $\sqrt{a^4b^6}$; $\sqrt{a^2b^4}$; $\sqrt[3]{a^6b^9}$.

164 $\sqrt[6]{a^2(a^2-4a+4)}$

165 $\sqrt[9]{a^3+8+6a^2+12a}$

166 $\sqrt[6]{4a^2b^{12}}$; $\sqrt[10]{4a^4b^2}$.

167 $\sqrt[6]{\dfrac{1}{9}+a^2+\dfrac{2}{3}a}$

168 $\sqrt[4]{\dfrac{4(2b+1)^2}{25}}$

169 $\sqrt[6]{\dfrac{(a-1)^2}{b^2+2b+1}}$

170 $\sqrt[6]{\dfrac{4a^2}{c^4}}$; $\sqrt[10]{\dfrac{4a^2b^2}{c^6}}$.

171 $\sqrt[4]{\dfrac{x^3-2x^2}{16x-32}}$

172 $\sqrt[6]{\dfrac{x^2+2x+1}{a^2+4a+4}}$

173 $\sqrt[9]{\dfrac{8a^6}{a^3+3a^2+3a+1}}$

174 $\sqrt{x^2+\dfrac{a^4}{x^2}+2a^2}$

175 $\sqrt[6]{\dfrac{a-1}{(a^2-1)(a+1)^3}}$

SPIEGA PERCHÉ

176 l'uguaglianza $\sqrt[4]{(x-3)^4}=x-3$ non è vera $\forall\, x \in \mathbb{R}$.

177 l'uguaglianza $-7\sqrt{z}=\sqrt{49z}$, con $z>0$, è *falsa*. Correggila in modo che diventi vera.

TEST

178 L'uguaglianza $\sqrt{x^2}=x$ è *vera* per ogni x se x appartiene all'insieme:

- **A** $\mathbb{N}$ dei numeri naturali.
- **B** $\mathbb{Q}$ dei numeri razionali.
- **C** $\mathbb{R}$ dei numeri reali.
- **D** $\mathbb{Z}$ dei numeri interi.

179 L'uguaglianza $\sqrt{9a^2b^4}=3ab^2$ è valida:

- **A** per ogni $a, b \in \mathbb{R}$.
- **B** solo per $a \geq 0$.
- **C** solo per $b \geq 0$.
- **D** solo per $a \geq 0$ e $b \geq 0$.

180 INVALSI 2011 Quale fra le seguenti uguaglianze è corretta, qualunque sia il numero reale che sostituisce la x?

A $\sqrt{x^2}=x$ **B** $\sqrt{x^2}=\pm x$ **C** $\sqrt{x^2}=|x|$ **D** $\sqrt{x^2}=\pm|x|$

181 VERO O FALSO?

a. $\sqrt{(-9)^2}=9$ V F

b. $\sqrt[4]{(1-\sqrt{3})^2}=\sqrt{1-\sqrt{3}}$ V F

c. $\sqrt[6]{a^3}=\sqrt{a}$ V F

d. $\sqrt[4]{(2x-3)^2}=\sqrt{2x-3}$ V F

e. $\sqrt[12]{(-27)^6}=\sqrt{-27}$ V F

f. $\sqrt[n]{a^n}=a, \forall\, a \in \mathbb{R}$ e $\forall\, n \in \mathbb{N}$. V F

La semplificazione dei radicali con la discussione sul segno dei radicandi

RISOLVIAMO UN PROBLEMA

n pari, n dispari

Semplifichiamo i radicali a lato dopo aver posto le condizioni di esistenza.

$\sqrt{x^2-6x+9}$

$\sqrt[3]{x^3-3x^2+3x-1}$

▶ **Consideriamo il primo radicale.**

$\sqrt{x^2-6x+9}$

L'indice della radice è $n=2$, perciò il radicando deve essere maggiore o uguale a zero. Il radicando è il quadrato di un binomio:

$$x^2-6x+9=(x-3)^2$$

$$\sqrt{x^2-6x+9}=\sqrt{(x-3)^2}.$$

Il radicale è definito per ogni valore di x perché il suo radicando è un quadrato, perciò:

C.E.: $\forall\, x \in \mathbb{R}$.

Semplificando il radicale otteniamo:

$$\sqrt{(x-3)^2}=|x-3|.$$

Mettiamo il valore assoluto in quanto per $x<3$, $(x-3)<0$, per cui il primo membro dell'uguaglianza sarebbe positivo e il secondo negativo, quindi l'uguaglianza sarebbe falsa.

▶ **Consideriamo il secondo radicale.**

$\sqrt[3]{x^3-3x^2+3x-1}$

L'indice della radice è $n=3$; perciò il radicando esiste per qualsiasi valore di x: C.E.: $\forall\, x \in \mathbb{R}$.
Il radicando è il cubo di un binomio:

$$x^3-3x^2+3x-1=(x-1)^3$$

$$\sqrt[3]{(x-1)^3}=x-1.$$

I due membri dell'uguaglianza hanno lo stesso segno. Per $x>1$ sono entrambi positivi, per $x<1$ sono entrambi negativi. L'uguaglianza soddisfa le stesse condizioni di esistenza e ha lo stesso segno.

Semplifica, se è possibile, i seguenti radicali dopo aver indicato le condizioni di esistenza.

182 $\sqrt[9]{27x^3}$; $\quad \sqrt[8]{\dfrac{4a^2}{x^4}}$. $\quad \left[\sqrt[3]{3x};\ x\neq 0,\ \sqrt[4]{\dfrac{2|a|}{x^2}}\right]$

183 $\sqrt[6]{a^3b^6}$; $\quad \sqrt[10]{64x^4y^{10}}$. $\quad \left[a\geq 0,\ \sqrt{ab^2};\ \sqrt[5]{8x^2|y|^5}\right]$

184 $\sqrt[4]{16(a-1)^2}$; $\quad \sqrt[6]{a^2(a+3)^4}$. $\quad \left[\sqrt{4|a-1|};\ \sqrt[3]{|a|(a+3)^2}\right]$

185 $\sqrt[6]{\dfrac{8a^3}{b^6}}$; $\quad \sqrt{x^2-6x+9}$. $\quad \left[a>0,\ b\neq 0,\ \sqrt{\dfrac{2a}{b^2}};\ |x-3|\right]$

186 $\sqrt{a^4-8a^2+16}$; $\quad \sqrt{4a^2x^2}$. $\quad \left[|a^2-4|;\ 2|ax|\right]$

187 $\sqrt{\dfrac{9a^6}{b^4}}$; $\quad \sqrt[9]{\dfrac{216a^3b^6}{y^6}}$. $\quad \left[\dfrac{3|a|^3}{b^2},\ b\neq 0;\ y\neq 0,\ \sqrt[3]{\dfrac{6ab^2}{y^2}}\right]$

188 $\sqrt[4]{a^4b^6}$; $\quad \sqrt[8]{a^2-2a+1}$. $\quad \left[\sqrt{a^2|b|^3};\ \sqrt[4]{|a-1|}\right]$

189 $\sqrt[4]{\dfrac{4x^2+4y^2}{a^4}}$; $\quad \sqrt[8]{\dfrac{a^4(a-4)^4}{a^2+4a+4}}$. $\quad \left[a\neq 0,\ \text{non semplif.};\ a\neq -2,\ \sqrt[4]{\dfrac{a^2(a-4)^2}{|a+2|}}\right]$

Indica le condizioni di esistenza e semplifica i seguenti radicali in $\mathbb{R}$.

190 $\sqrt[4]{a^2b^4}$; $\quad \sqrt{x^2}$; $\quad \sqrt[3]{x^3}$. $\quad \left[|b|\sqrt{|a|};\ |x|;\ x\right]$

191 $\sqrt[6]{(a-1)^2}$; $\quad \sqrt[9]{(a+3)^3}$; $\quad \sqrt[8]{a^4x^2}$. $\quad \left[\sqrt[3]{|a-1|};\ \sqrt[3]{(a+3)};\ \sqrt[4]{a^2|x|}\right]$

192 $\sqrt{(x-1)^6}$; $\sqrt[3]{(a+2)^9}$; $\sqrt[4]{(x+3)^2}$. $\left[\left|(x-1)^3\right|; (a+2)^3; \sqrt{|x+3|}\right]$

193 $\sqrt[6]{(x^3+6x^2+12x+8)^2}$; $\sqrt[4]{(x^4+4x^2+4)^2}$. $\left[|x+2|; x^2+2\right]$

194 $\sqrt[4]{a^4(x+2)^8}$; $\sqrt[4]{(x^2-6x+9)^3}$. $\left[|a|(x+2)^2; \sqrt{|(x-3)^3|}\right]$

La riduzione di radicali allo stesso indice

195 ESERCIZIO GUIDA Riduciamo allo stesso indice i seguenti radicali, supponendo verificate le C.E.:

a. $\sqrt[4]{2a^2}$, $\sqrt[6]{3ab^3}$, $\sqrt[3]{a^2b^4}$; **b.** $\sqrt[6]{(a+b)^2}$, $\sqrt{a+b}$, $\sqrt[3]{a+b^2}$.

a. Calcoliamo il minimo indice comune, ossia il mcm fra gli indici: mcm$(4; 6; 3) = 12$.
Applichiamo la proprietà invariantiva:

$$\sqrt[4]{2a^2} = \sqrt[12]{(2a^2)^3} = \sqrt[12]{8a^6}; \quad \sqrt[6]{3ab^3} = \sqrt[12]{(3ab^3)^2} = \sqrt[12]{9a^2b^6}; \quad \sqrt[3]{a^2b^4} = \sqrt[12]{(a^2b^4)^4} = \sqrt[12]{a^8b^{16}}.$$

(indici moltiplicati rispettivamente per $\cdot 3$, $\cdot 2$, $\cdot 4$)

b. Calcoliamo il minimo indice comune:

mcm$(6; 2; 3) = 6$.

Applichiamo la proprietà invariantiva: l'indice del primo radicale è già 6,

$$\sqrt[2]{a+b} = \sqrt[6]{(a+b)^3}, \quad \sqrt[3]{a+b^2} = \sqrt[6]{(a+b^2)^2}.$$

(indici moltiplicati rispettivamente per $\cdot 3$, $\cdot 2$)

Abbiamo ottenuto tre radicali di indice 6:

$$\sqrt[6]{(a+b)^2}, \quad \sqrt[6]{(a+b)^3}, \quad \sqrt[6]{(a+b^2)^2}.$$

Riduci allo stesso indice i seguenti radicali. (Qui e in seguito, se non vengono date indicazioni diverse, supponi verificate le C.E.)

196 $\sqrt[3]{2}$, $\sqrt{3}$, $\sqrt[6]{5}$. $\left[\sqrt[6]{4}; \sqrt[6]{27}; \sqrt[6]{5}\right]$

197 $\sqrt[12]{52}$, $\sqrt[4]{6}$, $\sqrt[3]{7}$. $\left[\sqrt[12]{52}; \sqrt[12]{216}; \sqrt[12]{2401}\right]$

198 $\sqrt{5}$, $\sqrt[4]{7}$, $\sqrt{a}$. $\left[\sqrt[4]{25}; \sqrt[4]{7}; \sqrt[4]{a^2}\right]$

199 $\sqrt[4]{a^3}$, $\sqrt[3]{a}$, $\sqrt{2a^2}$. $\left[\sqrt[12]{a^9}; \sqrt[12]{a^4}; \sqrt[12]{64a^{12}}\right]$

200 $\sqrt[12]{3x^2y^3}$, $\sqrt[4]{2xy^2}$, $\sqrt[3]{3xy}$. $\left[\sqrt[12]{3x^2y^3}; \sqrt[12]{8x^3y^6}; \sqrt[12]{81x^4y^4}\right]$

201 $\sqrt[6]{(a-b)^2}$, $\sqrt{a+b}$, $\sqrt[3]{a+b}$. $\left[\sqrt[6]{(a-b)^2}; \sqrt[6]{(a+b)^3}; \sqrt[6]{(a+b)^2}\right]$

202 $\sqrt[15]{25a^3b^4}$, $\sqrt[3]{3ab^2}$, $\sqrt[5]{5a^2b}$. $\left[\sqrt[15]{25a^3b^4}; \sqrt[15]{243a^5b^{10}}; \sqrt[15]{125a^6b^3}\right]$

203 $\sqrt{a+2}$, $\sqrt[3]{a^2+4a+4}$, $\sqrt[4]{(a+2)^3}$. $\left[\sqrt[12]{(a+2)^6}; \sqrt[12]{(a+2)^8}; \sqrt[12]{(a+2)^9}\right]$

204 $\sqrt[5]{\frac{x-1}{y+1}}$, $\sqrt{\frac{a+b}{3}}$, $\sqrt[10]{\frac{z-t}{z+t}}$. $\left[\sqrt[10]{\frac{(x-1)^2}{(y+1)^2}}; \sqrt[10]{\frac{(a+b)^5}{243}}; \sqrt[10]{\frac{z-t}{z+t}}\right]$

205 $\sqrt{\frac{(x-y)^3}{2}}$, $\sqrt[3]{(a+b)^4}$, $\sqrt[12]{\frac{a-b}{a+b}}$. $\left[\sqrt[12]{\frac{(x-y)^{18}}{64}}; \sqrt[12]{(a+b)^{16}}; \sqrt[12]{\frac{a-b}{a+b}}\right]$

206 $\sqrt{\dfrac{2xy}{x+1}}$, $\sqrt[6]{\dfrac{xz}{2x-1}}$, $\sqrt[4]{\dfrac{x^3y}{3}}$.
$\left[\sqrt[12]{\dfrac{64x^6y^6}{(x+1)^6}};\ \sqrt[12]{\dfrac{x^2z^2}{(2x-1)^2}};\ \sqrt[12]{\dfrac{x^9y^3}{27}}\right]$

207 $\sqrt[3]{\dfrac{(2x-1)^t}{3}}$, $\sqrt[6]{\dfrac{4(x-1)}{2t}}$, $\sqrt{\dfrac{2x}{3a-1}}$.
$\left[\sqrt[6]{\dfrac{(2x-1)^{2t}}{9}};\ \sqrt[6]{\dfrac{4(x-1)}{2t}};\ \sqrt[6]{\dfrac{8x^3}{(3a-1)^3}}\right]$

Il confronto di radicali

208 **ESERCIZIO GUIDA** Confrontiamo i radicali $\sqrt[4]{3}$, $\sqrt[3]{3}$, $\sqrt[6]{7}$.

Riduciamo allo stesso indice:

$$\sqrt[4]{3}=\sqrt[12]{3^3}=\sqrt[12]{27},\quad \sqrt[3]{3}=\sqrt[12]{3^4}=\sqrt[12]{81},\quad \sqrt[6]{7}=\sqrt[12]{7^2}=\sqrt[12]{49}$$

$$27<49<81.$$

Mettiamo i radicali nello stesso ordine dei radicandi:

$$\sqrt[4]{3}<\sqrt[6]{7}<\sqrt[3]{3}.$$

209 **INVALSI 2014** Se a è un numero reale compreso tra 0 e 1 ($0<a<1$), allora

A $a<\sqrt{a}<\dfrac{1}{a}<a^2$.

B $\dfrac{1}{a}<\sqrt{a}<a<a^2$.

C $a^2<a<\sqrt{a}<\dfrac{1}{a}$.

D $\sqrt{a}<a<a^2<\dfrac{1}{a}$.

Confronta i seguenti radicali.

210 $\sqrt{2}$, $\sqrt[3]{5}$, $\sqrt[6]{12}$. $[\sqrt{2}<\sqrt[6]{12}<\sqrt[3]{5}]$

211 $\sqrt{90}$, $\sqrt[5]{80}$, $\sqrt[10]{120}$. $[\sqrt[10]{120}<\sqrt[5]{80}<\sqrt{90}]$

212 $\sqrt{\dfrac{2}{3}}$, $\sqrt[3]{\dfrac{3}{4}}$, $\sqrt[6]{4}$. $\left[\sqrt{\dfrac{2}{3}}<\sqrt[3]{\dfrac{3}{4}}<\sqrt[6]{4}\right]$

213 $\sqrt[3]{3}$, $\sqrt{2}$, $\sqrt[5]{5}$. $[\sqrt[5]{5}<\sqrt{2}<\sqrt[3]{3}]$

Disponi in ordine crescente i seguenti radicali dopo averli ridotti allo stesso indice.

214 $\sqrt{5}$, $\sqrt[3]{6}$, $\sqrt[4]{10}$, $\sqrt{7}$.

215 $\sqrt{8}$, $\sqrt[4]{14}$, $\sqrt[6]{25}$, $\sqrt[3]{28}$.

MATEMATICA AL COMPUTER

I radicali con Wiris Con Wiris, stabilisci qual è il maggiore fra i tre radicali a lato.

$\sqrt{7925}$ $\sqrt[4]{68554964}$ $\sqrt[3]{689692}$

Risoluzione - 5 esercizi in più.

VERIFICA DELLE COMPETENZE ALLENAMENTO

UTILIZZARE TECNICHE E PROCEDURE DI CALCOLO

1 VERO O FALSO?

a. $\sqrt{0,16}$ è un numero irrazionale. V F

b. $\sqrt{17}$ è compreso tra 4 e 5. V F

c. $\sqrt[3]{-(-64)}$ è un numero naturale. V F

d. $\sqrt{\pi-4}$ è un numero reale. V F

Calcola il valore delle seguenti espressioni.

2 $\sqrt{\sqrt{81}+\sqrt{49}}-\sqrt[3]{-(-27)}+\sqrt{1,21}$ $\left[\frac{21}{10}\right]$

3 $\sqrt[3]{25\sqrt{25}}+\sqrt{3+\sqrt{8+7\sqrt{5^2-\sqrt{81}}}}$ [8]

TEST

4 Quale delle seguenti uguaglianze è *falsa*?

A $\sqrt[1]{a}=a,\ a>0$

B $\sqrt[1]{0}=0$

C $\sqrt[2]{1}=1$

D $\sqrt[0]{a}=0,\ a>0$

E $(\sqrt[2]{a})^2=a,\ a>0$

5 L'ordinamento crescente dei radicali $\sqrt{10},\ \sqrt[3]{9},\ \sqrt[5]{35}$ è:

A $\sqrt{10},\quad \sqrt[3]{9},\quad \sqrt[5]{35}.$

B $\sqrt[3]{9},\quad \sqrt[5]{35},\quad \sqrt{10}.$

C $\sqrt[5]{35},\quad \sqrt[3]{9},\quad \sqrt{10}.$

D $\sqrt[5]{35},\quad \sqrt{10},\quad \sqrt[3]{9}.$

E nessuno dei precedenti.

Scrivi le condizioni di esistenza dei seguenti radicali.

6 $\sqrt{17ax^2};\qquad \sqrt{2x+6}.$ $[a\geq 0;\ x\geq -3]$

7 $\sqrt[3]{\frac{-3x}{a}};\qquad \sqrt[4]{-2x}.$ $[a\neq 0;\ x\leq 0]$

8 $\sqrt{-(-x)^5};\qquad \sqrt[3]{\frac{1}{x-2}}.$ $[x\geq 0;\ x\neq 2]$

9 $\sqrt{\frac{1+x}{2-x}};\qquad \sqrt{\frac{1}{y^2-2y+1}}.$ $[-1\leq x<2;\ y\neq 1]$

10 $\sqrt[4]{(y-3)(y+4)};\qquad \sqrt[5]{\frac{3x}{(x-2)^3}}.$ $[y\leq -4\vee y\geq 3;\ x\neq 2]$

11 $\sqrt{\frac{x^2+4}{x^2}};\qquad \sqrt[3]{\frac{x-2}{x^3-4x}}.$ $[x\neq 0;\ x\neq 0,\ x\neq 2,\ x\neq -2]$

12 $\sqrt{x^2+2x-3};\qquad \sqrt[4]{|x-2|(x^2+1)}.$ $[x\leq -3\vee x\geq 1;\ \forall x\in\mathbb{R}]$

Semplifica i seguenti radicali, determinandone le condizioni di esistenza.

13 $\sqrt[6]{27a^9b^6c^6}$ $[\text{C.E.: } a\geq 0;\ \sqrt{3a^3b^2c^2}]$

14 $\sqrt[4]{\frac{9(3x-1)^2}{4}}$ $\left[\text{C.E.: } \forall x\in\mathbb{R};\ \sqrt{\frac{3|3x-1|}{2}}\right]$

15 $\sqrt[4]{\frac{a^4-18a^2+81}{a^4}}$ $\left[\text{C.E.: } a\neq 0;\ \sqrt{\frac{|a^2-9|}{a^2}}\right]$

VERIFICA DELLE COMPETENZE

16 $\sqrt[4]{(1+x)^4}$; $\sqrt[5]{(1-x^2)^{10}}$. $[|1+x|; (1-x^2)^2]$

17 $\sqrt[3]{y^3(1+y)^6}$; $\sqrt[8]{x^4a^8y^2}$. $[y(1+y)^2; \sqrt[4]{x^2a^4|y|}]$

18 $\sqrt[4]{9+\dfrac{1+6x^2}{x^4}}$ $\left[x \neq 0: \sqrt{\dfrac{3x^2+1}{|x|}}\right]$

19 $\sqrt{\left(-\dfrac{2}{x}+1\right)\cdot\dfrac{x-2}{x}}$ $\left[x \neq 0: \left|\dfrac{x-2}{x}\right|\right]$

20 $\sqrt[9]{a^3(a+2)^3}$; $\sqrt[12]{(1-x)^3}$. $[\sqrt[3]{a(a+2)}; x \leq 1: \sqrt[4]{1-x}]$

21 $\sqrt[3]{\dfrac{a^6b^{12}}{a^3+3a^2+3a+1}}$ $\left[\dfrac{a^2b^4}{a+1}\right]$

22 $\sqrt[9]{\dfrac{x^3+3x^2+3x+1}{(x^2+x)^6}}$ $\left[\text{C.E.}: x \neq -1 \wedge x \neq 0; \sqrt[3]{\dfrac{1}{x^2(x+1)}}\right]$

Determina le condizioni di esistenza delle seguenti espressioni.

23 $\sqrt[3]{\dfrac{2x-1}{x}}-\sqrt{3x+1}$ $\left[x \geq -\dfrac{1}{3} \wedge x \neq 0\right]$

24 $\sqrt{5-x}+\dfrac{1}{\sqrt{6+x}}$ $[-6 < x \leq 5]$

25 $\sqrt{4x^2+x^4}+\sqrt[4]{\dfrac{1-x}{(-x)^3}}$ $[x < 0 \vee x \geq 1]$

26 $\sqrt[4]{\dfrac{1}{x+2}-\dfrac{1}{x-2}}+\sqrt[4]{x}$ $[0 \leq x < 2]$

Disponi in ordine crescente i seguenti radicali.

27 $\sqrt{6}$; $\sqrt[3]{5}$; $\sqrt[4]{10}$; $\sqrt[6]{13}$.

28 $\sqrt{3}$; $\sqrt[3]{7}$; $\sqrt[6]{50}$; $\sqrt{10}$.

29 $\sqrt[6]{3}$; $\sqrt[3]{2}$; $\sqrt[4]{\dfrac{3}{2}}$; $\sqrt{2}$.

30 $\sqrt[3]{\dfrac{1}{5}}$; $\sqrt[6]{\dfrac{3}{8}}$; $\sqrt[9]{\dfrac{2}{3}}$; $\sqrt[18]{\dfrac{1}{1000}}$.

RISOLVERE PROBLEMI

Determina il dominio e studia il segno delle seguenti funzioni.

31 $y=\dfrac{\sqrt[4]{x-3}}{6-x}$ $[D: x \geq 3 \wedge x \neq 6; y > 0: 3 < x < 6]$

32 $y=-\dfrac{\sqrt{x-2}}{\sqrt[3]{x-4}}$ $[D: x \geq 2 \wedge x \neq 4; y > 0: 2 < x < 4]$

33 $y=\dfrac{\sqrt[5]{2x-5}}{x^2}$ $\left[D: x \neq 0; y > 0: x > \dfrac{5}{2}\right]$

34 $y=\sqrt[5]{\dfrac{2}{x-7}}\cdot\sqrt{\dfrac{x-9}{2x-6}}$ $[D: x < 3 \vee x \geq 9; y > 0: x > 9]$

35 $y=\sqrt[5]{\dfrac{|x+1|-4}{x}}$ $[D: x \neq 0; y > 0: -5 < x < 0 \vee x > 3]$

VERIFICA DELLE COMPETENZE PROVE

1 ora

PROVA A

1 Ordina i seguenti numeri e rappresentali sulla retta orientata:

$\sqrt[6]{18}$; $\sqrt{5}$; $\sqrt[3]{3}$; $\sqrt[6]{\frac{48}{3}}$; $\sqrt[4]{8}$.

2 Determina le condizioni di esistenza delle seguenti espressioni:

a. $\sqrt{x^3 - x^4}$;

b. $\sqrt{5-x} + \sqrt{x+7}$.

3 Semplifica la seguente espressione.

$$\sqrt{13 - \sqrt[3]{8^2}} - \sqrt[4]{3^8} + \sqrt[3]{27 \cdot 64} + \sqrt[5]{3^{10}(-2)^5}$$

Semplifica le seguenti espressioni, dopo aver posto le condizioni di esistenza.

4 **a.** $\sqrt[4]{\frac{x^2}{(x^2+2x+1)^4}}$;

b. $\sqrt[21]{\frac{x^7 y^{14}}{(x-1)^7}}$.

5 $\sqrt[6]{\frac{1}{x^2} - \frac{4}{x^3} + \frac{4}{x^4}}$

6 Determina le condizioni di esistenza delle seguenti espressioni:

a. $\frac{\sqrt{x-6}}{\sqrt[4]{9-x^2}}$;

b. $\sqrt[6]{\frac{1-|2-x|}{2x+9}}$.

PROVA B

Nuovi arredi

a. Elisa, per risistemare il suo appartamento, ha acquistato tre listelli angolari di legno lunghi 2,80 m. Non riesce però a sistemarli in ascensore, così fa a piedi gli otto piani di scale. L'ascensore ha le seguenti dimensioni interne: altezza 214 cm, profondità 79 cm, larghezza 94 cm. Perché i listelli non possono entrarci?

b. Elisa desidera acquistare anche un piano di legno per fare un tavolo di $1{,}60 \text{ m} \times 0{,}80 \text{ m}$, ma questa volta fa prima i conti per essere sicura di poterlo caricare in ascensore. La porta dell'ascensore è larga 55 cm e alta 198 cm. Qual è la dimensione massima del piano che Elisa può acquistare?

c. Elisa vuole anche installare il piccolo acquario a forma di cubo mostrato nella figura. Qual è la lunghezza del lato dell'acquario?

CAPITOLO

15 LE OPERAZIONI CON I RADICALI

1 La moltiplicazione e la divisione di radicali

Esercizi a p. 646

La moltiplicazione

Si possono moltiplicare due o più radicali se questi hanno lo stesso indice. Vale infatti il seguente teorema.

Listen to it

The **product** of two radicals having the same index and non-negative radicand, is a radical with *the same index* and *as radicand the product of the radicands*.

TEOREMA

Il **prodotto** di due radicali con lo stesso indice e con radicando positivo o nullo è un radicale che ha per indice lo stesso indice e per radicando il prodotto dei radicandi:

$$\sqrt[n]{a} \cdot \sqrt[n]{b} = \sqrt[n]{a \cdot b}$$

con a e b reali, $a \geq 0$, $b \geq 0$, e n naturale, $n \neq 0$.

DIMOSTRAZIONE

Eleviamo i due membri dell'uguaglianza allo stesso esponente n.
Otteniamo:

Primo membro

$$(\sqrt[n]{a} \cdot \sqrt[n]{b})^n =$$

Per la quarta proprietà delle potenze:

$$(\sqrt[n]{a})^n \cdot (\sqrt[n]{b})^n =$$

Per la definizione di radice:

$$a \cdot b.$$

Secondo membro

$$(\sqrt[n]{a \cdot b})^n =$$

Per la definizione di radice:

$$a \cdot b.$$

Essendo $a \geq 0$ e $b \geq 0$, le espressioni $\sqrt[n]{a} \cdot \sqrt[n]{b}$ e $\sqrt[n]{a \cdot b}$ sono sempre positive o nulle; quindi, dall'uguaglianza delle loro potenze n-esime deduciamo l'uguaglianza delle espressioni:

$$\sqrt[n]{a} \cdot \sqrt[n]{b} = \sqrt[n]{a \cdot b}.$$

ESEMPIO

$$\sqrt[5]{3} \cdot \sqrt[5]{2} = \sqrt[5]{6}; \quad \sqrt{32} \cdot \sqrt{2} = \sqrt{64} = 8; \quad \sqrt[3]{2} \cdot \sqrt[3]{2} \cdot \sqrt[3]{2} = \sqrt[3]{2^3} = 2.$$

In particolare, moltiplicando un radicale quadratico per se stesso si ottiene il radicando:

$$\sqrt{3} \cdot \sqrt{3} = \sqrt{3^2} = 3.$$

Consideriamo il prodotto di radicali con *indice dispari*, e con almeno un *radicando negativo* ($\sqrt[n]{-a}$, con n dispari e $a > 0$): in questo caso, *portiamo il segno fuori dalla radice* e scriviamo $\sqrt[n]{-a} = -\sqrt[n]{a}$, ottenendo un radicale con radicando positivo.
Se n è dispari la relazione vale anche per radicali negativi:

$$\sqrt[n]{-a} \cdot \sqrt[n]{b} = -\sqrt[n]{a \cdot b}.$$

ESEMPIO

$$\sqrt[3]{-7} \cdot \sqrt[3]{2} = -\sqrt[3]{7} \cdot \sqrt[3]{2} = -\sqrt[3]{14};$$

$$\sqrt[5]{-6} \cdot \sqrt[5]{-5} = (-\sqrt[5]{6}) \cdot (-\sqrt[5]{5}) = +\sqrt[5]{30}.$$

Se leggiamo l'uguaglianza del teorema da destra verso sinistra abbiamo:

$$\sqrt[n]{a \cdot b} = \sqrt[n]{a} \cdot \sqrt[n]{b}.$$

L'uguaglianza è sempre verificata nel caso in cui:

- $a \geq 0$, $b \geq 0$, n naturale e $n \neq 0$;
- n è dispari, indipendentemente dai segni di a e b.

ESEMPIO

$$\sqrt[6]{24} = \sqrt[6]{3} \cdot \sqrt[6]{8};$$

$$\sqrt[3]{-12} = -\sqrt[3]{3} \cdot \sqrt[3]{4} = \sqrt[3]{-3} \cdot \sqrt[3]{4}.$$

Nel caso in cui $a < 0$, $b < 0$ e n pari

$$\sqrt[n]{ab} \text{ non è } \sqrt[n]{a} \cdot \sqrt[n]{b}$$

poiché $\sqrt[n]{a}$ e $\sqrt[n]{b}$ non esistono.

ESEMPIO

$$\sqrt[4]{(-4)(-3)} = \sqrt[4]{12} = \sqrt[4]{4} \cdot \sqrt[4]{3};$$

$$\sqrt[4]{(-4)(-3)} \text{ non è } \sqrt[4]{-4} \cdot \sqrt[4]{-3}.$$

Nel caso di radicandi letterali, e n pari, poiché non sono noti i segni di a e b è necessario considerare il valore assoluto:

$$\sqrt[6]{ab} = \sqrt[6]{|a|} \cdot \sqrt[6]{|b|}.$$

Se i radicali hanno **indice diverso**, per moltiplicarli è necessario ridurli al loro minimo comune indice.

ESEMPIO

$$\sqrt{2} \cdot \sqrt[3]{5} = \sqrt[6]{2^3} \cdot \sqrt[6]{5^2} = \sqrt[6]{2^3 \cdot 5^2} = \sqrt[6]{8 \cdot 25} = \sqrt[6]{200}$$

La divisione

Si possono dividere tra loro due radicali se questi hanno lo stesso indice. Vale infatti il seguente teorema.

TEOREMA

Teorema del quoziente

Il quoziente di due radicali con lo stesso indice, il primo con radicando positivo o nullo e il secondo con radicando positivo, è un radicale che ha per indice lo stesso indice e per radicando il quoziente dei radicandi.

$$\sqrt[n]{a} : \sqrt[n]{b} = \sqrt[n]{a : b}$$

con a e b reali, $a \geq 0$, $b > 0$, n naturale, $n \neq 0$.

Listen to it

The **quotient** of two radicals having the same index, the dividend having non-negative radicand and the divisor having positive radicand, is a radical with *the same index* and *as radicand the quotient of the radicands*.

Anche per le divisioni valgono considerazioni analoghe a quelle fatte per le moltiplicazioni.

Essendo $a \geq 0$ e $b > 0$, le due espressioni $\sqrt[n]{a} : \sqrt[n]{b}$ e $\sqrt[n]{a : b}$ sono positive o nulle, quindi dall'uguaglianza delle loro potenze n-esime deduciamo l'uguaglianza delle espressioni.

ESEMPIO

1. $\sqrt[5]{8} : \sqrt[5]{2} = \sqrt[5]{8 : 2} = \sqrt[5]{4}$
2. $\sqrt[3]{a} : \sqrt[4]{b} = \sqrt[12]{a^4} : \sqrt[12]{b^3} = \sqrt[12]{\dfrac{a^4}{b^3}}$ (con $a \geq 0$ e $b > 0$).

Per il quoziente di radicali con indice dispari e con almeno un radicando negativo, operiamo come per il prodotto.

Per n dispari abbiamo:

$$\sqrt[n]{-a} : \sqrt[n]{b} = -\sqrt[n]{a : b}$$

ESEMPIO

1. $\sqrt[3]{-10} : \sqrt[3]{5} = -\sqrt[3]{2}$
2. $\sqrt[5]{-28} : \sqrt[5]{-7} = (-\sqrt[5]{28}) : (-\sqrt[5]{7}) = +\sqrt[5]{4}$

► Calcola i seguenti prodotti e quozienti di radicali.

a. $\sqrt[3]{6} \cdot \sqrt[3]{21} : \sqrt[3]{18}$

b. $\sqrt[3]{3} \cdot \sqrt{2} : \sqrt[6]{6}$

Animazione

2 Il trasporto di un fattore fuori o dentro il segno di radice

► Esercizi a p. 648

Il trasporto di un fattore fuori dal segno di radice

Riprendiamo l'uguaglianza:

$$\sqrt[n]{a} \cdot \sqrt[n]{b} = \sqrt[n]{a \cdot b}, \qquad \text{con } a \geq 0 \text{ e } b \geq 0.$$

Per la proprietà simmetrica dell'uguaglianza possiamo scrivere

$$\sqrt[n]{a \cdot b} = \sqrt[n]{a} \cdot \sqrt[n]{b},$$

che significa: la radice n-esima del prodotto $a \cdot b$ è uguale al prodotto della radice n-esima di a per la radice n-esima di b. In altre parole: un radicale il cui radicando è scomposto in fattori **non negativi** è uguale al prodotto di più radicali con lo stesso indice che hanno per radicandi i diversi fattori.

Questa proprietà permette di **trasportare fuori dal segno di radice i fattori del radicando che hanno come esponente un multiplo di n.**

ESEMPIO

1. Consideriamo il radicale $\sqrt[3]{a^9 \cdot b^2}$, con $a \geq 0$.
   Applichiamo il teorema del prodotto e poi la proprietà invariantiva:
   $$\sqrt[3]{a^9 \cdot b^2} = \sqrt[3]{a^9} \cdot \sqrt[3]{b^2} = a^3 \cdot \sqrt[3]{b^2}.$$
   Il fattore a^9 è stato portato fuori dalla radice cubica ed è diventato a^3.
2. Semplifichiamo il radicale $\sqrt[3]{a^{13}}$, con $a \geq 0$.
   Il fattore a^{13} è una potenza con esponente maggiore dell'indice, ma non multiplo, che si può scrivere come prodotto $a^{12} \cdot a$.
   Pertanto:
   $$\sqrt[3]{a^{13}} = \sqrt[3]{a^{12} \cdot a} = \sqrt[3]{a^{12}} \cdot \sqrt[3]{a} = a^4 \cdot \sqrt[3]{a}.$$

► Nei seguenti radicali, porta fuori dal segno di radice tutti i fattori possibili.

a. $\sqrt{\frac{96}{125}}$

b. $\sqrt[3]{-162}$

Animazione

In generale, considerato il radicale $\sqrt[n]{a^m}$, con $a \geq 0$ e $m \geq n$, e indicati con q il quoziente di $m : n$ e con r il resto (quindi, $m = n \cdot q + r$), si ha:

$$\sqrt[n]{a^m} = \sqrt[n]{a^{n \cdot q + r}} = \sqrt[n]{a^{n \cdot q} \cdot a^r} = \sqrt[n]{a^{n \cdot q}} \cdot \sqrt[n]{a^r} = a^q \sqrt[n]{a^r}.$$

Riconsiderando l'esempio precedente, notiamo che la divisione $13 : 3$ ha come quoziente $q = 4$ e resto $r = 1$.
Possiamo scrivere:

$$\sqrt[3]{a^{13}} = \sqrt[3]{a^{3 \cdot 4 + 1}} = \sqrt[3]{a^{3 \cdot 4} \cdot a^1} = \sqrt[3]{a^{3 \cdot 4}} \cdot \sqrt[3]{a^1} = a^4 \cdot \sqrt[3]{a} \ (\text{con } a \geq 0).$$

Quando si vuol portare fuori da una radice con indice pari un fattore di cui non si conosce il segno, utilizziamo il valore assoluto.

ESEMPIO

$$\sqrt{5a^2} = \sqrt{5}\sqrt{a^2} = \sqrt{5}\,|a|$$

► Nei seguenti radicali, porta fuori dal segno di radice tutti i fattori possibili.

a. $\sqrt[3]{3x^7(x-1)^4}$

b. $\sqrt{x^3(x-2)^6}$

c. $\sqrt{16a^4 + a^2}$

Animazione

Il trasporto di un fattore dentro al segno di radice

Dato il radicale $3 \cdot \sqrt[4]{5}$, è possibile portare il fattore 3 sotto il segno di radice, tenendo presente che $3 = \sqrt[4]{3^4}$.

Possiamo scrivere: $3 \cdot \sqrt[4]{5} = \sqrt[4]{3^4} \cdot \sqrt[4]{5} = \sqrt[4]{3^4 \cdot 5}$.

In generale, se consideriamo il prodotto $a \cdot \sqrt[n]{b}$, tenendo conto che per indice pari l'uguaglianza $a = \sqrt[n]{a^n}$ è vera solo se $a \geq 0$, abbiamo:

$$a \cdot \sqrt[n]{b} = \sqrt[n]{a^n} \cdot \sqrt[n]{b} = \sqrt[n]{a^n \cdot b} \quad \begin{cases} \text{con } a \geq 0 \text{ se } n \text{ è pari,} \\ \forall\, a \in \mathbb{R} \text{ se } n \text{ è dispari.} \end{cases}$$

Esaminiamo alcuni esempi con radicali numerici.

TEORIA

ESEMPIO Se il fattore da portare dentro è positivo, non ci sono differenze per indici pari o indici dispari.

$$3\sqrt{5} = \sqrt{3^2} \cdot \sqrt{5} = \sqrt{3^2 \cdot 5} = \sqrt{45};$$

$$2\sqrt[3]{5} = \sqrt[3]{2^3 \cdot 5} = \sqrt[3]{40}.$$

Se il fattore è negativo, dobbiamo distinguere i due casi.

Se l'indice è pari, *solo* il fattore positivo può essere portato dentro:

$$-2\sqrt[6]{2} = -\sqrt[6]{2^6} \cdot \sqrt[6]{2} = -\sqrt[6]{2^7} = -\sqrt[6]{128}.$$

Se l'indice è dispari, possiamo portare dentro sia il fattore positivo, sia il fattore negativo:

$$-2\sqrt[3]{3} = -\sqrt[3]{2^3 \cdot 3} = -\sqrt[3]{24}, \text{ oppure } -2\sqrt[3]{3} = \sqrt[3]{(-2)^3 \cdot 3} = \sqrt[3]{-24}.$$

In modo analogo, se il fattore è letterale e l'indice è pari, dobbiamo portare dentro solo fattori positivi o nulli.

ESEMPIO

$$a^2\sqrt{3} = \sqrt{a^4} \cdot \sqrt{3} = \sqrt{3a^4}$$

Possiamo portare dentro a^2 perché a^2 è sempre positivo o nullo:

$$a\sqrt{a} = \sqrt{a^2} \cdot \sqrt{a} = \sqrt{a^3}.$$

Per le C.E. dell'espressione data, $a \geq 0$, il fattore a da portare dentro è positivo o nullo.

$$a\sqrt{2} = \begin{cases} \sqrt{2a^2} & \text{se } a \geq 0, \\ -(-a)\sqrt{2} = -\sqrt{2a^2} & \text{se } a < 0. \end{cases}$$

Se $a < 0$, $-a > 0$, quindi $-a$ è il fattore che può essere portato dentro.

▶ Nelle seguenti espressioni, porta i fattori dentro al segno di radice.

a. $-\frac{2}{3}\sqrt{\frac{21}{2}}$

b. $(1-\sqrt{3})\sqrt{3}$

c. $(2-x)\sqrt{x}$

Animazione

▶ **Portare dentro e fuori dal segno di radice**

a. Porta i fattori dentro al segno di radice in $3x^2yz\sqrt[4]{y}$ e in $-2xy^2\sqrt[3]{z}$.

b. Porta fuori dal segno di radice tutti i fattori possibili in $\sqrt{\frac{25a^3}{b^4c^2}}$.

Video

3 La potenza e la radice di un radicale

▶ Esercizi a p. 654

La potenza di un radicale

TEOREMA
La potenza m-esima di un radicale, con radicando positivo o nullo, è un radicale che ha per indice lo stesso indice e per radicando la potenza m-esima del radicando, ossia

$$(\sqrt[n]{a})^m = \sqrt[n]{a^m},$$

con n e m naturali, $n \neq 0$ e $m \neq 0$, e a reale, $a \geq 0$.

Listen to it

The ***n*-th power** of a radical with a non-negative radicand is a radical having *the same index* and as radicand *the n-th power of the radicand.*

ESEMPIO

1. $(\sqrt[5]{3})^4 = \sqrt[5]{3^4} = \sqrt[5]{81}$
2. $(\sqrt[4]{a^3})^5 = \sqrt[4]{(a^3)^5} = \sqrt[4]{a^{15}} = a^3 \cdot \sqrt[4]{a^3}$ (con $a \geq 0$).

In particolare, $(\sqrt[n]{a})^n = \sqrt[n]{a^n} = a$ (con $a \geq 0$).

ESEMPIO

$(\sqrt[3]{2})^3 = \sqrt[3]{2^3} = 2$

Se n è dispari, il teorema vale anche per $a < 0$, cioè se il radicando è negativo.

ESEMPIO

$(\sqrt[5]{-2})^4 = (-\sqrt[5]{2})^4 = \sqrt[5]{2^4} = \sqrt[5]{16}$

oppure

$(\sqrt[5]{-2})^4 = \sqrt[5]{(-2)^4} = \sqrt[5]{2^4} = \sqrt[5]{16}$.

La radice di un radicale

TEOREMA

La radice m-esima di un radicale di indice n, con radicando positivo o nullo, è un radicale che ha per indice il prodotto degli indici $m \cdot n$ e per radicando lo stesso radicando.

$$\sqrt[m]{\sqrt[n]{a}} = \sqrt[m \cdot n]{a},$$

con m e n naturali, $n \neq 0$ e $m \neq 0$, e a reale, $a \geq 0$.

> **Listen to it**
>
> The ***n*-th root** of a radical with a non-negative radicand is a radical having the same radicand and as index the product of the index and *n*.

Per la proprietà commutativa della moltiplicazione $m \cdot n = n \cdot m$, e si ha:

$$\sqrt[m]{\sqrt[n]{a}} = \sqrt[m \cdot n]{a} = \sqrt[n \cdot m]{a} = \sqrt[n]{\sqrt[m]{a}}.$$

Pertanto **è possibile scambiare gli indici delle radici**. Ciò può rendere più immediata la semplificazione di un radicale.

ESEMPIO

$\sqrt[3]{\sqrt[4]{a^3}} = \sqrt[4]{\sqrt[3]{a^3}} = \sqrt[4]{a}$ (con $a \geq 0$).

Se m e n sono entrambi dispari, il teorema vale anche con radicando negativo, cioè per $a < 0$.

ESEMPIO

$\sqrt[7]{\sqrt[3]{-2}} = \sqrt[7]{-\sqrt[3]{2}} = -\sqrt[7]{\sqrt[3]{2}} = -\sqrt[21]{2}$

oppure

$\sqrt[7]{\sqrt[3]{-2}} = \sqrt[21]{-2} = -\sqrt[21]{2}$.

► Calcola:

a. $(\sqrt[3]{2^3 \cdot 5})^2$; **b.** $(\sqrt[3]{2^3 + 5})^2$; **c.** $\sqrt{\sqrt[3]{4}}$; **d.** $\sqrt{5\sqrt[3]{4}}$.

Animazione

TEORIA

4 L'addizione e la sottrazione di radicali

▶ Esercizi a p. 657

Non sempre è possibile semplificare espressioni che contengono somme o differenze di radicali.

ESEMPIO

$\sqrt{4}+\sqrt{9}$ non è $\sqrt{4+9}$!

Infatti:

$\sqrt{4}+\sqrt{9}=2+3=5$, mentre $\sqrt{4+9}=\sqrt{13}$.

Analogamente,

$\sqrt{9}-\sqrt{4}$ non è $\sqrt{9-4}$!

Infatti:

$\sqrt{9}-\sqrt{4}=3-2=1$, mentre $\sqrt{9-4}=\sqrt{5}$.

In generale:

$\sqrt{a}+\sqrt{b}\neq\sqrt{a+b}$;

$\sqrt{a}-\sqrt{b}\neq\sqrt{a-b}$.

Però, date le espressioni $2\cdot\sqrt{3}$ e $5\cdot\sqrt{3}$, si possono eseguire l'addizione o la sottrazione raccogliendo a fattore comune $\sqrt{3}$:

$2\sqrt{3}+5\sqrt{3}=(2+5)\sqrt{3}=7\sqrt{3}$;

$2\sqrt{3}-5\sqrt{3}=-3\sqrt{3}$.

In pratica, si opera in analogia con quanto si farebbe con i monomi $2a$ e $5a$, ponendo $a=\sqrt{3}$:

$2a+5a=(2+5)a=7a$;

$2a-5a=(2-5)a=-3a$.

Il radicale è analogo alla parte letterale del monomio.

Listen to it

Two radicals are said to be **similar** if they have the *same index* and the *same radicand*.

DEFINIZIONE

Due **radicali** irriducibili si dicono **simili** quando hanno lo stesso indice, lo stesso radicando e possono essere diversi solo per il fattore che li moltiplica, detto coefficiente del radicale.

$p\sqrt[n]{a}$ è simile a $q\sqrt[n]{a}$

ESEMPIO $9\cdot\sqrt[5]{2}$ e $7\cdot\sqrt[5]{2}$ sono simili, perché i due radicali hanno lo stesso indice 5 e lo stesso radicando 2.

I radicali $5\cdot\sqrt[9]{2}$ e $5\cdot\sqrt[7]{2}$ non sono simili, perché le due radici hanno indici diversi, rispettivamente 9 e 7.

A volte due radicali possono essere trasformati in radicali simili portando fuori dalla radice alcuni fattori.

ESEMPIO I radicali $b^2 \cdot \sqrt{b^3}$ e $\sqrt{b^5}$, con $b \geq 0$, non sono simili.

Portiamo fuori radice i fattori:

$$b^2 \cdot \sqrt{b^3} = b^2 \cdot b \cdot \sqrt{b} = b^3 \cdot \sqrt{b}; \qquad \sqrt{b^5} = b^2 \cdot \sqrt{b}.$$

I radicali ottenuti $b^3 \cdot \sqrt{b}$ e $b^2 \cdot \sqrt{b}$ sono simili.
Invece i radicali $a \cdot \sqrt[3]{b}$ e $a \cdot \sqrt[3]{b^2}$ non sono simili, perché le due radici hanno radicandi diversi, b e b^2.

Con radicali simili possiamo eseguire l'addizione o la sottrazione.

REGOLA

La **somma algebrica di** due o più **radicali simili** è il radicale, simile ai dati, che ha come coefficiente la somma algebrica dei coefficienti.

$$p\sqrt[n]{a} + q\sqrt[n]{a} = (p+q)\sqrt[n]{a}$$

Listen to it

The **algebraic sum of two similar radicals** is a radical similar to both, having as coefficient the algebraic sum of the two coefficients.

ESEMPIO

1. $4\sqrt[3]{a} + 2\sqrt[3]{a} = 6\sqrt[3]{a}$ (con $a \geq 0$).
2. $a\sqrt{2} + \sqrt{2} = (a+1)\sqrt{2}$

Utilizzando le regole del calcolo algebrico, possiamo semplificare espressioni contenenti le operazioni con i radicali e i prodotti notevoli.

ESEMPIO

$$(\sqrt{5}+\sqrt{2})^2 = (\sqrt{5})^2 + 2 \cdot \sqrt{5} \cdot \sqrt{2} + (\sqrt{2})^2 = 5 + 2\sqrt{10} + 2 = 7 + 2\sqrt{10}$$

► Semplifica le seguenti espressioni:

a. $\sqrt{2}(1-\sqrt{3}) + (\sqrt{2}-1)(\sqrt{2}+1)$; **b.** $(1-\sqrt{2})^3 - (1+\sqrt{2})^2$.

Animazione

► Semplifica la seguente espressione:

$2x\sqrt[3]{x} - 2\sqrt{9x} - 2\sqrt{4x^3} - \sqrt[3]{64x^4} + 3\sqrt{4x}$.

Animazione

5 La razionalizzazione del denominatore di una frazione

► Esercizi a p. 664

Razionalizzare il denominatore di una frazione significa trasformare la frazione in una equivalente che non ha radicali a denominatore. Ciò risulta utile, per esempio, nella somma di frazioni.

Listen to it

You **rationalise a fraction** if you find an equivalent fraction with *no radicals in the denominator*.

Per razionalizzare il denominatore di una frazione si applica la proprietà invariantiva delle frazioni, moltiplicando numeratore e denominatore per uno stesso fattore diverso da 0. Esaminiamo i casi più comuni.

1. Il denominatore è un unico radicale.

Se il denominatore contiene un radicale quadratico, basta moltiplicare numeratore e denominatore per il radicale stesso.

ESEMPIO Razionalizziamo $\frac{6}{\sqrt{2}}$.

Poiché $\sqrt{2} \cdot \sqrt{2} = \sqrt{4} = 2$, otteniamo:

$$\frac{6}{\sqrt{2}} = \frac{6}{\sqrt{2}} \cdot \frac{\sqrt{2}}{\sqrt{2}} = \frac{6\sqrt{2}}{2} = 3\sqrt{2}.$$

Il risultato $3 \cdot \sqrt{2}$ non contiene radicali al denominatore.

In generale, se il radicale al denominatore non è quadratico, con $a > 0$ e $m < n$, per razionalizzare si utilizza il fattore $\sqrt[n]{a^{n-m}}$:

$$\frac{1}{\sqrt[n]{a^m}} = \frac{\sqrt[n]{a^{n-m}}}{\sqrt[n]{a^m}\sqrt[n]{a^{n-m}}} = \frac{\sqrt[n]{a^{n-m}}}{\sqrt[n]{a^{m+(n-m)}}} = \frac{\sqrt[n]{a^{n-m}}}{\sqrt[n]{a^n}} = \frac{\sqrt[n]{a^{n-m}}}{a}.$$

ESEMPIO

$$\frac{21}{\sqrt[5]{49}} = \frac{21}{\sqrt[5]{7^2}} = \frac{21}{\sqrt[5]{7^2}} \cdot \frac{\sqrt[5]{7^3}}{\sqrt[5]{7^3}} = \frac{21\sqrt[5]{7^3}}{7} = 3\sqrt[5]{7^3}$$

▶ Razionalizza i denominatori di:

a. $\frac{21}{\sqrt{7}}$; **b.** $\frac{18}{\sqrt[7]{8}}$;

c. $\frac{36}{\sqrt{12} - \sqrt{6}}$.

Animazione

2. **Il denominatore è la somma o la differenza di due termini, dei quali almeno uno è un radicale quadratico.**

ESEMPIO Razionalizziamo $\frac{8}{\sqrt{7} + \sqrt{2}}$.

Moltiplichiamo numeratore e denominatore per la differenza $\sqrt{7} - \sqrt{2}$, in modo da applicare il prodotto notevole $(a + b)(a - b) = a^2 - b^2$:

$$\frac{8}{\sqrt{7} + \sqrt{2}} \cdot \frac{(\sqrt{7} - \sqrt{2})}{\sqrt{7} - \sqrt{2}} = \frac{8(\sqrt{7} - \sqrt{2})}{(\sqrt{7})^2 - (\sqrt{2})^2} = \frac{8(\sqrt{7} - \sqrt{2})}{5}.$$

▶ Razionalizza i denominatori di:

a. $\frac{10}{\sqrt[9]{25}}$; **b.** $\frac{6}{\sqrt{7} + \sqrt{5}}$;

c. $\frac{1}{2 - \sqrt{10}}$.

Animazione

Se al denominatore c'è una differenza, dobbiamo invece moltiplicare per la somma dei due termini.

ESEMPIO Razionalizziamo $\frac{3}{2 - \sqrt{2}}$.

Moltiplichiamo numeratore e denominatore per la somma $2 + \sqrt{2}$:

$$\frac{3}{2 - \sqrt{2}} = \frac{3}{2 - \sqrt{2}} \cdot \frac{2 + \sqrt{2}}{2 + \sqrt{2}} = \frac{3(2 + \sqrt{2})}{(2)^2 - (\sqrt[2]{2})^2} = \frac{3(2 + \sqrt{2})}{2}.$$

6 Applicazioni delle operazioni con i radicali

▶ Esercizi a p. 671

Le proprietà finora esaminate vengono utilizzate anche per risolvere equazioni, sistemi e disequazioni con coefficienti irrazionali e un particolare tipo di equazioni, le equazioni binomie.

Le equazioni, i sistemi e le disequazioni con coefficienti irrazionali

ESEMPIO

1. Risolviamo l'equazione:

$$(\sqrt{2} + 1)(x + 1) = 2(2 - x).$$

Svolgiamo i calcoli:

$$\sqrt{2}x + \sqrt{2} + x + 1 = 4 - 2x.$$

▶ Risolvi la seguente equazione.

$(\sqrt{3} - x)(\sqrt{3} + x) =$
$= 3 - (2\sqrt{3} - x)^2$

Animazione

Portiamo i termini con l'incognita al primo membro, gli altri al secondo:

$$\sqrt{2}\,x + x + 2x = 4 - \sqrt{2} - 1.$$

Sommiamo i termini simili:

$$3x + \sqrt{2}\,x = 3 - \sqrt{2}.$$

Raccogliamo l'incognita x:

$$(3 + \sqrt{2})x = 3 - \sqrt{2}.$$

Dividiamo per $3 + \sqrt{2}$:

$$\frac{(3+\sqrt{2})x}{3+\sqrt{2}} = \frac{3-\sqrt{2}}{3+\sqrt{2}}.$$

Razionalizziamo il denominatore:

$$x = \frac{3-\sqrt{2}}{3+\sqrt{2}} \cdot \frac{3-\sqrt{2}}{3-\sqrt{2}} = \frac{(3-\sqrt{2})^2}{9-2} = \frac{9+2-6\sqrt{2}}{7} = \frac{11-6\sqrt{2}}{7}.$$

La soluzione è $x = \dfrac{11-6\sqrt{2}}{7}$.

2. Risolviamo la disequazione:

$$\frac{3\sqrt{2}\,x}{\sqrt{3}} - \frac{2}{\sqrt{6}} > \frac{5\sqrt{6}\,x}{2}.$$

Tenuto conto che $\sqrt{6} = \sqrt{2} \cdot \sqrt{3}$, prendiamo $2\sqrt{2} \cdot \sqrt{3}$ come denominatore comune; moltiplichiamo tutti i termini per $2\sqrt{2} \cdot \sqrt{3}$:

$$\frac{3\sqrt{2}\,x}{\sqrt{3}} \cdot 2\sqrt{2} \cdot \sqrt{3} - \frac{2}{\sqrt{6}} \cdot 2\sqrt{2} \cdot \sqrt{3} > \frac{5\sqrt{6}\,x}{2} \cdot 2\sqrt{2} \cdot \sqrt{3}.$$

Eseguiamo i calcoli:

$$12x - 4 > 30x \quad \to \quad 12x - 30x > 4 \quad \to \quad -18x > 4 \quad \to$$

$$+\frac{18}{18}x < -\frac{4}{18} \quad \to \quad x < -\frac{2}{9}.$$

▸ Risolvi la seguente disequazione.
$\dfrac{x}{\sqrt{2}} + \dfrac{x+1}{\sqrt{2}+\sqrt{3}} > \sqrt{2}$

Animazione

▸ Risolvi il seguente sistema.
$\begin{cases} \sqrt{5}x - \sqrt{2}y = -7 \\ 2\sqrt{5}x + y = \sqrt{2} - 10 \end{cases}$

Animazione

Le equazioni binomie

DEFINIZIONE

Un'**equazione binomia** è riconducibile alla forma $\boldsymbol{ax^n + b = 0}$, dove n è un numero intero positivo e $a, b \in \mathbb{R}$ con $a \neq 0$.

Per $n = 1$ l'equazione è di primo grado, quindi sappiamo risolverla. Negli altri casi, per risolvere l'equazione in $\mathbb{R}$, basta ricavare x^n e utilizzare la definizione di radice di un numero.
Distinguiamo due casi.

L'esponente *n* è dispari

ESEMPIO Risolviamo l'equazione:

$$x^3 + 27 = 0 \quad \to \quad x^3 = -27.$$

Ricaviamo x estraendo la radice cubica di -27:

$$x = \sqrt[3]{-27} = -3.$$

▸ Risolvi la seguente equazione.
$2x^3 - 16 = 0$

TEORIA

L'esponente *n* è pari

ESEMPIO Risolviamo l'equazione:

$x^2 - 32 = 0 \quad \rightarrow \quad x^2 = 32.$

Poiché l'esponente è pari, abbiamo due soluzioni opposte che si ottengono facendo precedere $\sqrt[2]{32} = 4\sqrt[2]{2}$ dai segni + e −:

$x_1 = -4\sqrt[2]{2},\ x_2 = +4\sqrt[2]{2}.$

Invece, l'equazione $x^2 = -32$ non ha soluzioni reali. Non esiste, infatti, un numero reale che, elevato a esponente pari, dia un numero negativo.

► Risolvi la seguente equazione.
$x^6 - 1 = 0$

Possiamo riassumere i due casi con il seguente schema.

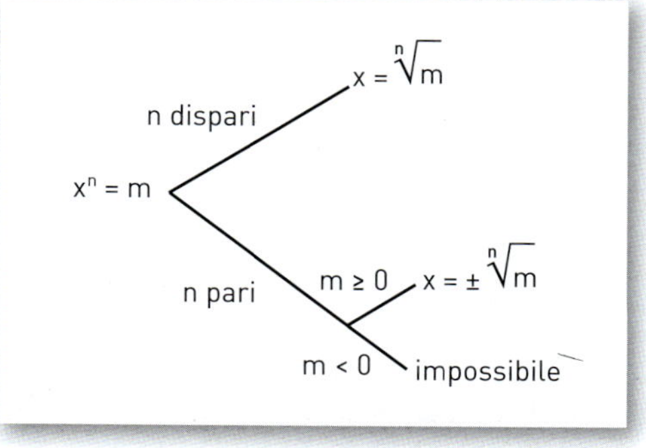

7 Le potenze con esponente razionale

► Esercizi a p. 675

È possibile scrivere i radicali in una forma diversa, che permette di estendere il concetto di potenza al caso in cui l'esponente sia un numero razionale.

DEFINIZIONE
La **potenza con esponente razionale** $\frac{m}{n}$ di un numero reale *a, positivo o nullo,* è la radice *n*-esima di a^m.

$$a^{\frac{m}{n}} = \sqrt[n]{a^m} \quad (a \geq 0).$$

ESEMPIO

1. $5^{\frac{2}{3}} = \sqrt[3]{5^2} = \sqrt[3]{25}$
2. $(-4)^{\frac{1}{2}}$ non ha significato, perché nella definizione sono escluse le potenze di numeri negativi.
3. $1^{\frac{1}{4}} = \sqrt[4]{1} = 1$
4. $0^{\frac{3}{2}} = \sqrt{0^3} = 0$

Per definire anche la potenza con esponente razionale negativo, teniamo conto che, se m è un numero naturale:

$$a^{-m} = \left(\frac{1}{a}\right)^m, \text{ con } a \neq 0,$$

quindi dobbiamo avere che:

$$a^{-\frac{m}{n}} = a^{(-m)\cdot\frac{1}{n}} = \left[\left(\frac{1}{a}\right)^m\right]^{\frac{1}{n}} = \sqrt[n]{\left(\frac{1}{a}\right)^m}, \text{ con } a > 0.$$

ESEMPIO

1. $5^{-\frac{3}{4}} = \sqrt[4]{\left(\frac{1}{5}\right)^3} = \sqrt[4]{\frac{1}{125}}$
2. $9^{-\frac{1}{2}} = \sqrt{\frac{1}{9}} = \frac{1}{3}$
3. $\left(\frac{1}{3}\right)^{-\frac{3}{4}} = \sqrt[4]{\left(\frac{1}{3}\right)^{-3}} = \sqrt[4]{3^3} = \sqrt[4]{27}$
4. $0^{-\frac{2}{3}}$ questa potenza non esiste.

Dalla definizione si ricava che:

$$\left(\frac{a}{b}\right)^{-\frac{m}{n}} = \left(\frac{b}{a}\right)^{\frac{m}{n}} = \sqrt[n]{\left(\frac{b}{a}\right)^m}, \text{ con } \frac{a}{b} > 0.$$

La definizione data permette di estendere alle potenze con esponente razionale le proprietà delle potenze con esponente intero, che ricordiamo nella tabella seguente.

Proprietà delle potenze	Esempio
$a^{\frac{m}{n}} \cdot a^{\frac{p}{q}} = a^{\frac{m}{n}+\frac{p}{q}}$	$3^{\frac{3}{2}} \cdot 3^{\frac{1}{2}} = 3^{\frac{3}{2}+\frac{1}{2}} = 3^{\frac{4}{2}} = 3^2 = 9$
$a^{\frac{m}{n}} : a^{\frac{p}{q}} = a^{\frac{m}{n}-\frac{p}{q}}$	$2^{\frac{1}{2}} : 2^{\frac{1}{4}} = 2^{\frac{1}{2}-\frac{1}{4}} = 2^{\frac{1}{4}} = \sqrt[4]{2}$
$\left(a^{\frac{m}{n}}\right)^{\frac{p}{q}} = a^{\frac{m}{n}\cdot\frac{p}{q}}$	$\left(5^{\frac{1}{3}}\right)^{\frac{1}{2}} = 5^{\frac{1}{3}\cdot\frac{1}{2}} = 5^{\frac{1}{6}} = \sqrt[6]{5}$
$a^{\frac{m}{n}} \cdot b^{\frac{m}{n}} = (a \cdot b)^{\frac{m}{n}}$	$3^{\frac{1}{3}} \cdot 2^{\frac{1}{3}} = (3 \cdot 2)^{\frac{1}{3}} = 6^{\frac{1}{3}} = \sqrt[3]{6}$
$a^{\frac{m}{n}} : b^{\frac{m}{n}} = (a : b)^{\frac{m}{n}}$	$14^{\frac{3}{5}} : 7^{\frac{3}{5}} = (14 : 7)^{\frac{3}{5}} = 2^{\frac{3}{5}} = \sqrt[5]{2^3} = \sqrt[5]{8}$

▶ Semplifica le seguenti espressioni utilizzando le proprietà delle potenze.

a. $\dfrac{\sqrt{2\sqrt[3]{4}} \cdot \sqrt[6]{2}}{\sqrt{2}}$

b. $\dfrac{\sqrt[3]{x\sqrt{x}}}{x^2\sqrt{x}}$, con $x > 0$

Animazione

▶ Semplifica la seguente espressione prima con le proprietà dei radicali, poi con le proprietà delle potenze con esponente razionale. Confronta i due metodi.

$\sqrt[5]{\sqrt[3]{x^4} : \sqrt[6]{x^5}}$

Video

Nelle espressioni irrazionali a volte invece di operare con i radicali, può essere utile passare al calcolo con le potenze a esponente frazionario. Bisogna tuttavia ricordare che per la definizione data, occorre che i radicandi siano tutti non negativi.

Esempi di espressioni irrazionali			
	Semplificazione	**Addizione**	**Potenza**
con i radicali	$\sqrt[12]{7^8} = \sqrt[12:4]{7^{8:4}} = \sqrt[3]{7^2}$	$2\sqrt[3]{a^2} + 5\sqrt[3]{a^2} = (2+5)\sqrt[3]{a^2} = 7\sqrt[3]{a^2}$	$(\sqrt[7]{a^3})^2 = \sqrt[7]{(a^3)^2} = \sqrt[7]{a^6}$
con le potenze	$7^{\frac{8}{12}} = 7^{\frac{8:4}{12:4}} = 7^{\frac{2}{3}}$	$2a^{\frac{2}{3}} + 5a^{\frac{2}{3}} = (2+5)a^{\frac{2}{3}} = 7a^{\frac{2}{3}}$	$\left(a^{\frac{3}{7}}\right)^2 = a^{\frac{3}{7}\cdot 2} = a^{\frac{6}{7}}$

IN SINTESI
Le operazioni con i radicali

La moltiplicazione e la divisione

Il **prodotto** di due radicali, con lo stesso indice e con radicando positivo o nullo, è un radicale che ha lo stesso indice e per radicando il prodotto dei radicandi:

$$\sqrt[n]{a}\cdot\sqrt[n]{b}=\sqrt[n]{a\cdot b}$$

con a e b reali, $a\geq 0$, $b\geq 0$, n naturale e $n\neq 0$.

Il prodotto di due radicali con n dispari e radicando negativo è dato da:

$$\sqrt[n]{-a}\cdot\sqrt[n]{b}=-\sqrt[n]{ab}$$

con n dispari e $a<0$.

Se i radicali hanno indice diverso, per moltiplicarli è sufficiente ridurli al loro minimo comune indice.

ESEMPIO

$$\sqrt[3]{4}\cdot\sqrt[2]{5}\qquad \text{mcm}(3;2)=6$$

$$\sqrt[6]{4^2}\cdot\sqrt[6]{5^3}=\sqrt[6]{16}\cdot\sqrt[6]{125}=\sqrt[6]{2000}$$

Considerazioni analoghe valgono per il **quoziente** di radicali.

ESEMPIO

$$\sqrt{2^4}:\sqrt[5]{2^3}=\sqrt[10]{(2^4)^5}:\sqrt[10]{(2^3)^2}=$$

$$\sqrt[10]{2^{20}:2^6}=\sqrt[10]{2^{14}}=\sqrt[5]{2^7}$$

Il trasporto di un fattore fuori o dentro il segno di radice

Un **fattore del radicando**, scritto sotto forma di **potenza con base non negativa**, può essere **portato fuori dal segno di radice**, se il suo esponente m è maggiore o uguale all'indice n della radice. Il fattore esterno ha per esponente il quoziente della divisione fra m e n, quello interno ha per esponente il resto della divisione.

$$\sqrt[n]{a^m}=\sqrt[n]{a^{n\cdot q+r}}=\sqrt[n]{a^{nq}\cdot a^r}=$$

$$\sqrt[n]{a^{nq}}\cdot\sqrt[n]{a^r}=a^q\sqrt[n]{a^r}$$

con $a\geq 0$, $m\geq n$.

ESEMPIO

$\sqrt[3]{5^{14}}$;

$14=12+2=(3\cdot 4)+2$

$n=3$; $m=14$; $q=4$; $r=2$.

$$\sqrt[3]{5^{14}}=\sqrt[3]{5^{4\cdot 3+2}}=$$

$$\sqrt[3]{5^{4\cdot 3}}\cdot\sqrt[3]{5^2}=$$

$$5^4\cdot\sqrt[3]{5^2}.$$

Un **fattore non negativo** può essere **portato dentro il segno di radice**, diventando fattore del radicando, se lo si eleva alla potenza che ha per esponente l'indice del radicale:

$$a\sqrt[n]{b}=\sqrt[n]{a^n\cdot b}\qquad(\text{se } a\geq 0).$$

ESEMPIO

$$5\sqrt{3}=\sqrt[2]{5^2}\cdot\sqrt[2]{3}=$$

$$\sqrt{5^2\cdot 3}=\sqrt{75}$$

La potenza e la radice di un radicale

La **potenza** m-esima di un radicale con radicando positivo o nullo è un radicale che ha per indice lo stesso indice e per radicando la potenza m-esima del radicando:

$$(\sqrt[n]{a})^m=\sqrt[n]{a^m}$$

con n e m naturali, $n\neq 0$, $m\neq 0$; a reale $a\geq 0$.

ESEMPIO

$$(\sqrt[7]{3^2})^4=\sqrt[7]{3^8}$$

La **radice** m-esima di un radicale con radicando positivo o nullo e di indice n è un radicale che ha per indice il prodotto degli indici $m\cdot n$ e per radicando lo stesso radicando:

$$\sqrt[m]{\sqrt[n]{a}}=\sqrt[m\cdot n]{a}$$

con n e m naturali, $n\neq 0$, $m\neq 0$; a reale, $a\geq 0$.

ESEMPIO

$$\sqrt[7]{\sqrt[3]{2}}=\sqrt[21]{2}$$

L'addizione e la sottrazione di radicali

Due radicali irriducibili sono **simili** se hanno lo stesso indice e lo stesso radicando.
La **somma di due radicali simili** è un radicale simile ai radicali dati, avente per coefficiente la somma dei loro coefficienti.

ESEMPIO

$$4\sqrt[3]{2}+5\sqrt[3]{2}=9\sqrt[3]{2}$$

La razionalizzazione del denominatore di una frazione

È possibile **razionalizzare il denominatore** (in cui compaiono radicali) di una frazione, moltiplicando numeratore e denominatore per un opportuno fattore diverso da 0.
I casi più comuni sono i seguenti.

- Il denominatore è un unico radicale quadratico: si moltiplicano numeratore e denominatore per il radicale.

ESEMPIO

$$\frac{2}{\sqrt{2}}=\frac{2}{\sqrt{2}}\cdot\frac{\sqrt{2}}{\sqrt{2}}=\frac{2\sqrt{2}}{2}=\sqrt{2}$$

- Al denominatore è presente un radicale non quadratico: si moltiplicano numeratore e denominatore per $\sqrt[n]{a^{n-m}}$ con $a \geq 0$ e $m < n$.

$$\frac{1}{\sqrt[n]{a^m}}=\frac{\sqrt[n]{a^{n-m}}}{a}$$

ESEMPIO

$$\frac{3}{\sqrt[5]{5^2}}=\frac{3}{\sqrt[5]{5^2}}\cdot\frac{\sqrt[5]{5^3}}{\sqrt[5]{5^3}}=\frac{3\sqrt[5]{5^3}}{5}$$

- Il denominatore è la somma o la differenza di due termini dei quali almeno uno è un radicale quadratico: si sfrutta il prodotto notevole differenza di due quadrati.

$$(a+b)(a-b)=a^2-b^2$$

ESEMPIO

$$\frac{7}{\sqrt{11}+\sqrt{5}}=$$

$$\frac{7(\sqrt{11}-\sqrt{5})}{(\sqrt{11}+\sqrt{5})\cdot(\sqrt{11}-\sqrt{5})}=$$

$$\frac{7(\sqrt{11}-\sqrt{5})}{6}$$

Applicazioni delle operazioni con i radicali

Utilizzando le proprietà dei radicali è possibile risolvere equazioni, sistemi e disequazioni a coefficienti irrazionali.

ESEMPIO

$$\sqrt{2}\,x=4 \rightarrow$$

$$x=\frac{4}{\sqrt{2}}=\frac{4}{\sqrt{2}}\cdot\frac{\sqrt{2}}{\sqrt{2}}=2\sqrt{2}$$

Si possono inoltre risolvere le **equazioni binomie**, ovvero equazioni della forma:

$$ax^n+b=0 \quad (n \text{ intero positivo, } a \neq 0).$$

Si risolvono ricavando x^n e utilizzando la definizione di radice.

ESEMPIO

$$x^5+243=0$$

$$x^5=-243 \rightarrow x=\sqrt[5]{-243} \rightarrow x=-3$$

Se ***n* è dispari**, si ha una soluzione reale; se ***n* è pari**, l'esistenza delle radici dipende dal segno del radicando.

Le potenze con esponente razionale

È possibile scrivere i radicali sotto forma di **potenze con esponenti razionali.**
La radice n-esima di a^m è uguale alla potenza con esponente razionale $\frac{m}{n}$:

$$a^{\frac{m}{n}}=\sqrt[n]{a^m}$$

con $a \geq 0$.

ESEMPIO

$$7^{\frac{5}{4}}=\sqrt[4]{7^5}$$

Se l'esponente è negativo, per $a > 0$

$$a^{-\frac{m}{n}}=\sqrt[n]{\left(\frac{1}{a}\right)^m}.$$

ESEMPIO

$$10^{-\frac{3}{4}}=\sqrt[4]{\left(\frac{1}{10}\right)^3}$$

Anche per le potenze con esponente razionale valgono le proprietà delle potenze con esponente intero.

ESERCIZI

CAPITOLO 15
ESERCIZI

1 La moltiplicazione e la divisione di radicali

▶ Teoria a p. 632

La moltiplicazione

VERO O FALSO?

1 a. $\sqrt{21}=\sqrt{(-3)\cdot(-7)}=\sqrt{-3}\cdot\sqrt{-7}$ V F

b. $\sqrt{\frac{-5}{-13}}=\sqrt{\frac{5}{13}}=\frac{\sqrt{5}}{\sqrt{13}}$ V F

c. $\sqrt[3]{-5}\cdot\sqrt[3]{9}=-\sqrt[3]{45}$ V F

d. $\sqrt{(-16)(-11)}=4\sqrt{11}$ V F

2 a. Il prodotto di due radicali è un radicale che ha per indice il prodotto degli indici e per radicando il prodotto dei radicandi. V F

b. $\frac{\sqrt[3]{x}}{\sqrt[3]{y}}=\sqrt[3]{\frac{x}{y}}$, $\forall x\in\mathbb{R}$ e $\forall y>0$. V F

c. Il prodotto dei radicali $\sqrt[3]{5}$ e $\sqrt[4]{7}$ è il radicale $\sqrt[12]{35}$. V F

3 ESERCIZIO GUIDA Eseguiamo le seguenti moltiplicazioni fra radicali:

a. $\sqrt[3]{\frac{5}{3}}\cdot\sqrt[3]{\frac{9}{25}}\cdot\sqrt[3]{\frac{5}{2}}$; b. $\sqrt{\frac{2a}{b}}\cdot\sqrt[3]{\frac{ab^2}{6}}$ $(a\geq 0, b>0)$.

a. Poiché **gli indici dei radicali sono uguali**, è sufficiente applicare il teorema del prodotto. Il prodotto è dunque un radicale che ha per indice lo stesso indice e per radicando il prodotto dei radicandi: $\sqrt[n]{a}\cdot\sqrt[n]{b}=\sqrt[n]{a\cdot b}$.

$$\sqrt[3]{\frac{5}{3}}\cdot\sqrt[3]{\frac{9}{25}}\cdot\sqrt[3]{\frac{5}{2}}=\sqrt[3]{\frac{\cancel{5}}{\cancel{3}}\cdot\frac{\cancel{9}^{3}}{\cancel{25}}\cdot\frac{\cancel{5}}{2}}=\sqrt[3]{\frac{3}{2}}.$$

b. Poiché **i radicali hanno indici diversi**, li riduciamo allo stesso indice per poter applicare il teorema del prodotto.

$$\sqrt{\frac{2a}{b}}=\sqrt[6]{\frac{8a^3}{b^3}}\quad\text{e}\quad\sqrt[3]{\frac{ab^2}{6}}=\sqrt[6]{\frac{a^2b^4}{36}}.$$

$$\sqrt{\frac{2a}{b}}\cdot\sqrt[3]{\frac{ab^2}{6}}=\sqrt[6]{\frac{8a^3}{b^3}}\cdot\sqrt[6]{\frac{a^2b^4}{36}}=$$

$$\sqrt[6]{\frac{{}^{2}\cancel{8}a^3}{\cancel{b^3}}\cdot\frac{a^2\cdot \cancel{b^4}}{\cancel{36}_{9}}}=\sqrt[6]{\frac{2a^5b}{9}}.$$

Esegui le seguenti moltiplicazioni fra radicali e semplifica i risultati. Supponi che siano verificate le C.E.

4 $\sqrt{48}\cdot\sqrt{3}$; $\sqrt[3]{3}\cdot\sqrt[3]{9}$; $\sqrt{32}\cdot\sqrt{2}$. [12; 3; 8]

5 $\sqrt[5]{12}\,\sqrt[5]{36}\,\sqrt[5]{18}$; $\sqrt[6]{2}\,\sqrt[6]{8}\,\sqrt[6]{32}$. $[6; \sqrt{8}]$

6 $\sqrt[6]{3}\cdot\sqrt{3}\cdot\sqrt[3]{3}$; $\sqrt[4]{7}\cdot\sqrt[6]{7}\cdot\sqrt[3]{7}$. $[3; \sqrt[4]{7^3}]$

7 $\sqrt[6]{a}\cdot\sqrt{a^3}\cdot\sqrt[3]{a^2}$; $\sqrt[5]{x}\cdot\sqrt[10]{x^3}\cdot\sqrt{x}$. $[\sqrt[3]{a^7}; x]$

8 $\sqrt[5]{\frac{6}{5}}\cdot\sqrt[5]{\frac{35}{42}}\cdot\sqrt[5]{2}$; $\sqrt{\frac{3}{4}}\cdot\sqrt{\frac{8}{27}}\cdot\sqrt{6}$. $\left[\sqrt[5]{2};\ \sqrt{\frac{4}{3}}\right]$

9 $\sqrt{\frac{5}{4}}\cdot\sqrt{\frac{8}{30}}\cdot\sqrt{6}$; $\sqrt{\frac{5}{12}}\cdot\sqrt{\frac{8}{25}}\cdot\sqrt{\frac{3}{12}}$. $\left[\sqrt{2};\ \sqrt{\frac{1}{30}}\right]$

10 $\sqrt[6]{\frac{27}{x^4}}\cdot\sqrt[6]{\frac{xy^5}{8}}\cdot\sqrt[6]{\frac{1}{y^2}}$; $\sqrt{\frac{4(a-b)^2}{5a^2}}\cdot\sqrt{\frac{25ab^2}{12(a-b)^4}}$. $\left[\sqrt{\frac{3y}{2x}};\ \sqrt{\frac{5b^2}{3a(a-b)^2}}\right]$

11 $\sqrt{y}\cdot\sqrt[3]{\frac{x^2}{2}}$; $\sqrt[6]{\frac{8a}{27b^3}}\cdot\sqrt{\frac{3b}{2}}\cdot\sqrt[3]{\frac{1}{4a}}$. $\left[\sqrt[6]{\frac{x^4y^3}{4}};\ \sqrt[6]{\frac{1}{16a}}\right]$

La divisione

12 ESERCIZIO GUIDA Eseguiamo le divisioni fra radicali:

a. $\sqrt[4]{\frac{1}{2}}:\sqrt[3]{\frac{1}{2}}$; b. $\sqrt[4]{24ab^2}:\sqrt{2b}$ (con $a\geq 0$ e $b>0$).

a. $\sqrt[4]{\frac{1}{2}}:\sqrt[3]{\frac{1}{2}}=$

Riduciamo allo stesso indice:

$$\sqrt[12]{\left(\frac{1}{2}\right)^3}:\sqrt[12]{\left(\frac{1}{2}\right)^4}=$$

Applichiamo il teorema del quoziente

$$\sqrt[n]{a}:\sqrt[n]{b}=\sqrt[n]{a:b}.$$

$$\sqrt[12]{\left(\frac{1}{2}\right)^3:\left(\frac{1}{2}\right)^4}=\sqrt[12]{\left(\frac{1}{2}\right)^{3-4}}=$$

$$\sqrt[12]{\left(\frac{1}{2}\right)^{-1}}=\sqrt[12]{2}.$$

b. $\sqrt[4]{24ab^2}:\sqrt{2b}=\sqrt[4]{24ab^2}:\sqrt[4]{(2b)^2}=$

$\sqrt[4]{24ab^2:4b^2}=\sqrt[4]{6a}$

Esegui le seguenti divisioni fra radicali. Supponi che siano verificate le C.E.

13 $\sqrt{9}:\sqrt{3}$; $\sqrt{7}:\sqrt{5}$; $\sqrt{8}:\sqrt{\frac{4}{3}}$. $\left[\sqrt{3};\ \sqrt{\frac{7}{5}};\ \sqrt{6}\right]$

14 $\sqrt{a^2}:\sqrt{a}$; $\sqrt{a}:\sqrt{b}$; $\sqrt{x^3}:\sqrt{\frac{x^2}{y}}$. $\left[\sqrt{a};\ \sqrt{\frac{a}{b}};\ \sqrt{xy}\right]$

15 $\sqrt[4]{2}:\sqrt[4]{\frac{8}{5}}$; $\sqrt[3]{\frac{3}{2}}:\sqrt[3]{\frac{3}{2}}$; $\sqrt[7]{32}:\sqrt[7]{2^6}$. $\left[\sqrt[4]{\frac{5}{4}};\ 1;\ \sqrt[7]{\frac{1}{2}}\right]$

16 $\sqrt{5}:\sqrt[4]{\frac{25}{81}}$; $\sqrt[3]{2}:\sqrt[12]{\frac{8}{9}}$; $\sqrt{1+\frac{3}{5}}:\sqrt{\frac{4}{5}}$. $[3;\ \sqrt[12]{18};\ \sqrt{2}]$

17 $\sqrt{x}:\sqrt[4]{\frac{x^5}{y^4}}$; $\sqrt[3]{a}:\sqrt[12]{\frac{a^3}{b^2}}$; $\sqrt{4}:\sqrt[4]{8}$. $\left[\sqrt[4]{\frac{y^4}{x^3}};\ \sqrt[12]{ab^2};\ \sqrt[4]{2}\right]$

Espressioni con moltiplicazioni e divisioni

Semplifica le seguenti espressioni contenenti moltiplicazioni e divisioni fra radicali. Supponi i radicandi non negativi.

18 $\sqrt{125}:\sqrt{\frac{5}{6}}\cdot\sqrt{6}$ $[30]$

19 $(\sqrt{8}\cdot\sqrt{48}):(\sqrt{24}\cdot\sqrt{6})$ $\left[\sqrt{\frac{8}{3}}\right]$

20 $\sqrt[3]{3a^2c}:\sqrt[9]{27a}\cdot\sqrt[3]{9c^2}$ $[\sqrt[9]{729a^5c^9}]$

21 $\left(\sqrt[4]{\frac{x^5y}{z^2}}\cdot\sqrt[4]{\frac{z}{x^4y}}\right)\cdot\sqrt[4]{\frac{z}{x}}$ $[1]$

22 $\sqrt{x-\frac{9}{x}}:\sqrt[3]{\frac{x+3}{2x}}:\sqrt[6]{\frac{(x-3)^3}{2x}}$ $[\sqrt[6]{8(x+3)}]$

23 $\sqrt{\frac{x^2-4x}{x^2-8x+16}}\cdot\sqrt{\frac{x-4}{x}}:\sqrt{\frac{x^2-16}{x^2}}$ $\left[\sqrt{\frac{x^2}{x^2-16}}\right]$

24 $\sqrt[3]{\frac{1}{x+y}}\cdot\sqrt{\frac{x+y}{x-y}}\cdot\sqrt{\frac{x^2-y^2}{x+y}}$ $[\sqrt[6]{x+y}]$

ESERCIZI

25 ●○ YOU & MATHS **Irrational area** Find the area of a triangle with a base of $2\sqrt{2}$ cm and a height of $\sqrt[3]{3}$ cm.

26 ●○ Determina la lunghezza della base di un parallelogramma, sapendo che l'altezza è lunga $\sqrt[4]{5}$ cm e che l'area del parallelogramma è $\sqrt[8]{75}$ cm^2.
$[\sqrt[8]{3}\text{ cm}]$

MATEMATICA E GIOCHI
Jackpot Marco e Michela propongono un gioco di dadi al loro amico Paolo. Il gioco prevede che i partecipanti…

Problema e risoluzione - 2 esercizi in più.

Determina le condizioni di esistenza ed esegui le operazioni indicate.

27 ●○ ESEMPIO DIGITALE $\sqrt{2-x}\cdot\sqrt{\frac{2}{x}-1}$

28 ●○ $\sqrt{\frac{x+1}{x-4}}:\sqrt{\frac{x+1}{-x^2}}$ $\left[x<-1: \sqrt{\frac{x^2}{4-x}}\right]$

29 ●○ $\frac{\sqrt[3]{(x+1)^2}\cdot\sqrt[3]{x^2}}{\sqrt[3]{x^2+x}}$ $[x\neq 0, -1: \sqrt[3]{x^2+x}]$

30 ●○ $\sqrt[3]{x^3-3x^2}\cdot\sqrt[3]{\frac{(x-3)^2}{x^5}}$ $\left[x\neq 0: \frac{x-3}{x}\right]$

31 ●○ $\sqrt[6]{\frac{ab^2}{a-1}}\cdot\sqrt[6]{\frac{a^2-a}{a^2b^2-2ab^2+b^2}}$
$\left[(a\leq 0\vee a>1)\wedge b\neq 0: \sqrt[3]{\frac{a}{a-1}}\right]$

32 ●● $\sqrt{\frac{x-1}{x-2}}\cdot\sqrt{4-x^2}:\sqrt{2-2x}$
$\left[-2\leq x<1: \sqrt{\frac{x+2}{2}}\right]$

33 ●● $\sqrt{\frac{y^2-6x+9}{y}}\cdot\sqrt{\frac{y^2+3y}{y^2-9}}$ $[y>3: \sqrt{y-3}]$

Esegui le operazioni dopo aver determinato le condizioni di esistenza dei seguenti radicali che hanno indice diverso.

34 ●○ $\sqrt{x-6}\cdot\sqrt[5]{x+1}$ $[x\geq 6: \sqrt[10]{(x-6)^5(x+1)^2}]$

35 ●○ $\sqrt{y}\cdot\sqrt[4]{y+8}$ $[y\geq 0: \sqrt[4]{y^2(y+8)}]$

36 ●○ $\sqrt[3]{a-7}\cdot\sqrt{2a}$
$[0\leq a<7: -\sqrt[6]{8a^3(a-7)^2}; a\geq 7: \sqrt[6]{8a^3(a-7)^2}]$

37 ●○ $\sqrt{x^3-3x^2}:\sqrt[3]{x-3}$ $[x>3\wedge x=0: \sqrt[6]{x^6(x-3)}]$

38 ●○ $\sqrt{\frac{1}{x}}\cdot\sqrt[3]{\frac{1}{x^2}}:\sqrt[4]{\frac{1}{x^3}}$ $\left[x>0: \sqrt[12]{\frac{1}{x^5}}\right]$

39 ●● $\sqrt[3]{x}\cdot\sqrt{x+2}$
$[-2\leq x<0: -\sqrt[6]{x^2(x+2)^3}; x\geq 0: \sqrt[6]{x^2(x+2)^3}]$

2 Il trasporto di un fattore fuori o dentro il segno di radice

▶ Teoria a p. 634

Il trasporto di un fattore fuori dal segno di radice

40 ESERCIZIO GUIDA Trasportiamo fuori dal segno di radice tutti i fattori possibili nei seguenti radicali:

a. $\sqrt[3]{24}$; **b.** $\sqrt[4]{2^9}$; **c.** $\sqrt{\frac{3}{16}}$; **d.** $\sqrt{9a^8b}$ $(b\geq 0)$; **e.** $\sqrt[3]{a^5+3a^4+3a^3+a^2}$ $(a\geq -1)$.

a. $\sqrt[3]{24}=\sqrt[3]{8\cdot 3}=\sqrt[3]{2^3\cdot 3}=\sqrt[3]{2^3}\cdot\sqrt[3]{3}=2\cdot\sqrt[3]{3}$

b. $\sqrt[4]{2^9}=\sqrt[4]{2^8\cdot 2}=\sqrt[4]{2^8}\cdot\sqrt[4]{2}=2^2\cdot\sqrt[4]{2}=4\sqrt[4]{2}$

c. $\sqrt{\frac{3}{16}} = \frac{\sqrt{3}}{\sqrt{16}} = \frac{\sqrt{3}}{4} = \frac{1}{4}\sqrt{3}$

d. $\sqrt{9a^8b} = \sqrt{3^2 \cdot a^8 \cdot b} = \sqrt{3^2} \cdot \sqrt{a^8} \cdot \sqrt{b} = 3 \cdot a^4 \cdot \sqrt{b}$

e. Raccogliamo a^2 e riconosciamo il cubo di un binomio:

$$\sqrt[3]{a^5+3a^4+3a^3+a^2} = \sqrt[3]{a^2(a^3+3a^2+3a+1)} = \sqrt[3]{a^2(a+1)^3} = \sqrt[3]{a^2} \cdot \sqrt[3]{(a+1)^3} =$$

Poiché per ipotesi $a \geq -1$, il fattore $(a+1)$ non è negativo:

$$(a+1) \cdot \sqrt[3]{a^2}.$$

Trasporta fuori dal segno di radice tutti i fattori possibili. Supponi che i fattori da trasportare non siano negativi.

41 $\sqrt{18}$; $\sqrt{12}$; $\sqrt[3]{54}$; $\sqrt[3]{40}$. $[3\sqrt{2}; 2\sqrt{3}; 3\sqrt[3]{2}; 2\sqrt[3]{5}]$

42 $\sqrt{\frac{16}{3}}$; $\sqrt{\frac{5}{4}}$; $\sqrt[3]{\frac{2}{27}}$; $\sqrt[3]{\frac{8}{5}}$. $\left[4 \cdot \sqrt{\frac{1}{3}}; \frac{1}{2}\sqrt{5}; \frac{1}{3}\sqrt[3]{2}; 2\sqrt[3]{\frac{1}{5}}\right]$

43 $\sqrt{40}$; $\sqrt{243}$; $\sqrt{125}$; $\sqrt[3]{16}$. $[2\sqrt{10}; 9\sqrt{3}; 5\sqrt{5}; 2\sqrt[3]{2}]$

44 $\sqrt[3]{96}$; $\sqrt[3]{81}$; $\sqrt[4]{320}$; $\sqrt[4]{243}$. $[2\sqrt[3]{12}; 3\sqrt[3]{3}; 2\sqrt[4]{20}; 3\sqrt[4]{3}]$

45 $\sqrt{\frac{3}{8}}$; $\sqrt{\frac{72}{25}}$; $\sqrt[3]{\frac{8}{81}}$; $\sqrt[3]{\frac{33}{160}}$. $\left[\frac{1}{2}\sqrt{\frac{3}{2}}; \frac{6}{5}\sqrt{2}; \frac{2}{3}\sqrt[3]{\frac{1}{3}}; \frac{1}{2}\sqrt[3]{\frac{33}{20}}\right]$

46 $\sqrt[3]{320}$; $\sqrt[3]{375}$; $\sqrt[4]{112}$; $\sqrt[4]{405}$. $[4\sqrt[3]{5}; 5\sqrt[3]{3}; 2\sqrt[4]{7}; 3\sqrt[4]{5}]$

47 $\sqrt{5a^8bc^2}$; $\sqrt[3]{6ab^3c^6}$; $\sqrt[4]{\frac{2}{81}x^{12}}$; $\sqrt{2a^2b}$. $\left[a^4c\sqrt{5b}; bc^2\sqrt[3]{6a}; \frac{1}{3}x^3\sqrt[4]{2}; a\sqrt{2b}\right]$

48 $\sqrt[3]{a^3+3a^2+3a+1}$; $\sqrt[3]{a^6(x-y)^3}$; $\sqrt[3]{3b^6}$. $[a+1; a^2(x-y); b^2\sqrt[3]{3}]$

49 ESEMPIO DIGITALE $\sqrt{3x^2+x^3}$; $\sqrt[3]{8y^4-16y^3}$.

50 $\sqrt{x^6-2x^3b^3+b^6}$; $\sqrt{\frac{3a^2-18a+27}{9b^2x}}$. $\left[x^3-b^3; \frac{a-3}{b}\sqrt{\frac{1}{3x}}\right]$

51 $\sqrt[4]{\frac{a+3}{(a-3)^5}}$; $\sqrt{8(x^5-6x^4+9x^3)}$. $\left[\frac{1}{a-3}\sqrt[4]{\frac{a+3}{a-3}}; 2x(x-3)\sqrt{2x}\right]$

52 $\sqrt[3]{\frac{4}{27}a^3b^6}$; $\sqrt[4]{(a^2-1)(a-1)^3}$. $\left[\frac{1}{3}ab^2\sqrt[3]{4}; (a-1)\sqrt[4]{a+1}\right]$

53 $\sqrt{4x-12b}$; $\sqrt[4]{b^4+b^4x}$; $\sqrt[3]{(2-x)^2a^6b}$. $[2\sqrt{x-3b}; b\sqrt[4]{1+x}; a^2\sqrt[3]{(2-x)^2b}]$

54 $\sqrt{a^2-\frac{1}{9}}$; $\sqrt{\frac{7a}{25b^2}}$; $\sqrt[4]{x^4+x^4b^2}$. $\left[\frac{1}{3}\sqrt{9a^2-1}; \frac{1}{5b}\sqrt{7a}; x\sqrt[4]{1+b^2}\right]$

55 $\sqrt{\frac{a^5x^3}{48}}$; $\sqrt[3]{\frac{a^4(x-1)^5}{27}}$. $\left[\frac{a^2x}{4}\sqrt{\frac{ax}{3}}; \frac{a(x-1)}{3}\sqrt[3]{a(x-1)^2}\right]$

56 $\sqrt[3]{\frac{54(2x+1)^4}{(x+3)^5}}$; $\sqrt{\frac{(x+2)^5x^3}{27}}$. $\left[\frac{3(2x+1)}{x+3}\sqrt[3]{\frac{2(2x+1)}{(x+3)^2}}; \frac{x(x+2)^2}{3}\sqrt{\frac{(x+2)x}{3}}\right]$

ESERCIZI

Fattori trasportati fuori dal segno di radice e discussione

57 ESERCIZIO GUIDA Trasportiamo fuori dal segno di radice tutti i fattori possibili nei seguenti radicali:

a. $\sqrt{a^6 b}$; **b.** $\sqrt[3]{125a^3 b}$; **c.** $\sqrt[3]{8a^3 b^9 c^2}$; **d.** $\sqrt{2a^2 - 4a + 2}$.

a. C.E. di $\sqrt{a^6 b}$: $b \geq 0$.

$$\sqrt{a^6 b} = |a^3|\sqrt{b}.$$

Introduciamo il valore assoluto di a^3 poiché le C.E. non garantiscono che sia $a^3 \geq 0$.

b. C.E. di $\sqrt[3]{125a^3 b}$: $ab \geq 0$.

$$\sqrt[3]{125a^3 b} = \sqrt[3]{5^3 a^3 b} = 5|a|\sqrt[3]{|b|}.$$

Introduciamo i valori assoluti di b e a poiché le C.E. non assicurano che il radicando sia ≥ 0 e per rendere vera l'uguaglianza.

c. C.E. di $\sqrt[3]{8a^3 b^9 c^2}$: $ab \geq 0$.

$$\sqrt[3]{8a^3 b^9 c^2} = \sqrt[3]{2^3 a^3 b^9 c^2} = 2ab^3\sqrt[3]{c^2}.$$

I valori assoluti non occorrono, perché le C.E. garantiscono che $ab^3 \geq 0$, essendo $ab^3 = ab \cdot b^2 \geq 0$.

d. C.E. di $\sqrt{2a^2 - 4a + 2} = \sqrt{2(a-1)^2}$: $\forall\, a \in \mathbb{R}$.

$$\sqrt{2(a-1)^2} = |a-1|\sqrt{2}.$$

Infatti le C.E. non garantiscono che sia $a - 1 \geq 0$ mentre $\sqrt{2(a-1)^2} \geq 0$.

COMPLETA Nelle seguenti uguaglianze sono stati trasportati fuori dal segno di radice tutti i fattori possibili senza mettere i necessari valori assoluti. Aggiungili dove mancano.

58 $\sqrt{x^2} = x$; $\quad \sqrt{x^3} = x \cdot \sqrt{x}$; $\quad \sqrt{ab^2} = b\sqrt{a}$.

59 $\sqrt{x^4} = x^2$; $\quad \sqrt{x^5} = x^2 \cdot \sqrt{x}$; $\quad \sqrt[3]{a^6} = a^2$.

60 $\sqrt[3]{8a^3 bc^3} = 2ac\sqrt[3]{b}$; $\quad \sqrt[3]{\dfrac{27a^3}{b^6 c}} = \dfrac{3a}{b^2}\sqrt[3]{\dfrac{1}{c}}$.

61 $\sqrt{a^2 \cdot b} = a\sqrt{b}$; $\quad \sqrt{2a^4 b^2} = a^2 \cdot b \cdot \sqrt{2}$; $\quad \sqrt{9a^4 b} = 3a^2\sqrt{b}$.

62 $\sqrt[4]{a^4 b^8 c} = ab^2\sqrt[4]{c}$; $\quad \sqrt[5]{32a^5 b} = 2a\sqrt[5]{b}$; $\quad \sqrt[6]{a^{12} b^6 c} = a^2 b\sqrt[6]{c}$.

63 $\sqrt[4]{\dfrac{16a^4 b}{c^8}} = \dfrac{2a}{c^2}\sqrt[4]{b}$; $\quad \sqrt{\dfrac{4a^2 d}{c^4}} = \dfrac{2a}{c^2}\sqrt{d}$.

64 $\sqrt{9(a-1)^2 b} = 3(a-1)\sqrt{b}$; $\quad \sqrt{16a^2(b-1)^2} = 4a(b-1)$.

65 $\sqrt{a^3 b^4} = ab^2\sqrt{a}$; $\quad \sqrt[3]{a^2 y^5} = y\sqrt{a^2 y^2}$.

66 $\sqrt{\dfrac{(2x-1)^3 x^5}{y^4}} = \dfrac{(2x-1)x^2}{y^2}\sqrt{(2x-1)x}$; $\quad \sqrt[5]{\dfrac{a^6}{(x-1)^5}} = \dfrac{a\sqrt[5]{a}}{x-1}$.

67 $\sqrt{\dfrac{a^3 + 2a^2 + a}{x^3 + x^2}} = \dfrac{a+1}{x}\sqrt{\dfrac{a}{x+1}}$; $\quad \sqrt[3]{\dfrac{y^7}{x^4 - x^3}} = \dfrac{y^2}{x}\sqrt[3]{\dfrac{y}{x-1}}$.

Trasporta fuori dal segno di radice tutti i fattori possibili.

68 $\sqrt{16b^4 c}$; $\quad \sqrt[3]{27a^2 b^{12} x^6}$; $\quad \sqrt[3]{12x^3 y^2}$. $\quad [4b^2\sqrt{c};\, 3b^4 x^2\sqrt[3]{a^2};\, x\sqrt[3]{12y^2}]$

69 $\sqrt{(a^2 - 2a + 1)b}$; $\quad \sqrt[3]{6x^2 y^3 c^6}$; $\quad \sqrt[5]{10x^5 y^4}$. $\quad [|a-1|\sqrt{b};\, yc^2\sqrt[3]{6x^2};\, x\sqrt[5]{10y^4}]$

70 $\sqrt[4]{16b^4 c}$; $\quad \sqrt[3]{64x^2 b^6 y^9}$; $\quad \sqrt{81x^4 y^6}$. $\quad [2|b|\sqrt[4]{c};\, 4b^2 y^3\sqrt[3]{x^2};\, 9x^2|y|^3]$

71 $\sqrt{12a^2 + a^2 x}$; $\quad \sqrt[3]{15x^3 + x^5}$. $\quad [|a|\sqrt{12 + x};\, x\sqrt[3]{15 + x^2}]$

72 $\sqrt{4x^2 c}$; $\quad \sqrt[3]{81x^6 y^{12} c^2}$. $\quad [2|x|\sqrt{c};\, 3x^2 y^4\sqrt[3]{3c^2}]$

73 ●○ $\sqrt{a^2b^2+4b^2}$; $\quad \sqrt[3]{ab^3-b^4}$. $\quad \left[|b|\sqrt{a^2+4};\ |b|\sqrt[3]{|a-b|}\right]$

74 ●○ $\sqrt{a^2b+b^2a^2}$; $\quad \sqrt[3]{27a^3+27}$. $\quad \left[|a|\sqrt{b+b^2};\ 3\sqrt[3]{a^3+1}\right]$

75 ●○ $\sqrt{16a^2(b^2-2b+1)}$; $\quad \sqrt{16(a^2x+2ax+x)}$. $\quad \left[4|a(b-1)|;\ 4|a+1|\sqrt{x}\right]$

76 ●● $\sqrt{(x^2-4)(x-2)}$; $\quad \sqrt{\dfrac{x^2-x}{x^3-3x^2+3x-1}}$. $\quad \left[|x-2|\sqrt{x+2};\ \dfrac{\sqrt{x}}{|x-1|}\right]$

77 ●● $\sqrt{\dfrac{4x^3-4x^2}{x^2+2x+1}}$; $\quad \sqrt{\dfrac{81x^3}{x^2-5x}}$. $\quad \left[2\left|\dfrac{x}{x+1}\right|\sqrt{x-1};\ \dfrac{9x}{\sqrt{x-5}}\right]$

78 ●● $\sqrt{(x-1)^3}$; $\quad \sqrt[4]{\dfrac{27a^5}{(x+3)^4}}$. $\quad \left[(x-1)\sqrt{x-1};\ \dfrac{a\sqrt[4]{27a}}{|x+3|}\right]$

Moltiplicare, dividere e portare fuori dal segno di radice

Dopo aver eseguito le moltiplicazioni e le divisioni indicate, trasporta fuori dal segno di radice i fattori possibili. Supponi che i fattori che compongono i radicandi siano positivi.

79 ●○ $\sqrt{24}\cdot\sqrt{30}$; $\quad \sqrt{\dfrac{5}{4}}\cdot\sqrt{\dfrac{3}{125}}$; $\quad \sqrt[3]{\dfrac{3}{2}}\cdot\sqrt[3]{\dfrac{9}{4}}$. $\quad \left[12\sqrt{5};\ \dfrac{1}{10}\sqrt{3};\ \dfrac{3}{2}\right]$

80 ●○ $\sqrt[4]{4a^3b^2}\cdot\sqrt[3]{4a^2b}$; $\quad \sqrt[3]{\dfrac{1}{9}x^2}\cdot\sqrt[5]{\dfrac{1}{27}x^4y^3}$. $\quad \left[2a\sqrt[12]{4a^5b^{10}};\ \dfrac{x}{3}\sqrt[15]{\dfrac{x^7y^9}{81}}\right]$

81 ●○ $\sqrt{\dfrac{x-2y}{a^2-4b}}\cdot\sqrt[3]{\dfrac{a-2b}{x-2y}}\cdot\sqrt[6]{(x-2y)^5}$ $\quad \left[(x-2y)\sqrt[6]{\dfrac{1}{(a-2b)(a+2b)^3}}\right]$

82 ●○ $\sqrt[6]{\dfrac{1}{x-1}}\cdot\sqrt[3]{(x^2-1)^2}:\sqrt{\dfrac{x^3+3x-3x^2-1}{x+1}}$ $\quad \left[\dfrac{x+1}{x-1}\sqrt[6]{x+1}\right]$

83 ●○ $\sqrt[3]{\dfrac{1}{2a-1}}\cdot\sqrt{\dfrac{4a^2-1}{(2a-1)^3}}\cdot\sqrt[3]{\dfrac{2a-1}{2a+1}}$ $\quad \left[\dfrac{\sqrt[6]{2a+1}}{2a-1}\right]$

84 ●● $\sqrt[6]{\dfrac{a^2-1}{a}}\cdot\sqrt[3]{\dfrac{1}{a^2}+a^2+2}\cdot\sqrt[6]{\dfrac{1}{a^4(a^2-1)^4}}\cdot\sqrt{\dfrac{a}{a^4-1}}$ $\quad \left[\dfrac{1}{a(a^2-1)}\sqrt[6]{a^2+1}\right]$

85 ●○ **CACCIA ALL'ERRORE**

a. $\sqrt{(-3)^2 5^4}=-3\cdot 5^2$

b. $\sqrt{(-2)^3(-3)}=-2\sqrt{6}$

c. $\sqrt{(1-\sqrt{3})^6}=(1-\sqrt{3})^3$

d. $\sqrt[3]{(-6)^4(-2)}=6\sqrt[3]{12}$

Trova le condizioni di esistenza dei radicali e, dopo aver eseguito le moltiplicazioni indicate, trasporta fuori dal segno di radice i fattori possibili; metti il valore assoluto dove necessario.

86 ●● $\sqrt[4]{a^2b^3}\cdot\sqrt[4]{a^7b^9}$; $\quad \sqrt[6]{b^3c}\cdot\sqrt[6]{3b^3c^5}$; $\quad \sqrt[5]{2x^3y^4}\cdot\sqrt[5]{16x^3y^3}$. $\quad \left[a^2b^3\sqrt[4]{a};\ bc\sqrt[6]{3};\ 2xy\sqrt[5]{xy^2}\right]$

87 ●● $\sqrt[2]{\dfrac{6y}{x^3}}\cdot\sqrt[3]{\dfrac{4x}{9y^3}}$; $\quad \sqrt[6]{\dfrac{xy^5}{4}}\cdot\sqrt[3]{\dfrac{2y^2}{x^8}}$; $\quad \sqrt[6]{\dfrac{8a^4}{b^4}}\cdot\sqrt[4]{\dfrac{4b^2}{a^2}}$. $\quad \left[\dfrac{2}{x}\sqrt[6]{\dfrac{2}{3xy^3}};\ \dfrac{y}{x^2}\sqrt{\dfrac{y}{x}};\ 2\sqrt[6]{\left|\dfrac{a}{b}\right|}\right]$

Determina le C.E. dei radicali presenti nelle seguenti espressioni e successivamente semplificale.

88 ●● $\sqrt[4]{\dfrac{x^2-2x+1}{x^2+9+6x}}+\sqrt{\dfrac{x^2+x-2}{x^2-4}}\cdot\sqrt{\dfrac{x-2}{x+3}}$ $\quad \left[2\sqrt{\dfrac{x-1}{x+3}},\ \text{con } x<-3 \vee x>2\right]$

89 ●● $\sqrt[6]{\dfrac{-x^2-4x-4}{x^2}}:\sqrt[3]{x-\dfrac{4}{x}}\cdot\sqrt{\dfrac{x-2}{3}}$ $\quad \left[\sqrt[6]{\dfrac{x-2}{27}},\ \text{con } x>2\right]$

Trova le condizioni di esistenza dei seguenti radicali in $\mathbb{R}$ e trasporta fuori dalla radice i fattori possibili.

90 $\sqrt[3]{x^4}$; $\quad\sqrt{x^3}$; $\quad\sqrt{(x-1)^2}$. $\quad\left[x\sqrt[3]{x};\, x\sqrt{x};\, |x-1|\right]$

91 $\sqrt[3]{a^3b^4}$; $\quad\sqrt{(a+2)^2b^4x}$; $\quad\sqrt[3]{-a^3y^4}$. $\quad\left[ab\sqrt[3]{b};\, b^2|a+2|\sqrt{x};\, -ay\sqrt[3]{y}\right]$

92 $\sqrt[4]{ax^4}$; $\quad\sqrt{a^3x}$; $\quad\sqrt[3]{a^3x}$. $\quad\left[|x|\sqrt[4]{a};\, |a|\sqrt{ax};\, a\sqrt[3]{x}\right]$

93 $\sqrt{ax^2+x^2}$; $\quad\sqrt[4]{(a+1)^5}$; $\quad\sqrt{(a^2+2a+1)^3}$. $\quad\left[|x|\sqrt{a+1};\, (a+1)\sqrt[4]{a+1};\, |(a+1)^3|\right]$

94 $\sqrt{x^3+x^2}$; $\quad\sqrt[6]{a^6(x-1)^9}$; $\quad\sqrt[5]{a^6(x+8)^7}$. $\quad\left[|x|\sqrt{x+1};\, |a|(x-1)\sqrt{x-1};\, a(x+8)\sqrt[5]{a(x+8)^2}\right]$

95 $\sqrt{\dfrac{x^2(x^2-4)^2}{x+2}}$; $\quad\sqrt[3]{\dfrac{(x^3-3x^2+3x-1)a^4}{x^3}}$. $\quad\left[|x(x-2)|\sqrt{x+2};\, \dfrac{(x-1)a}{x}\sqrt[3]{a}\right]$

96 $\sqrt{(a^2x+4ax+4x)b^4}$; $\quad\sqrt[3]{6a^3(b-1)^6}$. $\quad\left[b^2|a+2|\sqrt{x};\, a(b-1)^2\sqrt[3]{6}\right]$

---

97 **TEST** Una sola delle seguenti uguaglianze è *corretta*. Quale?

A $\sqrt{a^3x^4} = ax^2\sqrt{a}$

B $\sqrt{a^3x^6} = |a|x^3\sqrt{a}$

C $\sqrt{a^2x} = a\sqrt{x}$

D $\sqrt{a^2x^4} = ax^2$

98 Considera la seguente funzione:

$$f(x) = \sqrt{8(x^3-8x^2+16x)}.$$

a. Determina il dominio di $f(x)$.

b. Riscrivila portando fuori dal segno di radice i possibili fattori.

c. Calcola gli zeri della funzione. $\quad\left[\text{a) } x \geq 0;\ \text{b) } f(x) = 2|x-4|\sqrt{2x};\ \text{c) } 0 \text{ e } 4\right]$

99 Considera la seguente funzione:

$$f(x) = \sqrt{\frac{1-x}{(1+x)^3}}.$$

a. Determina il dominio di $f(x)$.

b. Riscrivila portando fuori dal segno di radice i possibili fattori.

c. Calcola gli zeri della funzione. $\quad\left[\text{a) } x \leq 1 \wedge x \neq -1;\ \text{b) } f(x) = \dfrac{1}{|1+x|}\sqrt{1-x};\ \text{c) } 1\right]$

Il trasporto di un fattore dentro il segno di radice

100 **ESERCIZIO GUIDA** Trasportiamo dentro il segno di radice un fattore:

a. $-\frac{1}{3}\sqrt{12}$; $\quad$ **b.** $a+2\sqrt[4]{\frac{3}{8}}$; $\quad$ **c.** $(a-6)\sqrt{a-1}\quad (a \geq 6)$.

a. Poiché non possiamo portare dentro il segno di radice fattori negativi, portiamo dentro $\frac{1}{3}$, mentre il segno $-$ rimane fuori:

$$-\frac{1}{3}\sqrt{12} = -\sqrt{\left(\frac{1}{3}\right)^2\cdot 4\cdot 3} =$$

$$-\sqrt{\frac{1}{3^{\cancel{2}}}\cdot 4\cdot \cancel{3}} = -\sqrt{\frac{4}{3}}.$$

b. Il fattore da trasportare è soltanto 2:

$$a+2\sqrt[4]{\frac{3}{8}} = a+\sqrt[4]{2^{\cancel{4}\,1}\cdot\frac{3}{\cancel{2^3}}} = a+\sqrt[4]{6}.$$

c. Il fattore da trasportare è $a-6$, che, per la condizione posta, non è negativo:

$$(a-6)\sqrt{a-1} = \sqrt{(a-6)^2(a-1)}.$$

Trasporta i fattori dentro il segno di radice, supponendoli non negativi.

101 $3\sqrt{2}$; $\quad 4\sqrt{3}$; $\quad -2\sqrt[3]{2}$; $\quad 3\sqrt[3]{3}$; $\quad 2\sqrt[4]{7}$.

102 $(-2)\sqrt{7}$; $\quad 2\sqrt{1-\frac{1}{4}}$; $\quad 3+2\sqrt{3}$; $\quad \left(-\frac{1}{3}\right)\sqrt{18}$; $\quad \frac{1}{5}\sqrt{\frac{2}{3}+1}$.

103 $2\sqrt{\frac{5}{54}}$; $\quad -\frac{4}{3}\sqrt{\frac{9}{8}}$; $\quad -3\sqrt{\frac{2}{3}}$; $\quad \frac{1}{6}\sqrt{\frac{9}{5}}$; $\quad \frac{2}{5}\sqrt{\frac{25}{8}}$.

104 $3\sqrt{a}$; $\quad 2\sqrt[3]{\frac{a^2}{4}}$; $\quad -\frac{1}{2}\sqrt{\frac{a}{2b}}$; $\quad \frac{2}{3}\sqrt{18a}$; $\quad -\frac{1}{2}\sqrt[3]{ab^2}$.

105 $a-2\sqrt[6]{ab}$; $\quad b^2-2\sqrt[5]{b^2}$; $\quad a\sqrt{a}$; $\quad x^2\sqrt{x^3}$; $\quad a^2\sqrt{\frac{2}{a}}$.

106 $2\sqrt{a-1}$; $\quad \frac{1}{a}\sqrt[5]{3a^3}$; $\quad \left(-\frac{a}{2}\right)\sqrt{4a}$; $\quad b^3\sqrt{\frac{3}{b^2}}$; $\quad -x\sqrt{2x}$.

107 $(x-1)\sqrt{5}$; $\quad a^2b\sqrt[3]{ab^2}$; $\quad a^2\sqrt[3]{a^2-1}$.

108 $3ab\sqrt{\frac{7}{18a^3b^2}}$; $\quad 2+a\sqrt{\frac{1}{a^2+2a}}$. $\quad \left[\sqrt{\frac{7}{2a}};\ 2+\sqrt{\frac{a}{a+2}}\right]$

109 $(a-2)\sqrt[3]{\frac{1}{a^2-4a+4}}$; $\quad (2+a)\sqrt{\frac{1}{a^2+2a}}$. $\quad \left[\sqrt[3]{a-2};\ \sqrt{\frac{2+a}{a}}\right]$

110 $\frac{5}{a}\sqrt{\frac{a^2+a}{10}}$; $\quad \frac{2}{a-5}\sqrt{5a}$. $\quad \left[\sqrt{\frac{5}{2}\,\frac{a+1}{a}};\ \sqrt{\frac{20a}{(a-5)^2}}\right]$

111 $\frac{a+1}{a-2}\sqrt{\frac{a^2-7a+10}{a^2-2a-3}}$; $\quad \frac{1}{(a-2)}\sqrt{\frac{a^2-2a}{a-1}}$. $\quad \left[\sqrt{\frac{(a+1)(a-5)}{(a-2)(a-3)}};\ \sqrt{\frac{a}{(a-2)(a-1)}}\right]$

112 $\frac{a+2}{a+1}\sqrt{\frac{4a+6}{a+2}-2}$; $\quad \frac{1}{a}\sqrt{\frac{a^2+a}{a-2}-a}$. $\quad \left[\sqrt{\frac{2(a+2)}{a+1}};\ \sqrt{\frac{3}{a(a-2)}}\right]$

Trasporto di un fattore dentro il segno di radice e discussione

113 **ESERCIZIO GUIDA** Trasportiamo dentro il segno di radice un fattore di cui non conosciamo il segno:

$$(a-4)\sqrt{a-3}.$$

C.E.: $a-3\geq 0$, ossia $a\geq 3$. Quando il fattore da portare dentro la radice è letterale, se non conosciamo il segno del fattore, bisogna distinguere due casi: fattore positivo o nullo, oppure fattore negativo.

Primo caso: $a-4\geq 0$.
Deve essere $a\geq 3$ per le C.E. e $a-4\geq 0$, ossia $a\geq 4$.
Quindi, se $a\geq 4$: $(a-4)\sqrt{a-3}=\sqrt{(a-4)^2(a-3)}$.

Secondo caso: $a-4<0$.
Per la C.E. deve essere $a\geq 3$, inoltre deve essere $a<4$: quindi, $3\leq a<4$.
Scriviamo $a-4$ come $-[-(a-4)]$. In questo modo $-(a-4)$ risulta positivo. Se $3\leq a<4$:

$$(a-4)\sqrt{a-3}=-[-(a-4)]\sqrt{a-3}=-\sqrt{[-(a-4)]^2(a-3)}=-\sqrt{(a-4)^2(a-3)}.$$

ESERCIZI

Dopo aver determinato le C.E., trasporta i fattori (di cui non conosci il segno) dentro alla radice.

114 $(a-1)\sqrt{\frac{1}{a-1}}$; $2-x\sqrt{\frac{1}{2-x}}$; $a^2\sqrt[3]{\frac{1}{a^2}}$.

$\left[\text{se } a>1, \sqrt{a-1}; \text{ se } 0\le x<2,\ 2-\sqrt{\frac{x^2}{2-x}}, \text{ se } x<0,\ 2+\sqrt{\frac{x^2}{2-x}}; \text{ se } a\ne 0, \sqrt[3]{a^4}\right]$

115 $(x+3)\sqrt{2}$; $y\sqrt{\frac{1}{y}}$; $(2-b)\sqrt[3]{\frac{1}{(b-2)^2}}$.

$\left[\text{se } x\ge -3, \sqrt{2(x+3)^2}, \text{ se } x<-3, -\sqrt{2(x+3)^2}; \text{ se } y>0, \sqrt{y}; \text{ se } b>2, -\sqrt[3]{b-2}, \text{ se } b<2, \sqrt[3]{2-b}\right]$

116 $a\sqrt{a-2}$; $(a+5)\sqrt{\frac{1}{3a}}$; $b\sqrt{3+b}$.

$\left[\text{se } a>2, \sqrt{a^2(a-2)}; \text{ se } a>0, \sqrt{\frac{(a+5)^2}{3a}}; \text{ se } -3\le b<0, -\sqrt{b^2(3+b)}, \text{ se } b\ge 0, \sqrt{b^2(3+b)}\right]$

3 La potenza e la radice di un radicale

▶ Teoria a p. 636

117 VERO O FALSO?

a. Se $a\ge 0$ e $x, y, z \in \mathbb{N}-\{0\}$, allora $(\sqrt[x]{a^y})^z = \sqrt[xz]{a^{yz}}$. V F

b. $(\sqrt[4]{3})^7 = 3\sqrt[4]{27}$. V F

c. La radice cubica della radice quinta di a è equivalente alla radice ottava di a. V F

SPIEGA PERCHÉ

118 È *vera* l'uguaglianza $(\sqrt[6]{a^3})^2 = a$, con $a\ge 0$? Motiva la risposta e fai altri esempi.

119 Perché l'uguaglianza $-7\sqrt{z} = \sqrt{49z}$, con $z>0$, è *falsa*? Correggila in modo che diventi vera.

120 YOU & MATHS **Equal radicals** If $\sqrt{x} = \sqrt[3]{2}$, then x^3 is equal to what?

A $\sqrt{2}$ B 2 C $\sqrt[3]{4}$ D 4 E $3\sqrt[3]{2}$

La potenza di un radicale

121 ESERCIZIO GUIDA Calcoliamo le seguenti potenze di radicali:

a. $(\sqrt[3]{2})^5$; b. $(\sqrt[5]{2xy^2})^3$ $(x\ge 0)$; c. $(\sqrt[6]{5ab^2})^3$.

Applichiamo in tutti i casi il teorema della potenza: $(\sqrt[n]{a})^m = \sqrt[n]{a^m}$.

a. $(\sqrt[3]{2})^5 = \sqrt[3]{2^5} = 2\sqrt[3]{2^2} = 2\sqrt[3]{4}$

b. $(\sqrt[5]{2xy^2})^3 = \sqrt[5]{(2xy^2)^3} = \sqrt[5]{8x^3y^6} = |y|\sqrt[5]{8x^3|y|}$

c. $(\sqrt[6]{5ab^2})^3 = \sqrt[6]{(5ab)^3} = \sqrt{5ab^2} = |b|\sqrt{5a}$

Calcola le seguenti potenze di radicali. Supponi positivi i radicandi letterali.

122 $(\sqrt{3})^3$; $(\sqrt[6]{2})^3$; $(\sqrt[5]{2})^2$; $(\sqrt[4]{3})^2$. $[3\sqrt{3}; \sqrt{2}; \sqrt[5]{4}; \sqrt{3}]$

123 $(\sqrt{12})^3$; $(\sqrt[3]{9})^6$; $(\sqrt[10]{7})^2$; $(\sqrt[5]{3})^2$. $[24\sqrt{3}; 81; \sqrt[5]{7}; \sqrt[5]{9}]$

124 $(\sqrt{2a^5b})^3$; $(\sqrt[3]{3x^4y})^2$; $(\sqrt[6]{bc^3})^4$. $[2a^7b\sqrt{2ab}; x^2\sqrt[3]{9x^2y^2}; c^2\sqrt[3]{b^2}]$

125 $[\sqrt[3]{(x+3y)(x-y)}]^2$; $(\sqrt[3]{2x-3y})^2$. $[\sqrt[3]{(x+3y)^2(x-y)^2}; \sqrt[3]{(2x-3y)^2}]$

126 $(\sqrt[3]{2a-b})^4$; $\left(\sqrt{\frac{3a-x}{a+b}}\right)^3$. $\left[(2a-b)\sqrt[3]{2a-b}; \frac{3a-x}{a+b}\sqrt{\frac{3a-x}{a+b}}\right]$

Poni le condizioni di esistenza e calcola le seguenti potenze.

127 $(\sqrt{a^2x^3})^3$ $[x \geq 0: |a|^3x^4\sqrt{x}]$

128 $\left(\sqrt[3]{\frac{x}{x-2}}\right)^2$ $\left[x \neq 2: \sqrt[3]{\frac{x^2}{(x-2)^2}}\right]$

129 ESEMPIO DIGITALE $\left(\sqrt{\frac{a-1}{2a}}\right)^6$

130 $\left(\sqrt[6]{\frac{x^2+1}{4x}}\right)^3$ $\left[x > 0: \sqrt{\frac{x^2+1}{4x}}\right]$

Espressioni con potenze di radicali

Semplifica le seguenti espressioni con potenze di radicali. Supponi positivi i radicandi letterali.

131 $\left(\sqrt[3]{\frac{9}{16}}\right)^2 \cdot \left(\sqrt[3]{\frac{16}{3}}\right)^2$; $(\sqrt{5})^3 : (\sqrt[3]{25})^2$; $\left(\sqrt[3]{\frac{1}{3}}\right)^2 : \sqrt{\frac{1}{27}}$. $[\sqrt[3]{9}; \sqrt[6]{5}; \sqrt[6]{243}]$

132 $(\sqrt[4]{a})^2 \cdot (\sqrt[3]{a^2})^3 \cdot \sqrt{a}$; $\left[(a-2b) : \sqrt{\frac{a-2b}{3a^2}}\right]^2$. $[a^3; 3a^2(a-2b)]$

133 $\left(\sqrt[6]{1 - \frac{x-3y}{x+y}} \cdot \sqrt[6]{\frac{x-y}{4y}}\right)^3 : \sqrt{\frac{1}{x+y}}$ $[\sqrt{x-y}]$

134 $\left(\sqrt[3]{\frac{a}{b} + \frac{b}{a} + 1} : \sqrt[3]{\frac{1}{a} + \frac{1}{b}}\right)^2 : \sqrt[3]{\left(\frac{a^3-b^3}{a^2-b^2}\right)^2}$ $[1]$

135 $\left(\sqrt[3]{\frac{a^2}{b^2} + \frac{b^2}{a^2} - 2} : \sqrt[3]{2 + \frac{a}{b} + \frac{b}{a}}\right)^2 : \sqrt[3]{\frac{(a-b)^4}{a}}$ $\left[\sqrt[3]{\frac{1}{ab^2}}\right]$

136 $\sqrt[3]{x^2y(x-y)^2(x+y)} \cdot \sqrt[3]{\frac{x}{y} - 2 + \frac{y}{x}} : (\sqrt[3]{x^3 - 2x^2y + xy^2})^2$ $\left[\sqrt[3]{\frac{x+y}{x}}\right]$

137 $\sqrt[3]{\frac{x^2+x-6}{x^2-x-6}} \cdot \left(\sqrt{\frac{x+2}{x+3}} \cdot \sqrt{\frac{x-3}{x-2}}\right)^2$ $\left[\sqrt[3]{\frac{(x^2-x-6)^2}{(x^2+x-6)^2}}\right]$

La radice di un radicale

138 ESERCIZIO GUIDA Eseguiamo la radice di radicale: $\sqrt{\sqrt[3]{5}}$.

Applichiamo il teorema della radice di un radicale:

$$\sqrt[m]{\sqrt[n]{a}} = \sqrt[m \cdot n]{a}.$$

La radice che otteniamo ha come indice il prodotto degli indici delle singole radici: $2 \cdot 3 = 6$.

$$\sqrt{\sqrt[3]{5}} = \sqrt[6]{5}$$

Esegui le seguenti radici di radicali.

139 $\sqrt{\sqrt[3]{2}}$; $\sqrt{\sqrt[5]{3}}$; $\sqrt{\sqrt{6}}$.

140 $\sqrt{\sqrt[3]{7}}$; $\sqrt[6]{\sqrt{3}}$; $\sqrt[3]{\sqrt[3]{3}}$.

141 $\sqrt{\sqrt[3]{2a}}$; $\sqrt{\sqrt[3]{3a^2b^3}}$.

142 $\sqrt[3]{\sqrt{6ax}}$; $\sqrt[5]{\sqrt{9a^2b}}$.

143 $\sqrt{\sqrt{\sqrt{a^5b^3}}}$; $\sqrt{\sqrt[3]{a^3b^6}}$.

144 $\sqrt[5]{\sqrt[5]{x^2}}$; $\sqrt[8]{\sqrt{2a^{10}}}$.

145 $\sqrt{\frac{\sqrt{2}}{\sqrt[3]{x}}}$; $\sqrt[3]{\frac{x}{\sqrt{xy}}}$. $\left[\sqrt[12]{\frac{8}{x^2}}; \sqrt[6]{\frac{x}{y}}\right]$

146 $\sqrt{2a\sqrt[4]{\frac{1}{\sqrt{a^4}}}}$; $\sqrt[3]{\sqrt{\frac{b}{2}}:b}$. $\left[\sqrt[4]{4a}; \sqrt[6]{\frac{1}{2b}}\right]$

---

147 TEST **Potenze dentro radici** Il valore di

$$\sqrt{\sqrt{\left(\sqrt{\left(\sqrt{\left(\sqrt{2^2}\right)^2}\right)^4}\right)^2}}$$ è:

A 6,4.
B 2.
C $\sqrt{2}$.
D $\sqrt[16]{2}$.
E nessuno dei precedenti.

(USA *Indiana University of Pennsylvania Annual High School Mathematics Competition*, 1998)

La radice di un radicale con trasporto di un fattore dentro radice

148 ESERCIZIO GUIDA Poniamo sotto forma di unico radicale i seguenti radicali:

a. $\sqrt{5\sqrt[3]{\frac{3}{50}}}$; **b.** $\sqrt{(x-1)\sqrt[3]{x+1}}$ $(x \geq 1)$.

a. $\sqrt{5\sqrt[3]{\frac{3}{50}}} = \sqrt{\sqrt[3]{\frac{5^3 \cdot 3}{2 \cdot 5^2}}} = \sqrt[6]{\frac{15}{2}}$

Nel primo passaggio, abbiamo trasportato il fattore 5 dentro la radice cubica.
Nel secondo, abbiamo semplificato la frazione e moltiplicato gli indici dei radicali, applicando il teorema della radice di un radicale.

b. $\sqrt{(x-1)\sqrt[3]{x+1}} = \sqrt{\sqrt[3]{(x-1)^3(x+1)}} = \sqrt[6]{(x-1)^3(x+1)}$

Determina le C.E. e poni sotto forma di un unico radicale.

149 $\sqrt[3]{\sqrt{2}}$; $\sqrt{\sqrt{3x}}$; $\sqrt{\sqrt[3]{2ab^2}}$.

150 $\sqrt{a\sqrt[3]{a\sqrt[4]{\frac{1}{a}}}} \cdot \sqrt[4]{a\sqrt[3]{a^2\sqrt{\frac{1}{a}}}}$

151 $\sqrt[3]{x\sqrt{x}}$; $\sqrt{a\sqrt{a^3}}$; $\sqrt{a^3\sqrt{a}}$.

152 $\sqrt{x\sqrt[3]{x}} \cdot \sqrt[3]{x\sqrt{x}} \cdot \sqrt[3]{x\sqrt[3]{x}}$ $[\sqrt[18]{x^{29}}]$

153 $\sqrt[7]{x\sqrt{\frac{1}{x}}} \cdot \sqrt[5]{x^3\sqrt{\frac{1}{x^5}}} \cdot \sqrt[7]{\frac{1}{x}}$ $\left[\sqrt[70]{\frac{1}{x^{23}}}\right]$

154 $\sqrt{\frac{1}{a}\sqrt{a^3-a^2}}$ $[\sqrt[4]{a-1}]$

155 $\sqrt{(x-1)\sqrt{x}}$ $[x \geq 1: \sqrt[4]{x(x-1)^2}]$

156 $\sqrt[3]{x\sqrt{x-2}}$ $[x \geq 2: \sqrt[6]{x^2(x-2)}]$

157 $\sqrt[3]{\sqrt{\frac{2x-1}{2x}}}$ $\left[x < 0 \vee x \geq \frac{1}{2}: \sqrt[6]{\frac{2x-1}{2x}}\right]$

158 $\sqrt{\frac{2}{a-1}\sqrt{a^2-1}}$ $\left[a > 1: \sqrt[4]{\frac{4(a+1)}{a-1}}\right]$

159 $\sqrt[4]{x\sqrt[3]{3-x}}$ $[0 \leq x \leq 3: \sqrt[12]{x^3(3-x)}]$

160 $\sqrt[3]{\frac{(x-5)^4}{\sqrt{x-5}}}$ $[x > 5: (x-5)\sqrt[6]{x-5}]$

4 L'addizione e la sottrazione di radicali

▶ Teoria a p. 638

161 VERO O FALSO?

a. I radicali $4\sqrt{5}$ e $4\sqrt[3]{5}$ non sono simili. V F

b. Tutti i radicali quadratici sono simili tra loro. V F

c. I radicali $2\sqrt{75}$ e $5\sqrt{48}$ possono essere trasformati in radicali simili. V F

d. $\sqrt{3}+\sqrt{2}=\sqrt{5}$. V F

162 TEST $8\sqrt{3}$ è il risultato di *una sola* delle seguenti espressioni. Quale?

A $2+6\sqrt{3}$

B $14\sqrt{3}-3\sqrt{12}$

C $\sqrt{3}+7\sqrt[4]{3}$

D $\sqrt{27}-11\sqrt{3}$

E $\sqrt{18}-10\sqrt{3}$

163 EUREKA! **Una somma particolare** È data l'espressione $a_n=\sqrt{n+2}-\sqrt{n}$, con $n\in\mathbb{N}$. Indica qual è il valore della seguente somma:

$$s=1+a_0+a_1+a_2+a_3+a_4+a_5.$$

A $1+\sqrt{7}-\sqrt{5}$

B $\sqrt{6}$

C $\sqrt{6}+\sqrt{7}$

D $\sqrt{7}-\sqrt{2}$

164 INVALSI 2012 Indica se le seguenti uguaglianze sono *vere* o *false*.

a. $\sqrt{3}+\sqrt{2}=\sqrt{5}$ V F

b. $\sqrt{3+2}=\sqrt{5}$ V F

c. $\sqrt{3^2}+\sqrt{2^2}=5$ V F

d. $\sqrt{3^2+2^2}=5$ V F

165 ESERCIZIO GUIDA Calcoliamo le seguenti somme algebriche di radicali:

a. $5\sqrt{18}-7\sqrt{12}+\sqrt{75}-\sqrt{98}$; b. $3\sqrt{a}-2\sqrt{b}+2\sqrt{a}+\frac{1}{2}\sqrt{b}$ $(a\geq 0; b\geq 0)$;

c. $3\sqrt{a^3-2a^2}-\sqrt{a^3-6a^2+12a-8}$.

a. $5\sqrt{18}-7\sqrt{12}+\sqrt{75}-\sqrt{98}=$

Scomponiamo in fattori i radicandi e portiamo fuori dal segno di radice:

$$5\sqrt{2\cdot 3^2}-7\sqrt{2^2\cdot 3}+\sqrt{3\cdot 5^2}-\sqrt{2\cdot 7^2}=$$

$$\underline{15\sqrt{2}}-\underline{14\sqrt{3}}+\underline{5\sqrt{3}}-\underline{7\sqrt{2}}=8\sqrt{2}-9\sqrt{3}.$$

b. Segniamo i radicali simili:

$$\underline{3\sqrt{a}}-\underline{2\sqrt{b}}+\underline{2\sqrt{a}}+\underline{\tfrac{1}{2}\sqrt{b}}=$$

Raccogliamo i radicali facendo precedere ogni parentesi dal segno +:

$$(3+2)\cdot\sqrt{a}+\left(-2+\frac{1}{2}\right)\cdot\sqrt{b}=$$

Calcoliamo la somma:

$$5\sqrt{a}+\left(-\frac{3}{2}\right)\sqrt{b}=5\sqrt{a}-\frac{3}{2}\sqrt{b}.$$

c. Scomponiamo in fattori entrambi i radicandi:

$$3\sqrt{a^2(a-2)}-\sqrt{(a-2)^3}=$$

C.E.: $a\geq 2$ per entrambi i radicali.
Portiamo fuori i fattori possibili:

$$3a\sqrt{a-2}-(a-2)\sqrt{a-2}=$$

Sommiamo i radicali, visto che sono simili:

$$[3a-(a-2)]\sqrt{a-2}=$$

$$(3a-a+2)\sqrt{a-2}=$$

$$(2a+2)\sqrt{a-2}.$$

Calcola le seguenti somme algebriche di radicali. Supponi positivi i radicandi letterali.

166 $3\sqrt{2}+5\sqrt{2}-7\sqrt{2}$; $2\sqrt{3}-\sqrt{3}$. $[\sqrt{2}; \sqrt{3}]$

RISOLVIAMO UN PROBLEMA

Un'espressione, una coppia di risultati

Semplifica la seguente espressione, dopo aver posto le condizioni di esistenza.

$$\sqrt{x^3-4x^2+4x}+\sqrt{x^3}$$

► **Determiniamo le C.E. di ciascun radicale.**

I radicandi delle radici quadrate devono essere positivi o nulli.
Scomponiamo in fattori il radicando del primo termine:

$$\sqrt{x^3-4x^2+4x}=\sqrt{x(x^2-4x+4)}=\sqrt{x(x-2)^2}.$$

$(x-2)^2$ è sempre positivo, e al più nullo, per cui la condizione di esistenza è data da $x \geq 0$.
Per $\sqrt{x^3}$ deve essere $x^3 \geq 0$, da cui $x \geq 0$.
La condizione di esistenza dell'espressione è

C.E.: $x \geq 0$.

► **Portiamo fuori dal segno di radice i fattori dei radicandi.**

$$\sqrt{x^3-4x^2+4x}+\sqrt{x^3}=\sqrt{x(x-2)^2}+\sqrt{x^3}=$$
$$|x-2|\sqrt{x}+x\sqrt{x}$$

Per garantire l'uguaglianza dei segni fra il primo e il secondo membro dobbiamo utilizzare il valore assoluto.

► **Studiamo il segno di $x-2$.**

Tenendo conto delle condizioni di esistenza abbiamo:

$x-2 \geq 0$ per $x \geq 2$;
$x-2 < 0$ per $0 \leq x < 2$.

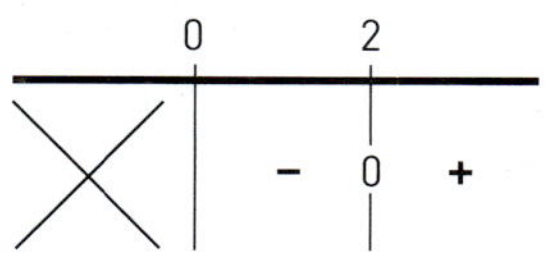

Considerando il valore assoluto abbiamo:

$$|x-2|=\begin{cases} x-2 & \text{per } x \geq 2 \\ -x+2 & \text{per } 0 \leq x < 2 \end{cases}.$$

► **Esaminiamo i due casi.**

Se $0 \leq x < 2$:
$$(-x+2)\sqrt{x}+x\sqrt{x}=$$
$$(-x+2+x)\sqrt{x}=2\sqrt{x}.$$

Se $x \geq 2$:
$$(x-2)\sqrt{x}+x\sqrt{x}=$$
$$(x-2+x)\sqrt{x}=(2x-2)\sqrt{x}.$$

167 ●○ $6\sqrt[3]{3}-\sqrt[3]{3}+2\sqrt[3]{3}$; $\quad 11\sqrt{5}+6\sqrt{2}-(8\sqrt{5}+3\sqrt{2})$. $\quad [7\sqrt[3]{3}; 3(\sqrt{5}+\sqrt{2})]$

168 ●○ ESEMPIO DIGITALE $\frac{1}{3}(\sqrt{3}+3)(\sqrt{3}-4)+\sqrt{3}(1-\sqrt{2})+\frac{4}{3}\left(\sqrt{3}+\frac{9}{4}\right)$

169 ●○ $5\sqrt{3}+3\sqrt{7}-[2\sqrt{3}-(4\sqrt{7}-3\sqrt{3})]$; $\quad 3\sqrt{48}+2\sqrt{32}+\sqrt{98}-(4\sqrt{27}+\sqrt{450})$. $\quad [7\sqrt{7}; 0]$

170 ●○ $2\sqrt[3]{54}-\sqrt[4]{243}+3\sqrt[4]{48}-\sqrt[3]{250}$; $\quad 2\sqrt{\frac{27}{8}}+5\sqrt{\frac{3}{50}}+7\sqrt{\frac{27}{98}}-5\sqrt{\frac{147}{50}}$. $\quad [\sqrt[3]{2}+3\sqrt[4]{3}; 0]$

171 ●○ $\sqrt{75}+3\sqrt{18}-2\sqrt{12}-2\sqrt{50}$; $\quad 3\sqrt{128}-2\sqrt{72}-(2\sqrt{50}+\sqrt{8})$. $\quad [\sqrt{3}-\sqrt{2}; 0]$

172 ●○ $\sqrt{a}+\sqrt{a}+\sqrt{a}$; $\quad \sqrt{b}-\sqrt{b}$; $\quad \sqrt{a}-2\sqrt{a}$. $\quad [3\sqrt{a}; 0; -\sqrt{a}]$

173 ●○ $\sqrt{a^3}-3\sqrt{a}$; $\quad \sqrt{x-1}+3\sqrt{x-1}-2\sqrt{x-1}$. $\quad [(a-3)\cdot\sqrt{a}; 2\sqrt{x-1}]$

174 ●○ $\sqrt{a^5}-3a^2\sqrt{a}+2a^2\sqrt{a}$; $\quad \frac{5}{4}\sqrt{a}-\frac{1}{2}\sqrt{b}+\frac{3}{4}\sqrt{b}-\frac{2}{8}\sqrt{a}$. $\quad \left[0; \sqrt{a}+\frac{1}{4}\sqrt{b}\right]$

175 ●○ $2\sqrt{x}-\frac{2}{3}\sqrt{x}+\sqrt{y}-\frac{7}{3}\sqrt{x}$ $\quad [-\sqrt{x}+\sqrt{y}]$

176 $-\frac{1}{3}\sqrt{a} + 2\sqrt{a} - 3\sqrt{b} - \frac{1}{2}\sqrt{a} + 2\sqrt{b}$ $\left[\frac{7}{6}\sqrt{a} - \sqrt{b}\right]$

177 $-5\sqrt{a} - \frac{1}{2}\sqrt{a} + \frac{1}{3}\sqrt{ab} + \frac{2}{3}\sqrt{ab}$ $\left[-\frac{11}{2}\sqrt{a} + \sqrt{ab}\right]$

178 $2\sqrt{a} - \frac{1}{2}\sqrt{b} + \frac{3}{4}\sqrt{b} - \frac{1}{4}\sqrt{a}$ $\left[\frac{7}{4}\sqrt{a} + \frac{1}{4}\sqrt{b}\right]$

179 $(2x+3y)\sqrt{xy} - \sqrt{4x^3y} - \sqrt{9xy^3}$ $[0]$

180 $\sqrt{1-3a+3a^2-a^3} + \sqrt[4]{1-2a+a^2} - \sqrt{a^2-a^3} - \sqrt{1-a}$ $(a \leq 1)$ $[(1-a-|a|)\sqrt{1-a}]$

Calcola il valore delle seguenti espressioni, dopo aver determinato le condizioni di esistenza.

181 $x\sqrt{2} + \sqrt{2x^2+4x+2}$ $[x < -1: -\sqrt{2};\ x \geq -1: (2x+1)\sqrt{2}]$

182 $\sqrt{9a^3} - \sqrt{a^3 - 10a^2 + 25a}$ $[0 \leq a < 5: (4a-5)\sqrt{a};\ a \geq 5: (2a+5)\sqrt{a}]$

183 $\sqrt{x^3-2x^2+x} + \sqrt{x^3+6x^2+9x}$ $[0 \leq x < 1: 4\sqrt{x};\ x \geq 1: 2(x+1)\sqrt{x}]$

184 $\sqrt{8x^3-8x^2+2x} - \sqrt{18x} + \sqrt[4]{4x^2}$ $\left[0 \leq x < \frac{1}{2}: (-2x-1)\sqrt{2x};\ x \geq \frac{1}{2}: (2x-3)\sqrt{2x}\right]$

185 $\sqrt{9ax^4} + \sqrt{4a(1-x)^4} - \sqrt{a(x-2)^4} - \sqrt{4a}$ $[a \geq 0: 4(x^2-1)\sqrt{a}]$

186 $\sqrt{xy^4} - \sqrt{(y+1)^4x} + \sqrt{(xy+2x)(y+2)^3} - \sqrt{4x}$ $[x \geq 0: (y+1)^2\sqrt{x}]$

187 **ESERCIZIO GUIDA** Utilizzando le regole dei prodotti notevoli calcoliamo:

a. $(3-2\sqrt{2})(3+2\sqrt{2})$; **b.** $(2\sqrt{7}-1)^2$; **c.** $(\sqrt{2}-2)^3$.

a. $(3-2\sqrt{2})(3+2\sqrt{2}) = 3^2 - (2\sqrt{2})^2 = 9 - 8 = 1.$

b. $(2\sqrt{7}-1)^2 = (2\sqrt{7})^2 - 4\sqrt{7} + 1 = 28 - 4\sqrt{7} + 1 = 29 - 4\sqrt{7}.$

c. $(\sqrt{2}-2)^3 = (\sqrt{2})^3 - 6(\sqrt{2})^2 + 12\sqrt{2} - 8 = 2\sqrt{2} - 12 + 12\sqrt{2} - 8 = 14\sqrt{2} - 20.$

Utilizzando anche le regole dei prodotti notevoli semplifica le seguenti espressioni.

188 $3(2+\sqrt{6})$; $3\sqrt{5}(1+\sqrt{5})$. $[6+3\sqrt{6};\ 3\sqrt{5}+15]$

189 $5\sqrt{2}(3+\sqrt{2})$; $2\sqrt{3}(3+2\sqrt{5})$. $[15\sqrt{2}+10;\ 6\sqrt{3}+4\sqrt{15}]$

190 $(2\sqrt{3}-2)(\sqrt{2}+1)$; $(3\sqrt{5}-\sqrt{3})(\sqrt{2}-1)$. $[2\sqrt{6}+2\sqrt{3}-2\sqrt{2}-2;\ 3\sqrt{10}-\sqrt{6}-3\sqrt{5}+\sqrt{3}]$

191 $(\sqrt{x}+2)(\sqrt{x}+3)$; $(\sqrt{x}-4)(\sqrt{x}+1)$. $[x+5\sqrt{x}+6;\ x-3\sqrt{x}-4]$

192 $(\sqrt{x}+1)(\sqrt{x}-5)$; $(\sqrt{x}-a)(\sqrt{x}+2a)$. $[x-4\sqrt{x}-5;\ x+a\sqrt{x}-2a^2]$

193 $(1-\sqrt{2})(1+\sqrt{2})$; $(1-\sqrt{3})^2$. $[-1;\ 4-2\sqrt{3}]$

194 $(1+\sqrt{2})^2$; $(\sqrt{a}+2)^2$. $[3+2\sqrt{2};\ a+4\sqrt{a}+4]$

195 $(\sqrt{3}-\sqrt{2})(\sqrt{3}+\sqrt{2})$; $(1+\sqrt{2})^3$. $[1;\ 7+5\sqrt{2}]$

ESERCIZI

196 $(\sqrt{a}+2)(\sqrt{a}-2)$; $(1-\sqrt{3})^3$. $[a-4; 10-6\sqrt{3}]$

197 $(\sqrt{3a}+\sqrt{c})^2$; $(3+\sqrt{3})^2$. $[3a+2\sqrt{3ac}+c; 12+6\sqrt{3}]$

198 $(\sqrt{2a}-\sqrt{3b})(\sqrt{2a}+\sqrt{3b})$; $(\sqrt{5x}-2\sqrt{y})(\sqrt{5x}+2\sqrt{y})$. $[2a-3b; 5x^2-4y]$

199 $(2-\sqrt{3})^2$; $(3a-\sqrt{2x})^2$. $[7-4\sqrt{3}; 9a^2+2x-6a\sqrt{2x}]$

200 $(a+\sqrt{2a})^3$; $(2x+\sqrt{3})^2$. $[a^3+6a^2+\sqrt{2a}(3a^2+2a); 4x^2+3+4\sqrt{3}x]$

201 $-2\sqrt{2}(\sqrt{3}-1)+(\sqrt{6}+1)^2$ $[7+2\sqrt{2}]$

202 $(\sqrt{2}-\sqrt{3})(\sqrt{2}+\sqrt{3})+(\sqrt{3}-2)^2+\sqrt{48}$ $[6]$

203 $[(3\sqrt{2}-2)(3\sqrt{2}+2)-(\sqrt{2})^3-14]:\sqrt{32}$ $\left[-\frac{1}{2}\right]$

204 $(\sqrt{5}-2)^2(\sqrt{5}+2)^2-[(3-2\sqrt{2})(3+2\sqrt{2})^2]+\sqrt[3]{2\sqrt{2}}$ $[\sqrt{2}]$

Riepilogo: I radicali e le operazioni

TEST

205 Sono dati i radicali $\sqrt{2}$, $\sqrt[3]{5}$ e $\sqrt[4]{3}$. Fra le seguenti relazioni, una sola è *corretta*. Quale?

- A $\sqrt{2}<\sqrt[3]{5}<\sqrt[4]{3}$
- B $\sqrt{2}<\sqrt[4]{3}<\sqrt[3]{5}$
- C $\sqrt[4]{3}<\sqrt{2}<\sqrt[3]{5}$
- D $\sqrt[3]{5}<\sqrt[4]{3}<\sqrt{2}$
- E $\sqrt[4]{3}<\sqrt[3]{5}<\sqrt{2}$

206 Il prodotto del radicale $\sqrt[6]{ab}$ per il radicale x è $\sqrt[12]{a^{11}b^5}$. Qual è il radicale x?

- A $\sqrt{a^{10}b^4}$
- B $\sqrt[6]{a^{10}b^4}$
- C $\sqrt[4]{a^3b}$
- D a^9b^3
- E $\sqrt[9]{a^3b}$

VERO O FALSO?

207
- a. La radice terza del triplo di a è uguale ad a. V F
- b. Il doppio della radice quadrata di a è uguale alla radice quadrata del quadruplo di a. V F
- c. La radice terza del cubo di a è uguale ad a. V F
- d. La radice quarta di 16 è 2. V F
- e. La radice cubica di 27 è 9. V F

208
- a. La radice cubica di 2 è la metà della radice cubica di 8. V F
- b. Dati due numeri reali positivi, il quoziente delle loro radici quadrate è uguale alla radice quadrata del loro quoziente. V F
- c. Dati due numeri reali positivi, la somma delle loro radici cubiche è uguale alla radice cubica della loro somma. V F
- d. Dato un numero reale positivo, la radice quadrata della sua radice cubica è uguale alla radice cubica della sua radice quadrata. V F
- e. La somma di due radicali letterali simili è un radicale che ha la stessa parte letterale dei radicali dati. V F

Semplifica le seguenti espressioni, supponendo verificate le C.E. (Negli esercizi in cui non sono poste condizioni sulle espressioni letterali, supponi che i fattori che compongono i radicandi siano non negativi.)

209 $\sqrt[4]{162}-\sqrt[4]{32}+5\sqrt[3]{16}-\sqrt[3]{54}+\sqrt[3]{250}$ $[\sqrt[4]{2}+12\sqrt[3]{2}]$

210 $(4+\sqrt{2})^2-(2\sqrt{2}-1)^2-3(4\sqrt{2}+2)$ $[3]$

211 $[(2\sqrt{5}+1)](2\sqrt{5}-1)-(\sqrt{5}-1)^2-(\sqrt{5}-4)^2:2$ $[5\sqrt{5}-4]$

212 $\sqrt{b^3}-\sqrt{b}$ $[(b-1)\cdot\sqrt{b}]$

213 $\sqrt[5]{a^2b}:\sqrt[10]{2a}\cdot\sqrt[2]{3ab}$ $\left[\sqrt[10]{\frac{243a^8b^7}{2}}\right]$

214 $\sqrt{a^3}-\sqrt{b^3}+2\sqrt{a}+\sqrt{b}$ $[(a+2)\sqrt{a}+(1-b)\sqrt{b}]$

215 $6\sqrt{ab}-3\sqrt{a}-7\sqrt{ab}+2\sqrt{a}+9\sqrt{b}+\sqrt{a}$ $[-\sqrt{ab}+9\sqrt{b}]$

216 $\sqrt{\frac{3ab^2}{c}}:\sqrt{\frac{9b^2}{c}}\cdot\sqrt{\frac{a}{3}}$ $\left[\frac{a}{3}\right]$

217 $\sqrt[3]{\frac{2x^2}{3y}}:\sqrt{\frac{x}{y}}\cdot\sqrt[6]{\frac{xy^2}{3}}$ $\left[\sqrt[6]{\frac{4x^2y^3}{27}}\right]$

218 $\sqrt{2(a-b)}\cdot\sqrt{\sqrt[3]{\frac{1}{4a-4b}}}$ $[\sqrt[6]{2(a-b)^2}]$

219 $\sqrt{\sqrt{(2x+3)^3}}:\sqrt[6]{2x+3}$ $[\sqrt[12]{(2x+3)^7}]$

220 $\sqrt[3]{\frac{x}{y^3}-\frac{1}{y^2}}+\sqrt[3]{xy^3-y^4}-\sqrt[3]{8x-8y}$ $\left[\frac{(1-y)^2}{y}\sqrt[3]{x-y}\right]$

221 $\sqrt{\frac{a^2+2ab+b^2}{a^3-3a^2b+3ab^2-b^3}}\cdot\sqrt{\frac{a^2-b(a-b)}{a+b}}:\sqrt{\frac{a^3+b^3}{a^2-b^2}}$ $\left[\frac{1}{a-b}\sqrt{a+b}\right]$

222 $\sqrt{\frac{a^3+2a^2+a}{a^2+6a+9}}+\sqrt{\frac{a^3+4a^2+4a}{a^2+6a+9}}-\sqrt{\frac{a^3}{a^2+6a+9}}$ $[\sqrt{a}]$

223 $\sqrt{\frac{a^2-1}{a^2+a-2}}:\sqrt[3]{\frac{a^2-4}{a+1}}\cdot\sqrt[6]{\frac{a+2}{a^2+2a+1}}$ $\left[\sqrt[6]{\frac{(a+1)^3}{(a+2)^4(a-2)^2}}\right]$

224 $\left(\sqrt{\frac{x^2+3x-4}{x^2(x-1)}}\cdot\sqrt[3]{\frac{x^4}{(x+4)^2}}+8\sqrt[3]{x}:\sqrt[6]{x+4}\right)\cdot\sqrt[6]{x+4}$ $[9\sqrt[3]{x}]$

225 $\sqrt{\frac{12x+12}{x^2-1}}-\sqrt{\frac{6x^2}{(2x-2)(x^2-2x+y^2)}}-\sqrt{\frac{3x^2-6xy+3y^2}{x^3-x^2}}$ $\left[-\frac{y^2}{x(x-y)}\sqrt{\frac{3}{x-1}}\right]$

226 $\left(\sqrt[6]{\frac{1}{x^2-2x+1}}+\sqrt[6]{\frac{64a^6}{x^2-2x+1}}+\sqrt[6]{\frac{a^{12}}{x^2-2x+1}}\right)\sqrt[3]{x-1}$ $[(1+a)^2]$

227 $\sqrt[6]{\frac{x^2}{x+y}}\cdot\sqrt[6]{\frac{(x+y)^3}{y^2}}:\left(\sqrt[3]{\frac{x(x+y)}{y}}\cdot\sqrt[4]{\frac{x}{y(x+y)}}\right):\sqrt[4]{\frac{1}{x}}$ $[\sqrt[4]{y(x+y)}]$

228 $\frac{y\sqrt{x}}{x+y}\sqrt{\frac{x^2+xy}{y^2}}-\sqrt{\frac{x}{x+y}}\cdot\frac{\sqrt{x^2y+y^3+2xy^2}}{\sqrt{xy}}$ $\left[-\frac{y}{\sqrt{x+y}}\right]$

229 $\sqrt{\frac{a+b}{a-b}-\frac{a-b}{a+b}}:\sqrt{\frac{a-b}{a+b}-1}\cdot\sqrt[6]{\frac{(b-a)^2}{2a}}$ $\left[\sqrt[6]{\frac{4a^2}{b-a}}\right]$

ESERCIZI

230 $\sqrt{\frac{1}{5a}+\frac{1}{25a^2}}+\sqrt{\frac{25a^2-1}{20a^3-4a^2}}-\sqrt{\frac{5a+1}{100a^2}}$ $(a>0)$ $\left[\frac{3}{5a}\sqrt{5a+1}\right]$

231 $\sqrt[4]{\frac{(a^4+b^4)^3}{2^4a^2}}\cdot\sqrt[3]{\frac{a^4+b^4}{a^3+a^2b}}\cdot\sqrt[12]{\frac{a^3+a^2b}{a^4+b^4}}$ $(a>0)$ $\left[\frac{a^4+b^4}{2a}\sqrt[4]{\frac{1}{a+b}}\right]$

232 $\left(\sqrt[5]{\sqrt{\frac{x^2}{y^2}\cdot\frac{y}{x}}}:\sqrt{\sqrt[5]{\frac{x^5}{y^5}\cdot\frac{y}{x}}}\right)^2\cdot\sqrt[5]{\left(\frac{x}{y}\right)^3}$ $(x>0;\ y>0)$ [1]

233 $\sqrt[3]{\frac{a^3-1}{a^2-1}}:\sqrt[3]{\frac{a^2+a+1}{a^2+a}}\cdot\sqrt[6]{\frac{a^2}{a+1}}$ $(a>0)$ $\left[\sqrt[6]{\frac{a^4}{a+1}}\right]$

234 $\sqrt{\frac{x^2-3x+2}{x-1}}:\sqrt[3]{\frac{x^2-4x+4}{x+1}}:\sqrt[3]{\frac{x^2-x-2}{2x}}$ $(x>2)$ $\left[\sqrt[6]{\frac{4x^2}{(x-2)^3}}\right]$

235 $\sqrt{\frac{x^2+xy+y^2}{4x^2}}+\sqrt{\frac{4x^3-4y^3}{x-y}}+\sqrt{4x^4+4x^3y+4x^2y^2}$ $\left[\frac{(1+2x)^2}{2x}\sqrt{x^2+xy+y^2}\right]$

Scomposizioni in fattori con i radicali

236 ESERCIZIO GUIDA Scomponiamo in fattori le seguenti somme algebriche:

a. $3\sqrt{2}+2$; **b.** $x-2$ $(x\geq 0)$; **c.** $a+2\sqrt{ab}+b$ $(a,b\geq 0)$; **d.** $6+2\sqrt{5}$.

a. $3\sqrt{2}+2=3\cdot\underline{\sqrt{2}}+\sqrt{2}\cdot\underline{\sqrt{2}}=\underline{\sqrt{2}}\cdot(3+\sqrt{2})$

In generale, possiamo scrivere: $n=\sqrt{n}\cdot\sqrt{n}$.

b. Possiamo scrivere $x=(\sqrt{x})^2$ e $2=(\sqrt{2})^2$, pertanto:

$x-2=(\sqrt{x})^2-(\sqrt{2})^2=$

Applichiamo la regola della differenza di due quadrati:

$(\sqrt{x}-\sqrt{2})(\sqrt{x}+\sqrt{2})$.

c. $a+2\sqrt{ab}+b=$

Poiché $a=(\sqrt{a})^2$ e $b=(\sqrt{b})^2$ riconosciamo il quadrato di un binomio:

$(\sqrt{a}+\sqrt{b})^2$.

d. $6+2\sqrt{5}=$

$2\sqrt{5}$ è il doppio prodotto di 1 per $\sqrt{5}$. Riconosciamo anche in questo caso il quadrato di un binomio, infatti:

$1+5+2\sqrt{5}=(1+\sqrt{5})^2$.

Scomponi in fattori le seguenti somme algebriche, supponendo verificate le C.E.

237 $\sqrt{6}+\sqrt{2}$; $\sqrt{5}+\sqrt{10}$.

238 $\sqrt{14}+2$; $4\sqrt{2}+2\sqrt{5}$.

239 $3+2\sqrt{2}$; $3-2\sqrt{2}$.

240 $7+4\sqrt{3}$; $11-6\sqrt{2}$.

241 $7-2\sqrt{10}$; $19-8\sqrt{3}$.

242 x^2-5; x^4-4.

243 $x^2+2\sqrt{2}x+2$; $a^2-4\sqrt{3}a+12$.

244 $a\sqrt{a}-2b\sqrt{a}+a$; $x-\sqrt{x}$.

245 $a^2-2\sqrt{3}a+3$; $2a^2+2\sqrt{2}a+1$.

246 $\sqrt{3}ab^2-3\sqrt{3}a$; x^3-3x.

247 $1+\sqrt{3}-\sqrt{2}-\sqrt{6}$ $[(1-\sqrt{2})(1+\sqrt{3})]$

248 $2+2\sqrt{2}-\sqrt{3}-\sqrt{6}$ $[(2-\sqrt{3})(1+\sqrt{2})]$

249 $\sqrt{3}-\sqrt{15}+\sqrt{2}-\sqrt{10}$ $[(1-\sqrt{5})(\sqrt{3}+\sqrt{2})]$

250 $a^2\sqrt{2}-a\sqrt{2}+2a-2$ $[\sqrt{2}(a+\sqrt{2})(a-1)]$

251 $a^3-a^2\sqrt{3}+3a^2-3a\sqrt{3}$ $[a(a+3)(a-\sqrt{3})]$

252 $4-\sqrt{8}+\sqrt{300}-\sqrt{150}$ $[(2+5\sqrt{3})(2-\sqrt{2})]$

EUREKA!

253 **Quadrato di radicali** Il numero $\left(\sqrt{22+12\sqrt{2}}-\sqrt{22-12\sqrt{2}}\right)^2$ è:

A negativo.
B uguale a 0.
C la quarta potenza di un intero non nullo.
D uguale a 11.
E un intero positivo divisibile per 5.

(*Kangourou Italia*, 2004)

254 **A segni alterni** Indica quanto vale la seguente somma (i segni sono alternati):

$$(\sqrt{100}+1)\cdot(\sqrt{100}-1)-(\sqrt{99}+1)\cdot(\sqrt{99}-1)+(\sqrt{98}+1)\cdot(\sqrt{98}-1)-\ldots+(\sqrt{2}+1)\cdot(\sqrt{2}-1).$$

A 99 B 101 C 50 D 51

255 **Irrazionali in ordine** Senza fare uso della calcolatrice, disponi in ordine crescente i seguenti numeri reali irrazionali.

$A=\sqrt{3}+2\sqrt{5}$ $B=2\sqrt{3}+\dfrac{\sqrt{7}}{2}$ $C=2\sqrt{3}+\sqrt{6}$

256 YOU & MATHS **Verifying** Given $a=\sqrt{3}-1$, verify that: $a^3+a^2-4a+2=0$.

Problemi

257 In un rettangolo la diagonale misura $6\sqrt{3}$ cm e un lato misura $4\sqrt{5}$ cm. Calcola perimetro e area del rettangolo. $[4(2\sqrt{5}+\sqrt{7})\text{ cm}; 8\sqrt{35}\text{ cm}^2]$

258 **Quasi quadrato** Considera il rombo in figura e calcolane il perimetro e l'area.

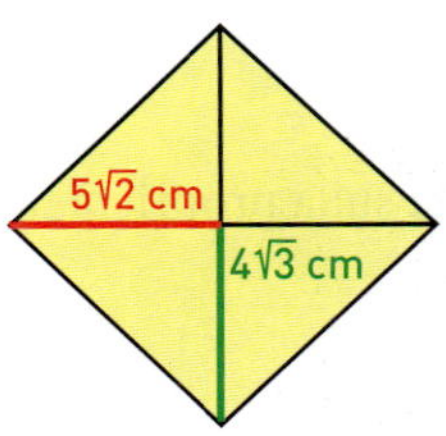

$[28\sqrt{2}\text{ cm}; 40\sqrt{6}\text{ cm}^2]$

259 Nel triangolo acutangolo ABC l'angolo $\widehat{B}$ misura 45° e l'altezza AH misura $2\sqrt{2}$ cm. Il lato AC misura 3 cm. Determina perimetro e area del triangolo. $[2(4+\sqrt{2})\text{ cm}; 4+\sqrt{2}\text{ cm}^2]$

260 Considera il trapezio isoscele $ABCD$ in figura.

a. Verifica che il triangolo ABD è rettangolo.

b. Calcola il perimetro del trapezio.

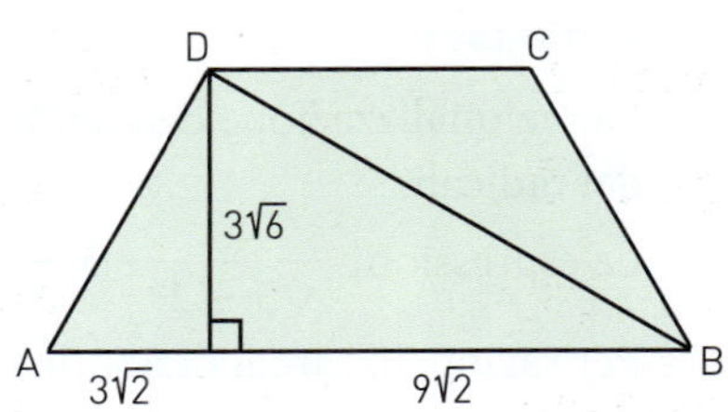

[b) $30\sqrt{2}$]

La semplificazione di frazioni algebriche

Dopo aver scomposto opportunamente in fattori, semplifica le seguenti frazioni.

261 $\dfrac{\sqrt{2}+\sqrt{10}}{\sqrt{2}}$; $\quad\dfrac{\sqrt{5}+5}{1+\sqrt{5}}$; $\quad\dfrac{3\sqrt{6}+\sqrt{3}}{\sqrt{3}}$. $\quad[\sqrt{5}+1;\ \sqrt{5};\ 3\sqrt{2}+1]$

262 $\dfrac{7+\sqrt{7}}{\sqrt{7}}$; $\quad\dfrac{\sqrt{18}}{\sqrt{6}+\sqrt{2}}$; $\quad\dfrac{a^2-3}{2a-\sqrt{12}}$. $\quad\left[\sqrt{7}+1;\ \frac{3}{2}(\sqrt{3}-1);\ \frac{1}{2}(a+\sqrt{3})\right]$

263 $\dfrac{\sqrt{14}+\sqrt{2}}{7+\sqrt{7}}$; $\quad\dfrac{\sqrt{10}+3\sqrt{2}}{\sqrt{45}+9}$; $\quad\dfrac{3+2\sqrt{2}}{1+\sqrt{2}}$. $\quad\left[\frac{\sqrt{14}}{7};\ \frac{\sqrt{2}}{3};\ \sqrt{2}+1\right]$

264 $\dfrac{\sqrt{a}-a}{\sqrt{a}}$; $\quad\dfrac{a-b}{\sqrt{a}+\sqrt{b}}$; $\quad\dfrac{x^2-a}{2x+\sqrt{4a}}$. $\quad\left[1-\sqrt{a};\ \sqrt{a}-\sqrt{b};\ \frac{x-\sqrt{a}}{2}\right]$

265 $\dfrac{2-\sqrt{6}}{\sqrt{2}}(\sqrt{2}+\sqrt{3})$; $\quad\dfrac{\sqrt{24}-\sqrt{20}}{3\sqrt{6}-\sqrt{45}}$; $\quad\dfrac{15+2\sqrt{3}}{\sqrt{6}+\sqrt{3}}$. $\quad\left[-1;\ \frac{2}{3};\ \frac{5\sqrt{3}+2}{\sqrt{2}+1}\right]$

266 $\dfrac{\sqrt{6}\,a^3b}{3ab^2-\sqrt{6}\,a^2b}$; $\quad\dfrac{a^2-2\sqrt{2}\,ab+2b^2}{2a^2-4b^2}$. $\quad\left[\frac{\sqrt{2}\,a^2}{\sqrt{3}\,b-\sqrt{2}\,a};\ \frac{a-\sqrt{2}\,b}{2(a+\sqrt{2}\,b)}\right]$

267 $\dfrac{x^2-3}{x^2+x\sqrt{3}}$; $\quad\dfrac{20x^2-50y^2}{2\sqrt{15}\,x-5\sqrt{6}\,y}$. $\quad\left[\frac{x-\sqrt{3}}{x};\ \frac{\sqrt{10}(\sqrt{2}\,x+\sqrt{5}\,y)}{\sqrt{3}}\right]$

268 $\dfrac{5+2\sqrt{6}}{3+\sqrt{6}}$; $\quad\dfrac{a^2b^3-3a^4b}{2a^2b^2-\sqrt{12}\,a^3b}$. $\quad\left[\frac{\sqrt{2}+\sqrt{3}}{\sqrt{3}};\ \frac{b+\sqrt{3}\,a}{2}\right]$

269 $\dfrac{3\sqrt{2}+2\sqrt{3}}{\sqrt{3}+\sqrt{2}}$; $\quad\dfrac{2a^2+2a\sqrt{3}-12}{a^2-12}$. $\quad\left[\sqrt{6};\ \frac{2(a-\sqrt{3})}{a-2\sqrt{3}}\right]$

270 $\dfrac{x^2+\sqrt{5}\,x-10}{x^3-5x}\cdot\dfrac{\sqrt{2}\,x^2+\sqrt{10}\,x}{x+2\sqrt{5}}$ $\quad[\sqrt{2}]$

271 $\dfrac{x^3+4\sqrt{2}\,x^2-10x}{\sqrt{5}\,x-\sqrt{10}}\cdot\dfrac{5}{x}$ $\quad[\sqrt{5}(x+5\sqrt{2})]$

272 $\dfrac{\sqrt{10}}{2x^2-\sqrt{2}\,x}:\dfrac{3\sqrt{5}}{2x^3-x}$ $\quad\left[\frac{\sqrt{2}\,x+1}{3}\right]$

5 La razionalizzazione del denominatore di una frazione

▶ Teoria a p. 639

273 **VERO O FALSO?**

a. La razionalizzazione del denominatore di una frazione è basata sulla proprietà invariantiva dei radicali. V F

b. Le espressioni $\dfrac{4}{\sqrt{5}+3}$ e $3-\sqrt{5}$ sono equivalenti. V F

c. Per razionalizzare il denominatore della frazione $\dfrac{5}{\sqrt{12}}$ è sufficiente moltiplicare numeratore e denominatore per $\sqrt{3}$. V F

SPIEGA PERCHÉ

274 I radicali $\frac{4}{\sqrt{5}}$ e $\sqrt{45}$ possono essere trasformati in radicali simili? Motiva la risposta.

275 Per razionalizzare il denominatore della frazione $\frac{7}{\sqrt{x+1}}$, è corretto moltiplicare numeratore e denominatore per $\sqrt{x}-1$? Perché?

276 YOU & MATHS **Equivalent radicals** The number $2\sqrt{6}$ is *not equal* to:

A $\sqrt{6}+\sqrt{6}$.

B $\sqrt{3}\sqrt{8}$.

C $2\sqrt{3}+2\sqrt{3}$.

D $\frac{12}{\sqrt{6}}$.

E any of these.

277 ESERCIZIO GUIDA Razionalizziamo i denominatori delle seguenti frazioni:

a. $\frac{3}{\sqrt{3}}$; **b.** $\frac{1}{\sqrt[3]{2^5}}$; **c.** $\frac{a+b}{\sqrt{a+b}}$ (con $a>-b$); **d.** $\frac{a+b}{\sqrt{a}+\sqrt{b}}$ (con $a>0, b>0$).

a. Moltiplichiamo numeratore e denominatore per la radice presente nel denominatore:

$$\frac{3}{\sqrt{3}} = 3\cdot\frac{\sqrt{3}}{\sqrt{3}\cdot\sqrt{3}} = \frac{\cancel{3}\sqrt{3}}{\cancel{3}} = \sqrt{3}.$$

b. $$\frac{1}{\sqrt[3]{2^5}} = \frac{1}{2\sqrt[3]{2^2}} = \frac{\sqrt[3]{2}}{2\sqrt[3]{2^2}\cdot\sqrt[3]{2}} = \frac{\sqrt[3]{2}}{2\cdot 2} = \frac{\sqrt[3]{2}}{4}$$

Infatti:

$$\sqrt[3]{2^2}\cdot\sqrt[3]{2} = \sqrt[3]{2^2\cdot 2} = \sqrt[3]{2^{2+1}} = \sqrt[3]{2^3} = 2.$$

c. Il denominatore è un unico radicale che ha per radicando un binomio; moltiplichiamo per tale radicale:

$$\frac{a+b}{\sqrt{a+b}} = \frac{(a+b)\cdot\sqrt{a+b}}{\sqrt{a+b}\cdot\sqrt{a+b}} = \frac{\cancel{(a+b)}\sqrt{a+b}}{\cancel{a+b}} = \sqrt{a+b}.$$

d. Quando al denominatore compare la somma di due termini di cui almeno uno è una radice quadrata, moltiplichiamo il numeratore e il denominatore per la differenza dei due termini.
Se compare una differenza, moltiplichiamo per la somma, in modo da poter utilizzare in entrambi i casi il prodotto notevole $(x+y)(x-y)=x^2-y^2$.

$$\frac{a+b}{\sqrt{a}+\sqrt{b}} = \frac{(a+b)(\sqrt{a}-\sqrt{b})}{(\sqrt{a}+\sqrt{b})(\sqrt{a}-\sqrt{b})} = \frac{(a+b)(\sqrt{a}-\sqrt{b})}{a-b}$$

Razionalizza i denominatori delle seguenti frazioni, supponendo verificate le condizioni di esistenza.

278 $\frac{1}{4\sqrt{2}}$; $\frac{3+\sqrt{3}}{5\sqrt{3}}$; $\frac{7}{2\sqrt{7}}$. $\left[\frac{\sqrt{2}}{8}; \frac{\sqrt{3}+1}{5}; \frac{\sqrt{7}}{2}\right]$

279 $\frac{4}{\sqrt[3]{4}}$; $\frac{2}{\sqrt[3]{6}}$; $\frac{12}{\sqrt[5]{8}}$. $\left[2\sqrt[3]{2}; \frac{\sqrt[3]{36}}{3}; 6\sqrt[5]{4}\right]$

280 $\frac{1}{\sqrt{x}}$; $\frac{2x}{\sqrt{3x}}$; $\frac{2x}{\sqrt{xy}}$. $\left[\frac{\sqrt{x}}{x}; \frac{2}{3}\sqrt{3x}; \frac{2}{y}\sqrt{xy}\right]$

281 $\frac{ab^2}{\sqrt{abx}}$; $\frac{2x^2y}{\sqrt{x^3y}}$; $\frac{2a^3}{\sqrt{18ab}}$. $\left[\frac{b}{x}\sqrt{abx}; 2\sqrt{xy}; \frac{a^2}{3b}\sqrt{2ab}\right]$

282 $\dfrac{x}{3\sqrt{2x}}$; $\dfrac{1}{2a\sqrt{3a}}$; $\dfrac{\sqrt{2a+2}}{\sqrt{2ax}}$. $\left[\dfrac{\sqrt{2x}}{6}; \dfrac{\sqrt{3a}}{6a^2}; \dfrac{\sqrt{ax(a+1)}}{ax}\right]$

283 $\dfrac{x-1}{\sqrt{x-1}}$; $\dfrac{a^2-4}{\sqrt{a+2}}$; $\dfrac{3y+9}{\sqrt{y+3}}$. $\left[\sqrt{x-1}; (a-2)\sqrt{a+2}; 3\sqrt{y+3}\right]$

284 $\dfrac{1}{\sqrt{a+b}}$; $\dfrac{a^2+2ab+b^2}{\sqrt{a+b}}$; $\dfrac{x-y}{\sqrt{x-y}}$. $\left[\dfrac{\sqrt{a+b}}{a+b}; (a+b)\sqrt{a+b}; \sqrt{x-y}\right]$

285 $\dfrac{xy}{\sqrt[3]{xy^2}}$; $\dfrac{2ab}{\sqrt[5]{a^4b^2}}$; $\dfrac{4x^2y}{\sqrt[7]{8x^5y^2}}$. $\left[\sqrt[3]{x^2y}; 2\sqrt[5]{ab^3}; 2x\sqrt[7]{16x^2y^5}\right]$

286 $\dfrac{a-4b^2}{\sqrt{a}-2ab}$; $\dfrac{\sqrt{a}}{a-\sqrt{a}\,b}$; $\dfrac{\sqrt{a}+2\sqrt{b}}{\sqrt{a}-2\sqrt{b}}$. $\left[\sqrt{a}+2b; \dfrac{\sqrt{a}+b}{a-b^2}; \dfrac{(\sqrt{a}+2\sqrt{b})^2}{a-4b}\right]$

287 $\dfrac{5}{7-2\sqrt{6}}$; $\dfrac{\sqrt{3}-\sqrt{2}}{\sqrt{3}+\sqrt{2}}$; $\dfrac{\sqrt{5}+1}{\sqrt{5}-1}$. $\left[\dfrac{7+2\sqrt{6}}{5}; 5-2\sqrt{6}; \dfrac{3+\sqrt{5}}{2}\right]$

288 $\dfrac{5}{4-2\sqrt{3}}$; $\dfrac{\sqrt{10}-2}{\sqrt{5}+\sqrt{2}}$; $\dfrac{\sqrt{7}-2}{\sqrt{7}+2}$. $\left[\dfrac{5}{2}(2+\sqrt{3}); \dfrac{7\sqrt{2}-4\sqrt{5}}{3}; \dfrac{11-4\sqrt{7}}{3}\right]$

289 $\dfrac{17\sqrt{15}}{2\sqrt{5}+\sqrt{3}}$; $\dfrac{15}{5\sqrt{3}-3\sqrt{5}}$; $\dfrac{22\sqrt{3}}{3\sqrt{3}+4}$. $\left[10\sqrt{3}-3\sqrt{5}; \dfrac{5\sqrt{3}+3\sqrt{5}}{2}; 18-8\sqrt{3}\right]$

290 $\dfrac{-1}{\sqrt{1+\sqrt{2}}}$; $\dfrac{3-a}{2-\sqrt{a+1}}$; $\dfrac{x^2-1}{\sqrt[3]{x+1}}$. $\left[\sqrt{1+\sqrt{2}}\,(1-\sqrt{2}); 2+\sqrt{a+1}; (x-1)\sqrt[3]{(x-1)^2}\right]$

291 $\dfrac{x\sqrt{y}-y\sqrt{x}}{2\sqrt{xy}}$; $\dfrac{x+y}{\sqrt{9x+9y}}$; $\dfrac{x^2+4x+4}{\sqrt{x+2}}$. $\left[\dfrac{\sqrt{x}-\sqrt{y}}{2}; \dfrac{\sqrt{x+y}}{3}; (x+2)\sqrt{x+2}\right]$

---

292 **ASSOCIA** a ogni frazione l'espressione equivalente ottenuta dopo aver razionalizzato.

1. $\dfrac{\sqrt{2}+1}{\sqrt{2}}$ a. $2\sqrt{2}+2$
2. $\dfrac{2}{\sqrt{2}-1}$ b. $\dfrac{2+\sqrt{2}}{2}$
3. $\dfrac{1}{\sqrt{2}+1}$ c. $2\sqrt{2}-1$
4. $\dfrac{7}{2\sqrt{2}+1}$ d. $\sqrt{2}-1$

293 Un triangolo isoscele ha un'area di 16 cm^2 e la base misura $(4-2\sqrt{2})$ cm. Determina la misura dell'altezza. $[8(2+\sqrt{2})\text{ cm}]$

294

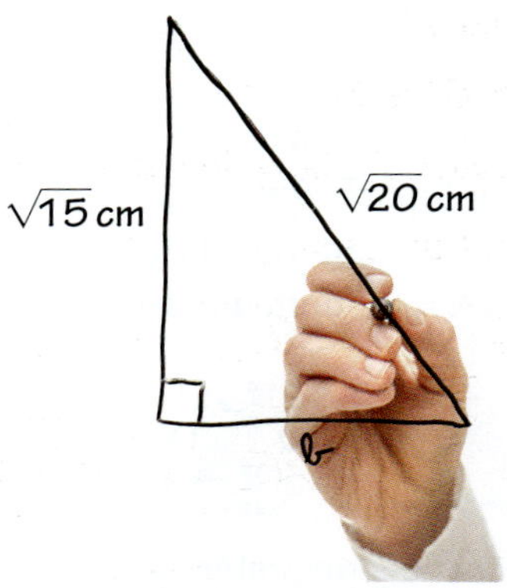

Trova l'altezza relativa all'ipotenusa. $\left[\dfrac{\sqrt{15}}{2}\text{ cm}\right]$

MATEMATICA AL COMPUTER

Operare sui radicali con Wiris Nel laboratorio ti proponiamo di immettere la frazione del foglietto in un blocco di Wiris e di...

$$\frac{22\cdot\sqrt[3]{5}}{3\cdot\sqrt[3]{5}-\sqrt[3]{3}}$$

Problema e risoluzione - 9 esercizi in più.

RISOLVIAMO UN PROBLEMA

La ringhiera

Silvia è architetto e ha progettato la ringhiera di una scala per un soppalco, che in totale prevede 5 moduli simili a quello riportato in figura. Il telaio è realizzato in profilato di acciaio, mentre le diagonali sono realizzate con cavo metallico.

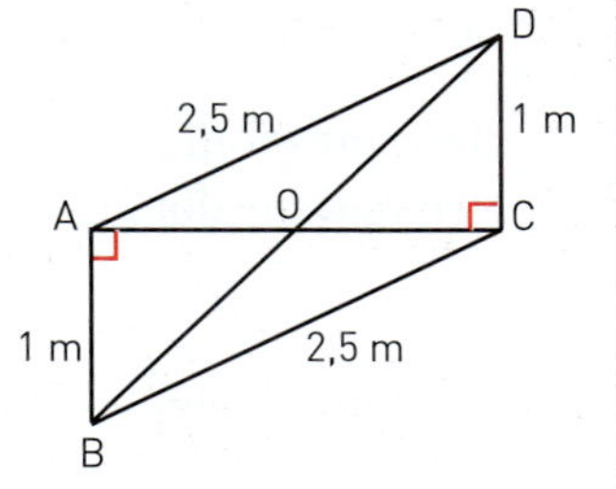

- Calcola quanti metri di cavo metallico sono necessari per realizzare un modulo.
- Sapendo che il cavo metallico è venduto in bobine di 30 m, calcola quanti moduli si possono realizzare con ciascuna bobina (esegui prima i calcoli in forma esatta e solo alla fine approssima il risultato con una calcolatrice).

▶ Determiniamo la misura della diagonale *AC*.

Dalla figura si ricava che l'angolo $B\widehat{A}C$ è rettangolo. Del triangolo rettangolo BAC conosciamo le misure dell'ipotenusa BC e del cateto AB, quindi possiamo calcolare la misura di AC.

$$\overline{AC} = \sqrt{\overline{BC}^2 - \overline{AB}^2} = \sqrt{\left(\frac{5}{2}\right)^2 - 1^2} =$$

$$\sqrt{\frac{25}{4} - 1} = \sqrt{\frac{21}{4}} = \frac{\sqrt{21}}{2}.$$

▶ Determiniamo la misura della diagonale *BD*.

Dalla figura si ricava che:

$$AB \cong DC \text{ e } AD \cong BC,$$

perciò $ABCD$ è un parallelogramma, perché i suoi lati opposti sono congruenti.
Le diagonali AC e BD, pertanto, si intersecano nel punto medio:

$$AO \cong OC \text{ e } BO \cong OD.$$

Consideriamo il triangolo rettangolo ODC:

$\overline{DC} = 1$ per ipotesi;

$$\overline{OC} = \frac{\overline{AC}}{2} = \frac{\sqrt{21}}{4};$$

$$\overline{OD} = \sqrt{\overline{OC}^2 + \overline{CD}^2} = \sqrt{\left(\frac{\sqrt{21}}{4}\right)^2 + 1^2} =$$

$$\sqrt{\frac{21}{16} + 1} = \sqrt{\frac{37}{16}} = \frac{\sqrt{37}}{4};$$

$$\overline{BD} = 2 \cdot \overline{OD} = 2 \cdot \frac{\sqrt{37}}{4} = \frac{\sqrt{37}}{2}.$$

▶ Calcoliamo i metri di cavo metallico necessari.

Le due diagonali, assieme, sono lunghe (in metri):

$$\overline{AC} + \overline{BD} = \frac{\sqrt{21}}{2} + \frac{\sqrt{37}}{2} \simeq 5,33.$$

Per realizzare un modulo sono quindi necessari 6 m di cavo metallico.

▶ Calcoliamo quanti moduli si realizzano con una bobina.

Dividendo la lunghezza del cavo avvolto in una bobina per la lunghezza necessaria ad allestire un modulo otteniamo il numero dei moduli realizzabili con una bobina:

$$n = \frac{30}{\frac{\sqrt{21}+\sqrt{37}}{2}} = \frac{60}{\sqrt{21}+\sqrt{37}}.$$

Poiché la frazione ha dei radicali al denominatore, procediamo alla razionalizzazione. Moltiplichiamo numeratore e denominatore per $(\sqrt{21} - \sqrt{37})$:

$$n = \frac{60}{\sqrt{21}+\sqrt{37}} = \frac{60(\sqrt{21}-\sqrt{37})}{(\sqrt{21}+\sqrt{37})\cdot(\sqrt{21}-\sqrt{37})} =$$

$$\frac{60(\sqrt{21}-\sqrt{37})}{21-37} = \frac{60(\sqrt{21}-\sqrt{37})}{-16} =$$

$$\frac{60(\sqrt{37}-\sqrt{21})}{16} = \frac{15(\sqrt{37}-\sqrt{21})}{4} \simeq 5,63.$$

Approssimando per difetto all'intero più piccolo si ricava che con una bobina di cavo si realizzano 5 moduli di ringhiera.

295 Un rombo ha un'area di 40 cm^2 e la diagonale minore misura $(5 - \sqrt{5})$ cm. Quanto è lunga la diagonale maggiore? $[4(5 + \sqrt{5})\ \text{cm}]$

296 La base rettangolare di un parallelepipedo ha i lati che misurano 3 dm e $(3 + \sqrt{3})$ dm. Il volume del parallelepipedo è 72 dm^3. Quanto misura la sua altezza? $[4(3 - \sqrt{3})\ \text{dm}]$

ESERCIZI

Radicali quadratici doppi

297 ESERCIZIO GUIDA Trasformiamo nella somma algebrica di radicali semplici le seguenti espressioni:

a. $\sqrt{6+\sqrt{11}}$; b. $\sqrt{3+\sqrt{2}}$.

Le espressioni precedenti si chiamano **radicali quadratici doppi** o più semplicemente **radicali doppi**. Un radicale doppio è un'espressione del tipo:

$$\sqrt{a+\sqrt{b}} \quad \text{oppure} \quad \sqrt{a-\sqrt{b}}.$$

Un radicale doppio può essere trasformato nella somma o nella differenza di due radicali semplici solo quando l'espressione a^2-b^2 è il quadrato di un numero razionale o di un'espressione che non contiene radicali.

In tal caso valgono le due uguaglianze che consideriamo di seguito, in cui a, b, $a^2-b \geq 0$.

$$\sqrt{a+\sqrt{b}} = \sqrt{\frac{a+\sqrt{a^2-b}}{2}} + \sqrt{\frac{a-\sqrt{a^2-b}}{2}}$$
$$\sqrt{a-\sqrt{b}} = \sqrt{\frac{a+\sqrt{a^2-b}}{2}} - \sqrt{\frac{a-\sqrt{a^2-b}}{2}}$$

a. Trasformiamo $\sqrt{6+\sqrt{11}}$ nella somma di due radicali semplici. Poiché $6^2-11=36-11=25=5^2$, ossia un quadrato perfetto, possiamo applicare la formula

$$\sqrt{6+\sqrt{11}} = \sqrt{\frac{6+\sqrt{25}}{2}} + \sqrt{\frac{6-\sqrt{25}}{2}} = \sqrt{\frac{11}{2}} + \sqrt{\frac{1}{2}}.$$

b. Consideriamo il radicale doppio $\sqrt{3+\sqrt{2}}$. **Non** è trasformabile in somma o differenza di radicali semplici, in quanto $3^2-2=7$, che non è il quadrato perfetto di un numero razionale.

Trasforma i seguenti radicali doppi nella somma algebrica di radicali semplici.

298 $\sqrt{11+\sqrt{21}}$; $\sqrt{3+\sqrt{8}}$. $\left[\sqrt{\frac{21}{2}}+\sqrt{\frac{1}{2}}; \sqrt{2}+1\right]$

299 $\sqrt{7-\sqrt{40}}$; $\sqrt{6+\sqrt{27}}$. $\left[\sqrt{5}-\sqrt{2}; \sqrt{\frac{9}{2}}+\sqrt{\frac{3}{2}}\right]$

300 $\sqrt{5-2\sqrt{6}}$; $\sqrt{7+3\sqrt{5}}$. $\left[\sqrt{3}-\sqrt{2}; \sqrt{\frac{9}{2}}+\sqrt{\frac{5}{2}}\right]$

301 $\sqrt{\frac{5}{2}+\sqrt{6}}$; $\sqrt{3+\frac{4}{3}\sqrt{2}}$. $\left[\sqrt{\frac{3}{2}}+1; \sqrt{\frac{8}{3}}+\sqrt{\frac{1}{3}}\right]$

302 $\sqrt{\frac{9}{2}-\sqrt{8}}$; $\sqrt{7-\sqrt{13}}$. $\left[2-\sqrt{\frac{1}{2}}; \sqrt{\frac{13}{2}}-\sqrt{\frac{1}{2}}\right]$

Riepilogo: Le espressioni irrazionali

TEST

303 Quale dei seguenti valori è il risultato dell'espressione: $5\sqrt[3]{32}-\left(\frac{2\sqrt[9]{84}}{\sqrt[9]{21}}\right)^3$?

A $9\sqrt[3]{4}$

B $2\sqrt[3]{4}$

C $10\sqrt[3]{4}-128$

D $10\sqrt[3]{4}-8\sqrt[27]{4}$

E Nessuno dei precedenti.

304 Quale delle seguenti espressioni è lo sviluppo di un quadrato di binomio?

A $x+3-6\sqrt{x}$

B $a^2+b+a\sqrt{4b}$

C $4+\sqrt{3}$

D $a-\sqrt{2ab}+b$

E $x+y^2+2x\sqrt{y}$

TEST

305 Per razionalizzare il denominatore della frazione $\frac{x}{\sqrt{4x}-6}$ è sufficiente moltiplicare numeratore e denominatore per:

A $\sqrt{4x}-6$.

B $2x+6$.

C $\sqrt{4x+6}$.

D $2\sqrt{x}+3$.

E $\sqrt{x}+3$.

306 Sulle tre espressioni

1. $(5-3\sqrt{2})(5+3\sqrt{2})$,

2. $(\sqrt{6}-1)^2$,

3. $\left(\sqrt[3]{\sqrt[4]{117\,649}}\right)^2$,

puoi affermare che:

A tutte e tre hanno lo stesso risultato.

B solo 1 e 2 hanno lo stesso risultato.

C solo 1 e 3 hanno lo stesso risultato.

D solo 2 e 3 hanno lo stesso risultato.

E i loro risultati sono tutti diversi.

Semplifica le seguenti espressioni. Supponi positivi i fattori letterali che compongono i radicandi.

307 $\frac{3+2\sqrt{2}}{2+\sqrt{2}}\cdot\frac{\sqrt{2}-1}{\sqrt{2}}$ $\left[\frac{1}{2}\right]$

308 $\frac{\sqrt{6}-2\sqrt{2}}{7-4\sqrt{3}}\cdot\frac{\sqrt{10}}{\sqrt{3}+2}$ $[-2\sqrt{5}]$

309 $\frac{7+2\sqrt{6}}{\sqrt{2}}\cdot\frac{4}{\sqrt{2}+2\sqrt{3}}$ $[2(1+\sqrt{6})]$

310 $[(3\sqrt{2}+2\sqrt{3})(\sqrt{3}+\sqrt{2}):\sqrt{6}](5-2\sqrt{6})-1$ $[0]$

311 $(\sqrt{6}-1)\sqrt{7+2\sqrt{6}}-\sqrt{6-\sqrt{11}}\cdot\sqrt{6+\sqrt{11}}$ $[0]$

312 $(\sqrt{5}\,x-3y+\sqrt{2})(3y-\sqrt{2}+\sqrt{5}\,x)$ $[5x^2-9y^2-2+6\sqrt{2}\,y]$

313 $(2+\sqrt{3}\,x+y)(2+\sqrt{3}\,x-y)$ $[4+4\sqrt{3}\,x+3x^2-y^2]$

314 $(\sqrt{5}+\sqrt{10}\,y)(5-5\sqrt{2}\,y+10y^2)$ $[5\sqrt{5}(1+2\sqrt{2}\,y^3)]$

315 $(\sqrt{2}x-\sqrt{8}\,y+\sqrt{6})(2\sqrt{2}\,y+\sqrt{6}+\sqrt{2}x)$ $[2x^2+6+4\sqrt{3}\,x-8y^2]$

316 $\frac{x^2+2\sqrt{3}\,x+3}{\sqrt{2}\,x^2-3\sqrt{2}}\cdot\frac{\sqrt{2}\,x-\sqrt{6}}{3}$ $\left[\frac{x+\sqrt{3}}{3}\right]$

317 $\frac{8+2\sqrt{7}}{\sqrt{7}x}\cdot\frac{7x^2}{\sqrt{7}+1}$ $[\sqrt{7}x(\sqrt{7}+1)]$

318 $\left(\frac{\sqrt{3}}{x^2-2}:\frac{2}{\sqrt{2}\,x-2}\right)\cdot\frac{x+\sqrt{2}}{\sqrt{6}}$ $\left[\frac{1}{2}\right]$

319 $\left(\sqrt{\frac{2a}{a+b}-1}-\sqrt{\frac{a^2-2ab+b^2}{a^2-b^2}}\right)\cdot\frac{2a}{a+b}$ $[0]$

320 $\left(\frac{x}{2}+\frac{\sqrt{3}}{x}\right):\frac{5}{4x}\cdot\frac{2}{x^2+2\sqrt{3}}$ $\left[\frac{4}{5}\right]$

321 $\frac{\sqrt{2x}}{\sqrt{2x}+\sqrt{y}}-\frac{2x+y}{2x-y}+\frac{\sqrt{y}}{\sqrt{2x}-\sqrt{y}}$ $[0]$

ESERCIZI

322 $\left(\sqrt{\frac{y}{x}}+\sqrt{\frac{x}{y}}-2\right):(\sqrt{x}-\sqrt{y})^2$ $\left[\frac{\sqrt{xy}}{xy}\right]$

323 $\sqrt{\frac{2x-1}{36x^2}}+\sqrt{\frac{4x^2-1}{18x^3+9x^2}}+\sqrt{\frac{1}{2x}-\frac{1}{4x^2}}$ $\left[\sqrt{\frac{2x-1}{x}}\right]$

324 $\left(\frac{\sqrt{a}}{\sqrt{b}}-\frac{\sqrt{b}}{\sqrt{a}}\right)[(b\sqrt{a}+a\sqrt{b})(\sqrt{a}+\sqrt{b})-2ab]$ $[a^2-b^2]$

325 $1+\sqrt[4]{a^2b^2}\cdot\sqrt[3]{ab}:\sqrt[6]{ab}\cdot\sqrt[3]{a^4b^4}-2a^2b^2$ $[1-a^2b^2]$

326 $\left(\sqrt{\frac{1}{x}+\frac{1}{x^2}}-4\sqrt{x+1}+\sqrt{16x^3+16x^2}\right):\frac{(1-2x)^2}{x}$ $[\sqrt{x+1}]$

327 $\left(\frac{x}{2}-\frac{3}{2}\right):\left(\frac{\sqrt{2}}{x}+\frac{1}{\sqrt{2}}\right)\cdot\left(\frac{1}{x+\sqrt{6}}+\frac{1}{x-\sqrt{6}}\right)$ $\left[\frac{\sqrt{2}\,x}{x+2}\right]$

328 $\frac{1}{xy}\cdot\left(\sqrt{xy}-\frac{xy}{x-\sqrt{xy}}\right)\cdot\left(\sqrt{xy}+\frac{xy}{x+\sqrt{xy}}\right)$ $\left[\frac{x-4y}{x-y}\right]$

329 $\left(\frac{2x^2-2\sqrt{7}x-28}{\sqrt{20}}\cdot\frac{x^2}{x-2\sqrt{7}}\right)\cdot\frac{\sqrt{5}}{2x^2+2\sqrt{7}\,x}$ $\left[\frac{x}{2}\right]$

330 $\left(\frac{7+2\sqrt{6}}{x-y}\cdot\frac{\sqrt{x}-\sqrt{y}}{1+\sqrt{6}}-\frac{\sqrt{6}-1}{\sqrt{x}+\sqrt{y}}\right)\cdot\frac{x-y}{2}$ $[\sqrt{x}-\sqrt{y}]$

331 ESEMPIO DIGITALE $4\sqrt[3]{x^2-6x+9}-\sqrt[3]{8(x-3)^2}+\sqrt[6]{(x-3)^4}$

332 $\left(\sqrt[6]{\frac{x^{12}}{x^2+2x+1}}-\sqrt[6]{\frac{64x^6}{x^2+2x+1}}+\sqrt[6]{\frac{1}{x^2+2x+1}}\right)\cdot\sqrt[3]{x+1}$ $[(x-1)^2]$

333 $\left(\frac{\sqrt{3}\,x^2-5\sqrt{3}+x^2-5}{\sqrt{3}+3}\cdot\frac{x^2+\sqrt{5}x+5}{x^3-5\sqrt{5}}\right):\frac{x^2+\sqrt{5}x}{3}\cdot\frac{x}{\sqrt{3}}$ $[1]$

334 $\left(\frac{\sqrt{a}b-a\sqrt{b}}{ab}+\frac{\sqrt{a}+\sqrt{b}}{\sqrt{ab}}\right)\cdot\left(\frac{\sqrt{ab}}{2}+\sqrt{\frac{a}{b}}\right)$ $\left[\frac{b+2}{\sqrt{b}}\right]$

335 $\left(\sqrt{\frac{1}{a^2}+\frac{1}{b^2}}+2\sqrt{a^2+b^2}+\sqrt{a^4b^2+a^2b^4}\right)\cdot\frac{ab}{(ab+1)^2}$ $[\sqrt{a^2+b^2}]$

336 $ab\cdot\left(\frac{a+b}{\sqrt{ab}}-2\right):\left(\frac{2\sqrt{ab}}{a+b}-1\right)$ $[-(a+b)\sqrt{ab}]$

337 $\frac{2\sqrt{x}+\sqrt{y}}{2\sqrt{x}-\sqrt{y}}-\frac{2\sqrt{x}-\sqrt{y}}{2\sqrt{x}+\sqrt{y}}-\frac{7\sqrt{xy}}{4x-y}$ $\left[\frac{\sqrt{xy}}{4x-y}\right]$

338 $\frac{2}{a^2}:\left(\frac{\sqrt{a^2+1}-1}{\sqrt{a^2+1}+1}-\frac{\sqrt{a^2+1}+1}{\sqrt{a^2+1}-1}\right)$ $\left[-\frac{\sqrt{a^2+1}}{2(a^2+1)}\right]$

339 $\frac{\sqrt{x+y+1}}{\sqrt{x+y+1}-\sqrt{x+y-1}}-\frac{\sqrt{x+y-1}}{\sqrt{x+y+1}+\sqrt{x+y-1}}$ $[x+y]$

340 $\left(\frac{1}{\sqrt{a}-\frac{4}{\sqrt{a}}}+\frac{2\sqrt[3]{a}}{\sqrt[3]{a^4}-\sqrt[3]{64a}}\right)-\frac{1}{\sqrt{a}-2}$ $[0]$

341 EUREKA! **Una somma lunghissima** Calcola la somma dei primi 3600 valori di $\frac{1}{\sqrt{n}+\sqrt{n-1}}$ partendo da $n = 1$ (fino a $n = 3600$), cioè trova il valore di:

$$1+\frac{1}{\sqrt{2}+\sqrt{1}}+\frac{1}{\sqrt{3}+\sqrt{2}}+\ldots+\frac{1}{\sqrt{3600}+\sqrt{3599}}.$$

(USA *KSEA National Mathematics Competition*, 2007)

342 Il numero aureo Φ è uguale a $\frac{\sqrt{5}+1}{2}$. Verifica che:

a. $\Phi^2-1=\Phi$; **b.** $\Phi^3-1=2\Phi$.

343 INVALSI 2014 Si è costruita la figura che vedi inserendo nel quadrato più grande un secondo quadrato i cui vertici sono i punti medi dei lati del primo. Si è ripetuta la stessa procedura, inserendo altri due quadrati. Se la superficie del quadrato più grande misura 64 cm^2, quanto misura il lato del quadrato più piccolo?

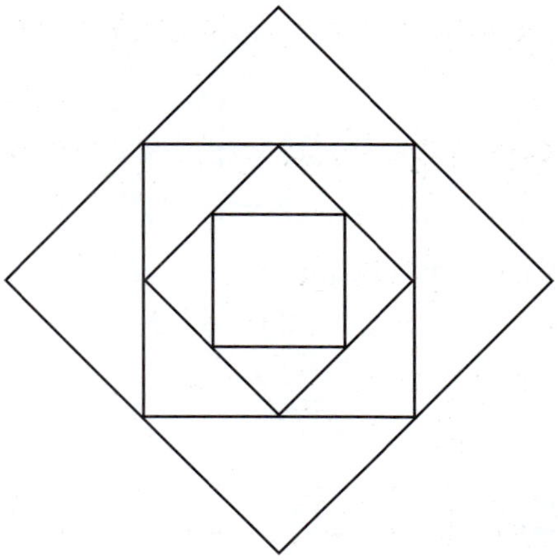

A 2 cm

B $2\sqrt{2}$ cm

C 4 cm

D $4\sqrt{2}$ cm

6 Applicazioni delle operazioni con i radicali

▶ Teoria a p. 640

Le equazioni, i sistemi e le disequazioni con coefficienti irrazionali

344 VERO O FALSO?

a. La soluzione dell'equazione $ax = b$, con a, b numeri irrazionali, è sempre un numero irrazionale. V F

b. La soluzione della disequazione $(1-\sqrt{2})x>0$ è $x<0$. V F

c. Nell'equazione $x-\sqrt{3}x=1+\sqrt{3}$, per ricavare x occorre dividere entrambi i membri per $-\sqrt{3}$. V F

d. Le due disequazioni $(2-\sqrt{5})x>3+\sqrt{7}$ e $x>\frac{3+\sqrt{7}}{2-\sqrt{5}}$ sono equivalenti. V F

345 TEST Fra le seguenti disequazioni, qual è equivalente a $x-\sqrt{3}x<1+\sqrt{3}$?

A $x<-1$

B $x>\frac{1+\sqrt{3}}{-\sqrt{3}}$

C $x>-2-\sqrt{3}$

D $x<\frac{1+\sqrt{3}}{1-\sqrt{3}}$

E $x<\frac{1-\sqrt{3}}{1+\sqrt{3}}$

ESERCIZI

Le equazioni

346 ESERCIZIO GUIDA Risolviamo la seguente equazione:

$$\frac{2x-3\sqrt{2}}{\sqrt{2}}-\frac{x-3}{3}=\frac{4x}{3\sqrt{2}}.$$

Scriviamo i due membri come frazione con lo stesso denominatore $3\sqrt{2}$ ed eliminiamo i denominatori:

$$3(2x-3\sqrt{2})-\sqrt{2}(x-3)=4x.$$

Eseguiamo i calcoli:

$$6x-9\sqrt{2}-x\sqrt{2}+3\sqrt{2}=4x$$
$$6x-x\sqrt{2}-4x=6\sqrt{2}$$
$$2x-x\sqrt{2}=6\sqrt{2}.$$

Raccogliamo x:

$$x(2-\sqrt{2})=6\sqrt{2}$$

$$\frac{x(2-\sqrt{2})}{2-\sqrt{2}}=\frac{6\sqrt{2}}{2-\sqrt{2}} \rightarrow x=\frac{6\sqrt{2}}{2-\sqrt{2}}.$$

Razionalizziamo il denominatore:

$$x=\frac{6\sqrt{2}}{2-\sqrt{2}}\cdot\frac{2+\sqrt{2}}{2+\sqrt{2}}=\frac{12\sqrt{2}+12}{4-2}=$$
$$\frac{12(\sqrt{2}+1)}{2}=6\cdot(\sqrt{2}+1).$$

La soluzione è:

$$x=6\cdot(\sqrt{2}+1).$$

Risolvi le seguenti equazioni.

347 $\sqrt{3}\,x=\sqrt{12}$ $[2]$

348 $\sqrt{5}\,x=2-x$ $\left[\frac{\sqrt{5}-1}{2}\right]$

349 $\sqrt{8x}-\sqrt{2}\,x=4$ $[2\sqrt{2}]$

350 $2x-1=\sqrt{3}x+\sqrt{3}$ $[3\sqrt{3}+5]$

351 $\sqrt{2}\,x-4+\sqrt{18}\,x=\sqrt{2}$ $\left[\frac{1}{4}(1+2\sqrt{2})\right]$

352 $6-x=\frac{2x}{\sqrt{2}}$ $[6(\sqrt{2}-1)]$

353 $\sqrt{3}(2-x)=2(\sqrt{3}-x)$ $[0]$

354 $x-\sqrt{2}=\frac{1+x}{\sqrt{2}}$ $[3(\sqrt{2}+1)]$

355 $\frac{x-1}{3\sqrt{2}}+\frac{x+3}{6\sqrt{2}}=\frac{x}{2}$ $\left[\frac{\sqrt{2}+1}{3}\right]$

356 $3x\sqrt{3}-2+\sqrt{3}=2\sqrt{3}$ $\left[\frac{3+2\sqrt{3}}{9}\right]$

---

357 $(\sqrt{3}\,x-1)^2+(x-\sqrt{3})(x+\sqrt{3})=4x^2$ $\left[-\frac{\sqrt{3}}{3}\right]$

358 $(x-\sqrt{3})(x+\sqrt{6})+3\sqrt{2}=x(x+\sqrt{6})-3$ $[\sqrt{3}]$

359 $\sqrt{2}(x+\sqrt{2})+\sqrt{5}(x-\sqrt{5})=0$ $[\sqrt{5}-\sqrt{2}]$

360 $(\sqrt{7}\,x-2)^2+\sqrt{7}\,x(3-\sqrt{7}\,x)=x-3$ $\left[\frac{7}{6}(\sqrt{7}-1)\right]$

361 $5\sqrt{2}(x+\sqrt{10})-10\sqrt{5}(1+\sqrt{5}\,x)-5(\sqrt{2}-10)=0$ $[1]$

362 $\sqrt{2}[3(x+\sqrt{2})(x-\sqrt{2})+5\sqrt{2}(x-\sqrt{2})]=3(1-\sqrt{2}\,x)(1-x)-(3-7x)$ $\left[\frac{16(\sqrt{2}-1)}{3}\right]$

363 $\frac{x+\sqrt{3}}{\sqrt{3}-1}=\frac{(\sqrt{3}-1)x}{\sqrt{3}+1}+\sqrt{3}-1$ $\left[\frac{-2\sqrt{3}-1}{3}\right]$

364 ●● $\dfrac{x+2}{1-\sqrt{2}} = \dfrac{x-\sqrt{2}}{4}$ $\left[\dfrac{3\sqrt{2}-16}{7}\right]$

365 ●● $\dfrac{2x+\sqrt{5}}{2\sqrt{5}} = \dfrac{x}{2} - 4$ $[9\sqrt{5}(2+\sqrt{5})]$

I sistemi lineari

366 ESERCIZIO GUIDA Risolviamo il seguente sistema:

$$\begin{cases} \sqrt{2}x - 3y = \sqrt{6} \\ 2x - \sqrt{2}y = \sqrt{3} \end{cases}.$$

Utilizziamo il metodo di riduzione:

$$\begin{cases} \sqrt{2}x - 3y = \sqrt{6} \\ 2x - \sqrt{2}y = \sqrt{3} \end{cases}$$

Eliminiamo y: $\cdot\sqrt{2}$, $\cdot 3$

$$\ominus \begin{cases} 2x - 3\sqrt{2}y = 2\sqrt{3} \\ 6x - 3\sqrt{2}y = 3\sqrt{3} \end{cases}$$

$$-4x = -\sqrt{3}$$

$$x = \frac{\sqrt{3}}{4}$$

Eliminiamo x: $\cdot 2$, $\cdot\sqrt{2}$

$$\ominus \begin{cases} 2\sqrt{2}x - 6y = 2\sqrt{6} \\ 2\sqrt{2}x - 2y = \sqrt{6} \end{cases}$$

$$-4y = \sqrt{6}$$

$$y = -\frac{\sqrt{6}}{4}$$

La soluzione del sistema è $\left(\frac{1}{4}\sqrt{3}; -\frac{1}{4}\sqrt{6}\right)$.

Risolvi i seguenti sistemi.

367 ●○ $\begin{cases} x - y = \sqrt{3} - 1 \\ x + y = \sqrt{3} \end{cases}$ $\left[\left(\sqrt{3}-\frac{1}{2}; \frac{1}{2}\right)\right]$

368 ●○ $\begin{cases} x + 2y = 2\sqrt{2} \\ x + y = -\sqrt{2} \end{cases}$ $[(-4\sqrt{2}; 3\sqrt{2})]$

369 ●○ ESEMPIO DIGITALE $\begin{cases} x + \dfrac{\sqrt{3}y}{\sqrt{2}} = \sqrt{3} \\ \sqrt{3}x = 1 - \sqrt{2}y \end{cases}$

370 ●○ $\begin{cases} y = 1 - \sqrt{3}x \\ x = -\sqrt{3}y - \sqrt{3} \end{cases}$ $[(\sqrt{3}; -2)]$

371 ●○ $\begin{cases} \sqrt{2}x - y = 3\sqrt{10} \\ 3x + \sqrt{2}y = 4\sqrt{5} \end{cases}$ $[(2\sqrt{5}; -\sqrt{10})]$

372 ●○ $\begin{cases} \sqrt{2}x + y = 0 \\ -x + \sqrt{2}y = \sqrt{2} \end{cases}$ $\left[\left(-\frac{\sqrt{2}}{3}; \frac{2}{3}\right)\right]$

373 ●● $\begin{cases} 2x - \sqrt{3}y = 2\sqrt{3}x - y - 4\sqrt{3} \\ 2\sqrt{3}(x - \sqrt{3}y) = -3y \end{cases}$ $[(3; 2\sqrt{3})]$

374 ●● $\begin{cases} 4\sqrt{3}x + 7y = 5 \\ 3\sqrt{3}(x - 2y) = 6\sqrt{3} - 1 - 10y \end{cases}$ $[(\sqrt{3}; -1)]$

Le disequazioni

375 ●○ TEST Per quali x risulta *vera* la disuguaglianza $x \le \sqrt{2}x + \sqrt{3}$?

A $x \ge -\sqrt{6} - \sqrt{3}$
B $x \le \sqrt{3} - \sqrt{2}$
C $x \ge \sqrt{6} + \sqrt{3}$
D $x \ge \sqrt{3} + \sqrt{2}$

376 ESERCIZIO GUIDA Risolviamo la disequazione:

$$x(x+1) + 1 + \sqrt{2} > x^2 + \sqrt{2}(x+1).$$

Svolgiamo i calcoli e utilizziamo la regola di cancellazione:

$$\cancel{x^2}+x+1+\cancel{\sqrt{2}} > \cancel{x^2}+\sqrt{2}x+\cancel{\sqrt{2}}.$$

Trasportiamo al primo membro i termini con x e al secondo membro i termini noti:

$$x-\sqrt{2}x>-1.$$

Raccogliamo x al primo membro:

$$x(1-\sqrt{2})>-1.$$

Dividiamo entrambi i membri per $1-\sqrt{2}$ e, poiché $1-\sqrt{2}<0$, invertiamo il verso:

$$x<-\frac{1}{1-\sqrt{2}}.$$

Possiamo scrivere $x<\frac{1}{\sqrt{2}-1}$.

Razionalizziamo il denominatore:

$$x<\frac{1}{\sqrt{2}-1}\cdot\frac{\sqrt{2}+1}{\sqrt{2}+1}\rightarrow x<\sqrt{2}+1.$$

Risolvi le seguenti disequazioni.

377 ESEMPIO DIGITALE $\frac{1-x\sqrt{5}}{\sqrt{5}-1}\leq\frac{3x\sqrt{5}-1}{1-2\sqrt{5}}$

378 $\sqrt{2}x-3>x-(\sqrt{2}+1)$ $[x>\sqrt{2}]$

379 $-\sqrt{3}x+x<\sqrt{3}+1$ $[x>-2-\sqrt{3}]$

380 $\sqrt{5}x-\sqrt{5}>5+2\sqrt{5}(x-1)$ $[x<1-\sqrt{5}]$

381 $3x-\sqrt{3}+1>(3\sqrt{3}+2)x$ $\left[x<\frac{\sqrt{3}-4}{13}\right]$

382 $\frac{5\sqrt{2}x}{2\sqrt{3}}-\frac{3}{\sqrt{6}}<\frac{3\sqrt{6}x}{2}$ $\left[x>-\frac{3}{4}\right]$

383 $(\sqrt{3}+3)(x-2)<2+3x$ $\left[x<-\frac{2(4\sqrt{3}+3)}{3}\right]$

384 $\frac{x+2}{1-\sqrt{3}}>\frac{x}{1+\sqrt{3}}$ $\left[x<-\frac{\sqrt{3}+3}{3}\right]$

385 $(3-\sqrt{5})(x+2)>\sqrt{5}x$ $\left[x<\frac{2(3\sqrt{5}-1)}{11}\right]$

386 $2(2x-\sqrt{6})\geq(\sqrt{3}-\sqrt{2})^2-\sqrt{2}(x-2)+3$ $[x\geq 2]$

387 $\frac{\sqrt{3}x+1-\sqrt{3}}{\sqrt{3}-2}\leq\frac{2\sqrt{3}x}{\sqrt{3}-1}$ $\left[x\geq\frac{\sqrt{3}-1}{3}\right]$

Problemi con i radicali

388 YOU & MATHS **Find the real number** Find a real number x such that x divided by $\sqrt{2}$ equals the difference between two times x and $7\sqrt{2}$.

389 Determina due numeri, sapendo che la loro differenza è $\sqrt{3}$ e che moltiplicando per $\sqrt{3}$ la loro somma si ottiene 6. $\left[\frac{3}{2}\sqrt{3};\frac{\sqrt{3}}{2}\right]$

390 In un triangolo rettangolo un cateto è la metà dell'ipotenusa e il perimetro misura $(3\sqrt{5}+\sqrt{15})$ cm. Determina l'area. $\left[\frac{5}{2}\sqrt{3}\text{ cm}^2\right]$

391 Nel triangolo ABC l'altezza CH è congruente alla proiezione di BC su AB e $AH\cong\sqrt{3}BH$. Il lato AB misura $3\sqrt{2}(1+\sqrt{3})$ cm. Determina il perimetro del triangolo. $[3(2+\sqrt{6}+3\sqrt{2})\text{ cm}]$

392 Tutti i segmenti della figura sono congruenti. Il perimetro è $(10+15\sqrt{5})$ cm. Verifica che l'area della figura vale $(\sqrt{3}+4)\left(\frac{49}{4}+3\sqrt{5}\right)\text{ cm}^2$.

MATEMATICA INTORNO A NOI

Una soluzione «top secret» Un chimico sta lavorando a una formula «segreta». Sappiamo solo che il rapporto fra i volumi dell'acqua e del reagente blu è pari a $(\sqrt{2}+3):2\sqrt{2}$.

a. Qual è la quantità di acqua e di reagente di cui ha bisogno lo scienziato se vuole produrre 72 cL di soluzione?

b. Calcola le percentuali di acqua e di reagente presenti nella soluzione che vuole ottenere.

Risoluzione - Un esercizio in più.

Le equazioni binomie

393 ESERCIZIO GUIDA Risolviamo le seguenti equazioni:

a. $2x^2 - 1 = 0$; **b.** $x^2 + 1 = 0$; **c.** $3x^3 + 8 = 0$.

a. $2x^2 - 1 = 0 \rightarrow 2x^2 = 1 \rightarrow x^2 = \frac{1}{2}$

Estraiamo la radice quadrata:

$$x = \pm\sqrt{\frac{1}{2}} = \pm\frac{1}{\sqrt{2}} = \pm\frac{\sqrt{2}}{2}.$$

Le soluzioni sono: $x_1 = \frac{\sqrt{2}}{2}$, $x_2 = -\frac{\sqrt{2}}{2}$.

b. $x^2 + 1 = 0 \rightarrow x^2 = -1$

Non esiste un numero reale che, elevato al quadrato, dia un numero negativo, quindi l'equazione non ha radici reali.

c. $3x^3 + 8 = 0 \rightarrow 3x^3 = -8 \rightarrow x^3 = -\frac{8}{3}$

Estraiamo la radice cubica:

$$x = +\sqrt{-\frac{8}{3}} = -\frac{2}{\sqrt{3}} = -\frac{2\sqrt{3}}{3}.$$

Risolvi le seguenti equazioni binomie.

394 $2 - x^2 = 0$; $16x^2 = 1$. $\left[\pm\sqrt{2}; \pm\frac{1}{4}\right]$

395 $-4x^2 = 36$; $x^4 - 81 = 0$. [impossibile; ± 3]

396 $4x^2 - 25 = 0$; $\sqrt{2}\,x^2 - 2 = 0$. $\left[\pm\frac{5}{2}; \pm\sqrt[4]{2}\right]$

397 $81x^4 - 16 = 0$; $x^5 + 32 = 0$. $\left[\pm\frac{2}{3}; -2\right]$

398 $\frac{1}{4}x^3 - 2 = 0$; $3x^3 + 375 = 0$. $[2; -5]$

399 $125x^3 - 9 = 0$; $4x^3 + 32 = 0$. $\left[\frac{\sqrt[3]{9}}{5}; 2\right]$

400 $\frac{5}{216}x^5 + 180 = 0$; $10x^5 = 100$. $[-6; \sqrt[5]{10}]$

401 $(2x - 1)^3 = -27$ $[-1]$

402 $(3x + 5)^4 - 16 = 0$ $\left[-1; -\frac{7}{3}\right]$

403 $(x - a)^3 = 8a^3$ $[3a]$

7 Le potenze con esponente razionale

▶ Teoria a p. 642

404 TEST Le seguenti espressioni sono tra loro equivalenti, *tranne* una. Quale?

A $\sqrt[3]{16}$

B $2^{\frac{4}{3}}$

C $16^{\frac{1}{3}}$

D $2\sqrt[3]{2}$

E $2^{-\frac{3}{4}}$

ESERCIZI

Dalle potenze alle radici

405 ESERCIZIO GUIDA Scriviamo sotto forma di radicali le seguenti potenze con esponente razionale, ricordando che $a^{\frac{m}{n}} = \sqrt[n]{a^m}$, con $a \geq 0$:

a. $16^{\frac{5}{4}}$; b. $\left(\frac{9}{4}\right)^{\frac{4}{3}}$; c. $125^{-\frac{2}{3}}$; d. $(49x^8y^2)^{\frac{2}{3}}$.

a. $16^{\frac{5}{4}} = \sqrt[4]{16^5} = \sqrt[4]{(2^4)^5} = \sqrt[4]{(2^5)^4} = 2^5 = 32$

b. $\left(\frac{9}{4}\right)^{\frac{4}{3}} = \sqrt[3]{\left(\frac{9}{4}\right)^4} = \frac{9}{4}\sqrt[3]{\frac{9}{4}}$

c. $125^{-\frac{2}{3}} = \sqrt[3]{(125)^{-2}} = \sqrt[3]{5^{3\cdot(-2)}} = 5^{-2} = \frac{1}{25}$

d. Mettiamo sotto un unico segno di radice e poi portiamo fuori i fattori possibili:

$(49x^8y^2)^{\frac{2}{3}} = (7^2x^8y^2)^{\frac{2}{3}} = \sqrt[3]{(7^2x^8y^2)^2} =$

$\sqrt[3]{(7^4x^{16}y^4)} = 7|x^5y|\sqrt[3]{7|xy|}$.

Scrivi sotto forma di radicale le seguenti potenze con esponente razionale e semplifica, quando è possibile.

406 $25^{\frac{3}{2}}$; $27^{\frac{4}{3}}$; $8^{-\frac{2}{3}}$; $16^{\frac{3}{4}}$; $64^{-\frac{1}{3}}$; $4^{-\frac{3}{2}}$; $2^{\frac{5}{3}}$; $\left(\frac{9}{4}\right)^{-\frac{3}{2}}$.

407 $(\sqrt[3]{7})^{\frac{2}{3}}$; $\left(\frac{1}{81}\right)^{-\frac{1}{2}}$; $125^{\frac{1}{6}}$; $\left(\frac{\sqrt{2}}{3}\right)^{\frac{1}{3}}$; $x^{\frac{1}{2}}$; $y^{-\frac{1}{2}}$; $(2a)^{\frac{3}{4}}$; $2a^{\frac{3}{4}}$.

408 $(4a^6b^4)^{\frac{3}{2}}$; $(9a^4b^8)^{-\frac{2}{3}}$; $(8a^3b^6)^{-\frac{3}{2}}$; $\left(\frac{x^4}{y^2}\right)^{\frac{3}{2}}$; $\left(\frac{27x^3}{y^6}\right)^{-\frac{3}{2}}$; $\left(\frac{8a^6}{27}\right)^{-\frac{3}{4}}$.

409 $\left(a^{\frac{3}{2}}b^{\frac{5}{6}}c^{\frac{3}{2}}\right)^2$; $\left[(2^{-2}a^{-4}b^{-6})^{-\frac{1}{3}}\right]^{\frac{1}{2}}$; $(16x^4y^{-2})^{-\frac{3}{2}}$; $\left[\left(27a^{\frac{2}{3}}b^{-\frac{1}{2}}c\right)^{\frac{1}{3}}\right]^{-6}$.

Dalle radici alle potenze

410 ESERCIZIO GUIDA Scriviamo sotto forma di potenze con esponente razionale i seguenti radicali, poi applichiamo, quando è possibile, le proprietà delle potenze:

a. $\sqrt[4]{a^2b^5}$; b. $\sqrt[3]{a^2+b^3}$; c. $\sqrt[4]{y+\sqrt[3]{y^2}}$; d. $\sqrt[5]{a^2+2a+1}$.

a. $\sqrt[4]{a^2b^5} = (a^2b^5)^{\frac{1}{4}} = a^{\frac{2}{4}}b^{\frac{5}{4}} = a^{\frac{1}{2}}b^{\frac{5}{4}}$

b. $\sqrt[3]{a^2+b^3} = (a^2+b^3)^{\frac{1}{3}}$

Poiché i termini a^2 e b^3 sono sommati, non è possibile applicare alcuna proprietà delle potenze.

c. $\sqrt[4]{y+\sqrt[3]{y^2}} = \left(y+\sqrt[3]{y^2}\right)^{\frac{1}{4}} = \left(y+y^{\frac{2}{3}}\right)^{\frac{1}{4}}$

La presenza della somma impedisce di procedere ulteriormente.

d. $\sqrt[5]{a^2+2a+1} = \sqrt[5]{(a+1)^2} = (a+1)^{\frac{2}{5}}$

Scrivi sotto forma di potenza con esponente razionale i seguenti radicali, poi applica, quando è possibile, le proprietà delle potenze. Supponi che i fattori letterali che compongono i radicandi siano positivi.

411 $\sqrt{3}$; $\sqrt[7]{4}$; $\sqrt[5]{3^3}$; $\frac{1}{\sqrt{2}}$. $\left[3^{\frac{1}{2}}; 4^{\frac{1}{7}}; 3^{\frac{3}{5}}; 2^{-\frac{1}{2}}\right]$

412 $\sqrt[3]{9}$; $\sqrt[5]{2\cdot 7^2}$; $\sqrt{2\sqrt{2}}$; $\sqrt[3]{\frac{1}{4}}$. $\left[3^{\frac{2}{3}}; 2^{\frac{1}{5}}\cdot 7^{\frac{2}{5}}; 2^{\frac{3}{4}}; 2^{-\frac{2}{3}}\right]$

413 $\sqrt{3\sqrt{3\sqrt{3}}}$; $\sqrt[3]{2\sqrt{8}}$; $\frac{1}{\sqrt{2\sqrt{2}}}\cdot\sqrt[3]{4}$. $\left[3^{\frac{7}{8}}; 2^{\frac{5}{6}}; 2^{-\frac{1}{12}}\right]$

414 $\sqrt{x}$; $\sqrt[3]{a^2}$; $\sqrt[5]{y^3}$; $\sqrt{\frac{1}{a}}$. $\left[x^{\frac{1}{2}}; a^{\frac{2}{3}}; y^{\frac{5}{3}}; a^{-\frac{1}{2}}\right]$

415 $\sqrt{ab^3c^5}$; $\sqrt[3]{a^2b^4c}$; $\sqrt[4]{a^2bc^3}$; $\sqrt[5]{a^2\sqrt{b}}$. $\left[a^{\frac{1}{2}}b^{\frac{3}{2}}c^{\frac{5}{2}}; a^{\frac{2}{3}}b^{\frac{4}{3}}c^{\frac{1}{3}}; a^{\frac{1}{2}}b^{\frac{1}{4}}c^{\frac{3}{4}}; a^{\frac{2}{5}}b^{\frac{1}{10}}\right]$

416 $\sqrt{a+2}$; $\sqrt[3]{a^3+b^3}$; $\sqrt[4]{x^2+2x+1}$. $\left[(a+2)^{\frac{1}{2}}; (a^3+b^3)^{\frac{1}{3}}; (x+1)^{\frac{1}{2}}\right]$

417 $a^2b\sqrt[3]{ab^2}$; $\sqrt[3]{a(a+b)^2}$; $\sqrt[5]{x^2\sqrt{yz}}$; $\sqrt[3]{x-y}$. $\left[a^{\frac{7}{3}}b^{\frac{5}{3}}; a^{\frac{1}{3}}(a+b)^{\frac{2}{3}}; x^{\frac{2}{5}}y^{\frac{1}{10}}z^{\frac{1}{10}}; (x-y)^{\frac{1}{3}}\right]$

418 $\sqrt[3]{(x+y)\sqrt{(x+y)}}$; $\sqrt[4]{(x^2-y^2)\sqrt[3]{x^2-y^2}}$; $\sqrt{(x-y)\sqrt[3]{(x-y)^2}}$. $\left[(x+y)^{\frac{1}{2}}; (x^2-y^2)^{\frac{1}{3}}; (x-y)^{\frac{5}{6}}\right]$

419 $\sqrt[5]{x^2y\sqrt{x-y}}$; $\sqrt[3]{\sqrt{a^3b}}$; $\sqrt[5]{ab^3\sqrt[3]{(a+b)^{10}}}$. $\left[x^{\frac{2}{5}}y^{\frac{1}{5}}(x-y)^{\frac{1}{10}}; a^{\frac{1}{2}}b^{\frac{1}{6}}; a^{\frac{1}{5}}b^{\frac{3}{5}}(a+b)^{\frac{2}{3}}\right]$

Espressioni ed esponenti razionali

Semplifica le seguenti espressioni, utilizzando, quando è possibile, le proprietà delle potenze. Supponi che le basi letterali siano positive.

420 $2^{\frac{1}{2}} \cdot 2^{\frac{3}{4}}$; $2^{\frac{1}{3}} \cdot 8 \cdot 2^{-\frac{5}{6}}$. $\left[2^{\frac{5}{4}}; 2^{\frac{5}{2}}\right]$

421 $3^{\frac{2}{3}} : 3^{-1}$; $\left(2^{\frac{1}{4}}\right)^{\frac{8}{3}} \cdot 16 \cdot 2^{-\frac{1}{3}}$. $\left[3^{\frac{5}{3}}; 2^{\frac{13}{3}}\right]$

422 $\left(2^{\frac{3}{5}}\right)^{10}$; $3^{\frac{1}{2}} \cdot \left(3^{\frac{3}{4}}\right)^{\frac{2}{9}}$. $\left[2^6; 3^{\frac{2}{3}}\right]$

423 $\left(3^{-\frac{1}{2}}\right)^2 \cdot 3^{\frac{1}{4}} \cdot 3^{-\frac{3}{4}} : 3^{\frac{1}{2}}$ $[3^{-2}]$

424 $(2^{-1} \cdot 2^{-2})^{\frac{1}{6}} : 2^{-\frac{1}{4}} \cdot (2^3)^{-\frac{1}{2}}$ $\left[2^{-\frac{7}{4}}\right]$

425 $\left(5^{\frac{1}{2}}\right)^{\frac{1}{2}} \cdot 5^{\frac{1}{2}} : 5^{-\frac{3}{4}}$ $\left[5^{\frac{3}{2}}\right]$

426 $2^{-1}\left[\left(2^{\frac{1}{2}}+3^{\frac{1}{2}}\right)^{-1}+\left(3^{\frac{1}{2}}-2^{\frac{1}{2}}\right)^{-1}\right] : (3)^{-\frac{1}{2}}$ $[3]$

427 $x^{-2}\left\{x^6\left[x\left(x^{-3}\right)^{\frac{1}{3}}\right]^{\frac{1}{9}}\right\}^{\frac{2}{3}}$ $[x^2]$

428 $\left[\left(2^{\frac{1}{3}}a^{\frac{1}{2}}b^3c^{-2}\right)^{\frac{1}{3}}\right]^{\frac{9}{2}} \cdot \left(2^{-\frac{1}{2}}a^{-\frac{3}{4}}b^{-\frac{9}{2}}c^3\right)$ $[1]$

429 $\left(-\frac{1}{3}\right)^{-3}a^{\frac{3}{2}}b^{-\frac{2}{3}} \cdot \left(-\frac{1}{3}\right)^4 a^{-\frac{5}{4}}b$ $\left[-\frac{1}{3}a^{\frac{1}{4}}b^{\frac{1}{3}}\right]$

430 $\dfrac{2}{3^{\frac{1}{2}}-4} - \dfrac{3^{\frac{1}{4}}}{2+3^{\frac{1}{4}}} - \dfrac{3^{\frac{1}{4}}}{3^{\frac{1}{4}}-2} - \dfrac{3^{\frac{1}{2}}+2}{4-3^{\frac{1}{2}}}$ $[-1]$

431 $\left(2^{-\frac{1}{2}}x^{\frac{1}{3}}y^{-\frac{1}{2}}z^{\frac{3}{5}}\right)^3 : \left(2^{-3}x^{\frac{7}{8}}y^{-\frac{3}{10}}z^{\frac{6}{5}}\right)^{\frac{2}{3}}$ $\left[2^{\frac{1}{2}}x^{\frac{5}{12}}y^{-\frac{13}{10}}z\right]$

432 $\dfrac{(a^2+a)^{\frac{3}{2}} \cdot a^{-3} \cdot (a^2-a)^2}{\left[(a^2-1)^{\frac{1}{2}}\right]^4} \cdot (a+a^2)^{\frac{1}{2}}$ $[a]$

433 $\left\{\left[\left(x \cdot x^{\frac{1}{3}}\right)^{\frac{1}{3}} \cdot \left(x^{-2}x^{\frac{5}{3}}\right)^{\frac{1}{3}}\right]^6\right\}^{-\frac{1}{2}} \cdot \left[(x^3y)^{-\frac{2}{3}}\right]^{-\frac{3}{4}}$ $\left[x^{\frac{1}{2}}y^{\frac{1}{2}}\right]$

434 $\left(x^{\frac{10}{3}} - x^3 + x^{\frac{7}{3}} - x^2 + x^{\frac{4}{3}} - x + x^{\frac{1}{3}} - 1\right)\left(x^{\frac{2}{3}} + x^{\frac{1}{3}} + 1\right)$ $[x^4-1]$

435 $\dfrac{(x^2-y^2)^{\frac{1}{2}}}{(x^{-1}+y^{-1})} \cdot \dfrac{(x+y)^{\frac{1}{2}}}{(y^{-2}-x^{-2})} \cdot \dfrac{(xy)^{-3}}{(x-y)^{\frac{1}{2}}}$ $\left[\dfrac{1}{x^2-y^2}\right]$

436 $\dfrac{(x-1)^{\frac{1}{2}}}{(x-1)^{\frac{1}{2}}+(x+1)^{\frac{1}{2}}} - \dfrac{(x+1)^{\frac{1}{2}}}{(x+1)^{\frac{1}{2}}-(x-1)^{\frac{1}{2}}}$ $[-x]$

VERIFICA DELLE COMPETENZE ALLENAMENTO

UTILIZZARE TECNICHE E PROCEDURE DI CALCOLO

TEST

1 $\sqrt{3}\cdot\sqrt[5]{2}\cdot\sqrt[3]{27}$ è uguale a:

A $3\sqrt[10]{3^5 2^2}$.
B $\sqrt[30]{3\cdot 2\cdot 27}$.
C $3\sqrt[10]{6}$.
D $\sqrt[10]{3^4 2}$.
E nessuno dei precedenti.

2 Il risultato di $\sqrt[5]{3}+\sqrt[5]{7}$ è:

A $\sqrt[5]{10}$.
B $\sqrt[10]{10}$.
C $\sqrt[25]{21}$.
D $\sqrt[25]{10}$.
E nessuno dei precedenti.

Espressioni con i radicali

Semplifica le seguenti espressioni numeriche.

3 $(\sqrt{2}-3)^2+\sqrt{18}+\sqrt{8}+\frac{1}{2}\sqrt{50}$ $\left[11+\frac{3}{2}\sqrt{2}\right]$

4 $\sqrt{32}+2\sqrt{18}-3\sqrt{50}+3\sqrt{98}$ $[16\sqrt{2}]$

5 $2\sqrt{3}\cdot(4\sqrt{2}-\sqrt{3})+\sqrt{2}(\sqrt{8}-3\sqrt{3})$ $[5\sqrt{6}-2]$

6 $(\sqrt{2\sqrt{3}})^2+(2+\sqrt{3})^2+(1+2\sqrt{3})^2+(\sqrt{5}+2\sqrt{2})\cdot(2\sqrt{2}-\sqrt{5})-2\sqrt{2}(1+\sqrt{3})-(\sqrt{2}-\sqrt{3}-1)^2$ $[17+8\sqrt{3}]$

Semplifica le seguenti espressioni letterali, supponendo verificate le C.E.

7 $\sqrt[4]{\frac{x^2y^2+x^2y}{x+y}}\cdot\sqrt[4]{\frac{x^2y^2+x^3y}{y+1}}+\sqrt{\frac{y}{x^3}}-\sqrt{x^2y}$ $\left[\frac{1}{x}\sqrt{\frac{y}{x}}\right]$

8 $\sqrt[6]{\frac{x^2-9}{2}}\cdot\sqrt[3]{\frac{x}{x-3}}:\sqrt[3]{\frac{x^2+3x}{2}}$ $\left[\sqrt[6]{\frac{2}{x^2-9}}\right]$

9 $(\sqrt{x}-1)\left(\frac{1}{\sqrt{x}+1}+\frac{1}{\sqrt{x}-1}\right)-\sqrt[3]{x\sqrt{x}}$ $\left[\frac{\sqrt{x}-x}{1+\sqrt{x}}\right]$

10 $\sqrt[4]{\frac{x+2}{x^3}}:\sqrt[3]{(x+2)\sqrt{\frac{x+2}{x^3}}}:\left(\frac{1}{\sqrt[4]{x^2+2x}}\right)^3$ $[\sqrt{x(x+2)}]$

11 $\sqrt[3]{\frac{x+y}{x-y}}\cdot\sqrt[4]{\frac{x-y}{x+y}}:\sqrt[12]{\frac{x-y}{x+y}}$ $\left[\sqrt[6]{\frac{x+y}{x-y}}\right]$

12 $(a+b)^2\cdot\sqrt{(a^2-b^2)}:\sqrt[4]{a^6-b^6-3a^4b^2+3a^2b^4}$ $\left[|a+b|\cdot\sqrt[4]{\frac{(a+b)^3}{a-b}}\right]$

13 $\sqrt{25a^2+25}-\sqrt{4a^6+4+12a^4+12a^2}-\sqrt{9a^2+9}$ $[-2a^2\sqrt{1+a^2}]$

14 $\left(\frac{3x}{\sqrt{3x+2}}-\sqrt{3x-2}\right)\cdot\left(\sqrt{3x+2}+\frac{3x}{\sqrt{3x-2}}\right)\cdot\frac{\sqrt{3x+2}}{2}-\frac{3x}{\sqrt{3x-2}}$ $[-\sqrt{3x-2}]$

Trasporto di fattori fuori o dentro il segno di radice

Trasporta fuori dal segno di radice tutti i fattori possibili supponendo che i fattori letterali siano positivi.

15 $\sqrt[5]{\frac{32a^5}{x^{22}y^{12}}}$ $\left[\frac{2a}{x^4y^2}\sqrt[5]{\frac{1}{x^2y^2}}\right]$

16 $\sqrt[4]{\frac{x^4+16}{x^4y^4}}$ $\left[\frac{1}{|xy|}\sqrt[4]{x^4+16}\right]$

17 Trova le condizioni di esistenza e, dopo aver eseguito le operazioni, trasporta fuori dal segno di radice tutti i fattori possibili.

$$\sqrt{\frac{a+2}{2}} : \sqrt[3]{\frac{a^2}{4}} \cdot \sqrt{\frac{4}{a+2}}$$ $\left[\text{C.E.: } a > -2,\ a \neq 0;\ \sqrt[6]{\frac{(a+2)^4}{2a^4}}\right]$

Trasporta dentro al segno di radice i fattori esterni, supponendo che i fattori letterali siano positivi.

18 $(x+1)\sqrt{\dfrac{1}{x^2+2x+1}}$ $[1]$

19 $(a-6)\sqrt[3]{\dfrac{2}{3a-18}}$ $\left[\sqrt[3]{\frac{2}{3}(a-6)^2}\right]$

Razionalizzazione del denominatore di una frazione

Razionalizza i denominatori supponendo che i fattori letterali siano positivi.

20 $\dfrac{a-3}{\sqrt{a^2-9}};\quad \dfrac{2ab}{\sqrt[3]{4a^2b}};\quad \dfrac{10}{2\sqrt{3}+\sqrt{2}}.$ $\left[\frac{\sqrt{a^2-9}}{a+3};\ \sqrt[3]{2ab^2};\ 2\sqrt{3}-\sqrt{2}\right]$

21 $\dfrac{2\sqrt{5}+5\sqrt{2}}{2\sqrt{5}-5\sqrt{2}};\quad \dfrac{b+3(1+\sqrt{b+3})}{\sqrt{b+3}};\quad \dfrac{(x+y)\sqrt[3]{x+y}}{\sqrt[6]{x+y}}.$ $\left[-\frac{7+2\sqrt{10}}{3};\ 3+\sqrt{b+3};\ (x+y)\sqrt[6]{x+y}\right]$

Semplifica le seguenti espressioni e razionalizza i risultati.

22 $\dfrac{\sqrt{2}}{\sqrt{5}-1}+\dfrac{4\sqrt{2}}{\sqrt{5}+1}-\dfrac{\sqrt{10}}{4}$ $\left[\frac{4\sqrt{10}-3\sqrt{2}}{4}\right]$

23 $\dfrac{3\sqrt{a}-1}{\sqrt{a}+1}+\dfrac{3\sqrt{a}+1}{\sqrt{a}-1}+2$ $\left[\frac{8a}{a-1}\right]$

Applicazioni delle operazioni con i radicali

Risolvi le seguenti equazioni.

24 $\sqrt{5}(x-1)=2(x+1)$ $\left[(\sqrt{5}+2)^2\right]$

25 $\dfrac{5}{x-\sqrt{2}}+\dfrac{2\sqrt{2}}{x+\sqrt{2}}=\dfrac{5x+\sqrt{2}}{x^2-2}$ $[\sqrt{2}-2]$

26 $\dfrac{x\sqrt{5}-\sqrt{3}}{x\sqrt{5}+\sqrt{3}}=\dfrac{5x-3}{5x+3}$ $[0]$

27 $\dfrac{(2\sqrt{2}+1)y}{\sqrt{2}}-\dfrac{y\sqrt{2}}{\sqrt{2}+1}-\dfrac{y}{2+\sqrt{2}}=\sqrt{2}+3$ $[\sqrt{2}+1]$

Risolvi i seguenti sistemi.

28 $\begin{cases}\sqrt{5}x+y=-4\\ 2x+2\sqrt{5}y=0\end{cases}$ $[-\sqrt{5};1]$

29 $\begin{cases}2\sqrt{3}x+\sqrt{2}y=3\\ \sqrt{3}x+\sqrt{2}y=6\end{cases}$ $\left[\left(-\sqrt{3};\ \frac{9}{2}\sqrt{2}\right)\right]$

Risolvi le seguenti disequazioni.

30 $\sqrt{3}(x-2)+\sqrt{3}>3x-1$ $\left[x<-\frac{\sqrt{3}}{3}\right]$

31 $\sqrt{2}(2x+\sqrt{2})>(\sqrt{3}-\sqrt{2})x-\sqrt{3}x+4$ $\left[x>\frac{\sqrt{2}}{3}\right]$

32 $2x-\sqrt{2}(x+1)+(\sqrt{6}+x)(\sqrt{6}-x)<x(4-x)+7-3x$ $[x>-3-2\sqrt{2}]$

Risolvi le seguenti equazioni binomie.

33 $27x^3 - 3375 = 0$ $[5]$

34 $\frac{1}{9}x^6 - 81 = 0$ $[\pm 3]$

35 $(2x^6 - 3)^5 = 1$ $[\pm\sqrt[6]{2}]$

36 $(x + 2a)^6 = 729a^6$ $[a; -5a]$

Potenze con esponente razionale

Semplifica le seguenti espressioni.

37 $\left(2^{\frac{1}{3}}+3^{-\frac{1}{3}}\right):\left(3^{-1}+2^{-\frac{2}{3}}\right)\cdot 6^{-1}:\left(1+6^{-\frac{1}{3}}\right)\cdot\left(3+2^{\frac{2}{3}}\right)$ $[1]$

38 $\left[\left(3^{\frac{1}{4}}\cdot a^{\frac{3}{2}}\cdot b\cdot b^{-\frac{1}{2}}\right)^{\frac{1}{2}}\right]^{\frac{3}{4}}\cdot\left(3^{\frac{1}{6}}\cdot a^2\cdot b^{-\frac{1}{3}}\cdot b^{\frac{4}{3}}\right):a^2 b^{\frac{1}{3}}$ $[\sqrt[3]{3}\,ab]$

39 $(x-y)^{\frac{1}{2}}:\left[(x+y)^{\frac{1}{2}}+(x-y)^{\frac{1}{2}}\right]+(x-y)^{\frac{1}{2}}:\left[(x-y)^{\frac{1}{2}}-(x+y)^{\frac{1}{2}}\right]$ con $x > y > 0$ $\left[\frac{y-x}{y}\right]$

RISOLVERE PROBLEMI

40 Nel trapezio rettangolo $ABCD$ l'angolo $\widehat{B}$ misura 45°, la base maggiore AB misura $8\sqrt{6}$ e la base minore è la metà di AB.

a. Determina il perimetro del trapezio.

b. Calcola l'area del quadrato costruito sul lato obliquo.

$[a)\ 8(\sqrt{3}+2\sqrt{6});\ b)\ 192]$

41 Considera la figura.

a. Verifica che il triangolo ABC è isoscele.

b. Verifica che il triangolo CDE è rettangolo.

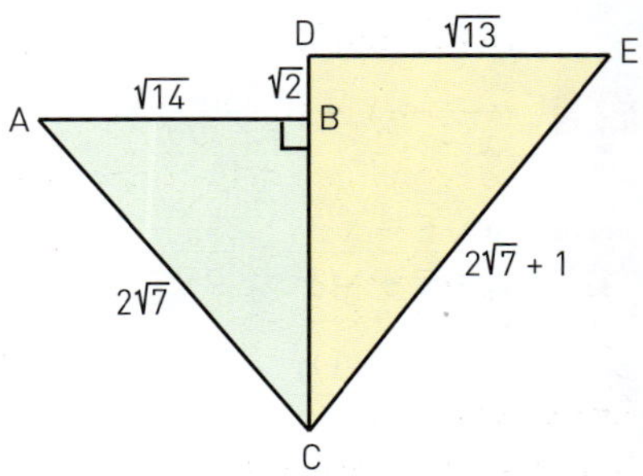

42 Data la funzione $f(x) = \dfrac{x^2 + 3x - \sqrt{3}}{x^2 - 2\sqrt{3}\,x + 3}$:

a. determina il dominio; **b.** calcola $f(2\sqrt{3} + 1)$. $\left[a)\ D: x \neq \sqrt{3};\ b)\ \frac{5}{2} + \sqrt{3}\right]$

43 TEST $\dfrac{1}{(3+\sqrt{2})(2+\sqrt{3})(3-\sqrt{2})(2-\sqrt{3})}$ è un numero:

- A intero.
- B razionale positivo, ma non intero.
- C razionale negativo, ma non intero.
- D irrazionale positivo.
- E irrazionale negativo.

(*Olimpiadi della matematica, Giochi di Archimede*, 2003)

VERIFICA DELLE COMPETENZE PROVE

1 ora

PROVA A

1 Calcola le seguenti espressioni, supponendo le variabili positive.

a. $\sqrt{12}-\sqrt{27}$

b. $\sqrt[3]{9}:\sqrt{27}$

c. $(\sqrt[3]{3})^4:\sqrt{\sqrt{3}}$

d. $\sqrt{x^3y^2}+2x\sqrt[4]{x^2y^4}$

e. $\sqrt[4]{a^3b}:\sqrt{ab^2}$

f. $\dfrac{a-1}{\sqrt{a}+1}$

Semplifica le seguenti espressioni.

2 $\sqrt{63}+(\sqrt{7}-\sqrt{3})^2-(\sqrt{21}-2)^2-\sqrt{84}+(\sqrt{2}+\sqrt{7})\cdot(\sqrt{2}-\sqrt{7})+\sqrt{400}$

3 $\sqrt[3]{\dfrac{(x^2+5x)^4}{x-5}}\cdot\sqrt{\dfrac{4x^2}{x^2-25}}\cdot\sqrt[6]{\left(\dfrac{x-5}{x^2+5x}\right)^5}:\sqrt{\dfrac{x}{2}}$, con $x>5$.

---

4 Risolvi l'equazione:

$$\frac{2x-1}{\sqrt{3}-1}-\frac{3\sqrt{3}\,x}{2}=\frac{1-\sqrt{3}}{1+\sqrt{3}}.$$

5 Nel parallelogramma *ABCD* i lati *AB* e *AD* sono lunghi rispettivamente 9 cm e $4\sqrt{3}$ cm e l'altezza *DH* relativa al lato *AB* è tale che $\overline{DH}=\frac{2}{7}(\overline{AD}\sqrt{3}+\overline{AB})$. Calcola il perimetro e l'area del quadrilatero *HBCD*.

6 Semplifica l'espressione

$$\sqrt{x}\sqrt{x\sqrt[3]{4x^2}}:\sqrt[3]{2x^2\sqrt{2x}}\text{, con } x>0,$$

in due modi:

a. con i radicali;

b. con l'uso delle potenze a esponente razionale.

PROVA B

Le cinture

Simona vuole realizzare alcune cinture usando delle perline di forma diversa. Sceglie di utilizzare il primo motivo raffigurato a lato in alto.

a. Quanto è lungo il motivo della figura?

b. Quante volte Simona dovrà ripetere il motivo per ottenere una cintura lunga circa 1 metro, supponendo di lasciare circa un centimetro da ogni lato per la chiusura?

c. Quanto è lungo l'altro motivo che Simona sceglie per una seconda cintura?

d. Quante volte Simona dovrà ripetere il nuovo motivo per ottenere una cintura della stessa lunghezza della prima?

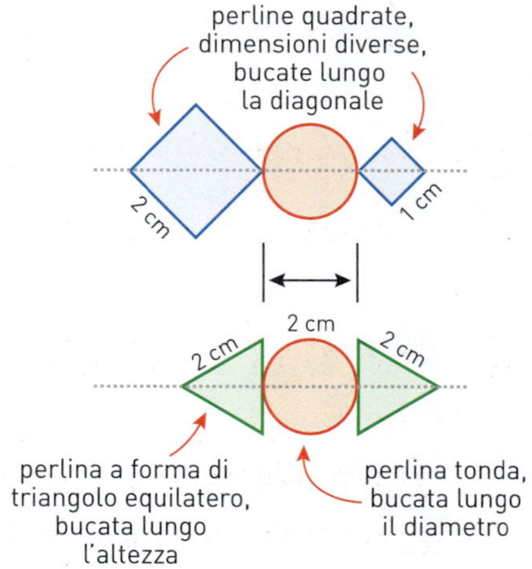

CAPITOLO 16 IL PIANO CARTESIANO E LA RETTA

1 I punti e i segmenti

Esercizi a p. 702

I punti nel piano cartesiano

Richiamiamo alcuni concetti già esaminati nel primo volume.

- Nel piano cartesiano, l'**asse delle ascisse**, o asse x, e l'**asse delle ordinate**, o asse y, sono due rette orientate perpendicolari, sulle quali è fissata un'unità di misura, in modo da poter rappresentare i numeri reali (figura **a**). Per entrambi gli assi lo zero corrisponde al loro punto di incontro, che chiamiamo **origine** e indichiamo con O.
- A ogni punto P del piano corrisponde una coppia ordinata di numeri reali $(x_P; y_P)$ e viceversa. Indichiamo il punto P con $P(x_P; y_P)$; x_P e y_P sono le **coordinate** di P, x_P è l'**ascissa** e y_P è l'**ordinata** (figura **b**).
- Chiamiamo **quadranti** i quattro angoli retti in cui il piano cartesiano è diviso dagli assi. Ordiniamo i quadranti come in figura **c**, dove per ogni quadrante abbiamo indicato i segni delle coordinate dei punti interni al quadrante stesso.

Listen to it

A **point** on the coordinate plane is determined by a *pair* of real numbers: an *x-coordinate*, and a *y-coordinate*.

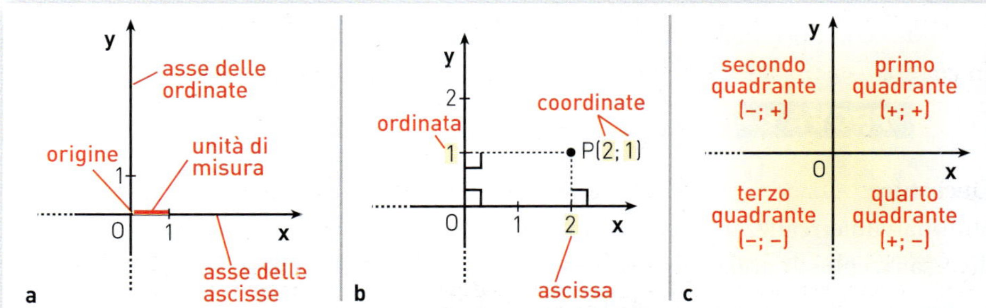

La distanza fra due punti

I punti con la stessa ordinata

I punti $A(-5; 2)$ e $B(3; 2)$ hanno la stessa ordinata, stanno quindi su una retta parallela all'asse x.

Le parallele all'asse y passanti per A e per B incontrano l'asse x rispettivamente nei punti A' e B' (figura a lato).

Poiché $A'B'BA$ è un rettangolo, risulta $\overline{AB} = \overline{A'B'}$, e inoltre $x_{A'} = x_A = -5$ e $x_{B'} = x_B = 3$.

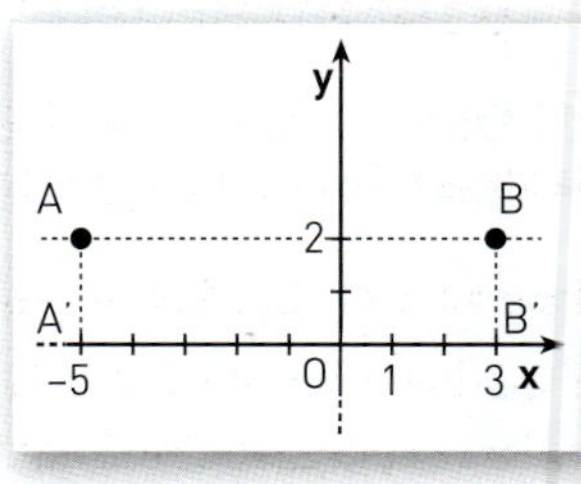

Quindi, nel nostro caso:

$$\overline{AB} = \overline{A'B'} = |x_{B'} - x_{A'}| = |x_B - x_A| = |3 - (-5)| = 8.$$

In generale, la distanza fra due punti $A(x_A; y_A)$ e $B(x_B; y_B)$ che hanno la stessa ordinata $y_A = y_B$ è:

$$\overline{AB} = |x_B - x_A|.$$

I punti con la stessa ascissa

Se i punti di cui dobbiamo calcolare la distanza hanno la stessa ascissa, valgono considerazioni analoghe a quelle del caso precedente, ma riferite all'asse y: infatti, i punti in questione si trovano su una retta parallela a questo asse.
Quindi, con riferimento ai punti $A(-3; 2)$ e $B(-3; 7)$ della figura a lato:

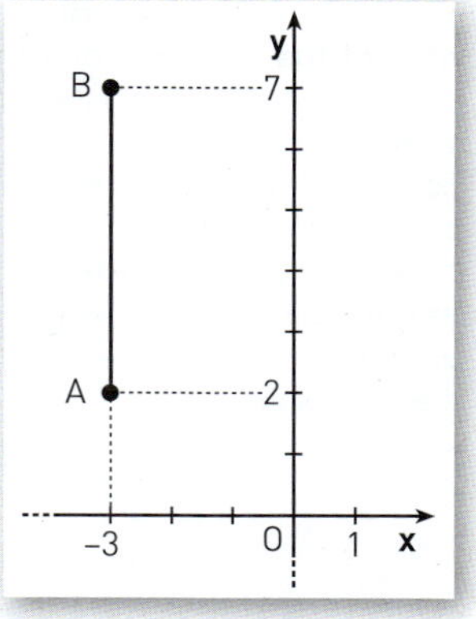

$$\overline{AB} = |y_B - y_A| = |7 - 2| = 5.$$

In generale, la distanza fra due punti $A(x_A; y_A)$ e $B(x_B; y_B)$ che hanno la stessa ascissa $x_A = x_B$ è:

$$\overline{AB} = |y_B - y_A|.$$

Il caso generale

Studiamo ora il caso generale e determiniamo la distanza fra due punti che non abbiano necessariamente la stessa ascissa o la stessa ordinata.

Consideriamo i punti $A(2; 3)$ e $B(5; 7)$.
Per calcolare la distanza fra A e B applichiamo il teorema di Pitagora al triangolo rettangolo ABH (figura a lato):

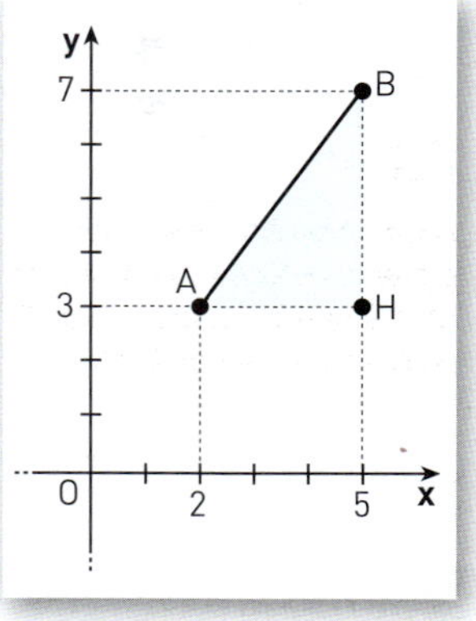

$$\overline{AB} = \sqrt{\overline{AH}^2 + \overline{BH}^2}.$$

Poiché $\overline{AH} = |5 - 2| = 3$ e $\overline{BH} = |7 - 3| = 4$, otteniamo:

$$\overline{AB} = \sqrt{3^2 + 4^2} = \sqrt{9 + 16} = \sqrt{25} = 5, \qquad \text{ossia} \qquad \overline{AB} = 5.$$

In generale, la distanza fra due punti $A(x_A; y_A)$ e $B(x_B; y_B)$ è data da:

$$\overline{AB} = \sqrt{(x_B - x_A)^2 + (y_B - y_A)^2}.$$

Questa formula comprende anche i due casi particolari precedenti.

► Calcola l'area del triangolo ABC, con $A(4; 1)$, $B(8; 3)$, $C(2; 6)$. (SUGGERIMENTO Traccia da A, B e C le parallele agli assi. Ottieni un rettangolo, composto dal triangolo ABC e da tre triangoli rettangoli. Calcola l'area del rettangolo e dei tre triangoli...)

Animazione

► Calcola il perimetro del triangolo ABC, con $A\left(\frac{3}{2}; 1\right)$, $B\left(\frac{11}{2}; 5\right)$, $C(4; 7)$.

Animazione

Il punto medio di un segmento

Il punto medio M di un segmento AB è tale che $\overline{AM} = \overline{MB}$, cioè è quel punto che ha la stessa distanza dagli estremi A e B del segmento.

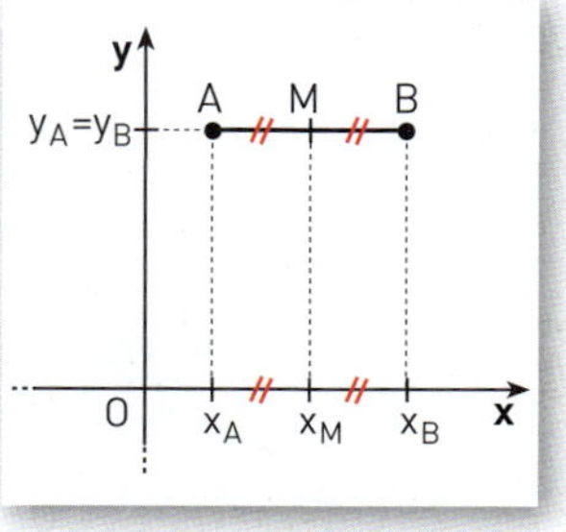

I punti con la stessa ascissa o la stessa ordinata

Dati due punti A e B con la stessa ordinata, il segmento di cui sono estremi è parallelo all'asse x, quindi l'ordinata del punto medio M è la stessa di A e di B.

Per ricavare l'ascissa di M, notiamo che:

$$|x_M - x_A| = |x_B - x_M|.$$

Considerando, come nella figura, $x_B > x_M > x_A$, possiamo scrivere le differenze senza valore assoluto:

$$x_M - x_A = x_B - x_M \rightarrow x_M + x_M = x_A + x_B \rightarrow 2x_M = x_A + x_B.$$

L'ascissa del punto medio di AB è pertanto:

$$x_M = \frac{x_A + x_B}{2}.$$

Listen to it

You can find the **x-coordinate of the midpoint** of a line segment by adding the *x*-coordinates of its endpoints and dividing the sum by 2. You can determine the **y-coordinate of the midpoint** in the same way using the *y*-coordinates of the endpoints.

Analogamente, si ricava che per due punti A e B con la stessa ascissa, l'ascissa del punto medio di AB è la stessa di A e di B, mentre l'ordinata è:

$$y_M = \frac{y_A + y_B}{2}.$$

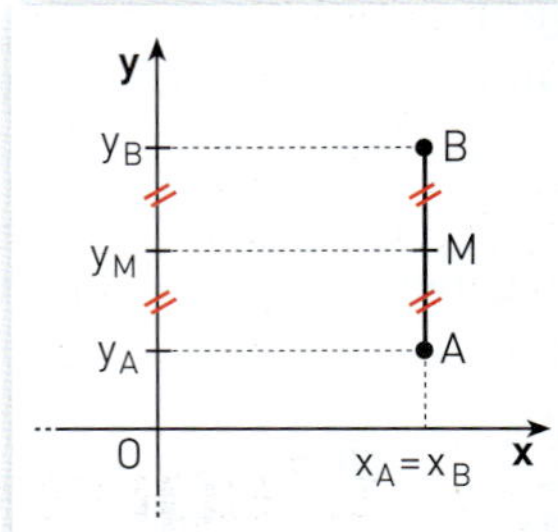

Considerazioni analoghe si possono fare se $x_A > x_B$ oppure $y_A > y_B$.

Il caso generale

Consideriamo i punti $A(x_A; y_A)$ e $B(x_B; y_B)$, con $x_A \neq x_B$ e $y_A \neq y_B$.

Vogliamo calcolare le coordinate del punto medio del segmento AB.

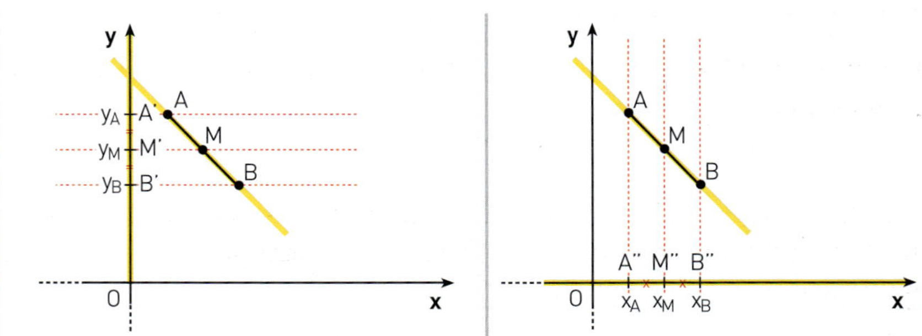

a. Dai tre punti A, B, M tracciamo le parallele all'asse x. Otteniamo così tre rette parallele tagliate da due trasversali: l'asse y e la retta passante per A e per B.

b. Dai tre punti A, B, M tracciamo le parallele all'asse y. Otteniamo tre rette parallele tagliate da due trasversali: l'asse x e la retta passante per A e per B.

Tracciamo le parallele agli assi passanti per i punti A, B e M.
Ricordiamo che il teorema del fascio di rette parallele afferma che, dato un fascio di rette parallele tagliato da due trasversali, a segmenti congruenti su una trasversale corrispondono segmenti congruenti sull'altra trasversale. Possiamo allora affermare che se $AM \cong MB$, allora $A'M' \cong M'B'$ e $A''M'' \cong M''B''$.

Applichiamo al segmento $A''B''$ la formula del punto medio determinata nel caso precedente:

$$x_{M''} = \frac{x_A + x_B}{2}; \qquad x_M = x_{M''}.$$

Analogamente, per il segmento $A'B'$:

$$y_{M'} = \frac{y_A + y_B}{2}; \qquad y_M = y_{M'}.$$

Dati $A(x_A; y_A)$ e $B(x_B; y_B)$, il punto medio di AB ha quindi coordinate:

$$x_M = \frac{x_A + x_B}{2}; \qquad y_M = \frac{y_A + y_B}{2}.$$

semisomma delle ascisse — semisomma delle ordinate

ESEMPIO Dati i punti $E(1; 2)$ ed $F(3; 4)$ troviamo le coordinate del punto medio M del segmento EF.

Poiché i punti E ed F non hanno la stessa ascissa o la stessa ordinata, l'ascissa del punto medio si ricava dalla semisomma delle ascisse e l'ordinata dalla semisomma delle ordinate.

$$x_M = \frac{1+3}{2} = 2; \qquad y_M = \frac{2+4}{2} = 3.$$

Il punto medio di EF ha perciò coordinate $M(2; 3)$.

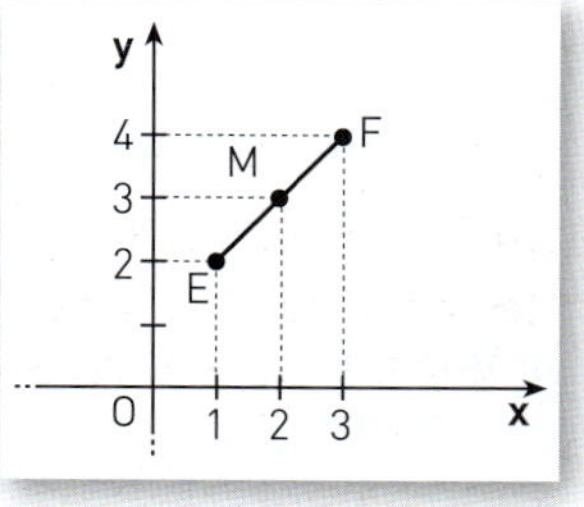

► Determina le coordinate dei punti medi dei segmenti che hanno per estremi le seguenti coppie di punti.

a. $A(4; 1)$, $B(6; 3)$

b. $C(-2; 4)$, $D(1; -5)$

c. $E(7; 9)$, $F(-6; -3)$

2 L'equazione di una retta passante per l'origine

► Esercizi a p. 709

L'equazione di una generica retta passante per l'origine

Consideriamo i punti $A(1; 2)$ e $B(3; 6)$ e la retta passante per A e B.

I due punti hanno l'ordinata uguale al doppio dell'ascissa; quindi la relazione che lega le coordinate $(x; y)$ di ciascuno di essi è:

$$y = 2x.$$

Si può dimostrare che ogni altra coppia di numeri che soddisfi l'equazione $y = 2x$ corrisponde a un punto della retta AB e, viceversa, che ogni punto della retta ha coordinate che soddisfano tale equazione.

Se le coordinate di un punto non soddisfano l'equazione, il punto non appartiene alla retta.

ESEMPIO I punti $(-2; -4)$ e $(2; 4)$ appartengono alla retta AB, poiché soddisfano l'equazione $y = 2x$, infatti:

$$-4 = 2 \cdot (-2) \quad \text{e} \quad 4 = 2 \cdot 2.$$

Il punto $(5; 1)$ non appartiene alla retta, infatti:

$$1 \neq 2 \cdot 5.$$

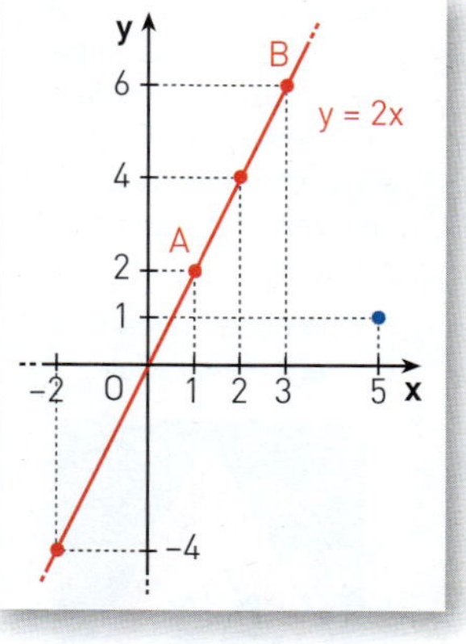

Pertanto l'equazione della retta AB è:

$$y = 2x.$$

Fra i punti della retta è compresa anche l'origine O, in quanto la coppia $(0; 0)$ soddisfa l'equazione.
Più in generale, se l'ordinata è m volte l'ascissa, l'equazione è $y = mx$.
L'equazione è sempre soddisfatta dalla coppia $(0; 0)$ per cui ognuna di queste rette passa per l'origine.

TEORIA

In generale, si può dimostrare che l'equazione di una retta passante per l'origine, purché diversa dall'asse y, è del tipo:

$$y = mx$$

per un opportuno valore di m.

Viceversa, un'equazione del tipo $y = mx$ rappresenta sempre una retta passante per l'origine, diversa dall'asse y.

Listen to it

You can write the **equation of a** (non vertical) **line that passes through the origin** if you know the *slope* of the line.

PROPRIETÀ

Equazione di una retta passante per l'origine

Una retta passante per l'origine, diversa dall'asse y, ha equazione del tipo $\boldsymbol{y = mx}$.

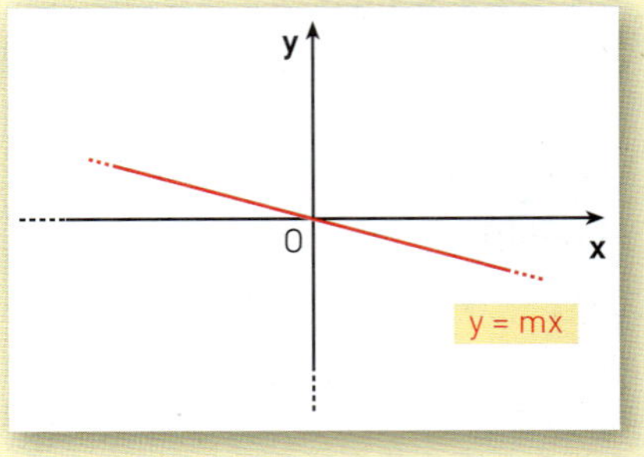

Nell'equazione $y = mx$ il coefficiente m è chiamato **coefficiente angolare** e indica la pendenza della retta rispetto all'asse x.

L'equazione $y = mx$ non può rappresentare l'asse y, per nessun valore di m. Infatti, scelto un punto dell'asse y, per esempio (0; 3), dovrebbe valere la relazione $3 = m \cdot 0$, ma non esiste un numero m che moltiplicato per 0 dia 3.

► Quali dei punti $A(-6; 5)$, $B\left(-1; \frac{6}{5}\right)$, $C\left(\frac{12}{5}; -2\right)$ e $D\left(\frac{6}{15}; -3\right)$ appartengono alla retta di equazione $y = -\frac{5}{6}x$?

Il coefficiente angolare e l'inclinazione della retta

Consideriamo una retta passante per l'origine

$$y = mx,$$

per $x = 1$ si ha $y = m$, dunque il coefficiente angolare m è l'ordinata del punto P di ascissa 1, $P(1; m)$.

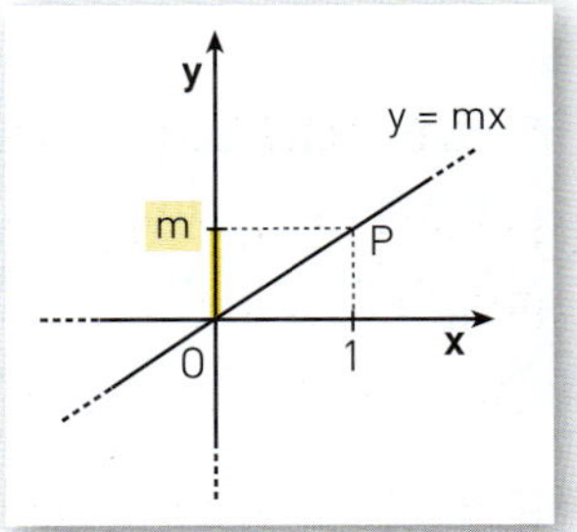

È possibile esprimere il coefficiente angolare di una retta passante per l'origine come il rapporto fra l'ordinata e l'ascissa di ogni punto della retta a eccezione dell'origine:

$$\frac{y_A}{x_A} = \frac{y_B}{x_B} = \frac{y_C}{x_C} = \frac{y_D}{x_D} = \ldots = m$$

o, in generale, $\boldsymbol{\frac{y}{x} = m}$, con $x, y \neq 0$.

Se m è positivo, anche $\frac{y}{x}$ è positivo: i punti della retta hanno coordinate entrambe positive o entrambe negative. Ciò significa che la retta appartiene al primo e terzo quadrante.

Inoltre, nel semipiano di ordinate positive la retta forma con la semiretta positiva dell'asse x un angolo acuto.

MATEMATICA INTORNO A NOI

Discesa pericolosa

Molte immagini quotidiane offrono indicazioni sulle proprietà geometriche degli oggetti e dell'ambiente che ci circonda. I cartelli stradali sono importanti per la circolazione stradale e hanno il compito di avvertirci di ciò che troveremo sul nostro cammino...

► Che cosa indica questo segnale stradale?

La risposta

ESEMPIO Le rette della figura hanno rispettivamente coefficiente angolare $m_1 = 3$ e $m_2 = \frac{1}{2}$, ossia sono entrambi maggiori di zero. Le rette giacciono nel primo e terzo quadrante.
Gli angoli α e β sono acuti. Al coefficiente maggiore, ossia 3, corrisponde l'angolo maggiore β.

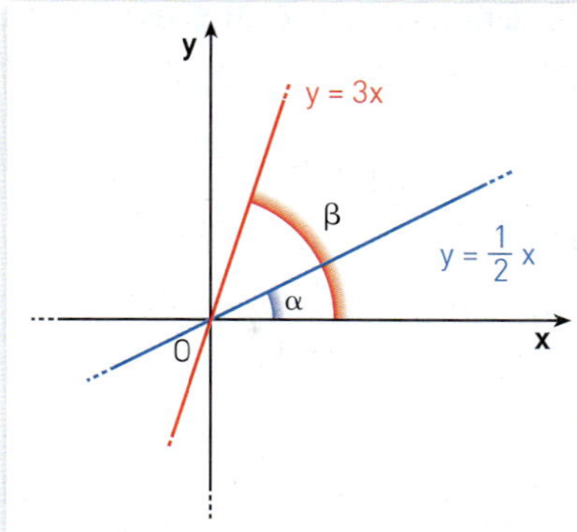

Se m è negativo, anche $\frac{y}{x}$ è negativo: i punti della retta hanno coordinate discordi. Ciò significa che la retta appartiene al secondo e quarto quadrante.

Inoltre, nel semipiano di ordinate positive la retta forma con la semiretta positiva dell'asse x un angolo ottuso.

ESEMPIO Le rette della figura hanno rispettivamente coefficiente angolare $m_1 = -\frac{1}{2}$ e $m_2 = -3$, ossia sono entrambi minori di zero. Le rette giacciono nel secondo e quarto quadrante.
Gli angoli α e β sono ottusi. Al coefficiente maggiore, ossia $-\frac{1}{2}$, corrisponde l'angolo maggiore β.

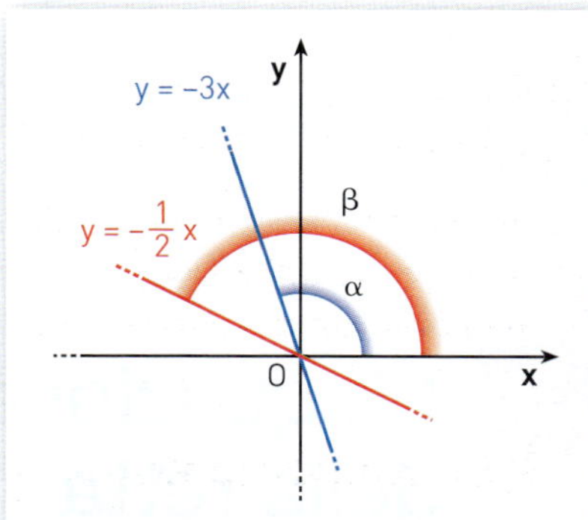

Video

Coefficiente angolare e pendenza di una retta Esamina il video che proponiamo per osservare in che modo il coefficiente angolare *m* determina la pendenza di una retta.

Le equazioni degli assi cartesiani

I punti $(-1; 0)$, $(0; 0)$, $(2; 0)$, come tutti gli altri punti dell'asse x, godono della stessa proprietà: la loro ordinata è 0 (figura **a**).

Assumiamo allora come equazione dell'asse x l'uguaglianza $y = 0$.

In modo analogo si ragiona per l'asse y, i cui punti hanno tutti ascissa 0 (figura **b**).

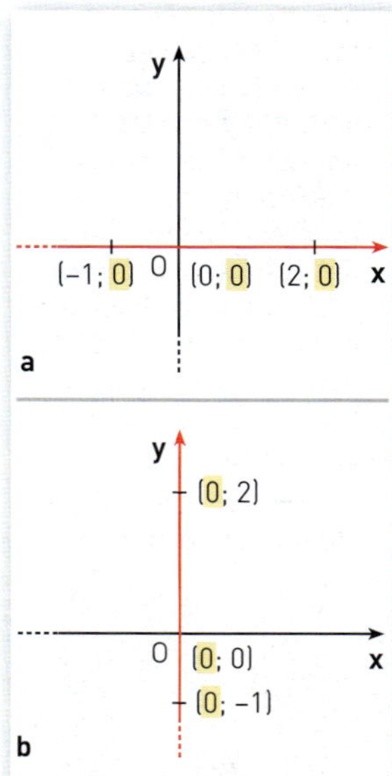

PROPRIETÀ

Le equazioni degli assi

L'equazione dell'asse x è $\boldsymbol{y = 0}$; l'equazione dell'asse y è $\boldsymbol{x = 0}$.

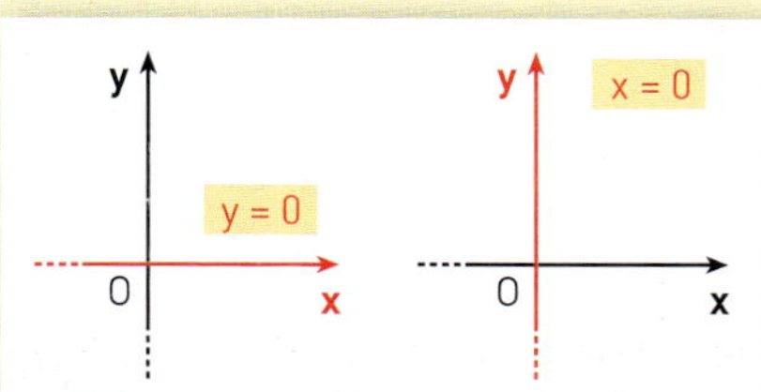

L'equazione dell'asse x può essere considerata come caso particolare dell'equazione $y = mx$, quando $m = 0$, mentre quella dell'asse y, come abbiamo già osservato non può essere rappresentata nella forma $y = mx$.

Le equazioni delle bisettrici

Sono equazioni di rette particolari passanti per l'origine degli assi cartesiani quelle che rappresentano le bisettrici del primo e terzo quadrante e del secondo e quarto quadrante. Ogni punto della bisettrice gode della proprietà di essere equidistante dai lati dell'angolo, cioè dagli assi cartesiani.

L'ascissa e l'ordinata, prese in valore assoluto, rappresentano le distanze di un punto dagli assi. Quindi, preso un punto generico $P(x; y)$ sulla bisettrice, $|y| = |x|$.

Nel primo e terzo quadrante, d'altra parte, l'ascissa e l'ordinata di un punto hanno lo stesso segno, perciò l'equazione della **bisettrice del primo e del terzo quadrante** è:

$$y = x,$$

che è l'equazione di una retta passante per l'origine di coefficiente angolare $m = 1$.
Nel secondo e quarto quadrante l'ascissa e l'ordinata di un punto hanno segno opposto, per cui si ricava che alla **bisettrice del secondo e quarto quadrante** è associata l'equazione:

$$y = -x,$$

che è l'equazione di una retta passante per l'origine di coefficiente angolare $m = -1$.

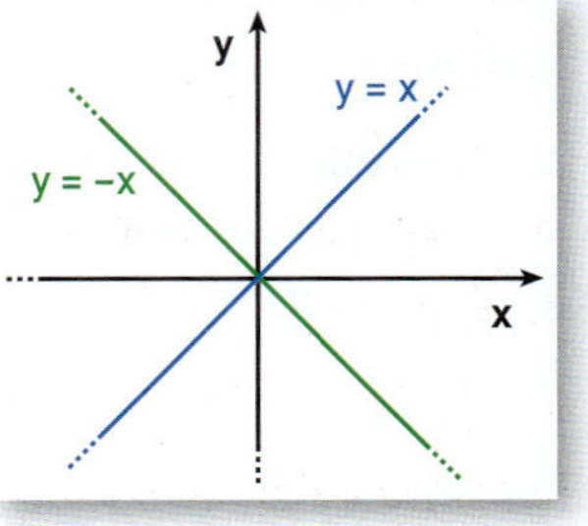

3 L'equazione generale della retta

▶ Esercizi a p. 712

La forma esplicita $y = mx + q$

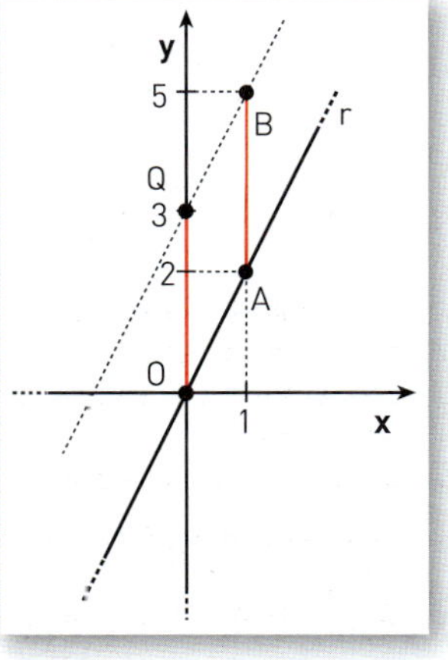

Consideriamo la retta r passante per l'origine e di equazione

$$y = 2x.$$

Scegliamo su tale retta i due punti $O(0; 0)$ e $A(1; 2)$.

Aumentando di 3 l'ordinata dei due punti, otteniamo i punti $Q(0; 3)$ e $B(1; 5)$.

Il quadrilatero $OABQ$ è un parallelogramma, perché ha i lati opposti OQ e AB congruenti e paralleli; quindi, la retta s passante per B e Q risulta parallela alla retta r.

Le coordinate dei punti Q e B soddisfano l'equazione

$$y = 2x + 3.$$

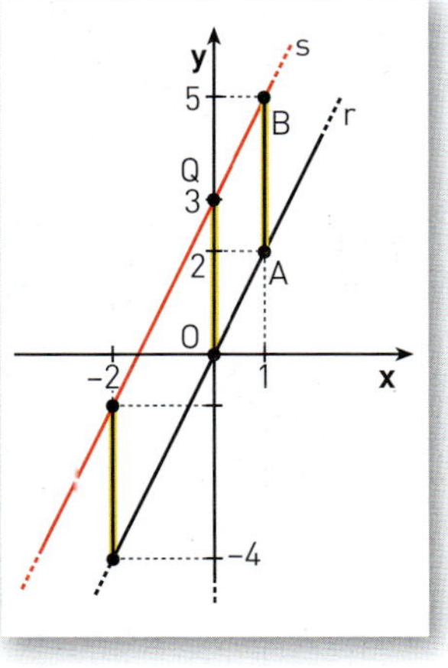

Se aumentiamo sempre di 3 l'ordinata di un qualsiasi altro punto di r, per esempio $(-2; -4)$, otteniamo il punto $(-2; -1)$ che appartiene alla retta s, perché le sue coordinate soddisfano l'equazione $y = 2x + 3$.

In generale, data una retta passante per l'origine (escluso l'asse y) di equazione

$$y = mx,$$

una retta a essa parallela passante per il punto $(0; q)$ ha equazione

$$y = mx + q.$$

Viceversa, una retta qualsiasi del piano, che intersechi l'asse y nel punto di ordinata q, può essere associata a un'equazione del tipo $y = mx + q$.

Tale equazione viene chiamata **equazione esplicita** della retta.
L'aggettivo «esplicita» sottintende «rispetto alla variabile y» e significa che nell'equazione è messa in evidenza y in funzione di x.

PROPRIETÀ

Equazione generale della retta (forma esplicita)
Ogni retta del piano, purché non parallela all'asse y, è rappresentata da un'equazione del tipo $\boldsymbol{y = mx + q}$.

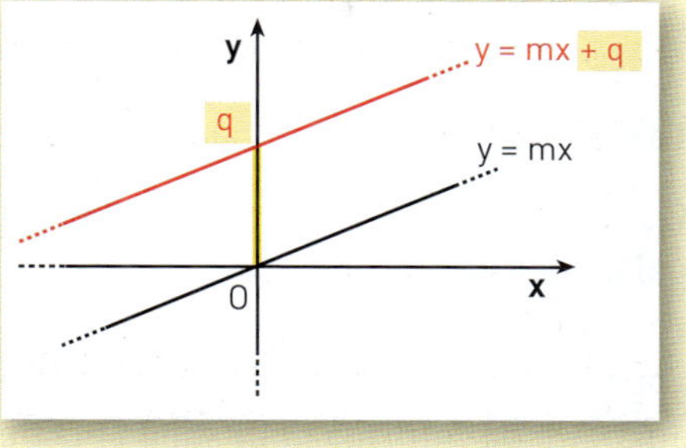

Il coefficiente q si chiama **termine noto** oppure **ordinata all'origine**, perché rappresenta l'ordinata del punto di intersezione della retta con l'asse y. Il coefficiente m è anche in questo caso il coefficiente angolare.

Animazione | Se $q = 0$ l'equazione

$$y = mx + q \text{ diventa } y = mx,$$

ossia l'equazione di una retta passante per l'origine.

L'equazione di una retta parallela a un asse

Considerando il caso in cui $m = 0$, l'equazione $y = mx + q$ diventa:

$$y = q,$$

che rappresenta l'equazione di una retta i cui punti hanno tutti la stessa ordinata, è perciò l'equazione di una retta parallela all'asse x.
Una retta del tipo $y = mx + q$ non può rappresentare una retta parallela all'asse y.
I punti di una retta parallela all'asse y, tuttavia, hanno tutti la stessa ascissa h, per cui possiamo concludere che l'equazione della retta è:

$$x = h.$$

In generale vale la seguente proprietà.

PROPRIETÀ

Equazione di una retta parallela a un asse
L'equazione di una retta parallela all'asse x è $\boldsymbol{y = k}$.
L'equazione di una retta parallela all'asse y è $\boldsymbol{x = h}$.

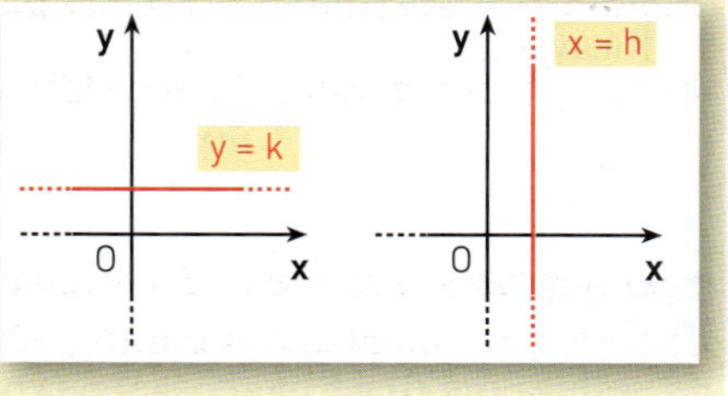

Le lettere h e k indicano un qualunque valore reale.
Al variare di k otteniamo tutte le rette parallele all'asse x, compreso l'asse x stesso per $k = 0$.
Al variare di h, otteniamo tutte le rette parallele all'asse y. Per $h = 0$ l'equazione è quella dell'asse y.

▶ Rappresenta nel piano cartesiano le rette seguenti e scrivi le loro equazioni:

a. parallela all'asse x e passante per $\left(0; \frac{5}{7}\right)$;

b. parallela all'asse y e passante per $\left(\frac{6}{5}; 0\right)$;

c. passante per $(-2; 0)$ e di coefficiente angolare $\frac{3}{2}$.

Animazione

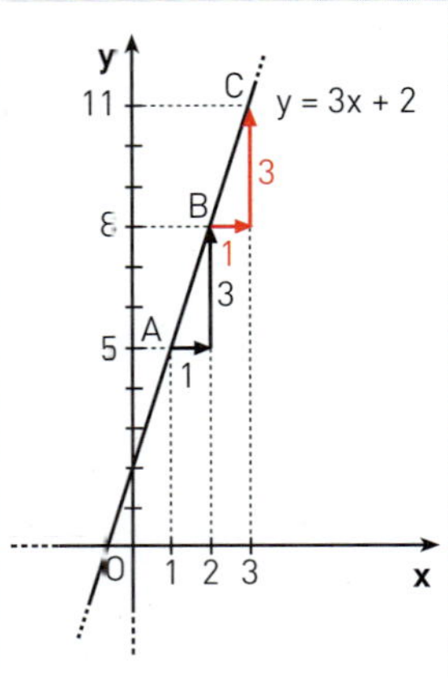

Il coefficiente angolare della retta passante per due punti

Consideriamo la retta di equazione $y = 3x + 2$ e tre suoi punti $A(1; 5)$, $B(2; 8)$ e $C(3; 11)$. Calcoliamo il rapporto fra la differenza delle ordinate e la differenza delle ascisse dei punti A e B:

$$\frac{y_B - y_A}{x_B - x_A} = \frac{8-5}{2-1} = 3.$$

Eseguiamo poi lo stesso calcolo per B e C: $\frac{y_C - y_B}{x_C - x_B} = \frac{11-8}{3-2} = 3.$

Osserviamo che in ambedue i casi il rapporto calcolato è uguale al coefficiente angolare della retta, che è 3.
Avremmo ottenuto lo stesso risultato scegliendo una qualsiasi altra coppia di punti appartenenti alla retta. Interpretiamo questo risultato dicendo che il coefficiente angolare dà informazioni sulla «pendenza» della retta. Infatti osservando la figura vediamo che quando l'ascissa aumenta di 1, l'ordinata aumenta di $m = 3$.
Per andare dal punto $A(1; 5)$ a $B(2; 8)$ e da B a $C(3; 11)$ possiamo spostarci prima verso destra di 1 unità, poi verso l'alto di 3 unità.

In generale, dati due punti distinti $A(x_A; y_A)$ e $B(x_B; y_B)$ appartenenti alla retta di equazione $y = mx + q$, ricaviamo la formula che esprime il coefficiente angolare m in funzione delle coordinate dei due punti.

TEOREMA

Dati i punti $A(x_A; y_A)$ e $B(x_B; y_B)$ della retta r di equazione $y = mx + q$, il coefficiente angolare di r è uguale al rapporto fra la differenza delle ordinate e la differenza delle ascisse dei due punti.

$$m = \frac{y_B - y_A}{x_B - x_A}$$

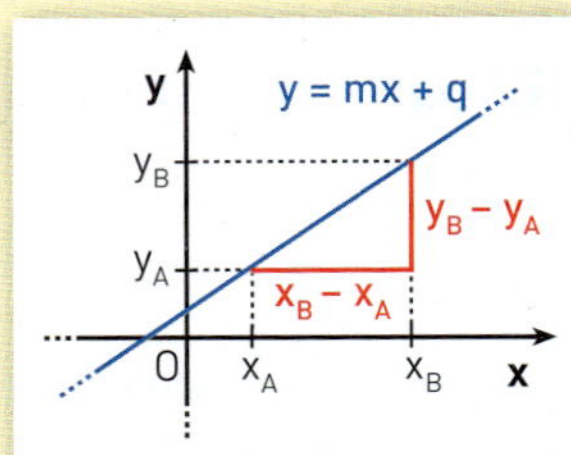

DIMOSTRAZIONE Animazione

Il punto $B(x_B; y_B)$ appartiene alla retta, quindi le sue coordinate verificano l'equazione: $y_B = mx_B + q$

Analogamente, per A abbiamo: $y_A = mx_A + q$

Sottraiamo membro a membro: $y_B - y_A = mx_B - mx_A$

Ricaviamo m:

$$y_B - y_A = mx_B - mx_A \;\rightarrow\; y_B - y_A = m(x_B - x_A) \;\rightarrow\; m = \frac{y_B - y_A}{x_B - x_A}.$$

Casi particolari

1. Se due punti A e B hanno la stessa ordinata, si ha $y_B - y_A = 0$ e $m = \frac{y_B - y_A}{x_B - x_A} = 0$, quindi **il coefficiente angolare di una retta parallela all'asse x è $m = 0$**.
2. Se i punti A e B hanno la stessa ascissa, si ha $x_B - x_A = 0$, e la frazione $\frac{y_B - y_A}{x_B - x_A}$ perde di significato, quindi **il coefficiente angolare di una retta parallela all'asse y non esiste**.

Listen to it

If you know the coordinates of two points on a line, you can **determine its slope** by calculating the *rise* (difference between the y-coordinates) over the *run* (difference between the x-coordinates in the same order).

▶ Determina, quando è possibile, il coefficiente angolare della retta passante per ogni coppia di punti indicata.
- $A(1; 2)$, $B(4; 5)$
- $A(2; 4)$, $B(-4; 4)$

L'equazione della retta in forma implicita

L'equazione esplicita $y = mx + q$ può rappresentare tutte le rette del piano, tranne l'asse y e le rette parallele a esso.
Infatti non esistono valori di m e di q che, sostituiti nell'equazione, ci forniscano equazioni del tipo $x = 0$ oppure $x = k$.

Un'equazione che rappresenti tutte le possibili rette del piano ha forma

$$ax + by + c = 0,$$

dove a, b, c sono numeri reali (a e b non entrambi nulli).

In questo caso, si dice che l'equazione della retta è in **forma implicita**, nel senso che nessuna tra le variabili x e y è scritta esplicitamente in funzione dell'altra.

PROPRIETÀ

Equazione generale della retta (forma implicita)
Ogni retta del piano è rappresentata da un'equazione lineare del tipo

$$\boldsymbol{ax + by + c = 0},$$

dove a, b, c sono numeri reali (a e b non entrambi nulli).

La forma implicita comprende tutti i casi già esaminati.

Ponendo rispettivamente $a = 0$, $b = 0$, $c = 0$ nell'equazione $ax + by + c = 0$, si ottengono le equazioni scritte in rosso delle rette particolari.

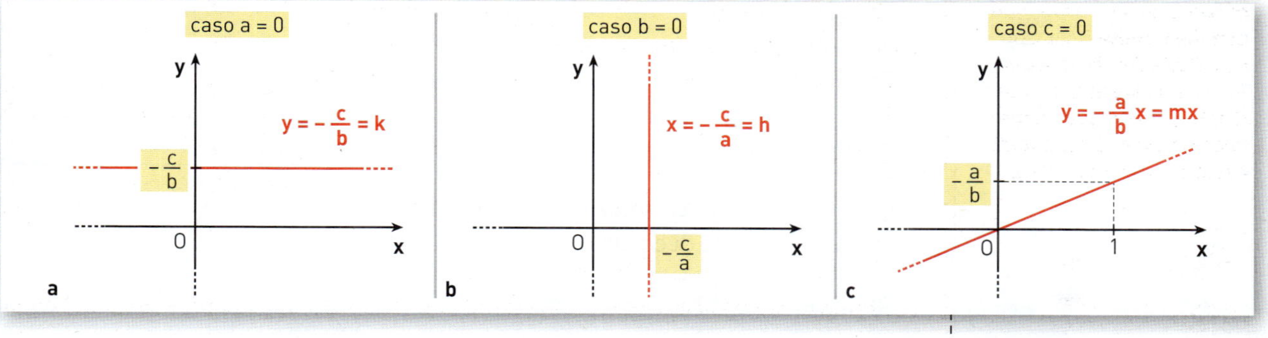

Dalla forma implicita alla forma esplicita

È possibile trasformare un'equazione scritta in forma implicita nella sua equivalente scritta in forma esplicita ricavando y (purché sia $b \neq 0$):

$$y = -\frac{a}{b}x - \frac{c}{b}.$$

Osserviamo che il coefficiente angolare è $m = -\frac{a}{b}$ e il termine noto è $q = -\frac{c}{b}$.

ESEMPIO Scriviamo in forma esplicita l'equazione $6x - 2y + 1 = 0$.
Ricaviamo y:

$$-2y = -6x - 1 \rightarrow 2y = 6x + 1 \rightarrow y = 3x + \frac{1}{2}.$$

Il coefficiente angolare è 3, il termine noto $\frac{1}{2}$.

► Scrivi in forma esplicita ciascuna delle seguenti equazioni di rette; indica il coefficiente angolare e il termine noto.

- $y + 7x + 4 = 0$
- $8x - y = 0$

► Disegna il grafico delle rette di equazioni:

a. $y = -2$;
b. $2x + 5 = 0$;
c. $3x + 2y - 4 = 0$.

Animazione

4 Le rette e i sistemi lineari

▶ Esercizi a p. 722

Due rette r e s nel piano possono assumere tre posizioni reciproche:

- sono incidenti e perciò si intersecano in un solo punto;
- sono parallele e distinte, quindi non hanno alcun punto di intersezione;
- sono coincidenti.

Nel piano cartesiano ogni retta è individuata da un'equazione lineare in due incognite.
Un punto della retta ha come coordinate la coppia $(x; y)$ soluzione dell'equazione lineare.

Le coordinate dei punti di intersezione delle rette si determinano risolvendo il sistema lineare composto dalle equazioni delle due rette:

$$\begin{cases} ax + by + c = 0 \\ a'x + b'y + c = 0 \end{cases}.$$

I casi possibili sono tre:

- il **sistema è determinato** e le due rette r e s si intersecano in un unico punto $P(x; y)$;

ESEMPIO Consideriamo il sistema

$$\begin{cases} y = x + 1 \\ y = -2x - 2 \end{cases} \rightarrow$$

$$\begin{cases} x = -1 \\ y = 0 \end{cases}.$$

$(-1; 0)$ è l'unica soluzione del sistema. Perciò le rette di equazioni

$$y = x + 1 \text{ e } y = -2x - 2$$

si intersecano nel punto $P(-1; 0)$, unico punto in comune alle due rette.

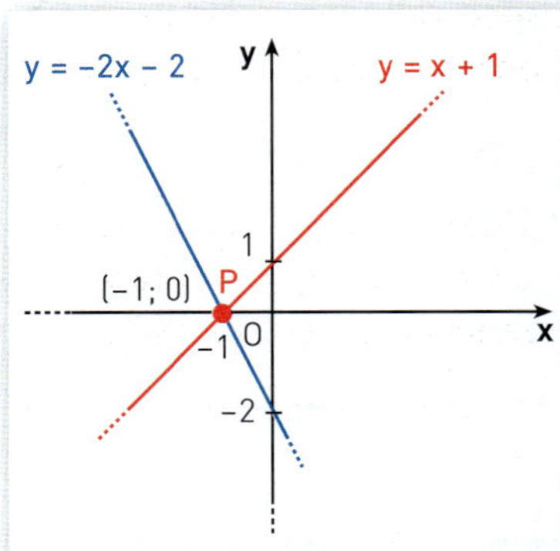

- il **sistema è impossibile** e le rette sono parallele ma distinte;

ESEMPIO Consideriamo il sistema

$$\begin{cases} y = -\frac{1}{2}x + 1 \\ y = -\frac{1}{2}x - 3 \end{cases} \rightarrow$$

$$-\frac{1}{2}x + 1 = -\frac{1}{2}x - 3 \rightarrow$$

$$0 = -4.$$

Il sistema è impossibile, le rette hanno lo stesso coefficiente angolare, e sono parallele e distinte.

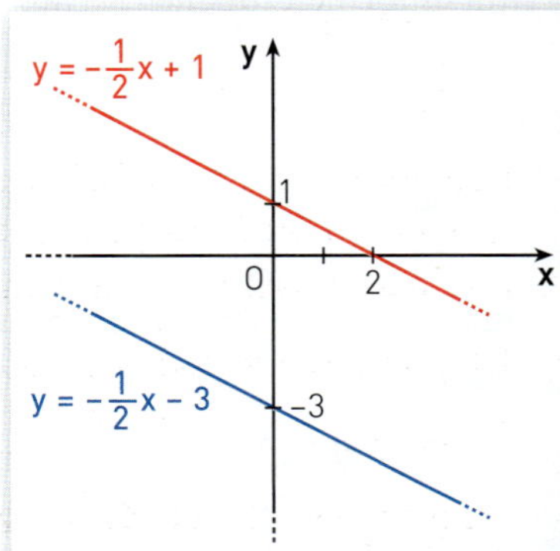

- il **sistema è indeterminato** e le rette sono coincidenti.

ESEMPIO Consideriamo il sistema

$$\begin{cases} y = 2x + 1 \\ 3y = 6x + 3 \end{cases}.$$

Il sistema è indeterminato, le rette coincidono.
Le soluzioni del sistema sono le infinite coppie costituite dalle coordinate dei punti della retta.

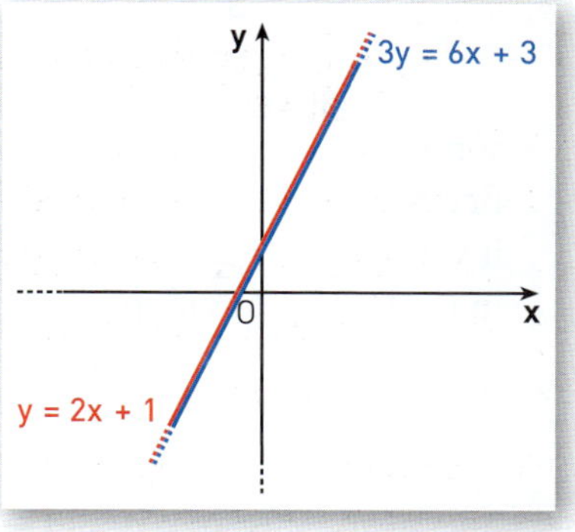

► Interpreta graficamente i seguenti sistemi e indica se sono determinati, impossibili o indeterminati.

$$\begin{cases} y - 4 = 4x \\ 4y = 16x - 8 \end{cases} \quad \begin{cases} x = 5y - 2 \\ y = x - 2 \end{cases} \quad \begin{cases} 2y = 6 - 2x \\ 6x = 12 - 4y \end{cases}$$

Animazione

5 Le rette parallele e le rette perpendicolari

► Esercizi a p. 724

Le rette parallele

Abbiamo visto che il coefficiente angolare indica la «pendenza» di una retta rispetto all'asse x. Ci aspettiamo pertanto che due rette parallele, avendo, la stessa pendenza rispetto all'asse x, abbiano anche lo stesso coefficiente angolare.
Consideriamo due rette parallele, r e s, e dimostriamo il seguente teorema.

TEOREMA
Due rette r e s, di equazioni $y = mx + q$ e $y = m_1x + q_1$, sono parallele *se e solo se* hanno lo stesso coefficiente angolare.

$$r \parallel s \leftrightarrow m = m_1$$

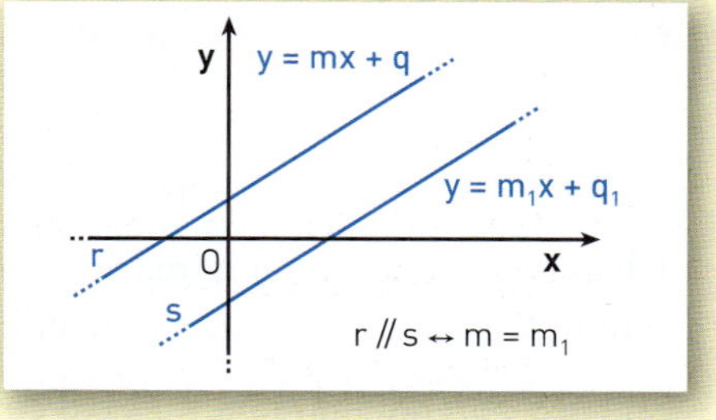

Listen to it

Parallel lines have the *same slope*.

DIMOSTRAZIONE

Due rette sono parallele se non hanno punti in comune oppure se coincidono.
Il sistema delle loro equazioni,

$$\begin{cases} y = mx + q \\ y = m_1x + q_1 \end{cases},$$

non può essere determinato, altrimenti le rette sarebbero incidenti, con in comune il punto che ha per coordinate le soluzioni del sistema. Quindi il sistema deve essere impossibile o indeterminato.

Utilizzando il metodo del confronto, otteniamo l'equazione:

$$mx + q = m_1x + q_1 \;\rightarrow\; mx - m_1x = q_1 - q \;\rightarrow\; (m - m_1)x = q_1 - q.$$

L'equazione ottenuta è impossibile o indeterminata *se e solo se*:

$$m - m_1 = 0 \rightarrow m = m_1.$$

ESEMPIO Le rette di equazione

r: $y = 2x + 4$

s: $y = 2x - 1$

sono parallele perché hanno lo stesso coefficiente angolare 2 e differiscono solo per il valore di q. La retta r interseca l'asse y in $(0; 4)$, la retta s lo interseca in $(0; -1)$.

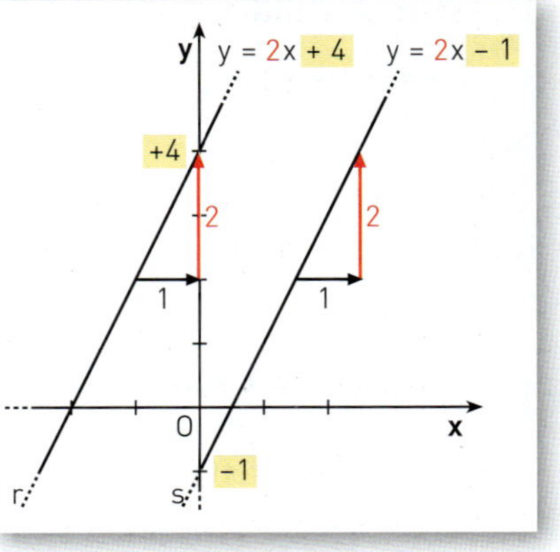

Le rette perpendicolari

Consideriamo due rette r e s non parallele e dimostriamo il seguente teorema che fornisce la relazione fra i coefficienti angolari di rette perpendicolari.

Listen to it

Two perpendicular lines have *negative reciprocal slopes*. If you multiply their slopes, you get −1.

TEOREMA
Due rette r e s, di equazioni $y = mx + q$ e $y = m_1x + q_1$, sono perpendicolari *se e solo se* il prodotto dei loro coefficienti angolari è -1.

$$r \perp s \leftrightarrow m \cdot m_1 = -1$$

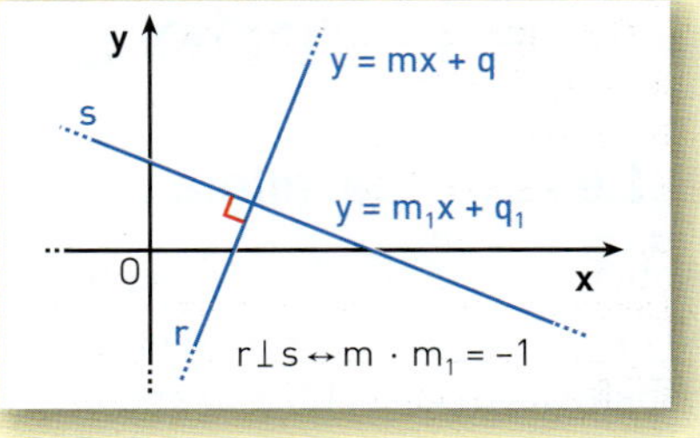

DIMOSTRAZIONE Animazione

Consideriamo le rette r' e s' parallele a r e s e passanti per l'origine.
Le loro equazioni sono:

$$r': y = mx; \quad s': y = m_1x.$$

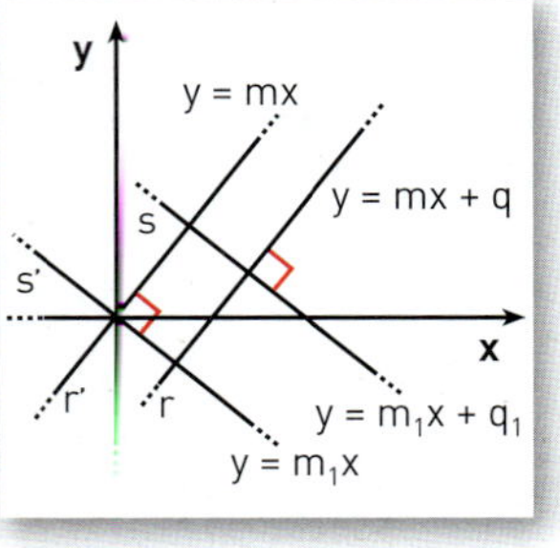

Gli angoli che si formano fra le rette r' e s' sono congruenti a quelli formati da r e s, quindi le rette r' e s' sono perpendicolari *se e solo se* lo sono le rette r e s.

Su r' e s', prendiamo i punti A e B con ascissa 1:

$$A(1; m),\ B(1; m_1).$$

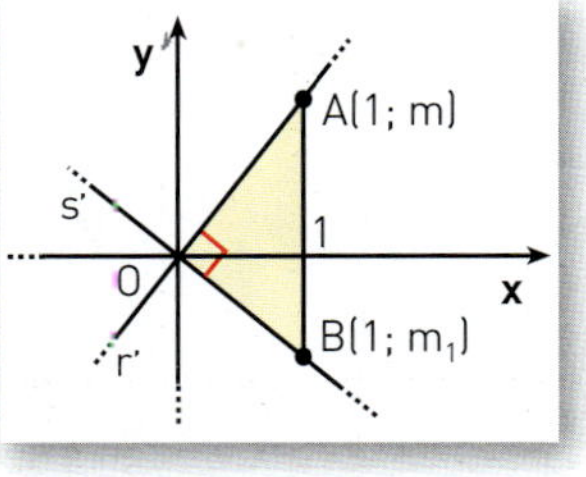

Il triangolo AOB è rettangolo in O *se e solo se* vale il teorema di Pitagora:

$$\overline{AB}^2 = \overline{OA}^2 + \overline{OB}^2.$$

Esprimiamo $\overline{AB}^2$, $\overline{OA}^2$ e $\overline{OB}^2$ in funzione di m e m_1:

$$\overline{AB} = |m - m_1| \quad \rightarrow \quad \overline{AB}^2 = (m - m_1)^2;$$

$$\overline{OA} = \sqrt{(1-0)^2 + (m-0)^2} \quad \rightarrow \quad \overline{OA}^2 = 1 + m^2;$$

$$\overline{OB} = \sqrt{(1-0)^2 + (m_1-0)^2} \quad \rightarrow \quad \overline{OB}^2 = 1 + m_1^2.$$

Sostituiamo nell'uguaglianza del teorema di Pitagora:

$$(m - m_1)^2 = (1 + m^2) + (1 + m_1^2) \rightarrow \cancel{m^2} + \cancel{m_1^2} - 2mm_1 = 2 + \cancel{m^2} + \cancel{m_1^2} \rightarrow$$

$$mm_1 = -1.$$

Dalla relazione $\boldsymbol{m \cdot m_1 = -1}$ otteniamo:

$$\boldsymbol{m = -\frac{1}{m_1}},$$

quindi due rette sono perpendicolari *se e solo se* il coefficiente angolare di una è l'*opposto del reciproco* del coefficiente angolare dell'altra.

ESEMPIO Le rette di equazioni

$r: x - 3y + 4 = 0$

$s: 3x + y - 2 = 0$

sono perpendicolari, perché:

$$m_r = -\frac{1}{-3} = \frac{1}{3};$$

$$m_s = -\frac{3}{1} = -3 \quad \rightarrow \quad m_r = -\frac{1}{m_s}.$$

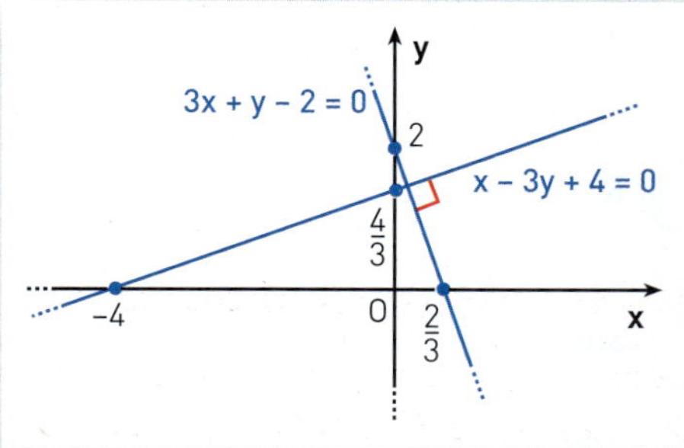

PROBLEMA

Lo dimostro io! Carla sostiene che non si può dimostrare in maniera analitica (ovvero attraverso calcoli) che due rette perpendicolari hanno i coefficienti angolari che sono uno l'opposto del reciproco dell'altro. Giulio non è d'accordo: per dimostrarlo, propone di considerare un segmento...

Scheda di lavoro

▶ Sono date le rette di equazioni:

a. $y = -2x + 1$;

b. $2x - 4y + 3 = 0$;

c. $6x + 3y + 4 = 0$;

d. $5y - 1 = 10x$.

Determina quali sono parallele e quali perpendicolari.

Animazione

▶ Data l'equazione $(a - 2)x - 2y - 1 = 0$, troviamo per quale valore di a rappresenta una retta:

a. parallela all'asse x;

b. parallela all'asse y;

c. parallela alla retta di equazione $2x - y + 1 = 0$;

d. perpendicolare alla retta di equazione $6x + 3y + 4 = 0$.

Animazione

6 I fasci di rette

▶ Esercizi a p. 729

Il fascio improprio

Consideriamo una retta r del piano: l'insieme formato da r e da tutte le rette a essa parallele si chiama **fascio improprio** di rette parallele a r.

ESEMPIO L'equazione

$y = 2x + q$

rappresenta, al variare di q, tutte le rette del piano che hanno coefficiente angolare 2, cioè è l'**equazione di un fascio improprio** di rette.
Se $q = 0$, abbiamo la retta del fascio passante per l'origine:

$y = 2x$.

Ogni retta del fascio è parallela alla retta base, passante per l'origine. A seconda del valore di q cambia l'intersezione della retta con l'asse y.
Per disegnare altre rette del fascio basta attribuire dei valori a q e sostituirli, di volta in volta, nell'equazione del fascio: per $q = 3$ abbiamo la retta $y = 2x + 3$, per $q = -4$ la retta $y = 2x - 4$ ecc.

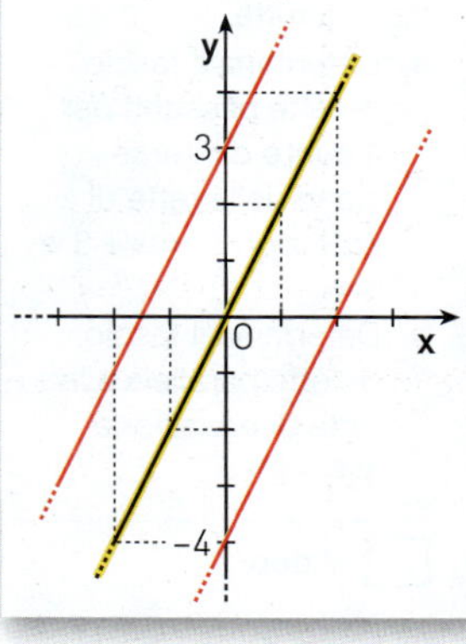

In generale, data una retta r di coefficiente angolare m_1, il **fascio di rette parallele a r** ha equazione:

$$\boldsymbol{y = m_1 x + q}, \quad \textbf{con } \boldsymbol{q \in \mathbb{R}}.$$

Il fascio proprio

L'insieme di tutte le rette del piano che passano per uno stesso punto P si chiama **fascio proprio** di rette per P.

Il punto P comune a tutte le rette del fascio si chiama **centro del fascio**.

ESEMPIO Determiniamo l'equazione del fascio di rette di centro $P(4; 3)$.
Se una retta generica $y = mx + q$ deve passare per P, occorre che le coordinate di P soddisfino l'equazione della retta, ossia:

$$3 = m \cdot 4 + q.$$

Ricaviamo q:

$$q = 3 - m \cdot 4.$$

Sostituendo tale espressione a q nell'equazione generica, otteniamo:

$$y = mx + 3 - 4m.$$

Così facendo, abbiamo ottenuto l'equazione in forma esplicita di una generica retta del fascio.
Riscriviamola mettendo in evidenza le coordinate $(4; 3)$ del centro:

$$y - 3 = m(x - 4),$$

che rappresenta l'equazione del fascio di rette di centro $P(4; 3)$.
Per ogni valore reale che attribuiamo al coefficiente angolare m otteniamo una retta del fascio. Per esempio:

- per $m = 1$ abbiamo la retta $y - 3 = x - 4$, cioè $y = x - 1$;
- per $m = -2$ la retta $y - 3 = -2x + 8$, cioè $y = -2x + 11$;
- per $m = 0$ la parallela all'asse x di equazione $y = 3$ e così via.

Pertanto, nel fascio di rette $y - 3 = m(x - 4)$, al variare di m otteniamo tutte le rette che passano per $P(4; 3)$, tranne quella parallela all'asse y. L'equazione della parallela all'asse y è infatti $x = 4$, per essa non esiste alcun valore di m che, sostituito nell'equazione del fascio, fornisca tale equazione.
Pertanto, per avere tutte le rette del fascio proprio per P, dobbiamo aggiungere all'equazione del fascio l'equazione della parallela all'asse y per P:

$y - 3 = m(x - 4)$
(rette non parallele all'asse y);

$x = 4$
(retta parallela all'asse y).

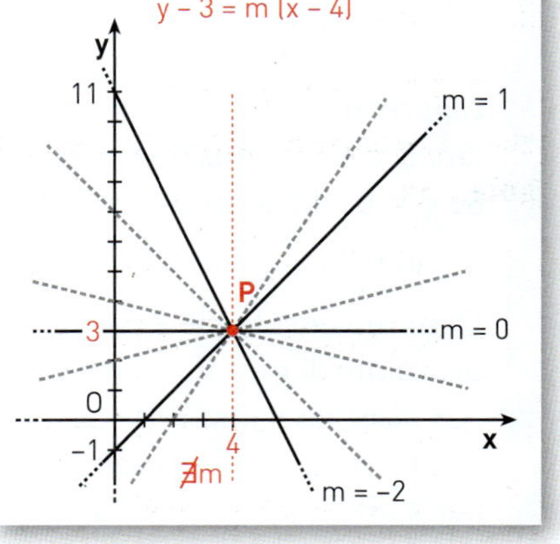

In generale, dato un punto P di coordinate $(x_1; y_1)$, il **fascio di rette di centro P** ha equazione:

$$y - y_1 = m(x - x_1), \quad \text{con } m \in \mathbb{R}.$$

▶ Stabilisci se i fasci di rette aventi le seguenti equazioni sono propri o impropri e determina il centro quando il fascio è proprio.
a. $4kx - 2ky - k + 1 = 0$, con $k \neq 0$;
b. $(k+2)x + ky - 2k + 6 = 0$.

Animazione

▶ Individua i seguenti fasci di rette.
a. Determina il fascio di rette passanti per il punto d'intersezione delle rette di equazioni $y = x + 3$ e $y = -2x$.
b. Determina il fascio di rette parallele alla retta di equazione $y = -2x$.

Video

Al variare di m si ottengono tutte le rette del fascio passanti per P, tranne la parallela all'asse y, che ha equazione $x = x_1$.

Il **fascio completo** è perciò descritto dalle equazioni:

$$\boldsymbol{y - y_1 = m(x - x_1), \qquad \text{con } m \in \mathbb{R};}$$
$$\boldsymbol{x = x_1.}$$

L'equazione del fascio completo può essere scritta anche in forma implicita come:

$$a(x - x_1) + b(y - y_1) = 0,$$

con a e b numeri reali, non entrambi nulli.

► Nel fascio di rette proprio di equazione $(k-1)x - 3ky + k + 2 = 0$ determina:

a. le rette parallele agli assi;

b. la retta parallela alla retta di equazione $y = \frac{1}{2}x - 4$;

c. la retta passante per $A\left(-2; \frac{1}{3}\right)$.

Animazione

7 Come determinare l'equazione di una retta

► Esercizi a p. 732

Dalla geometria euclidea sappiamo che per due punti distinti passa una e una sola retta. In geometria analitica questo significa che per determinare l'equazione di una retta è necessario conoscere due condizioni, per esempio:

- le coordinate di un punto $P(x_0; y_0)$ appartenente alla retta e il coefficiente angolare m_0;
- le coordinate di due punti $P(x_1; y_1)$ e $Q(x_2; y_2)$.

Vediamo come si determina l'equazione della retta nei vari casi.

La retta passante per un punto e di coefficiente angolare noto

Consideriamo un generico punto $A(x_A; y_A)$ di una retta r di coefficiente angolare noto m_0.
Utilizzando la relazione del coefficiente angolare per due punti otteniamo:

$$m_0 = \frac{y - y_A}{x - x_A},$$

da cui ricaviamo:

$$y - y_A = m_0(x - x_A)$$

che è **l'equazione della retta passante per il punto $A(x_A; y_A)$ con coefficiente angolare m_0**.

ESEMPIO Applichiamo la formula per ricavare l'equazione della retta passante per $A(-2; 5)$ e coefficiente angolare $m_0 = -\frac{1}{2}$.

$$y - 5 = -\frac{1}{2}(x + 2) \quad \rightarrow \quad y = -\frac{1}{2}x - 1 + 5 \quad \rightarrow \quad y = -\frac{1}{2}x + 4$$

che è l'equazione cercata.

► Scrivi l'equazione della retta passante per P e avente coefficiente angolare m.

$P(0; 3)$; $\qquad m = 2$.

La retta passante per due punti

Consideriamo due punti generici, $P(x_1; y_1)$ e $Q(x_2; y_2)$, e determiniamo l'equazione della retta passante per essi.

TEORIA

MATEMATICA E STORIA

La nascita della geometria analitica I primi a occuparsi di quella che oggi chiamiamo «geometria analitica», nella prima metà del '600, furono René Descartes (più noto in Italia come Cartesio) e Pierre de Fermat, due fra i maggiori matematici della loro epoca.

▶ Scopri quali sono stati i loro contributi.

La risposta

1. Poiché la retta che cerchiamo passa per il punto P, essa deve appartenere al fascio proprio di rette per P, cioè deve avere un'equazione del tipo

$$y - y_1 = m(x - x_1),$$

in cui m assume un certo valore che ora determineremo.

2. Per calcolare m, utilizziamo la formula che dà il coefficiente angolare, note le coordinate di due punti della retta, assumendo per ipotesi che sia $x_1 \neq x_2$:

$$m = \frac{y_2 - y_1}{x_2 - x_1}.$$

3. Nell'equazione del fascio di rette di centro P, sostituiamo a m l'espressione ottenuta:

$$y - y_1 = \frac{y_2 - y_1}{x_2 - x_1}(x - x_1).$$

4. Infine, se $y_1 \neq y_2$, dividendo entrambi i membri per $y_2 - y_1$, riscriviamo tale formula nella seguente forma:

$$\frac{y - y_1}{y_2 - y_1} = \frac{x - x_1}{x_2 - x_1}.$$

Questa è l'**equazione della retta passante per i punti dati**.

ESEMPIO Applichiamo la formula appena ricavata per determinare l'equazione della retta passante per $A(2; -5)$ e $B(-4; 6)$:

$$\frac{y + 5}{6 + 5} = \frac{x - 2}{-4 - 2} \rightarrow \frac{y + 5}{11} = \frac{x - 2}{-6} \rightarrow$$

$$-6y - 30 = 11x - 22 \rightarrow 6y = -11x - 8.$$

L'equazione cercata è quindi: $y = -\frac{11}{6}x - \frac{4}{3}$.

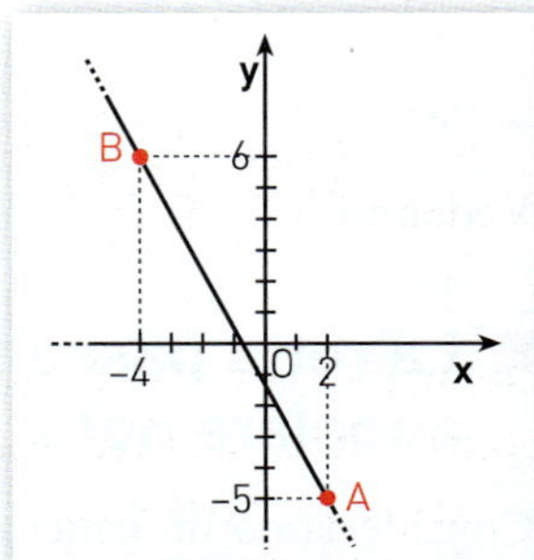

▶ Scrivi l'equazione della retta passante per P e Q.

$P\left(\frac{1}{2}; -2\right)$, $Q(0; 5)$.

- Se i punti P e Q hanno la stessa ascissa, cioè $x_1 = x_2$, l'equazione della retta passante per P e Q è $x = x_1$.
- Se i punti P e Q hanno la stessa ordinata, cioè $y_1 = y_2$, l'equazione della retta passante per P e Q è $y = y_1$.

▶ Scrivi l'equazione della retta passante per
- $A(1; 3)$, $B(1; -5)$;
- $C(3; -2)$, $D(-7; -2)$.

8 La distanza di un punto da una retta

▶ Esercizi a p. 738

Mandiamo da un punto P la perpendicolare a una retta r. Chiamiamo H il punto di intersezione fra la retta stessa e la perpendicolare. La misura del segmento di perpendicolare PH è la **distanza del punto P dalla retta r** (figura a lato).

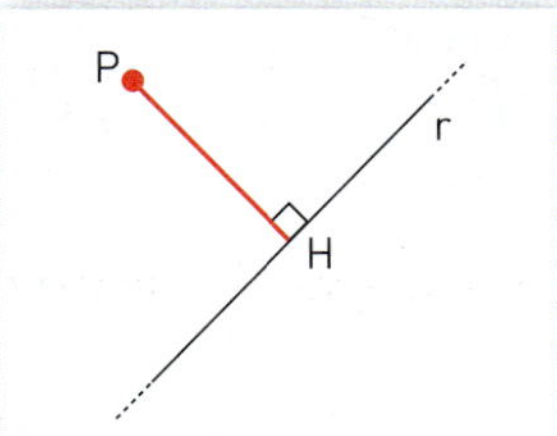

ESEMPIO Dato il punto $P(2; 3)$, calcoliamo la sua distanza PH dalla retta di equazione $4x + 3y - 5 = 0$. Tracciamo da P le parallele agli assi fino a incontrare la retta data nei punti A e B. Individuiamo così il triangolo rettangolo APB, di cui PH è l'altezza relativa all'ipotenusa.

Il punto A ha la stessa ordinata di P. Sostituendola nell'equazione della retta, possiamo determinare la sua ascissa:

$4x + 3 \cdot 3 - 5 = 0$, da cui $x = -1$.

In modo analogo, poiché l'ascissa di B è uguale a quella di P, si può ricavare l'ordinata di B, che è -1. Otteniamo quindi: $A(-1; 3)$, $B(2; -1)$.
Il doppio dell'area di APB si può ottenere moltiplicando le misure dei due cateti AP e PB. Se dividiamo poi per la misura dell'ipotenusa AB, otteniamo l'altezza PH relativa all'ipotenusa, ossia la misura cercata.
La misura di AB si calcola con la formula della distanza fra due punti:

$$\overline{AB} = \sqrt{(-1-2)^2 + (3+1)^2} = \sqrt{9+16} = \sqrt{25} = 5; \qquad \overline{PH} = \frac{\overline{PA} \cdot \overline{PB}}{\overline{AB}}.$$

Sostituendo i valori trovati si ricava:

$$\overline{PH} = \frac{\overline{PA} \cdot \overline{PB}}{\overline{AB}} = \frac{3 \cdot 4}{5} = \frac{12}{5}.$$

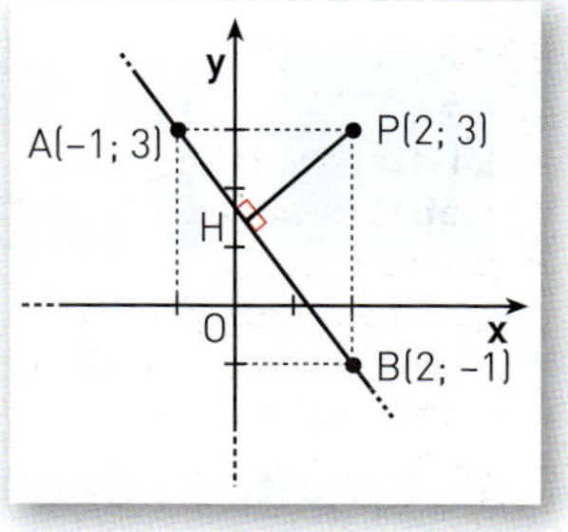

In generale, si può dimostrare che la **distanza di un punto $P(x_0; y_0)$ da una retta di equazione $ax + by + c = 0$** è data dalla formula:

$$d = \frac{|ax_0 + by_0 + c|}{\sqrt{a^2 + b^2}}.$$

► Qual è la distanza del punto $P(1; -3)$ dalla retta r di equazione $y = \frac{3}{2}x + 2$?

Video

9 Le parti del piano e della retta

► Esercizi a p. 739

Nel piano cartesiano possiamo descrivere parti del piano (semipiani, angoli, poligoni) e della retta (semirette, segmenti, spezzate) mediante disequazioni o sistemi misti di equazioni e disequazioni, che devono essere soddisfatte dai punti della figura geometrica. Vediamo un esempio relativo a un semipiano. Altri esempi, riguardanti anche angoli, semirette, segmenti e poligoni, sono proposti nell'animazione.

► Rappresenta nel piano cartesiano l'insieme delle soluzioni delle seguenti disequazioni o sistemi di disequazioni.

a. $y > 3$

b. $y \leq 4x - 1$

c. $\begin{cases} y \geq \frac{1}{3}x + 2 \\ y < 3x + 2 \end{cases}$

d. $\begin{cases} y \leq 2x \\ x \leq 3 \\ 0 \leq y \leq 1 \end{cases}$

Animazione

ESEMPIO Rappresentiamo nel piano cartesiano l'insieme delle soluzioni della disequazione $x - 2y - 4 \leq 0$.

Esplicitiamo y:

$$x - 2y - 4 \leq 0 \quad \rightarrow \quad -2y \leq -x + 4 \quad \rightarrow \quad y \geq \frac{1}{2}x - 2.$$

L'equazione $y = \frac{1}{2}x - 2$ è l'equazione di una retta che disegniamo nel piano cartesiano. Notiamo che un punto $P(x; y)$ del piano è soluzione della disequazione se la sua ordinata y è maggiore o uguale all'ordinata del punto sulla retta che ha la stessa ascissa x:

$$y \geq \frac{1}{2}x - 2.$$

ordinata del punto sulla retta

ordinata del punto cercato

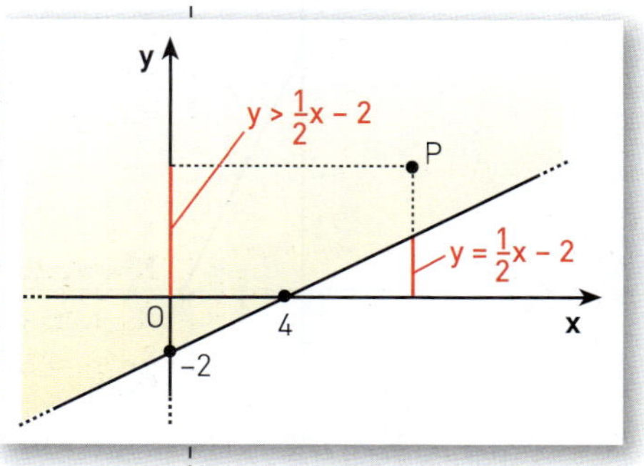

Le soluzioni sono quindi rappresentate dai punti del semipiano evidenziato in figura, compresi i punti della retta, perché abbiamo considerato nella disuguaglianza il segno $\geq$ e non solo $>$.

IN SINTESI
Il piano cartesiano e la retta

I punti e i segmenti

Il piano cartesiano è suddiviso dai due assi in quattro angoli retti chiamati **quadranti**. Ogni punto del piano è individuato da una coppia di numeri reali, detti **coordinate**. La prima coordinata si chiama **ascissa** e la seconda **ordinata**.

L'origine O degli assi ha coordinate $(0; 0)$.

La **distanza fra due punti** $A(x_A; y_A)$ e $B(x_B; y_B)$ è data da:

$$\overline{AB} = \sqrt{(x_B - x_A)^2 + (y_B - y_A)^2}.$$

Il **punto medio** del segmento AB è $M(x_M; y_M)$ con:

$$x_M = \frac{x_A + x_B}{2}, \qquad y_M = \frac{y_A + y_B}{2}.$$

L'equazione di una retta passante per l'origine

Una **retta passante per l'origine**, purché diversa dall'asse y, ha equazione $y = mx$, mentre l'asse y ha equazione $x = 0$.

Il numero m dell'equazione $y = mx$ è chiamato **coefficiente angolare**. In particolare:

- se $m = 0$, otteniamo $y = 0$ (equazione dell'asse x);
- se $m = 1$, otteniamo $y = x$ (equazione della bisettrice del primo e terzo quadrante);
- se $m = -1$, otteniamo $y = -x$ (equazione della bisettrice del secondo e quarto quadrante).

L'equazione generale della retta

L'**equazione generale di una retta** è del tipo:

$ax + by + c = 0$ (forma implicita).

Se una retta non è parallela all'asse y, l'equazione può essere scritta nella forma:

$y = mx + q$ (forma esplicita),

in cui m è il coefficiente angolare e q è il **termine noto**.

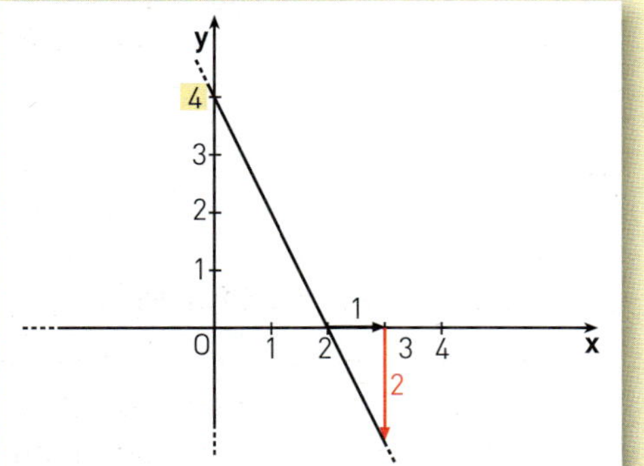

Una retta parallela all'asse y ha equazione del tipo: $x = k$.

Casi particolari della forma $y = mx + q$:

- $q = 0 \rightarrow y = mx$ (la retta passa per l'origine);
- $m = 0 \rightarrow y = q$ (la retta è parallela all'asse x);
- $q = 0$ e $m = 0 \rightarrow y = 0$ (la retta è l'asse x).

Il **coefficiente angolare** è dato dal rapporto fra la differenza delle ordinate e la differenza delle ascisse di due punti distinti $P(x_1; y_1)$ e $Q(x_2; y_2)$ di una retta:

$$m = \frac{y_2 - y_1}{x_2 - x_1}.$$

A seconda che il valore di m sia positivo o negativo, la retta forma con il semiasse positivo delle x un angolo acuto oppure ottuso.

Il coefficiente angolare m non esiste se la retta forma un angolo retto con l'asse x; in tal caso la retta è parallela all'asse y.

Le rette e i sistemi lineari

Due rette r e s nel piano possono assumere tre posizioni reciproche: incidenti, coincidenti, parallele e distinte. Le coordinate dei punti di intersezione delle rette si determinano risolvendo il sistema lineare composto dalle equazioni delle due rette.

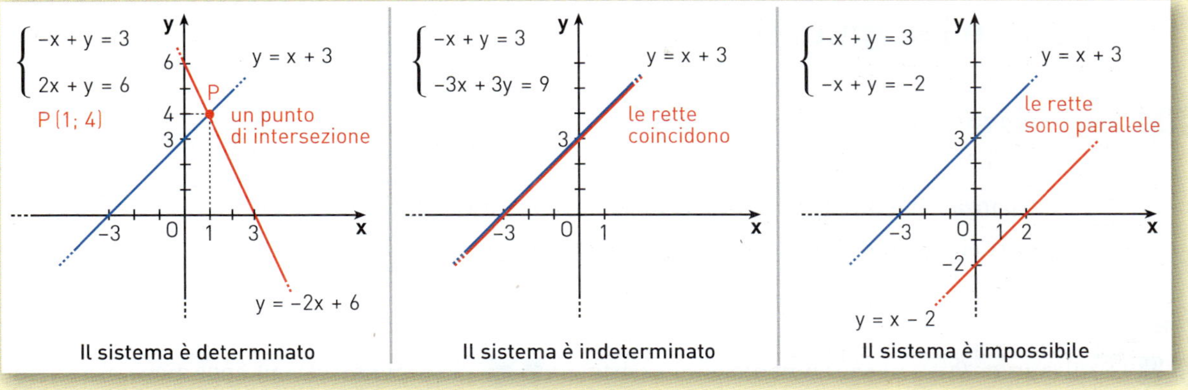

Le rette parallele e le rette perpendicolari

Due rette di equazioni $y = mx + q$ e $y = m'x + q'$ sono fra loro:

- **parallele** *se e solo se* hanno lo stesso coefficiente angolare, cioè $m = m'$;
- **perpendicolari** *se e solo se* il prodotto dei loro coefficienti angolari è uguale a -1, cioè $m \cdot m' = -1$.

I fasci di rette

Data una retta r di coefficiente angolare m_1, l'insieme formato da r e da tutte le rette a essa parallele si chiama **fascio improprio** di rette parallele a r e ha equazione:

$$y = m_1 x + q, \quad \text{con } q \in \mathbb{R}.$$

L'insieme di tutte le rette che passano per uno stesso punto $P(x_1; y_1)$ si chiama **fascio proprio** di rette e ha equazione:

$$y - y_1 = m(x - x_1), \quad \text{con } m \in \mathbb{R}; \quad x = x_1.$$

Il punto P è il **centro del fascio**.

Come determinare l'equazione di una retta

L'**equazione della retta passante per un punto $P(x_1; y_1)$ e di coefficiente angolare noto m_0** è:

$$y - y_1 = m_0(x - x_1).$$

L'**equazione della retta passante per due punti** $P(x_1; y_1)$ e $Q(x_2; y_2)$ con $y_1 \neq y_2$ è:

$$\frac{y - y_1}{y_2 - y_1} = \frac{x - x_1}{x_2 - x_1}.$$

Se $y_1 = y_2$, allora l'equazione è

$$y = y_1;$$

se $x_1 = x_2$, allora l'equazione è

$$x = x_1.$$

La distanza di un punto da una retta

La **distanza di un punto $P(x_0; y_0)$ da una retta r** di equazione $ax + by + c = 0$ è data dalla misura del segmento che ha per estremi il punto P e il piede della perpendicolare a r passante per P.
Tale misura d si calcola come segue:

$$d = \frac{|ax_0 + by_0 + c|}{\sqrt{a^2 + b^2}}.$$

Le parti del piano e della retta

Parti del piano (semipiani, angoli o poligoni) e parti della retta (semirette, segmenti, spezzate) possono essere descritte nel piano cartesiano da disequazioni o da sistemi misti di equazioni e disequazioni le cui soluzioni devono essere soddisfatte dai punti della figura geometrica.

CAPITOLO 16
ESERCIZI

1 I punti e i segmenti

Teoria a p. 682

1 VERO O FALSO?

a. Il punto $P(3; -5)$ ha ascissa -5. V F

b. La distanza del punto $Q(1; 2)$ dall'asse x si definisce ordinata del punto Q. V F

c. I punti del secondo quadrante hanno ordinata negativa. V F

TEST

2 Se il punto $P(-3x; -y)$ appartiene al quarto quadrante, quale dei seguenti punti appartiene al primo quadrante?

A $P'(-x; -2y)$.
B $P'(2x; -y)$.
C $P'(y; 3x)$.
D $P'(-5x; 2y)$.
E $P'(3x; y)$.

3 Se il punto $P(x; y)$ appartiene al secondo quadrante, quale dei seguenti punti appartiene al terzo quadrante?

A $P'(y; x)$.
B $P'(-x; -y)$.
C $P'(-x; y)$.
D $P'(x; -y)$.
E $P'(-y; -x)$.

4 COMPLETA la tabella, sapendo che ognuno dei punti A, B, C, D, E ha coordinate uguali o opposte.

Punto	Ascissa	Ordinata	Quadrante
A	4		primo
B	-1	-1	
C		-6	terzo
D	$\frac{1}{2}$	$-\frac{1}{2}$	
E		2	secondo

5 Per quale valore di $k \in \mathbb{R}$ il punto $P(2k+1; 0)$ coincide con l'origine degli assi? $\left[k = -\frac{1}{2}\right]$

6 Per quale valore di $k \in \mathbb{R}$ il punto $Q(3; k-6)$ è interno al quarto quadrante? $[k < 6]$

La distanza fra due punti

7 FAI UN ESEMPIO Scrivi le coordinate degli estremi di due segmenti consecutivi ma non adiacenti.

8 VERO O FALSO?

a. La distanza fra due punti che hanno la stessa ascissa è uguale alla differenza delle ordinate. V F

b. La distanza di un punto del piano dall'origine degli assi cartesiani è uguale alla somma delle coordinate del punto. V F

c. La distanza dall'origine del punto $P(a; 3a)$, con $a \in \mathbb{R}$, è sempre un numero positivo. V F

9 ESERCIZIO GUIDA Calcoliamo le distanze $\overline{AB}$, $\overline{AC}$ e $\overline{BC}$ fra i punti disegnati in figura.

Le coordinate dei punti disegnati sono:

$A(-2; 1)$, $B(-2; -5)$, $C(3; 1)$.

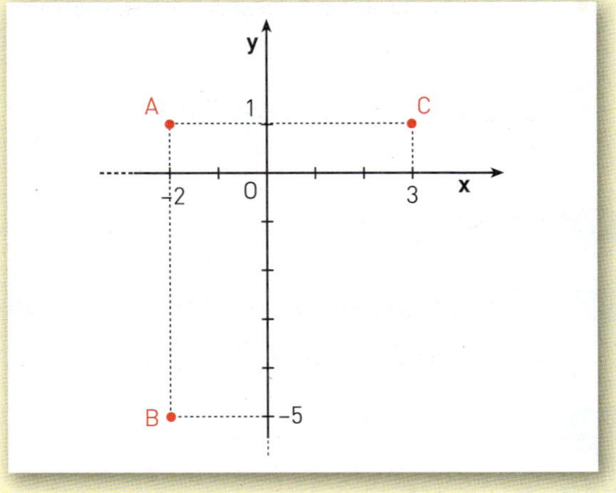

Calcoliamo $\overline{AB}$

$A(-2; 1)$ e $B(-2; -5)$ si trovano su una stessa retta verticale, infatti hanno la stessa ascissa. La loro distanza è data quindi dal valore assoluto della differenza delle ordinate:

$$\overline{AB} = |y_A - y_B| = |1-(-5)| = |6| = 6.$$

Osserviamo che avremmo trovato lo stesso risultato sottraendo le ordinate in ordine inverso:

$$\overline{AB} = |y_B - y_A| = |(-5)-1| = |-6| = 6.$$

Calcoliamo $\overline{AC}$

$A(-2; 1)$ e $C(3; 1)$ si trovano su una stessa retta orizzontale, infatti hanno la stessa ordinata. La loro distanza è data quindi dal valore assoluto della differenza fra le ascisse:

$$\overline{AC} = |x_A - x_C| = |-2-3| = |-5| = 5.$$

Calcoliamo $\overline{BC}$

I punti $B(-2; -5)$ e $C(3; 1)$ non sono allineati né lungo una retta orizzontale, né lungo una retta verticale. Applichiamo allora la formula generale della distanza fra due punti:

$$\overline{BC} = \sqrt{(x_B - x_C)^2 + (y_B - y_C)^2} = \sqrt{(-2-3)^2 + (-5-1)^2} = \sqrt{(-5)^2+(-6)^2} = \sqrt{25+36} = \sqrt{61} \simeq 7{,}8.$$

10 Calcola le distanze indicate fra i punti disegnati in ogni figura.

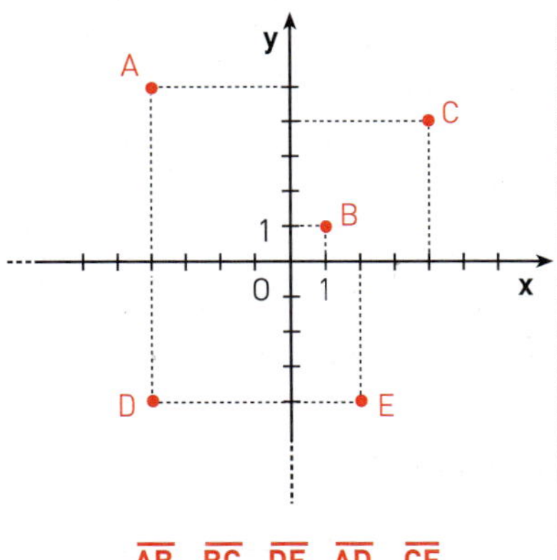

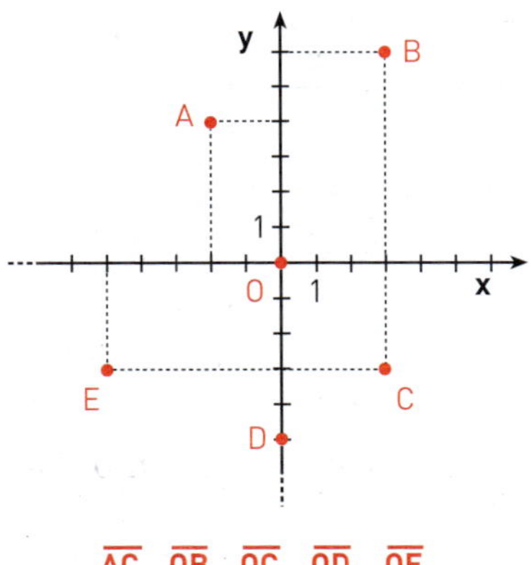

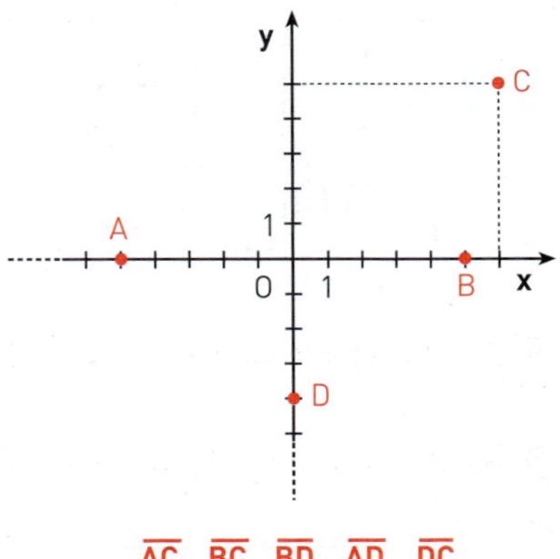

Calcola la distanza fra i punti indicati.

11	$A(2; 4)$,	$B(2; 7)$.	**14**	$A(-3; -4)$,	$B\left(\frac{1}{3}; -4\right)$.
12	$A(-1; 3)$,	$B(4; 3)$.	**15**	$A(-4; 0)$,	$B(6; 0)$.
13	$A\left(-4; \frac{2}{3}\right)$,	$B\left(-4; \frac{5}{2}\right)$.	**16**	$A(2; 5)$,	$B(3; 7)$.

ESERCIZI

Triangoli e poligoni

17 ●○ INVALSI 2007 In un piano cartesiano i punti (0; 0), (1; 1), (−1; 1) sono…

- **A** i vertici di un triangolo ottusangolo.
- **B** i vertici di un triangolo acutangolo.
- **C** i vertici di un triangolo rettangolo.
- **D** allineati.

18 ●○ Determina il perimetro del triangolo i cui vertici sono $A(-3; 2)$, $B(0; 2)$, $C(0; -2)$. [12]

19 ●○ YOU & MATHS **An equilateral triangle** Given the points $R(\sqrt{3}, 4)$, $S(0, 1)$, and $T(-\sqrt{3}, 4)$ on the plane, verify that they are the vertices of an equilateral triangle.

20 ●○ Verifica che il triangolo ABC di vertici $A(-2; 3)$, $B(4; 5)$, $C(3; -2)$ è isoscele.

21 ●○ Verifica che il triangolo ABC di vertici $A(1; -2)$, $B(-1; 2)$, $C(-1; -3)$ è un triangolo rettangolo (è sufficiente verificare che le misure dei lati soddisfano il teorema di Pitagora).

22 ●○ ESEMPIO DIGITALE Trova le coordinate del punto P sull'asse y in modo che $\overline{AP}$ sia uguale a $\overline{BP}$, con $A(2; -2)$ e $B(5; 3)$.

23 ●○ Rappresenta i punti $A(0; 2)$, $B(10; 2)$ e $C(5; -3)$ e verifica che sono i vertici di un triangolo rettangolo isoscele. Determina poi la misura dell'altezza CH. [5]

24 ●● EUREKA! **In proporzione** Considera il triangolo di vertici $A(0; 0)$, $B\left(\frac{25}{4}; 0\right)$, $C(4; 3)$. Determina sul segmento di base AB un punto D tale che sia verificata la seguente proporzione:

$$\overline{AC} : \overline{AD} = \overline{BC} : \overline{BD}.$$

25 ESERCIZIO GUIDA Determiniamo l'area del triangolo di vertici $A(2; 1)$, $B(5; 3)$, $C(3; 5)$.

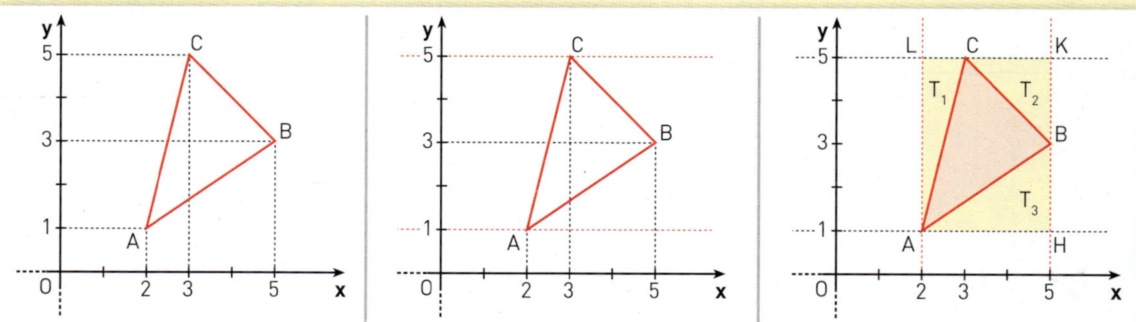

a. Disegniamo il triangolo ABC nel piano cartesiano.

b. Tracciamo le parallele all'asse x passanti per A e per C.

c. Tracciamo le parallele all'asse y passanti per A e per B. Le quattro parallele, incontrandosi, determinano un rettangolo $AHKL$. Il rettangolo è formato dal triangolo ABC e dai triangoli rettangoli T_1, T_2, T_3. Quindi possiamo determinare l'area del triangolo ABC sottraendo all'area del rettangolo l'area dei tre triangoli T_1, T_2, T_3.

Calcoliamo l'area area$(AHKL)$ del rettangolo $AHKL$ (figura **c**):

$$\text{area}(AHKL) = \overline{AH} \cdot \overline{HK};$$

$$\overline{AH} = |5-2| = 3, \ \overline{HK} = |5-1| = 4;$$

$$\text{area}(AHKL) = 3 \cdot 4 = 12.$$

Calcoliamo l'area di T_1:

$$A_{T_1} = \frac{\overline{LC} \cdot \overline{LA}}{2};$$

$$\overline{LC} = |3-2| = 1, \ \overline{LA} = |5-1| = 4;$$

$$A_{T_1} = \frac{1 \cdot 4}{2} = 2.$$

Calcoliamo l'area di T_2:

$$A_{T_2} = \frac{\overline{CK} \cdot \overline{KB}}{2};$$

$$\overline{CK} = |5-3| = 2, \ \overline{KB} = |5-3| = 2;$$

$$A_{T_2} = \frac{\cancel{2} \cdot 2}{\cancel{2}} = 2.$$

Calcoliamo l'area di T_3:

$$A_{T_3} = \frac{\overline{AH} \cdot \overline{BH}}{2};$$

$$\overline{AH} = |2-5| = |-3| = 3, \ \overline{BH} = |3-1| = 2;$$

$$A_{T_3} = \frac{3 \cdot \cancel{2}}{\cancel{2}} = 3.$$

Calcoliamo l'area del triangolo ABC:

$$\text{area}(ABC) = \text{area}(AHKL) - (A_{T_1} + A_{T_2} + A_{T_3}) =$$
$$12 - (2+2+3) = 12 - 7 = 5.$$

Calcola l'area dei triangoli che hanno i vertici indicati.

26 $A(10; 0)$, $B(2; 3)$, $O(0; 0)$.

27 $A\left(-4; \frac{3}{2}\right)$, $B\left(6; \frac{3}{2}\right)$, $C(0; -5)$.

28 $A(-11; -3)$, $B\left(-11; \frac{5}{3}\right)$, $C(7; -9)$.

29 $A\left(5; -\frac{1}{2}\right)$, $B\left(5; \frac{9}{2}\right)$, $C(-8; -5)$.

30 **FAI UN ESEMPIO** Scrivi le coordinate di tre punti A, B, C in modo che il triangolo ABC sia rettangolo isoscele, con i cateti paralleli agli assi cartesiani, e abbia area 18.

Calcola l'area dei poligoni che hanno i vertici indicati.

31 $A(1; 1)$, $B(5; 0)$, $C(4; 4)$, $D(2; 5)$.

32 $A(3; -3)$, $B(6; -2)$, $C(4; 4)$, $D(1; 3)$.

33 Verifica che il quadrilatero di vertici $A(-4; 0)$, $B(1; -5)$, $C(0; 2)$ e $D(-5; 7)$ è un rombo e calcola la sua area. [30]

34 **INVALSI 2015** Qual è l'area del quadrilatero $ABCD$ rappresentato in figura?

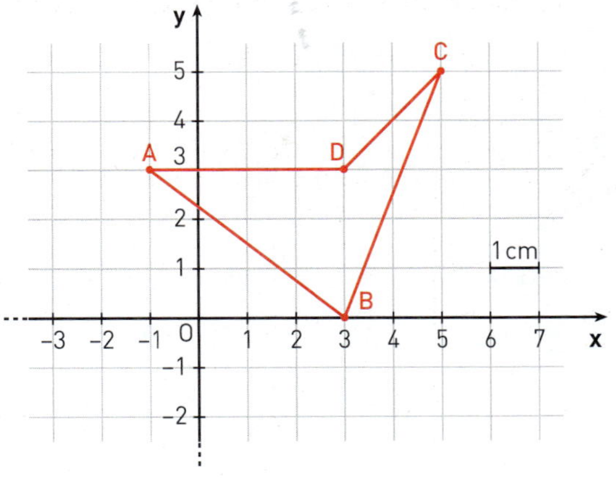

Risposta: ☐ cm^2.

Il punto medio di un segmento

35 **VERO O FALSO?**

a. L'origine degli assi è il punto medio del segmento AB soltanto se $x_A = y_A = -x_B = -y_B$. V F

b. Se un segmento è parallelo all'asse x, i suoi estremi e il suo punto medio hanno la stessa ordinata. V F

c. L'ascissa del punto medio di un segmento AB si può ottenere dividendo a metà le ascisse dei punti A e B e poi sommandole. V F

ESERCIZI

36 ESERCIZIO GUIDA Calcoliamo le coordinate del punto medio del segmento di estremi $A(-3;-5)$ e $B(4;1)$.

Disegniamo il segmento.

Calcoliamo l'ascissa del punto medio M, utilizzando la formula:

$$x_M=\frac{x_A+x_B}{2},\text{ ossia } x_M=\frac{-3+4}{2}=\frac{1}{2}.$$

Calcoliamo l'ordinata del punto medio, utilizzando la formula:

$$y_M=\frac{y_A+y_B}{2},\text{ ossia } y_M=\frac{-5+1}{2}=\frac{-4}{2}=-2.$$

Il punto medio del segmento AB è $M\left(\frac{1}{2};-2\right)$.

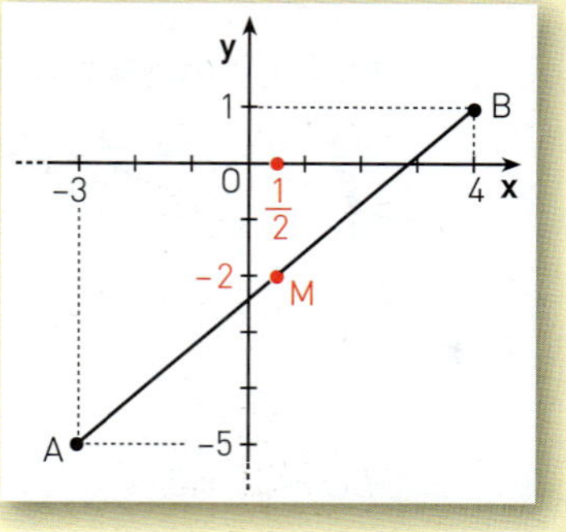

37 ESERCIZIO GUIDA Conoscendo le coordinate del punto $A\left(-\frac{1}{2};6\right)$ e quelle del punto medio del segmento AB, $M\left(\frac{5}{2};-2\right)$, calcoliamo le coordinate di B.

Disegniamo il segmento AM. Applichiamo le formule del punto medio:

$$\begin{cases}x_M=\dfrac{x_A+x_B}{2}\\ y_M=\dfrac{y_A+y_B}{2}\end{cases}.$$

Sostituiamo le coordinate di M e di A:

$$\begin{cases}\dfrac{5}{2}=\dfrac{-\frac{1}{2}+x_B}{2}\\ -2=\dfrac{6+y_B}{2}\end{cases}.$$

Ricaviamo x_B e y_B nelle due equazioni:

$$\begin{cases}5=-\frac{1}{2}+x_B\\ -4=+6+y_B\end{cases}\rightarrow\begin{cases}x_B=5+\frac{1}{2}\\ y_B=-10\end{cases}\rightarrow\begin{cases}x_B=\frac{11}{2}\\ y_B=-10\end{cases}.$$

Il punto cercato è $B\left(\frac{11}{2};-10\right)$.

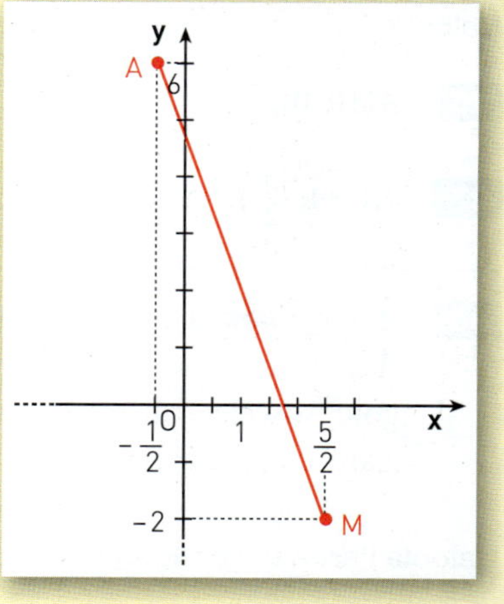

COMPLETA in modo che M sia il punto medio di AB.

38 $A(2;-3)$, $M(1;\square)$, $B(\square;9)$.

39 $A(5;6)$, $M(-2;8)$, $B(\square;\square)$.

Determina le coordinate del punto medio M o dell'estremo incognito del segmento AB.

40 $A(4;-7)$, $B(8;-7)$.

41 $A(-3;2)$, $B(-3;-8)$.

42 $A(2;4)$, $M(5;7)$.

43 $A(-1;3)$, $B(3;7)$.

44 $A\left(-\frac{1}{2};3\right)$, $M\left(\frac{3}{2};2\right)$.

45 FAI UN ESEMPIO Scrivi le coordinate di due coppie di punti A, B e A', B', tali che $M(3;1)$ sia il punto medio sia di AB sia di $A'B'$.

46 TEST Il punto $M\left(\frac{1}{2};-1\right)$ è il punto medio del segmento di estremi $A(2;1)$ e B.
Quali sono le coordinate di B?

A $(-1;-3)$

B $\left(-\frac{3}{2};-3\right)$

C $\left(\frac{3}{2};4\right)$

D $(3;-3)$

E $\left(\frac{5}{2};0\right)$

Riepilogo: La distanza fra due punti e il punto medio

47 ●○ COMPLETA le seguenti tabelle.

a.

A	B	$\overline{AB}$
$(a; 0)$	$(-a; 0)$	
$(3; -2b)$	$(3; -5b)$	
$\left(\frac{1}{2}; -\frac{1}{2}\right)$	$\left(\frac{1}{4}; 1\right)$	

b.

P	Q	Punto medio del segmento PQ
$(2; 3)$		$\left(\frac{3}{2}; \frac{3}{2}\right)$
	$(1; -3)$	$(0; 1)$
$(-5; 0)$	$(-1; 2)$	

TEST

48 ●○ Che cosa puoi affermare sul triangolo di vertici

$$A\left(1; \frac{1}{2}\right), \quad B\left(5; \frac{1}{2}\right), \quad C\left(1; \frac{9}{2}\right)?$$

A Il suo perimetro vale 64.

B La sua area vale 32.

C È rettangolo e isoscele.

D È equilatero.

E È scaleno.

49 ●○ Quanto vale la distanza fra i punti $A(2k; k-3)$ e $B(2k; 2k+1)$?

A $-k+4$

B $k-4$

C $|-k+4|$

D $|k+4|$

E $k-2$

50 ●○ Per quali valori di $a \in \mathbb{R}$ le coordinate del punto medio del segmento di estremi $A(3a; a-1)$ e $B(a; 2a-3)$ sono opposte fra loro?

A $\frac{4}{7}$

B -4

C -2

D 2

E $\frac{7}{4}$

51 ●○ La distanza fra $A(3a-1; -1)$ e $B(2-2a; -1)$ è uguale a 2 se:

A $a=-1$.

B $a=-\frac{1}{5}$.

C $a=1 \vee a=\frac{1}{5}$.

D $a=-1 \vee a=-\frac{1}{5}$.

E $a=1 \vee a=5$.

52 ●○ Quali condizioni della geometria euclidea sono sufficienti per dimostrare che un quadrilatero è un parallelogramma? Applica tali condizioni al quadrilatero di vertici $A(4; 6)$, $B(-1; 1)$, $C(2; -5)$, $D(7; 0)$ per verificare che esso è un parallelogramma. [$AB \cong DC$, $AD \cong BC$]

53 ●○ In che modo puoi utilizzare il calcolo della distanza fra due punti per verificare che tre punti sono allineati? Applica tale metodo per verificare che i punti $A(0; -3)$, $B(1; -2)$ e $C(3; 0)$ sono allineati. [$\overline{AC} = \overline{AB} + \overline{BC}$]

54 ●○ Verifica che il quadrilatero di vertici consecutivi $I(-2; 3)$, $L(1; -2)$, $M(6; 1)$, $N(3; 6)$ è un rettangolo.

55 ●○ Calcola la misura del perimetro e dell'area del poligono in figura.

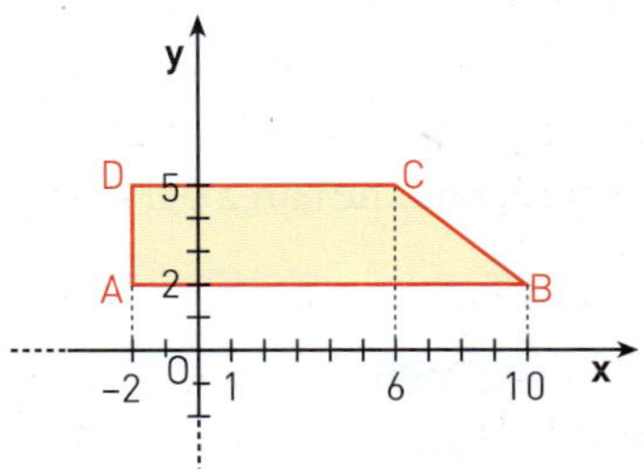

[28; 30]

56 ●○ Verifica che il quadrilatero di vertici $A(-3; -4)$, $B(10; -4)$, $C(15; 8)$, $D(2; 8)$ è un rombo. Determina la misura dell'area. [156]

RISOLVIAMO UN PROBLEMA

Tre punti e un triangolo

Nel piano cartesiano sono assegnati tre punti $P(-1; 2)$, $Q(2; 1)$ e $R(m+1; 1-m)$, con $m \in \mathbb{R}$.

- Stabilisci per quale valore di m il punto R è punto medio di PQ.
- Calcola quale valore deve assumere m affinché il triangolo PQR risulti isoscele sulla base PQ.

► Determiniamo il valore di *m* tale che *R* sia punto medio di *PQ*.

Se R è il punto medio di PQ le sue coordinate sono rispettivamente uguali a:

$$x_R = \frac{x_P + x_Q}{2}; \quad y_R = \frac{y_P + y_Q}{2}.$$

Sostituendo i valori abbiamo per l'ascissa:

$$m + 1 = \frac{-1+2}{2},$$

da cui ricaviamo: $m = -\frac{1}{2}$.

Sostituiamo il valore trovato nell'espressione delle ordinate e verifichiamo che soddisfi l'uguaglianza:

$$1 - m = \frac{2+1}{2} \rightarrow 1 - \left(-\frac{1}{2}\right) = \frac{3}{2}.$$

L'uguaglianza è verificata, per cui $m = -\frac{1}{2}$.

► Determiniamo i lati congruenti del triangolo isoscele.

Il triangolo isoscele sulla base PQ ha come lati congruenti RP e RQ.

Utilizzando la relazione della distanza fra due punti ricaviamo:

$$\overline{RP} = \sqrt{(x_R - x_P)^2 + (y_R - y_P)^2};$$

$$\overline{RQ} = \sqrt{(x_R - x_Q)^2 + (y_R - y_Q)^2}.$$

Sostituiamo i valori delle coordinate e poniamo la condizione $m \neq -\frac{1}{2}$, perché in questo caso P, Q, R sono allineati.

$$\overline{RP} = \sqrt{(m+1+1)^2 + (1-m-2)^2} = \sqrt{2m^2 + 6m + 5};$$

$$\overline{RQ} = \sqrt{(m+1-2)^2 + (1-m-1)^2} = \sqrt{2m^2 - 2m + 1}.$$

► Imponiamo l'uguaglianza fra i lati del triangolo.

I due lati del triangolo isoscele devono soddisfare l'uguaglianza:

$$\overline{RP} = \overline{RQ}$$

$$\sqrt{2m^2 + 6m + 5} = \sqrt{2m^2 - 2m + 1} \rightarrow$$

$$2m^2 + 6m + 5 = 2m^2 - 2m + 1,$$

da cui si ricava

$$8m = -4 \rightarrow m = -\frac{1}{2}.$$

Per la condizione imposta $\left(m \neq -\frac{1}{2}\right)$ il valore trovato non è accettabile, per cui il valore non soddisfa la richiesta.

57 ●○ Considerati i punti $A(-2a; -1)$ e $B(a-5; -1)$, con $a > 0$, determina a in modo che la distanza $\overline{AB}$ sia uguale a 7. Determina poi il punto C, di ascissa 5, tale che l'area del triangolo ABC misuri 35. $[a = 4; C_1(5; 9), C_2(5; -11)]$

58 ●○ Per quale valore di $k \in \mathbb{R}$ l'ascissa del punto medio del segmento di estremi $A(k; 2)$ e $B(3k; 2)$ vale -1? $\left[k = -\frac{1}{2}\right]$

59 ●○ Per quali valori di $a \in \mathbb{R}$ le distanze dei punti $P(2a-3; 4)$ e $Q(2a+1; 4)$ dall'origine sono uguali? $\left[a = \frac{1}{2}\right]$

60 ●○ Determina sull'asse y il punto equidistante dai due punti $A(-3; 2)$ e $B(-1; 3)$. $\left[\left(0; -\frac{3}{2}\right)\right]$

61 ●○ Del parallelogramma $ABCD$ sono noti i vertici $A(4; 8)$, $B(5; 4)$, $C(-1; -4)$. Determina le coordinate del vertice D. $[(-2; 0)]$

62 ●○ Dati i punti $A(3h+2; -3-2h)$ e $B(6+h; -7-3h)$, determina per quali valori di $h \in \mathbb{R}$ il punto medio M di AB ha l'ascissa doppia dell'ordinata. $[h = -2]$

63 Nel triangolo ABC, di vertici $A(-2; 4)$, $B(0; 2)$, $C(4; 6)$, determina i punti medi dei lati e la misura delle mediane. $[(-1; 3), (2; 4), (1; 5); \sqrt{34}, 4, \sqrt{10}]$

64 Verifica che il triangolo di vertici $A(-2; -3)$, $B\left(3; -\frac{1}{2}\right)$, $C(-8; 9)$ è rettangolo e poi verifica che la mediana relativa all'ipotenusa è congruente alla metà dell'ipotenusa stessa.

65 Dato il triangolo ABC con $A(1; 1)$, $B(7; 3)$ e $C(3; 5)$, stabilisci che esso è isoscele sulla base AB. Dopo aver determinato i punti medi M_1 e M_2 dei lati obliqui, verifica che il segmento M_1M_2 è uguale alla metà di AB.

66 Dato il rombo di coordinate $A(-2; -2)$, $B(11; -2)$, $C(16; 10)$, $D(3; 10)$, trova il perimetro. Determina poi i punti medi di AB e BC e calcola la lunghezza del segmento che li congiunge. $[52; 3\sqrt{13}]$

67 Il quadrilatero di vertici $A(-1; -3)$, $B(3; -7)$, $C(7; -3)$ e D è un quadrato. Determina le coordinate del punto D sapendo che il punto medio del segmento DC è $M(5; -1)$. Calcola poi perimetro e area del quadrato. $[D(3; 1); 16\sqrt{2}; 32]$

68 Se $M(1; 1)$ è il punto di incontro delle diagonali di un quadrato $ABCD$ di lato $l = \sqrt{2}$, determina le coordinate dei vertici del quadrato, sapendo che le diagonali sono perpendicolari agli assi coordinati. $[A(1; 0), B(2; 1), C(1; 2), D(0; 1)]$

69 Del rombo $ABCD$ sono noti i vertici $A(1; 0)$, $B(5; 3)$ e il punto di incontro delle diagonali $M(1; 3)$. Determina le coordinate degli altri vertici C e D e calcola il perimetro del rombo. $[C(1; 6), D(-3; 3); 2p = 20]$

70 Considera i punti $A(a + 3; 1)$ e $B(3; b)$, con a e b numeri reali. Determina a e b in modo che la distanza $\overline{AB}$ sia uguale a 1 e che il punto medio M del segmento AB sia situato sulla retta $y = \frac{1}{2}$. $[a = b = 0; A(3; 1), B(3; 0)]$

71 Dati i punti $A(-1; 2)$, $B(k - 2; -3)$, $C(4; -2)$, determina k in modo che $\frac{1}{4}\overline{AC}^2 + \overline{BC}^2 = \overline{AB}^2$. $\left[\frac{17}{8}\right]$

72 Sulla figura a lato disegna un sistema di riferimento cartesiano centrato sul punto O e con unità di misura tale che l'ascissa di A sia 2. Indica l'ordinata di A, individua il punto medio M del segmento OA e calcola le sue coordinate.

73 Considera i punti $A(-2; 1)$, $B(2a - 1; b)$, $C(6; 5)$, $D(a - 4; 2b)$ e trova a e b in modo che i segmenti AC e BD abbiano lo stesso punto medio. Disegna poi il quadrilatero $ABCD$ e calcolane il perimetro e l'area. $[a = 3, b = 2; 10\sqrt{2} + 2\sqrt{10}; 20]$

2 L'equazione di una retta passante per l'origine

▶ Teoria a p. 685

74 VERO O FALSO?

a. L'equazione di una generica retta passante per l'origine è $y = mx$. V F

b. Tutti i punti della bisettrice del primo e del terzo quadrante hanno l'ascissa uguale all'ordinata. V F

c. I punti del tipo $(t; -t)$, $t \in \mathbb{R}$, appartengono alla bisettrice del secondo e quarto quadrante. V F

d. Il coefficiente angolare dell'asse x è nullo. V F

e. Se il coefficiente angolare di una retta r passante per l'origine è negativo, allora r appartiene al secondo e al quarto quadrante. V F

f. Il coefficiente angolare di una retta passante per l'origine esprime il rapporto fra l'ascissa e l'ordinata di un qualunque punto della retta. V F

75 SPIEGA PERCHÉ Possiamo scrivere il coefficiente angolare dell'asse y? Perché?

ESERCIZI

TEST

76 Il punto $P\left(-\frac{1}{2}; \frac{\sqrt{3}}{4}\right)$ appartiene a una fra le seguenti rette. Quale?

A $y = \frac{-\sqrt{3}}{2}x$

B $y = \frac{\sqrt{3}}{2}x$

C $y = -\frac{1}{2}x$

D $y = \sqrt{3}\,x$

E $y = -\sqrt{3}\,x$

77 Uno fra i seguenti punti *non* appartiene alla retta di equazione $y = -\frac{5}{2}x$. Quale?

A $\left(-\sqrt{2}; \frac{5\sqrt{2}}{2}\right)$

B $\left(\frac{\sqrt{5}}{5}; -\frac{\sqrt{5}}{2}\right)$

C $\left(-\frac{1}{4}; \frac{5}{8}\right)$

D $\left(-\frac{2}{3}; \frac{5}{3}\right)$

E $\left(-\frac{1}{5}; -1\right)$

78 Il coefficiente angolare della retta di equazione $3x - 2y = 0$ è:

A -2.

B $\frac{2}{3}$.

C $\frac{3}{2}$.

D $-\frac{3}{2}$.

E 3.

79 Quale, fra le seguenti, è l'equazione della retta rappresentata nella figura?

A $y = -4x$

B $y = \frac{1}{4}x$

C $y = -\frac{1}{4}x$

D $y = \frac{1}{2}x$

E $y = 4x$

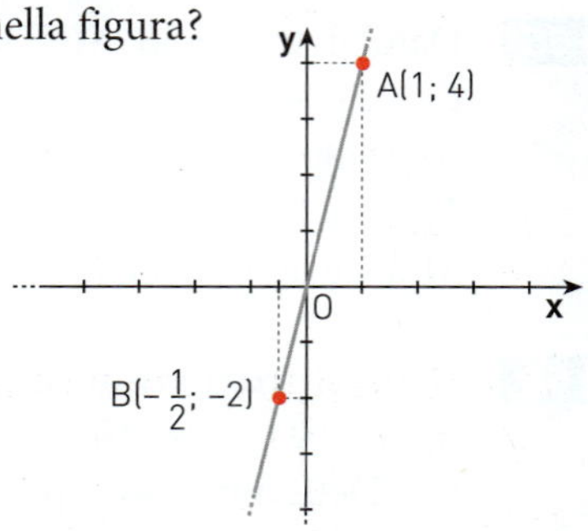

80 ESERCIZIO GUIDA Determiniamo l'equazione della retta passante per l'origine e per il punto $A\left(\frac{1}{2}; \frac{2}{5}\right)$; verifichiamo se i punti $B\left(\frac{5}{4}; 1\right)$ e $C(2; 5)$ appartengono a tale retta.

Poiché una retta passante per l'origine ha equazione del tipo $y = mx$, ci basta determinare il coefficiente angolare m.

Ricordiamo che la relazione $m = \frac{y}{x}$ lega le coordinate di tutti i punti della retta (esclusa l'origine). Sostituiamo in tale relazione le coordinate del punto $A\left(\frac{1}{2}; \frac{2}{5}\right)$ e ricaviamo m:

$$m = \frac{y_A}{x_A} = \frac{\frac{2}{5}}{\frac{1}{2}} = \frac{2}{5} \cdot 2 = \frac{4}{5}.$$

L'equazione della retta è dunque:

$$y = \frac{4}{5}x.$$

Verifichiamo se B appartiene alla retta (e quindi se le sue coordinate ne soddisfano l'equazione). Sostituendo x_B e y_B nell'equazione $y = \frac{4}{5}x$ si ha:

$$1 = \frac{4}{5} \cdot \frac{5}{4}.$$

Poiché i due membri dell'equazione sono uguali, B appartiene alla retta.

Verifichiamo se C appartiene alla retta:

$$5 \neq \frac{4}{5} \cdot 2.$$

I due membri dell'equazione non sono uguali e quindi C non appartiene alla retta.

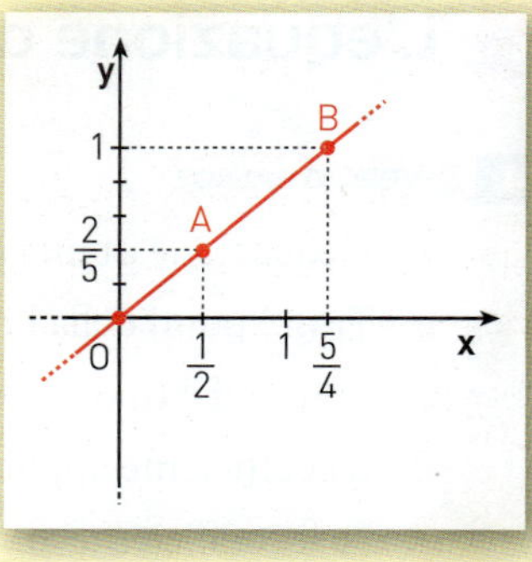

Scrivi l'equazione della retta, passante per l'origine e per il punto A. Verifica se il punto B appartiene alla retta trovata.

81 $A\left(\frac{1}{2}; 1\right)$, $B(-1; -2)$. $[y = 2x; \text{sì}]$

82 $A(1; -1)$, $B\left(-\frac{1}{2}; \frac{1}{2}\right)$. $[y = -x; \text{sì}]$

83 $A(-2; 0)$, $B(-2; 10)$. $[y = 0; \text{no}]$

84 $A(3; 2)$, $B(6; 4)$. $\left[y = \frac{2}{3}x; \text{sì}\right]$

I punti dei seguenti gruppi appartengono tutti a una stessa retta passante per l'origine, tranne uno. Scrivi l'equazione della retta e individua il punto che non le appartiene.

85 $A(-1; -5)$, $B(2; 10)$, $C(5; 10)$, $D(3; 15)$. $[y = 5x; C]$

86 $A(-3; 9)$, $B(-2; 6)$, $C(2; -6)$, $D(1; 3)$. $[y = -3x; D]$

87 $A(1; 4)$, $B(2; 8)$, $C(-3; 12)$, $D(-3; -12)$. $[y = 4x; C]$

88 $A\left(\frac{1}{3}; 3\right)$, $B\left(-1; -\frac{1}{3}\right)$, $C(3; 1)$, $D(6; 2)$. $\left[y = \frac{1}{3}x; A\right]$

Scrivi l'equazione della retta passante per l'origine avente il coefficiente angolare indicato.

89 $m = 2$; $m = -2$.

90 $m = 3$; $m = -3$.

91 $m = \frac{1}{3}$; $m = -\frac{1}{3}$.

Dall'equazione al grafico e viceversa

92 **ESERCIZIO GUIDA** Disegniamo il grafico della retta d'equazione $y = \frac{3}{4}x$.

Per disegnare una retta bastano due punti. Poiché la retta passa per l'origine, è sufficiente determinare un secondo punto. Tuttavia, disegniamone alcuni in più.

Per $x = 4$, $y = \frac{3}{4} \cdot 4 = 3$.

La retta passa per il punto $(4; 3)$. Osserviamo che conviene assegnare a x valori multipli di 4, per evitare di fare calcoli con le frazioni. Per esempio:

per $x = 8$, $y = 6$; per $x = -4$, $y = -3$.

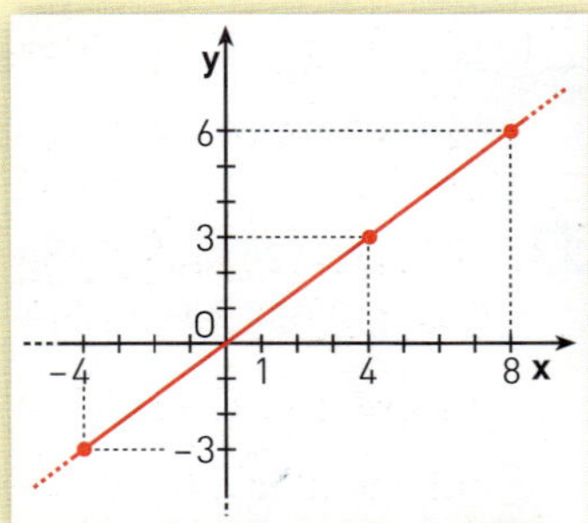

Disegna le rette rappresentate dalle seguenti equazioni.

93 $y = \frac{1}{2}x$; $y = -\frac{2}{3}x$.

94 $y = \frac{3}{5}x$; $y = -\frac{5}{4}x$.

95 $y = \frac{6}{7}x$; $y = \frac{8}{3}x$.

96 $y = \frac{3}{8}x$; $y = -\frac{3}{8}x$.

97 $y = -\frac{3}{4}x$; $y = \frac{4}{3}x$.

98 $y = \frac{11}{8}x$; $y = 11x$.

IN FORMA GRAFICA **Scrivi per ogni grafico una delle seguenti condizioni, riferite al coefficiente angolare della retta disegnata: $m > 0$, $m = 0$, $m < 0$, m non definito. Rappresenta per ogni retta l'angolo che forma con la semiretta positiva dell'asse x nel semipiano delle ordinate positive.**

99

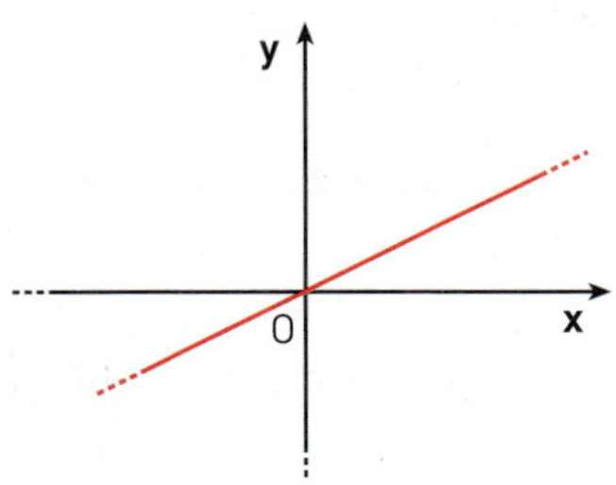

100

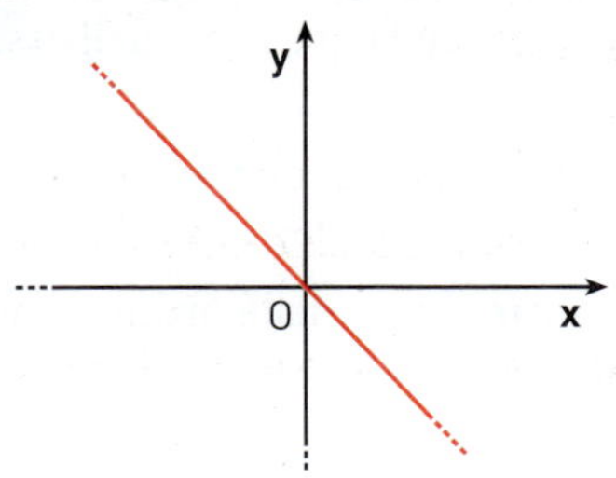

101

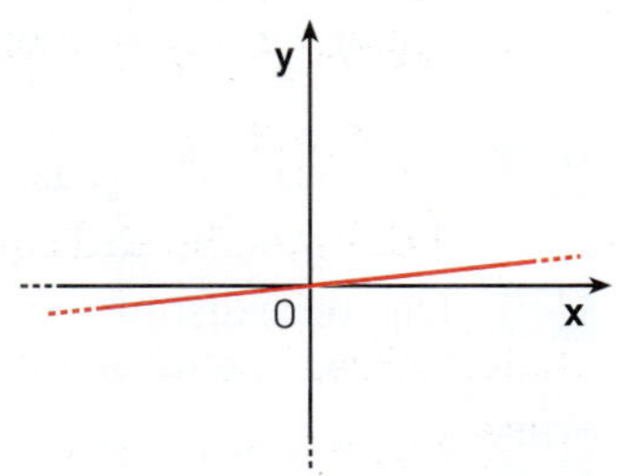

ESERCIZI

102 ESERCIZIO GUIDA Dalle indicazioni date in figura ricaviamo l'equazione della retta disegnata.

Il rapporto fra le coordinate del punto indicato è il seguente:

$$\frac{y}{x} = \frac{6}{-2} = -3.$$

Poiché la retta passa per l'origine, l'equazione richiesta è: $y = -3x$.

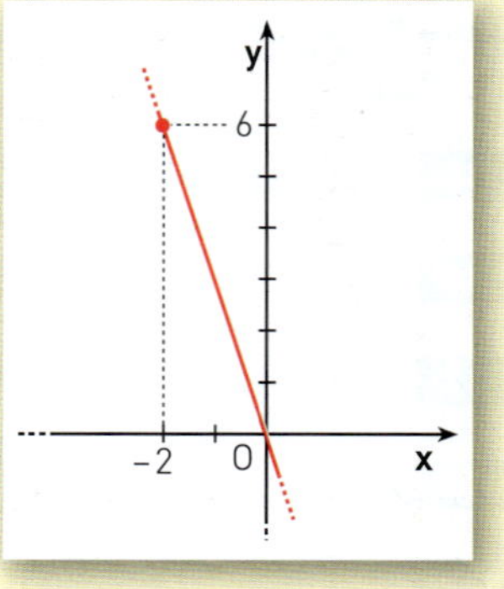

IN FORMA GRAFICA Dalle indicazioni date in ogni figura ricava l'equazione della retta disegnata.

103

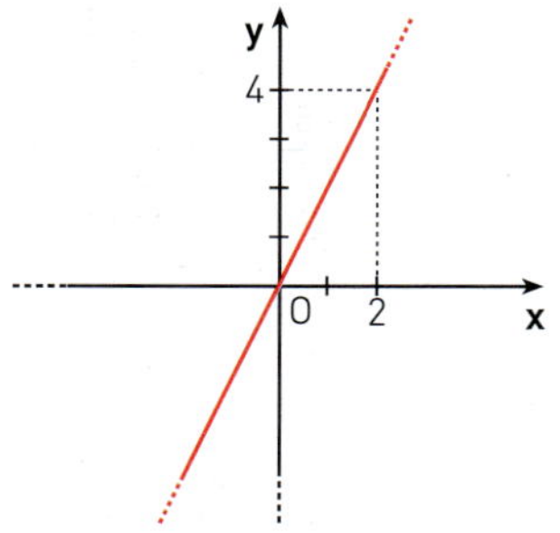

104

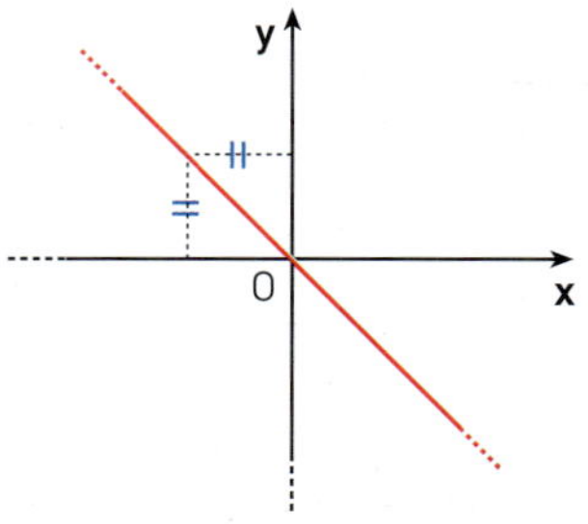

105 INTORNO A NOI Calcola la pendenza con cui l'aereo in figura sta decollando e scrivi l'equazione della retta su cui giace OA.

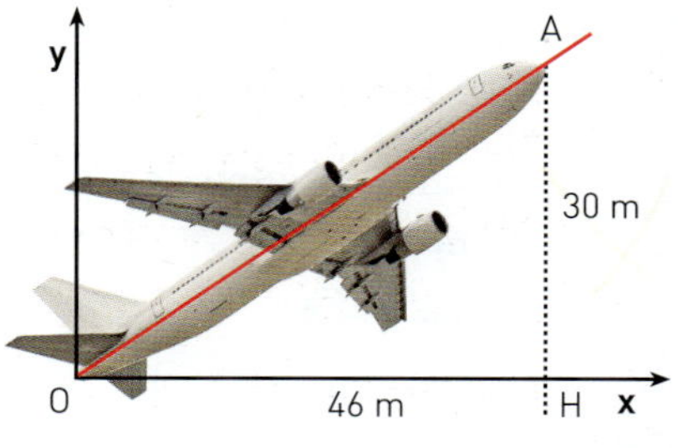

3 L'equazione generale della retta

Teoria a p. 688

La forma esplicita $y = mx + q$

SPIEGA PERCHÉ

106 Partendo dall'equazione $y = mx + q$, per quali valori di m e di q ottieni l'equazione dell'asse x? Esistono opportuni valori di m e di q per ottenere l'equazione dell'asse delle y? Perché?

107 Puoi scrivere l'equazione in forma esplicita di una qualsiasi retta del piano? Giustifica la risposta.

108 Due rette distinte possono intersecare l'asse delle ordinate nello stesso punto? Perché?

109 Chiara: «Se consideriamo tutti i numeri reali k, l'equazione $kx = \sqrt{2}$ ci dà tutte le rette del piano parallele all'asse y». Pietro: «No: ne manca una!». Tu cosa ne pensi?

110 Considera l'equazione esplicita della retta $y = mx + q$. Qual è il significato geometrico del coefficiente m? Qual è il significato geometrico del termine noto q?

111 EUREKA! **Datemi un'equazione e...** In base alle informazioni riportate in figura, qual è l'equazione della retta r?

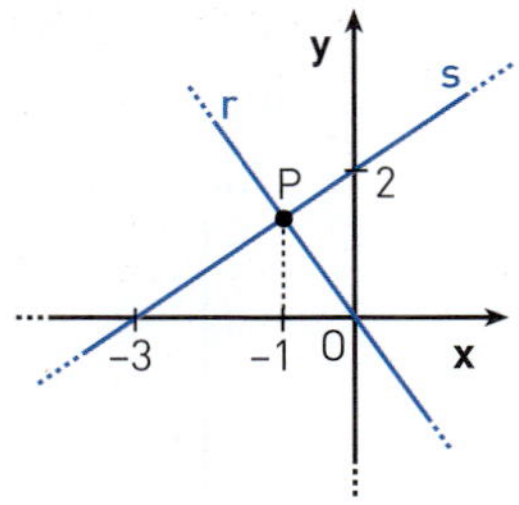

A $y = \frac{3}{4}x$

B $y = -\frac{4}{3}x$

C $y = -\frac{3}{2}x$

D Le informazioni sono insufficienti.

IN FORMA GRAFICA **Determina le equazioni delle rette rappresentate nelle figure.**

112

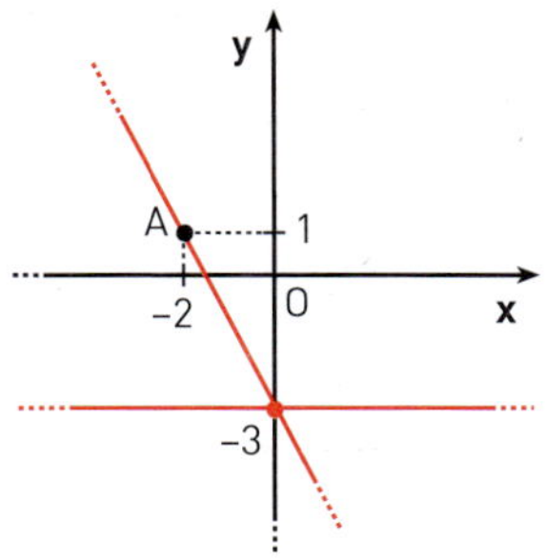

113

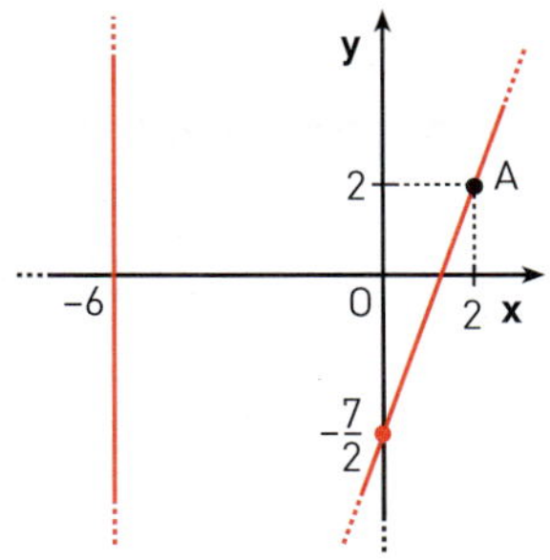

114

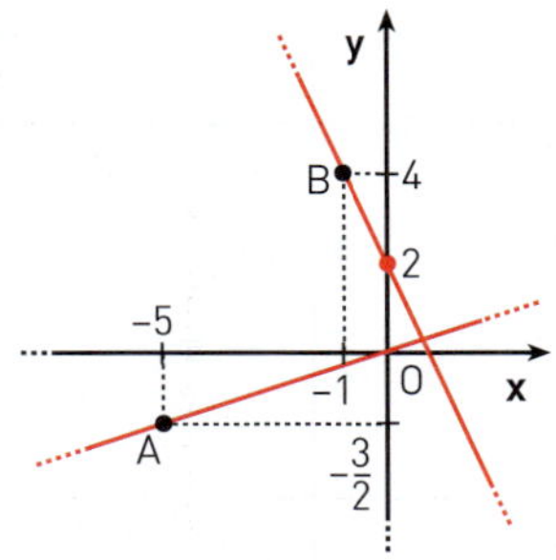

115 ESERCIZIO GUIDA Dalle informazioni fornite dal grafico ricaviamo l'equazione della retta r passante per l'origine e l'equazione della retta s parallela a r.

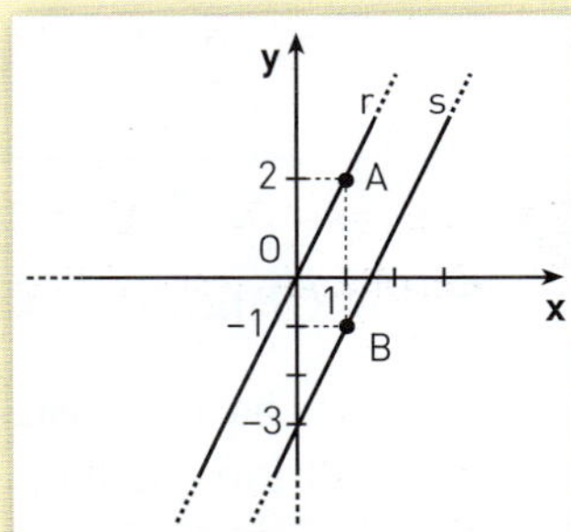

Ricaviamo l'equazione di *r*

Poiché la retta passa per l'origine, la sua equazione è del tipo $y = mx$.

Per determinare m consideriamo il punto $A(1; 2)$ e calcoliamo $\frac{y_A}{x_A}$, ossia $m = \frac{2}{1}$.

L'equazione di r è: $y = 2x$.

Ricaviamo l'equazione di *s*

Il punto $B(1; -1)$ di s ha la stessa ascissa di A e ordinata diminuita di 3 unità: $2 - 3 = -1$.

L'equazione di s si ottiene da quella di r aggiungendo al membro di destra il termine -3, che nel grafico è l'ordinata del punto di intersezione di s con l'asse y.

L'equazione di s è: $y = 2x - 3$.

IN FORMA GRAFICA **Dalle informazioni fornite da ogni grafico ricava l'equazione della retta *r* e l'equazione della retta *s*.**

116

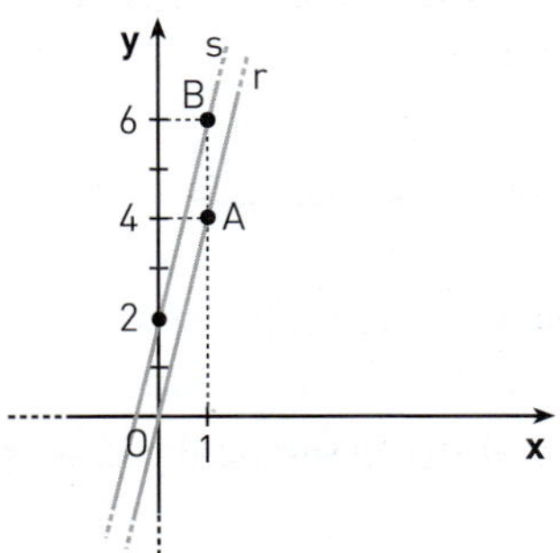

117

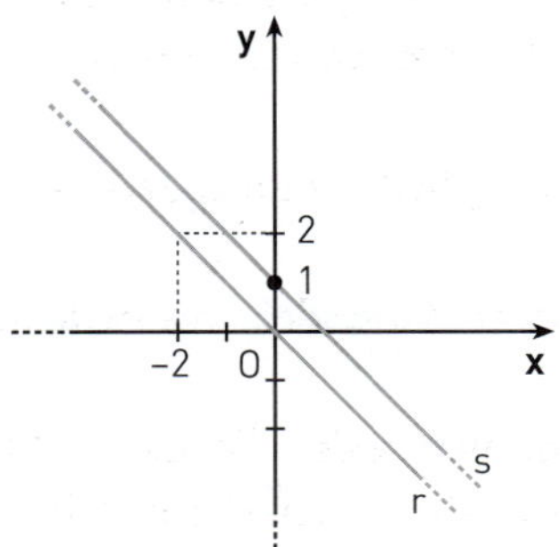

118

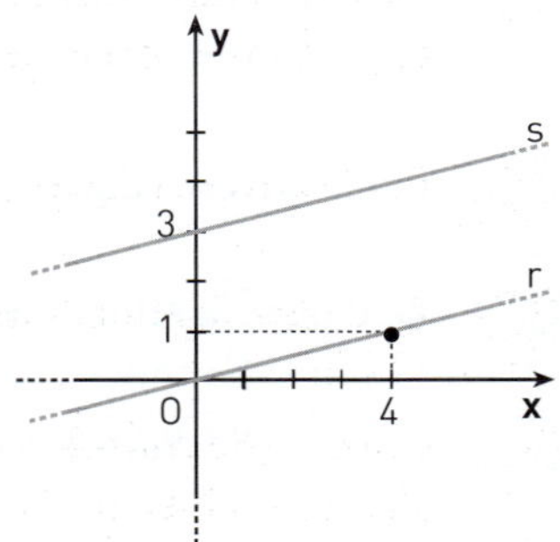

ESERCIZI

119 ●C **INVALSI 2014** Per frequentare una palestra Paolo deve pagare quest'anno una quota fissa di 60 euro e 5 euro per ogni ingresso.

a. Quale fra i seguenti grafici descrive il costo C (in euro) della palestra in funzione del numero n di ingressi?

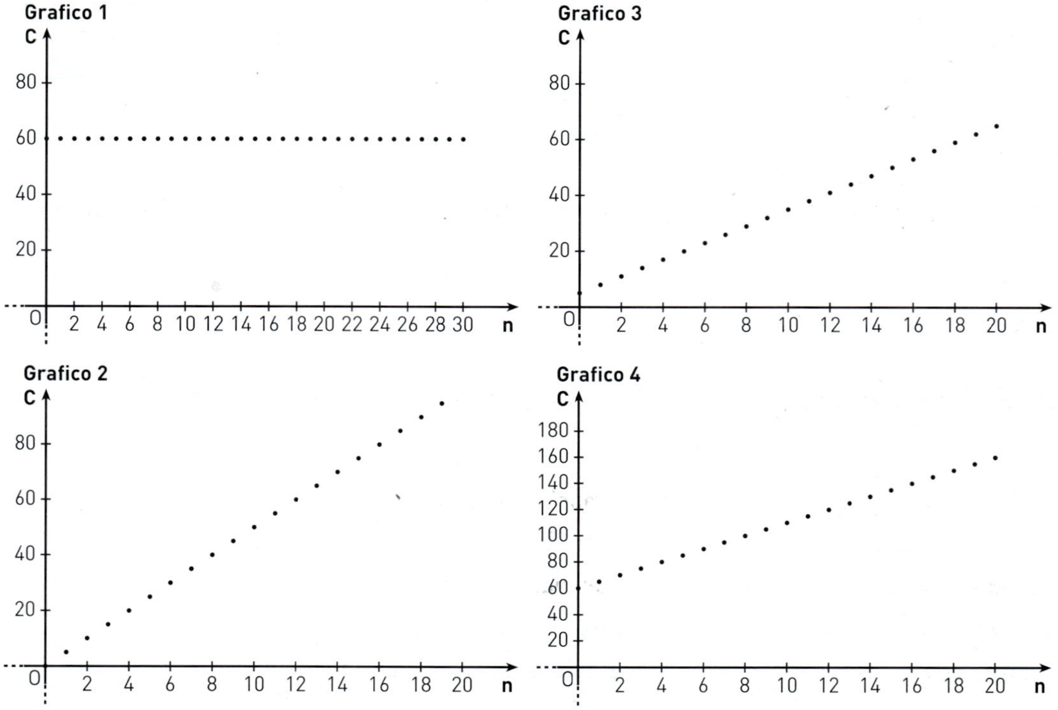

A Grafico 1 B Grafico 2 C Grafico 3 D Grafico 4

b. Paolo ha a disposizione 200 euro. Se si iscrive alla palestra, qual è il numero massimo di ingressi a cui ha diritto quest'anno? Risposta: ☐.

c. Completa la formula che esprime il costo C della palestra in funzione del numero n di ingressi.

$C =$ ☐.

L'equazione di una retta parallela a un asse

120 **ESERCIZIO GUIDA** Scriviamo le equazioni delle rette disegnate nei due grafici:

a.

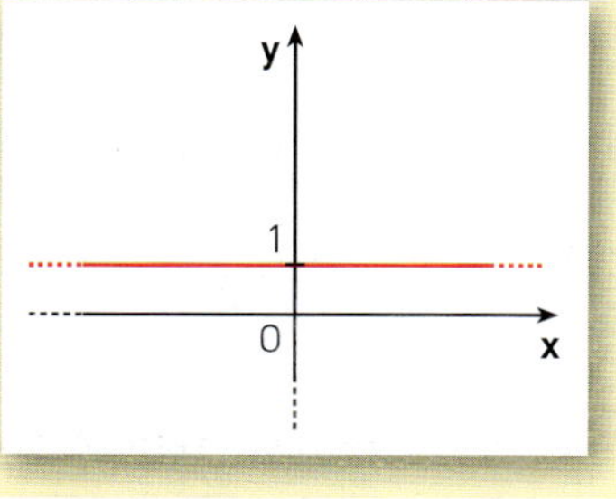

b.

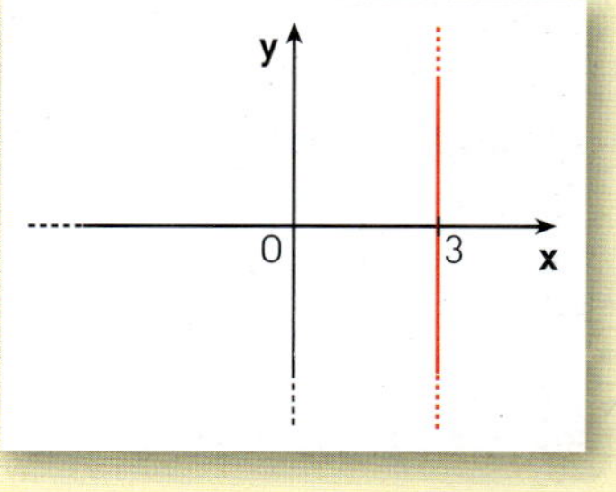

a. Poiché la retta è parallela all'asse x, tutti i suoi punti hanno ascissa variabile e la medesima ordinata, uguale a 1. L'equazione della retta è:

$y = 1.$

b. Poiché la retta è parallela all'asse y, tutti i suoi punti hanno la medesima ascissa, uguale a 3, e ordinata variabile. L'equazione della retta è:

$x = 3.$

IN FORMA GRAFICA Per ogni grafico scrivi l'equazione della retta corrispondente.

121

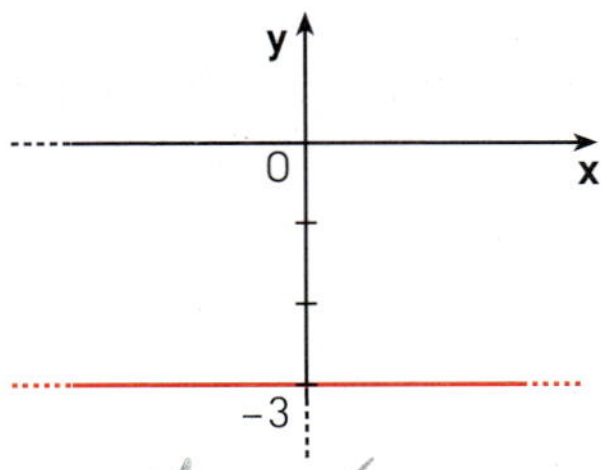

y = −4

122

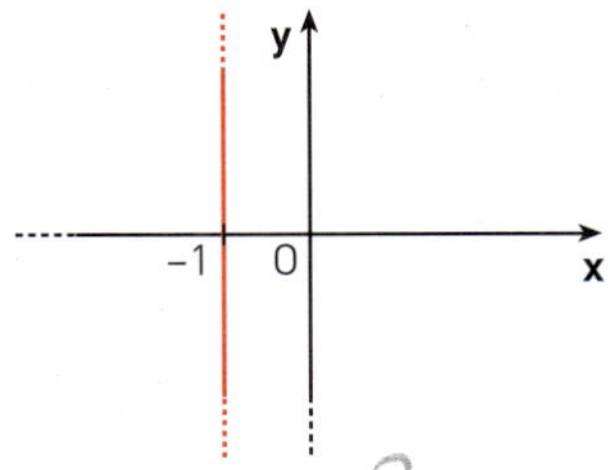

y = −3

123

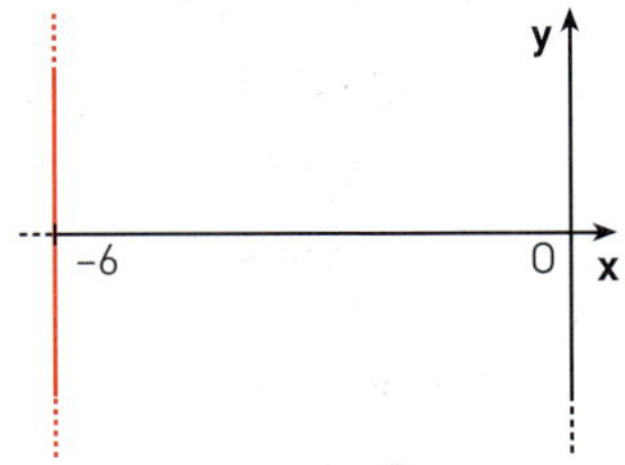

y = −2

124 **FAI UN ESEMPIO** Scrivi le equazioni di tre rette parallele all'asse x e di tre rette parallele all'asse y.

125 Disegna le rette che hanno le seguenti equazioni.

$x = -2;\qquad y = -2;\qquad x = 3;\qquad y = \frac{3}{2};\qquad x = 1.$

Il coefficiente angolare di una retta passante per due punti

126 **VERO O FALSO?**

a. Il coefficiente angolare di una retta parallela all'asse x è zero. V F

b. Il coefficiente angolare dipende dai punti della retta scelti per calcolarlo. V F

c. Il coefficiente angolare di una retta r del piano dipende dall'orientamento di r. V F

d. È possibile calcolare il coefficiente angolare di una qualsiasi retta del piano. V F

e. Due rette qualsiasi hanno sempre coefficiente angolare diverso. V F

TEST

127 Quale affermazione sul coefficiente angolare della retta rappresentata in figura è *vera*?

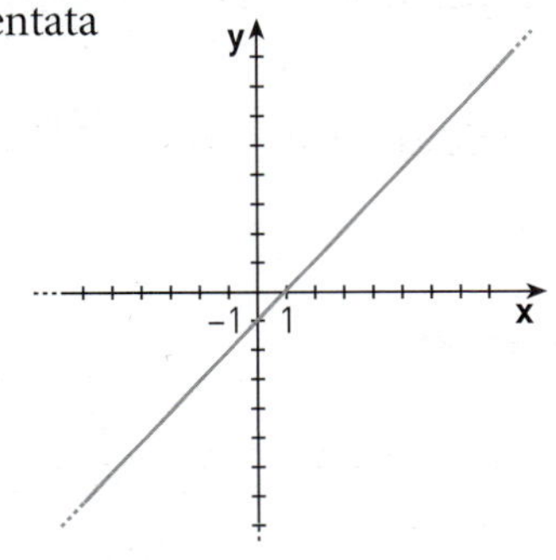

A È positivo.

B È nullo.

C È negativo.

D Non esiste.

E Non si può determinare.

128 Il coefficiente angolare della retta passante per $A(1; 1)$ e $B(2; 2)$ è:

A 0. B 1. C −1. D 2. E −2.

129 Quali, tra le rette disegnate in figura, hanno il coefficiente angolare negativo?

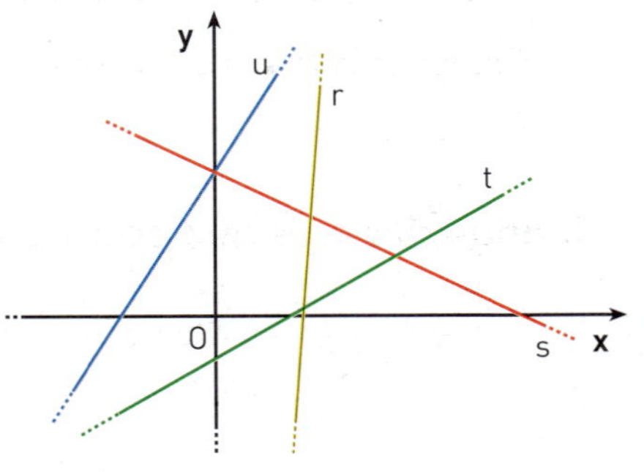

A r, s e u.

B Solo s.

C s e t.

D r e u.

130 **ESERCIZIO GUIDA** Determiniamo, quando è possibile, il coefficiente angolare delle rette AB, CD, EF, conoscendo le coordinate dei punti $A(-1; 3)$, $B(2; 4)$, $C(2; 3)$, $D(5; 3)$, $E(-2; 4)$, $F(-2; -1)$.

Calcoliamo $m_{(AB)}$, applicando la formula $m = \frac{y_B - y_A}{x_B - x_A}$:

$$m_{(AB)} = \frac{4-3}{2-(-1)} = \frac{1}{3}.$$

Calcoliamo $m_{(CD)}$, sempre mediante la stessa formula:

$$m_{(CD)} = \frac{3-3}{5-2} = \frac{0}{3} = 0;$$

la retta è parallela all'asse x e la sua equazione è $y = 3$.
Calcoliamo $m_{(EF)}$ allo stesso modo:

$$m_{(EF)} = \frac{-1-4}{-2-(-2)} = \frac{-5}{0}, \text{ ovvero il coefficiente angolare non esiste;}$$

la retta è parallela all'asse y e la sua equazione è $x = -2$.

Determina, quando è possibile, il coefficiente angolare della retta passante per ogni coppia di punti indicata.

131 $C(5; -3)$, $D(7; -2)$.

132 $A\left(\frac{1}{3}; -\frac{1}{2}\right)$, $B\left(\frac{2}{3}; -\frac{3}{2}\right)$.

133 $A(4; 0)$, $B(-2; 4)$.

Nei seguenti esercizi sono dati: il coefficiente angolare di una retta, le coordinate di un suo punto, *A*, e l'ascissa, oppure l'ordinata, di un altro suo punto, *B*. Determina la coordinata mancante di *B*.

134 $m = 5$, $A(1; 2)$, $B(2; ?)$. $[y_B = 7]$

135 $m = 3$, $A(7; 2)$, $B(?; 8)$. $[x_B = 9]$

136 $m = 2$, $A(4; 1)$, $B(7; ?)$. $[y_B = 7]$

137 $m = -4$, $A(5; 9)$, $B(6; ?)$. $[y_B = 5]$

138 $m = -1$, $A(8; 4)$, $B(11; ?)$. $[y_B = 1]$

139 $m = 4$, $A(-7; -2)$, $B(?; 6)$. $[x_B = -5]$

Dall'equazione al grafico e viceversa

140 ESERCIZIO GUIDA Rappresentiamo in un grafico cartesiano le seguenti rette:

a. $y = -\frac{1}{5}x + 2$; **b.** $y = 5$.

a. Il termine noto 2 indica che la retta passa per il punto di coordinate $(0; 2)$. Infatti, se $x = 0$, sostituendo:

$$y = -\frac{1}{5} \cdot 0 + 2 = 2.$$

Determiniamo ora un secondo punto assegnando a x un valore a piacere, per esempio 10.

Per $x = 10$, $y = -\frac{1}{5} \cdot 10 + 2 = 0$.

La retta passa per i due punti $(0; 2)$ e $(10; 0)$.
Riportiamo le coordinate dei due punti in una tabella e tracciamo il grafico cartesiano.

x	y
0	2
10	0

a. Riportiamo in una tabella le coordinate dei due punti (0; 2) e (10; 0).

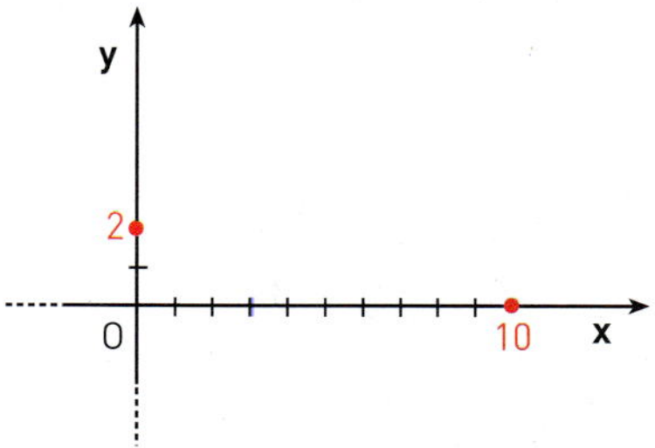

b. Disegniamo il sistema di riferimento cartesiano e i due punti (0; 2) e (10; 0).

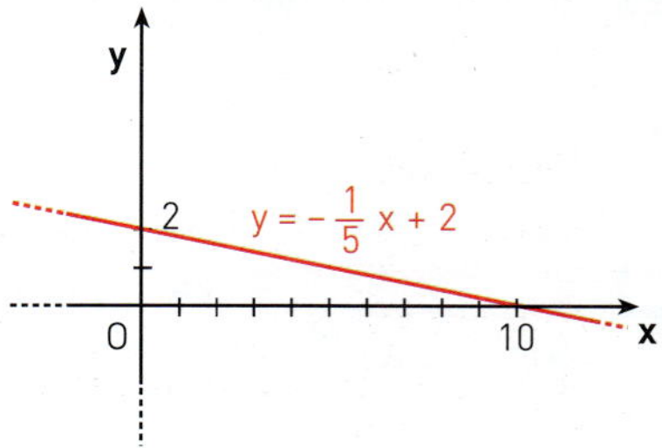

c. Tracciamo la retta passante per i due punti (0; 2) e (10; 0).

b. $y = 5$. La retta ha equazione del tipo $y = k$, quindi è parallela all'asse x e passa per il punto dell'asse y di ordinata 5.
Disegniamo il grafico.

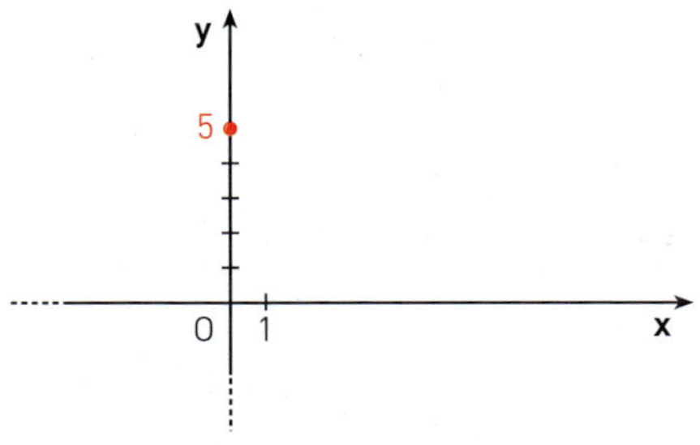

a. Disegniamo sul sistema di riferimento cartesiano il punto (0; 5).

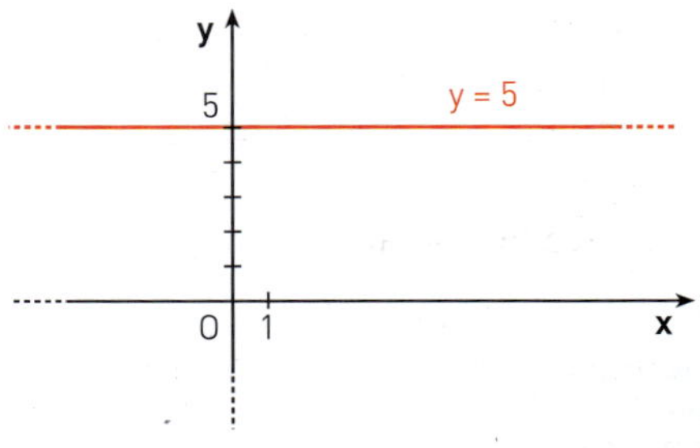

b. Tracciamo la retta passante per il punto (0; 5) e parallela all'asse x.

Disegna i grafici delle rette rappresentate dalle seguenti equazioni.

141 $y = 4x - 3$

142 $y = -3$

143 $y = 2x + 1$

144 $y = -x + 3$

145 $y = -3x$

146 $y = -3x - 2$

147 $y = -5x + 7$

148 $y = \frac{1}{2}x + 1$

149 $y = 2x + 6$

150 $x = -5$

151 $y = -\frac{4}{5}x - 2$

152 $x = \frac{5}{3}$

153 $y = x + \frac{1}{4}$

154 $y = 2$

155 $y = -4x + 2$

156 $y = -\frac{1}{2}x + 3$

157 $y = -\frac{2}{3}x + 1$

158 $y = 2x - \frac{5}{2}$

---

159 YOU & MATHS **Lines through a point** Given point $A\left(-2, -\frac{1}{4}\right)$ on the plane, find:

a. the line that passes through point A that is parallel to the x-axis;

b. the line that passes through point A that is parallel to the y-axis.

160 ESERCIZIO GUIDA Ricaviamo l'equazione della retta utilizzando le informazioni fornite dal grafico.

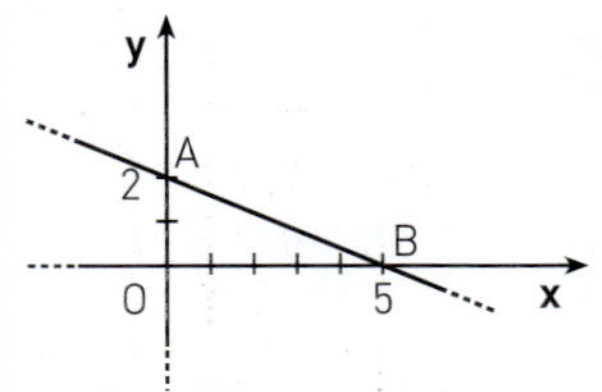

La retta non è parallela all'asse y, quindi la sua equazione è del tipo

$$y = mx + q.$$

Calcoliamo q
La retta interseca l'asse y nel punto $A(0; 2)$, quindi $q = 2$.

Calcoliamo m
Applichiamo la formula $m = \frac{y_B - y_A}{x_B - x_A}$.

Abbiamo quindi $m = \frac{0-2}{5-0} = -\frac{2}{5}$.

L'equazione della retta è $y = -\frac{2}{5}x + 2$.

ESERCIZI

161 TEST Quale, fra le seguenti equazioni, è quella della retta rappresentata nella figura a lato?

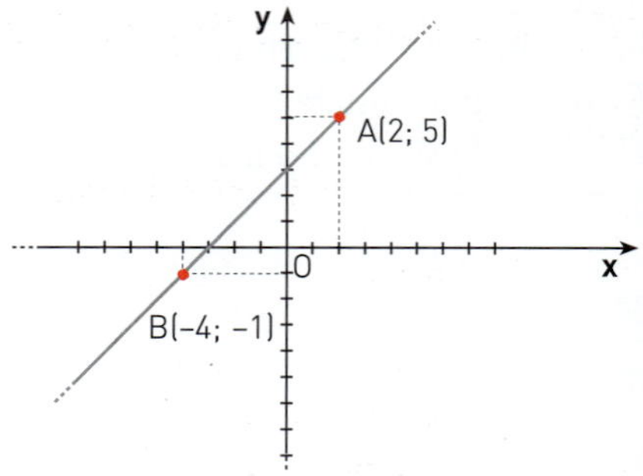

A $y=-x-3$

B $y=-x+3$

C $y=\frac{1}{2}x+\frac{3}{2}$

D $y=x+3$

E $y=x-3$

162 ASSOCIA a ogni retta la sua equazione.

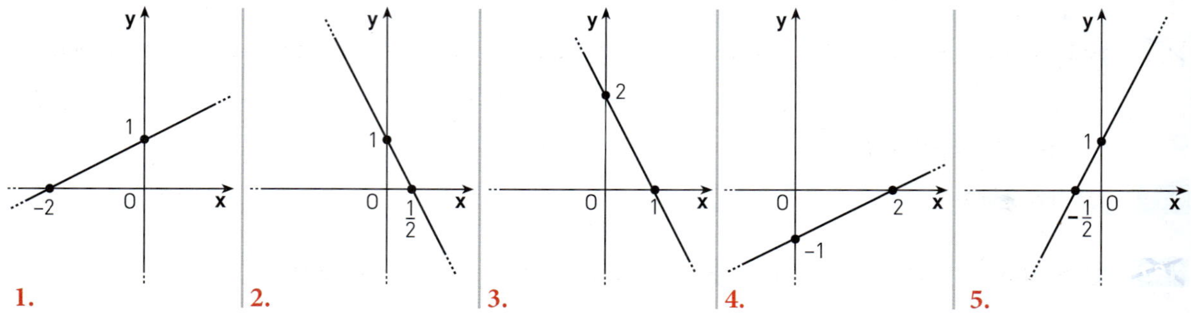

a. $y=2x+1$ **b.** $y=-2x+2$ **c.** $y=\frac{1}{2}x-1$ **d.** $y=-2x+1$ **e.** $y=\frac{1}{2}x+1$

IN FORMA GRAFICA In ogni esercizio scrivi l'equazione della retta utilizzando le informazioni fornite dal grafico.

163

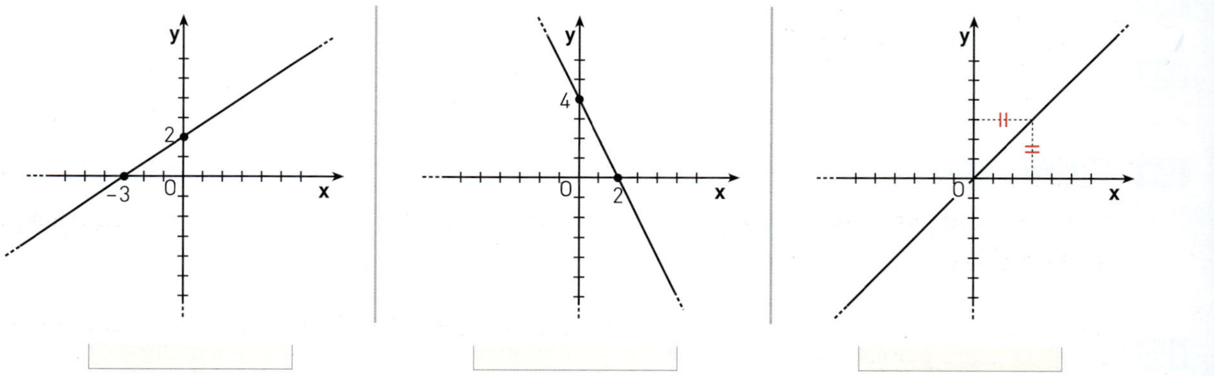

164

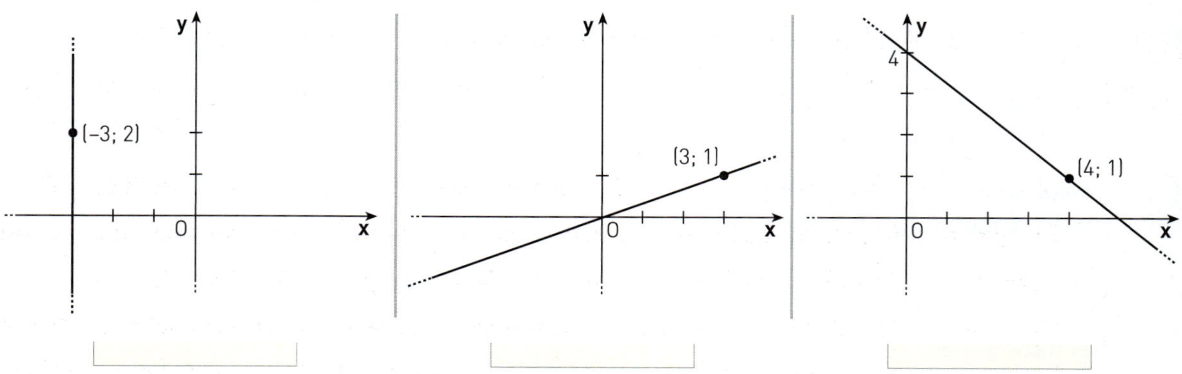

L'equazione della retta in forma implicita

165 VERO O FALSO?

a. Se $k = 0$, la retta di equazione $kx + y + 1 = 0$ è parallela all'asse x. V F

b. La forma implicita della seguente equazione $y = -\frac{1}{3}x + \frac{4}{5}$ è $5x - 15y - 12 = 0$. V F

c. L'equazione $ax + c = 0$, con a e c numeri reali e $a \neq 0$, rappresenta una retta parallela all'asse y. V F

d. Se nell'equazione generale della retta $ax + by + c = 0$ si pongono $a = c = 0$ e $b \neq 0$, l'equazione non ha rappresentazione grafica. V F

TEST

166 Soltanto una delle seguenti equazioni *non* è quella di una retta parallela agli assi cartesiani. Quale?

A $3x = 9$
B $2x - 5y = 5(1 - y)$
C $y - 3 = 0$
D $y - 2x + 3 = 2(1 - x)$
E $y - x + 1 = 0$

167 Quale, fra le seguenti equazioni, rappresenta una retta parallela all'asse x?

A $3x + y + 1 = 0$
B $x = -2$
C $y + 1 = 0$
D $3x - y = 0$
E $y = -x$

168 Disegna le rette che hanno le seguenti equazioni.

$2x - 6 = 0$; $-3y = 0$; $3 - y = 0$; $5 - 10x = 0$; $2x = -8$.

SPIEGA PERCHÉ

169 Si può associare una e una sola equazione lineare in due variabili $ax + by + c = 0$ a una qualunque retta del piano? Perché?

170 Se nell'equazione della retta $ax + by + c = 0$ con $a, b, c \in \mathbb{R}$, poni $c = 0$, ottieni l'equazione di una retta passante per l'origine. Perché?

171 TEST Una sola delle seguenti equazioni di rette *non* ha coefficiente angolare 3. Quale?

A $3x - y + 6 = 0$
B $-y - 3 = -3x$
C $3y - 6x + 2 = 0$
D $y = 3(x + 4)$

172 INVALSI 2005 Per la retta di equazione $y + 2x - 3 = 0$, quale delle seguenti affermazioni è *vera*?

A L'equazione della retta ha coefficiente angolare negativo e la retta interseca l'asse y nel punto di ordinata 3.
B La retta è parallela all'asse delle ascisse e interseca l'asse y nel punto di ordinata 3.
C L'equazione della retta ha coefficiente angolare positivo e la retta incontra l'asse y nel punto di ordinata 3.
D L'equazione della retta ha coefficiente angolare 2 e la retta incontra l'asse y nel punto di ordinata 3.

173 ESERCIZIO GUIDA

a. Data l'equazione della retta $y = \frac{3}{4}x - \frac{2}{3}$, scriviamola in forma implicita.

b. Data la retta di equazione $3x - 4y - 1 = 0$, scriviamola in forma esplicita, specificando quali sono il coefficiente angolare e il termine noto.

---

a. La forma implicita dell'equazione di una retta è del tipo $ax + by + c = 0$, dove a, b, c sono coefficienti reali. Pertanto, l'equazione considerata è già in forma implicita se la scriviamo così:

$$\frac{3}{4}x - y - \frac{2}{3} = 0.$$

Tuttavia è preferibile avere coefficienti non frazionari. A questo proposito, «eliminiamo i denominatori», cioè moltiplichiamo l'equazione per il loro mcm, 12, e otteniamo:

$$9x - 12y - 8 = 0.$$

b. La forma esplicita dell'equazione di una retta è del tipo $y = mx + q$, quindi dobbiamo ricavare y dall'equazione $3x - 4y - 1 = 0$:

$$-4y = -3x + 1 \rightarrow 4y = 3x - 1 \rightarrow y = \frac{3x-1}{4} \rightarrow y = \frac{3}{4}x - \frac{1}{4}.$$

Il coefficiente angolare è $\frac{3}{4}$ e il termine noto è $-\frac{1}{4}$.

Scrivi in forma implicita le seguenti equazioni.

174 $y = 4x + 8$; $y = 1 - 2x$; $y = -3x - 2$.

175 $y = x - \frac{1}{2}$; $y = -\frac{4}{5}x + 3$; $y = \frac{1}{4} - 2x$.

Scrivi in forma esplicita le seguenti equazioni.

176 $3x - y + 3 = 0$; $4x + 2y = 0$; $5x + 2y = 0$.

177 $-2x + 5y - 1 = 0$; $-y + 2 = 0$; $-x + 3y = 0$.

Disegna i grafici delle rette rappresentate dalle seguenti equazioni.

178 $x - 2y = 0$; $6x = 0$; $2y - 2 = 0$; $y = 2x$.

179 $x = -3y$; $\frac{5}{3}y = 0$; $2y = -4x + 3$; $4x - y + 1 = 0$.

180 $x + y - 3 = 0$; $2x + 1 = 0$; $y = -4$; $x = -\frac{1}{2}y + 1$.

181 $4 + 3y = 0$; $x + 2y = 0$; $2x + 5y - 3 = 0$; $4x - 6 = 0$.

182 ASSOCIA a ogni retta il suo coefficiente angolare.

1. $2y - 3x + 1 = 0$ — **a.** $-\frac{3}{2}$
2. $6x + 4y - 5 = 0$ — **b.** 0
3. $y = -\frac{2}{3}x + 1$ — **c.** $\frac{2}{3}$
4. $2x - 3y + 3 = 0$ — **d.** $\frac{3}{2}$
5. $2y - 3 = 0$ — **e.** $-\frac{2}{3}$

183 COMPLETA la seguente tabella, dove m indica il coefficiente angolare e q il termine noto della retta di equazione assegnata.

	m	q
$y=-5x+2$		
$2x+y=1$		
$x+2y-3=0$		
$3y=4x+1$		
$x=6$		
$y-4=0$		
$x=-6y$		

184 VERO O FALSO?

a. L'equazione $x=0$ rappresenta l'asse delle ascisse. V F

b. La bisettrice del secondo e quarto quadrante ha equazione $y+x=0$. V F

c. Il coefficiente angolare dell'asse y è nullo. V F

d. Se nell'equazione $y=mx+q$ è $m=0$, allora si ottiene una retta parallela all'asse x. V F

L'appartenenza di un punto a una retta

185 ESERCIZIO GUIDA È data la retta di equazione $3x-6y+2=0$.

a. Stabiliamo se i punti $A\left(-2; -\frac{2}{3}\right)$ e $B\left(1; \frac{1}{3}\right)$ vi appartengono.

b. Determiniamo le coordinate del punto C appartenente alla retta, sapendo che la sua ascissa è 3.

c. Determiniamo le coordinate del punto D appartenente alla retta, sapendo che la sua ordinata è -1.

a. Un punto appartiene a una retta se e solo se le sue coordinate $(x; y)$ soddisfano l'equazione della retta. Sostituiamo le coordinate di A alle variabili x e y che compaiono nell'equazione:

$$3x-6y+2=0$$
$$3(-2)-6\left(-\frac{2}{3}\right)+2=0$$
$$-6+4+2=0$$
$$0=0 \quad \text{vero.}$$

Il punto A appartiene alla retta.
Sostituiamo ora le coordinate di B, ossia $\left(1; \frac{1}{3}\right)$:

$$3x-6y+2=0$$
$$3(1)-6\left(\frac{1}{3}\right)+2=0$$
$$3-2+2=0$$
$$3=0 \quad \text{falso.}$$

Il punto B non appartiene alla retta.

b. Sostituiamo a x il valore 3 nell'equazione della retta:

$$3x-6y+2=0$$
$$3\cdot(3)-6y+2=0$$
$$9-6y+2=0$$
$$11-6y=0$$
$$6y=11 \rightarrow y=\frac{11}{6}.$$

Il punto C ha coordinate: $\left(3; \frac{11}{6}\right)$.

c. Sostituiamo a y il valore -1 nell'equazione della retta:

$$3x-6y+2=0$$
$$3x-6\cdot(-1)+2=0$$
$$3x+6+2=0$$
$$3x+8=0 \rightarrow x=-\frac{8}{3}.$$

Il punto D ha coordinate: $\left(-\frac{8}{3}; -1\right)$.

Per ogni retta assegnata stabilisci se i punti A e B le appartengono.

186 $y=2x-1$, $\quad A\left(\frac{1}{2}; -3\right)$, $\quad B(1; -1)$. [no]

187 $y=\frac{1}{5}x+2$, $\quad A(-5; 3)$, $\quad B(10; 4)$. [A no; B sì]

188 $2x-6y+3=0$, $\quad A\left(-\frac{3}{2}; 0\right)$, $\quad B\left(-1; \frac{1}{6}\right)$. [sì]

ESERCIZI

189 $8x + 4y - 5 = 0$, $A(1; -3)$, $B\left(\frac{1}{8}; \frac{1}{4}\right)$. [no]

190 Nella retta $y = 1 - x$ determina il punto A di ascissa -1 e il punto B di ordinata 7. $[A(-1; 2), B(-6; 7)]$

191 Determina nella retta di equazione $y = -\frac{1}{2}x + \frac{2}{3}$ il punto A di ascissa -2 e il punto B di ordinata $\frac{2}{3}$.
$\left[A\left(-2; \frac{5}{3}\right), B\left(0; \frac{2}{3}\right)\right]$

192 Determina per ciascuna delle rette di equazioni $x - 4y + 7 = 0$, $2x + 6y - 7 = 0$ e $2y - x - 4 = 0$ il relativo punto di ordinata $\frac{3}{2}$. $\left[\left(-1; \frac{3}{2}\right)\text{ per ciascuna delle rette}\right]$

193 INVALSI 2006 Per quale valore di k la retta di equazione $(k-2)x + ky + 4 = 0$ passa per il punto di coordinate $(1; -3)$?

A $k = 0$ B $k = 1$ C $k = 2$ D $k = 3$

194 INVALSI 2004 Per quale valore di m la retta di equazione $y = mx - 1$ passa per il punto A di coordinate $A\left(-1; \frac{1}{2}\right)$?

A $m = -\frac{3}{2}$ B $m = -\frac{1}{2}$ C $m = \frac{3}{2}$ D $m = \frac{1}{2}$

195 Trova per quale valore di k la retta di equazione $y = 4x + k$ passa per il punto $P(2; 5)$. $[-3]$

196 Determina k in modo che la retta di equazione $2kx + y - k + 1 = 0$ passi per il punto $A(-2; -3)$. $\left[-\frac{2}{5}\right]$

197 EUREKA! **La virtù sta nel mezzo** Dati i punti $A(1; 5)$, $B(2; -2)$ e $C(-5; -3)$, dimostra che esiste uno e un solo punto P sulla retta $y = -\frac{1}{2}x$ tale che $\overline{PA}^2 = \overline{PB}^2 = \overline{PC}^2$. Verifica che P è il punto medio del segmento AC.

4 Le rette e i sistemi lineari

▶ Teoria a p. 692

198 VERO O FALSO?

a. Il sistema $\begin{cases} 3x - 2y = 5 \\ 3x - 2y = 1 \end{cases}$ individua due rette coincidenti. V F

b. Un sistema lineare indeterminato è rappresentato graficamente da due rette parallele. V F

c. Le rette di equazione $2y + 4x = 8$ e $y = -2x - 4$ identificano un sistema indeterminato. V F

d. Le rette di equazione $2y + 4x = 8$ e $y = -2x - 4$ identificano un sistema impossibile. V F

COMPLETA scrivendo a fianco di ogni sistema se le rette rappresentate dalle due equazioni sono coincidenti, parallele o incidenti, *senza* risolvere il sistema.

199 $\begin{cases} x - y = 3 \\ 2x - 6y = 6 \end{cases}$ ______

200 $\begin{cases} 2x + y - 1 = 0 \\ x + \frac{1}{2}y - 1 = 0 \end{cases}$ ______

201 $\begin{cases} x - 3y - 1 = 0 \\ 4x - 12y = 4 \end{cases}$ ______

202 $\begin{cases} x = 5y + 1 \\ -2x + 10y - 4 = 0 \end{cases}$ ______

203 $\begin{cases} 3x - 2y - 1 = 0 \\ 6x - 4y - 2 = 0 \end{cases}$ ______

204 $\begin{cases} 3x + 4y - 2 = 0 \\ \frac{1}{2}x + \frac{2}{3}y - \frac{1}{3} = 0 \end{cases}$ ______

205 ●○ **ASSOCIA** a ogni sistema di equazioni il grafico che lo rappresenta.

1. $\begin{cases} 6 = 6y - 3x \\ x = 2y - 2 \end{cases}$ 2. $\begin{cases} 2y = x + 2 \\ x = 6 - 2y \end{cases}$ 3. $\begin{cases} 2y + x = 2 \\ y = \frac{1}{2}x + 3 \end{cases}$ 4. $\begin{cases} x = 2 - 2y \\ 2y = 6 - x \end{cases}$

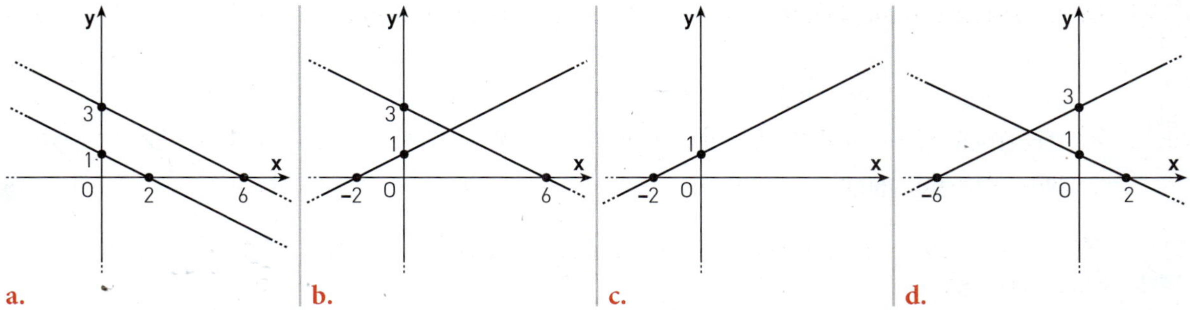

Determina le coordinate degli eventuali punti di intersezione delle rette che hanno le seguenti equazioni.

206 ●○ $3x - y + 7 = 0$; $2x + y + 3 = 0$. [$(-2; 1)$]

207 ●○ $y = 4x - 7$; $x + y + 2 = 0$. [$(1; -3)$]

208 ●○ $2x - y + 1 = 0$; $y = 2x - 3$. [nessun punto]

209 ●○ $3x - y + 9 = 0$; $y = 2x + 6$. [$(-3; 0)$]

210 ●○ $y = 3x + 1$; $2y - 8 = 0$. [$(1; 4)$]

211 ●○ $2x - 3y - 2 = 0$; $6x - 9y - 6 = 0$. [tutti i punti]

212 ●○ $2x + y + 4 = 0$; $2y + 5 + x = 0$. [$(-1; -2)$]

213 ●○ $2x - 6y - 12 = 0$; $y = \frac{1}{3}x - 2$. [tutti i punti]

214 ●○ $y = \frac{3}{2}x - 1$; $4x + 3y - 2 = 0$. $\left[\left(\frac{10}{17}; -\frac{2}{17}\right)\right]$

215 ●○ $y = 3x - 2$; $3x - y - 1 = 0$. [nessun punto]

Problemi

216 ●○ Trova le coordinate dei vertici del triangolo individuato dalle rette di equazioni

$$x - 3y - 13 = 0, \quad 4x - y - 8 = 0, \quad 3x + 2y - 17 = 0$$

e calcolane l'area. [$(3; 4), (1; -4), (7; -2)$; area $= 22$]

217 ●○ Trova perimetro e area del triangolo individuato dalle rette di equazione

$$y + 2 = 0, \quad 3x - 4y - 11 = 0, \quad 3x + 4y - 19 = 0,$$

verificando che è un triangolo isoscele. [perimetro $= 18$; area $= 12$]

218 ●○ Determina per quale valore di k le rette $(k-2)x + ky - 1 = 0$ e $2x - ky + 2 = 0$ si incontrano sull'asse delle ascisse. [$k = 1$]

219 ●○ Scrivi l'equazione della retta r passante per $P(0; 4)$ e parallela alla retta $2x - y + 1 = 0$, e calcola l'area del quadrilatero limitato dalle due rette e dagli assi cartesiani. $\left[2x - y + 4 = 0;\ \text{area} = \frac{15}{4}\right]$

220 ●○ Determina per quale valore di k le rette $(k+1)x + y - 4 = 0$ e $kx + (k-1)y + 2 = 0$ si intersecano sull'asse delle ordinate. $\left[k = \frac{1}{2}\right]$

221 ●● Di un parallelogramma $ABCD$ sono noti l'equazione del lato AB, $y = -3x + 6$, il vertice $C(-1; 1)$, l'ascissa -4 del vertice D e l'ascissa -6 del vertice A. Determina le coordinate mancanti dei vertici A, B, D. [$A(-6; 24)$; $B(-3; 15)$; $D(-4; 10)$]

ESERCIZI

5 Le rette parallele e le rette perpendicolari

▶ Teoria a p. 693

222 VERO O FALSO?

a. Le rette di equazione $x = 3$ e $y = -2$ sono fra loro perpendicolari. V F

b. Le rette di equazione $2x - y + 2 = 0$ e $-x + 2y - 2 = 0$ sono parallele. V F

c. I coefficienti angolari di due rette perpendicolari sono uno il reciproco dell'altro. V F

d. Il coefficiente angolare di tutte le rette perpendicolari alla retta $3x - 6y + 1 = 0$ è 2. V F

e. Due rette sono parallele se e solo se hanno lo stesso coefficiente angolare. V F

TEST

223 Considera la retta r di equazione $3x - 2y + 5 = 0$. Quale fra le seguenti rette è parallela a r?

A $y = -\frac{3}{2}x - \frac{5}{2}$

B $y = \frac{2}{3}x - \frac{1}{2}x$

C $2x - 3y + 4 = 0$

D $3x + 2y + 1 = 0$

E $-3x + 2y + 6 = 0$

224 L'equazione della retta r passante per il punto $A(-1; -2)$ e parallela alla retta di equazione $2y = 3x + 5$ è:

A $y - 2 = \frac{3}{2}(x - 1)$.

B $y + 2 = 3(x + 1)$.

C $y + 2 = \frac{3}{2}(x + 1)$.

D $y + 2 = \frac{2}{3}(x + 1)$.

E $y - 2 = -\frac{2}{3}(x - 1)$.

225 YOU & MATHS Determine whether the lines

L_1: $x - 2y = 8$,

L_2: $2x - y = 3$

are parallel, perpendicular or neither parallel nor perpendicular.

226 ASSOCIA a ogni equazione di una retta quella della retta a essa parallela.

a. $y = -\frac{1}{3}x + 1$	1. $7y + 1 = 0$
b. $4x - 2y - 7 = 0$	2. $x = 8$
c. $3y - 6 = 0$	3. $\frac{1 - 2y}{4} = \frac{x}{3}$
d. $6y + 4x + 3 = 0$	4. $3y + x = 0$
e. $5x + 4 = 0$	5. $y = 1 + 2x$

227 SPIEGA PERCHÉ Francesco: «Se due rette hanno il coefficiente angolare opposto, non possono essere perpendicolari».
Dario: «Per me invece è possibile».
A cosa sta pensando Dario?

228 EUREKA! **Coefficiente parametrico** Qual è il coefficiente angolare della retta perpendicolare alla retta $\frac{x}{a} + \frac{y}{b} = 1$?

A $a + b$

B $-ab$

C ab

D $-\frac{b}{a}$

E $\frac{a}{b}$

(USA *North Carolina State High School Mathematics Contest*, 1999)

229 INVALSI 2015 Nel piano cartesiano Oxy la retta di equazione $y = 3x - 5$ e la retta di equazione $y = \frac{k}{2}x - 1$ sono tra loro parallele; il valore di k è

A -3.

B -6.

C 3.

D 6.

230 ESERCIZIO GUIDA Date le rette di equazione

$$y = 3x - 2, \quad -x + y - 4 = 0, \quad y = \frac{2}{3}x, \quad x - y - 5 = 0, \quad 2x + 6y - 1 = 0,$$

stabiliamo quali sono parallele e quali perpendicolari.

Poiché due rette sono parallele quando hanno lo stesso coefficiente angolare e perpendicolari quando $m \cdot m' = -1 \left(\text{ovvero } m = -\frac{1}{m'}\right)$, occorre calcolare i coefficienti angolari delle rette date.

r: $y = 3x - 2$. Il coefficiente angolare è $m = 3$.

s: $-x + y - 4 = 0$. Il coefficiente angolare è $m = -\frac{a}{b} = \frac{1}{1} = 1$.

t: $y = \frac{2}{3}x$. Il coefficiente angolare è $m = \frac{2}{3}$.

u: $x - y - 5 = 0$. Il coefficiente angolare è $m = -\frac{a}{b} = \frac{-1}{-1}$.

v: $2x + 6y - 1 = 0$. Il coefficiente angolare è $m = -\frac{a}{b} = -\frac{2}{6} = -\frac{1}{3}$.

Conclusione:
- le rette r e v sono perpendicolari;
- le rette s e u sono parallele;
- la retta t non è perpendicolare o parallela a nessuna delle rette date.

Considera le rette di ciascuno dei seguenti gruppi, determina il loro coefficiente angolare e infine stabilisci quali sono parallele e quali perpendicolari.

231 $y = 2x - 3$, $\quad y = -3x + 2$, $\quad y = -\frac{1}{2}x + 1$, $\quad y = 2x + 6$.

232 $y = x + \frac{1}{3}$, $\quad y = \frac{1}{3}x$, $\quad y = \frac{1}{3}x + \frac{1}{3}$, $\quad y = \frac{1}{3}$.

233 $3x - 2y + 1 = 0$, $\quad -6x + 4y + 7 = 0$, $\quad 6x - 4y - 3 = 0$.

234 $5x + 8y - 3 = 0$, $\quad 8x - 5y + 1 = 0$, $\quad 20x + 32y + 15 = 0$.

235 $y = -3x + 1$, $\quad 6x + 2y - 5 = 0$, $\quad 9y - 3x = 0$, $\quad y = -3$.

236 $2x - y - 6 = 0$, $\quad 2y = 4x + 1$, $\quad y = -\frac{1}{2}x - 6$, $\quad 2x - 6 = 0$.

FAI UN ESEMPIO

237 Scrivi le equazioni di due rette parallele alla retta di equazione $2y + 5 = 0$ e di due parallele alla retta di equazione $4x - 3 = 0$.

238 Scrivi le equazioni di due rette perpendicolari alla retta di equazione $y + 2 = 0$ e di due perpendicolari alla retta di equazione $x - 1 = 0$.

239 Scrivi le equazioni di due rette parallele alle seguenti rette:

a. $y = \frac{1}{3}x + 2$; **b.** $2x - y = 0$.

240 Scrivi le equazioni di due rette perpendicolari alle seguenti rette:

a. $y = \frac{3}{2}x - 5$; **b.** $4x + 3y - 1 = 0$.

ESERCIZI

241 EUREKA! **Retto tra rette** Se le rette in figura sono perpendicolari, allora l'equazione della retta passante per il punto (5; 6) è:

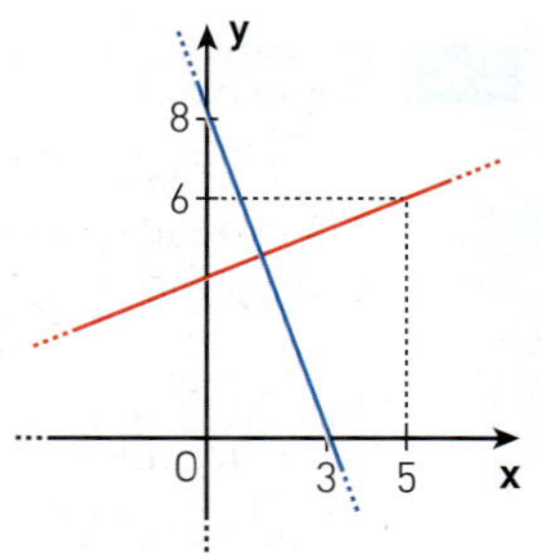

A $y = \frac{3}{8}x + \frac{63}{8}$.

B $y = \frac{3}{8}x + \frac{33}{8}$.

C $y = -\frac{8}{3}x + \frac{58}{3}$.

D $y = \frac{8}{3}x - \frac{22}{3}$.

E nessuna delle precedenti.

(USA *Indiana University of Pennsylvania Annual High School Mathematics Competition*, 2001)

242 Disegna sulla figura un sistema di riferimento cartesiano coerente con le coordinate indicate per i punti *A* e *B*, poi scrivi le equazioni delle rette su cui giacciono i lati delle tessere blu.

MATEMATICA AL COMPUTER

La retta con Wiris Con Wiris realizziamo una costruzione grafica per osservare l'influenza del coefficiente *m* dell'equazione esplicita $y = mx + q$ di varie rette sul loro grafico.

Problema e risoluzione - 6 esercizi in più.

IN FORMA GRAFICA Scrivi le equazioni delle rette rappresentate in figura.

243 a∥b

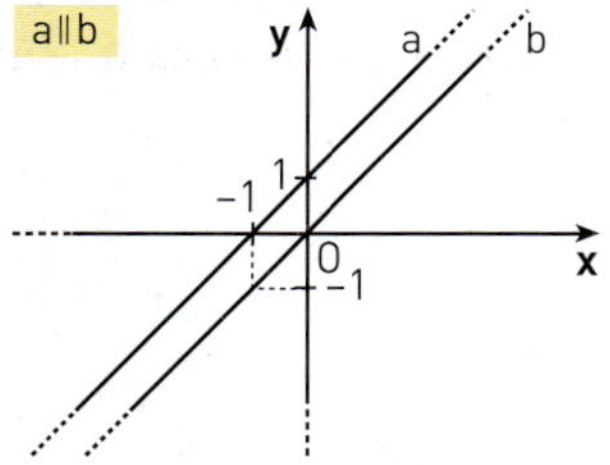

244 a⊥b

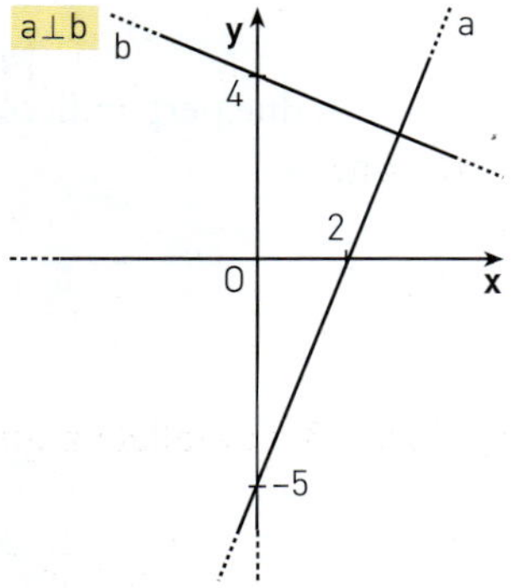

245 a⊥b

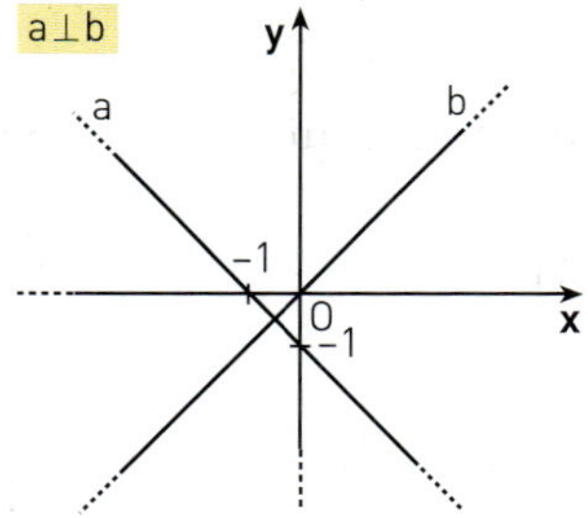

246 a∥b

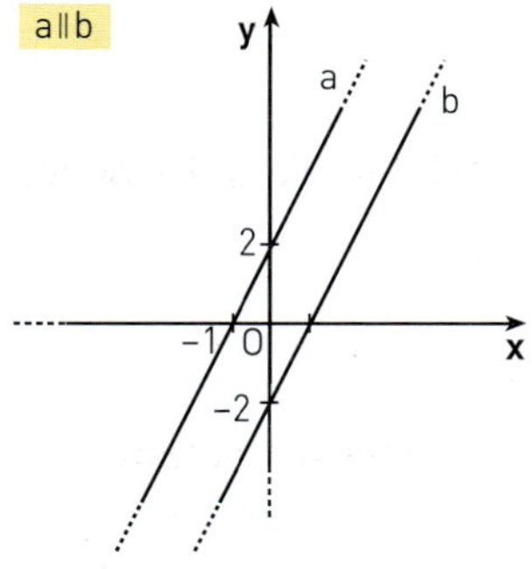

247 a⊥b

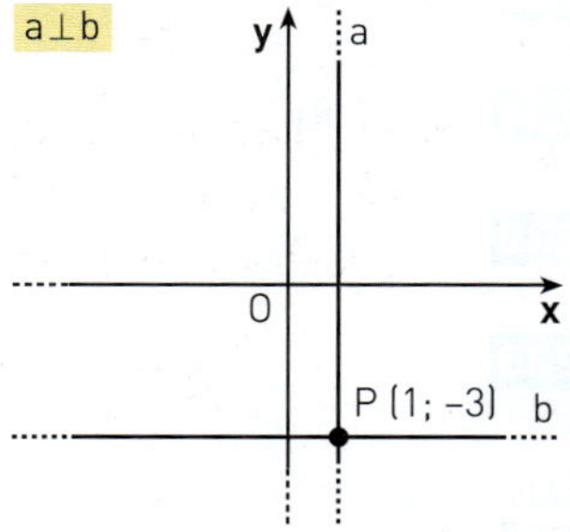

248 a⊥b

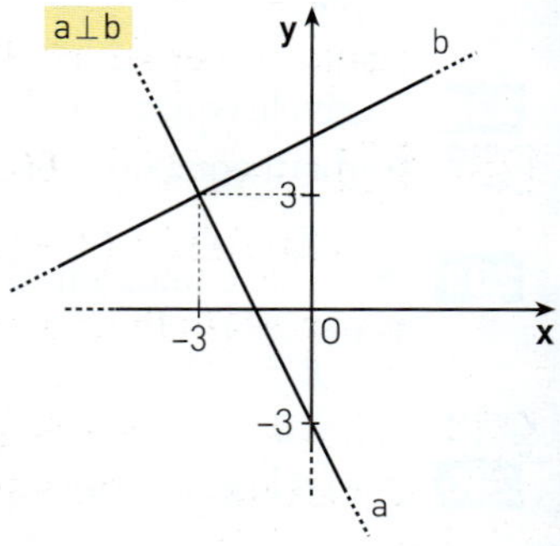

249 ESERCIZIO GUIDA

1. Determiniamo per quale valore di a le due rette di equazioni $2x-3y+1=0$ e $(a-1)x+y=2$ risultano parallele.
2. Determiniamo per quali valori di k la retta di equazione $(k-2)x+2ky+3=0$ risulta rispettivamente:
   a. parallela alla bisettrice del primo e terzo quadrante;
   b. parallela all'asse x;
   c. perpendicolare alla retta di equazione $y=-\frac{1}{4}x+2$;
   d. parallela alla retta di equazione $x=-5$.

---

1. Scriviamo in forma esplicita entrambe le equazioni:

$$2x-3y+1=0 \qquad (a-1)x+y=2$$
$$3y=2x+1 \qquad y=-(a-1)x+2.$$
$$y=\frac{2}{3}x+\frac{1}{3}.$$

Poiché due rette sono parallele se hanno lo stesso coefficiente angolare, dobbiamo imporre:

$$\frac{2}{3}=-(a-1).$$

Ricaviamo il valore di a:

$$\frac{2}{3}=-a+1 \rightarrow a=1-\frac{2}{3}=\frac{1}{3}.$$

2. Scriviamo in forma esplicita l'equazione della retta:

$$y=-\frac{k-2}{2k}x-\frac{3}{2k} \qquad \text{con } k\neq 0.$$

a. La bisettrice del primo e terzo quadrante, di equazione $y=x$, ha $m=1$. Imponiamo l'uguaglianza dei coefficienti angolari:

$$-\frac{(k-2)}{2k}=1.$$

Ricaviamo il valore di k:

$$-k+2=2k, \quad \text{con } k\neq 0$$
$$-3k=-2 \rightarrow \quad k=\frac{2}{3}.$$

b. Il coefficiente angolare deve essere nullo:

$$-\frac{(k-2)}{2k}=0, \quad \text{con } k\neq 0 \rightarrow k=2.$$

c. Affinché le due rette siano perpendicolari dobbiamo imporre:

$$-\frac{(k-2)}{2k}=4, \quad \text{con } k\neq 0.$$

Ricaviamo il valore di k:

$$-k+2=8k, \quad \text{con } k\neq 0$$
$$-9k=-2 \rightarrow k=\frac{2}{9}.$$

d. Poiché si richiede una retta parallela all'asse y, che ha equazione in cui manca il termine con y, imponiamo:

$$2k=0 \rightarrow k=0.$$

250 Determina per quale valore di a le due rette di equazioni

$$2y+4x-3=0 \text{ e } (3+a)x+ay+1=0$$

risultano perpendicolari. $[a=-2]$

251 YOU & MATHS **Find the horizontal line** Find the values of a such that the line

$$(2a-1)x+(3-6a)y+8-3a=0$$

is parallel to the x-axis.

252 INVALSI 2007 Per quale valore del parametro a la retta di equazione $y=-2ax-3$ è parallela a quella di equazione $y=2x+1$?

A -1 C $\frac{1}{2}$ B $-\frac{1}{2}$ D 1

ESERCIZI

253 ESEMPIO DIGITALE Determina per quale valore di k la retta r di equazione $(2k-2)x-8ky+2k+1=0$ risulta:

a. parallela alla retta s: $y=4x+5$;

b. perpendicolare all'asse x;

c. parallela alla retta di equazione $y-\frac{5}{2}=0$;

d. perpendicolare alla retta t: $x-y=7$.

254 Determina per quali valori di k la retta di equazione $kx+(k+1)y+2=0$ risulta rispettivamente:

a. parallela all'asse x;

b. parallela all'asse y;

c. parallela alla retta di equazione $x-2y=0$;

d. perpendicolare alla retta di equazione $4x-2y+1=0$.

$\left[\text{a) } k=0; \text{ b) } k=-1; \text{ c) } k=-\frac{1}{3}; \text{ d) } k=1\right]$

Riepilogo: Le rette nel piano cartesiano

TEST

255 La retta che passa per l'origine $O(0;0)$ e per i punti $P(2;3)$ e $Q(-4;-6)$ ha equazione:

A $y=-\frac{3}{2}x$.

B $y=\frac{3}{2}x$.

C $y=\frac{2}{3}x$.

D $y=-\frac{2}{3}x$.

E $y=2x$.

256 Per quali valori di k la retta passante per i punti $A(0;1)$ e $B(2;k-1)$ è parallela all'asse x?

A Per nessun valore di k.

B Per $k\neq 2$.

C Per $k=-\frac{1}{2}$.

D Per $k=2$.

E Per $k=-2$.

257 Il coefficiente angolare di una retta vale $-\frac{1}{3}$. Fra le seguenti coppie di punti, quale appartiene a tale retta?

A $A(10;-1)$ e $B(-1;-2)$

B $P(5;4)$ e $Q(2;5)$

C $R(4;5)$ e $S(5;2)$

D $M(0;1)$ e $N(2;7)$

E $C(5;4)$ e $D(-2;-5)$

258 La retta di equazione $3kx-2ky+k-1=0$ è perpendicolare alla retta di equazione $2x-3y+1=0$ per:

A $k=1$.

B $k=\frac{3}{2}$.

C $k=0$.

D $\forall k\in\mathbb{R}^+$.

E nessun valore di k.

259 VERO O FALSO? La retta di equazione $2x-4y+1=0$:

a. passa per $A\left(2;-\frac{5}{4}\right)$. V F

b. è parallela alla retta di equazione $y=\frac{1}{2}x+2$. V F

c. ha ordinata all'origine uguale a 1. V F

d. è perpendicolare alla retta di equazione $2x-y+2=0$. V F

260 Data la retta di equazione $x+y-k+1=0$, trova per quale valore di k essa forma con gli assi cartesiani un triangolo rettangolo ABO con i cateti uguali a 5. $[k=6 \vee k=-4]$

261 Determina per quale valore di $a\in\mathbb{R}$ l'equazione $(3-2a)xy+2x+(3a-1)y+1=0$ rappresenta una retta. $\left[a=\frac{3}{2}\right]$

262 Per quali valori di a e di b, con a e b numeri reali, il coefficiente angolare della retta passante per $A(a; 2a)$ e $B(b; 2b)$ è uguale a 2? $[a \neq b]$

263 Per quale valore di $k \neq -\frac{1}{2}$ la retta passante per $A(k; 0)$ e $B(3k+1; 1)$ è inclinata di 135° rispetto alla semiretta positiva delle x? $[k = -1]$

264 Trova per quale valore di k la retta r passante per $A(k-3; 6)$ e $B(-3; -2k+2)$ è perpendicolare alla retta s passante per l'origine e per $C(-2; -1)$ e scrivi l'equazione della retta r. $[k = -1; y = -2x - 2]$

265 Determina il coefficiente angolare della retta passante per i punti $A(3; 0)$ e $B(-2; 5)$ e stabilisci se tale retta risulta parallela alla retta di equazione $y = -x + 5$. $[m = -1;$ sì$]$

266 Dopo aver determinato il coefficiente angolare della retta passante per i punti $A(0; -2)$ e $B(2; 4)$, stabilisci se questa è perpendicolare alla retta di equazione $3x - y + 2 = 0$. $[m = 3;$ no$]$

267 La retta r ha coefficiente angolare $m = -2$ e passa per il punto $A(4; 1)$. Calcola l'ordinata del punto appartenente a r avente ascissa $x = -3$. $[15]$

268 La retta r è parallela alla retta di equazione $y = 5x - 1$ e passa per il punto $A(-3; 0)$. Calcola l'ascissa del punto di r di ordinata 6. $\left[-\frac{9}{5}\right]$

269 Determina l'ordinata del punto di ascissa $x = -1$ appartenente alla retta passante per $A(2; 6)$ e perpendicolare alla retta di equazione $x + 3y + 2 = 0$. $[-3]$

270 Determina per quale valore di a la retta di equazione $(a+2)x + (3a+2)y + 1 = 0$ risulta rispettivamente:

a. parallela alla retta di equazione $x = 5$;

b. parallela alla retta di equazione $y = 3$;

c. perpendicolare alla retta di equazione $y = x$;

d. perpendicolare alla retta di equazione $7x - y - 1 = 0$;

e. parallela alla retta di equazione $3x + 5y - 2 = 0$. $\left[\text{a) } -\frac{2}{3}; \text{ b) } -2; \text{ c) } 0; \text{ d) } -3; \text{ e) } 1\right]$

271 È dato il trapezio di vertici $A(1; -3)$, $B(1; 1)$, $C(5; 4)$, $D\left(\frac{31}{3}; 4\right)$. Dimostra per via geometrica e poi per via analitica che la congiungente i punti medi dei lati obliqui è parallela alle basi e congruente alla loro semisomma.

272 Dati i punti $A(2; 3k)$, $B(6; 1)$, $C(8; 2)$, determina per quale valore di k il segmento AB è perpendicolare al segmento BC. Per tale valore di k, trova l'area del triangolo ABC. $[3; 10]$

6 I fasci di rette

▶ Teoria a p. 695

273 VERO O FALSO?

a. L'equazione $y = k$ rappresenta un fascio improprio di rette. V F

b. L'equazione $mx + my - 1 = 0$ rappresenta un fascio proprio di rette. V F

c. Nel fascio di rette di equazione $y = (k+1)x + 3$ la retta parallela all'asse x si ottiene per $k = 1$. V F

d. L'equazione $y + 3 = m(x - 6)$ rappresenta tutte le rette passanti per il punto $P(6; -3)$. V F

Il fascio improprio

274 In un fascio di rette improprio tutte le rette del fascio hanno la stessa pendenza?

275 SPIEGA PERCHÉ Per descrivere il fascio di tutte le rette parallele alla bisettrice del primo e del terzo quadrante, puoi usare l'equazione $x - y + k = 0$, con $k \in \mathbb{R}$. Perché?

COMPLETA

276 La retta base del fascio improprio di equazione $y - 2x - q = 0$ ha equazione ______.

277 Il fascio improprio individuato dalla retta di equazione $3x - y - 5 = 0$ ha equazione ______.

278 TEST Le seguenti equazioni rappresentano tutte un fascio improprio, *tranne* una. Quale?

A $x = t$

B $y = r$

C $x - 5y + k = 0$

D $y - mx - 3 - 2m = 0$

E $ax - ay - 1 = 0$; $a \neq 0$

279 Stabilisci se la retta di equazione $y = -\frac{2}{3}x + 1$ appartiene al fascio di rette improprio di equazione $2x + 3y + q = 0$.

280 ESERCIZIO GUIDA Scriviamo l'equazione del fascio improprio di rette contenente la retta di equazione $3x - y + 2 = 0$ e disegniamo tre rette qualsiasi del fascio.

Scriviamo l'equazione della retta data in forma esplicita, per ricavare il suo coefficiente angolare m:

$$y = 3x + 2 \rightarrow m = 3.$$

Il fascio di rette ha equazione $y = 3x + q$.

Disegniamo le rette corrispondenti a tre valori di q, per esempio $0, 2, -2$. Le rette corrispondenti hanno equazioni:

$$y = 3x;$$
$$y = 3x + 2;$$
$$y = 3x - 2.$$

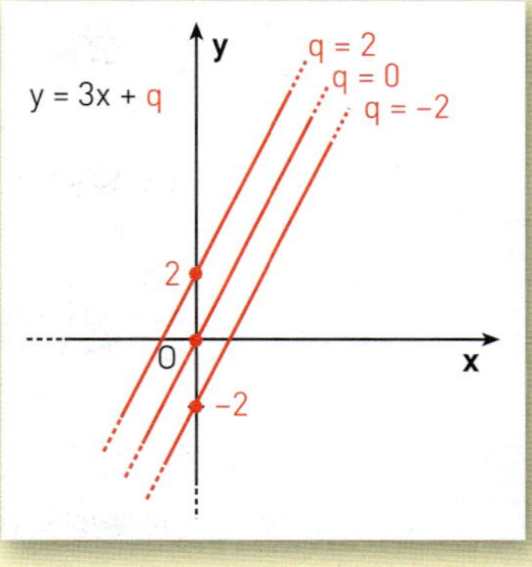

281 Ripeti l'esercizio precedente considerando la retta di equazione $2x + 4y + 1 = 0$.
$\left[y = -\frac{1}{2}x + q;\ y = 2x + t\right]$

282 Ripeti l'esercizio 280 considerando la retta di equazione $8x - 4y + 10 = 0$. $[y = 2x + q]$

Il fascio proprio

283 SPIEGA PERCHÉ Giulia: «L'equazione $y = mx + 2m - 5$ rappresenta tutte le rette passanti per il punto $(-2; -5)$». Carla: «Attenta, non ne sarei così sicura!». A cosa sta pensando Carla? Motiva la tua risposta.

284 VERO O FALSO?

a. L'equazione $x = k$ rappresenta un fascio proprio di rette. V F

b. Le rette di un fascio proprio differiscono solo per l'ordinata all'origine. V F

c. Il fascio di equazione $(k+2)x + y - 1 = 0$ non contiene alcuna retta parallela all'asse x. V F

d. Il fascio di rette di centro $P(x_0; y_0)$ ha equazione $y - y_0 = m(x - x_0)$. V F

285 TEST Il centro del fascio proprio di rette $y - 0 = m(x-3)$ è:

A $(0; 3)$.

B $(3; 0)$.

C $(-3; 0)$.

D $(0; -3)$.

E $(3; -2)$.

SPIEGA PERCHÉ

286 Per descrivere il fascio di tutte le rette passanti per l'origine, puoi usare l'equazione $ax + by = 0$, dove a e b sono numeri reali. Perché?

287 È dato il fascio proprio di equazione $y - y_0 = m(x - x_0)$, con $m \in \mathbb{R}$. A ogni valore di m corrisponde una determinata retta del piano. Vale anche il viceversa? Perché?

288 ESERCIZIO GUIDA Scriviamo l'equazione del fascio proprio di rette passante per il punto $P\left(-5; \frac{1}{3}\right)$ e disegniamo le rette del fascio aventi rispettivamente coefficiente angolare $m = 0$, $m = 1$ e $m = -3$.

Per trovare l'equazione del fascio utilizziamo l'equazione $y - y_1 = m(x - x_1)$.

Nel nostro caso $x_1 = -5$ e $y_1 = \frac{1}{3}$, perciò:

$$y - \frac{1}{3} = m(x - (-5)) \rightarrow y = m(x+5) + \frac{1}{3},$$

a cui dobbiamo aggiungere la retta per P parallela all'asse y di equazione $x = -5$.

Per disegnare le rette del fascio aventi coefficiente angolare 0, 1 e -3, determiniamo prima le loro equazioni:

- se $m = 0$, $y = \frac{1}{3}$;
- se $m = 1$, $y = x + 5 + \frac{1}{3}$, ossia $y = x + \frac{16}{3}$;
- se $m = -3$, $y = -3(x+5) + \frac{1}{3}$, ossia $y = -3x - 15 + \frac{1}{3}$, $y = -3x - \frac{44}{3}$.

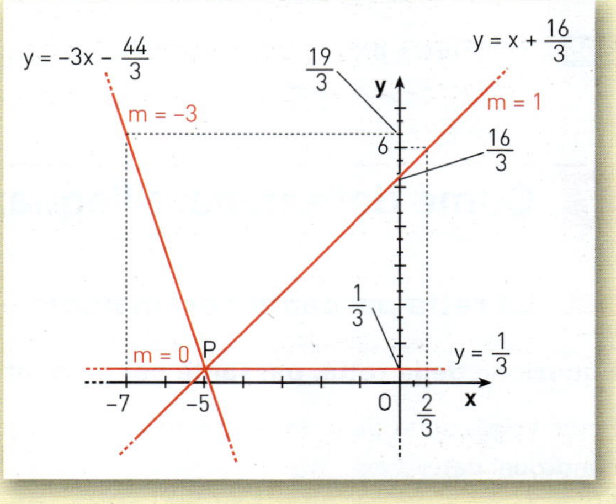

Poiché le tre rette passano per P, per disegnarle basta determinare un solo altro punto su ciascuna.

Scrivi l'equazione del fascio proprio di rette passante per ciascun punto indicato e disegna le rette aventi coefficiente angolare $m=0$, $m=5$, $m=-3$. (Per brevità, nelle soluzioni non indichiamo l'equazione della retta parallela all'asse y.)

289 $A(-1;3)$ $[y=mx+m+3]$

290 $O(0;0)$ $[y=mx]$

291 $B(5;8)$ $[y=mx-5m+8]$

292 $C(-2;-3)$ $[y=mx+2m-3]$

293 $D(6;-4)$ $[y=mx-6m-4]$

294 $E\left(\frac{1}{2};-2\right)$ $\left[y=mx-\frac{1}{2}m-2\right]$

Il centro di un fascio

295 ESERCIZIO GUIDA Dato il fascio proprio di rette di equazione $y-mx+5m-1=0$, determiniamo le coordinate del centro del fascio.

Dobbiamo trasformare l'equazione del fascio in un'equazione equivalente del tipo $y-y_1=m(x-x_1)$.
Isoliamo nel secondo membro i termini contenenti m:

$$y-1=mx-5m.$$

Raccogliamo m:

$$y-1=m(x-5).$$

Il centro del fascio ha coordinate $(5;1)$.

Determina per ogni fascio proprio di rette il relativo centro.

296 $mx-y-m-3=0$

297 $6mx-6y-10m+3=0$

298 $2y-3mx+5m-1=0$

299 $my+x-1=0$

300 $y-3mx-1=0$

301 $4kx+1-4y-k=0$

Tra le seguenti equazioni indica quali rappresentano un fascio proprio di rette e quali un fascio improprio. Per ogni fascio proprio determina il relativo centro.

302 $y=2mx+m$; $ky+2kx-1=0$.

303 $my+(m+1)x-1=0$; $2my-mx-m=1$.

304 $y-kx=0$; $y+2x-2=k$.

305 $y=-mx+m$; $2x+3y-k=0$.

306 $y=2x+4m$; $kx+2y-k=0$.

307 $y=-x+2m$; $(k+1)y-2x+k=0$.

308 $y=-2mx+m+1$; $2x-5y+2k=0$.

309 $y=4k-2+2x$; $3kx+y-3=0$.

7 Come determinare l'equazione di una retta

▶ Teoria a p. 697

La retta passante per un punto e di coefficiente angolare noto

Equazione della retta, passante per un punto, che soddisfa una condizione

Scrivi l'equazione della retta che passa per il punto indicato e ha coefficiente angolare m che soddisfa le condizioni date.

310 $A(-1;-3)$ e $m=-2$.

311 $B\left(\frac{1}{2};-1\right)$ e $m=-4$.

312 $C(1;6)$ e $m=-\frac{1}{3}$.

313 $D(-2; 3)$ e con lo stesso coefficiente angolare della retta di equazione $4x - 2y - 3 = 0$.

314 $E\left(-\frac{1}{2}; 2\right)$ e con il coefficiente angolare della retta che passa per i punti $(0; 2)$ e $(3; 5)$.

315 **ESERCIZIO GUIDA** Determiniamo l'equazione della parallela e della perpendicolare alla retta r di equazione $2y - x + 6 = 0$, entrambe passanti per $A(1; 1)$.

Scriviamo in forma esplicita l'equazione di r e ricaviamo il coefficiente angolare m:

$$2y = x - 6 \quad \rightarrow \quad y = \frac{1}{2}x - 3,$$

dunque $m = \frac{1}{2}$.

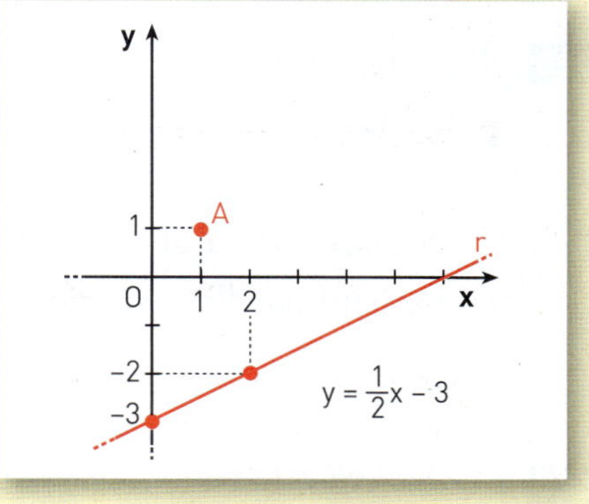

Scriviamo l'equazione del fascio di rette di centro A:

$$y - 1 = m(x - 1).$$

Fra tutte le rette del fascio, cerchiamo la **parallela** a r, cioè quella con il coefficiente angolare uguale a quello di r; imponiamo, cioè, che sia $m = \frac{1}{2}$:

$$y - 1 = \frac{1}{2}(x - 1).$$

Scriviamo l'equazione in forma esplicita:

$$y = \frac{1}{2}x + \frac{1}{2}.$$

Cerchiamo ora, fra le rette del fascio di centro A, la **perpendicolare** a r, cioè la retta che ha come coefficiente angolare l'antireciproco di quello della retta r; imponiamo cioè $m = -2$:

$$y - 1 = -2(x - 1).$$

Scriviamo l'equazione in forma esplicita:

$$y = -2x + 3.$$

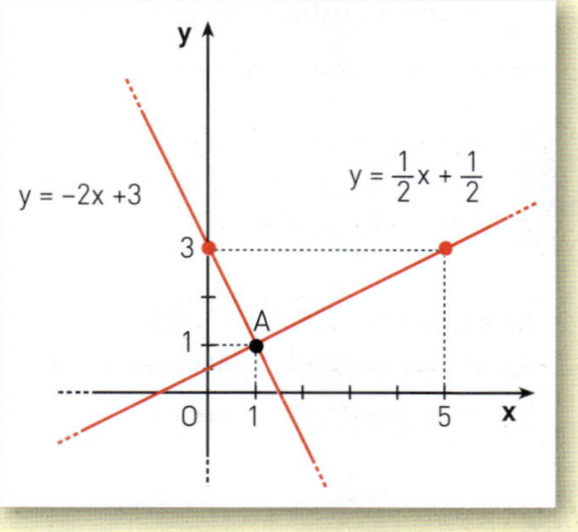

Per ciascuna retta, scrivi l'equazione della parallela e della perpendicolare a essa, passanti per il punto *A*.

316 $y = \frac{1}{3}x$, $A(1; 1)$. $\left[y = \frac{1}{3}x + \frac{2}{3};\ y = -3x + 4\right]$

317 $y = \frac{7}{6}x$, $A(-3; -3)$. $\left[y = \frac{7}{6}x + \frac{1}{2};\ 6x + 7y + 39 = 0\right]$

318 $y = -\frac{8}{9}x$, $A(-1; 5)$. $\left[y = -\frac{8}{9}x + \frac{37}{9};\ 9x - 8y + 49 = 0\right]$

319 $y + 3x + 2 = 0$, $A(0; -2)$. $\left[y = -3x - 2;\ y = \frac{1}{3}x - 2\right]$

320 $6x - 3y - 2 = 0$, $A(-5; 2)$. $[y = 2x + 12;\ x + 2y + 1 = 0]$

321 $3x - y - 4 = 0$, $A(0; -4)$. $\left[y = 3x - 4;\ y = -\frac{1}{3}x - 4\right]$

322 $x + y = 0$, $A(1; -1)$. $[y = -x;\ y = x - 2]$

323 Scrivi l'equazione della retta che passa per l'origine degli assi ed è parallela alla retta di equazione: $2x - 3y + 2 = 0$. $\left[y = \frac{2}{3}x\right]$

324 Tra le rette parallele alla retta di equazione $2x - 8y + 1 = 0$, trova quella che passa per il punto $P(-4; 2)$. $\left[y = \frac{1}{4}x + 3\right]$

325 Tra le rette parallele a quella di equazione $2x - 6y + 5 = 0$, trova quella:

a. passante per l'origine;

b. passante per $P(2; -9)$;

c. che ha ordinata all'origine 6;

d. passante per il punto medio del segmento di estremi $A(1; -2)$ e $B(-3; 4)$.

$\left[\text{a) } y = \frac{1}{3}x; \text{ b) } y = \frac{1}{3}x - \frac{29}{3}; \text{ c) } y = \frac{1}{3}x + 6; \text{ d) } y = \frac{1}{3}x + \frac{4}{3}\right]$

326 Tra le rette del fascio di centro $P(-2; 4)$, trova la retta:

a. passante per $A(1; -3)$;

b. passante per l'origine;

c. parallela all'asse x;

d. perpendicolare alla retta che passa per $B(0; 2)$ e $C(4; 0)$.

$\left[\text{a) } y = -\frac{7}{3}x - \frac{2}{3}; \text{ b) } y = -2x; \text{ c) } y = 4; \text{ d) } y = 2x + 8\right]$

327 Tra le rette del fascio di equazione $kx + (k+1)y + 2 = 0$, determina quella che:

a. è perpendicolare alla bisettrice del secondo e quarto quadrante;

b. è parallela alla retta $4y - 3 = 0$;

c. è perpendicolare alla retta $3x - 6y + 1 = 0$;

d. è parallela all'asse y.

$[\text{a) } x - y - 4 = 0; \text{ b) } y = -2; \text{ c) } y = -2x + 2; \text{ d) } x = 2]$

La retta passante per due punti

328 VERO O FALSO?

a. Se i punti A e B hanno la stessa ordinata y_0, la retta AB ha equazione $y = y_0$. V F

b. La retta di equazione $x = 2$ passa per $A(2; 0)$ e per $B(5; 2)$. V F

c. Per i punti $A(2; 3)$ e $B(-1; 2)$ passa una sola retta. V F

d. La formula $y - y_1 = \frac{y_2 - y_1}{x_2 - x_1}(x - x_1)$ si può applicare solo se $x_2 \neq x_1$. V F

e. La retta passante per $A(1; 4)$ e $B(6; 4)$ è parallela all'asse delle ascisse. V F

MATEMATICA AL COMPUTER

Le rette con il foglio elettronico Determiniamo i coefficienti m e q dell'equazione di una retta r passante per un punto P noto e parallela a una retta s passante per i punti M e N assegnati.

Problema e risoluzione.

329 ESERCIZIO GUIDA Scriviamo l'equazione della retta passante per i punti:

a. $A(-1; 3)$, $B(-4; 2)$; b. $A(-5; 2)$, $B\left(-5; \frac{1}{2}\right)$; c. $A(6; 3)$, $B\left(-\frac{7}{2}; 3\right)$.

a. Essendo $x_A \neq x_B$ e $y_A \neq y_B$, applichiamo la formula:

$$\frac{y-y_1}{y_2-y_1} = \frac{x-x_1}{x_2-x_1}.$$

Sostituiamo a $(x_1; y_1)$ le coordinate di A e a $(x_2; y_2)$ le coordinate di B:

$$\frac{y-3}{2-3} = \frac{x-(-1)}{(-4)-(-1)} \rightarrow -(y-3) = -\frac{1}{3}(x+1) \rightarrow y = \frac{1}{3}x + \frac{1}{3} + 3.$$

L'equazione richiesta è $y = \frac{1}{3}x + \frac{10}{3}$.

b. Poiché $x_A = x_B$, l'equazione della retta è $x = -5$.

c. Poiché $y_A = y_B$, l'equazione della retta è $y = 3$.

Scrivi l'equazione della retta passante per le seguenti coppie di punti.

330 $A(0; 3)$, $B(8; 0)$. $\left[y = -\frac{3}{8}x + 3\right]$

331 $A(-5; 0)$, $B(0; -2)$. $\left[y = -\frac{2}{5}x - 2\right]$

332 $A(-2; 5)$, $B(-2; -3)$. $[x = -2]$

333 $A(7; 0)$, $B(6; -4)$. $[y = 4x - 28]$

---

334 SPIEGA PERCHÉ Annamaria: «Per verificare se tre punti A, B e C sono allineati, scrivo la retta per A e B e verifico se C appartiene a essa».
Luciana: «Forse basta verificare che i coefficienti angolari della retta per A e B e di quella per B e C siano uguali...».
Alberto: «Io verificherei solo se la distanza AC è uguale alla somma di AB e BC».
Tu cosa faresti? Perché?

Stabilisci se i punti delle seguenti terne sono allineati.

335 $A(1; 2)$, $B(0; 3)$, $C(4; 1)$.

336 $A(3; 0)$, $B(-3; 2)$, $C(6; 1)$.

---

337 Scrivi l'equazione della retta che passa per $A(2; 1)$ e $B(4; -1)$ e stabilisci se il punto $C(-3; 6)$ è allineato ai primi due. $[y = -x + 3; \text{sì}]$

338 Determina il coefficiente angolare della retta r che passa per i punti $P(1; 4)$ e $Q(-2; 5)$. Scrivi poi l'equazione della retta passante per il punto $A(3; 2)$ e perpendicolare a r. $\left[-\frac{1}{3}; y = 3x - 7\right]$

339 ESEMPIO DIGITALE Dati i punti $A(1; 0)$, $B\left(2; \frac{1}{3}\right)$ e $C(-5; -2)$, dimostra che sono allineati e scrivi l'equazione della retta:

a. a cui appartengono;

b. passante per il punto medio del segmento di estremi A e C e parallela a $y = -5 + \frac{1}{2}x$;

c. passante per B e per l'origine degli assi;

d. passante per C e perpendicolare a $2x - 5 = 0$.

340 Tra le rette del fascio di centro $P(1; 2)$, determina quella che:

a. passa per l'origine;

b. è parallela alla bisettrice del secondo e quarto quadrante;

c. è perpendicolare alla bisettrice del primo e terzo quadrante;

d. ha coefficiente angolare $\frac{2}{3}$;

e. è parallela all'asse x.

[a) $y = 2x$; b) $y = -x + 3$; c) $y = -x + 3$; d) $y = \frac{2}{3}x + \frac{4}{3}$; e) $y = 2$]

341 COMPLETA la seguente tabella.

Punti *P* e *Q*	Equazione della retta *r* passante per *P* e *Q*	Coefficiente angolare di *r*	Ordinata all'origine di *r*	Equazione della retta parallela a *r* passante per *O*
$P(2; 4)$ $Q(-1; 2)$	____	____	____	____
$P(-3; \_\_)$ $Q(\_\_; 6)$	____	-1	4	____
$P\left(\frac{1}{2}; \_\_\right)$ $Q(\_\_; 2)$	____	____	1	$y = 4x$
$P(2; \_\_)$ $Q(\_\_; 4)$	$y + 3x - 1 = 0$	____	____	____

MATEMATICA INTORNO A NOI

Una questione di anni L'Organizzazione mondiale della sanità (OMS, in inglese WHO, World Health Organization) è l'organismo delle Nazioni unite che si occupa delle politiche sanitarie a livello globale.
Analizza in questa scheda alcuni dei grafici pubblicati dall'OMS.

Problema e risoluzione - 2 esercizi in più.

Riepilogo: Problemi sulle rette

342 ESERCIZIO GUIDA Scriviamo l'equazione della retta che soddisfa le due condizioni seguenti:

a. è parallela alla retta passante per $A(1; -2)$ e $B(3; 2)$; **b.** passa per il punto $C(-1; 1)$.

Determiniamo il coefficiente angolare della retta AB:

$$m_{(AB)} = \frac{y_A - y_B}{x_A - x_B} \rightarrow m_{(AB)} = \frac{-2-2}{1-3} = \frac{-4}{-2} \rightarrow m_{(AB)} = 2.$$

Poiché la retta cercata è parallela alla retta AB, ha lo stesso coefficiente angolare:

$$m = m_{(AB)} = 2.$$

Poiché la retta passa per C, otteniamo come sua equazione:

$y - y_C = m(x - x_C) \rightarrow$

$y - 1 = 2(x + 1) \rightarrow$

$y - 1 = 2x + 2 \rightarrow$

$y = 2x + 3$.

y = 2x + 3

x	y
−1	1
0	3
1	5

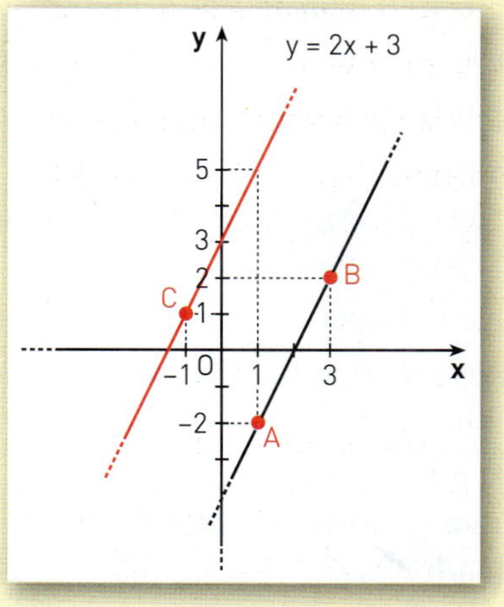

343 Scrivi l'equazione della retta che è perpendicolare alla retta passante per $A(-2; -5)$ e $B(3; 1)$ e che passa per il punto $C(2; -3)$.
$[5x + 6y + 8 = 0]$

344 Fra le rette parallele alla retta r di equazione $x + 2y - 10 = 0$, determina quella che passa per il punto $P(4; -3)$. $[x + 2y + 2 = 0]$

345 Scrivi l'equazione della retta passante per i punti $A(-2; -2)$ e $B(6; 10)$. Determina su tale retta un punto C la cui ascissa è la metà dell'ordinata.
$[3x - 2y + 2 = 0; C(2; 4)]$

346 Fra le rette perpendicolari alla retta s di equazione $3x - 6y + 1 = 0$, determina:

a. la retta a che passa per il punto $A(1; 3)$;

b. la retta b che passa per l'origine.

[a) $2x + y - 5 = 0$; b) $2x + y = 0$]

347 Fra le rette passanti per il punto $P(1; 3)$, determina:

a. l'equazione della retta che interseca l'asse x nel punto $A(2; 0)$;

b. l'equazione della retta che interseca l'asse y nel punto $B(0; -1)$.

[a) $y = -3x + 6$; b) $y = 4x - 1$]

348 I punti $A(-3; 1)$, $B(6; 3)$ e $C(-1; -5)$ sono i vertici di un triangolo. Determina:

a. le equazioni delle rette contenenti i tre lati;

b. le coordinate dei punti di intersezione della retta contenente BC con gli assi cartesiani.

[a) $2x - 9y + 15 = 0$, $8x - 7y - 27 = 0$, $3x + y + 8 = 0$; b) $\left(0; -\frac{27}{7}\right)$, $\left(\frac{27}{8}; 0\right)$]

349 Fra le rette passanti per il punto $Q(-2; 5)$, determina l'equazione della retta parallela alla retta passante per i punti $A(-1; 0)$ e $B(2; -4)$.
$\left[y = -\frac{4}{3}x + \frac{7}{3}\right]$

350 Scrivi l'equazione della retta r passante per $A(-3; 0)$ e $B(1; 2)$. Determina l'equazione della retta parallela a r passante per $C(1; -4)$ e della retta perpendicolare a r passante per $D(6; 1)$.
$[x - 2y + 3 = 0; x - 2y - 9 = 0; 2x + y - 13 = 0]$

351 Dati la retta r di equazione

$$2x + y - 12 = 0$$

e il punto $A(-2; -1)$, scrivi:

a. l'equazione della retta parallela a r e passante per A;

b. l'equazione della retta perpendicolare a r e passante per A.

[a) $2x + y + 5 = 0$; b) $x - 2y = 0$]

352 Scrivi l'equazione della retta r perpendicolare alla retta s passante per i punti $A(5; 0)$ e $B(0; -3)$ e passante per l'origine degli assi.
$[5x + 3y = 0]$

353 Scrivi le equazioni delle rette contenenti i lati del quadrilatero $ABCD$, con $A(-3; 3)$, $B(-3; -1)$, $C(2; -2)$, $D(2; 2)$. Verifica che il quadrilatero è un parallelogramma.
$[x + 3 = 0; x + 5y + 8 = 0; x = 2; x + 5y - 12 = 0]$

354 Disegna il triangolo di vertici $A(1; 4)$, $B(-2; 1)$ e $C(1; 1)$. Scrivi le equazioni delle mediane.
$[x + y - 2 = 0; 2x - y + 2 = 0; x - 2y + 4 = 0]$

ESERCIZI

355 INVALSI 2015 Il seguente grafico rappresenta la posizione s (in km) in funzione del tempo t (in h) di un oggetto che si muove su una traiettoria rettilinea.

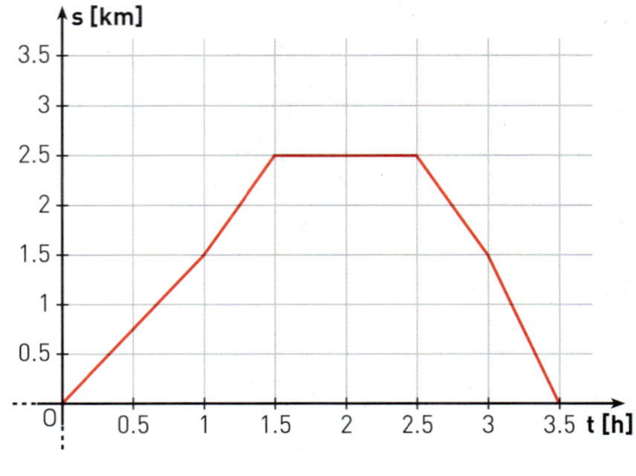

Indica se ciascuna delle seguenti affermazioni è *vera* (V) o *falsa* (F).

a. L'oggetto ha impiegato 3,5 h per compiere l'intero percorso. V F
b. L'oggetto ha percorso in totale 2,5 km. V F
c. L'oggetto è rimasto nella stessa posizione per 1 h. V F
d. Nella prima ora e mezza, l'oggetto si è mosso alla velocità media di circa 2,5 km/h. V F

8 La distanza di un punto da una retta

Teoria a p. 698

356 VERO O FALSO?

a. La distanza di un punto dall'asse y è l'ordinata del punto. V F
b. La distanza di un generico punto del piano da una retta è sempre un numero reale non negativo. V F
c. La distanza del punto $A(0; 2)$ dalla retta di equazione $x = 3$ vale 3. V F
d. Non si può determinare la distanza dell'origine O dalla retta di equazione $2x - 5y = 0$. V F
e. La distanza dell'origine O da una generica retta di equazione $ax + by + c = 0$ è $\frac{|c|}{a^2 + b^2}$. V F
f. La distanza del punto $A(1; 0)$ dalla retta di equazione $x - 3y + 1 = 0$ è negativa. V F

357 TEST La distanza del punto $P(0; 1)$ dalla retta di equazione $3x - y = 0$ è:

A $\frac{-1}{\sqrt{9+1}}$.
B $\frac{-1}{\sqrt{9-1}}$.
C $\frac{1}{\sqrt{9-1}}$.
D $\frac{+1}{\sqrt{9+1}}$.
E $\frac{|3-1|}{\sqrt{9+1}}$.

358 ESERCIZIO GUIDA Determiniamo la distanza del punto $P(-2; -3)$ dalla retta di equazione $6x + 8y = 0$.

La formula da applicare è: $d = \frac{|ax_0 + by_0 + c|}{\sqrt{a^2 + b^2}}$.

Poiché abbiamo $P(-2; -3)$ e la retta di equazione $6x + 8y = 0$, otteniamo:

$$d = \frac{|6 \cdot (-2) + 8(-3)|}{\sqrt{6^2 + 8^2}} = \frac{|-12 - 24|}{\sqrt{36 + 64}} = \frac{|-36|}{\sqrt{100}} = \frac{36}{10} = \frac{18}{5}.$$

Calcola la distanza dei punti assegnati dalle rette aventi l'equazione indicata a fianco.

359 $A(-2; 1)$, $3x - 4y - 1 = 0$. $\left[\frac{11}{5}\right]$

360 $A(2; 4)$, $y = \frac{4}{3}x + 1$. $\left[\frac{1}{5}\right]$

361 $A(0; 3)$, $6y = -8x + 3$. $\left[\frac{3}{2}\right]$

362 $A(1; 2)$, $y = \frac{5}{12}x - 2$. $\left[\frac{43}{13}\right]$

363 $A(-2; 3)$, $9x - 12y = 0$. $\left[\frac{18}{5}\right]$

364 $A(3; -1)$. $x = 4$. $[1]$

365 Calcola la distanza di $P(-1; 4)$ dalla retta che passa per i punti $A(5; 2)$ e $B\left(-1; -\frac{1}{2}\right)$. $\left[\frac{54}{13}\right]$

366 Calcola le distanze del punto $P(0; 1)$ dalla retta r di equazione $3 - x - 2y = 0$ e dalla retta s di equazione $y = 2x$. Cosa puoi affermare riguardo alla posizione di P rispetto alle due rette? Il punto P appartiene a una retta particolare. Quale? $\left[\frac{1}{\sqrt{5}}; \frac{1}{\sqrt{5}};\right.$ alla bisettrice dell'angolo formato da r e $s\Big]$

---

367 ESEMPIO DIGITALE Dato il triangolo di vertici

$$A\left(\frac{3}{2}; 1\right),\ B\left(-\frac{3}{2}; 5\right) \text{ e } C(4; 9),$$

calcola la misura dell'altezza relativa ad AB e l'area del triangolo.

368 Considera il triangolo ABC di vertici $A(-3; 3)$, $B(2; -1)$, $C(3; 1)$. Determina l'altezza relativa al lato AB e l'area del triangolo. $\left[\frac{14}{\sqrt{41}}; 7\right]$

369 Determina, con la formula della distanza, l'area del triangolo di vertici $A(2; 0)$, $B(-1; 3)$, $C(4; 4)$. [9]

9 Le parti del piano e della retta

▶ Teoria a p. 699

Semipiani

Rappresenta i semipiani definiti dalle seguenti disequazioni.

370 $y \leq 3$

371 $y > \frac{1}{2}x$

372 $x + y \geq 0$

373 $y > -5x + 1$

374 $5 < -x$

375 $y + 4x \geq 0$

376 $6x - 2y + 1 \leq 0$

377 $x - y - 8 \geq 0$

378 $y \geq 0$

379 $y < -3x + 6$

380 $x + 9 \geq 0$

381 $2x + 2y - 3 > 0$

382 $-y \leq x + 5$

383 $x > 2y - 2$

384 $-y \leq -3$

---

385 INVALSI 2006 Nel piano cartesiano Oxy, considera i punti aventi coordinate $(x; y)$ e appartenenti al semipiano indicato in grigio nella figura (immaginando la regione grigia illimitata verso sinistra e verso l'alto, e considerando la retta tracciata in nero come appartenente al semipiano).
Quale fra le seguenti disequazioni è verificata per le coordinate di tali punti?

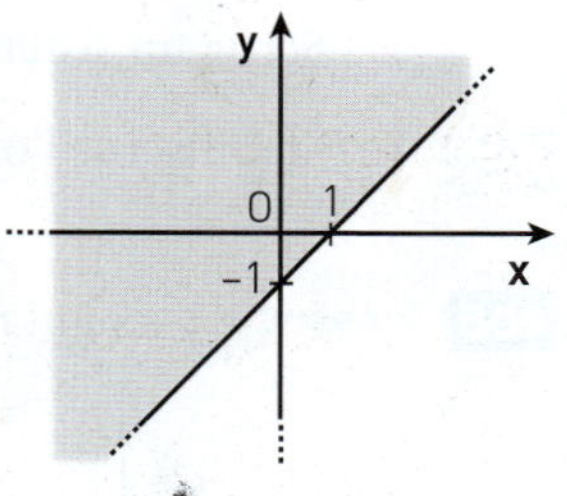

A $y \leq x + 1$ B $y \leq x - 1$ C $y \geq x + 1$ D $y \geq x - 1$

IN FORMA GRAFICA **Per ciascuno dei seguenti semipiani, scrivi la disequazione che lo rappresenta.**

386

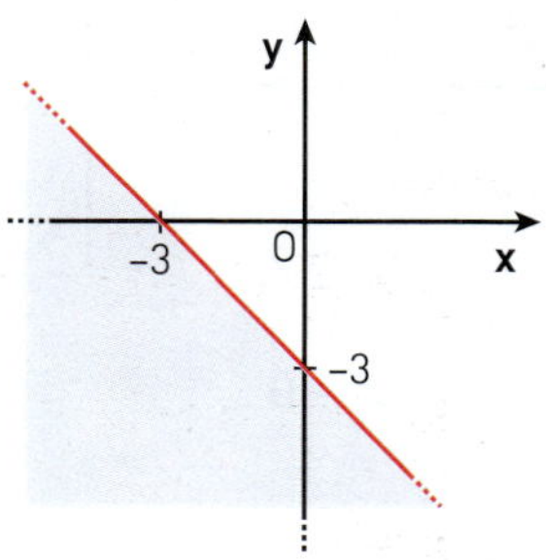

387

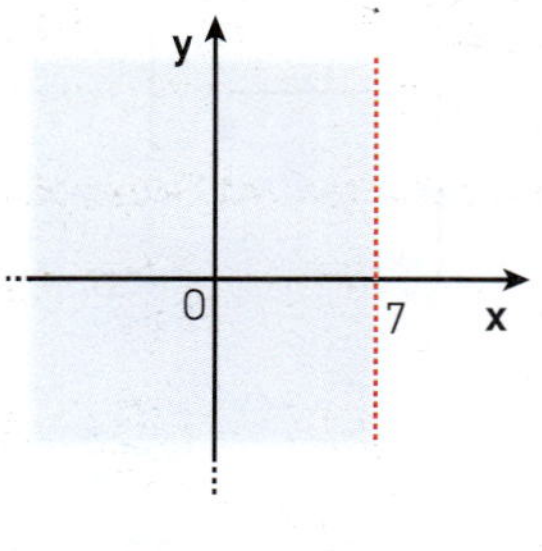

388

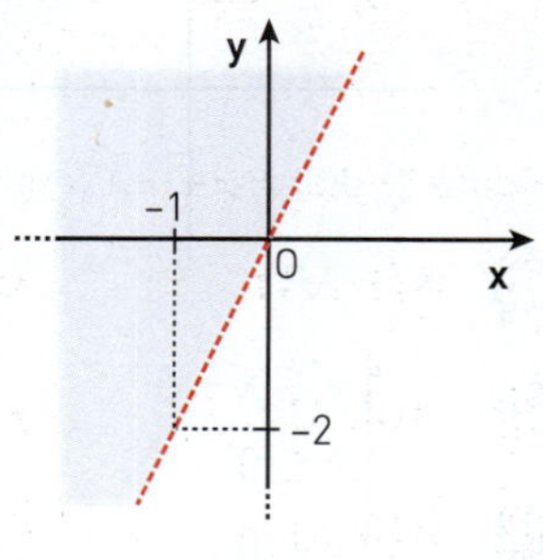

ESERCIZI

Semirette e segmenti

Rappresenta nel piano cartesiano la semiretta o il segmento definiti da ciascuno dei seguenti sistemi misti.

389 $\begin{cases} y = 4x + 1 \\ x < -1 \end{cases}$

390 $\begin{cases} y - x = 0 \\ x \geq 2 \\ x < 6 \end{cases}$

391 $\begin{cases} y + 10 = 0 \\ x \geq \frac{5}{3} \end{cases}$

392 $\begin{cases} y = -\frac{1}{3}x \\ -3 < x < \frac{1}{2} \end{cases}$

393 $\begin{cases} x = 6 - y \\ 0 < x \leq 6 \end{cases}$

394 $\begin{cases} y = -x + 2 \\ x - 1 \geq 0 \end{cases}$

395 $\begin{cases} y = \frac{1}{4}x - 1 \\ -x + 2 < 0 \end{cases}$

396 $\begin{cases} 2x - 4y - 5 = 0 \\ -\frac{1}{4} \leq x < 2 \end{cases}$

IN FORMA GRAFICA Per ciascuno dei seguenti segmenti o semirette, scrivi il sistema misto corrispondente.

397

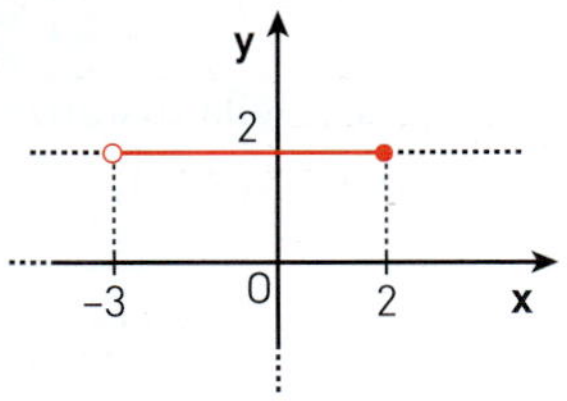

398

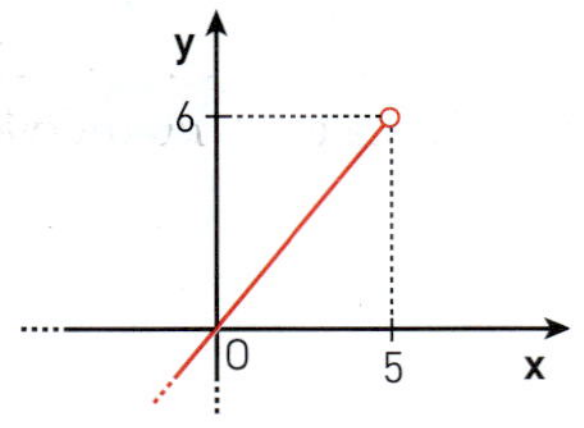

399

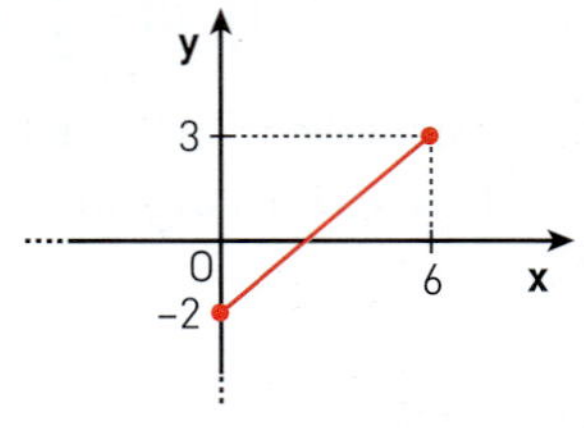

Dati i seguenti insiemi, disegna sul piano cartesiano quelli che si possono rappresentare con un segmento o con una semiretta.

400 $\{(x; y) \in \mathbb{R} \times \mathbb{R} \mid x + y = 2 \wedge 0 \leq y \leq 4\}$

401 $\{(x; y) \in \mathbb{R} \times \mathbb{R} \mid y = 3x - 4 \wedge x \geq 1 \wedge y \leq 5\}$

402 $\{(x; y) \in \mathbb{R} \times \mathbb{R} \mid 2x + 3y = 0 \wedge x \geq 0 \wedge \frac{2}{3} < y < 1\}$

403 $\{(x; y) \in \mathbb{R} \times \mathbb{R} \mid -6x + y - 2 = 0 \wedge x \geq 0 \wedge y \geq 3\}$

Altre regioni di piano

404 Considera il triangolo di vertici $A(1; 1)$, $B(4; 1)$ e $C(-2; 0)$.

a. Scrivi un sistema di disequazioni che ne rappresenti i punti interni, contorno escluso.

b. Stabilisci se l'origine degli assi e il punto $P\left(2; \frac{1}{2}\right)$ appartengono al triangolo.

405 **ASSOCIA** a ogni rappresentazione l'espressione analitica corretta.

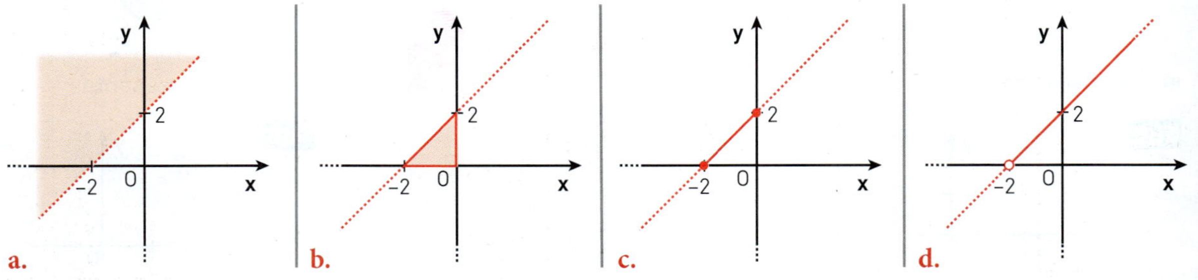

1. $\begin{cases} y \leq x + 2 \\ x \leq 0 \\ y \geq 0 \end{cases}$ **2.** $\begin{cases} y = x + 2 \\ x > -2 \end{cases}$ **3.** $y - x - 2 > 0$ **4.** $\begin{cases} y - x - 2 = 0 \\ x \geq -2 \\ x \leq 0 \end{cases}$

430 Verifica se i tre punti $A(1; 2)$, $B(-3; 4)$, $C(2; -1)$ sono allineati. [no]

431 ESEMPIO DIGITALE Considera sulla retta r di equazione $2x + y - 1 = 0$ il punto A appartenente all'asse y.
Dato il punto $P(2b - 3; 5b + 1)$, determina per quali valori di b, se esistono, la retta PA:

a. è parallela a r;

b. è perpendicolare a r;

c. passa per l'origine.

432 Dato il triangolo ABC di vertici $A(1; 2)$, $B(6; 2)$, $C(3; 8)$, determina le equazioni delle sue altezze. $[x = 3;\ x - 2y + 3 = 0;\ x + 3y - 12 = 0]$

433 Dato il triangolo ABC di vertici $A(-2; -4)$, $B(6; -2)$, $C(2; 2)$, determina le equazioni delle sue mediane. $[2x - 3y - 8 = 0;\ x + 6y + 6 = 0;\ x = 2]$

434 Determina l'equazione della retta passante per $A(-5; 4)$ e $B(-5; -6)$ e l'equazione della perpendicolare condotta per $P(3; 2)$ alla retta AB. Determina l'area del triangolo ABP. $[x = -5;\ y = 2;\ \text{area} = 40]$

435 Determina l'equazione della retta r passante per $P(1; 3)$ e avente per coefficiente angolare $m = 2$; calcola la misura dell'area del triangolo individuato dalla retta e dagli assi cartesiani. $\left[2x - y - 1 = 0;\ \text{area} = \frac{1}{4}\right]$

436 Scrivi le equazioni delle rette dei lati del triangolo di vertici $A(-3; 1)$, $B(4; -1)$, $C(4; 6)$ e determina la sua area. $\left[2x + 7y - 1 = 0;\ x = 4;\ 5x - 7y + 22 = 0;\ \frac{49}{2}\right]$

437 Data la retta di equazione

$$(k + 1)x - 2y + 3 = 0,$$

determina k in modo che:

a. la retta sia parallela alla retta $y - 1 = 0$;

b. la retta sia parallela alla retta $2x - y = 0$;

c. la retta sia perpendicolare alla retta $x - 3y = 0$;

d. la retta passi per il punto $(2; -1)$.

$\left[\text{a) } k = -1;\ \text{b) } k = 3;\ \text{c) } k = -7;\ \text{d) } k = -\frac{7}{2}\right]$

438 Data la retta di equazione

$$x + (a + 2)y - 1 = 0, \text{ con } a \in \mathbb{R},$$

determina a in modo che la retta:

a. sia parallela all'asse x;

b. sia parallela all'asse y;

c. passi per l'origine.

[a) non esiste; b) $a = -2$; c) non esiste]

439 Dato il fascio di rette di equazione

$$kx - 2ky + 1 = 0,$$

a. stabilisci se si tratta di un fascio proprio o improprio;

b. determina la retta del fascio passante per $A(0; 1)$.

[a) fascio improprio; b) $x - 2y + 2 = 0$]

440 È dato il quadrilatero $ABCD$ di vertici $A(4; 3)$, $B(12; 9)$, $C(13; 16)$, $D(5; 10)$. Dopo aver verificato che $ABCD$ è un parallelogramma:

a. calcola l'altezza relativa al lato AB;

b. determina l'area del parallelogramma.

[a) 5; b) 50]

441 Il triangolo isoscele ABC ha la base AB di estremi $A(-2; -1)$ e $B(6; 3)$ e il vertice C sull'asse y. Trova l'ordinata di C e l'area del triangolo. $[y_C = 5;\ 20]$

442 Verifica che il quadrilatero di vertici $A(1; 1)$, $B(5; 4)$, $C(2; 8)$, $D(-2; 5)$ è un quadrato e trova le equazioni delle sue diagonali. $[7x - y - 6 = 0;\ x + 7y - 33 = 0]$

443 Scrivi l'equazione della retta r passante per i punti $A\left(0; -\frac{1}{2}\right)$ e $B\left(\frac{3}{4}; \frac{1}{2}\right)$. Calcola le distanze di questi punti dalla retta s di equazione $4x - 3y + 2 = 0$. Come sono tra loro le rette r e s? $\left[8x - 6y - 3 = 0;\ \frac{7}{10};\ \text{parallele}\right]$

444 SPIEGA PERCHÉ Considera il fascio di equazione:

$$kx + (k - 3)y - k = 0, \text{ con } k \in \mathbb{R}.$$

Esistono punti in comune fra due rette del fascio? Perché?

445 Verifica che nel triangolo di vertici $A(-2; 2)$, $B(4; 3)$, $C(1; 7)$ il segmento che unisce i punti medi di due lati è parallelo al terzo lato e congruente a metà di questo.

ESERCIZI

446 Determina l'equazione della retta parallela a $3x - 2y + 5 = 0$ e passante per il punto medio del segmento di estremi $A(3; 7)$ e $B(-1; -3)$. [$3x - 2y + 1 = 0$]

447 Dato il quadrilatero $ABCD$ di vertici $A(-1; 0)$, $B(0; -1)$, $C\left(\frac{1}{3}; 0\right)$, $D(0; 3)$, verifica che si tratta di un trapezio e determina la misura dell'altezza. $\left[\frac{4}{\sqrt{10}}\right]$

MATEMATICA AL COMPUTER

I problemi sulla retta con Wiris In questo laboratorio ti proponiamo la risoluzione con Wiris di alcuni problemi di geometria analitica.

Problema e risoluzione - 7 esercizi in più.

448 Determina l'equazione della retta r passante per i punti $A\left(-\frac{1}{2}; -3\right)$ e $B\left(2; \frac{9}{2}\right)$ e data la retta s di equazione $2kx - (k-1)y + 4(k-1) = 0$:

a. trova per quale valore di k le due rette sono parallele;

b. calcola la distanza tra le due rette.

$\left[\text{a) } k = 3; \text{ b) } d = \frac{11}{2\sqrt{10}}\right]$

449 Determina l'equazione della retta passante per $A(-5; 2)$ e $B(3; 2)$. Dopo aver verificato se il punto $P(5; -3)$ appartiene a tale retta, calcola la sua distanza dal punto A. [$y = 2$; $\sqrt{125}$]

450 Dopo aver determinato l'equazione della retta r passante per $A(2; -3)$ e $B(1; 4)$, trova le coordinate del punto P appartenente a essa di ascissa 3. Determina poi l'equazione della retta s passante per P e perpendicolare alla retta r. [$7x + y - 11 = 0$; $P(3; -10)$; $x - 7y - 73 = 0$]

451 Disegna sul piano cartesiano la retta r di equazione $y = 2x - 3$. Determina le coordinate del suo punto di intersezione A con l'asse delle ordinate. Trova le equazioni delle rette s e t passanti per A, con s perpendicolare a r e t parallela all'asse x. [$A(0; -3)$; $x + 2y + 6 = 0$; $y + 3 = 0$]

452 Disegna sul piano cartesiano la retta passante per l'origine degli assi e per $A(3; 2)$. Calcola poi la distanza del punto $B(5; -1)$ da tale retta. [$\sqrt{13}$]

453 Dato il triangolo di vertici $A(-1; 2)$, $B(-9; 2)$, $C(-5; -1)$, verifica che è un triangolo isoscele e determina il suo perimetro, l'area e le coordinate del baricentro. (SUGGERIMENTO Il baricentro è il punto d'incontro delle mediane e divide ogni mediana in due parti tali che una è doppia dell'altra.) [18; 12; $(-5; 1)$]

454 Stabilisci per quale valore di m le rette r di equazione $mx - 2y + 3 = 0$ e s di equazione $y = \frac{2x-1}{3}$ sono perpendicolari. Determina poi la distanza del punto P di ascissa 1, appartenente alla retta s, dalla retta r così trovata. $\left[m = -3; d = \frac{2}{3\sqrt{13}}\right]$

455 YOU & MATHS A square $ABCD$ is drawn with A on the y-axis, B on the x-axis, and C at the point $(13, 8)$. What is the area of the square?

(USA *Florida Atlantic University, Stuyvesant Alumni Math Competition*, 2000)

456 Verifica che il quadrilatero $ABCD$ di vertici $A(-3; 1)$, $B(2; 11)$, $C(0; 27)$, $D(-11; 5)$ è un trapezio rettangolo e determina la sua area. [160]

457 EUREKA! **In fila per tre** Quale di questi punti è allineato ai punti $A(3; 1)$ e $B(5; 4)$?

A $(0; 3)$

B $(-4; -9)$

C $\left(4; \frac{5}{2}\right)$

D $\left(\frac{1}{2}; -\frac{5}{2}\right)$

458 Trova la retta comune ai fasci $(m+1)x - 3y = m - 1$ e $x + 3k - 2y - 1 = 0$, e calcola la sua distanza dall'origine. $\left[3x - 6y + 1 = 0; \frac{\sqrt{5}}{15}\right]$

459 Trova l'area del triangolo che ha per vertici i centri dei tre fasci di rette di equazioni:

$y = m(x - 1)$;

$kx - y + 3k - 1 = 0$;

$y = mx - 4m - 3$. $\left[\text{area} = \frac{15}{2}\right]$

VERIFICA DELLE COMPETENZE ALLENAMENTO

RISOLVERE PROBLEMI

TEST

1 Un punto $A(p; q)$ diverso dall'origine sta sulla bisettrice del secondo e quarto quadrante. Quale delle seguenti relazioni è *giusta*?

A $|p| = |q|$
B $p = q$
C $p = \frac{1}{q}$
D $p \cdot q > 0$
E $|p| \neq |q|$

2 Il punto medio del segmento di estremi $A(-4; 3)$ e $B(2; 5)$ è:

A $M(6; 2)$.
B $M(3; 1)$.
C $M(-1; 4)$.
D $M(-2; 8)$.
E $M(1; 4)$.

3 Nella figura è rappresentato il triangolo di vertici $A(-2; 1)$, $B(3; 1)$ e $C(4; -2)$. L'altezza relativa al lato AB misura:

A 5.
B 6.
C -3.
D 3.
E 1.

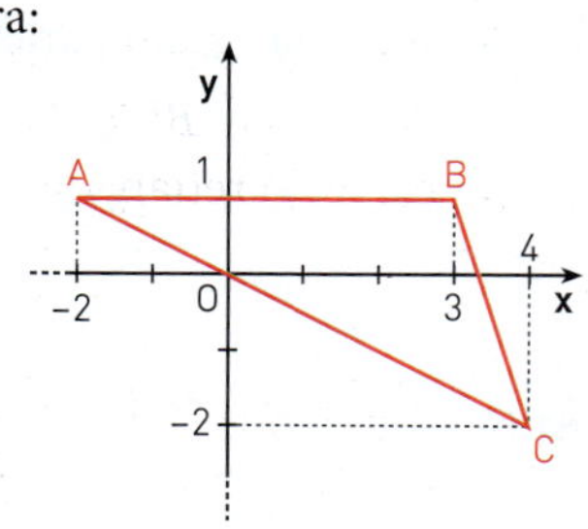

4 L'equazione della retta passante per $A(3; -2)$ e $B(-7; -2)$ è:

A $3x - 7y = -2$.
B $10x = 3$.
C $3x + 7y = -2$.
D $3x - 7y = 2$.
E $y = -2$.

5 L'equazione $y = k$ rappresenta:

A un fascio improprio di rette, con coefficiente angolare k.
B il fascio proprio di rette passanti per il punto $P(0; k)$.
C un fascio improprio di rette con coefficiente angolare zero.
D la bisettrice del primo e terzo quadrante.
E l'asse x.

6 Quale fra le rette seguenti *non* è parallela alla retta di equazione $y = 2x - 3$?

A $2x - y - 1 = 0$
B $4x - 2y + 3 = 0$
C $-4x + 2y - 5 = 0$
D $2x + y + 1 = 0$
E $-6x + 3y = 0$

7 Quale fra le seguenti rette è perpendicolare alla retta di equazione $x + 3y - 1 = 0$?

A $y = 3x + 1$
B $y = -3x + 2$
C $x = -3y + 1$
D $x = 3y + 2$
E $y = -\frac{1}{3}x$

8 Il coefficiente angolare della retta passante per i punti $A(-3; 2)$ e $B(1; 4)$ è:

A $\frac{1}{2}$.
B 2.
C -2.
D $-\frac{1}{2}$.
E $-\frac{1}{3}$.

9 Sono noti i vertici $A(-2; 2)$, $B(2; 1)$ e $C(6; 4)$ del parallelogramma $ABCD$. L'equazione del lato AD è:

A $x + 4y - 22 = 0$.
B $3x - 4y + 14 = 0$.
C $3x - 4y - 2 = 0$.
D $x + 4y - 6 = 0$.
E $4x + 3y - 4 = 0$.

10 L'equazione della retta r è:

$5x + y - 6 = 0$.

Quanto vale il coefficiente angolare di una retta perpendicolare a r?

A 5
B -5
C $\frac{1}{5}$
D $-\frac{1}{5}$
E -1

11 Se $a = b = c = 0$, l'equazione $ax + by + c = 0$ rappresenta:

A un punto.
B l'asse x.
C nessun ente geometrico.
D l'asse y.
E un piano.

12 Scrivi in forma esplicita le seguenti equazioni, specificando quali sono il coefficiente angolare e il termine noto, poi disegna il grafico delle tre rette.

a. $2x - 2y + 3 = 0$;

b. $3y + 5 = 0$;

c. $x - 3y + 9 = 0$.

13 Trova la distanza del punto $P(-3; 4)$ dalla retta AB con $A(-5; 2)$ e $B(3; -2)$. Determina l'equazione della retta perpendicolare ad AP condotta per P. $\left[d = \frac{6}{\sqrt{5}}; x + y - 1 = 0\right]$

14 Il segmento AB ha come estremo il punto $A(-3; 4)$. Il punto medio di AB è $M(1; 1)$.

Determina:

a. le coordinate di B;

b. l'equazione della retta AB;

[a) $B(5; -2)$; b) $3x + 4y - 7 = 0$]

Parallele e perpendicolari

15 Scrivi l'equazione della retta per $A(-2; -3)$ e $B(5; -3)$ e l'equazione della parallela condotta per $P\left(-1; \frac{3}{2}\right)$ alla retta AB. $\left[y = -3; y = \frac{3}{2}\right]$

16 Considera le rette le cui equazioni sono le seguenti e stabilisci quali sono parallele fra loro e quali perpendicolari.

$$r: y = 2x - 1; \quad s: x + 2y + 3 = 0; \quad t: 2x - y - 6 = 0; \quad u: y = \frac{1}{2}x; \quad v: y = \frac{1}{2}x - 3.$$

$[r \perp s; r \,//\, t; s \perp t; u \,//\, v]$

17 Data la retta di equazione $(k - 1)x + 3y - 2 = 0$, determina k in modo che:

a. la retta sia parallela alla retta $y + 2 = 0$;

b. la retta sia parallela alla retta $x - 3y = 0$;

c. la retta sia perpendicolare alla retta $x + 2y = 0$;

d. la retta passi per $P(-2; 1)$.

$\left[\text{a) } k = 1; \text{ b) } k = 0; \text{ c) } k = -5; \text{ d) } k = \frac{3}{2}\right]$

18 Data la retta di equazione $2x - 3y + 2 = 0$, scrivi le equazioni delle rette passanti per il punto $A(2; 3)$, l'una perpendicolare e l'altra parallela alla retta data. $[3x + 2y - 12 = 0; 2x - 3y + 5 = 0]$

19 Trova per quale valore di k le rette r e s di equazione, rispettivamente, $(k + 1)x - 3y + 2 = 0$ e $y = \frac{4x + 1}{3}$ sono:

a. parallele;

b. perpendicolari.

Determina per quale valore di k la retta r passa per il punto di ascissa 5 della retta s.

$\left[\text{a) } 3; \text{ b) } -\frac{13}{4}; \frac{14}{5}\right]$

20 Tra le rette parallele a quella di equazione $6x - 8y + 1 = 0$ trova quella che:

a. passa per $A(2; 0)$;

b. ha distanza dall'origine uguale a 3;

c. ha ordinata all'origine uguale a 3;

d. passa per il punto di ascissa 5 della retta di equazione $x - 2y + 3 = 0$.

[a) $3x - 4y - 6 = 0$; b) $3x - 4y + 15 = 0$, $3x - 4y - 15 = 0$; c) $3x - 4y + 12 = 0$; d) $3x - 4y + 1 = 0$]

Fasci di rette

21 Scrivi l'equazione del fascio improprio di rette contenente la retta di equazione $2x + 3y - 1 = 0$ e disegna tre rette qualsiasi del fascio.
$\left[y = -\frac{2}{3}x + q\right]$

22 Scrivi l'equazione del fascio di rette passante per il punto $P(-2; 3)$ e disegna le rette del fascio aventi coefficiente $m = -1$, $m = 1$, $m = 5$.
$[y = mx + 2m + 3]$

23 Tra le rette del fascio di centro $M(6; -1)$ determina l'equazione della retta:

a. passante per l'origine;
b. parallela all'asse x;
c. passante per $P(2; -5)$;
d. parallela alla retta che passa per $A(-1; 2)$ e $B(4; 3)$.

$\left[\text{a) } y = -\frac{1}{6}x;\ \text{b) } y = -1;\ \text{c) } y = x - 7;\ \text{d) } y = \frac{1}{5}x - \frac{11}{5}\right]$

24 Dato il fascio di rette di equazione:
$$2kx + 2y + 6 - k = 0,$$
determina k in modo che:

a. la retta passi per $P\left(-\frac{3}{2}; 2\right)$;
b. la retta sia parallela all'asse x;
c. la retta sia perpendicolare all'asse x;
d. la retta sia parallela alla retta AB, con $A\left(1; \frac{2}{3}\right)$ e $B\left(-\frac{1}{2}; \frac{5}{3}\right)$.

$\left[\text{a) } k = \frac{5}{2};\ \text{b) } k = 0;\ \text{c) impossibile; d) } k = \frac{2}{3}\right]$

25 Verifica se la retta $(2a - 1)x + 3y + 5 = 0$ appartiene al fascio improprio $y = -\frac{1}{3}x + q$ per:

a. $a = 1$;
b. $a = -1$.

[a) sì; b) no]

Problemi con figure geometriche

26 Verifica che il triangolo di vertici $A(2; 1)$, $B(6; 5)$ e $C(-2; 9)$ è un triangolo isoscele e calcolane l'area. [24]

27 Dato il triangolo di vertici $A(2; 2)$, $B(-1; -1)$ e $C(6; 0)$, scrivi le equazioni dei suoi lati.
$\left[y = x;\ y = \frac{1}{7}x - \frac{6}{7};\ y = -\frac{1}{2}x + 3\right]$

28 Dato il triangolo di vertici $A(-1; 2)$, $B(2; -3)$, $C(5; 4)$, scrivi l'equazione della mediana AM e verifica che il punto $G(2; 1)$ appartiene a tale retta e inoltre divide la mediana AM in due parti, una doppia dell'altra. $[x + 3y - 5 = 0]$

29 Nel triangolo di vertici $A(2; 6)$, $B(5; 1)$, $C(-1; -2)$:

a. determina le lunghezze delle mediane e le equazioni delle rette a cui appartengono;
b. verifica che tali rette passano tutte per il punto $D\left(2; \frac{5}{3}\right)$.

$\left[\text{a) } \frac{13}{2},\ x = 2;\ \frac{\sqrt{85}}{2},\ 2x + 9y - 19 = 0;\ \frac{\sqrt{202}}{2},\ 11x - 9y - 7 = 0\right]$

30 È dato il parallelogramma $ABCD$ con $A(3; 2)$, $B(7; 4)$ e $D(1; -6)$. Determina le equazioni dei lati del parallelogramma e le coordinate del vertice C.
$[x - 2y + 1 = 0;\ 4x - y - 10 = 0;\ x - 2y - 13 = 0;\ 4x - y - 24 = 0;\ (5; -4)]$

31 In un triangolo di vertici $A(-2; 3)$, $B(3; 2)$, $C(1; -2)$ calcola:

a. la misura della mediana BM e dell'altezza BH;
b. l'equazione di BM e quella di BH;
c. l'area del triangolo.

$\left[\text{a) } \frac{\sqrt{58}}{2},\ \frac{22}{\sqrt{34}};\ \text{b) } 3x - 7y + 5 = 0,\ 3x - 5y + 1 = 0;\ \text{c) } 11\right]$

32 Determina le equazioni dei lati e l'area del triangolo ABC di vertici $A(-2; 1)$, $B(3; -3)$ e $C(2; 4)$.
$\left[AB)\ 4x + 5y + 3 = 0;\ AC)\ 3x - 4y + 10 = 0;\ BC)\ 7x + y - 18 = 0;\ \text{area} = \frac{31}{2}\right]$

VERIFICA DELLE COMPETENZE

33 È dato il triangolo di vertici $A(10; -11)$, $B(3; 13)$, $C(-6; 1)$.

a. Trova il perimetro.

b. Determina se il triangolo è rettangolo.

c. Considera i punti medi M e N dei lati AC e CB e verifica che il segmento MN è metà del lato AB.

d. Verifica che le rette MN e AB sono parallele.

[a) 60]

34 Dato il quadrilatero di vertici $A(-1; 0)$, $B(0; -3)$, $C(6; -1)$, $D(1; 4)$, verifica che il poligono che si ottiene congiungendo i punti medi dei suoi lati è un parallelogramma.

35 Una retta r del piano cartesiano passa per $A(-2; -1)$ e ha coefficiente angolare $m = -1$. La base AB del triangolo isoscele ABC appartiene a r; inoltre B appartiene all'asse delle ordinate e C all'asse delle ascisse.
Determina i tre vertici del triangolo e la sua area.

[$A(-2; -1)$, $B(0; -3)$, $C(1; 0)$; area = 4]

36 Determina l'equazione della retta p condotta per $P(3; 2)$ e parallela alla retta AB con $A(-2; 4)$ e $B(-2; -3)$. Detti S il punto di intersezione della retta BP con l'asse x e K il piede della perpendicolare condotta da A alla retta p, calcola l'area del trapezio $ABPK$ e l'area dei triangoli ABS e APS.

$\left[x = 3;\ \text{area}(ABPK) = \frac{45}{2};\ \text{area}(ABS) = \frac{21}{2};\ \text{area}(APS) = 7\right]$

37 EUREKA! I vertici $ABCD$ di un quadrilatero hanno coordinate $A(0; 0)$, $B(h; 0)$, $C(h + k; l)$, $D(k; l)$, ove $h \neq 0$ e $l \neq 0$. Allora $ABCD$ è:

A un quadrato.

B un rettangolo.

C un parallelogramma.

D un rombo.

E un trapezio scaleno.

(*Olimpiadi della matematica, Giochi di Archimede*, 1994)

Problemi INTORNO A NOI

38 **Pausa pranzo** Una mensa mette a disposizione dei clienti una card al prezzo di € 16 che consente di pagare il menù base € 9 anziché € 11. Stabilisci la convenienza della card in funzione del numero dei pasti consumati. [meno di 8 pasti: non conviene la card; 8 pasti: indifferente; più di 8 pasti: conviene la card]

39 Un agente di commercio valuta tre possibilità retributive dopo un primo colloquio di lavoro in tre ditte diverse. La retribuzione mensile prevede, nei tre casi:
A: € 1000 fissi; B: € 800 più il 10% del ricavato delle vendite; C: € 600 più il 20% del ricavato delle vendite.
Valuta la proposta più conveniente in funzione del ricavato previsto delle vendite mensili.

[meno di € 2000: proposta A; € 2000: indifferente A, B o C; oltre € 2000: proposta C]

40 Una copisteria applica le seguenti tariffe per le fotocopie in bianco e nero: € 0,06 fino a 40 copie; € 0,05 da 41 a 100 copie; € 0,03 oltre la centesima. Scrivi l'espressione analitica della funzione che rappresenta la spesa in centesimi al variare del numero di copie effettuate e rappresentala nel piano cartesiano.

VERIFICA DELLE COMPETENZE PROVE

1 ora

PROVA A

1 VERO O FALSO? Considera i punti $A(5;-2)$, $B(0;7)$, $C(1;1)$ e $D(1;-2)$.

a. I punti A e D appartengono al secondo quadrante. V F

b. Il punto B appartiene all'asse y. V F

c. $\overline{AC} < \overline{AD}$. V F

d. Il punto medio del segmento AB appartiene alla bisettrice del secondo e quarto quadrante. V F

2 Considera il triangolo di vertici $A(1;3)$, $B(-1;4)$ e $C(7;1)$.
Determina:

a. l'equazione della retta contenente il lato AB;

b. la misura dell'altezza relativa al lato AB;

c. l'area del triangolo.

3 Rappresenta il triangolo di vertici $A(-2;-1)$, $B(1;5)$, $C(4;1)$ e calcolane il perimetro e l'area.

4 Scrivi l'equazione della retta passante per il punto di intersezione delle rette $y = 3x - 10$ e $x - y = 8$, tale che:

a. sia parallela alla retta $x - 2 = 0$;

b. sia perpendicolare a $3x = 2y$;

c. passi per il punto $B(-1;1)$;

d. sia parallela all'asse x.

5 Determina per quale valore di k la retta $5kx - 10y + 9 = 0$:

a. passa per il punto $P\left(1;\frac{1}{5}\right)$;

b. è parallela a $y = \frac{1}{2}x + 1$;

c. è perpendicolare a $3x - 2 = 0$;

d. è parallela a $x + y + 1 = 0$;

e. è perpendicolare alla bisettrice del primo e terzo quadrante.

PROVA B

Scarpe su misura

Camilla si diverte a disegnare modelli di scarpe per sé e le sue amiche e, qualche volta, fa realizzare i modelli dalla famosa «calzoleria-online».
Leggendo le istruzioni riportate nel sito, ha scoperto che i piedi di un individuo adulto dovrebbero essere lunghi all'incirca il 15% dell'altezza nell'uomo e il 14,5% nella donna (tale relazione è indicativa).

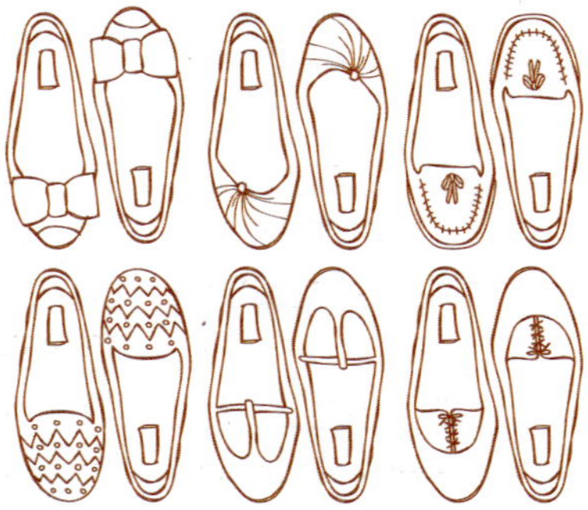

a. Scrivi la relazione fra la misura dell'altezza e quella del piede, sia per gli uomini sia per le donne, e rappresenta le relazioni ottenute su un piano cartesiano.

b. Nello stesso sito Camilla scopre che, in Europa, per calcolare il numero di scarpa di una persona si deve moltiplicare per 1,5 la lunghezza del suo piede in centimetri, aggiungere 2,25 al prodotto e arrotondare il risultato all'unità più vicina. Calcola il numero di scarpa per una donna alta 1,60 m.

c. Calcola il numero di scarpa per un uomo alto 1,85 m.

d. Gli ortopedici raccomandano di aggiungere 5 mm alla lunghezza massima del piede (dal tallone alla punta) per permettere al piede di assumere una posizione corretta.
Scrivi le nuove relazioni tenendo conto di questo suggerimento e calcola la misura di scarpa ideale per un uomo alto 1,90 m.

e. Quali osservazioni si possono fare confrontando le relazioni ottenute in **a** e in **d** nel caso di un uomo e in quello di una donna?

TEORIA

2 La definizione classica di probabilità

▶ Esercizi a p. β22

La probabilità di un evento

Un sacchetto contiene palline gialle e rosse, che non possiamo vedere e che differiscono soltanto per il colore. In questo modo, l'estrazione di una pallina è un esperimento aleatorio, i cui risultati sono tutti *ugualmente possibili*.

Consideriamo, per esempio, l'evento $E =$ «è estratta una pallina rossa»: chiamiamo *caso favorevole* l'estrazione di una pallina di questo colore, *caso possibile* una qualsiasi delle estrazioni che possono avvenire.

Il rapporto fra il numero dei casi favorevoli e quello dei casi possibili è una misura della possibilità che un evento si verifichi: chiamiamo questa misura **probabilità**.

ESEMPIO Nel sacchetto S_1 ci sono 2 palline rosse e 8 gialle; nel sacchetto S_2 ci sono 5 palline rosse e 5 gialle. Calcoliamo, per ognuno dei due sacchetti, la probabilità dell'evento «è estratta una pallina rossa».

Probabilità di estrazione da S_1:

$$p_1 = \frac{2}{8+2} = 0{,}2.$$

Probabilità di estrazione da S_2:

$$p_2 = \frac{5}{5+5} = 0{,}5.$$

$p_1 < p_2$: è meno probabile estrarre una pallina rossa da S_1 che da S_2.

Diamo allora la seguente definizione.

Listen to it

The **probability of an event** is the ratio of the number of favourable cases to the total number of equally likely cases.

DEFINIZIONE
La **probabilità classica** di un evento E è il rapporto fra il numero dei casi favorevoli e il numero di tutti i casi *ugualmente possibili*.

Indicando un evento con una lettera maiuscola E e la probabilità che l'evento si verifichi con il simbolo $p(E)$ si ha:

$$p(E) = \frac{\textbf{numero dei casi favorevoli}}{\textbf{numero dei casi ugualmente possibili}} = \frac{f}{n}.$$

Osserviamo che, considerando gli insiemi, i casi possibili sono gli elementi dello spazio campionario, mentre i casi favorevoli sono gli elementi del sottoinsieme dell'evento.

▶ Un'urna contiene 8 palline gialle, 4 rosse e 10 verdi. Calcola la probabilità che venga estratta:
a. una pallina gialla;
b. una pallina rossa;
c. una pallina verde.

ESEMPIO Nel lancio di un dado a sei facce consideriamo i seguenti eventi:

$E_1 =$ «esce il 4»; $E_2 =$ «esce un numero dispari»;

$E_3 =$ «esce un numero maggiore di 2».

Calcoliamo la probabilità di ciascun evento nell'ipotesi che il dado non sia truccato. Lo spazio campionario è uguale per tutti:

$S = \{1, 2, 3, 4, 5, 6\}$.

VERIFICA DELLE COMPETENZE PROVE

1 ora

PROVA A

1 VERO O FALSO? Considera i punti $A(5; -2)$, $B(0; 7)$, $C(1; 1)$ e $D(1; -2)$.

a. I punti A e D appartengono al secondo quadrante. V F

b. Il punto B appartiene all'asse y. V F

c. $\overline{AC} < \overline{AD}$. V F

d. Il punto medio del segmento AB appartiene alla bisettrice del secondo e quarto quadrante. V F

2 Considera il triangolo di vertici $A(1; 3)$, $B(-1; 4)$ e $C(7; 1)$.
Determina:

a. l'equazione della retta contenente il lato AB;

b. la misura dell'altezza relativa al lato AB;

c. l'area del triangolo.

3 Rappresenta il triangolo di vertici $A(-2; -1)$, $B(1; 5)$, $C(4; 1)$ e calcolane il perimetro e l'area.

4 Scrivi l'equazione della retta passante per il punto di intersezione delle rette $y = 3x - 10$ e $x - y = 8$, tale che:

a. sia parallela alla retta $x - 2 = 0$;

b. sia perpendicolare a $3x = 2y$;

c. passi per il punto $B(-1; 1)$;

d. sia parallela all'asse x.

5 Determina per quale valore di k la retta $5kx - 10y + 9 = 0$:

a. passa per il punto $P\left(1; \frac{1}{5}\right)$;

b. è parallela a $y = \frac{1}{2}x + 1$;

c. è perpendicolare a $3x - 2 = 0$;

d. è parallela a $x + y + 1 = 0$;

e. è perpendicolare alla bisettrice del primo e terzo quadrante.

PROVA B

Scarpe su misura

Camilla si diverte a disegnare modelli di scarpe per sé e le sue amiche e, qualche volta, fa realizzare i modelli dalla famosa «calzoleria-online».
Leggendo le istruzioni riportate nel sito, ha scoperto che i piedi di un individuo adulto dovrebbero essere lunghi all'incirca il 15% dell'altezza nell'uomo e il 14,5% nella donna (tale relazione è indicativa).

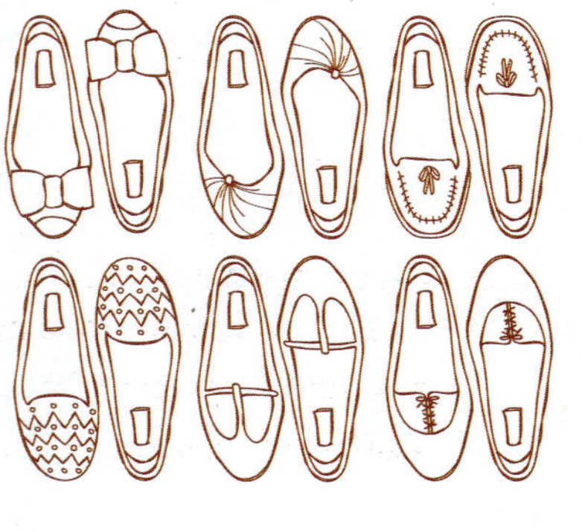

a. Scrivi la relazione fra la misura dell'altezza e quella del piede, sia per gli uomini sia per le donne, e rappresenta le relazioni ottenute su un piano cartesiano.

b. Nello stesso sito Camilla scopre che, in Europa, per calcolare il numero di scarpa di una persona si deve moltiplicare per 1,5 la lunghezza del suo piede in centimetri, aggiungere 2,25 al prodotto e arrotondare il risultato all'unità più vicina. Calcola il numero di scarpa per una donna alta 1,60 m.

c. Calcola il numero di scarpa per un uomo alto 1,85 m.

d. Gli ortopedici raccomandano di aggiungere 5 mm alla lunghezza massima del piede (dal tallone alla punta) per permettere al piede di assumere una posizione corretta.
Scrivi le nuove relazioni tenendo conto di questo suggerimento e calcola la misura di scarpa ideale per un uomo alto 1,90 m.

e. Quali osservazioni si possono fare confrontando le relazioni ottenute in **a** e in **d** nel caso di un uomo e in quello di una donna?

CAPITOLO

β

INTRODUZIONE ALLA PROBABILITÀ

1 Gli eventi e lo spazio campionario

▶ Esercizi a p. β20

Lanciamo quattro volte un dado non truccato con le facce numerate da 1 a 6.
Al primo lancio otteniamo 2, al secondo 4, al terzo 5, al quarto 2.
Per ogni lancio possiamo ottenere uno dei sei numeri delle facce, ma non possiamo stabilire a priori quale delle facce uscirà.

DEFINIZIONE
Chiamiamo **esperimento aleatorio o casuale** ogni fenomeno il cui risultato non può essere previsto in anticipo.

ESEMPIO Il lancio di una moneta è un esperimento aleatorio, che può avere come esiti testa (T) o croce (C).

Nel lancio del dado sappiamo, però, che i risultati possibili sono tutti e soli i numeri compresi tra 1 e 6.

DEFINIZIONE
Chiamiamo **spazio campionario** l'insieme S di tutti i possibili esiti di un esperimento aleatorio.

ESEMPIO Il lancio di un dado a sei facce è un esperimento aleatorio i cui esiti possibili sono i numeri da 1 a 6. Quindi lo spazio campionario è:

$$S = \{1, 2, 3, 4, 5, 6\}.$$

Listen to it
A **random event** is a subset of all possible outcomes of an experiment whose result cannot be predicted in advance with certainty.

DEFINIZIONE
Chiamiamo **evento** ogni sottoinsieme dello spazio campionario.

L'evento si indica, di solito, con una lettera maiuscola.

ESEMPIO Nel lancio del dado a sei facce uno dei possibili eventi è:

$$E = \text{«esce un numero dispari»} = \{1, 3, 5\}.$$

Particolari eventi sono:

- l'intero spazio campionario, detto **evento certo**;

- l'insieme vuoto, che chiamiamo **evento impossibile**;
- i sottoinsiemi costituiti da un solo elemento dello spazio campionario, detti **eventi elementari**.

ESEMPIO Nel caso del lancio di un dado:
- E_1 = «esce un numero compreso fra 1 e 6» = {1, 2, 3, 4, 5, 6} è un evento certo;
- E_2 = «esce 7» = ∅ è un evento impossibile;
- E_3 = «esce 6» = {6} è un evento elementare.

▶ In una classe con maschi e femmine si estraggono a sorte due studenti estraendo successivamente due bigliettini da un sacchetto. Scrivi lo spazio campionario e due eventi, di cui uno elementare.

Gli eventi e la loro rappresentazione grafica

È possibile rappresentare graficamente gli spazi campionari e gli eventi aleatori.
Utilizzando i diagrammi di Venn, l'esempio precedente relativo al lancio del dado a sei facce si rappresenta come nella figura a lato.

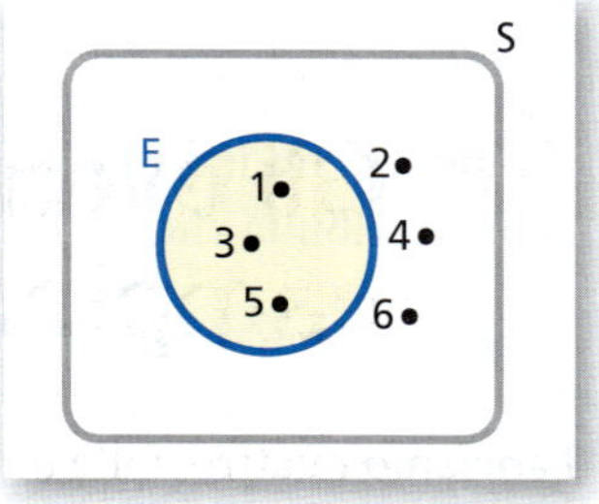

Dalla figura si ricava che

E = «esce un numero dispari» = {1, 3, 5}

è un sottoinsieme dello spazio campionario S.

Non sempre, tuttavia, è semplice determinare lo spazio campionario e il sottoinsieme relativo all'evento preso in considerazione. Per esempio, analizziamo il lancio di una moneta per due volte consecutive e l'evento E = «esce testa due volte» = {TT}: abbiamo due possibili esiti, T e C, per il primo lancio e anche per il secondo. Utilizziamo un diagramma ad albero per rappresentare la situazione.

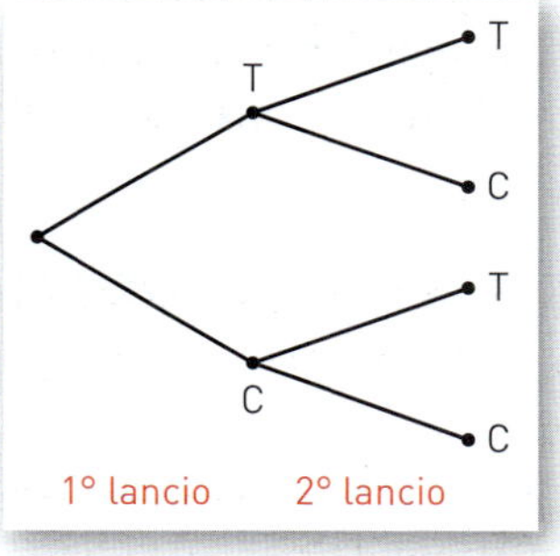

Ricaviamo gli elementi dello spazio campionario percorrendo i collegamenti dall'inizio alla fine:

S = {TT, TC, CT, CC}.

Esaminando lo spazio campionario possiamo dedurre che:

E = «esce testa due volte» = {TT},

quindi l'evento favorevole è uno solo.

▶ Determina lo spazio campionario relativo a tre lanci consecutivi di una moneta e indica tre eventi di cui uno elementare. Chiama T (*testa*) e C (*croce*) le due facce della moneta che puoi ottenere nei lanci.

Animazione

Un altro modo per rappresentare lo spazio campionario di un esperimento aleatorio è la tabella a doppia entrata.
Consideriamo il lancio di due dadi e l'evento E = «la somma dei due numeri usciti è 5».
Lo spazio campionario del primo dado è:

S_1 = {1, 2, 3, 4, 5, 6}.

Lo spazio campionario del secondo dado è:

S_2 = {1, 2, 3, 4, 5, 6}.

Lo spazio campionario relativo al lancio di due dadi è costituito dalle coppie del prodotto cartesiano $S_1 \times S_2$; gli esiti possibili sono 36. Nella tabella riportiamo la somma dei numeri usciti.
Gli esiti che verificano l'evento E sono solo 4, quelli evidenziati in giallo.

Dado 2 \ Dado 1	1	2	3	4	5	6
1	2	3	4	5	6	7
2	3	4	5	6	7	8
3	4	5	6	7	8	9
4	5	6	7	8	9	10
5	6	7	8	9	10	11
6	7	8	9	10	11	12

▶ Un astuccio contiene tre gettoni colorati: uno rosso, uno verde e uno blu. Estraendo un gettone per volta determina quando si verifica l'evento E = «il gettone rosso è estratto per secondo».

▶ Determina gli esiti che soddisfano l'evento E = «nel lancio di due dadi escono due numeri dispari».

TEORIA

2 La definizione classica di probabilità

▶ Esercizi a p. β22

La probabilità di un evento

Un sacchetto contiene palline gialle e rosse, che non possiamo vedere e che differiscono soltanto per il colore. In questo modo, l'estrazione di una pallina è un esperimento aleatorio, i cui risultati sono tutti *ugualmente possibili.*

Consideriamo, per esempio, l'evento E = «è estratta una pallina rossa»: chiamiamo *caso favorevole* l'estrazione di una pallina di questo colore, *caso possibile* una qualsiasi delle estrazioni che possono avvenire.

Il rapporto fra il numero dei casi favorevoli e quello dei casi possibili è una misura della possibilità che un evento si verifichi: chiamiamo questa misura **probabilità**.

ESEMPIO Nel sacchetto S_1 ci sono 2 palline rosse e 8 gialle; nel sacchetto S_2 ci sono 5 palline rosse e 5 gialle. Calcoliamo, per ognuno dei due sacchetti, la probabilità dell'evento «è estratta una pallina rossa».

Probabilità di estrazione da S_1:

$$p_1 = \frac{2}{8+2} = 0{,}2.$$

Probabilità di estrazione da S_2:

$$p_2 = \frac{5}{5+5} = 0{,}5.$$

$p_1 < p_2$: è meno probabile estrarre una pallina rossa da S_1 che da S_2.

Diamo allora la seguente definizione.

Listen to it

The **probability of an event** is the ratio of the number of favourable cases to the total number of equally likely cases.

DEFINIZIONE
La **probabilità classica** di un evento E è il rapporto fra il numero dei casi favorevoli e il numero di tutti i casi *ugualmente possibili.*

Indicando un evento con una lettera maiuscola E e la probabilità che l'evento si verifichi con il simbolo $p(E)$ si ha:

$$p(E) = \frac{\textbf{numero dei casi favorevoli}}{\textbf{numero dei casi ugualmente possibili}} = \frac{f}{n}.$$

Osserviamo che, considerando gli insiemi, i casi possibili sono gli elementi dello spazio campionario, mentre i casi favorevoli sono gli elementi del sottoinsieme dell'evento.

ESEMPIO Nel lancio di un dado a sei facce consideriamo i seguenti eventi:

E_1 = «esce il 4»; E_2 = «esce un numero dispari»;

E_3 = «esce un numero maggiore di 2».

Calcoliamo la probabilità di ciascun evento nell'ipotesi che il dado non sia truccato. Lo spazio campionario è uguale per tutti:

$S = \{1, 2, 3, 4, 5, 6\}$.

▶ Un'urna contiene 8 palline gialle, 4 rosse e 10 verdi. Calcola la probabilità che venga estratta:
a. una pallina gialla;
b. una pallina rossa;
c. una pallina verde.

Quindi i casi possibili sono 6. I casi favorevoli sono gli elementi degli insiemi associati ai tre eventi. Poiché $E_1 = \{4\}$ ha un elemento, $E_2 = \{1, 3, 5\}$ ha 3 elementi ed $E_3 = \{3, 4, 5, 6\}$ ha 4 elementi, abbiamo:

$$p(E_1) = \frac{1}{6};$$

$$p(E_2) = \frac{3}{6} = \frac{1}{2};$$

$$p(E_3) = \frac{4}{6} = \frac{2}{3}.$$

I valori della probabilità

Esaminiamo che valori può assumere la probabilità di un evento, analizzando i possibili casi.

- Se un evento è impossibile, il numero dei casi favorevoli è 0; quindi la sua probabilità è:

  $$p = \frac{f}{n} = \frac{0}{n} = 0.$$

  Pertanto **la probabilità di un evento impossibile è 0**.

- Se un evento è certo, il numero dei casi favorevoli è uguale a quello dei casi possibili; quindi la sua probabilità è:

  $$p = \frac{f}{n} = \frac{n}{n} = 1.$$

  Pertanto **la probabilità di un evento certo è 1**.

- Per qualsiasi altro evento il numero f dei casi favorevoli è compreso fra 0 e n: $0 < f < n$. Dividendo tutti i termini della doppia disuguaglianza per n, si ottiene:

  $$\frac{0}{n} < \frac{f}{n} < \frac{n}{n}, \qquad \text{ossia} \qquad 0 < p < 1.$$

  Pertanto **la probabilità di un evento né impossibile, né certo è un numero compreso fra 0 e 1, estremi esclusi**.

In generale, considerando assieme i tre casi, possiamo dire che la probabilità di un evento è compresa fra 0 e 1, estremi inclusi: $\mathbf{0 \le p \le 1}$.

Spesso il valore della probabilità viene espresso in termini percentuali.

ESEMPIO La probabilità di estrarre una delle 12 figure da un mazzo di 40 carte è:

$$\frac{12}{40} = \frac{3}{10} = 0{,}3 = 30\%.$$

MATEMATICA INTORNO A NOI

Il dilemma di Monty Hall In un popolare show televisivo americano il presentatore mostra al concorrente tre porte chiuse. Dietro a una di esse si cela il premio in palio, un'automobile; le altre due nascondono una capra. Il giocatore sceglie una delle tre porte, poi il conduttore, che sa qual è quella vincente, ne apre un'altra mostrando una capra. A questo punto il concorrente deve fare la scelta definitiva...

► È più conveniente confermare oppure cambiare porta per ottenere il premio?

La risposta

► Bart ha acquistato al circolo sportivo che frequenta uno dei 400 biglietti venduti in una lotteria di beneficenza che prevede un primo premio, quattro secondi premi e otto terzi premi, che vengono estratti in ordine inverso. Calcola la probabilità di vincere un premio, di ognuno dei tipi, quando siano stati estratti i premi di categoria inferiore.

Animazione

3 Le operazioni con gli eventi

► Esercizi a p. β25

L'evento unione

Consideriamo l'estrazione di un dischetto da un sacchetto contenente 12 dischetti numerati da 1 a 12 e gli eventi:

E_1 = «esce un numero pari» = $\{2, 4, 6, 8, 10, 12\}$;

TEORIA

E_2 = «esce un numero maggiore di 7» = {8, 9, 10, 11, 12}.

L'evento

E = «esce un numero pari **o** maggiore di 7»

è formato dai due eventi E_1 ed E_2, uniti dal connettivo «o».

Questo evento si verifica se si verifica E_1 oppure E_2, perciò è detto **evento unione** o **somma logica** di E_1 ed E_2.

L'insieme che lo rappresenta è l'unione dei due insiemi:

$$E_1 \cup E_2 = \{2, 4, 6, 8, 9, 10, 11, 12\}.$$

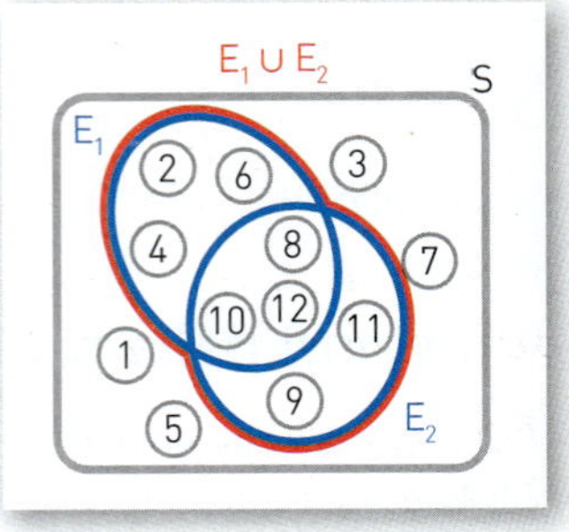

DEFINIZIONE

Dati gli eventi E_1 ed E_2 di uno spazio campionario S, l'**evento unione** o **somma logica** degli eventi, che indichiamo con $E_1 \cup E_2$, è quell'evento che si verifica al verificarsi di almeno uno degli eventi dati.

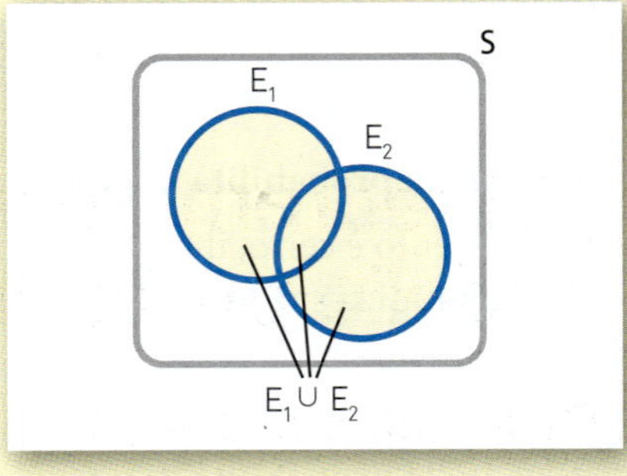

L'evento intersezione

Consideriamo ancora l'estrazione di un dischetto fra i 12 dischetti numerati. L'evento

E = «esce un numero pari **e** maggiore di 7»,

è formato dai due eventi semplici E_1 ed E_2, uniti dal connettivo «e».

Questo evento si verifica se si verificano entrambi gli eventi E_1 ed E_2, perciò è detto **evento intersezione** o **prodotto logico** di E_1 ed E_2.

L'insieme che lo rappresenta è l'insieme intersezione:

$$E_1 \cap E_2 = \{8, 10, 12\}.$$

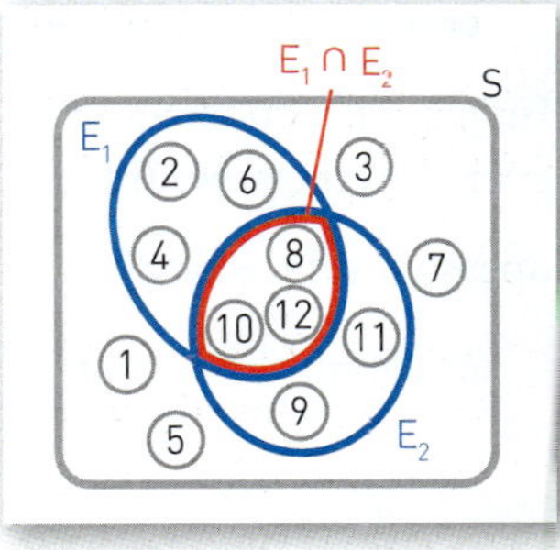

DEFINIZIONE

Dati gli eventi E_1 ed E_2 di uno spazio campionario S, l'**evento intersezione** o **prodotto logico** degli eventi, che indichiamo con $E_1 \cap E_2$, è quell'evento che si verifica quando si verificano contemporaneamente gli eventi dati.

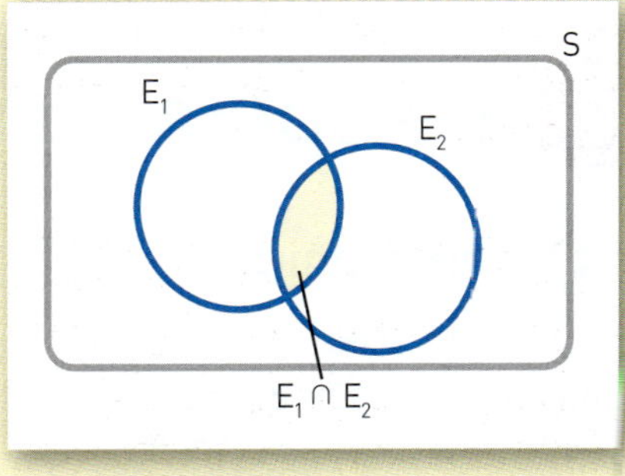

▶ Viene estratta una carta da un mazzo di 40 carte. Determina gli insiemi relativi agli eventi unione e intersezione dei due eventi: A = «esce una carta di coppe» e B = «esce una figura».

L'evento contrario

DEFINIZIONE

Dato un evento E di uno spazio campionario S, il suo **evento contrario** è l'evento $\overline{E}$ che si verifica quando e solo quando non si verifica E.

ESEMPIO Nel lancio di un dado a 6 facce, l'evento contrario dell'uscita di un numero pari è l'uscita di un numero dispari.

L'evento contrario, utilizzando gli insiemi, si rappresenta come nella figura.

$\overline{E}$ è il complementare di E rispetto a S: gli elementi di $\overline{E}$ sono quelli di S che non appartengono a E.

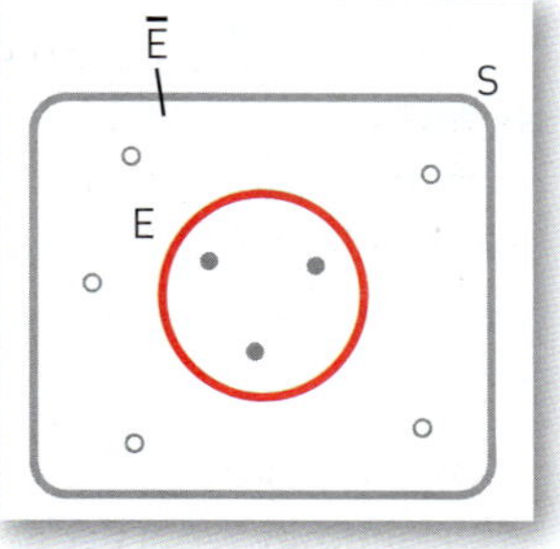

4 I teoremi relativi al calcolo delle probabilità

▶ Esercizi a p. β26

Gli eventi compatibili e gli eventi incompatibili

Facendo sempre riferimento all'esempio dei 12 dischetti numerati, osserviamo che gli eventi E_1 ed E_2 possono verificarsi *contemporaneamente*: per esempio, estraendo il dischetto con il numero 10, otteniamo sia un numero pari sia un numero maggiore di 7. In questo caso si dice che gli eventi sono *compatibili*.

Consideriamo ora gli eventi:

E_3 = «esce un multiplo di 5»;

E_4 = «esce un multiplo di 3».

Questi due eventi, invece, non possono verificarsi contemporaneamente e sono perciò chiamati *eventi incompatibili*.

▶ Se i dischetti fossero 20, i due eventi E_3 ed E_4 resterebbero incompatibili?

DEFINIZIONE

Due eventi, di uno spazio campionario S, si dicono **incompatibili** se il verificarsi di uno esclude il verificarsi contemporaneo dell'altro.
Due eventi, di uno spazio campionario S, sono **compatibili** se il verificarsi di uno *non* esclude il verificarsi dell'altro.

Due eventi incompatibili non possono verificarsi contemporaneamente, quindi il loro evento intersezione è l'insieme vuoto. Due eventi elementari sono sempre incompatibili.

▶ Dal sacchetto della tombola (numeri da 1 a 90) viene estratto un numero. Quali delle seguenti coppie di eventi sono incompatibili e quali compatibili?

a. A = «esce un multiplo di 5», B = «esce un multiplo di 7»
b. A = «esce un numero inferiore a 10», B = «esce un numero superiore a 9 e inferiore a 20»
c. A = «esce un multiplo di 11», B = «esce un multiplo di 9»
d. A = «esce un numero divisibile per 30», B = «esce un numero divisibile per 15»

TEORIA

La probabilità della somma logica per eventi incompatibili

Riprendiamo l'esempio dei 12 dischetti numerati e consideriamo i due eventi incompatibili:

E_3 = «esce un multiplo di 5»;

E_4 = «esce un multiplo di 3».

Cerchiamo la probabilità dell'evento unione

E = «esce un multiplo di 5 o di 3».

I casi favorevoli di E_3 sono 2, quelli di E_4 sono 4. Essendo i due eventi incompatibili, i relativi casi favorevoli non possono verificarsi contemporaneamente, pertanto i casi favorevoli di E sono $2 + 4 = 6$, mentre i casi possibili sono 12. La probabilità dell'evento E è uguale alla somma delle due probabilità:

$$p(E) = \frac{6}{12} = \frac{2}{12} + \frac{4}{12} = p(E_3) + p(E_4).$$

Vale il seguente teorema.

TEOREMA

Teorema della somma logica per eventi incompatibili

Se due eventi, E_1 ed E_2, sono incompatibili, la probabilità del loro evento unione $E_1 \cup E_2$ è uguale alla somma delle loro probabilità.

$$p(E_1 \cup E_2) = p(E_1) + p(E_2)$$

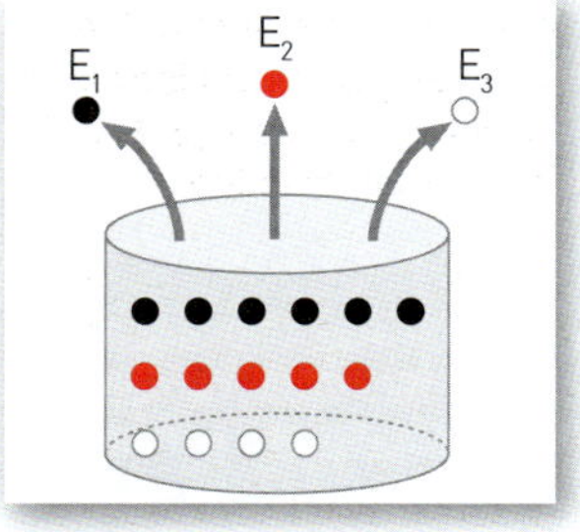

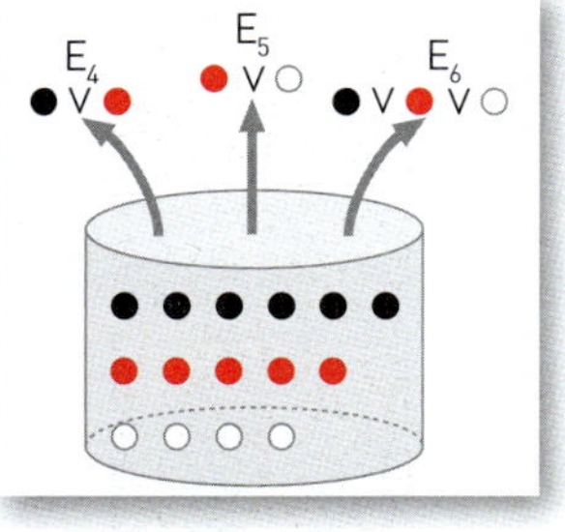

ESEMPIO Un'urna contiene 6 gettoni neri, 5 rossi e 4 bianchi. Estraendo un gettone a caso si può verificare uno dei seguenti eventi:

E_1 = «estrazione di un gettone nero»;

E_2 = «estrazione di un gettone rosso»;

E_3 = «estrazione di un gettone bianco».

Le probabilità sono:

$$p(E_1) = \frac{6}{15} = \frac{2}{5};\ p(E_2) = \frac{5}{15} = \frac{1}{3};\ p(E_3) = \frac{4}{15}.$$

Questi eventi sono fra loro incompatibili, perché se uno si verifica, non si verifica contemporaneamente nessuno degli altri due.

Calcoliamo, applicando il teorema, la probabilità degli eventi seguenti:

E_4 = «estrazione di un gettone nero o rosso»;

E_5 = «estrazione di un gettone rosso o bianco»;

E_6 = «estrazione di un gettone nero o rosso o bianco».

Le probabilità sono:

$$p(E_4) = p(E_1 \cup E_2) = \frac{2}{5} + \frac{1}{3} = \frac{11}{15};$$

$$p(E_5) = p(E_2 \cup E_3) = \frac{1}{3} + \frac{4}{15} = \frac{9}{15} = \frac{3}{5};$$

$$p(E_6) = p(E_1 \cup E_2 \cup E_3) = \frac{2}{5} + \frac{1}{3} + \frac{4}{15} = \frac{15}{15} = 1.$$

► Si estrae una carta da un mazzo di 40 carte. Calcola la probabilità che esca un sette o una figura.

La probabilità della somma logica per eventi compatibili

Consideriamo nuovamente i 12 dischetti e i seguenti eventi compatibili:

E_1 = «esce un numero pari»;

E_2 = «esce un numero maggiore di 7».

I casi favorevoli di E_1 sono 6, quelli di E_2 sono 5.
I casi favorevoli dell'evento unione

E = «esce un numero pari o maggiore di 7»

non sono però $6 + 5 = 11$, ma solo 8. Ciò è dovuto al fatto che vi sono casi favorevoli a entrambi gli eventi. Se sommiamo i casi favorevoli di E_1 e quelli di E_2, vengono considerati per due volte i casi dell'evento intersezione $E_1 \cap E_2$, mentre nell'unione essi devono essere contati una volta sola. Possiamo concludere che i casi favorevoli di $E_1 \cup E_2$ si possono ottenere dalla somma di quelli di E_1 e di E_2, sottraendo quelli di $E_1 \cap E_2$: in questo caso, $(6 + 5) - 3 = 8$.
Dividendo per il numero di casi possibili otteniamo:

$$p(E_1 \cup E_2) = \frac{(6+5)-3}{12} = \frac{6}{12} + \frac{5}{12} - \frac{3}{12} = \frac{8}{12} = \frac{2}{3} = p(E_1) + p(E_2) - p(E_1 \cap E_2).$$

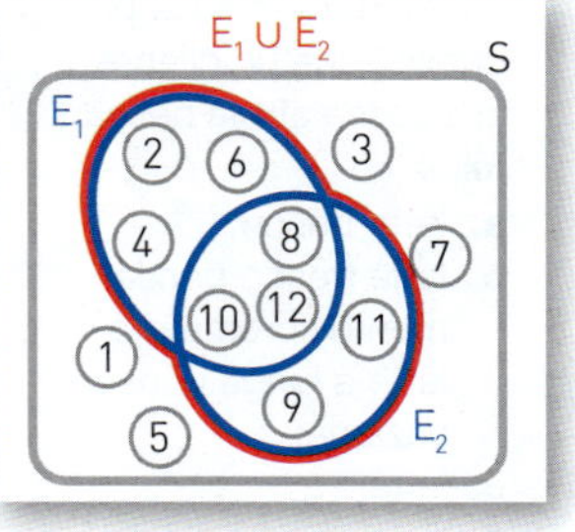

Questo risultato è generale: vale infatti il seguente teorema.

TEOREMA

Teorema della somma logica per eventi compatibili

Se due eventi E_1 ed E_2 sono compatibili, la probabilità del loro evento unione $E_1 \cup E_2$ è uguale alla somma delle loro probabilità, diminuita della probabilità del loro evento intersezione.

$$\boldsymbol{p(E_1 \cup E_2) = p(E_1) + p(E_2) - p(E_1 \cap E_2)}$$

Listen to it

The **probability of the logical sum** of two events is equal to the sum of the probabilities of the individual events, minus the probability of their intersection.

ESEMPIO Dentro un'urna ci sono 30 palline: 10 bianche numerate da 1 a 10, 10 rosse e 10 gialle, numerate allo stesso modo.
Calcoliamo la probabilità che, estraendone una a caso, venga estratta una pallina gialla o con un numero pari.

Il numero totale di palline è 30. La probabilità che ne venga estratta una gialla è

$$p(E_1) = \frac{10}{30} = \frac{1}{3}.$$

Le palline con un numero pari sono 5 per ogni colore, quindi 15. La probabilità che venga estratto un numero pari è

$$p(E_2) = \frac{15}{30} = \frac{1}{2}.$$

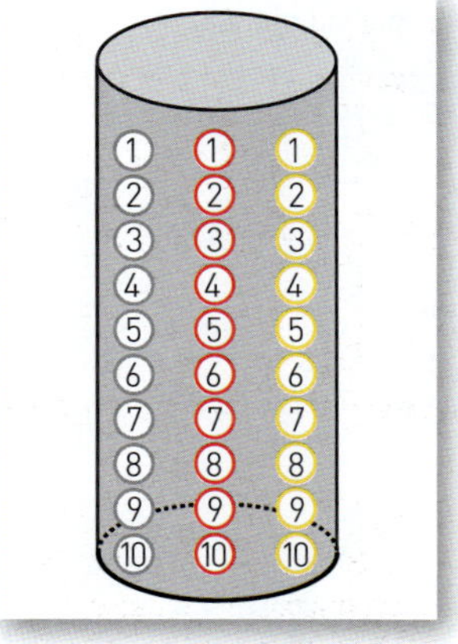

Gli eventi sono compatibili; i casi favorevoli a entrambi gli eventi (pallina gialla e pari) sono 5, dunque $p(E_1 \cap E_2) = \frac{5}{30}$. La probabilità dell'evento cercato è

$$p(E_1 \cup E_2) = p(E_1) + p(E_2) - p(E_1 \cap E_2) = \frac{1}{3} + \frac{1}{2} - \frac{5}{30} = \frac{2}{3}.$$

TEORIA

► In un supermercato sono stati intervistati 30 clienti. 16 hanno detto di consumare latte fresco parzialmente scremato, 14 latte fresco intero. Fra tutti i precedenti, 9 consumano entrambi i tipi di latte fresco. Nessuno consuma sia latte fresco sia a lunga conservazione, ma 6 clienti acquistano solo latte a lunga conservazione; gli altri non consumano latte. Se il campione è rappresentativo, determina la probabilità che un cliente alla cassa abbia nel carrello:

a. latte fresco;
b. latte fresco parzialmente scremato o latte a lunga conservazione;
c. latte;
d. nessun tipo di latte.

Animazione

Il teorema vale anche nel caso di eventi incompatibili. Infatti se E_1 ed E_2 sono incompatibili, $E_1 \cap E_2 = \varnothing$, cioè il numero di casi favorevoli è 0. Pertanto anche $p(E_1 \cap E_2) = 0$ e si riottiene la relazione già studiata

$$p(E_1 \cup E_2) = p(E_1) + p(E_2).$$

La probabilità dell'evento contrario

Se l'evento E ha f casi favorevoli, l'evento contrario $\overline{E}$ ha $n - f$ casi favorevoli. Quindi:

$$p(\overline{E}) = \frac{n-f}{n} = 1 - \frac{f}{n}.$$

Poiché $\frac{f}{n}$ è la probabilità $p(E)$ dell'evento E, la probabilità dell'evento contrario è espressa dal seguente teorema.

TEOREMA

Teorema della probabilità dell'evento contrario

La somma della probabilità di un evento e di quella del suo evento contrario è 1.

$$\boldsymbol{p(E) + p(\overline{E}) = 1}$$

DIMOSTRAZIONE

Se f è il numero di casi favorevoli dell'evento E e n il numero dei casi possibili, il numero dei casi favorevoli dell'evento contrario è $n - f$, quindi:

$$p(E) + p(\overline{E}) = \frac{f}{n} + \frac{n-f}{n} = \frac{f+n-f}{n} = \frac{n}{n} = 1.$$

Pertanto, nota la probabilità $p(E)$ di un dato evento E, la probabilità del suo evento contrario $\overline{E}$ è:

$$p(\overline{E}) = 1 - p(E).$$

► Un'urna contiene 5 palline rosse e 3 bianche. Calcola la probabilità che, estraendone una a caso, non esca una pallina bianca.

ESEMPIO Nel lancio di un dado a dodici facce, se E = «esce un numero minore di 8», allora $\overline{E}$ = «esce un numero maggiore o uguale a 8».
Lo spazio campionario è costituito dai dodici numeri presenti sulle facce, e l'evento E è $\{1, 2, 3, 4, 5, 6, 7\}$, quindi

$$p(E) = \frac{f}{n} = \frac{7}{12}.$$

L'evento contrario $\overline{E}$ è $\{8, 9, 10, 11, 12\}$, pertanto:

$$p(\overline{E}) = 1 - p(E) = 1 - \frac{7}{12} = \frac{5}{12}.$$

La probabilità condizionata

Vediamo come si determina la probabilità di un evento che dipende da un altro evento.
Consideriamo di nuovo i dischetti numerati da 1 a 12 e i due eventi:

E_1 = «esce un multiplo di 3» = $\{3, 6, 9, 12\}$;

E_2 = «esce un numero minore di 9» = $\{1, 2, 3, 4, 5, 6, 7, 8\}$.

Lo spazio campionario è dato da $S = \{1, 2, 3, 4, 5, 6, 7, 8, 9, 10, 11, 12\}$.

La probabilità di E_1 è:

$$p(E_1) = \frac{4}{12} = \frac{1}{3}.$$

Supponiamo che un amico estragga un numero e, senza farcelo vedere, ci dica che è minore di 9, ossia che si è verificato l'evento E_2.

Che cosa possiamo dire, ora, della probabilità che il numero estratto sia multiplo di 3? Dobbiamo verificare se l'evento E_1 è condizionato dall'evento E_2, cioè se il fatto che E_2 si sia verificato modifica la probabilità che si verifichi E_1.

DEFINIZIONE

La **probabilità di E_1 condizionata a E_2** è la probabilità di E_1 calcolata nell'ipotesi che E_2 si sia verificato. La indichiamo con il simbolo $\boldsymbol{p(E_1 | E_2)}$.

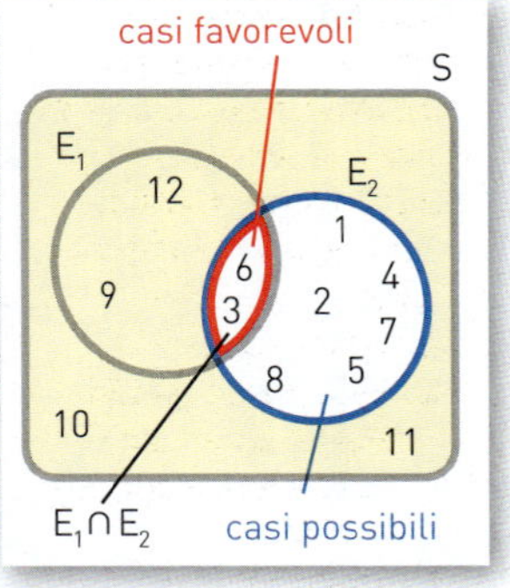

Per calcolare la probabilità condizionata teniamo presente che:

- poiché supponiamo che l'evento E_2 si sia verificato, lo spazio campionario per l'evento $E_1 | E_2$ è dato dall'evento $E_2 = \{1, 2, 3, 4, 5, 6, 7, 8\}$;
- l'evento $E_1 | E_2$ è un sottoinsieme del nuovo spazio campionario; quindi è l'intersezione tra E_1 ed E_2. $E_1 \cap E_2 = \{3, 6\}$.

Dunque $p(E_1 | E_2)$ è data dal rapporto tra il numero di elementi di $E_1 \cap E_2$ e il numero di elementi di E_2:

$$p(E_1 | E_2) = \frac{2}{8} = \frac{1}{4}.$$

La probabilità di E_1 è $\frac{1}{3}$, mentre quella di E_1 condizionata a E_2 è $\frac{1}{4}$, quindi:

$$p(E_1) \neq p(E_1 | E_2).$$

Consideriamo ora un altro caso e l'evento:

E_1 = «esce un multiplo di 3 = {3, 6, 9, 12}.

Supponiamo che il nostro amico ci dica che ha estratto un numero pari, ossia che si è verificato l'evento $E_3 = \{2, 4, 6, 8, 10, 12\}$.
Nel nuovo spazio campionario E_3, formato da 6 elementi, l'evento $E_1 | E_3$ è l'intersezione $E_1 \cap E_3 = \{6, 12\}$.
La probabilità di E_1 condizionata a E_3 è:

$$p(E_1 | E_3) = \frac{2}{6} = \frac{1}{3}.$$

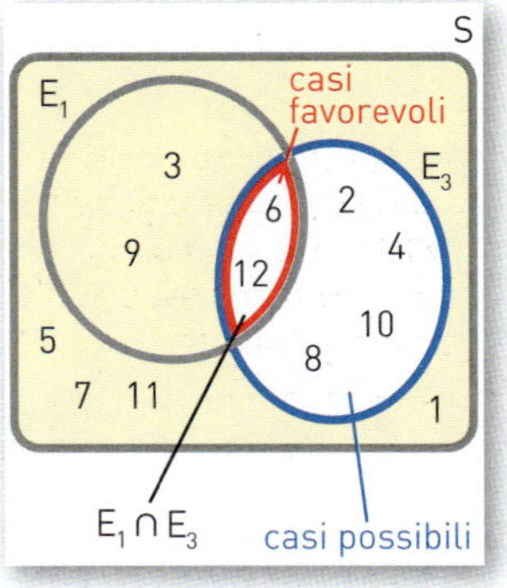

A differenza del primo caso, in questo esempio le due probabilità sono uguali, ovvero $p(E_1) = p(E_1 | E_3)$.

DEFINIZIONE

Due eventi, E_1 ed E_2, si dicono **dipendenti** se $p(E_1)$ è diversa dalla probabilità condizionata $p(E_1 | E_2)$:

$$\boldsymbol{p(E_1) \neq p(E_1 | E_2)}.$$

Gli eventi E_1 ed E_2 si dicono **indipendenti** se $p(E_1)$ è uguale alla probabilità condizionata $p(E_1 | E_2)$:

$$\boldsymbol{p(E_1) = p(E_1 | E_2)}.$$

► Calcola la probabilità che il primo numero estratto da una ruota del lotto (numeri da 1 a 90) sia minore di 21, sapendo che è pari. I due eventi sono indipendenti o dipendenti?

TEORIA

► La probabilità che una stampante sia difettosa nel colore è del 6% e che sia difettosa nella grafica è del 4%. La probabilità che abbia entrambi i difetti è dello 0,2%. Calcola la probabilità che la stampante sia difettosa nel colore, sapendo che è difettosa nella grafica. I due eventi sono dipendenti o indipendenti?

Si può dimostrare che la relazione di indipendenza è simmetrica, ossia che se l'evento E_1 è indipendente dall'evento E_2, cioè $p(E_1) = p(E_1 | E_2)$, allora anche E_2 è indipendente da E_1, cioè $p(E_2) = p(E_2 | E_1)$.

La probabilità del prodotto logico per eventi indipendenti

Consideriamo un sacchetto che contiene tre gettoni con i numeri 1, 2, 3. Dal sacchetto estraiamo un gettone e poi un secondo gettone, *dopo che il primo è stato rimesso nel sacchetto*. Qual è la probabilità che in due estrazioni successive vengano estratti due numeri dispari?

I casi possibili nelle estrazioni successive di un gettone e di un secondo gettone sono 9 e possono essere rappresentati dalle coppie del prodotto cartesiano $\{1, 2, 3\} \times \{1, 2, 3\}$.

Per esempio, la coppia (3; 2) indica che è stato estratto prima il gettone 3, poi il gettone 2.

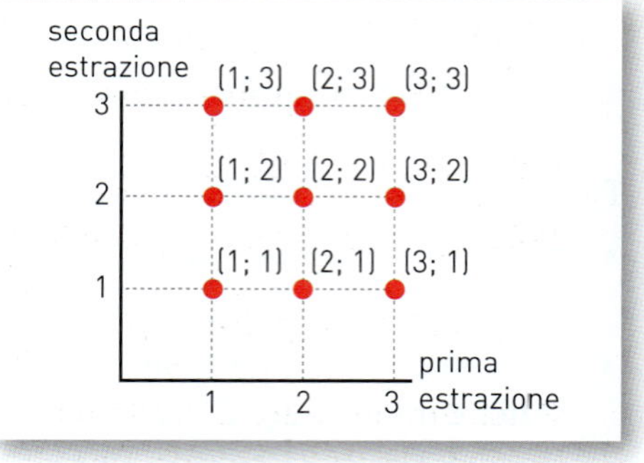

L'evento composto

E = «escono due numeri dispari»

può essere visto come l'evento intersezione dei due eventi semplici:

E_1 = «il primo numero è dispari»;

E_2 = «il secondo numero è dispari».

E_1 ed E_2 sono indipendenti; infatti, dopo la prima estrazione, il gettone è rimesso nel sacchetto e la probabilità di estrarre un numero dispari non viene modificata.

Poiché i numeri dispari sono 2 e i casi possibili 3, le probabilità di E_1 ed E_2 sono:

$$p(E_1) = \frac{2}{3}, \qquad p(E_2) = \frac{2}{3}.$$

I casi favorevoli all'evento composto E corrispondono alle coppie (1; 1), (1; 3), (3; 1), (3; 3); quindi sono 4. I casi possibili, come è già stato illustrato nella figura sopra, sono 9, quindi:

$$p(E) = \frac{4}{9}.$$

Osserviamo che $\frac{4}{9} = \frac{2}{3} \cdot \frac{2}{3}$, ossia la probabilità dell'evento E, che è l'intersezione di E_1 ed E_2, è data dal prodotto della probabilità di E_1 per la probabilità di E_2.

In generale vale il seguente teorema.

TEOREMA

Probabilità del prodotto logico per eventi indipendenti

Se due eventi, E_1 ed E_2, sono indipendenti, la probabilità del loro prodotto logico $E_1 \cap E_2$ è uguale al prodotto delle loro probabilità.

$$p(E_1 \cap E_2) = p(E_1) \cdot p(E_2)$$

In genere la probabilità dell'evento intersezione fra due o più eventi è detta **probabilità composta**.

ESEMPIO Consideriamo un sacchetto con tre palline, due gialle e una rossa, e chiediamoci qual è la probabilità che, con due estrazioni consecutive *con reimmissione*, si ottengano una pallina gialla e una rossa.

Questo significa chiedersi qual è la probabilità che si verifichino i due eventi semplici:

E_1 = «viene estratta per prima una pallina gialla»,

E_2 = «viene estratta per seconda la pallina rossa»,

che equivale all'evento:

$E_1 \cap E_2$ = «la prima pallina estratta è gialla **e** la seconda è rossa».

Calcoliamo le probabilità dei singoli eventi: $p(E_1) = \frac{2}{3}$, $\quad p(E_2) = \frac{1}{3}$.

Poiché gli eventi sono indipendenti, la probabilità dell'evento intersezione è:

$$p(E_1 \cap E_2) = p(E_1) \cdot p(E_2) = \frac{2}{3} \cdot \frac{1}{3} = \frac{2}{9}.$$

Possiamo verificare il risultato rappresentando la situazione con un diagramma ad albero. I casi possibili sono 9, i casi favorevoli 2, (evidenziati in giallo), quindi la probabilità è $\frac{2}{9}$.

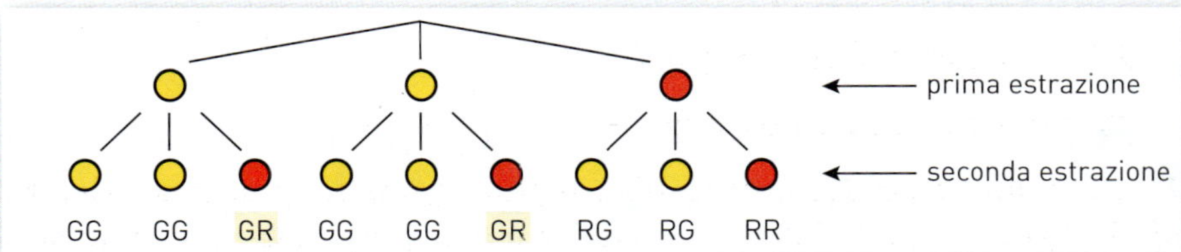

La probabilità del prodotto logico per eventi dipendenti

Consideriamo ancora il sacchetto con tre gettoni che hanno i numeri 1, 2, 3 e gli eventi:

E_1 = «il primo estratto è dispari», $\quad E_2$ = «il secondo estratto è dispari»,

ma supponiamo che, *dopo la prima estrazione, il gettone non venga rimesso nel sacchetto*.

Gli eventi sono dipendenti: infatti, la probabilità del secondo evento non è più quella di prima, perché la composizione iniziale del sacchetto risulta modificata.

I due eventi semplici non hanno lo stesso spazio campionario: nella prima estrazione S contiene 3 elementi, nella seconda ne contiene solo 2.

Sappiamo che $p(E_1) = p(E_2) = \frac{2}{3}$, perché i numeri dispari sono 2 su 3.

Calcoliamo la probabilità condizionata $p(E_2 \mid E_1)$, ossia la probabilità di E_2 supposto che sia avvenuto E_1.

Se si è verificato E_1, significa che è stato estratto un numero dispari; quindi nel sacchetto rimangono due gettoni: il 2 e l'altro numero dispari.

La probabilità di estrarre un altro numero dispari è:

$$p(E_2 \mid E_1) = \frac{1}{2}.$$

PROBLEMA

Positivo al test Per avere informazioni sulla diffusione di una malattia, si fanno test diagnostici non invasivi e poco costosi, ottenendo una prima informazione, da sottoporre a verifiche più approfondite nei casi di esito positivo. Supponiamo che si sappia che la probabilità che il test funzioni correttamente nel caso di individui malati (ossia risulti positivo) sia del 99%, mentre quella che il test funzioni correttamente nel caso di individui sani (ossia risulti negativo) sia del 99,5%. Se si sa anche che la probabilità di avere quella malattia è dello 0,5%, qual è la probabilità che un individuo positivo al test sia davvero malato?

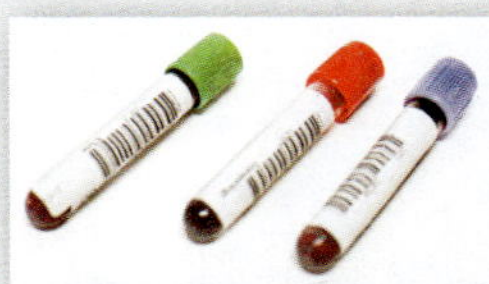

Scheda di lavoro

TEORIA

Calcoliamo, ora, la probabilità dell'evento composto:

E = «i numeri estratti sono entrambi dispari».

Poiché la prima volta si estrae un gettone fra tre e la seconda uno fra i due rimanenti, i casi possibili possono essere schematizzati con il diagramma a fianco.

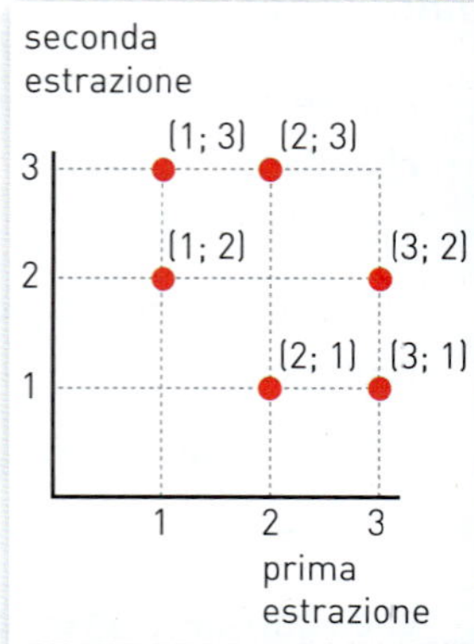

I casi possibili sono 6. Infatti, se il primo gettone non è rimesso nel sacchetto, le coppie (1; 1), (2; 2), (3; 3) non sono possibili. I casi favorevoli sono 2, corrispondenti alle coppie (1; 3) e (3; 1). Quindi:

$$p(E) = \frac{2}{6} = \frac{1}{3}.$$

Osserviamo che la probabilità di E si ottiene moltiplicando la probabilità di E_1, $p(E_1)$, per la probabilità di E_2 condizionata a E_1, $p(E_2 | E_1)$:

$$p(E) = p(E_1) \cdot p(E_2 | E_1) = \frac{2}{3} \cdot \frac{1}{2} = \frac{1}{3}.$$

Listen to it

The **probability of the logical product** of two events E_1 and E_2 is equal to the product of the probability of the first event E_1 times the conditional probability of E_2 given E_1.

TEOREMA

Probabilità del prodotto logico per eventi dipendenti

Se due eventi, E_1 ed E_2, sono dipendenti, la probabilità del loro prodotto logico $E_1 \cap E_2$ è uguale al prodotto della probabilità di E_1 per la probabilità di E_2 condizionata a E_1.

$$\boldsymbol{p(E_1 \cap E_2) = p(E_1) \cdot p(E_2 | E_1)}$$

ESEMPIO Riconsideriamo il caso del sacchetto con le tre palline colorate. La probabilità di estrarre la prima pallina gialla è, come abbiamo visto, $p(E_1) = \frac{2}{3}$.

Se viene estratta una pallina gialla che non viene reinserita, nel sacchetto rimangono 2 palline, una rossa e una gialla.

La probabilità di estrarre la pallina rossa in questo caso è: $p(E_2 | E_1) = \frac{1}{2}$.

La probabilità che si verifichi l'evento $E_1 \cap E_2$ è data da:

$$p(E_1 \cap E_2) = p(E_1) \cdot p(E_2 | E_1) = \frac{2}{3} \cdot \frac{1}{2} = \frac{1}{3}.$$

Rappresentiamo graficamente la situazione con un diagramma ad albero:

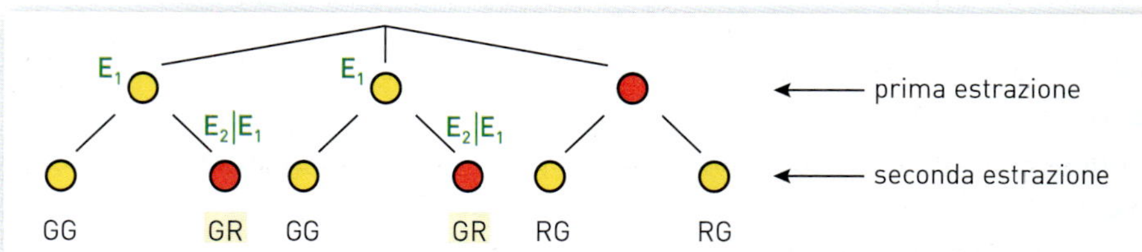

I casi possibili sono 6, i casi favorevoli 2, quindi la probabilità è $\frac{2}{6} = \frac{1}{3}$.

► Un'urna contiene 4 palline verdi e 2 nere. Calcola la probabilità che, estraendo consecutivamente due palline e non rimettendo quella estratta nell'urna, esse siano:

a. entrambe nere;
b. entrambe verdi;
c. una nera e poi una verde;
d. una verde e poi una nera.

Osservazione. Il teorema vale anche per gli eventi indipendenti, perché, se i due eventi sono **indipendenti**, allora $p(E_2 | E_1) = p(E_2)$, e la relazione assume la forma: $p(E_1 \cap E_2) = p(E_1) \cdot p(E_2)$.

Osserviamo che, nell'esempio precedente, possiamo calcolare la probabilità direttamente con il diagramma ad albero utilizzando il seguente procedimento.

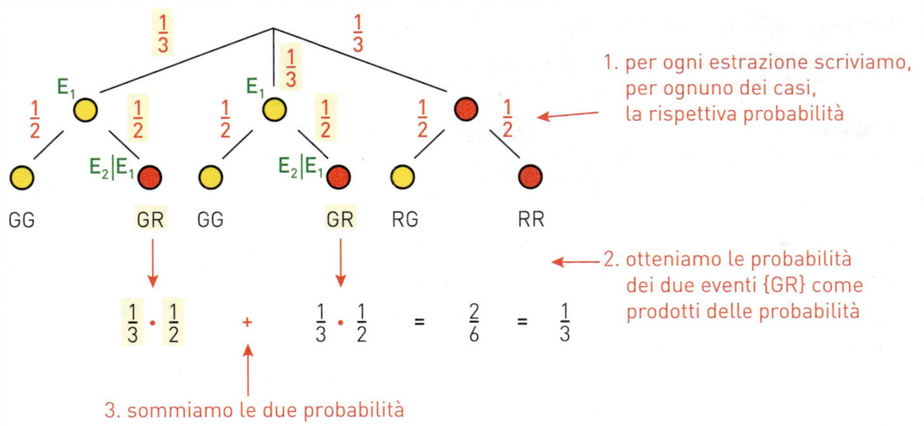

► Nelle classi prime C e D di una scuola elementare ci sono rispettivamente 24 e 20 bambini. In 1ª C i bambini con gli occhi azzurri sono 8 e quelli con gli occhi neri 4, mentre in 1ª D, 4 hanno gli occhi azzurri e 3 li hanno neri.

a. Scelti a caso due bambini, uno in 1ª C e uno in 1ª D, determina le probabilità che:
- abbiano entrambi gli occhi azzurri;
- nessuno dei due abbia gli occhi neri.

b. Calcola le stesse probabilità quando i bambini sono scelti entrambi in 1ª C.

Animazione

5 Altre definizioni di probabilità

► Esercizi a p. β34

La definizione statistica di probabilità

Ci sono casi in cui non è possibile o non è facile utilizzare la definizione classica di probabilità, determinando il numero dei casi possibili e favorevoli prima che un esperimento avvenga, cioè **a priori**. Non sempre poi si può stabilire con certezza se tutti i casi sono ugualmente possibili. Per esempio, se lanciamo un dado, come possiamo stabilire a priori che non sia truccato in modo tale che una delle facce esca più volte delle altre?

Spesso si preferisce allora utilizzare una definizione diversa di probabilità, che si basa su ciò che è accaduto e non su ciò che deve accadere. Per questo, si parla anche di probabilità **a posteriori**.

ESEMPIO Si vuole stabilire se un dado è truccato.
Lo lanciamo per 120 volte e contiamo quante volte esce il numero 2. Otteniamo che il 2 è uscito 31 volte.
La probabilità dell'evento E = «esce il numero 2», calcolata a posteriori, è:

$$p(E) = \frac{31}{120} \simeq 26\%.$$

La probabilità classica dello stesso evento è invece uguale a:

$$p(E) = \frac{1}{6} \simeq 16,67\%.$$

I due valori differiscono molto, perciò, pur non essendone certi, è ragionevole supporre che il dado sia truccato.

In generale, per determinare la probabilità a posteriori si prendono in considerazione un numero abbastanza elevato di **prove**, cioè di *esperimenti effettuati nelle stesse condizioni*, e si contano le prove favorevoli, cioè quelle in cui l'evento del quale vogliamo calcolare la probabilità è accaduto.

Video

Per approfondire il significato dei diagrammi ad albero, esamina il video che ti proponiamo.

Listen to it

The **probability of an event** is the ratio of the number of times the event has occurred to the relatively large number of tests carried out under the same conditions.

DEFINIZIONE

La **probabilità statistica** di un evento E è il rapporto fra il numero delle prove favorevoli e il numero, ritenuto abbastanza elevato, delle prove effettuate.

$$p(E) = \frac{\textbf{numero delle prove favorevoli}}{\textbf{numero delle prove effettuate}} = \frac{f}{n}$$

ESEMPIO Hai osservato che in 50 giorni l'autobus con cui ti rechi a scuola è arrivato 6 volte in ritardo di più di tre minuti. La probabilità che oggi l'autobus arrivi in ritardo è:

$$\frac{6}{50} = 0{,}12 = 12\%.$$

Nei casi in cui è possibile calcolare sia la probabilità classica sia la probabilità statistica, vale la seguente proprietà.

PROPRIETÀ

Legge dei grandi numeri

Al crescere del numero di prove, la probabilità statistica di un evento si avvicina sempre più al valore della sua probabilità classica.

► Una rana depone circa 1000 uova all'anno, di cui 400 si trasformano in girini e 20 diventano rane adulte. Calcola la probabilità che:
- da un uovo nasca un girino;
- un girino si trasformi in rana adulta;
- da un uovo si generi una rana adulta.

MATEMATICA INTORNO A NOI

Il gioco del lotto È attribuita a Tacito la frase: «La speranza di diventare ricchi è una delle più diffuse cause di povertà»...

► Che cosa si intende per «gioco equo»? E perché il gioco del lotto non è equo?

La risposta

La definizione soggettiva di probabilità

Ci sono molti casi in cui non possiamo utilizzare le definizioni fin qui date per la probabilità.

ESEMPIO Se vogliamo stabilire la probabilità che la nostra squadra del cuore vinca la prossima partita, non diciamo certamente che, in base alla definizione classica, la probabilità è uguale a $\frac{1}{3}$ in quanto ci sono un caso favorevole e tre possibili (vittoria, pareggio, sconfitta).
Non serve neanche utilizzare la probabilità statistica e calcolare il rapporto fra le partite vinte e quelle giocate, negli ultimi dieci anni, con la squadra che affronterà perché le partite non si sono svolte tutte nelle stesse condizioni.
Dobbiamo piuttosto dare una valutazione che si basa su diversi fattori, come la forma fisica dei giocatori o le capacità dell'allenatore.
Scegliamo questi fattori in modo *soggettivo* ed è soggettiva l'importanza che diamo a ogni fattore.

In casi come questo utilizziamo la seguente definizione.

DEFINIZIONE
La **probabilità soggettiva** di un evento è il *grado di fiducia*, espresso da un numero compreso fra 0 e 1, che una persona attribuisce al verificarsi dell'evento.

Si può calcolare la probabilità soggettiva se si pensa di collegare l'evento E a una scommessa: la probabilità è il rapporto fra la somma P che la persona è disposta a pagare per ricevere la somma V nel caso in cui l'evento si realizzi: $p(E) = \frac{P}{V}$.

ESEMPIO Domani sarò interrogato in matematica. Se facessi una scommessa, sarei disposto a pagare 3 euro per riceverne 4 nel caso di voto sufficiente. Valuto che la probabilità di avere un voto sufficiente è: $\frac{3}{4} = 0,75 = 75\%$.

Nell'immaginare la scommessa, la persona deve essere *coerente*, cioè disposta a sostituirsi all'altro che paga in caso di vincita.
Nell'esempio precedente, per coerenza, devo essere disposto ad accettare che qualcuno mi dia 3 euro per riceverne 4 da me se il mio voto è sufficiente.

▶ Per ciascuno dei quesiti proposti, indica la definizione di probabilità che è opportuno applicare per rispondere.
a. Qual è la probabilità che il Portogallo vinca i prossimi Mondiali di calcio?
b. Qual è la probabilità di estrarre una figura da un mazzo di carte da poker?
c. Che probabilità ha una donna italiana che ha appena compiuto 90 anni di festeggiarne 91?

Video

▶ Una persona che giornalmente segue le previsioni del tempo è disposta a pagare € 20 per ricevere € 50 prevedendo per domani una giornata di sole. Quale probabilità attribuisce a questo evento?

Listen to it

The **subjective probability** that a person assigns to an event is the ratio of the amount P that this person is willing to pay to receive the amount V when the event occurs.

IN SINTESI
Introduzione alla probabilità

Gli eventi e lo spazio campionario

Per descrivere situazioni in cui non è possibile prevedere quale risultato si otterrà fra quelli possibili si danno le seguenti definizioni.

Un **esperimento aleatorio** è un fenomeno il cui risultato non può essere previsto in anticipo.

Uno **spazio campionario** è l'insieme S di tutti i possibili esiti di un esperimento aleatorio.

Un **evento** è un sottoinsieme dello spazio campionario.

Gli eventi costituiti da un solo elemento dello spazio campionario sono **eventi elementari**; gli eventi coincidenti con lo spazio campionario sono **eventi certi**; gli eventi che non hanno elementi nello spazio campionario sono **eventi impossibili** e sono rappresentati dall'insieme vuoto.

La definizione classica di probabilità

La **probabilità classica** di un evento è il rapporto fra il numero dei casi favorevoli e il numero dei casi ugualmente possibili:

$$p(E) = \frac{\text{numero casi favorevoli}}{\text{numero casi ugualmente possibili}} = \frac{f}{n}.$$

La probabilità di un evento certo è 1, quella di un evento impossibile è 0. Per qualsiasi altro evento la probabilità è un numero compreso fra 0 e 1. In generale la probabilità di un evento E è: $0 \leq p(E) \leq 1$.

ESEMPIO Estraiamo una carta da un mazzo di carte da poker; consideriamo i 4 eventi possibili:

E_1 = «esce cuori»;
E_2 = «esce quadri»;
E_3 = «esce fiori»;
E_4 = «esce picche».

La probabilità dell'evento «esce cuori» è:

$$p(E_1) = \frac{1}{4}.$$

Le operazioni con gli eventi

Dati due eventi, E_1 ed E_2:

- l'**evento unione** $E_1 \cup E_2$, o **somma logica**, è quello che si verifica se si verifica almeno uno degli eventi dati (l'insieme che lo rappresenta è l'insieme unione);
- l'**evento intersezione** $E_1 \cap E_2$, o **prodotto logico**, è quello che si verifica se si verificano entrambi gli eventi dati (l'insieme che lo rappresenta è l'insieme intersezione).

L'**evento contrario** $\overline{E}$ di un evento E è l'evento che si verifica nei casi in cui non si verifica E e soltanto in essi (l'insieme che lo rappresenta è l'insieme complementare rispetto a S).

ESEMPIO Nel mazzo di carte da poker, l'evento contrario a «esce un seme rosso» è «esce un seme nero».

La probabilità della somma logica di eventi

Due eventi sono **incompatibili** se il verificarsi di uno esclude il verificarsi dell'altro.
Due eventi sono **compatibili** se il verificarsi di uno *non* esclude il verificarsi dell'altro.

ESEMPIO L'evento «esce un re di quadri» e l'evento «esce fiori» sono incompatibili; l'evento «esce un re di quadri» e l'evento «esce una figura» sono compatibili.

La **probabilità della somma logica** di due eventi E_1 ed E_2 ($E_1 \cup E_2$) è uguale:

- alla somma delle loro probabilità, se E_1 ed E_2 sono incompatibili,

$$p(E_1 \cup E_2) = p(E_1) + p(E_2);$$

- alla somma delle loro probabilità diminuita della probabilità del loro evento intersezione, se E_1 ed E_2 sono compatibili,

$$p(E_1 \cup E_2) = p(E_1) + p(E_2) - p(E_1 \cap E_2).$$

ESEMPIO L'evento unione di E_1 = «esce cuori» e di E_2 = «esce fiori» è E = «esce cuori o fiori». Poiché i due eventi E_1 ed E_2 sono incompatibili, la probabilità dell'evento unione è:

$$p(E_1 \cup E_2) = p(E_1) + p(E_2) = \frac{1}{4} + \frac{1}{4} = \frac{1}{2}.$$

ESEMPIO In un mazzo di carte da poker, gli eventi E_1 = «esce una figura» ed E_2 = «esce una carta di cuori», sono compatibili.

$$p(E_1) = \frac{12}{40} = \frac{3}{10},\ p(E_2) = \frac{10}{40} = \frac{1}{4}.$$

L'evento $E_1 \cap E_2$ = «esce una figura di cuori» ha probabilità $p(E_1 \cap E_2) = \frac{3}{40}$.

La probabilità dell'evento $E_1 \cup E_2$ = «esce una figura o una carta di cuori» è:

$$p(E_1 \cup E_2) = p(E_1) + p(E_2) - p(E_1 \cap E_2) =$$

$$\frac{3}{10} + \frac{1}{4} - \frac{3}{40} = \frac{19}{40}.$$

La **probabilità dell'evento contrario** $\overline{E}$ di un evento E è:

$$p(\overline{E}) = 1 - p(E).$$

La probabilità del prodotto logico di eventi

La **probabilità condizionata** $p(E_2 | E_1)$ di E_2 rispetto a E_1 è la probabilità di E_2, se si suppone che E_1 si sia verificato.

E_1 ed E_2 sono eventi **indipendenti** se

$$p(E_2 | E_1) = p(E_2).$$

E_1 ed E_2 sono **dipendenti** se

$$p(E_2 | E_1) \neq p(E_2).$$

ESEMPIO Nel lancio di un dado consideriamo l'evento E_1 = «esce il 2», che ha probabilità $\frac{1}{6}$.

Supponiamo che l'evento si verifichi al primo lancio. Lanciando di nuovo il dado, ogni numero ha ancora probabilità $\frac{1}{6}$ perché l'esito del nuovo lancio non dipende dal precedente.

ESEMPIO In un mazzo di 40 carte da poker, la probabilità che si verifichi l'evento E_1 = «esce l'asso di cuori» è $p(E_1) = \frac{1}{40}$.

Alla prima estrazione si verifica l'evento E_2: «esce il 2 di picche». Senza rimettere nel mazzo il 2 di picche, facciamo una seconda estrazione. Ora la probabilità che esca l'asso di cuori è $p(E_1) = \frac{1}{39}$, pertanto $p(E_1) \neq p(E_1 | E_2)$, dunque E_1 ed E_2 sono dipendenti.

Se, prima della seconda estrazione, rimettiamo il 2 di picche nel mazzo, gli eventi risultano indipendenti.

La **probabilità** del **prodotto logico** $E_1 \cap E_2$ di due eventi E_1 ed E_2 è uguale:

- al prodotto delle loro probabilità, se E_1 ed E_2 sono indipendenti,

$$p(E_1 \cap E_2) = p(E_1) \cdot p(E_2);$$

- al prodotto della probabilità di E_1 per la probabilità di E_2 condizionata a E_1, se E_1 ed E_2 sono dipendenti,

$$p(E_1 \cap E_2) = p(E_1) \cdot p(E_2 | E_1).$$

La probabilità dell'evento intersezione fra due o più eventi è detta **probabilità composta**.

Altre definizioni di probabilità

Quando non è possibile stabilire a priori la probabilità con la definizione classica, si ricava la probabilità dopo aver effettuato un gran numero di prove, nelle stesse condizioni, e contando il numero dei casi favorevoli.

Si definisce **probabilità statistica** di un evento E il rapporto fra il numero delle prove favorevoli e il numero delle prove effettuate:

$$p(E) = \frac{\text{numero delle prove favorevoli}}{\text{numero delle prove effettuate}} = \frac{f}{n}.$$

Nel caso in cui sia possibile calcolare sia la probabilità classica sia quella statistica vale la proprietà detta **legge dei grandi numeri**: al crescere del numero di prove, la probabilità statistica di un evento si avvicina sempre più al valore della sua probabilità classica.

La **probabilità soggettiva** di un evento è il grado di fiducia, espresso da un numero compreso fra 0 e 1, che una persona attribuisce al verificarsi dell'evento.

CAPITOLO β ESERCIZI

1 Gli eventi e lo spazio campionario

▶ Teoria a p. β2

Eventi

1 Determina fra i seguenti eventi quali sono certi e quali impossibili.

a. Domani pioverà.

b. Nel lancio di due dadi si realizza un punteggio maggiore di 12.

c. Nel lancio di un dado esce un numero con una sola cifra.

d. Nel lancio di un dado esce un divisore di 12.

2 Per i seguenti eventi, indica due diversi contesti in cui l'evento è rispettivamente certo e impossibile.

a. Una banconota da cinque euro viene estratta da un portafoglio.

b. Un numero pari viene estratto da un'urna.

c. Una pallina rossa viene estratta da un sacchetto.

d. Se si lancia un dado esce il numero 1.

3 Per i seguenti eventi, indica due diversi contesti in cui l'evento è rispettivamente certo e aleatorio.

a. Estrai una pallina nera da un'urna.

b. Estrai un cioccolatino al liquore da una confezione.

c. Estrai una figura da un mazzo di carte.

d. Estrai una pedina con un multiplo di 5 da un sacchetto che contiene pedine numerate.

4 INVALSI 2006 In una scatola ci sono 3 palline rosse, 3 blu e 3 verdi. Con un'unica estrazione, si prendono simultaneamente alcune palline dalla scatola. Senza vedere le palline estratte, qual è il minimo numero di palline che si devono prendere per essere certi di averne almeno una di ogni colore?

A 3 B 5 C 7 D 9

5 Da un mazzo di 52 carte viene estratta una carta. Determina gli spazi campionari considerando come risultati dell'esperimento casuale:

a. il seme; **b.** il valore; **c.** il colore.

[a) S = {cuori, quadri, picche, fiori}; b) S = {asso, 2, 3, 4, 5, 6, 7, 8, 9, 10, J, Q, K}; c) S = {rosso, nero}]

6 ESEMPIO DIGITALE In un'urna ci sono 3 palline: due verdi e una rossa. Considera l'esperimento «estrazione di due palline».

Determina il numero di esiti possibili se:

a. dopo la prima estrazione rimettiamo la pallina estratta nell'urna;

b. non rimettiamo la pallina estratta nell'urna.

7 FAI UN ESEMPIO Scrivi tre esempi di eventi certi, di eventi impossibili e di eventi che non siano né certi né impossibili.

8 Fra i seguenti, indica gli eventi certi e gli eventi impossibili.

a. Ottenere 8 nel lancio di un dado a sei facce.

b. Estrarre una pallina rossa da un sacchetto che contiene palline rosse e palline verdi.

c. Avere un giorno di pioggia in aprile.

d. Pasqua sia di domenica.

9 EUREKA! **Un esagono regolare** Dato l'esagono regolare in figura, si sceglie a caso una delle terne di vertici che uniti tra loro formano un triangolo equilatero. Qual è lo spazio campionario?

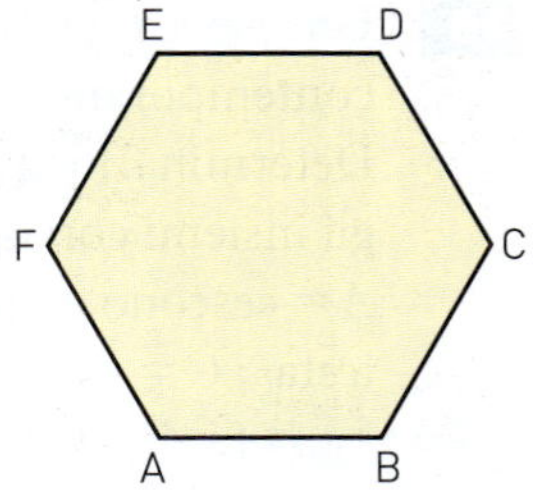

Gli eventi e la loro rappresentazione grafica

Negli esercizi che seguono sono riportati alcuni eventi. Rappresenta lo spazio campionario e il sottoinsieme relativo all'evento indicato.

10 Da un sacchetto della tombola viene estratto un numero maggiore di 20.

11 Da un'urna che contiene 10 biglie nere, 8 rosse e 4 bianche viene estratta una biglia nera.

12 Da una collezione composta da 10 francobolli italiani, 7 francesi, 5 inglesi viene estratto un francobollo italiano.

13 Nel gioco della roulette esce un numero pari.

14 YOU & MATHS **One is odd and two is even** Three balls are drawn at random from an urn containing five balls. Each ball is numbered from 1 to 5.

a. Find the sample space S.

b. Find in S the elements corresponding to the event E = «one even number and two odd numbers are drawn».

15 ESERCIZIO GUIDA Un'urna contiene una pallina rossa e una verde. Si estraggono consecutivamente tre palline rimettendo ogni volta la pallina estratta nell'urna. Determiniamo gli insiemi corrispondenti ai seguenti eventi:

a. A = «tre palline rosse»;

b. B = «tre palline di colore diverso»;

c. C = «la prima pallina è verde»;

d. D = «solo una delle palline è verde»;

e. E = «almeno due palline hanno lo stesso colore».

Scriviamo lo spazio campionario nel quale ogni elemento è una successione di tre colori, dove un colore deve necessariamente ripetersi. Per la prima estrazione abbiamo due possibilità (rossa e verde) e così anche per la seconda e la terza estrazione. Utilizzando un diagramma ad albero, otteniamo tutti gli elementi dello spazio campionario se percorriamo tutti i collegamenti dall'inizio.

Lo spazio campionario è:

S = {rrr, rrv, rvr, rvv, vrr, vrv, vvr, vvv}.

Esaminando lo spazio campionario, possiamo individuare gli elementi relativi ai vari eventi:

a. A = {rrr};

b. $B = \varnothing$;

c. C = {vrr, vvr, vrv, vvv};

d. D = {vrr, rvr, rrv};

e. $E = S$.

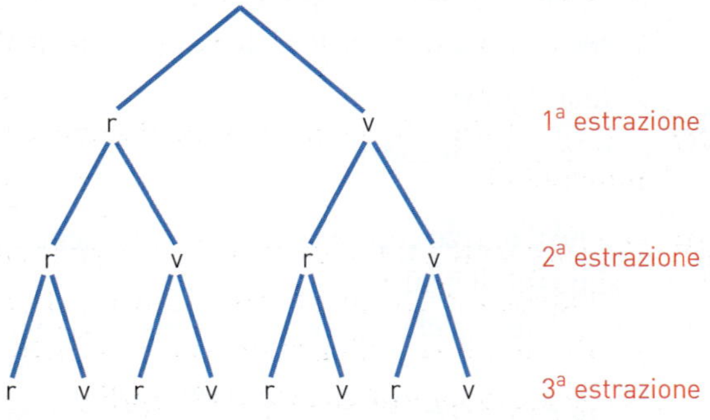

16 Un esperimento casuale consiste nel lanciare contemporaneamente un dado e una moneta. Determina lo spazio campionario e individua gli insiemi corrispondenti ai seguenti eventi: A = «escono un numero pari e croce»; B = «esce testa»; C = «escono un multiplo di 3 e testa».

[$S = \{1T, 1C, 2T, 2C, 3T, 3C, 4T, 4C, 5T, 5C, 6T, 6C\}$; $A = \{2C, 4C, 6C\}$; $B = \{1T, 2T, 3T, 4T, 5T, 6T\}$; $C = \{3T, 6T\}$]

17 ESEMPIO DIGITALE Un'urna contiene tre gettoni con i numeri 5, 7, 11 e viene estratto un gettone. Determina lo spazio campionario, calcola il numero dei possibili eventi ed elencali.

18 Nel lancio di un dado, considera i due eventi seguenti:

E_1 = «esce un multiplo di 3»;

E_2 = «esce il numero 2».

Scrivi qual è lo spazio campionario e qual è l'insieme dei casi favorevoli a ciascun evento.

19 Considera il lancio di due dadi a 6 facce e l'evento E = «la somma dei due numeri usciti è maggiore di 7». Individua gli spazi campionari, disegna una tabella a doppia entrata e identifica quanti casi verificano l'evento.

20 Considera il lancio di due dadi a 6 facce e l'evento E = «il prodotto dei due numeri usciti è multiplo di 3». Individua gli spazi campionari, disegna una tabella a doppia entrata e identifica quanti casi verificano l'evento.

21 Due squadre di calcio si sfidano in un incontro di andata e uno di ritorno. Disegna il diagramma ad albero che rappresenta i possibili risultati (vittoria, sconfitta, pareggio).

22 Un'urna contiene due palline verdi numerate v_1 e v_2 e una rossa r. Si estraggono consecutivamente due palline tenendo fuori dall'urna la prima pallina estratta. Scrivi lo spazio campionario e gli insiemi corrispondenti ai seguenti eventi:

a. A = «la pallina v_1 è la prima estratta»;

b. B = «la prima pallina estratta è verde»;

c. C = «le due palline hanno colori diversi»;

d. D = «le palline sono entrambe rosse».

[$S = \{v_1v_2, v_2v_1, v_1r, v_2r, rv_1, rv_2\}$; $A = \{v_1v_2, v_1r\}$; $B = \{v_1v_2, v_2v_1, v_1r, v_2r\}$; $C = \{v_1r, v_2r, rv_1, rv_2\}$; $D = \varnothing$]

23 Considera il lancio di due dadi, uno a 6 facce e uno a 8 e l'evento E = «la somma dei due numeri usciti è maggiore di 5 e minore di 11». Individua gli spazi campionari, disegna una tabella a doppia entrata e identifica quanti casi verificano l'evento.

2 La definizione classica di probabilità

▶ Teoria a p. β4

La probabilità di un evento

24 ESERCIZIO GUIDA Abbiamo a disposizione un mazzo di 40 carte. Le carte sono di 4 semi (cuori, quadri, fiori, picche), per ogni seme ci sono 10 carte, di cui tre figure (jack, donna, re) e i numeri da 1 (asso) a 7. Viene estratta una carta. Calcoliamo la probabilità che si abbia:

a. una figura;

b. una carta di cuori;

c. l'asso di quadri;

d. un numero pari.

Poiché il mazzo contiene 40 carte e ne viene estratta una sola, in tutte le situazioni descritte il numero dei casi possibili è 40.

La probabilità che si verifichi un evento è data dal rapporto:

$$p(E) = \frac{\text{numero casi favorevoli}}{\text{numero casi ugualmente possibili}}.$$

a. Nel mazzo ci sono 3 figure per ogni seme; quindi in totale le figure sono 12. La probabilità che esca una figura è:

$$p(E) = \frac{12}{40} = \frac{3}{10}.$$

b. Nel mazzo ci sono 10 carte di cuori, quindi i casi favorevoli sono 10. La probabilità che esca una carta di cuori è:

$$p(E) = \frac{10}{40} = \frac{1}{4}.$$

c. Nel mazzo c'è un solo asso di quadri, quindi c'è un solo caso favorevole. La probabilità che esca è:

$$p(E) = \frac{1}{40}.$$

d. Per ogni seme ci sono carte numerate da 1 a 7 e i numeri pari sono tre. I casi favorevoli sono ancora 12, perché i semi sono 4. La probabilità che esca un numero pari è:

$$p(E) = \frac{12}{40} = \frac{3}{10}.$$

25 ●○ In una pila di CD, 6 sono di musica classica, 5 di cantautori italiani, 8 di complessi rock. Calcola la probabilità che, scegliendone uno a caso, esso sia:

a. di musica classica;

b. di un complesso rock. $\left[a)\ \frac{6}{19};\ b)\ \frac{8}{19}\right]$

26 ●○ Un'urna contiene dei dischetti numerati da 1 a 20. Calcola la probabilità che, estraendone uno a caso, si abbia:

a. un numero primo;

b. un numero dispari. $\left[a)\ \frac{2}{5};\ b)\ \frac{1}{2}\right]$

27 ●○ Nella roulette ci sono 37 numeri così colorati: lo 0 è bianco, i numeri da 1 a 18 sono rossi, quelli da 19 a 36 sono neri. Calcola la probabilità che, facendo girare la ruota, la pallina si fermi su:

a. un numero nero;

b. 0;

c. un numero dispari. $\left[a)\ \frac{18}{37};\ b)\ \frac{1}{37};\ c)\ \frac{18}{37}\right]$

28 ●○ Si lancia un dado a sei facce. Calcola la probabilità che esca:

a. il numero 3;

b. un numero dispari;

c. un multiplo di 4;

d. un numero primo. $\left[a)\ \frac{1}{6};\ b)\ \frac{1}{2};\ c)\ \frac{1}{6};\ d)\ \frac{1}{2}\right]$

29 ●○ Il sacchetto della tombola contiene 90 numeri. Viene estratto un numero. Calcola la probabilità che si abbia:

a. un numero pari;

b. un numero maggiore di 10;

c. un numero con due cifre uguali;

d. un multiplo di 5. $\left[a)\ \frac{1}{2};\ b)\ \frac{8}{9};\ c)\ \frac{4}{45};\ d)\ \frac{1}{5}\right]$

30 ●○ Il sacchetto della tombola contiene 90 numeri. Viene estratto un numero. Calcola la probabilità che esca:

a. un numero maggiore di 50;

b. un numero con due cifre diverse;

c. un numero multiplo di 4;

d. un numero primo inferiore a 20.

$\left[a)\ \frac{4}{9};\ b)\ \frac{73}{90};\ c)\ \frac{11}{45};\ d)\ \frac{4}{45}\right]$

31 ●○ INVALSI 2007 Quanto vale la probabilità che una persona risponda correttamente a una domanda che prevede solo una risposta esatta, scegliendo a caso una risposta fra le quattro proposte?

A $\frac{1}{4}$ **B** $\frac{1}{2}$ **C** $\frac{3}{4}$ **D** 1

32 ●○ Abbiamo un mazzo di 52 carte. Viene estratta una carta. Calcola la probabilità che esca:

a. una carta di picche;

b. una figura;

c. una carta rossa. $\left[a)\ \frac{1}{4};\ b)\ \frac{3}{13};\ c)\ \frac{1}{2}\right]$

33 ●● INVALSI 2015 Da un mazzo di 52 carte da gioco (composto da 13 carte per ognuno dei semi: cuori, quadri, fiori, picche) sono stati tolti i 4 assi.

a. Si estrae una carta a caso. Qual è la probabilità che sia di cuori?

Risposta: ______.

b. Da un mazzo di 52 carte uguale al precedente sono state tolte alcune carte di fiori. Dopo questa operazione la probabilità di estrarre, a caso, una carta di fiori è $\frac{6}{45}$. Quante carte sono state tolte?

Risposta: ______.

I valori della probabilità

34 Nel lancio di un dado a sei facce, indica un evento:

a. con probabilità diversa da 0 e da 1;
b. con probabilità 0;
c. con probabilità 1.

35 Nel gioco della tombola, indica un evento con probabilità diversa sia da 1 sia da 0 e un evento con probabilità 1.

36 YOU & MATHS A bag contains a number of marbles of which 80 are red, 24 are white and the rest are blue. If the probability of randomly selecting a blue marble from this bag is $\frac{1}{5}$, how many blue marbles are there in the bag?

A 25   B 26   C 27   D 28   E 29

(USA *North Carolina State High School Mathematics Contest*, 2003)

37 INVALSI 2005 Quale tra i seguenti numeri *non* può rappresentare la probabilità di un evento?

A $\frac{1}{4}$ B 1   C $\frac{17}{20}$ D $\frac{9}{8}$

38 INVALSI 2007 Un'urna contiene 50 gettoni colorati. 20 sono di colore verde, 18 di colore rosso, 10 di colore blu. Qual è la probabilità di pescare un gettone che non sia né verde, né rosso, né blu?

A $\frac{16}{25}$ B $\frac{3}{5}$ C $\frac{9}{25}$ D $\frac{1}{25}$

39 INVALSI 2007 Angela compie gli anni in gennaio e lo zio Peppino li compie 8 giorni dopo di lei. Qual è la probabilità che anche lo zio Peppino compia gli anni in gennaio?

A $\frac{1}{8}$ B $\frac{22}{31}$ C $\frac{22}{30}$ D $\frac{23}{31}$

40 Scegli a caso un punto della mattonella. Qual è la probabilità che il punto si trovi all'interno della parte colorata? $\left[\frac{73}{81}\right]$

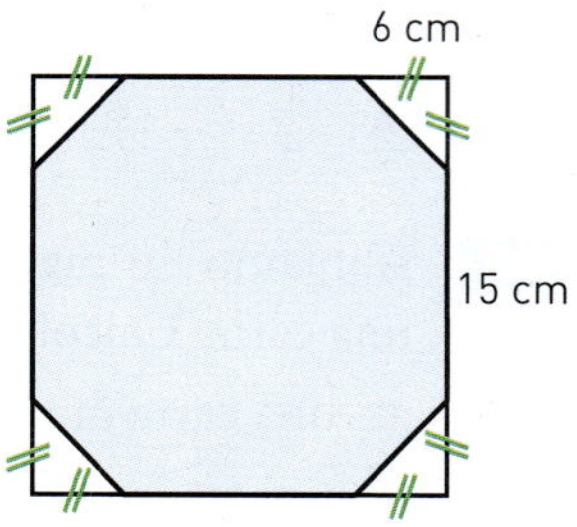

41 EUREKA! **Pere e mele** Un carico di frutta è composto al 40% da casse di pere e il resto da casse di mele. Viene aggiunto un secondo carico, senza pere e con lo stesso numero di casse di mele.
Scegliendo una cassa a caso, qual è la probabilità di sceglierne una di pere? $\left[\frac{1}{4}\right]$

42 INVALSI 2011 La corriera passa alle 6:30 alla fermata dove sale Giorgio. Nel 40% dei casi è in orario, nel 50% dei casi ha un ritardo di 5 minuti e nei rimanenti casi ha un ritardo di 10 minuti. Se Giorgio arriva alla fermata alle 6:34, che probabilità ha di prendere la corriera?

A 10%   B 40%   C 50%   D 60%

43 INVALSI 2006 La figura rappresenta una roulette un po' particolare: non ci sono numeri ma solo settori indicati con delle lettere.

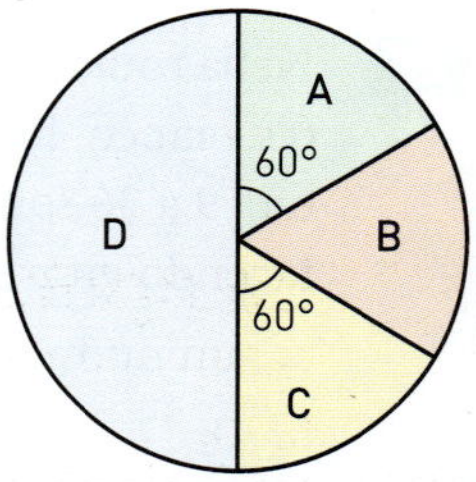

Se la pallina si muove lungo il bordo, qual è la probabilità che si fermi sull'arco che delimita il settore A?

A $\frac{1}{3}$ B $\frac{1}{4}$ C $\frac{1}{6}$ D $\frac{1}{8}$

44 **Natale!** Nel contenitore delle decorazioni natalizie di Mara ci sono 9 palle di plastica e le altre sono di vetro. Pescando a caso, la probabilità di estrarre una palla di plastica è $\frac{3}{8}$. Quante sono in tutto le palle? [24]

45 EUREKA! **Taglio netto** Una corda viene tagliata in due, scegliendo a caso il punto del taglio. Qual è la probabilità che un pezzo di corda sia lungo almeno il doppio dell'altro?

(adattato da *American Mathematical Contest*, 1972)

46 ●● EUREKA! **Una e solo una** Nella Repubblica di Gyné si tramanda da secoli una singolare tradizione. Tutte le coppie vogliono avere una figlia femmina, quindi se concepiscono un maschio, fanno un altro figlio. Quando mettono al mondo una bimba, smettono di avere figli. Qual è il rapporto tra maschi e femmine in tale popolazione?

MATEMATICA E STORIA

Prima che la gara finisca Nel laboratorio ti proponiamo il *problema delle parti*, la cui risoluzione, nella storia, è stata sbagliata anche da matematici famosi.

Problema e risoluzione - Un esercizio in più - Attività di ricerca: Il caso e il calcolo delle probabilità.

47 ●● INVALSI 2014 È stato effettuato un sondaggio su un campione di 1500 donne di età compresa tra i 25 e i 55 anni per conoscere la loro opinione su una rivista mensile dedicata alla salute. Si sono ottenuti i seguenti risultati:

	Occupate	Disoccupate
Giudizio positivo	450	276
Giudizio negativo	367	407

a. Quante sono le donne che hanno espresso un giudizio positivo?
Risposta: ______.

b. Quante sono le donne disoccupate intervistate?
Risposta: ______.

c. Scegliendo a caso una delle donne intervistate, qual è la probabilità che abbia espresso un giudizio negativo?
Risposta: ______.

d. Scegliendo a caso una delle donne intervistate tra quelle che hanno espresso un giudizio positivo, qual è la probabilità che sia una donna occupata?
Risposta: ______.

3 Le operazioni con gli eventi

▶ Teoria a p. β5

Gli eventi unione e intersezione

48 ESERCIZIO GUIDA In un cassetto ci sono 16 biglie numerate da 1 a 16. Estraiamo una biglia a caso e consideriamo gli eventi:

E_1 = «estrazione di un numero dispari e divisibile per 3»;
E_2 = «estrazione di un numero dispari o divisibile per 3».

Qual è l'insieme dei casi favorevoli a E_1? E quello dei casi favorevoli a E_2?

Lo spazio campionario è:

$$S = \{1, 2, 3, ..., 14, 15, 16\}.$$

L'evento E_1 è composto da due eventi:

E_1' = «estrazione di un numero dispari» $= \{1, 3, 5, 7, 9, 11, 13, 15\}$;
E_1'' = «estrazione di un numero divisibile per 3» $= \{3, 6, 9, 12, 15\}$.

L'evento E_1 è l'intersezione di E_1' ed E_1'':

$$E_1' \cap E_1'' = \{3, 9, 15\}.$$

L'evento E_2 è formato dagli stessi eventi, però legati dal connettivo «o»; quindi è l'unione di E_1' e di E_1'':

$$E_1' \cup E_1'' = \{1, 3, 5, 6, 7, 9, 11, 12, 13, 15\}.$$

49 Nel lancio di un dado, considera i due eventi seguenti:

E_1 = «esce un multiplo di 3 o un numero pari»;
E_2 = «esce un multiplo di 3 e un numero pari».

Scrivi qual è l'insieme dei casi favorevoli a ciascun evento.

50 Nel lancio contemporaneo di due dadi, quanti elementi contiene lo spazio campionario? Qual è l'insieme dei casi favorevoli all'evento «la somma dei due numeri è pari»?

51 Nel lancio di due monete identiche, qual è lo spazio campionario e l'insieme dei casi favorevoli all'evento «escono due croci»?

52 Un'urna contiene 5 palline rosse, 6 bianche e 4 gialle. Considera gli eventi:

E_1 = «estrazione di una pallina gialla»;
E_2 = «estrazione di una pallina nera».

a. Qual è l'insieme dei casi favorevoli a E_1 ed E_2?
b. Scrivi l'evento unione e determina l'insieme che lo rappresenta.

4 I teoremi relativi al calcolo delle probabilità

▶ Teoria a p. β7

Gli eventi compatibili e gli eventi incompatibili

53 Considera il lancio di un dado. Quali delle seguenti coppie di eventi sono compatibili?
a. «Esce il numero 2, esce un multiplo di 2».
b. «Esce un numero dispari, esce il numero 4».
c. «Esce un numero primo, esce un numero pari».

54 Si estrae un gettone da una scatola che ne contiene 25 numerati. Quali dei seguenti eventi sono compatibili e quali incompatibili?
a. «Esce un numero maggiore di 10».
b. «Esce un multiplo di 2».
c. «Esce un numero dispari».

55 Nell'estrazione di una carta da un mazzo di 40 carte, determina quali fra i seguenti eventi sono compatibili e quali incompatibili:
a. «esce un re»;
b. «esce un asso»;
c. «esce una figura»;
d. «esce una carta di quadri».

56 FAI UN ESEMPIO Considera l'estrazione di una carta da un mazzo di 52 carte.
Fai un esempio di tre eventi che siano compatibili a due a due, ma incompatibili tra loro.

La probabilità della somma logica per eventi incompatibili

TEST

57 Si estrae una carta da un mazzo di 52 carte. La probabilità che la carta estratta sia rossa, o una figura, o un asso è:

A $\frac{21}{26}$. B $\frac{9}{13}$. C $\frac{10}{13}$. D $\frac{11}{13}$. E $\frac{17}{26}$.

58 La probabilità che, nell'estrazione del lotto, il primo estratto sulla ruota di Milano sia un numero primo o un numero dispari è:

A $\frac{22}{45}$. B $\frac{1}{2}$. C $\frac{7}{9}$. D $\frac{23}{45}$. E $\frac{4}{15}$.

59 **ESERCIZIO GUIDA** In un sacchetto ci sono 30 gettoni rossi, 20 neri e 15 bianchi. Calcoliamo la probabilità che venga estratto a caso un gettone nero o bianco.

L'evento che ci interessa è

E = «estrazione di un gettone nero o bianco»,

composto dai due eventi:

E_1 = «estrazione di un gettone nero»;
E_2 = «estrazione di un gettone bianco».

Poiché E_1 ed E_2 sono incompatibili, è sufficiente sommare le probabilità $p(E_1)$ e $p(E_2)$.

$$p(E_1) = \frac{20}{65} = \frac{4}{13};$$

$$p(E_2) = \frac{15}{65} = \frac{3}{13};$$

$$p(E_1 \cup E_2) = p(E_1) + p(E_2) = \frac{4}{13} + \frac{3}{13} = \frac{7}{13}.$$

60 Un cassetto contiene 18 calzini blu, 6 neri e 4 grigi. Calcola la probabilità che, estraendone uno a caso, esso sia blu o grigio. $\left[\frac{11}{14}\right]$

61 Su uno scaffale sono posati 12 quaderni, 20 libri e 14 CD. Prendendo un oggetto a caso, qual è la probabilità di prendere un libro o un CD? $\left[\frac{17}{23}\right]$

62 Qual è la probabilità di estrarre a caso una biro rossa o nera da un cassetto che ne contiene 20 rosse, 15 nere e 23 blu? $\left[\frac{35}{58}\right]$

63 Su un tavolo ci sono 65 lampadine piccole, 35 medie e 50 grosse. Qual è la probabilità che, prendendo una lampadina a caso, essa sia media o grossa? $\left[\frac{17}{30}\right]$

64 Una cassaforte contiene 400 banconote da 5 euro, 220 da 10 euro e 700 da 20 euro. Qual è la probabilità di estrarne a caso una da 5 euro o da 10 euro? $\left[\frac{31}{66}\right]$

65 Una scatola contiene 54 fra cioccolatini, caramelle e liquirizie. Sapendo che i cioccolatini sono il doppio delle liquirizie e le caramelle sono i $\frac{3}{2}$ delle liquirizie, calcola la probabilità di prendere a caso un cioccolatino o una caramella. $\left[\frac{7}{9}\right]$

66 In una busta sono contenute 28 figurine numerate da 1 a 28. Calcola la probabilità di estrarre a caso una figurina con numero dispari o multiplo di 4. $\left[\frac{3}{4}\right]$

67 In un'urna vengono introdotti 100 bigliettini gialli, verdi e rossi. I gialli sono 40, i verdi sono i $\frac{2}{3}$ dei rossi.
Calcola la probabilità che, estraendone uno a caso, esso sia verde o rosso. $\left[\frac{3}{5}\right]$

68 Nel suo tratto di spiaggia, un bagnino ha 180 ombrelloni, a righe, a quadri o a fiori. Gli ombrelloni a quadri sono 44.
La probabilità che venga assegnato a un bagnante un ombrellone a righe è $\frac{3}{5}$.
Qual è la probabilità che venga assegnato a caso un ombrellone a fiori? $\left[\frac{7}{45}\right]$

69 In un negozio ci sono 240 paia di jeans blu, rossi e neri. La probabilità di prenderne a caso un paio blu è $\frac{2}{3}$. Sapendo che i jeans neri sono 60, calcola la probabilità di prendere a caso un paio di jeans rossi. $\left[\frac{1}{12}\right]$

70 In una busta ci sono 210 francobolli, alcuni italiani, altri francesi, altri ancora tedeschi. La probabilità che si prenda a caso un francobollo italiano è $\frac{2}{7}$. I francobolli tedeschi sono 50.
Calcola la probabilità che si prenda a caso un francobollo francese. $\left[\frac{10}{21}\right]$

71 ●○ In un'urna ci sono palline gialle, rosse e verdi. La probabilità che esca una pallina rossa o verde è $\frac{2}{5}$. Le palline gialle sono 45. Il numero delle rosse è doppio di quello delle verdi. Quante sono le palline verdi? [10]

La probabilità della somma logica per eventi compatibili

72 ESERCIZIO GUIDA In un sacchetto ci sono 16 gettoni: 7 di forma quadrata (3 rossi e 4 verdi) e 9 di forma circolare (4 rossi e 5 verdi). Qual è la probabilità di estrarre a caso un gettone rosso oppure tondo?

Gli eventi E_1 = «estrazione di un gettone rosso» ed E_2 = «estrazione di un gettone tondo» sono compatibili; infatti, un gettone può essere contemporaneamente rosso e tondo. Calcoliamo $p(E_1)$ e $p(E_2)$ tenendo presente che i casi possibili sono 16:

$$p(E_1) = \frac{7}{16};\ p(E_2) = \frac{9}{16}.$$

Inoltre, per calcolare $p(E_1 \cap E_2)$, teniamo presente che i casi favorevoli sono i gettoni rossi e tondi:

$$p(E_1 \cap E_2) = \frac{4}{16}.$$

La probabilità che si estragga un gettone rosso oppure tondo è:

$$p(E_1 \cup E_2) = p(E_1) + p(E_2) - p(E_1 \cap E_2) = \frac{7}{16} + \frac{9}{16} - \frac{4}{16} = \frac{3}{4}.$$

73 ●○ Calcola la probabilità che, lanciando un dado, si verifichi almeno uno dei due eventi:

E_1 = «numero dispari», E_2 = «numero minore di 4». $\left[\frac{2}{3}\right]$

74 ●○ Calcola la probabilità che, lanciando un dado, esca un numero maggiore di 2 o pari. $\left[\frac{5}{6}\right]$

75 ●○ In una sacca sportiva ci sono 10 maglie numerate da 1 a 10. Calcola la probabilità che, estraendo a caso una maglia, questa abbia un numero dispari o un numero maggiore di 5. $\left[\frac{4}{5}\right]$

76 ●○ I 24 libri di uno scaffale sono numerati da 1 a 24. Qual è la probabilità che, scegliendone uno a caso, si prenda un libro con numero pari o minore di 12? $\left[\frac{3}{4}\right]$

77 ●○ In un negozio ci sono 32 paia di sci numerati da 1 a 32. Calcola la probabilità che, prendendone uno a caso, abbia il numero dispari o maggiore di 23. $\left[\frac{21}{32}\right]$

78 ●○ INVALSI 2007 Si lanciano due dadi ed escono due numeri il cui prodotto è 6. Qual è la probabilità che uno dei due numeri usciti sia 2?

A $\frac{1}{18}$ B $\frac{1}{9}$ C $\frac{1}{2}$ D $\frac{2}{3}$

79 ●● EUREKA! **Blu, nero, 12** In un'urna ci sono 4 biglie nere e 4 blu. Le biglie sono numerate da 1 a 8: le nere con i numeri pari e le blu con quelli dispari. Si estrae prima una pallina, la si ripone nell'urna e si esegue una seconda estrazione.
Qual è la probabilità di estrarre una pallina blu e una nera o due palline il cui prodotto dei valori sia 12?

La probabilità dell'evento contrario

80 **ESERCIZIO GUIDA** Nell'esercizio guida 24, da un mazzo di 40 carte veniva estratta una carta e poi venivano indicati i seguenti quattro eventi: «è una figura»; «è una carta di cuori»; «è l'asso di quadri»; «è un numero pari». Ora proponiamo un altro insieme di eventi:

a. E_1 = «una carta che non è una figura»;

b. E_2 = «una carta di quadri o di fiori o di picche»;

c. E_3 = «un asso di cuori o di fiori o di picche»;

d. E_4 = «una carta dispari».

Quali di questi ultimi eventi sono contrari a quelli indicati in precedenza? Per gli eventi contrari calcoliamo la probabilità che essi si verifichino.

---

a. L'evento E_1 = «estrarre una carta che non è una figura» è contrario all'evento «estrarre una figura». Per calcolarne la probabilità dell'evento E_1 basta sottrarre da 1 la probabilità dell'evento «estrarre una figura»:

$$p(E_1) = 1 - \frac{3}{10} = \frac{7}{10}.$$

Possiamo verificare questo risultato anche calcolando direttamente la probabilità di E_1. Poiché le carte che non sono figure sono 7 per ogni seme, i casi favorevoli sono $7 \cdot 4 = 28$:

$$p(E_1) = \frac{28}{40} = \frac{7}{10}.$$

b. L'evento E_2 = «Estrarre una carta di quadri o di fiori o di picche» è l'evento contrario a «estrarre una carta di cuori»; quindi:

$$p(E_2) = 1 - \frac{1}{4} = \frac{3}{4}.$$

c. L'evento contrario a «estrarre l'asso di quadri» non è E_3 = «estrarre un asso di cuori o di fiori o di picche» ma è l'evento «estrarre una qualunque carta che non è l'asso di quadri».

d. Anche in questo caso, i due eventi «estrarre un numero pari» ed «estrarre un numero dispari» non sono uno il contrario dell'altro. Infatti nel mazzo ci sono anche delle figure, che sono carte senza numero.

Nei quattro esercizi che seguono sono indicate, per ogni esperimento, tre coppie di possibili eventi. Per ogni coppia, stabilisci se sono eventi contrari oppure no; in caso di risposta affermativa, calcola la probabilità di entrambi gli eventi.

81 Lancio di un dado a sei facce.

E_1 = «esce il numero 3»;
E_2 = «esce un numero dispari».

E_1 = «esce un multiplo di 2»;
E_2 = «esce un numero dispari».

E_1 = «esce un multiplo di 3 e di 5»;
E_2 = «esce un numero pari».

82 Si estrae un numero dal sacchetto della tombola.

E_1 = «è un numero maggiore di 10»;
E_2 = «è un numero dispari».

E_1 = «è un numero pari»;
E_2 = «è un numero minore di 10».

E_1 = «è un numero con due cifre uguali»;
E_2 = «è un numero non divisibile per 11».

83 Estrazione di una pallina da un'urna che contiene 8 palline gialle, 4 rosse e 10 verdi.

E_1 = «è una pallina gialla»;
E_2 = «è una pallina non gialla».

E_1 = «è una pallina bianca»;
E_2 = «è una pallina rossa».

E_1 = «è una pallina verde»;
E_2 = «è una pallina rossa o gialla».

84 Si fa girare la ruota della roulette. La pallina si ferma su:

E_1 = «un numero nero»;
E_2 = «un numero rosso».

E_1 = «0»;
E_2 = «un numero rosso o nero».

E_1 = «un numero dispari»;
E_2 = «un numero pari».

ESERCIZI

85 Calcola la probabilità che nel lancio di un dado si verifichi l'evento contrario dell'evento:

«esce un multiplo di 2». $\left[\frac{1}{2}\right]$

86 Calcola la probabilità che nel lancio di un dado non esca:

a. il numero 5;

b. un numero maggiore di 5;

c. un numero minore di 5. $\left[a)\ \frac{5}{6};\ b)\ \frac{5}{6};\ c)\ \frac{1}{3}\right]$

87 Un'urna contiene 8 palline bianche, 5 palline nere e 7 palline rosse. Si estrae una pallina. Calcola la probabilità che:

a. esca una pallina nera;

b. non esca una pallina nera;

c. non esca una pallina rossa.

$\left[a)\ \frac{1}{4};\ b)\ \frac{3}{4};\ c)\ \frac{13}{20}\right]$

La probabilità condizionata

Indica se i seguenti eventi sono dipendenti o indipendenti.

88 In due lanci di un dado: A = «esce 4 al primo lancio», B = «esce 2 al secondo lancio».

89 Nell'estrazione di una carta da un mazzo di 40 carte:

a. A = «esce un re nella prima estrazione», B = «esce un asso nella seconda estrazione»;

b. C = «esce un cavallo nella prima estrazione», D = «esce un cavallo nella seconda estrazione».

In ognuno dei casi dai due risposte, una nell'ipotesi in cui la carta sia rimessa nel mazzo dopo la prima estrazione e una nell'ipotesi contraria.

90 In due lanci di una moneta: A = «esce *testa* al primo lancio», B = «esce *testa* al secondo lancio».

91 In due estrazioni da un'urna contenente 4 palline bianche e 6 nere:

a. A = «la prima pallina è nera», B = «la seconda pallina è nera»;

b. C = «la prima pallina è nera», D = «la seconda pallina è bianca».

Considera sia le estrazioni con reimmissione della prima pallina, sia quelle senza reimmissione.

92 ESERCIZIO GUIDA Un amico lancia un dado e, senza farcelo vedere, dice: «È uscito un numero minore di 5». Qual è la probabilità che sia uscito il 3?

Lo spazio campionario è:

$$S = \{1, 2, 3, 4, 5, 6\}.$$

Consideriamo i due eventi:

E_1 = «estrazione del numero 3» = $\{3\}$;
E_2 = «estrazione di un numero minore di 5».

Dunque $p(E_1) = \frac{1}{6}$, ma l'evento E_1 è condizionato dal fatto che si è verificato $E_2 = \{1, 2, 3, 4\}$; quindi dobbiamo calcolare la probabilità condizionata $p(E_1|E_2)$. Lo spazio campionario per $E_1|E_2$ è allora E_2, mentre il numero di casi favorevoli a $E_1|E_2$ è dato dal numero di elementi di $E_1 \cap E_2 = \{3\}$.

Perciò la probabilità cercata è:

$$p(E_1|E_2) = \frac{1}{4}.$$

93 Da una scatola contenente 20 palline, numerate da 1 a 20, viene estratta a caso una pallina. Calcola la probabilità che si sia realizzato l'evento «estrazione di un multiplo di 3», sapendo che è uscito un numero minore di 12. $\left[\frac{3}{11}\right]$

94 Un'urna contiene 22 palline numerate da 1 a 22. Calcola la probabilità che, estraendo una pallina, essa rechi un numero multiplo di 3, sapendo che è uscito un numero dispari.

$\left[\frac{4}{11}\right]$

95 Calcola la probabilità che, estraendo una carta da un mazzo di 40, essa sia un re, sapendo che è uscita una figura. $\left[\frac{1}{3}\right]$

96 Calcola la probabilità che, lanciando due dadi, la somma delle facce sia un numero dispari, sapendo che le facce portano numeri diversi. $\left[\frac{3}{5}\right]$

MATEMATICA E GIURISPRUDENZA

Il testimone oculare Il 18 giugno 1964 Juanita Brooks venne urtata in un vicolo vicino a casa, a Los Angeles, e derubata della borsa.
Un vicino testimoniò che una donna bionda che scappava dal luogo dello scippo aveva una coda di cavallo, era vestita di scuro ed era salita su una macchina gialla, guidata da un uomo di colore con barba e baffi.
La polizia arrestò una coppia, Janet e Mark Collins, che corrispondeva alla descrizione, ma durante il processo...

Problema e risoluzione.

La probabilità del prodotto logico per eventi indipendenti

97 ESERCIZIO GUIDA In un sacchetto ci sono 30 gettoni rossi, 20 neri e 15 bianchi. Viene estratto un primo gettone; il gettone viene rimesso nel sacchetto; viene estratto un secondo gettone. Calcoliamo la probabilità che si verifichino i seguenti eventi:

a. i due gettoni sono rossi (E_1);

b. viene estratto prima un gettone nero e poi uno bianco (E_2);

c. vengono estratti un gettone nero e uno bianco in un ordine qualsiasi (E_3).

Poiché le estrazioni sono **con reimmissione**, gli eventi sono indipendenti.

a. La probabilità $p(R)$ che venga estratto un gettone rosso è:

$$p(R) = \frac{30}{65} = \frac{6}{13}$$

quindi, per il teorema del prodotto, la probabilità che ne vengano estratti due è:

$$p(E_1) = p(R) \cdot p(R) = \frac{6}{13} \cdot \frac{6}{13} = \frac{36}{169}.$$

b. La probabilità $p(N)$ che venga estratto un gettone nero è:

$$p(N) = \frac{20}{65} = \frac{4}{13}.$$

La probabilità $p(B)$ che ne venga estratto uno bianco è:

$$p(B) = \frac{15}{65} = \frac{3}{13}.$$

La probabilità dell'evento E_2 è:

$$p(E_2) = p(N) \cdot p(B) = \frac{4}{13} \cdot \frac{3}{13} = \frac{12}{169}.$$

c. Poiché non viene precisato in quale ordine devono essere estratti i due gettoni, dobbiamo considerare l'evento E_3 come evento unione dei due eventi:

- «esce un gettone nero e poi uno bianco» (E_2);
- «esce un gettone bianco e poi uno nero» (E'_2).

Conosciamo già la probabilità dell'evento E_2. Anche E'_2 ha la stessa probabilità, infatti:

$$p(E'_2) = p(B) \cdot p(N) = \frac{3}{13} \cdot \frac{4}{13} = \frac{12}{169}.$$

Per il teorema della somma:

$$p(E_3) = p(E_2) + p(E'_2) =$$

$$\frac{12}{169} + \frac{12}{169} = \frac{24}{169}.$$

98 Un sacchetto contiene 4 biglietti blu, 5 rossi e 1 bianco. Calcola la probabilità che in due estrazioni successive, con reimmissione del primo estratto, escano nell'ordine un biglietto blu e uno rosso. $\left[\frac{1}{5}\right]$

99 In un cesto ci sono animali di peluche: 6 cagnolini, 10 gattini, 4 papere. Qual è la probabilità di estrarre a caso, rimettendo il primo oggetto estratto, un gattino e poi una papera? $\left[\frac{1}{10}\right]$

100 Dal sacchetto della tombola si fanno due estrazioni successive con reimmissione. Calcola la probabilità di ottenere un numero pari e uno dispari. $\left[\frac{1}{2}\right]$

101 YOU & MATHS Suppose there is a seven-sided die with the property that, when it is rolled, there is an equal probability of getting 1, 2, 3, 4, 5, 6, or 7. If this die is rolled twice, then what is the probability that the sum of the two rolls is even?

(USA *Bay Area Math Meet, BAMM, Bowl Sampler,* 1995)

$\left[\frac{25}{49}\right]$

102 In una libreria ci sono 1500 volumi fra libri gialli, romanzi e saggi. Sapendo che i romanzi sono 348 e i gialli sono il triplo dei saggi, calcola la probabilità di ottenere, in due estrazioni successive con reimmissione, un libro giallo e un romanzo. $\left[\frac{4176}{15\,625}\right]$

103 Da un mazzo di 40 carte se ne estraggono due con reimmissione. Calcola la probabilità di ottenere una figura e una carta minore di 7. $\left[\frac{9}{25}\right]$

104 In uno scatolone ci sono 52 paia di scarpe sportive, alcune da tennis, altre da jogging, altre da pallavolo: quelle da tennis sono la metà di quelle da jogging che sono il doppio di quelle da pallavolo. Calcola la probabilità, in due estrazioni con reimmissione, di avere nell'ordine un paio di scarpe da jogging e uno da pallavolo. $\left[\frac{1}{8}\right]$

105 La probabilità che una persona colpisca un bersaglio è del 20% e la probabilità che lo colpisca un'altra persona è del 60%. Le due persone sparano contemporaneamente. Calcola la probabilità che:

a. il bersaglio venga colpito da entrambi;

b. almeno uno colpisca il bersaglio.

[a) 12%; b) 68%]

---

106 INVALSI 2015 Nel foglietto illustrativo contenuto nella confezione di un farmaco, alla voce «Effetti collaterali» si legge che:

- il 2% dei pazienti trattati con il farmaco ha accusato vertigini;
- il 7% dei pazienti trattati con il farmaco ha avuto bruciori di stomaco.

I due tipi di effetti collaterali sono indipendenti l'uno dall'altro.

a. Qual è la probabilità che un paziente che ha assunto il farmaco *non* abbia bruciori di stomaco? Esprimi il risultato in forma percentuale.

Risposta: ______ %.

b. Qual è la probabilità che un paziente che ha assunto il farmaco manifesti *entrambi* gli effetti collaterali?

A 9% B 0,14% C 14% D 0,9%

107 Due macchine indipendenti compiono lo stesso tipo di lavorazione. La probabilità che la prima si guasti è del 2% e la probabilità che si guasti la seconda è del 3%. Calcola la probabilità che:

a. entrambe le macchine siano guaste;

b. sia guasta la prima e non la seconda;

c. almeno una sia guasta.

[a) 0,06%; b) 1,94%; c) 4,94%]

---

108 **In un'ora** In una fabbrica la probabilità che tre macchine automatiche richiedano in un'ora l'intervento di un lavoratore sono 0,3, 0,2, 0,4. Calcola qual è la probabilità che in un'ora il lavoratore debba intervenire:

a. su nessuna macchina;

b. su almeno una macchina;

c. solo su due macchine.

[a) 0,336; b) 0,664; c) 0,188]

MATEMATICA E GENETICA

Il quadrato di Punnett Le possibili alternative con cui un carattere ereditario, come l'albinismo, si manifesta dipendono dal rimescolamento dei caratteri dei genitori...

Problema e risoluzione - 4 esercizi in più.

La probabilità del prodotto logico per eventi dipendenti

RISOLVIAMO UN PROBLEMA

Mele rosse e mele verdi

In un cesto ci sono 8 mele verdi e 12 rosse. Ne prendiamo due a caso. Determina la probabilità che:

- almeno una sia rossa;
- una sola sia verde;
- siano entrambe verdi.

▸ **Distinguiamo i due casi in cui è possibile prendere una mela rossa.**

Per avere almeno una mela rossa, consideriamo l'eventualità che essa venga pescata alla prima o alla seconda estrazione.

Chiamiamo R_1 l'evento «pesca di una mela rossa alla prima estrazione». Allora $p(R_1) = \frac{12}{20} = \frac{3}{5}$.

Se invece chiamiamo V_1 l'evento «pesca di una mela verde alla prima estrazione», abbiamo $p(V_1) = \frac{8}{20} = \frac{2}{5}$.

Se inizialmente abbiamo ottenuto una mela verde, potremmo ancora pescare una delle 12 mele rosse nel cesto che però contiene una mela in meno, quindi l'evento R_2 = «pesca di una mela rossa alla seconda estrazione» è dipendente dall'evento V_1.

Si deve pertanto considerare la probabilità condizionata $p(R_2 | V_1)$, con $p(R_2 | V_1) = \frac{12}{19}$.

Quindi la probabilità di pescare la mela rossa solamente alla seconda estrazione è data dalla probabilità del prodotto logico degli eventi V_1 e R_2:

$$p(V_1 \cap R_2) = p(V_1) \cdot p(R_2 | V_1) = \frac{2}{5} \cdot \frac{12}{19} = \frac{24}{95}.$$

▸ **Calcoliamo la probabilità nel primo caso.**

La probabilità dell'evento E_1 = «pesca di almeno una mela rossa» è la somma delle probabilità $p(R_1)$ e $p(V_1 \cap R_2)$, dal momento che sono due eventi incompatibili:

$$p(E_1) = p(R_1) + p(V_1 \cap R_2) = \frac{3}{5} + \frac{24}{95} = \frac{81}{95}.$$

▸ **Distinguiamo due casi in cui è possibile prendere una sola mela verde.**

Consideriamo l'eventualità che la mela verde venga pescata solamente alla prima o alla seconda estrazione.

La probabilità di ottenere la mela verde solamente alla prima estrazione richiede che si estragga prima una mela verde e poi una mela rossa. Questa è la probabilità del prodotto logico $p(V_1 \cap R_2)$ già calcolata in precedenza, quindi $p(V_1 \cap R_2) = \frac{24}{95}$.

Invece, se inizialmente abbiamo ottenuto una mela rossa, potremmo ancora pescare una delle 8 mele verdi in un cesto che però contiene una mela in meno, quindi l'evento V_2 = «pesca di una mela verde alla seconda estrazione» è dipendente dall'evento R_1.

Si deve dunque considerare la probabilità condizionata $p(V_2 | R_1)$, con $p(V_2 | R_1) = \frac{8}{19}$.

Quindi la probabilità di pescare la mela verde solamente alla seconda estrazione è data dalla probabilità del prodotto logico degli eventi R_1 e V_2:

$$p(R_1 \cap V_2) = p(R_1) \cdot p(V_2 | R_1) = \frac{3}{5} \cdot \frac{8}{19} = \frac{24}{95}.$$

▸ **Calcoliamo la probabilità nel secondo caso.**

La probabilità dell'evento E_2 = «pesca di una sola mela verde» è la somma delle probabilità $p(V_1 \cap R_2)$ e $p(R_1 \cap V_2)$, dal momento che sono due eventi incompatibili.

$$p(E_2) = p(V_1 \cap R_2) + p(R_1 \cap V_2) =$$

$$\frac{24}{95} + \frac{24}{95} = \frac{48}{95}.$$

▸ **Calcoliamo la probabilità nel terzo caso.**

La probabilità dell'evento E_3 = «pesca di due mele verdi» è la probabilità del prodotto logico di eventi $p(V_1 \cap V_2) = p(V_1) \cdot p(V_2 | V_1)$, con la probabilità condizionata $p(V_2 | V_1) = \frac{7}{19}$.

Abbiamo:

$$p(E_3) = p(V_1 \cap V_2) = \frac{2}{5} \cdot \frac{7}{19} = \frac{14}{95}.$$

ESERCIZI

109 ●○ Nell'estrazione contemporanea di due carte da un mazzo di 40, qual è la probabilità che escano due 5? $\left[\frac{1}{130}\right]$

110 ●○ Un cassetto contiene 25 magliette; quelle a manica corta sono i $\frac{2}{3}$ di quelle a manica lunga. Calcola la probabilità che, estraendone due contemporaneamente, siano entrambe a manica lunga. $\left[\frac{7}{20}\right]$

111 ●○ Calcola la probabilità che da un mazzo di 40 carte vengano estratti contemporaneamente un re e un asso. $\left[\frac{4}{195}\right]$

112 ●○ Un ragazzo ha una collezione di 40 DVD: 10 di film vari, 12 di cartoni animati e i rimanenti di film gialli. Qual è la probabilità che, estraendone due contemporaneamente, si abbia un cartone animato e un film giallo? $\left[\frac{18}{65}\right]$

113 ●○ Uno scatolone contiene 7 palloni da pallavolo, 5 da pallacanestro e 8 da rugby. Qual è la probabilità che, prelevandone 3, senza rimetterli nello scatolone, i primi due siano da rugby e il terzo da pallavolo? $\left[\frac{49}{855}\right]$

114 ●○ Un cestino contiene 100 fra castagne, noci e nocciole. Le castagne sono 20 e le noci sono $\frac{1}{4}$ delle nocciole. Calcola la probabilità che, estraendone due, senza reimmissione della prima, si ottenga prima una noce e poi una nocciola. $\left[\frac{256}{2475}\right]$

MATEMATICA E GIOCHI

Fare 6 al Superenalotto Il Superenalotto è un gioco di fortuna. Da un'urna vengono estratti 6 numeri da 1 a 90; per vincere il primo premio...

Risoluzione - 3 esercizi in più.

5 Altre definizioni di probabilità

▶ Teoria a p. β15

La definizione statistica di probabilità

115 ●○ Prova a lanciare per 20, 30, 40, ... volte il tappo di plastica di una bottiglia di acqua minerale e determina le frequenze con le quali si presentano le due facce. Effettua la rappresentazione grafica.

116 ●○ Una medaglia è stata lanciata consecutivamente per 50, 100, 200 e 300 volte. La parte che raffigura uno stemma si è presentata rispettivamente 36, 78, 148 e 219 volte. Determina i valori delle probabilità che si possono attribuire all'evento E = «uscita dello stemma» nelle varie fasi dell'esperimento. [0,72; 0,78; 0,74; 0,73]

117 ●○ INVALSI 2007 Un'urna contiene 50 palline. Marco ne estrae 20 senza rimetterle nell'urna e osserva che 10 sono nere e 10 sono rosse. Estraendo una 21-esima pallina, qual è la probabilità che questa sia nera?

- **A** Più di $\frac{1}{2}$.
- **B** Esattamente $\frac{1}{2}$.
- **C** Meno di $\frac{1}{2}$.
- **D** Impossibile da determinare senza conoscere il contenuto dell'urna.

118 ●○ INVALSI 2015 Si lancia 300 volte un dado non truccato a 6 facce. Quante volte ci si aspetta di ottenere un numero maggiore di 4?

- **A** Circa 100 volte.
- **B** Circa 50 volte.
- **C** Circa 30 volte.
- **D** Circa 150 volte.

119 ●○ TEST In una gara di tiro con l'arco, si è valutato che il bersaglio viene colpito nelle varie zone colorate con le probabilità indicate nella figura. Qual è la probabilità che una freccia colpisca la parte bianca o non colpisca affatto il bersaglio?

A 0,25% B 25% C 0,13% D 13%

120 ●○ ESEMPIO DIGITALE Su 3600 magliette prodotte da un'azienda, 150 sono da scartare. Qual è per l'azienda la probabilità che venga prodotta una maglietta senza difetti?

121 ●○ **Batterie** Una ditta produce batterie per auto e da un'indagine rileva che, su un campione di 1800 batterie, 120 hanno una durata inferiore ai tre anni. Qual è la probabilità che una batteria funzioni per più di tre anni? Aumentando a 2800 le batterie del campione, quante saranno quelle di durata inferiore ai tre anni?

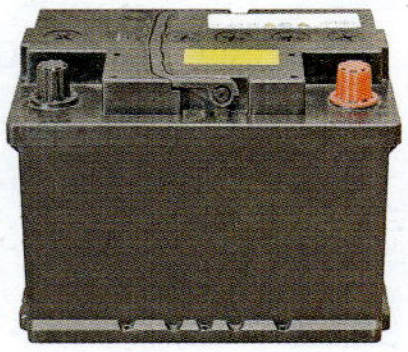

[circa 93,3%; circa 187]

122 ●● COMPLETA Per verificare il funzionamento di vari elettrodomestici si compiono dei test e si ricava la probabilità statistica di un guasto. Completa la tabella.

	Televisore	Frigorifero	Microonde	Totale
Pezzi testati	150		120	
Pezzi guasti	9	1		16
Probabilità guasto		0,02		

123 ●● La tavola di mortalità mostra il numero di individui ancora in vita, su una popolazione di 100 000 persone, al variare dell'età raggiunta.

Con riferimento alla tavola a lato, calcola la probabilità che:

a. un uomo sia in vita a 51 anni;
b. un uomo di 21 anni sia in vita a 51 anni;
c. un uomo di 21 anni muoia entro 51 anni;
d. un uomo di 51 anni muoia tra i 65 e i 90 anni.

Tavola di mortalità (1992, uomini)	
Età	**Viventi**
21	98 261
51	92 590
65	79 189
90	9271

[a) 92,59%; b) 94,23%; c) 5,77%; d) 75,51%]

124 ●● Un dado è truccato in modo che le facce 1 e 6 abbiano probabilità doppia di presentarsi rispetto alle altre, che sono equiprobabili. Calcola la probabilità di ottenere:

a. la faccia 1; b. la faccia 2. [a) 0,25; b) 0,125]

125 ●● Un'urna contiene 40 palline, ma non si conosce la sua composizione. Si effettuano 150 estrazioni, tutte nelle stesse condizioni, ed escono 32 palline rosse, 87 nere e 31 bianche. Ipotizza il numero delle palline rosse nell'urna, quello delle palline nere e quello delle palline bianche. [9 rosse, 23 nere, 8 bianche]

ESERCIZI

La definizione soggettiva di probabilità

126 **In gara** Un tifoso di Formula 1, entusiasta delle prestazioni della macchina della sua squadra preferita, è disposto a scommettere € 20 per riscuotere € 24 in caso di vittoria. Nel corso della gara, in seguito a errori del pilota, diminuisce a € 12 l'importo che è disposto a pagare. Nel corso degli ultimi giri è disposto a scommettere addirittura € 22 sulla sconfitta. Quali probabilità ha assegnato successivamente alla vittoria nella gara? [83,3%; 50%; 8,3%]

127 Una casa editrice ha appena dato alle stampe un nuovo romanzo e attualmente su 20 000 copie ne sono state vendute 18 500. Il direttore delle vendite è entusiasta e dichiara che la prossima ristampa, sempre di 20 000 copie, entro 3 mesi sarà esaurita con una probabilità dell'80%. Supponendo una vincita di € 600, quale posta dovrebbe pagare in base alla sua valutazione? [€ 480]

128 SPIEGA PERCHÉ Alice: «Tuo padre ha fiducia nel fatto che il suo atleta preferito vinca la gara! Infatti ha scommesso € 17 per riceverne 35 in caso di sua vittoria».
Bob: «Ti sbagli! Mio padre ritiene più probabile che lui non vinca la gara!».
Tu cosa ne pensi?

129 Carlo e Pietro si sfidano a scacchi. Calcola le probabilità degli eventi

A = «vince Carlo», B = «vince Pietro», C = «pareggio»,

sapendo che:

a. nelle ultime 20 partite ci sono state 14 vittorie di Carlo, 4 di Pietro e 2 pareggi;

b. è indifferente ricevere € 10 se vince Carlo, € 60 se vince Pietro e € 20 in caso di parità.

[a) 0,7, 0,2, 0,1; b) 0,6, 0,1, 0,3]

Riepilogo: La probabilità

VERO O FALSO?

130 **a.** Dato lo spazio campionario $S = \{x, y, z\}$, se l'evento E è $\{x, y\}$, la probabilità di E è $p(E) = \frac{1}{3}$. V F

b. Se un evento ha probabilità 0, allora il suo contrario ha probabilità 1. V F

c. Un'urna contiene 7 palline numerate da 2 a 8. Dato l'evento E = «estrazione di una pallina recante un numero primo», l'evento contrario è $\overline{E}$ = «estrazione di un numero pari». V F

d. Un evento ha probabilità 1 quando il numero dei casi favorevoli è uguale a 1. V F

131 **a.** Si estraggono consecutivamente due carte da un mazzo di 40 carte senza rimettere la prima carta nel mazzo. Gli eventi E_1 = «La prima carta è un quattro» ed E_2 = «La seconda carta è un numero pari» sono indipendenti. V F

b. Se si effettuano estrazioni consecutive da un'urna contenente palline di colore diverso, rimettendo ogni volta la pallina estratta nell'urna, si hanno eventi dipendenti. V F

c. Se sappiamo che $p(E_1) = \frac{1}{10}$ e $p(E_2 | E_1) = \frac{2}{3}$, allora $p(E_1 \cap E_2) = \frac{1}{15}$. V F

d. Un'urna contiene 3 palline nere, numerate da 1 a 3, e 5 palline gialle, numerate da 1 a 5. L'evento E = «estrazione di una pallina gialla o nera con un numero pari» è un evento intersezione. V F

SPIEGA PERCHÉ

132 Si consideri il lancio di un dado e i due eventi E_1 = «uscita di un numero pari» ed E_2 = «uscita di un numero multiplo di 3». L'evento $E_1 \cup E_2$ ha probabilità $p(E_1 \cup E_2) = \frac{2}{3}$ diversa dal valore di $p(E_1) + p(E_2)$. Perché?

133 Se $p(E_1 \cap E_2) = \frac{2}{5}$ e $p(E_1) = \frac{1}{2}$, dimostra se è possibile che il risultato di $p(E_2)$ sia $\frac{4}{5}$. Perché?

134 Se E_1 ed E_2 sono incompatibili, allora $p(E_1 | E_2) = 0$. Perché?

135 Due eventi E_1 ed E_2 si dicono indipendenti se $p(E_1) = p(E_1 | E_2)$. Perché?

136 Per calcolare la probabilità di un evento, che si verifica quando si devono verificare due o più eventi successivi, uno dopo l'altro, in modo prestabilito, si applica il teorema del prodotto logico. Perché?

YOU & MATHS

137 ☐ A drawer contains 64 socks. Each sock is one of 8 colors, and there are 8 socks of each color. If the socks in the drawer are thoroughly mixed and you randomly choose two of the socks, then what is the probability that these two socks will have the same color?

A $\frac{1}{7}$ **B** $\frac{1}{8}$ **C** $\frac{1}{9}$ **D** $\frac{7}{64}$ **E** $\frac{9}{64}$

(USA *University of South Carolina: High School Math Contest*, 2001)

138 ☐ Two different numbers are chosen at random from the set {0, 1, 2, 3, 4}. What is the probability that their sum is greater than their product?

(CAN *Canadian Open Mathematics Challenge, COMC*, 2003)

$\left[\frac{7}{10}\right]$

139 ☐ A quiz consisting of four multiple-choice questions has four available options (a, b, c, or d) for each question. If a person guesses at every question, what is the probability of answering all questions correctly?

(USA *Southeast Missouri State University: Math Field Day*, 2005)

$\left[\frac{1}{256}\right]$

140 Un sacchetto contiene dei gettoni numerati da 1 a 100. Calcola la probabilità che esca:

a. un numero dispari;
b. un multiplo di 8;
c. un numero a due cifre di cui la seconda cifra sia uguale a 3;
d. un numero non primo.

$\left[a)\ \frac{1}{2};\ b)\ \frac{3}{25};\ c)\ \frac{9}{100};\ d)\ \frac{3}{4}\right]$

141 Dal sacchetto della tombola viene estratto un numero. Calcola la probabilità che il numero sorteggiato sia un multiplo di 3, sapendo che è uscito un multiplo di 5. $\left[\frac{1}{3}\right]$

142 Un frigorifero contiene 30 gelati: quelli alla fragola sono 4 in meno di quelli alla crema e 4 in più di quelli al cioccolato. Qual è la probabilità che, estraendone uno a caso, sia al cioccolato o alla fragola? $\left[\frac{8}{15}\right]$

143 In un astuccio ci sono 22 oggetti, tra penne a sfera, matite e pennarelli colorati. La probabilità di prendere a caso un pennarello è $\frac{6}{11}$. Le matite sono 4. Calcola la probabilità di prendere a caso una penna a sfera. $\left[\frac{3}{11}\right]$

RISOLVIAMO UN PROBLEMA

Due urne e le palline colorate

Abbiamo due urne che contengono ciascuna 5 palline. Nella prima ci sono 3 palline verdi e 2 nere e nella seconda 4 verdi e una rossa.
Calcola la probabilità che estraendo una pallina da ciascuna urna:

- esca verde dalla prima e dalla seconda urna;
- esca nera dalla prima urna o rossa dalla seconda;
- esca verde solo dalla prima o solo dalla seconda urna;
- ne esca almeno una verde.

► **Determiniamo la probabilità degli eventi V_1 = «estrazione di una pallina verde dalla prima urna» e V_2 = «estrazione di una pallina verde dalla seconda urna».**

Secondo la definizione classica, tali probabilità sono $p(V_1) = \frac{3}{5}$ e $p(V_2) = \frac{4}{5}$.

► **Calcoliamo la probabilità nel primo caso.**

I due eventi sono indipendenti, quindi la probabilità dell'evento E_1 = «estrazione di una pallina verde da entrambe le urne» è la probabilità del prodotto logico degli eventi indipendenti V_1 e V_2:

$$p(E_1) = p(V_1 \cap V_2) = p(V_1) \cdot p(V_2) = \frac{3}{5} \cdot \frac{4}{5} = \frac{12}{25}.$$

► **Determiniamo la probabilità dell'evento N_1 = «estrazione di una pallina nera dalla prima urna» e dell'evento R_2 = «estrazione di una pallina rossa dalla seconda urna».**

Secondo la definizione classica, $p(N_1) = \frac{2}{5}$ e $p(R_2) = \frac{1}{5}$.

► **Calcoliamo la probabilità nel secondo caso.**

La probabilità dell'evento E_2 = «estrazione di una pallina nera dalla prima urna o di una rossa dalla seconda», è la probabilità della somma logica dei due eventi N_1 e R_2.

Dato che gli eventi sono compatibili, $p(N_1 \cup R_2) = p(N_1) + p(R_2) - p(N_1 \cap R_2)$, con $N_1 \cap R_2$ = «estrazione di una pallina nera dalla prima urna e di una rossa dalla seconda».

La probabilità dell'evento $N_1 \cap R_2$ è la probabilità del prodotto logico degli eventi indipendenti N_1 e R_2:

$$p(N_1 \cap R_2) = p(N_1) \cdot p(R_2).$$

Quindi $p(E_2) = p(N_1 \cup R_2) = \frac{2}{5} + \frac{1}{5} - \frac{2}{5} \cdot \frac{1}{5} = \frac{2}{5} + \frac{1}{5} - \frac{2}{25} = \frac{10+5-2}{25} = \frac{13}{25}$.

► **Calcoliamo la probabilità nel terzo caso.**

La probabilità dell'evento E_3' = «estrazione di una pallina verde solo dalla prima urna» è la probabilità del prodotto logico di eventi indipendenti $p(V_1 \cap R_2) = p(V_1) \cdot p(R_2)$.

Dobbiamo applicare lo stesso ragionamento per l'evento E_3'' = «estrazione di una pallina verde solo dalla seconda urna», con $p(N_1 \cap V_2) = p(N_1) \cdot p(V_2)$.

Quindi $p(E_3') = p(V_1 \cap R_2) = \frac{3}{5} \cdot \frac{1}{5} = \frac{3}{25}$ e

$$p(E_3'') = p(N_1 \cap V_2) = \frac{2}{5} \cdot \frac{4}{5} = \frac{8}{25}.$$

La probabilità dell'evento E_3 = «estrazione di una pallina verde solo dalla prima o solo dalla seconda urna» è la probabilità dell'evento E_3' o dell'evento E_3'', quindi è la probabilità della somma logica dei due eventi.

Dato che gli eventi sono incompatibili, $p(E_3' \cup E_3'') = p(E_3') + p(E_3'')$.

Quindi $p(E_3) = p(E_3' \cup E_3'') = \frac{3}{25} + \frac{8}{25} = \frac{11}{25}$.

► **Calcoliamo la probabilità nel quarto caso.**

In questo caso, l'evento da prendere in considerazione è l'evento E_4 = «estrazione di una pallina verde dalla prima urna o di una verde dalla seconda», quindi è la probabilità della somma logica dei due eventi V_1 e V_2.

Dato che gli eventi sono compatibili, $p(V_1 \cup V_2) = p(V_1) + p(V_2) - p(V_1 \cap V_2)$.

Allora $p(E_4) = p(V_1 \cup V_2) = \frac{3}{5} + \frac{4}{5} - \frac{12}{25} = \frac{15+20-12}{25} = \frac{23}{25}$.

144 ●○ Da un mazzo di 40 carte se ne estraggono 3, rimettendo ogni carta nel mazzo. Calcola la probabilità che si abbia nell'ordine un cinque, un asso e una figura. $\left[\frac{3}{1000}\right]$

145 ●○ Un vaso contiene 240 biglie colorate (blu o rosse). Sapendo che in 800 estrazioni con reimmissione sono uscite 350 biglie rosse, quante biglie blu ci sono approssimativamente nel vaso? [135]

146 ●○ Calcola la probabilità che, estraendo una pallina da un'urna che ne contiene 220 numerate in successione, si abbia un numero dispari o un numero maggiore di 180. $\left[\frac{13}{22}\right]$

147 ●○ Un cassetto contiene 28 magliette polo: 10 azzurre e 6 bianche a manica corta, 4 azzurre e 8 bianche a manica lunga. Calcola la probabilità che, estraendone una a caso, sia azzurra o a manica corta. $\left[\frac{5}{7}\right]$

148 ●○ Da un mazzo di 40 carte vengono estratte contemporaneamente due carte. Calcola la probabilità che siano due sette. $\left[\frac{1}{130}\right]$

149 ●○ Dal sacchetto della tombola vengono estratti contemporaneamente due numeri. Calcola la probabilità che uno sia primo e l'altro multiplo di 10. $\left[\frac{24}{445}\right]$

150 ●○ Un cestino contiene 25 biglietti a quadretti, 15 a righe e 8 colorati. Calcola la probabilità che, estraendone due contemporaneamente, siano uno a righe e uno colorato. $\left[\frac{5}{47}\right]$

151 ●○ Uno scaffale di un negozio contiene 58 tute, di cui 19 con pantalone lungo, 15 con pantalone corto e le rimanenti con la cerniera. Qual è la probabilità che, prendendone due contemporaneamente, siano una con cerniera e una con pantalone lungo? $\left[\frac{8}{29}\right]$

152 ●○ Per assegnare i premi di una lotteria si estraggono tre biglietti senza reimmissione. Sapendo che 26 biglietti sono azzurri, 40 gialli e 14 verdi, calcola la probabilità che il primo sia giallo e gli altri due azzurri. $\left[\frac{25}{474}\right]$

153 ●○ La produzione di vasi di plastica di un'impresa non viene sottoposta a un controllo continuo in quanto risulta meno costoso sostituire la merce. Si è comunque rilevato che su 800 pezzi solo 18 sono risultati difettosi. Qual è la probabilità che un pezzo risulti difettoso? [2,25%]

154 ●○ **INVALSI 2015** Un'urna contiene 40 palline identiche tranne che per il colore: 23 sono rosse e 17 blu. Si estraggono contemporaneamente due palline dall'urna. Entrambe sono blu.
Senza rimettere le due palline estratte, si estrae dall'urna una terza pallina.
Qual è la probabilità che anche la terza pallina sia blu?
Risposta: ______.

155 ●● Si hanno due urne. La prima contiene 4 palline bianche e 6 rosse. La seconda ne contiene 3 bianche e 5 rosse. Calcola la probabilità che, estraendo una pallina da ciascuna urna, esse siano:

a. entrambe bianche;

b. bianca dalla prima urna e rossa dalla seconda;

c. una bianca e una rossa. $\left[\frac{3}{20}; \frac{1}{4}; \frac{19}{40}\right]$

156 ●● Calcola la probabilità che, estraendo successivamente 2 carte da un mazzo di 40, senza rimettere quella estratta per prima nel mazzo, esse siano:

a. la prima una figura e la seconda no;

b. una figura e un sette. $\left[\frac{14}{65}; \frac{4}{65}\right]$

MATEMATICA AL COMPUTER

Decorare l'albero In uno scatolone Gloria ha riposto le palle dell'albero di Natale che sono rosse, gialle e blu…

Problema e risoluzione - 5 esercizi in più.

ESERCIZI

157 Si hanno due urne. La prima contiene 4 palline bianche e 6 rosse. La seconda ne contiene 3 bianche e 5 rosse. Si estrae una pallina dalla prima urna e la si inserisce nella seconda. Si estrae poi una pallina dalla seconda urna. Calcola la probabilità che le palline siano:

a. entrambe bianche;

b. bianca dalla prima urna e rossa dalla seconda;

c. una bianca e una rossa.

$\left[\frac{8}{45}; \frac{2}{9}; \frac{19}{45}\right]$

158 Si hanno due mazzi da 40 carte. Da ciascuno viene estratta una carta. Calcola la probabilità che:

a. le due carte siano due re;

b. siano due figure;

c. almeno una carta sia un asso.

$\left[\frac{1}{100}; \frac{9}{100}; \frac{19}{100}\right]$

159 ASSOCIA **Arcieri** Mirko, Giulio e Stefano, tre arcieri dilettanti, mirano al centro di un bersaglio. Ognuno fa un solo tiro. Mirko ha probabilità $\frac{1}{5}$ di centrare il bersaglio. Giulio ha probabilità $\frac{1}{4}$ e Stefano $\frac{1}{3}$. Associa gli eventi seguenti alle rispettive probabilità.

a. Il bersaglio viene centrato.

b. Se uno solo ha centrato il bersaglio, l'ha centrato Mirko.

c. Il bersaglio viene centrato esattamente una volta.

d. Giulio centra il bersaglio.

1. 0,25

2. 0,43

3. 0,1

4. 0,6

160 EUREKA! **Rosso e nero** Ho tre carte colorate: una con entrambe le facce rosse, l'altra con entrambe le facce nere, la terza con una faccia nera e una rossa. Estraggo una carta e la appoggio sul tavolo, senza guardare le altre. Se la faccia visibile è rossa, qual è la probabilità che lo sia anche l'altra? $\left[\frac{2}{3}\right]$

161 In una località di mare il 3% della popolazione soffre di anemia mediterranea. I test danno una diagnosi corretta nel 98% dei casi per le persone che hanno questa malattia e nell'80% dei casi per coloro che non l'hanno. Calcola la probabilità che, prendendo a caso una persona, a questa venga diagnosticata la malattia. [22,34%]

162 TEST La probabilità classica di fare cinque al lotto è circa $\frac{1}{44\,000\,000}$. Se la vincita assicurata fosse di € 1 000 000, quanto dovrebbe scommettere (arrotondando al centesimo più vicino) un giocatore per far sì che probabilità classica e soggettiva coincidano?

A € 0,23

B € 0,46

C € 2,28

D € 0,02

VERIFICA DELLE COMPETENZE ALLENAMENTO

UTILIZZARE TECNICHE E PROCEDURE DI CALCOLO

Eventi aleatori e operazioni con gli eventi

TEST

1 Quali fra i seguenti eventi è impossibile?

A Lunedì prossimo ci sarà la nebbia.

B Lanciando un dado uscirà il numero 3.

C Domenica prossima tutte le squadre di serie A pareggeranno.

D Sabato andrò al mare.

E Lanciando un dado uscirà un numero a due cifre.

2 Un sacchetto contiene 20 dischetti numerati da 1 a 20. Dobbiamo estrarre un dischetto con stampato sopra un numero pari e multiplo di 3. Quanti sono i casi favorevoli?

A 15 B 3 C 13 D 5 E 14

3 Da un mazzo di 40 carte viene estratta una carta. Quanti sono i casi favorevoli, se la carta deve essere di cuori o un tre?

A 13

B $\frac{13}{40}$

C 14

D 1

E $\frac{7}{20}$

4 Due eventi si dicono incompatibili se:

A $E_1 \cup E_2 \neq \varnothing$.

B $E_1 \cap E_2 = \varnothing$.

C $E_1 \cap E_2 = E_1 \cdot E_2$.

D $E_1 \cup E_2 = E_1 + E_2$.

E $E_1 \cup E_2 = \frac{E_1}{E_2}$.

5 Se due eventi E_1 ed E_2 sono compatibili, allora $p(E_1 \cup E_2)$ è uguale a:

A $p(E_1) \cdot p(E_2)$.

B $p(E_1 + E_2)$.

C $p(E_1) + p(E_2) - p(E_1 \cap E_2)$.

D $p(E_1) \cup p(E_2)$.

E $p(E_1) + p(E_2)$.

6 Due eventi si dicono indipendenti se:

A $E_1 \cup E_2 \neq \varnothing$.

B $E_1 \cap E_2 \neq \varnothing$.

C $p(E_1) = p(E_2)$.

D $p(E_1) = p(E_1 | E_2)$.

E $p(E_1) + p(E_2) = 1$.

Calcolo della probabilità

TEST

7 Un astuccio contiene 5 matite rosse, 2 blu, 3 verdi e 6 gialle. Qual è la probabilità di estrarre una matita gialla o blu?

A $\frac{3}{64}$ B $\frac{1}{2}$ C $\frac{2}{5}$ D $\frac{1}{8}$ E $\frac{3}{8}$

8 Da un'urna contenente 3 palline rosse e 10 palline bianche ne vengono estratte tre, una dopo l'altra, senza rimetterle ogni volta nel contenitore. Qual è la probabilità che siano tutte e tre rosse?

A $\frac{3}{13}$ B $\frac{6}{2187}$ C $\frac{1}{286}$ D $\frac{10}{13}$ E $\frac{7}{13}$

9 Su 7800 lanci di un dado, è uscito 1200 volte il numero 5. Qual è la probabilità statistica che con quel dado esca il numero 5?

A $\frac{1}{6}$ B $\frac{5}{6}$ C $\frac{5}{7800}$ D $\frac{1}{1200}$ E $\frac{2}{13}$

VERIFICA DELLE COMPETENZE

RISOLVERE PROBLEMI

10 Nello scaffale di una biblioteca vi sono 10 libri gialli, 20 romanzi e 30 libri di fantascienza. Calcola la probabilità che venga scelto a caso un libro giallo o un libro di fantascienza. $\left[\frac{2}{3}\right]$

11 In un'urna ci sono 100 palline di colore bianco, rosso e nero. Le palline bianche sono 10. La probabilità di pescare una pallina nera è $\frac{3}{5}$. Qual è la probabilità di pescare una pallina rossa? Quante sono le palline rosse e le palline nere? $\left[\frac{3}{10}; 30; 60\right]$

12 La probabilità di estrarre un oggetto da un'urna è $\frac{2}{15}$. Calcola quante volte, approssimativamente, l'oggetto può essere estratto in 450 estrazioni con reimmissione. [60]

13 Si lancia 900 volte un dado a sei facce. Quante volte è probabile che si verifichi l'evento «esce il numero 1 o il numero 6»? [300]

14 Un sacchetto contiene 600 biglie bianche e nere. Sapendo che in 900 estrazioni con reimmissione sono uscite 375 biglie nere, calcola il probabile numero di biglie bianche nel sacchetto. [350]

15 Un cestino contiene 100 biglie di cui 50 rosse, 30 bianche e 20 nere. Calcola la probabilità che, estraendone due contemporaneamente, si ottengano una biglia bianca e una nera. $\left[\frac{4}{33}\right]$

16 Da un mazzo di 40 carte si estrae una carta, la si rimette nel mazzo e si estrae quindi una seconda carta. Calcola la probabilità che:

a. le due carte siano due assi;

b. le due carte siano dello stesso seme;

c. le due carte siano una di bastoni l'altra di denari in un ordine qualsiasi.

$\left[a)\ \frac{1}{100};\ b)\ \frac{1}{16};\ c)\ \frac{1}{8}\right]$

17 Un'urna contiene 10 biglie bianche e 20 nere. Si estrae una biglia, la si rimette nell'urna e quindi si procede a una seconda estrazione. Calcola la probabilità che le biglie estratte siano entrambe bianche. $\left[\frac{1}{9}\right]$

18 Una maestra ha rilevato che il 20% dei suoi alunni non sa riconoscere le parole accentate e il 25% non usa correttamente la lettera «h». Ritenendo i due tipi di errori indipendenti, calcola la probabilità che ha un alunno di commettere entrambi gli errori e quella di commettere il primo o il secondo. [0,05; 0,4]

19 Calcola la probabilità che, estraendo successivamente due carte da un mazzo da 40, senza rimettere la carta estratta nel mazzo, esse siano due carte di bastoni o due figure. Calcola la probabilità anche nel caso in cui la prima carta estratta venga rimessa nel mazzo. $\left[\frac{9}{65}; \frac{47}{320}\right]$

---

20 **INVALSI 2003** Estrarre da un mazzo di carte francesi (52 carte) una carta di seme nero **e** figura è…

A più probabile che estrarre una carta di seme nero.

B più probabile che estrarre una figura di qualunque seme.

C meno probabile che estrarre una carta di seme nero **e** asso.

D altrettanto probabile che estrarre una carta di seme nero **o** figura.

E altrettanto probabile che estrarre una carta di seme rosso **e** figura.

21 **TEST** Quattro ragazzi vogliono telefonare tutti contemporaneamente alle rispettive ragazze. Ogni cellulare può funzionare su quattro frequenze distinte. Se due cellulari si attivano sulla stessa frequenza, la comunicazione cade. Se ogni ragazzo non sa che frequenza scelgono gli altri tre, qual è la probabilità che tutti e quattro riescano a parlare con le loro ragazze?

A $\frac{3}{32}$ B $\frac{3}{64}$ C $\frac{1}{256}$ D $\frac{1}{16}$ E $\frac{9}{128}$

(*Olimpiadi della matematica, Giochi di Archimede*, 2003)

VERIFICA DELLE COMPETENZE PROVE

1 ora

PROVA A

1 Da un mazzo di 40 carte ne estraiamo una. Determina la probabilità che sia:

a. un re;

b. un asso o una figura;

c. l'asso di bastoni o un due;

d. una carta di spade.

2 In un sacchetto ci sono 10 palline bianche, 12 rosse e 18 nere. Estraendo due palline, rimettendo la prima nel sacchetto, calcola la probabilità che le palline siano:

a. entrambe bianche;

b. la prima rossa e la seconda nera;

c. dello stesso colore.

3 Un'imprenditrice è pronta a scommettere sulla ripresa delle vendite degli articoli prodotti dalla sua azienda: se ha ragione, guadagnerà € 300 dalla sua scommessa. Sapendo che la probabilità soggettiva che associa all'evento è del 70%, quanto ha puntato sulla ripresa delle vendite?

4 Elia partecipa a un gioco a quiz su diversi argomenti. Elia è molto bravo in geografia, quindi se sa che la domanda verte su quella materia si tranquillizza e la probabilità che risponda in modo corretto aumenta dall'80% al 90%. La probabilità che esca una domanda di geografia è del 30%. Qual è la probabilità che Elia risponda correttamente alla domanda se questa non riguarda la geografia?

PROVA B

1 INVALSI 2014 «Prato fiorito» è un gioco per computer che si gioca su una scacchiera. Cliccando sui riquadri della scacchiera, a volte si può scoprire un fiore nascosto. Per esempio, nella scacchiera di 9×9 riquadri rappresentata in figura sono nascosti 10 fiori.

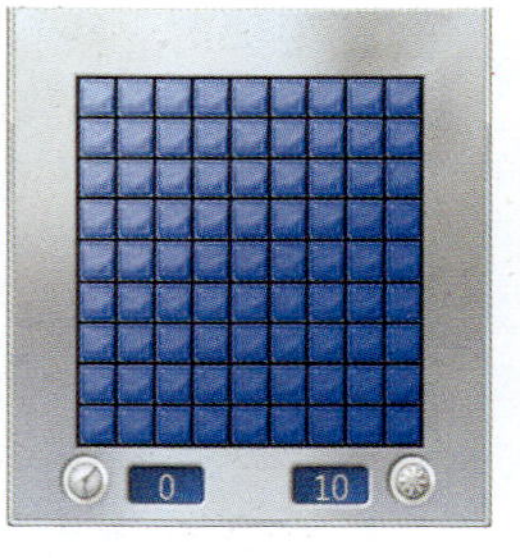

a. Qual è la probabilità di scoprire al primo tentativo un fiore nella scacchiera rappresentata in figura?

A $\frac{1}{9}$ B $\frac{1}{81}$ C $\frac{10}{80}$ D $\frac{10}{81}$

b. È possibile personalizzare il gioco impostando le dimensioni della scacchiera (cioè il numero di righe e di colonne) e il numero di fiori nascosti. Se si gioca con una scacchiera di 12×20 riquadri, quale deve essere il numero dei fiori nascosti perché la probabilità di scoprire un fiore al primo tentativo sia $\frac{1}{8}$?

2 Le persone con gruppo sanguigno 0 possono donare sangue alle persone con tutti gli altri gruppi, quelle con il gruppo A a quelle con gruppi A e AB, quelle con il gruppo B a quelle con i gruppi B e AB e infine quelle con il gruppo AB solo a quelle che hanno lo stesso gruppo. Sappiamo che in una popolazione il 54% è del gruppo 0, il 33% del gruppo A, l'8% del gruppo B e il 5% del gruppo AB. Calcola la probabilità che, presa una persona a caso, questa possa donare il sangue a un'altra persona presa a caso. (Supponi che la popolazione sia così numerosa che le percentuali indicate non cambiano togliendo un individuo.)

3 Una persona dichiara al proprio medico di non sentirsi bene e quest'ultimo valuta 0,8 la probabilità di un'influenza, 0,4 la probabilità di un virus intestinale e 0,3 la probabilità di entrambi i disturbi. Calcola la probabilità che il paziente:

a. sia ammalato di influenza o di un virus intestinale;

b. non abbia né l'influenza né un virus intestinale.

Determina se l'influenza e il virus intestinale sono eventi dipendenti o indipendenti.

CAPITOLO

G5 LE SUPERFICI EQUIVALENTI E LE AREE

1 L'equivalenza di superfici

▶ Esercizi a p. G154

Le superfici e la loro estensione

Una figura piana costituita da una regione di piano limitata da una linea chiusa, detta **contorno**, oppure da una regione di piano compresa fra due o più linee chiuse che non si intersecano si chiama **superficie piana** limitata.
Per brevità diremo *superficie* per indicare una superficie piana limitata.
Assumiamo il concetto di superficie come primitivo, ossia senza darne una definizione.
Per indicare una superficie utilizziamo le lettere maiuscole corsive.

ESEMPIO La superficie S (figura **a**) è limitata da una linea chiusa; la superficie R (figura **b**) è limitata da due linee chiuse.

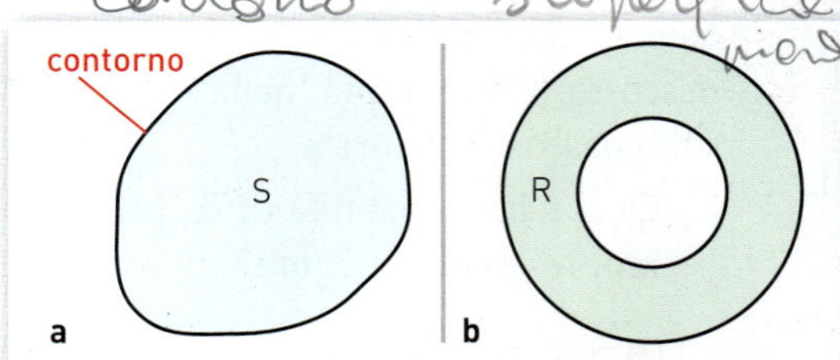

Introduciamo un altro concetto primitivo: l'**estensione di una superficie**.
Questo concetto risulta chiaro se si confrontano due superfici. Per esempio, se per ricoprire due pavimenti diversi occorre lo stesso numero di mattonelle (tutte dello stesso tipo), diciamo che le superfici dei due pavimenti hanno la stessa estensione.

ESEMPIO Per ricoprire i due pavimenti vengono utilizzate 16 mattonelle dello stesso tipo: i pavimenti hanno la stessa estensione.

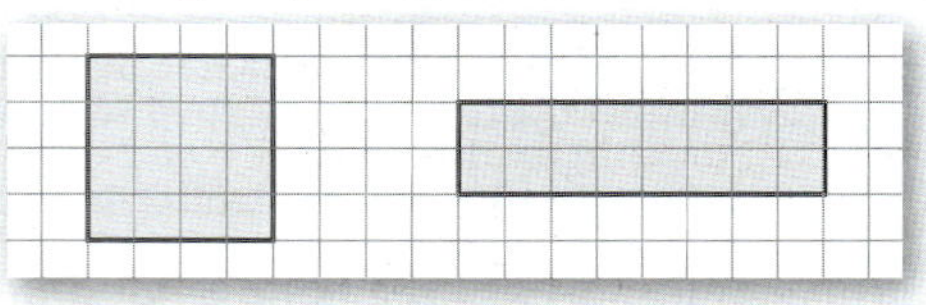

DEFINIZIONE
Due superfici che hanno la stessa estensione si dicono **equivalenti**.

In simboli, indichiamo l'equivalenza fra due superfici S e T con $S \doteq T$, che leggiamo «S è equivalente a T».

ESEMPIO Le superfici A e B rappresentate nella figura a lato sono equivalenti:

$A \doteq B$.

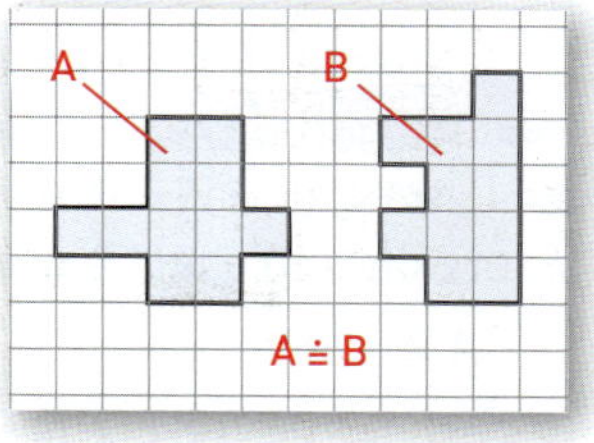

Introduciamo alcuni postulati relativi all'equivalenza fra superfici.

POSTULATO
Due superfici congruenti sono sempre equivalenti.

Non è detto, invece, che due superfici equivalenti siano congruenti.
Per esempio il quadrato e il triangolo della figura sono equivalenti ma non congruenti.

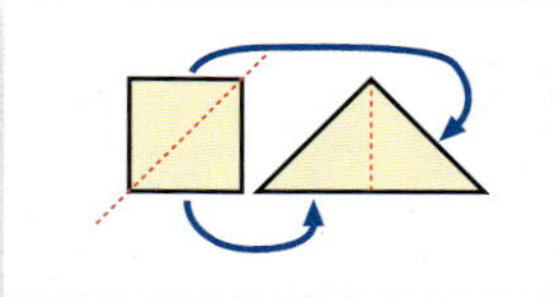

L'area di una superficie

L'equivalenza tra superfici piane gode delle proprietà:

- **riflessiva**: ogni superficie piana è equivalente a se stessa:

  $S \doteq S$;

- **simmetrica**: se una superficie S è equivalente a una superficie Z, allora Z è equivalente a S:

  se $S \doteq Z$, allora $Z \doteq S$;

- **transitiva**: se una superficie S è equivalente a una superficie Z e Z è equivalente a una superficie R, allora S è equivalente a R:

  se $S \doteq Z$ e $Z \doteq R$, allora $S \doteq R$.

L'equivalenza fra superfici è perciò una **relazione di equivalenza**.
Possiamo dunque ripartire le superfici del piano in classi di equivalenza, ciascuna delle quali è costituita da infinite superfici aventi a due a due la stessa estensione.

Chiamiamo **area** la caratteristica comune alle superfici che appartengono alla stessa classe di equivalenza.

Ogni classe di equivalenza alla quale appartengono superfici aventi la stessa estensione definisce una e una sola area.
Diciamo anche che **superfici equivalenti hanno la stessa area**.

► Sono date tre figure piane, A, B e C, tali che $A \doteq B$ e $B \cong C$. Cosa puoi dire di A e C?

Listen to it

If you measure the areas of the surfaces of two figures and they are the same, then you can say that the figures are **equivalent**.

La somma, la differenza e il confronto di superfici

La somma e la differenza di superficie

Se due superfici A e B non hanno punti in comune (figura **a**) o hanno per intersezione soltanto una parte dei loro contorni (figura **b**), la **somma** di A e B, che indichiamo con $A + B$, è la superficie C che otteniamo dall'unione dei punti di A e B:

$C \doteq A + B$.

Se C è la somma di A e B, diciamo che le superfici A e B sono le **parti** di C.

Il concetto di somma può essere esteso a più di due superfici.
Se la superficie C è la somma delle superfici A e B, chiamiamo B **differenza** di C e A e la indichiamo con:

$B \doteq C - A$.

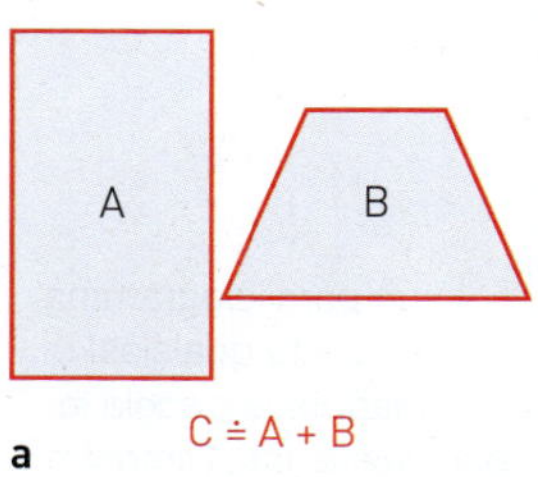

a

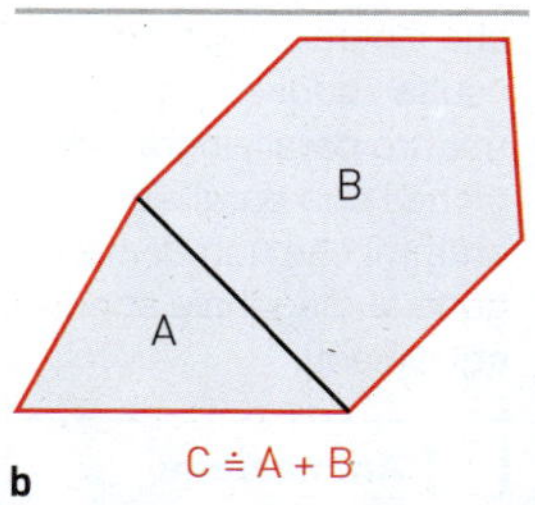

b

Assumiamo allora il seguente postulato: somme o differenze di superfici rispettivamente equivalenti sono equivalenti.
Se la superficie A è la somma di k ($k > 1$) superfici equivalenti a una superficie B, allora diremo che A è **multiplo** secondo k di B e scriviamo:

$$A \doteq kB.$$

Viceversa diremo che la superficie B è sottomultiplo di A e scriviamo:

$$B \doteq \frac{1}{k}A.$$

Il confronto di superfici

Ammettiamo, come postulato, che una superficie non può essere equivalente a una sua parte (postulato di De Zolt).
Perciò una superficie A è **maggiore** di una superficie B se B è equivalente a una parte di A.
Assumiamo inoltre come postulato che date due figure A e B sia sempre possibile confrontarle ottenendo caso per caso una e una sola delle seguenti relazioni:

- $A \doteq B$, A è **equivalente** a B;
- $A < B$, A è **minore** (meno estesa) di B;
- $A > B$, A è **maggiore** (più estesa) di B.

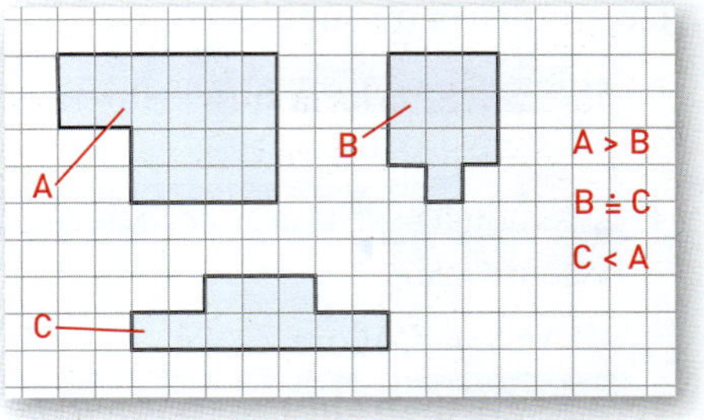

Le figure equiscomponibili

Nei prossimi paragrafi studieremo l'equivalenza fra i poligoni considerandoli come somme o differenze di poligoni fra loro congruenti.

DEFINIZIONE
Due figure che siano somme di figure congruenti si dicono **equicomposte** o **equiscomponibili**.

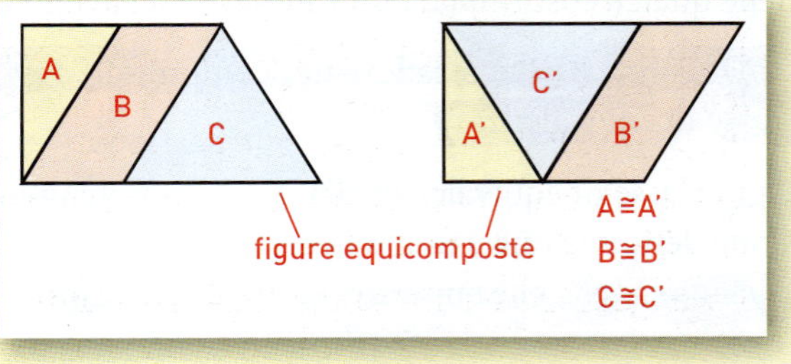

Da questa definizione e dal postulato relativo alla somma e differenza deriva il seguente teorema.

TEOREMA
Equiscomponibilità ed equivalenza
Figure equicomposte sono equivalenti.

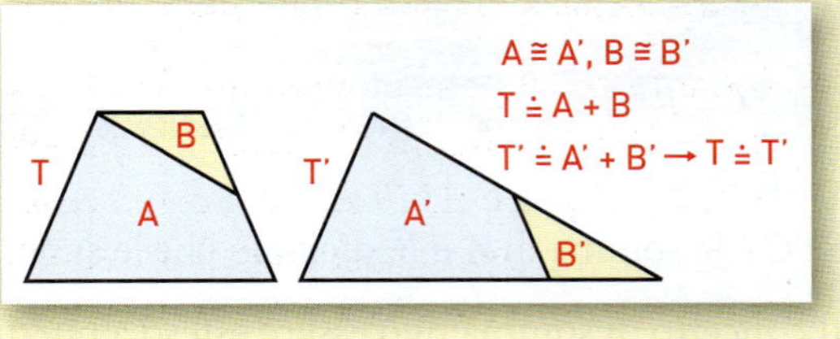

Possiamo fare considerazioni analoghe a quelle relative alla somma di figure anche per le differenze tra figure: due figure sono **equivalenti se sono differenze di figure congruenti**.

▶ In un parallelogramma, per un punto qualsiasi di una diagonale traccia le parallele ai lati. Dimostra che il parallelogramma risulta suddiviso in quattro parallelogrammi e che i due parallelogrammi che non contengono la diagonale sono equivalenti.

Animazione

2 L'equivalenza di parallelogrammi

▶ Esercizi a p. G157

TEOREMA

Due parallelogrammi che hanno le basi e le altezze corrispondenti congruenti sono equivalenti.

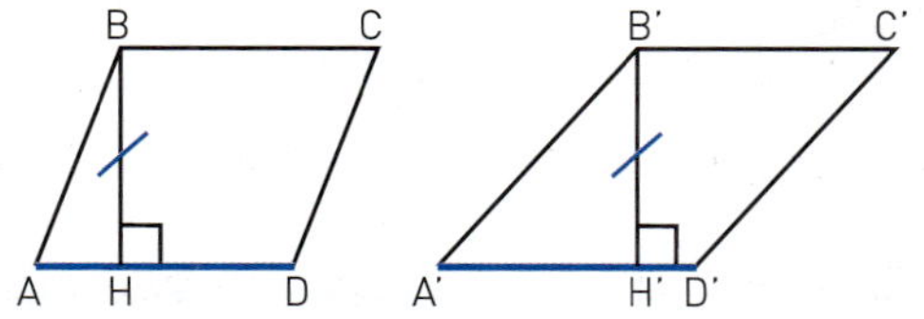

Ipotesi 1. ABCD e A'B'C'D' parallelogrammi
2. AD ≅ A'D'
3. BH ≅ B'H'

Tesi ABCD ≐ A'B'C'D'

Listen to it

Two parallelograms with congruent bases and congruent corresponding altitudes are *equivalent*: they have the same area.

DIMOSTRAZIONE Animazione

Disegniamo il parallelogramma *AEFD* congruente ad *A'B'C'D'* e avente base *AD*. Poiché *AEFD* ha la stessa altezza di *ABCD*, la retta *EF* coincide con la retta *BC*. Si possono presentare i tre casi corrispondenti alle figure **a**, **b** e **c**.

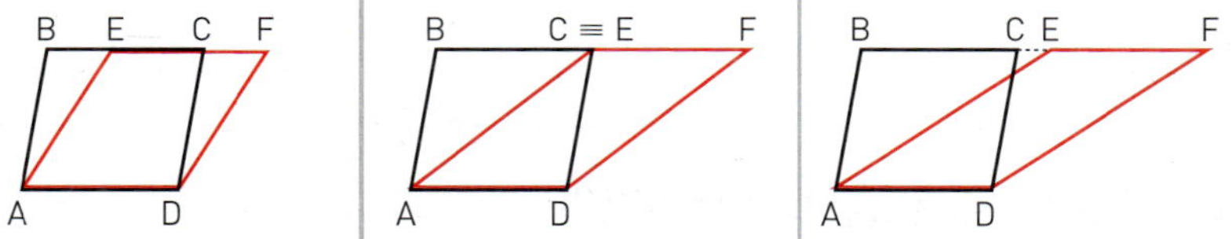

a. I segmenti *BC* ed *EF* hanno una parte in comune.

b. I segmenti *BC* ed *EF* hanno soltanto un estremo in comune.

c. I segmenti *BC* ed *EF* non hanno punti in comune.

I parallelogrammi *A'B'C'D'* e *AEFD* sono congruenti, *quindi* sono anche equivalenti. Poiché vale la proprietà transitiva dell'equivalenza fra superfici, invece di dimostrare l'equivalenza fra *ABCD* e *A'B'C'D'*, possiamo dimostrare l'equivalenza fra *ABCD* e *AEFD*. La dimostrazione è la stessa in ognuno dei tre casi.
Facciamo quindi riferimento alla figura del primo caso.
I triangoli *ABE* e *DCF* hanno (figura **a** a lato):

- $AB \cong DC$, perché lati opposti di un parallelogramma;
- $AE \cong DF$, per lo stesso motivo;
- $B\widehat{A}E \cong C\widehat{D}F$, poiché i loro lati sono paralleli e concordi.

Pertanto essi sono congruenti per il primo criterio di congruenza dei triangoli.

Notiamo che il parallelogramma *ABCD* è la differenza fra il trapezio *ABFD* e il triangolo *DCF* (figura **b**), mentre il parallelogramma *AEFD* è la differenza fra lo stesso trapezio *ABFD* e il triangolo *ABE* (figura **c**). Poiché sono differenze di poligoni congruenti, i parallelogrammi *ABCD* e *AEFD* sono equivalenti.
Per la proprietà transitiva *ABCD* ≐ *A'B'C'D'*.

▶ Dimostra che, se tracci da ciascun vertice di un triangolo la parallela al lato opposto, ottieni tre parallelogrammi equivalenti.

Animazione

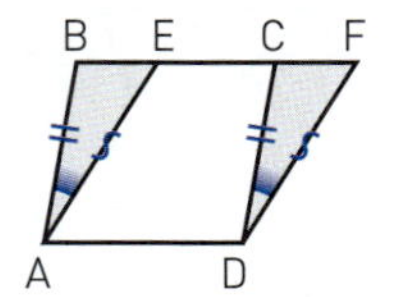

a

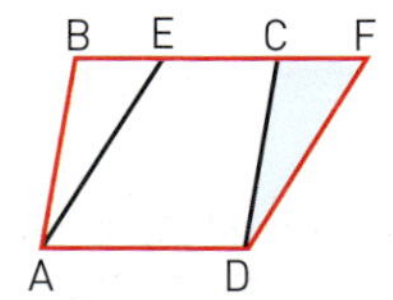

b

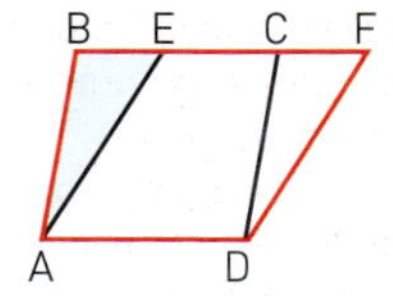

c

Corollario. Se un parallelogramma e un rettangolo hanno congruenti le basi e le relative altezze, sono equivalenti.

TEORIA

3 I triangoli e l'equivalenza ▶ Esercizi a p. G159

L'equivalenza fra triangolo e parallelogramma

TEOREMA

Un triangolo è equivalente a un parallelogramma che ha altezza congruente a quella del triangolo e base congruente a metà di quella del triangolo.

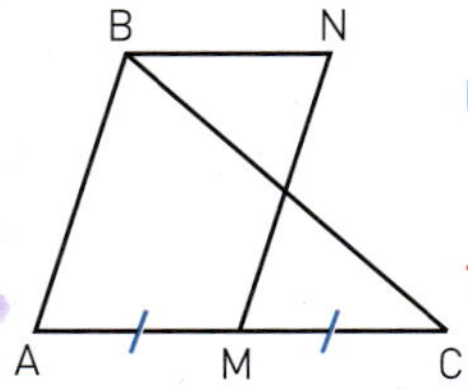

Ipotesi 1. ABNM parallelogramma
2. $AM \cong \frac{1}{2} AC$

Tesi $ABC \doteq ABNM$

Listen to it

A triangle is *equivalent* to a parallelogram that has its same altitude and has a base that is half as long as the base of the triangle.

DIMOSTRAZIONE Animazione

Tracciamo la semiretta *Ba* di origine *B* e parallela alla base *AC* e indichiamo con *M* il punto medio della base *AC*.

Da *M* conduciamo la parallela ad *AB* che incontra *BC* in *O* e *Ba* in *N*.

Il quadrilatero *ABNM* è un parallelogramma, perché ha i lati opposti paralleli per costruzione.

I triangoli *MOC* e *BON* hanno (figura **a**):

- $MC \cong BN$, perché entrambi congruenti ad *AM*;
- $M\widehat{C}O \cong O\widehat{B}N$, perché angoli alterni interni formati dalle rette parallele *AC* e *BN*, tagliate dalla trasversale *BC*;
- $O\widehat{M}C \cong O\widehat{N}B$, perché angoli alterni interni formati dalle stesse rette parallele, tagliate dalla trasversale *MN*.

Pertanto i triangoli *MOC* e *BON* sono congruenti per il secondo criterio.

Il triangolo *ABC* può essere considerato come somma del trapezio *AMOB* e del triangolo *MOC* (figura **b**). Il parallelogramma *ABNM* può essere considerato come somma dello stesso trapezio *AMOB* e del triangolo *BON* (figura **c**). *Pertanto* il triangolo *ABC* e il parallelogramma *ABNM*, essendo equicomposti, sono equivalenti:

$$ABC \doteq ABNM.$$

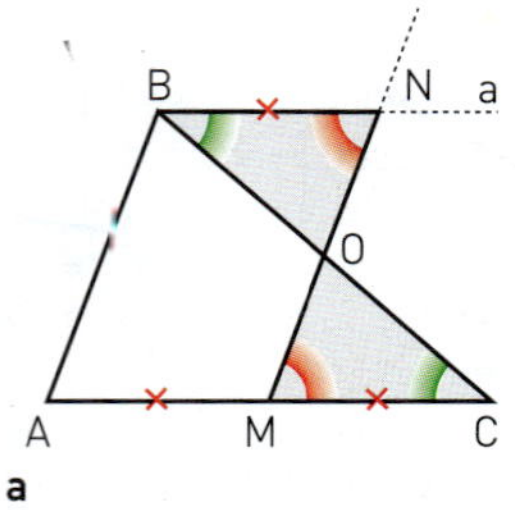

a

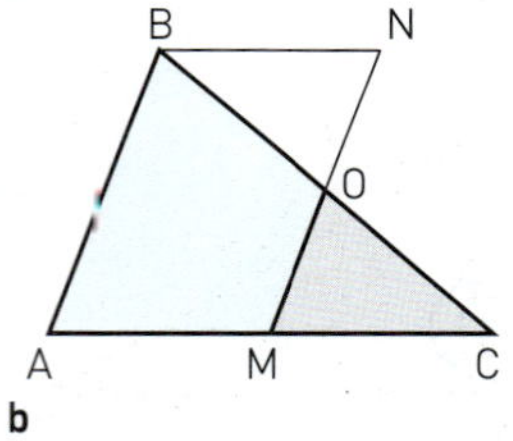

b

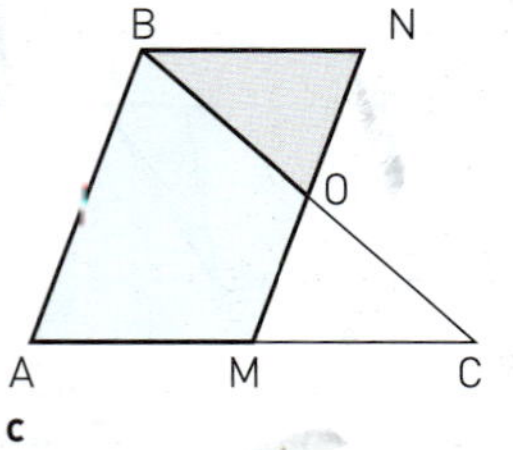

c

Corollario. Due triangoli che hanno congruenti le basi e le rispettive altezze sono equivalenti.

Vale anche il seguente teorema, di cui non forniamo la dimostrazione.

TEOREMA

Un triangolo è equivalente a un parallelogramma che ha base congruente a quella del triangolo e altezza congruente a metà altezza del triangolo.

▶ Dimostra che un parallelogramma è diviso dalle sue diagonali in quattro triangoli equivalenti.

Animazione

L'equivalenza fra un quadrilatero con le diagonali perpendicolari e un rettangolo

Utilizzando il teorema di equivalenza fra triangolo e parallelogramma, possiamo dimostrare il seguente teorema.

TEOREMA
Un quadrilatero con le diagonali perpendicolari è equivalente alla metà del rettangolo che ha per lati le diagonali del quadrilatero.

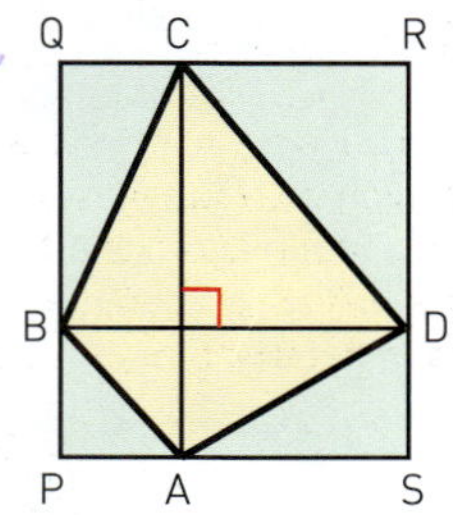

Dal teorema si deduce il seguente corollario.

Corollario. Un rombo è equivalente a metà di un rettangolo che ha per lati le sue diagonali.

L'equivalenza fra triangolo e trapezio

TEOREMA
Un trapezio è equivalente a un triangolo che ha per altezza la stessa altezza e per base la somma delle basi del trapezio.

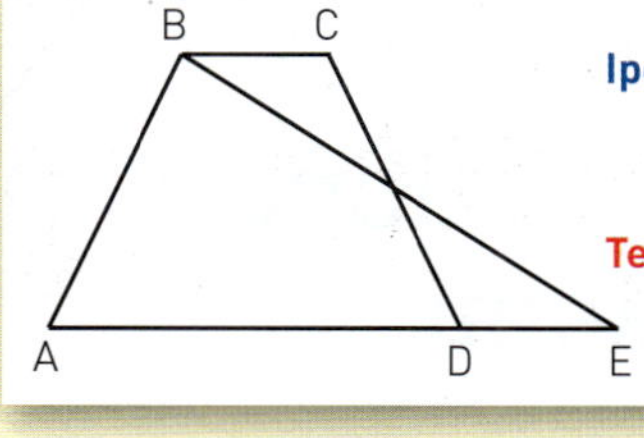

Ipotesi 1. $ABCD$ trapezio
2. $AE \cong AD + BC$

Tesi $ABCD \doteq ABE$

DIMOSTRAZIONE Animazione

Prolunghiamo la base AD di un segmento $DE \cong BC$.

Congiungiamo E con B: il segmento BE interseca CD in O.

Consideriamo i triangoli OBC e OED (figura **a**). Essi hanno:

- $BC \cong DE$, per costruzione;
- $C\widehat{B}O \cong D\widehat{E}O$, perché angoli alterni interni formati dalle rette parallele BC e AE, tagliate dalla trasversale BE;
- $B\widehat{C}O \cong O\widehat{D}E$, perché angoli alterni interni formati dalle stesse rette parallele, tagliate dalla trasversale CD.

Pertanto sono congruenti per il secondo criterio.

Il trapezio $ABCD$ è la somma del quadrilatero $ADOB$ e del triangolo OBC (figura **b**). Il triangolo ABE è la somma dello stesso quadrilatero $ADOB$ e del triangolo OED (figura **c**). Il trapezio $ABCD$ e il triangolo ABE, essendo equicomposti, sono equivalenti:

$$ABCD \doteq ABE.$$

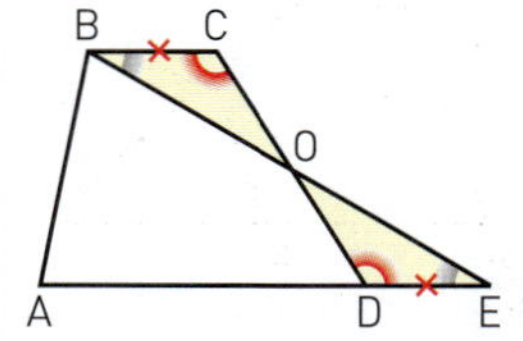

a

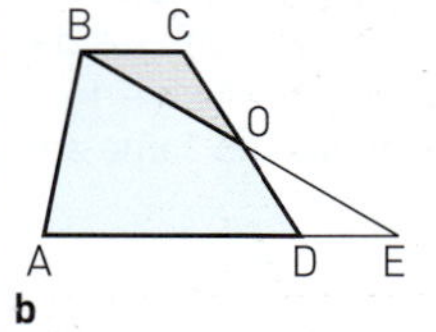

b

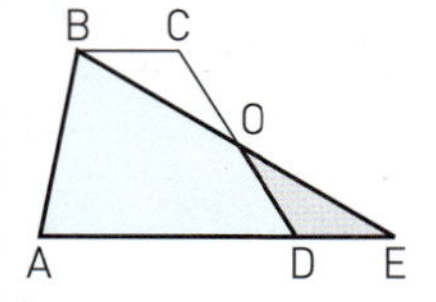

c

L'equivalenza fra un poligono e un triangolo

Ricordiamo, come detto nel capitolo G1, che un poligono è regolare se è equilatero ed equiangolo.
Un poligono regolare di n lati, con $n > 3$, si può suddividere in n triangoli isosceli congruenti.
L'altezza relativa alla base di ciascuno degli n triangoli è detta **apotema** del poligono regolare.

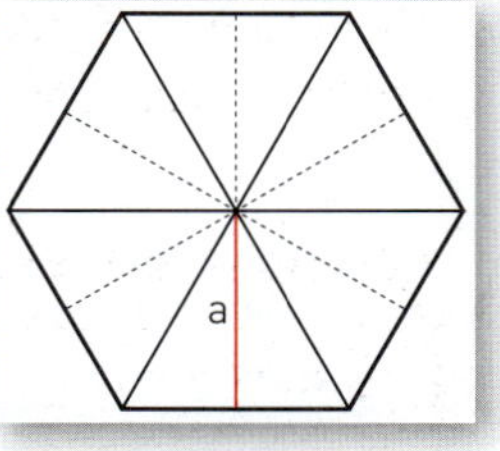

Listen to it

A regular polygon is *equivalent* to a triangle that has the perimeter of the polygon as its base and the apothem of the polygon as its altitude.

Per i poligoni regolari si può dimostrare il seguente teorema.

TEOREMA

Un poligono regolare è equivalente a un triangolo che ha base congruente al perimetro del poligono e altezza congruente all'apotema.

Per esempio l'esagono $ABCDE$ è equivalente al triangolo $AA'O$, in quanto è la somma di sei triangoli equivalenti, perché hanno le basi congruenti e la stessa altezza congruente all'apotema OH.

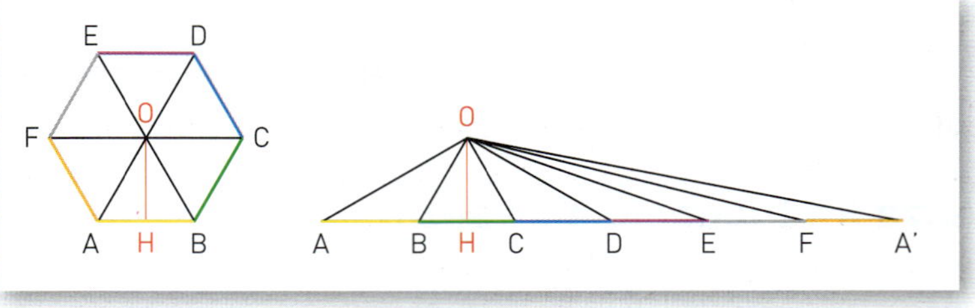

4 La costruzione di poligoni equivalenti

▶ Esercizi a p. G164

I teoremi di equivalenza studiati nei paragrafi precedenti hanno evidenziato come sia possibile trasformare un parallelogramma, un trapezio e un poligono circoscritto in un triangolo equivalente.

Vediamo ora come da un poligono convesso qualsiasi sia possibile costruire un triangolo equivalente.

Innanzitutto, mostriamo come da un poligono convesso se ne possa costruire uno equivalente con un lato in meno. Vale infatti il seguente teorema.

Listen to it

You can always transform a convex polygon with n sides into a polygon with $n-1$ sides that has the same area.

TEOREMA

È sempre possibile trasformare un poligono convesso di n lati in un poligono equivalente con $n-1$ lati.

DIMOSTRAZIONE Animazione

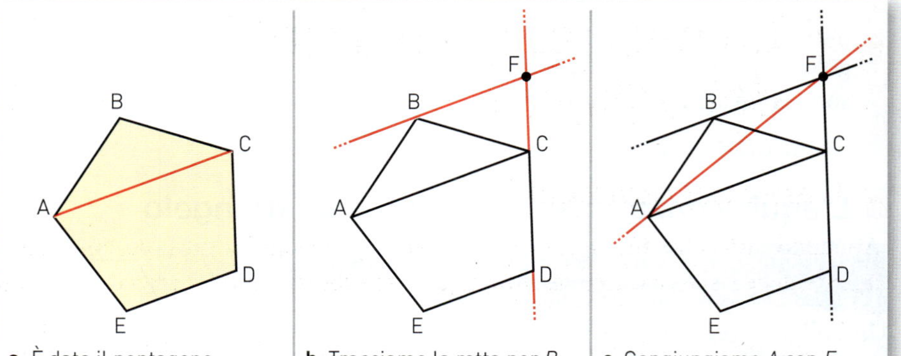

a. È dato il pentagono convesso $ABCDE$. Tracciamo la diagonale AC.

b. Tracciamo la retta per B parallela alla diagonale AC, che incontra in F il prolungamento di CD.

c. Congiungiamo A con F.

Le distanze dei punti B e F dalla retta AC sono uguali perché $BF // AC$.
I segmenti BH e FK sono congruenti e sono le altezze dei triangoli ABC e AFC, quindi i triangoli sono equivalenti perché hanno la stessa base AC e altezze congruenti.
Il pentagono $ABCDE$ è la somma del quadrilatero $ACDE$ e del triangolo ABC. Il quadrilatero $AFDE$ è la somma di $ACDE$ e del triangolo AFC. Quindi, $ABCDE \doteq AFDE$ perché somme di figure equivalenti.

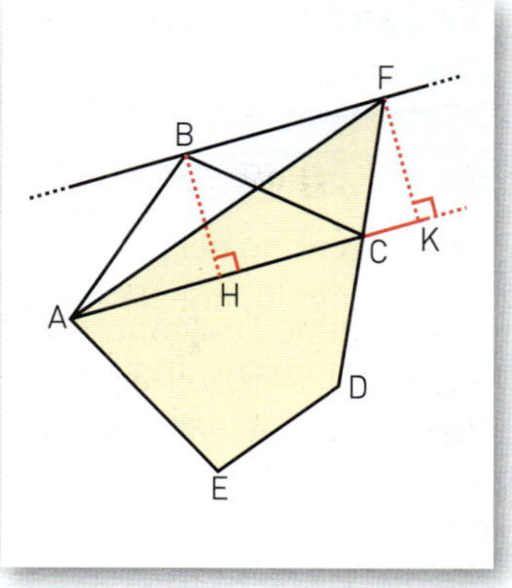

Il metodo utilizzato è indipendente dal numero dei lati del poligono considerato. Ripetendo più volte la costruzione precedente su un qualsiasi poligono convesso, si può giungere a un triangolo equivalente al poligono dato. Pertanto un qualsiasi poligono convesso è sempre equivalente a un triangolo.

Con lo stesso metodo è anche possibile **trasformare un triangolo in un triangolo equivalente avente altezza o base di lunghezza assegnata.**

ESEMPIO Dato il triangolo ABC, costruiamo un triangolo equivalente di altezza h. Presa la parallela ad AC a distanza h, essa incontra il segmento AB nel punto D. Congiungiamo D con C e tracciamo la retta passante per B e parallela a CD. La retta incontra il prolungamento di AC in E.
I triangoli CDB e CDE hanno la stessa base DC e l'altezza congruente perché i vertici E e B si trovano sulla stessa retta parallela a DC. I due triangoli sono quindi equivalenti. Perciò:

$$ABC \doteq ACD + CDB \doteq ACD + CDE \doteq ADE.$$

Il triangolo ADE è il triangolo cercato.

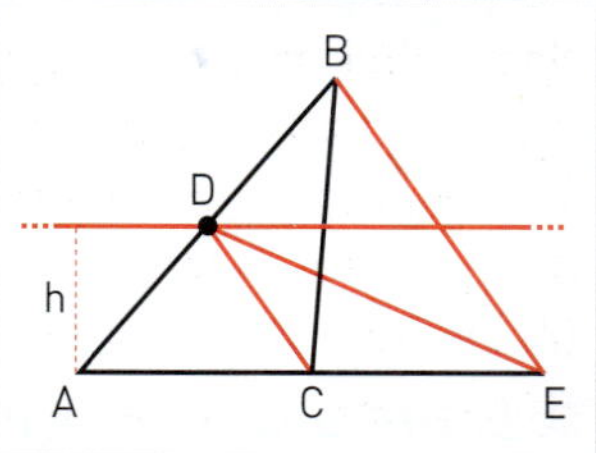

Dato che un triangolo si può trasformare in un rettangolo con la base congruente e l'altezza uguale a metà di quella del triangolo, possiamo dedurre che è possibile **trasformare un parallelogramma in un rettangolo equivalente con l'altezza, o la base, di lunghezza assegnata.**

► Disegna un triangolo qualsiasi ABC e trasformalo in un rettangolo equivalente $ACDE$ che abbia la stessa base AC.

Animazione

► Determina due triangoli equivalenti ad ABC che abbiano, rispettivamente:
a. base che misura 25;
b. altezza che misura 8.

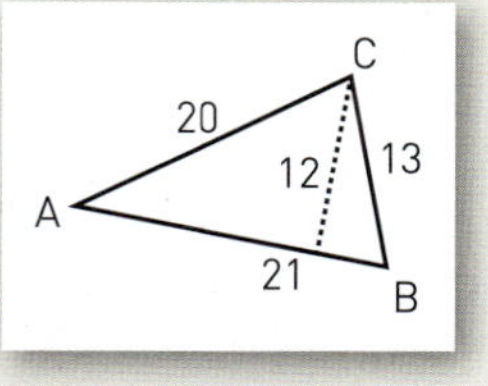

Video

5 La misura delle aree dei poligoni

► Esercizi a p. G166

L'area del rettangolo

Abbiamo visto che due figure equivalenti hanno la stessa area, pertanto anche le misure delle rispettive aree saranno uguali, se espresse utilizzando la stessa unità di misura.
L'unità di misura delle aree, stabilita per convenzione, è l'area del quadrato che ha i lati uguali all'unità di misura scelta per le lunghezze. Pertanto se si assume come unità di misura delle lunghezze il metro, la misura di un quadrato con il lato uguale al metro è il *metro quadrato*.

TEORIA

MATEMATICA E GIOCHI

Il tangram Il Tangram è un antico gioco cinese, divenuto popolare in Europa e in America a partire dal 1800. È una sorta di puzzle le cui tessere sono sette figure geometriche ottenute dalla scomposizione di un quadrato in: due triangoli grandi, due triangoli piccoli, un triangolo medio, un quadrato e un parallelogramma.

► In quale relazione sono fra loro i singoli pezzi *tan*?

La risposta

Nei paragrafi precedenti abbiamo verificato che è sempre possibile trasformare un dato poligono qualsiasi in un rettangolo equiesteso di altezza assegnata. Per determinare la misura dell'area di un generico poligono, o più in generale di una figura piana, è perciò fondamentale saper calcolare la misura dell'area del rettangolo.

Dimostreremo nel prossimo capitolo come si ricava la formula della misura dell'area del rettangolo, note le sue dimensioni, per ora la ricaviamo in modo intuitivo.

Supponiamo che, in un rettangolo, le misure della base e dell'altezza, rispetto a un'unità di misura u, siano b e h. Il rettangolo è allora divisibile in $b \cdot h$ quadrati di lato u e diciamo che la misura della sua area, che indichiamo con A, è $b \cdot h$. Abbiamo espresso A prendendo come unità di misura l'area di un quadrato di lato u, che indichiamo con il simbolo u^2.

ESEMPIO Il rettangolo della figura ha $AB = 2\,u$ e $AD = 3\,u$. La sua superficie è equivalente a 6 quadratini e la misura della sua area è di $6\,u^2$.

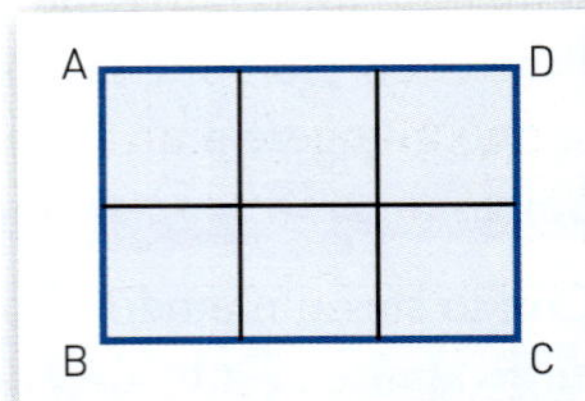

In generale, si può dimostrare il seguente teorema.

TEOREMA
La misura dell'**area di un rettangolo** è uguale al prodotto della misura della base per la misura dell'altezza.

$$A = b \cdot h$$

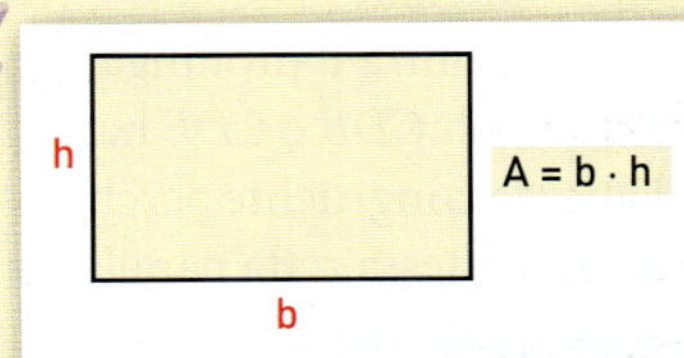

L'area dei poligoni

Dai teoremi relativi all'equivalenza fra poligoni si deducono i corrispondenti teoremi relativi alle aree.
Per esempio, dal teorema che stabilisce l'equivalenza fra un parallelogramma e un rettangolo che abbia la base e l'altezza congruenti a quelle del parallelogramma si deduce il seguente teorema.

TEOREMA
L'area di un parallelogramma è uguale al prodotto della misura di un lato per la misura dell'altezza relativa a esso.

I teoremi relativi alle misure delle aree sono proposti nella tabella della pagina successiva.
Senza ricavarla in modo formale, introduciamo inoltre la formula, nota come **formula di Erone**, che permette di calcolare l'area di un triangolo conoscendo solo le misure dei suoi lati.
Indicando con a, b, c le misure dei lati e con p la misura del semiperimetro, $p = \dfrac{(a+b+c)}{2}$, la misura dell'area A è:

$$A = \sqrt{p \cdot (p-a) \cdot (p-b) \cdot (p-c)}.$$

Poligono	**La misura dell'area è uguale...**	**Figura e formula**
Rettangolo	al prodotto della misura della base per la misura dell'altezza.	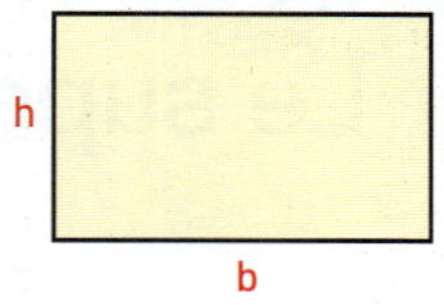 $A = b \cdot h$
Quadrato	al quadrato della misura del suo lato.	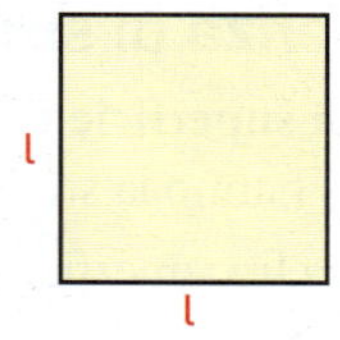 $A = l^2$
Parallelogramma	al prodotto della misura di un suo lato e dell'altezza relativa a esso.	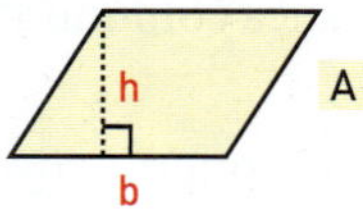 $A = b \cdot h$
Triangolo	a metà del prodotto della misura della base per quella dell'altezza.	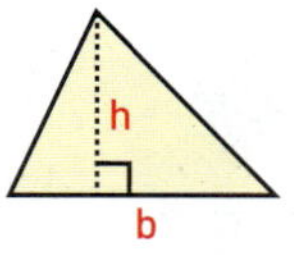 $A = \frac{b \cdot h}{2}$
Trapezio	a metà del prodotto della somma delle misure delle basi per la misura dell'altezza.	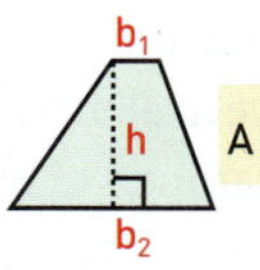 $A = \frac{(b_1 + b_2) \cdot h}{2}$
Quadrilatero con diagonali perpendicolari	a metà del prodotto delle misure delle diagonali.	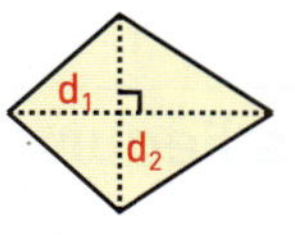 $A = \frac{d_1 \cdot d_2}{2}$
Poligono regolare	al prodotto della misura del semiperimetro del poligono per la misura dell'apotema.	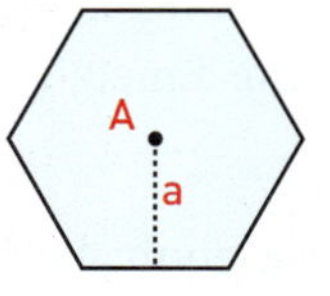 $A = p \cdot a$

▶ Aiutandoti con il video che proponiamo, trova un metodo per determinare l'area della mano rappresentata in figura, sapendo che il lato di ogni quadretto misura 1 cm.

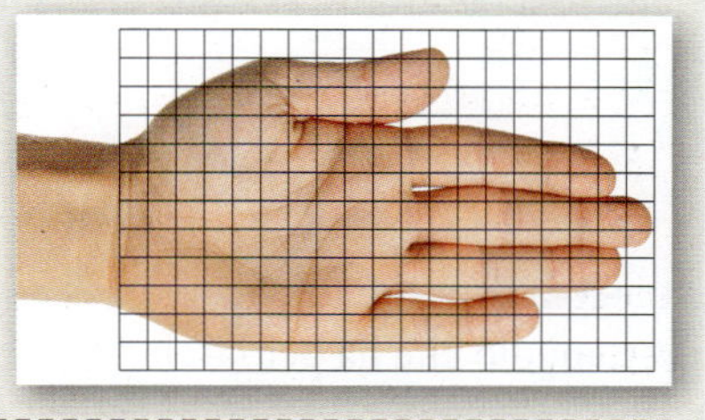

Video

▶ Aiutandoti con il video che proponiamo, ricava le formule per le aree riportate in tabella, partendo dalla formula per l'area del rettangolo e applicando i teoremi per l'equivalenza tra poligoni che hai incontrato nei paragrafi precedenti.

Video

TEORIA

IN SINTESI
Le superfici equivalenti e le aree

L'equivalenza di superfici

Il concetto di **superficie** e di **estensione** di una superficie sono primitivi. Due superfici si dicono **equivalenti** quando hanno la stessa estensione.

L'equivalenza fra superfici gode delle proprietà riflessiva, simmetrica e transitiva ed è quindi una relazione di equivalenza.

La caratteristica comune alle superfici che appartengono alla stessa classe di equivalenza è detta **area** della superficie.

Due superfici congruenti sono sempre equivalenti.

Le superfici ottenute come somme (o differenze) di superfici rispettivamente equivalenti sono equivalenti.

ESEMPIO

$A \doteq A'$, $B \doteq B'$ $\rightarrow$ $A + B \doteq A' + B'$.

L'equivalenza di parallelogrammi

Due parallelogrammi, che hanno congruenti le basi e le altezze, relative a tali basi, sono equivalenti.
Un parallelogramma e un rettangolo, che hanno congruenti le basi e le relative altezze, sono equivalenti.

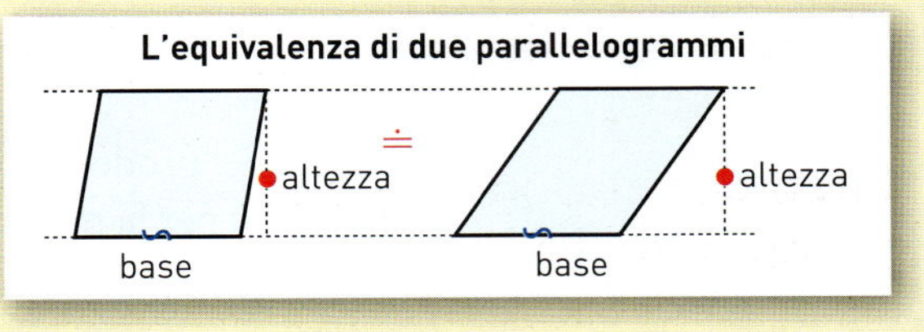

I triangoli e l'equivalenza

Un **triangolo** è equivalente a un **parallelogramma** che ha altezza congruente a quella del triangolo e base congruente a metà base del triangolo.

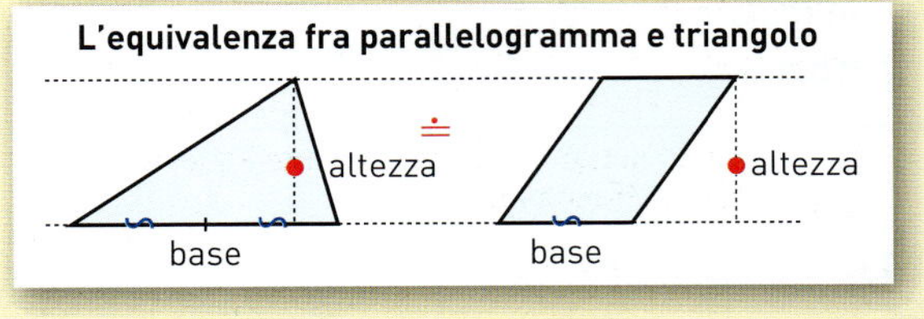

Un **trapezio** è equivalente a un **triangolo** che ha altezza congruente all'altezza del trapezio e base congruente alla somma delle basi del trapezio.

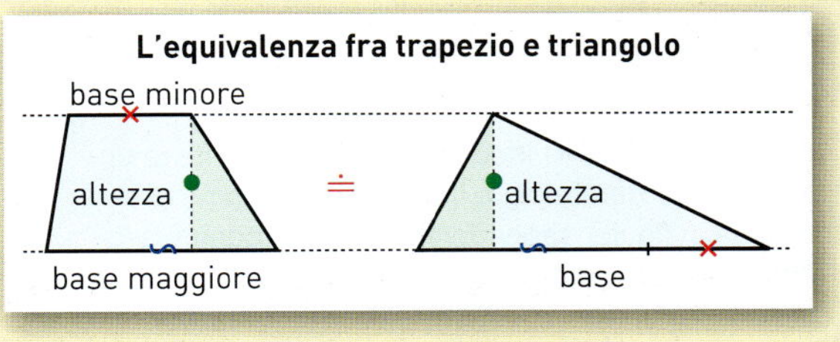

Un **quadrilatero** con le diagonali perpendicolari è equivalente alla metà del rettangolo che ha per lati le diagonali del quadrilatero.

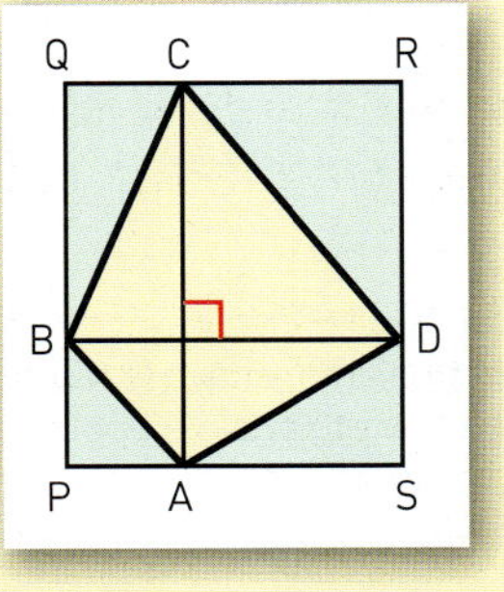

In un poligono regolare l'**apotema** è l'altezza di uno dei triangoli isosceli congruenti in cui può essere suddiviso.

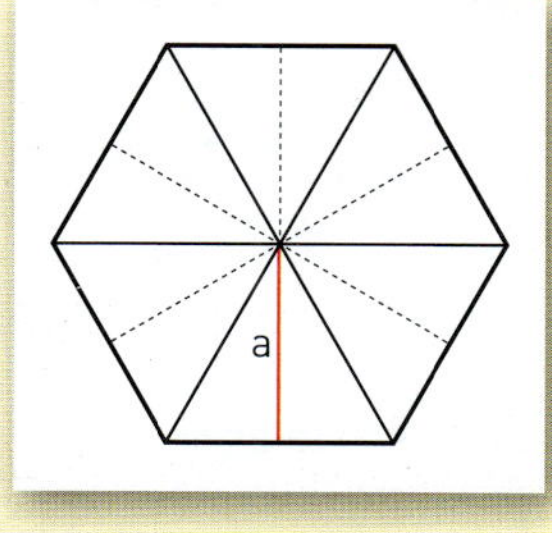

Un **poligono regolare** è equivalente a un triangolo che ha base congruente al perimetro del poligono e altezza congruente all'apotema.

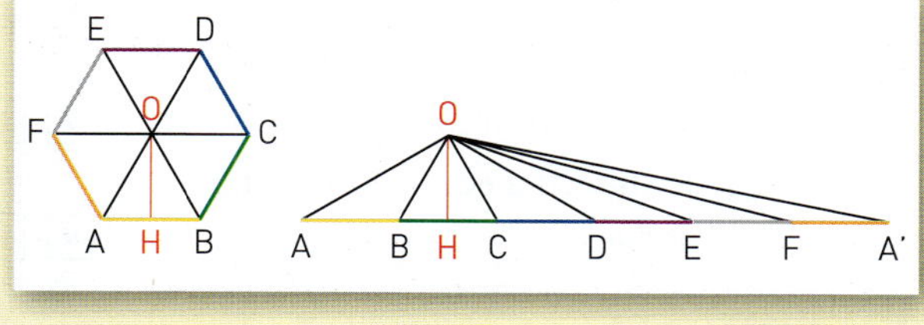

La costruzione di poligoni equivalenti

Da ogni **poligono convesso**, che non sia un triangolo, possiamo ottenere un **poligono equivalente con un lato in meno** mediante un'opportuna costruzione.

Da un poligono convesso a uno equivalente con un lato in meno

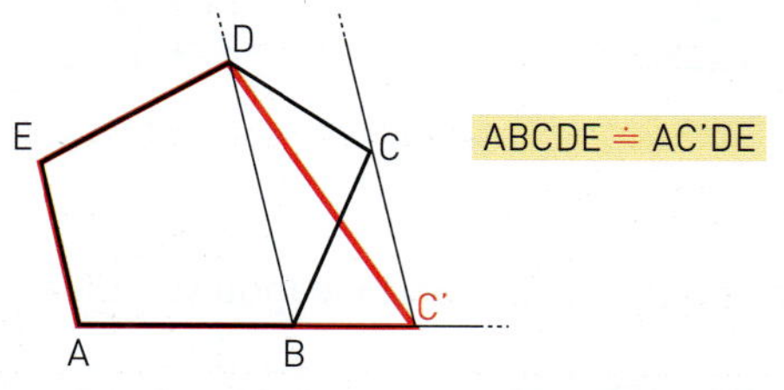

Ogni **poligono convesso** è equivalente a un **triangolo**.
È possibile trasformare un triangolo in un triangolo equivalente avente altezza o base di lunghezza assegnata.
È possibile trasformare un parallelogramma in un rettangolo equivalente con l'altezza, o la base, di lunghezza assegnata.

La misura delle aree dei poligoni

Utilizzando i teoremi relativi all'equivalenza di superfici piane, ricaviamo le formule per calcolare la **misura delle aree** di alcuni poligoni.

Le lettere b, h, l, ecc. indicano le misure dei segmenti corrispondenti.
p indica la misura del semiperimetro.
A indica la misura dell'area.

Rettangolo

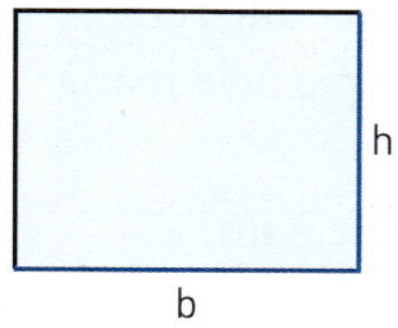

$A = b \cdot h$

Parallelogramma

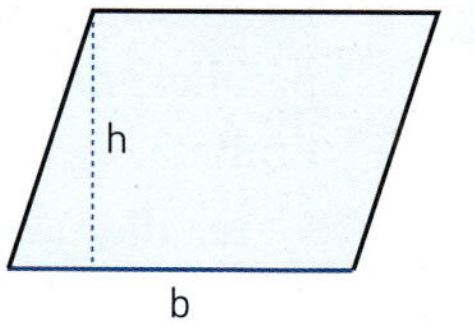

$A = b \cdot h$

Trapezio

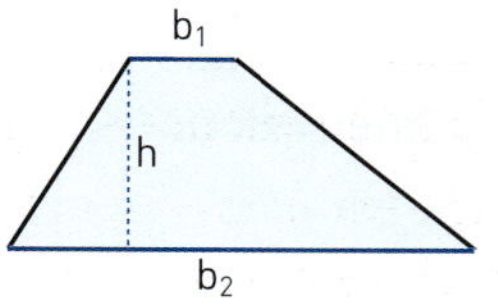

$A = \frac{(b_1 + b_2) \cdot h}{2}$

Quadrilatero con diagonali perpendicolari (in particolare rombo)

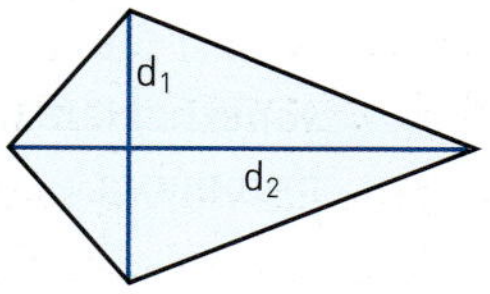

$A = \frac{d_1 \cdot d_2}{2}$

Quadrato

$A = l^2$

Triangolo

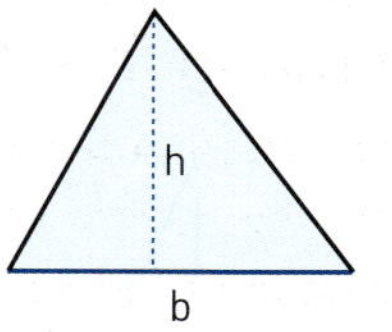

$A = \frac{b \cdot h}{2}$

Poligono regolare

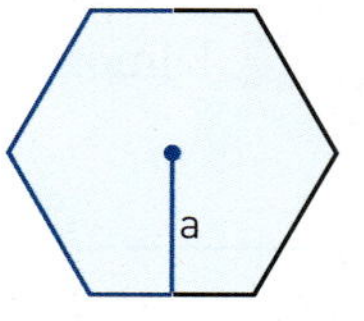

$A = p \cdot a$

La **formula di Erone** permette di calcolare l'area del triangolo conoscendo la misura dei suoi lati.

$$A = \sqrt{p \cdot (p-a) \cdot (p-b) \cdot (p-c)},$$

dove p è il semiperimetro del triangolo.

CAPITOLO G5

ESERCIZI

1 L'equivalenza di superfici

▶ Teoria a p. G142

VERO O FALSO?

1
a. La striscia delimitata da due rette parallele non è una superficie piana limitata. V F
b. L'area di una superficie è un numero reale. V F
c. Ogni punto del piano è una superficie di area nulla. V F
d. L'estensione di una superficie coincide con la sua area. V F
e. Non si può fare la somma di due superfici che hanno intersezione non vuota. V F

2
a. Due superfici con la stessa area sono equiscomponibili. V F
b. Due superfici congruenti sono equivalenti. V F
c. Due superfici equiscomponibili sono equivalenti. V F
d. Due superfici congruenti sono equiscomponibili. V F
e. Due superfici equivalenti sono congruenti. V F

3 Individua le coppie di figure equivalenti.

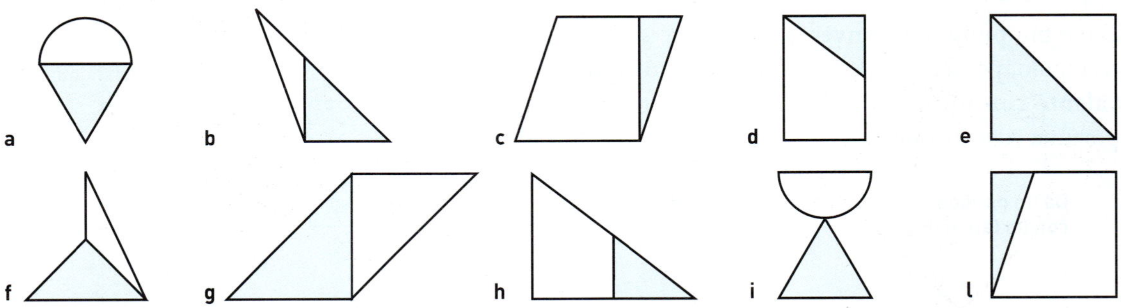

Dimostrazioni

4 **ESERCIZIO GUIDA** Dimostriamo la seguente equivalenza fra superfici, usando le ipotesi indicate.

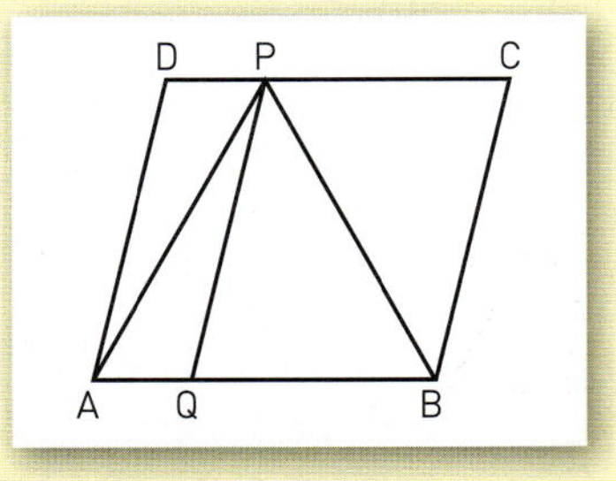

Ipotesi 1. $ABCD$ è un parallelogramma;
2. $QP \parallel AD$.

Tesi $ABCD \doteq 2ABP$.

Dimostrazione
Per l'ipotesi 2 risulta $QP \parallel AD$, per l'ipotesi 1 risulta $AD \parallel BC$. Per la proprietà transitiva del parallelismo è anche vero che $QP \parallel BC$.

Quindi i quadrilateri $AQPD$ e $QBCP$, avendo i lati opposti paralleli, sono parallelogrammi.

Nel parallelogramma $AQPD$ la diagonale AP individua due triangoli congruenti AQP e APD. Allo stesso modo nel parallelogramma $QBCP$ la diagonale PB individua i triangoli congruenti QBP e PBC.

Poiché $ABP \doteq AQP + QBP$, tenendo conto delle congruenze precedenti, abbiamo:

$$ABP \doteq APD + PBC.$$

Il parallelogramma $ABCD$ risulta scomposto nei triangoli APD, ABP, PBC:

$$ABCD \doteq ABP + APD + PBC.$$

Ricordando che $ABP \doteq APD + PBC$, concludiamo che:

$$ABCD \doteq ABP + ABP, \text{ ossia } ABCD \doteq 2ABP.$$

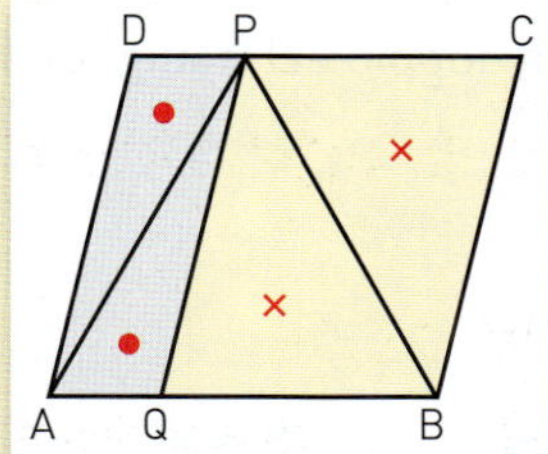

Dimostra le seguenti equivalenze fra superfici usando le ipotesi indicate.

5

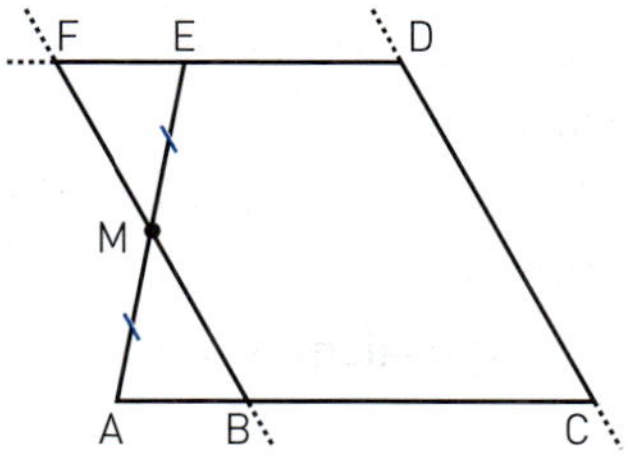

Ipotesi **1.** $AM \cong ME$;
2. $ED \parallel AC$.
Tesi $ACDE \doteq BCDF$.

6

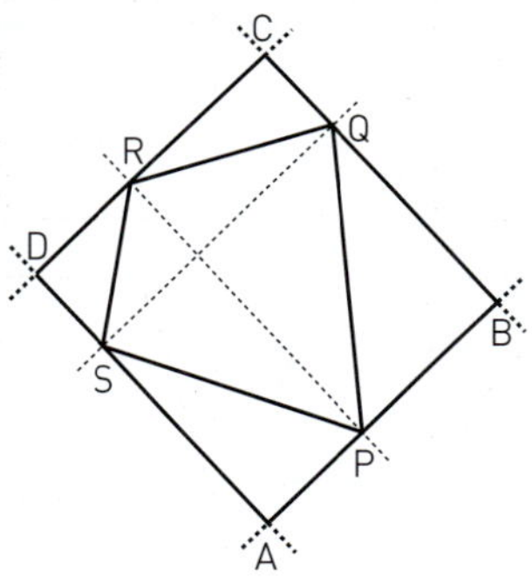

Ipotesi **1.** $DC \parallel SQ \parallel AB$;
2. $DA \parallel RP \parallel CB$.
Tesi $ABCD \doteq 2PQRS$.

7

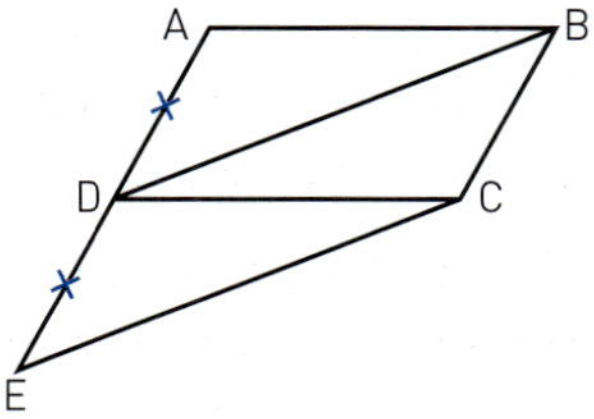

Ipotesi **1.** $AE \parallel BC$;
2. $AB \parallel DC$;
3. $AD \cong DE$.
Tesi $ABCD \doteq 2CDE$.

8

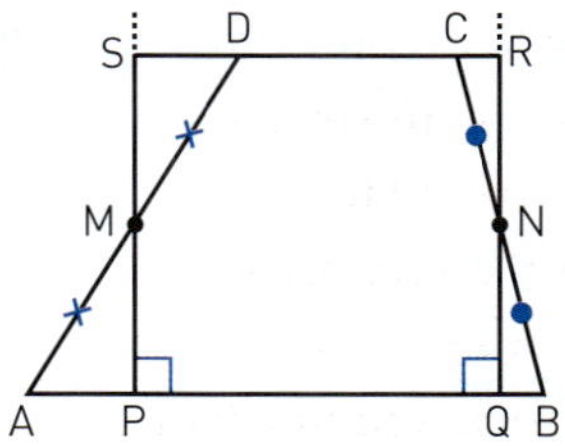

Ipotesi **1.** $DC \parallel AB$;
2. $SP \perp AB$;
3. $RQ \perp AB$;
4. $AM \cong MD$, $CN \cong NB$.
Tesi $ABCD \doteq PQRS$.

9

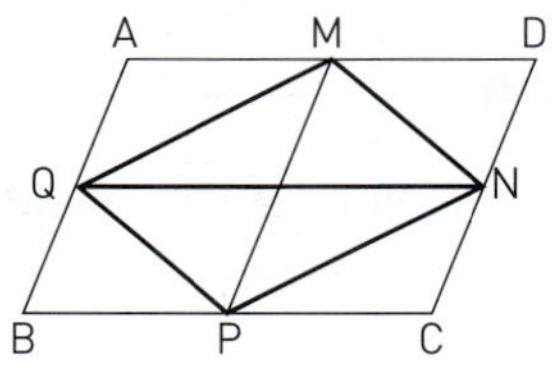

Ipotesi **1.** $ABCD$ è un parallelogramma;
2. Q, P, N, M sono i punti medi dei suoi lati.
Tesi $QPN \doteq QNM$.

10

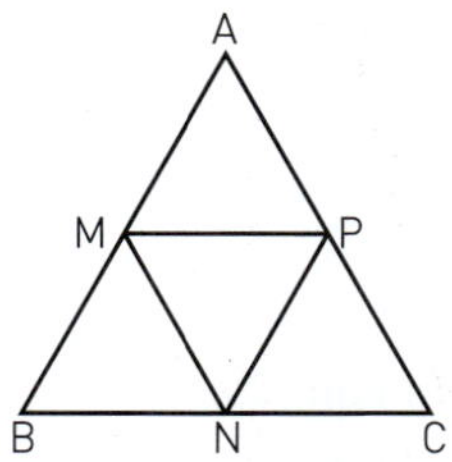

Ipotesi **1.** ABC è un triangolo equilatero;
2. M, N, P sono i punti medi dei suoi lati.
Tesi $ABC \doteq 4MNP$.

RISOLVIAMO UN PROBLEMA

Il doppio e il triplo

Dimostra che il triplo dell'esagono *BCEFHI* è equivalente al doppio del triangolo *ADG*.

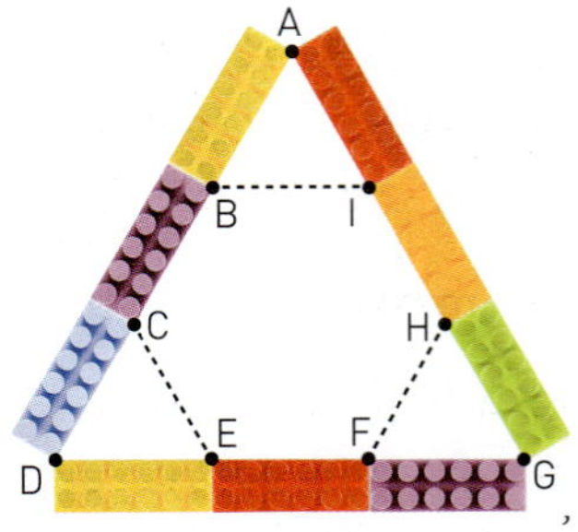

▸ **Ricaviamo i dati dalla figura.**

Dalla figura possiamo dedurre che:

a. il triangolo *ADG* è un triangolo equilatero e ciascuno dei suoi lati è diviso in tre segmenti congruenti,

$AD \cong 3AB,$
$AB \cong AI \cong IH \cong HG \cong FG \cong \ldots$

b. *BCEFHI* è un esagono.
I lati *BC*, *IH* ed *EF* sono congruenti tra loro in quanto congruenti a $\frac{1}{3}AD$:

$BC \cong IH \cong EF.$

Dobbiamo dimostrare che l'esagono è regolare, ossia che i lati *BI*, *HF* e *CE* sono congruenti a *BC*, *IH* ed *EF* e quindi a $\frac{1}{3}AD$.

▸ **Dimostriamo che $BI \cong \frac{1}{3}AD$.**

Consideriamo la retta *BI* e la retta *DG* tagliate dalle trasversali *AD* e *AG*.

$AB \cong AI$

$BD \cong \frac{2}{3}AD$ e $IG \cong \frac{2}{3}AG \rightarrow BD \cong IG$

Poiché a segmenti congruenti su una trasversale corrisponde un segmento congruente sull'altra, le due rette sono parallele, ossia $BI \parallel DG$.
Rette parallele formano angoli corrispondenti congruenti:

$A\hat{B}I \cong A\widehat{D}G;$

$A\hat{I}B \cong A\widehat{G}D.$

Poiché *ADG* è un triangolo equilatero, anche *ABI* è un triangolo equilatero, quindi

$BI \cong \frac{1}{3}AD.$

Ripetendo lo stesso procedimento, considerando le rette *CE* e *AG* (tagliate dalle trasversali *AD* e *DG*) ricaviamo che anche

$CE \cong \frac{1}{3}AD.$

Considerando le rette *HF* e *AD* (tagliate dalle trasversali *AG* e *DG*), otteniamo che

$HF \cong \frac{1}{3}AD.$

▸ **Dimostriamo che il triplo dell'esagono è equivalente al doppio del triangolo.**

Congiungiamo i vertici opposti dell'esagono regolare che viene così suddiviso in 6 triangoli equilateri congruenti, i quali sono perciò fra loro equivalenti.

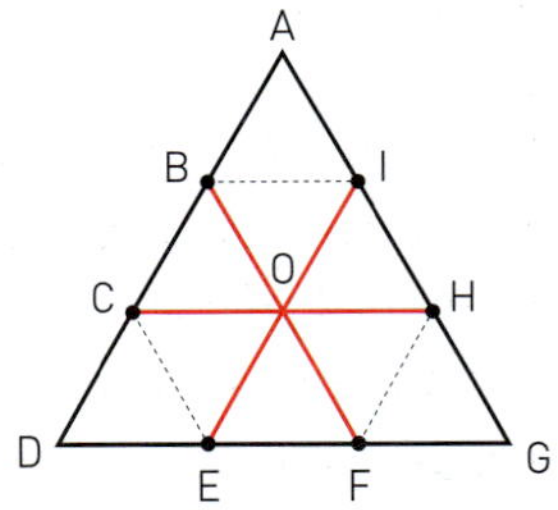

Il triangolo *BOI* è congruente al triangolo *ABI*, perché triangoli equilateri che hanno congruenti i lati.
Il triangolo *ADG* è allora equivalente a 9 triangoli equilateri congruenti ad *ABI*.

$ADG \doteq 9ABI$

Per l'esagono scriviamo:

$BCEFHI \doteq 6ABI.$

Il mcm fra 9 e 6 è 18, perciò:

$2ADG \doteq 18ABI$ e $3BCEFHI \doteq 18ABI,$

da cui otteniamo:

$2ADG \doteq 3BCEFHI.$

11 In un triangolo ABC, le due rette perpendicolari al lato AC e passanti rispettivamente per il punto medio del lato AB e per il punto medio del lato BC intersecano AC rispettivamente nei punti D ed E e intersecano la parallela ad AC passante per B rispettivamente in F e G. Dimostra che $ABC \doteq DEGF$.

12 Nel trapezio $ABCD$ traccia per un punto P della base maggiore AB le rette che passano per i punti medi dei lati obliqui, fino a incontrare in E e F il prolungamento della base minore CD. Dimostra che $ABCD \doteq EPF$.

13 **ESEMPIO DIGITALE** Dato il parallelogramma $ABCD$, prolunga i lati paralleli AB e CD di due segmenti congruenti AP e DQ. Dimostra che il triangolo PDB è equivalente alla metà del parallelogramma $PBCQ$.

14 Indica con P, Q, R, S i punti medi di un parallelogramma $ABCD$. Dimostra che $ABCD$ è equivalente al doppio del parallelogramma $PQRS$.
(SUGGERIMENTO Traccia i segmenti PR e QS.)

15 Disegna un rettangolo e congiungi i punti medi dei suoi lati. Dimostra che si ottiene un rombo equivalente alla metà del rettangolo.
(SUGGERIMENTO Utilizza l'esercizio precedente.)

16 Disegna un triangolo isoscele ABC. Prolunga la base AB di un segmento $BE \cong 2AB$ e il lato AC di un segmento $CF \cong 2AC$. Congiungi E con F. Dimostra che $AEF \doteq 9ABC$.

17 In un triangolo ABC considera i punti medi M e N rispettivamente dei lati AB e AC. La retta MN interseca in P la parallela ad AB passante per C. Dimostra che il triangolo ABC è equivalente al parallelogramma $MBCP$.

18 **EUREKA!** **Da un esagono a un triangolo** Disegna un esagono regolare $ABCDEF$ e unisci i vertici A, C ed E per formare il triangolo ACE. Dimostra che $ABCDEF \doteq 2ACE$.

19 Sulla base AB del triangolo isoscele ABC considera il punto D tale che $DB \cong 2AD$ e sul lato AC considera il punto E tale che $EC \cong 2AE$. Dimostra che $BCED \doteq 8ADE$.

2 L'equivalenza di parallelogrammi

▶ Teoria a p. G145

20 **VERO O FALSO?**

a. Due parallelogrammi equivalenti a un rettangolo sono fra loro equivalenti. V F

b. La somma di due quadrati congruenti è equivalente a un parallelogramma avente la base congruente al lato del quadrato e l'altezza congruente al doppio del lato del quadrato. V F

c. Due quadrati sono sempre equivalenti. V F

d. Un rettangolo con la base congruente al lato di un rombo, e l'altezza congruente a un'altezza del rombo, è equivalente al rombo stesso. V F

21 **SPIEGA PERCHÉ** Se raddoppi il lato di un quadrato o il lato di un triangolo equilatero, la loro estensione quadruplica. Perché?

22 Nelle seguenti figure indica quali sono i parallelogrammi che, avendo basi e altezze rispettivamente congruenti, sono equivalenti. Specifica opportunamente la congruenza tra le basi e quella tra le altezze.

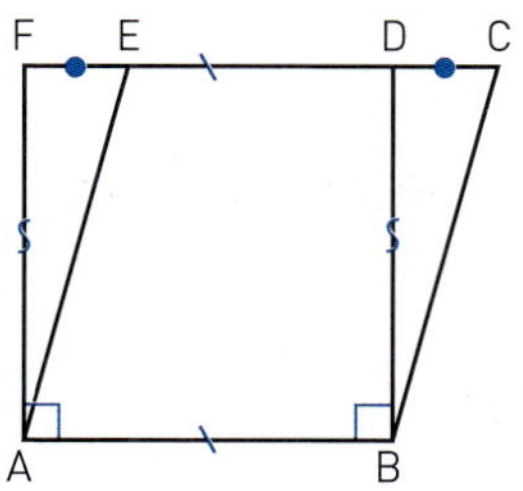

a

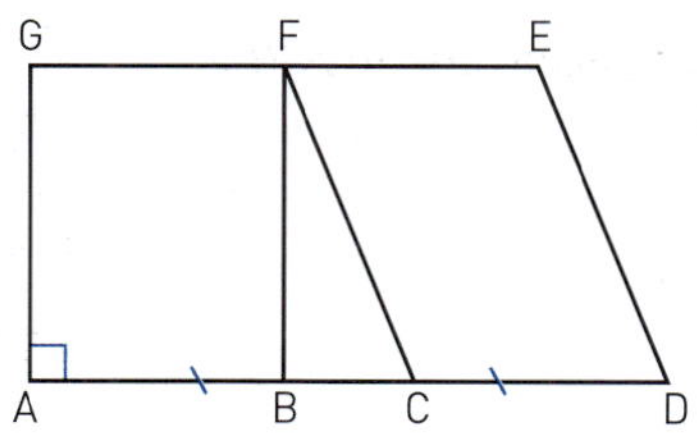

b

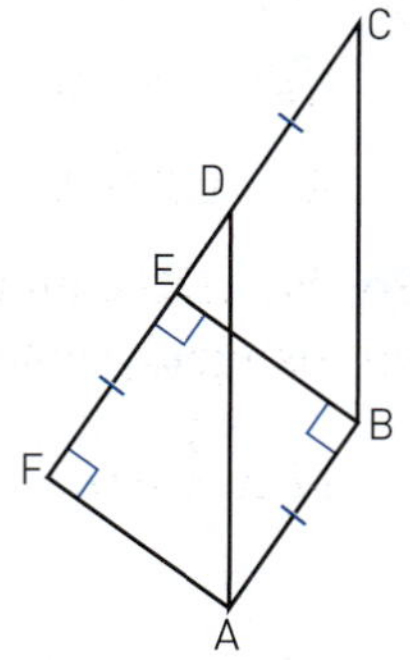

c

Costruzioni

23 Costruisci un rettangolo equivalente al parallelogramma $ABCD$ che abbia base doppia rispetto a quella del parallelogramma.

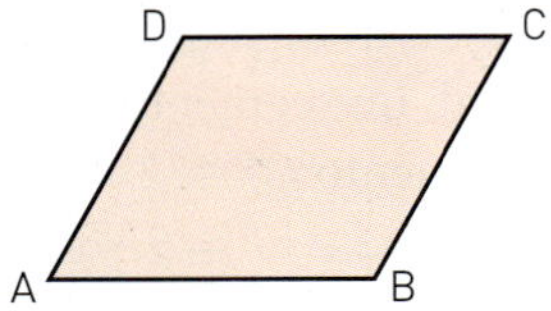

24 Dato un quadrato, disegna almeno un parallelogramma equivalente con la base congruente al lato del quadrato. Cosa si può dire dell'altezza?

25 Disegna un rombo e un parallelogramma equivalenti ma non congruenti.

Dimostrazioni

26 **DIMOSTRAZIONE GUIDATA** In un parallelogramma $ABCD$, sul prolungamento del lato AD scegli un segmento PQ congruente ad AD e sul prolungamento del lato AB segna un segmento MN congruente ad AB. Dimostra che i quadrilateri convessi $BCPQ$ e $MNCD$ sono equivalenti.

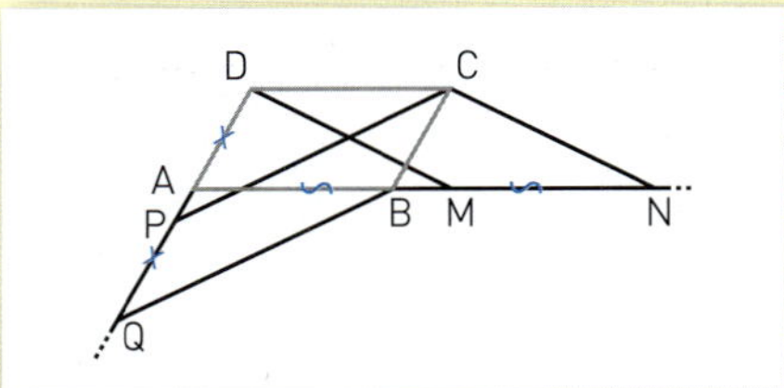

Ipotesi 1. $ABCD$ è un parallelogramma;
2. $PQ \cong$ ____;
3. $MN \cong$ ____.

Tesi $BCPQ$ ____ $MNCD$.

Dimostrazione

- *Dimostra che il parallelogramma BCPQ è equivalente ad ABCD.*
  Il quadrilatero $BCPQ$ è un parallelogramma perché i lati opposti ____ e ____ sono congruenti e paralleli.
  I parallelogrammi $ABCD$ e $BCPQ$ hanno la stessa base ____.
  L'altezza dei due parallelogrammi è ____ perché è la distanza fra le rette parallele AD e ____.
  Quindi i due parallelogrammi sono ____.
- *Dimostra in modo analogo che ABCD è equivalente a MNCD.*
  Il quadrilatero $MNCD$ è un parallelogramma perché i lati opposti ____ e ____ sono congruenti e paralleli.
  I parallelogrammi $ABCD$ e $MNCD$ hanno la stessa base ____.
  L'altezza dei due parallelogrammi è ____ perché è la distanza fra le rette parallele ____ e ____.
  Quindi i due parallelogrammi sono ____.
- *Dimostra la tesi.*
  I parallelogrammi $MNCD$ e $BCPQ$ sono equivalenti per la proprietà ____ dell'equivalenza.

27 Nel parallelogramma $ABCD$, sul prolungamento del lato AD, scegli un segmento PQ congruente ad AD. Dimostra che il quadrilatero convesso $BCQP$ è equivalente ad $ABCD$.

28 Da ciascun vertice di un triangolo ABC traccia la parallela al lato opposto. Le parallele condotte da A e B si intersecano in A', quelle da B e C in B', e quelle da C e A in C'. Dimostra che i quadrilateri convessi $AA'BC$, $ABCC'$ e $ABB'C$ sono equivalenti.

29 Disegna due parallelogrammi $ABCD$ e $DCEF$ situati da parti opposte rispetto al lato in comune DC. Congiungi A con F e B con E. Dimostra che $ABEF$ è equivalente alla somma dei due parallelogrammi iniziali.

30 Disegna un parallelogramma $ABCD$ e conduci da C la parallela alla diagonale BD. Chiama E il punto di intersezione di tale parallela con il prolungamento del lato AB. Dimostra che i parallelogrammi $ABCD$ e $BDCE$ sono equivalenti.

31 Disegna un rettangolo *ABCD* e prolunga la base *AB* di un segmento *BE* minore di *AB*. Traccia la diagonale *BD* e manda, per *E*, la parallela a *DB*, che incontra il prolungamento di *AD* nel punto *F*. Costruisci sul segmento *BE* il rettangolo *BENC* e sul segmento *DC* il rettangolo *DCMF*. Dimostra che i due rettangoli costruiti *BENC* e *DCMF* sono equivalenti.

MATEMATICA INTORNO A NOI
Piastrelle Vuoi rivestire un piano di lavoro della cucina con piastrelle di ceramica. La superficie ha la forma e le dimensioni indicate in figura.

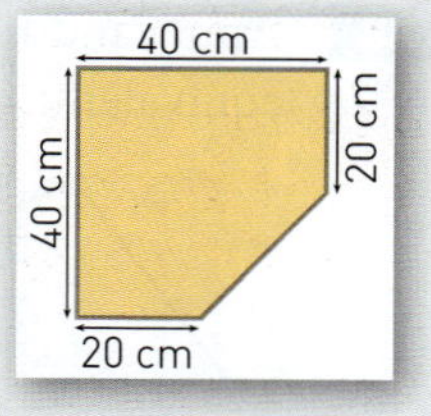

Problema e risoluzione.

32 INVALSI 2016 Indica se ciascuna delle seguenti affermazioni è *vera* (V) o *falsa* (F).

a. Se si aumentano le dimensioni *b* e *h* di un rettangolo di una stessa lunghezza *d*, allora il perimetro del rettangolo aumenta di 4*d*. V F

b. Se si aumentano le dimensioni *b* e *h* di un rettangolo di una stessa lunghezza *d*, allora l'area del rettangolo aumenta di 2*d*. V F

c. Se si raddoppia la dimensione *b* di un rettangolo e si dimezza l'altra dimensione *h*, allora l'area rimane la stessa. V F

d. Se si raddoppia la dimensione *b* di un rettangolo e si dimezza l'altra dimensione *h*, allora il perimetro rimane lo stesso. V F

3 I triangoli e l'equivalenza

► Teoria a p. G146

L'equivalenza fra triangolo e parallelogramma

33 TEST Un triangolo e un parallelogramma sono equivalenti:

A mai, poiché il triangolo ha tre lati e il parallelogramma quattro.

B se hanno le basi e le altezze congruenti.

C se la base del triangolo è doppia di quella del parallelogramma e le altezze sono congruenti.

D se la base del triangolo è metà di quella del parallelogramma e le altezze sono congruenti.

E se il triangolo ha la base e l'altezza doppie rispetto a quelle del parallelogramma.

34 VERO O FALSO?

a. Un rombo non può mai essere equivalente a un triangolo. V F

b. Se un triangolo e un parallelogramma hanno un lato congruente, non sono mai equivalenti. V F

c. Ogni mediana di un triangolo lo divide in due triangoli equivalenti. V F

d. Due triangoli che hanno congruenti la base e l'altezza sono equivalenti e congruenti. V F

Spiega le equivalenze scritte sotto ogni figura, applicando i teoremi sull'equivalenza che conosci.

35

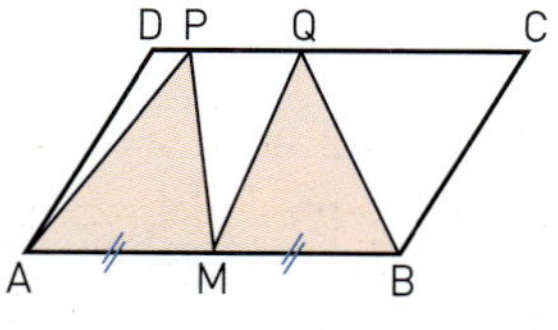

AMP + MBQ ≐ $\frac{1}{2}$ ABCD

36

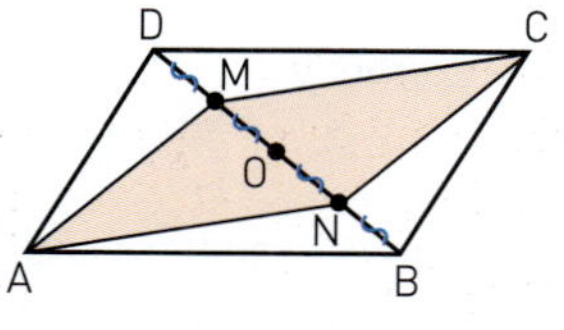

ANCM ≐ $\frac{1}{2}$ ABCD

37

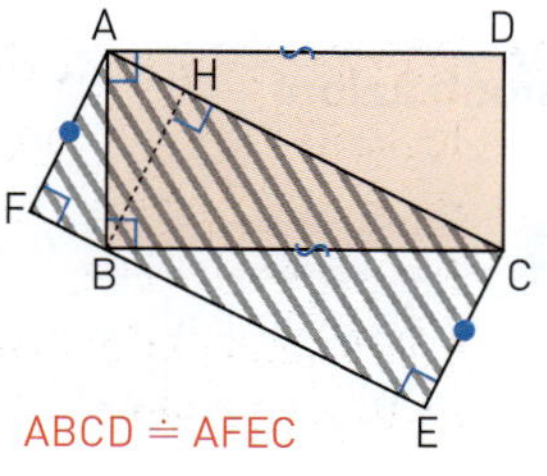

ABCD ≐ AFEC

38 Applicando il corollario sull'equivalenza di due triangoli, stabilisci quali fra i seguenti sono tra loro equivalenti.

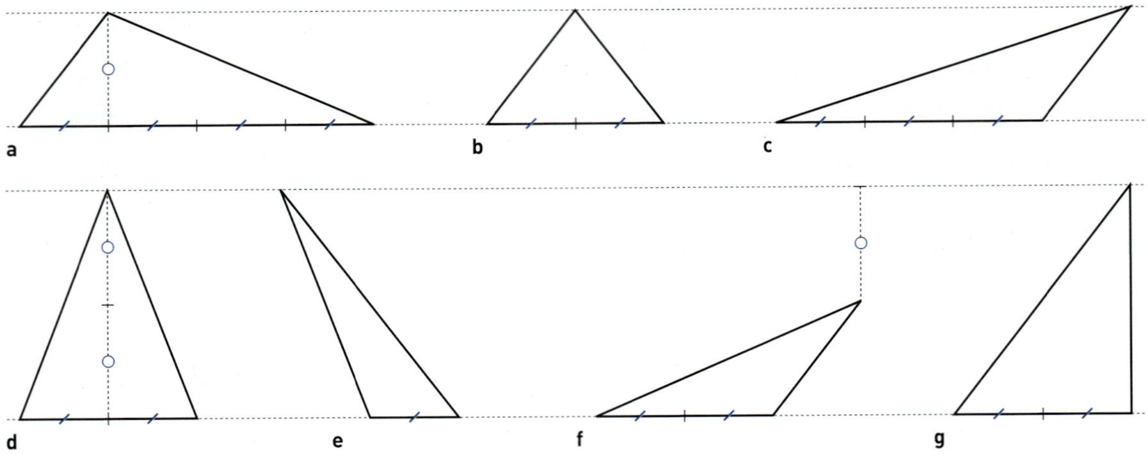

39 INVALSI 2014 *PQRS* è un parallelogramma e *T* è il punto medio di *SR*.

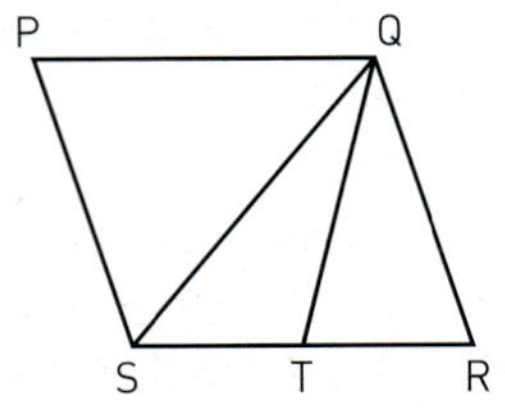

Qual è il rapporto tra l'area del triangolo *QST* e l'area del parallelogramma?
Scrivi come hai fatto per trovare la risposta e poi riporta il risultato.

....

....

Risultato: ______.

Costruzioni

40 Disegna un triangolo rettangolo e un parallelogramma equivalente.

41 Disegna un rombo e un triangolo equivalente.

42 Disegna un rettangolo equivalente al doppio del triangolo *ABC*.

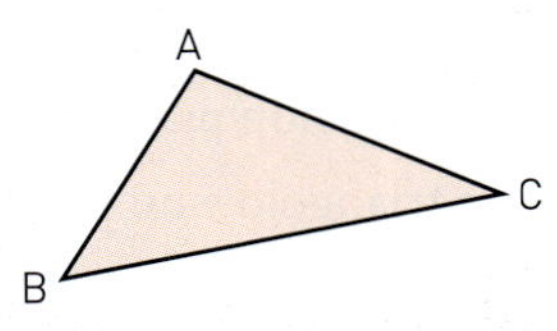

43 YOU & MATHS **Different triangles** Draw two right triangles that are equivalent but not congruent.

Dimostrazioni

44 ESERCIZIO GUIDA Consideriamo due triangoli che hanno altezze congruenti. Dimostriamo che un triangolo avente altezza congruente a quella dei triangoli dati e base congruente alla somma delle loro basi è equivalente alla somma dei due triangoli.

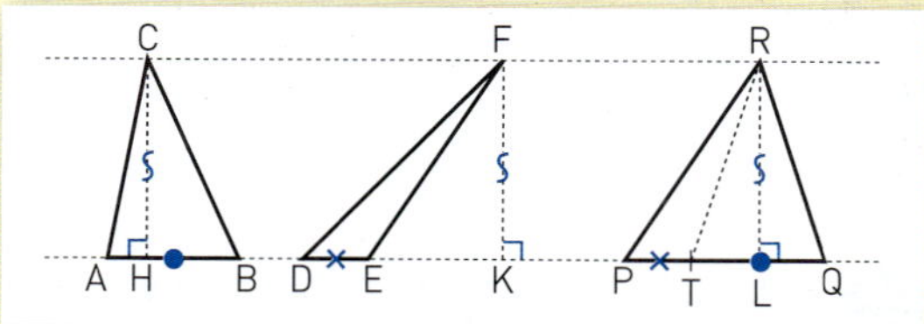

Ipotesi 1. CH, FK e RL sono altezze congruenti;
2. $PQ \cong AB + DE$.

Tesi $PQR \doteq ABC + DEF$.

Dimostrazione

Consideriamo su PQ il punto T tale che $PT \cong DE$ e $TQ \cong AB$. Congiungiamo T con R.

$TQR \doteq ABC$ perché sono triangoli che hanno basi e altezze congruenti.

Per lo stesso motivo $PTR \doteq DEF$.

Sommando membro a membro: $TQR + PTR \doteq ABC + DEF$.

Inoltre $PQR \doteq TQR + PTR$ e, confrontando con la relazione precedente, concludiamo che:

$PQR \doteq ABC + DEF$.

45 Nel quadrato $ABCD$ indica con E e F i punti medi dei lati opposti AD e BC, con M e N i punti medi dei lati AB e DC. Dimostra che i segmenti EF e MN, che si intersecano nel punto O, dividono il quadrato in quattro quadrati congruenti. Preso sul lato DC un qualsiasi punto L, dimostra che il triangolo ELF è equivalente a ognuno dei quattro quadrati.

46 ESEMPIO DIGITALE Nel triangolo ABC sia O il punto medio della mediana BM. Dopo aver unito A e C con O, dimostra che il triangolo ABC risulta diviso in quattro triangoli equivalenti.

47 Disegna un parallelogramma $ABCD$ e indica con O un qualunque punto della diagonale BD. Dimostra che il triangolo ACD è equivalente alla somma dei triangoli ABO e ADO.

48 Nel parallelogramma $ABCD$ prendi su AC due punti distinti E e F e dimostra che i triangoli EBF ed EDF sono equivalenti.

49 Disegna un parallelogramma $ABCD$ e sia E un punto qualsiasi del lato CD. Dimostra che la somma dei due triangoli AED e BEC è equivalente a metà del parallelogramma $ABCD$.

50 Disegna un parallelogramma $ABCD$ e indica con M e N i punti medi rispettivamente dei lati AB e AD. Dimostra che il triangolo AMN è equivalente a $\frac{1}{8}$ del parallelogramma stesso.
(SUGGERIMENTO Traccia da N la parallela a un lato.)

51 Disegna un triangolo ABC e indica con M e N i punti medi rispettivamente dei lati AB e BC. Dimostra che i triangoli AMC e ANC sono equivalenti.

L'equivalenza fra triangolo e trapezio

52 COMPLETA le equivalenze scritte sotto ogni figura.

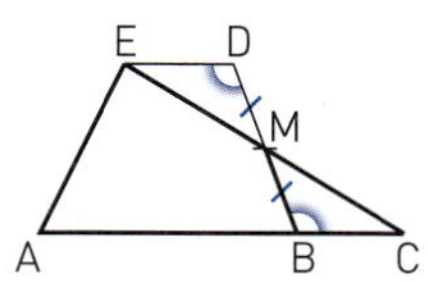

$ACE \doteq$ ☐

a

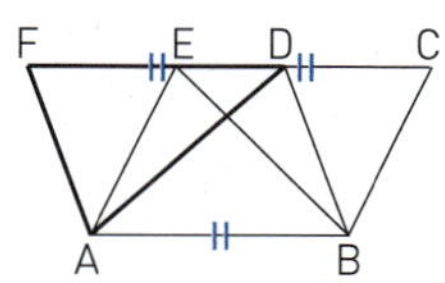

$ADF \doteq$ ☐ $\doteq$ ☐

b

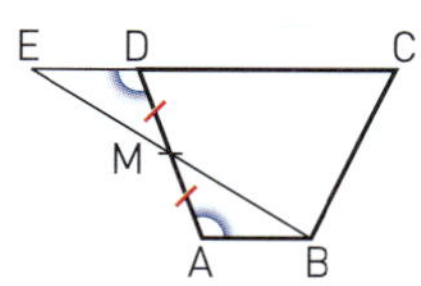

$ABCD \doteq$ ☐

c

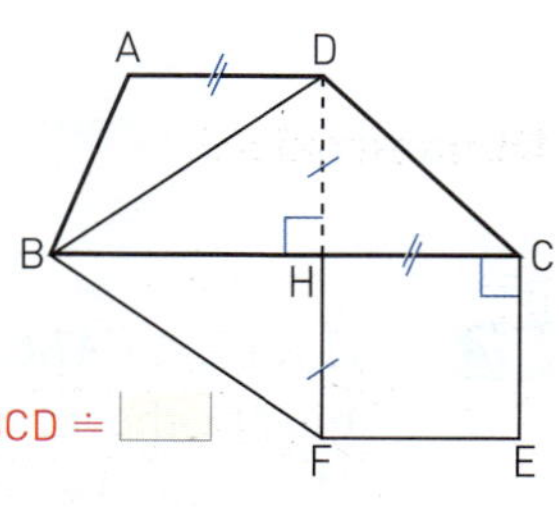

$ABCD \doteq$ ☐

d

ESERCIZI

Costruzioni

53 Trasforma il trapezio in un triangolo equivalente e il triangolo in un trapezio equivalente.

54 Disegna un parallelogramma e costruisci un trapezio a esso equivalente.

55 Disegna un trapezio rettangolo e costruisci un triangolo equivalente al suo doppio.

Dimostrazioni

56 ESERCIZIO GUIDA Disegniamo un trapezio $ABCD$. Scegliamo internamente a esso un punto E equidistante dalle due basi. Dimostriamo che la somma dei triangoli ABE e DEC è equivalente alla somma dei triangoli AED e BEC.

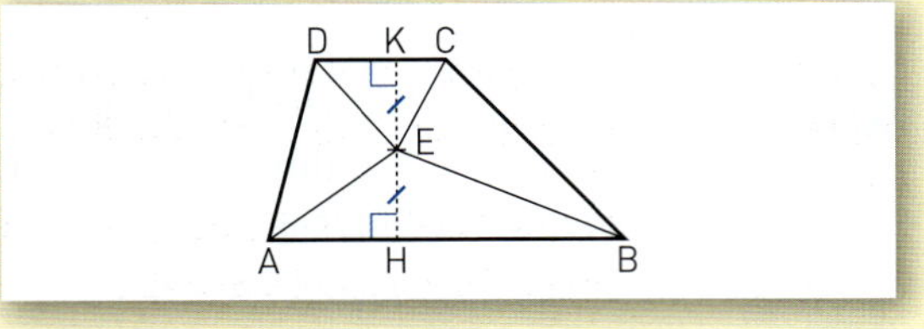

Ipotesi 1. $ABCD$ è un trapezio;
2. $HE \cong EK$;
3. $EK \perp DC$;
4. $EH \perp AB$.

Tesi $ABE + DEC \doteq AED + BEC$.

Costruzione

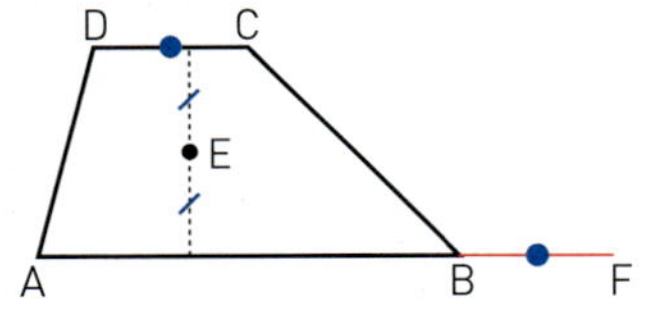

a. Prolunghiamo la base AB di un segmento $BF \cong DC$.

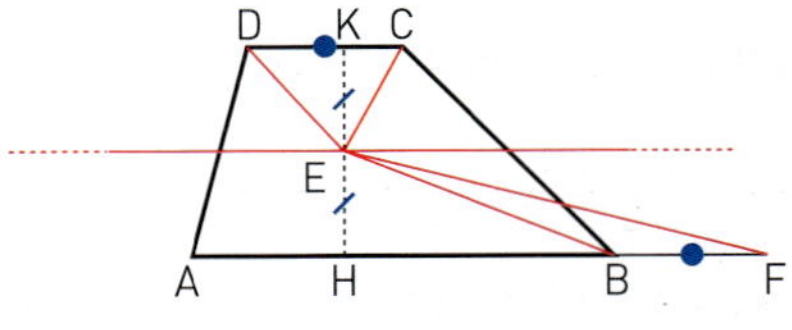

b. Tracciamo per E la parallela alle basi e congiungiamo E con i punti B, C, D e F.

Dimostrazione

I triangoli DEC e BEF hanno:

- base congruente, $DC \cong BF$ per costruzione;
- altezza congruente, $EK \cong EH$, metà dell'altezza del trapezio;

quindi sono equivalenti.

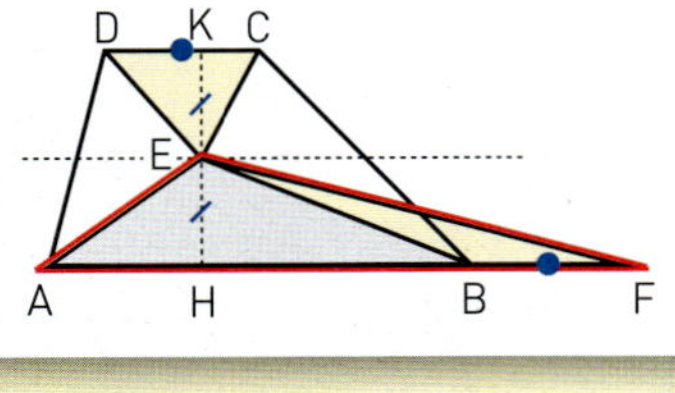

Il triangolo AFE è costituito dai due triangoli ABE e BEF; poiché $BEF \doteq DEC$ per quanto appena dimostrato, possiamo scrivere:

$$AFE \doteq ABE + DEC.$$

Inoltre il triangolo AFE, avendo la base congruente alla somma delle basi del trapezio e altezza congruente a metà di quella del trapezio, è equivalente a metà trapezio.

Se $ABE + DEC \doteq \frac{1}{2}ABCD$, allora

$$AED + BEC \doteq \frac{1}{2}ABCD.$$

Per la proprietà transitiva possiamo scrivere:

$$ABE + DEC \doteq AED + BEC.$$

57 Nel trapezio $ABCD$, M e N sono i punti medi dei lati obliqui AB e CD. Detto O il punto medio di MN, dimostra che un qualunque segmento avente gli estremi sulle due basi e passante per O divide il trapezio in due trapezi equivalenti.

58 Disegna un parallelogramma $ABCD$ e prolunga il lato BC dalla parte di C di un segmento CE congruente a BC. Dimostra che il trapezio $ABED$ è triplo del triangolo CED.

59 Disegna un trapezio $ABCD$ e indica con M e N i punti medi delle basi AB e CD. Dimostra che i trapezi $AMND$ e $MBCN$ sono equivalenti.

60 ESEMPIO DIGITALE Dimostra che un trapezio è equivalente al doppio del triangolo che si ottiene congiungendo i vertici di un lato obliquo con il punto medio dell'altro.

61 Nel trapezio $ABCD$ indica con M e N i punti medi dei lati obliqui AB e CD. Da M e N conduci due rette fra loro parallele che incontrano le rette delle basi maggiore e minore rispettivamente nei punti H ed E per la parallela da M, nei punti G e F per la parallela da N. Dimostra che il trapezio $ABCD$ e il parallelogramma $EFGH$ sono equivalenti.

62 Il trapezio isoscele $ABCD$ ha base maggiore AB e altezza CH. Dimostra che $ABCD$ è equivalente al doppio del triangolo ACH.

63 Disegna un trapezio rettangolo $ABCD$ che ha per lato obliquo CD. Dimostra che il trapezio è equivalente a metà della somma dei due rettangoli aventi come basi le due basi del trapezio e come altezza il lato AB.

64 Nel trapezio $ABCD$ di base maggiore AB e altezza CH, sia M il punto medio di CH. Dimostra che $ABCD$ è equivalente al rettangolo i cui lati sono congruenti a CM e alla somma delle basi del trapezio.

L'equivalenza fra un poligono regolare e un triangolo

65 Disegna un pentagono regolare e un triangolo a esso equivalente.

66 Disegna un esagono regolare e un triangolo equivalente al suo doppio.

67 Disegna un ottagono regolare e un triangolo equivalente alla sua metà.

68 Dimostra che ogni quadrato è equivalente a un triangolo che ha un lato e l'altezza a esso relativa congruenti rispettivamente al quadruplo e alla metà del lato del quadrato.

69 Disegna un esagono regolare. Dimostra che è equivalente a un triangolo che ha la base congruente al doppio del lato dell'esagono e l'altezza corrispondente congruente al triplo dell'apotema dell'esagono.

Riepilogo: L'equivalenza delle superfici piane

TEST

70 Quale delle seguenti affermazioni è *vera*?

- **A** Due rettangoli equivalenti sono congruenti.
- **B** Due triangoli isosceli equivalenti sono congruenti.
- **C** Due rombi equivalenti sono congruenti.
- **D** Due quadrati equivalenti sono congruenti.
- **E** Due trapezi isosceli equivalenti sono congruenti.

71 Con riferimento alla figura, quale equivalenza è *sbagliata*?

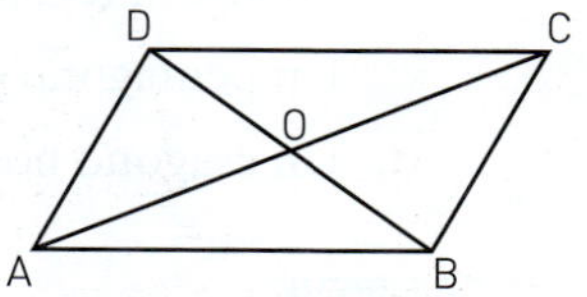

- **A** $AOB \doteq DOC$
- **B** $AOD \doteq BOC$
- **C** $ADB \doteq BDC$
- **D** $AOD + DOC \doteq AOB + BOC$
- **E** $AOB + DOC \doteq AOD + BOC$

ESERCIZI

72 Nel triangolo ABC prolunga il lato AB dalla parte di B di un segmento BD congruente ad AB. Dimostra che i triangoli ABC e BCD sono equivalenti.

73 Dimostra che, se in un triangolo ABC congiungi i punti medi dei lati, si ottengono quattro triangoli tra loro equivalenti.

74 Dato un quadrilatero $ABCD$, considera il quadrilatero $MNPQ$ che ha i vertici nei punti medi dei lati di $ABCD$.
Dimostra che $MNPQ \doteq \frac{1}{2}ABCD$.

75 Disegna un quadrilatero $ABCD$ con le diagonali perpendicolari e dimostra che è equivalente a metà del rettangolo che ha per lati le due diagonali di $ABCD$.

76 Nel triangolo scaleno ABC indica con M e N i punti medi rispettivamente dei lati AB e BC. Sia P un generico punto del lato AC. Dimostra che il quadrilatero $PMBN$ è equivalente a metà di ABC.

77 Nel quadrilatero $ABCD$ traccia la diagonale BD e indica con O il suo punto medio. Congiungi O con gli altri vertici del quadrilatero e dimostra che i quadrilateri $BAOC$ e $DAOC$ sono equivalenti.

78 Nel rettangolo $ABCD$ individua sui prolungamenti dei lati i segmenti $BB' \cong AB$, $CC' \cong BC$, $DD' \cong DC$, $AA' \cong AD$. Dimostra che il parallelogramma $A'B'C'D'$ è equivalente a cinque volte $ABCD$.

79 Dimostra che le tre mediane di un triangolo lo dividono in sei triangoli equivalenti.

80 Indica con M e N i punti medi, rispettivamente, dei lati AB e BC del triangolo ABC. Siano P e Q due punti distinti di AC.
Dimostra che i triangoli MPN e MQN sono equivalenti.

81 Nel parallelogramma $ABCD$ siano O e M i punti medi, rispettivamente, di BD e BC. Dopo aver congiunto A e D con O e con M dimostra che il quadrilatero concavo $AMDO$ è equivalente al triangolo BOC.
(SUGGERIMENTO Considera $AMDO$ come differenza di triangoli.)

82 Sulla diagonale BD del parallelogramma $ABCD$ prendi un generico punto P. Da P traccia la parallela a BC e chiama R e S le sue intersezioni rispettivamente con AB e CD. Sempre da P traccia la parallela ad AB e chiama T e V le sue intersezioni con BC e DA, rispettivamente. Dimostra che i parallelogrammi $ARPV$ e $CSPT$ sono equivalenti. (SUGGERIMENTO I due parallelogrammi possono essere visti come differenze di triangoli.)

83 Nel parallelogramma $ABCD$, da A conduci una retta che interseca in P il lato BC e in Q il prolungamento del lato DC. Dimostra che i triangoli PCD e PBQ sono equivalenti. (SUGGERIMENTO Considera il triangolo CAQ.)

4 La costruzione di poligoni equivalenti

▶ Teoria a p. G148

84 VERO O FALSO?

a. Non si può mai trasformare un poligono convesso in un rettangolo equivalente. V F
b. I poligoni regolari sono sempre equivalenti a un triangolo. V F
c. Un pentagono convesso si può trasformare in un quadrilatero. V F
d. Un esagono non si può trasformare in un triangolo equivalente. V F

SPIEGA PERCHÉ

85 Descrivi in che modo è possibile passare da un qualsiasi poligono convesso a un rettangolo a esso equivalente.

86 Perché è possibile trasformare qualunque poligono in un quadrato a esso equivalente?

87 ESERCIZIO GUIDA Dato un quadrilatero convesso *ABCD*, costruiamo un triangolo a esso equivalente.

Costruzione

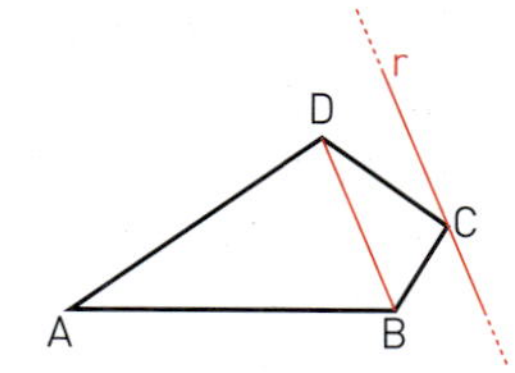

a. Tracciamo la diagonale *BD* e la parallela a essa passante per *C*, *r*.

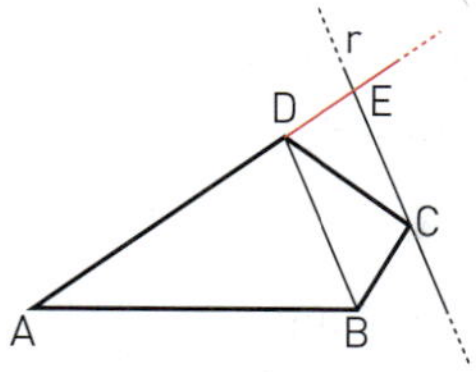

b. Prolunghiamo *AD* fino a incontrare la retta *r* nel punto *E*.

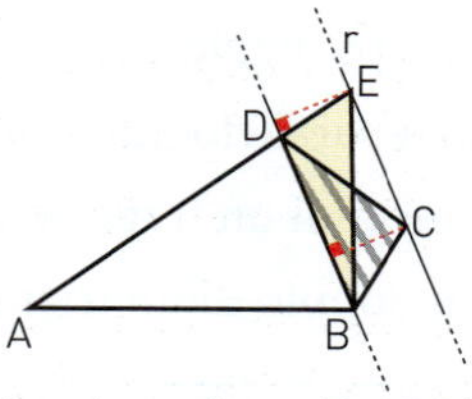

c. Congiungiamo *E* con *B*. *ABE* è il triangolo cercato. Infatti i triangoli *BCD* e *BED* sono equivalenti perché hanno la stessa base *BD* e altezze congruenti, in quanto rappresentano la distanza delle rette parallele *DB* ed *EC*.

88 Per ogni quadrilatero convesso costruisci un triangolo a esso equivalente.

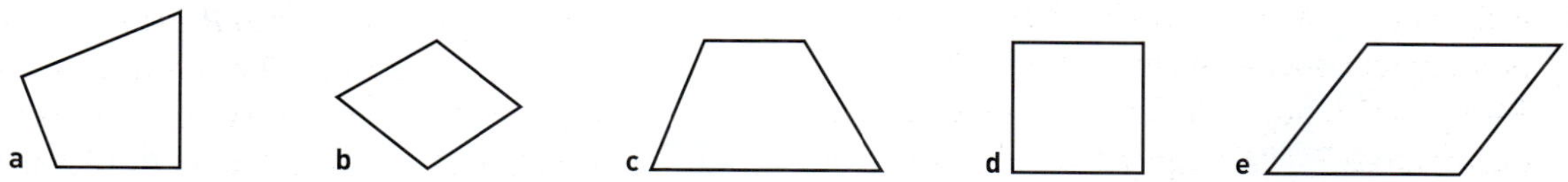

89 Per ogni poligono convesso, copia la figura sul quaderno e costruisci un triangolo a esso equivalente.

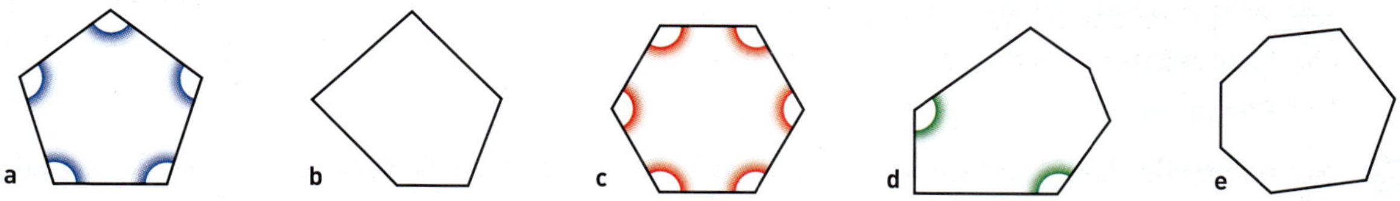

90 Per ogni triangolo in figura, costruiscine uno equivalente avente base congruente al rispettivo segmento *MN*.

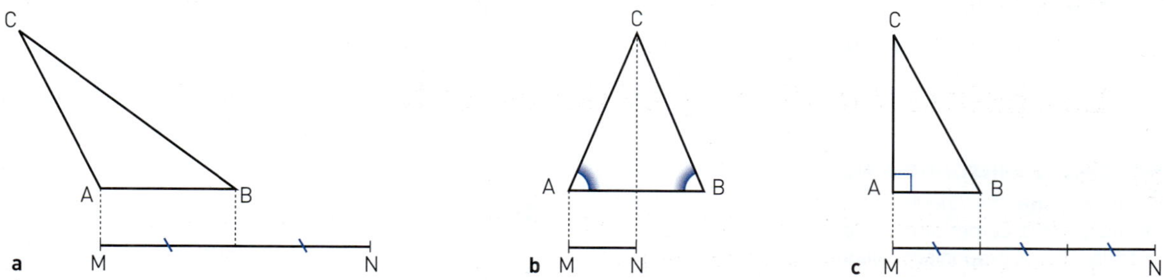

91 Costruisci un parallelogramma di base assegnata equivalente a un triangolo dato.

---

92 Trasforma un triangolo in un triangolo rettangolo equivalente con un cateto assegnato.

93 Costruisci un triangolo rettangolo con ipotenusa assegnata equivalente a un triangolo dato.

94 Trasforma un triangolo in un triangolo isoscele equivalente di altezza assegnata.

95 YOU & MATHS **Isosceles transformation** Given a trapezium, transform it into an isosceles trapezium that has the same area.

ESERCIZI

5 La misura delle aree dei poligoni

▶ Teoria a p. G149

96 VERO O FALSO? Un rombo che ha le diagonali di 9 cm e 14 cm è equivalente a:

a. un triangolo di base 14 cm e altezza 9 cm. V F

b. un parallelogramma di base 9 cm e altezza 7 cm. V F

c. metà di un trapezio di altezza 4,5 cm e somma delle basi uguale a 28 cm. V F

d. il doppio di un triangolo di base 9 cm e altezza 14 cm. V F

---

97 TEST Il rombo *ABCD* nella figura ha area di 2400 cm^2, il lato di 50 cm e la diagonale maggiore *BD* di 80 cm. Un rettangolo di lati *AC* e *AH* ha area:

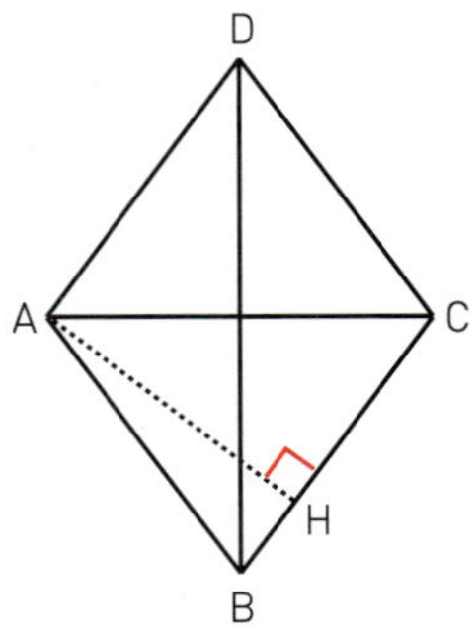

A 4000 cm^2.

B 2880 cm^2.

C 1440 cm^2.

D 2400 cm^2.

98 INVALSI 2005 Che cosa succede all'area di un quadrato se si raddoppia il suo lato?

A Raddoppia.

B Rimane uguale.

C Quadruplica.

D Dipende dalla lunghezza del lato.

99 Un parallelogramma che ha la base di 81 cm e l'altezza di 46 cm è equivalente a un rettangolo che ha la base di 138 cm. Trova il perimetro del rettangolo. [330 cm]

MATEMATICA INTORNO A NOI

Come Didone Nell'*Eneide*, Didone deve affrontare un problema geometrico per ottenere la terra su cui costruisce la propria città. Ti proponiamo alcuni problemi analoghi...

Problema e risoluzione - Un esercizio in più.

100 Dato il parallelogramma *ABCD*, dividi il lato *AB* in 6 segmenti congruenti e traccia per gli estremi di tali segmenti le parallele a *BC*, che dividono il parallelogramma in parallelogrammi congruenti. Quanto vale l'area di ognuno di essi?

101 Calcola l'area di un quadrato il cui perimetro ha la stessa lunghezza di quello di un rettangolo di lati 13 cm e 7 cm. [100 cm^2]

102 Un rombo che ha il perimetro di 124 cm è equivalente a un parallelogramma che ha la base di 62 cm e l'altezza di 45 cm. Trova l'altezza del rombo relativa a uno dei lati. [90 cm]

103 Calcola l'altezza di un rettangolo equivalente a un parallelogramma che ha la base di 32 cm e l'area di 640 cm^2, sapendo che la base del rettangolo è congruente al doppio dell'altezza del parallelogramma. [16 cm]

104 In un parallelogramma, il rapporto tra la base e l'altezza è $\frac{9}{4}$ e la loro differenza è 20 cm. Trova la lunghezza della diagonale del quadrato equivalente al parallelogramma. [$24\sqrt{2}$ cm]

105 Un triangolo di base 26 cm e altezza 10 cm è equivalente a un parallelogramma di altezza 13 cm. Determina la lunghezza della base del parallelogramma. [10 cm]

106 TEST Dato un parallelogramma di area *A*, si raddoppia la sua base e si moltiplica per $\frac{1}{3}$ la sua altezza. Un triangolo con base e altezza congruenti al nuovo parallelogramma ha area:

A $\frac{2}{3}A$. B $\frac{4}{3}A$. C $\frac{1}{3}A$. D $3A$.

107 COMPLETA la tabella sulle misure dei poligoni regolari che hanno apotema che misura 3 cm.

Numero lati	Lunghezza lato	Area
3	$6\sqrt{3}$ cm	
4		
6		$18\sqrt{3}$ cm^2
	1,85 cm	27,75 cm^2

108 YOU & MATHS **Rhombus and trapezium** In a rhombus one diagonal is 8 cm long and the other diagonal is 14 cm long. A trapezium has twice the area of the rhombus, and the altitude of the trapezium is 16 cm. Find the sum of the lengths of the bases of the trapezium. [14 cm]

109 Un rettangolo ha base 15 cm e altezza 21 cm ed è equivalente a un terzo di un triangolo di altezza 35 cm. Calcola la base del triangolo. [54 cm]

110 EUREKA! **Tre altezze** Esiste un triangolo di area 48 cm^2 le cui altezze sono lunghe rispettivamente 8 cm, 16 cm e 24 cm?

111 INVALSI 2004 Disegna le altezze uscenti da P dei due triangoli colorati. Qual è il rapporto tra l'area del quadrato e l'area della regione colorata?

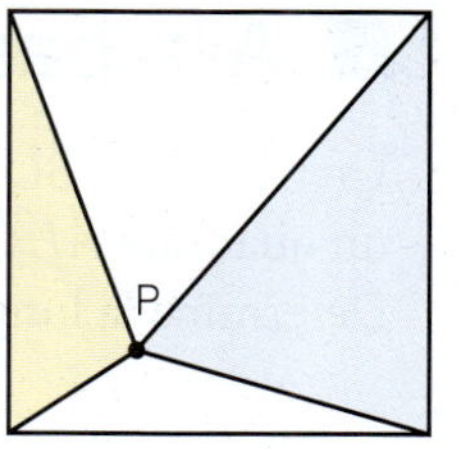

A 2,5

B 2

C $\frac{1}{2}$

D Varia al variare di P.

112 YOU & MATHS Betsy designed a flag using blue triangles, small white squares, and a red center square, as shown. Let B the total area of the blue triangles, W the total area of the white squares, and R the area of the red square.

Which of the following is correct?

A $B = W$

B $W = R$

C $B = R$

D $3B = 2R$

E $2R = W$

Formula di Erone

113 I lati di un triangolo sono lunghi 7 cm, 11 cm e 14 cm. Calcola la sua area. [$12\sqrt{10}$ cm^2]

114 Un triangolo ha i lati che misurano 6 cm, 10 cm e 12 cm ed è equivalente alla metà di un rombo. Calcola la lunghezza della diagonale minore del rombo, sapendo che la diagonale maggiore è di $8\sqrt{7}$ cm. [$4\sqrt{2}$ cm]

115 Un triangolo di perimetro 72 cm ha due lati di 12 e 27 cm. Determina la base di un rettangolo a esso equivalente, di altezza 54 cm. [$2\sqrt{2}$ cm]

116 Un trapezio $ABCD$ ha base maggiore $AB = 38$ cm, base minore $CD = 10$ cm e i lati obliqui di 17 cm e 25 cm. Determina l'area del trapezio. [360 cm^2]

MATEMATICA AL COMPUTER

Geometria dinamica con le aree Con un software di geometria dinamica costruisci la figura a lato considerando che *ABCD* è un trapezio i cui vertici sono punti liberi e il segmento *EA*, che giace sul prolungamento di *AB*, è congruente a *CD*.

Dimostra che il triangolo *AFE* della figura è equivalente al triangolo *CDF* e che, quindi, il trapezio *ABCD* è equivalente al triangolo *BCE*.

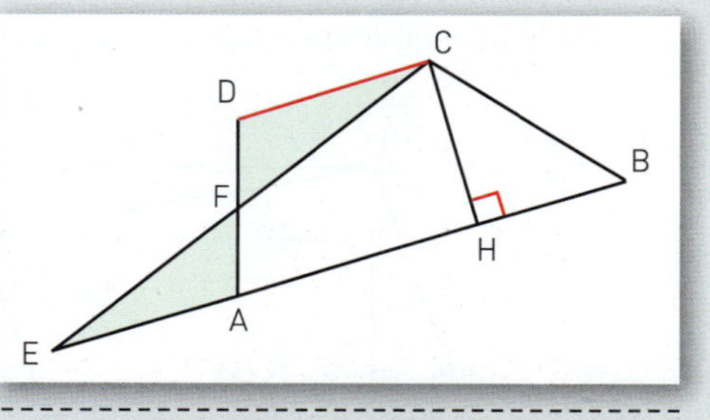

Risoluzione - 3 esercizi in più.

Problemi algebrici

RISOLVIAMO UN PROBLEMA

Alla base del trapezio

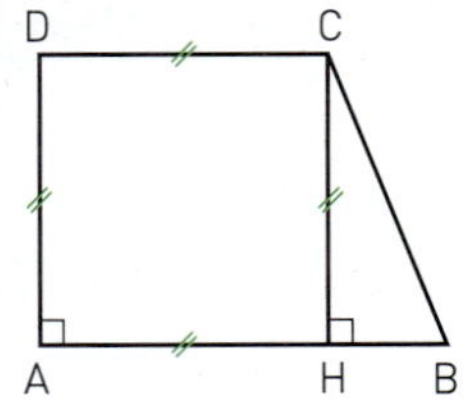

Un trapezio $ABCD$, rettangolo in A e D, ha l'area di 180 cm^2. L'altezza CH lo divide in un quadrato $AHCD$ e un triangolo BCH tali che $AHCD \doteq 4BCH$.
Determina la lunghezza del segmento AB.

▶ **Riportiamo i dati del problema.**

I dati sono:

$$\text{area}(ABCD) = 180\ \text{cm}^2;$$
$$\text{area}(AHCD) = 4 \cdot \text{area}(BCH);$$
$$AH \cong DC \cong CH \cong DA.$$

Il segmento AB è la base maggiore del trapezio.
Per determinare la sua lunghezza, perché i dati sono relativi alle aree, è necessario trovare l'altezza CH e la base minore DC, che sono congruenti.

▶ **Calcoliamo l'area del triangolo *BCH*.**

Poniamo:

$$\text{area}(BCH) = x,$$
$$\text{area}(AHCD) = 4x.$$

Possiamo scrivere:

$$\text{area}(AHCD) + \text{area}(BCH) = \text{area}(ABCD) \rightarrow$$
$$4x + x = 180 \rightarrow x = 36.$$

Quindi l'area del triangolo BCH misura 36 cm^2.

▶ **Determiniamo la misura del lato del quadrato *AHCD*.**

Calcoliamo l'area del quadrato $AHCD$:

$$\text{area}(AHCD) = 4 \cdot 36 = 144.$$

La misura del lato del quadrato è:

$$\overline{AH} = \overline{DC} = \overline{CH} = \overline{DA} = \sqrt{144} = 12.$$

▶ **Calcoliamo la lunghezza del segmento *AB*.**

Primo metodo

Determiniamo la misura del segmento HB.
HB è la base del triangolo BCH, di cui conosciamo l'altezza CH.
L'area del triangolo BCH è data da

$$\text{area}(BCH) = \frac{1}{2}\overline{CH} \cdot \overline{HB} = 36 \rightarrow$$

$$\overline{HB} = \frac{2 \cdot 36}{\overline{CH}} = \frac{72}{12} = 6.$$

La lunghezza del segmento AB è uguale alla somma di $AH + HB$.

$$\overline{AB} = \overline{AH} + \overline{HB} \rightarrow \overline{AB} = 12 + 6 = 18$$

La lunghezza del segmento AB è 18 cm.

Secondo metodo

Poniamo $\overline{AB} = y$.
Scriviamo l'area del trapezio:

$$\text{area}(ABCD) = \frac{(\overline{DC} + \overline{AB}) \cdot \overline{CH}}{2} \rightarrow$$

$$180 = \frac{(12 + y) \cdot 12}{2} \rightarrow$$

$$y = \frac{360 - 144}{12} = 18.$$

Troviamo nuovamente che la lunghezza di AB è 18 cm.

117 Nel parallelogramma $ABCD$, l'altezza DH è lunga $8\sqrt{3}$ cm e l'area è 288 cm^2. Calcola l'area di DPH usando le informazioni nella figura. [132 cm^2]

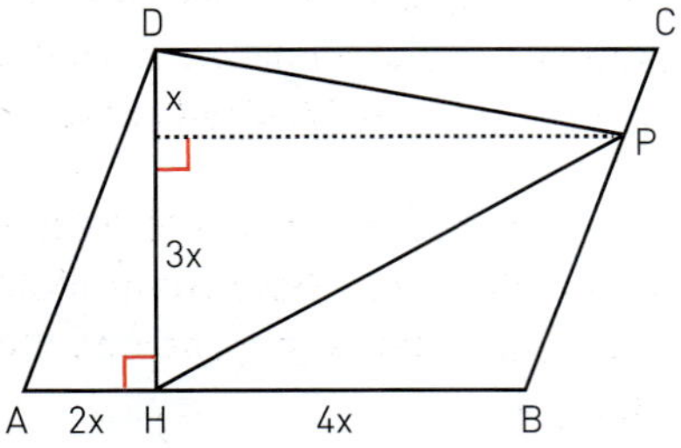

118 Sul lato AC di un quadrato $ACDE$ costruisci un triangolo isoscele ACB di base AC, tale che BC superi CD di 11 m. Sapendo che l'altezza BH del triangolo è $\frac{12}{7}AC$ e che il perimetro del pentagono $AEDCB$ è di 92 m, calcola l'area del pentagono. [364 m^2]

119 Il perimetro di un rettangolo $ABCD$ misura 16 cm. Preso un punto H sul lato maggiore CD in modo che $HC \cong CB$, si ha $BCH \doteq \frac{1}{2}AHD$. Quanto vale l'area del rettangolo? [12 cm^2]

VERIFICA DELLE COMPETENZE ALLENAMENTO

CONFRONTARE E ANALIZZARE FIGURE GEOMETRICHE

TEST

1 Osserva i quadrilateri nella figura.

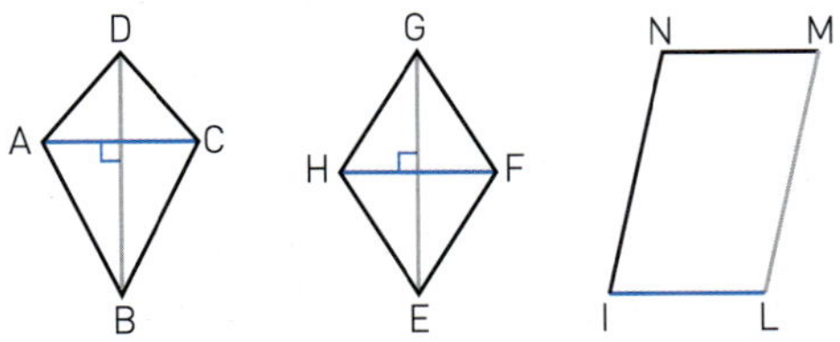

Se $AC \cong HF \cong IL$ e $BD \cong EG \cong LM$, allora:

A $ABCD$ è equivalente a $EFGH$.

B $ABCD$ è equivalente a $ILMN$.

C $EFGH$ è equivalente a $ILMN$.

D nessun quadrilatero è equivalente a uno degli altri due.

E i tre quadrilateri sono tutti equivalenti.

2 Quale delle seguenti equivalenze riferite alla figura è *falsa*?

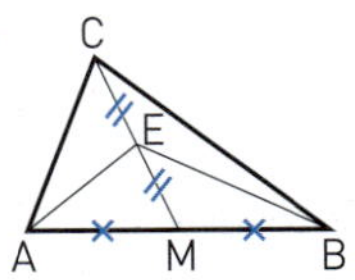

A AEM è equivalente a BME.

B AEC è equivalente a BEC.

C AEC è equivalente ad AEM.

D ABE è equivalente ad $AEC + BEC$.

E ABE è equivalente a BEC.

3 Le equivalenze riferite alla figura sono tutte *vere tranne* una. Quale? Se $ABCD$ è un quadrato e CE è parallelo a BD:

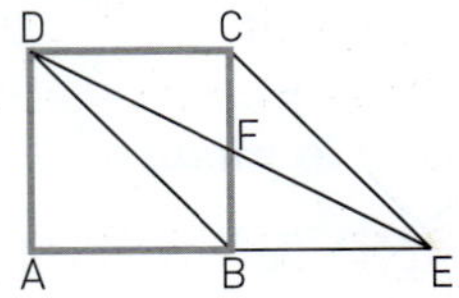

A ABD è equivalente a BED.

B ABD è equivalente a DCE.

C CFE è equivalente a BFE.

D DCF è equivalente a CFE.

E CFE è equivalente ad ABD.

4 Quale, fra le seguenti equivalenze riferite alla figura a fianco, è *vera*?

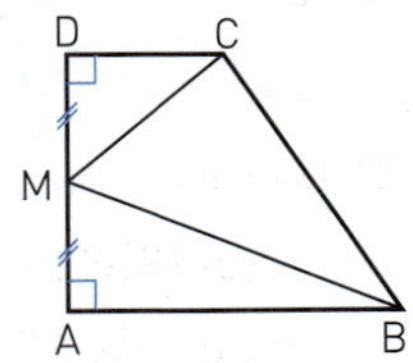

A AMB è equivalente a MDC.

B MCB è equivalente ad AMB.

C $AMB + MDC$ è equivalente a MCB.

D MCB è equivalente a MDC.

E $MCD + MCB$ è equivalente ad AMB.

RISOLVERE PROBLEMI

Dimostrazioni

5 In un parallelogramma $ABCD$ conduci internamente all'angolo $\widehat{C}$ una semiretta che interseca il lato AD nel punto M e il prolungamento della base AB nel punto N. Dimostra che i due triangoli ABM e MDN sono equivalenti.

6 Disegna un triangolo ABC e la mediana BM relativa al lato AC. Conduci per M la retta parallela al lato BC, che interseca la base AB nel punto N. Dimostra che il triangolo NBM è equivalente alla quarta parte del triangolo ABC.

7 Dimostra che, congiungendo il baricentro di un triangolo con i vertici del triangolo stesso, si ottengono tre triangoli equivalenti.

8 Disegna due segmenti AB e CD, in modo che risulti $CD \leq \frac{AB}{2}$. Dividi il segmento AB in due parti tali che il rettangolo che ha per lati queste due parti sia equivalente al quadrato che ha per lato CD. Motiva la costruzione.

9 Dato un trapezio, costruisci un rettangolo a esso equivalente che abbia per base la somma delle basi del trapezio. Motiva la costruzione.

10 Dimostra che un triangolo è equivalente a un rettangolo che ha base congruente a quella del triangolo e altezza congruente a metà altezza del triangolo.

VERIFICA DELLE COMPETENZE

11 Un trapezio $ABCD$ di basi AB e CD ha le diagonali AC e BD che si intersecano nel punto E. Dimostra che i triangoli AED e BCE sono equivalenti.

12 Dimostra che, tra i rombi che hanno lo stesso perimetro, quello avente area maggiore è il quadrato.

13 Considera tutti i parallelogrammi che hanno le basi e i lati obliqui congruenti. Dimostra che il rettangolo è quello che ha l'estensione maggiore.

Con le misure

14 Se l'area del triangolo AOB è di 42 cm², quanto vale l'area del parallelogramma? [168 cm²]

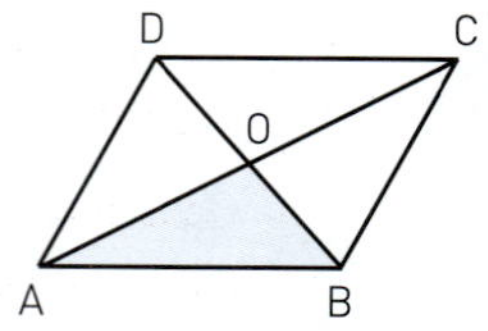

15 Un quadrato è equivalente a un rombo le cui diagonali sono lunghe 32 cm e 100 cm. Calcola il perimetro del quadrato. [160 cm]

16 In un parallelogramma $ABCD$ il lato AB è di 10 cm e l'altezza DH a esso relativa è di 4 cm. Calcola il perimetro del parallelogramma, sapendo che l'altezza DK relativa al lato BC è di 8 cm. [30 cm]

17 I lati di un triangolo sono lunghi 15 cm, 41 cm e 52 cm. Determina la misura dell'altezza relativa al lato maggiore. [9 cm]

Problemi algebrici

18 Le misure, in centimetri, dei lati di un triangolo sono date da tre numeri pari consecutivi. Determina l'area del triangolo, sapendo che il perimetro è di 30 cm. [$15\sqrt{7}$ cm²]

19 Determina la lunghezza delle diagonali del rombo avente perimetro di 1 m e altezza relativa a un lato di 24 cm, sapendo che una diagonale è il doppio dell'altra. [$10\sqrt{6}$ cm; $20\sqrt{6}$ cm]

Problemi INTORNO A NOI

20 Stabilisci quanto dovrebbe essere alta la facciata, rettangolare, di un grattacielo, in acciaio e vetro, largo 50 m per essere equivalente alla vetrata in figura (le misure sono approssimative).

21 In un orto rettangolare con area di 15 m², rappresentato in figura, la zona in cui si coltivano zucchine è i $\frac{2}{3}$ di quella delle carote e $\frac{1}{3}$ di quella dei pomodori. Il lato in comune tra pomodori e patate è i $\frac{5}{3}$ di quello in comune tra patate e zucchine. Determina le aree adibite alle 4 coltivazioni. [2 m²; 3 m²; 4 m²; 6 m²]

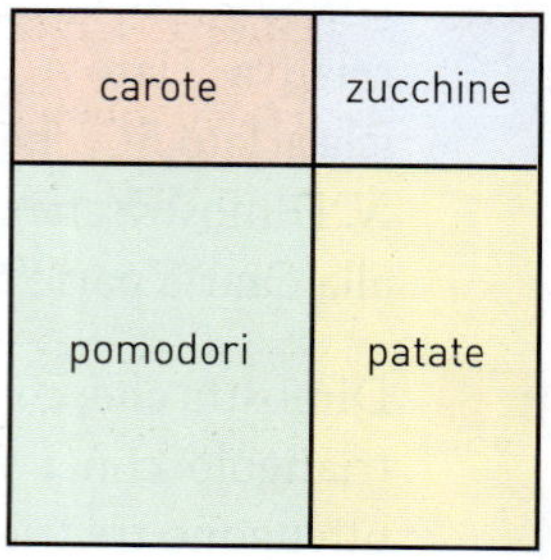

VERIFICA DELLE COMPETENZE PROVE

1 ora

PROVA A

1 TEST Individua l'unica affermazione *vera* tra le seguenti.

A Se due rettangoli sono equivalenti, allora hanno i lati rispettivamente congruenti.

B Somme di figure equivalenti sono congruenti.

C Ogni altezza di un triangolo lo divide in due triangoli equivalenti.

D Raddoppiando il lato di un quadrato, si ottiene un quadrato equivalente al quadruplo del quadrato di partenza.

2 Dimostra che le diagonali di un trapezio determinano quattro triangoli di cui i due contenenti i lati obliqui sono tra loro equivalenti.

3 Trasforma i quadrilateri in triangoli equivalenti.

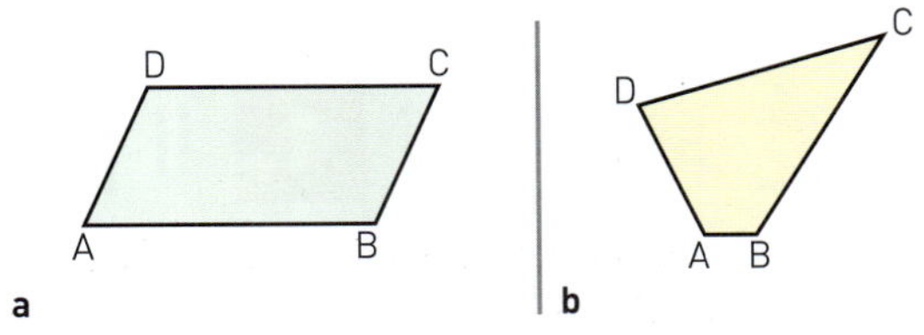

4 Nel parallelogramma *ABCD* l'altezza *CH* misura 18 cm e la base *AB* è congruente a $\frac{4}{3}$ *CH*. Determina la misura dell'altezza di un trapezio equivalente ad *ABCD*, in cui la somma delle basi è di 27 cm.

5 Calcola l'area di un rombo, sapendo che la somma della diagonale maggiore e del quadruplo della diagonale minore è 28 cm e che la differenza tra la diagonale maggiore e il doppio della minore è 4 cm.

PROVA B

1 INVALSI 2005 Con uno stesso tipo di mattonelle quadrate si devono pavimentare tre stanze aventi tutte la stessa larghezza ma diversa lunghezza. Per la prima stanza servono 120 mattonelle, la seconda stanza ha una lunghezza pari ai $\frac{3}{4}$ della lunghezza della prima stanza e per la terza stanza servono 150 mattonelle. Se la lunghezza della seconda stanza è 6 m, quale sarà la lunghezza della terza stanza?

A 3,6 m. B 6,4 m. C 10 m. D 15 m.

2 **Gara di geometria**

La biblioteca di un paese, fra gli eventi organizzati in occasione della festa per la fine dell'anno scolastico, ha pensato a una «gara di geometria». A ogni squadra, formata da tre ragazzi o ragazze, vengono dati forbici, matite, nastro adesivo e tre forme in cartoncino: un triangolo equilatero, un trapezio isoscele e un triangolo scaleno. Vince la squadra che per prima risponde correttamente alle seguenti richieste, spiegando la procedura.

a. Trasforma il triangolo equilatero in un rettangolo equivalente.

b. Dimostra che con il procedimento seguito hai ottenuto effettivamente un rettangolo equivalente al triangolo dato.

c. Trasforma il trapezio in un triangolo equivalente.

d. Trasforma il triangolo scaleno in un parallelogramma equivalente.

CAPITOLO

G6 I TEOREMI DI EUCLIDE E DI PITAGORA

1 Il primo teorema di Euclide

▶ Esercizi a p. G180

I teoremi che presentiamo in questo capitolo sono relativi ai triangoli rettangoli e stabiliscono relazioni di equivalenza fra quadrati e rettangoli.

Listen to it

The area of the square constructed on a leg of a *right triangle* equals the area of a rectangle whose sides are the hypotenuse and the (perpendicular) projection of the leg on the hypotenuse.

TEOREMA

In ogni triangolo rettangolo, il quadrato costruito su un cateto è equivalente al rettangolo che ha i lati congruenti all'ipotenusa e alla proiezione dello stesso cateto sull'ipotenusa.

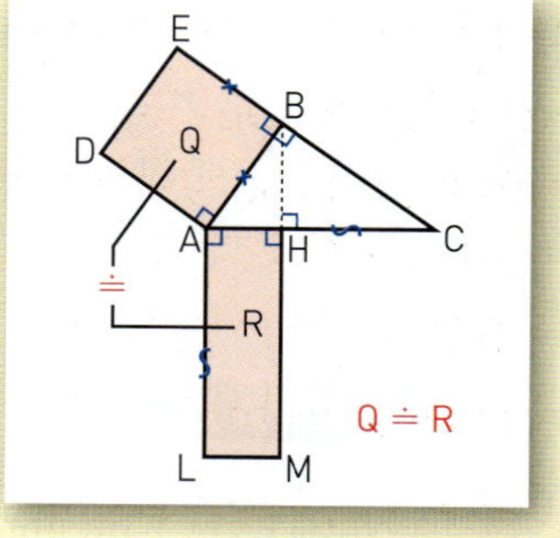

DIMOSTRAZIONE Animazione

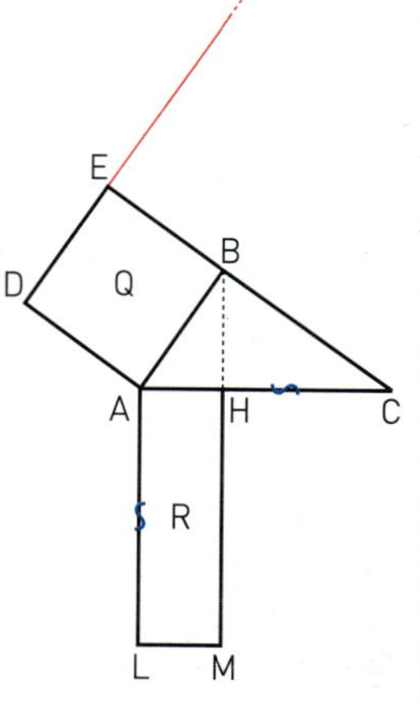

a. Dopo aver disegnato il quadrato *ADEB* e il rettangolo *ALMH*, prolunghiamo il lato *DE*.

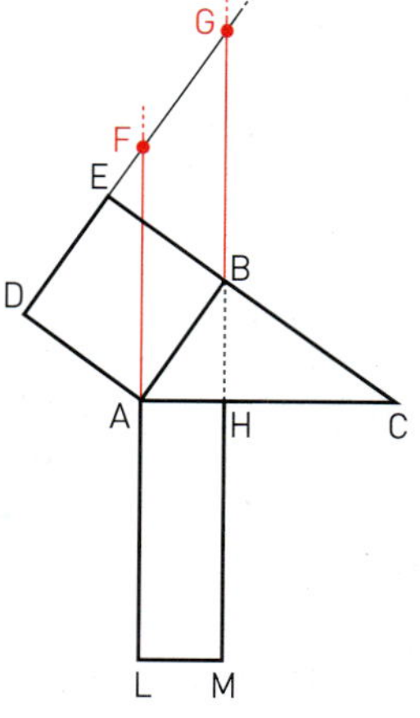

b. Prolunghiamo i lati *LA* e *MH* del rettangolo *ALMH* fino a incontrare il prolungamento di *DE* rispettivamente nei punti *F* e *G*.

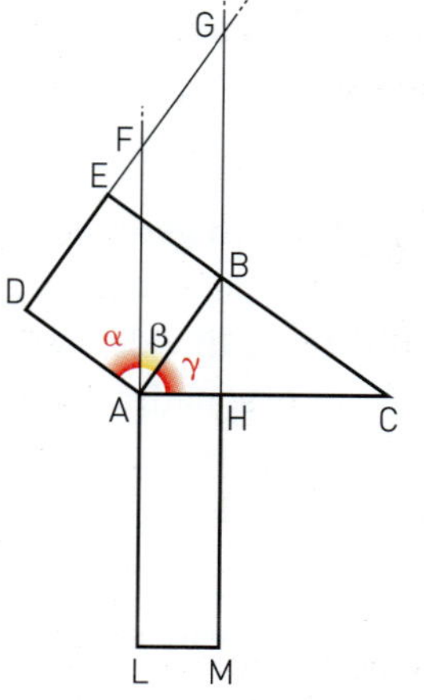

c. Indichiamo con γ l'angolo $B\hat{A}C$, con α l'angolo $D\hat{A}F$ e con β l'angolo $F\hat{A}B$.

I triangoli ABC e AFD (figura **a** a lato) hanno:

- $AB \cong AD$, per costruzione ($ABED$ è un quadrato);
- $\widehat{B} \cong \widehat{D}$, retti per costruzione;
- $\alpha \cong \gamma$, perché complementari dello stesso angolo β.

Pertanto sono congruenti per il secondo criterio. In particolare hanno $AC \cong AF$.

Il quadrilatero $AFGB$ è un parallelogramma, perché ha i lati opposti paralleli per costruzione.

Il parallelogramma $AFGB$ e il quadrato $ADEB$ hanno la stessa base AB e la stessa altezza AD, *quindi* sono equivalenti (figura **b**).

Il parallelogramma $AFGB$ e il rettangolo $ALMH$ hanno le basi congruenti $AF \cong AL$ (perché entrambe congruenti all'ipotenusa) e la stessa altezza AH, *quindi* sono equivalenti (figura **c**).

Poiché $ADEB \doteq AFGB$ e $AFGB \doteq ALMH$, per la proprietà transitiva dell'equivalenza abbiamo anche $ADEB \doteq ALMH$, ossia $Q \doteq R$.

In modo del tutto analogo, si può procedere eseguendo la costruzione sull'altro cateto.

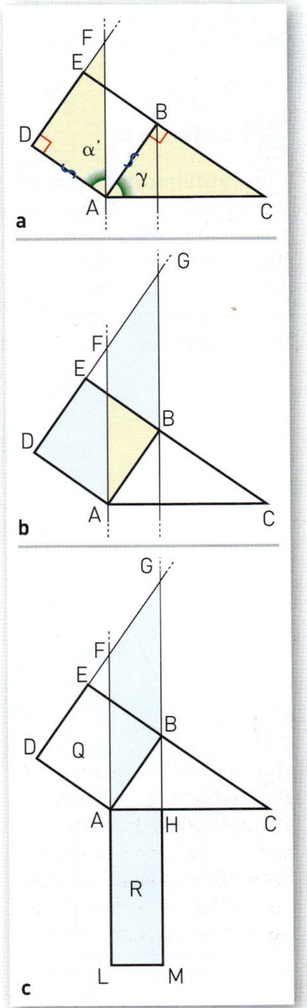

Passando alle misure è possibile, utilizzando l'equivalenza trovata, determinare l'uguaglianza fra le misure delle aree delle figure.

Nel triangolo ABC indichiamo con

- a, b, c rispettivamente le misure dell'ipotenusa e dei cateti BC e AB;
- h la misura dell'altezza BH relativa all'ipotenusa;
- s, t rispettivamente le misure delle proiezioni AH e HC dei cateti sull'ipotenusa.

Applicando il primo teorema di Euclide otteniamo:

$$c^2 = s \cdot a,$$

$$b^2 = t \cdot a.$$

Le relazioni permettono di calcolare le misure dei cateti, note le misure dell'ipotenusa e delle proiezioni dei cateti sull'ipotenusa stessa:

$$c = \sqrt{s \cdot a},$$

$$b = \sqrt{t \cdot a}.$$

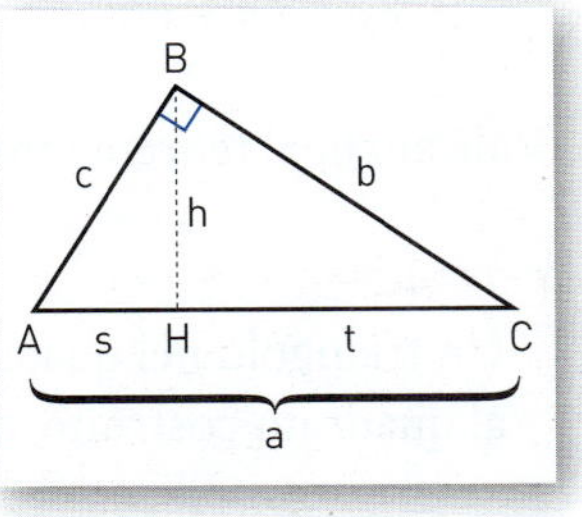

Le formule inverse sono:

$$s = \frac{c^2}{a} \quad \text{e} \quad t = \frac{b^2}{a},$$

$$a = \frac{c^2}{s} \quad \text{e} \quad a = \frac{b^2}{t},$$

che permettono di calcolare rispettivamente le proiezioni dei cateti sull'ipotenusa e l'ipotenusa stessa.

► In un triangolo isoscele ABC, CH è l'altezza relativa alla base. Traccia da H le perpendicolari ai lati, che incontrano rispettivamente BC in M e AC in N. Sapendo che $CH = 28$ cm e $CM = 22{,}4$ cm, calcola il perimetro e l'area del triangolo.

TEORIA

Listen to it

The **Pythagorean theorem** states that the sum of the areas of the squares constructed on the legs of a *right triangle* is equal to the area of the square constructed on its hypotenuse.

2 Il teorema di Pitagora

Esercizi a p. G184

TEOREMA

In ogni triangolo rettangolo, il quadrato costruito sull'ipotenusa è equivalente alla somma dei quadrati costruiti sui cateti.

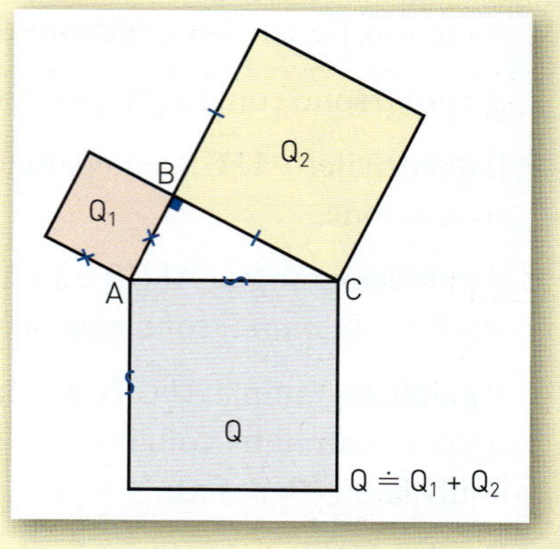

DIMOSTRAZIONE Animazione

Tracciamo l'altezza BH e prolunghiamola in modo da scomporre il quadrato Q nei rettangoli R_1 e R_2:

$$Q \doteq R_1 + R_2.$$

L'altezza BH individua sull'ipotenusa i segmenti AH e CH, proiezioni dei cateti. Inoltre AH e CH sono le basi di R_1 e R_2, che hanno i lati congruenti alla proiezione di un cateto e all'ipotenusa. *Quindi*, per il primo teorema di Euclide, abbiamo:

$$Q_1 \doteq R_1, \qquad Q_2 \doteq R_2.$$

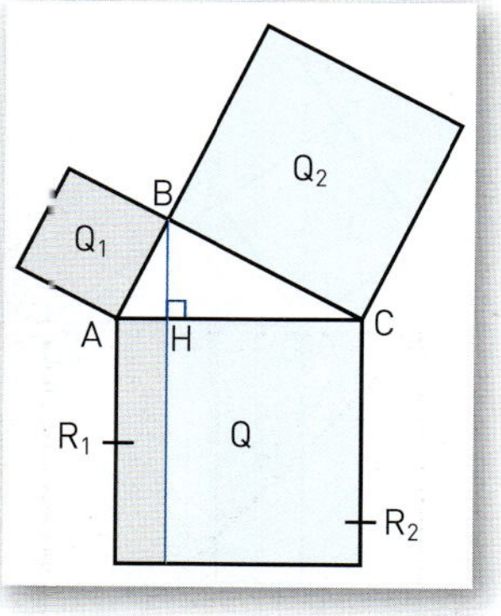

Poiché somme di figure equivalenti sono equivalenti, risulta:

$$R_1 + R_2 \doteq Q_1 + Q_2.$$

Essendo $Q \doteq R_1 + R_2$ e $R_1 + R_2 \doteq Q_1 + Q_2$, per la proprietà transitiva dell'equivalenza si ottiene:

$$Q \doteq Q_1 + Q_2.$$

Vale anche il teorema inverso, del quale non diamo la dimostrazione.

TEOREMA

Un triangolo nel quale la somma dei quadrati costruiti su due lati è equivalente al quadrato costruito sul terzo lato è rettangolo.

► Dimostra che in un triangolo rettangolo la differenza dei quadrati costruiti sui cateti è uguale a quella tra i quadrati che hanno per lato le proiezioni dei cateti sull'ipotenusa.

Video | Nel corso dei secoli molte sono state le dimostrazioni del teorema di Pitagora dovute a matematici, ma non solo. Nel video sono proposte due dimostrazioni, una geometrica e una algebrica.

Passando alle misure, indicando con a, b, c rispettivamente le misure dell'ipotenusa e dei cateti del triangolo rettangolo ABC, possiamo scrivere:

$$a^2 = b^2 + c^2.$$

Le relative formule inverse sono:

$$b^2 = a^2 - c^2,$$

$$c^2 = a^2 - b^2.$$

MATEMATICA E STORIA

Annodando funi Racconta Erodoto che il re egizio Sesostri, vissuto intorno al 2000 a.C., distribuì il territorio tra tutti gli egiziani, dando a ciascuno un lotto uguale di forma rettangolare, e richiese in cambio il pagamento di un tributo annuo. Erano incaricati della suddivisione gli agrimensori egizi, chiamati «arpedonapti», ovvero «annodatori di funi».

▶ Come si fa a delimitare sul terreno un campo rettangolare?

La risposta

3 Applicazioni del teorema di Pitagora

▶ Esercizi a p. G188

Il teorema di Pitagora viene utilizzato per risolvere molti problemi di geometria con figure nelle quali sono presenti triangoli rettangoli. Ne vediamo alcuni.

La diagonale del quadrato

Consideriamo un quadrato il cui lato misura l e indichiamo con d la misura della sua diagonale.

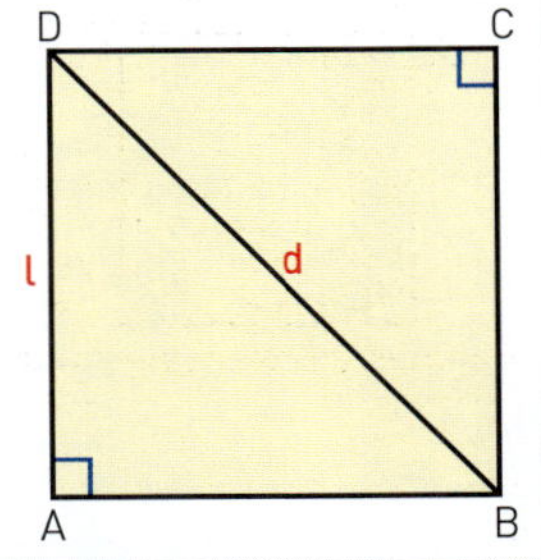

La diagonale divide il quadrato in due triangoli rettangoli che hanno per cateti il lato l del quadrato e per ipotenusa la diagonale d.
Applicando il teorema di Pitagora a uno di questi triangoli rettangoli, per esempio ABD, otteniamo:

$$\overline{BD}^2 = \overline{AB}^2 + \overline{AD}^2 \rightarrow d^2 = l^2 + l^2,$$

da cui: $d = l\sqrt{2}$.

La misura della diagonale del quadrato è uguale al prodotto della misura del suo lato per la radice quadrata di 2.

Viceversa, conoscendo la misura della diagonale si ricava quella del lato:

$$l = \frac{\sqrt{2}}{2}d.$$

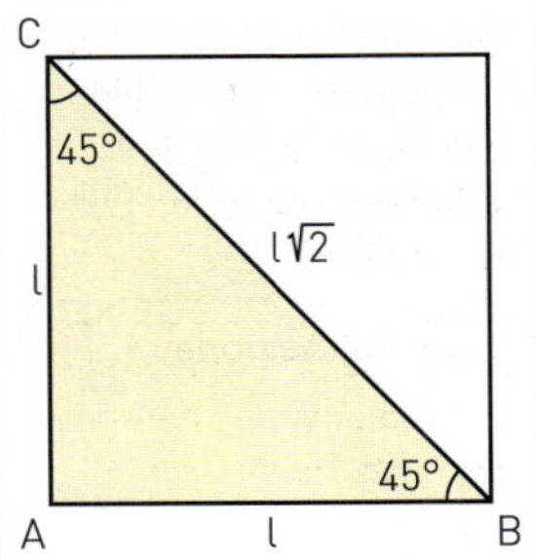

Consideriamo ora un triangolo rettangolo isoscele ABC. I suoi due cateti sono congruenti e gli angoli acuti misurano 45°. Un triangolo con queste caratteristiche è la metà di un quadrato che ha per lato un cateto e per ipotenusa la diagonale.
Pertanto l'ipotenusa del triangolo rettangolo si ottiene moltiplicando per $\sqrt{2}$ la misura del cateto: $d = l\sqrt{2}$.

▶ Un trapezio isoscele *ABCD*, di base maggiore *AD*, ha gli angoli alla base di 45°. L'altezza è $3\sqrt{2}$ cm e la base minore è $8\sqrt{2}$ cm. I prolungamenti dei lati obliqui si incontrano in *E*. Determina il perimetro e l'area di *ABCD*, il perimetro del triangolo *AED* e la distanza di *E* da *AD*.

Animazione

L'altezza del triangolo equilatero

Consideriamo un triangolo equilatero ABC, di cui conosciamo la misura l del lato.
Tracciamo l'altezza CH relativa al lato AB e indichiamo con h la sua misura. Il triangolo ABC rimane diviso in due triangoli rettangoli, perciò possiamo applicare il teorema di Pitagora, per esempio al triangolo CAH.

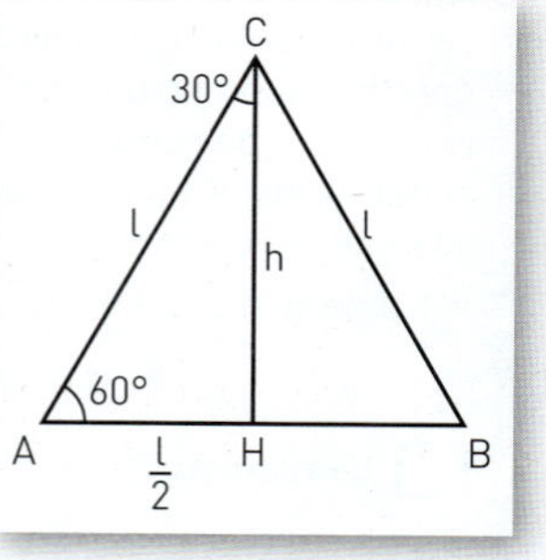

L'altezza è anche mediana, perciò: $\overline{AH} = \overline{HB} = \frac{l}{2}$.

Possiamo scrivere:

$$\overline{CH}^2 = \overline{AC}^2 - \overline{AH}^2 \rightarrow$$

$$h^2 = l^2 - \left(\frac{l}{2}\right)^2 = l^2 - \frac{l^2}{4} = \frac{3}{4}l^2 \rightarrow h = \frac{\sqrt{3}}{2}l.$$

In un triangolo equilatero la misura dell'altezza è uguale al prodotto della misura della metà del suo lato per la radice quadrata di 3.

Per determinare la misura del lato del triangolo equilatero, nota l'altezza, si utilizza la formula inversa:

$$l = \frac{2\sqrt{3}}{3}h.$$

Consideriamo ora un triangolo rettangolo con gli angoli acuti rispettivamente di 30° e di 60°. Esso è uguale alla metà di un triangolo equilatero, che ha l'ipotenusa congruente a un lato. Indicando con l la misura dell'ipotenusa, ricaviamo le misure dei cateti a e b utilizzando le relazioni trovate per il triangolo equilatero:

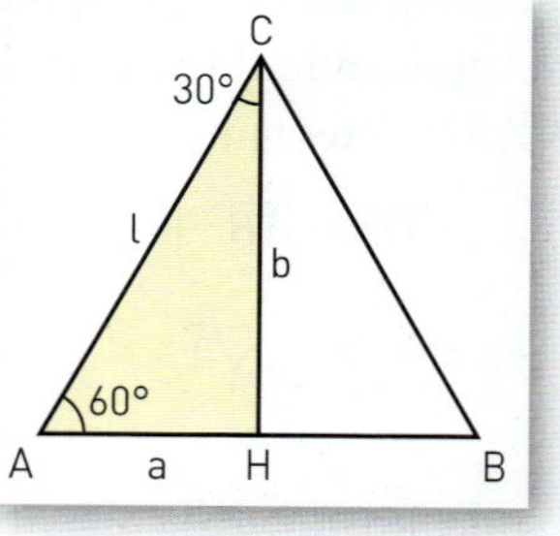

$$\overline{AH} = a = \frac{l}{2} \quad \text{e} \quad \overline{CH} = b = \frac{\sqrt{3}}{2}l.$$

Viceversa, nota la misura di CH, si ricavano le misure dell'ipotenusa AC e del cateto AH con le formule inverse:

$$l = \frac{2\sqrt{3}}{3}b, \qquad a = \frac{\sqrt{3}}{3}b.$$

► Il triangolo ABC, rettangolo in B, ha $\widehat{C} = 30°$ e $AB = 8$ cm. Determina il perimetro e l'area del triangolo, l'altezza relativa all'ipotenusa e le proiezioni dei cateti sull'ipotenusa.

Animazione

PROBLEMA

Più di Pitagora Se ABC è un triangolo qualsiasi e se $ABDE$ e $ACFG$ sono parallelogrammi qualsiasi costruiti sui due lati AB e AC, allora è possibile costruire sul lato BC un terzo parallelogramma $BCHI$ equivalente alla somma degli altri due.

(Pappo, *Collezioni matematiche*, IV secolo d.C.)

► Dimostra il teorema, che generalizza quello di Pitagora, sfruttando il seguente suggerimento. Prolunga i lati DE e FG dei parallelogrammi $ABDE$ e $ACFG$ in modo che si incontrino in un punto K. Costruisci ora sul lato BC un parallelogramma avente due lati BI e CH paralleli e congruenti ad AK...

Scheda di lavoro

4 Il secondo teorema di Euclide

▶ Esercizi a p. G191

TEOREMA

In ogni triangolo rettangolo il quadrato costruito sull'altezza relativa all'ipotenusa è equivalente al rettangolo avente i lati congruenti alle proiezioni dei cateti sull'ipotenusa.

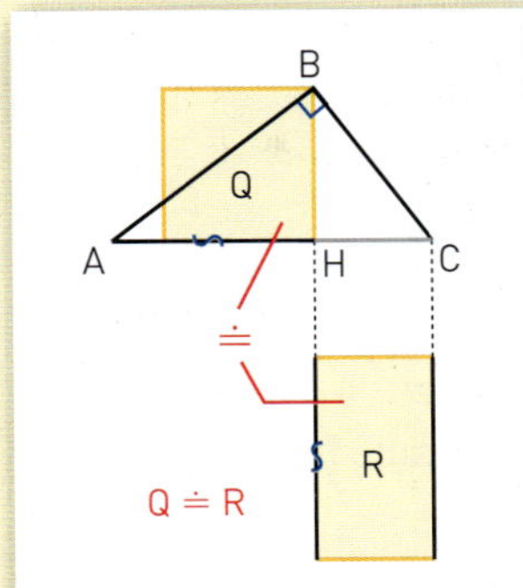

Listen to it

Right triangle altitude theorem The area of the square constructed on the altitude to the hypotenuse of a *right triangle* equals the area of a rectangle whose sides are projections of the two legs on the hypotenuse.

DIMOSTRAZIONE **Animazione**

Tracciamo BH, altezza relativa all'ipotenusa AC.
Disegniamo: il quadrato Q_2 di lato BC, il quadrato Q di lato BH; il rettangolo R_1 di base CH e altezza $CF \cong CA$, ossia il rettangolo $CFGH$ (figura **a**).

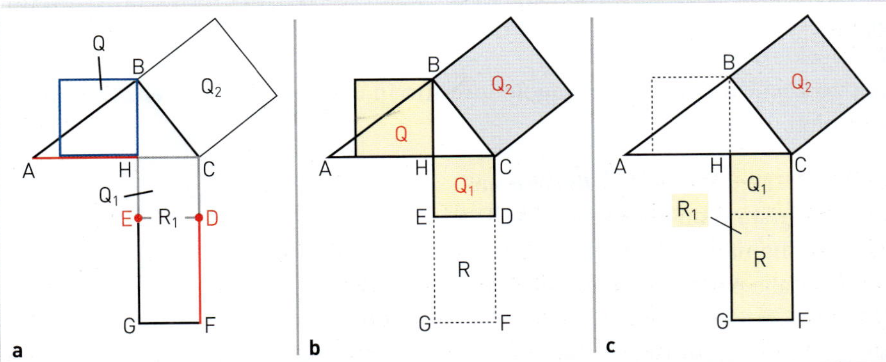

Consideriamo su CF il punto D tale che $CD \cong CH$ e su HG il punto E tale che $HE \cong CH$. Chiamiamo Q_1 il quadrato $CDEH$. Poiché $CF \cong CA$ e $CD \cong CH$, il rettangolo $EDFG$ è R.

Il rettangolo R_1 è formato dal quadrato Q_1 e dal rettangolo R. Vale cioè la seguente relazione:

$$R_1 = Q_1 + R.$$

Applicando al triangolo HBC il teorema di Pitagora (figura **b**), otteniamo:

$$Q_2 \doteq Q + Q_1 \rightarrow$$
$$Q \doteq Q_2 - Q_1.$$

Applichiamo al triangolo ABC il primo teorema di Euclide (figura **c**):

$$Q_2 \doteq R_1 \rightarrow Q_2 \doteq R + Q_1 \rightarrow R \doteq Q_2 - Q_1.$$

Essendo Q e R equivalenti entrambi a $Q_2 - Q_1$, sono equivalenti fra loro per la proprietà transitiva:

$$Q \doteq R.$$

▶ In un triangolo ABC, rettangolo in A, traccia l'altezza AH relativa all'ipotenusa. Dimostra che la differenza dei quadrati di lati AB e HB è equivalente al rettangolo di lati BH e CH.

Passando alle misure, consideriamo il triangolo ABC e indichiamo con

- a, b, c rispettivamente le misure dell'ipotenusa e dei cateti;
- h la misura dell'altezza BH relativa all'ipotenusa;
- s, t rispettivamente le misure delle proiezioni AH e HC dei cateti sull'ipotenusa.

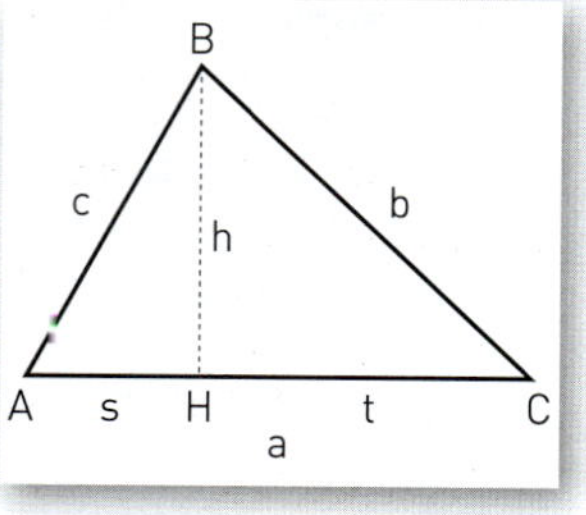

Applicando il secondo teorema di Euclide otteniamo:

$$h^2 = s \cdot t$$

da cui si ricava:

$$h = \sqrt{s \cdot t}$$

Le formule inverse sono: $s = \dfrac{h^2}{t}$ e $t = \dfrac{h^2}{s}$.

Da un rettangolo a un quadrato equivalente

Una delle possibili applicazioni dei teoremi appena visti è la costruzione di figure equivalenti a partire da una figura data.

Vediamo in che modo è possibile costruire un quadrato equivalente a un rettangolo dato.
Per farlo applichiamo una proprietà generale: *un triangolo che ha un vertice sulla semicirconferenza e ha l'ipotenusa congruente al diametro della circonferenza è un triangolo rettangolo.*
Si può anche dire che un triangolo inscritto in una semicirconferenza è sempre rettangolo.

DIMOSTRAZIONE Animazione

Disegniamo un rettangolo $ABCD$ qualsiasi.
Prolunghiamo un suo lato maggiore, per esempio BC, dalla parte di B, di un segmento BE congruente al lato minore AB: $BE \cong AB$.

Troviamo il punto medio O di EC, e disegniamo la semicirconferenza di centro O e raggio OC, dalla parte in cui non interseca il rettangolo.

Prolunghiamo AB fino a incontrare la semicirconferenza nel punto F. Congiungiamo F con E e con C. Il triangolo EFC è rettangolo perché inscritto in una semicirconferenza.

EB e BC sono le proiezioni sull'ipotenusa dei cateti EF e FC e sono congruenti ai lati del rettangolo.

Per il secondo teorema di Euclide il quadrato costruito su FB, altezza relativa all'ipotenusa del triangolo rettangolo, è equivalente al rettangolo $ABCD$.

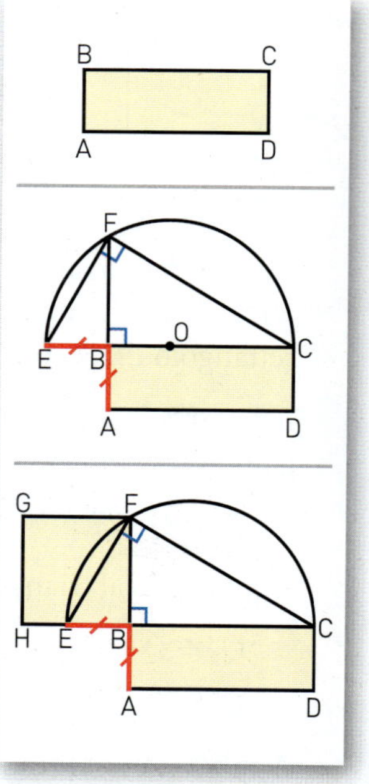

▶ Disegna un poligono convesso qualsiasi, per esempio un pentagono, e ottieni un quadrato equivalente al poligono, mediante le costruzioni che conosci.

Animazione

IN SINTESI
I teoremi di Euclide e di Pitagora

Il primo teorema di Euclide

In ogni triangolo rettangolo, il quadrato costruito su un cateto è equivalente al rettangolo che ha i lati congruenti all'ipotenusa e alla proiezione dello stesso cateto sull'ipotenusa.

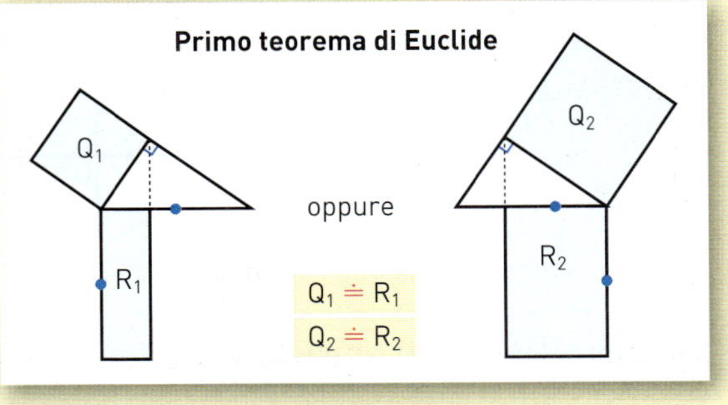

Il teorema di Pitagora

In ogni triangolo rettangolo, il quadrato costruito sull'ipotenusa è equivalente alla somma dei quadrati costruiti sui cateti.

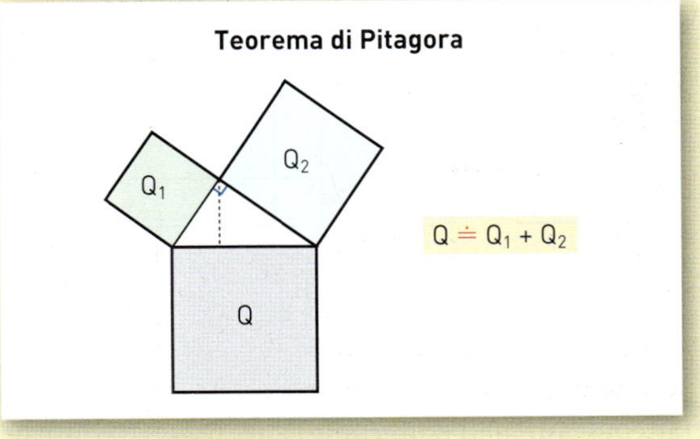

Applicazioni del teorema di Pitagora

La misura della **diagonale del quadrato** è uguale al prodotto della misura del suo lato per la radice quadrata di 2:

$$d = l\sqrt{2}.$$

L'ipotenusa di un triangolo rettangolo isoscele si ottiene moltiplicando per $\sqrt{2}$ la misura del cateto:

$$d = l\sqrt{2}.$$

La misura dell'**altezza di un triangolo equilatero** è uguale al prodotto della misura della metà del suo lato per la radice quadrata di 3:

$$h = \frac{\sqrt{3}}{2}l.$$

In un triangolo rettangolo con gli angoli acuti rispettivamente di 30° e di 60°:

$$b = \frac{\sqrt{3}}{2}l; \quad l = 2\frac{\sqrt{3}}{3}b; \quad a = \frac{\sqrt{3}}{3}b.$$

Il secondo teorema di Euclide

In ogni triangolo rettangolo, il quadrato costruito sull'altezza relativa all'ipotenusa è equivalente al rettangolo avente i lati congruenti alle proiezioni dei cateti sull'ipotenusa.

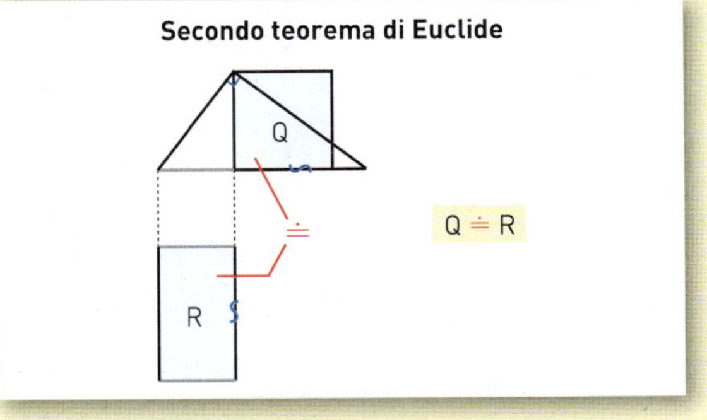

Da un rettangolo a un quadrato equivalente

Utilizzando i teoremi di Euclide e di Pitagora è possibile costruire figure equivalenti a partire da una figura data, per esempio costruire un quadrato equivalente a un rettangolo.
Si utilizza la seguente proprietà generale: un triangolo inscritto in una semicirconferenza è sempre rettangolo.

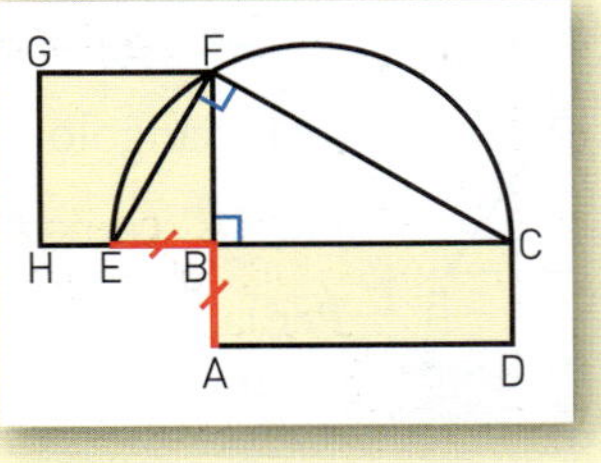

CAPITOLO G6
ESERCIZI

1 Il primo teorema di Euclide

▶ Teoria a p. G172

1 VERO O FALSO? Considerando la figura, puoi affermare che:

a. $\overline{AB}^2 = \overline{BC} \cdot \overline{BH}$. V F

b. $\overline{AC}^2 = \overline{CH} \cdot \overline{BH}$. V F

c. $\overline{AH}^2 = \overline{AC} \cdot \overline{AK}$. V F

d. $\overline{CH}^2 = \overline{HK} \cdot \overline{CK}$. V F

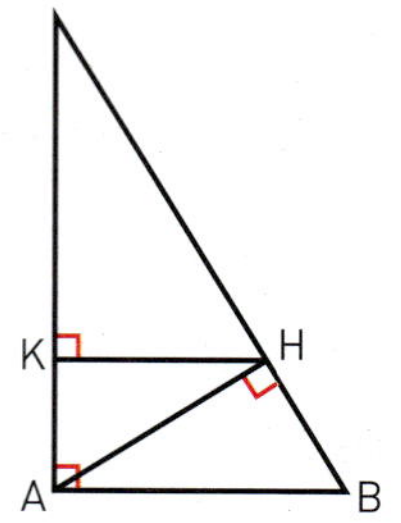

2 COMPLETA osservando la figura.

a. $\overline{AD}^2 = \overline{BD} \cdot$ ☐

b. $\overline{BC}^2 = \overline{OB} \cdot$ ☐

c. $\overline{AH} \cdot \overline{AD} =$ ☐^{2}

d. $\overline{BD} \cdot$ ☐ $= \overline{CD}^2$

e. $\overline{AB}^2 = \overline{DB} \cdot$ ☐

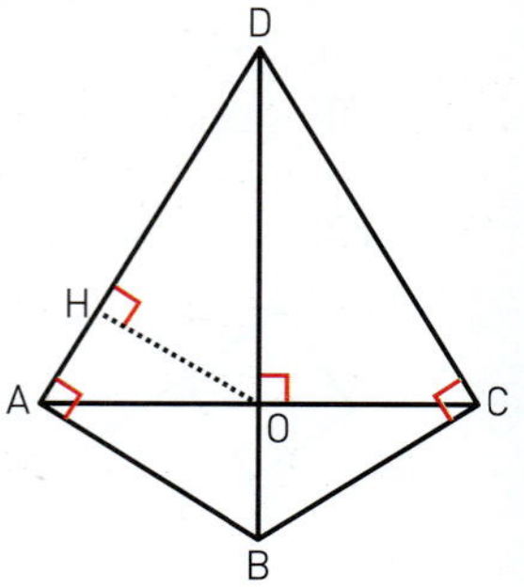

3 In ognuno dei seguenti triangoli rettangoli riconosci le figure equivalenti, applicando il primo teorema di Euclide.

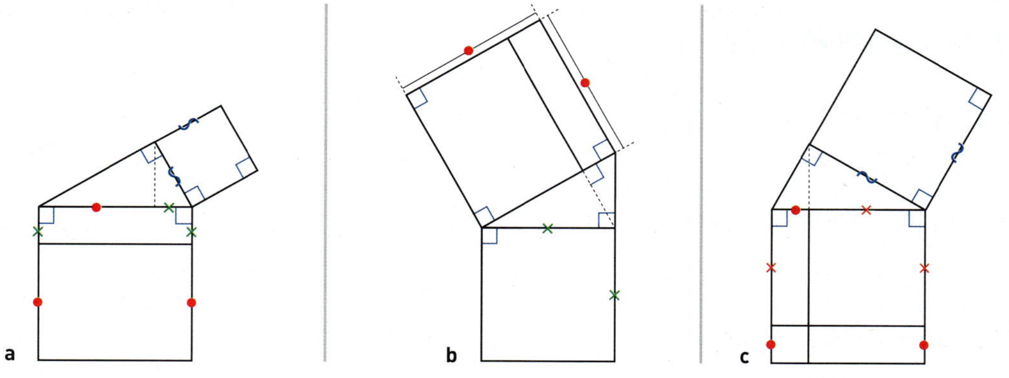

Dimostrazioni

4 ESERCIZIO GUIDA Nel triangolo ABC, CH è l'altezza relativa al lato AB e K, L sono rispettivamente le proiezioni di H su AC e BC. Dimostriamo che il rettangolo con i lati congruenti a CK e AC è equivalente al rettangolo che ha i lati congruenti a BC e CL.

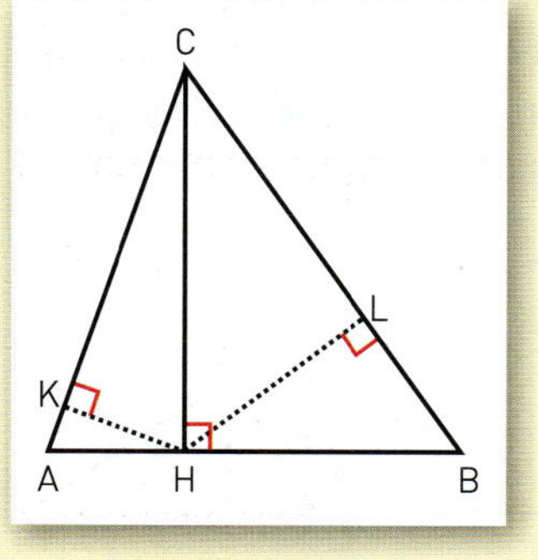

Ipotesi 1. $CH \perp AB$; 2. $HK \perp AC$; 3. $HL \perp BC$. **Tesi** $\overline{AC} \cdot \overline{CK} = \overline{BC} \cdot \overline{CL}$.

Dimostrazione

Nel triangolo rettangolo ACH, per il primo teorema di Euclide:

$$\overline{AC} \cdot \overline{CK} = \overline{CH}^2.$$

Nel triangolo rettangolo CHB, per il primo teorema di Euclide:

$$\overline{BC} \cdot \overline{CL} = \overline{CH}^2.$$

Per la proprietà transitiva:

$$\overline{AC} \cdot \overline{CK} = \overline{BC} \cdot \overline{CL}.$$

5 Nel rombo $ABCD$ indica con O il punto d'incontro delle diagonali. Dimostra che il quadrato costruito sulla diagonale BD è quadruplo del rettangolo i cui lati sono congruenti al lato del rombo e alla proiezione di BO sul lato del rombo.

6 Disegna un trapezio rettangolo con la diagonale minore perpendicolare al lato obliquo. Dimostra che il quadrato costruito sulla diagonale minore è equivalente al rettangolo i cui lati sono congruenti alle basi del trapezio.

7 Nel triangolo ABC, BH è l'altezza relativa al lato AC e gli angoli $\widehat{A}$ e $\widehat{C}$ sono acuti. Dimostra che se il quadrato costruito su AB è equivalente al rettangolo che ha i lati congruenti ad AC e AH, allora $\widehat{B}$ è retto.

8 Nella figura il triangolo ABC è rettangolo in C e $AD \cong AH$. Inoltre, EA è perpendicolare ad AC ed EG è perpendicolare a GC. Dimostra che:

a. $AEGC$ è un quadrato;

b. $AEGC$ è equivalente al rettangolo $ADFB$;

c. il trapezio $EFBK$ è equivalente al quadrilatero $HKGC$.

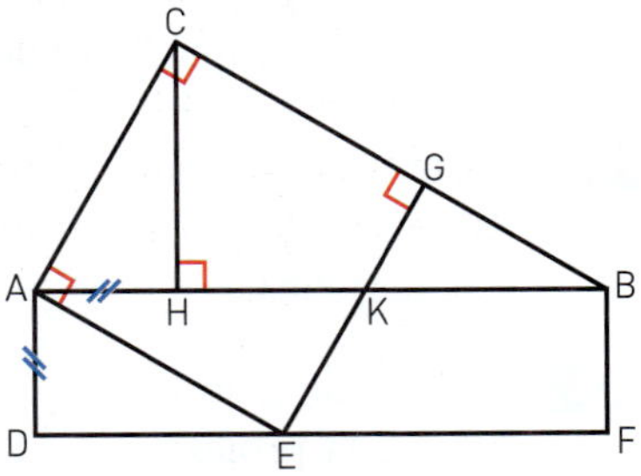

Con le misure

9 ESERCIZIO GUIDA Calcoliamo il perimetro di un triangolo rettangolo le cui proiezioni dei cateti sull'ipotenusa sono lunghe 13 cm e 36 cm.

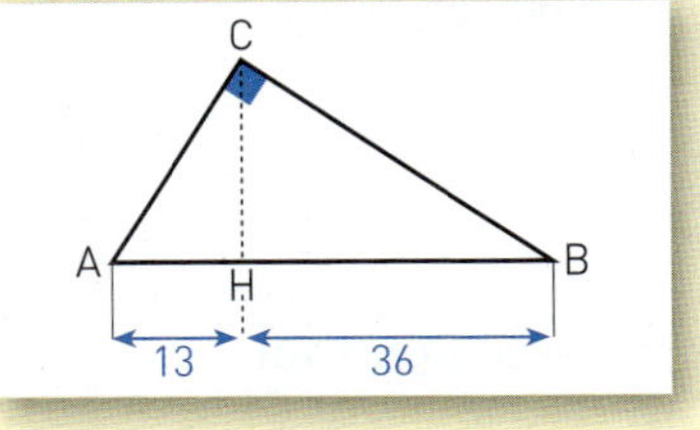

La misura dell'ipotenusa è:

$$\overline{AB} = 13 + 36 = 49.$$

Applichiamo il primo teorema di Euclide per trovare $\overline{AC}$:

$$\overline{AC}^2 = \overline{AB} \cdot \overline{AH} \rightarrow \overline{AC}^2 = 49 \cdot 13.$$

Estraiamo la radice quadrata:

$$\overline{AC} = \sqrt{49 \cdot 13} = \sqrt{7^2 \cdot 13} = 7\sqrt{13}.$$

Applichiamo ancora il primo teorema di Euclide per trovare $\overline{BC}$:

$$\overline{BC}^2 = \overline{AB} \cdot \overline{BH} \rightarrow \overline{BC}^2 = 49 \cdot 36 \rightarrow \overline{BC} = \sqrt{49 \cdot 36} = \sqrt{7^2 \cdot 6^2} = 7 \cdot 6 = 42.$$

La lunghezza del perimetro del triangolo, espressa in cm, è:

$$49 \text{ cm} + 42 \text{ cm} + 7\sqrt{13} \text{ cm} = (91 + 7\sqrt{13}) \text{ cm}.$$

Utilizzando i dati in centimetri forniti dalle figure, calcola il perimetro di ogni triangolo applicando il primo teorema di Euclide.

10

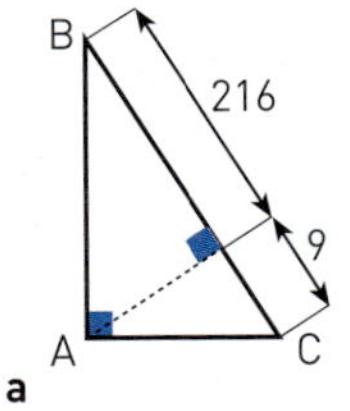

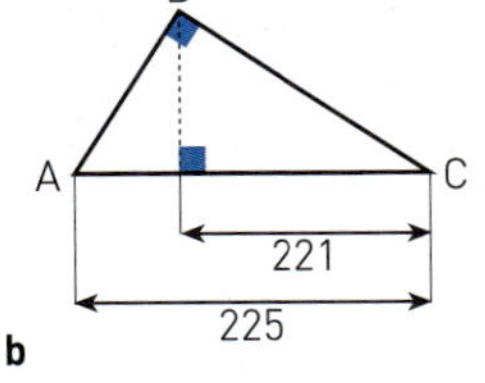

11

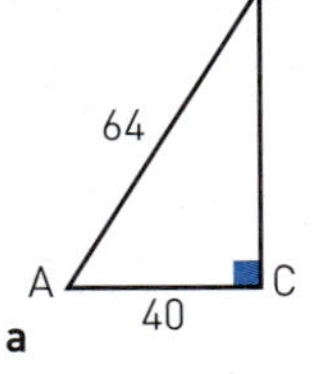

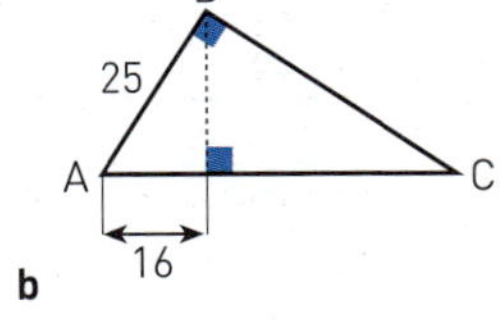

ESERCIZI

12

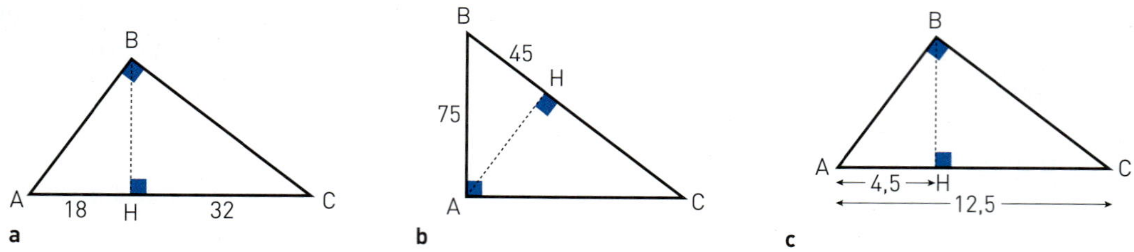

---

13 L'ipotenusa di un triangolo rettangolo è lunga 25 cm e supera di 9 cm una delle proiezioni dei cateti. Determina l'area del triangolo. [150 cm^2]

14 I cateti di un triangolo rettangolo sono lunghi 60 cm e 80 cm. Determina le due proiezioni sull'ipotenusa. [36 cm; 64 cm]

15 In un triangolo rettangolo, l'ipotenusa misura $100a$ e la proiezione di un cateto su di essa è i $\frac{16}{25}$ dell'ipotenusa stessa. Calcola l'area del triangolo. [2400 a^2]

16 In un triangolo rettangolo un cateto e la sua proiezione sull'ipotenusa sono rispettivamente $60k$ e $36k$. Calcola il perimetro del triangolo. [$240k$]

17 Determina l'altezza relativa all'ipotenusa di un triangolo rettangolo avente un cateto e l'ipotenusa che sono rispettivamente $165a$ e $275a$. [$132a$]

18 Calcola perimetro e area del triangolo rettangolo ABC in figura. [$(42 + 14\sqrt{3})$ cm; $98\sqrt{3}$ cm^2]

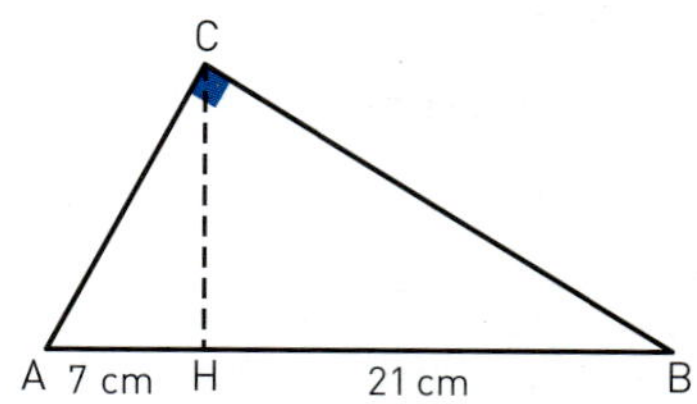

Problemi algebrici

19 ESERCIZIO GUIDA In un triangolo rettangolo la proiezione di un cateto sull'ipotenusa è $\frac{4}{9}$ del cateto stesso, mentre la proiezione dell'altro cateto ha lunghezza 65 cm. Determiniamo il perimetro del triangolo.

Disegniamo un triangolo rettangolo avente come base l'ipotenusa, per tracciare facilmente l'altezza a essa relativa.
Il piede di tale altezza determina le proiezioni dei due cateti.

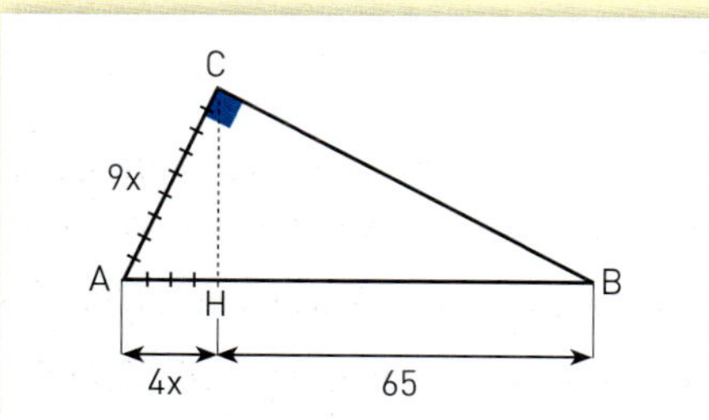

Relazioni e dati

1. $A\widehat{C}B = 90°$;
2. $CH \perp AB$;
3. $\overline{AH} = \frac{4}{9}\overline{AC}$;
4. $\overline{HB} = 65$.

Richiesta Perimetro(ABC).

Risoluzione. Introduciamo una sola incognita, la misura di un sottomultiplo comune.

Poiché $\overline{AH} = \frac{4}{9}\overline{AC}$, poniamo:

$$\overline{AH} = 4x \quad \text{e} \quad \overline{AC} = 9x.$$

Abbiamo:

$\overline{AB} = 65 + 4x.$

Applichiamo il primo teorema di Euclide:

$\overline{AC}^2 = \overline{AB} \cdot \overline{AH}.$

Sostituendo, otteniamo l'equazione in x:

$(9x)^2 = (65 + 4x)4x$

$81x^2 = 260x + 16x^2$

$81x^2 - 16x^2 - 260x = 0$

$65x^2 - 260x = 0.$

Raccogliendo la x abbiamo:

$65x(x - 4) = 0.$

Applicando la legge di annullamento del prodotto, otteniamo due equazioni di primo grado:

$65x = 0 \quad$ e $\quad x - 4 = 0.$

Le soluzioni sono:

$65x = 0 \rightarrow x_1 = 0$

$x - 4 = 0 \rightarrow x_2 = 4$

$x_1 = 0$, soluzione non accettabile;

$x_2 = 4$, soluzione accettabile.

Per $x = 4$, calcoliamo $\overline{AC}$, $\overline{AH}$ e $\overline{AB}$:

$\overline{AC} = 9x = 9 \cdot 4 = 36;$

$\overline{AH} = 4x = 4 \cdot 4 = 16;$

$\overline{AB} = 65 + 16 = 81.$

Per trovare $\overline{BC}$, applichiamo ancora il primo teorema di Euclide:

$\overline{BC}^2 = \overline{AB} \cdot \overline{BH}.$

Sostituiamo il valore di $\overline{AB}$ ottenuto precedentemente e il valore di $\overline{BH}$ fornito dal problema:

$\overline{BC}^2 = 81 \cdot 65$

$\overline{BC} = \sqrt{81 \cdot 65} = \sqrt{9^2 \cdot 65}$

$\overline{BC} = 9\sqrt{65}.$

La lunghezza del perimetro del triangolo è, in cm:

$36 + 81 + 9\sqrt{65}.$

Se $2p$ rappresenta la misura del perimetro in cm, scriviamo:

$2p = 117 + 9\sqrt{65}.$

20 ●○ In un triangolo rettangolo, la proiezione del cateto minore sull'ipotenusa è congruente ai $\frac{5}{13}$ del cateto stesso. Sapendo che il perimetro del triangolo misura 78 cm, determina la sua area. [202,8 cm^2]

21 ●○ Calcola il perimetro di un triangolo rettangolo avente l'ipotenusa di 50 cm e un cateto uguale ai $\frac{5}{4}$ della sua proiezione sull'ipotenusa. [120 cm]

22 ●○ **ESEMPIO DIGITALE** Calcola la lunghezza dei cateti di un triangolo rettangolo, sapendo che l'ipotenusa misura 85 cm e le proiezioni dei cateti sull'ipotenusa sono una i $\frac{2}{3}$ dell'altra.

23 ●○ Il cateto maggiore di un triangolo rettangolo è i $\frac{5}{4}$ della sua proiezione sull'ipotenusa ed è anche il doppio dell'altra proiezione aumentato di $2a$. Determina l'area del triangolo. [$150a^2$]

24 ●○ Calcola l'area del triangolo in figura. [108 cm^2]

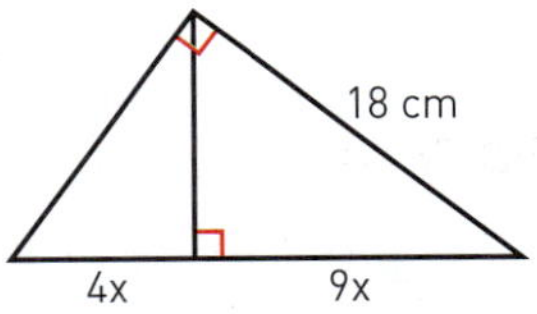

25 ●○ Calcola il perimetro e l'area di un triangolo rettangolo in cui la somma di un cateto e della sua proiezione sull'ipotenusa è di 28,8 cm e la loro differenza è di 7,2 cm. [72 cm; 216 cm^2]

26 ●○ La proiezione del lato maggiore di un rettangolo sulla diagonale è 320 cm, il lato minore e la sua proiezione sulla diagonale stanno tra loro nel rapporto $\frac{5}{3}$. Determina il perimetro del rettangolo. [1400 cm]

27 ●○ In un triangolo rettangolo, la maggiore delle proiezioni dei cateti sull'ipotenusa è 9 cm in più del cateto minore, che a sua volta è i $\frac{3}{5}$ dell'intera ipotenusa. Determina l'area del triangolo. [12 150 cm^2]

ESERCIZI

28 In un triangolo rettangolo la proiezione di un cateto sull'ipotenusa è $\frac{2}{5}\sqrt{5}$ volte il cateto stesso, mentre la proiezione dell'altro cateto è lunga $\frac{4}{5}\sqrt{5}$ cm. Determina il perimetro del triangolo. $[(12+4\sqrt{5})\text{ cm}]$

2 Il teorema di Pitagora

▶ Teoria a p. G174

29 SPIEGA PERCHÉ Osserva le due figure e spiega perché costituiscono una dimostrazione del teorema di Pitagora. (SUGGERIMENTO Considera il triangolo *AHK*...)

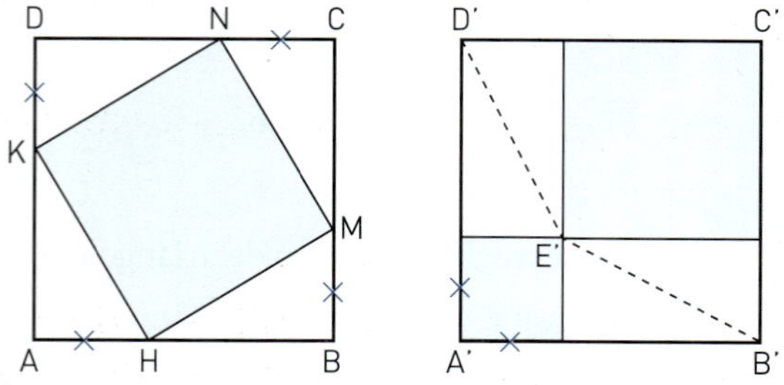

30 VERO O FALSO? Rispondi osservando la figura.

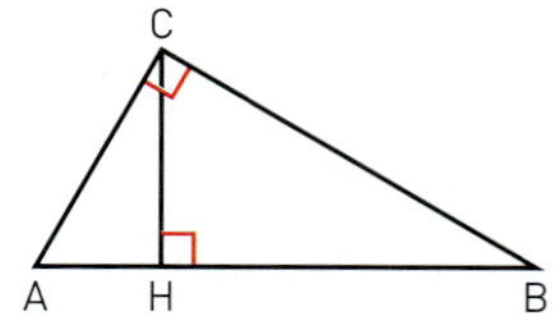

a. $\overline{AC}^2 = \overline{AH}^2 + \overline{CH}^2$ V F

b. $\overline{BH}^2 = \overline{CB}^2 + \overline{CH}^2$ V F

c. $\overline{BC}^2 = \overline{AB}^2 - \overline{AC}^2$ V F

d. $\overline{AC}^2 + \overline{BC}^2 = \overline{AH}^2 + \overline{HB}^2$ V F

31 TEST Con riferimento alla figura, individua l'affermazione *errata*.

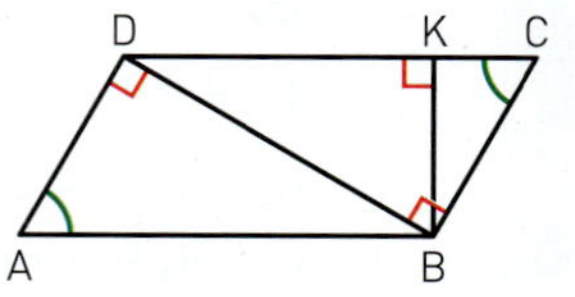

A $\overline{CK}^2 = \overline{AD}^2 - \overline{BK}^2$

B $\overline{DB}^2 = \overline{AB}^2 - \overline{AD}^2$

C $\overline{BK}^2 = \overline{DB}^2 - \overline{DK}^2$

D $\overline{BC}^2 = \overline{DB}^2 + \overline{CD}^2$

32 YOU & MATHS **A non-Pythagorean case** Draw a triangle *ABC* in which *AB* is the longest side and the sum of the areas of the squares built on *AC* and *BC* is less than the area of the square built on *AB*.

33 In relazione alle seguenti figure, scrivi tutte le equivalenze possibili, applicando il teorema di Pitagora e il primo teorema di Euclide.

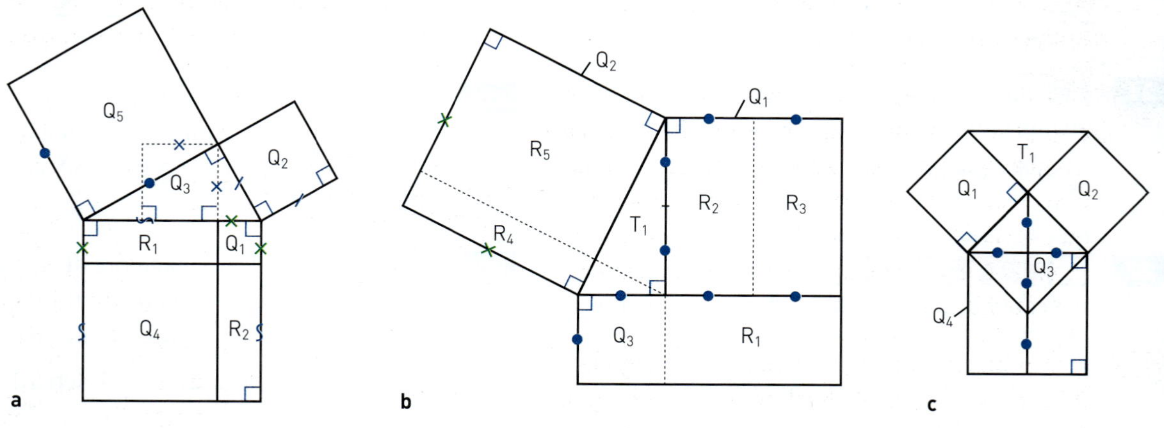

Dimostrazioni

34 ESERCIZIO GUIDA In un triangolo rettangolo *ABC* prolunghiamo il cateto *AB* di un segmento a piacere *BE*. Dimostriamo che la somma dei quadrati costruiti sui segmenti *AB* e *CE* è equivalente alla somma dei quadrati costruiti su *BC* e *AE*.

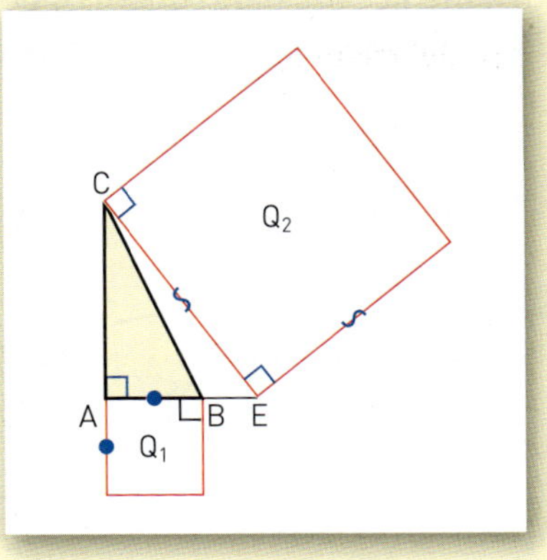

Ipotesi 1. ABC è un triangolo rettangolo;
2. E appartiene alla retta AB;
3. Q_1, Q_2, Q_3, Q_4, Q_5 sono quadrati costruiti su AB, CE, BC, AE, AC.

Tesi $Q_1 + Q_2 \doteq Q_3 + Q_4$.

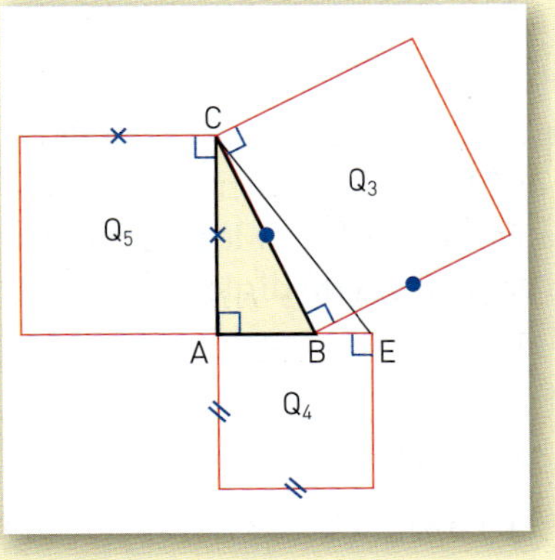

Dimostrazione

Applichiamo il teorema di Pitagora ai triangoli rettangoli AEC e ABC. Otteniamo:

$$Q_2 \doteq Q_4 + Q_5 \text{ e } Q_3 \doteq Q_1 + Q_5.$$

Per la proprietà simmetrica dell'equivalenza possiamo scrivere $Q_1 + Q_5 \doteq Q_3$. Sommando membro a membro questa equivalenza con $Q_2 \doteq Q_4 + Q_5$, otteniamo:

$$Q_1 + Q_5 + Q_2 \doteq Q_3 + Q_4 + Q_5.$$

Sottraendo dai due membri dell'equivalenza il termine Q_5, otteniamo infine:

$$Q_1 + Q_2 \doteq Q_3 + Q_4.$$

35 Disegna un triangolo rettangolo ABC di ipotenusa BC. Sia D un punto qualunque di AB. Dimostra che la somma dei quadrati costruiti su AB e su CD è equivalente alla somma dei quadrati costruiti su BC e su AD.

36 Disegna un triangolo ABC in cui gli angoli in A e in B sono acuti e tali che l'angolo in A sia minore di quello in B. Traccia l'altezza CH relativa al lato AB. Dimostra che la differenza fra i quadrati costruiti sui lati AC e BC è equivalente alla differenza dei quadrati costruiti sui segmenti AH e BH.

37 Nel trapezio rettangolo $ABCD$ la diagonale minore AC è perpendicolare al lato obliquo. Dimostra che il quadrato costruito sulla base maggiore AB è equivalente alla somma dei quadrati costruiti sugli altri tre lati.

38 Disegna un quadrilatero $ABCD$ con le diagonali perpendicolari. Dimostra che la somma dei quadrati costruiti sui lati AB e CD è equivalente alla somma dei quadrati costruiti su BC e DA.

39 Disegna un quadrato $ABCD$ e indica con E un generico punto interno. Dimostra che la somma dei quadrati costruiti sui segmenti AE, BE, CE, DE è equivalente al doppio della somma dei quadrati costruiti sulle distanze di E dai quattro lati.

APPROFONDIMENTO

Scomponiamo Pitagora Osserva i quadrilateri equivalenti...

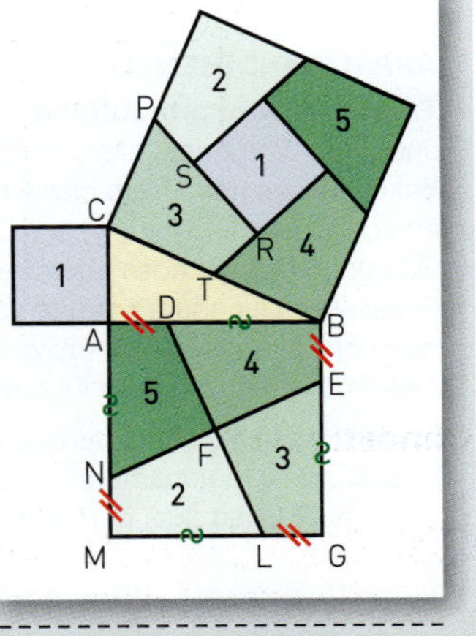

Problema e risoluzione.

40 Nel triangolo rettangolo ABC di ipotenusa BC, siano P e Q, rispettivamente, due punti qualsiasi dei cateti AB e AC. Dimostra che la somma dei quadrati costruiti su BC e su PQ è equivalente alla somma dei quadrati costruiti su PC e su QB.

41 EUREKA! **Da presidente** Il disegno è una dimostrazione del teorema di Pitagora proposta nel 1876 da J.A. Garfield, che in seguito divenne presidente degli Stati Uniti.

a. Calcola l'area del trapezio direttamente e come somma di tre triangoli.

b. Deduci il teorema di Pitagora.

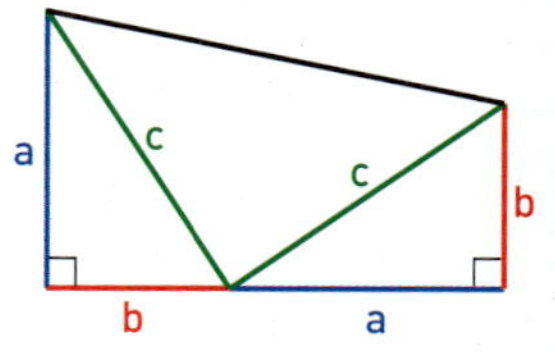

Con le misure

42 Un triangolo rettangolo ha un cateto lungo 48 cm e l'area di 336 cm^2. Quanto è lunga l'ipotenusa? [50 cm]

43 In un rombo la diagonale maggiore misura $48a$ e la diagonale minore è i $\frac{5}{12}$ della maggiore. Calcola il perimetro del rombo. [$104a$]

44 Il lato di un quadrato è congruente alla diagonale di un rettangolo i cui lati sono lunghi 12 cm e 5 cm. Calcola l'area e il perimetro del quadrato. [169 cm^2; 52 cm]

45 INVALSI 2011 Una scala, costituita da 5 gradini profondi 24 cm e alti 18 cm l'uno, deve essere coperta da una tavola di legno utilizzata come scivolo per il trasporto di alcune merci. Qual è il procedimento corretto per trovare la lunghezza dello scivolo?

A $(\sqrt{18^2} + \sqrt{24^2}) \cdot 5$

B $\sqrt{(24 + 18)^2} \cdot 5$

C $\sqrt{24^2 + 18^2} \cdot 5$

D $\sqrt{(24^2 + 18^2) \cdot 5}$

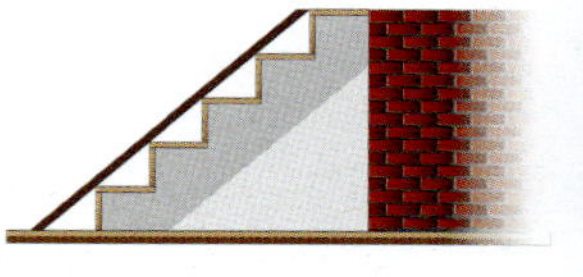

46 INVALSI 2008 In una tavoletta babilonese del 1800 a.C. si legge il seguente quesito: «Un bastone lungo 10 unità è appoggiato ad un muro (figura **a**). Poi, scivola di 2 unità (figura **b**). Di quante unità il piede del bastone si è allontanato dalla base del muro?».

A 6 unità.

B 8 unità.

C 10 unità.

D 12 unità.

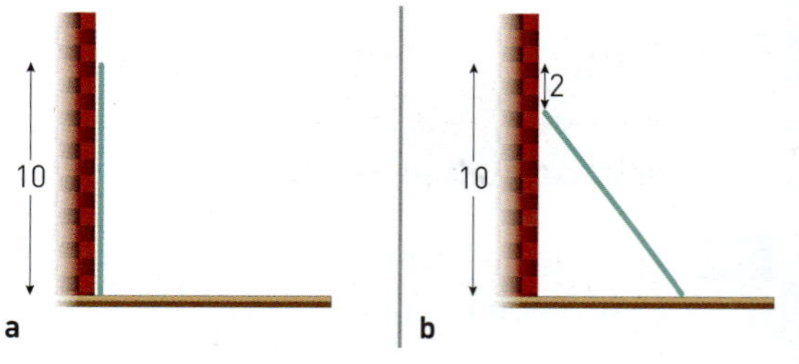

APPROFONDIMENTO

Triangolazioni pitagoriche Giorgio: «Se un triangolo è pitagorico, cioè le misure dei lati formano una terna pitagorica, allora le misure della sua area e del suo perimetro sono numeri interi».
Erika: «Come mai? Dato che è necessario dividere per due, perché l'area è sempre un numero intero?».
Giorgio: «Pensa a cosa accadrebbe se le misure dei cateti fossero entrambe numeri dispari».
Erika: «Però il contrario non è vero, cioè un triangolo rettangolo con area e perimetro interi non è detto che sia pitagorico. Prova a considerarne uno con ipotenusa di 6 cm e area di 7 cm^2. Il perimetro dovrebbe risultare 14 cm».

a. Mostra che l'ultima affermazione di Erika è corretta.

b. Sviluppa il ragionamento di Giorgio. Cosa succede se le misure di entrambi i cateti sono dispari? Cosa puoi dedurre quindi sulle misure dei cateti di un triangolo pitagorico?

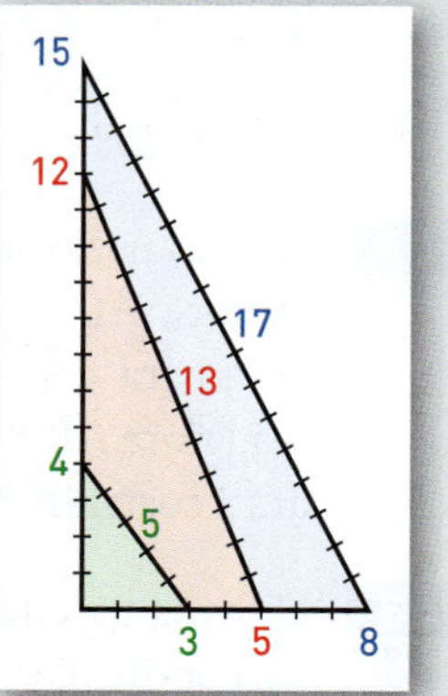

Risoluzione - Un esercizio in più.

47 ESERCIZIO GUIDA In un triangolo rettangolo un cateto è i $\frac{5}{12}$ dell'altro e il perimetro è 180 cm. Determiniamo le lunghezze dei tre lati.

Relazioni e dati

1. $\overline{AB} = \frac{5}{12}\overline{AC}$;
2. $\overline{AB} + \overline{AC} + \overline{CB} = 180$;
3. $B\widehat{A}C = 90°$.

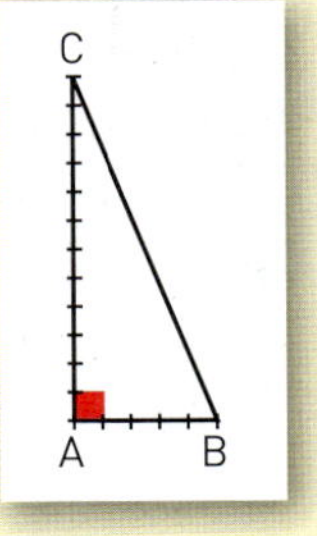

Richieste

1. $\overline{AB}$; 2. $\overline{AC}$; 3. $\overline{BC}$.

Risoluzione

Indichiamo con x la misura del sottomultiplo comune dei cateti:

$\overline{AB} = 5x$; $\overline{AC} = 12x$.

Per il teorema di Pitagora:

$\overline{CB}^2 = \overline{AB}^2 + \overline{AC}^2 = 25x^2 + 144x^2 = 169x^2$;

$\overline{CB} = 13x$.

La relazione relativa al perimetro diventa:

$5x + 12x + 13x = 180$;

$30x = 180 \rightarrow x = 6$.

Sostituendo troviamo le misure dei lati rispetto al centimetro:

$\overline{AB} = 5x = 30$;

$\overline{AC} = 12x = 72$;

$\overline{CB} = 13x = 78$.

48 Un triangolo isoscele ha la base uguale ai $\frac{5}{2}$ del lato e l'altezza di 3 cm. Calcola l'area del triangolo. [il problema non ha soluzione]

49 In un triangolo isoscele la lunghezza della base supera di $5a$ quella del lato obliquo. Determina l'area sapendo che il perimetro è $80a$. [$300a^2$]

50 I lati di un rettangolo che ha la diagonale uguale a 30 cm stanno fra loro nel rapporto $\frac{3}{4}$. Determina l'area del rettangolo. [432 cm^2]

51 Due triangoli rettangoli congruenti hanno un cateto in comune, l'altro posto su rette parallele. Il perimetro di ciascun triangolo è $108a$, mentre quello del poligono individuato da essi è $144a$. Determina la lunghezza del cateto comune e dell'ipotenusa. [$36a$; $45a$]

52 In un rettangolo di base 60 cm l'altezza è i $\frac{3}{5}$ della diagonale. Determina il perimetro di ciascuno dei due triangoli nei quali il rettangolo risulta suddiviso da una diagonale. [180 cm]

53 Determina le lunghezze dei lati di un rettangolo, sapendo che la diagonale misura 169 cm e che la base è i $\frac{5}{12}$ dell'altezza. [65 cm; 156 cm]

54 In un rombo di area 216 cm^2, la diagonale maggiore è $\frac{8}{5}$ del lato. Determina il perimetro. [60 cm]

55 In un rettangolo di area 300 cm^2, la base è i $\frac{3}{5}$ della diagonale. Determina il perimetro. [70 cm]

56 Determina le lunghezze dei cateti di un triangolo rettangolo avente area 600 cm^2 e un cateto congruente ai $\frac{4}{5}$ dell'ipotenusa. [40 cm; 30 cm]

57 La diagonale maggiore di un rombo è i $\frac{2}{5}$ del perimetro, mentre l'altra diagonale è 36 cm. Determina l'area del rombo. [864 cm^2]

58 Un triangolo è diviso dall'altezza in due triangoli rettangoli aventi le ipotenuse e i cateti non in comune che stanno tra loro rispettivamente nel rapporto $\frac{3}{4}$ e $\frac{9}{16}$. Il triangolo iniziale ha un perimetro di 60 cm e base di 25 cm. Determina l'area del triangolo. Verifica che il triangolo è rettangolo. [150 cm^2]

59 In un rombo di perimetro $100k$, il perimetro di ciascuno dei triangoli individuati dalle diagonali è $60k$. Determina l'area del rombo. [$600k^2$]

ESERCIZI

MATEMATICA E STORIA

Problemi secolari con il teorema di Pitagora
Leggi con attenzione il testo del problema tratto dall'*Aritmetica* di Filippo Calandri, opera del 1491, e da esso ricava l'altezza della torre e la larghezza del fiume.

a. Cosa richiede di determinare il problema?
b. Risolvi il problema e ricerca all'interno del documento i valori numerici che hai via via ottenuto.

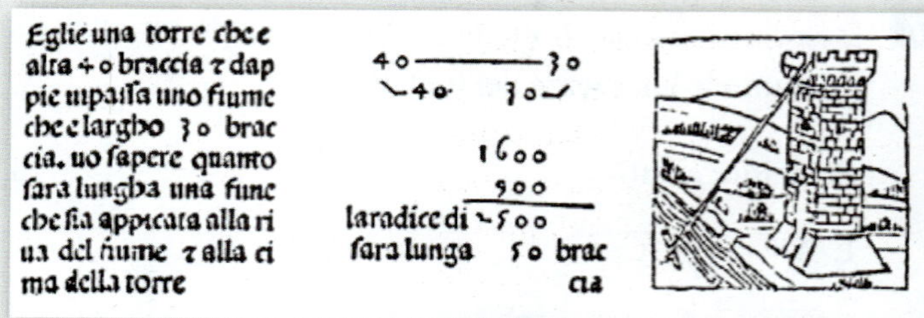
Eglie una torre che e
alta 40 braccia e dap
pie mipassa uno fiume
che e largho 30 brac
cia. uo sapere quanto
fara lungha una fune
che sia appicata alla ri
ua del fiume e alla ci
ma della torre

40 —— 30
40 30
1600
900
la radice di 2500
fara lunga 50 brac
cia

Risoluzione - 3 esercizi in più - Attività di ricerca: A cosa serve la matematica?

3 Applicazioni del teorema di Pitagora

Teoria a p. G175

La diagonale del quadrato

Dimostrazioni

60 Dimostra che un quadrato è equivalente alla metà del quadrato costruito su una sua diagonale.

61 Dimostra che il quadrato costruito sull'altezza di un triangolo equilatero è equivalente al triplo del quadrato costruito su metà del lato.

Con le misure

Per ognuna delle seguenti figure, calcola la lunghezza del segmento indicato; le misure dei lati sono espresse in centimetri, quelle delle aree in centimetri quadrati.

62

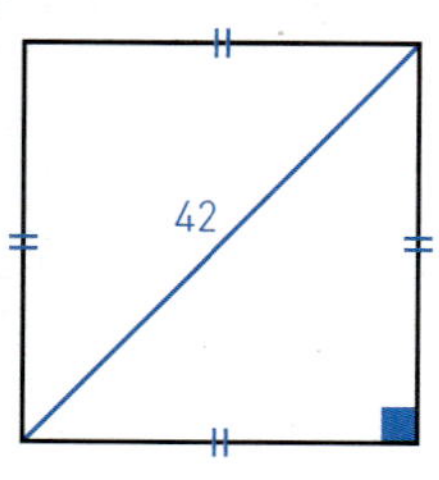

a lato?

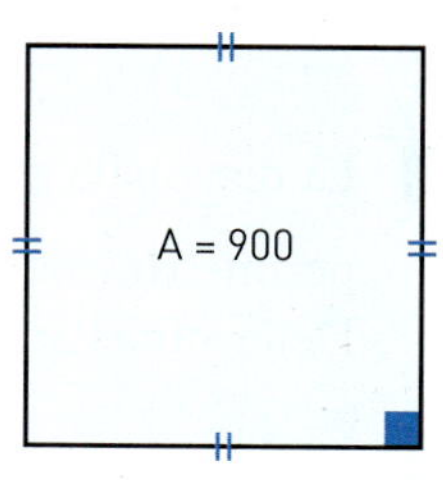

b diagonale?

63

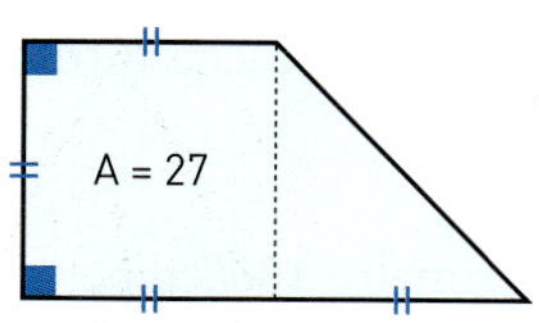

a lato obliquo?

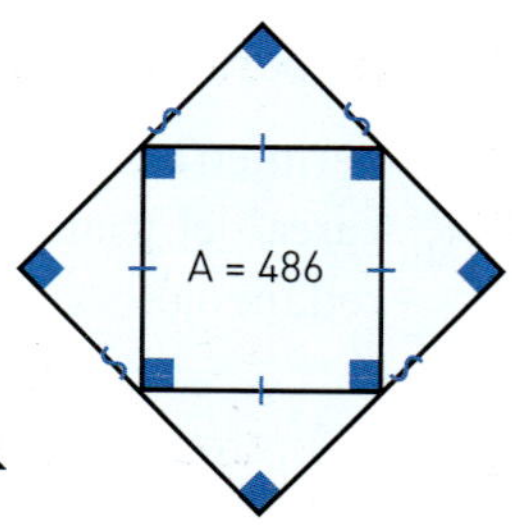

b lato del quadrato centrale?

64 L'area di un quadrato è $8k^2$. Calcola la lunghezza della diagonale. $[4k]$

65 In un quadrato le diagonali si dividono in parti la cui lunghezza è di $5\sqrt{2}$ cm. Calcola area e perimetro del quadrato. $[100\,\text{cm}^2; 40\,\text{cm}]$

66 L'altezza relativa all'ipotenusa di un triangolo rettangolo isoscele misura $\sqrt{2}$ m. Calcola il perimetro e l'area del triangolo. $[2(2+\sqrt{2})\,\text{m}; 2\,\text{m}^2]$

67 L'area di un triangolo rettangolo isoscele è $8\,\text{m}^2$. Calcola la lunghezza del perimetro e quella dell'altezza relativa all'ipotenusa. $[4(2+\sqrt{2})\,\text{m}; 2\sqrt{2}\,\text{m}]$

68 L'altezza di un trapezio rettangolo è congruente alla base minore e alla metà di quella maggiore. Sapendo che il perimetro è $4(4+\sqrt{2})$ cm, calcola l'area. $[24\,\text{cm}^2]$

69 ●○ INTORNO A NOI **Casa base** In un campo da baseball le «basi» sono i vertici di un quadrato, detto «diamante». Se la distanza tra la casa base e il centro del diamante è di circa 19 m, quanto misurano perimetro e area del diamante? $[76\sqrt{2}\ \text{m}; 722\ \text{m}^2]$

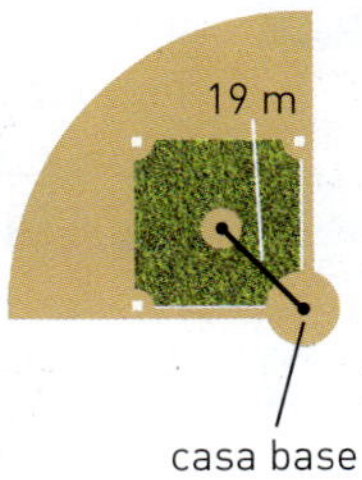

70 ●○ EUREKA! **Un triangolo gigante** La misura dei cateti di un triangolo rettangolo isoscele è 4^{10}. Quanto misura la sua ipotenusa?

A $4^{10,25}$

B $4^{10,5}$

C $4^{10,75}$

D 4^{11}

E $4^{11,25}$

(USA *University of Maryland*, 2012)

L'altezza del triangolo equilatero

71 ESERCIZIO GUIDA Un triangolo rettangolo ABC ha l'angolo $\widehat{B}$ di 60° e l'angolo $\widehat{C}$ di 30°. La bisettrice BE dell'angolo $\widehat{B}$ è 12 cm. Calcoliamo il perimetro del triangolo ABC.

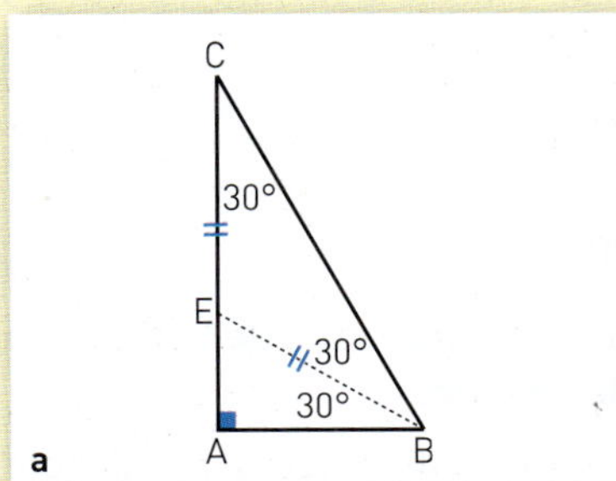

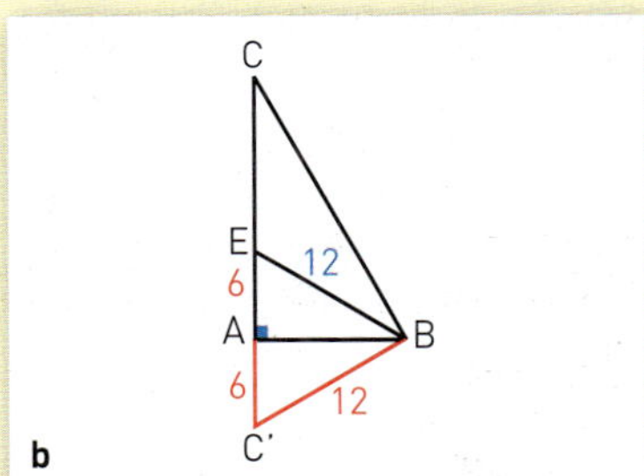

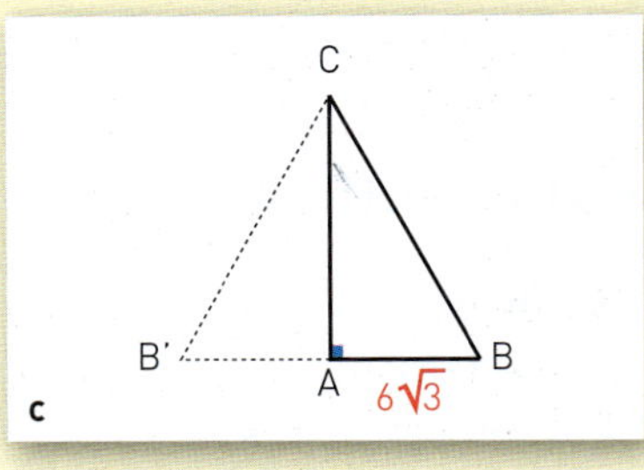

La bisettrice divide l'angolo $\widehat{B}$ in due angoli di 30°, quindi il triangolo EBC è isoscele (figura **a**), perciò BE è congruente a CE, quindi:

$$\overline{CE} = 12.$$

Consideriamo il triangolo AEB. L'angolo $A\widehat{E}B$ è di 60°, quindi

$$\overline{AE} = \frac{1}{2}\overline{EB}, \text{ ossia } \overline{AE} = 6.$$

Il lato AB del triangolo AEB rappresenta l'altezza del triangolo equilatero di lato EB (figura **b**), quindi:

$$\overline{AB} = \frac{12\sqrt{3}}{2} = 6\sqrt{3}.$$

La misura del cateto AB, base del triangolo ABC, è $\overline{AB} = 6\sqrt{3}$, la misura del cateto AC, altezza, è

$$\overline{AC} = 12 + 6 = 18.$$

Il lato BC è doppio di AB, perciò $\overline{BC} = 12\sqrt{3}$ (figura **c**).
La misura del perimetro del triangolo ABC è:

$$\overline{AC} + \overline{AB} + \overline{BC} = 18 + 6\sqrt{3} + 12\sqrt{3} = 18 + 18\sqrt{3} = 18(1+\sqrt{3}).$$

Il triangolo ha perimetro di lunghezza $18(1+\sqrt{3})$ cm.

Per ogni figura calcola le misure delle grandezze indicate. Le misure sono espresse in centimetri e, nel caso di aree, in centimetri quadrati.

72 ●○

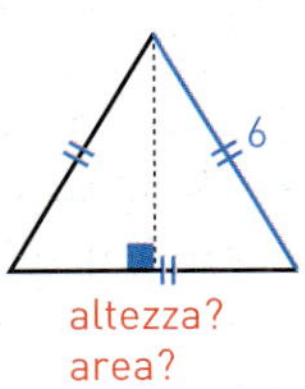

a

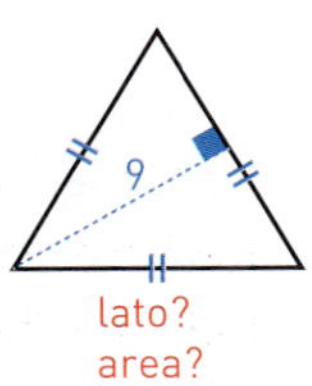

b

73 ●○

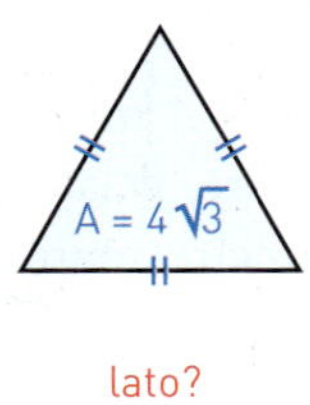

a

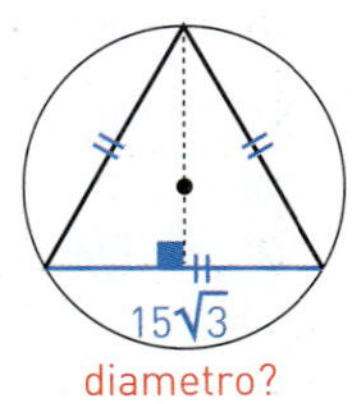

b

74 INVALSI 2013 $ABCD$ è un quadrato, il segmento EC è lungo 2 dm e il segmento EB è lungo 1 dm. La superficie del quadrato $ABCD$ misura:

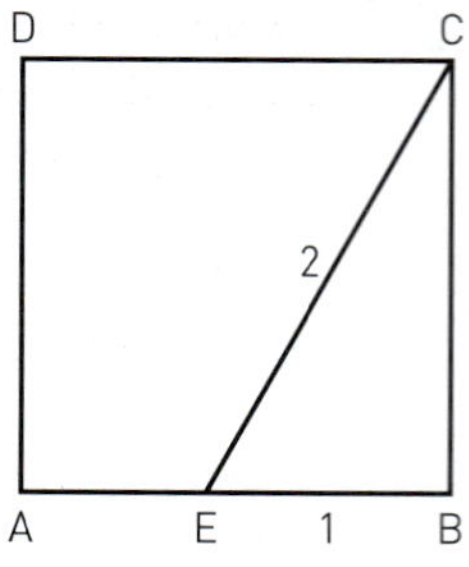

A 5 dm^2.

B $4\sqrt{3}$ dm^2.

C 3 dm^2.

D 4 dm^2.

75 In un triangolo rettangolo un angolo acuto ha l'ampiezza di 30° e il cateto opposto è lungo 10 cm. Calcola l'area e la lunghezza del perimetro del triangolo. $[50\sqrt{3}\ \text{cm}^2; 10(3+\sqrt{3})\,\text{cm}]$

76 Nel trapezio rettangolo $ABCD$, CH è l'altezza relativa alla base maggiore AB e $\widehat{C} = 120°$. Sapendo che $BC = 2\sqrt{15}$ cm e che l'area del rettangolo $AHCD$ è di $3\sqrt{5}$ cm^2, determina il perimetro del trapezio. $[(2+3\sqrt{15}+3\sqrt{5})\,\text{cm}]$

RISOLVIAMO UN PROBLEMA

30°, 60°...

Un rombo ha gli angoli interni di 120° e 60° e la diagonale minore di 20 cm. Calcola la misura della diagonale maggiore e l'area del rombo.

► **Disegniamo la figura riportando i dati del problema.**

$A\widehat{B}C = 60°$

$B\widehat{A}D = 120°$

$AC = 20$ cm

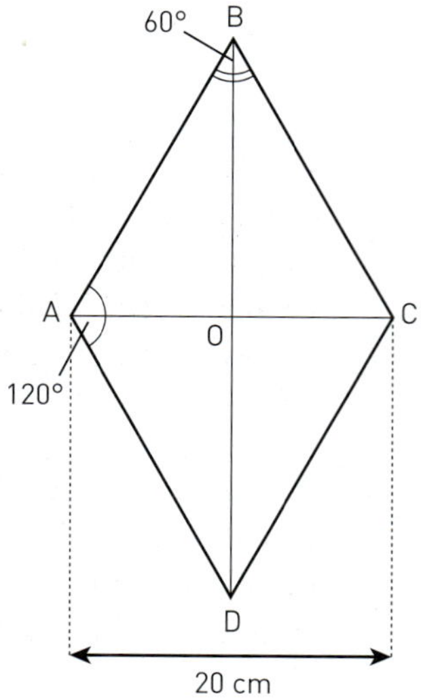

Chiamiamo O il punto di incontro delle diagonali del rombo. Il triangolo ABO è un triangolo rettangolo e BO è congruente a $\frac{1}{2}BD$, la diagonale maggiore.
Per poter applicare il teorema di Pitagora al triangolo ABO dobbiamo ricavare la lunghezza del lato AB.

► **Determiniamo la lunghezza del lato del rombo.**

In un rombo, le diagonali sono anche bisettrici degli angoli interni.
In particolare $\frac{1}{2}B\widehat{C}D = \frac{1}{2}B\widehat{A}D = 60°$, quindi $A\widehat{B}C \cong B\widehat{A}C \cong B\widehat{C}A$.

Il triangolo ABC ha tre angoli di 60°, pertanto è equilatero.
Quindi $AB = 20$ cm.

► **Determiniamo la lunghezza della diagonale maggiore del rombo.**

Applichiamo il teorema di Pitagora al triangolo rettangolo ABO:

$\overline{AB}^2 = \overline{AO}^2 + \overline{OB}^2 \rightarrow$

$\overline{OB} = \sqrt{\overline{AB}^2 - \overline{AO}^2} =$

$\sqrt{20^2 - 10^2} =$

$10\sqrt{3}$.

Quindi

$\overline{BD} = 2 \cdot \overline{OB} \rightarrow$

$\overline{BD} = 20\sqrt{3}$.

► **Determiniamo l'area del rombo.**

$\text{Area} = \frac{1}{2} \cdot \overline{AC} \cdot \overline{BD} =$

$\frac{1}{2} \cdot 20 \cdot 20\sqrt{3} =$

$200\sqrt{3}$.

L'area del rombo misura $200\sqrt{3}$ cm^2.

77 Nel triangolo ABC l'angolo $\widehat{A}$ misura 45° e l'angolo $\widehat{C}$ misura 60°; inoltre, il lato BC misura 12 cm. Determina perimetro e area del triangolo. $[6(3+\sqrt{3}+\sqrt{6})\,\text{cm}; 18(3+\sqrt{3})\,\text{cm}^2]$

78 Un trapezio scaleno ha gli angoli adiacenti alla base maggiore di 30° e 45° e la base minore misura 10 m, come l'altezza. Calcola il perimetro e l'area del trapezio. $[10(5+\sqrt{3}+\sqrt{2})\,\text{m}; 50(3+\sqrt{3})\,\text{m}^2]$

Problemi algebrici

79 Disegna un trapezio $ABCD$ con la base maggiore doppia della base minore e con gli angoli adiacenti alla base minore di 120°. Traccia le altezze DE e CF. Sapendo che l'area del rettangolo $EFCD$ è $32\sqrt{3}\ \text{cm}^2$, calcola area e perimetro del trapezio. $[48\sqrt{3}\ \text{cm}^2; 40\ \text{cm}]$

80 In un parallelogramma l'angolo acuto ha l'ampiezza di 30°, il lato maggiore è quattro volte quello minore e l'area è $1250\ \text{cm}^2$. Determina le lunghezze dei lati e delle due altezze del parallelogramma. [25 cm; 100 cm; 12,5 cm; 50 cm]

81 In un trapezio rettangolo l'angolo acuto adiacente alla base maggiore ha ampiezza di 60°. Calcola l'area del trapezio sapendo che la base minore è i $\frac{3}{4}$ di quella maggiore e che il perimetro è $2(9+\sqrt{3})\ \text{cm}$. $[14\sqrt{3}\ \text{cm}^2]$

82 EUREKA! **Lati pitagorici** I lati di un triangolo rettangolo misurano rispettivamente a, b e c, con a, b e c numeri naturali e con $a < b < c$ e $c - a = 9$.
Qual è l'area del triangolo?
(USA *Mu Alpha Teta, National Convention Test*, 2014)

4 Il secondo teorema di Euclide

▶ Teoria a p. G177

83 VERO O FALSO? Considerando la figura, puoi affermare che:

a. $\overline{CL} \cdot \overline{LA} = \overline{LH}^2$ V F

b. $\overline{CH} \cdot \overline{HB} = \overline{AH}^2$ V F

c. $\overline{HK}^2 = \overline{AB} \cdot \overline{AK}$ V F

d. $\overline{AK} \cdot \overline{BK} = \overline{BH}^2 - \overline{BK}^2$ V F

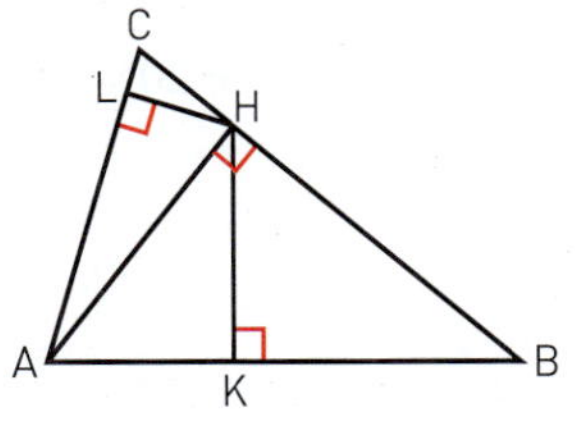

84 Con riferimento al quadrilatero in figura, dimostra che il quadrato costruito su BD è equivalente al quadruplo del rettangolo che ha i lati congruenti a OA e OC.

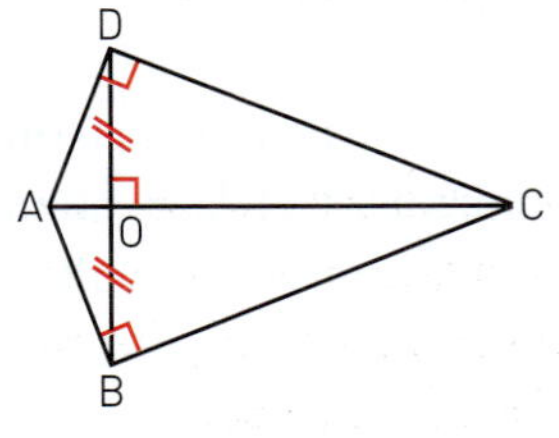

85 Dato un triangolo ABC, rettangolo in B, considera l'altezza BH relativa all'ipotenusa; considera poi l'altezza HK relativa all'ipotenusa del triangolo ABH. Dimostra che il rettangolo di lati AH e HC è equivalente al rettangolo di lati AB e BK.

86 SPIEGA PERCHÉ Giulio: «Guarda qui: nel triangolo rettangolo isoscele ACH ho prolungato AH di un segmento $HB \cong 2AH$ e congiunto C con B. Applicando il secondo teorema di Euclide, $\overline{AH} \cdot \overline{HB} = \overline{CH}^2$. Ma allora $\overline{AH} \cdot (2\overline{AH}) = \overline{AH}^2$, cioè $2 \cdot \overline{AH}^2 = \overline{AH}^2$ e quindi $2 = 1$!».
Marta: «Non hai dimostrato un assurdo, hai piuttosto fatto un errore!».
Di cosa si tratta?

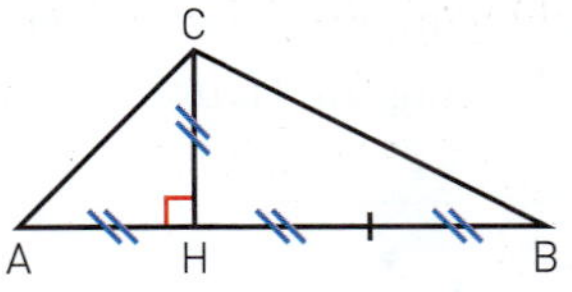

2 = 1!?

87 Dimostra che, se in un triangolo ABC il piede dell'altezza AH è interno a BC e il quadrato di lato AH è equivalente al rettangolo i cui lati sono congruenti a BH e CH, allora il triangolo è rettangolo in A. (Questo teorema è l'inverso del secondo teorema di Euclide.)

Con le misure

88 ESERCIZIO GUIDA Calcoliamo il perimetro dei triangoli rettangoli ABC e BCH senza mai utilizzare il teorema di Pitagora. (L'unità di misura è il centimetro.)

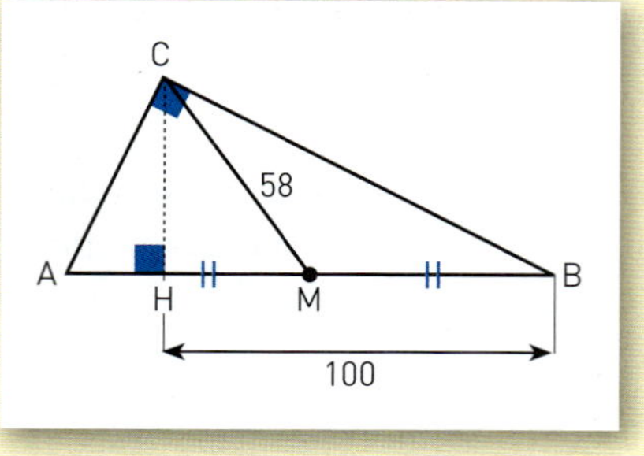

Relazioni e dati

1. $\overline{CM} = 58$;
2. $\overline{HB} = 100$.

Richieste

1. Perimetro(ABC);
2. Perimetro(BCH).

Risoluzione

- Nel triangolo rettangolo la mediana relativa all'ipotenusa è congruente alla metà dell'ipotenusa stessa, quindi:

$$\overline{CM} = \frac{1}{2}\overline{AB}.$$

Calcoliamo $\overline{HM}$: $\overline{HM} = 100 - 58 = 42$.

Calcoliamo $\overline{AB}$: $\overline{AB} = 58 \cdot 2 = 116$.

Calcoliamo $\overline{AH}$: $\overline{AH} = 116 - 100 = 16$.

- Calcoliamo $\overline{CH}$, applicando il secondo teorema di Euclide:

$$\overline{CH}^2 = \overline{AH} \cdot \overline{BH} \rightarrow \overline{CH}^2 = 16 \cdot 100$$
$$\overline{CH} = \sqrt{16 \cdot 100} = 4 \cdot 10 = 40.$$

- Calcoliamo $\overline{AC}$, applicando il primo teorema di Euclide:

$$\overline{AC}^2 = \overline{AB} \cdot \overline{AH} \rightarrow \overline{AC}^2 = 116 \cdot 16$$
$$\overline{AC} = \sqrt{116 \cdot 16} = \sqrt{2^2 \cdot 29 \cdot 4^2} = 8\sqrt{29}.$$

- Calcoliamo $\overline{BC}$ con il primo teorema di Euclide:

$$\overline{BC}^2 = \overline{AB} \cdot \overline{BH} \rightarrow \overline{BC}^2 = 116 \cdot 100$$
$$\overline{BC} = \sqrt{116 \cdot 100} = \sqrt{2^2 \cdot 29 \cdot 10^2} = 20\sqrt{29}.$$

- Calcoliamo la misura del perimetro di ABC:

$$2p(ABC) = \overline{AC} + \overline{BC} + \overline{AB}$$
$$2p(ABC) = 8\sqrt{29} + 20\sqrt{29} + 116$$
$$2p(ABC) = 28\sqrt{29} + 116 = 4(7\sqrt{29} + 29).$$

- Calcoliamo la misura del perimetro di BCH:

$$2p(BCH) = \overline{CH} + \overline{BH} + \overline{BC}$$
$$2p(BCH) = 40 + 100 + 20\sqrt{29}$$
$$2p(BCH) = 140 + 20\sqrt{29} = 20(7 + \sqrt{29}).$$

89 Utilizzando i dati forniti dalla figura, calcola il perimetro del triangolo colorato, senza far uso del teorema di Pitagora. (L'unità di misura è il centimetro.)

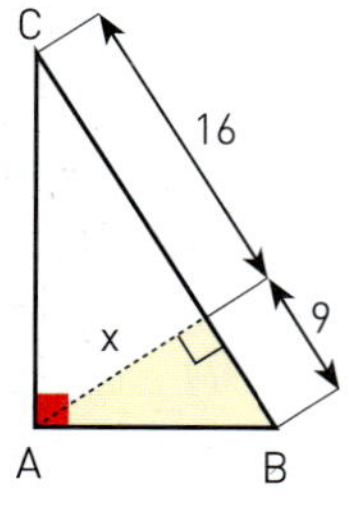

90 In un triangolo rettangolo l'altezza relativa all'ipotenusa misura 12 m e la proiezione di un cateto sull'ipotenusa misura 18 m.
Calcola perimetro e area del triangolo.
[$(26 + 10\sqrt{13})$ m; 156 m^2]

91 Nel trapezio $ABCD$, la diagonale maggiore BD è perpendicolare al lato obliquo AD e la base minore è congruente all'altezza. Sapendo che la base maggiore è lunga 20 cm e la proiezione del lato AD su di essa è lunga 4 cm, determina l'area del trapezio.
[112 cm^2]

Problemi algebrici

92 ESERCIZIO GUIDA Nel triangolo rettangolo *ABC* della figura, di ipotenusa *AB* e altezza *CH*, la mediana *CM* è lunga 30,5 cm.
L'altezza *CH* relativa all'ipotenusa è i $\frac{60}{11}$ del segmento *HM*.
Calcoliamo il perimetro del triangolo *HMC*.

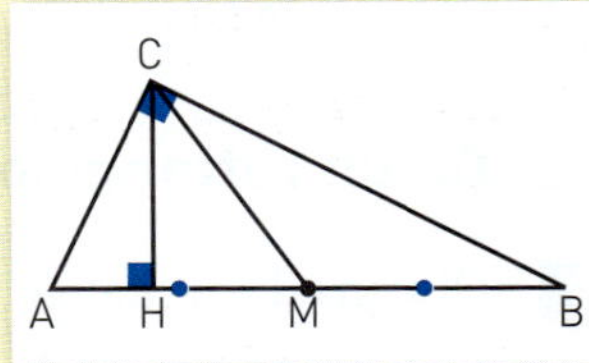

Relazioni e dati

1. $A\widehat{C}B = 90°$;
2. $CH \perp AB$;
3. $AM \cong MB$;
4. $\overline{CM} = 30,5$;
5. $\overline{CH} = \frac{60}{11}\overline{HM}$.

Richiesta Perimetro(*HMC*).

Risoluzione

Poniamo $\overline{HM} = x$, per cui $\overline{CH} = \frac{60}{11}x$.

Nel triangolo rettangolo la mediana *CM* è la metà dell'ipotenusa *AB*, quindi $\overline{AB} = 30,5 \cdot 2 = 61$.

Calcoliamo in funzione di x le misure delle proiezioni *AH* e *BH*:

$$\overline{AH} = 30,5 - x = \frac{61}{2} - x;$$

$$\overline{BH} = 30,5 + x = \frac{61}{2} + x.$$

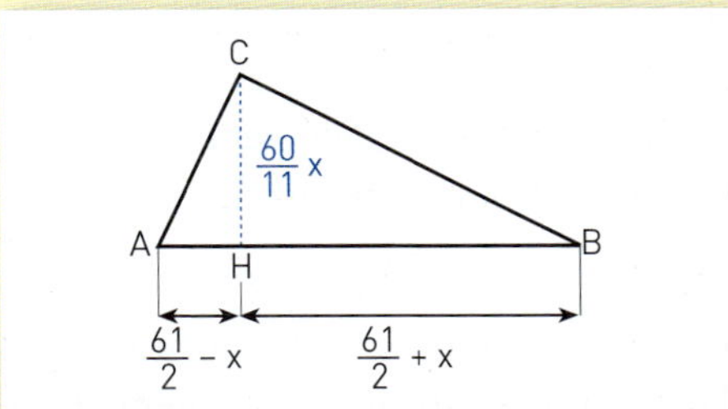

Applichiamo il secondo teorema di Euclide:

$$\overline{CH}^2 = \overline{AH} \cdot \overline{BH}$$

$$\left(\frac{60}{11}x\right)^2 = \left(\frac{61}{2} - x\right) \cdot \left(\frac{61}{2} + x\right)$$

$$\frac{3600}{121}x^2 = \frac{3721}{4} - x^2$$

$$\frac{3600}{121}x^2 + x^2 = \frac{3721}{4} \rightarrow \frac{3721}{121}x^2 = \frac{3721}{4}$$

$$x^2 = \frac{\cancel{3721}}{4} \cdot \frac{121}{\cancel{3721}} = \frac{121}{4}$$

$$x = \pm\sqrt{\frac{121}{4}} = \pm\frac{11}{2}.$$

Scartiamo la soluzione negativa, quindi:

$$\overline{HM} = \frac{11}{2};\ \overline{CH} = \frac{\overset{30}{\cancel{60}}}{\underset{1}{\cancel{11}}} \cdot \frac{\overset{1}{\cancel{11}}}{\underset{1}{\cancel{2}}} = 30.$$

Calcoliamo la misura in cm del perimetro di *HMC*:

$$2p(HMC) = \overline{CM} + \overline{HM} + \overline{CH} = \frac{61}{2} + \frac{11}{2} + 30 = 66.$$

93 ●○ In un triangolo rettangolo con area di 980 cm², le proiezioni dei cateti sull'ipotenusa sono una $\frac{1}{4}$ dell'altra. Determina l'ipotenusa. [70 cm]

94 ●○ In un trapezio isoscele la base minore è 5,6 m e la proiezione del lato obliquo sulla base maggiore è 7,2 m. Sapendo che la diagonale è perpendicolare al lato obliquo, calcola perimetro e area del trapezio. [49,6 m; 122,88 m²]

95 ●○ Calcola l'area di un triangolo rettangolo, sapendo che l'ipotenusa è lunga 10 cm e che le proiezioni dei cateti sull'ipotenusa sono proporzionali ai numeri 1 e 9. [15 cm²]

96 ●● La base maggiore di un trapezio rettangolo è 5 m, il lato obliquo 4 m e la diagonale minore è perpendicolare al lato.
Calcola l'area e il perimetro del trapezio.
$\left[\frac{204}{25}\text{ m}^2; \frac{66}{5}\text{ m}\right]$

97 ●● In un trapezio rettangolo il lato obliquo e la sua proiezione sulla base maggiore sono rispettivamente $60a$ e $48a$, la diagonale *AC* è perpendicolare al lato obliquo *CB*.
Determina l'area e il perimetro del trapezio.
[$1836a^2$; $198a$]

98 Un rombo $ABCD$ ha il perimetro di 40 cm e la diagonale minore AC di 12 cm. Conduci dal punto O di incontro delle diagonali la perpendicolare OL al lato AB. Calcola l'area del rombo, la lunghezza dei segmenti AL, LB e OL. [96 m^2; 3,6 cm; 6,4 cm; 4,8 cm]

Da un rettangolo a un quadrato equivalente

99 Disegna due rettangoli diversi e costruisci i loro quadrati equivalenti.

100 Per ogni poligono seguente costruisci un quadrato equivalente.

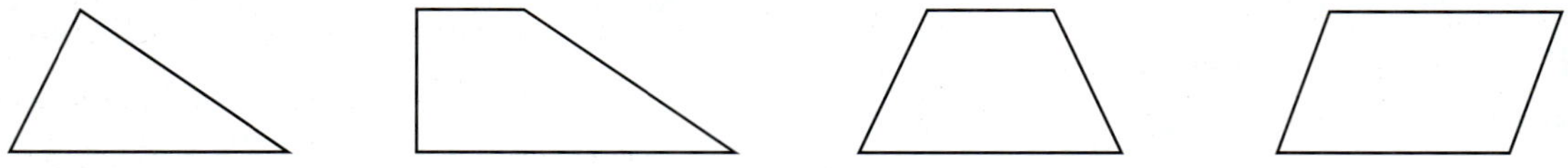

Riepilogo: I teoremi di Euclide e di Pitagora

Dimostrazioni

101 Disegna un trapezio isoscele con le diagonali perpendicolari ai lati obliqui. Dimostra che il quadrato costruito su una diagonale è equivalente al rettangolo i cui lati sono congruenti alla base maggiore e alla semisomma delle basi del trapezio.

102 Nel parallelogramma $ABCD$ traccia le bisettrici degli angoli $\widehat{A}$ e $\widehat{B}$, indicando con E il loro punto di intersezione. Dimostra che il quadrato costruito su AB è equivalente alla somma dei quadrati costruiti su AE e BE.
(SUGGERIMENTO Dimostra che il triangolo ABE è rettangolo.)

103 Dimostra che in ogni triangolo isoscele il quadrato costruito sulla base è equivalente al doppio del rettangolo avente le dimensioni congruenti a uno dei lati congruenti del triangolo e alla proiezione della base su tale lato.

104 Disegna un triangolo rettangolo ABC e sia AH l'altezza relativa all'ipotenusa. Dimostra che il rettangolo avente i lati congruenti a BH e CH è equivalente al rettangolo che ha un lato congruente ad AC e l'altro lato congruente alla proiezione di AH su AC.

105 Nel triangolo scaleno ABC traccia l'altezza AH. Dimostra che il quadrato costruito su AC è equivalente alla somma del quadrato costruito su CH e del rettangolo avente i lati congruenti ad AB e alla proiezione di AH su AB.

106 Disegna un rettangolo $ABCD$ e indica con E un generico punto interno. Dimostra che la somma dei quadrati costruiti sui segmenti EA ed EC è equivalente alla somma dei quadrati costruiti sui segmenti EB ed ED.

107 Nel parallelogramma $ABCD$ sia O un punto generico della diagonale AC. Dimostra che i triangoli AOB e AOD sono equivalenti.

Problemi

108 TEST Il perimetro di un quadrato è 32 cm. Quanto vale la misura della sua diagonale, espressa in cm?

- **A** $8\sqrt{2}$
- **B** 8
- **C** 4
- **D** 1
- **E** $4\sqrt{2}$

109 La diagonale maggiore AC di un rombo è $16a$. Indica con O il punto di incontro delle diagonali e traccia il segmento OH perpendicolare ad AB. Sapendo che AH è uguale a $6{,}4a$, calcola perimetro e area del rombo. [$40a$; $96a^2$]

110 ●○ Un parallelogramma ha l'altezza relativa al lato di 9 cm e l'angolo $D\widehat{A}B$ di 45°.
Sapendo che l'altezza divide la base in due parti tali che una è $\frac{1}{3}$ dell'altra, calcola il perimetro del parallelogramma.
[$18(4+\sqrt{2})$ cm oppure $6(4+3\sqrt{2})$ cm]

111 ●○ In un triangolo rettangolo la somma dei cateti è $41a$. Sapendo che l'ipotenusa misura $29a$, determina l'area del quadrato che ha lo stesso perimetro del triangolo rettangolo. [$306{,}25a^2$]

112 ●○ Determina l'area di un rettangolo la cui altezza è $\frac{4}{3}$ della diagonale e il perimetro è $10a$.
[il problema non ha soluzione]

113 ●○ In un triangolo rettangolo un cateto supera di 12 cm la sua proiezione sull'ipotenusa. Sapendo che la proiezione dell'altro cateto sull'ipotenusa è 32 cm, calcola perimetro e area del triangolo.
[120 cm; 600 cm^2]

114 ●○ Nel triangolo rettangolo ABC la somma dei cateti è 70 cm e uno è i $\frac{3}{4}$ dell'altro. La bisettrice dell'angolo acuto maggiore incontra il cateto opposto nel punto D.
Determina le lunghezze delle due parti in cui il punto D divide tale cateto. [15 cm; 25 cm]

115 ●○ In un triangolo rettangolo, il cui perimetro è 30 m, la proiezione di un cateto sull'ipotenusa è $\frac{144}{25}$ della proiezione dell'altro cateto. Determina la lunghezza dell'ipotenusa. [13 m]

116 ●○ M è punto medio del segmento AB; $CN \cong NB$ e $AM \cong AF$. L'area del rettangolo $ANCD$ è 64 cm^2 e l'area del quadrato $AFEM$ è 100 cm^2. Calcola l'area del quadrato $CHKL$. [36 cm^2]

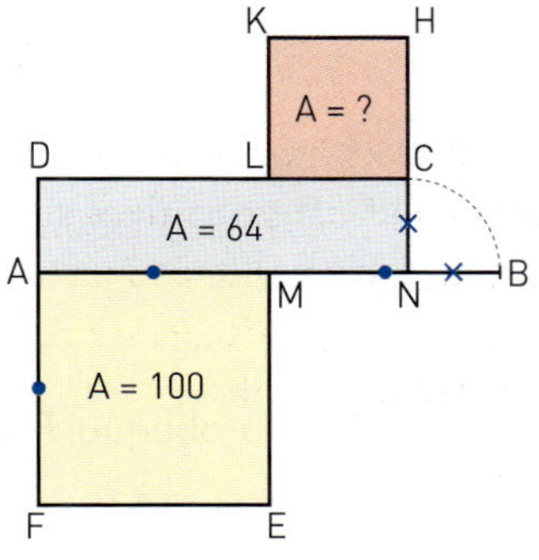

117 ●○ L'area del triangolo ABC, rettangolo in A, è 216 cm^2 e il cateto maggiore AC supera di 15 cm la metà del cateto minore AB. Calcola il perimetro del triangolo e la lunghezza della bisettrice BD dell'angolo B. [72 cm; $9\sqrt{5}$ cm]

118 ●○ La somma di due segmenti è 17,6 cm. La somma del doppio del secondo segmento e del triplo di un terzo segmento è 33,2 cm. Il rapporto fra la somma del primo segmento e dell'ultimo con il secondo è $\frac{75}{41}$. Determina la lunghezza dei tre segmenti. [9,4 cm; 8,2 cm; 5,6 cm]

119 ●○ Disegna un triangolo rettangolo di ipotenusa 5 m e altezza a essa relativa di 2,4 m. Costruisci sul cateto minore un triangolo equilatero, di cui è richiesta la misura dell'area. $\left[\frac{9}{4}\sqrt{3}\ \text{m}^2\right]$

120 ●○ Un triangolo rettangolo ha il perimetro che misura quanto quello di un quadrato di lato $18a$. I cateti stanno fra di loro come 3 sta a 4. Determina l'area del triangolo. [$216a^2$]

121 ●● Un trapezio ha gli angoli alla base minore di 120° e 135°; l'altezza è a, il perimetro $a(7+\sqrt{3}+\sqrt{2})$. Calcola l'area del trapezio.
$\left[\frac{a^2}{6}\cdot(21+\sqrt{3})\right]$

122 ●● Il triangolo ABC è rettangolo in C; il triangolo BEG è rettangolo in B; il triangolo ADF è rettangolo in A. Il cateto AC è 30 cm e BC è 40 cm; inoltre $AD \cong AB \cong BE$. Calcola:

a. l'area del triangolo ACD;

b. l'area del triangolo ABE.

(**SUGGERIMENTO** Traccia l'altezza CH e costruisci il rettangolo $AHKD$. Il triangolo ADC ha base AD e altezza...) [450 cm^2; 1000 cm^2]

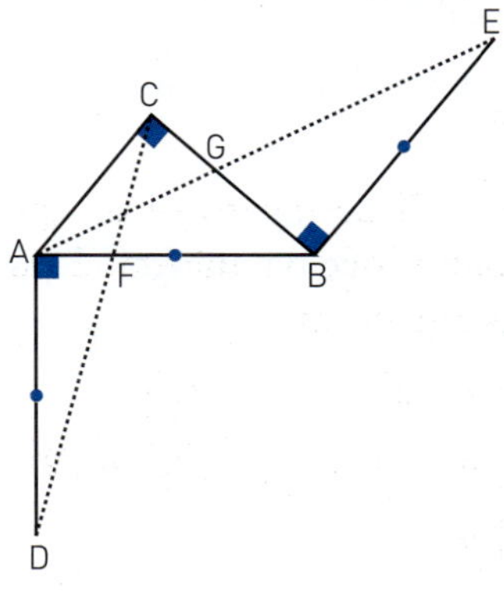

VERIFICA DELLE COMPETENZE ALLENAMENTO

CONFRONTARE E ANALIZZARE FIGURE GEOMETRICHE

TEST

1 Osserva la figura. Quale delle seguenti proposizioni è *vera*?

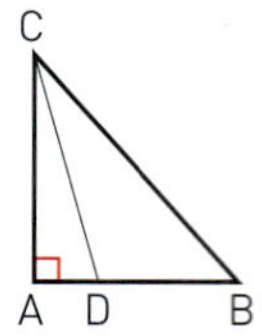

A) *ADC* è equivalente a *BDC*.

B) La somma dei quadrati costruiti su *AB* e *CD* è equivalente alla somma dei quadrati costruiti su *BC* e *AD*.

C) Il quadrato costruito su *DC* è equivalente al quadrato costruito su *BC*.

D) Il quadrato costruito su *DC* è equivalente alla somma dei quadrati costruiti su *AD* e *DB*.

E) Il quadrato costruito su *AC* è equivalente alla somma dei quadrati costruiti su *AD* e *DB*.

2 Osserva la figura. Una delle seguenti proposizioni è *vera*. Quale?

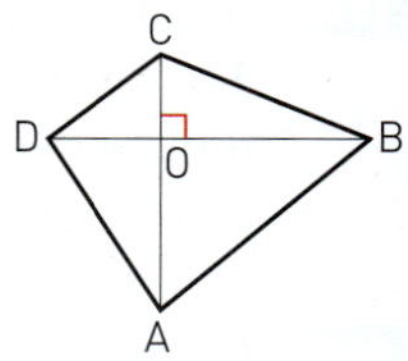

A) La somma dei quadrati di due lati opposti è equivalente alla somma dei quadrati degli altri due.

B) $DOC + AOB$ è equivalente a $DOA + BOC$.

C) $DOC + BOC$ è equivalente a $DOA + DOC$.

D) $DOC + DOA$ è equivalente a AOB.

E) *ADC* è equivalente a *BOC*.

RISOLVERE PROBLEMI

Dimostrazioni

3 Disegna un triangolo rettangolo *ABC* e dal punto medio *M* del cateto *AC* conduci la perpendicolare *MN* all'ipotenusa *BC*. Dimostra che il quadrato costruito su *BN* è equivalente alla somma dei quadrati costruiti su *CN* e su *AB*.

4 Nel rettangolo *ABCD*, considera la diagonale *BD*. La retta a essa perpendicolare e passante per *D* interseca i prolungamenti di *AB* e *BC* rispettivamente in *E* e *F*. Dimostra che il rettangolo di lati *AB* e *BE* è equivalente al rettangolo di lati *ED* e *DF*.

Con le misure

5 Un triangolo isoscele ha l'angolo al vertice $\widehat{A} = 120°$ e l'altezza relativa alla base *BC* che misura $6a$. Calcola il perimetro e l'area del triangolo. $[12a(2+\sqrt{3});\ 36a^2\sqrt{3}]$

6 Un cateto di un triangolo rettangolo è i $\frac{5}{3}$ della sua proiezione sull'ipotenusa e la somma di tale cateto con l'ipotenusa vale 120 cm. Calcola il perimetro del triangolo, l'area e l'altezza relativa all'ipotenusa. [180 cm; 1350 cm^2; 36 cm]

7 In un triangolo rettangolo l'ipotenusa misura 25 cm e la proiezione del cateto minore sull'ipotenusa è i $\frac{3}{4}$ dell'altezza relativa all'ipotenusa. Calcola perimetro e area del triangolo. [60 cm; 150 cm^2]

8 In un trapezio rettangolo *ABCD*, la diagonale *AC* è perpendicolare al lato obliquo *BC*, $AC \cong \frac{5}{4}DC$ e $AB \cong \frac{5}{4}AC$. Determina l'area del trapezio, sapendo che il suo perimetro misura 136 cm. [984 cm^2]

VERIFICA DELLE COMPETENZE PROVE

1 ora

PROVA A

1 COMPLETA calcolando la lunghezza dei segmenti richiesti mediante i dati, espressi in centimetri, indicati nella figura.

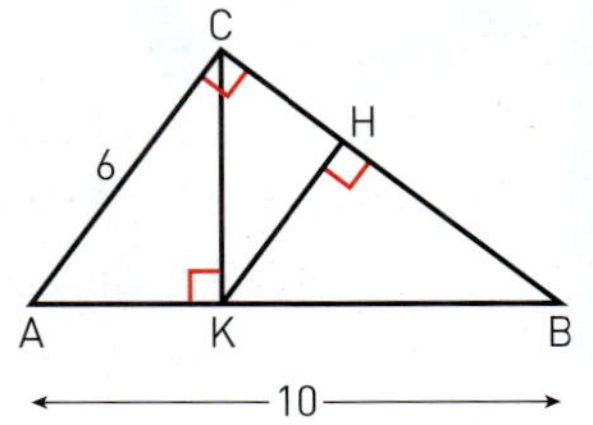

a. $BC = \square$ cm

b. $AK = \square$ cm

c. $CK = \square$ cm

d. $CH = \square$ cm

2 Nel trapezio rettangolo *ABCD* la diagonale *AC* è perpendicolare al lato obliquo *BC*. Dimostra che il rettangolo di lati congruenti alla base minore *CD* e alla proiezione del lato obliquo su *AB* è equivalente alla differenza dei quadrati costruiti su *AC* e sulla sua proiezione su *AB*.

3 Un parallelogramma ha un lato di 3 cm perpendicolare a una delle diagonali. Se l'altro lato è lungo 5 cm, qual è l'area del parallelogramma?

4 Calcola l'area del quadrilatero *ABCD* in figura, sapendo che $AC = 2$ cm.

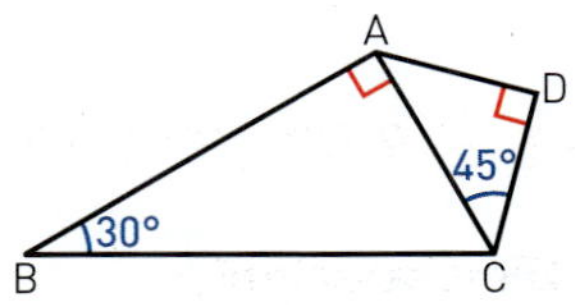

5 In un trapezio isoscele una base è il triplo dell'altra, l'altezza è lunga 12 cm e l'area è di 120 cm^2. Calcola il perimetro del trapezio.

PROVA B

L'ufficio informazioni

L'azienda di promozione turistica di un paese decide di costruire un ufficio informazioni nel cortile esterno del municipio, che ha la forma di una «elle», di dimensioni 10 m e 20 m. L'ufficio avrà la forma di triangolo rettangolo (in figura *ABC*) e al suo interno è prevista una parte (*CHB*) non accessibile al pubblico.

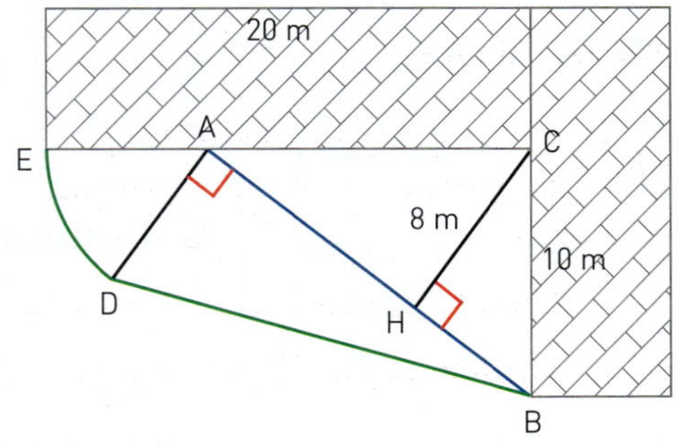

a. Calcola le altre misure delle zone *CHB* e *CHA*.

All'esterno dell'ufficio turistico viene creata anche una zona verde; un'aiuola fiorita ha la forma in figura delimitata dall'arco *ED* e dai lati *AE* e *AD* congruenti. Il punto *D* è tale che *AD* è perpendicolare ad *AB*.

b. Calcola l'area della zona *ADB* dove verrà seminato il prato.

c. Calcola la lunghezza del marciapiede *DB*.

d. Stabilisci se nella figura ci sono angoli tra loro congruenti, a parte gli angoli retti.

CAPITOLO

G7 LA PROPORZIONALITÀ

1 Le grandezze geometriche

► Esercizi a p. G214

Le classi di grandezze omogenee

Abbiamo già visto nel capitolo G1 come sia possibile confrontare e addizionare fra loro enti geometrici come le lunghezze dei segmenti, le ampiezze degli angoli, …
Si può dare una definizione più generale del confronto fra grandezze e della loro addizione.

DEFINIZIONE
Una classe di **grandezze geometriche omogenee** è un insieme di enti geometrici in cui risultano possibili le due seguenti operazioni:

1. il confronto fra due elementi qualunque dell'insieme;
2. l'addizione che associa a due elementi qualunque A e B dell'insieme un terzo elemento $A + B$ dell'insieme, detto somma di A e di B. L'addizione deve godere delle proprietà *associativa* e *commutativa*; inoltre deve esistere l'elemento neutro, che chiamiamo **grandezza nulla**.

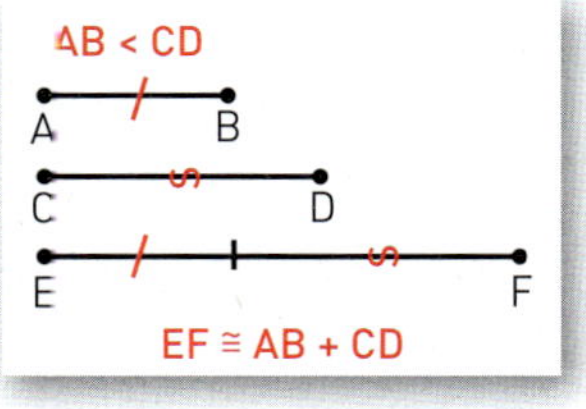

ESEMPIO Dati due segmenti AB e CD è sempre possibile:

- confrontarli (nella figura: $AB < CD$);
- sommarli (nella figura: $EF \cong AB + CD$).

I multipli e i sottomultipli

DEFINIZIONE
Il **multiplo di una grandezza** A secondo il numero naturale n è una grandezza B, omogenea a quella data, definita come segue:

- B è la somma di n grandezze uguali ad A, se $n > 1$;
- B è uguale ad A, se $n = 1$;
- B è uguale alla grandezza nulla, se $n = 0$.

In simboli, scriviamo

$$B = n \cdot A.$$

Una grandezza A è **sottomultipla** secondo il numero naturale $n \neq 0$ di una grandezza B a essa omogenea, se B è il multiplo di A secondo n.

In simboli, $A = \frac{1}{n}B$.

Con $G = \frac{m}{n}A$ indichiamo $G = m \cdot \left(\frac{1}{n} \cdot A\right)$.

ESEMPIO La lunghezza del segmento AB nella figura è multipla della lunghezza di CD secondo il numero 3. Possiamo anche dire che la lunghezza di AB è 3 volte quella di CD: $AB = 3CD$.
La lunghezza di CD è sottomultipla di quella di AB secondo il numero 3 e si scrive:

$$CD = \frac{1}{3}AB.$$

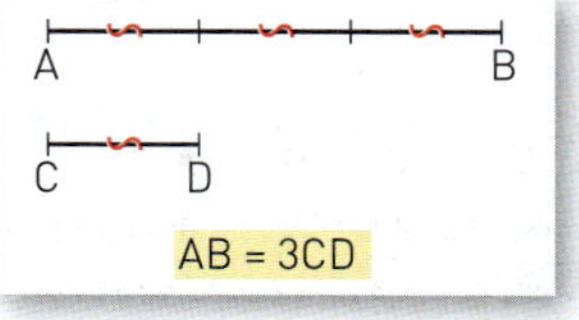

Enunciamo il seguente postulato.

POSTULATO
Postulato di Eudosso-Archimede
Date due grandezze omogenee, che non siano congruenti o nulle, esiste sempre una grandezza multipla della minore che supera la maggiore.

Il postulato assicura che date due grandezze A e B, tali che $A \neq 0$ e $B \neq 0$ con $A < B$, esiste sempre un numero m intero e positivo tale per cui

$$mA > B.$$

2 Le grandezze commensurabili e incommensurabili

▶ Esercizi a p. G215

Le grandezze commensurabili e la loro misura

Consideriamo i segmenti della figura a lato. Il segmento AB è sottomultiplo di CD, secondo il numero 3, e anche di EF, secondo il numero 5.
Si dice allora che CD ed EF, avendo un segmento sottomultiplo comune, sono segmenti **commensurabili**, così come le loro lunghezze.

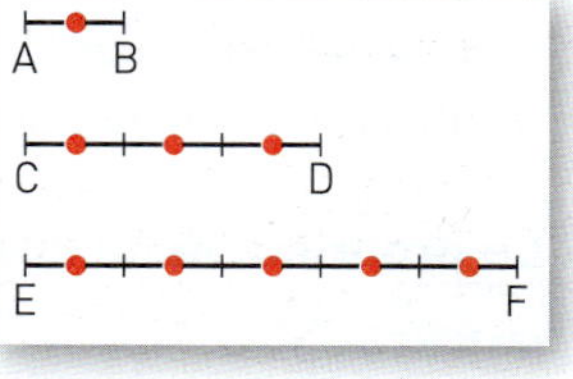

In generale, diamo la seguente definizione.

DEFINIZIONE
Due **grandezze omogenee** si dicono **commensurabili** se esiste una grandezza, omogenea con le due date, che sia loro sottomultipla comune.

Il termine **commensurabile** viene usato per grandezze che ammettono una comune «unità di misura», cioè un sottomultiplo comune a tali grandezze.

In generale, date due grandezze A e B commensurabili, detta U la grandezza sottomultipla comune e detti m e n due numeri naturali tali che $U = \frac{1}{m}A$ e $U = \frac{1}{n}B$, allora è possibile scrivere la relazione: $A = mU = m\left(\frac{1}{n}B\right) = \frac{m}{n}B$.

Detto in altro modo, due grandezze A e B sono commensurabili se e solo se esiste un numero razionale $\frac{m}{n}$ tale che $A = \frac{m}{n}B$.

▶ A e B sono due grandezze omogenee. Sapendo che A è il doppio di B, qual è il rapporto fra la metà di A e il triplo di B?

ESEMPIO I segmenti a e b sono commensurabili.
Se $a = \frac{2}{3}b$, è anche $b = \frac{3}{2}a$. Inoltre, $3a = 2b$.

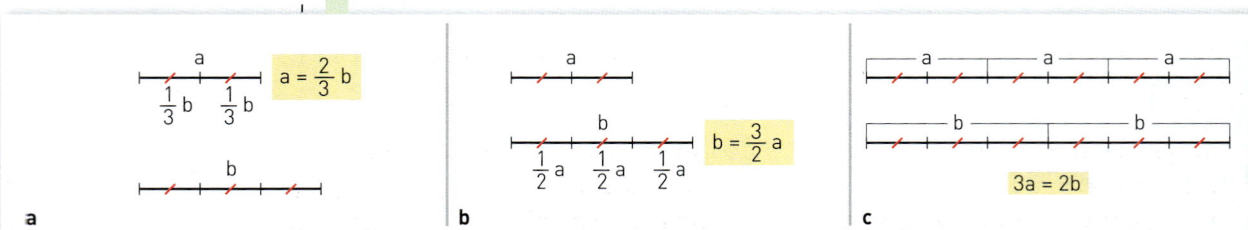

La misura di una grandezza commensurabile

Se diciamo che la lunghezza di un segmento AB è 3 cm, significa che quel segmento è multiplo secondo il numero 3 di un segmento di lunghezza 1 cm. Diremo allora che 3 è la misura di AB rispetto al centimetro.

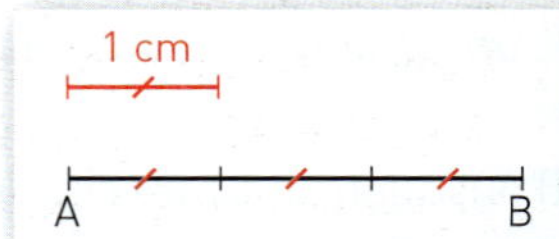

DEFINIZIONE
Misura di una grandezza
Date due grandezze A e U commensurabili fra loro, si definisce **misura** di A rispetto a U il numero razionale $\frac{m}{n}$ tale che:

$$A = \frac{m}{n}U.$$

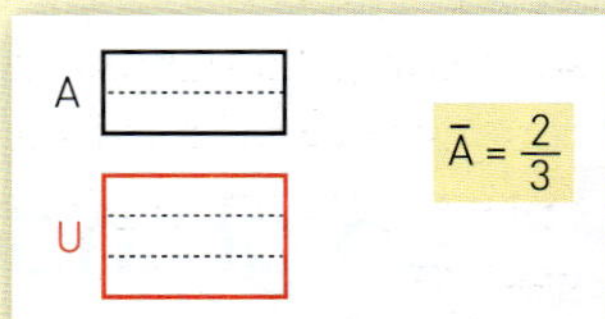

Indichiamo la misura di A con $\overline{A}$.
La grandezza U viene detta **unità di misura.**
L'unità di misura non deve essere identificata con 1 perché U è una grandezza, mentre 1 è la sua misura rispetto a U ($\overline{U} = 1$).

Le proprietà della misura

Ci limitiamo a enunciare le proprietà fondamentali relative alla misura di grandezze, illustrandole con esempi riferiti alle lunghezze dei segmenti.

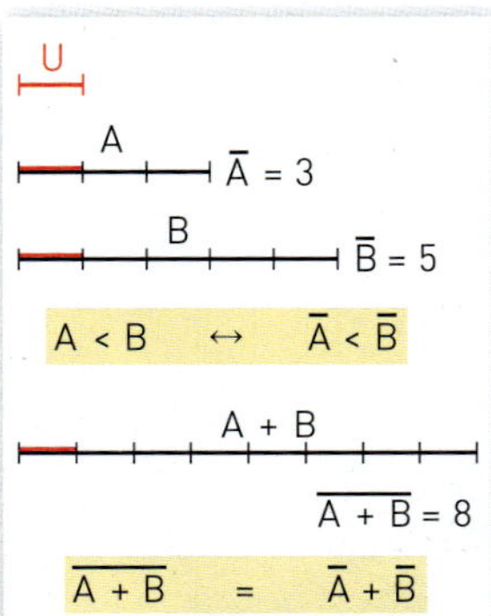

1. Se due grandezze A e B sono disuguali, le loro misure $\overline{A}$ e $\overline{B}$ lo sono nello stesso verso (e viceversa), ossia:

   $A < B \leftrightarrow \overline{A} < \overline{B}$; $A > B \leftrightarrow \overline{A} > \overline{B}$.

2. La misura della somma di due grandezze A e B è uguale alla somma delle loro misure, $\overline{A}$ e $\overline{B}$:

   $\overline{A+B} = \overline{A} + \overline{B}$.

Le grandezze incommensurabili e la loro misura

DEFINIZIONE

Due **grandezze omogenee** si dicono **incommensurabili** se non esiste una grandezza, omogenea con le due date, che sia loro sottomultipla comune.

Un esempio di grandezze incommensurabili è dato dalla diagonale di un quadrato e il suo lato.

TEOREMA

La diagonale di un quadrato e il suo lato sono segmenti incommensurabili.

Ipotesi *ABCD* è un quadrato. **Tesi** *AB* e *AC* non sono commensurabili.

DIMOSTRAZIONE

Supponiamo per assurdo che il lato *AB* e la diagonale *AC* siano commensurabili. Deve allora esistere un loro sottomultiplo comune, che chiamiamo *EF*. Questo equivale a supporre che *EF* sia sottomultiplo di *AB* secondo il numero n, e di *AC* secondo il numero m; in altre parole, che *AB* sia suddiviso in n parti e *AC* in m parti, tutte congruenti al segmento *EF* (figura **a**).

Consideriamo i quadrati Q_1, Q_2 e Q_3 con lati, rispettivamente, *AB*, *BC* e *AC*: segniamo su ognuno dei loro lati i punti di suddivisione in m o n parti (figura **b**).

Tracciando da ogni punto di suddivisione le perpendicolari ai lati, dividiamo i quadrati in altri quadrati tutti congruenti fra loro e di lato congruente a *EF* (figura **c**). I quadrati Q_1 e Q_2 sono composti ognuno da n^2 di questi quadrati, mentre Q_3 è composto da m^2 quadrati. Per esempio, se i lati di Q_1 sono divisi in 3 parti, in Q_1 ci sono 3 file di 3 quadrati, ossia $3 \cdot 3 = 3^2$ quadrati.

Per il teorema di Pitagora, il numero dei quadrati in Q_3 deve essere uguale alla somma del numero dei quadrati di Q_1 e di Q_2, cioè:

$$m^2 = n^2 + n^2 = 2n^2.$$

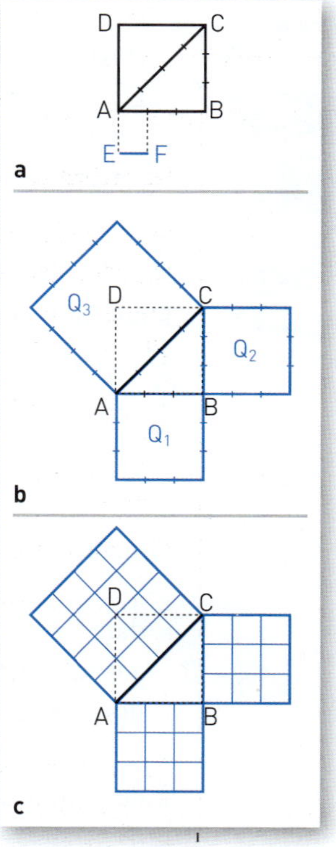

Questa uguaglianza non può essere vera: se m^2 e $2n^2$ fossero uguali, scomposti in fattori primi essi dovrebbero contenere gli stessi fattori. Ma in m^2, che è il quadrato di un numero naturale, il fattore 2 o non c'è o è contenuto un numero pari di volte. Per la stessa ragione, in $2n^2$, ossia il doppio del quadrato di un numero naturale, il fattore 2 è contenuto un numero dispari di volte. Ne consegue che m^2 e $2n^2$ non possono essere uguali.

Supponendo che la diagonale e il lato del quadrato siano commensurabili, siamo dunque giunti a un assurdo, perché l'uguaglianza $m^2 = 2n^2$ non è mai vera. *Quindi* la diagonale e il lato del quadrato sono incommensurabili.

Le lunghezze della diagonale e del lato di un quadrato non sono l'unico esempio di grandezze incommensurabili.

Tra gli esempi notevoli, citiamo le lunghezze del lato e dell'altezza di un triangolo equilatero ecc.

TEORIA

MATEMATICA E STORIA

Atene, IV secolo a.C.
Platone, nel suo dialogo *Menone*, racconta di una conversazione fra Socrate e un giovane schiavo:
«Socrate: "Il lato di questo quadrato è di due piedi; quanto sarà quello del quadrato avente superficie doppia?".
Schiavo: "Evidentemente il doppio, Socrate"».

► Ha ragione lo schiavo? Dato un quadrato, come puoi disegnare un quadrato di area doppia?

Scheda di lavoro

La misura di una grandezza incommensurabile

Se una grandezza A e l'unità di misura U sono incommensurabili, non esiste un loro sottomultiplo comune. In altre parole non esiste un numero razionale $\frac{m}{n}$ che sia la misura di A rispetto a U.

Tuttavia, è possibile estendere il concetto di misura anche a grandezze non commensurabili, purché si utilizzino i numeri reali anziché i razionali. In tal caso, se A e U sono grandezze incommensurabili, la misura di A rispetto a U è un numero irrazionale.

Per esempio, nel capitolo G6 abbiamo dimostrato che la misura della diagonale di un quadrato rispetto al lato è $\sqrt{2}$.

La continuità

POSTULATO
Postulato di continuità
Dato un insieme di grandezze omogenee, fissata un'unità di misura U e scelto un qualunque numero reale positivo o nullo, esiste sempre la grandezza la cui misura rispetto a U è il numero dato.

Definiamo gli insiemi *contigui* di grandezze.

Due classi di grandezze omogenee si dicono **contigue** se:

1. ogni grandezza della prima classe è minore di ogni grandezza della seconda;
2. comunque si fissi una grandezza A, omogenea a quelle date e piccola a piacere, si possono sempre trovare una grandezza della seconda classe e una della prima la cui differenza sia minore della grandezza A.

Grazie al postulato di continuità, si può dimostrare il seguente risultato:

date due classi contigue di grandezze, esiste sempre un'unica grandezza omogenea a quelle date che non è minore di qualsiasi grandezza della prima classe e non è maggiore di qualsiasi grandezza della seconda classe.

Tale grandezza viene anche detta **elemento separatore** delle due classi contigue.

3 Le grandezze proporzionali

► Esercizi a p. G218

Il rapporto fra due grandezze omogenee

Dati un segmento EF e un segmento MN, è possibile determinare la misura di EF scegliendo MN come unità di misura.

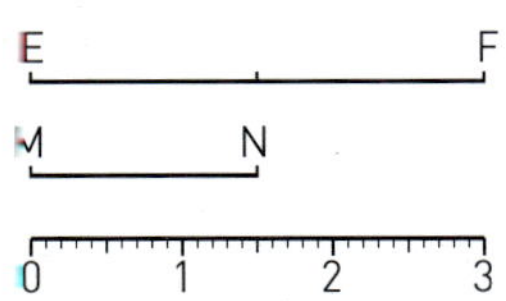

ESEMPIO Se EF è un segmento lungo 3 cm e MN è un segmento lungo 1,5 cm, la misura di EF rispetto a MN è uguale a 2:

$$\overline{EF} = 2.$$

Si dice anche che il rapporto fra le lunghezze di EF e MN è:

$(3 \text{ cm}) : (1{,}5 \text{ cm}) = 2.$

DEFINIZIONE

Il **rapporto fra due grandezze** omogenee A e B è la misura di A rispetto a B, quando quest'ultima è scelta come unità di misura.

Tale rapporto viene indicato con $A : B$, oppure con $\frac{A}{B}$.

In particolare, il rapporto fra due grandezze uguali è sempre uguale a 1, ossia:

$$\frac{A}{A} = 1.$$

Si può dimostrare la seguente proprietà.

TEOREMA

Date due grandezze omogenee A e B, con B diversa dalla grandezza nulla, il loro rapporto $r = \frac{A}{B}$ è uguale al rapporto fra le loro misure $\overline{A}$ e $\overline{B}$, rispetto a una qualunque unità di misura.

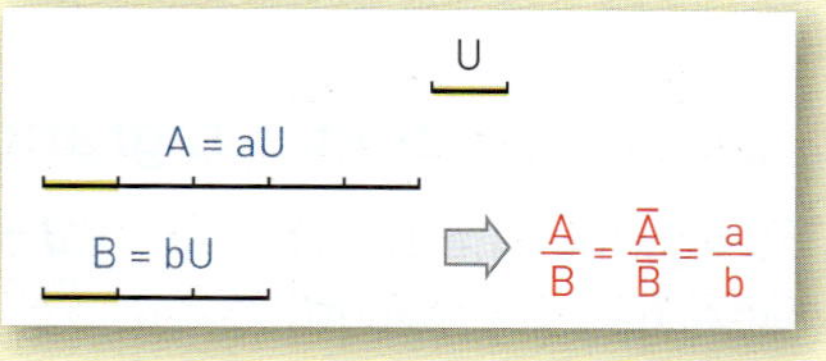

Ipotesi
1. A e B grandezze omogenee;
2. $\overline{B} \neq 0$;
3. $\overline{A} = a$, rispetto a U;
4. $\overline{B} = b$, rispetto a U;
5. $\frac{A}{B} = r$.

Tesi
1. $r = \frac{a}{b}$;
2. $\frac{A}{B}$ non dipende da U.

DIMOSTRAZIONE

Dimostriamo la tesi 1. Per l'ipotesi 3 risulta $A = aU$ e per l'ipotesi 5 risulta $A = rB$.

Uguagliando le due espressioni otteniamo $aU = rB$.

Per l'ipotesi 4 si ha $B = bU$ e, sostituendo quest'ultima espressione nell'uguaglianza precedente, si ha:

$aU = r(bU)$,

ossia $aU = rbU$.

Essendo uguali le due grandezze aU e rbU, possiamo affermare che:

$$a = rb.$$

Dividiamo i due membri per b (*diverso da* 0 per le ipotesi 2 e 4):

$$\frac{a}{b} = r.$$

Poiché $\frac{A}{B} = r$ per l'ipotesi 5 e $\frac{\overline{A}}{\overline{B}} = \frac{a}{b} = r$, possiamo concludere che il rapporto fra le grandezze A e B è uguale al rapporto fra le loro misure:

$$\frac{A}{B} = \frac{\overline{A}}{\overline{B}} = \frac{a}{b}.$$

▶ La grandezza A misura $A = \frac{2}{5}n$ rispetto all'unità di misura n. Calcola la misura di A rispetto all'unità di misura $r = \frac{7}{10}n$.

Dimostriamo la tesi 2. Il rapporto $\frac{A}{B}$ che abbiamo calcolato non dipende dall'unità U scelta. Infatti, se consideriamo una diversa unità di misura, U', e le rispettive misure a' e b' di A e B rispetto a U', risulta:

$$A = a'U' \quad \text{e} \quad B = b'U'.$$

Essendo $\frac{A}{B} = r$ si ha: $a'U' = r(b'U')$, da cui

$$\frac{A}{B} = \frac{a'}{b'} = r.$$

Pertanto, il rapporto fra le grandezze A e B è uguale al rapporto fra le loro misure e tale rapporto non dipende dall'unità di misura scelta.

Questo teorema è importante perché permette di identificare il rapporto fra le lunghezze di due segmenti con il rapporto fra le loro misure. Considerazioni analoghe valgono per le ampiezze di due angoli, per le aree di due superfici ecc.

Le proporzioni fra grandezze

Dati quattro numeri reali, a, b, c e d con ($b \neq 0$ e $d \neq 0$), una proporzione è l'uguaglianza fra i due rapporti:

$$\frac{a}{b} = \frac{c}{d}, \quad \text{che si può anche scrivere} \quad a : b = c : d.$$

Estendiamo la definizione di proporzione anche alle grandezze.

Listen to it

Four geometrical quantities A, B, C, D, such that A and B are of the same kind and C and D are of the same kind, are **proportional** if the ratio of A to B is equal to the ratio of C to D.

DEFINIZIONE

Date due grandezze omogenee A e B, con B diversa dalla grandezza nulla, e altre due grandezze omogenee C e D, con D diversa dalla grandezza nulla, si chiama **proporzione fra le grandezze** assegnate l'uguaglianza fra il rapporto $\frac{A}{B}$ e il rapporto $\frac{C}{D}$.

Non è necessario che le quattro grandezze siano tutte omogenee fra loro, basta che lo siano le prime due e le seconde due.
Anche una proporzione fra grandezze può essere scritta nei due modi equivalenti:

$$\frac{A}{B} = \frac{C}{D} \quad \text{e} \quad A : B = C : D.$$

Inoltre, la terminologia usata per le proporzioni fra grandezze è del tutto identica a quella utilizzata per le proporzioni fra numeri.

In particolare, la proporzione $A : B = C : D$ si legge: «A sta a B come C sta a D».

ESEMPIO Le lunghezze dei segmenti AB e CD e quelle dei segmenti $A'B'$ e $C'D'$ sono in proporzione perché per entrambe le coppie il rapporto è $\frac{3}{2}$. Scriviamo:

$$\frac{AB}{CD} = \frac{A'B'}{C'D'} \quad \text{oppure} \quad AB : CD = A'B' : C'D'.$$

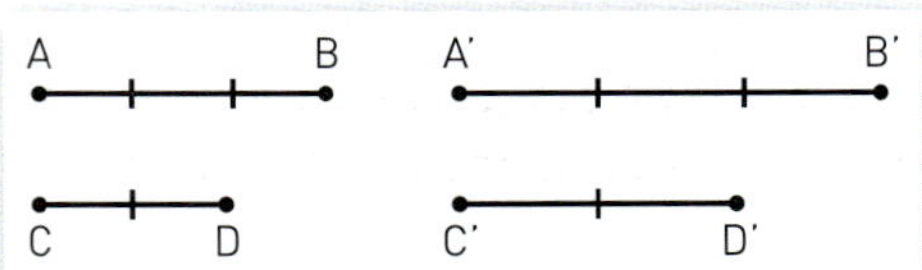

In una proporzione fra grandezze si chiamano **medi** il secondo e il terzo termine, immediatamente a sinistra e a destra del segno di uguale, **estremi** il primo e l'ultimo elemento della proporzione.

In una proporzione fra grandezze gli **antecedenti** sono i numeratori dei due rapporti, i **conseguenti** sono i denominatori.

Diciamo poi che una proporzione fra tre grandezze omogenee è **continua** se ha i due medi uguali:

$$A : X = X : D.$$

In questo caso la grandezza X è detta **media proporzionale** fra A e D.

Poiché il rapporto fra due grandezze omogenee è uguale al rapporto fra le loro misure, si può dimostrare il seguente teorema, che enunciamo solamente.

TEOREMA

Due grandezze omogenee A e B e altre due grandezze omogenee C e D sono in proporzione se e solo se lo sono anche le loro misure.

Questa proprietà permette di affermare che per le proporzioni fra grandezze valgono molte delle proprietà delle proporzioni fra numeri. Esaminiamole con una tabella.

Proprietà delle proporzioni fra grandezze

Proprietà	$A : B = C : D$ se e solo se
del comporre	$(A + B) : B = (C + D) : D$
dello scomporre	$(A - B) : B = (C - D) : D$ (con $A > B$ e, di conseguenza, $C > D$)
del permutare	$A : C = B : D$ (con A, B, C, D tutte omogenee fra loro)
dell'invertire	$B : A = D : C$
dei due multipli	$hA : hB = C : D$ $A : B = kC : kD$ (per ogni h, k reali non nulli)

Poiché non abbiamo definito il prodotto fra grandezze, per le proporzioni fra grandezze non enunciamo una proprietà analoga alla proprietà fondamentale delle proporzioni che vale invece fra le loro misure (il prodotto dei medi è uguale al prodotto degli estremi), $a : b = c : d \leftrightarrow a \cdot d = b \cdot c$.

Per una **catena di rapporti uguali** di grandezze tutte omogenee fra loro vale la proprietà del comporre:

$$A : B = C : D = E : F \rightarrow (A + C + E) : (B + D + F) = A : B.$$

Vale anche il **teorema della quarta proporzionale**, che ci limitiamo a enunciare senza darne la dimostrazione.

TEOREMA

Date due grandezze omogenee A e B, e una terza grandezza C (A, B e C non nulle), esiste ed è unica una quarta grandezza D, omogenea a C, che con le prime tre grandezze forma la proporzione $A : B = C : D$.

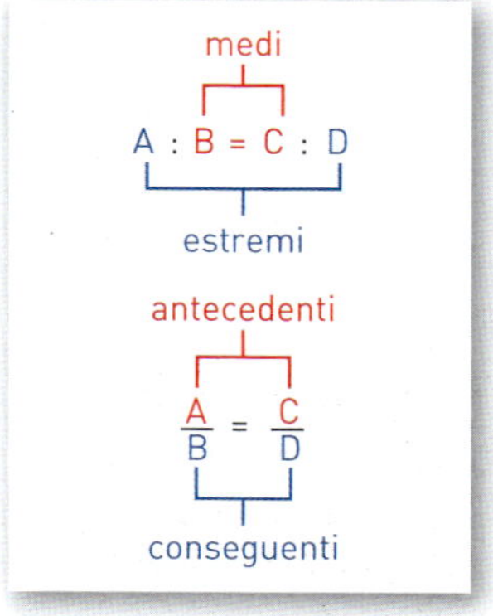

► Nel caso di una proporzione continua le grandezze devono essere tutte omogenee fra loro. Spiega perché.

► In un trapezio isoscele le lunghezze delle basi sono proporzionali a 3 e 7. Sapendo che il lato obliquo è lungo 20 cm e che il perimetro è 90 cm, determina la lunghezza delle basi.

► Determina le ampiezze degli angoli di un triangolo, sapendo che sono proporzionali ai numeri 8, 15 e 22.

Animazione

MATEMATICA E STORIA

Che misure! La piramide di Cheope, nella piana di Giza, è una delle più grandi costruzioni realizzate dall'uomo. Ha un volume 30 volte superiore all'Empire State Building di New York; può contenere agevolmente al suo interno la basilica di San Pietro insieme a un altro paio di grandi cattedrali europee. Con la sua pietra si potrebbe fare un'autostrada a 8 corsie da San Francisco a New York. Pesa 5 milioni e 273 mila tonnellate e ha i lati alla base lunghi 234 metri.

▸ Come si può misurare con un metro l'altezza di una piramide?

La risposta

Le grandezze direttamente proporzionali

Consideriamo due insiemi di grandezze geometriche

$$\begin{array}{cccc} A & B & C & \dots \\ \updownarrow & \updownarrow & \updownarrow & \\ A' & B' & C' & \dots \end{array}$$

che siano in corrispondenza biunivoca e tali che le grandezze di ognuno degli insiemi siano omogenee tra loro.
Per insiemi di questo tipo diamo la seguente definizione.

DEFINIZIONE

Consideriamo due insiemi X e Y, ciascuno di grandezze omogenee, fra i quali esiste una corrispondenza biunivoca. X e Y sono **insiemi di grandezze direttamente proporzionali** quando il rapporto fra due grandezze qualunque A e B di X è uguale al rapporto fra le grandezze corrispondenti A' e B' di Y.

$$\frac{A}{B} = \frac{A'}{B'} \quad \forall\, A, B \in X, \quad \forall\, A', B' \in Y$$

Per gli insiemi considerati, è quindi vero che:

$$A : B = A' : B',$$
$$B : C = B' : C',$$
$$A : C = A' : C', \dots$$

Inoltre, considerata in ognuno dei due insiemi una unità di misura, fra le misure $a, b, c, \dots$ delle grandezze del primo insieme e le misure $a', b', c', \dots$ delle grandezze del secondo insieme è vero che:

$$a : b = a' : b',$$
$$b : c = b' : c',$$
$$a : c = a' : c', \dots$$

Se in queste proporzioni, che sono proporzioni tra numeri, permutiamo i medi, otteniamo:

$$a : a' = b : b', \;\; b : b' = c : c', \;\; a : a' = c : c', \;\dots \rightarrow a : a' = b : b' = c : c' = \dots$$

È quindi vero che per le grandezze di due insiemi in corrispondenza biunivoca che sono direttamente proporzionali il rapporto fra le misure di grandezze corrispondenti è un numero costante, chiamato **rapporto di proporzionalità**.

MATEMATICA INTORNO A NOI

La proporzionalità che frena Ci sono auto che possono correre anche fino alla velocità di 300 km/h.

▸ Come può bastare una leggera pressione sul pedale del freno per fermarle?

La risposta

Il criterio di proporzionalità diretta

Si può dimostrare il seguente teorema.

TEOREMA

Criterio di proporzionalità diretta

Condizione necessaria e sufficiente affinché le grandezze di due insiemi in corrispondenza biunivoca siano direttamente proporzionali è che:

- a grandezze uguali del primo insieme corrispondano grandezze uguali del secondo;
- alla somma di due o più grandezze del primo insieme corrisponda la somma delle grandezze corrispondenti del secondo.

Applichiamo il criterio della proporzionalità diretta al seguente esempio.

ESEMPIO Consideriamo l'insieme delle aree dei rettangoli che hanno altezza congruente e l'insieme delle lunghezze delle basi dei rettangoli.
Esiste una corrispondenza biunivoca che associa all'area di un rettangolo la lunghezza della sua base.
Le grandezze dei due insiemi sono direttamente proporzionali poiché soddisfano le condizioni del criterio di proporzionalità diretta:

1. ad aree uguali corrispondono uguali lunghezze delle basi (figura **a**);
2. alla somma di due aree di rettangoli corrisponde la somma delle lunghezze delle basi congruenti (figura **b**).

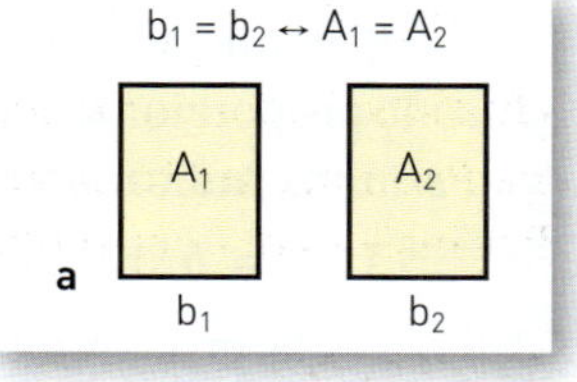

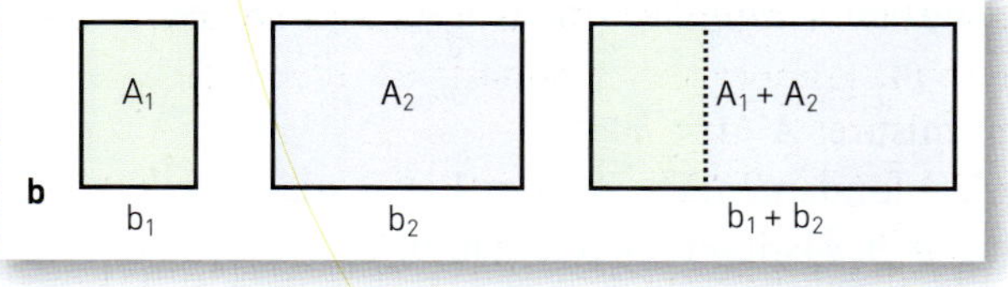

Queste considerazioni portano a enunciare il seguente teorema.

TEOREMA

Rettangoli con altezze congruenti hanno aree proporzionali alle rispettive basi.

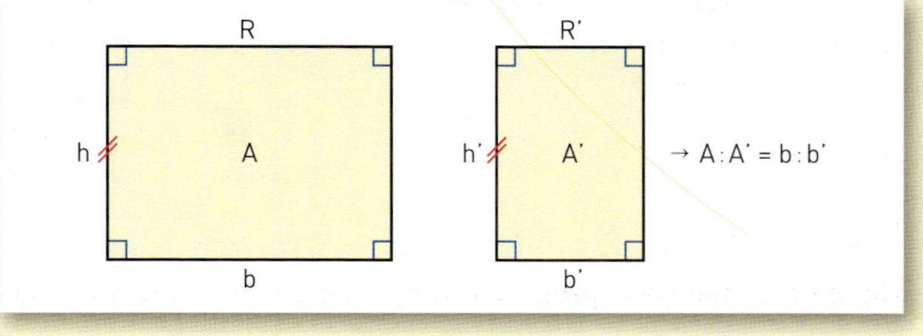

Poiché nei rettangoli si può considerare uno stesso lato come base o come altezza, è immediato dimostrare il seguente corollario.

Corollario. Rettangoli con basi congruenti hanno aree proporzionali alle rispettive altezze.

L'area del rettangolo

Applicando il teorema appena enunciato è possibile ricavare la formula per il calcolo dell'area del rettangolo.

TEOREMA
Area del rettangolo
La misura dell'area di un rettangolo è uguale al prodotto delle misure della base e dell'altezza.

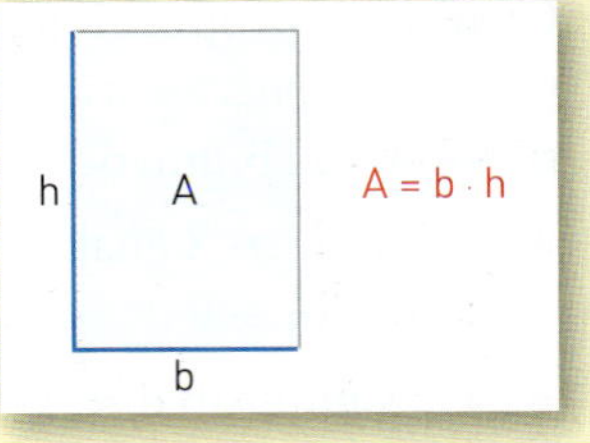

Ipotesi R è un rettangolo di base b, altezza h, area A. **Tesi** $A = b \cdot h$.

DIMOSTRAZIONE
Chiamiamo Q un quadrato il cui lato abbia per lunghezza l'unità di misura u. Q ha come area U, l'unità di misura delle aree. Inoltre, consideriamo un rettangolo R', di area A', che abbia base u e altezza h.

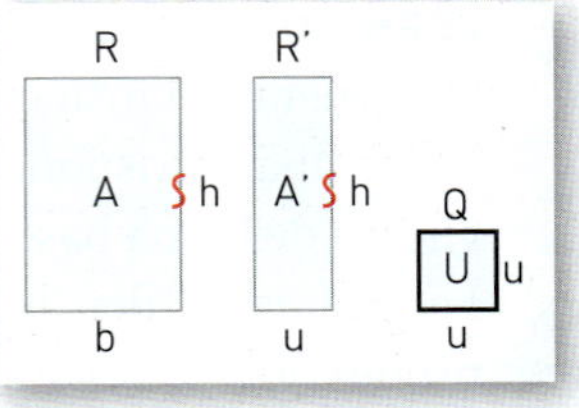

R e R' hanno altezze congruenti, *quindi* le loro aree sono proporzionali alle rispettive basi: $A : A' = b : u$.
Pertanto, indicando allo stesso modo le rispettive misure, vale la proporzione:

$A : A' = b : 1$.

Poiché la proporzione tra le misure è numerica, si può applicare la proprietà fondamentale delle proporzioni:

$1 \cdot A = b \cdot A'$ ossia $A = b \cdot A'$.

R' e Q hanno basi congruenti, *quindi* le loro aree sono proporzionali alle rispettive altezze: $A' : U = h : u$.
Considerando le loro misure: $A' : 1 = h : 1$.
Applicando la proprietà fondamentale: $A' \cdot 1 = 1 \cdot h$, ossia $A' = h$.
Poiché $A = b \cdot A'$ e $A' = h$, sostituendo, otteniamo:

$A = b \cdot h$.

Le grandezze inversamente proporzionali

Consideriamo i rettangoli di un piano che hanno una stessa area prefissata. Per esempio, pensiamo a rettangoli la cui area misura 12 rispetto a una data unità di misura U.

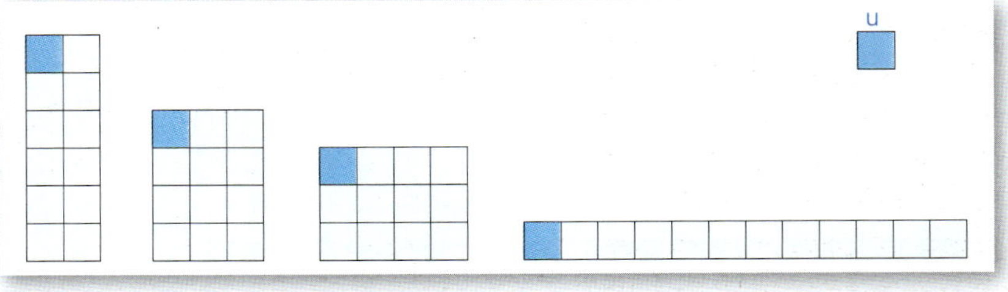

Chiamiamo B l'insieme delle lunghezze delle basi e H quello delle lunghezze delle altezze e consideriamo la corrispondenza biunivoca che a $b \in B$ associa $h \in H$, tali che il prodotto delle rispettive misure sia

$b \cdot h = 12$.

Dimostriamo che il rapporto fra le lunghezze di due basi è sempre uguale al reciproco del rapporto fra le lunghezze delle corrispondenti altezze. Date infatti due lunghezze b e b' di B e le corrispondenti lunghezze h e h' in H, considerando le rispettive misure, risulta $bh = 12$ e $b'h' = 12$, pertanto:

$$b = \frac{12}{h} \quad \text{e} \quad b' = \frac{12}{h'},$$

quindi:

$$\frac{b}{b'} = \frac{\frac{12}{h}}{\frac{12}{h'}} = \frac{12}{h} \cdot \frac{h'}{12} = \frac{h'}{h}.$$

Diciamo allora che B e H sono insiemi di grandezze *inversamente proporzionali*.

DEFINIZIONE

Consideriamo due insiemi X e Y, ciascuno di grandezze omogenee, fra i quali esiste una corrispondenza biunivoca. X e Y sono **insiemi di grandezze inversamente proporzionali** quando il rapporto fra due grandezze qualunque A e B di X è uguale al reciproco del rapporto fra le grandezze corrispondenti A' e B' di Y.

$$\frac{A}{B} = \frac{B'}{A'} \quad \forall\, A, B \in X, \ \forall\, A', B' \in Y$$

4 Il teorema di Talete

▶ Esercizi a p. G221

Nel capitolo G4 abbiamo considerato la *corrispondenza di Talete*, che mediante un fascio di rette parallele associa a segmenti con estremi su una trasversale segmenti su una seconda trasversale.

Abbiamo poi dimostrato il *teorema di Talete dei segmenti congruenti*, in base al quale a segmenti congruenti su una trasversale corrispondono segmenti congruenti sull'altra.

Enunciamo ora il teorema di Talete nella sua forma generale.

Per brevità, parliamo di proporzionalità fra segmenti per indicare la proporzionalità fra le loro lunghezze.

TEOREMA

Teorema di Talete

Se un fascio di rette parallele è intersecato da due trasversali, i segmenti (compresi fra rette parallele) che si formano sulla prima trasversale sono direttamente proporzionali ai segmenti (compresi fra le stesse rette parallele) che si formano sulla seconda trasversale.

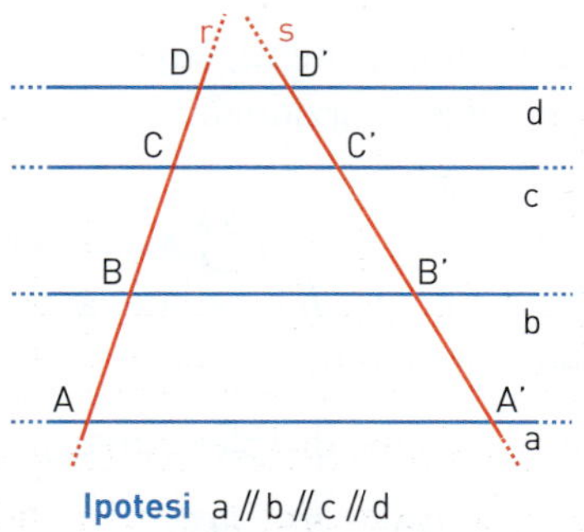

Ipotesi $a \parallel b \parallel c \parallel d$

Tesi $AB : CD = A'B' : C'D'$

Listen to it

If two straight lines, not necessarily parallel, are cut by a system of *parallel* lines, then the segments determined on one of the two lines are *proportional* to the respective segments obtained on the other line.

DIMOSTRAZIONE Animazione

Consideriamo i segmenti compresi fra rette parallele sulle trasversali r e s. Indichiamo con R l'insieme dei segmenti che stanno sulla retta r e con S l'insieme dei segmenti che stanno sulla retta s.

Stabiliamo una corrispondenza biunivoca associando a ogni segmento di R il segmento di S compreso fra le stesse parallele e viceversa.

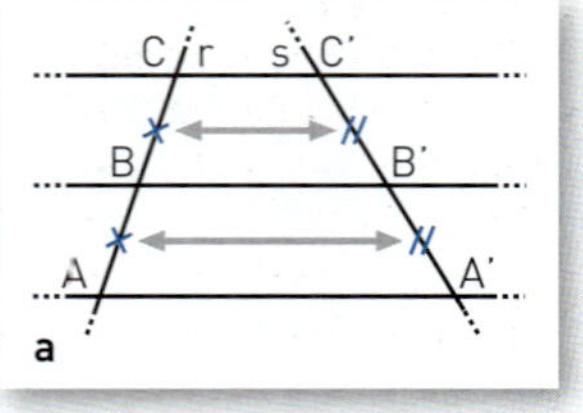

Utilizziamo il criterio di proporzionalità diretta, controllando che siano verificate le due condizioni richieste:

1. a segmenti congruenti su r corrispondono segmenti congruenti su s, per il teorema del fascio di rette parallele (figura **a**);
2. alla somma di due segmenti su r corrisponde la somma dei segmenti corrispondenti su s (figura **b**):

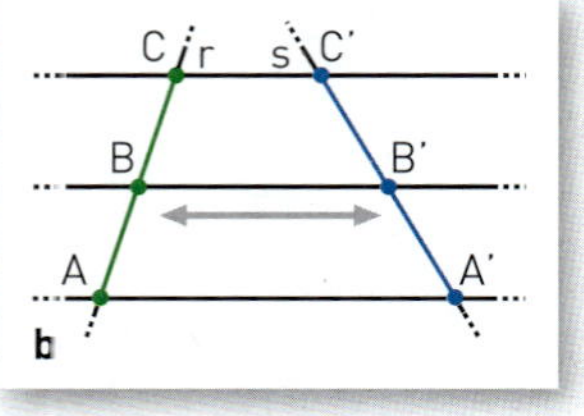

$$\begin{array}{ccccc} AB & + & BC & = & AC \\ \updownarrow & & \updownarrow & & \updownarrow \\ A'B' & + & B'C' & = & A'C'. \end{array}$$

Concludiamo che l'insieme dei segmenti individuati sulla trasversale r e l'insieme dei segmenti individuati sulla trasversale s sono insiemi di grandezze direttamente proporzionali. In particolare:

$$AB : CD = A'B' : C'D'.$$

Si può anche dimostrare il teorema inverso.

TEOREMA

Se su due rette r e s si considerano rispettivamente due insiemi di punti ordinati e in corrispondenza biunivoca tali che i segmenti aventi per estremi punti corrispondenti sono in proporzione, allora tutte le rette congiungenti coppie di punti corrispondenti sono parallele.

La retta parallela a un lato di un triangolo

Conseguenza del teorema di Talete è il seguente teorema.

TEOREMA

Una retta parallela a un lato di un triangolo divide gli altri due lati, o i loro prolungamenti, in segmenti proporzionali.

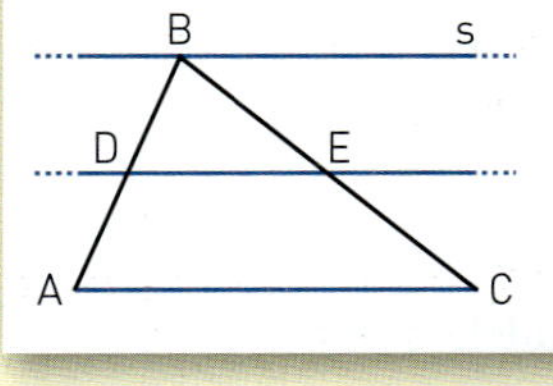

Ipotesi $DE \parallel AC$

Tesi $BD : DA = BE : EC$

DIMOSTRAZIONE Animazione

Tracciamo per B la retta s parallela a DE e AC. Le rette AC, DE e s costituiscono un fascio di rette parallele tagliate dalle trasversali AB e BC.

Per il teorema di Talete, possiamo scrivere la proporzione:

$$BD : DA = BE : EC.$$

Si può anche dimostrare il teorema inverso.

TEOREMA
Una retta che determina su due lati di un triangolo, o sui loro prolungamenti, segmenti proporzionali, è parallela al terzo lato.

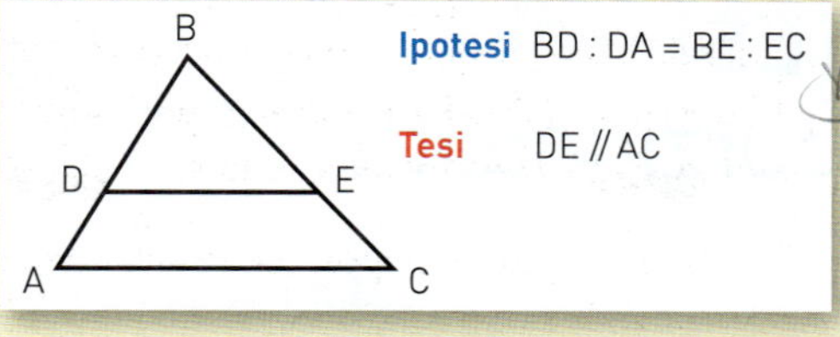

▶ Nel triangolo *ABC*, *AB* = 10 cm e *AC* = 16 cm. Prendi *P* su *AB* e *Q* su *AC*, con $AP \cong 3PB$ e $AQ \cong 3QC$. Da *A* traccia una retta *r* che intersechi *PQ* in *S* e *BC* in *D*. Dimostra che $PQ /\!/ BC$. Trova la lunghezza di *AS*, sapendo che *AD* = 14 cm.

Animazione

Il teorema della bisettrice di un angolo interno di un triangolo

TEOREMA
In un triangolo, la bisettrice di un angolo interno divide il lato opposto in parti direttamente proporzionali agli altri due lati.

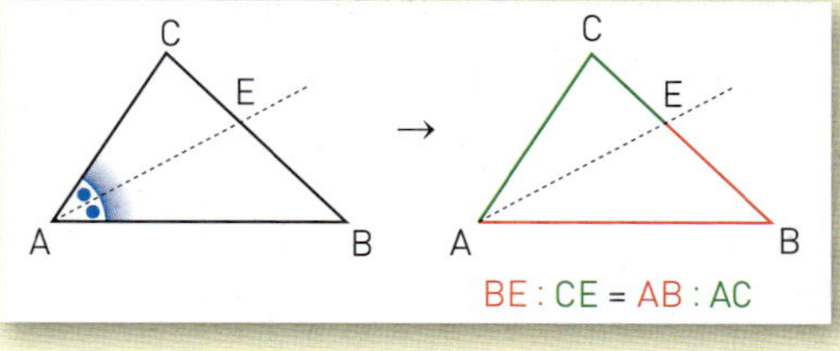

Ipotesi 1. ABC è un triangolo qualunque;
2. AE è bisettrice dell'angolo interno $\widehat{A}$.

Tesi $BE : CE = AB : AC$.

DIMOSTRAZIONE Animazione

Indichiamo con α l'angolo $C\widehat{A}E$ e con α' l'angolo $B\widehat{A}E$. Disegniamo la retta per C parallela alla bisettrice AE.

Prolunghiamo il lato BA fino a incontrare in D la parallela alla bisettrice. Indichiamo con β l'angolo $D\widehat{C}A$ e con β' l'angolo $A\widehat{D}C$ (figura **a**).

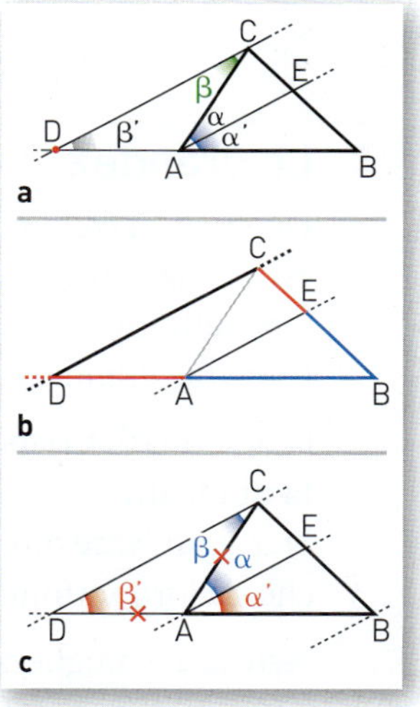

Nel triangolo DBC la retta AE, essendo parallela al lato DC, divide gli altri due lati in parti direttamente proporzionali (figura **b**):

$$BE : CE = AB : DA.$$

Gli angoli α e β (figura **c**) sono alterni interni delle rette parallele AE e CD tagliate dalla trasversale AC, *quindi* sono congruenti.

Gli angoli α' e β' sono corrispondenti delle stesse rette parallele, tagliate dalla trasversale DB, *quindi* sono congruenti.

Poiché $\alpha \cong \alpha'$, per ipotesi, e $\alpha \cong \beta$ e $\alpha' \cong \beta'$, risulta anche $\beta \cong \beta'$, *quindi* il triangolo ADC è isoscele sulla base DC.
Pertanto $DA \cong AC$.

Nella proporzione $BE : CE = AB : DA$ possiamo quindi sostituire DA con AC:

$$BE : CE = AB : AC,$$

ossia la bisettrice divide il lato opposto in parti proporzionali agli altri due lati.

Si può anche dimostrare il teorema inverso.

TEOREMA
Se in un triangolo un punto di un lato lo divide in parti direttamente proporzionali agli altri due lati, allora la congiungente questo punto con il vertice dell'angolo opposto è bisettrice di tale angolo.

IN SINTESI
La proporzionalità

Le grandezze geometriche

Una **classe di grandezze geometriche omogenee** è un insieme di enti geometrici in cui sono possibili due operazioni, il **confronto** e l'**addizione**.
L'addizione deve essere interna all'insieme e godere delle proprietà *associativa* e *commutativa*. Deve inoltre esistere l'elemento neutro, ossia la *grandezza nulla*.

ESEMPIO Sono classi di grandezze omogenee l'insieme delle lunghezze dei segmenti e quello delle aree delle superfici piane.

Una grandezza B è **multipla** di una grandezza A secondo il numero naturale n se:

- B è somma di n grandezze uguali ad A, se $n > 1$;
- B è uguale ad A, se $n = 1$;
- B è uguale alla grandezza nulla, se $n = 0$.

Se una grandezza B è multipla di una grandezza A secondo n (con $n \neq 0$), diciamo che A è **sottomultipla** di B secondo n.

ESEMPIO $B = 2A$: B è multipla di A secondo 2;
$A = \frac{1}{2}B$: A è sottomultipla di B secondo 2.

Le grandezze commensurabili e incommensurabili

Due grandezze omogenee sono **commensurabili** se esiste una grandezza, omogenea a quelle date, che sia loro sottomultipla comune.
Date due grandezze A e U commensurabili fra loro, la **misura di A rispetto a U** è il numero razionale $\frac{m}{n}$ tale che $A = \frac{m}{n}U$. La grandezza U viene detta **unità di misura**.

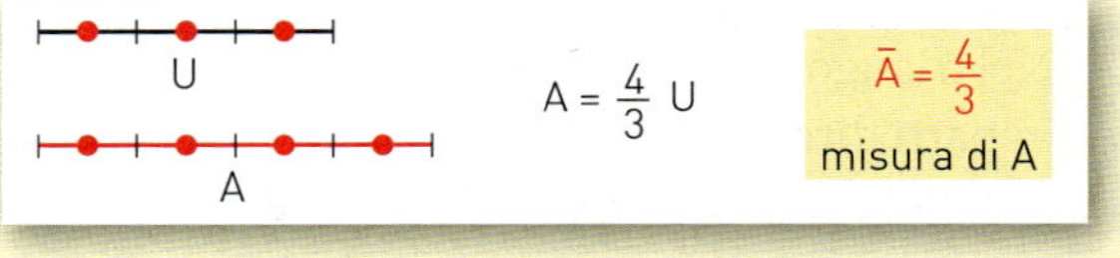

Due grandezze omogenee sono **incommensurabili** se non esiste una grandezza, omogenea a quelle date, che sia loro sottomultipla comune.

ESEMPIO Le lunghezze della diagonale e del lato di un quadrato sono grandezze incommensurabili.

Date due grandezze A e U incommensurabili fra loro, la **misura di A rispetto a U** è un numero irrazionale.

Le grandezze proporzionali

Il **rapporto** fra due grandezze omogenee A e B, con B diversa dalla grandezza nulla, è la misura di A rispetto a B e si indica con $A : B$, oppure con $\frac{A}{B}$.
Il rapporto fra due grandezze omogenee A e B è uguale al rapporto fra le loro misure.

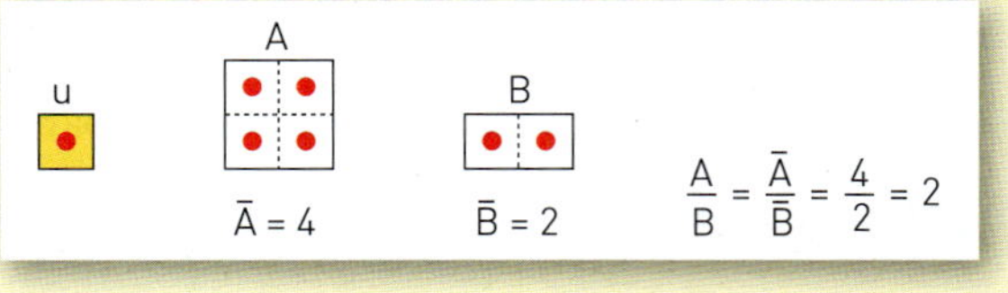

Date due grandezze omogenee A e B e altre due grandezze omogenee C e D, si chiama **proporzione** fra le grandezze l'uguaglianza fra il rapporto $\frac{A}{B}$ e il rapporto $\frac{C}{D}$ e si scrive $A : B = C : D$.

Proprietà delle proporzioni fra grandezze	
Proprietà	**$A : B = C : D$ se e solo se**
del comporre	$(A + B) : B = (C + D) : D$
dello scomporre	$(A - B) : B = (C - D) : D$ (con $A > B$ e, di conseguenza, $C > D$)
del permutare	$A : C = B : D$ (con A, B, C, D tutte omogenee fra loro)
dell'invertire	$B : A = D : C$
dei due multipli	$hA : hB = C : D$ $A : B = kC : kD$ (per ogni h, k reali non nulli)

Data una **catena di rapporti uguali** di grandezze tutte omogenee fra loro, si ha:

$$A : B = C : D = E : F \rightarrow (A + C + E) : (B + D + F) = A : B.$$

Consideriamo due insiemi X e Y, ciascuno di grandezze omogenee, fra i quali esiste una corrispondenza biunivoca. X e Y sono **insiemi di grandezze direttamente proporzionali** quando il rapporto fra due grandezze qualunque di X è uguale al rapporto fra le grandezze corrispondenti di Y.

Criterio di proporzionalità diretta. Condizione necessaria e sufficiente affinché due insiemi X e Y, ciascuno di grandezze omogenee, fra i quali esiste una corrispondenza biunivoca, siano insiemi di grandezze direttamente proporzionali è che:

1. a grandezze uguali scelte nell'insieme X corrispondano grandezze uguali nell'insieme Y;
2. alla somma di due grandezze di X corrisponda la somma delle due grandezze corrispondenti in Y.

Consideriamo due insiemi X e Y, ciascuno di grandezze omogenee, fra i quali esiste una corrispondenza biunivoca. X e Y sono insiemi di **grandezze inversamente proporzionali** quando il rapporto fra due qualunque grandezze di X è uguale al reciproco del rapporto fra le corrispondenti grandezze di Y.

Il teorema di Talete

Teorema di Talete. Dato un fascio di rette parallele intersecato da due trasversali, i segmenti che si formano su una trasversale sono direttamente proporzionali ai segmenti corrispondenti che si formano sull'altra trasversale.

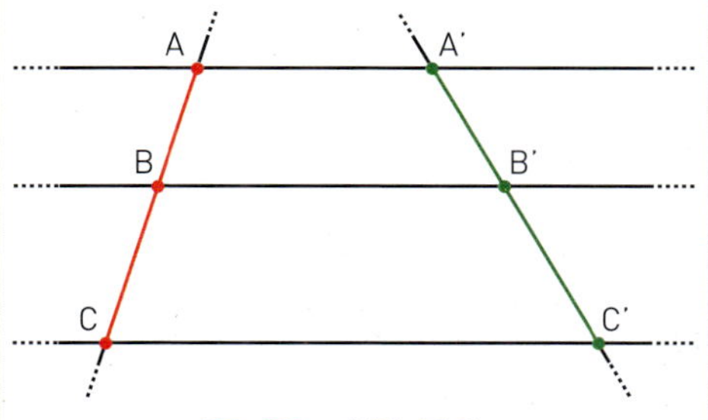

AB : BC = A'B' : B'C'

In un triangolo una retta parallela divide gli altri due lati, o i loro prolungamenti, in segmenti proporzionali.

Teorema della bisettrice di un angolo interno di un triangolo. In un triangolo la bisettrice di un angolo interno divide il lato opposto in parti direttamente proporzionali agli altri lati.

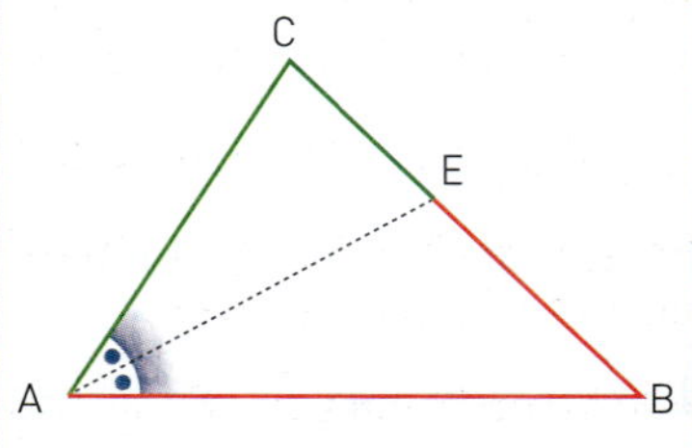

BE : CE = AB : AC

CAPITOLO G7
ESERCIZI

1 Le grandezze geometriche

▶ Teoria a p. G198

1 Fai vedere con un esempio che la somma di due lunghezze di segmenti non dipende dai segmenti scelti come rappresentanti delle lunghezze.

2 Verifica le proprietà commutativa e associativa dell'addizione di aree delle superfici piane e l'esistenza dell'elemento neutro.

I multipli e i sottomultipli

Negli esercizi seguenti sono indicate delle relazioni fra le lunghezze *a* e *b* di due segmenti. Disegna i due segmenti e, quando è possibile, esprimi a parole la relazione usando i termini «multipla» e «sottomultipla» secondo un numero naturale diverso da 0.

3 $a = 3b$; $\quad b = 4a$; $\quad b = a$; $\quad a = \frac{1}{5}b$.

4 $a = \frac{3}{4}b$; $\quad a = \frac{7}{3}b$; $\quad b = \frac{5}{6}a$.

5 $a = 0{,}1b$; $\quad b = 3{,}2a$; $\quad a = 0{,}5b$.

6 $2a = 3b$; $\quad 5b = 7a$; $\quad 6a = 5b$.

7 **COMPLETA** Nella figura sono rappresentati il segmento AA' di lunghezza a e il segmento BB' di lunghezza b. Scrivi la relazione fra le due lunghezze e traduci la relazione in una frase.

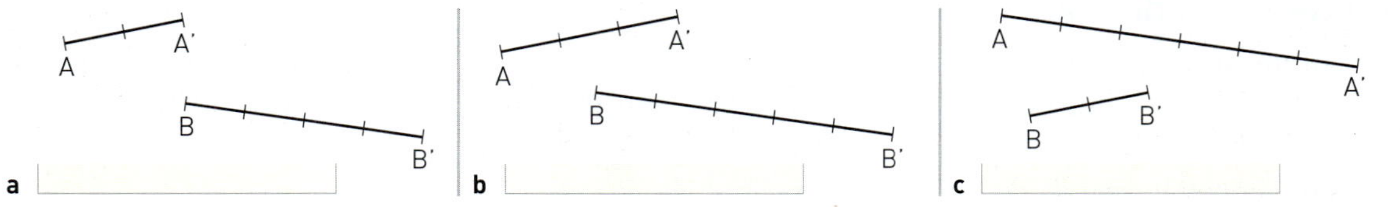

Le frasi che seguono sono riferite a due grandezze *A* e *B*. Per ognuna di esse scrivi la relazione fra *A* e *B* e poi fai dei disegni riferiti a lunghezze che ne rappresentino il significato.

8
a. A è multipla di B secondo 4;
b. A è sottomultipla di B secondo 3;
c. A è sottomultipla secondo 2 della multipla di B secondo 5;
d. A è multipla secondo 3 della sottomultipla di B secondo 4.

9
a. La grandezza multipla secondo 3 di A è uguale alla multipla secondo 2 di B;
b. la grandezza multipla secondo 4 di A è uguale alla sottomultipla secondo 2 di B;
c. la grandezza sottomultipla secondo 5 di A è uguale alla sottomultipla secondo 7 di B.

2 Le grandezze commensurabili e incommensurabili

▶ Teoria a p. G199

VERO O FALSO?

10 a. Due segmenti commensurabili hanno un segmento multiplo in comune. V F

b. Due grandezze commensurabili possono non essere omogenee. V F

c. Le lunghezze dei segmenti e le aree delle superfici *non* sono grandezze omogenee fra loro. V F

d. Se $A = \frac{2}{3}B$, allora A e B non sono grandezze commensurabili. V F

11 a. Condizione necessaria affinché due grandezze siano incommensurabili è che siano omogenee. V F

b. La lunghezza del lato di un esagono regolare e del relativo apotema sono grandezze incommensurabili. V F

c. Se due classi di grandezze omogenee sono contigue, allora ogni grandezza della prima classe è minore di ogni grandezza della seconda. V F

d. La misura della somma di due grandezze è minore della somma delle loro misure. V F

SPIEGA PERCHÉ

12 In un triangolo rettangolo un cateto è cinque volte l'altro. Dimostra che l'ipotenusa è incommensurabile con entrambi i cateti.

13 Fra le grandezze A, B e C valgono le seguenti relazioni:

$$A = \sqrt{3}\,C, \qquad B = 5\sqrt{3}\,C.$$

A e C sono commensurabili? E A e B?

Le grandezze commensurabili e la loro misura

14 **ESERCIZIO GUIDA** Siano AB e CD due segmenti tali che $AB = \frac{3}{4}CD$. Esprimiamo i due segmenti in funzione di un opportuno sottomultiplo comune U e poi rappresentiamoli graficamente.

La relazione $AB = \frac{3}{4}CD$ ha il seguente significato: CD è diviso in 4 parti congruenti e AB è uguale a 3 di queste parti. Sia U un segmento congruente a una di queste parti. Poiché U è un sottomultiplo comune di entrambi i segmenti, possiamo scegliere U come unità di misura.

Quindi le relazioni richieste sono:

$$AB \cong 3U; \qquad CD \cong 4U.$$

Rappresentando U come il lato del quadretto del foglio, il disegno dei due segmenti è il seguente:

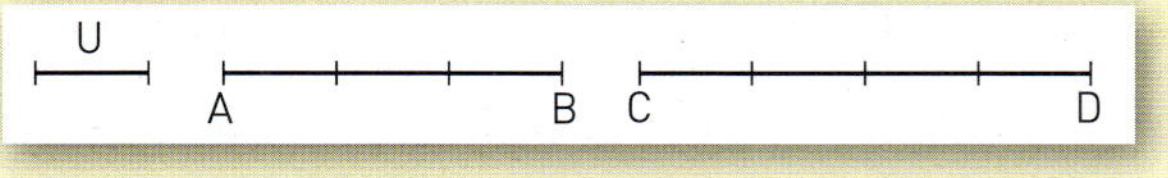

Osserviamo che U è il più grande sottomultiplo comune di AB e CD, e che esistono infiniti altri sottomultipli comuni. Per esempio, con:

$$U' = \frac{U}{2}, \qquad \text{ossia} \qquad U = 2U',$$

abbiamo:

$$AB \cong 3U \cong 3 \cdot (2U') \cong 6U';$$
$$CD \cong 4U \cong 4 \cdot (2U') \cong 8U'.$$

Esprimi in funzione di un segmento *U*, sottomultiplo comune, i segmenti legati fra loro dalle seguenti relazioni e fornisci una rappresentazione grafica.

15 $AB = \frac{3}{5}CD$; $HL = \frac{6}{7}EF$.

16 $3CD = 2AB$; $EF = 3GH$.

17 $6CD = 4EF$; $2AB = 5MN$.

18 $\frac{1}{2}MN = \frac{3}{8}CD$; $\frac{2}{5}OR = \frac{6}{7}PQ$.

MATEMATICA INTORNO A NOI

Fusi orari Tre amici, Beshir, Paolo e Valgeróur, abitano rispettivamente a Teheran, Venezia e Reykjavík. Vista la lontananza, decidono di organizzare una videochiamata…

Problema e risoluzione.

19 DIMOSTRAZIONE GUIDATA In un triangolo rettangolo un cateto è $\frac{3}{4}$ dell'altro. Dimostra che l'ipotenusa è commensurabile con entrambi i cateti.

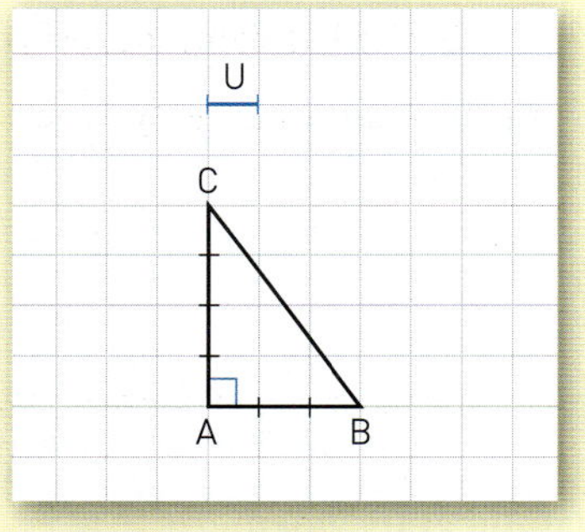

Ipotesi 1. ABC è un triangolo ______;
2. $AB \cong \frac{3}{4}AC$.

Tesi 1. BC commensurabile con AC;
2. BC commensurabile con ___.

Dimostrazione

- *Scegli l'unità di misura U e scrivi i cateti in funzione di U.*
Detta U l'unità di misura, coincidente con la lunghezza del lato di un quadratino del foglio, risulta $AB \cong 3U$ e $AC \cong$ ___ U.
- *Scrivi anche l'ipotenusa in funzione di U.*
Nel quadrato di lato AB ci sono $3^2 = 9$ quadrati di lato U.
Nel quadrato di lato AC ci sono ___ = ___ quadrati di lato U.
Per il teorema di ______ nel quadrato di lato BC ce ne sono $3^2 +$ ___ = ___. *Quindi*, $BC \cong$ ___ U.
- *Dimostra la tesi.*
Poiché U è sottomultipla comune delle lunghezze dell'ipotenusa e dei ______, l'ipotenusa è ______ con i cateti.

20 In un triangolo rettangolo un cateto è $\frac{5}{12}$ dell'altro. Dimostra che l'ipotenusa è commensurabile con entrambi i cateti.

21 In un triangolo rettangolo un cateto è $\frac{7}{25}$ dell'ipotenusa. Dimostra che i due cateti sono fra loro commensurabili.

22 In un triangolo rettangolo l'ipotenusa è $\frac{41}{9}$ di un cateto. Dimostra che l'ipotenusa è commensurabile anche con l'altro cateto.

23 In un rettangolo la base è $\frac{8}{15}$ dell'altezza. Dimostra che la diagonale è commensurabile sia con la base sia con l'altezza.

La misura di una grandezza commensurabile

24 ESERCIZIO GUIDA Dati i segmenti AB, CD ed EF, sapendo che $AB = \frac{3}{4}CD + 3EF$ e $\frac{3}{2}CD = 4EF$, calcoliamo la misura di AB rispetto a EF.

Dalla seconda relazione ricaviamo CD, dividendo i due membri per $\frac{3}{2}$:

$$CD = \frac{4EF}{\frac{3}{2}} = \frac{2}{3}(4EF) = \frac{8}{3}EF.$$

Sostituiamo nella prima relazione:

$$AB = \frac{3}{4}\left(\frac{8}{3}EF\right) + 3EF = 2EF + 3EF = 5EF.$$

La misura di AB rispetto a EF è:

$$\overline{AB} = 5.$$

25 Date le relazioni

$$AB = 2CD + \frac{1}{4}EF, \qquad \frac{4}{3}CD = \frac{1}{2}EF,$$

calcola la misura di AB rispetto a EF.

26 Valgono le relazioni: $7AB = 6CD$; $14AB = 3EF$. Calcola la misura di CD rispetto a EF.

27 Dato un segmento AB di lunghezza $6l$, calcola la misura di AB rispetto alle seguenti unità di misura: l, $3l$, $\frac{1}{2}l$.

28 La lunghezza del segmento CD è $\frac{1}{2}u$. Scrivi la misura di CD rispetto alle unità di misura: u, $2u$, $\frac{3}{2}u$.

29 Sapendo che $GH = \frac{1}{2}y$, calcola la misura di GH rispetto alle unità di misura: y, $2y$, $\frac{1}{4}y$.

30 Sia $LM = x + y$. Scrivi la misura di LM rispetto alle unità di misura: $x + y$, $2x + 2y$, $\frac{1}{2}x + \frac{1}{2}y$.

Le grandezze incommensurabili e la loro misura

31 ESERCIZIO GUIDA In un triangolo rettangolo un cateto è il triplo dell'altro. Dimostriamo che l'ipotenusa è incommensurabile con entrambi i cateti.

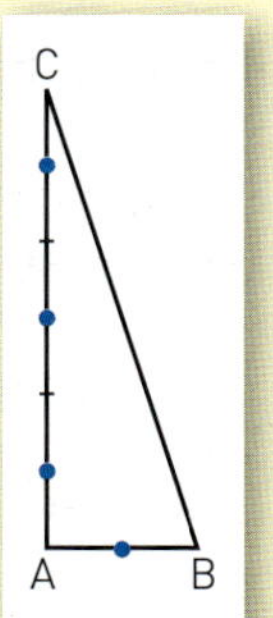

Ipotesi 1. ABC è un triangolo rettangolo;
2. $AC \cong 3AB$.

Tesi 1. BC incommensurabile con AB;
2. BC incommensurabile con AC.

Supponiamo che il triangolo sia rettangolo in A e che, fra i cateti AB e AC, valga la relazione $AC \cong 3AB$.
Ragioniamo per assurdo. Se l'ipotenusa fosse commensurabile con i cateti dovrebbe esistere un sottomultiplo comune U tale che:

$$BC \cong mU; \quad AB \cong nU; \quad AC \cong 3AB \cong 3nU.$$

I quadrati costruiti sui tre lati sarebbero costituiti rispettivamente di m^2, n^2 e $(3n)^2 = 9n^2$ quadrati di lato U.
Per il teorema di Pitagora dovrebbe essere:

$$n^2 + 9n^2 = m^2; \ 10n^2 = m^2; \ 2 \cdot 5 \cdot n^2 = m^2.$$

In n^2 il fattore 2 è contenuto un numero pari di volte, quindi nel membro di sinistra il fattore 2 è contenuto un numero *dispari* di volte.

In m^2 il fattore 2 è contenuto un numero *pari* di volte, quindi il membro di destra non può essere uguale a quello di sinistra.

Considerazioni analoghe si possono fare per il fattore 5.

Dalla supposizione iniziale siamo giunti a un assurdo, quindi l'ipotenusa non è commensurabile con i cateti.

32 Dimostra che il lato e l'altezza di un triangolo equilatero sono incommensurabili.

33 Fra le grandezze A, B e C valgono le seguenti relazioni:

$$A = \sqrt{2}B; \qquad B = \sqrt{2}C.$$

A e B sono incommensurabili? E B e C? E A e C?

34 Fra le lunghezze a, b e c di tre segmenti valgono le seguenti relazioni:

$$a = \sqrt{5}b; \qquad \sqrt{3}a = c.$$

a e b sono incommensurabili? E b e c? E a e c?

35 Date le relazioni fra le lunghezze a, b e c di tre segmenti:

$$a = \sqrt{3}b, \qquad b = \sqrt{2}c,$$

determina la misura di a rispetto a c.

36 Un triangolo rettangolo ha i due cateti di uguale lunghezza. Dimostra che l'ipotenusa è incommensurabile con i cateti.

37 In un rettangolo la base è un quarto dell'altezza. Dimostra che la diagonale è incommensurabile sia con la base sia con l'altezza.

3 Le grandezze proporzionali

▶ Teoria a p. G202

38 VERO O FALSO?

a. Affinché la proporzione $A : B = C : D$ sia valida, A, B, C e D devono essere grandezze omogenee. V F

b. La scrittura $\frac{\overline{A}}{\overline{B}} = \frac{\overline{C}}{\overline{D}}$ è priva di significato. V F

c. Se $A : B = C : D$, allora $B : A = D : C$ per la proprietà del permutare. V F

d. Date tre grandezze omogenee p, q e r, esiste sempre una quarta grandezza s, omogenea a quelle date, che forma la proporzione $p : q = r : s$. V F

Le proporzioni fra grandezze

Costruzioni

39 Disegna tre segmenti, non tutti congruenti, tali che $AB : CD = CD : EF$.

40 Disegna due figure piane le cui aree stiano tra loro come 3 sta a 2.

41 Disegna un segmento AB e in esso un punto C tale che $AC : BC = 2 : 5$.

42 Disegna un rettangolo costituito da due parti le cui aree sono proporzionali a 3 e 4.

43 YOU & MATHS **Split the chain** Dividing a chain of twenty-nine rings into two parts the number of rings in the first part divided by the number of rings in the second part is equal to eighteen divided by eleven. Find the number in each of the two parts.

Dimostrazioni

44 ESERCIZIO GUIDA Date quattro grandezze A, B, C e D, non nulle e tali che $2A = 3B$ e $2C = 3D$, dimostriamo che vale la proporzione $A : B = C : D$.

Ipotesi 1. $2A = 3B$;
2. $2C = 3D$.

Tesi $A : B = C : D$.

Dalle relazioni fra le grandezze passiamo alle corrispondenti relazioni fra le loro misure:

$$2\overline{A} = 3\overline{B}; \quad 2\overline{C} = 3\overline{D}.$$

Dividiamo entrambi i membri della prima uguaglianza per $2\overline{B}$:

$$\frac{2\overline{A}}{2\overline{B}} = \frac{3\overline{B}}{2\overline{B}} \rightarrow \frac{\overline{A}}{\overline{B}} = \frac{3}{2}.$$

Dividiamo entrambi i membri della seconda uguaglianza per $2\overline{D}$:

$$\frac{2\overline{C}}{2\overline{D}} = \frac{3\overline{D}}{2\overline{D}} \rightarrow \frac{\overline{C}}{\overline{D}} = \frac{3}{2}.$$

Poiché sono uguali i rapporti fra le misure di A, B, C e D, sono uguali anche i rapporti fra le grandezze, quindi:

$$\frac{A}{B} = \frac{C}{D} \text{ ossia } A : B = C : D.$$

45 Date quattro grandezze A, B, C e D non nulle e tali che $3A = 4B$ e $3C = 4D$, dimostra che vale la proporzione $A : B = C : D$.

46 A, B, C e D sono quattro grandezze non nulle. Dimostra che, se $A : B = C : D$, allora è vero che $3A : 7B = 3C : 7D$.

47 A, B, C e D (B e D non nulle) sono grandezze omogenee, h e k sono numeri naturali diversi da 0. Dimostra che, se $hA = kB$ e $hC = kD$, allora $A : B = C : D$.

48 A e B sono grandezze omogenee (B non nulla), n è un numero naturale diverso da 0 e da 1. Dimostra che $A : B = nA : nB$.

49 A, B, C, D, F e G sono grandezze omogenee (F, G, B e D non nulle). Dimostra che, se $A : F = C : G$ e $F : B = G : D$, allora $A : B = C : D$.

50 A, B, C, D, F e G sono grandezze omogenee (B, D, F e G non nulle). Dimostra che, se $A : B = C : D$ e $A : F = C : G$, allora $B : F = D : G$.

51 A, B, C, D, F e G sono grandezze omogenee (F, D, B e G non nulle). Nell'ipotesi che $A : F = G : D$ e $F : B = C : G$, dimostra che $A : B = C : D$.

Con le misure

52 ESERCIZIO GUIDA Le misure di tre segmenti, rispetto a una data unità di misura, sono proporzionali ai numeri 3, 7 e 8; la loro somma è 90.
Determiniamo le tre misure.

Indichiamo con x, y, z le lunghezze e scriviamo la relazione:

$$x : 3 = y : 7 = z : 8.$$

Applichiamo più volte la proprietà del comporre della catena di rapporti, mediante la quale ricaviamo le tre misure:

$$(x+y+z) : (3+7+8) = x : 3 \rightarrow 90 : 18 = x : 3 \rightarrow x = \frac{90 \cdot 3}{18} = 15;$$

$$(x+y+z) : (3+7+8) = y : 7 \rightarrow 90 : 18 = y : 7 \rightarrow y = \frac{90 \cdot 7}{18} = 35;$$

$$(x+y+z) : (3+7+8) = z : 8 \rightarrow 90 : 18 = z : 8 \rightarrow z = \frac{90 \cdot 8}{18} = 40.$$

53 Le misure delle lunghezze dei lati di un triangolo sono proporzionali ai numeri 3, 5 e 6; il perimetro misura 168 rispetto al cm. Determina le misure dei lati. [36; 60; 72]

54 In un triangolo isoscele ogni angolo alla base è il quadruplo dell'angolo al vertice. Determina l'ampiezza degli angoli. [20°; 80°; 80°]

55 Determina l'ampiezza degli angoli acuti di un triangolo rettangolo, sapendo che sono proporzionali ai numeri 5 e 7. [37°30′; 52°30′]

56 Il lato obliquo, la base minore e la base maggiore di un trapezio isoscele sono proporzionali ai numeri 15, 7 e 25; il perimetro del trapezio è 372 m. Determina le lunghezze dei lati. [90 m; 42 m; 150 m]

57 Determina l'area di un triangolo che è media proporzionale tra quelle di altri due triangoli con aree di 24 cm^2 e 6 cm^2.

58 Determina l'ampiezza di un angolo che è media proporzionale tra quella di un angolo retto e quella di un angolo giro.

59 Il perimetro di un triangolo è di 65 cm e le lunghezze dei suoi lati sono proporzionali ai numeri 2, 5 e 6. Determina le lunghezze dei lati. [10 cm; 25 cm; 30 cm]

60 Un cavo elettrico di 36 m viene tagliato in due parti proporzionali ai numeri 2 e 7. Qual è la lunghezza dei due tratti? [8 m; 28 m]

61 In un triangolo rettangolo gli angoli acuti sono proporzionali a 10 e 8. Determina la loro ampiezza. [50°; 40°]

62 La base minore, l'altezza e il lato obliquo di un trapezio rettangolo sono proporzionali a 4, 3 e 5. Il perimetro del trapezio è di 40 cm. Trova le lunghezze delle basi. [16 cm; 8 cm]

Le grandezze direttamente proporzionali

63 ESERCIZIO GUIDA Verifichiamo che l'area di un rettangolo è media proporzionale tra le aree dei quadrati costruiti su due suoi lati consecutivi.

Disegniamo la figura e indichiamo con a e b le misure dei lati. Dobbiamo verificare la validità della proporzione numerica

$$a^2 : ab = ab : b^2.$$

La proporzione è vera perché vale la proprietà fondamentale delle proporzioni (il prodotto dei medi è uguale al prodotto degli estremi):

$$(ab) \cdot (ab) = a^2 b^2.$$

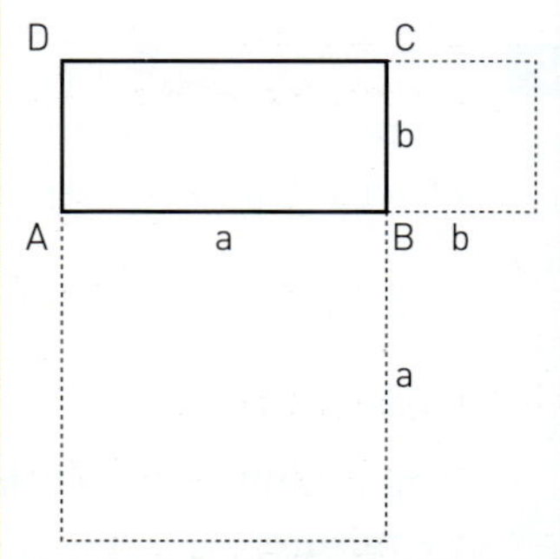

64 Verifica che esiste proporzionalità fra le aree e le altezze dei triangoli aventi basi congruenti.

65 Verifica che le aree dei rettangoli sono proporzionali a quelle dei rombi che hanno per vertici i punti medi dei lati dei rettangoli.

66 Verifica che un triangolo rettangolo viene diviso dall'altezza relativa all'ipotenusa in due triangoli le cui aree sono proporzionali alle proiezioni dei cateti sull'ipotenusa.

67 Verifica che in un triangolo rettangolo i quadrati costruiti sui cateti hanno aree proporzionali alle proiezioni dei cateti sull'ipotenusa.

Le grandezze inversamente proporzionali

68 Dimostra che due classi di grandezze inversamente proporzionali a una terza classe di grandezze sono direttamente proporzionali fra loro.

69 Dati due rettangoli equivalenti, dimostra che le loro basi sono inversamente proporzionali alle rispettive altezze.

70 Dimostra che in un insieme di triangoli di area data le altezze sono inversamente proporzionali alle rispettive basi.

4 Il teorema di Talete

▶ Teoria a p. G209

71 VERO O FALSO?

a. Una retta che determina sui lati di un triangolo segmenti proporzionali è parallela al terzo lato. V F

b. In ogni triangolo la bisettrice di un angolo interno divide il lato opposto in parti direttamente proporzionali alla metà degli altri lati. V F

c. Tre rette parallele formano con due trasversali solo due coppie di segmenti proporzionali. V F

d. In un quadrilatero una parallela alla diagonale divide due lati in segmenti proporzionali. V F

Dimostrazioni

72 ESERCIZIO GUIDA Dato il triangolo ABC, consideriamo sul lato AB due punti qualsiasi M e N. Da M e N tracciamo le parallele al lato AC. Indichiamo, rispettivamente con P e con Q, i punti di intersezione di queste parallele con CB. Dai punti M e N tracciamo anche le parallele a CB e chiamiamo R e S i punti in cui intersecano AC. Dimostriamo che $AC : RS = CB : PQ$.

Ipotesi 1. $MP \parallel NQ \parallel AC$;
2. $MR \parallel NS \parallel CB$.

Tesi $AC : RS = CB : PQ$.

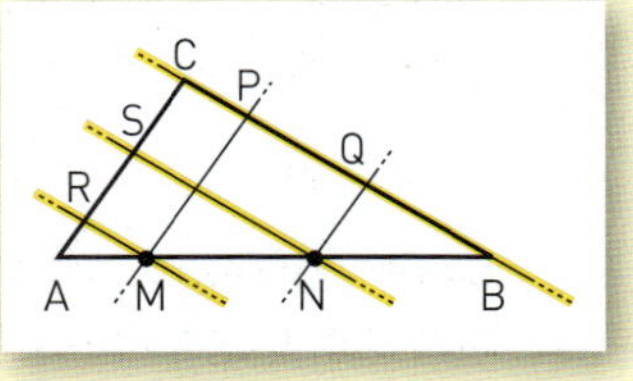

Dimostrazione

Applichiamo il teorema di Talete al fascio di rette parallele alla retta CB:

$$AC : RS = AB : MN.$$

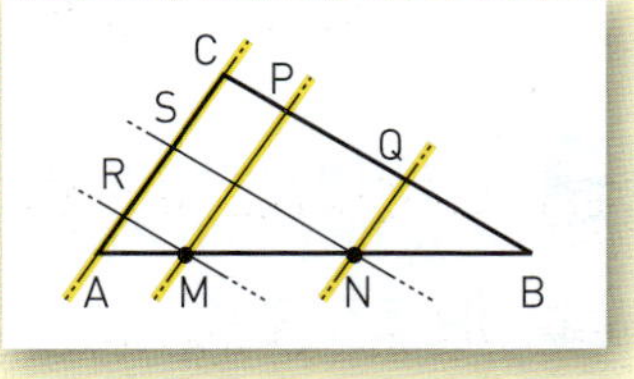

Applichiamo il teorema di Talete al fascio di rette parallele alla retta AC:

$$AB : MN = CB : PQ.$$

Per la proprietà transitiva, dalle due uguaglianze deduciamo che:

$$AC : RS = CB : PQ.$$

73 Disegna due rette incidenti a e b. Considera sulla retta a i punti A, A' e A'', e sulla retta b le loro proiezioni ortogonali B, B' e B''. Dimostra che $AA' : A'A'' = BB' : B'B''$.

74 ESEMPIO DIGITALE Dimostra che nel trapezio in figura $DO : OB = CO : OA$.

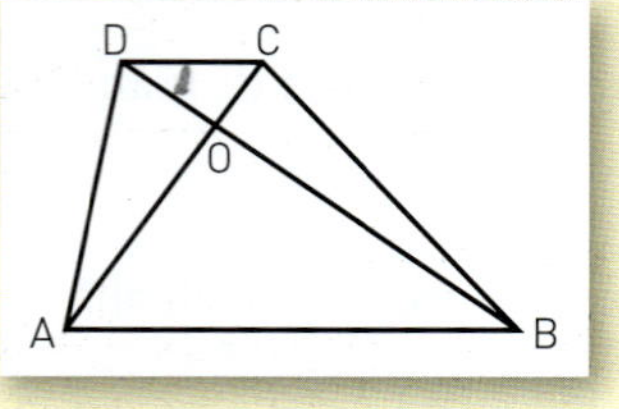

75 In un triangolo ABC traccia la mediana CM e considera il suo punto medio N. Il lato CB è intersecato in P da AN e in Q dalla parallela ad AP passante per M. Dimostra che P e Q dividono CB in tre segmenti congruenti.

76 Dimostra che i punti medi dei lati consecutivi di un quadrilatero sono vertici di un parallelogramma.

77 Disegna il triangolo ABC e la sua mediana BM. Da un punto P del segmento AM traccia la parallela a BM; essa incontra AB e il prolungamento di CB rispettivamente in Q e in R. Dimostra che $BR : BC = QB : AB$.

78 Nel triangolo ABC traccia l'altezza AK e siano S e T le proiezioni di K, rispettivamente, su AB e AC. Dimostra che ST è parallelo al segmento che congiunge i piedi delle altezze BH e CL.

79 Nel quadrilatero $ABCD$, da un punto P della diagonale AC, traccia le parallele a CB e CD che incontrino AB e AD rispettivamente in Q e in R. Dimostra che la retta RQ è parallela a DB.

80 Nel triangolo ABC il lato AB è diviso dai punti P e Q in tre segmenti congruenti. Da P traccia la parallela ad AC e chiama S il punto di intersezione con CB; dal punto Q traccia la parallela a CB e chiama R il punto di intersezione con AC. Dimostra che RS è parallela ad AB.

Luoghi geometrici

81 Dato un punto P esterno a una retta r, determina il luogo dei punti del piano che dividono i segmenti PQ in due parti che stanno tra loro in un dato rapporto k, al variare di Q sulla retta r.

82 Dimostra che il luogo geometrico dei punti medi delle corde di un triangolo ABC parallele al lato AB è la mediana CM.

Con le misure

TEST

83 Dato il fascio di rette parallele in figura, $A'B'$ è lungo:

A 6 cm.

B 24 cm.

C 13,5 cm.

D 15 cm.

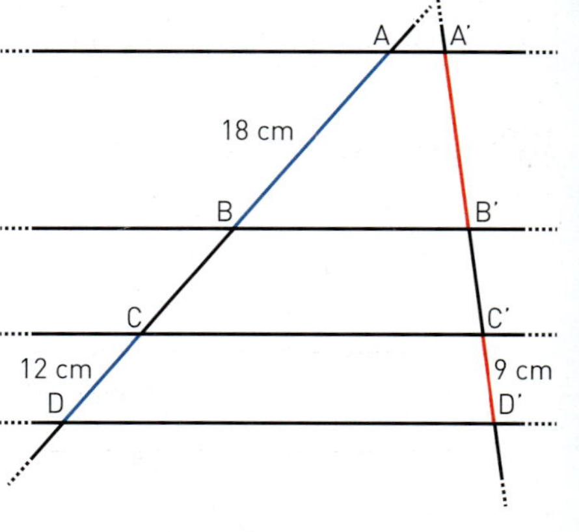

84 Nel triangolo ABC il lato AB è lungo 26 cm e il lato BC è lungo 39 cm. A quale distanza da A bisogna prendere un punto P sul lato AB affinché la parallela a CA condotta per P intersechi BC in un punto S tale che $BS = 27$ cm?

A 8 cm B 18 cm C 14 cm D 12 cm

RISOLVIAMO UN PROBLEMA

Segmenti proporzionali

ABCD è un rettangolo di lato minore $AD = 6$ cm. Prolunghiamo *AD*, dalla parte di *D*, di un segmento *PD* lungo 14 cm e conduciamo da *P* una retta che intersechi in *E* il lato *CD* e in *F* il lato *AB*. Sapendo che $PF = 25$ cm, determina la lunghezza dei segmenti *DE*, *EF*, *AF*.

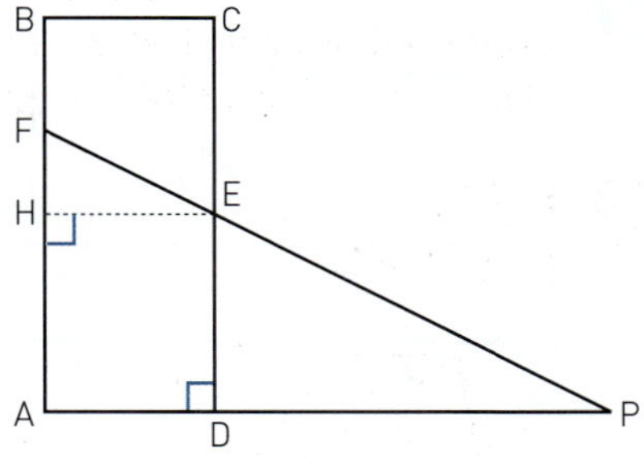

▶ **Scriviamo i dati del problema.**

$AD = 6$ cm, $PD = 14$ cm, $PF = 25$ cm.

▶ **Determiniamo la lunghezza di *PE*.**

Le rette *AF* e *DE* sono parallele tagliate dalle trasversali *PA* e *PF*, per cui possiamo applicare il teorema di Talete:

$$PD : DA = PE : EF.$$

Per la proprietà del comporre otteniamo:

$$PD : PA = PE : PF \rightarrow 14 : (14 + 6) = \overline{PE} : 25.$$

Applicando la proprietà fondamentale delle proporzioni otteniamo:

$$\overline{PE} \cdot 20 = 14 \cdot 25 \rightarrow \overline{PE} = \frac{350}{20} = 17{,}5,$$

da cui ricaviamo che il segmento *PE* misura 17,5 cm.

▶ **Determiniamo la lunghezza di *DE*.**

Applichiamo il teorema di Pitagora al triangolo *DPE* per ottenere la misura di *DE*:

$$\overline{PE}^2 = \overline{PD}^2 + \overline{DE}^2 \rightarrow \overline{DE} = \sqrt{\overline{PE}^2 - \overline{PD}^2} = \sqrt{(17{,}5)^2 - (14)^2} = 10{,}5,$$

da cui ricaviamo che il segmento *DE* misura 10,5 cm.

▶ **Determiniamo la lunghezza di *EF*.**

Applichiamo nuovamente il teorema di Talete alle rette parallele *AF* e *DE* tagliate dalle trasversali *AP* e *FP*:

$$AP : PF = AD : EF,$$

da cui ricaviamo

$$\overline{EF} = \frac{\overline{PF} \cdot \overline{AD}}{\overline{AP}} \rightarrow \overline{EF} = \frac{25 \cdot 6}{20} = 7{,}5.$$

Il segmento *EF* misura 7,5 cm.

▶ **Determiniamo la lunghezza di *AF*.**

AF è la base maggiore del trapezio rettangolo *ADEF*. Tracciamo da *E* la perpendicolare ad *AF*. Detto *H* il punto di incontro, abbiamo che

$$AF \cong AH + HF \cong DE + HF.$$

Calcoliamo la lunghezza di *HF* applicando il teorema di Pitagora al triangolo rettangolo *EFH*.

$$\overline{HF}^2 = \overline{EF}^2 - \overline{EH}^2 = \overline{EF}^2 - \overline{AD}^2;$$
$$\overline{HF}^2 = 56{,}25 - 36 \rightarrow \overline{HF} = \sqrt{20{,}25} = 4{,}5;$$
$$\overline{AF} = \overline{DE} + \overline{HF} = 10{,}5 + 4{,}5 = 15.$$

Il segmento *AF* misura 15 cm.

85 ●○ Determina in ogni figura la lunghezza del segmento indicato con il punto interrogativo rosso.

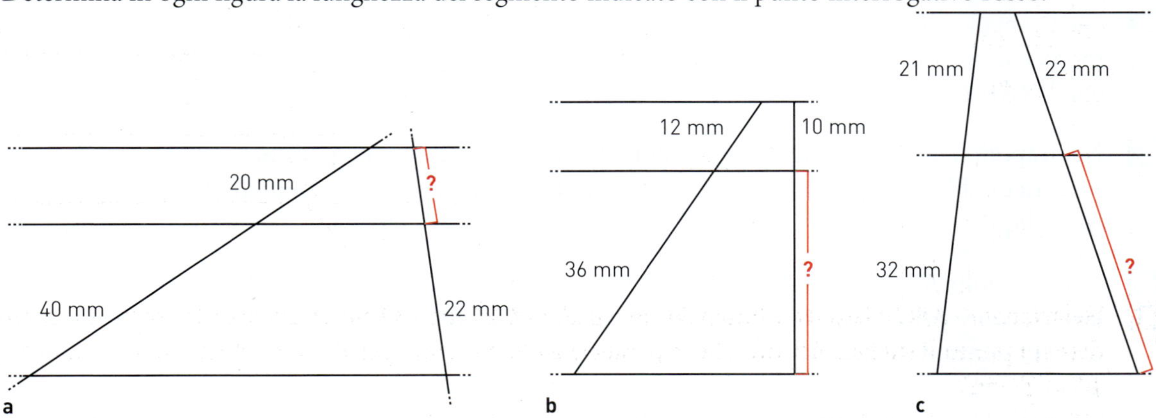

$\left[11\,\text{mm};\ 30\,\text{mm};\ \frac{704}{21}\,\text{mm}\right]$

ESERCIZI

Determina in ogni figura la misura dei segmenti *x* e *y*.

86

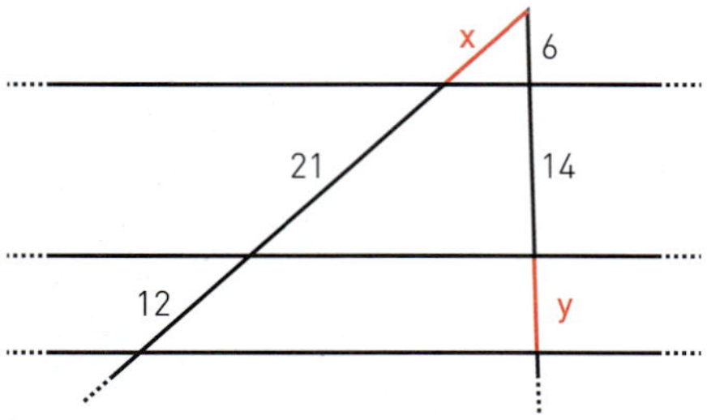

87

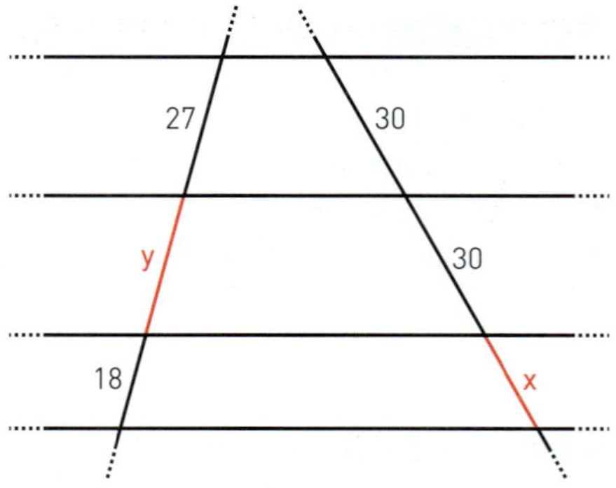

Stabilisci se le rette *r* e *s* nelle figure sono parallele e spiegane il motivo.

88

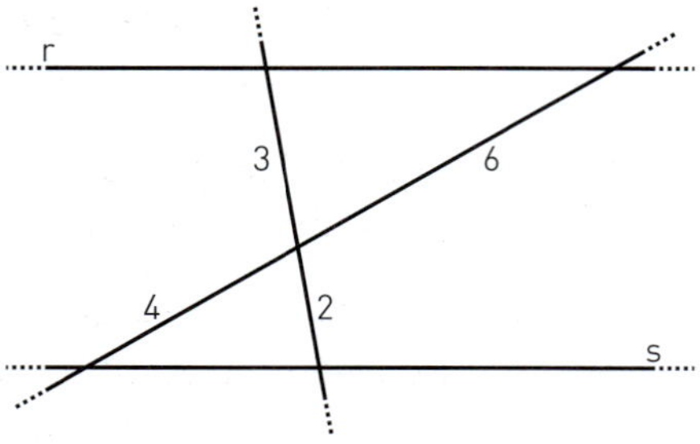

89

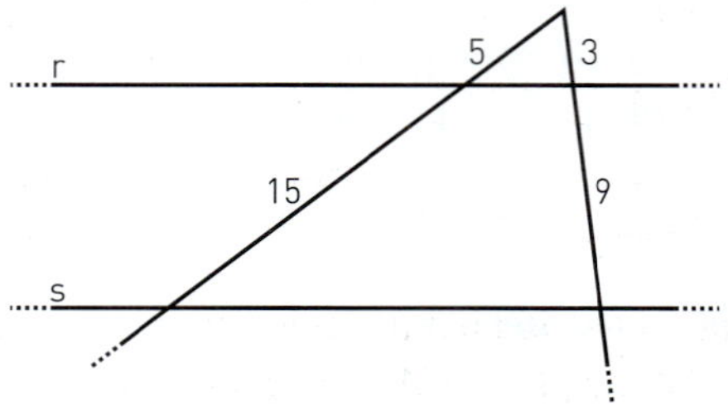

90 Un triangolo ABC ha perimetro di 44 cm, AB è lungo 20 cm e AC è lungo 16 cm. Una retta parallela ad AB taglia i lati AC e BC rispettivamente in E e F ed è tale che $CF = 3$ cm. Calcola la lunghezza di AE. [10 cm]

91 Nel triangolo rettangolo ABC i cateti AC e BC sono lunghi rispettivamente 30 cm e 40 cm, e il punto D su AB è tale che $AD : DB = 3 : 7$. Calcola la lunghezza delle proiezioni di AD su AC e di DB su BC. [9 cm; 28 cm]

92 Sui lati AB e BC del triangolo ABC considera rispettivamente un punto D e un punto E tali che $BD = 1$ cm, $BE = 2$ cm. Sapendo che $AB = 5$ cm e $BC \cong 4AB$, verifica che DE è parallelo alla mediana AM.

Il teorema della bisettrice di un angolo interno di un triangolo

93 Utilizzando il teorema della bisettrice di un angolo interno, dimostra che in un triangolo isoscele la bisettrice dell'angolo al vertice è anche mediana.

94 Nel triangolo ABC la bisettrice di $\widehat{C}$ incontra il lato AB nel punto D. Sul lato AC considera un punto P, in modo che AP sia congruente ad AD. La parallela ad AB per il punto P interseca CB nel punto Q. Dimostra che DB è congruente a QB.

95 Nel trapezio $ABCD$ prolunga i lati obliqui AD e BC fino a che si incontrano nel punto P. Dimostra che la bisettrice dell'angolo $A\widehat{P}B$ divide ognuna delle basi del trapezio in segmenti direttamente proporzionali ai lati obliqui.

96 Nel triangolo ABC, rettangolo in A, la bisettrice dell'angolo $\widehat{B}$ incontra il lato AC in P. Traccia da P la perpendicolare all'ipotenusa CB e indica con Q il punto di intersezione con l'ipotenusa stessa. Dimostra che $PQ : CP = AB : CB$.

97 Dimostra che, se in un triangolo il segmento individuato dalle intersezioni di due lati con le bisettrici degli angoli a essi opposti è parallelo al terzo lato, allora il triangolo è isoscele.

Con le misure

98 Determina la misura dei segmenti incogniti x e y.

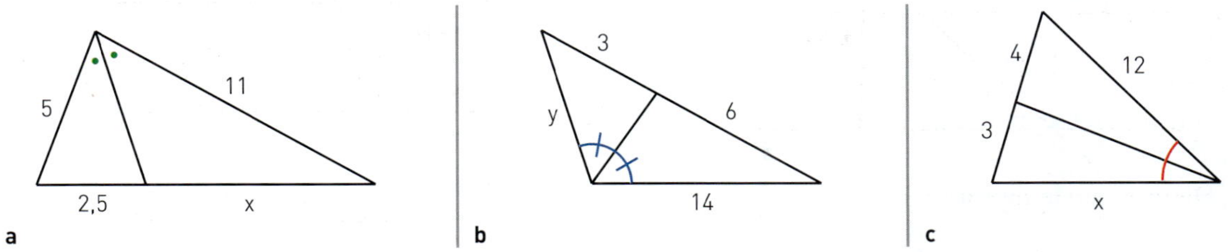

99 I lati AB e AC del triangolo acutangolo ABC sono lunghi rispettivamente 16 cm e 24 cm. Prolunga il lato AB dalla parte di B e considera su tale prolungamento un punto D tale che $D\widehat{C}B \cong B\widehat{C}A$. Sapendo che $CD = 36$ cm, calcola il perimetro del triangolo ADC. [100 cm]

100 Sia CB la bisettrice di $A\widehat{C}D$ nel triangolo ACD, tale che $AB = 12$ cm, $AC = 12\sqrt{3}$ cm e $CD \cong 2AC$. Calcola il perimetro di ACD. [$36(1+\sqrt{3})$ cm]

101 Nel triangolo ABC, la bisettrice AD dell'angolo $\widehat{A}$ divide il lato BC in due segmenti lunghi 5 cm e 11 cm. Determina la lunghezza di AB e AC, sapendo che il perimetro del triangolo è di 128 cm. [77 cm; 35 cm]

102 Dato il triangolo ABC, traccia la bisettrice di $B\widehat{A}C$, che incontra in D il lato BC. Sapendo che la lunghezza dei lati AB, BC e CA sono proporzionali ai numeri 3, 4, 9 e che il perimetro è di 160 cm, determina la lunghezza di CD e BD. [30 cm; 10 cm]

103 YOU & MATHS **The ratio in a triangle** In a right triangle ABC, with the right angle $\widehat{A}$, $BC = 65$ cm and $AC = 60$ cm. The angle bisector of the angle $\widehat{B}$ crosses AC at P. Find the ratio of the lengths of AP and PC. $\left[\frac{5}{13}\right]$

Riepilogo: Le grandezze geometriche e le grandezze proporzionali

Dimostrazioni

104 TEST Qual è il rapporto fra l'area A e l'area B?

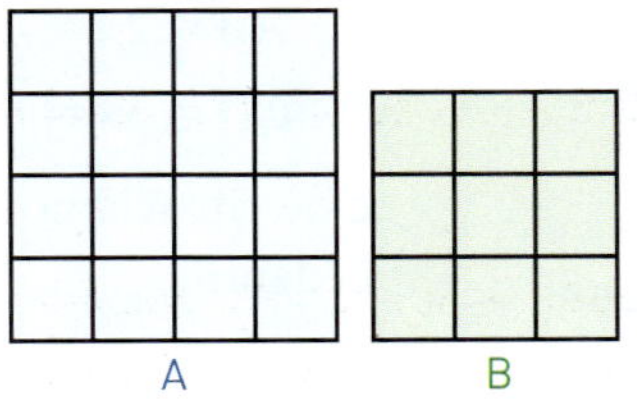

A $\frac{4}{3}$ B $\frac{3}{4}$ C 1 D $\frac{16}{9}$ E $\frac{9}{16}$

105 Data la proporzione $A : B = C : D$, con A, B, C e D grandezze omogenee, determina la grandezza che permette di scrivere una proporzione con $3A$, $2C$ e $3D$.

106 Dimostra che se A e B sono grandezze commensurabili con C, allora anche la somma $A + B$ è commensurabile con C.

107 In un rombo una diagonale è doppia dell'altra. Dimostra che il lato del rombo è incommensurabile con entrambe le diagonali.

108 Dimostra il seguente teorema (teorema della bisettrice di un angolo esterno): in un triangolo la bisettrice di un angolo esterno, se non è parallela al lato opposto, incontra il prolungamento del lato in un punto che determina con gli estremi di quel lato segmenti proporzionali agli altri due lati. (SUGGERIMENTO Traccia la parallela a CD passante per B, come nella figura, e ragiona come nella dimostrazione della bisettrice di un angolo interno. Devi dimostrare che $AD : BD = AC : CB$.)

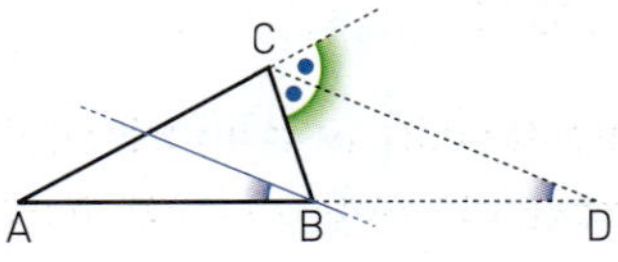

La risoluzione algebrica di problemi geometrici

Problemi sui segmenti

109 ESERCIZIO GUIDA Determiniamo la lunghezza di due segmenti, sapendo che la loro differenza è 20 cm e che uno dei segmenti è i $\frac{3}{2}$ dell'altro.

Disegniamo la figura:

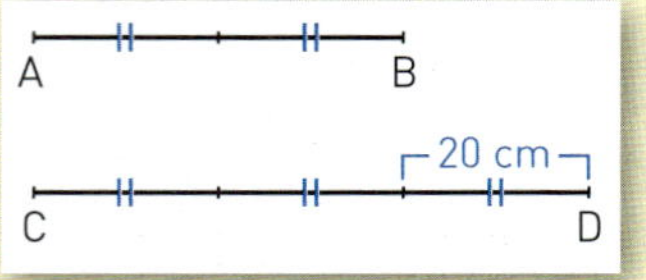

Relazioni

1. $\overline{CD} - \overline{AB} = 20$;
2. $\overline{CD} = \frac{3}{2}\overline{AB}$.

Richieste

1. $\overline{AB}$;
2. $\overline{CD}$.

Risoluzione. Risolviamo il problema con tre metodi diversi.

Primo metodo

Usiamo due incognite, indichiamo con x e y le misure dei due segmenti:

$$\overline{AB} = x; \quad \overline{CD} = y.$$

Le due relazioni permettono di scrivere un sistema di primo grado:

$$\begin{cases} y - x = 20 \\ y = \frac{3}{2}x \end{cases}.$$

Risolviamo con il metodo di sostituzione:

$$\begin{cases} \frac{3}{2}x - x = 20 \\ y = \frac{3}{2}x \end{cases} \rightarrow$$

$$\begin{cases} x = 40 \\ y = 60 \end{cases}.$$

I due segmenti hanno lunghezza 40 cm e 60 cm.

Secondo metodo

Usiamo una sola incognita, la misura di un segmento. Poniamo:

$$\overline{AB} = x.$$

La seconda relazione ci dice che:

$$\overline{CD} = \frac{3}{2}x.$$

La prima relazione dà origine all'equazione di primo grado in x:

$$\frac{3}{2}x - x = 20.$$

Risolvendo troviamo:

$$x = 40.$$

Calcoliamo la misura del secondo segmento:

$$\overline{CD} = \frac{3}{2} \cdot 40 = 60.$$

I due segmenti hanno lunghezza 40 cm e 60 cm.

Terzo metodo

Usiamo come incognita la misura di un sottomultiplo comune.

Se indichiamo con x la misura del sottomultiplo comune, possiamo scrivere:

$$\overline{AB} = 2x;$$
$$\overline{CD} = 3x.$$

Utilizzando la prima relazione otteniamo:

$$3x - 2x = 20,$$

cioè

$$x = 20.$$

Pertanto:

$$\overline{AB} = 2x = 40,$$
$$\overline{CD} = 3x = 60,$$

cioè ritroviamo i risultati precedenti.

Quest'ultimo metodo permette di evitare calcoli con le frazioni.

110 Due segmenti sono uno doppio dell'altro e la loro somma è 120 cm. Calcola le lunghezze dei due segmenti. [40 cm; 80 cm]

111 Calcola le lunghezze di due segmenti, sapendo che uno è i $\frac{3}{4}$ dell'altro e che la loro somma è 210 cm. [90 cm; 120 cm]

112 Calcola le lunghezze di due segmenti, sapendo che la loro somma è 60 cm e che la loro differenza è 17 cm. [21,5 cm; 38,5 cm]

113 Il perimetro di un rettangolo è 220 m e i lati sono proporzionali ai numeri 5 e 3. Determina le lunghezze dei lati. [68,75 m; 41,25 m]

114 ●○ ☐ YOU & MATHS A square has a perimeter $p > 0$ and area $A = 2p$, then what is the value of p?

A 24 B 32 C 36 D 48 E 54

(USA *University of South Carolina: High School Math Contest*, 2001)

Problemi con tre incognite

115 ESERCIZIO GUIDA La somma di tre segmenti è 84 cm. Il primo è doppio del secondo, il secondo sommato al terzo dà il primo. Determina le lunghezze dei tre segmenti.

Relazioni

1. $\overline{AB} + \square + \overline{EF} = 84$;
2. $\overline{AB} = \square\,\overline{CD}$;
3. $\overline{CD} + \square = \square$.

Richieste

1. $\overline{AB}$;
2. $\overline{CD}$;
3. $\overline{EF}$.

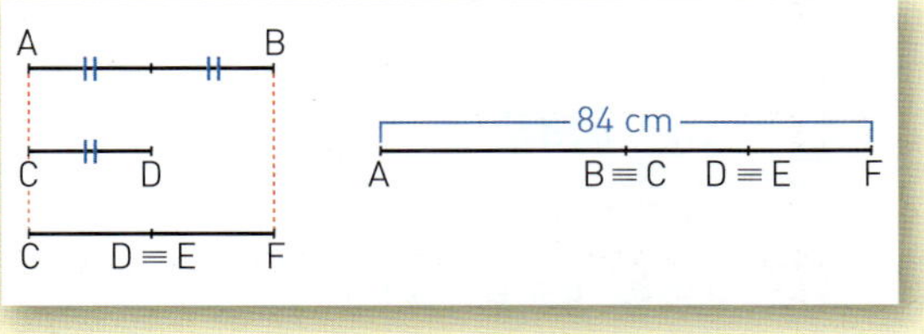

Risoluzione

- *Scegli le incognite.*

$\overline{AB} = x$, $\overline{CD} = y$ e $\square = z$.

- *In base alle relazioni 1, 2 e 3, imposta il sistema risolvente.*

$$\begin{cases} x + y + \square = \square \\ x = \square\, y \\ y + \square = \square \end{cases}.$$

- *Risolvi il sistema e scrivi le misure dei tre segmenti.*

$$\begin{cases} 3y + z = \square \\ x = 2y \\ -y + z = \square \end{cases} \rightarrow \begin{cases} 4y = \square \\ x = 2y \\ z = y \end{cases} \rightarrow \begin{cases} x = \square \\ y = 21. \\ z = \square \end{cases}$$

Quindi, $AB = 42$ cm, $CD = \square$ cm e $\square = \square$.

116 ●○ La somma di tre segmenti è 213,5 m. Determina le lunghezze di ciascuno, sapendo che il primo è doppio del secondo e il secondo doppio del terzo. [122 m; 61 m; 30,5 m]

117 ●○ Il perimetro di un triangolo isoscele è 64 cm. Il rapporto fra il lato obliquo e metà base è $\frac{5}{3}$. Determina la lunghezza della base e del lato. [24 cm; 20 cm]

118 ●○ Il perimetro di un triangolo è 45 m. La differenza fra il primo e il secondo lato è 6 m, mentre la differenza fra il doppio del terzo lato e il secondo è 3 m. Determina la lunghezza dei tre lati. [21 m; 15 m; 9 m]

Problemi sugli angoli

119 ●○ Due angoli $\widehat{A}$ e $\widehat{B}$ sono complementari. Determina le loro ampiezze, sapendo che il loro rapporto vale 5. [15°; 75°]

120 ●○ Due angoli supplementari sono tali che il doppio del minore supera il maggiore di 15°. Calcola l'ampiezza dei due angoli. [115°; 65°]

121 ●○ La somma di tre angoli è 92°. Il primo è triplo del secondo e questo è i $\frac{5}{3}$ del terzo. Determina le ampiezze dei tre angoli. [60°; 20°; 12°]

122 ●○ Il rapporto fra le ampiezze di due angoli è $\frac{4}{7}$; la differenza fra il doppio del minore e il maggiore è 10°; la somma fra il doppio del maggiore e l'altro angolo è uguale alla differenza fra 270° e il triplo di un terzo angolo. Determina le ampiezze dei tre angoli. [40°; 70°; 30°]

VERIFICA DELLE COMPETENZE ALLENAMENTO

CONFRONTARE E ANALIZZARE FIGURE GEOMETRICHE

TEST

1 La proporzione $a:b=c:d$ è equivalente soltanto a una delle seguenti proporzioni. Quale?

- A $(a+b):b=(c+d):d$
- B $(a-b):a=(c-d):d$
- C $b:a=c:d$
- D $a:c=d:b$
- E $(a+b):c=(b+c):a$

2 Osserva la figura.
Quale delle seguenti proporzioni è *falsa* (con $2p$ indichiamo il perimetro del triangolo ABC)?

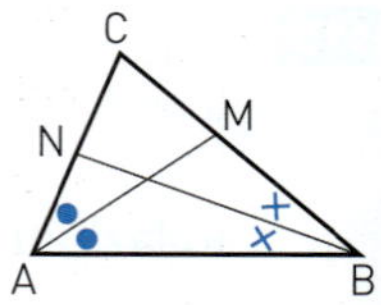

- A $BM:MC=AB:AC$
- B $BM:MC=AB:BC$
- C $AN:NC=AB:BC$
- D $AC:NC=(2p-AC):BC$
- E $BC:MC=(2p-BC):AC$

RISOLVERE PROBLEMI

Dimostrazioni

3 Considera quattro grandezze P, Q, R, S non nulle, tali che $5P=2Q$ e $5R=2S$. Dimostra che $P:Q=R:S$.

4 Le grandezze P, Q, R, S sono omogenee, R e S sono non nulle. Sapendo che $aP=bQ$ e $bR=aS$, con a e b numeri naturali non nulli, dimostra che $P:S=Q:R$.

5 Dimostra che nel triangolo ABC la congiungente i punti medi dei lati AB e AC e la mediana AM si dividono reciprocamente a metà.

6 Sia M il punto medio del lato AB del triangolo ABC. Considera un punto N del segmento BM e da esso traccia la parallela a CM, che interseca CB in R e la retta AC in S.
Dimostra che $CS:AC=RC:BC$.

Con le misure

7 Due triangoli hanno la stessa area di 50 cm^2. Sapendo che la base del primo triangolo è il doppio dell'altra e che l'altezza del primo triangolo è lunga 10 cm, determina la lunghezza della base del secondo triangolo. [5 cm]

8 In un triangolo isoscele, l'ampiezza dell'angolo al vertice è quattro volte quella degli angoli alla base. Determina l'ampiezza dei tre angoli del triangolo. [30°; 30°; 120°]

9 In un triangolo ABC, sia BD la bisettrice dell'angolo $A\widehat{B}C$. Il lato AB è lungo 16 cm. Sapendo che il lato BC è la metà del lato AB e che $AD-DC=5$ cm, determina il perimetro del triangolo ABC. [39 cm]

10 La somma di due angoli è un angolo giro, uno dei due angoli è i $\frac{5}{7}$ dell'altro. Determina le loro ampiezze. [150°; 210°]

11 In un triangolo il semiperimetro è 38 cm. Un lato è i $\frac{4}{3}$ di un altro lato che, a sua volta, supera il terzo lato di 4 cm. Determina le lunghezze dei tre lati. [32 cm; 24 cm; 20 cm]

12 I lati AB e AC del triangolo ABC sono lunghi rispettivamente 32 cm e 20 cm. Considera il punto P su AC distante 5 cm da A e conduci da P le parallele ad AB e CB che intersecano i lati del triangolo rispettivamente in T e Q.
Determina la lunghezza di CB, sapendo che il perimetro di APQ è di 20 cm. [28 cm]

VERIFICA DELLE COMPETENZE PROVE

1 ora

PROVA A

1 TEST Data la proporzione $A : B = C : D$, con A, B, C e D grandezze omogenee e non nulle, indica quale fra le seguenti proporzioni è *errata*.

- A $A : 5B = C : 5D$
- B $5A : 5B = 6C : 6D$
- C $2A : 7D = 2C : 7B$
- D $8B : 9A = 8D : 9C$
- E $D : B = 3C : 3A$

2 Date le relazioni

$$AB = \frac{4}{5}CD + \frac{2}{3}EF, \qquad \frac{3}{2}CD = \frac{1}{4}EF,$$

calcola la misura di AB rispetto a CD.

3 Costruisci un triangolo ABC. Da un punto P di AB traccia la parallela a CB e chiama Q il suo punto di intersezione con AC. Da P traccia la parallela a QB e indica con R la sua intersezione con AC. Dimostra che AQ è medio proporzionale fra AR e AC.

4 Congiungi un punto D del lato AB di un triangolo ABC con il vertice C e sia DE la bisettrice dell'angolo $B\widehat{D}C$, con E sul lato BC. Dimostra che, se $ACED$ è un trapezio, allora la diagonale DC è congruente al lato AD.

5 Un triangolo isoscele ABC di base AB ha il perimetro di 48 cm e la somma delle lunghezze dei lati obliqui supera di 12 cm la lunghezza di AB. Traccia la bisettrice dell'angolo $\widehat{A}$, che interseca CB in H. Determina le lunghezze di CH e HB e le aree dei triangoli ABC e AHB.

PROVA B

1 Determina l'ampiezza degli angoli di un triangolo, sapendo che sono proporzionali ai numeri 7, 10, 13.

2 I punti P e Q dividono la base maggiore AB di un trapezio in tre parti congruenti. Conduci da P la parallela alla diagonale BD e chiama R il suo punto di intersezione con il lato AD; conduci da Q la parallela alla diagonale AC e chiama S il suo punto di intersezione con il lato BC.

a. Dimostra che il rapporto tra i segmenti AR e RD è uguale al rapporto tra i segmenti BS e SC.

b. Dimostra che la retta RS è parallela alle basi del trapezio.

3 Considera un triangolo isoscele di perimetro 120 m e angoli alla base di 64,6°. La base AB è lunga 36 m e D è un punto su un lato obliquo BC che lo divide in due parti, tali che $BD = \frac{6}{7}DC$. Congiungi D con il vertice opposto e determina l'ampiezza dell'angolo formato da questo segmento e dalla base del triangolo.

CAPITOLO

G8 LA SIMILITUDINE

1 La similitudine e i triangoli

▶ Esercizi a p. G243

Consideriamo il triangolo $A'B'C'$ costruito da ABC conducendo una retta parallela al lato BC.
Sappiamo che i lati AB e AC sono proporzionali ai lati AB' e AC' e che gli angoli corrispondenti sono congruenti.
In generale è possibile stabilire una relazione tra triangoli che abbiano lati in proporzione e angoli congruenti: la **relazione di similitudine**.

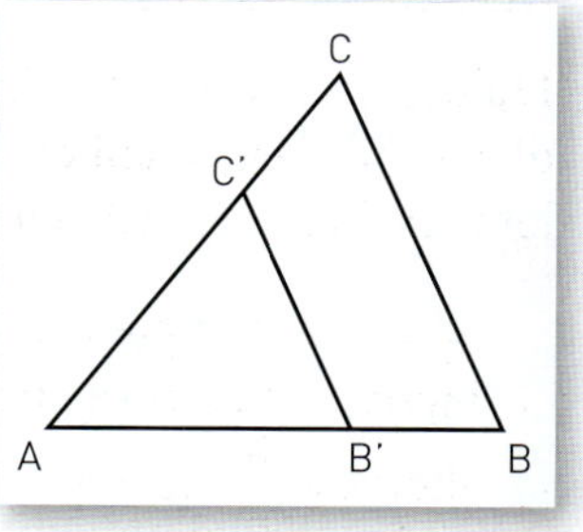

Listen to it

Two **triangles** are **similar** if and only if the corresponding angles are congruent and the lengths of corresponding sides are proportional.

DEFINIZIONE

Due **triangoli** sono **simili** se hanno gli angoli ordinatamente congruenti e i lati opposti agli angoli congruenti in proporzione.

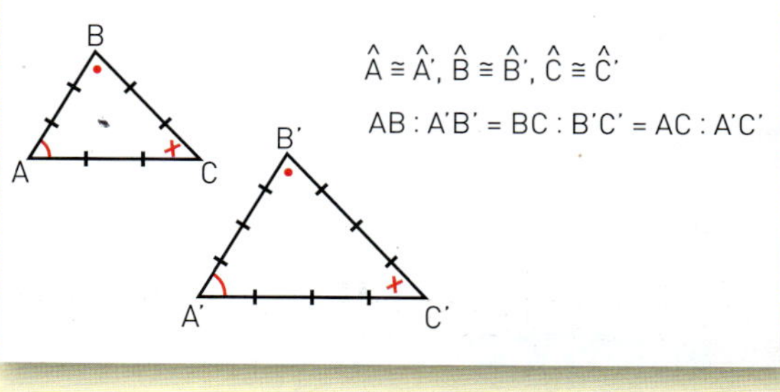

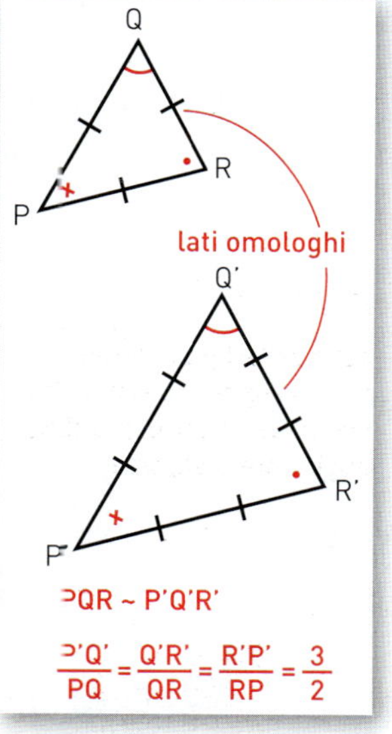

Per indicare la similitudine utilizziamo il simbolo $\sim$.

ESEMPIO I triangoli della figura a lato sono simili. Scriviamo:

$$PQR \sim P'Q'R'.$$

Si legge: «PQR è simile a $P'Q'R'$».

Gli angoli congruenti, i loro vertici e i lati che sono in proporzione sono i **corrispondenti**, o **omologhi**, nella similitudine.

ESEMPIO Nella figura, $Q\widehat{P}R$ è corrispondente di $Q'\widehat{P'}R'$ e PQ è corrispondente di $P'Q'$.

Il rapporto costante che c'è fra lati corrispondenti è detto **rapporto di similitudine**.

ESEMPIO Per i triangoli PQR e $P'Q'R'$ della figura il rapporto di similitudine è $\frac{3}{2}$.

Il rapporto di similitudine è un numero $k > 0$:

- se $0 < k < 1$, il triangolo si rimpicciolisce;
- se $k > 1$, il triangolo diventa più grande;
- se $k = 1$, i due triangoli sono congruenti; la congruenza è perciò un caso particolare di similitudine.

Si può verificare che la relazione di similitudine fra triangoli gode delle proprietà:

- *riflessiva*: ogni triangolo è simile a se stesso;
- *simmetrica*: se il triangolo T_1 è simile al triangolo T_2, allora T_2 è simile a T_1;
- *transitiva*: se $T_1 \sim T_2$ e $T_2 \sim T_3$, allora $T_1 \sim T_3$.

Quindi è una relazione di equivalenza.

Possiamo allora dividere l'insieme dei triangoli in classi di equivalenza, ognuna contenente tutti i triangoli simili fra loro. Ogni classe di equivalenza indica una proprietà comune ai triangoli che le appartengono: la **forma**.

Diciamo quindi che *due triangoli simili hanno la stessa forma.*

Più in generale, la relazione di similitudine fra le figure di un piano è una relazione di equivalenza, e ogni classe di equivalenza contiene tutte e sole le figure simili fra loro che hanno la stessa forma.

ESEMPIO Per ciascuno dei rettangoli della figura, il rapporto tra le misure di base e altezza è $\frac{b}{a}$; sono perciò rettangoli simili e pertanto hanno tutti la stessa forma.

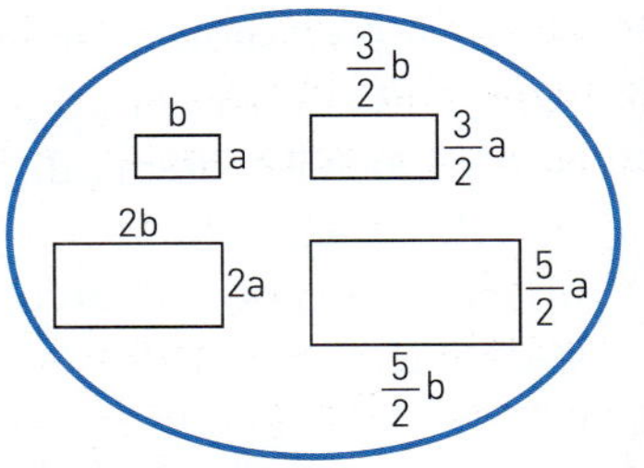

2 I criteri di similitudine dei triangoli

▶ Esercizi a p. G244

Esistono tre teoremi, i **criteri di similitudine dei triangoli**, che forniscono condizioni sufficienti affinché due triangoli ABC e $A'B'C'$ siano simili.

Il primo criterio di similitudine

TEOREMA

Due triangoli sono simili se hanno due angoli ordinatamente congruenti.

Ipotesi 1. $\hat{A} \cong \hat{A'}$
2. $\hat{B} \cong \hat{B'}$

Tesi $ABC \sim A'B'C'$

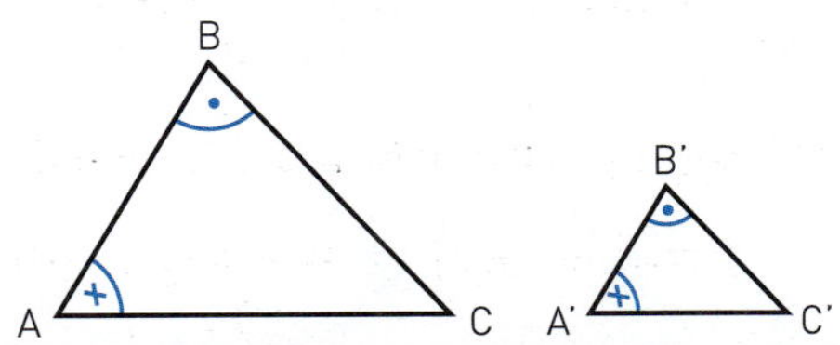

Listen to it

AA similarity criterion: two triangles are similar if two pairs of corresponding angles are *congruent*.

DIMOSTRAZIONE Animazione

Se $AB \cong A'B'$, i due triangoli sono congruenti per il secondo criterio di congruenza, *quindi* i triangoli sono anche simili.

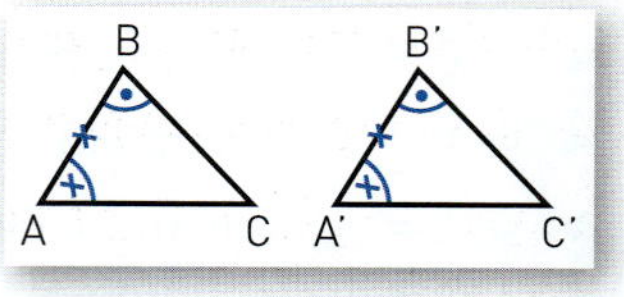

Supponiamo invece che $AB > A'B'$; su AB prendiamo P tale che $PB \cong A'B'$. Tracciamo per P la parallela ad AC, che interseca BC in Q. Per il teorema di Talete vale la proporzione $AB : PB = BC : BQ$.

Inoltre $B\widehat{P}Q \cong B\widehat{A}C$ (perché angoli corrispondenti delle parallele PQ e AC tagliate da AB) e $B\widehat{A}C \cong B'\widehat{A'}C'$ (per ipotesi); *quindi*, per la proprietà transitiva:

$$B\widehat{P}Q \cong B'\widehat{A'}C'.$$

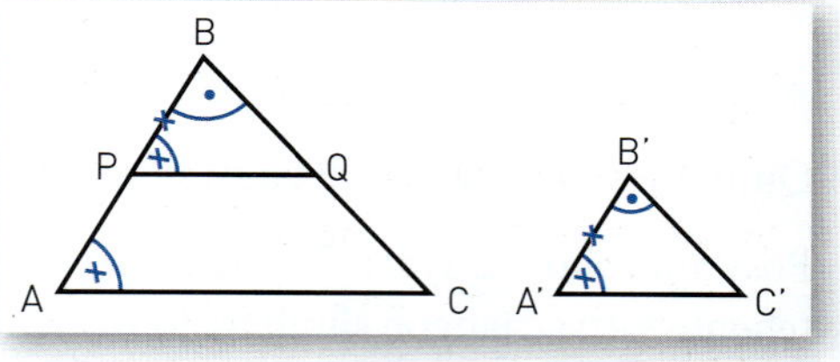

I triangoli PBQ e $A'B'C'$ hanno: $PB \cong A'B'$ per costruzione, $\widehat{B} \cong \widehat{B'}$ per ipotesi, $\widehat{P} \cong \widehat{A'}$ per la dimostrazione precedente; *quindi* sono congruenti per il secondo criterio di congruenza. In particolare $PB \cong A'B'$ e $BQ \cong B'C'$.
Pertanto, sostituendo nella proporzione ottenuta dal teorema di Talete:

$$AB : A'B' = BC : B'C'.$$

Considerato R su AB in modo che $AR \cong A'B'$ e tracciata RS parallela a BC, per il teorema di Talete $AB : AR = AC : AS$.
In modo analogo al precedente si dimostra che $ARS \cong A'B'C'$ e $AB : A'B' = AC : A'C'$.

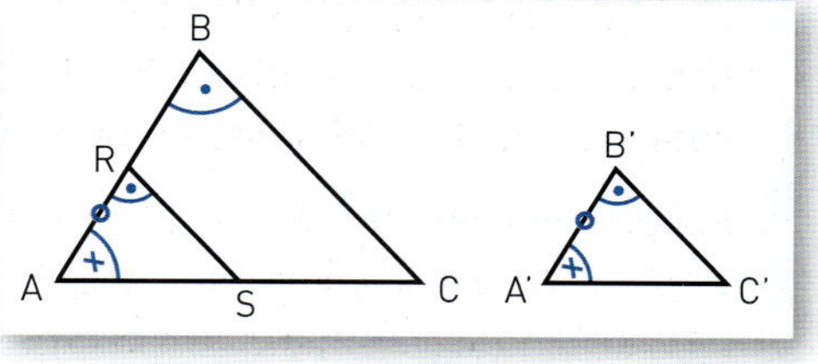

Poiché $AB : A'B' = BC : B'C'$ e $AB : A'B' = AC : A'C'$, concludiamo che

$$AB : A'B' = BC : B'C' = AC : A'C'.$$

I triangoli ABC e $A'B'C'$ hanno gli angoli congruenti e i lati in proporzione, *quindi* sono simili.

Corollario 1. Due triangoli equilateri sono simili.

Corollario 2. Due triangoli rettangoli, con un angolo acuto congruente, sono simili.

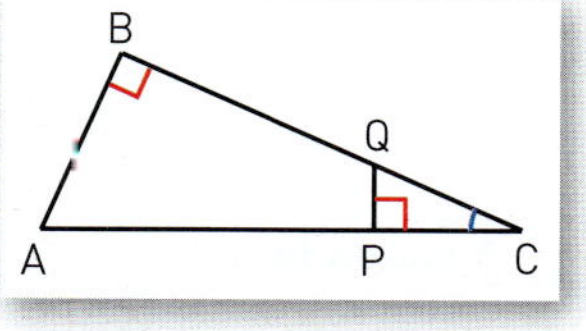

ESEMPIO Nel triangolo rettangolo ABC, con cateti $AB = 15$ cm e $BC = 36$ cm, dal punto P dell'ipotenusa conduciamo la perpendicolare ad AC, che incontra BC in Q.
Se $PC = 12$ cm, qual è la lunghezza di QP?

I triangoli ABC e QPC hanno l'angolo $\widehat{C}$ in comune e $A\widehat{B}C \cong Q\widehat{P}C$ perché angoli retti, quindi sono simili per il primo criterio di similitudine.

Considerando le misure dei lati omologhi, vale la proporzione:

$$AB : QP = BC : PC \rightarrow$$

$$\overline{QP} = \frac{\overline{AB} \cdot \overline{PC}}{\overline{BC}} = \frac{15 \cdot 12}{36} = 5.$$

La lunghezza di QP è 5 cm.

Corollario 3. Due triangoli isosceli, con gli angoli al vertice congruenti, sono simili. Infatti, detta α l'ampiezza degli angoli al vertice, poiché la somma degli angoli interni di un triangolo è l'angolo piatto π, in entrambi i triangoli ogni angolo alla base ha ampiezza $\frac{1}{2}(\pi - \alpha)$. I triangoli, quindi, hanno angoli corrispondenti congruenti, e sono pertanto simili.

▶ Due triangoli *ABC* e *DEF* hanno i lati a due a due paralleli. Dimostra che sono simili.

Il secondo criterio di similitudine

TEOREMA
Due triangoli sono simili se hanno due lati ordinatamente in proporzione e l'angolo compreso fra i due lati congruente.

Ipotesi 1. $AB : A'B' = BC : B'C'$
2. $\hat{B} \cong \hat{B'}$

Tesi $ABC \sim A'B'C'$

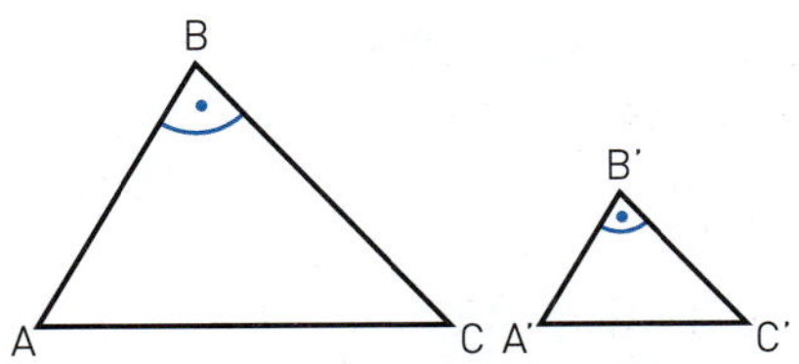

Listen to it

SAS similarity criterion: two triangles are similar if two corresponding angles are *congruent* and the sides including these angles are *proportional*.

DIMOSTRAZIONE Animazione

Se $AB \cong A'B'$, il loro rapporto $AB : A'B'$ vale 1, quindi, per la proporzione dell'ipotesi, vale 1 anche $BC : B'C'$, da cui $BC \cong B'C'$. I due triangoli sono allora congruenti per il primo criterio di congruenza. *Quindi* i triangoli sono anche simili.

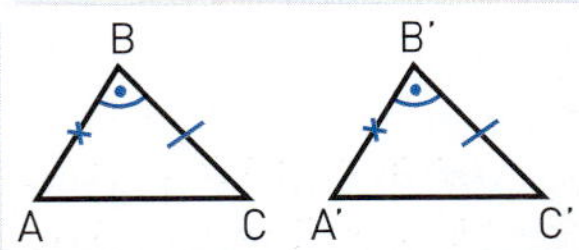

Supponiamo invece $AB > A'B'$; prendiamo P su AB e Q su BC tali che $PB \cong A'B'$ e $QB \cong B'C'$ e congiungiamo P e Q. I triangoli PBQ e $A'B'C'$ hanno due lati ordinatamente congruenti per costruzione e l'angolo compreso congruente per ipotesi, *quindi* sono congruenti per il primo criterio di congruenza.

Poiché

$$AB : A'B' = BC : B'C',$$

$$A'B' \cong PB \text{ e } B'C' \cong BQ,$$

abbiamo che $AB : PB = BC : BQ$.

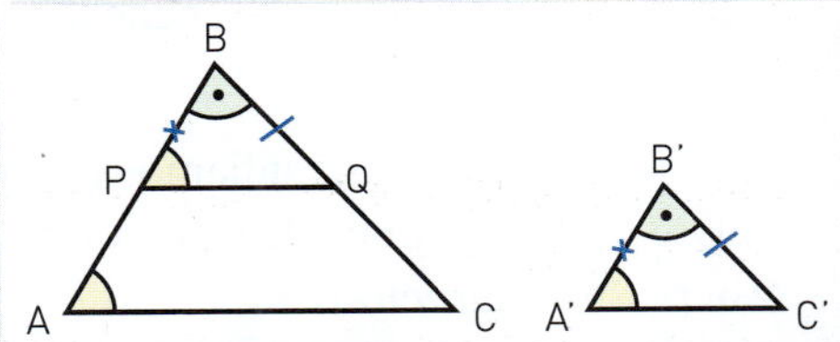

PQ determina segmenti proporzionali sui lati AB e BC di ABC, *quindi* è parallelo al terzo lato AC.
$\widehat{A} \cong B\widehat{P}Q$ perché angoli corrispondenti formati dalle parallele PQ e AC tagliate da AB, $B\widehat{P}Q \cong \widehat{A'}$ perché i triangoli PBQ e $A'B'C'$ sono congruenti, *quindi* $\widehat{A} \cong \widehat{A'}$.
I triangoli ABC e $A'B'C'$ hanno $\widehat{A} \cong \widehat{A'}$ per la dimostrazione precedente e $\widehat{B} \cong \widehat{B'}$ per ipotesi, *quindi* sono simili per il primo criterio di similitudine.

Corollario. Due triangoli rettangoli sono simili se hanno i cateti in proporzione.

ESEMPIO I triangoli della figura sono rettangoli e il rapporto fra i cateti corrispondenti è uguale:

$$21 : 12 = 35 : 20 \rightarrow$$

$$A'B' : AB = A'C' : AC,$$

quindi i triangoli sono simili per il secondo criterio di similitudine.

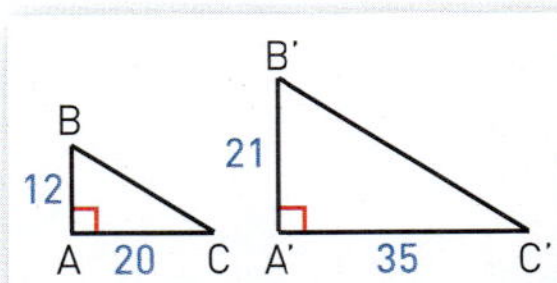

TEORIA

Il terzo criterio di similitudine

TEOREMA

Due triangoli sono simili se hanno i tre lati ordinatamente in proporzione.

Ipotesi AB : A′B′ = BC : B′C′ = AC : A′C′

Tesi ABC ~ A′B′C′

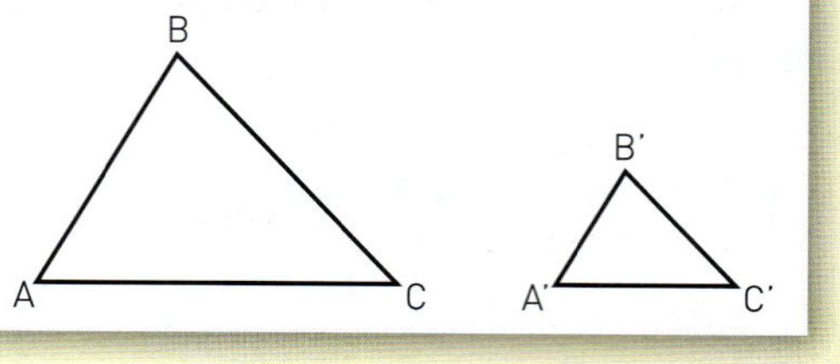

DIMOSTRAZIONE Animazione

Se $AB \cong A'B'$, il loro rapporto è 1, quindi, per la proporzione dell'ipotesi, anche i rapporti $BC : B'C'$ e $AC : A'C'$ valgono 1, da cui otteniamo

$BC \cong B'C'$ e $AC \cong A'C'$.

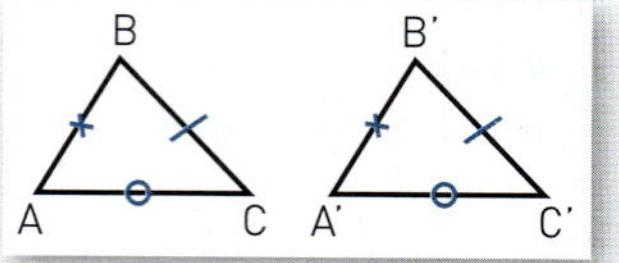

I due triangoli sono allora congruenti per il terzo criterio di congruenza, *quindi* sono simili.

Supponiamo invece $AB > A'B'$; prendiamo P su AB, tale che $PB \cong A'B'$, e tracciamo per P la parallela ad AC, che interseca BC in Q. I triangoli ABC e PBQ hanno $\widehat{B}$ in comune e $\widehat{A} \cong \widehat{P}$ perché angoli corrispondenti formati dalle parallele AC e PQ tagliate da AP, *quindi* sono simili per il primo criterio di similitudine.

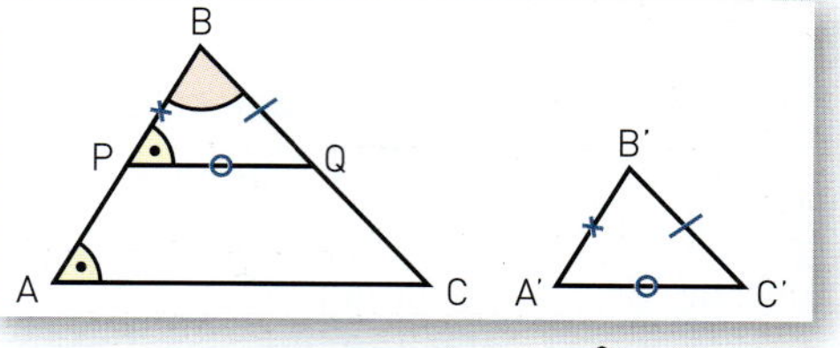

Essendo $ABC \sim PBQ$, $AB : PB = BC : BQ = AC : PQ$.

Poiché $PB \cong A'B'$ per costruzione, allora $AB : A'B' = BC : BQ$.

La proporzione ha i primi tre termini uguali a quella dell'ipotesi; per il teorema della quarta proporzionale anche il quarto deve essere lo stesso, *quindi*

$BQ \cong B'C'$.

In modo analogo, concludiamo che $PQ \cong A'C'$.

PBQ e $A'B'C'$ hanno i tre lati congruenti, quindi sono congruenti per il terzo criterio di congruenza.

Abbiamo dimostrato che $ABC \sim PBQ$ e $PBQ \cong A'B'C'$, *quindi* $ABC \sim A'B'C'$.

Listen to it

SSS similarity criterion: two triangles are similar if all the corresponding sides are proportional.

► Considera le seguenti coppie di triangoli. Verifica se i triangoli sono simili e, in tale caso, determina il rapporto di similitudine, quando è possibile.

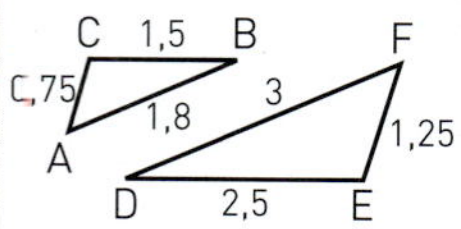

a

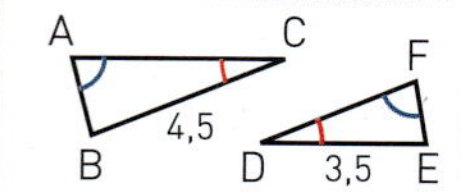

b

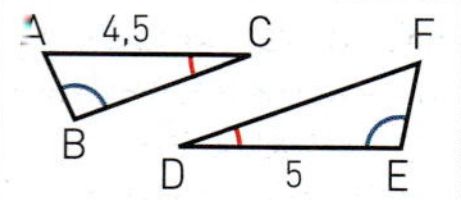

c

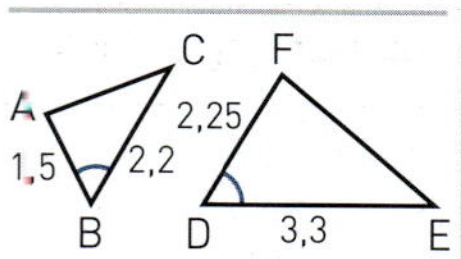

d

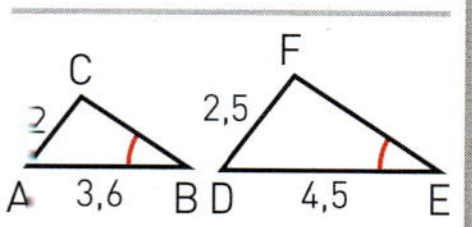

e

Video

Applicazioni dei criteri di similitudine

Le altezze, le mediane e le bisettrici

Applicando il primo criterio di similitudine si dimostra il seguente teorema.

TEOREMA

In due triangoli simili le basi sono proporzionali alle rispettive altezze.

Ipotesi ABC ~ A′B′C′

Tesi b : b′ = h : h′

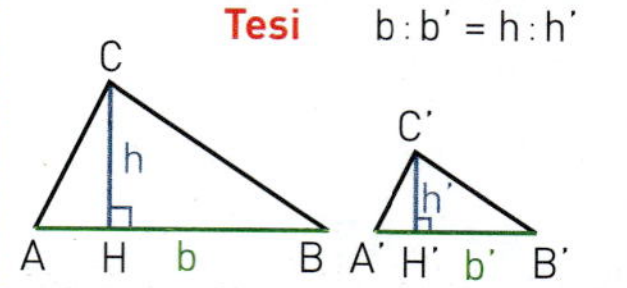

DIMOSTRAZIONE

Poiché $ABC \sim A'B'C'$, si ha:

$$b : b' = AC : A'C', \widehat{A} \cong \widehat{A'}.$$

Osserviamo che anche i triangoli rettangoli AHC e $A'H'C'$ sono simili (primo criterio), *quindi*:

$$AC : A'C' = h : h'.$$

Dalla proprietà transitiva dell'uguaglianza:

$$b : b' = h : h'.$$

Applicando i criteri di similitudine si può dimostrare che:

- le bisettrici di due triangoli simili sono proporzionali a due lati omologhi;

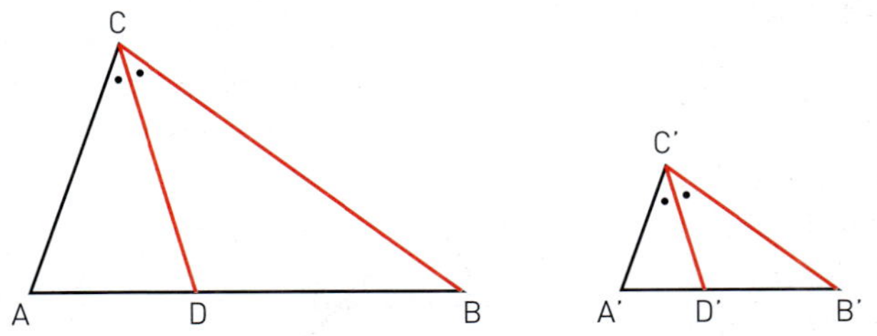

CD : C'D' = CB : C'B'

- le mediane di due triangoli simili sono proporzionali a due lati omologhi.

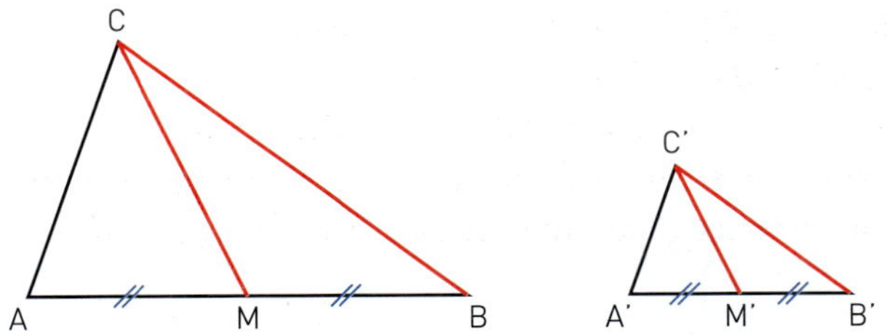

CM : C'M' = CB : C'B'

▶ Dimostra che in due triangoli simili, con rapporto di similitudine *k*, è *k* anche il rapporto di similitudine fra:

a. altezze corrispondenti;
b. bisettrici corrispondenti;
c. mediane corrispondenti.

Animazione

I perimetri

Utilizzando la proprietà del comporre in una catena di rapporti, possiamo dimostrare il seguente teorema.

TEOREMA

In triangoli simili, i perimetri sono proporzionali a due lati omologhi.

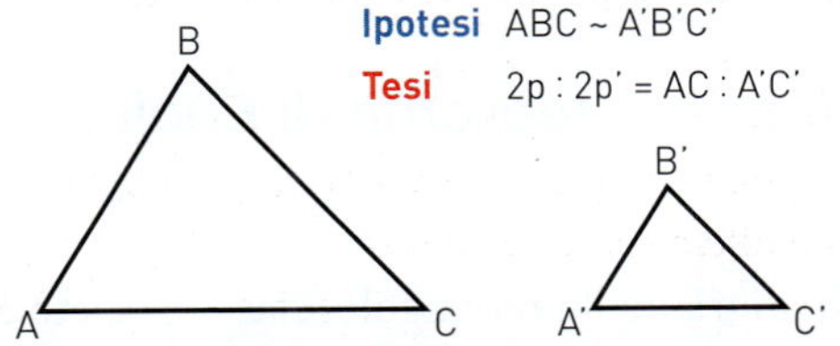

È quindi vero che per perimetri, altezze, bisettrici e mediane il rapporto di similitudine è uguale a quello dei lati.

TEORIA

▶ Dimostra che nei triangoli simili *ABC* e *A'B'C'* i perimetri sono proporzionali a due lati omologhi. Utilizza la proprietà per determinare il perimetro di *A'B'C'* e *A'B'* + *A'C'*, sapendo che il rapporto di similitudine è $\frac{5}{2}$, *BC* = 10 cm e il perimetro di *ABC* è 30 cm.

Animazione

ESEMPIO Nei triangoli *ABC* e *A'B'C'* il rapporto di similitudine è 2. Ogni lato del secondo triangolo è doppio del suo corrispondente nel primo, e questo è vero anche per i perimetri, le altezze, le bisettrici e le mediane.
Per esempio, in figura abbiamo considerato due altezze.

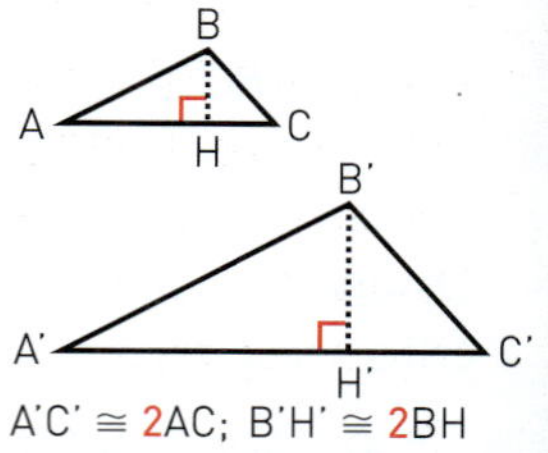

Le aree

Per le aree vale, invece, il seguente teorema.

TEOREMA
In due triangoli simili con rapporto di similitudine k il rapporto fra le aree è k^2.

Ipotesi 1. $ABC \sim A'B'C'$
2. k rapporto di similitudine

Tesi $\dfrac{\text{area}(ABC)}{\text{area}(A'B'C')} = k^2$

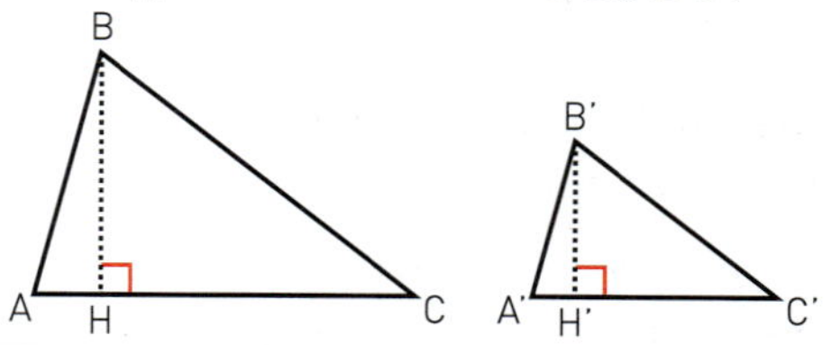

DIMOSTRAZIONE
Consideriamo i triangoli simili *ABC* e *A'B'C'*, con rapporto di similitudine k.
È allora:

$$\frac{\overline{AC}}{\overline{A'C'}} = k; \quad \frac{\overline{BH}}{\overline{B'H'}} = k.$$

Calcoliamo il rapporto tra le aree:

$$\frac{\text{area}(ABC)}{\text{area}(A'B'C')} = \frac{\frac{\overline{AC}\cdot\overline{BH}}{2}}{\frac{\overline{A'C'}\cdot\overline{B'H'}}{2}} = \frac{\overline{AC}\cdot\overline{BH}}{\overline{A'C'}\cdot\overline{B'H'}} = \frac{\overline{AC}}{\overline{A'C'}}\cdot\frac{\overline{BH}}{\overline{B'H'}} = k\cdot k = k^2.$$

3 La similitudine e i teoremi di Euclide

▶ Esercizi a p. G252

Utilizziamo i criteri di similitudine dei triangoli per dimostrare in modo diverso i teoremi di Euclide.

Il primo teorema di Euclide

TEOREMA
In un triangolo rettangolo, ciascun cateto è medio proporzionale tra l'ipotenusa e la proiezione di quel cateto sull'ipotenusa.

Ipotesi 1. *ABC* triangolo rettangolo;
2. $BH \perp AC$.

Tesi 1. $AC : AB = AB : AH$;
2. $AC : BC = BC : HC$.

Un criterio di similitudine per i poligoni

Esistono tre condizioni sufficienti per stabilire se due poligoni con un numero qualsiasi di lati sono simili. Enunciamo il criterio senza dimostrarlo.

TEOREMA
Condizione sufficiente affinché due poligoni con lo stesso numero di lati siano simili è che abbiano gli angoli ordinatamente congruenti e i lati ordinatamente in proporzione, tranne al più:

- tre angoli consecutivi, *oppure*
- un lato e i due angoli a esso adiacenti, *oppure*
- due lati consecutivi e l'angolo compreso.

Corollario. Se due poligoni regolari hanno lo stesso numero di lati, allora sono simili.
Ciò dipende dal fatto che:

- i rapporti fra lati corrispondenti sono tutti uguali; per esempio, riferendoci alla figura, se e $\frac{A'B'}{AB} = k$ anche $\frac{B'C'}{BC} = k$ perché $A'B' \cong B'C'$ e $AB \cong BC$;
- se n è il numero dei lati, gli angoli dei due poligoni sono congruenti poiché hanno tutti ampiezza uguale a $\frac{(n-2)\pi}{n}$.

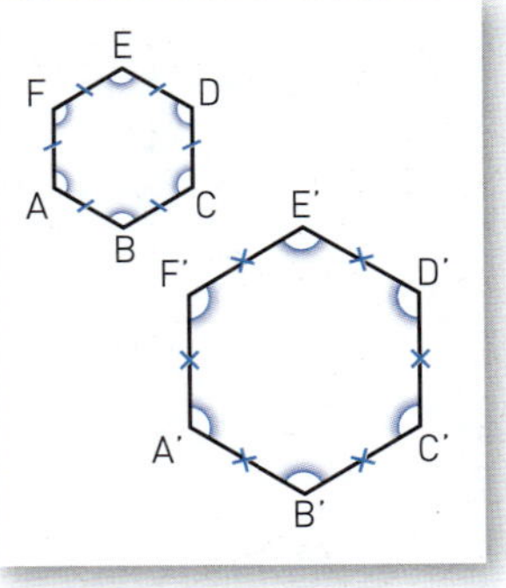

Le proprietà dei poligoni simili

È possibile estendere ai poligoni simili le proprietà relative ai perimetri e alle aree già viste per i triangoli.

I perimetri

TEOREMA
I perimetri di due poligoni simili stanno fra loro come due lati omologhi.

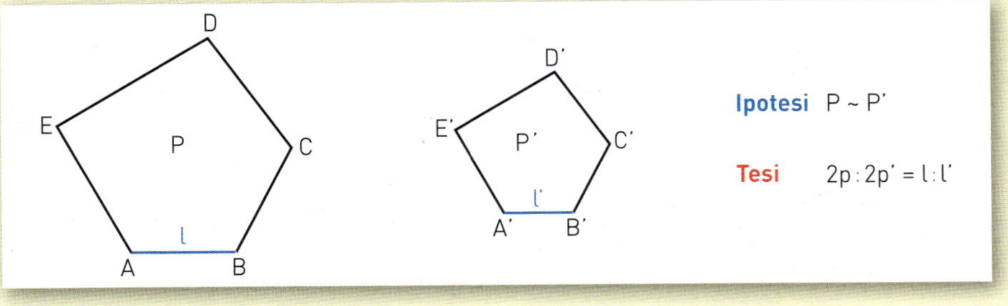

DIMOSTRAZIONE
Per la dimostrazione facciamo riferimento a due pentagoni, ma essa è valida per poligoni con un numero qualunque di lati.
Poiché i due poligoni sono simili, hanno i lati in proporzione, cioè:

$$AB : A'B' = BC : B'C' = CD : C'D' = DE : D'E' = EA : E'A'.$$

Applicando la proprietà del comporre alla catena di rapporti, otteniamo

$$(AB + BC + CD + DE + EA) : (A'B' + B'C' + C'D' + D'E' + E'A') = AB : A'B',$$

ossia: $2p : 2p' = AB : A'B'$.

TEORIA

Dal teorema deduciamo che, in poligoni simili, il **rapporto fra i perimetri è uguale al rapporto di similitudine**, così come accade per il rapporto dei lati omologhi:

$$\frac{2p}{2p'} = k.$$

Le aree

Per stabilire il rapporto fra le aree di due poligoni simili è necessario introdurre il seguente teorema.

TEOREMA

Teorema delle diagonali

Tracciate da due vertici omologhi di poligoni simili tutte le diagonali, esse dividono i rispettivi poligoni in triangoli simili tra loro.

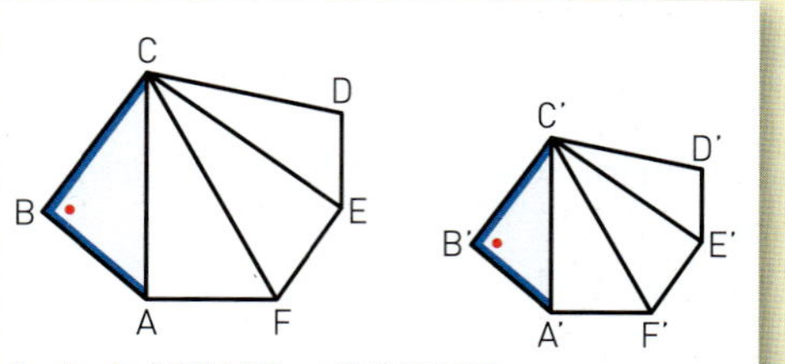

Ipotesi ABCDEF ~ A'B'C'D'E'F'

Tesi ABC ~ A'B'C', ACF ~ A'C'F', FCE ~ F'C'E', ECD ~ E'C'D'

DIMOSTRAZIONE Animazione

Nei triangoli ABC e $A'B'C'$:

- $AB : A'B' = BC : B'C'$ per la similitudine dei poligoni;
- $\widehat{B} \cong \widehat{B'}$ perché angoli corrispondenti nei poligoni simili.

Quindi $ABC \sim A'B'C'$ per il secondo criterio di similitudine.

Nei triangoli ACF e $A'C'F'$:

- $CA : C'A' = AB : A'B'$ perché $ABC \sim A'B'C'$ e $AB : A'B' = AF : A'F'$ per la similitudine dei poligoni, *quindi* per la proprietà transitiva: $CA : C'A' = AF : A'F'$;
- $C\widehat{A}B \cong C'\widehat{A'}B'$ per la similitudine di ABC e $A'B'C'$, e $B\widehat{A}F \cong B'\widehat{A'}F'$ perché angoli corrispondenti dei poligoni simili, *quindi* $C\widehat{A}F \cong C'\widehat{A'}F'$ perché differenze di angoli congruenti.

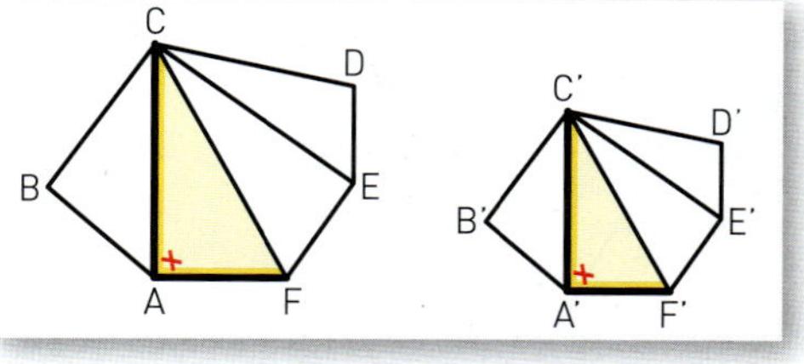

I triangoli ACF e $A'C'F'$ sono allora simili per il secondo criterio di similitudine. In modo analogo si dimostra che $FCE \sim F'C'E'$ ed $ECD \sim E'C'D'$.

Animazione | Dal teorema si deduce che in due poligoni simili P e P' **il rapporto fra le aree è uguale al quadrato del rapporto di similitudine**:

$$\frac{\text{area}(P)}{\text{area}(P')} = k^2.$$

► La somma dei perimetri di due rettangoli simili è 50,4 cm. In ciascun rettangolo la base è metà dell'altezza e la base di uno è un terzo della base dell'altro. Calcoliamo il rapporto tra le aree dei due rettangoli e le due aree.

Animazione

IN SINTESI
La similitudine

La similitudine e i triangoli

Due **triangoli** sono **simili** se hanno gli angoli ordinatamente congruenti e i lati opposti agli angoli congruenti in proporzione.

Il **rapporto di similitudine** fra lati omologhi è un numero $k > 0$.
La congruenza è un caso particolare di similitudine con $k = 1$.
La relazione di similitudine fra le figure di un piano è una relazione di equivalenza e ogni classe di equivalenza individua la proprietà comune alle figure: la **forma**.

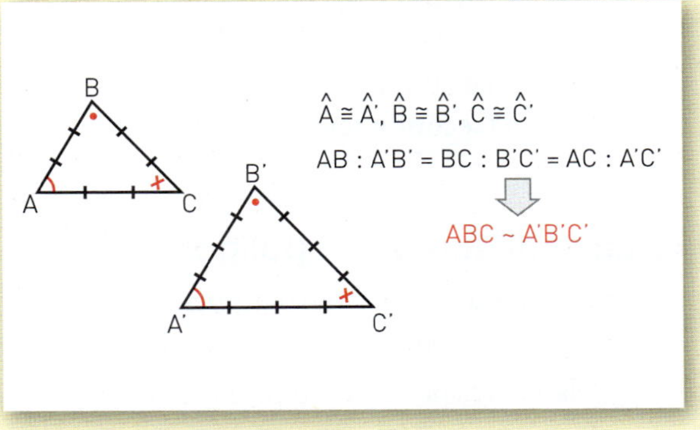

I criteri di similitudine dei triangoli

Due triangoli sono simili se si verifica una delle seguenti condizioni:

- i triangoli hanno due angoli ordinatamente congruenti (**primo criterio di similitudine**);
- i triangoli hanno due lati ordinatamente in proporzione e l'angolo compreso congruente (**secondo criterio di similitudine**);
- i triangoli hanno i lati ordinatamente in proporzione (**terzo criterio di similitudine**).

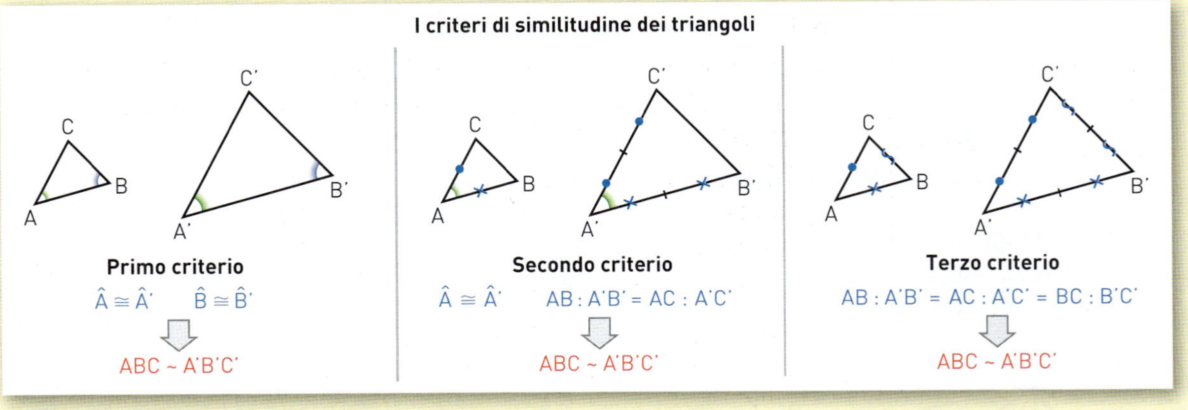

In due triangoli simili:

- le basi sono proporzionali alle rispettive altezze;
- le bisettrici e le mediane sono proporzionali a due lati omologhi;
- i perimetri sono proporzionali a due lati omologhi.

In due triangoli simili con rapporto di similitudine k, il rapporto fra le aree è k^2.

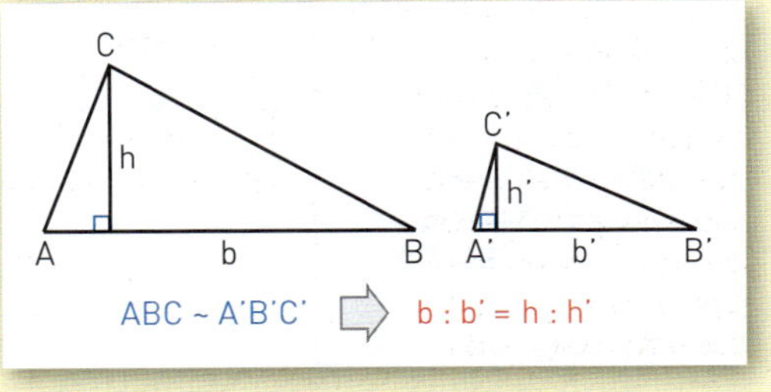

La similitudine e i teoremi di Euclide

I **teoremi di Euclide** possono essere enunciati mediante **proporzioni**, invece che con l'equivalenza di figure.

In un triangolo rettangolo:

- ogni cateto è medio proporzionale fra l'ipotenusa e la proiezione del cateto stesso sull'ipotenusa (**primo teorema di Euclide**);
- l'altezza relativa all'ipotenusa è medio proporzionale fra le proiezioni dei cateti sull'ipotenusa (**secondo teorema di Euclide**).

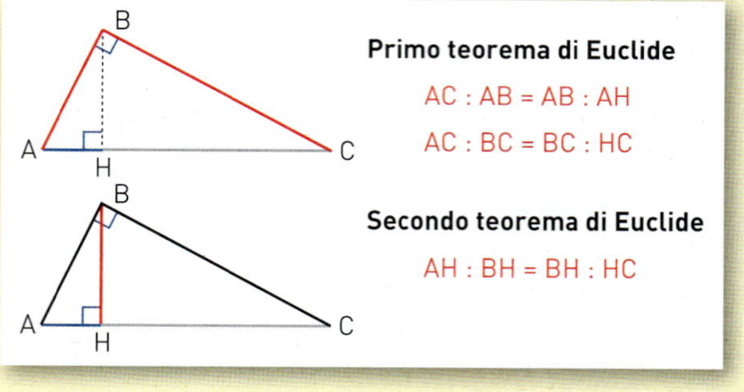

La similitudine e i poligoni

Due **poligoni** con lo stesso numero di lati sono **simili** se hanno:

- gli angoli ordinatamente congruenti;
- i lati corrispondenti in proporzione.

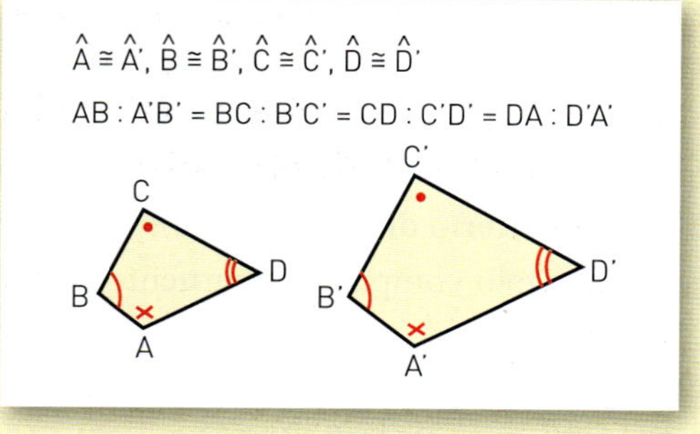

Condizione sufficiente affinché due poligoni con lo stesso numero di lati siano simili è che abbiano gli angoli ordinatamente congruenti e i lati ordinatamente in proporzione, tranne al più

- tre angoli consecutivi, *oppure*
- un lato e i due angoli a esso adiacenti, *oppure*
- due lati consecutivi e l'angolo compreso.

Poligoni regolari con lo stesso numero di lati sono simili.

Tracciate da due vertici omologhi di due poligoni simili tutte le diagonali, esse dividono i poligoni in triangoli simili tra loro (**teorema delle diagonali**).

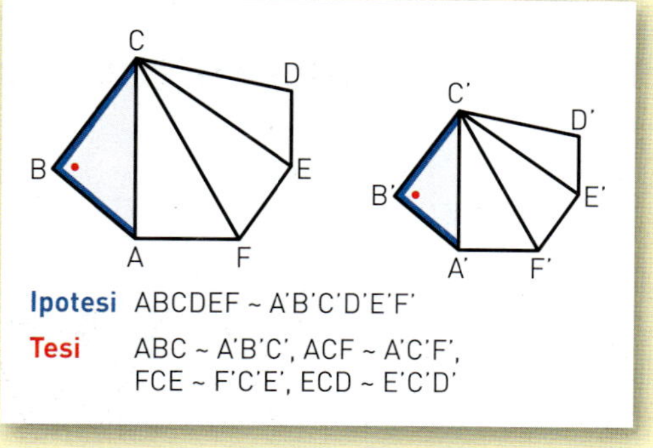

In due poligoni simili con rapporto di similitudine k, il rapporto fra i perimetri è k e il rapporto fra le aree è k^2.

CAPITOLO G8

ESERCIZI

1 La similitudine e i triangoli

▶ Teoria a p. G230

1 VERO O FALSO?

a. Due triangoli congruenti sono simili. V F

b. Due triangoli simili non sono mai congruenti. V F

c. In due triangoli simili il rapporto tra due lati è costante. V F

d. Se il rapporto di similitudine tra due triangoli è 1, allora i triangoli sono congruenti. V F

e. La relazione di similitudine gode della proprietà transitiva. V F

TEST

2 Nei triangoli simili ABC e $A'B'C'$ il rapporto tra due lati corrispondenti è 3.
Se $\widehat{A} = 24°$, allora il corrispondente angolo $\widehat{A'}$ ha ampiezza:

A 8°.

B 24°.

C 48°.

D 72°.

3 Due triangoli, ABC e DEF, sono simili e $\widehat{A} \cong \widehat{D}$, $\widehat{B} \cong \widehat{E}$.
Sapendo che $AB = 16$ cm, $DE = 32$ cm e $DF = 18$ cm, la lunghezza di AC è:

A 18 cm.

B 9 cm.

C 36 cm.

D non si può determinare.

4 SPIEGA PERCHÉ Un triangolo ha i lati di 5 cm, 8 cm, 10 cm e un altro triangolo ha un lato di 10 cm e uno di 18 cm. Possono essere simili?

5 Costruisci due triangoli simili a quello ABC della figura, che abbiano rispettivamente rapporto di similitudine 3 e $\frac{1}{2}$ con ABC.

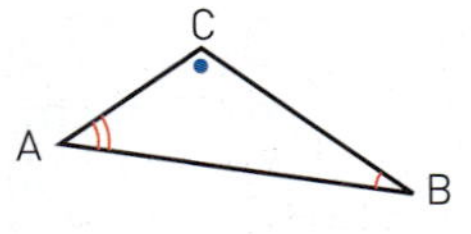

6 ESERCIZIO GUIDA Dati i triangoli simili della figura, scriviamo la catena di rapporti fra i lati che si corrispondono.

Quando due triangoli sono simili, i lati che si oppongono ad angoli congruenti si corrispondono nella similitudine.
Per esempio, poiché l'angolo $\widehat{C}$ è congruente all'angolo $\widehat{E}$, il lato AB corrisponde al lato FD. Analogamente BC corrisponde a DE e AC corrisponde a FE.
Perciò possiamo scrivere la seguente catena di rapporti:

$$AB : FD = BC : DE = AC : FE.$$

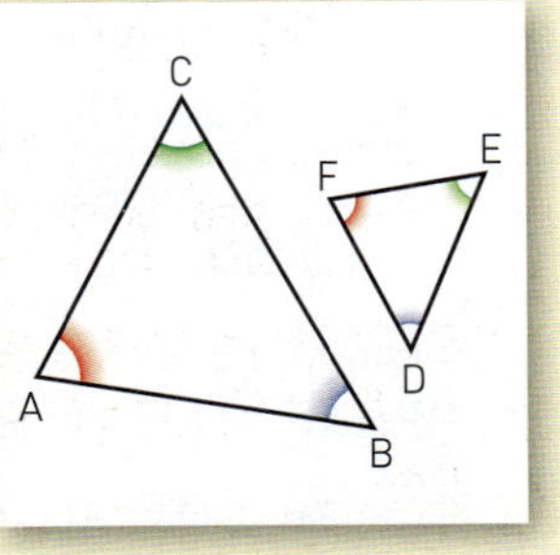

ESERCIZI

Negli esercizi che seguono sono indicate tre proporzioni; una sola è riferita ai lati omologhi dei due triangoli simili in figura. Quale?

7

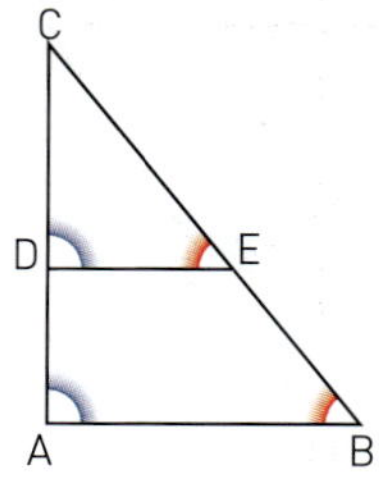

a. $AB : DE = AC : AD$

b. $AC : AD = BC : BE$

c. $AC : DC = BC : CE$

8

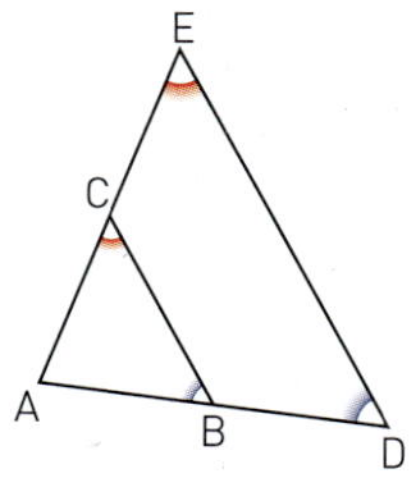

a. $AB : AD = BC : DE$

b. $AB : BD = BC : DE$

c. $AC : CE = AD : AB$

9

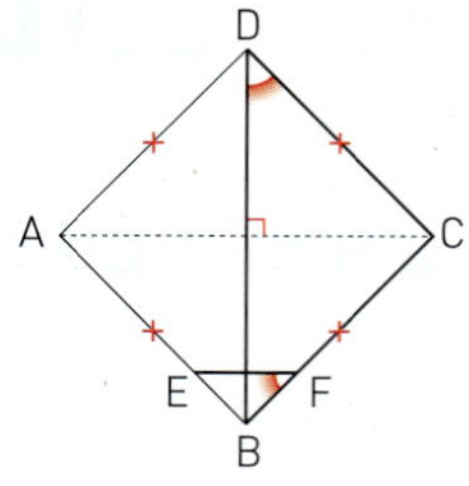

a. $BD : EF = BE : BC$

b. $BD : EF = BC : BE$

c. $CD : CF = EB : BF$

2 I criteri di similitudine dei triangoli

Teoria a p. G231

Il primo criterio di similitudine

10 VERO O FALSO?

a. Due triangoli con due angoli congruenti sono sempre simili. V F

b. Se due triangoli isosceli hanno gli angoli alla base congruenti, allora sono simili. V F

c. Un triangolo acutangolo può essere simile a un triangolo ottusangolo. V F

d. Due triangoli rettangoli con un angolo acuto uguale sono simili. V F

e. Due triangoli equilateri sono sempre simili. V F

11 ESERCIZIO GUIDA Dato il trapezio *ABCD* della figura, troviamo due triangoli simili tra i quattro in cui lo dividono le diagonali, e scriviamo le proporzioni fra i lati corrispondenti.

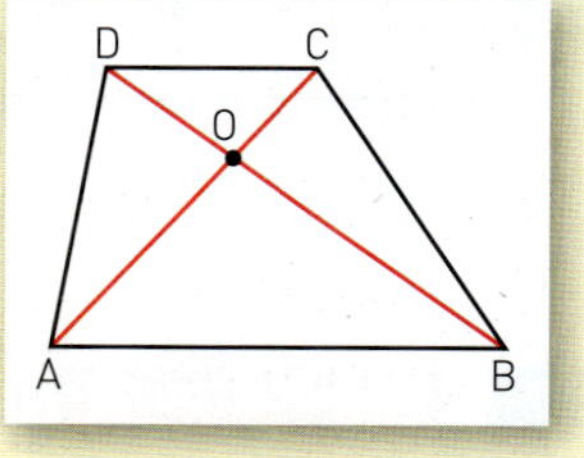

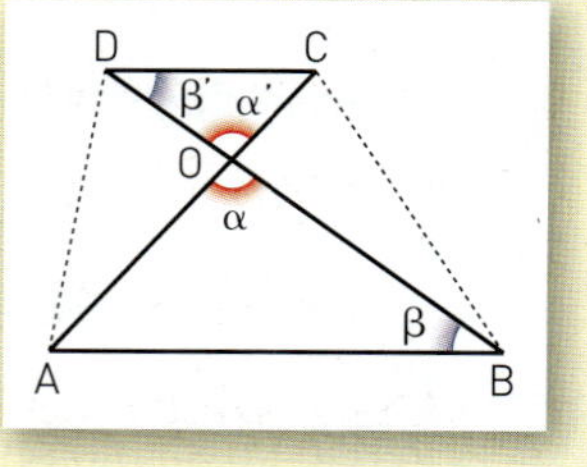

I triangoli simili sono *ABO* e *OCD*.
Infatti essi hanno:

- $\alpha \cong \alpha'$, perché opposti al vertice;
- $\beta \cong \beta'$, perché alterni interni di rette parallele tagliate dalla trasversale *BD*.

Quindi i due triangoli sono simili per il primo criterio di similitudine.
Poiché ad angoli congruenti si oppongono lati corrispondenti, le proporzioni richieste sono:

$AB : CD = AO : OC$; $AB : CD = BO : OD$; $BO : OD = AO : OC$.

COMPLETA Applicando il primo criterio di similitudine, trova i triangoli simili in ognuna delle seguenti figure, poi scrivi di fianco a ogni figura le proporzioni fra i lati corrispondenti.

12

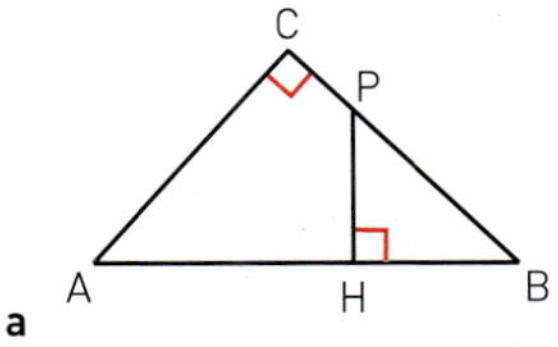

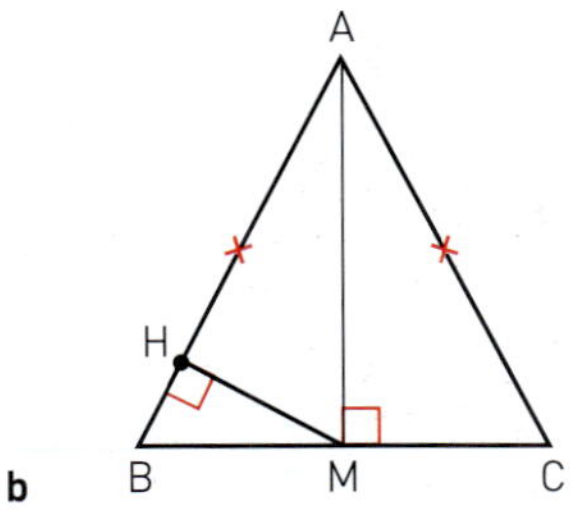

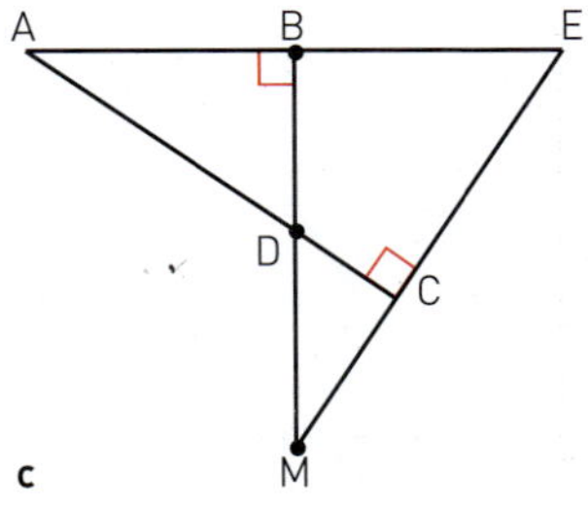

13

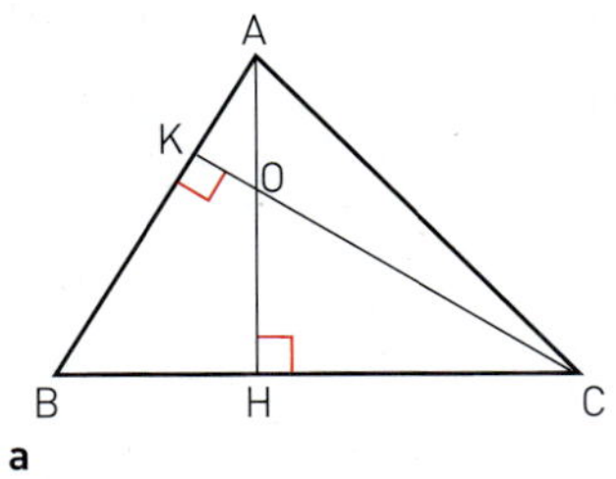

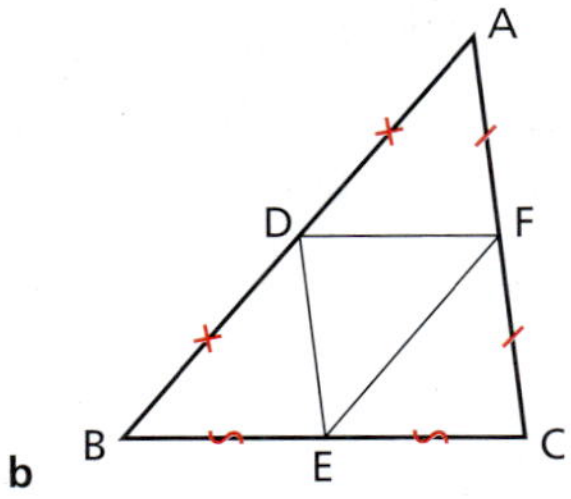

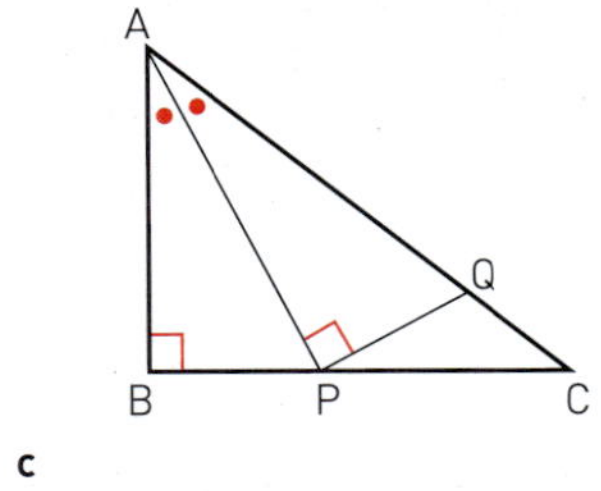

Il secondo criterio di similitudine

14 **ESERCIZIO GUIDA** Dimostriamo che, nella figura a lato, si possono individuare due triangoli simili; scriviamo poi la catena di rapporti fra lati corrispondenti.

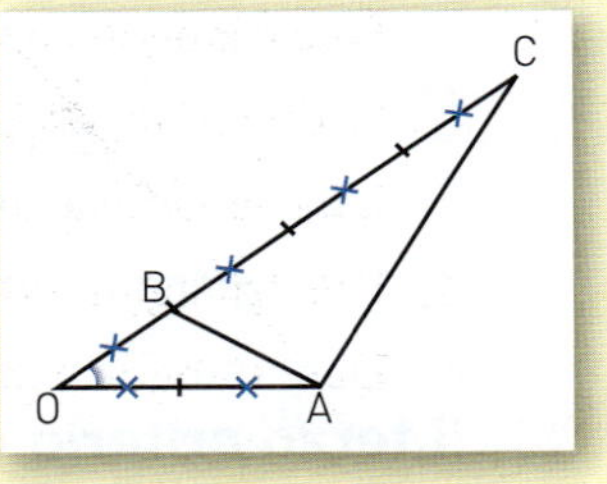

I triangoli OAB e OAC hanno l'angolo $\widehat{O}$ in comune; inoltre:

$$OA = 2 \cdot OB \quad \text{e} \quad OC = 2 \cdot OA.$$

Quindi il rapporto fra i primi due membri delle uguaglianze è uguale al rapporto fra gli ultimi due membri, cioè:

$$OA : OC = OB : OA.$$

Pertanto i triangoli sono simili per il secondo criterio di similitudine.

La catena di rapporti fra i lati corrispondenti è:

$$OA : OC = BA : AC = OB : OA.$$

Osservazione. Per individuare con maggior facilità i lati corrispondenti possiamo disegnare i triangoli OAB e OAC con i lati ordinatamente paralleli.

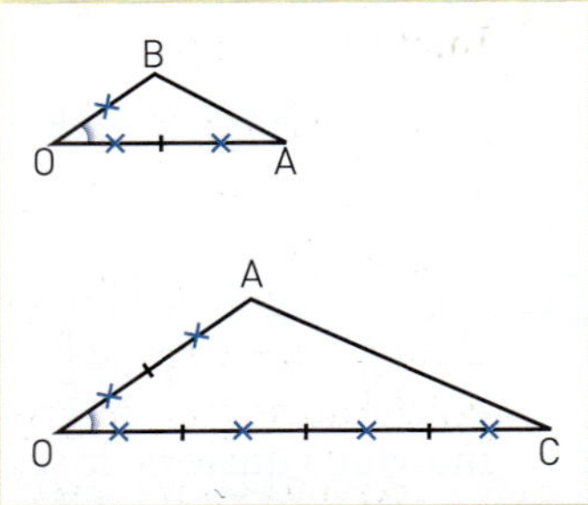

ESERCIZI

15 Usa i dati indicati nelle figure per riconoscere in ciascuna tutte le coppie di triangoli simili, poi scrivi la catena di rapporti fra lati corrispondenti.

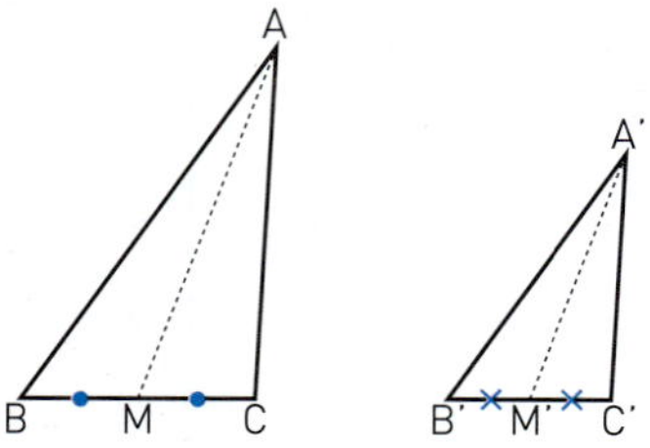

Ipotesi ABC e A'B'C' simili

a

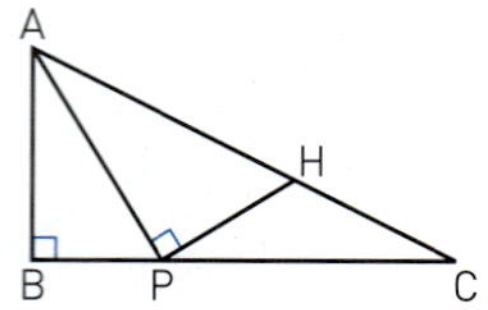

Ipotesi AP : AB = PH : BP

b

---

16 **INVALSI 2016** Le diagonali di un trapezio lo dividono in quattro triangoli. Completa il testo nel riquadro seguente, scegliendo tra i termini riportati alla fine del testo. (Attenzione: ogni termine può essere usato una volta sola).

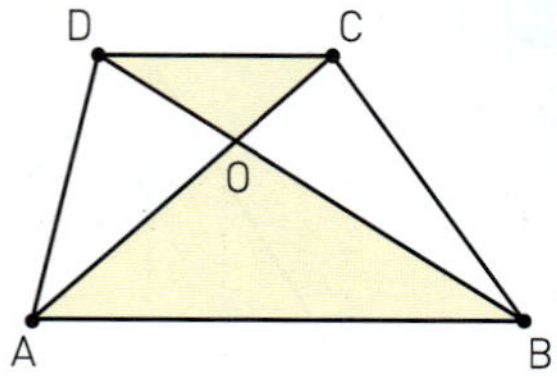

Considera i triangoli ABO e CDO. I due triangoli hanno gli angoli $A\widehat{O}B$ e ________ congruenti, perché sono angoli opposti al vertice.

L'angolo $O\widehat{A}B$ è congruente all'angolo ________ perché sono angoli ________ formati dalle parallele AB e CD tagliate dalla trasversale AC.

Quindi i triangoli ABO e CDO sono ________ tra loro.

Termini fra cui scegliere:

alterni	interni	corrispondenti	$A\widehat{B}O$	$O\widehat{C}D$	$C\widehat{O}D$	$D\widehat{O}A$	congruenti	simili

Il terzo criterio di similitudine

17 In ognuna delle figure che seguono compaiono due triangoli simili e una catena di rapporti. Individua gli angoli che si corrispondono e colorali.

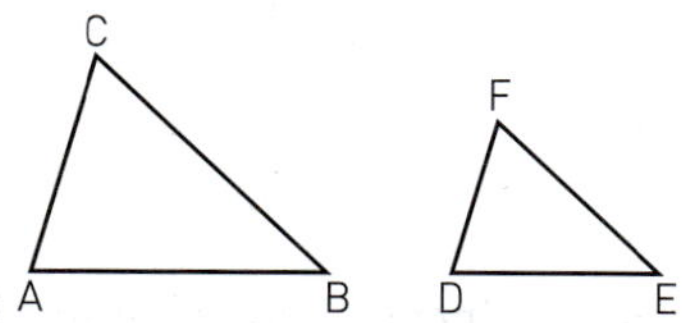

AB : DE = AC : DF = BC : EF

a

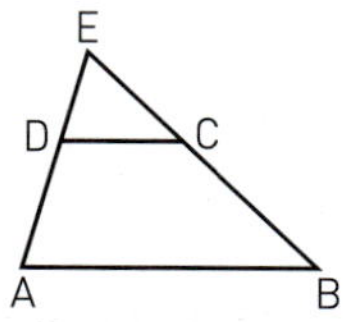

AB : DC = AE : DE = BE : CE

b

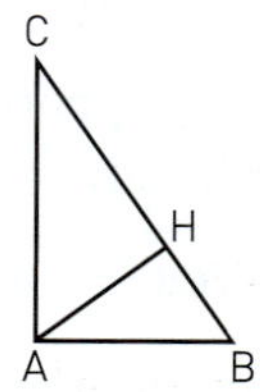

AB : BH = AC : AH = BC : AB

c

---

18 I due triangoli della figura a lato sono simili e vale la proporzione

$AB : DE = BC : EF.$

Individua quale delle seguenti proporzioni è equivalente a quella data:

a. $AB : BC = DE : EF$; **b.** $AB : DE = DE : BC$; **c.** $DE : AB = DF : AC$.

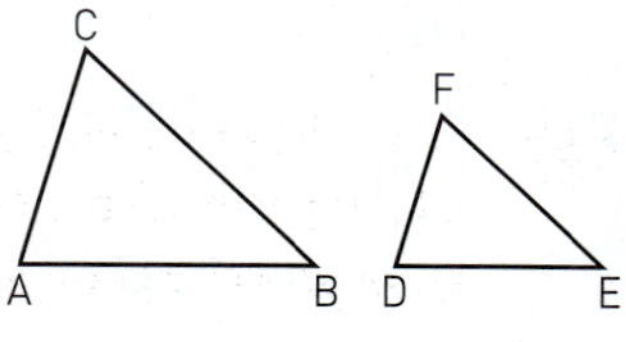

Applicazioni dei criteri di similitudine

COMPLETA le proporzioni che compaiono sotto le figure (le linee tratteggiate sono le altezze dei triangoli).

19

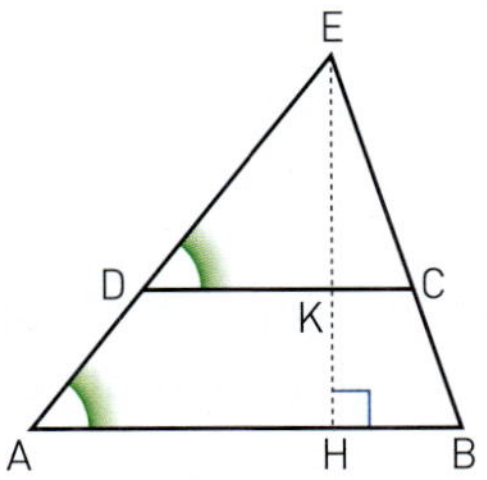

AB : CD = EH : ___

a

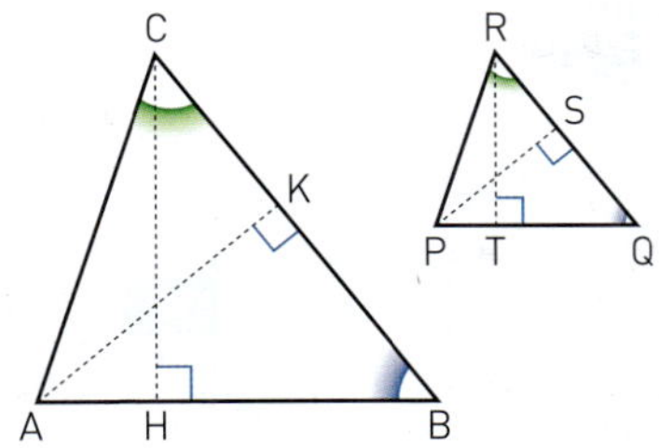

AK : BC = ___ : ___

b

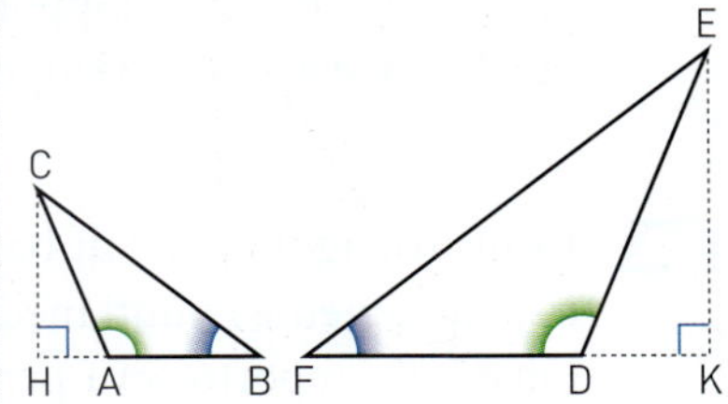

AB : CH = FD : ___

c

20

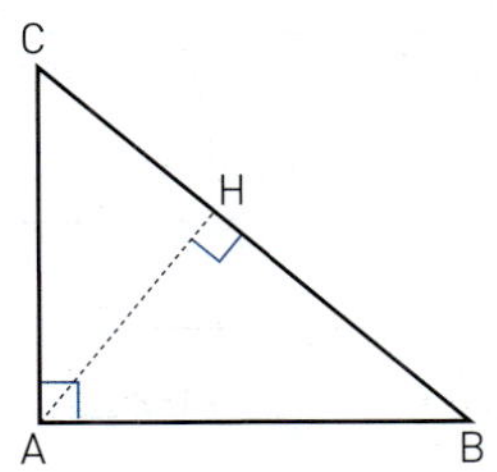

BC : ___ = ___ : BH

___ : AC = AC : ___

a

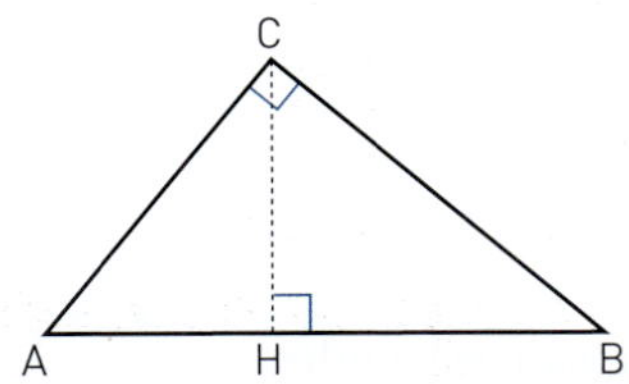

AH : CH = ___ : ___

CH : ___ = ___ : CH

b

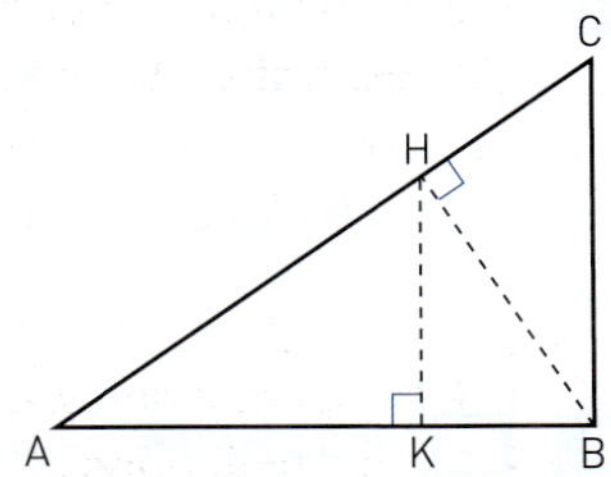

HK : ___ = ___ : BH

___ : AH = HK : ___

c

21 Per ognuna delle seguenti figure scrivi una proporzione che coinvolga le misure dei perimetri e una che coinvolga le misure delle aree di due triangoli simili.

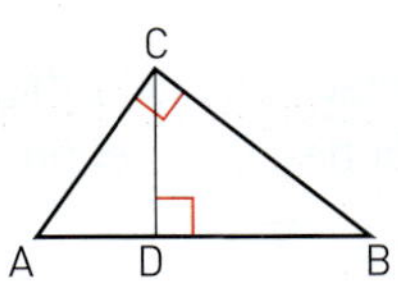

a

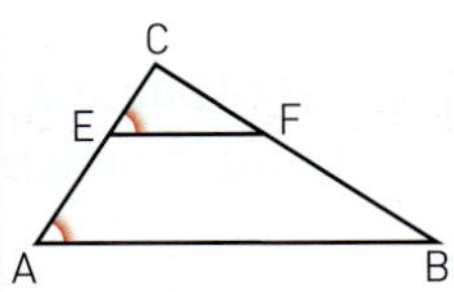

b

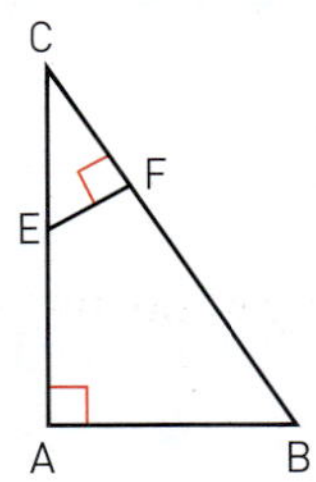

c

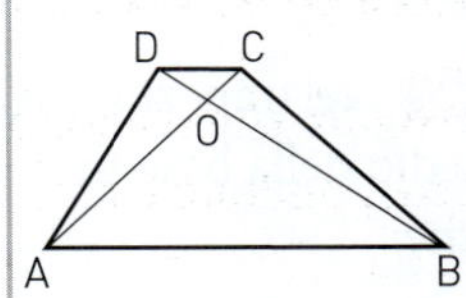

d

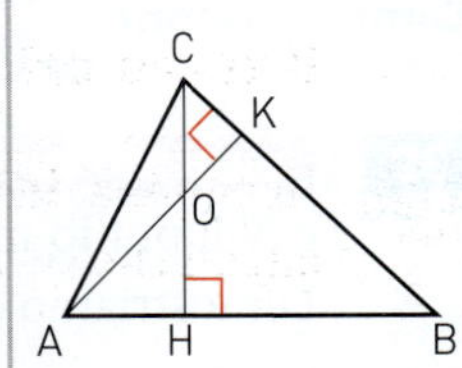

e

Dimostrazioni

22 Nel trapezio *ABCD*, di base maggiore *AB*, i prolungamenti dei lati obliqui si incontrano nel punto *P*. Siano *H* e *K* le proiezioni di *P*, rispettivamente, su *AB* e su *DC*. Dimostra che $PK : PH = DC : AB$.

23 In due triangoli con altezze congruenti si conducono due corde parallele alle basi e da queste equidistanti. Dimostra che le corde individuate nei due triangoli stanno tra loro come le basi dei triangoli.

24 Considera un triangolo *ABC* e traccia le mediane *CM* e *AN*, che si intersecano in *G*. Traccia la retta parallela ad *AB* passante per *G* e indica con *D* ed *E* le sue intersezioni con gli altri lati.
Dimostra che *G* divide a metà *DE*.

Con le misure

25 In due triangoli simili, un lato del primo è lungo 24 cm e quello corrispondente del secondo 40 cm. Determina il rapporto tra i perimetri e quello tra le aree dei triangoli. $\left[\frac{3}{5}; \frac{9}{25}\right]$

26 In un triangolo ABC di base AB, M e N sono rispettivamente i punti medi di AC e BC.
Qual è il rapporto fra i perimetri dei triangoli MCN e ABC? E il rapporto fra le loro aree? $\left[\frac{1}{2}; \frac{1}{4}\right]$

27 Un triangolo ABC ha base AB e altezza CH lunghe rispettivamente 18 cm e 8 cm. $A'B'C'$ è simile ad ABC e ha la base $A'B'$, omologa di AB, lunga 27 cm. Quanto misura l'area di $A'B'C'$? [162 cm^2]

28 YOU & MATHS **Similar triangles** The lengths of the sides of a triangle are 4 cm, 7 cm, and 10 cm. The triangle is similar to another triangle whose perimeter is 52,5 cm. Find the lengths of the sides of the second triangle. [10 cm; 17,5 cm; 25 cm]

29 La somma dei perimetri dei triangoli simili ABC e $A'B'C'$ è 83,25 cm. Determina i perimetri dei due triangoli sapendo che $AB = 16$ cm e il suo corrispondente $A'B' = 20$ cm. [37 cm; 46,25 cm]

30 INVALSI 2013 In figura è rappresentata una lampada con paralume e relative misure.

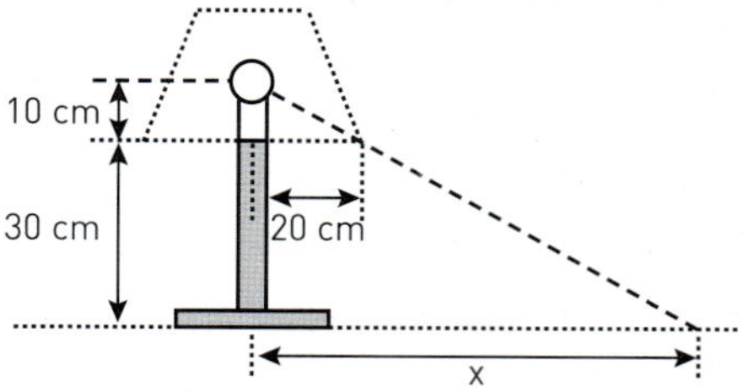

Quanto misura il raggio x del cerchio di luce proiettato sul piano d'appoggio della lampada?

- **A** 50 cm
- **B** 60 cm
- **C** 70 cm
- **D** 80 cm

31 EUREKA! **All'ombra del lampione** Un uomo alto un metro e ottanta è in piedi davanti a un lampione di 4 metri e mezzo, a una distanza di 90 centimetri. Quanto è lunga la sua ombra? [60 cm]

(USA *University of Tennessee, Fermat Math Contest*, 2014)

Riepilogo: I criteri di similitudine dei triangoli

Dimostrazioni

32 ESERCIZIO GUIDA Nel trapezio $ABCD$ di base maggiore AB, siano O il punto di intersezione delle diagonali e N il punto medio della base minore CD. Prolunghiamo NO fino a incontrare la base AB nel punto M. Dimostriamo che:

1. M è il punto medio di AB;
2. O divide MN in parti proporzionali alle basi del trapezio.

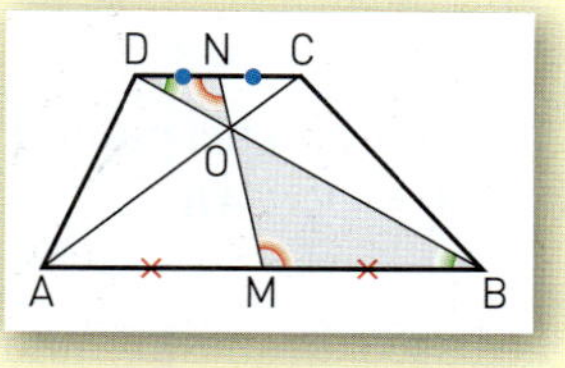

Ipotesi 1. $ABCD$ è un trapezio;
2. $DN \cong NC$.

Tesi 1. $AM \cong MB$;
2. $DC : AB = NO : OM$.

Dimostriamo la tesi 1

I triangoli DNO e MBO hanno:

- $O\widehat{D}N \cong O\widehat{B}M$ perché angoli alterni interni formati dalle parallele DN e MB tagliate dalla trasversale DB;
- $D\widehat{N}O \cong O\widehat{M}B$ perché alterni interni formati dalle parallele DN e MB tagliate da NM.

Quindi sono simili per il primo criterio e perciò hanno i lati in proporzione. In particolare, è soddisfatta la proporzione:

$$DN : MB = NO : OM.$$

In modo analogo si dimostra che i triangoli NOC e AOM sono simili, *quindi* è soddisfatta la proporzione:

$$NC : AM = NO : OM.$$

Dal confronto delle proporzioni deduciamo che:

$$DN : MB = NC : AM.$$

Poiché per ipotesi $DN \cong NC$, dalla proporzione ricaviamo che anche $MB \cong AM$, ossia M è il punto medio di AB.

Dimostriamo la tesi 2

Consideriamo di nuovo la proporzione:

$$NC : AM = NO : OM$$

e riscriviamola moltiplicando i primi due termini per 2:

$$2NC : 2AM = NO : OM.$$

Poiché N e M sono punti medi di DC e AB, abbiamo:

$$DC : AB = NO : OM.$$

33 In un triangolo rettangolo ABC, di ipotenusa AB, inscrivi un quadrato $PQRS$ con il lato PQ appartenente ad AB. Dimostra che il lato del quadrato è medio proporzionale fra i due restanti segmenti sull'ipotenusa, AP e QB.

34 Due triangoli ABC e $A'B'C'$ sono tali che $AB : A'B' = AC : A'C' = CM : C'M'$, dove CM e $C'M'$ sono le mediane relative rispettivamente ai lati AB e $A'B'$. Dimostra che i due triangoli sono simili.

35 Dimostra che due triangoli aventi i lati a due a due paralleli sono simili.

36 In un trapezio $ABCD$, le diagonali si intersecano in O. Dimostra che $AO : CO = BO : DO$.

37 Nel triangolo isoscele ABC di vertice A, sia P il punto di intersezione delle altezze AH e CK. Dimostra che $AP : CP = PK : PH$.

Con le misure

38 COMPLETA utilizzando i dati indicati nelle figure.

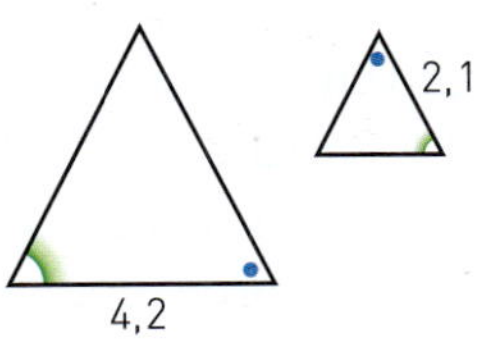

a. Triangoli simili? ____

Criterio di similitudine: ____

Rapporto di similitudine: ____

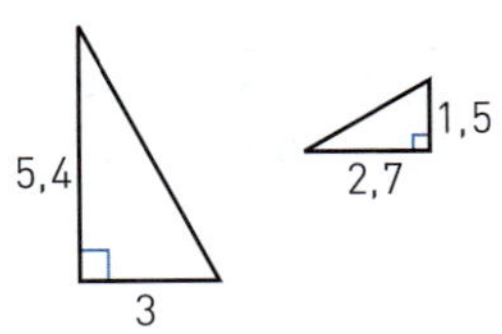

b. Triangoli simili? ____

Criterio di similitudine: ____

Rapporto di similitudine: ____

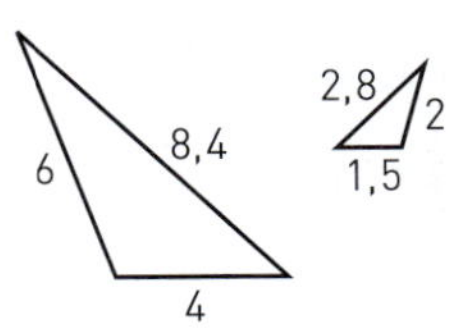

c. Triangoli simili? ____

Criterio di similitudine: ____

Rapporto di similitudine: ____

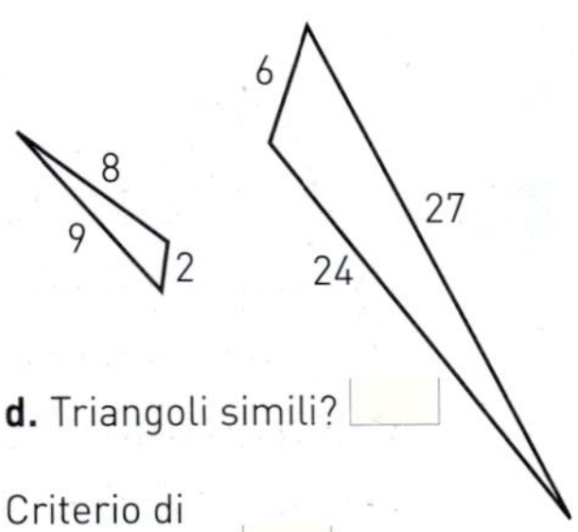

d. Triangoli simili? ____

Criterio di similitudine: ____

Rapporto di similitudine: ____

Calcola i valori richiesti.

39 ●○

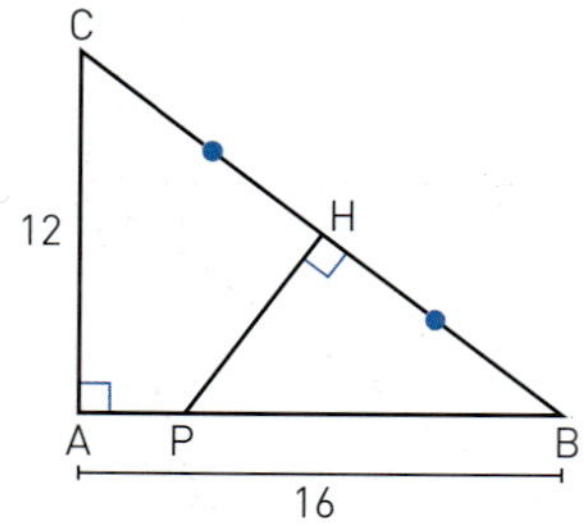

$\overline{PH} = ?$

Area(HPB) = ?

41 ●○

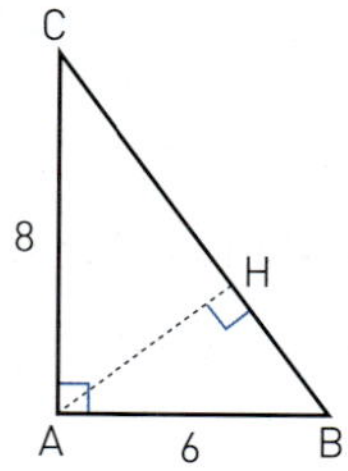

$\overline{AH} = ?$

2p(AHB) = ?

Area(AHC) = ?

43 ●○

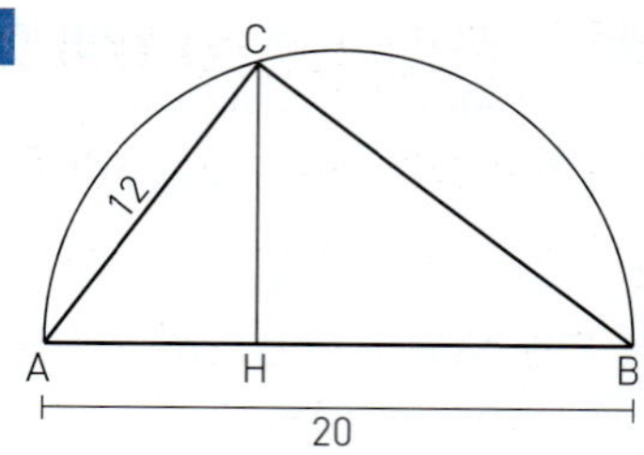

$\overline{AH} = ?$

2p(CHB) = ?

40 ●○

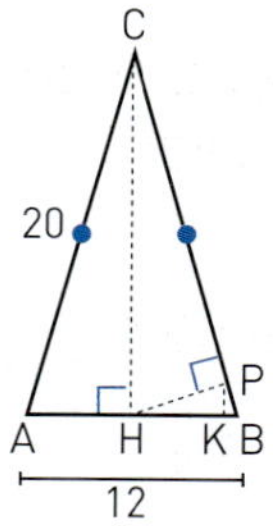

$\overline{CP} = ?$

$\overline{KB} = ?$

42 ●○

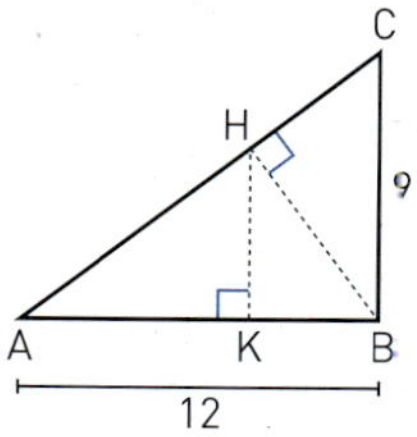

$\overline{HB} = ?$

$\overline{KH} = ?$

44 ●○

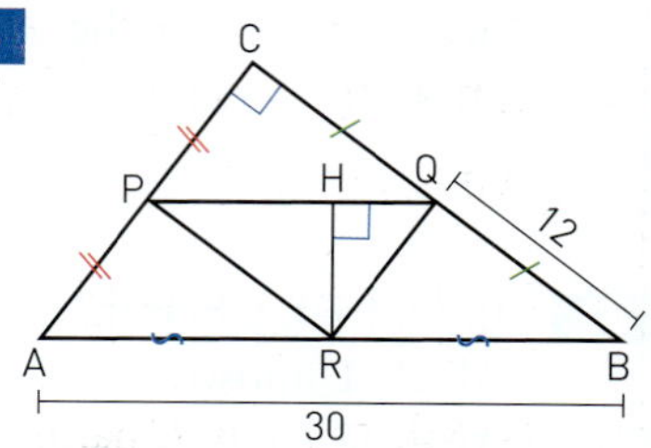

Area(PQR) = ?

$\overline{RH} = ?$

$\overline{PH} = ?$

---

45 ●○ In un triangolo rettangolo ABC l'altezza AH relativa all'ipotenusa BC è $6\sqrt{2}$ cm e la proiezione del cateto minore su BC è 3 cm. Determina il perimetro e l'area di ABC.

$[18(2+\sqrt{2})\ \text{cm};\ 81\sqrt{2}\ \text{cm}^2]$

46 ●○ **YOU & MATHS** Given two similar triangles one of which has twice the perimeter of the other, by what factor is the area of the larger triangle bigger than the smaller?

- **A** 2
- **B** 4
- **C** $\sqrt{2}$
- **D** $2\sqrt{2}$
- **E** None of these.

(USA *North Carolina State High School Mathematics Contest*, 2004)

47 ●○ Nella figura, $FB : CH = EF : HB = EB : CB$. Sapendo che $H\widehat{B}C = 38°$ e $E\widehat{F}A = 60°$, determina le ampiezze di $D\widehat{E}H$ e di $H\widehat{C}B$.

[112°; 22°]

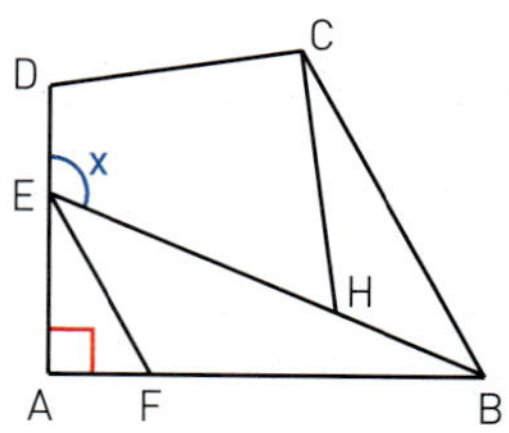

48 ●○ Un triangolo isoscele ABC, di vertice C, ha l'altezza $CH = 32$ cm. La corda EF parallela ad AB interseca CH nel punto D, tale che $CD \cong \frac{1}{4}CH$. Sapendo che $CE = 10$ cm, calcola il perimetro di ABC.

[128 cm]

49 ●○ Nel triangolo ABC i lati AB e AC sono lunghi rispettivamente 24 cm e 32 cm. La corda DE parallela ad AC, condotta da un punto D del lato AB, è lunga 20 cm. Calcola la distanza di D da A.

[9 cm]

50 ●○ **INVALSI 2015** Arturo vuole misurare l'altezza di un obelisco che si trova al centro della piazza principale della sua città. A una certa ora di un giorno di sole, l'obelisco proietta un'ombra di circa 6,4 metri, e un palo alto 2,5 metri, che si trova nella stessa piazza, proietta un'ombra di circa 0,8 metri. Qual è l'altezza dell'obelisco? (Supponi che la piazza sia orizzontale e che l'obelisco e il palo siano verticali)

Risposta: circa ______ m.

RISOLVIAMO UN PROBLEMA

Rapporti tra aree

Un parallelogramma $ABCD$ ha la base AB lunga 12 cm e l'altezza CH lunga 9 cm. Il punto P su AB è tale che $AP \cong \frac{1}{5}PB$. Detto E il punto di intersezione tra la retta CP e il prolungamento del lato AD dalla parte di A, calcola l'area del triangolo APE.

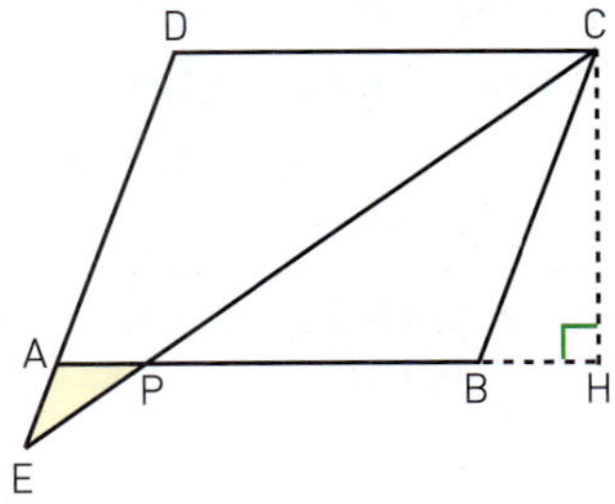

▶ **Riportiamo i dati del problema.**

$AB \parallel CD$ $\quad CH = 9$ cm

$AD \parallel BC$ $\quad AP \cong \frac{1}{5}PB$

$AB = 12$ cm

▶ **Verifichiamo la similitudine fra i triangoli *APE* e *BPC*.**

I triangoli APE e BPC hanno:

- $A\widehat{P}E \cong B\widehat{P}C$ perché opposti al vertice;
- $A\widehat{E}P \cong P\widehat{C}B$ perché angoli alterni interni formati dalle parallele DE e BC con la trasversale EC.

Pertanto sono simili per il primo criterio di similitudine.

▶ **Determiniamo il rapporto tra le aree dei triangoli *APE* e *BPC*.**

I due triangoli sono simili; in particolare, il loro rapporto di similitudine è pari a:

$$\frac{AP}{PB} = \frac{1}{5}.$$

Quindi il rapporto tra le aree dei triangoli APE e BPC è $\left(\frac{1}{5}\right)^2$, cioè $\frac{1}{25}$.

Dunque per calcolare l'area del triangolo APE è sufficiente conoscere l'area del triangolo BPC.

▶ **Determiniamo la misura di *PB*.**

Innanzitutto, determiniamo la misura di PB.

$$\overline{AP} + \overline{PB} = \overline{AB} \rightarrow \frac{1}{5}\overline{PB} + \overline{PB} = 12 \rightarrow$$

$$\overline{PB} = \frac{5 \cdot 12}{6} = 10.$$

▶ **Calcoliamo l'area del triangolo *APE*.**

Calcoliamo innanzitutto l'area del triangolo PBC:

$$\text{area}(BPC) = \frac{1}{2} \cdot \overline{PB} \cdot \overline{CH} = \frac{1}{2} \cdot 10 \cdot 9 = 45.$$

Il rapporto tra le aree dei triangoli APE e PBC è $\frac{1}{25}$, pertanto:

$$\text{area}(APE) = \frac{1}{25}\ \text{area}(BPC) = \frac{1}{25} \cdot 45 = 1{,}8.$$

Quindi l'area del triangolo APE è 1,8 cm^2.

MATEMATICA E STORIA

Triangoli simili per misurare distanze Cosimo Bartoli, letterato ed ecclesiastico fiorentino del Cinquecento, nel suo *Del modo di misurare* scrive:

«Piglisi uno specchio piano [...] e pongasi a diacere sopra il piano del terreno. Bisogna di poi accostarsi, o discostarsi tanto a detto specchio che si vegga in esso rapresentarsi la cima della torre, o casa da misurarsi; oltre a questo mandisi dall'occhio [...] a terra un filo col piombino.
[...] ne vò mancare di dire, che questa operazione si puo fare con un vaso di acqua in cambio dello specchio».

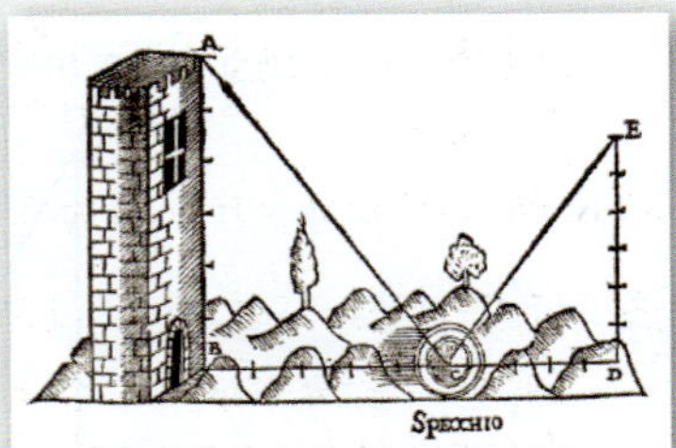

a. I due triangoli ABC e CDE sono simili: perché?

b. Immagina di conoscere i cateti del triangolo CDE e la distanza dello specchio dalla base della torre. Come puoi calcolare l'altezza di quest'ultima?

c. Scegli delle misure verosimili per BC, CD e DE e calcola l'altezza della torre (considera che la figura non rispetta le proporzioni, quindi ti conviene fare affidamento sulle informazioni presenti nel testo).

Risoluzione - 3 esercizi in più - Attività di ricerca: Verso la topografia.

ESERCIZI

3 La similitudine e i teoremi di Euclide

▶ Teoria a p. G236

51 VERO O FALSO? Con riferimento alla figura quali affermazioni sono *vere* e quali *false*?

a. I triangoli ACH e CHB sono simili. V F

b. L'ipotenusa AB e il cateto AC sono lati omologhi per i triangoli simili ABC e ACH. V F

c. Il rapporto tra AB e CB è uguale al rapporto tra CH e la distanza di H da CB. V F

d. Nei triangoli simili ACB e CHB i lati CB e HB sono omologhi. V F

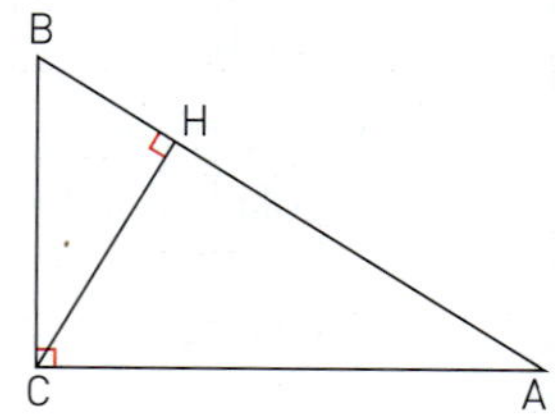

TEST

52 Quale delle seguenti proporzioni *non* è vera in riferimento alla figura?

A $BC : CH = AC : BC$

B $AB : AH = AH : AK$

C $AB : BH = BH : AK$

D $BH : AH = CH : BH$

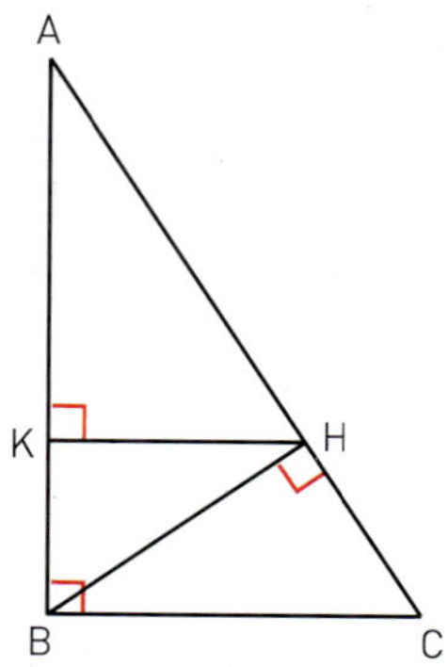

53 Nella figura $\overline{AD} = 1$ e $\overline{DB} = a$. Quanto misura CD?

A $2a$

B $a\sqrt{2}$

C $2\sqrt{a}$

D $\sqrt{a}$

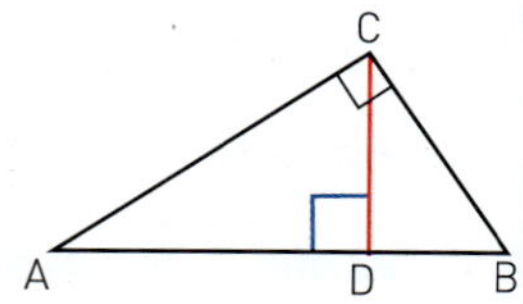

54 Per ogni triangolo rettangolo in figura scrivi una proporzione che esprima il primo o il secondo teorema di Euclide, utilizzando come medio proporzionale il segmento colorato.

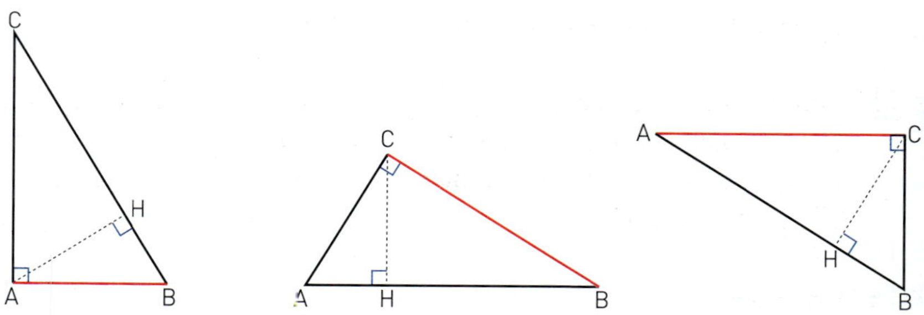

Con le misure

55 Il perimetro del rombo in figura è di 120 cm e $CH : HD = 1 : 4$.
Determina l'area del rombo. [720 cm²]

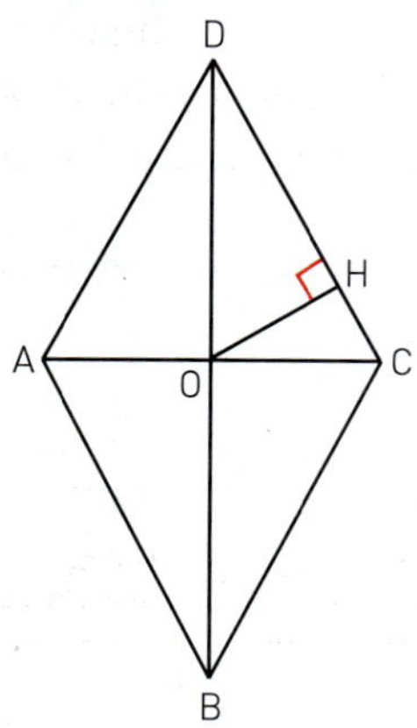

56 L'ipotenusa AB del triangolo rettangolo ABC misura 75 cm ed è divisa dall'altezza CH in due segmenti proporzionali ai numeri 1 e 4. Determina l'area di ABC. [1125 cm²]

57 Nel triangolo ABC in figura, il perimetro è di 300 cm e i lati sono proporzionali ai numeri 3, 4 e 5. Calcola il perimetro del triangolo AHK. [108 cm]

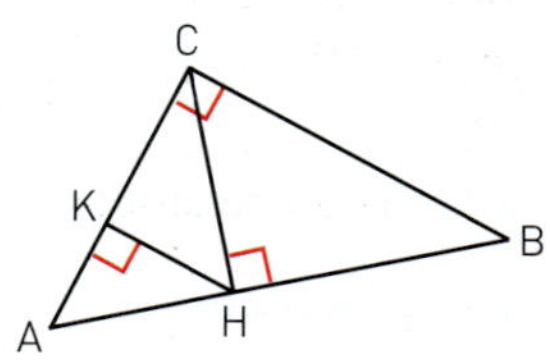

4 La similitudine e i poligoni

▶ Teoria a p. G238

58 VERO O FALSO?

a. Se due pentagoni hanno tutti i lati ordinatamente in proporzione e quattro angoli congruenti, allora sono simili. V F

b. Due poligoni regolari con lo stesso numero di lati sono simili. V F

c. Se due quadrilateri hanno gli angoli ordinatamente congruenti, allora sono simili. V F

d. Due rettangoli con i lati in proporzione sono simili. V F

59 Individua le coppie di rettangoli simili fra loro e scrivi il rapporto di similitudine, il rapporto fra le misure dei perimetri e quello fra le misure delle aree.

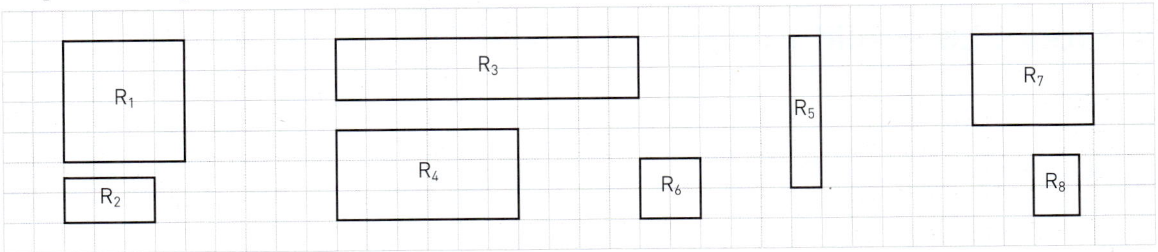

Dimostrazioni

60 Dimostra che due quadrilateri che hanno tre lati consecutivi in proporzione e i due angoli compresi rispettivamente congruenti sono simili.

61 Dimostra che, se due quadrilateri hanno tutti i lati ordinatamente proporzionali e un angolo compreso tra lati proporzionali congruente, allora sono simili.

62 ESEMPIO DIGITALE Dimostra che sono simili due rettangoli che hanno le diagonali che formano lo stesso angolo.

63 Le diagonali di due parallelogrammi $ABCD$ e $A'B'C'D'$ si incontrano rispettivamente in O e O' e i triangoli OAD e $O'A'D'$ sono simili. Dimostra che anche i parallelogrammi sono simili.

Con le misure

64 La somma delle aree di due rettangoli simili è 915 cm². Le due basi hanno lunghezza 25 cm e 30 cm. Determina le aree e i perimetri dei rettangoli. [375 cm², 540 cm²; 80 cm, 96 cm]

65 Due parallelogrammi simili hanno le basi di 6 cm e 9 cm e il primo ha l'altezza di 8 cm. Calcola l'area del secondo parallelogramma. [108 cm²]

66 Il rettangolo $ABCD$ in figura è simile al rettangolo $ABNM$ e $AD = 36$ m. Calcola l'area del rettangolo $NMDC$. [384 m²]

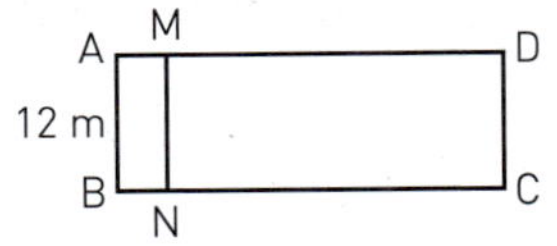

67 Il rapporto fra le aree di due pentagoni simili è $\frac{16}{25}$. Calcola il perimetro del maggiore, sapendo che il perimetro del minore è di 32 cm. [40 cm]

68 INTORNO A NOI La figura rappresenta la pianta di un appartamento in scala 1 : 200. Determina il perimetro e l'area dell'appartamento. [44 m; 112 m²]

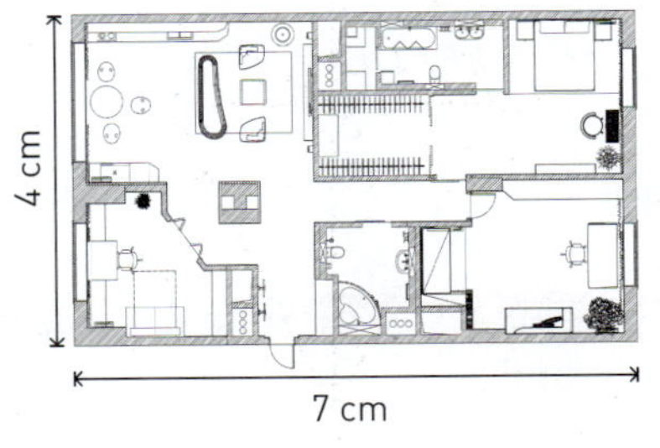

MATEMATICA AL COMPUTER

Geometria dinamica e similitudine Disegna un quadrilatero *ABCD* e le sue diagonali.
Prendi un punto *E* sulla diagonale *AC* e disegna la figura a lato tenendo presente che i lati del quadrilatero interno *EFGH* sono paralleli ai corrispondenti lati del quadrilatero esterno.

a. Dimostra che i due quadrilateri sono simili.

b. Verifica con la finestra algebrica del programma che $\frac{\text{area}(ABCD)}{\text{area}(EFGH)} = \left(\frac{\overline{OA}}{\overline{OE}}\right)^2$.

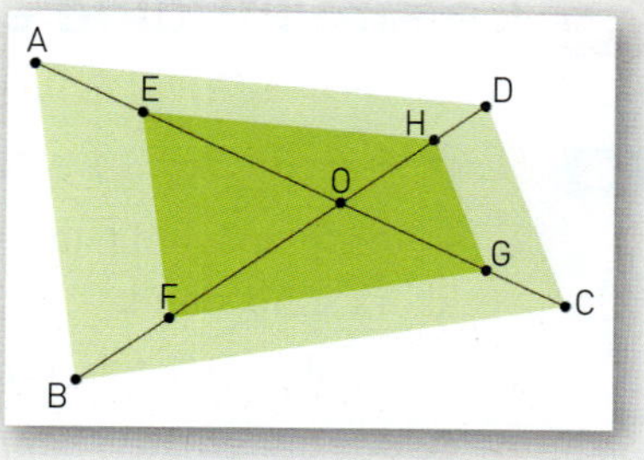

Risoluzione - 4 esercizi in più.

Riepilogo: La similitudine

TEST

69 Nella figura, $EF \parallel AB$. Quale delle seguenti proporzioni è *errata*?

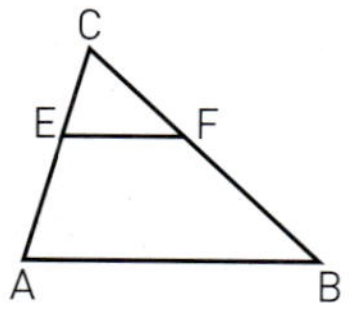

A $AB : EF = AC : CE$
B $AB : AC = EF : EC$
C $AB : BC = EF : FC$
D $AC : AE = BF : FC$
E $AC : BC = EC : CF$

70 Quale delle seguenti affermazioni è *vera*?

A Due triangoli isosceli non possono essere simili.
B Un triangolo isoscele e un triangolo scaleno sono simili se hanno un angolo acuto congruente.
C Un triangolo rettangolo non può mai essere simile a un triangolo ottusangolo.
D Due triangoli rettangoli sono sempre simili.
E Un triangolo isoscele e un triangolo ottusangolo non possono mai essere simili.

Negli esercizi che seguono sono indicate tre proporzioni; una sola è riferita ai lati corrispondenti dei due triangoli simili in figura. Quale?

71

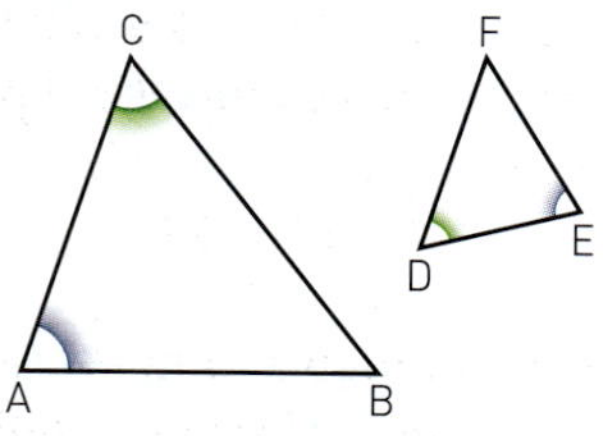

a. $AB : DE = AC : DF$
b. $AC : DF = BC : EF$
c. $AB : AC = EF : DE$

72

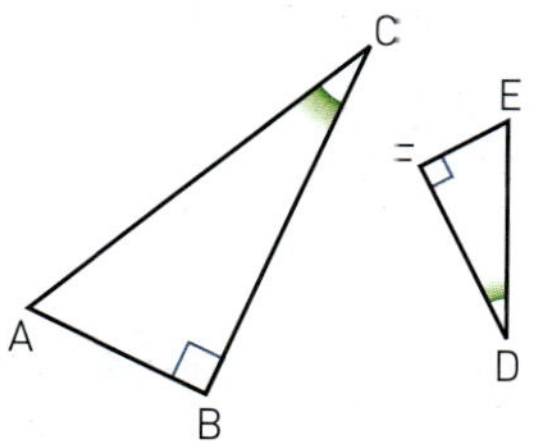

a. $AB : FE = BC : FD$
b. $AC : ED = AB : FD$
c. $AC : ED = EF : AB$

73

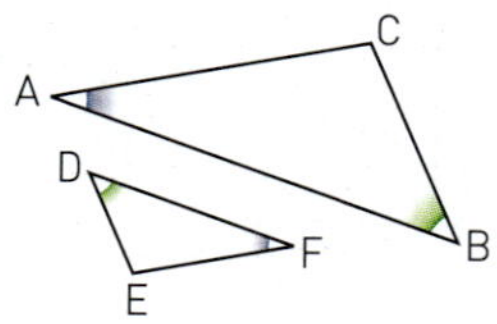

a. $AB : DF = BC : EF$
b. $AB : DF = BC : DE$
c. $AB : DF = DE : BC$

Dimostrazioni

74 DIMOSTRAZIONE GUIDATA Sono dati due trapezi aventi i lati ordinatamente proporzionali. Dimostriamo che sono simili.

Ipotesi 1. $AB : A'B' = BC : B'C' = CD : C'D' = DA : D'A'$;
2. $ABCD$ e $A'B'C'D'$ sono trapezi.

Tesi $ABCD \sim A'B'C'D'$.

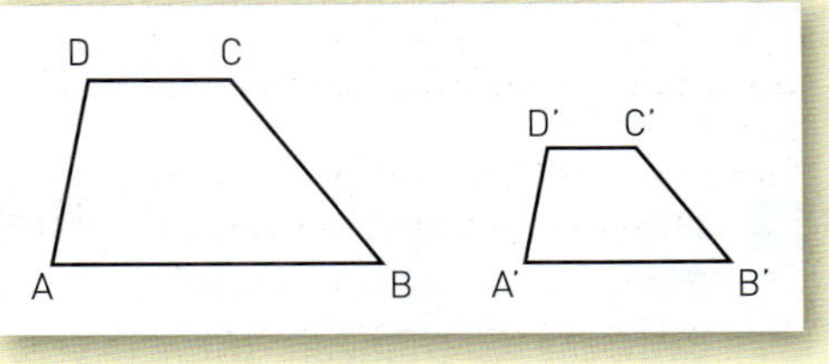

Dimostrazione

Fra i lati in proporzione c'è lo stesso rapporto k:

$$A'B' \cong kAB, \quad B'C' \cong kBC, \quad C'D' \cong kCD, \quad D'A' \cong kDA.$$

Dobbiamo dimostrare che i trapezi hanno gli angoli ordinatamente congruenti.
Tracciamo da D e D' le parallele DE e $D'E'$ ai lati obliqui BC e $B'C'$, ottenendo i parallelogrammi $EDCB$ ed $E'D'C'B'$.
I parallelogrammi hanno i lati opposti congruenti, quindi fra $D'E'$ e DE e fra $E'B'$ ed EB c'è lo stesso rapporto che c'è fra $B'C'$ e BC e fra $D'C'$ e DC:

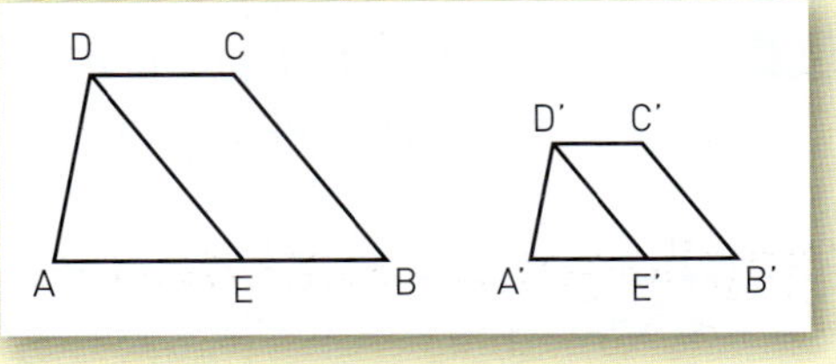

$$D'E' \cong kDE \text{ ed } E'B' \cong kEB.$$

Inoltre: $A'E' \cong A'B' - E'B' \cong kAB - kEB \cong k(AB - EB) \cong kAE$.

Nei triangoli ADE e $A'D'E'$ i lati corrispondenti hanno lo stesso rapporto, quindi sono in proporzione: $ADE \sim A'D'E'$ per il terzo criterio. In particolare $D\widehat{A}E \cong D'\widehat{A'}E'$.

Analogamente, tracciando da C e C' le parallele a DA e $D'A'$, si dimostra che $A\widehat{B}C \cong A'\widehat{B'}C'$.

$A\widehat{D}C \cong A'\widehat{D'}C'$ e $B\widehat{C}D \cong B'\widehat{C'}D'$ perché supplementari di angoli congruenti.

Concludiamo che $ABCD \sim A'B'C'D'$ poiché hanno i lati in proporzione e gli angoli opposti a lati corrispondenti congruenti.

75 Dimostra che, se due quadrilateri hanno tre angoli congruenti e due lati consecutivi in proporzione, allora sono simili.

76 Un trapezio rettangolo $ADCB$ ha il lato AB perpendicolare alle basi e le diagonali AC e BD fra loro perpendicolari. Indicato con O il punto d'intersezione delle diagonali, dimostra che i triangoli BOC, AOB e AOD sono simili.

77 Dal vertice B del triangolo ABC conduci una retta che intersechi la retta AC nel punto D, in modo che l'angolo $C\widehat{B}D$ sia congruente all'angolo $C\widehat{A}B$.
Dimostra che BC è medio proporzionale fra AC e CD.

78 Disegna un triangolo ABC e indica con AH la proiezione di AC su AB e con AK la proiezione di AB su AC.
Dimostra che $AB : AC = AK : AH$.

79 Disegna tre semirette a, b, c uscenti dalla stessa origine O, in modo che Oc sia contenuta nell'angolo acuto $a\widehat{O}b$. Fissa su Oc due punti P e Q e da questi traccia due rette parallele che intersecano la semiretta Oa nei punti L e M, rispettivamente. Sempre da P e da Q traccia altre due rette parallele che intersecano la semiretta Ob nei punti N e R, rispettivamente.
Dimostra che $PL : QM = PN : QR$.

80 Nel trapezio $ABCD$, rettangolo in A e in D, le diagonali AC e BD sono fra loro perpendicolari. Dimostra che l'altezza del trapezio è medio proporzionale fra le basi.

81 Nel triangolo ABC indica con L, M, N i punti medi dei lati. Dimostra che ABC e LMN sono simili.

82 Disegna un triangolo isoscele ABC, di base BC, e traccia le altezze AH e BK. Dimostra che $AH : BK = AB : BC$.

ESERCIZI

83 ●○ Disegna un parallelogramma $ABCD$ e la sua diagonale AC. Per un punto P di AC traccia le parallele ai lati e dimostra che, fra i quattro parallelogrammi ottenuti, quelli che hanno per diagonale i segmenti AP e PC sono simili.

84 ●● Disegna un trapezio e indica con O il punto intersezione delle diagonali. Dimostra che O dimezza la corda MN passante per O e parallela alle basi AB e CD. (SUGGERIMENTO Utilizza la similitudine dei triangoli ABD e MOD e dei triangoli ABC e ONC e la prima applicazione dei criteri di similitudine.)

Problemi con i triangoli simili

85 ●○ In tutte le figure che seguono il segmento DE è parallelo al lato AB del triangolo. Utilizzando le misure indicate e le opportune proporzioni, ricava le misure x e y incognite.

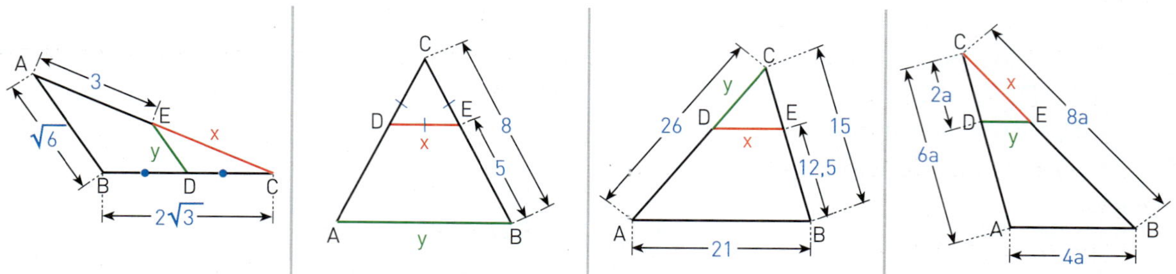

a b c d

RISOLVIAMO UN PROBLEMA

Un quadrato e molti triangoli

Il quadrato $ABCD$ è inscritto nel triangolo rettangolo PQR. Sapendo che $PA \cong \frac{3}{4}AB$ e che il perimetro di PQR è di 444 cm, determina la lunghezza di AB.

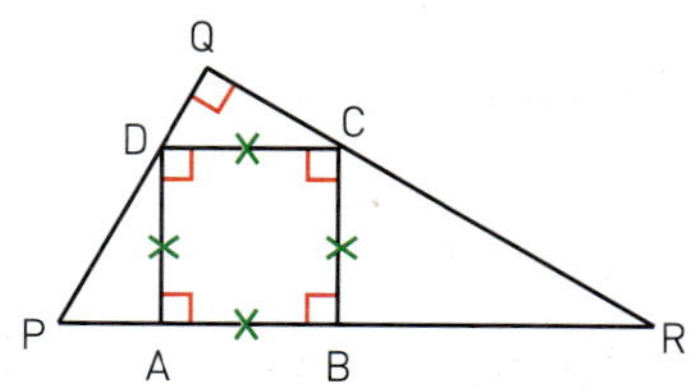

Primo metodo

► **Identifichiamo i triangoli simili.**

Per determinare la misura dei lati del triangolo PQR dobbiamo trovare delle relazioni di similitudine fra i triangoli della figura.
Evidenziamo gli angoli congruenti.

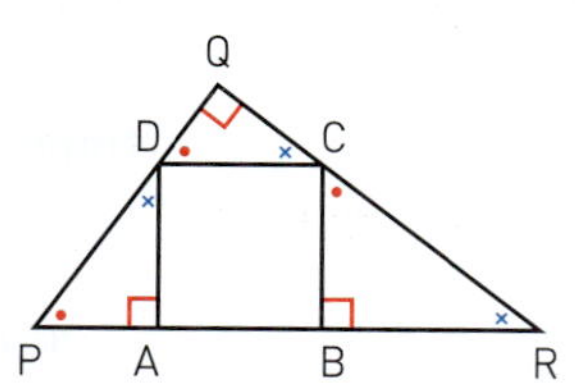

- $Q\widehat{R}P \cong Q\widehat{C}D$ perché angoli corrispondenti;
- $Q\widehat{P}R \cong Q\widehat{D}C$ perché angoli corrispondenti;
- $Q\widehat{P}R \cong B\widehat{C}R$ perché complementari dello stesso angolo.

Pertanto i triangoli PAD, DQC, CBR e PQR sono simili per il primo criterio.

Indichiamo con x la lunghezza del lato AB del quadrato.

► **Determiniamo la misura di PQ in funzione di x.**

$PQ \cong PD + DQ$

Ricaviamo:

$\overline{AB} = x; \quad \overline{PA} = \frac{3}{4}x;$

$\overline{PD} = \sqrt{\overline{AB}^2 + \overline{PA}^2} \quad \rightarrow$

$\overline{PD} = \sqrt{x^2 + \left(\frac{3}{4}x\right)^2} = \frac{5}{4}x.$

Poiché $PAD \sim DQC$, scriviamo:

$$PD : DC = PA : DQ \rightarrow$$

$$\frac{5}{4}x : x = \frac{3}{4}x : \overline{DQ} \rightarrow \overline{DQ} = \frac{3}{5}x;$$

$$\overline{PQ} = \overline{PD} + \overline{DQ} = \frac{5}{4}x + \frac{3}{5}x = \frac{37}{20}x.$$

► **Determiniamo la misura di *QR* in funzione di *x*.**

$$QR \cong QC + CR, \quad DA \cong AB.$$

Per la similitudine dei triangoli PAD e DQC, abbiamo:

$$QC : DA = DC : PD \rightarrow$$

$$\overline{QC} : x = x : \frac{5}{4}x \rightarrow \overline{QC} = \frac{4}{5}x.$$

Per la similitudine dei triangoli CBR e PAD, abbiamo:

$$CR : PD = CB : PA \rightarrow$$

$$\overline{CR} : \frac{5}{4}x = x : \frac{3}{4}x \rightarrow \overline{CR} = \frac{5}{3}x;$$

quindi:

$$\overline{QR} = \frac{4}{5}x + \frac{5}{3}x = \frac{37}{15}x.$$

► **Determiniamo la misura di *PR* in funzione di *x*.**

$$PR \cong PA + AB + BR$$

Per la similitudine dei triangoli PAD e CBR, abbiamo:

$$BR : DA = CB : PA \rightarrow$$

$$\overline{BR} : x = x : \frac{3}{4}x \rightarrow \overline{BR} = \frac{4}{3}x;$$

$$\overline{PR} = \frac{3}{4}x + x + \frac{4}{3}x = \frac{37}{12}x.$$

► **Calcoliamo la lunghezza di *AB*.**

$$\overline{PQ} + \overline{QR} + \overline{PR} = 444 \rightarrow$$

$$\frac{32}{20}x + \frac{37}{15}x + \frac{32}{12}x = 444 \rightarrow$$

$$x = 60.$$

AB misura 60 cm.

Secondo metodo

► **Determiniamo il rapporto fra i lati dei triangoli rettangoli.**

Sappiamo che $PA \cong \frac{3}{4}AB$ e $AB \cong AD$; ciò significa che i due cateti PA e AD stanno fra loro come $3 : 4$.
In un triangolo rettangolo la terna dei numeri naturali che corrisponde a questa proporzione è 3, 4, 5.
Poiché il triangolo PQR è simile al triangolo PAD, anche i cateti PQ e QR e l'ipotenusa PR stanno tra loro come 3, 4 e 5.

► **Determiniamo la misura dei lati del triangolo *PQR*.**

Indicando con z la generica unità di misura, possiamo scrivere:

$$3z + 4z + 5z = 444 \rightarrow$$

$$z = 37.$$

Otteniamo pertanto:

$$\overline{PQ} = 3z = 3 \cdot 37 = 111;$$

$$\overline{QR} = 4z = 4 \cdot 37 = 148;$$

$$\overline{PR} = 5z = 5 \cdot 37 = 185.$$

► **Calcoliamo la lunghezza di *AB*.**

$$AB \cong PR - (PA + BR)$$

Indicando con x la lunghezza del lato AB abbiamo:

$$\overline{AB} = x;$$

$$\overline{PA} = \frac{3}{4}x.$$

Per la similitudine dei triangoli PAD e CBR, otteniamo:

$$BR : DA = CB : PA \rightarrow$$

$$\overline{BR} : x = x : \frac{3}{4}x \rightarrow$$

$$\overline{BR} = \frac{4}{3}x.$$

Sostituendo:

$$x = 185 - \left(\frac{3}{4}x + \frac{4}{3}x\right) \rightarrow$$

$$\frac{37}{12}x = 185 \rightarrow$$

$$x = 60.$$

Quindi AB misura 60 cm.

ESERCIZI

86 Dato il triangolo rettangolo ABC avente ipotenusa $AB = 3{,}5$ cm e un cateto i $\frac{3}{4}$ dell'altro, traccia da un punto P del cateto minore la parallela all'ipotenusa. Sapendo che $AP : PC = 5 : 2$, calcola il perimetro e l'area del triangolo ABC e del trapezio ottenuto. [8,4 cm; 2,94 cm^2; 8 cm; 2,7 cm^2]

87 In un triangolo rettangolo ABC, il cateto AB è lungo 45 cm e il cateto AC è 22 cm. Sul cateto AB scegli un punto E e traccia la parallela EF al cateto AC. Determina la distanza del punto E dal vertice A, in modo che l'area del triangolo EBF sia 220 cm^2. [15 cm]

88 Dato il triangolo ABC di base AB e lato AC con $\overline{AC} = k$, determina su AC un punto D tale che $\frac{AD}{DC} = \frac{3}{4}$. Traccia dal punto D la parallela DE alla base. Calcola il rapporto fra le aree dei triangoli ABC e CDE. $\left[\frac{49}{16}\right]$

89 Un triangolo rettangolo ha un cateto lungo $2\sqrt{2}$ cm. Traccia una retta perpendicolare a tale cateto, in modo che il triangolo risulti suddiviso in due poligoni equivalenti. Calcola la lunghezza delle due parti in cui il cateto è suddiviso dalla retta. [2 cm; $2(\sqrt{2}-1)$ cm]

90 Nel triangolo rettangolo ABC, il cateto AC è doppio del cateto AB, la cui lunghezza è a. Traccia la parallela EF all'ipotenusa in modo che il rapporto fra il perimetro del trapezio $EBCF$ e il perimetro del triangolo AEF sia $\frac{5-\sqrt{5}}{2}$. Calcola la lunghezza del segmento EF. $\left[\frac{3\sqrt{5}+5}{8}a\right]$

91 Un triangolo acutangolo ABC, di area 4,5 dm^2, ha l'altezza congruente alla base. Inscrivi nel triangolo un quadrato avente un lato sulla base. Calcola il perimetro del quadrato. [6 dm]

92 Disegna un triangolo di base AB e altezza CH. Dal punto medio dell'altezza traccia la parallela alla base, ottenendo un trapezio. Sapendo che l'area del trapezio è 13,5 cm^2 e che l'altezza del triangolo è 6 cm, calcola la lunghezza delle due basi del trapezio. [6 cm; 3 cm]

93 In un triangolo rettangolo, i cui cateti sono lunghi c e d, è inscritto un quadrato con due lati consecutivi sui cateti. Calcola la diagonale del quadrato. $\left[\frac{cd}{c+d}\sqrt{2}\right]$

94 Un rettangolo di perimetro 28 dm è inscritto in un triangolo di base $AB = 16$ dm e altezza $CH = 12$ dm. Calcola le dimensioni del rettangolo. [8 dm; 6 dm]

95 Un trapezio rettangolo $ABCD$ è tale che, congiungendo il punto medio M della base minore CD con gli estremi della base maggiore AB, il triangolo ABM risultante è rettangolo in M. Calcola l'area del trapezio sapendo che le basi misurano rispettivamente $25a$ e $18a$. [$258a^2$]

96 In un triangolo rettangolo ABC, di cateti $3a$ e $4a$, traccia l'altezza AH relativa all'ipotenusa BC e la bisettrice AK dell'angolo retto. Calcola l'area del triangolo AKH. $\left[\frac{72}{175}a^2\right]$

97 Un quadrato, di lato 10 cm, viene suddiviso da una parallela a una diagonale in un triangolo e in un pentagono tali che il rapporto tra le loro aree è $\frac{2}{3}$. Calcola area e perimetro dei due poligoni. [40 cm^2; 60 cm^2; $4\sqrt{5}(2+\sqrt{2})$ cm; $40+4\sqrt{5}(\sqrt{2}-2)$ cm]

98 Nel triangolo ABC si ha: $AB = 20$ cm, $AC = 18$ cm, $BC = 12$ cm. Traccia la bisettrice dell'angolo $\widehat{B}$ e indica con E il suo punto di intersezione con AC. Conduci dal vertice C la parallela ad AB, che interseca il prolungamento della bisettrice BE nel punto F. Calcola CF, AE, EC. $\left[12 \text{ cm}; \frac{45}{4} \text{ cm}; \frac{27}{4} \text{ cm}\right]$

99 In un triangolo rettangolo, l'altezza relativa all'ipotenusa è lunga a e la proiezione del cateto maggiore sull'ipotenusa supera di $2\sqrt{3}a$ la proiezione del cateto minore. Calcola il rapporto fra le aree dei triangoli rettangoli che l'altezza determina. [$7+4\sqrt{3}$]

100 Nel triangolo ABC, rettangolo in A, la bisettrice dell'angolo $\widehat{C}$ incontra il cateto AB nel punto H. Traccia da H la perpendicolare HK all'ipotenusa BC. Calcola il perimetro del triangolo BHK, sapendo che $AB = 12$ cm e che si ha:

$BC + AC = 24$ cm. [18 cm]

101 Nel triangolo ABC, di base $AB = 24$ dm e altezza $CH = 16$ dm, inscrivi il quadrato $EPGF$ (con un lato su AB) e calcolane l'area. [92,16 dm²]

102 In un trapezio rettangolo $ABCD$ l'altezza AD è i $\frac{3}{2}$ della base minore CD che, a sua volta, è i $\frac{4}{9}$ della base maggiore AB. La somma delle due basi è $52k$. Prolungando l'altezza e il lato obliquo, i due prolungamenti si intersecano nel punto E. Calcola l'area del triangolo ABE. [$777,6k^2$]

103 Un triangolo rettangolo ABC ha area 384 cm² e un cateto è i $\frac{4}{3}$ dell'altro. Sull'ipotenusa determina un punto Q che la divida in due parti, delle quali una sia i $\frac{3}{7}$ dell'altra. Dal punto Q traccia poi le parallele ai cateti. Calcola l'area e il perimetro dei tre poligoni in cui viene suddiviso il triangolo dato. [34,56 cm²; 188,16 cm²; 161,28 cm²; 28,8 cm; 67,2 cm; 52,8 cm]

104 In un triangolo rettangolo ABC, l'ipotenusa BC è lunga $25\sqrt{3}$ cm e il cateto AB è i $\frac{3}{4}$ di AC.

a. Calcola la lunghezza della bisettrice BE dell'angolo $\widehat{B}$.

b. Disegna l'altezza AH relativa all'ipotenusa e traccia la bisettrice AF dell'angolo $C\widehat{A}H$. Dimostra che le due bisettrici BE e AF sono perpendicolari e calcola la distanza del vertice A dalla bisettrice BE.

[a) $\frac{15\sqrt{15}}{2}$ cm; b) $3\sqrt{15}$ cm]

105 Un trapezio rettangolo $ABCD$ ha la diagonale AC perpendicolare al lato obliquo BC, e l'altezza CH, relativa alla base maggiore AB, uguale a $\frac{3}{4}$ di HB. La differenza fra l'area del rettangolo di dimensioni AD e HB e l'area del quadrato di lato AD è 900 cm². Calcola perimetro e area del trapezio $ABCD$. [$165\sqrt{3}$ cm; 3825 cm²]

MATEMATICA E ARTE

Fra figure e colori Disegniamo un quadrato e congiungiamo i punti medi dei suoi lati. Otteniamo un nuovo quadrato; congiungiamo ancora i punti medi dei lati. Iterando questo processo tre volte otteniamo la figura a lato.
Usa il rosso, il blu, il verde e il giallo per colorare le regioni bianche, senza fare ulteriori suddivisioni e rispettando le seguenti condizioni:

- una o più regioni devono essere rosse e avere area complessiva uguale a quella della regione rossa già colorata;
- la stessa condizione deve valere anche nel caso del blu, del verde e del giallo.

Giustifica le tue scelte dimostrando l'equivalenza per quanto riguarda le figure dello stesso colore.

Risoluzione - 1 esercizio in più.

I triangoli con angoli di 30°, 60°, 45°

106 SPIEGA PERCHÉ Scrivi la relazione che sussiste tra i cateti di un triangolo rettangolo avente un angolo di 30°. Dimostra tale relazione e utilizzala per calcolare il perimetro di un triangolo di questo tipo, avente l'ipotenusa che misura $2a$.

107 ESERCIZIO GUIDA Dato un triangolo equilatero di lato che misura $6a$, mandiamo dal punto medio M della base AB la perpendicolare al lato BC. Indicato con N il piede della perpendicolare, calcoliamo $\overline{MN}$.

Dati e relazioni
1. ABC è equilatero;
2. $\overline{AC} = 6a$;
3. $AM \cong MB$.

Richiesta
$\overline{MN}$.

Risoluzione

La perpendicolare MN individua un triangolo rettangolo MBN che, avendo un angolo di 60°, ha l'altro angolo acuto di 30°.

Congiungiamo M con C e troviamo un altro triangolo rettangolo, MBC, anch'esso con gli angoli di 60° e 30°.

I due triangoli MBN e MBC sono simili, quindi vale la proporzione:

$$MB : CB = MN : MC.$$

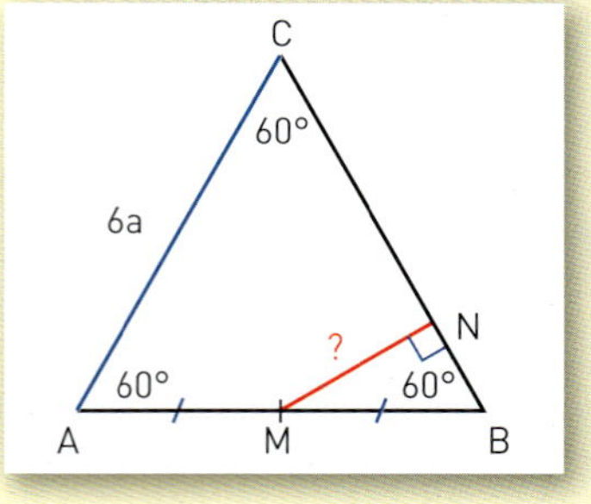

Possiamo calcolare $\overline{MC}$ mediante il teorema di Pitagora applicato al triangolo rettangolo MBC:

$$\overline{MC}^2 = \overline{BC}^2 - \overline{MB}^2 \rightarrow$$

$$\overline{MC}^2 = (6a)^2 - (3a)^2 = 27a^2 \rightarrow$$

$$\overline{MC} = 3a\sqrt{3}$$

$$3a : 6a = \overline{MN} : 3a\sqrt{3} \rightarrow$$

$$\overline{MN} = \frac{3}{2}a\sqrt{3}.$$

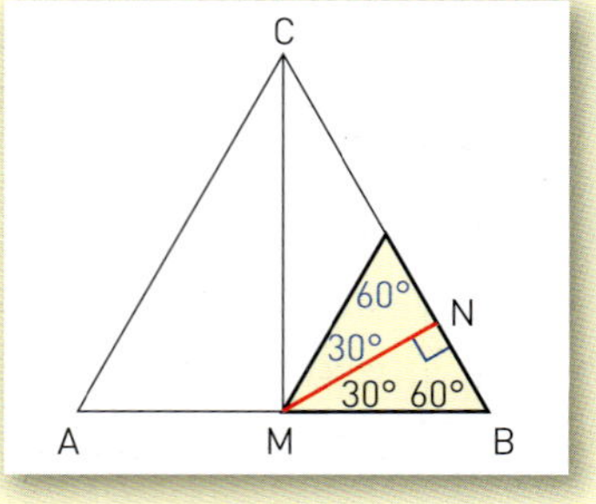

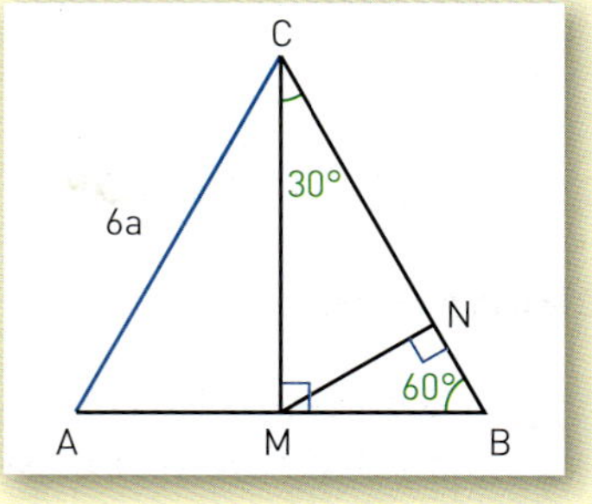

Osservazione. Per calcolare $\overline{MN}$ possiamo usare anche la formula dell'altezza del triangolo equilatero applicata al triangolo MBN, cioè

$$\overline{MN} = \overline{MB} \cdot \frac{\sqrt{3}}{2},$$

e, poiché $\overline{MB} = 3a$, risulta ancora:

$$\overline{MN} = 3a \cdot \frac{\sqrt{3}}{2} = \frac{3}{2}a\sqrt{3}.$$

108 ●○ In un triangolo equilatero ABC disegna la bisettrice dell'angolo esterno di vertice C. Traccia da B la perpendicolare al lato AB, che interseca la bisettrice nel punto E. L'area del quadrilatero $ABEC$ è $\frac{18}{\sqrt{3}}$ cm^2.
Calcola il perimetro di $ABEC$. $[2(5+\sqrt{3})\text{ cm}]$

109 ●○ Dato un angolo di vertice O e ampiezza 60°, considera su un suo lato il punto A, che dista $3a$ da O, e sull'altro il punto B, che dista a da O. Sulla bisettrice dell'angolo determina un punto P tale che la somma dei quadrati delle sue distanze da A e da B sia $\frac{62}{3}a^2$.
Calcola la distanza del punto P da O. $\left[\frac{8\sqrt{3}}{3}a\right]$

110 ●○ Un triangolo rettangolo ABC ha i cateti AB e AC che misurano rispettivamente b e $b\sqrt{3}$. Sulla bisettrice dell'angolo $\widehat{B}$ determina un punto Q tale che la somma delle distanze di Q dall'ipotenusa e dal vertice A misuri $\frac{b\sqrt{3}}{2}$.
$\left[\overline{QB} = \frac{b\sqrt{3}}{3}\right]$

111 ●● In un triangolo AOP, la base AO misura $2l$ e l'angolo in O è di 30°. Traccia da O la semiretta perpendicolare al lato OP, giacente nello stesso semipiano del triangolo rispetto alla retta AO. Su tale perpendicolare considera un punto B tale che OB sia lungo l.
Calcola la misura del segmento OP, sapendo che vale la seguente relazione: $\overline{PA}^2 + \overline{BP}^2 = 5l^2$.
$[l\sqrt{3}]$

VERIFICA DELLE COMPETENZE ALLENAMENTO

CONFRONTARE E ANALIZZARE FIGURE GEOMETRICHE

TEST

1 Nel triangolo ABC in figura il segmento CM è mediana e il segmento PQ è parallelo alla base AB.

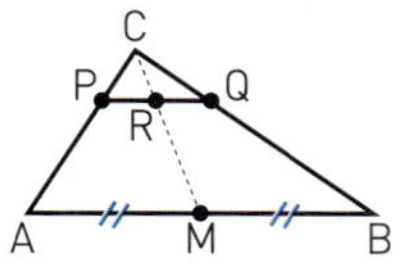

Soltanto una delle seguenti relazioni è *falsa*. Quale?

A $PR \cong RQ$

B $CR : RM = PR : AM$

C $PQC \sim ABC$

D $CR : CM = PQ : AB$

E $\text{area}(PQC) : \text{area}(ABC) = \overline{CR}^2 : \overline{CM}^2$

2 Nel triangolo ABC in figura i segmenti AH e CK sono le altezze relative ai lati BC e AB.

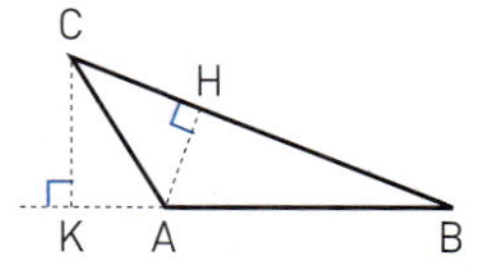

Allora possiamo dire che:

A il triangolo ACK è simile al triangolo ABH.

B $AB : BC = CK : AH$.

C $AH : BC = CK : AB$.

D $ACK \cong ACH$.

E $AB : BC = AH : CK$.

RISOLVERE PROBLEMI

Dimostrazioni

3 Da un punto della diagonale BD di un quadrilatero $ABCD$ traccia le parallele ai lati AB e BC, che intersecano AD e CD rispettivamente in H e K. Dimostra che il segmento HK è parallelo alla diagonale AC.

4 Per ciascuno dei triangoli rettangoli in figura scrivi una proporzione che esprima il primo teorema di Euclide e una proporzione che esprima il secondo teorema di Euclide.

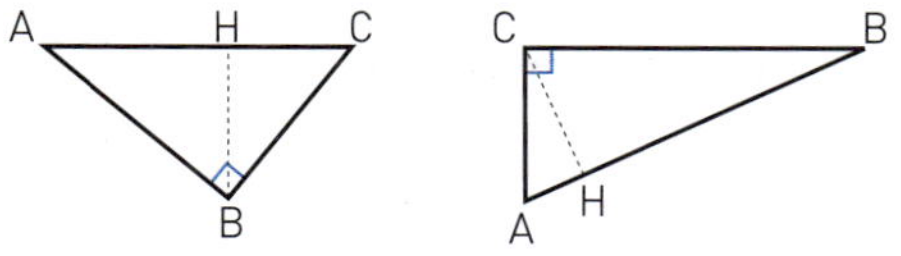

5 Considera il trapezio rettangolo $ABCD$ della figura, in cui le diagonali sono perpendicolari. Applicando i criteri di similitudine, riconosci che i triangoli ABC e ABD sono simili, poi scrivi le proporzioni fra i lati corrispondenti.

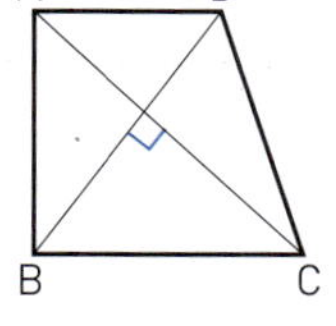

6 Dimostra che, se per un punto qualsiasi di una diagonale di un parallelogramma si conducono le parallele ai lati, allora i due parallelogrammi attraversati dalla diagonale che si formano sono simili.

7 Nella figura seguente vale la proporzione $OA : OE = OB : OF = OC : OG$. Stabilisci quali triangoli sono simili, specificando il criterio di similitudine applicato.

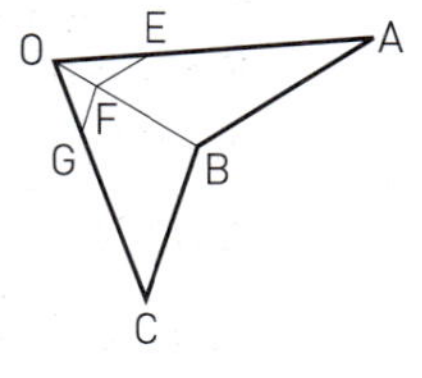

8 In un triangolo ABC, rettangolo in A, scegli un punto D sull'ipotenusa e da esso traccia la retta perpendicolare a BC. Indica con E e F rispettivamente i punti di intersezione con le rette AC e AB. Dimostra che il rettangolo avente i lati congruenti a DF e DE è equivalente al rettangolo con i lati congruenti a DC e DB.

9 Nel triangolo ABC traccia la mediana AM e una parallela ad AM che interseca il lato AC in D, il lato BC in E, il prolungamento di AB in F. Dimostra che $AD : AC = AF : AB$.

Con le misure

10 In un trapezio isoscele le basi sono lunghe 60 cm e 132 cm e l'altezza è 40 cm. Le diagonali si intersecano formando due coppie di segmenti congruenti. Determina la lunghezza di tali segmenti. [32,5 cm; 71,5 cm]

11 La diagonale maggiore di un rombo è $\frac{8}{5}$ del lato. Sapendo che il perimetro del rombo misura $60a$, calcola la distanza tra il punto di incontro delle diagonali e un lato del rombo. $\left[\frac{36}{5}a\right]$

12 In un trapezio rettangolo il lato obliquo misura 6 cm e forma un angolo di 30° con la base maggiore. Determina l'area del trapezio sapendo che il perimetro è $3(13+\sqrt{3})$ cm. $\left[\frac{9(10+\sqrt{3})}{2}\ \text{cm}^2\right]$

13 In un trapezio rettangolo la diagonale minore forma con la base maggiore un angolo di 45° e la base minore è $\frac{3}{5}$ della maggiore. Calcola la misura delle basi del trapezio, sapendo che la sua area è 48 m^2. [6 m; 10 m]

14 È dato un triangolo equilatero ABC di altezza 3 cm. Prendi un punto P sul lato AB in modo che $AP \cong \frac{1}{4}AB$. Da P traccia la perpendicolare PQ al lato BC e determina la lunghezza di PQ. $\left[\frac{9}{4}\ \text{cm}\right]$

15 Nel triangolo ABC in figura, $AC = 20$ cm, $CH = 10\sqrt{3}$ cm ed $EF \parallel AC$. Calcola perimetro e area di $AFED$. $[60\ \text{cm}; 100\sqrt{3}\ \text{cm}^2]$

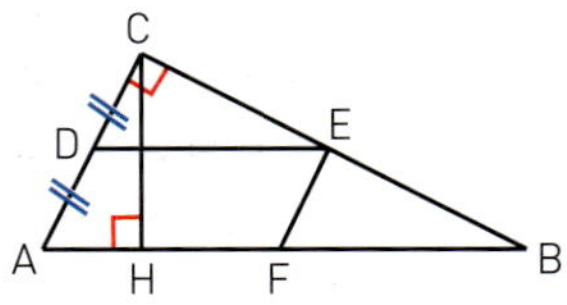

16 Due triangoli simili hanno rapporto di similitudine $\frac{3}{4}$ e la lunghezza di un lato del triangolo maggiore è 24 cm. Determina la lunghezza del lato corrispondente, il rapporto tra i perimetri e il rapporto tra le aree. $\left[18\ \text{cm}; \frac{3}{4}; \frac{9}{16}\right]$

17 Disegna un triangolo rettangolo avente i cateti $AC = 5$ cm e $BC = 10$ cm. Traccia una retta parallela all'ipotenusa che incontri i cateti BC e AC rispettivamente nei punti P e Q. Chiama M e N le proiezioni rispettivamente di P e Q su AB. Quanto deve essere lungo PM affinché si abbia $QM = 2\sqrt{5}$ cm? $\left[\frac{42}{29}\sqrt{5}\ \text{cm}\right]$

18 In un triangolo rettangolo un cateto è i $\frac{13}{5}$ della sua proiezione sull'ipotenusa. Sapendo che l'ipotenusa è lunga 26 cm, calcola la lunghezza dei cateti, il perimetro e l'area del triangolo. [10 cm; 24 cm; 60 cm; 120 cm^2]

19 Si scelgano i punti H, K, M sui lati di un triangolo ABC in modo tale che AH sia un'altezza, BK sia una bisettrice e CM sia una mediana. Si indichi con D l'intersezione tra AH e BK, e con E l'intersezione tra HM e BK. Sapendo che $\overline{KD} = 2$, $\overline{DE} = 1$, $\overline{EB} = 3$:

1. si dimostri che HM è parallelo ad AC;
2. si dimostri che $\overline{AB} = \overline{AC}$;
3. si dimostri che $\overline{AB} = \overline{BC}$.

(*Olimpiadi della matematica, Giochi di Archimede*, 2000)

VERIFICA DELLE COMPETENZE PROVE

1 ora

PROVA A

1 TEST Nel triangolo rettangolo ABC, CH è l'altezza relativa all'ipotenusa. Cosa puoi dire riguardo ai triangoli ABC, ACH e BCH?

- A ACH è simile solo a BCH.
- B ACH è simile solo ad ABC.
- C Sono tutti e tre simili.
- D Non hanno alcuna relazione.

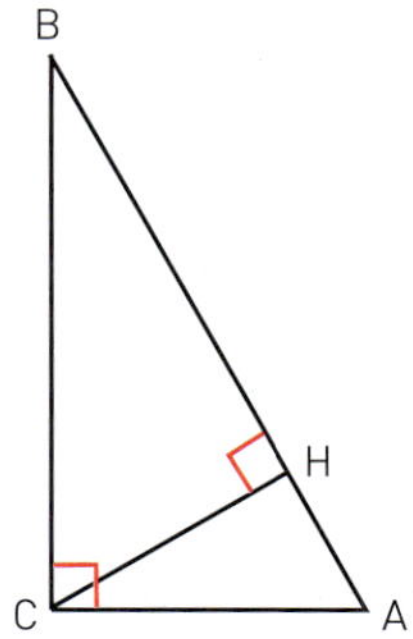

2 Considera un triangolo rettangolo ABC e da un punto P dell'ipotenusa AC traccia la parallela ad AB fino a intersecare in H il cateto CB.
Da P manda anche la perpendicolare ad AC, che incontra AB, o il suo prolungamento, in Q. Dimostra che $PAQ \sim PCH$.

3 Due triangoli simili hanno basi lunghe 21 cm e 35 cm. Determina l'area del primo triangolo, sapendo che l'altezza del secondo è di 40 cm.

4 Nel parallelogramma $ABCD$ il lato AB è lungo 12 cm e l'altezza DH relativa al lato AB è 4 cm. Considera un punto P del lato CD tale che $CP : CD = 1 : 4$ e da P traccia la parallela alla diagonale DB fino a incontrare in Q il lato BC. Trova l'area del trapezio $DPQB$.

5 Un triangolo isoscele ABC di base AB ha il perimetro di 48 cm e la somma delle lunghezze dei lati obliqui supera di 12 cm la lunghezza di AB. Traccia la bisettrice dell'angolo $\widehat{A}$, che interseca CB in H e incontra in D la parallela ad AB condotta per C. Determina le lunghezze di CH e HB e le aree dei triangoli ABH e CDH.

PROVA B

Percorso di trial

Mino deve organizzare una gara di trial in montagna.

- Inizialmente sceglie un circuito triangolare che prevede un primo tratto pianeggiante di 12 km, un secondo tratto in salita di 14 km e un tratto finale in discesa di 10 km che riporta al punto di partenza.
- Quando presenta il progetto gli viene chiesto di modificarlo: il nuovo percorso deve essere tale che i motociclisti, dopo aver percorso il tratto in pianura di 12 km, affrontino un tratto in salita, passino attraverso il bosco su un tracciato pianeggiante parallelo al primo tratto e poi ridiscendano fino al punto di partenza; la somma dei kilometri affrontati in salita e in discesa deve essere uguale ai kilometri percorsi in piano nel bosco.

a. Schematizza il circuito triangolare che Mino presenta all'inizio, e apporta successivamente le modifiche richieste.

b. Calcola la lunghezza dei tratti in salita, in piano nel bosco e in discesa del nuovo percorso.

CAPITOLO

G9 LE TRASFORMAZIONI GEOMETRICHE

1 Le trasformazioni geometriche e le isometrie

▶ Esercizi a p. G285

Che cosa sono le trasformazioni geometriche

Introduciamo il concetto di trasformazione geometrica prendendo come esempio una rotazione.

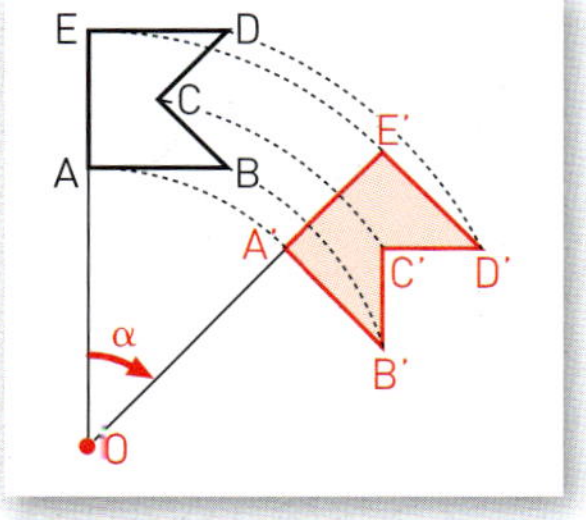

Consideriamo il punto O e l'angolo di ampiezza α in figura. Facciamo ruotare in senso orario dell'angolo α il poligono in figura. Al punto A possiamo associare il punto A' tale che $OA \cong OA'$.
Allo stesso modo, possiamo associare al punto B il punto B', a C il punto C', al segmento AB il segmento $A'B'$, al poligono $ABCDE$ il poligono $A'B'C'D'E'$.

Abbiamo creato una corrispondenza del piano con se stesso. Tale corrispondenza è biunivoca perché, fissato il punto O, l'angolo α e il verso di rotazione, a ogni punto del piano corrisponde uno e un solo punto P' del piano stesso e viceversa.

Listen to it

A **geometric transformation** is a one-to-one function whose domain and range are sets of points on the plane.

DEFINIZIONE
Una **trasformazione geometrica** è una corrispondenza biunivoca che associa a ogni punto del piano un punto del piano stesso.

Una trasformazione geometrica è quindi una *funzione biunivoca* del piano in sé. Indichiamo queste funzioni con una lettera minuscola corsivo. Per esempio indicando con r la rotazione, possiamo scrivere $A' = r(A)$; $B' = r(B)$ e così via.
Ogni punto (o figura) che si ottiene mediante una trasformazione geometrica viene detto **trasformato** o **immagine** del punto (o della figura) di partenza.
Nell'esempio precedente il punto A' è immagine di A, il segmento $A'B'$ è immagine del segmento AB.
La trasformazione più semplice è l'identità.

DEFINIZIONE
L'**identità** è la trasformazione che a ogni punto del piano associa il punto stesso.

Indichiamo l'identità con i.
Per esempio, fra le rotazioni di centro O quella in cui l'angolo di rotazione è nullo è l'identità.

Le figure unite e gli invarianti

Una **figura** è **unita** per una trasformazione se ha per immagine se stessa.
In particolare, data una trasformazione f, A è un **punto unito** se $f(A) = A$.

ESEMPIO Nella rotazione dell'esempio iniziale, O è l'unico punto unito.

In una identità tutti i punti sono uniti:

$\forall P, P = i(P)$.

Consideriamo di nuovo una rotazione di centro O e angolo α (figura a lato): osserviamo che il lato AB è congruente al lato $A'B'$, le due figure F ed F' sono entrambe concave, un angolo retto viene trasformato in un angolo retto.

Le *proprietà* delle figure che non cambiano nelle trasformazioni si chiamano **invarianti** della trasformazione.

Se una proprietà è un invariante, diciamo che la trasformazione *conserva* quella proprietà.

Listen to it

It can happen that a geometric transformation maps a figure *onto itself*.

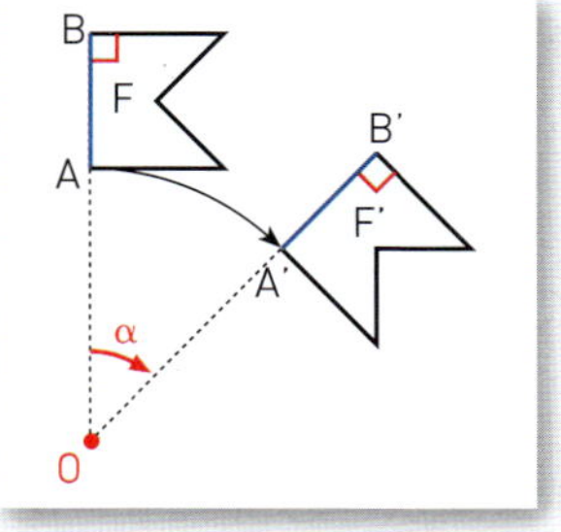

La composizione di trasformazioni

Poiché le trasformazioni geometriche sono funzioni, possiamo considerare la loro **composizione**.

Per esempio, se oltre alla rotazione intorno a O di un angolo α, ruotiamo la figura di un altro angolo β in senso orario, sempre intorno a O, otteniamo una nuova trasformazione geometrica che alla figura F' associa la figura F''. La trasformazione è la composizione della rotazione di angolo α con quella di angolo β.
Indichiamo la composizione delle due trasformazioni allo stesso modo della composizione di funzioni, ossia con la scrittura $t' \circ t$.

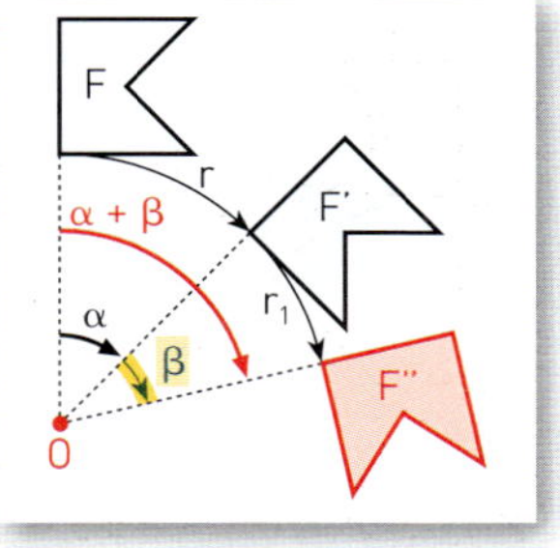

DEFINIZIONE
Date due trasformazioni geometriche t e t', la **composizione** di t e t' è la trasformazione $s = t' \circ t$ tale che, $\forall P$, se $t(P) = P'$ e $t'(P') = P''$, allora $s(P) = P''$.

La figura F'', corrispondente della figura F mediante $t' \circ t$, si trova applicando prima t e poi t'.

La trasformazione inversa

Poiché le trasformazioni geometriche sono funzioni biunivoche, l'inversa di una trasformazione geometrica è ancora una trasformazione geometrica.

In generale, data una trasformazione t che associa a un punto P il punto P', la **trasformazione inversa** associa al punto P' il punto P e viene indicata con il simbolo t^{-1}.

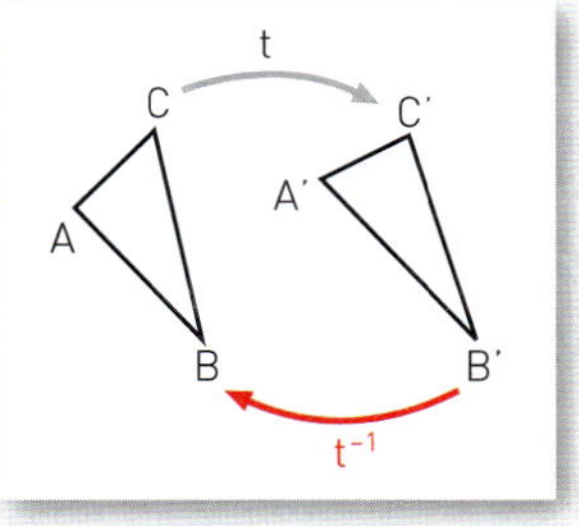

Per esempio, la trasformazione inversa della rotazione r vista in precedenza è la rotazione r^{-1} di stesso centro e angolo di uguale ampiezza ma orientato in verso contrario.

La composizione di una trasformazione con la sua inversa ha come risultato la trasformazione identità:

$t^{-1} \circ t = t \circ t^{-1} = i$.

TEORIA

Le isometrie

Nei prossimi paragrafi ci occuperemo di particolari trasformazioni geometriche, le isometrie, che corrispondono a movimenti rigidi di figure nel piano.

Listen to it

An **isometry** is a geometric transformation that is distance-preserving.

DEFINIZIONE
Un'**isometria** è una trasformazione geometrica che conserva la distanza tra i punti.

Due figure che si corrispondono in un'isometria sono congruenti. Viceversa, se due figure sono congruenti, esiste un'isometria o una composizione di isometrie che trasforma l'una nell'altra.

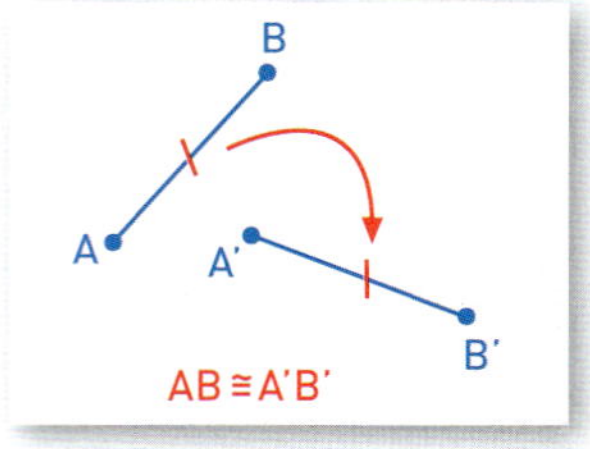

Le isometrie godono anche delle seguenti proprietà:

- trasformano rette in rette, segmenti in segmenti;
- conservano il parallelismo;
- trasformano rette incidenti in rette incidenti;
- conservano l'ampiezza degli angoli.

Le isometrie che studieremo sono la *traslazione*, la *rotazione*, la *simmetria centrale* e la *simmetria assiale*.

▶ Una trasformazione geometrica trasforma un rettangolo in un parallelogramma. Può essere un'isometria? Individua quali fra i seguenti possono essere invarianti della trasformazione.
a. Ampiezza degli angoli.
b. Parallelismo tra rette.
c. Direzione di una retta.

2 La traslazione

▶ Esercizi a p. G286

Per definire che cos'è una traslazione, dobbiamo prima studiare le principali caratteristiche dei *vettori*.

I vettori

Definizioni

È possibile orientare un segmento AB, fissandone un verso di percorrenza, da A verso B oppure da B verso A. Parleremo, in questo caso, di **segmento orientato**.

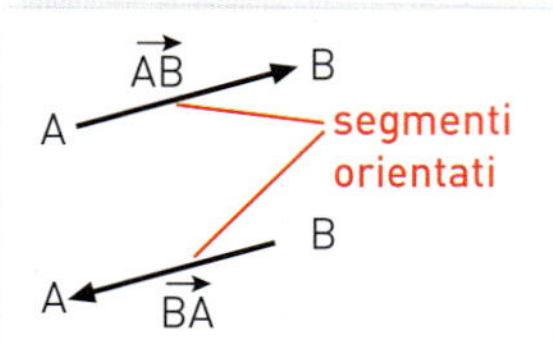

Indichiamo il segmento orientato da A verso B con il simbolo $\overrightarrow{AB}$ e da B verso A con il simbolo $\overrightarrow{BA}$.

Dato un segmento orientato $\overrightarrow{AB}$, diciamo che è **equipollente** ad $\overrightarrow{AB}$ ogni altro segmento orientato che ha la stessa lunghezza, la stessa direzione e lo stesso verso.

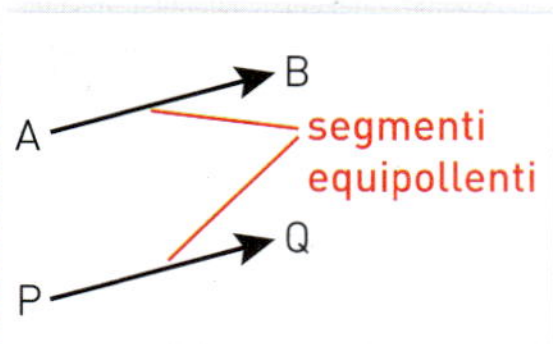

Nell'insieme dei segmenti orientati, la **relazione di equipollenza** è una relazione di equivalenza, perché gode delle proprietà riflessiva, simmetrica e transitiva. L'equipollenza è perciò una relazione d'ordine e suddivide i segmenti orientati del piano in classi di equivalenza.

Ogni classe di equivalenza è chiamata **vettore** e contiene tutti e soli i segmenti fra loro equipollenti.

Indichiamo un vettore con una lettera sormontata da una freccia, $\vec{a}$, oppure con il segmento orientato che lo rappresenta, $\overrightarrow{AB}$.

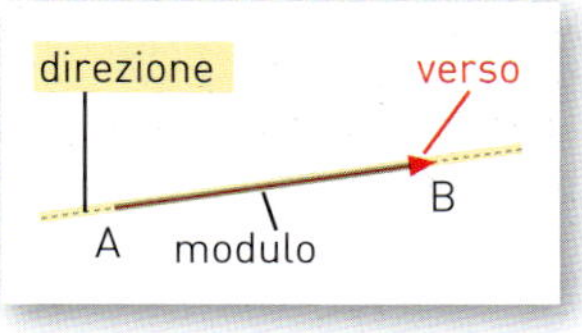

Un vettore $\overrightarrow{AB}$ è caratterizzato da:

- il **modulo** $|\overrightarrow{AB}|$, ossia la misura della lunghezza del segmento AB rispetto a un'unità prefissata;
- la **direzione**, cioè la direzione della retta a cui appartiene il segmento;
- il **verso** di percorrenza.

Il **vettore nullo** $\vec{0}$ è il vettore che ha come rappresentanti i segmenti nulli, ossia i segmenti che hanno i due estremi coincidenti: ha quindi modulo 0 e direzione e verso indeterminati.

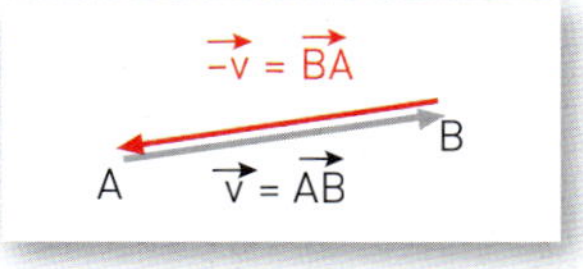

Il **vettore opposto** di un vettore $\overrightarrow{AB}$ è il vettore $\overrightarrow{BA}$, ossia il vettore che ha lo stesso modulo di $\overrightarrow{AB}$ e la stessa direzione, ma verso opposto.
Indichiamo il vettore opposto di $\vec{v}$ con $-\vec{v}$.

La somma di due vettori

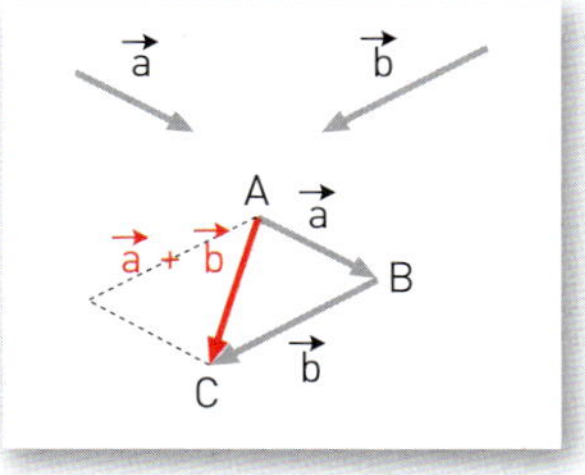

Per ottenere la **somma di due vettori** $\vec{a}$ e $\vec{b}$, rappresentiamo $\vec{a}$ con il segmento $\overrightarrow{AB}$ e $\vec{b}$ con il segmento $\overrightarrow{BC}$, consecutivo al primo. Facciamo, cioè, coincidere il secondo estremo del primo segmento con il primo estremo del secondo segmento. Il vettore somma $\vec{s}$ è rappresentato dal segmento $\overrightarrow{AC}$. In simboli:

$$\vec{s} = \vec{a} + \vec{b}.$$

In altre parole, il vettore somma $\vec{s}$ ha per modulo la lunghezza della diagonale che unisce i due vertici non comuni dei vettori del parallelogramma che ha per lati $\vec{a}$ e $\vec{b}$ e per direzione la direzione della diagonale stessa. Per questa ragione, la regola per sommare due vettori assegnati è nota come **regola del parallelogramma**.

I vettori nel piano cartesiano

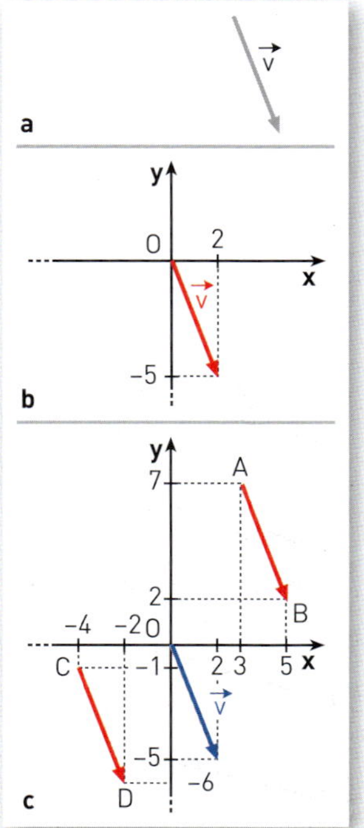

Rappresentiamo nel piano cartesiano il vettore $\vec{v}$ della figura **a** a lato, ponendo il primo estremo nell'origine degli assi (figura **b**).

Le coordinate del secondo estremo sono una coppia ordinata di numeri, che prendono il nome di **componenti** del vettore. Le componenti del vettore $\vec{v}$ della figura sono 2 e −5. Possiamo indicare il vettore in modo sintetico scrivendolo seguito, fra parentesi, dalle sue componenti: $\vec{v}(2; -5)$.

Lo stesso vettore può essere rappresentato con altri segmenti orientati equipollenti a quello dato, ossia con uguale distanza fra gli estremi (**modulo**), stessa **direzione** e stesso **verso**.
Per esempio, nella figura **c** consideriamo $\overrightarrow{AB}$, con $A(3; 7)$, $B(5; 2)$, e $\overrightarrow{CD}$, con $C(-4; -1)$, $D(-2; -6)$. Entrambi rappresentano $\vec{v}$, perché sono equipollenti al segmento iniziale. In questo caso, per calcolare le componenti, dobbiamo considerare le differenze fra le coordinate del secondo estremo e quelle del primo estremo:

$$\overrightarrow{AB}(x_B - x_A;\ y_B - y_A) = \overrightarrow{AB}(5-3;\ 2-7) = \overrightarrow{AB}(2; -5);$$

$$\overrightarrow{CD}(x_D - x_C;\ y_D - y_C) = \overrightarrow{CD}(-2-(-4);\ -6-(-1)) = \overrightarrow{CD}(2; -5).$$

TEORIA

Listen to it

A **translation** maps each point of the plane to its image along a given vector called *the translation vector*.

La traslazione: definizione e proprietà

DEFINIZIONE

Fissato nel piano un vettore $\vec{v}$, una **traslazione** è una trasformazione geometrica che a ogni punto P fa corrispondere il punto P' tale che $\overrightarrow{PP'}$ sia equipollente a $\vec{v}$.

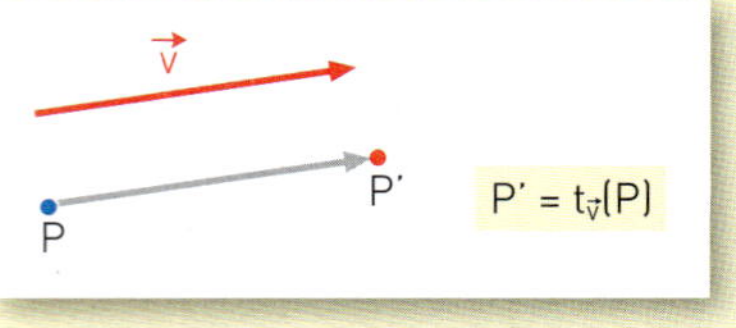

Indichiamo una traslazione di vettore $\vec{v}$ con il simbolo $t_{\vec{v}}$; analogamente, la traslazione di vettore $\overrightarrow{AB}$ si indica con $t_{\overrightarrow{AB}}$.

La traslazione gode delle seguenti proprietà.

- La *traslazione nulla* $t_{\vec{0}}$ coincide con l'identità.
- La *trasformazione inversa* di $t_{\vec{v}}$ è la traslazione $t_{-\vec{v}}$, di vettore opposto.
- Una traslazione di vettore $\vec{v} \neq \vec{0}$ *non ha punti uniti.*
- L'immagine di una retta r è una retta r' a essa parallela.

Quindi una traslazione conserva la direzione di una retta.
In particolare, ogni retta r parallela al vettore di traslazione $\vec{v}$ è una **retta unita** perché a un punto A di r corrisponde un punto A' ancora di r. Tuttavia, nessuno dei suoi punti è unito perché nessun punto di r ha come corrispondente se stesso.

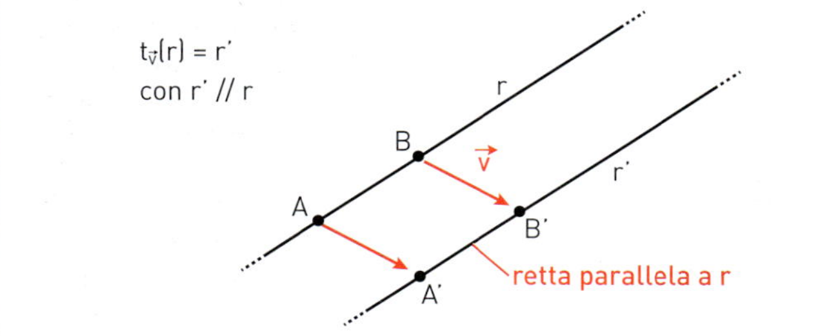

Traslazione di una retta non parallela al vettore di traslazione

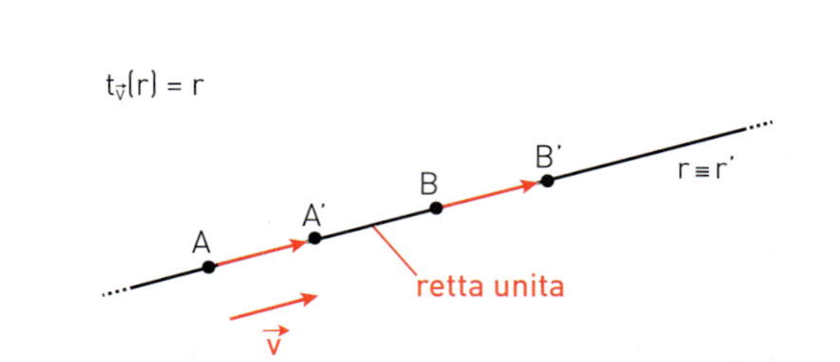

Traslazione di una retta parallela al vettore di traslazione

TEOREMA

La traslazione è un'isometria.

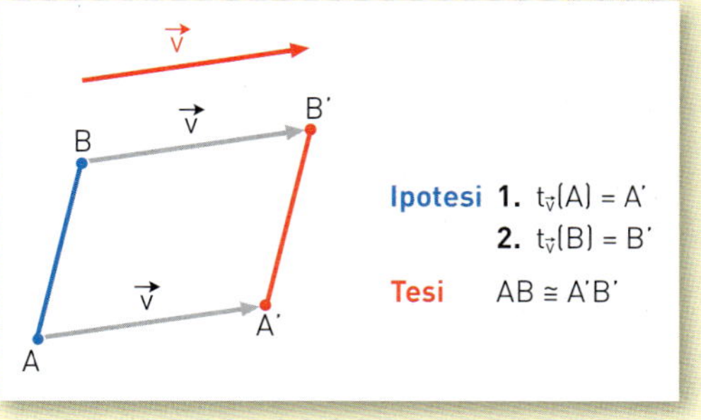

DIMOSTRAZIONE

È sufficiente dimostrare che, dati due punti qualsiasi A e B e i loro trasformati A' e B', i segmenti AB e $A'B'$ sono congruenti.

Al punto A corrisponde il punto A', a B corrisponde B'. Il quadrilatero $AA'B'B$ è un parallelogramma, perché ha due lati opposti AA' e BB' congruenti e paralleli (sono due rappresentanti del vettore $\vec{v}$). In un parallelogramma i lati opposti sono congruenti, *quindi* $AB \cong A'B'$.

La traslazione nel piano cartesiano

Il trasformato dell'origine O nella traslazione di vettore $\vec{v}(a; b)$ è il punto $O'(a; b)$.

ESEMPIO La traslazione individuata dal vettore $\vec{v}(2; -5)$ fa corrispondere al punto $O(0; 0)$ il punto $E(2; -5)$. Per trovare il corrispondente di un altro punto, per esempio $A(2; 7)$, applichiamo ad A il vettore $\vec{v}$, ottenendo il punto A':

$$A(2; 7) \overset{t}{\longmapsto} A'(4; 2).$$

(+ 2 sull'ascissa, − 5 sull'ordinata)

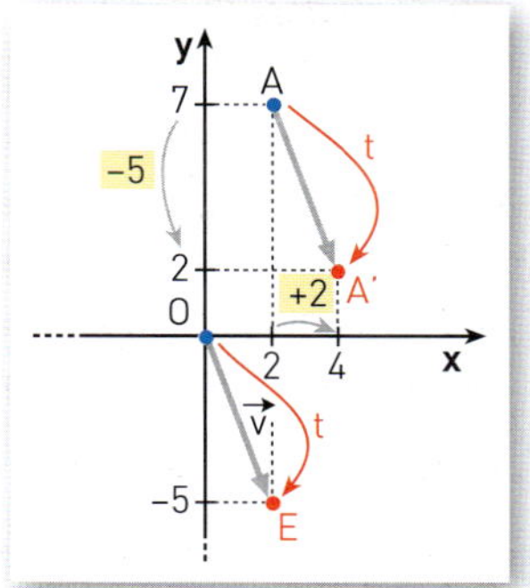

Dato un generico punto $P(x; y)$, le coordinate del suo corrispondente $P'(x'; y')$ sono date dalle equazioni:

$$\begin{cases} x' = x + 2 \\ y' = y - 5 \end{cases}.$$

In generale, le **equazioni della traslazione secondo il vettore $\vec{v}(a; b)$** sono:

$$\begin{cases} x' = x + a \\ y' = y + b \end{cases}.$$

ESEMPIO Dato il vettore $\vec{v}(5; -3)$, le equazioni della traslazione di vettore $\vec{v}$ sono $\begin{cases} x' = x + 5 \\ y' = y - 3 \end{cases}$.

Il traslato del triangolo ABC di vertici $A(1; 3)$, $B(3; 5)$ e $C(7; 1)$ è il triangolo $A'B'C'$ di vertici $A'(6; 0)$, $B'(8; 2)$ e $C'(12; -2)$.

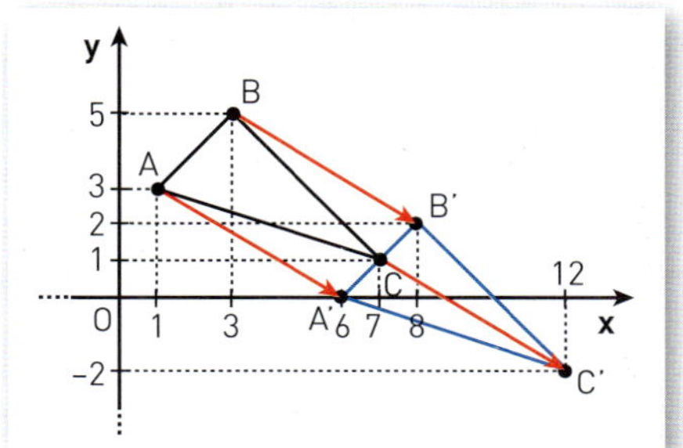

> ▶ Trasla la retta r di equazione $y = 2x - 4$ secondo il vettore $\vec{v}(-2; 3)$.
>
> Animazione

> **MATEMATICA E ARTE**
>
> **Musica e trasformazioni geometriche** Il *canone* è una composizione musicale in cui una prima voce (detta *antecedente*) che esegue un *tema* viene imitata da una seconda voce (*conseguente*) che «entra», cioè inizia, a un certo punto dello svolgimento dell'antecedente. Le due melodie devono «sovrapporsi» rispettando le regole dell'*armonia*, cioè le note simultanee devono «suonare bene» insieme.
>
> ▶ Che relazione c'è tra i canoni musicali e le trasformazioni geometriche?
>
> La risposta

La composizione di due traslazioni

Applichiamo la traslazione $t_{\vec{a}}$ alla figura F.
A F corrisponde la figura F'.

La traslazione $t_{\vec{b}}$ fa corrispondere a F' la figura F''.

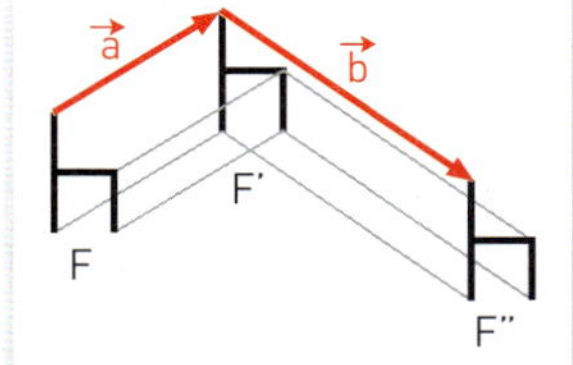

La composizione delle due traslazioni $t_{\vec{b}} \circ t_{\vec{a}}$ è una nuova traslazione, $t_{\vec{c}}$, il cui vettore, $\vec{c}$, è la somma vettoriale di $\vec{a}$ e di $\vec{b}$: $\vec{c} = \vec{a} + \vec{b}$.

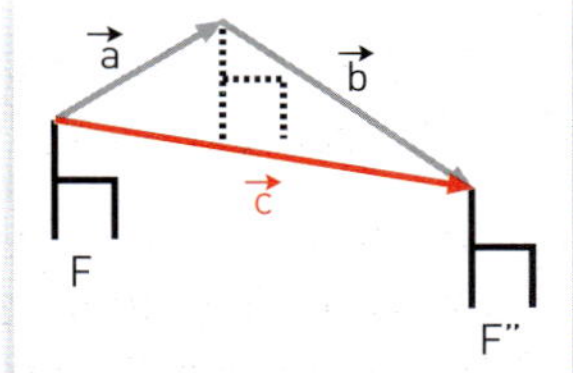

$$t_{\vec{b}} \circ t_{\vec{a}} = t_{\vec{c}} = t_{\vec{a}+\vec{b}}$$

La composizione di due traslazioni è commutativa:

$$t_{\vec{b}} \circ t_{\vec{a}} = t_{\vec{a}} \circ t_{\vec{b}}.$$

> ▶ Trasforma il segmento AB, con $A(1; -4)$ e $B(4; -2)$, mediante la traslazione di vettore $\vec{t_1}(-4; 6)$, nel segmento A_1B_1. Trasforma poi A_1B_1, mediante la traslazione di vettore $\vec{t_2}(5; 1)$, nel segmento A_2B_2. Determina le equazioni della trasformazione nella quale A_2B_2 è il trasformato di AB.
>
> Animazione

TEORIA

3 La rotazione

▶ Esercizi a p. G292

Definizione e proprietà

Dato un angolo $a\widehat{O}b$, se facciamo ruotare la semiretta a in modo da sovrapporsi a b in senso orario (procedendo da a verso b) o in senso antiorario (procedendo da b verso a), otteniamo un **angolo orientato**.
Per le ampiezze, utilizziamo il segno $-$ per gli angoli orientati in senso orario, il segno $+$ per gli angoli orientati in senso antiorario.

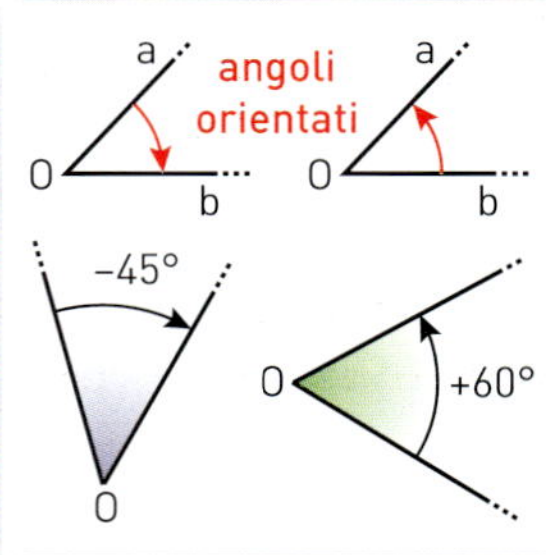

Listen to it

A **rotation** is an isometry that has a given center O and a given angle of rotation α. Each point of the plane is mapped onto a point that is rotated around O by the angle α.

DEFINIZIONE

Dati un punto O e un angolo orientato α nel piano, la **rotazione** di centro O e angolo α, che chiamiamo $\boldsymbol{r_{(O;\,\alpha)}}$, è la trasformazione geometrica che a ogni punto P del piano associa un punto P' in modo che:

- $OP' \cong OP$;
- $P\widehat{O}P'$ e α sono congruenti e orientati nello stesso verso.

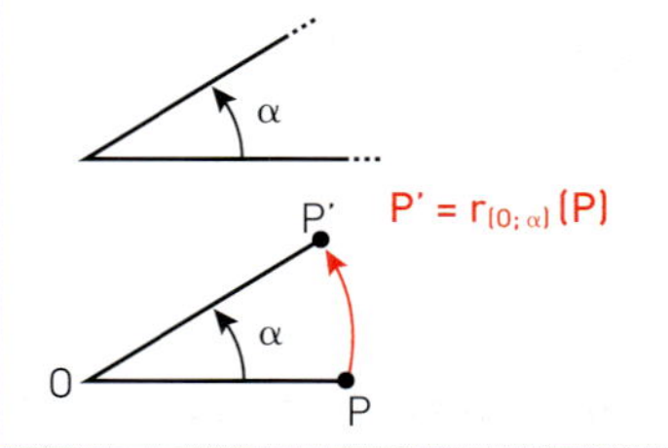

- La **rotazione nulla** ha centro qualsiasi e angolo nullo o multiplo di un angolo giro. Coincide con l'identità.
- La trasformazione inversa di una rotazione $r_{(O;\,\alpha)}$, di centro O e angolo α, è la rotazione $r_{(O;\,-\alpha)}$, con lo stesso centro e angolo con uguale ampiezza ma orientato in senso opposto.
- Una rotazione diversa dall'identità ha come unico **punto unito** il centro O.

Esistono tuttavia **figure unite** rispetto a particolari rotazioni. Per esempio:

- la circonferenza e il cerchio sono figure unite rispetto a una rotazione, di angolo qualsiasi, intorno al loro centro;
- il quadrato è una figura unita per rotazioni che hanno centro nel punto d'incontro delle diagonali e angolo uguale a un qualsiasi multiplo intero di un angolo retto (un angolo retto, un angolo piatto...).

TEOREMA

La rotazione è un'isometria.

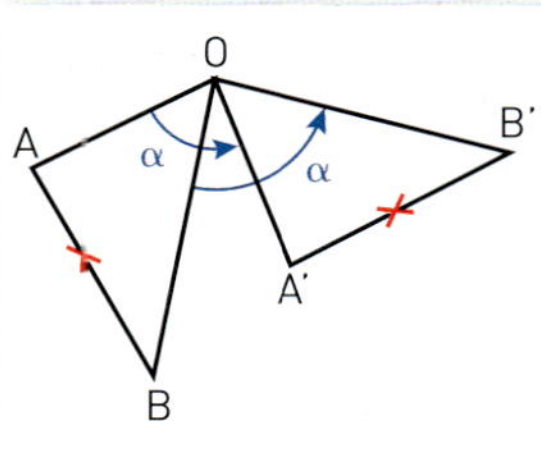

Ipotesi 1. $r_{[O;\,\alpha]}(A) = A'$
2. $r_{[O;\,\alpha]}(B) = B'$

Tesi $AB \cong A'B'$

DIMOSTRAZIONE

I triangoli AOB e $A'OB'$ hanno:

- $AO \cong A'O$ perché $A' = r_{(O;\,\alpha)}(A)$;
- $BO \cong B'O$ perché $B' = r_{(O;\,\alpha)}(B)$;
- $A\widehat{O}B \cong A\widehat{O}A' - B\widehat{O}A' \cong B\widehat{O}B' - B\widehat{O}A' \cong A'\widehat{O}B'$.

Perciò $A\widehat{O}B \cong A'\widehat{O}B'$ perché differenze di angoli congruenti.
I triangoli sono congruenti per il primo criterio. In particolare $AB \cong A'B'$.

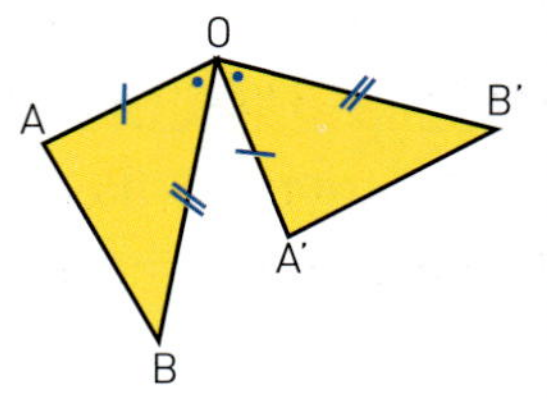

La rotazione nel piano cartesiano

Consideriamo alcuni casi particolari di rotazioni con centro nell'origine degli assi. Ruotiamo di un angolo retto intorno all'origine degli assi cartesiani, in senso antiorario, un punto $A(5; -2)$ e otteniamo il corrispondente $A'(x'; y')$.
Si può dimostrare che l'ascissa di A' risulta uguale all'opposto dell'ordinata di A e l'ordinata di A' è uguale all'ascissa di A, ossia:

$$A(5; -2) \longmapsto A'(2; 5).$$

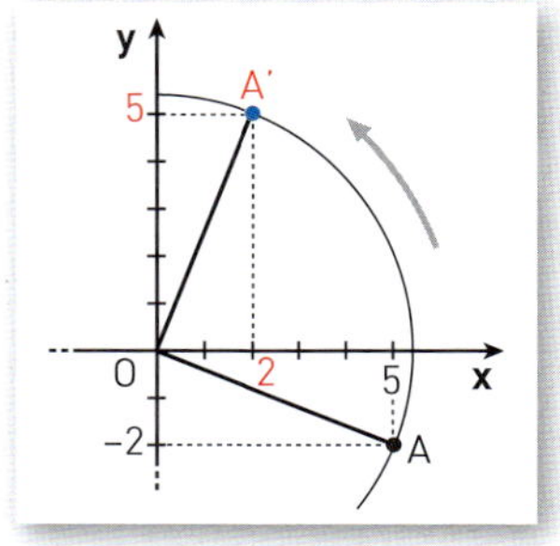

In generale, si dimostra che le **equazioni della rotazione di centro O e angolo retto in senso antiorario (+90°)** sono:

$$\begin{cases} x' = -y \\ y' = x \end{cases}.$$

La rotazione inversa è una **rotazione di centro O e angolo retto in senso orario (−90°)**, coincidente con una rotazione di centro O e angolo +270°. Le sue equazioni sono:

$$\begin{cases} x' = y \\ y' = -x \end{cases}.$$

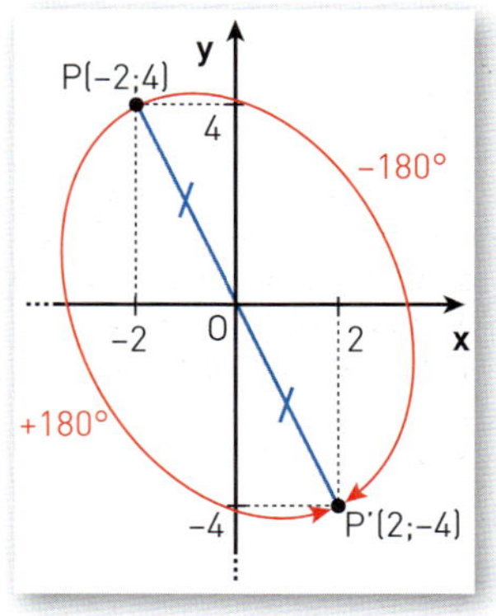

Le **equazioni della rotazione di centro O e angolo +180°** sono:

$$\begin{cases} x' = -x \\ y' = -y \end{cases}.$$

ESEMPIO Determiniamo le coordinate dei vertici del quadrato $A'B'C'D'$ ottenuto ruotando di +90° intorno all'origine il quadrato $ABCD$ di vertici $A(1; 1)$, $B(3; 1)$, $C(3; 3)$ e $D(1; 3)$.

Applichiamo la trasformazione $\begin{cases} x' = -y \\ y' = x \end{cases}$.

Otteniamo:

$$A'(-1; 1),\ B'(-1; 3),\ C'(-3; 3),\ D'(-3; 1).$$

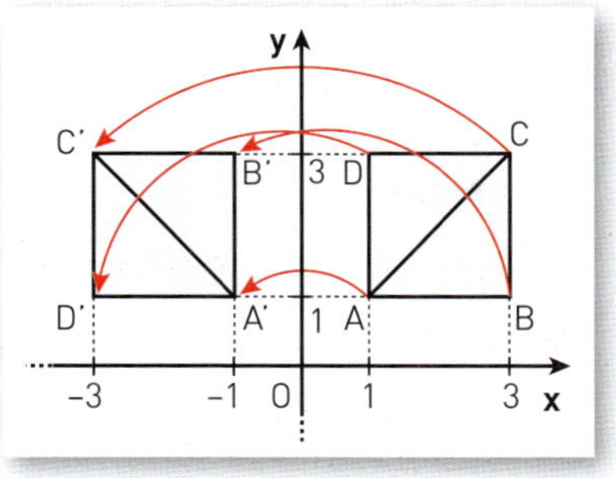

► Data la retta di equazione $y = 2x - 1$, determina, in due modi diversi, l'equazione della retta che le corrisponde in una rotazione di un angolo retto in senso orario intorno all'origine. Verifica che è una retta perpendicolare alla retta data.

Animazione

La composizione di rotazioni

Consideriamo due rotazioni con lo stesso centro O e con angoli di rotazione diversi α e β, rotazioni indicate rispettivamente con

$$r_{(O;\,\alpha)} \quad \text{e} \quad r_{(O;\,\beta)}.$$

La trasformazione composta $r_{(O;\,\beta)} \circ r_{(O;\,\alpha)}$ è una nuova rotazione avente lo stesso centro O e angolo uguale all'angolo somma di α e β:

$$r_{(O;\,\beta)} \circ r_{(O;\,\alpha)} = r_{(O;\,\alpha+\beta)}.$$

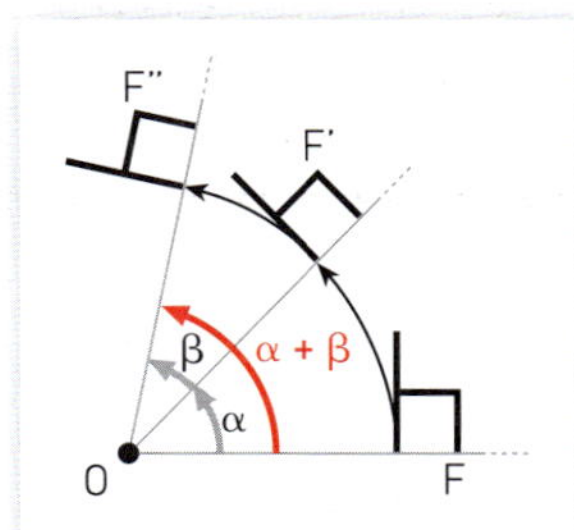

La composizione di due rotazioni con lo stesso centro è commutativa:

$$r_{(O;\,\beta)} \circ r_{(O;\,\alpha)} = r_{(O;\,\alpha)} \circ r_{(O;\,\beta)}.$$

Non è detto, invece, che la composizione di due rotazioni di centri diversi sia ancora una rotazione.

4 La simmetria centrale

▶ Esercizi a p. G295

Definizione e proprietà

Listen to it

A **point reflection** in O is an isometry that maps each point of the plane P to a point P' such that $PO \cong OP'$ and P' lies on the line through PO.

DEFINIZIONE

Fissato nel piano un punto O, una **simmetria centrale** di centro O è la trasformazione geometrica che a ogni punto P fa corrispondere il punto P' tale che il segmento PP' abbia O come punto medio.

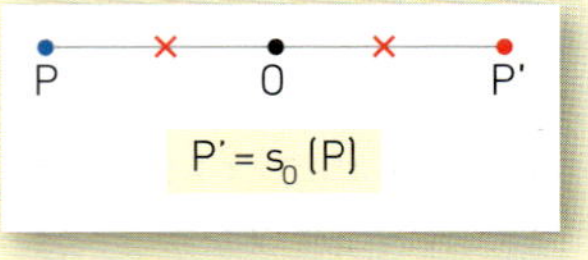

Indichiamo una simmetria di centro O con il simbolo s_O.

TEOREMA

La simmetria centrale è un'isometria.

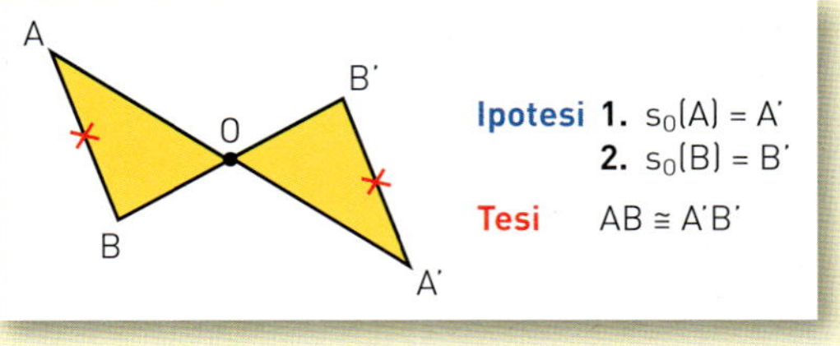

DIMOSTRAZIONE

I triangoli AOB e $A'OB'$ hanno:

- $AO \cong A'O$ perché $A' = s_O(A)$;
- $BO \cong B'O$ perché $B' = s_O(B)$;
- $A\widehat{O}B \cong A'\widehat{O}B'$ perché angoli opposti al vertice.

I due triangoli sono perciò congruenti per il primo criterio. In particolare $AB \cong A'B'$.

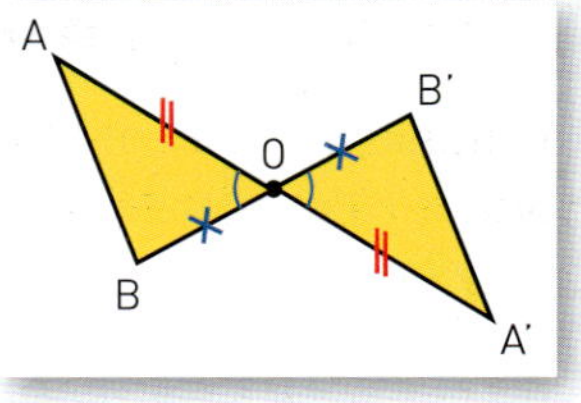

- Il punto O è detto **centro di simmetria** ed è l'unico **punto unito**.
- Ogni retta r passante per O è una **retta unita**, perché ogni punto di r ha per immagine un punto di r (figura **a**).
- L'immagine di una retta r è una retta r' a essa parallela (figura **b**). Per dimostrarlo, puoi osservare nella figura che gli angoli $O\widehat{A}B$ e $O\widehat{A'}B'$, alterni interni formati da r e r' con la trasversale AA', sono congruenti, perché sono congruenti i triangoli AOB e $A'OB'$. La proprietà può essere espressa dicendo anche che *la direzione delle rette è un invariante* per le simmetrie centrali.
- La simmetria centrale di centro O coincide con la rotazione di centro O e angolo di 180°. Per esempio, se nella figura ruotiamo B di 180° intorno a O, otteniamo B', simmetrico di B rispetto a O, perché $OB \cong OB'$ in quanto raggi (figura **c**).

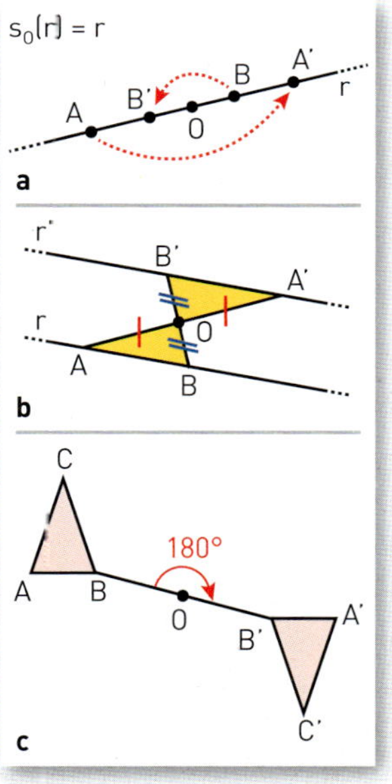

La simmetria centrale è un esempio di un particolare tipo di trasformazione geometrica, la *trasformazione involutoria*, che ha la seguente definizione.

DEFINIZIONE

Una trasformazione geometrica è **involutoria** se composta con se stessa dà l'identità.

La trasformazione inversa di una simmetria centrale s_O è se stessa, quindi la simmetria centrale è una trasformazione involutoria: $s_O \circ s_O = i$.

ESEMPIO Consideriamo il triangolo ABC della figura e il suo simmetrico $A'B'C'$ rispetto a O. Se applichiamo ad $A'B'C'$ ancora la simmetria di centro O, otteniamo ABC.

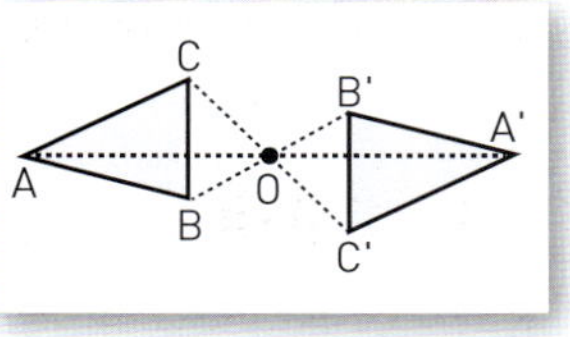

Il centro di simmetria di una figura

Consideriamo la figura $ABCD$ e il punto O interno a essa (figura a lato).
Determiniamo la figura corrispondente nella simmetria di centro O.
In questo caso particolare, osserviamo che a ciascun punto della figura corrisponde un altro punto della figura: ad A corrisponde C, a B corrisponde D, a E corrisponde F ecc. La figura data è quindi una **figura unita** rispetto alla simmetria centrale, anche se nessuno dei suoi punti (escluso O) è unito. Il punto O, centro della simmetria, è detto *centro di simmetria* della figura.

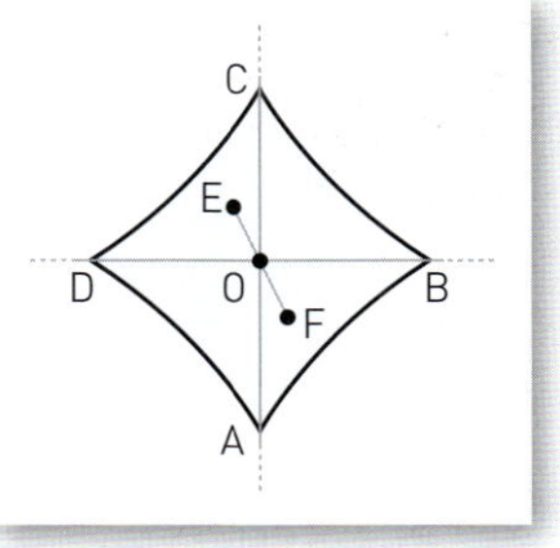

DEFINIZIONE
Un punto del piano è il **centro di simmetria di una figura** se la figura è unita rispetto alla simmetria centrale che ha come centro quel punto.

Per esempio un segmento ha come centro di simmetria il proprio punto medio.

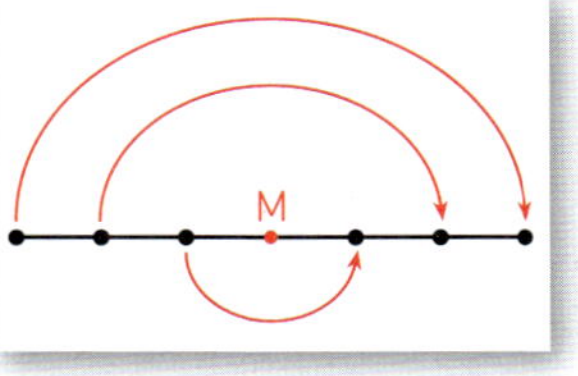

La simmetria centrale nel piano cartesiano

L'immagine di un punto $P(x; y)$ rispetto alla simmetria centrale di centro $C(a; b)$ è il punto $P'(x'; y')$ tale che C sia il punto medio di PP', quindi:

$$\frac{x+x'}{2}=a \quad \text{e} \quad \frac{y+y'}{2}=b.$$

Da queste relazioni, ricavando x' e y', otteniamo che le **equazioni della simmetria centrale di centro *C*** sono:

$$\begin{cases} x' = 2a - x \\ y' = 2b - y \end{cases}.$$

ESEMPIO Dato il punto $A(4; 4)$, determiniamo le coordinate del simmetrico rispetto alla simmetria centrale di centro $C(1; 2)$:

$x' = 2a - x \rightarrow$

$x' = 2 - 4 = -2;$

$y' = 2b - y \rightarrow$

$y' = 4 - 4 = 0.$

Perciò il simmetrico è $A'(-2; 0)$.

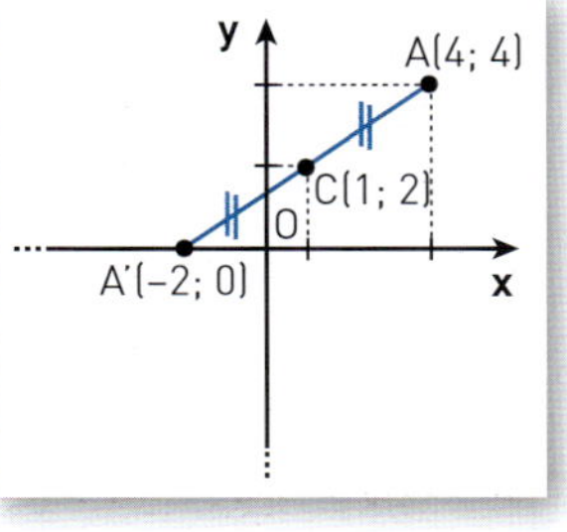

Come caso particolare consideriamo la **simmetria centrale rispetto all'origine**, che ha equazioni:

$$\begin{cases} x' = -x \\ y' = -y \end{cases}.$$

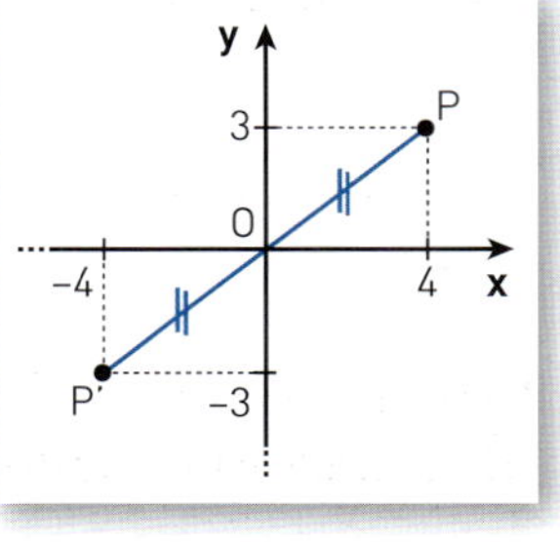

▶ Dati i punti $A(-6; -1)$, $B(2; 3)$ e $C(-5; 5)$, determina le coordinate dei punti A', B' e C' trasformati di A, B e C secondo la simmetria centrale di centro O. Verifica analiticamente che la simmetria centrale è un'isometria.

TEORIA

▶ Data la retta r di equazione $y = \frac{2}{3}x + 2$, dopo aver considerato due suoi punti e i loro simmetrici rispetto all'origine O degli assi, determina l'equazione della retta r' passante per i punti immagine e verifica, mediante le equazioni della trasformazione, che r' è la simmetrica di r rispetto alla simmetria centrale di centro O.

Animazione

ESEMPIO Verifichiamo che l'origine è il centro di simmetria del rombo di vertici $A(-4; -2)$, $B(1; -2)$, $C(4; 2)$ e $D(-1; 2)$.

Calcoliamo i trasformati dei vertici tramite le equazioni

$$\begin{cases} x' = -x \\ y' = -y \end{cases}.$$

Otteniamo:

$$A(-4; -2) \to A'(4; 2) \equiv C;$$

$$B(1; -2) \to B'(-1; 2) \equiv D;$$

$$C(4; 2) \to C'(-4; -2) \equiv A;$$

$$D(-1; 2) \to D'(1; -2) \equiv B.$$

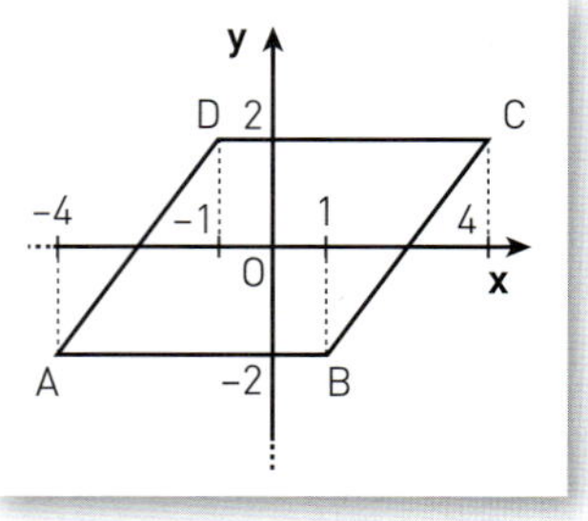

L'immagine del rombo è ancora il rombo stesso, che è una figura unita rispetto alla simmetria centrale di centro O, quindi O è il suo centro di simmetria.

La composizione di simmetrie centrali

Abbiamo già detto che la composizione della stessa simmetria centrale con se stessa ha come risultato un'identità: $s_O \circ s_O = i$. Se invece componiamo due simmetrie centrali con centri diversi, otteniamo una traslazione.

TEOREMA
Componendo le simmetrie centrali s_O e $s_{O'}$, di centri diversi O e O', la trasformazione $s_{O'} \circ s_O$ che si ottiene è una traslazione di vettore $\vec{v} = 2\overrightarrow{OO'}$.

La composizione di due simmetrie centrali con centri O e O' non è commutativa. Infatti, puoi verificare che $s_O \circ s_{O'}$ è una traslazione di vettore

$$\vec{w} = 2\overrightarrow{O'O} = -2\overrightarrow{OO'}.$$

5 La simmetria assiale

▶ Esercizi a p. G298

Definizione e proprietà

DEFINIZIONE
Fissata una retta r nel piano, una **simmetria assiale** è la trasformazione geometrica che:

1. a ogni punto R di r fa corrispondere se stesso;
2. a ogni punto P, non appartenente a r, fa corrispondere il punto P', dalla parte opposta di P rispetto a r, tale che:
   - P' appartiene alla retta passante per P e perpendicolare a r;
   - P e P' hanno la stessa distanza da r.

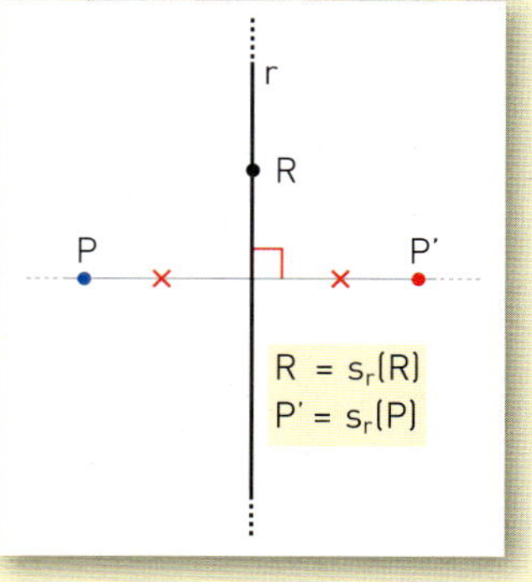

Listen to it

A **reflection** across a line r of the plane is an isometry that maps each point P of the plane onto a point P' such that PP' is perpendicular to r and the distance from P to r is the same as the distance from r to P'.

Indichiamo una simmetria assiale di asse r con il simbolo s_r.

- La retta r è detta **asse di simmetria** ed è l'insieme di tutti e soli i **punti uniti** della trasformazione.
- L'immagine di una retta t che forma con r un angolo α e che interseca r in un punto R è una retta t' che forma con r un angolo α e passa per R.
  In particolare, tutte le rette perpendicolari a r sono **rette unite**.
- La trasformazione inversa di s_r è s_r, quindi la simmetria assiale è una trasformazione involutoria: $s_r \circ s_r = i$.

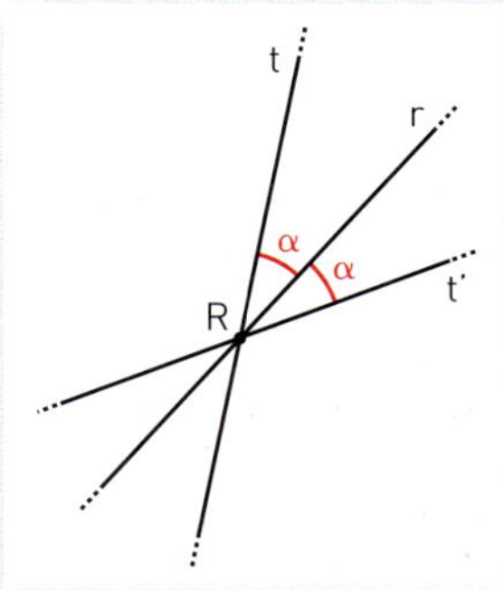

TEOREMA
La simmetria assiale è un'isometria.

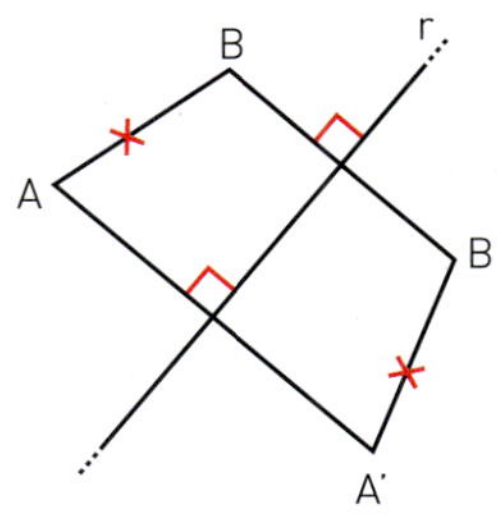

Ipotesi 1. $A' = s_r(A)$
2. $B' = s_r(B)$

Tesi $AB \cong A'B'$

DIMOSTRAZIONE

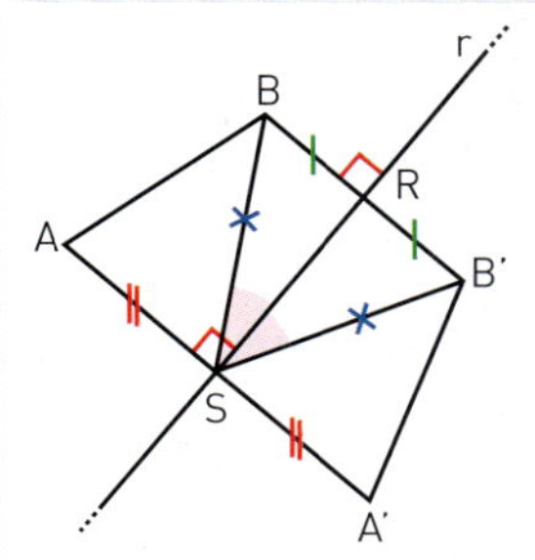

I triangoli rettangoli BRS e $B'RS$ hanno:

- RS in comune;
- $BR \cong B'R$ perché $B' = s_r(B)$.

Quindi sono congruenti. In particolare $BS \cong B'S$ e $B\hat{S}R \cong B'\hat{S}R$.
I triangoli ABS e $A'B'S$ hanno:

- $BS \cong B'S$ per la dimostrazione precedente;
- $B\hat{S}A \cong B'\hat{S}A'$ perché complementari di angoli congruenti;
- $AS \cong A'S$ perché $A' = s_r(A)$.

Quindi sono congruenti per il primo criterio. In particolare $AB \cong A'B'$.

L'asse di simmetria di una figura

DEFINIZIONE
Una retta del piano è **asse di simmetria** di una figura se la figura è unita rispetto alla simmetria assiale che ha per asse quella retta.

ESEMPIO Sono assi di simmetria le rette

- delle diagonali, nel rombo;
- delle diagonali e dei punti medi dei lati opposti, nel quadrato;
- dei diametri, nel cerchio.

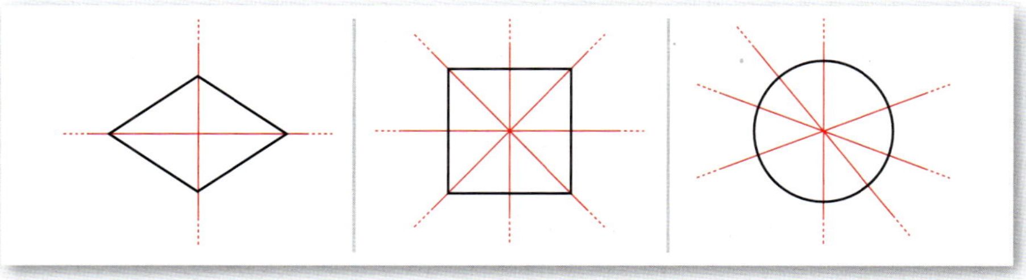

MATEMATICA INTORNO A NOI

Letture allo specchio
Ingegni, ossesso, anilina: tre esempi di palindromi, ovvero di parole che si possono leggere sia da sinistra verso destra, sia da destra verso sinistra. Esistono anche delle frasi palindrome (per esempio «I re sono seri») o perfino interi componimenti letterari. Ma se guardi la parola INGEGNI allo specchio ottieni IИGƎGИI, che rispetta sì la successione delle lettere, ma non la loro forma…

► Esistono parole che si possono leggere anche allo specchio?

La risposta

► Aiutandoti con il video che proponiamo, indica gli assi e i centri di simmetria, quando esistono, delle seguenti figure:
a. triangolo isoscele;
b. rombo;
c. quadrato;
d. pentagono regolare;
e. circonferenza.

Video

La simmetria assiale nel piano cartesiano

La simmetria rispetto a un asse parallelo all'asse *y*

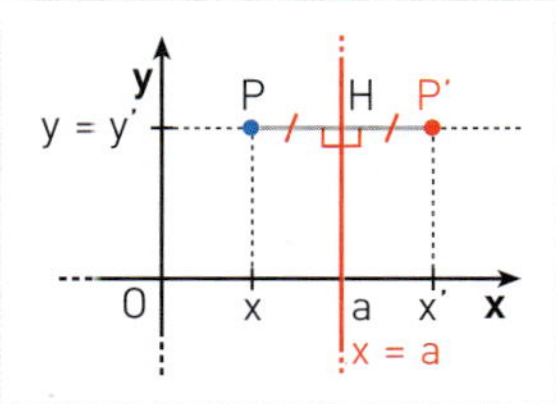

Consideriamo una generica retta parallela all'asse y di equazione $x = a$ e un punto $P(x; y)$. Disegniamo il punto P' simmetrico di P rispetto alla retta data (figura a lato). Il punto P' ha la stessa ordinata di P. Per calcolare l'ascissa di P', osserviamo che H è punto medio di PP', quindi la sua ascissa a è data da

$$a = \frac{x + x'}{2} \rightarrow x' = 2a - x.$$

Le coordinate di P', trasformato del punto $P(x; y)$, sono $(2a - x; y)$.
Pertanto le **equazioni della simmetria rispetto all'asse $x = a$** sono:

$$\begin{cases} x' = 2a - x \\ y' = y \end{cases}.$$

Se $a = 0$, l'asse di simmetria è l'asse y.

La simmetria rispetto a un asse parallelo all'asse *x*

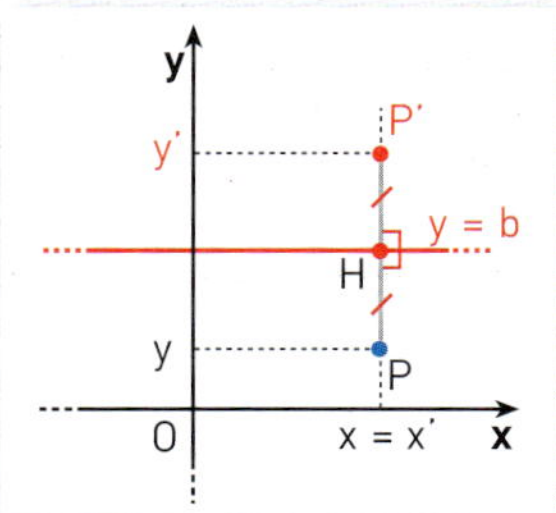

Con ragionamenti analoghi, si ricava che le **equazioni della simmetria rispetto all'asse $y = b$** (parallelo all'asse x) sono:

$$\begin{cases} x' = x \\ y' = 2b - y \end{cases}.$$

Se $b = 0$, l'asse di simmetria è l'asse x.

La simmetria rispetto alle bisettrici dei quadranti

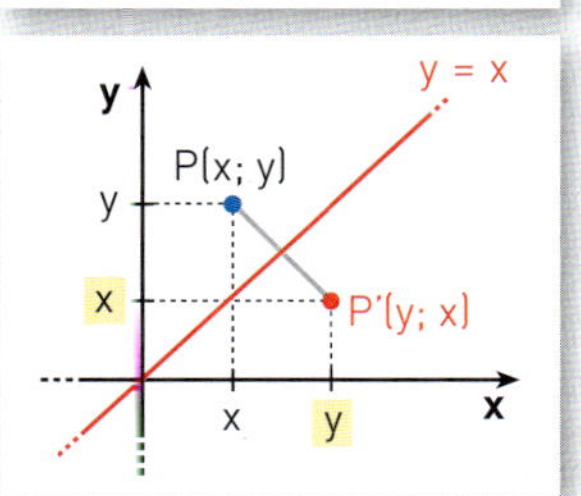

Si dimostra che due punti simmetrici rispetto alla bisettrice del primo e terzo quadrante ($y = x$) hanno coordinate scambiate fra loro, ossia che, se P ha coordinate $(x; y)$, il suo simmetrico P' ha coordinate $(y; x)$. **Le equazioni della simmetria rispetto alla bisettrice del primo e del terzo quadrante** sono:

$$\begin{cases} x' = y \\ y' = x \end{cases}.$$

Si dimostra inoltre che **le equazioni della simmetria rispetto alla bisettrice b' del secondo e del quarto quadrante ($y = -x$)** sono:

$$\begin{cases} x' = -y \\ y' = -x \end{cases}.$$

ESEMPIO Troviamo le coordinate dei punti E ed F in modo che la retta di equazione $y = 3$ sia asse di simmetria per il poligono $ABCDEF$.

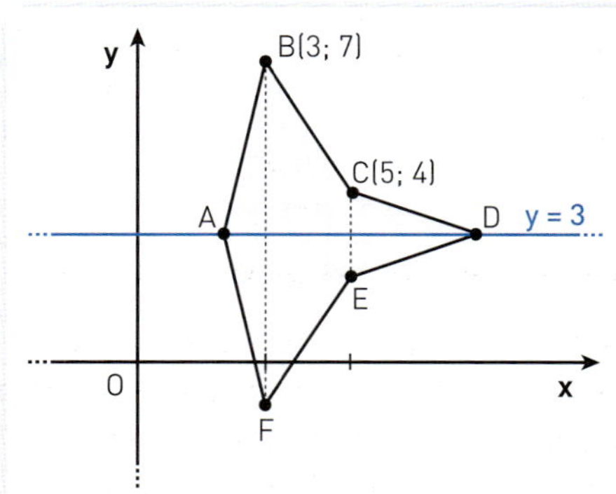

Applichiamo le equazioni della simmetria ai punti B e C.

$$\begin{cases} x' = x \\ y' = 6 - y \end{cases} \rightarrow B'(3; -1), C'(5; 2).$$

I punti E ed F devono coincidere, rispettivamente, con le immagini di C e B nella simmetria, quindi $E(5; 2)$, $F(3; -1)$.

► I punti $A(5; 6)$ e $A'(5; 1)$ si corrispondono in una simmetria assiale. Determina le equazioni della simmetria. Verifica poi che la retta r di equazione $y = 2x$ e la sua simmetrica r' si incontrano in un punto dell'asse.

Animazione

La composizione di simmetrie assiali

Abbiamo già detto che la composizione della stessa simmetria assiale corrisponde all'identità: $s_r \circ s_r = i$. Se componiamo invece due simmetrie assiali rispetto a due rette r e t distinte, non otteniamo una simmetria assiale. Distinguiamo due casi.

Gli assi *r* e *t* sono paralleli

TEOREMA

Componendo le simmetrie assiali s_r e s_t, con assi paralleli r e t, la trasformazione $s_t \circ s_r$ che si ottiene è una traslazione di vettore $\vec{v}$ con direzione perpendicolare a r e a t, verso che va da r a t e modulo congruente al doppio della distanza tra r e t.

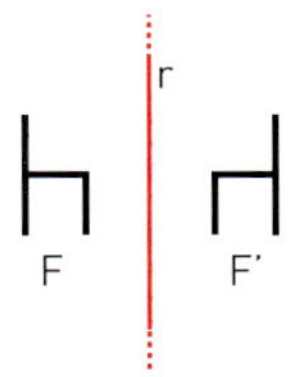

a. Consideriamo la simmetria s_r, che applicata alla figura F produce la figura F'.

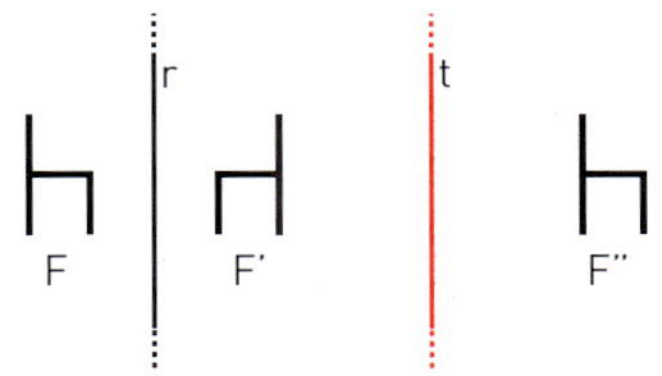

b. Applichiamo ora a F' la simmetria s_t (dove l'asse t è parallelo a r). A F' corrisponde la figura F''.

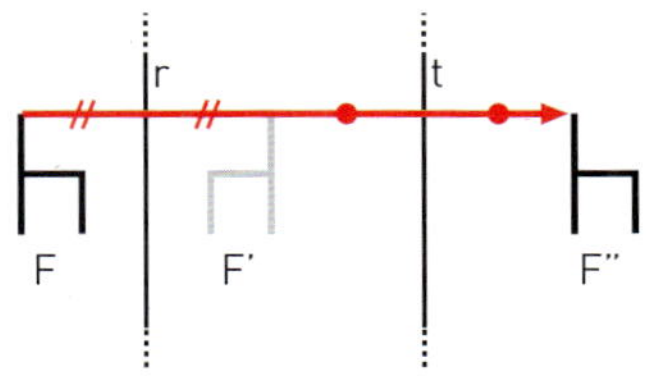

c. La composizione delle due simmetrie $s_t \circ s_r$ è una traslazione, il cui vettore ha per modulo il doppio della distanza fra i due assi.

Gli assi *r* e *t* sono incidenti

TEOREMA

Componendo le simmetrie assiali s_r e s_t, con assi r e t che si intersecano nel punto O e formano un angolo di ampiezza α, orientato da r verso t, la trasformazione $s_t \circ s_r$ che si ottiene è una rotazione di centro O e angolo 2α, orientato da r verso t.

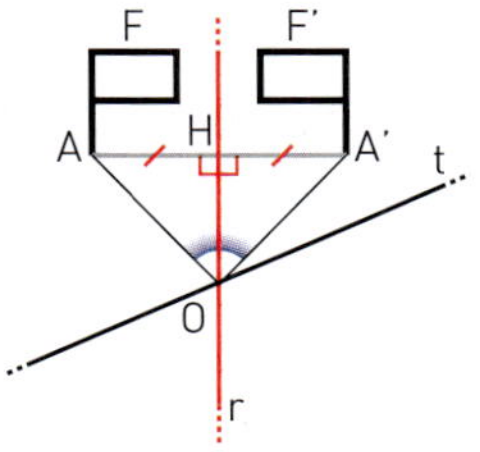

a. Consideriamo le rette r e t incidenti in O. La simmetria s_r trasforma la figura F nella figura F'. I triangoli rettangoli AHO e OHA' sono congruenti per il primo criterio, perciò $A\hat{O}H \cong H\hat{O}A'$.

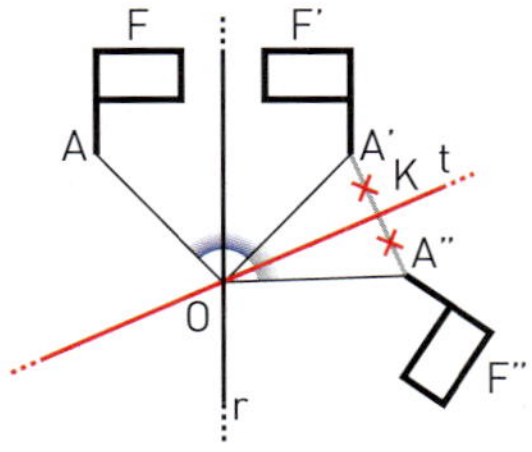

b. La simmetria s_t trasforma F' nella figura F''. I triangoli rettangoli $A'KO$ e KOA'' sono congruenti, sempre per il primo criterio, quindi $A'\hat{O}K \cong K\hat{O}A''$.

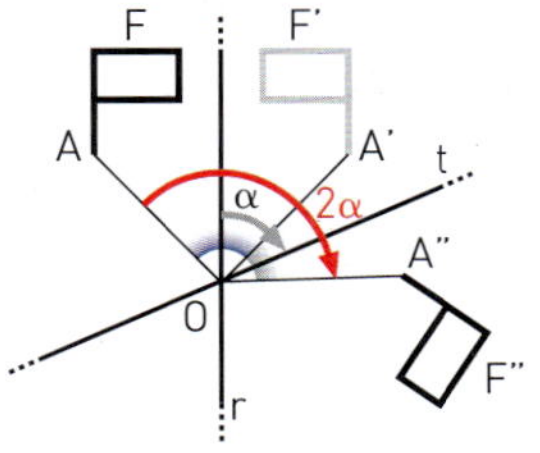

c. La composizione delle due simmetrie $s_t \circ s_r$ è la rotazione di centro O, intersezione degli assi, e di angolo il doppio dell'angolo α segnato in figura (l'angolo convesso formato dalle rette r e t).

Le simmetrie assiali e le isometrie

Si può dimostrare che ogni rotazione e ogni traslazione può essere pensata come composizione di due opportune simmetrie assiali.
Abbiamo anche visto che la simmetria centrale coincide con la rotazione di un angolo piatto e di medesimo centro.
Pertanto, *ogni isometria* si può ottenere come composizione di al più tre simmetrie assiali.

Listen to it

If you **compose isometries**, you get an isometry. Moreover, you can obtain any isometry by **composing** *at most* 3 **reflections** across lines.

TEORIA

► Rispondi alle domande seguenti, aiutandoti con il video. In caso di risposta negativa, fornisci un controesempio.

a. La composizione di due traslazioni è sempre una traslazione?
b. La composizione di due rotazioni è sempre una rotazione?
c. La composizione di due simmetrie centrali è sempre una traslazione?
d. La composizione di due simmetrie assiali è sempre una traslazione?

Video

6 Una trasformazione non isometrica: l'omotetia

► Esercizi a p. G304

Studiamo ora una trasformazione geometrica che non è un'isometria.

Il rapporto fra vettori paralleli

I vettori sono segmenti orientati, quindi è possibile definire il rapporto fra due vettori paralleli in analogia al rapporto fra due segmenti.

Il rapporto fra due vettori paralleli è quel numero reale k che esprime il rapporto fra i segmenti corrispondenti, con la seguente convenzione:

- se i vettori hanno lo stesso verso, il numero k è positivo;
- se i vettori hanno verso opposto, il numero k è negativo.

ESEMPIO

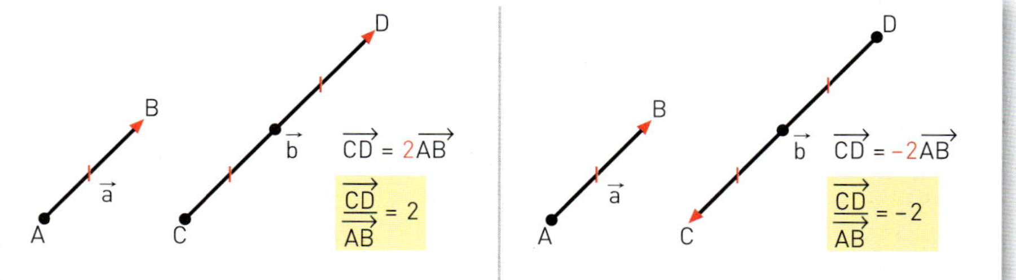

a. Se $\vec{a}$ e $\vec{b}$ hanno lo stesso verso, $\frac{\vec{a}}{\vec{b}}$ è positivo.

b. Se $\vec{a}$ e $\vec{b}$ hanno verso opposto, $\frac{\vec{a}}{\vec{b}}$ è negativo.

Definizione e proprietà

DEFINIZIONE

Fissati un punto O nel piano e un numero reale k diverso da zero, l'**omotetia** è la trasformazione geometrica che a un punto P fa corrispondere il punto P' tale che:

- P' appartiene alla retta OP;
- $\frac{\overrightarrow{OP'}}{\overrightarrow{OP}} = k$.

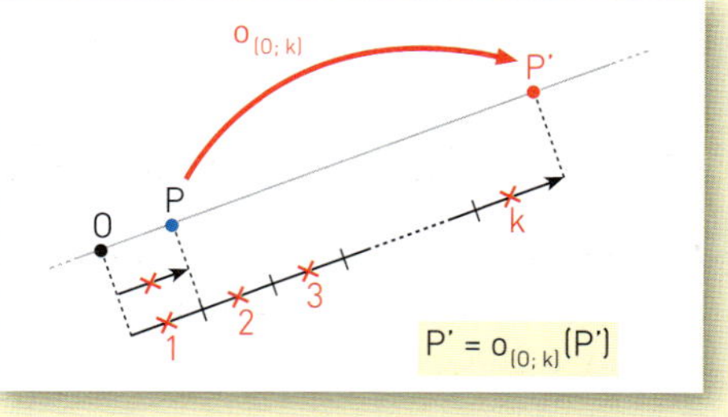

Listen to it

A **dilation** (or **homothety**) with scale factor k and center O is a transformation that maps any point of the plane P onto a point P' such that $\frac{\overrightarrow{OP'}}{\overrightarrow{OP}} = k$, and P' belongs to the line through OP. You can use a dilation to make a figure *larger* or *smaller*.

Indichiamo un'omotetia di centro O e rapporto k con il simbolo $o_{(O;\,k)}$. Per esempio, $o_{(O;\,-2)}$ indica l'omotetia di centro O e rapporto -2.

Il punto O è detto **centro** dell'omotetia e k **rapporto di omotetia.**

- Due figure che si corrispondono in un'omotetia sono dette **omotetiche**.
- Se $k > 0$, P e P' stanno sulla stessa semiretta di origine O e l'omotetia si dice **diretta**; se $k < 0$, P e P' stanno su due semirette opposte di origine O e l'omotetia si dice **inversa**.
- Se $|k| > 1$, la figura risulta ingrandita; se $|k| < 1$, risulta rimpicciolita.
- L'omotetia di rapporto $k = 1$ coincide con l'identità.
- L'omotetia di rapporto $k = -1$ e centro O coincide con la simmetria centrale di centro O.
- Un'omotetia di rapporto $k \neq 1$ ha come unico **punto unito** il centro e come **rette unite** tutte e sole le rette passanti per il centro.
- Il trasformato di un angolo è un angolo a esso congruente.
- L'immagine di una retta è una retta a essa parallela.

In particolare vale il seguente teorema.

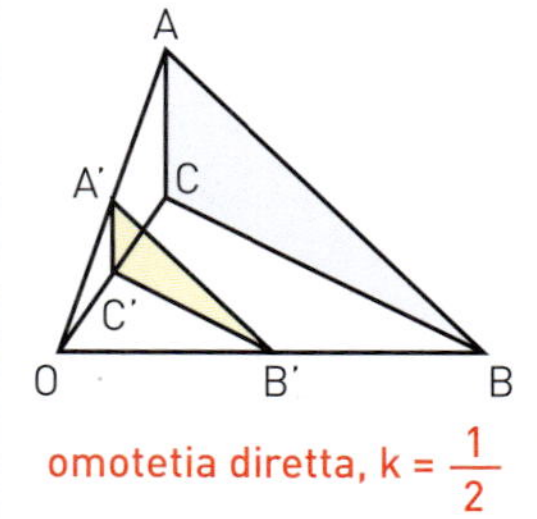

omotetia diretta, $k = \frac{1}{2}$

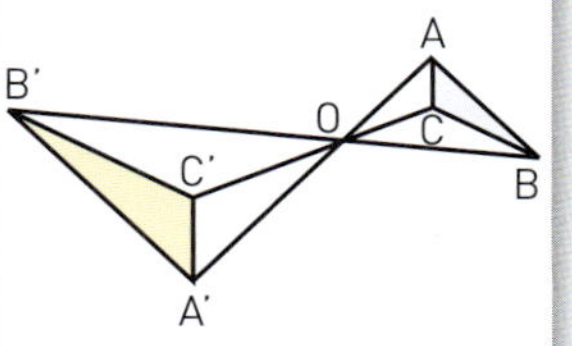

omotetia inversa, $k = -2$

TEOREMA

Un'omotetia di rapporto k trasforma un segmento AB in un segmento $A'B'$ tale che:

- $A'B' \parallel AB$;
- $\dfrac{A'B'}{AB} = |k|$.

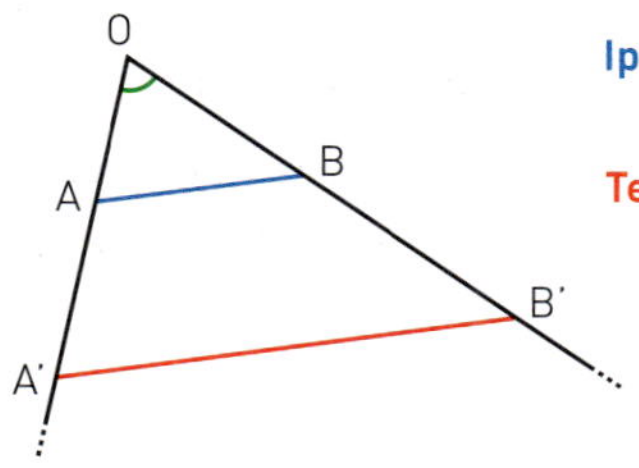

Ipotesi 1. $A' = o_{(O;\,k)}(A)$
2. $B' = o_{(O;\,k)}(B)$

Tesi 1. $A'B' \parallel AB$
2. $\dfrac{A'B'}{AB} = |k|$

DIMOSTRAZIONE

Supponiamo che k sia positivo, come nella figura. I triangoli AOB e $A'OB'$ hanno:

- $\dfrac{OA'}{OA} = k$ perché $A' = o_{(O;\,k)}(A)$;
- $\dfrac{OB'}{OB} = k$ perché $B' = o_{(O;\,k)}(B)$;
- $A\widehat{O}B$ in comune.

Quindi sono simili per il secondo criterio. In particolare $\dfrac{A'B'}{AB} = k$.

Inoltre, dato che $OA' : OA = OB' : OB$, allora per l'inverso del teorema di Talete $A'B' \parallel AB$.

Se k è negativo, si procede analogamente.

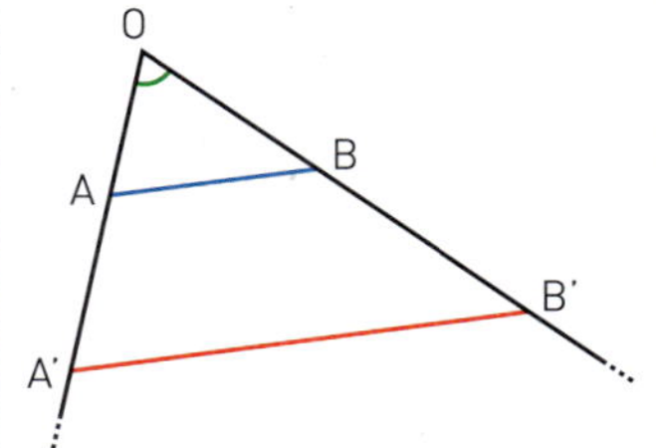

L'omotetia nel piano cartesiano

L'immagine di un punto $P(x;\,y)$ tramite l'omotetia con centro nell'origine e rapporto k è il punto $P'(x';\,y')$ tale che

$$\begin{cases} x' = kx \\ y' = ky \end{cases}.$$

Queste sono le **equazioni dell'omotetia** con centro O e rapporto k.

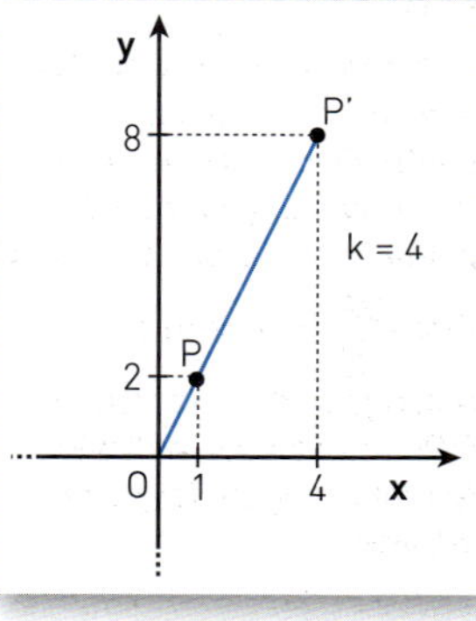

TEORIA

Se l'omotetia è diretta, i punti corrispondenti si trovano nello stesso quadrante; se è inversa, si trovano in due quadranti opposti.

ESEMPIO Nella figura il triangolo $A'B'C'$ è omotetico del triangolo ABC, mediante l'omotetia con centro nell'origine e rapporto $-\frac{1}{2}$.
I due triangoli sono in quadranti opposti.

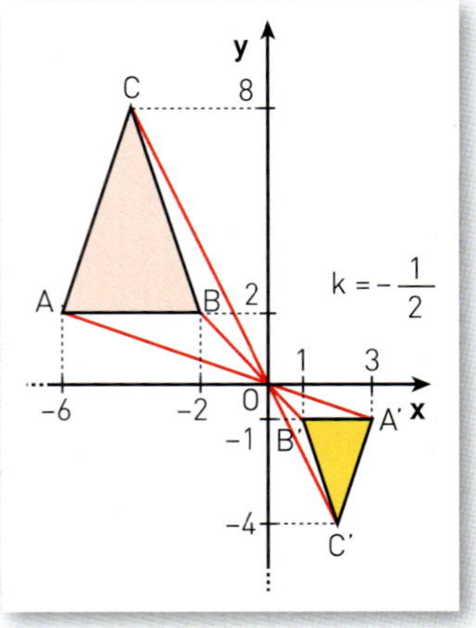

ESEMPIO Determiniamo l'equazione della retta r', immagine della retta r di equazione $2x + y - 3 = 0$, mediante l'omotetia con centro O e rapporto $k = \frac{8}{3}$.

Le equazioni dell'omotetia sono: $\begin{cases} x' = \frac{8}{3}x \\ y' = \frac{8}{3}y \end{cases}$.

Ricaviamo x e y: $\begin{cases} x = \frac{3}{8}x' \\ y = \frac{3}{8}y' \end{cases}$.

Sostituiamo nell'equazione della retta:

$$2\left(\frac{3}{8}x'\right) + \left(\frac{3}{8}y'\right) - 3 = 0 \rightarrow$$

$$\frac{3}{4}x' + \frac{3}{8}y' - 3 = 0 \rightarrow$$

$$y' = -2x' + 8.$$

Osserviamo che r e r' hanno lo stesso coefficiente angolare -2, quindi sono parallele.
Rappresentiamo r e r' nel piano cartesiano.

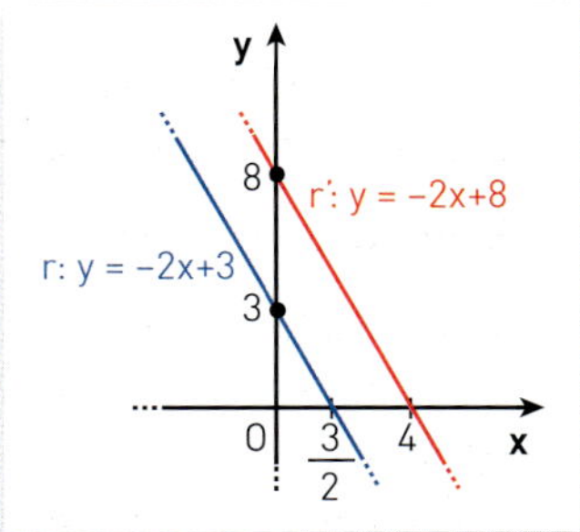

Gli ingrandimenti e le riduzioni

L'omotetia permette di ingrandire o ridurre una figura, lasciandone inalterata la forma. Ricordiamo che valgono le seguenti proprietà:

- se $|k| > 1$, l'omotetia ingrandisce la figura;
- se $|k| < 1$, l'omotetia riduce la figura;
- se $k > 0$, ovvero se l'omotetia è diretta, punti corrispondenti si trovano nello stesso quadrante;
- se $k < 0$, ovvero se l'omotetia è inversa, punti corrispondenti appartengono a quadranti opposti (primo e terzo oppure secondo e quarto).

ESEMPIO L'omotetia di rapporto 3 ingrandisce la figura data ed è diretta; quella di rapporto $-\frac{1}{2}$ riduce la figura ed è inversa.

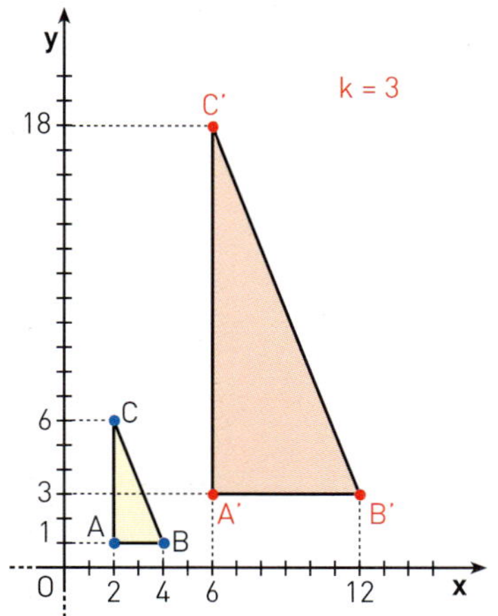

a

$A(2; 1) \mapsto A'(6; 3)$
$B(4; 1) \mapsto B'(12; 3)$
$C(2; 6) \mapsto C'(6; 18)$

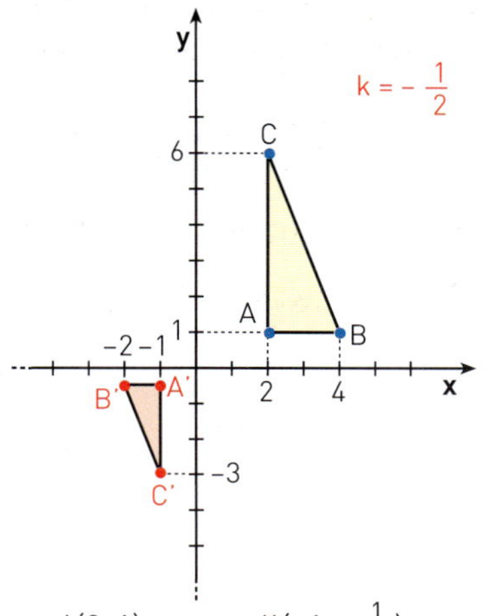

b

$A(2; 1) \mapsto A'\left(-1; -\frac{1}{2}\right)$
$B(4; 1) \mapsto B'\left(-2; -\frac{1}{2}\right)$
$C(2; 6) \mapsto C'(-1; -3)$

La composizione di omotetie

Consideriamo due omotetie di centro O, che hanno come rapporto due numeri reali k e h diversi da 0. La composizione delle omotetie $o_{(O;\,k)}$ e $o_{(O;\,h)}$ è ancora un'omotetia con centro O e rapporto kh.

In particolare, se i rapporti sono uno il reciproco dell'altro la composizione delle due omotetie è un'identità:

$$o_{\left(O;\,\frac{1}{k}\right)} \circ o_{(O;\,k)} = i.$$

▶ Considerando omotetie con centro nell'origine degli assi:
- il segmento AB, con $A(2; 8)$ e $B(12; 4)$, ha per immagine $A'B'$ se il rapporto è $\frac{1}{4}$;
- $A'B'$ ha immagine $A''B''$ se il rapporto è -2.

Determina le coordinate di A', B', A'' e B''. Quale trasformazione fa passare da AB ad $A''B''$? Verifica che i segmenti AB, $A'B'$ e $A''B''$ appartengono a rette parallele.

Animazione

ESEMPIO L'omotetia di centro O e rapporto -2, $o_{(O;\,-2)}$, trasforma la figura rossa in quella gialla.
L'omotetia di centro O e rapporto $\frac{1}{2}$, $o_{\left(O;\,\frac{1}{2}\right)}$, trasforma la figura gialla in quella azzurra.
La composizione delle due omotetie trasforma la figura rossa in quella azzurra.
Calcoliamo il prodotto dei rapporti kh:

$$kh = -2 \cdot \frac{1}{2} = -1.$$

Pertanto $o_{\left(O;\,\frac{1}{2}\right)} \circ o_{(O;\,-2)} = o_{(O;\,-1)}$.

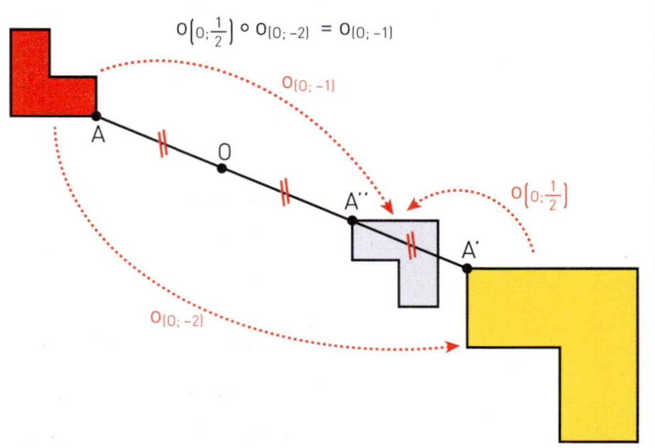

La composizione di una omotetia e una isometria

La trasformazione geometrica che si ottiene componendo un'omotetia con un'isometria, o viceversa, è una **similitudine**.

ESEMPIO Applichiamo al triangolo ABC della figura l'omotetia $o_{(O;\,2)}$, ottenendo $A'B'C'$.

Ad $A'B'C'$ applichiamo la traslazione di vettore $\overrightarrow{A'A''}$ ottenendo $A''B''C''$.
I triangoli ABC e $A''B''C''$ sono simili.

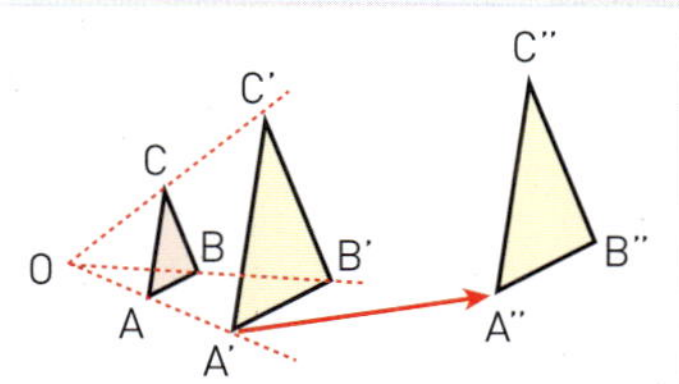

IN SINTESI
Le trasformazioni geometriche

Le trasformazioni geometriche e le isometrie

Una **trasformazione geometrica** è una corrispondenza biunivoca che associa a ogni punto del piano un punto del piano stesso.

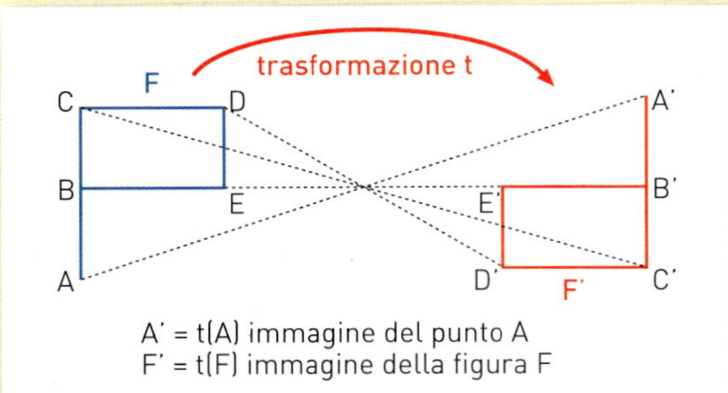

L'**identità** è la trasformazione che a ogni punto del piano associa il punto stesso.

Un **invariante** di una trasformazione è una proprietà che si conserva nel passare da una figura alla sua corrispondente.
Se, in una trasformazione, a un **punto** corrisponde se stesso, allora tale punto si dice **punto unito**.
Se, in una trasformazione, a una **figura** corrisponde se stessa, allora tale figura si dice **figura unita**.

Date due trasformazioni geometriche t_1 e t_2, se al punto P viene associato $P' = t_1(P)$ e a P' viene associato $P'' = t_2(P')$, la **trasformazione composta** $t_2 \circ t_1$ associa al punto P il punto P''.

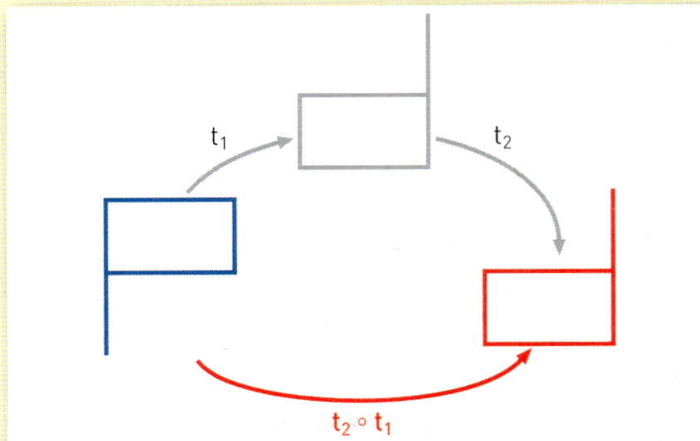

La **trasformazione inversa** f^{-1} di una trasformazione f, associa a un punto P' il punto P.
Un'**isometria** è una trasformazione geometrica che conserva la distanza fra due punti.
Due figure che si corrispondono in una isometria sono congruenti.
Sono isometrie la **traslazione**, la **rotazione** la **simmetria centrale** e la **simmetria assiale**.

Le isometrie

Isometria	Proprietà	Equazioni nel piano cartesiano
Traslazione Dato un vettore $\vec{v}$ nel piano, la traslazione $t_{\vec{v}}$ di vettore $\vec{v}$ è la trasformazione che a ogni punto P del piano associa il punto P' in modo che $\overrightarrow{PP'} = \vec{v}$. 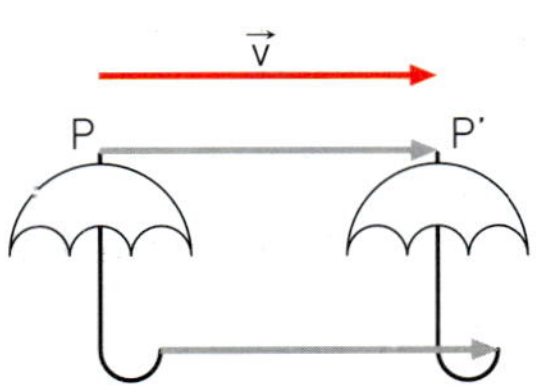	• La traslazione nulla coincide con l'identità. • La trasformazione inversa è la traslazione di vettore opposto. • Una traslazione di vettore $\vec{v} \neq 0$ non ha punti uniti. • Ogni retta parallela al vettore di traslazione $\vec{v}$ è una retta unita. • La traslazione conserva la direzione della retta.	Dato il vettore $\vec{v}(a; b)$: $\begin{cases} x' = x + a \\ y' = y + b \end{cases}$.

Rotazione Dati un punto O e un angolo orientato α nel piano, la rotazione $r_{(O;\,\alpha)}$ di centro O e angolo α è la trasformazione geometrica che a ogni punto P del piano associa un punto P' in modo che: • $OP \cong OP'$; • $P\widehat{O}P'$ e α siano congruenti e orientati nello stesso verso. 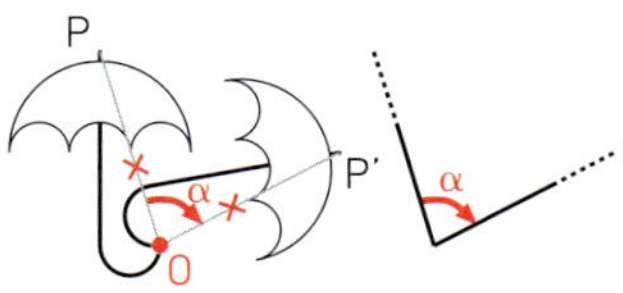	• La rotazione nulla ha centro qualsiasi e angolo nullo (o multiplo di un angolo giro); coincide con l'identità. • Una rotazione con $\alpha \neq 0$ ha come unico punto unito il centro O. • La trasformazione inversa di $r_{(O;\,\alpha)}$ è la rotazione $r_{(O;\,-\alpha)}$ con lo stesso centro e angolo α di uguale ampiezza, orientato in senso opposto.	Rotazione di centro O e $\alpha = 90°$ (in senso antiorario). $\begin{cases} x' = -y \\ y' = x \end{cases}$ Rotazione di centro O e $\alpha = -90°$ (in senso orario). $\begin{cases} x' = y \\ y' = -x \end{cases}$ Rotazione di centro O e $\alpha = 180°$. $\begin{cases} x' = -x \\ y' = -y \end{cases}$
Simmetria centrale Dato un punto O del piano, la simmetria centrale s_O di centro O è la trasformazione geometrica che a ogni punto P del piano associa un punto P' in modo che O sia il punto medio di PP'. 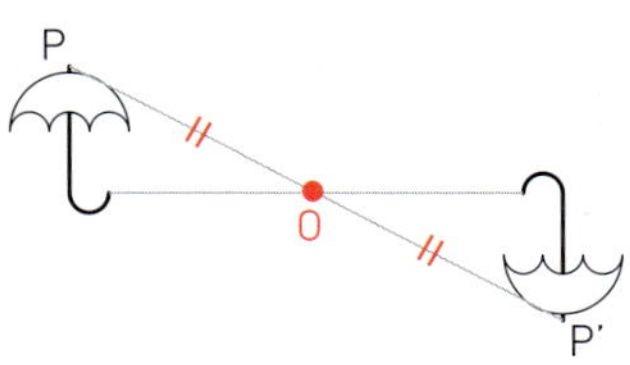	• Il centro di simmetria O è l'unico punto unito. • Ogni retta passante per O è una retta unita. • La trasformazione inversa di una simmetria centrale s_O è se stessa (**trasformazione involutoria**); quindi la composizione di una simmetria centrale e della sua inversa è un'identità: $s_O \circ s_O = i$.	Simmetria centrale di centro $C(a;\,b)$. $\begin{cases} x' = 2a - x \\ y' = 2b - y \end{cases}$
Simmetria assiale Data una retta r nel piano, la simmetria assiale s_r è la trasformazione geometrica che a ogni punto P del piano associa un punto P' nel semipiano opposto rispetto a r, in modo che: • $PP' \perp r$; • r passi per il punto medio di PP'. 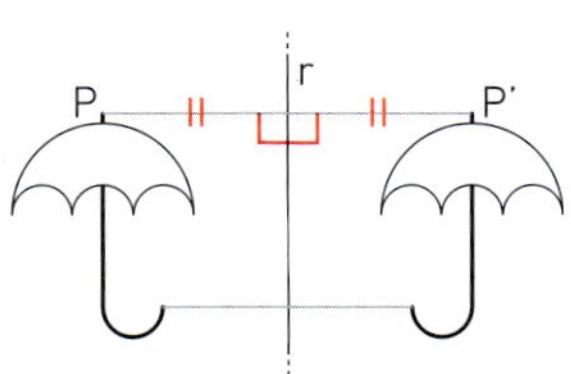	• La retta r, asse di simmetria, è l'insieme di tutti e soli i punti uniti della trasformazione. • Tutte le rette perpendicolari a r sono rette unite. • La trasformazione inversa a s_r è ancora s_r, quindi la composizione della simmetria assiale con la sua inversa è un'identità: $s_r \circ s_r = i$.	Asse parallelo all'asse y: $x = a$. $\begin{cases} x' = 2a - x \\ y' = y \end{cases}$ Asse parallelo all'asse x: $y = b$. $\begin{cases} x' = x \\ y' = 2b - y \end{cases}$ Asse coincidente con bisettrice $y = x$. $\begin{cases} x' = y \\ y' = x \end{cases}$ Asse coincidente con bisettrice $y = -x$. $\begin{cases} x' = -y \\ y' = -x \end{cases}$

L'omotetia

Fissato un punto O e un numero reale $k \neq 0$, un'**omotetia** fa corrispondere a un punto P il punto P' tale che:

1. P' appartiene alla retta OP;

2. il **rapporto** $\dfrac{\overrightarrow{OP'}}{\overrightarrow{OP}} = k$.

Il punto O è detto **centro** dell'omotetia e ne è l'unico punto unito.

- Se $\boldsymbol{k > 0}$, l'omotetia si dice **diretta** e in tal caso due punti corrispondenti A e A' si trovano sulla medesima semiretta con origine il centro O.
- Se $\boldsymbol{k < 0}$, l'omotetia si dice **inversa** e due punti corrispondenti sono allineati con il centro O, ma si trovano su semirette opposte.
- Se $|\boldsymbol{k}| > \mathbf{1}$, si ha un ingrandimento.
- Se $|\boldsymbol{k}| < \mathbf{1}$, si ha una riduzione.

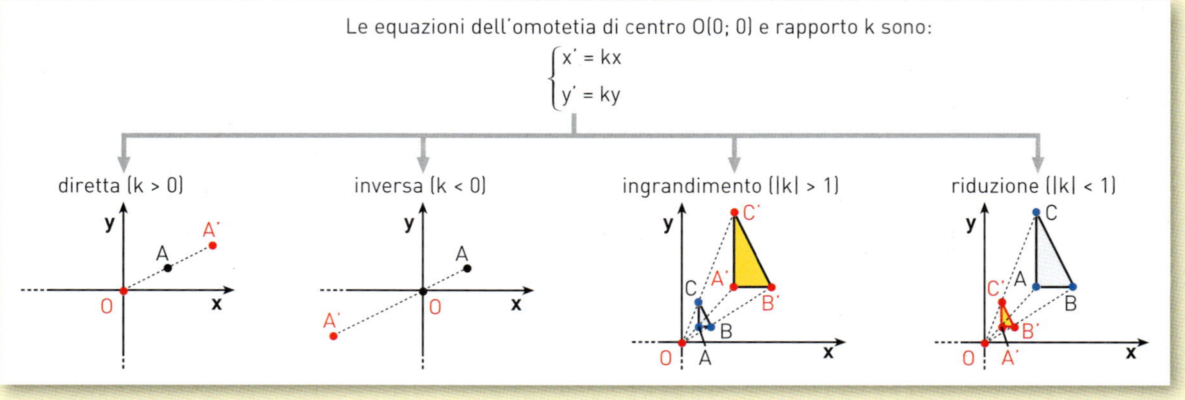

- Se $\boldsymbol{k = 1}$ si ha una identità.
- Se $\boldsymbol{k = -1}$ si ha una simmetria centrale di centro O.

Se $|k| \neq 1$ l'omotetia non è una trasformazione isometrica in quanto non conserva la distanza fra due punti.

La composizione di due omotetie con lo stesso centro O, con rapporti k e h, numeri reali diversi da zero, è un'omotetia con centro O e rapporto uguale al prodotto dei rapporti kh.

La composizione di un'omotetia con una isometria è una **similitudine**.

In figura

$$A' = o_{(O;2)}(A),$$

$$A'' = t_{\vec{v}}(A'), \quad \vec{v} = \overrightarrow{A'A''},$$

quindi

$$A'' = t_{\vec{v}} \circ o_{(O;2)}(A).$$

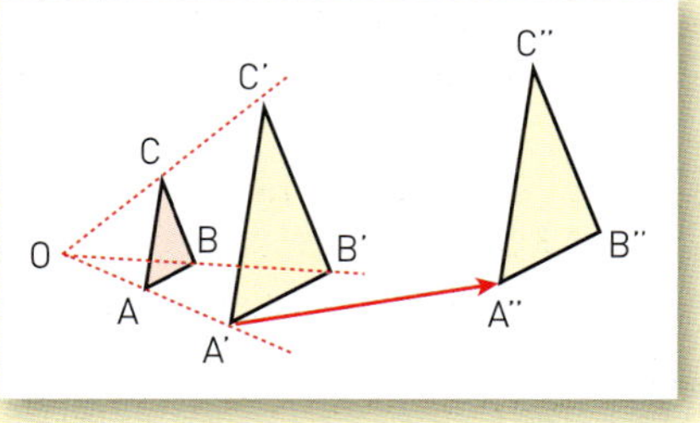

CAPITOLO G9

ESERCIZI

1 Le trasformazioni geometriche e le isometrie

▶ Teoria a p. G264

1 VERO O FALSO?

a. Una trasformazione geometrica è una funzione. V F

b. L'identità è una trasformazione geometrica. V F

c. Gli invarianti di una trasformazione geometrica sono punti. V F

d. L'inversa di una trasformazione geometrica è sempre una trasformazione geometrica. V F

2 A ogni figura A corrisponde una figura A' mediante una trasformazione geometrica. Trova gli eventuali elementi uniti.

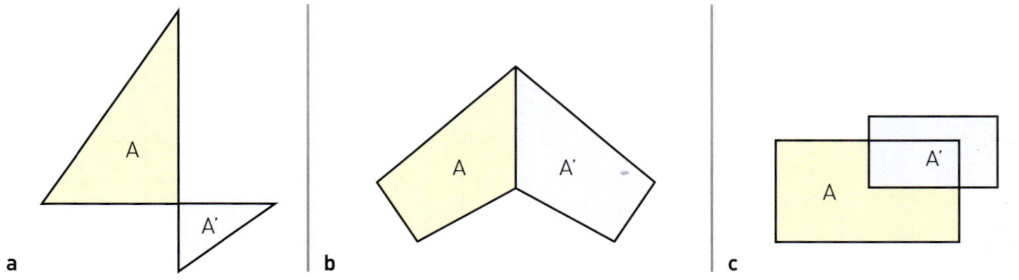

TEST

3 Solo una delle seguenti affermazioni è *vera*. Quale?

A Ogni trasformazione geometrica ammette una trasformazione inversa.

B La composizione di due trasformazioni può non essere una trasformazione.

C Se $t(A) = B$ e $t'(B) = C$, allora $t \circ t'$ trasforma il punto A nel punto C.

D Ogni trasformazione geometrica conserva l'ampiezza degli angoli.

4 Una trasformazione geometrica trasforma un quadrato in un quadrato di lato doppio. Allora sicuramente non è un invariante:

A la perpendicolarità.

B l'ampiezza degli angoli.

C la lunghezza dei segmenti.

D il parallelismo.

5 La trasformazione t associa a un quadrato Q un quadrato Q' di lato la metà del lato di Q. La trasformazione t' associa a un quadrato S un quadrato S' di lato il triplo del lato di S. Esegui la composizione $t' \circ t$ e poi $t \circ t'$. Le due trasformazioni composte coincidono?

6 Considera le trasformazioni t e t' dell'esercizio precedente: descrivi le trasformazioni inverse t^{-1} e t'^{-1}.

7 VERO O FALSO?

a. Un'isometria trasforma un triangolo rettangolo in un triangolo acutangolo. V F

b. Un'isometria è una trasformazione geometrica. V F

c. Ogni retta viene trasformata da un'isometria in una retta parallela. V F

d. Il trasformato di un pentagono regolare mediante un'isometria è un pentagono regolare. V F

ESERCIZI

8 SPIEGA PERCHÉ Un triangolo viene trasformato da una trasformazione geometrica in un altro triangolo avente gli angoli congruenti al primo. La trasformazione è un'isometria?

COMPLETA

9

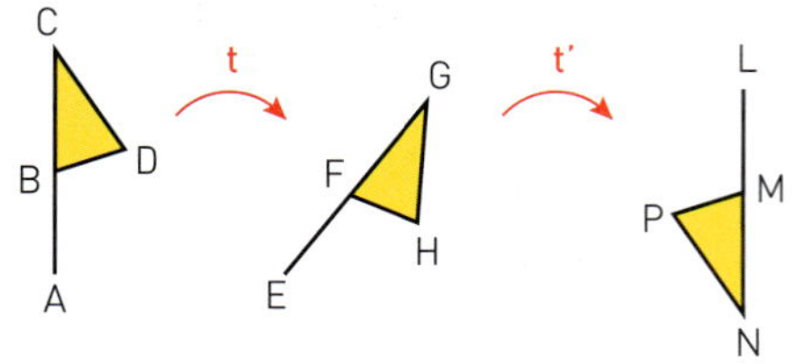

a. $t' \circ t(A) = \square$

b. $t' \circ t(\square) = MN$

c. $t^{-1}(F) = \square$

d. $t'^{-1}(\square) = E$

10 La trasformazione t fa corrispondere ogni vertice dell'esagono regolare al vertice successivo, in senso antiorario.

a. $t(A) = \square$

b. $t \circ t(C) = \square$

c. $t^{-1}(E) = \square$

d. $t^{-1}(\square) = F$

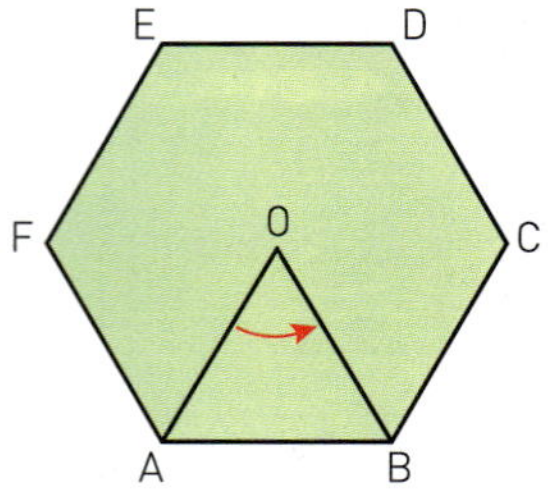

2 La traslazione

Teoria a p. G266

I vettori

11 VERO O FALSO?

a. L'equipollenza è una relazione d'ordine che suddivide i segmenti orientati in classi dette vettori. V F

b. Il vettore opposto di un vettore $\vec{v}$ è un vettore che ha stesso modulo e verso di $\vec{v}$, ma direzione opposta. V F

c. La somma di due vettori opposti è il vettore nullo. V F

d. Per sommare due vettori che hanno la stessa direzione, ma versi opposti, si usa la regola del parallelogramma. V F

12 ESERCIZIO GUIDA Rappresentiamo il vettore somma dei vettori $\vec{a}$ e $\vec{b}$ in figura.

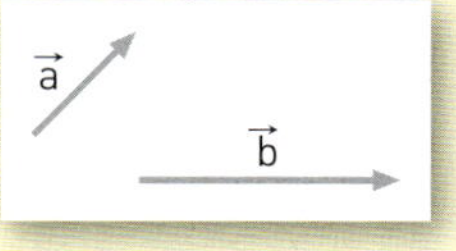

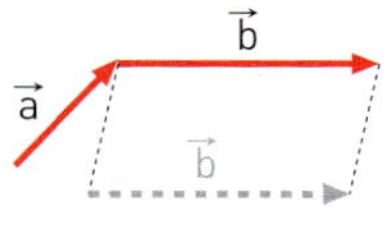

a. Disegniamo i vettori in modo che risultino consecutivi, facendo coincidere il secondo estremo di $\vec{a}$ con il primo estremo di $\vec{b}$.

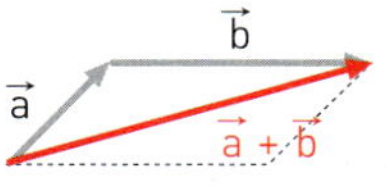

b. Disegniamo il parallelogramma avente per lati i due vettori e tracciamo la diagonale.

Il vettore somma $\vec{a} + \vec{b}$ è il vettore che ha:

- modulo uguale alla misura della lunghezza della diagonale del parallelogramma;
- direzione uguale a quella della diagonale del parallelogramma;
- verso che va dal primo estremo del primo vettore al vertice opposto del parallelogramma.

13 Rappresenta il vettore somma dei vettori indicati nelle figure.

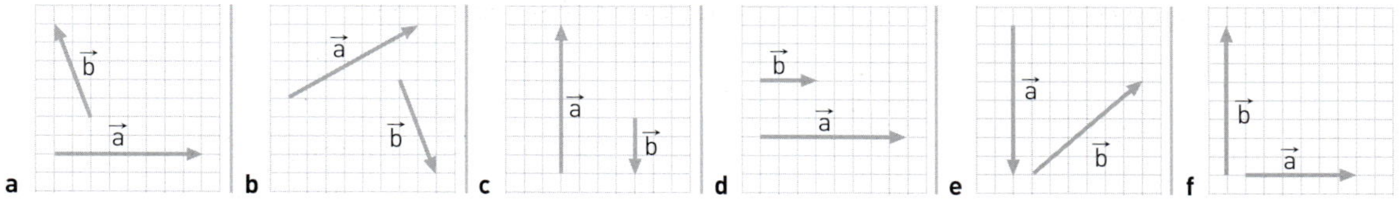

14 Disegna due vettori $\vec{a}$ e $\vec{b}$ e verifica la proprietà commutativa della somma: $\vec{a}+\vec{b}=\vec{b}+\vec{a}$.

15 Disegna tre vettori $\vec{a}$, $\vec{b}$ e $\vec{c}$ e verifica la proprietà associativa della somma.

La traslazione

16 VERO O FALSO?

a. La traslazione di vettore nullo coincide con l'identità. V F

b. Una traslazione, diversa dalla traslazione nulla, non ha punti uniti, ma può avere rette unite. V F

c. Se una retta è unita per traslazione, allora è formata da punti uniti. V F

d. La composizione di due traslazioni, una di vettore $\vec{v}$ e una di vettore $\vec{w}$, è una traslazione di vettore $\vec{v}+\vec{w}$. V F

Costruzioni

17 Applica a ogni punto della figura la traslazione di vettore indicato e determina il punto corrispondente.

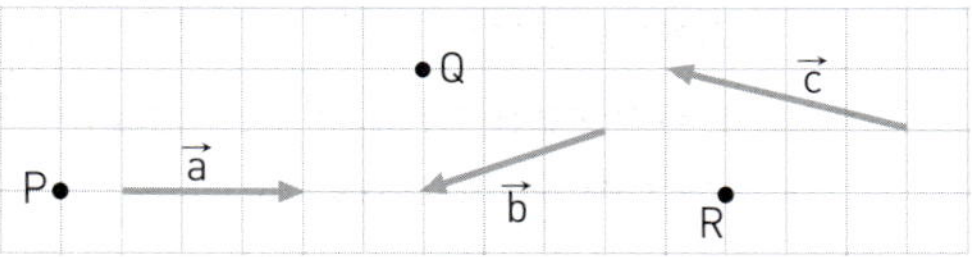

18 Trasla ogni figura secondo il vettore indicato.

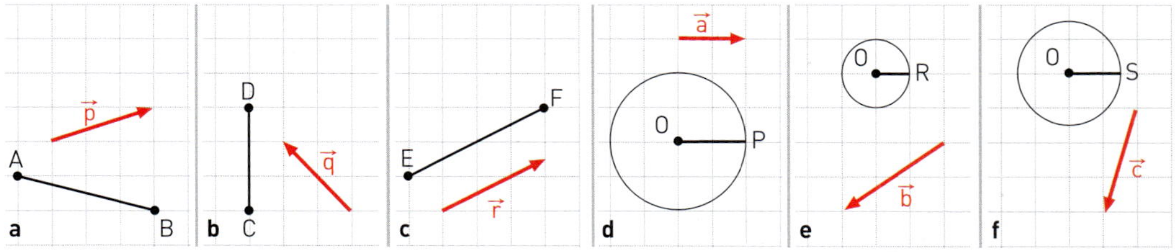

19 Trasla ogni figura secondo il vettore indicato.

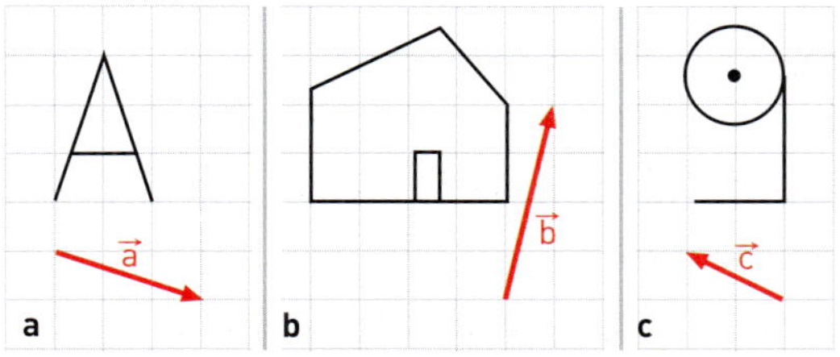

20 Disegna un parallelogramma $ABCD$ di centro O. Traccia per A la parallela a BD e per D la parallela ad AC. Le due parallele si intersecano nel punto E.
Determina le immagini dei punti A e D nella traslazione di vettore $\overrightarrow{EO}$.

ESERCIZI

21 Disegna una retta r e un segmento AB fuori di essa. Scegliendo un punto D su r, è possibile individuare un quarto punto C del piano tale che $ABCD$ sia un parallelogramma. Caratterizza, mediante un'opportuna traslazione, il luogo geometrico descritto dal punto C al variare di D sulla retta r.

22 INTORNO A NOI **Tassellare un piano** Con il termine *tassellazione* del piano si intende il rivestimento del piano con figure finite che si ripetono e rivestono l'intero piano senza lasciare spazi vuoti. Nella figura la tassellazione è ottenuta attraverso traslazioni ripetute di uno stesso elemento. Evidenzialo e trova il vettore delle traslazioni.

Dimostrazioni

23 Dati tre punti A, B, C non allineati, sia A' il trasformato del punto A nella traslazione di vettore $\overrightarrow{CB}$ e sia M il punto medio di AB. Dimostra che M è anche il punto medio di $A'C$.

24 ESEMPIO DIGITALE Dato un rettangolo $ABCD$, sia C' la proiezione di C sulla diagonale BD. Sia $A'B'C'D'$ il traslato di $ABCD$ rispetto al vettore $\overrightarrow{CC'}$. Dimostra che l'intersezione dei due rettangoli è ancora un rettangolo.

25 Disegna il triangolo isoscele ACD sulla base AC e il punto medio M di AC. Determina l'immagine B del punto C nella traslazione di vettore $\overrightarrow{DA}$ e l'immagine N del punto B nella traslazione di vettore $\overrightarrow{CM}$. Studia la natura dei quadrilateri $ABCD$ e $BMAN$.

26 YOU & MATHS **Translation of a side** Given the parallelogram $ABCD$, apply to the segment AB the translation along the vector $\overrightarrow{CD}$. Prove that $A'ACD$ is a parallelogram, too.

La traslazione nel piano cartesiano

La traslazione di punti e di poligoni

27 ESERCIZIO GUIDA Trasliamo il triangolo di vertici $A(6; -5)$, $B(9; -3)$, $C(8; -2)$ secondo il vettore $\vec{v}(-2; 5)$.

Scriviamo le equazioni della traslazione:

$$\begin{cases} x' = x - 2 \\ y' = y + 5 \end{cases}.$$

Determiniamo le coordinate dei punti corrispondenti ai dati:

$A(6; -5) \mapsto A'(4; 0)$

$B(9; -3) \mapsto B'(7; 2)$

$C(8; -2) \mapsto C'(6; 3)$.

Disegniamo il vettore $\vec{v}$ applicato nell'origine e i due triangoli corrispondenti ABC e $A'B'C'$.

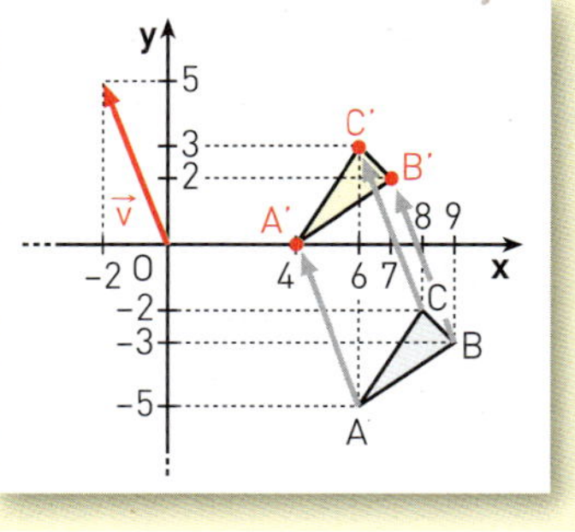

Trasla il poligono di vertici indicati secondo il vettore $\vec{v}$ dato.

28 $A(-8; -3)$, $B(-3; -2)$, $C(-7; 6)$; $\vec{v}(9; 1)$.

29 $A(2; 5)$, $B(4; 7)$, $C(2; 8)$; $\vec{v}(-6; -3)$.

30 $A(-3; 1)$, $B(-2; 5)$, $C(-3; 9)$, $D(-5; 5)$; $\vec{v}(9; 1)$.

31 $A(-2; 1)$, $B(4; 1)$, $C(2; 3)$, $D(-4; 3)$; $\vec{v}(9; 1)$.

32 $A(4; -12)$, $B(6; -12)$, $C(-16; -8)$, $D(4; -8)$; $\vec{v}(9; 1)$.

33 INVALSI 2009 Il triangolo ABC viene traslato nel piano cartesiano in modo che il vertice A venga a trovarsi in A'. Quali sono le coordinate degli altri vertici B' e C' del triangolo traslato?

A $B'(9; 5)$, $C'(9; 3)$.

B $B'(3; 5)$, $C'(6; 3)$.

C $B'(9; 5)$, $C'(6; 7)$.

D $B'(6; 7)$, $C'(6; 3)$.

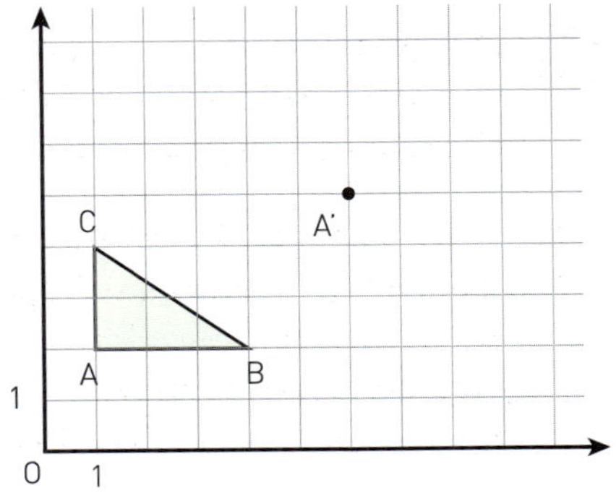

La traslazione di una retta

34 ESERCIZIO GUIDA Sono assegnate la retta r di equazione $y = 4x - 4$ e la traslazione di equazioni

$$\begin{cases} x' = x - 6 \\ y' = y + 3 \end{cases}.$$

Scriviamo l'equazione della retta r' corrispondente di r nella traslazione data.

Disegniamo la retta r calcolando le coordinate dei suoi punti di intersezione con gli assi cartesiani, cioè $A(0; -4)$ e $B(1; 0)$, come in figura **a**.

La traslazione è individuata dal vettore $\vec{v}(-6; 3)$.

Ricaviamo x e y dal sistema:

$$\begin{cases} x = x' + 6 \\ y = y' - 3 \end{cases}.$$

Sostituiamo le espressioni di x e y così trovate nell'equazione della retta r, $y = 4x - 4$, ottenendo:

$$y' - 3 = 4(x' + 6) - 4.$$

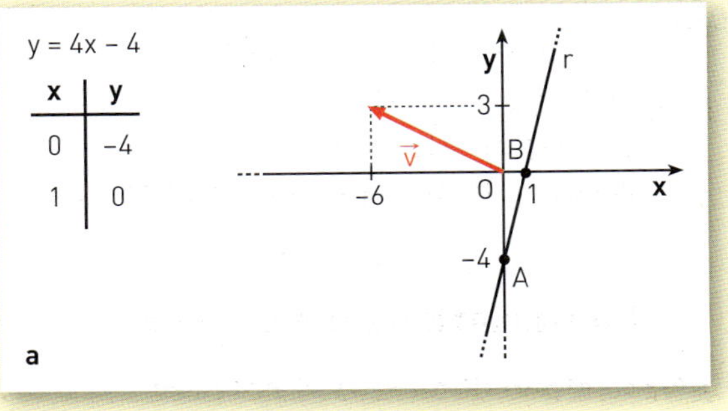

a

Gli apici delle variabili x' e y' servono solo per distinguere r' da r. Determinata l'equazione di r', possiamo eliminarli:

$$y - 3 = 4(x + 6) - 4,$$

$$y - 3 = 4x + 20 \rightarrow y = 4x + 23.$$

L'equazione di r' è: $y = 4x + 23$.

Le rette r e r' hanno lo stesso coefficiente angolare, quindi sono parallele. Questo è vero in generale: **le rette che si corrispondono in una traslazione sono parallele.**

Disegniamo le due rette r e r' in uno stesso riferimento cartesiano (figura **b**).

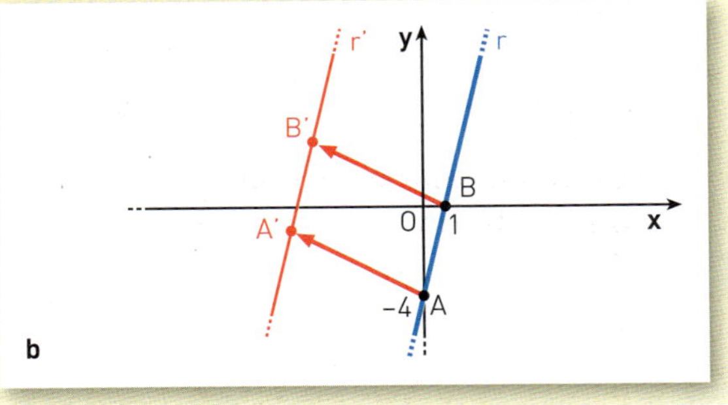

b

Sono date l'equazione di una retta e le equazioni di una traslazione. Trova l'equazione della retta traslata e traccia il grafico completo.

35 $y = \frac{x}{4} - \frac{5}{4}$ $\quad \begin{cases} x' = x - 3 \\ y' = y \end{cases}$

36 $4x - 3y + 2 = 0$ $\quad \begin{cases} x' = x + 5 \\ y' = y - 6 \end{cases}$

37 $x + y = 2$ $\quad \begin{cases} x' = x - 1 \\ y' = y - 4 \end{cases}$

38 $y = 2x - 3$ $\quad \begin{cases} x' = x + \frac{1}{2} \\ y' = y + \frac{5}{2} \end{cases}$

ESERCIZI

39 INVALSI 2004 In un piano cartesiano, quale tra le seguenti proposizioni è *falsa*?

A Operando una traslazione, non cambia l'equazione di una retta.

B Operando una traslazione, non cambia la distanza tra due punti.

C Operando una traslazione, non cambia l'ampiezza dell'angolo tra due rette.

D Operando una traslazione, non cambia l'area di una qualunque figura piana.

RISOLVIAMO UN PROBLEMA

Di retta in retta

Data la retta r di equazione $3x-6y+5=0$, determina a in modo che l'immagine di r nella traslazione di vettore $\vec{v}\left(a; \frac{5}{3}\right)$ passi per $P(-1;3)$.

▸ Scriviamo le equazioni della traslazione di vettore $\vec{v}$.

Il vettore è $\vec{v}\left(a; \frac{5}{3}\right)$.

Perciò le equazioni della traslazione sono:

$$\begin{cases} x' = x + a \\ y' = y + \frac{5}{3} \end{cases}.$$

▸ Determiniamo l'equazione della retta trasformata.

La retta r' si ottiene traslando la retta r del vettore $\vec{v}\left(a; \frac{5}{3}\right)$.

Per determinare l'equazione della retta r' dobbiamo sostituire nell'equazione della retta r le coordinate x e y con quelle che si ricavano dalle equazioni della trasformazione inversa.

Scriviamo le equazioni della trasformazione inversa:

$$\begin{cases} x' = x + a \\ y' = y + \frac{5}{3} \end{cases} \rightarrow \begin{cases} x = x' - a \\ y = y' - \frac{5}{3} \end{cases}.$$

Sostituiamo nell'equazione di r le espressioni trovate per x e y:

$$3x-6y+5=0 \rightarrow$$
$$3(x'-a)-6\left(y'-\frac{5}{3}\right)+5=0 \rightarrow$$
$$3x'-3a-6y'+10+5=0 \rightarrow$$
$$3x'-6y'+15-3a=0.$$

Scriviamo l'equazione di r' eliminando gli apici.

$$r': 3x-6y+15-3a=0.$$

▸ Determiniamo il valore di a affinché la retta r' passi per il punto P.

Imponiamo che il punto $P(-1;3)$ appartenga alla retta r' e calcoliamo il valore di a.

$$3\cdot(-1)-6\cdot 3+15-3a=0 \quad \rightarrow$$
$$-6-3a=0 \quad \rightarrow \quad a=-2.$$

L'immagine della retta r mediante la traslazione di vettore $\vec{v}$ passa per il punto P se $a=-2$.

40 Qual è l'immagine della retta r, di coefficiente angolare $m=-2$ e passante per $(-1;3)$, nella traslazione di vettore $\vec{v}(2;4)$? [$y=-2x+9$]

41 Determina l'equazione della retta corrispondente della retta che passa per $A(0;3)$ e $B(1;-1)$ nella traslazione di equazioni $\begin{cases} x' = x-2 \\ y' = y+4 \end{cases}$. [$y=-4x-1$]

42 Data la traslazione di vettore $\vec{v}(-2;b)$ e la retta r di equazione $3x-5y+15=0$, determina b in modo che r sia una retta unita per la traslazione. [$-\frac{6}{5}$]

43 Dati la retta r di equazione $-2x-5y=10$ e il punto $A(-2;0)$, determina l'equazione dell'immagine di r nella traslazione di vettore $\vec{v}$, sapendo che il trasformato di A è $A'(-6;3)$. [$-2x-5y=3$]

La composizione di traslazioni

44 **ESERCIZIO GUIDA** Sono dati il triangolo di vertici $A(-5; 2)$, $B(-2; 4)$ e $C(-4; 6)$ e il vettore $\vec{v}(7; 2)$. Trasliamo il triangolo ABC secondo il vettore $\vec{v}$ e otteniamo il triangolo $A'B'C'$; trasliamo ora $A'B'C'$ secondo il vettore $\vec{w}(2; -7)$ e chiamiamo $A''B''C''$ il triangolo trasformato. Quali sono le equazioni della trasformazione che associa ad ABC il triangolo $A''B''C''$?

Le equazioni della prima traslazione sono:

$$\begin{cases} x' = x+7 \\ y' = y+2 \end{cases}.$$

Sostituiamo a x e a y le coordinate del punto A per ottenere le coordinate del punto A':

$$\begin{cases} x' = -5+7 = 2 \\ y' = 2+2 = 4 \end{cases} \rightarrow \quad A'(2; 4).$$

In modo analogo si trovano le coordinate di B' e C': $B'(5; 6)$, $C'(3; 8)$.

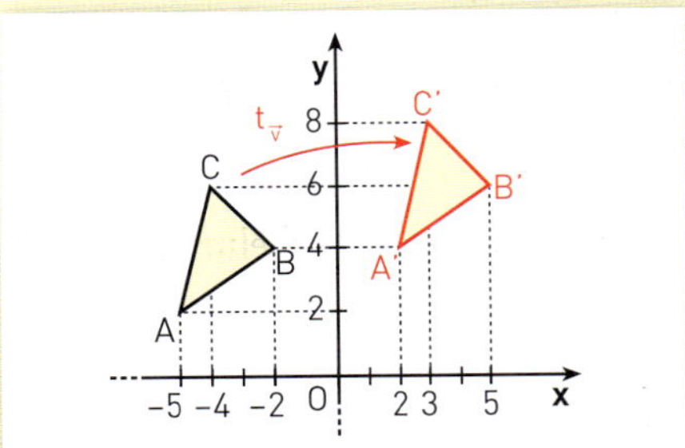

Scriviamo le equazioni della seconda traslazione, indicando con x'' e y'' le coordinate del generico punto trasformato:

$$\begin{cases} x'' = x'+2 \\ y'' = y'-7 \end{cases}.$$

Queste equazioni ci permettono di trovare le coordinate di A'', B'' e C'' a partire da quelle di A', B' e C'. Sostituendo otteniamo:

$$A''(4; -3),\ B''(7; -1),\ C''(5; 1).$$

Determiniamo, ora, le equazioni della trasformazione composta. Riconsideriamo le equazioni della seconda trasformazione e a x' e y' sostituiamo le loro espressioni date dalle equazioni della prima traslazione ($x' = x+7$; $y' = y+2$):

$$\begin{cases} x'' = x'+2 = (x+7)+2 \\ y'' = y'-7 = (y+2)-7 \end{cases}$$

$$\begin{cases} x'' = x+9 \\ y'' = y-5 \end{cases}.$$

Queste sono le equazioni della trasformazione composta, quella che ad ABC fa corrispondere $A''B''C''$. Si tratta ancora di una traslazione, di vettore $\vec{u}(9; -5)$.
Osserviamo che le componenti del vettore $\vec{u}$ sono la somma delle componenti dei vettori $\vec{v}$ e $\vec{w}$.

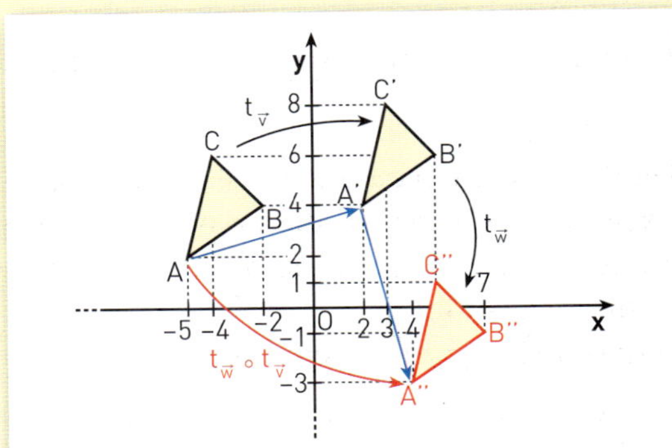

45 Determina la traslazione che si ottiene componendo quella di vettore $\vec{v}(2; -5)$ con quella di vettore $\vec{w}(-3; 4)$ e scrivine le equazioni. Trova, poi, l'equazione della retta r'' corrispondente della retta r di equazione $x - y + 7 = 0$ nella traslazione composta. Che cosa osservi?

46 Dato il triangolo di vertici $A(1; -2)$, $B(1; 1)$ e $C(-1; 2)$, determina i vertici del triangolo traslato mediante la traslazione $t'' = t \circ t'$, dove t è la traslazione di vettore $\vec{v}(2; 1)$ e t' è la traslazione di vettore $\vec{v'}(0; 2)$.

[$A''(3; 1)$, $B''(3; 4)$, $C''(1; 5)$]

47 Dato il parallelogramma di vertici $A(-2; -2)$, $B(1; -2)$, $C(2; 3)$ e $D(-1; 3)$, determina le coordinate del parallelogramma che si ottiene applicando la trasformazione ottenuta componendo la traslazione di vettore $\vec{v}(3; -2)$ con la traslazione di vettore $\vec{v'}(1; 4)$.

[$A''(2; 0)$, $B''(5; 0)$, $C''(6; 5)$, $D''(3; 5)$]

48 ●● Considera la traslazione t di vettore $\vec{v}(-4; -5)$ e la traslazione t' di equazioni $\begin{cases} x' = x - 1 \\ y' = y + 1 \end{cases}$. Determina i vertici del quadrato che si ottiene traslando il quadrato $ABCD$ (contenuto nel primo quadrante) di lato $A(3; 2)$, $B(7; 2)$ mediante la trasformazione $t' \circ t$. $[A''(-2; -2), B''(2; -2), C''(2; 2), D''(-2; 2)]$

3 La rotazione

▶ Teoria a p. G270

49 ●○ VERO O FALSO?

a. Tutte le rotazioni hanno almeno un punto unito. V F

b. Una rotazione di $-30°$ è una rotazione in senso antiorario. V F

c. Una rotazione di $360°$ ha un solo punto unito. V F

d. Se una rotazione di centro O trasforma il punto P in P', il triangolo POP' è isoscele. V F

Costruzioni

50 ●○ In ogni figura applica al punto disegnato in nero la rotazione di centro O e angolo indicato.

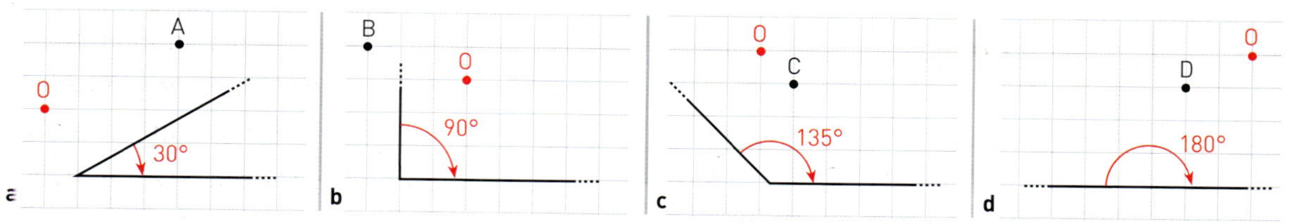

51 ●○ INTORNO A NOI Stabilisci se gli oggetti riportati sotto vengono trasformati in se stessi da almeno una rotazione diversa dall'identità. In caso affermativo stabilisci il centro e l'angolo α di rotazione.

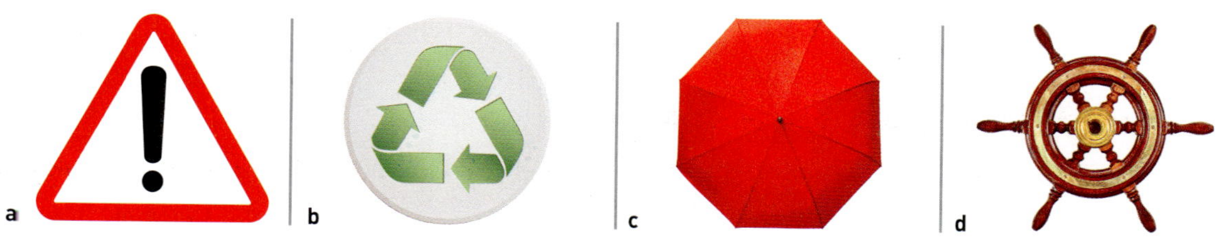

52 ●○ Stabilisci se le curve date si corrispondono in una rotazione. In caso affermativo individua il centro e l'angolo della rotazione che trasforma la curva blu in quella rossa.

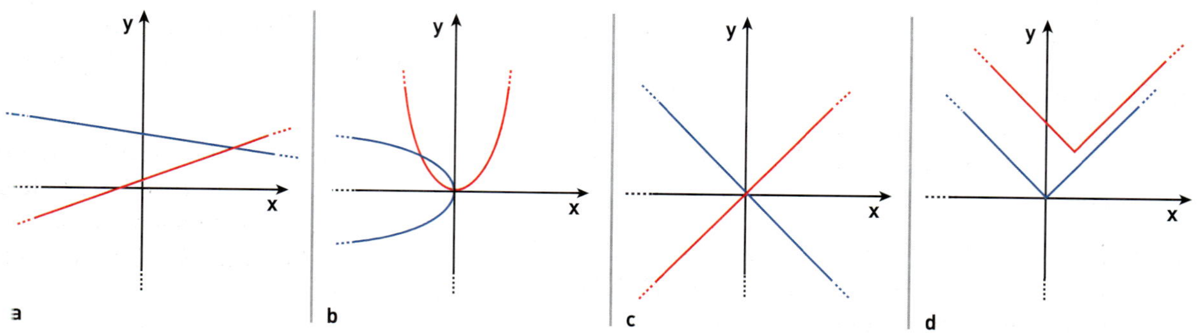

53 Dati due punti A e B, è sempre possibile trovare una rotazione che manda uno nell'altro? In che modo?

54 Dati due poligoni regolari con lo stesso numero di lati, esiste sempre una rotazione che manda l'uno nell'altro?

55 Disegna un triangolo ABC e costruisci esternamente i due triangoli equilateri BCE e ACF. Confronta i due segmenti BF e AE.

Dimostrazioni

56 Dati due punti A e B nel piano, individua un punto O tale che la rotazione di 90° e centro O porti il punto A su B.

57 Dimostra che, in una rotazione di 90° e centro O arbitrario, una retta e la sua corrispondente sono sempre perpendicolari.

58 ESEMPIO DIGITALE Sia AB un segmento e O un punto sul prolungamento del segmento. Dimostra che, se ruotiamo AB con una rotazione di centro O e angolo α qualunque, il quadrilatero $ABB'A'$ è un trapezio isoscele.

59 Disegna due triangoli isosceli non congruenti, OAB e OCD, rettangoli in O, unico vertice in comune. Nomina i vertici in senso antiorario e dimostra che:

a. AC è congruente a BD;

b. AC è perpendicolare a BD.

60 Disegna un quadrato $OABC$ e un triangolo equilatero OAD interno al quadrato. Costruisci esternamente al quadrato i triangoli equilateri ABE e ACF, in modo che F sia dalla parte opposta a B rispetto al vertice O.

a. Cosa puoi affermare sui punti B, O, F?

b. Dimostra che i punti C, D, E sono allineati.

61 Disegna un quadrato $ABCD$ e il suo centro O. Fissa un punto M sul lato AD e costruisci il suo corrispondente N nella rotazione di centro O di un angolo retto in senso antiorario.

a. Dimostra che N appartiene ad AB.

b. Confronta i due segmenti BM e CN.

c. Confronta gli angoli $A\widehat{O}M$ e $B\widehat{O}N$.

d. Confronta i triangoli MDB e ANC.

La rotazione nel piano cartesiano

Nei seguenti esercizi, per «rotazione» (oraria e antioraria) intenderemo sempre «rotazione di un angolo retto con centro nell'origine».

La rotazione di punti e di poligoni

62 Determina il corrispondente del segmento di estremi $A(-2; 5)$ e $B(3; 4)$ in una rotazione oraria e traccia il grafico.

63 È dato il triangolo di vertici $A(-2; 3)$, $B(1,5; 1)$ e $C(1; 5)$. Scrivi la corrispondenza fra i punti nella rotazione antioraria e disegna i due triangoli.

64 Determina il corrispondente del pentagono di vertici $A(-4; 3)$, $B(-3; -1)$, $C(2; -1)$, $D(3; 3)$ ed $E(-3; 5)$ nella rotazione antioraria.

65 Dato il rettangolo di vertici $A(2; 3)$, $B(4; -1)$, $C(6; 0)$ e $D(4; 4)$, determina il rettangolo corrispondente nella rotazione oraria.
Verifica che i due rettangoli hanno lo stesso perimetro.

66 Dato il rombo di vertici $A(-10; -1)$, $B(-6; -4)$, $C(-2; -1)$ e $D(-6; 2)$, determina il quadrilatero corrispondente nella rotazione oraria e verifica che $A'B'C'D'$ è ancora un rombo.

ESERCIZI

67 Dati i punti $A(-9;2)$, $B(1;8)$, $C(7;4)$ e $D(-3;-2)$, determina le coordinate dei punti A', B', C' e D', trasformati di A, B, C e D nella rotazione antioraria. $\alpha=-90°$. Verifica che $ABCD$ e $A'B'C'D'$ sono parallelogrammi.

68 Determina la figura corrispondente del quadrato di vertici $A(0;5)$, $B(-5;0)$, $C(0;-5)$ e $D(5;0)$ nella rotazione oraria. Che cosa osservi? Le tue osservazioni sono valide anche se la rotazione è antioraria?

69 Disegna il segmento $P'Q'$ corrispondente del segmento di estremi $P(-3;5)$ e $Q(2;3)$ nella rotazione in senso orario; disegna poi il segmento $P''Q''$ corrispondente di $P'Q'$ nella rotazione in senso antiorario. Che cosa osservi?

70 Ruota in senso orario il segmento di estremi $A(2;3)$ e $B(5;6)$ ottenendo il segmento $A'B'$. Ruota nuovamente in senso orario il segmento $A'B'$ ottenendo $A''B''$. Individua la trasformazione che associa direttamente AB ad $A''B''$ e scrivi le equazioni. Di quale isometria si tratta?

La rotazione di una retta

Determina la retta corrispondente alla retta data nella rotazione indicata in parentesi. Verifica che ciascuna retta e la sua corrispondente sono perpendicolari.

71 $y=-4$ (antioraria);
$x=5$ (oraria). $[x=-4;\ y=5]$

72 $y=-x+3$ (oraria);
$y=x-4$ (antioraria). $[y=x+3;\ y=-x-4]$

73 $y=2x$ (antioraria);
$y=2x+5$ (antioraria). $[2y+x=0;\ 2y+x-5=0]$

74 $y=-\frac{1}{2}x+3$ (oraria);
$2x-3y+7=0$ (antioraria). $[y=2x+6;\ 3x+2y-7=0]$

Dopo aver rappresentato le rette r e s assegnate in un sistema di riferimento cartesiano, determina il centro e gli angoli delle rotazioni che trasformano r in s.

75 r: $4x+y+7=0$, s: $x-4y+6=0$. $[O(-2;1),\ \alpha=\pm 90°]$

76 r: $y=2$, s: $x-y+2=0$. $[O(0;2),\ \alpha=+45°]$

77 r: $x=5$, s: $x-y-3=0$. $[O(5;2),\ \alpha=-45°]$

78 r: $2x+5y+14=0$, s: $5x-2y+6=0$. $[O(-2;-2),\ \alpha=\pm 90°]$

La composizione di rotazioni

79 Applica a ciascuna figura la composizione della rotazione $r_{(O;\,90°)}$ in senso antiorario con la rotazione $r_{(C;\,180°)}$ sempre in senso antiorario. Applica poi la trasformazione composta $r_{(O;\,90°)} \circ r_{(O;\,180°)}$. Le due composizioni danno la stessa trasformazione?

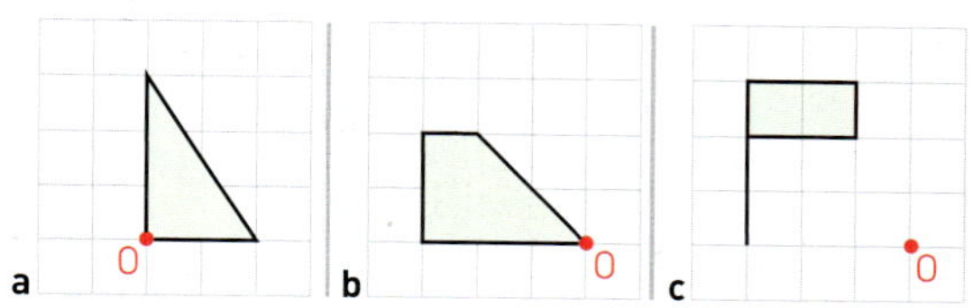

80 ●○ Applica al trapezio in figura la composizione della rotazione $r_{(O;\,90°)}$ in senso antiorario intorno a O con la rotazione $r_{(O';\,45°)}$ intorno a O', sempre in senso antiorario. Applica poi la trasformazione composta $r_{(O;\,90°)} \circ r_{(O';\,45°)}$. Ottieni la stessa trasformazione?

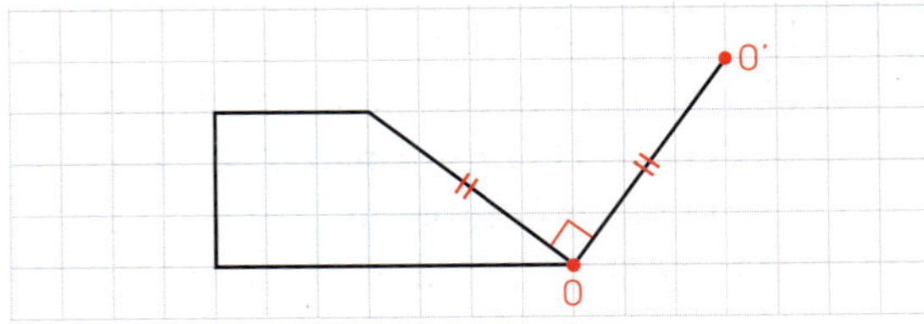

81 ●○ Applica al triangolo di vertici $O(0; 0)$, $P(5; 1)$ e $Q(4; 4)$ una rotazione $\rho'' = \rho \circ \rho'$, dove ρ e ρ' sono rotazioni con centro nel punto O e di angoli rispettivamente $-180°$ e $+90°$. Determina le coordinate dei vertici del suo trasformato. [$O(0; 0)$, $P'(1; -5)$, $Q'(4; -4)$]

82 ●● Data la retta r di equazione $2x - 3y + 6 = 0$, scrivi l'equazione della retta s trasformata di r rispetto alla rotazione che si ottiene componendo le rotazioni che hanno centro nell'origine e angoli $+90°$ e $+180°$. [s: $3x + 2y - 6 = 0$]

4 La simmetria centrale

▶ Teoria a p. G272

83 ●○ VERO O FALSO?

a. La simmetria centrale di centro O può essere vista come una rotazione di centro O e per angolo un angolo piatto. V F

b. La composizione di due simmetrie centrali è una simmetria centrale. V F

c. Il centro di simmetria di un rombo è il punto di incontro delle diagonali. V F

d. Nelle simmetrie centrali a ogni segmento corrisponde un segmento parallelo. V F

84 ●○ YOU & MATHS A quadrilateral that is central symmetric with respect to a point is always:

A a rectangle. B a rhombus. C a parallelogram. D a square. E a trapezium.

Costruzioni

85 ESERCIZIO GUIDA Dati i punti A e O, determiniamo il punto A' corrispondente di A nella simmetria centrale di centro O.

Congiungiamo A con O e prolunghiamo il segmento AO di un segmento OA' congruente al segmento AO. Il punto A' è il punto cercato.

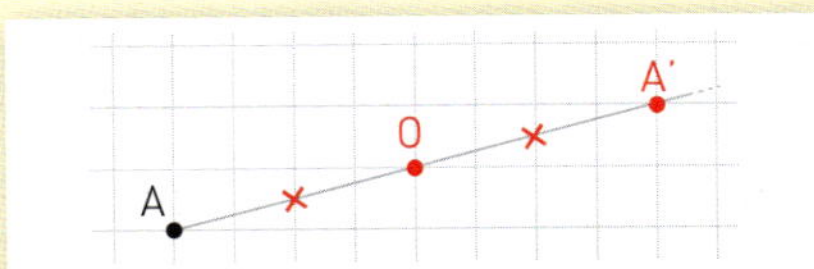

86 ●○ In ciascuna figura determina il simmetrico di ogni punto rispetto al punto O.

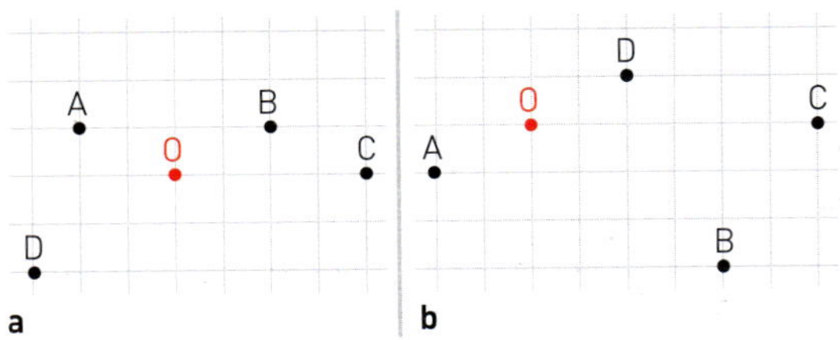

87 ●○ Disegna il simmetrico di ogni segmento in figura rispetto al punto O.

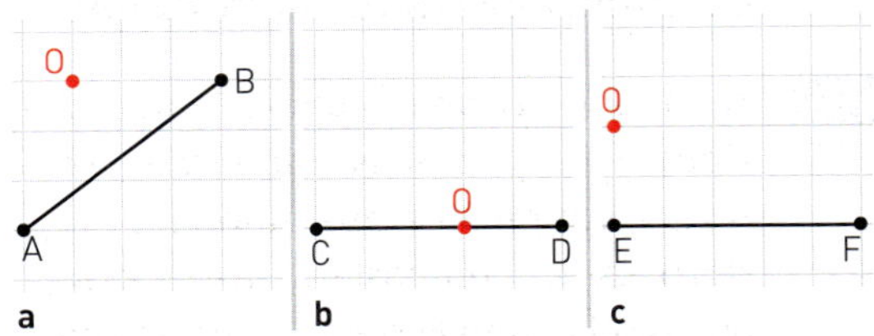

88 Disegna, per ogni figura, la figura corrispondente nella simmetria centrale di centro O.

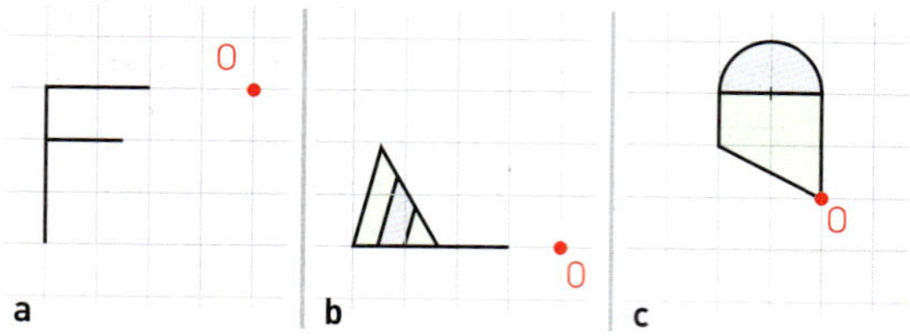

89 Per ciascuna delle tre figure disegna il simmetrico del cerchio rispetto al punto O.

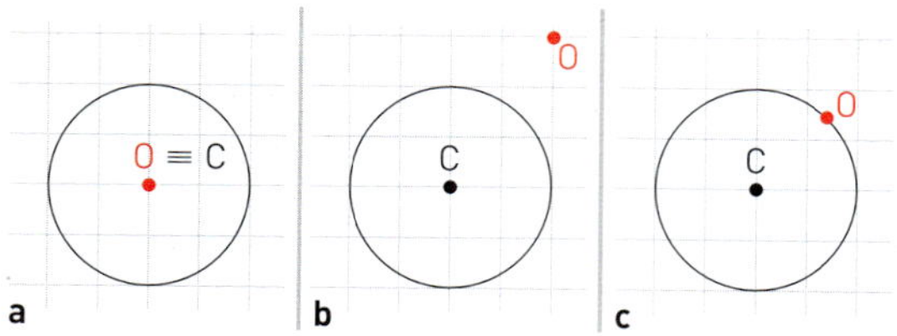

90 **INVALSI 2006** Quale delle seguenti figure *non* è simmetrica rispetto a un punto?

A Triangolo equilatero.

B Rombo.

C Rettangolo.

D Parallelogramma.

91 **FAI UN ESEMPIO** di un poligono che ha un centro di simmetria e di uno che non ce l'ha.

92 Disegna due rette parallele r e r', intersecate da una trasversale t. Individua il centro di simmetria della figura e dimostra che t è unita.

93 **EUREKA!** **Più di un centro?** Esistono figure che hanno due centri di simmetria distinti?

Dimostrazioni

94 Disegna un parallelogramma $ABCD$ di centro O. Indica le immagini dei punti A, B, C e D nella simmetria di centro O e dimostra che esse formano un parallelogramma.

95 Disegna un parallelogramma $ABCD$ di centro O. Dimostra le proprietà del parallelogramma mediante la simmetria di centro O.

96 Disegna due parallelogrammi $ABCD$ e $EBFD$ in modo che abbiano la diagonale BD in comune.

a. Confronta gli angoli $E\widehat{A}D$ e $B\widehat{C}F$.

b. Confronta i triangoli DEC e ABF.

97 Nel triangolo ABC rettangolo in A, costruisci l'immagine D del vertice B nella simmetria di centro A e l'immagine E del vertice C nella stessa simmetria. Specifica la natura del quadrilatero $BCDE$.

98 Disegna due rette parallele r e r', intersecate da una trasversale t. Individua il centro di simmetria della figura e dimostra che t è unita.

99 Dimostra che il centro di un poligono regolare di n lati è centro di simmetria solo se n è un numero pari.

La simmetria centrale nel piano cartesiano

La simmetria di punti e di poligoni

Di seguito, sono dati i vertici di alcune figure. Determina le figure simmetriche rispetto all'origine degli assi e disegnale.

100 Triangolo di vertici $A(3; 4)$, $B(2; 3)$ e $C(4; 1)$.

101 Quadrato di vertici $A(-5; 3)$, $B(-3; 1)$, $C(-1; 3)$ e $D(-3; 5)$.

102 Parallelogramma di vertici $A(0; -1)$, $B(4; -1)$, $C(5; 2)$ e $D(1; 2)$.

103 Rombo di vertici $A(0; 3)$, $B(-2; 0)$, $C(0; -3)$ e $D(2; 0)$. Che cosa osservi in questo caso?

104 Determina i simmetrici, rispetto all'origine degli assi, dei punti $A(-1; 3)$ e $B(3; 3)$, e indicali con A' e B'. Verifica che il quadrilatero $ABA'B'$ è un parallelogramma.

105 ●○ YOU & MATHS **A fixed line** Verify that the line $x + 5y = 0$ is a fixed line for the point reflection in (0, 0).

106 ●○ INVALSI 2008 I due triangoli A e B sul piano cartesiano sono ottenuti con una simmetria centrale. Quali sono le coordinate del centro di simmetria?

- **A** (4; 4)
- **B** (4; 5)
- **C** (5; 4)
- **D** (5; 5)

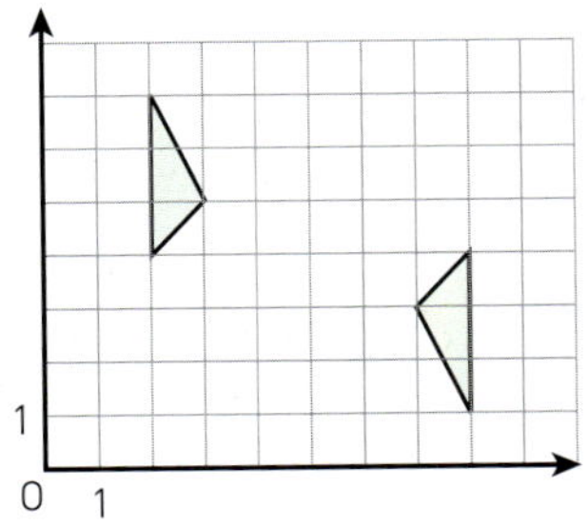

107 ●● Il segmento $A'B'$ è il simmetrico del segmento di estremi $A(2; 1)$ e $B(5; 4)$ nella simmetria di asse $y = 0$. Il segmento $A''B''$ è il simmetrico di $A'B'$ nella simmetria di asse $x = 0$. Qual è la trasformazione che fa corrispondere direttamente ad AB il segmento $A''B''$? Scrivi le equazioni di questa trasformazione.

108 ●● Trasforma il triangolo di vertici $A(2; 3)$, $B(5; 3)$ e $C(2; 7)$ in un triangolo $A'B'C'$ mediante la simmetria di asse $y = x$. Trasforma $A'B'C'$ nel triangolo $A''B''C''$ mediante la simmetria di asse $y = -x$. Qual è la trasformazione che associa direttamente ad ABC il triangolo $A''B''C''$? Scrivi le equazioni della trasformazione.

La simmetria di rette

109 ESERCIZIO GUIDA Determiniamo la retta corrispondente alla retta r di equazione $y = 3x - 2$ nella simmetria con centro l'origine degli assi cartesiani.

Le equazioni della simmetria di centro l'origine degli assi sono:

$$\begin{cases} x' = -x \\ y' = -y \end{cases}.$$

Ricaviamo x e y dalle equazioni precedenti:

$$\begin{cases} x = -x' \\ y = -y' \end{cases}.$$

Nell'equazione della retta r sostituiamo a x e y le espressioni trovate:

$y = 3x - 2$ (retta r),

$-y' = 3(-x') - 2$ (retta r').

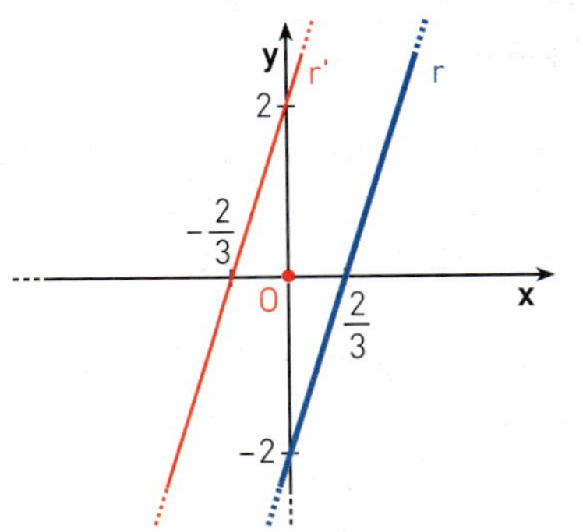

r: y = 3x − 2

x	y
0	−2
2/3	0

r′: y = 3x + 2

x	y
0	2
−2/3	0

Togliamo gli apici e otteniamo, cambiando i segni, l'equazione della retta r': $y = 3x + 2$.
Disegniamo il grafico: r e r' sono parallele. Infatti hanno lo stesso coefficiente angolare 3.

Determina le rette corrispondenti alle rette date nella simmetria di centro $O(0; 0)$ e verifica che due rette corrispondenti sono parallele.

110 ●○ $y = -2x + 5$ $[y = -2x - 5]$

111 ●○ $y = \frac{1}{2}x + 4$ $\left[y = \frac{1}{2}x - 4\right]$

112 ●○ $2x - 3y + 2 = 0$ $[2x - 3y - 2 = 0]$

113 ●○ $-2x + 6y - 3 = 0$ $[-2x + 6y + 3 = 0]$

114 ●○ Trova il punto P di intersezione delle rette di equazioni $2x - 3y + 7 = 0$ e $x + y - 4 = 0$ e determina le coordinate del punto P', simmetrico di P rispetto al punto $Q(5; -2)$. $[P'(9; -7)]$

115 ●○ Siano r la retta di equazione $4x - 2y + 1 = 0$ e r' la sua immagine nella simmetria con centro nell'origine. Verifica che r' passa per il punto $P\left(\frac{5}{2}; \frac{9}{2}\right)$.

ESERCIZI

Determina la retta immagine di r nella simmetria di centro assegnato.

116 r: $y = -2$; $C(1; 3)$.

117 r: $3x - y = 4$; $C(-1; -1)$.

118 r: $x + y - 6 = 0$; $C(5; 2)$.

119 r: $x + 2y - 5 = 0$; $C\left(-\frac{1}{2}; \frac{3}{2}\right)$.

120 Data la retta s di equazione $x + 3y + 6 = 0$, calcola la distanza del punto $A(-3; 5)$ dalla retta s', trasformata di s nella simmetria con centro nell'origine. $\left[\frac{3}{5}\sqrt{10}\right]$

Composizione di simmetrie centrali

121 Trasforma le due figure mediante la composizione di simmetrie $s_{O'} \circ s_O$. Trasformale poi mediante $s_O \circ s_{O'}$. Ottieni le stesse figure trasformate?

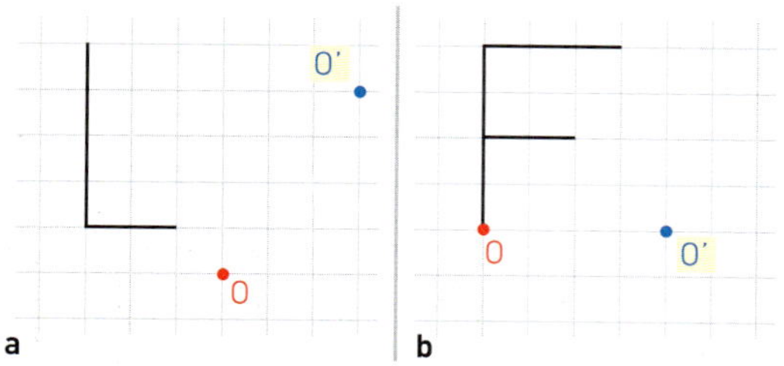

122 TEST Componendo una simmetria di centro $A(1; 0)$ con una simmetria di centro $B(0; 3)$, si ottiene una traslazione di vettore:

A $\vec{v}(1; 3)$.

B $\vec{v}(2; 6)$.

C $\vec{v}(-2; 6)$.

D $\vec{v}(2; -6)$.

123 Dato il segmento AB di vertici $A(2; 1)$ e $B(-1; 1)$, determina il suo trasformato mediante la trasformazione $s_P \circ s_O$, dove P ha coordinate $(5; 0)$. $[A'(12; 1), B'(9; 1)]$

124 Data la retta r di equazione $y = 4$, determina la sua trasformata r' che si ottiene applicando una simmetria centrale di centro O e poi una simmetria centrale di centro $A(6; -2)$. $[y = 0]$

125 Determina le immagini del punto $A(3; 4)$ nelle trasformazioni $s_O \circ s_P$ e $s_P \circ s_O$, dato il punto $P(1; -2)$. $[A'(1; 8),\ A''(5; 0)]$

126 EUREKA! **Nulla di fatto** Trova la simmetrica di una retta r nella simmetria di centro $P(5; -4)$ e poi la simmetrica dell'immagine nella simmetria che ha centro nell'origine. Quindi applica alla retta trovata la traslazione di vettore $\vec{v}(10; -8)$. Cosa ottieni?

5 La simmetria assiale

▶ Teoria a p. G274

127 VERO O FALSO? Data una simmetria assiale t di asse r:

a. ogni retta parallela a r viene trasformata da t in se stessa. V F

b. ogni retta s che non interseca r viene trasformata in una retta s' parallela a s. V F

c. t conserva le distanze fra i punti. V F

d. le rette perpendicolari a r sono unite. V F

128 YOU & MATHS The point $(4, -2)$ is reflected in the x-axis. The resulting point is then reflected in the line with equation $y = x$. What are coordinates of the final point?

(CAN *Canadian Open Mathematics Challenge*, COMC, 2003)

$[(2, 4)]$

129 SPIEGA PERCHÉ Le parole SI e NON ammettono un asse di simmetria? E un centro di simmetria?

Costruzioni

130 In ciascuna figura determina il simmetrico del punto indicato rispetto alla retta disegnata.

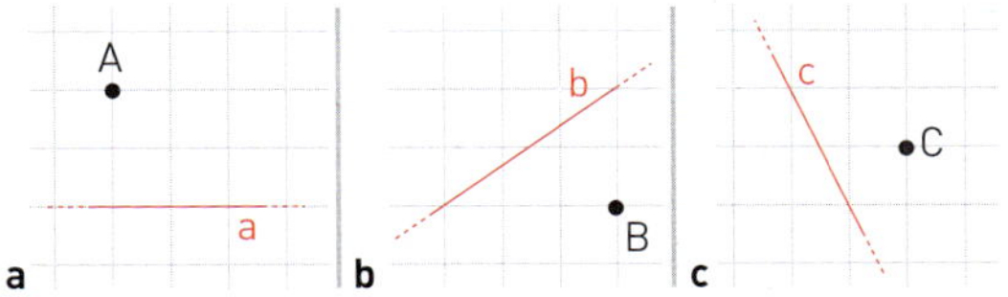

131 Disegna il simmetrico di ogni segmento in figura rispetto all'asse *a*.

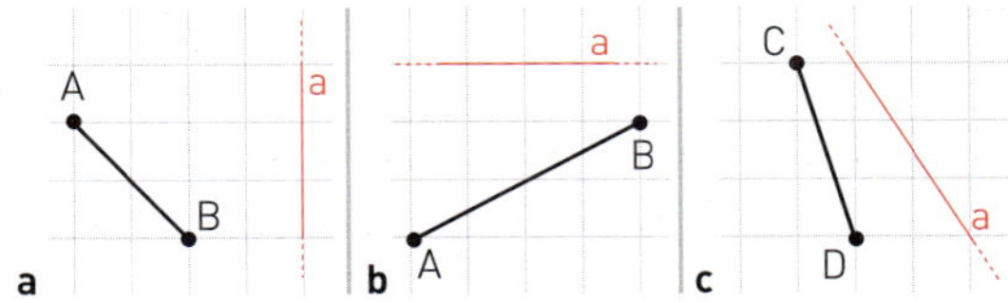

---

132 Disegna per ogni figura la figura corrispondente nella simmetria assiale di asse *a*.

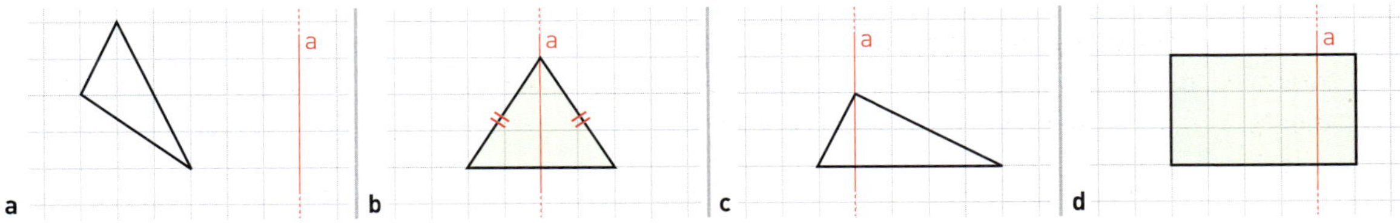

133 Quanti assi di simmetria possiede ogni figura? Disegnali.

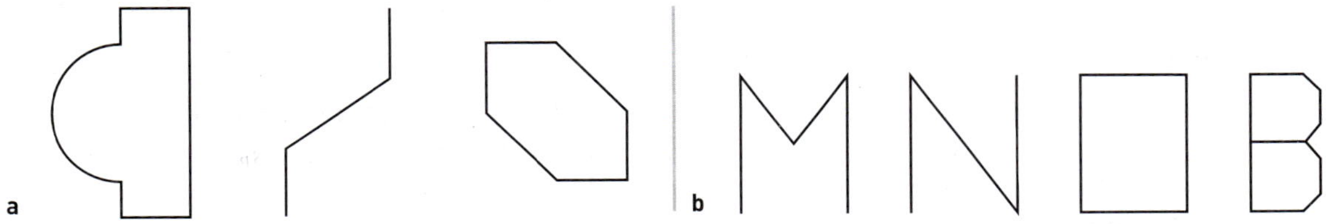

134 INVALSI 2011 Quale fra le rette *a*, *b* e *c*, nel piano della figura, è un asse di simmetria del parallelogramma *PQRS*?

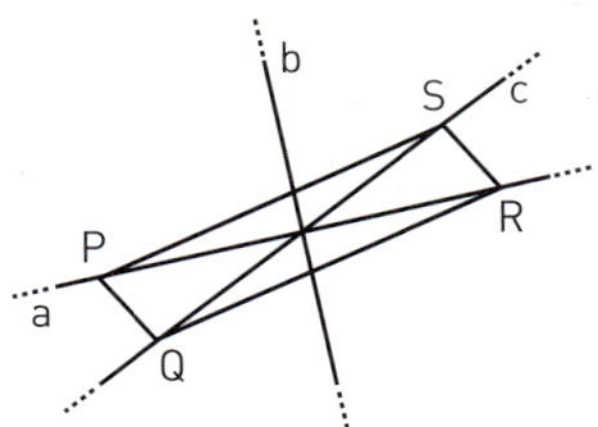

- A La retta *a*.
- B La retta *b*.
- C La retta *c*.
- D Nessuna delle tre.

135 INTORNO A NOI Stabilisci se i seguenti oggetti sono simmetrici rispetto a una retta. In caso affermativo, individua l'asse o gli assi di simmetria.

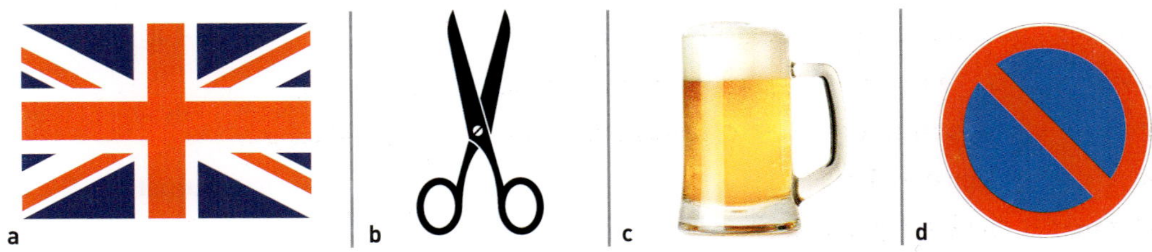

136 INVALSI 2015 Solo una delle seguenti affermazioni è *vera*. Quale?

- A Ogni triangolo ha un centro di simmetria.
- B Tutti i triangoli equilateri hanno un centro di simmetria.
- C Ogni triangolo ha almeno un asse di simmetria.
- D Alcuni triangoli hanno un asse di simmetria.

Dimostrazioni

137 ESERCIZIO GUIDA Dimostriamo, mediante una simmetria assiale, che i punti della bisettrice di un angolo sono equidistanti dai lati dell'angolo.

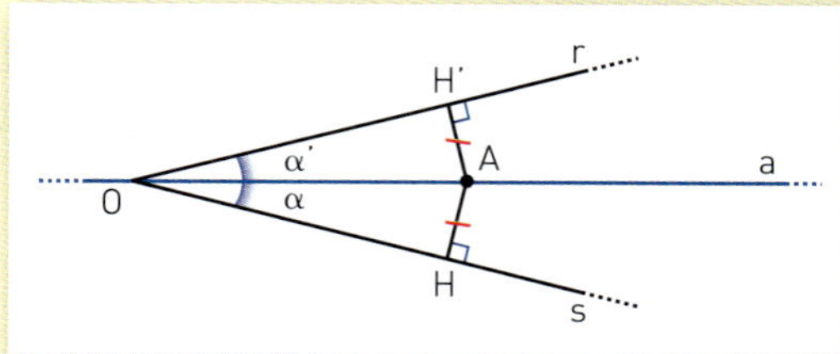

Ipotesi 1. $\alpha \cong \alpha'$;
2. A è un punto della bisettrice;
3. $AH \perp Os$;
4. $AH' \perp Or$.

Tesi $AH \cong AH'$.

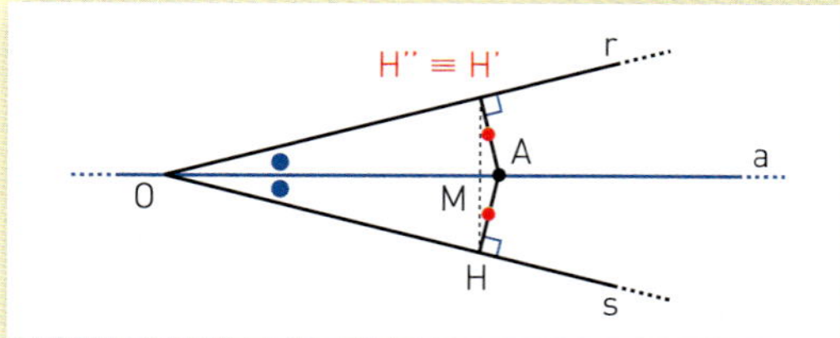

Dimostrazione

- Nella simmetria di asse a, al punto A corrisponde se stesso, perché tutti i punti dell'asse sono uniti.
- Disegniamo il corrispondente del punto H nella stessa simmetria e lo indichiamo con H''. Dimostriamo che H'' coincide con H'. Nella simmetria di asse a, al segmento AH corrisponde il segmento AH'', alla semiretta Os corrisponde la semiretta Or.
- Per l'ipotesi 3, il segmento AH è perpendicolare a Os, quindi risulta anche $AH'' \perp Or$.
- Per l'ipotesi 4, $AH' \perp Or$; poiché è unica la perpendicolare a Or passante per A, il punto H'' deve coincidere col punto H'.
- Inoltre, poiché la simmetria assiale è un'isometria, i segmenti corrispondenti sono congruenti, quindi:

$$AH \cong AH'.$$

138 Dato un asse di simmetria, scegli due punti A e B, esterni all'asse, in modo che con i corrispondenti punti A' e B' si formi il rettangolo $AA'B'B$.

139 Data una retta r, scegli due punti C e D, esterni a essa, in modo che, detti C' e D' i loro corrispondenti nella simmetria assiale di asse r, i due segmenti CD e $C'D'$ siano fra loro perpendicolari.

140 Dato il quadrato $ABCD$, determina gli assi rispetto ai quali risultano simmetrici:

a. AC e BD; **b.** AB e AD.

141 Disegna un rombo $ABCD$ e un punto P sulla diagonale AC. Confronta la distanza di P da AB con la distanza di P da AD.

142 Dimostra che un triangolo isoscele e il suo simmetrico rispetto alla base formano un rombo.

143 Dimostra che il luogo dei punti equidistanti da due rette parallele è la retta parallela alle date e che ha la stessa distanza da entrambe.

144 Dimostra che l'asse di un segmento è anche suo asse di simmetria.

145 Disegna un segmento AA', il suo asse a e un punto B esterno a entrambi. Costruisci il simmetrico B' del punto B rispetto all'asse, utilizzando la sola proprietà che, in una simmetria assiale, a rette corrispondono rette.

146 La figura intersezione di due figure che hanno un asse di simmetria comune è ancora una figura simmetrica rispetto a tale asse. Dimostralo.

147 EUREKA! **Triangoli simmetrici** Il triangolo ABC e il triangolo $AB'C'$ si corrispondono nella simmetria assiale avente per asse la bisettrice dell'angolo convesso $C\widehat{A}B$. Dimostra che il quadrilatero $BB'CC'$ è un trapezio isoscele.

148 Disegna un triangolo ABC non isoscele e costruisci il punto M che sia equidistante dalle rette AB e AC e dai punti B e C. Giustifica la costruzione.

La simmetria assiale nel piano cartesiano

La simmetria di punti e di poligoni

149 ESERCIZIO GUIDA Data la retta r di equazione $x = -2$, scriviamo le equazioni della simmetria rispetto a r e determiniamo le coordinate dei punti corrispondenti ai vertici del quadrilatero $ABCD$, dove $A(-12; -4)$, $B(-6, -4)$, $C(-8; 3)$, $D(-11; 1)$. Disegniamo la figura.

La retta r è parallela all'asse y. Le equazioni di una simmetria di asse parallelo all'asse y di equazione $x = a$ sono del tipo

$$\begin{cases} x' = 2a - x \\ y' = y \end{cases}$$

e, poiché nel nostro caso $a = -2$, le equazioni della simmetria sono:

$$\begin{cases} x' = -4 - x \\ y' = y \end{cases}.$$

Scriviamo le coordinate dei punti corrispondenti e disegniamo la figura:

$A(-12; -4) \mapsto A'(8; -4)$;

$B(-6; -4) \mapsto B'(2; -4)$;

$C(-8; 3) \mapsto C'(4; 3)$;

$D(-11; 1) \mapsto D'(7; 1)$.

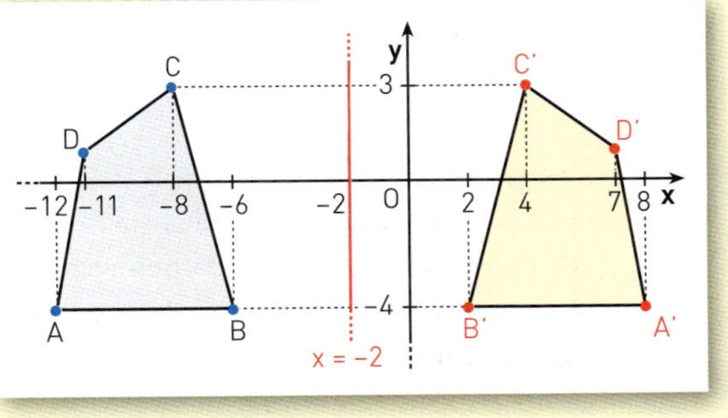

Dati i vertici di un poligono e l'equazione di un asse di simmetria, scrivi le equazioni della simmetria e determina i simmetrici dei poligoni assegnati. Disegna la figura.

150 Triangolo di vertici $A(2; 9)$, $B(-2; 3)$, $C(-4; 7)$; asse di equazione $x = 0$.

151 Trapezio di vertici $A(0; 0)$, $B\left(-\frac{3}{2}; 4\right)$, $C\left(-\frac{9}{2}; 4\right)$, $D(-6; 0)$; asse di equazione $x = -3$.

152 Triangolo di vertici $A(3; 1)$, $B(1; 5)$ e $C(-2; 1)$; asse di equazione $y = 0$.

153 Quadrilatero di vertici $A(-1; 2)$, $B(0; 6)$, $C(3; 6)$ e $D(5; 0)$; asse di equazione $y = -1$.

154 Parallelogramma di vertici $A(-2; -2)$, $B(-1; 1)$, $C(2; 2)$ e $D(-1; 1)$; asse di equazione $y = 3$.

155 Dato il triangolo di vertici $A(2; 1)$, $B(0; 4)$ e $C(-1; 1)$, trova il suo simmetrico $A'B'C'$ rispetto all'asse di equazione $x = 1$. Verifica che i due triangoli abbiano la stessa area.

156 Dato il parallelogramma di vertici $A(0; 2)$, $B(3; 1)$, $C(4; 4)$ e $D(1; 5)$, trova il suo simmetrico rispetto all'asse di equazione $x = -2$ e verifica che i due parallelogrammi abbiano lo stesso perimetro.

157 Dato il triangolo di vertici $A(2; 5,5)$, $B(5; 8)$ e $C(5; 3)$, trova il triangolo simmetrico rispetto all'asse di equazione $y = \frac{11}{2}$.
Che cosa osservi?

158 Dato il rombo di vertici $A(-2; 1)$, $B(-3; 4)$, $C(-2; 7)$ e $D(-1; 4)$, trova la sua figura simmetrica rispetto all'asse di equazione $y = -2$ e verifica che è ancora un rombo.

ESERCIZI

159 Dato il parallelogramma di vertici $A(0;2)$, $B(3;1)$, $C(4;4)$ e $D(1;5)$, trova la sua figura simmetrica rispetto all'asse di equazione $y=-2$ e verifica che il perimetro è uguale a quello di $ABCD$.

160 Fra i seguenti punti, individua quelli che si corrispondono nella simmetria di asse $y=x$:

$\left(2;-\frac{1}{3}\right)$, $\left(-2;\frac{1}{3}\right)$, $\left(-\frac{1}{2};3\right)$, $\left(3;-\frac{1}{2}\right)$, $(1;6)$, $(1;-6)$, $(6;1)$, $(-6;1)$.

161 Fra i seguenti punti individua quelli che si corrispondono nella simmetria di asse $y=-x$:

$(-1;2)$, $(2;-1)$, $\left(\frac{1}{2};5\right)$, $(-2;+1)$, $(4;3)$, $\left(3;\frac{1}{4}\right)$, $\left(-5;-\frac{1}{2}\right)$, $\left(-\frac{1}{4};-3\right)$.

162 Determina il segmento simmetrico del segmento di estremi $A(2;5)$ e $B(-1;-3)$ rispetto alla bisettrice di equazione $y=x$; scrivi la corrispondenza fra i punti dati e i loro simmetrici e rappresenta i due segmenti sul piano cartesiano.

163 Determina il simmetrico del parallelogramma di vertici $A(-6;-5)$, $B(-3;-3)$, $C(-1;-4)$, $D(-4;-6)$ rispetto alla bisettrice di equazione $y=-x$; scrivi la corrispondenza fra i punti e disegna la figura.

164 Dato il triangolo di vertici $A(1;2)$, $B(5;2)$ e $C(3;4)$, determina il suo simmetrico rispetto alla bisettrice del secondo e del quarto quadrante e verifica che tali triangoli sono isosceli e fra loro congruenti.

165 Disegna il triangolo di vertici $A(4;-1)$, $B(6;-3)$ e $C(1;-4)$. Determina il suo simmetrico rispetto alla bisettrice del secondo e del quarto quadrante e verifica che tali triangoli sono rettangoli e fra loro congruenti.

Scrivi l'equazione della simmetria assiale che trasforma *A* in *A'*.

166 $A(2;0)$, $A'(2;3)$. $\left[\begin{cases} x'=x \\ y'=3-y \end{cases}\right]$

167 $A(9;1)$, $A'(-11;1)$. $\left[\begin{cases} x'=-2-x \\ y'=y \end{cases}\right]$

168 $A(0;6)$, $A'(-6;0)$. $\left[\begin{cases} x'=-y \\ y'=-x \end{cases}\right]$

La simmetria di rette

169 Dimostra che in una simmetria assiale, con asse di equazione $y=b$, l'asse è una retta unita.

170 Dimostra che in una simmetria di asse di equazione $x=a$ ogni retta perpendicolare all'asse è unita.

Per ognuna delle seguenti rette, determina la retta corrispondente nella simmetria di asse assegnato e disegna la figura.

171 Retta: $2x+5y-7=0$; asse: $x=0$.

172 Retta: $y=2x-4$; asse: $x=-1$.

173 Retta: $4x-2y+1=0$; asse: $x=-3$.

174 Retta: $y=-\frac{2}{3}x+\frac{1}{2}$; asse: $x=\frac{3}{2}$.

175 Retta: $3x-5y=0$; asse: $y=0$.

176 Retta: $3x+2y-1=0$; asse: $y=0$.

177 Retta: $y=-3x+5$; asse: $y=-2$.

178 Retta: $2x-6y+3=0$; asse: $y=4$.

179 Retta: $y=\frac{1}{2}x+\frac{3}{2}$; asse: $y=\frac{1}{3}$.

180 Retta: $y=x-3$; asse: $y=x$.

181 Retta: $2x+5y-6=0$; asse: $y=x$.

182 Retta: $y=-\frac{3}{2}x+2$; asse: $y=x$.

183 Retta: $2x+2y-5=0$; asse: $y=-x$.

184 Retta: $y=\frac{5}{7}x+\frac{2}{7}$; asse: $y=-x$.

ESERCIZI

185 Determina la retta r' corrispondente della retta r di equazione $y=2$ nella simmetria di asse $x=-1$. Disegna entrambe le rette e l'asse di simmetria. Che cosa puoi affermare? $[y=2]$

186 Determina la retta r' corrispondente della retta r di equazione $x=-3$ nella simmetria di asse $x=1$. Disegna entrambe le rette e l'asse di simmetria. Che cosa osservi? $[x=5]$

187 Data la simmetria di asse $x=-4$, determina la retta r' corrispondente della retta r di equazione

$$y=-3x+5.$$

Trova il punto di intersezione delle due rette. Che cosa osservi?

$[y=3x+29; (-4; 17)]$

188 La retta r, di coefficiente angolare 2, passa per $A(-1; 4)$. Trova l'equazione della sua simmetrica rispetto all'asse y.

$[2x+y-6=0]$

189 Determina la retta r' corrispondente della retta r di equazione $x=-3$ nella simmetria di asse $y=-1$. Che cosa osservi? Come si trasforma il punto $P(-3; -5)$ appartenente a r?

$[x=-3; P'(-3; 3)]$

190 Determina la retta r' corrispondente della retta r di equazione $2x-3y+4=0$ nella simmetria di asse $y=3$. Determina il punto di intersezione di r e r' senza risolvere il sistema delle loro equazioni. $\left[2x+3y-14=0; \left(\frac{5}{2}; 3\right)\right]$

191 Data la retta r di equazione $2x+4y-1=0$, determina la sua simmetrica r' rispetto all'asse di equazione $y=x$. Dove si incontrano r e r'?

$\left[4x+2y-1=0; \left(\frac{1}{6}; \frac{1}{6}\right)\right]$

192 Data la retta r di equazione $\frac{1}{2}x+\frac{3}{2}y+1=0$, determina la sua simmetrica r' rispetto all'asse di equazione $y=-x$. Trova il punto di intersezione delle due rette. $\left[\frac{3}{2}x+\frac{1}{2}y-1=0; (1; -1)\right]$

APPROFONDIMENTO

I pentamini Un *polimino* è un insieme di quadrati in cui ciascun quadrato ha almeno un lato in comune con un altro quadrato. Se i quadrati sono cinque, parliamo di *pentamini*.
In figura sono disegnati due pentamini congruenti.
Quale isometria può portare un pentamino a sovrapporsi all'altro?

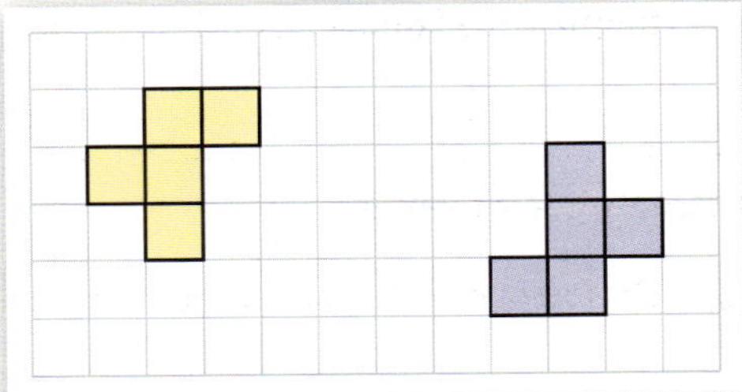

Risoluzione - 3 esercizi in più.

Composizione di simmetrie assiali

193 Disegna la figura trasformata di F mediante la composizione delle due simmetrie ad assi perpendicolari $s_b \circ s_a$. Applica $s_a \circ s_b$. Si tratta della stessa trasformazione?

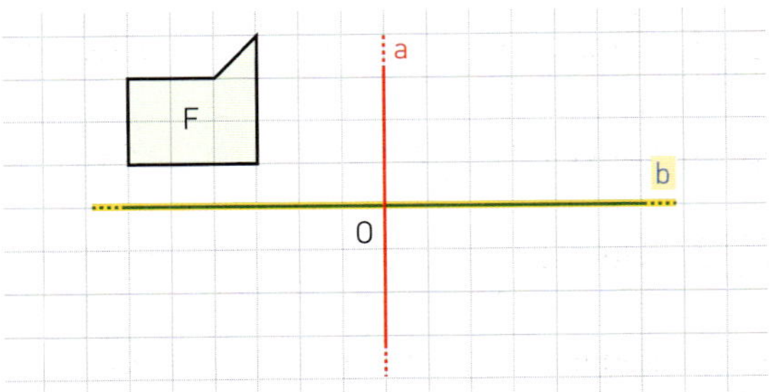

194 Trasforma il trapezio in figura mediante la composizione di simmetrie assiali $s_b \circ s_a$. Trasformalo poi mediante $s_a \circ s_b$. Ottieni la stessa figura trasformata?

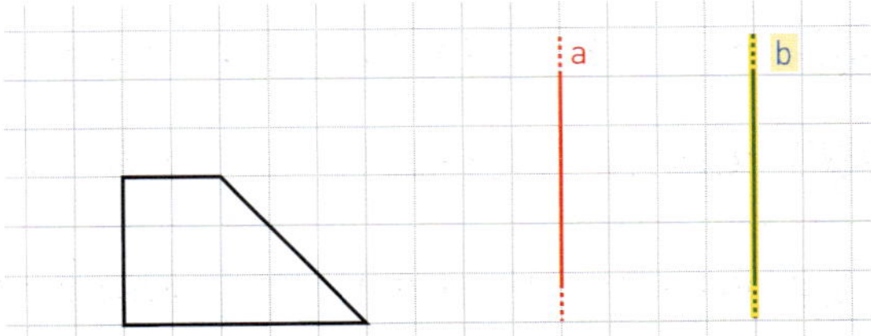

ESERCIZI

Date le equazioni delle simmetrie s_1 e s_2, determina le equazioni delle trasformazioni composte $s_1 \circ s_2$ e $s_2 \circ s_1$.

195 $s_1: \begin{cases} x' = x \\ y' = -2 - y \end{cases}$; $s_2: \begin{cases} x' = x \\ y' = -2 - y \end{cases}$. $\left[s_2 \circ s_1 = s_1 \circ s_2: \begin{cases} x' = x \\ y' = y \end{cases}\right]$

196 $s_1: \begin{cases} x' = 5 - x \\ y' = y \end{cases}$; $s_2: \begin{cases} x' = -2 - x \\ y' = y \end{cases}$. $\left[s_2 \circ s_1: \begin{cases} x' = -7 + x \\ y' = y \end{cases}; s_1 \circ s_2: \begin{cases} x' = 7 + x \\ y' = y \end{cases}\right]$

197 $s_1: \begin{cases} x' = y \\ y' = x \end{cases}$; $s_2: \begin{cases} x' = -x \\ y' = y \end{cases}$. $\left[s_2 \circ s_1: \begin{cases} x' = -y \\ y' = x \end{cases}; s_1 \circ s_2 = \begin{cases} x' = y \\ y' = -x \end{cases}\right]$

198 FAI UN ESEMPIO di due simmetrie assiali che composte danno come risultato:

a. una traslazione parallela all'asse y; b. l'identità.

199 **Simmetrie con assi incidenti** Componi la simmetria di asse $y = 0$ con quella avente come asse la bisettrice del primo e terzo quadrante. Che cosa hai ottenuto?

MATEMATICA INTORNO A NOI

Mosaici e mandala Alcune decorazioni a mosaico sono caratterizzate da un disegno nel quale è possibile individuare un «motivo fondamentale», una figura base che si ripete in una o più direzioni attraverso trasformazioni geometriche come traslazioni, rotazioni e simmetrie.

a. Per ottenere il mosaico a lato solo tramite traslazioni, qual è la figura base che devi considerare?

b. Se invece utilizzi anche simmetrie assiali, da quale figura minima puoi partire? Quali sono le trasformazioni geometriche che possono creare il mosaico a partire dalla figura selezionata?

Risoluzione - 3 esercizi in più.

6 Una trasformazione non isometrica: l'omotetia

▶ Teoria a p. G278

200 VERO O FALSO?

a. Un'omotetia di centro O e rapporto -1 è una simmetria assiale. V F

b. Due triangoli che si corrispondono in un'omotetia sono simili. V F

c. Un'omotetia di rapporto k trasforma un angolo di ampiezza α in uno di ampiezza $k\alpha$. V F

d. In un'omotetia due rette perpendicolari sono trasformate in rette perpendicolari. V F

201 TEST Un'omotetia conserva tutte queste proprietà tranne una. Quale?

A Le direzioni.

B Le ampiezze degli angoli.

C Le lunghezze dei segmenti.

D I rapporti tra segmenti.

202 YOU & MATHS If the length of each side of a triangle is increased by 20%, then the area of the triangle is increased by:

A 40%. B 44%. C 48%. D 52%. E 60%.

(USA *University of South Carolina: High School Math Contest*, 2001)

203 SPIEGA PERCHÉ I lati opposti di un parallelogramma si possono corrispondere in una stessa omotetia di centro O?

Costruzioni

204 ESERCIZIO GUIDA Nei due riquadri ci sono due figure omotetiche A e A'. Alla figura A corrisponde la figura A'. Stabiliamo se le omotetie di centro O sono dirette o inverse e calcoliamo il rapporto k di omotetia.

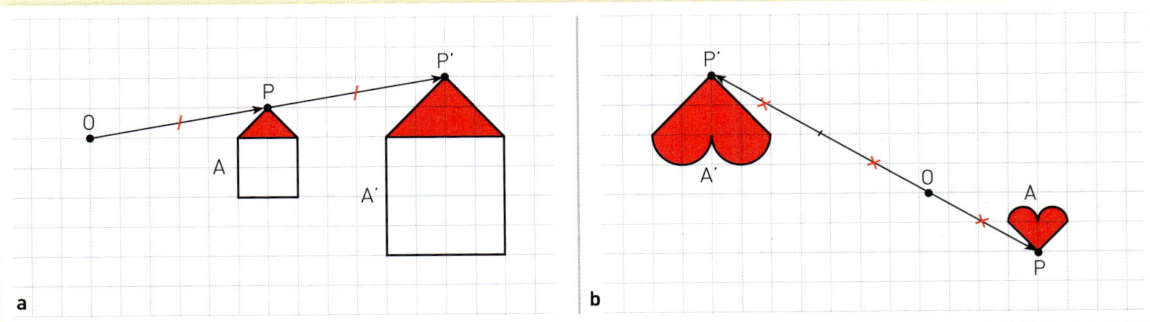

a. Poiché i vettori $\overrightarrow{OP'}$ e $\overrightarrow{OP}$ hanno lo stesso verso, l'omotetia è diretta. Il rapporto k di omotetia è dato dal rapporto fra i vettori $\overrightarrow{OP'}$ e $\overrightarrow{OP}$. Poiché $\overrightarrow{OP'}$ è il doppio di $\overrightarrow{OP}$,

$$k = \frac{\overrightarrow{OP'}}{\overrightarrow{OP}} = 2.$$

Si tratta di un ingrandimento.

b. Poiché i vettori $\overrightarrow{OP'}$ e $\overrightarrow{OP}$ hanno verso opposto, l'omotetia è inversa. Il rapporto k di omotetia è dato dal rapporto fra i vettori $\overrightarrow{OP'}$ e $\overrightarrow{OP}$. Poiché OP' è il doppio di OP,

$$k = \frac{\overrightarrow{OP'}}{\overrightarrow{OP}} = -2.$$

Si tratta ancora di un ingrandimento.

205 In ogni riquadro ci sono due figure omotetiche A e A'. Alla figura A corrisponde la figura A'. Stabilisci se l'omotetia di centro O è diretta o inversa e determina il rapporto k di omotetia.

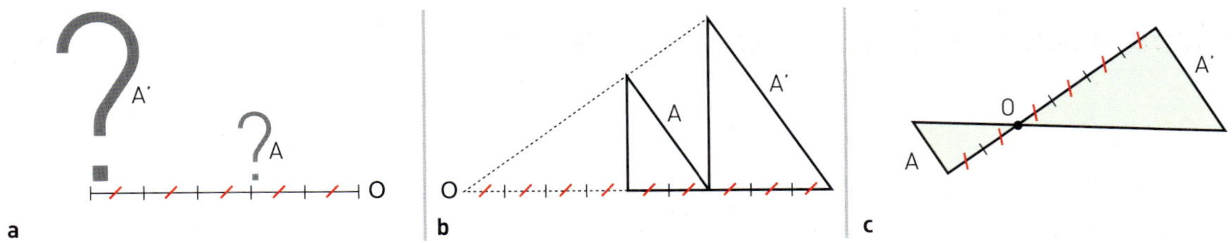

206 ESERCIZIO GUIDA Dati i punti P e O determiniamo il punto P' corrispondente di P nell'omotetia di centro O e rapporto -3.

Poiché il rapporto di omotetia è negativo, il punto P' si trova da parte opposta a P rispetto a O. Pertanto congiungiamo P con O e prolunghiamo il segmento PO.

Poiché $\frac{\overrightarrow{OP'}}{\overrightarrow{OP}} = -3$, il modulo di $\overrightarrow{OP'}$ è triplo rispetto al modulo di $\overrightarrow{OP}$:

$$|\overrightarrow{OP'}| = 3 \cdot |\overrightarrow{OP}|,$$

quindi costruiamo il segmento OP' triplo di OP.
Il punto P' disegnato in figura è il punto cercato.

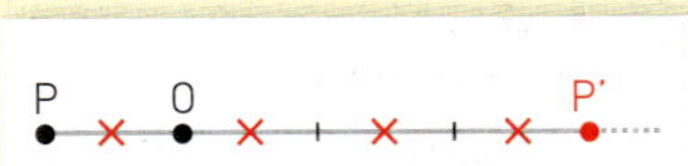

ESERCIZI

207 Determina per ogni riquadro il punto corrispondente rispettivamente ad A, B e Q nell'omotetia di centro O e rapporto k indicati.

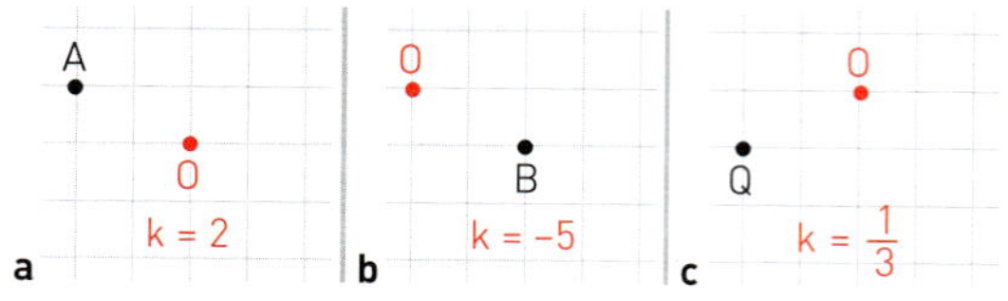

208 Nelle due figure un'omotetia di centro O trasforma A in A', B in B' e C in C'. Determina B' e C.

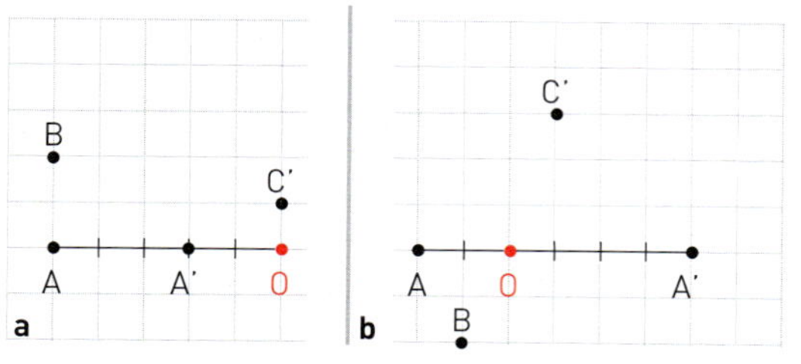

209 Disegna il segmento corrispondente nell'omotetia di centro O e rapporto indicato.

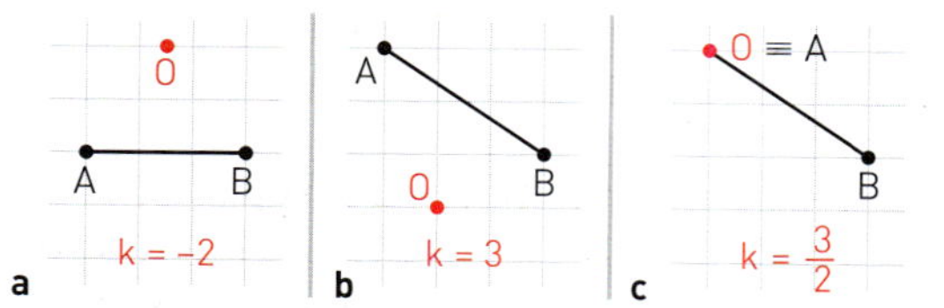

210 Disegna la figura omotetica della figura $ABCD$ nell'omotetia di centro O e rapporto $k = -2$.

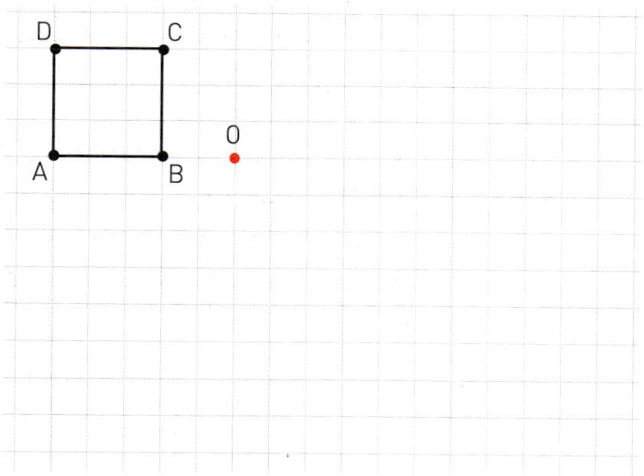

211 Disegna le figure omotetiche a quelle date nella omotetia di centro O e rapporto k indicati.

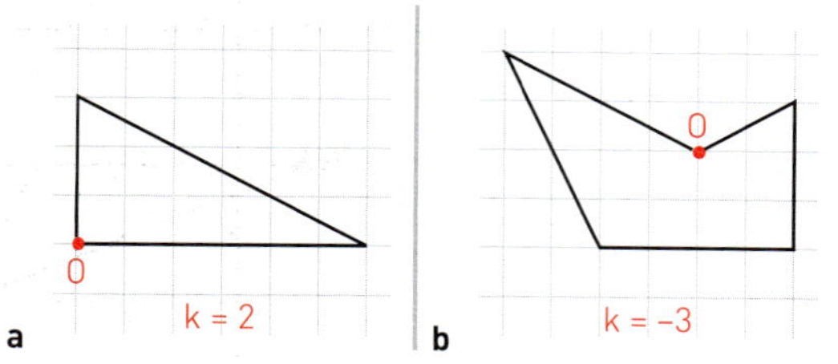

212 Disegna la figura omotetica della figura ABC nell'omotetia di centro O e rapporto $k = \frac{1}{2}$.

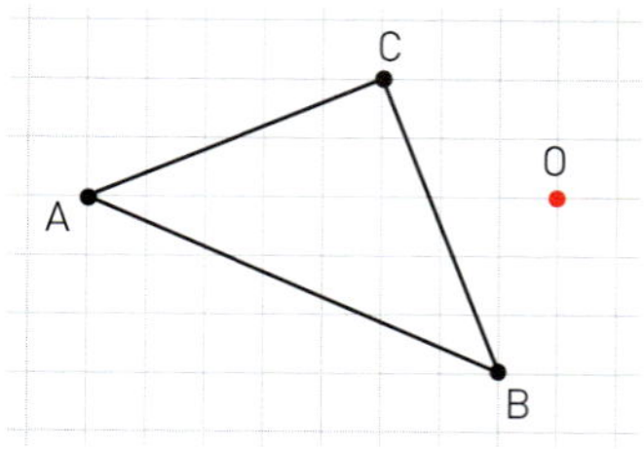

213 Nel triangolo ABC, il segmento DE è parallelo ad AB. Individua il centro e il rapporto dell'omotetia che trasforma A in D e B in E.

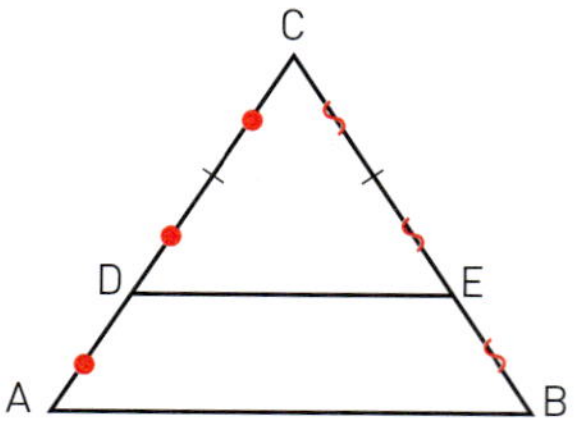

214 I rettangoli in figura sono omotetici fra loro?

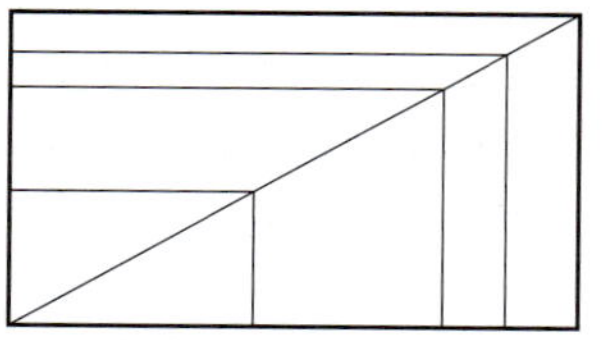

215 Osserva i due disegni: alla figura A corrisponde la figura A'. Stabilisci se le omotetie sono dirette o inverse e calcola il rapporto di omotetia k.

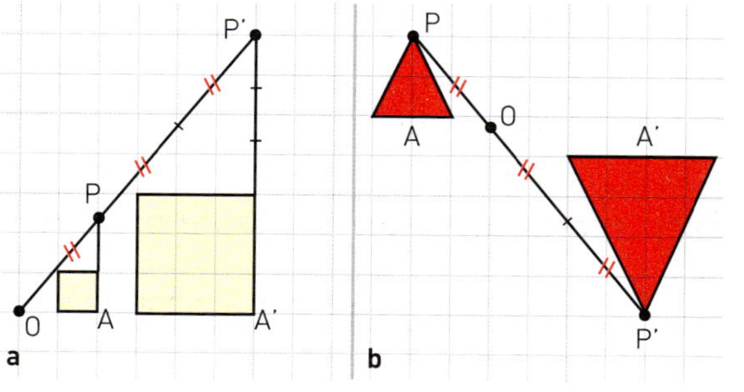

[a) $k = 3$; b) $k = -2$]

216 Disegna un esagono di lato 1 cm e applica a esso un'omotetia con centro in uno dei suoi vertici e rapporto 3.
Quanto misura il perimetro dell'esagono così ottenuto? [18 cm]

217 In ciascuna figura determina il rapporto k dell'omotetia che trasforma il bordo interno nel bordo esterno.

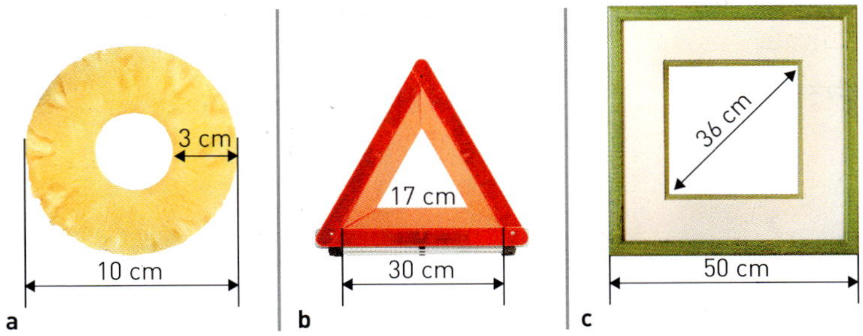

Dimostrazioni

218 ESERCIZIO GUIDA Dimostriamo che un'omotetia manda il punto medio di un segmento AB nel punto medio del suo trasformato $A'B'$.

Siano M il punto medio di AB e M' il suo trasformato secondo l'omotetia di rapporto k.
Poiché un'omotetia manda rette in rette, M' giace sulla retta $A'B'$.
Inoltre si ha:

$$A'M' \cong |k| \cdot AM \cong |k| \cdot \frac{AB}{2} \quad \text{e} \quad B'M' \cong |k| \cdot BM \cong |k| \cdot \frac{AB}{2}.$$

Segue che $A'M' \cong B'M'$ e quindi M' è il punto medio del segmento $A'B'$.

219 Dati i triangoli omotetici ABC e $A'B'C'$, dimostra che il piede dell'altezza relativa al lato AC corrisponde al piede dell'altezza relativa al lato $A'C'$ nell'omotetia che trasforma ABC in $A'B'C'$.

220 YOU & MATHS **Only the centre is fixed** Prove that the only fixed point of a non trivial dilation (a dilation that is not the identity) is the centre of dilation.

221 Date due rette a e b parallele, siano a' e b', rispettivamente, le loro immagini nell'omotetia di centro O e rapporto k. Dimostra che a' e b' sono parallele tra loro.

222 Al triangolo ABC viene applicata un'omotetia di rapporto $k > 0$ e avente come centro il punto A. Detti B' e C' i trasformati di B e C, dimostra che il quadrilatero $BB'C'C$ è un trapezio.

223 Dimostra che, se un poligono ha perimetro l, il suo trasformato mediante un'omotetia di rapporto k ha perimetro $|k|l$.

224 EUREKA! **Il prodotto come rapporto** Considera due omotetie con lo stesso centro. Dimostra che la trasformazione composta è un'omotetia avente come rapporto il prodotto dei rapporti di omotetia.

L'omotetia nel piano cartesiano

225 TEST Qual è il rapporto di omotetia fra i triangoli?

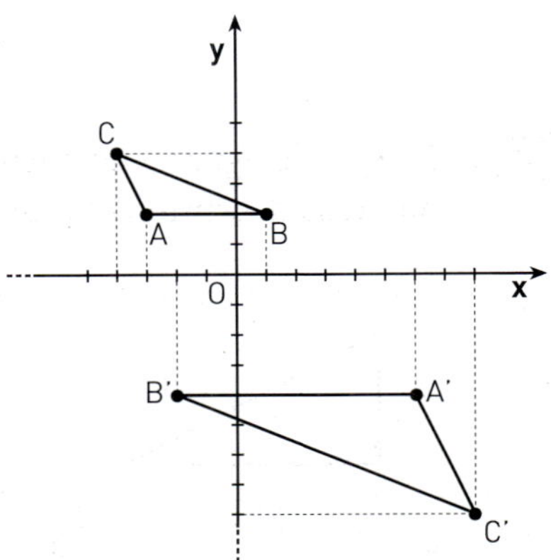

A 2

B -1

C 1

D -2

E $-\frac{1}{2}$

ESERCIZI

L'omotetia di punti e di poligoni

Disegna le omotetiche delle figure assegnate nell'omotetia di centro $O(0; 0)$ e rapporto k.

226 Segmento di estremi $A(-2; -1)$ e $B(3; 5)$, con $k = +3$.

227 Triangolo di vertici $A(4; 6)$, $B(7; 10)$ e $C(10; 4)$, con $k = -2$.

228 Quadrilatero di vertici $A(0; 5)$, $B(10; 1)$, $C(0; -7)$ e $D(-10; -3)$, con $k = -1$.
I quadrilateri corrispondenti sono quadrilateri particolari?

229 Il triangolo $A'B'C'$ è il corrispondente del triangolo di vertici $A(2; 4)$, $B(5; 0)$ e $C(6; 7)$ nell'omotetia di centro O e rapporto $k = 2$. Verifica che entrambi i triangoli sono rettangoli e che il rapporto tra il perimetro di $A'B'C'$ e quello di ABC è uguale a 2.

230 Sia $A'B'C'D'$ il corrispondente del parallelogramma di vertici $A(-8; -6)$, $B(-4; -5)$, $C(-1; -1)$ e $D(-5; -2)$ nell'omotetia di centro O e rapporto $k = -\frac{1}{3}$. Verifica che i lati omologhi sono paralleli.

231 Il segmento di estremi $A(-3; -5)$ e $B(-1; 4)$ e il segmento di estremi $A'\left(2; \frac{10}{3}\right)$ e $B'(-4; 5)$ si possono corrispondere in un'omotetia di centro O? Se la risposta è negativa, modifica le coordinate di un solo punto affinché i segmenti si corrispondano; determina poi il valore di k.

RISOLVIAMO UN PROBLEMA

Dal più grande al più piccolo

Il triangolo ABC ha vertici $A(2; 6)$, $B(8; 0)$ e $C(2; 0)$. Il triangolo $A'B'C'$ ha vertici $A'(4; 4)$, $B'(6; 2)$ e $C'(4; 2)$. Dopo aver disegnato i triangoli ABC e $A'B'C'$, stabilisci se esiste un'omotetia con centro nell'origine che trasforma il primo nel secondo.

► **Rappresentiamo i vertici dei triangoli ABC e $A'B'C'$ in un riferimento cartesiano.**

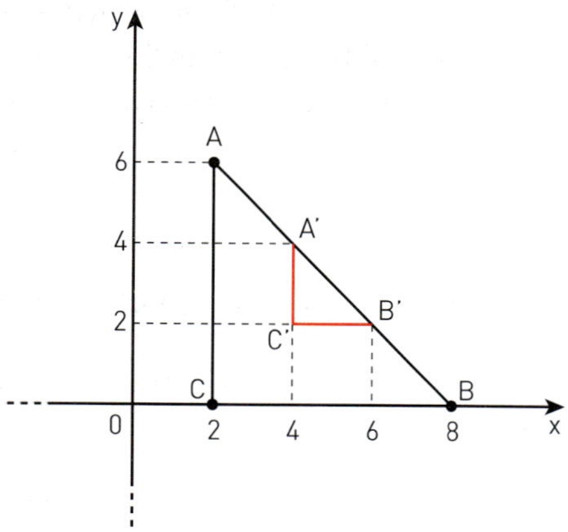

► **Scriviamo le equazioni di un'omotetia di centro l'origine e rapporto k.**

$$o: \begin{cases} x' = kx \\ y' = ky \end{cases}$$

► **Determiniamo l'immagine del triangolo ABC mediante l'omotetia o.**

Applichiamo l'omotetia o ai punti A, B e C.

$$o(A) = o((2; 6)) = (2k; 6k);$$
$$o(B) = o((8; 0)) = (8k; 0);$$
$$o(C) = o((2; 0)) = (2k; 0).$$

L'immagine del triangolo ABC mediante l'omotetia o è il triangolo di vertici $o(A)$, $o(B)$ e $o(C)$.

► **Determiniamo se esiste un'omotetia o tale che $o(ABC) = A'B'C'$.**

Imponiamo che i vertici del triangolo trovato coincidano con i punti A', B', C'.

$$o(A) = A' \leftrightarrow \begin{cases} 2k = 4 \\ 6k = 4 \end{cases} \rightarrow \begin{cases} k = 2 \\ k = \frac{2}{3} \end{cases};$$

$$o(B) = B' \leftrightarrow \begin{cases} 8k = 6 \\ 0 = 2 \end{cases} \rightarrow \begin{cases} k = \frac{3}{4} \\ 0 = 2 \end{cases};$$

$$o(C) = C' \leftrightarrow \begin{cases} 2k = 4 \\ 0 = 2 \end{cases} \rightarrow \begin{cases} k = 2 \\ 0 = 2 \end{cases}.$$

I tre sistemi non sono compatibili, pertanto non esiste un'omotetia con centro nell'origine tale che $o(ABC) = A'B'C'$.

Dopo aver disegnato i triangoli *ABC* e *A'B'C'*, stabilisci se esiste un'omotetia con centro nell'origine che trasforma il primo nel secondo.

232 $A(3; -3)$, $B(9; 3)$, $C(3; 3)$; $A'(-5; 5)$, $B'(-3; 3)$, $C'(-5; 3)$.

233 $A(-1; -3)$, $B(-2; -2)$, $C(-1; -2)$; $A'(2; 3)$, $B'(4; 1)$, $C'(2; 1)$.

Scrivi l'equazione di un'omotetia che porti *A* e *B* in *A'* e *B'*. È sempre possibile? Perché?

234 **a.** $A(0; 0)$, $B(1; 1)$; $A'(0; 0)$, $B'(3; 3)$. **b.** $A(0; 0)$, $B(-2; -2)$; $A'(0; 0)$, $B'(1; 1)$.

235 **a.** $A(-2; 1)$, $B(1; 2)$; $A'(-4; 2)$, $B'(2; 4)$. **b.** $A(2; 3)$, $B(8; 0)$; $A'(0; 0)$, $B'(0; 9)$.

MATEMATICA INTORNO A NOI

Frattali e trasformazioni geometriche I frattali sono figure geometriche caratterizzate dal ripetersi all'infinito di uno stesso motivo su scala sempre più ridotta. Ingrandendo un particolare di un frattale si ottiene un'immagine che ha la stessa forma della figura di origine.
Un esempio famoso di frattale è il *triangolo di Sierpiński* che prende il nome dal matematico polacco Wacław Sierpiński (1882-1969), che lo introdusse e ne studiò le proprietà.
Questa figura, come in generale ogni frattale, si può ottenere attraverso l'applicazione di un insieme di *n* trasformazioni geometriche...

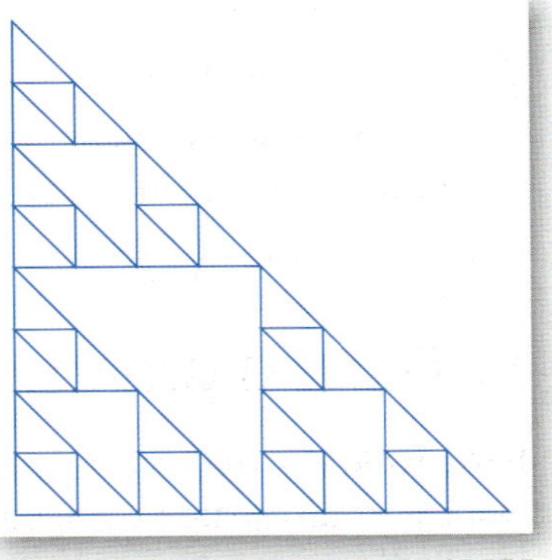

Problema e risoluzione.

236 YOU & MATHS If quadrilateral *DEFG* ($D(-7, 4)$, $E(-6, 6)$, $F(-3, 7)$, $G(-1, 3)$) is dilated with a scale factor of 2 using center of dilation $(-5, 9)$, give the coordinates of each of the vertices of the image $D'E'F'G'$.

(USA *University of Houston: High School Mathematics Contest*, 2005)

[$D'(-9, -1)$, $E'(-7, 3)$, $F'(-1, 5)$, $G'(3, -3)$]

L'omotetia di rette

Scrivi l'equazione della retta trasformata mediante l'omotetia con centro nell'origine e rapporto *k* assegnato.

237 $r: 3x + y - 2 = 0$, $k = \frac{1}{2}$. [$y = -3x + 1$]

238 $r: x - y + 3 = 0$, $k = -3$. [$x - y - 9 = 0$]

239 $r: 4x - 3y - 6 = 0$, $k = -\frac{2}{3}$. [$4x - 3y + 4 = 0$]

240 EUREKA! **Sempre 90°** Dimostra analiticamente che un'omotetia con centro nell'origine trasforma rette perpendicolari in rette perpendicolari.

241 Date le rette *r* e *s* di equazioni $y = 2x + 3$ e $y = -x + 6$, determina le equazioni di r' e s' trasformate di *r* e di *s* nell'omotetia con centro nell'origine e rapporto -2. Calcola poi le coordinate dei vertici del quadrilatero *ABCD* individuato da r, s, r' e s'. [$A(-5; -7)$, $B(-2; -10)$, $C(4; 2)$, $D(1; 5)$]

242 Data la retta *r* di equazione $3x - 2y + 4 = 0$, determina l'equazione della retta *s*, trasformata di *r* nell'omotetia con centro nell'origine e rapporto -3. Verifica che le rette sono parallele. [$s: y = \frac{3}{2}x - 6$]

Composizione di omotetie

243 Determina l'equazione della trasformazione geometrica che si ottiene dalla composizione delle omotetie o_1 e o_2 rispettivamente di equazioni $\begin{cases} x' = \frac{1}{4}x \\ y' = \frac{1}{4}y \end{cases}$ e $\begin{cases} x' = 6x \\ y' = 6y \end{cases}$. $\left[o_1 \circ o_2: \begin{cases} x' = \frac{3}{2}x \\ y' = \frac{3}{2}y \end{cases}\right]$

244 Dato il triangolo di vertici $A\left(\frac{1}{2}; 3\right)$, $B\left(\frac{7}{4}; -1\right)$, $C(6; 1)$, determina le coordinate del triangolo corrispondente nella trasformazione che si ottiene componendo due omotetie con centro nell'origine e rapporti rispettivamente 3 e $\frac{8}{9}$. $\left[A'\left(\frac{4}{3}; \frac{24}{3}\right), B'\left(\frac{14}{3}; -\frac{8}{3}\right), C'\left(16; \frac{8}{3}\right)\right]$

245 COMPLETA Siano o_1 e o_2 omotetie con centro nell'origine e rapporti rispettivamente k_1 e k_2. Chiamiamo o la trasformazione composta, $o = o_1 \circ o_2$, omotetia di rapporto k.

a. $k_1 = -2$, $k_2 = 5$, $k = \square$;

b. $k_1 = \frac{3}{2}$, $k_2 = 4$, $k = \square$;

c. $k_1 = \frac{5}{4}$, $k_2 = \square$, $k = \frac{1}{2}$;

d. $k_1 = \square$, $k_2 = -\frac{4}{3}$, $k = 3$.

246 Siano o_1 l'omotetia con centro nell'origine e rapporto $\frac{1}{2}$ e o_2 l'omotetia di equazioni $\begin{cases} x' = 5x \\ y' = 5y \end{cases}$. Determina l'equazione della retta r', immagine, nella trasformazione $o = o_1 \circ o_2$, della retta r di equazione $2x + y + 1 = 0$. $[r': 4x + 2y + 5 = 0]$

Riepilogo: Le trasformazioni geometriche

247 Riconosci le seguenti trasformazioni.

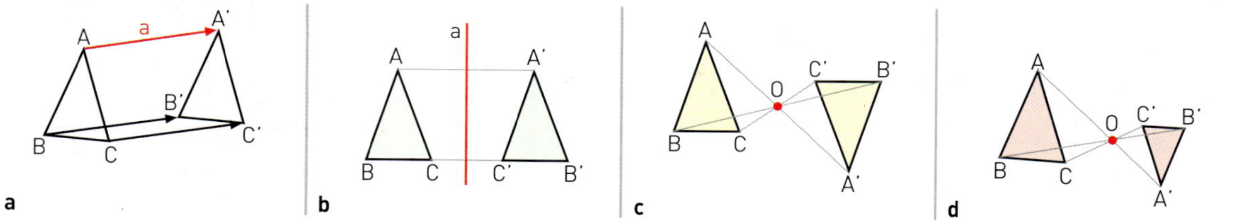

248 Disegna tutti gli assi di simmetria di un triangolo equilatero, di un quadrato e di un esagono regolare.

249 Individua in quali riquadri sono rappresentate in modo corretto una figura e la sua simmetrica rispetto al punto O.

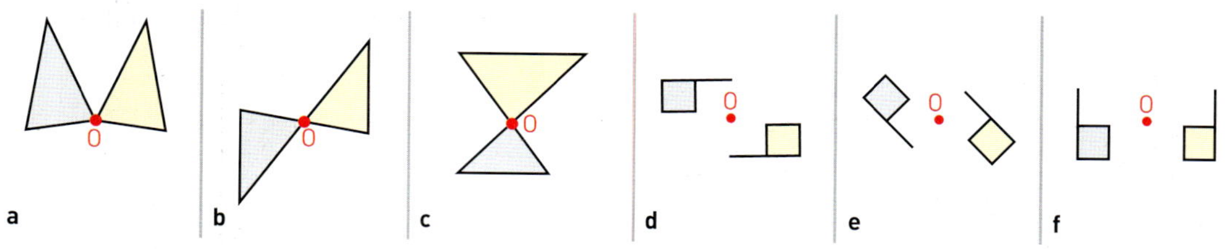

250 YOU & MATHS The following is not an isometry:

A a rotation. **B** a reflection. **C** a translation. **D** a dilation.

(USA *Northern State University: 52nd Annual Mathematics Contest*, 2005)

251 Il punto P' è simmetrico di P rispetto al centro O. Quale figura rappresenta in modo corretto la simmetria?

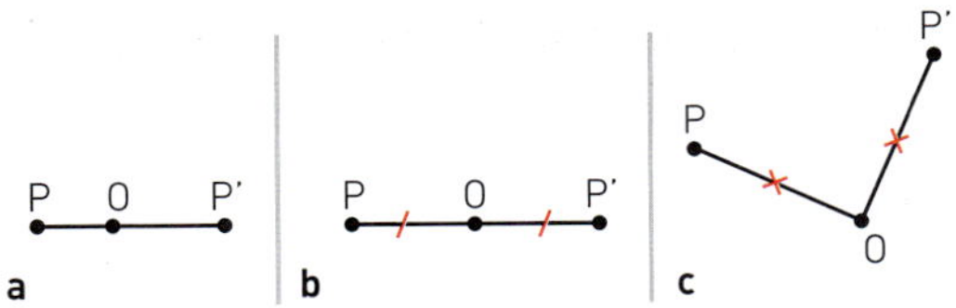

252 Individua il centro e l'angolo della rotazione che fa corrispondere a F la figura F'.

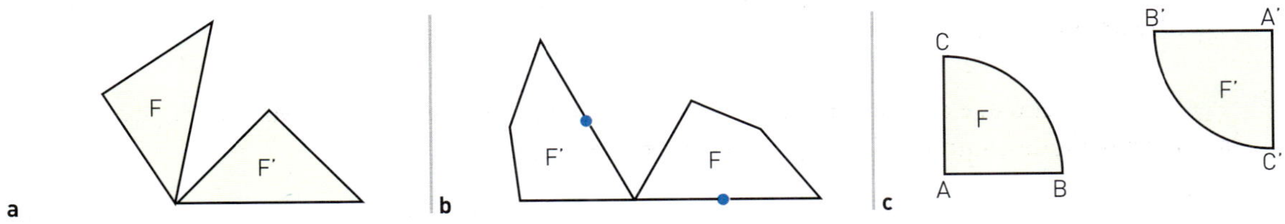

253 Scomponi un quadrato in otto triangoli congruenti, usando i suoi assi di simmetria.

254 Individua le rotazioni che trasformano in sé un triangolo equilatero, un quadrato e un esagono regolare.

255 INVALSI 2014 Osserva la seguente figura.

Il triangolo $A'B'C'$ è stato ottenuto dal triangolo ABC attraverso

A una simmetria di centro (0; 3).

B una rotazione antioraria di centro (0; 0) e ampiezza 90°.

C una simmetria assiale rispetto all'asse y.

D una rotazione antioraria di centro (1; 1) e ampiezza 90°.

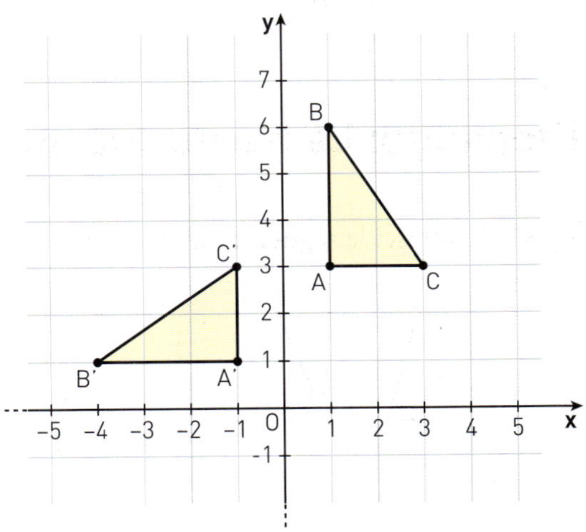

256 Il punto P' è simmetrico di P rispetto all'asse a. Quale figura rappresenta in modo corretto la simmetria?

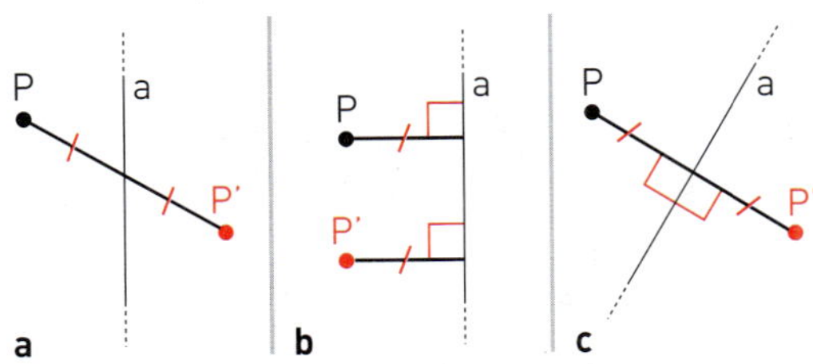

257 YOU & MATHS How many different independent isometries transform a regular pentagon in itself?

258 La figura F' dovrebbe essere la simmetrica di F rispetto all'asse a. La figura F'' dovrebbe essere la simmetrica di F rispetto al punto O.
Che cosa c'è di sbagliato nella figura?

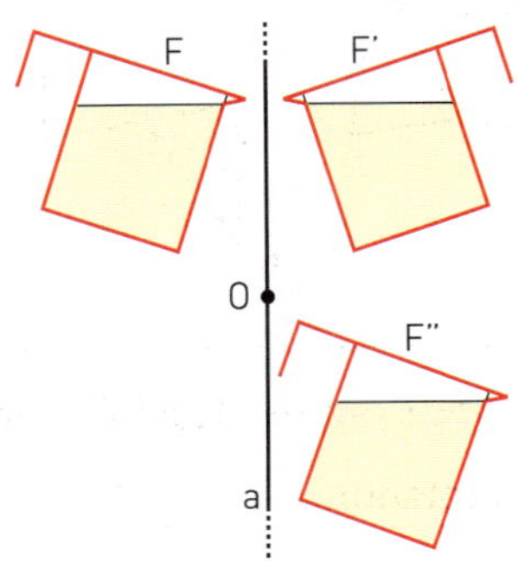

ESERCIZI

259 Determina il centro di simmetria delle seguenti lettere.

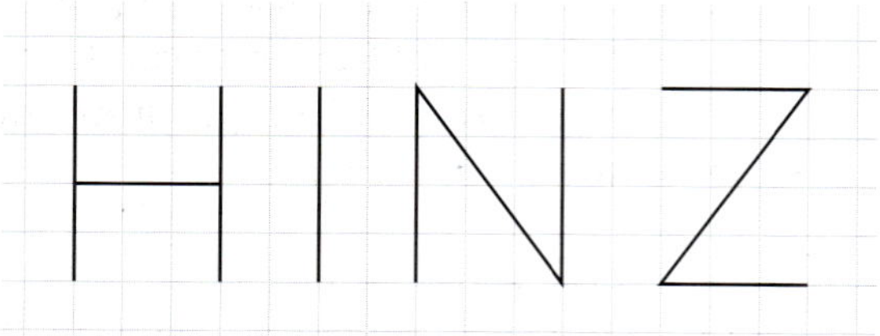

260 Scrivi altre due lettere dotate di un centro di simmetria.

261 Gli angoli formati dai segmenti che compongono la lettera **Z** sono congruenti? Perché?

262 Una figura formata da due angoli con i lati paralleli discordi ammette un centro di simmetria?

263 Per ciascuno dei riquadri esegui la composizione delle due omotetie di centro O e rapporto h e di centro O e rapporto k, come indicato in figura. Esegui poi la composizione delle due omotetie in ordine inverso.
Ottieni la stessa trasformazione?

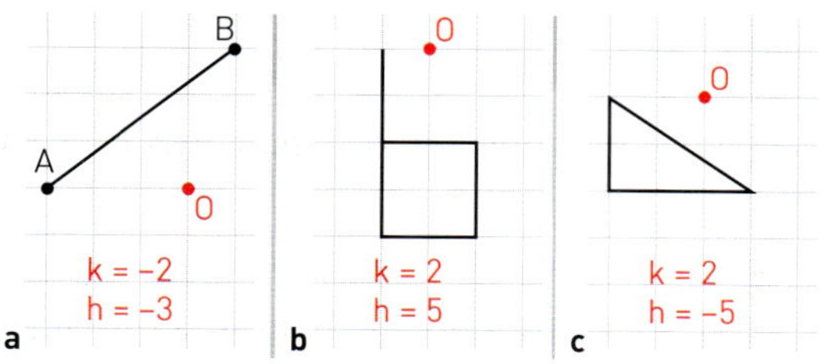

264 In figura sono rappresentate le sei facce di un dado. Per ognuna individua tutti gli assi di simmetria.

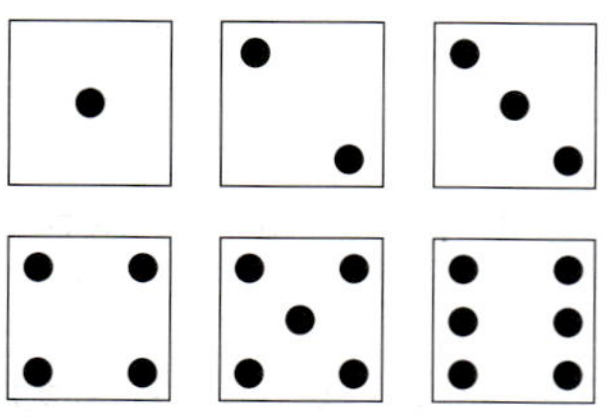

265 La cornice del quadro ha la stessa larghezza sui quattro lati. I due rettangoli che delimitano la cornice sono omotetici?

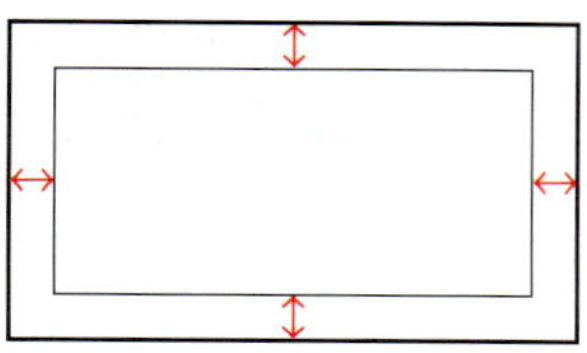

266 Sposta una pedina affinché la scacchiera abbia un centro di simmetria nel punto indicato dalla croce.

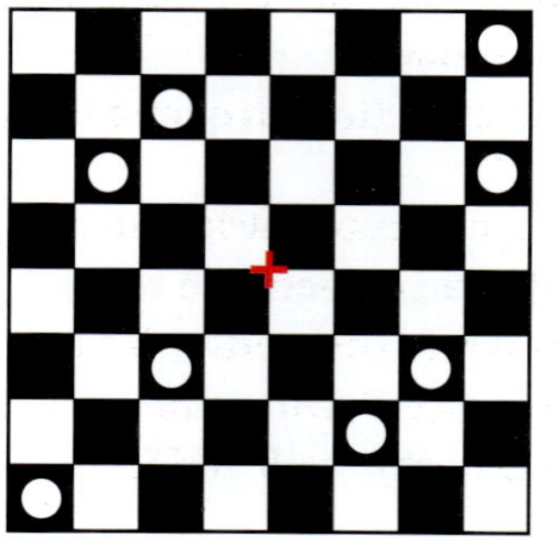

267 Per ognuna delle figure determina una trasformazione che trasformi il triangolo A nel triangolo A'.

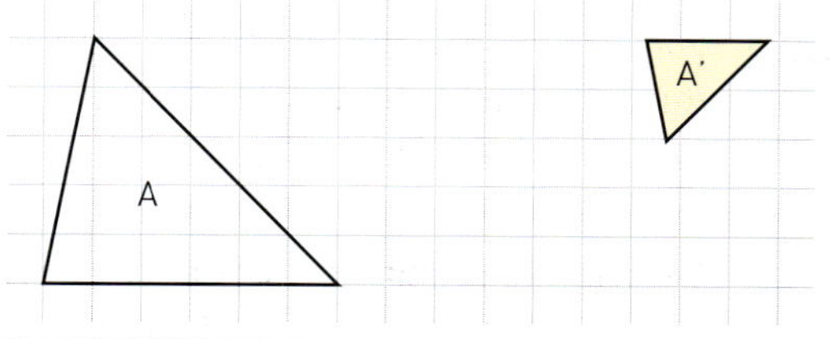

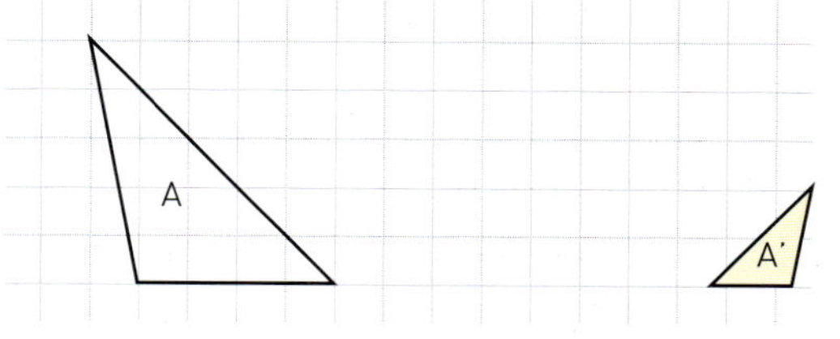

268 YOU & MATHS Which of the following statements is *not* true?

A A reflection in a line is congruent to the original figure.

B Corresponding sides of a figure and its reflection in a line are parallel.

C Corresponding sides of a figure and its reflection in a line are congruent.

D The line of symmetry bisects a segment connecting corresponding points of a figure and its reflection.

E The line of symmetry is perpendicular to a segment connecting corresponding points of a figure and its reflection.

(USA *Northern State University: 52nd Annual Mathematics Contest*, 2005)

269 Considera un triangolo ABC e il punto D simmetrico di A rispetto a B. Determina il punto E immagine di B nella traslazione di vettore $\overrightarrow{AC}$. Il triangolo ABC è il trasformato di BDE in una traslazione.
Qual è il vettore di questa traslazione?

270 Disegna un parallelogramma $ABCD$ di centro O. Nella simmetria di asse AC, indica con B' il simmetrico del vertice B e con D' il simmetrico del vertice D. Dimostra che la simmetria di centro O trasforma B' in D'.

271 Dati una retta r e due punti A e B fuori di essa, indica con H la proiezione di A su r e con H' la proiezione di B su r. Considera i punti A' e B' simmetrici di A e di B rispetto alla retta r. Se BH' è doppio di AH e HH' è triplo di AH, qual è il rapporto fra $A'B$ e HH'?

272 Dopo aver disegnato un triangolo ABC di base AB, indica con E il punto medio del lato AC e con F quello di BC. Utilizzando le proprietà della simmetria di centro F, dimostra che il segmento EF è parallelo ad AB e che EF è la metà di AB.

273 Considera due rette r e s che si intersecano nel punto P e un punto O che non appartiene a nessuna delle due rette. Nella simmetria di centro O, costruisci la retta r' corrispondente di r e indica con A il punto intersezione di r' con s. Indica con B il punto intersezione di AO con r. Dimostra che i punti A e B sono simmetrici rispetto al punto O.

274 Sono dati due rette r e s che si intersecano nel punto P e un punto O che non appartiene né a r né a s. Determina un segmento AB che abbia O come punto medio e gli estremi su r e su s.
(SUGGERIMENTO Questo esercizio è un'applicazione della costruzione precedente.)

275 Disegna due rette r e r' che si intersecano nel punto O e un punto P esterno a entrambe. Indica con H la proiezione di P su r e con H' la proiezione di P su r'. Dimostra che se la simmetria di asse OP trasforma r in r', allora $PH \cong PH'$ e viceversa.

276 Disegna un triangolo ABC rettangolo in A, poi indica con N il punto medio dell'ipotenusa BC e con M il punto medio di AC.
a. Dimostra che AN e CN sono simmetrici rispetto a MN.
b. Traccia una retta a perpendicolare a MN che intersechi AN in E e CN in P. Dimostra che il triangolo PNE è isoscele.

277 Nel triangolo ABC indica con M il punto medio di AC e con N il punto medio di BC. Dimostra che la somma degli angoli interni di un triangolo è un angolo piatto, utilizzando due simmetrie centrali, una di centro M e l'altra di centro N.
(SUGGERIMENTO Conduci per il punto C la parallela ad AB.)

278 Nel parallelogramma $ABCD$ di centro O, proietta O sui quattro lati in modo da ottenere i punti E, F, G, H.
a. Che tipo di quadrilatero è $EFGH$?
b. Precisa che tipo di quadrilatero è $EFGH$ nel caso in cui $ABCD$ sia un rettangolo, oppure un quadrato, oppure un rombo.

MATEMATICA AL COMPUTER

Composizione di simmetrie Usiamo un software di geometria dinamica per verificare con un esempio che la composizione di due simmetrie non sempre gode della proprietà commutativa. Applichiamo a un triangolo una simmetria assiale e al suo trasformato una simmetria centrale e poi scambiamo l'ordine delle due trasformazioni.

Esercitazione guidata - 5 esercizi in più.

VERIFICA DELLE COMPETENZE ALLENAMENTO

CONFRONTARE E ANALIZZARE FIGURE GEOMETRICHE

TEST

1 È dato il rettangolo *ABCD*.

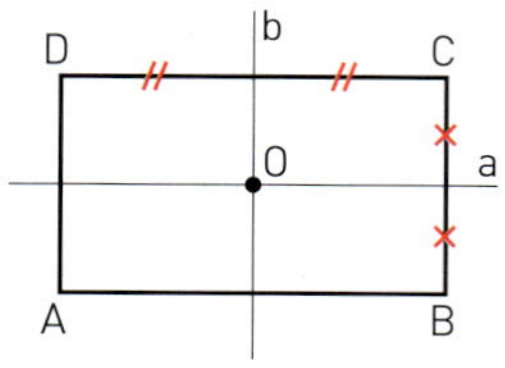

A esso viene applicata la trasformazione t tale che:

$$t(A) = C,\ t(B) = D,\ t(C) = A,\ t(D) = B.$$

Una delle seguenti affermazioni è *falsa*. Quale?

- **A** t può essere una rotazione di centro O e angolo 180°.
- **B** I lati del rettangolo sono segmenti uniti.
- **C** t può essere la simmetria centrale di centro O.
- **D** Il rettangolo *ABCD* è una figura unita.
- **E** t può essere la composizione delle due simmetrie assiali di assi a e b.

2 Quali sono le equazioni della simmetria rispetto alla retta di equazione $y = -2$?

- **A** $\begin{cases} x' = -4 - x \\ y' = y \end{cases}$
- **B** $\begin{cases} x' = -2 - x \\ y' = y \end{cases}$
- **C** $\begin{cases} x' = x \\ y' = -2y \end{cases}$
- **D** $\begin{cases} x' = x \\ y' = 4 - y \end{cases}$
- **E** $\begin{cases} x' = x \\ y' = -4 - y \end{cases}$

3 Sono dati il vettore $\vec{u}(3; -5)$ e i punti $O(0; 0)$, $A(-5; 1)$, $B(-2; -4)$, $C(3; -5)$, $D(3; 0)$, $E(0; 5)$, $F(-3; 5)$. I seguenti vettori hanno tutti le stesse componenti di $\vec{u}$ *tranne* uno. Quale?

A $\overrightarrow{AB}$ **B** $\overrightarrow{ED}$ **C** $\overrightarrow{OC}$ **D** $\overrightarrow{FO}$ **E** $\overrightarrow{CO}$

4 Il rettangolo $A'B'C'D'$ è l'immagine del rettangolo $ABCD$ nell'omotetia di centro O e rapporto k.

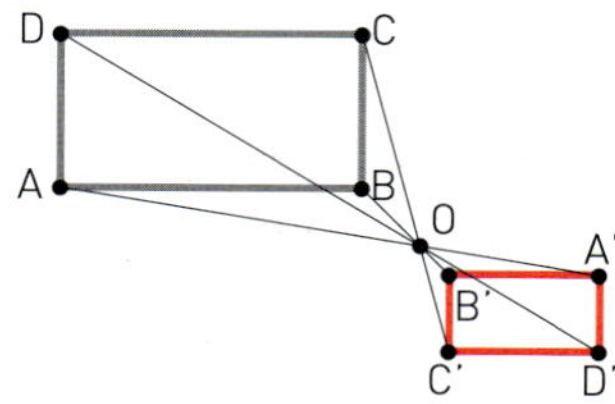

Se l'area di $ABCD$ è quadrupla di quella di $A'B'C'D'$ allora k è uguale a:

A 2. **B** -2. **C** 4. **D** $-\frac{1}{4}$. **E** $-\frac{1}{2}$.

5 La composizione di due simmetrie centrali di centri rispettivamente O e O' è:

- **A** la simmetria centrale avente per centro il punto medio di OO'.
- **B** la traslazione di vettore $\overrightarrow{OO'}$ oppure $\overrightarrow{O'O}$.
- **C** la simmetria assiale di asse coincidente con l'asse del segmento OO'.
- **D** una rotazione con centro nell'asse di simmetria OO'.
- **E** la traslazione di vettore $2\overrightarrow{OO'}$ oppure $2\overrightarrow{O'O}$.

(*Olimpiadi della matematica, Giochi di Archimede*, 2000)

RISOLVERE PROBLEMI

Disegna e individua

6 **COMPLETA** inserendo il nome della trasformazione rappresentata in ciascuna figura.

identità

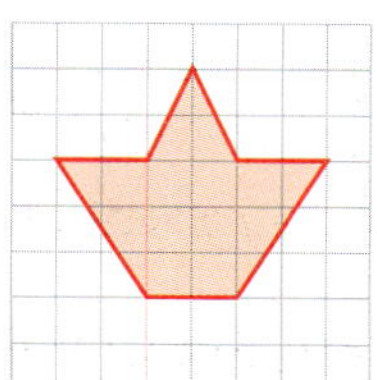

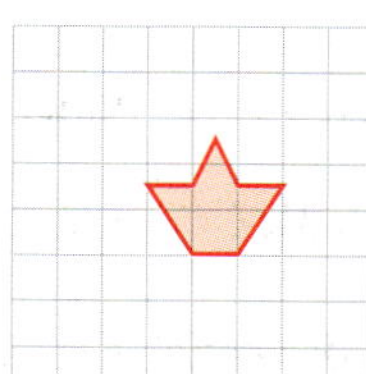

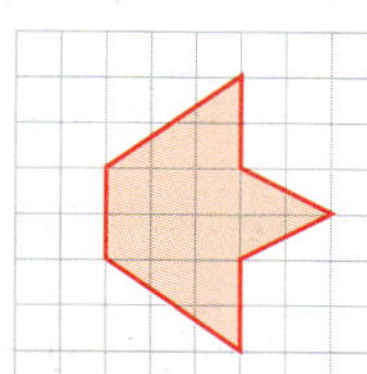

7 Applica al punto P della figura la traslazione di vettore dato dalla somma dei vettori $\vec{a}+\vec{b}+\vec{c}$.

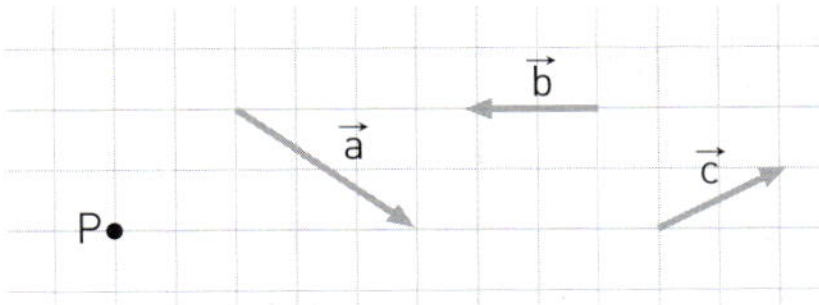

8 Trasla la figura secondo il vettore indicato.

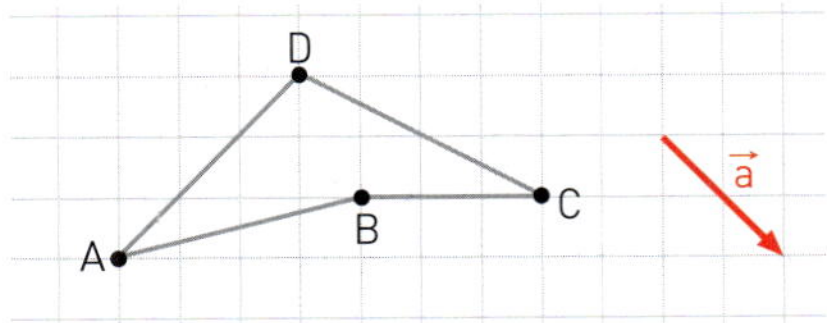

9 Disegna il simmetrico di ognuna delle seguenti figure rispetto al punto O.

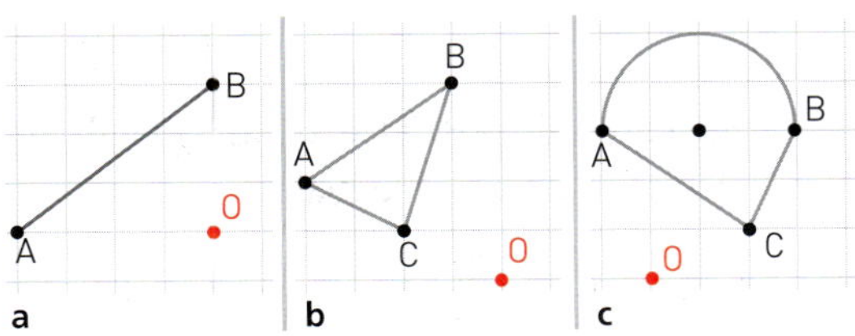

10 Dati due punti distinti A e B e un angolo α, disegna le due rotazioni di angolo α che associano il punto A al punto B.

11 In ciascun caso disegna la figura corrispondente nell'omotetia di centro O e rapporto indicato.

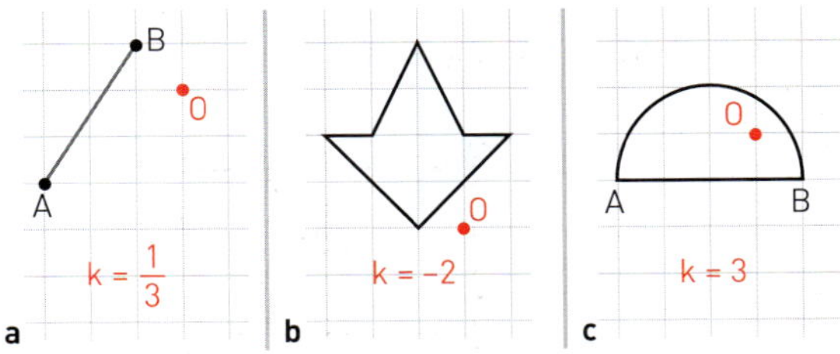

12 A partire dalla figura F, disegna la figura che ottieni applicando due simmetrie assiali rispetto alle rette parallele a e b, cioè applicando $s_b \circ s_a$. Indica di che tipo è la trasformazione $s_b \circ s_a$ e descrivine le caratteristiche.

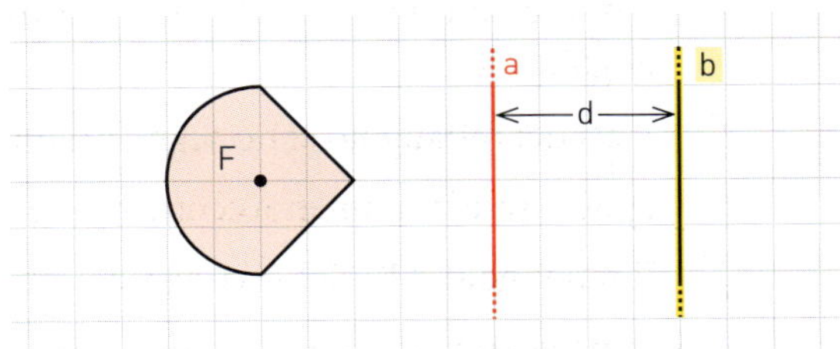

13 Individua in quale dei riquadri seguenti sono rappresentate in modo corretto una figura e la sua simmetrica rispetto all'asse indicato in rosso.

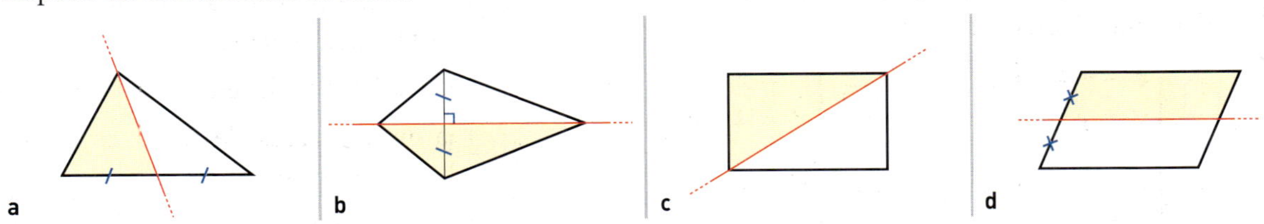

Dimostrazioni

14 Dimostra che la distanza di un punto da una retta rappresenta la metà di un segmento di cui la retta è asse di simmetria.

15 Detto B il trasformato di A mediante una rotazione di centro O e angolo $\alpha < 90°$ e detto C il trasformato di B mediante la stessa rotazione, dimostra che il triangolo formato da O e dai punti medi di AB e BC è isoscele.

Nel piano cartesiano

16 Data la trasformazione di equazioni $\begin{cases} x' = 2x + y \\ y' = x + 2y \end{cases}$, determina la figura corrispondente al quadrato di vertici $A(2; 3)$, $B(7; 3)$, $C(7; -2)$ e $D(2; -2)$ e verifica che si tratta di un altro quadrato.

17 Trasla il triangolo di vertici $A(-2; 3)$, $B(0; 5)$ e $C(3; -2)$ secondo il vettore $\vec{v}(2; -1)$.

18 Sono assegnate la retta r di equazione $4x+y-3=0$ e la traslazione di equazioni: $\begin{cases} x'=x-4 \\ y'=y+1 \end{cases}$.
Calcola l'equazione della retta r' corrispondente di r nella traslazione e rappresenta r e r' in un grafico.
[$4x+y+12=0$]

19 Sono date le rette r e r' di equazioni, rispettivamente, $y=2x+3$ e $y=2x-2$, che si corrispondono in una traslazione. Determina un vettore di traslazione.

20 I punti $P(5;\,8)$ e $P'(5;\,-3)$ si corrispondono in una simmetria assiale. Individua l'asse di simmetria e le equazioni della trasformazione.
$\left[y=\frac{5}{2};\ \begin{cases} x'=x \\ y'=5-y \end{cases}\right]$

21 Date le rette di equazioni $y=x+5$ e $y=-x-3$ determina le equazioni delle simmetrie in cui si corrispondono.
[simmetrie di assi; $x=-4$, $y=1$]

22 Dato il triangolo di vertici $A(1;1)$, $B(2;6)$ e $C(5;2)$, disegna il triangolo a esso corrispondente in un'omotetia di centro $O(0;\,0)$ e rapporto $k=-3$.

23 Scrivi le equazioni della simmetria di asse $x=0$ e determina il trasformato del trapezio di vertici $A(0;\,2)$, $B(3;\,5)$, $C(3;\,-2)$ e $D(0;\,-1)$.

24 Determina l'immagine del triangolo ABC di vertici $A(0;\,4)$, $B(1;\,-2)$ e $C(6;\,2)$ nella simmetria centrale di centro $P(-1;\,-1)$.
[$A'(-2;-6)$, $B'(-3;0)$, $C'(-8;-4)$]

25 Trova l'equazione della retta r', trasformata della retta r: $x=8$ secondo l'omotetia o che ha centro in $O(0;\,0)$ e rapporto $k=3$.

26 Dato il rettangolo di vertici $A(-3;1)$, $B(2;\,1)$, $C(2;\,2)$ e $D(-3;\,2)$, determina le coordinate dei vertici del rettangolo simmetrico rispetto alla retta passante per B e C.
[$A'(7;1)$, $B'(2;1)$, $C'(2;2)$, $D'(7;2)$]

27 La retta s passa per i punti $A(-1;3)$ e $B(4;2)$. Scrivi l'equazione della retta s', trasformata di s mediante una trasformazione di equazioni $\begin{cases} x'=-x \\ y'=-y \end{cases}$. Di che trasformazione si tratta?
[s': $x+5y+14=0$]

28 Dati i punti $A(-7;3)$, $B(5;-2)$, $C(-3;4)$ e $A'(2;-2)$ trasformato di A secondo una traslazione di vettore $\vec{v}(a;b)$, determina le equazioni della traslazione e le coordinate di B' e C'.
$\left[\begin{cases} x'=x+9 \\ y'=y-5 \end{cases};\ B'(14;-7),\ C'(6;-1)\right]$

29 Dati i punti $A(-3;-4)$, $B(3;-4)$, $C(6;2)$ e $D(-6;2)$, determina le coordinate di A', B', C' e D', trasformati di A, B, C e D nella rotazione avente il centro nell'origine e angolo di rotazione $\alpha=+90°$. Verifica che $ABCD$ e $A'B'C'D'$ sono trapezi e calcolane l'area.
[54]

30 Date le trasformazioni t_1 e t_2 rispettivamente di equazioni

$$\begin{cases} x'=x+3 \\ y'=y-2 \end{cases} \quad \text{e} \quad \begin{cases} x'=-x \\ y'=-y \end{cases},$$

stabilisci la natura delle trasformazioni e scrivi le equazioni della trasformazione composta $t_1 \circ t_2$.
$\left[\begin{cases} x'=-x+3 \\ y'=-y-2 \end{cases}\right]$

VERIFICA DELLE COMPETENZE PROVE

1 ora

PROVA A

1 VERO O FALSO?

a. La composizione di due rotazioni è sempre una rotazione. V F

b. Una simmetria assiale ha una retta di punti uniti. V F

c. Una rotazione di $+180°$ è equivalente a una simmetria centrale con centro nel centro di rotazione. V F

d. La traslazione non ha figure unite. V F

2 Trasforma la figura mediante le trasformazioni indicate.

a. Traslazione di vettore $\vec{v}$.

b. Rotazione di $+90°$ rispetto al punto O.

c. Simmetria centrale di centro O.

d. Simmetria assiale con asse la retta r.

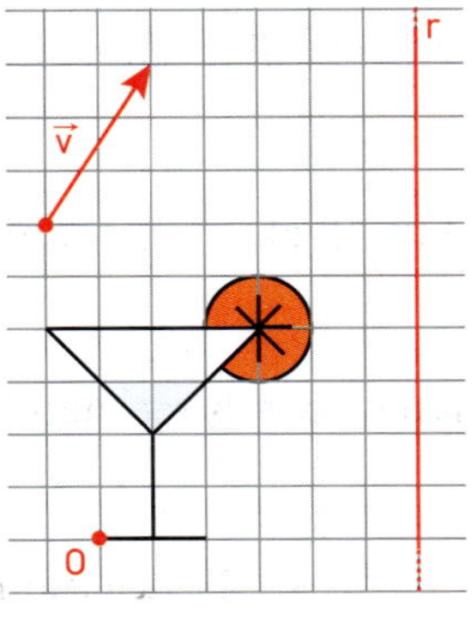

3 Trasforma la figura applicando una rotazione di $+90°$ di centro O seguita da una simmetria centrale di centro O. Che trasformazione hai ottenuto?

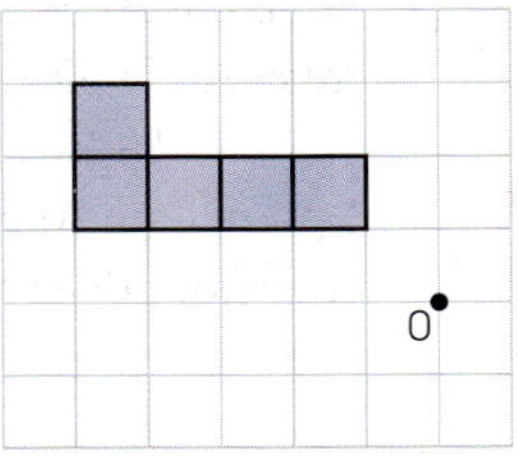

4 Dimostra che, date due rette r e t, esiste sempre una simmetria assiale che trasforma l'una nell'altra e costruiscila nei casi seguenti:

a. r e t sono parallele;

b. r e t si intersecano nel punto P.

5 Dati $A(-3; 3)$ e $B(-3; -1)$, determina i loro simmetrici A' e B' rispetto all'origine, e verifica che il quadrilatero $ABA'B'$ è un parallelogramma.

6 Tra le rette passanti per $P(-2; 3)$ considera la retta r di coefficiente angolare -1. Determina l'equazione di r', simmetrica di r rispetto all'asse x.

PROVA B

Dalla foto alla realtà

Nelle fotografie a lato è raffigurato il grattacielo Pirelli che si trova a Milano.

a. Qual è il fattore di ingrandimento che trasforma la foto piccola in quella grande?

b. Individua quale tipo di trasformazione lega le due fotografie e indica le sue caratteristiche.

c. Calcola l'altezza del grattacielo Pirelli di Milano partendo dalla foto più grande a lato sapendo che il rapporto tra l'altezza reale e quella della foto è $k \simeq 3851,5$.

FORMULE DI GEOMETRIA PIANA

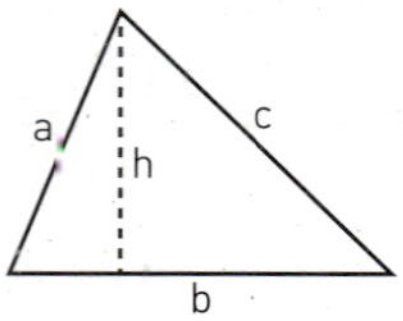

Triangolo

$$A = \frac{bh}{2}$$

$$A = \sqrt{p(p-a)(p-b)(p-c)}$$

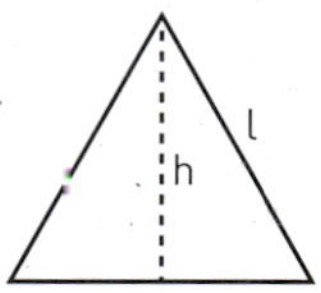

Triangolo equilatero

$$h = \frac{\sqrt{3}}{2}l \qquad A = \frac{\sqrt{3}}{4}l^2$$

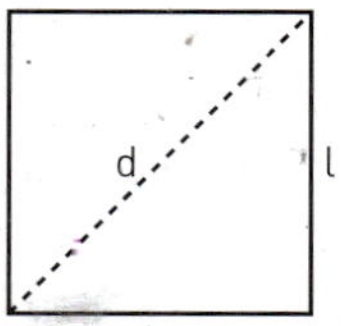

Quadrato

$$d = \sqrt{2}\,l$$

$$A = l^2$$

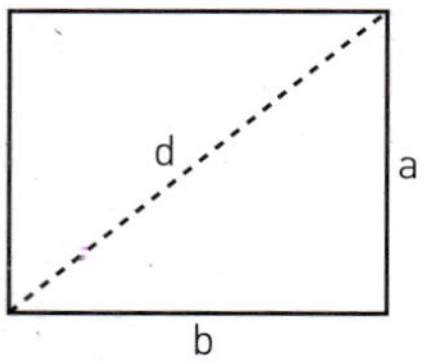

Rettangolo

$$d = \sqrt{a^2 + b^2}$$

$$A = ab$$

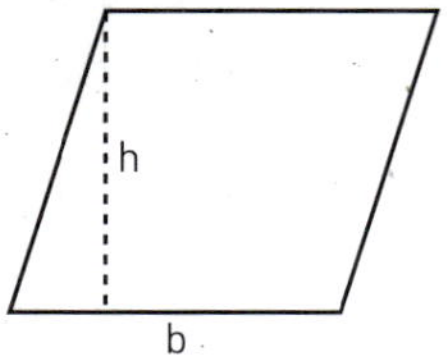

Parallelogramma

$$A = bh$$

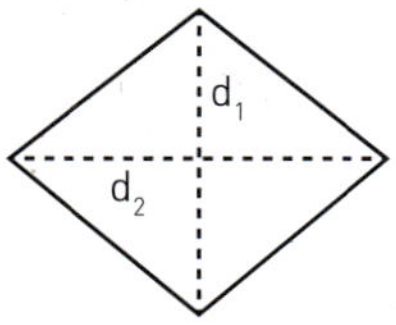

Rombo

$$A = \frac{d_1 d_2}{2}$$

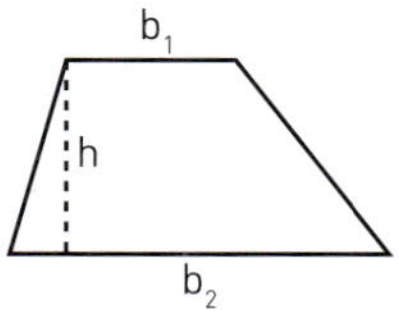

Trapezio

$$A = \frac{(b_1 + b_2)h}{2}$$

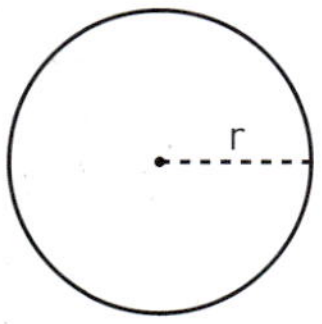

Circonferenza

$$C = 2\pi r$$

$$A = \pi r^2$$

TEOREMI FONDAMENTALI

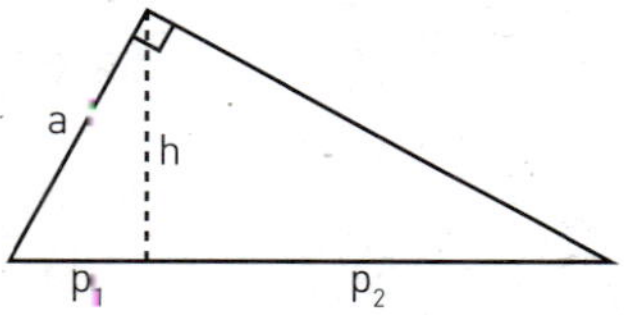

Teoremi di Euclide

Primo: $a^2 = p_1(p_1 + p_2)$

Secondo: $h^2 = p_1 p_2$

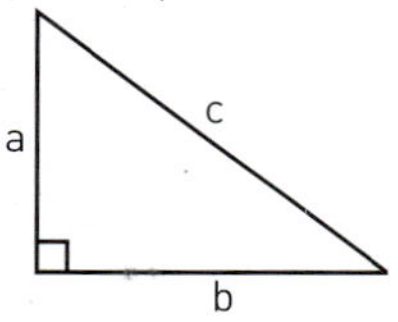

Teorema di Pitagora

$$a^2 + b^2 = c^2$$

FORMULE DI GEOMETRIA SOLIDA

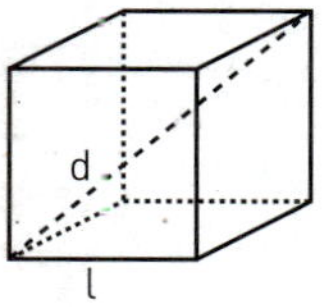

Cubo

$$A = 6l^2 \qquad V = l^3$$

$$d = \sqrt{3}\,l$$

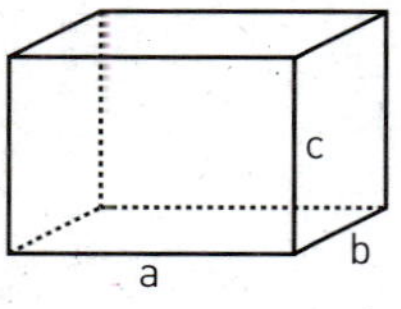

Parallelepipedo rettangolo

$$A = 2(ab + ac + bc)$$

$$V = abc$$

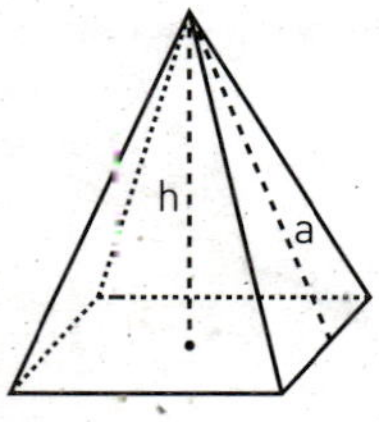

Piramide retta

$$A_{\text{laterale}} = pa$$

$$V = \frac{1}{3}A_{\text{base}}h$$

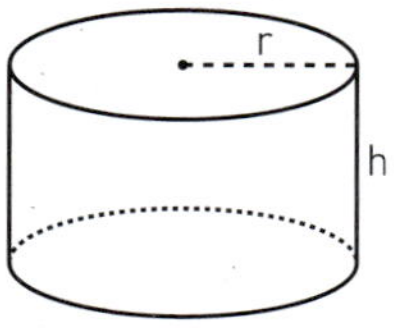

Cilindro

$$A = 2\pi r^2 + 2\pi rh$$

$$V = \pi r^2 h$$

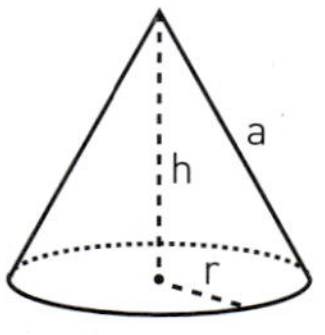

Cono

$$A = \pi r(a + r)$$

$$V = \frac{1}{3}\pi r^2 h$$

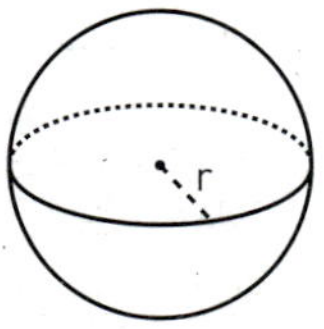

Sfera

$$A = 4\pi r^2$$

$$V = \frac{4}{3}\pi r^3$$